凝煉知識品味閱讀

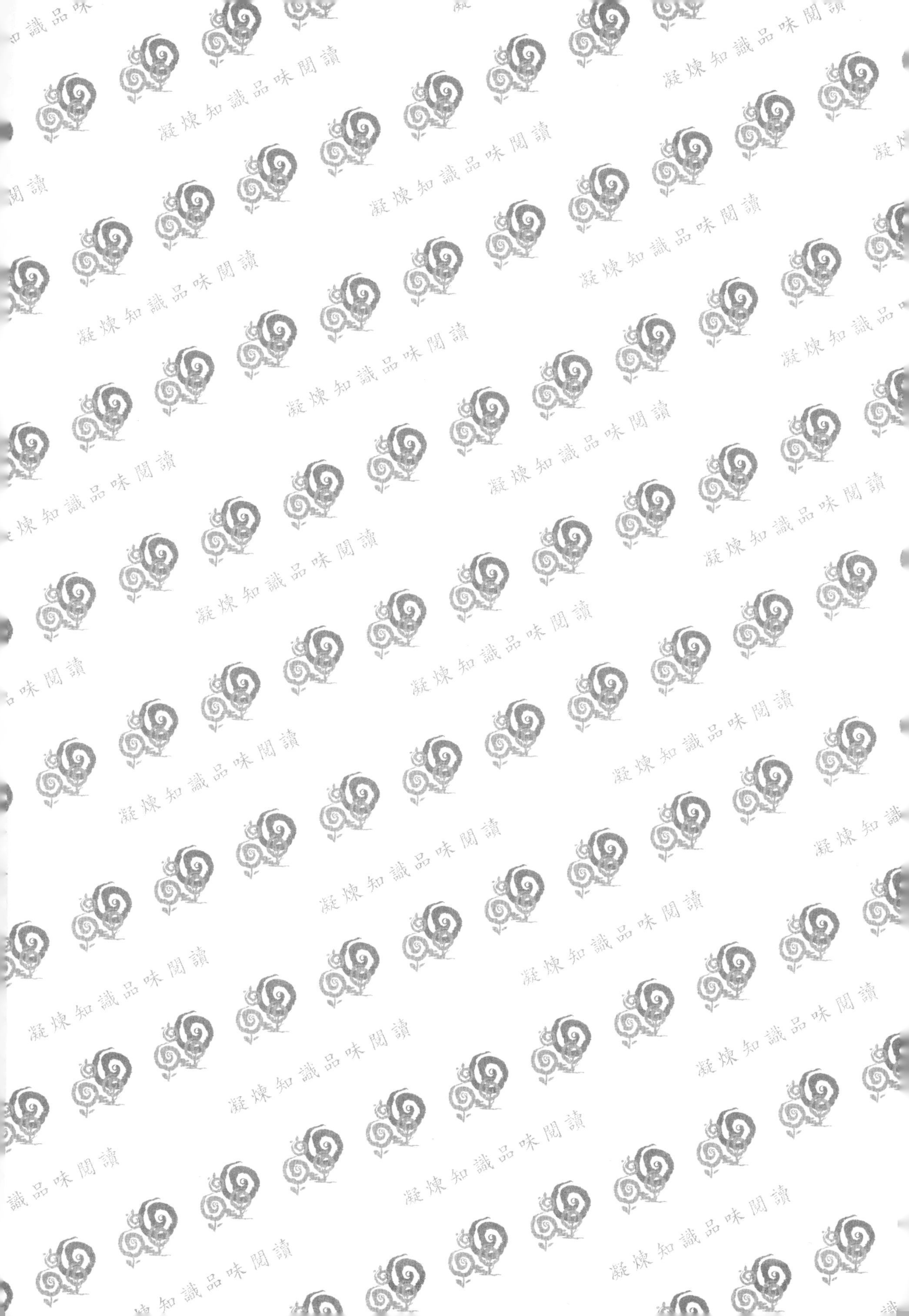
凝煉知識品味閱讀

Complex Function

$\sqrt{-1}=?$

$e=?$ $\pi=?$

$e^{i\pi}=-1$

複變函數導論與物理學

林清涼 著

五南圖書出版公司 印行

謹以此書紀念：

　　對高雄縣岡山區建設和臺灣養殖業作出貢獻的林天福先生（1891 年 7 月 10 日～1987 年 12 月 12 日）；

　　對臺灣自然環境保護作出貢獻的馮纘華先生（1918年2月17日～1986 年 9 月 4 日）。

本書由馮纘華、林清凉環境保護
基金會贊助出版

序 文

我們生活在三維的實空間，於是對超過三維，和非實即虛的存在難有實感。卻在數學世界除了實數，設為 a，還有虛數 ia，$i=\sqrt{-1}$ 是 1777 年 Euler 發現的數，稱為**虛數單位** (imaginary unit)。約 50 年後的 1825~1851 年，Cauchy 奠基了複變函數論，經跟隨 Cauchy 路線的 Riemann 等學者的發揚光大成為今日的複變函數論。同在 19 世紀中葉，正在統一磁學和電學成為**電磁學** (1865 年) 的 Maxwell，竟沒想到非引進四維空間不可，是我們生活的三維空間和時間以**等權** (equal weight) 同存的空間，更奇異的是該空間有奇數 1 或 3 維是純虛數的座標軸，稱這四維空間為 **Minkowski 空間**。同時在數學方面，以 Cauchy-Riemann 的複變理論能闡明我們在中學所學的初級函數′之淵源。因此複變函數論深深地影響數學與物理學。

19 世紀中葉後又接連地發生，用過去的物理學無法解釋的物理現象′，驅使科學家們積極地尋找新力學，終於經年輕物理學家們在 20 世紀初葉 (1900~1928 年) 找到了新力學，稱為**量子力學**，是建構在線性複變空間，且具**線性** (linearity) 和**二象性** (duality) 根柢，處理微觀世界的物理學。描述微觀世界物理現象的空間稱作 **Hilbert 空間**，其座標軸是複數 (含純實數軸，純虛數軸)，設 $(a+ib)\equiv c$，或 $(x+iy)\equiv z$，a, b 和 x, y 為兩個相互獨立的實數和實變數，並且座標軸數，即空間維度數，是無限多 (動態數)。但電磁學是橫掃宏微觀世界的物理學，它和量子力學是主宰今日高科技的核心物理學。顯然，主宰今日高科技的電磁學和量子力學沒 $i=\sqrt{-1}$ 便宣告死亡，所以複變函數論是志向科技者非學不可的數學。

真妙！c 或 z 在數學上的表現和物理學的**向量** (vector)，例如速度 $\vec{v}$，力$\vec{F}$，角動量$\vec{L}$類比，即和物理向量一樣地，能在平面上畫 c 或 z 的加和減，以及**乘標量** (scalar) 便得漂亮的幾何圖結果，帶來親近感，同時線性代數派上用途，所以學複變之前先唸點微積分和線性代數。由於複變含有和我們日常生活無關的虛數，於是在本書盡量採用物理例題，和畫圖說明以降低空洞感，讓我們好像看得到摸得到問題內容。用分析性且懇切的對話方式解釋內容與演算過程，以達到能自學目的。

科學家，除大家熟悉的**牛頓** (Newton) 和**庫侖** (Coulomb) 之外，一律使用原姓，首次出現的專用名詞附有英文名，而物理量之**因次** (**量綱** dimension) 是用國際通用之 **MKS 單位制** (International System of Units，簡稱 **SI 制**)，即長度公尺 (m)，質量公斤 (kg)，時間秒 (s)。至於英文的 constant 有因次時譯成常量，無因次時是常數，而名詞右上角附有符號 “′” 者表示兩個或兩個以上的數目，例如函數′是表示兩個或以上的函數。各章本文的數學式子，圖和表的號數，分別用 (i-n)，圖 (i-m) 和表 (i-ℓ)，$n, m, \ell =1, 2, 3, \cdots\cdots$，$i=$章數。各章後面的參考文獻和註解的式子，圖和表的號數分別用 (n)，(圖 m) 和 (表 ℓ)，$n, m, \ell = 1, 2, 3,\cdots\cdots$，並且號數是從第一章開始依順序到最後章第三章，而每章的核心是：

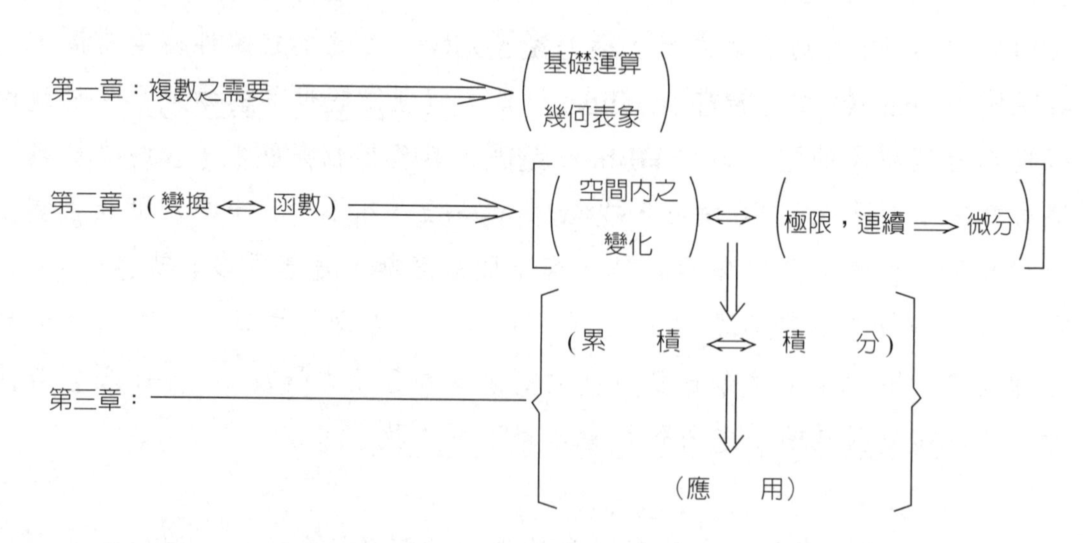

由於個人無法直接用電腦書寫稿子，必先寫初稿，然後整理寫成出版稿，避免抄寫時犯錯，於是請台灣大學數學研究所研究生鄭旭峰先生校稿，和在美國 Lawrence 國家實驗所的王子方博士，利用他回台期間專程來幫忙校稿和鼓勵，以及台大物理系吳財榮先生和白秀足女士關照我的日常生活，在此特表感謝。當個人從 2014 年 3 月患了無法根治的嚴重脊椎病後，中央研究院化學所和台大化學所合聘的簡淑華教授，每隔兩個禮拜把對我所需之保養品，親自做好且專程送來給我，以及她的關懷致上最大感謝。其次要表衷心感謝的是，台灣大學醫院物理治療醫師葉坤達先生，發揮他的專業用心治療，清華大學統計研究所周若珍教授不斷的關懷與鼓勵，以及台灣大學光電研究所曾雪峰教授的關心和鼓勵，並且協助把整理稿轉換成光碟，以便五南出版社使用。沒有他們的愛心與協助，幾乎無法完成這本書，謝謝您們。本書的出版工作由健行科技大學洪榮木教授協助完成。

本書出售的版稅收入捐給馮林基金會
作為環境保護之用。
本書錯誤之處，祈讀者指教為盼。

林清凉　謹誌
2015 年 12 月 29 日
於台灣大學物理系

目錄

3 複變函數積分、留數與實函數定積分 363

希臘字母讀音表

大寫	小寫	讀音	大寫	小寫	讀音
A	α	alpha (阿爾法)	N	ν	nu (紐)
β	β	beta (貝 塔)	Ξ	ξ	xi (克 西)
Γ	γ	gamma (伽 馬)	O	o	omicron (奧密克戎)
Δ	δ	delta (德耳塔)	Π	π	pi (派)
E	ε	epsilon (伊普西隆)	P	ρ	rho (柔)
Z	ζ	zeta (截 塔)	Σ	σ	sigma (西格馬)
H	η	eta (艾 塔)	T	τ	tau (陶)
Θ	θ	theta (西 塔)	γ	υ	upsilon (宇普西隆)
I	ι	iota (約 塔)	Φ	φ, ϕ	phi (斐)
K	κ	kappa (卡 帕)	X	χ	chi (喜)
Λ	λ	lambda (拉姆達)	Ψ	ψ	psi (普 西)
M	μ	mu (米 尤)	Ω	ω	omega (奧米伽)

Chapter 1

複　變

(I) 複數的誕生與其重要性

(A) 複數 (complex number) 的誕生簡史 [1~3)]

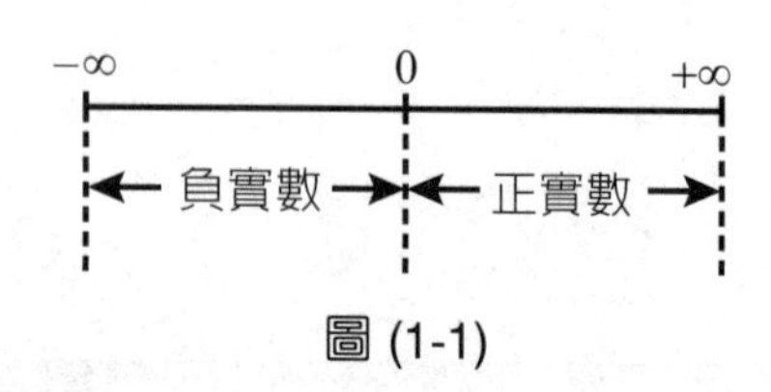

圖 (1-1)

我們出生後開始學的是**正實數** (positive real number)，接著是**負實數** (negative real number)，兩者合起來稱爲**實數** (real number)。以幾何圖形表示的實數如圖 (1-1)，構成一條直線，於是實數又稱爲**直線數**。圖上的符號“∞”叫**無限大數** (infinite number)，約 300 A.D.(公元 300 年) 印度人發明，是個動態數，只要比你知道的最大數大的數，對你都是無限大，而“0”是大小最小，表示什麼都沒有，所以是個稱爲**零** (zero) 的固定數，是約公元前 200 年 (200 B.C.) 印度人發現的數。

在 600 B.C. 希臘 Pythagoras (572~492 B.C.)[1)] 時代，已遇到正實數的開方，而約 300 B.C. ，不但已發現負數 [Archimedes (287~212 B.C.) 已有負數概念]，且會解 1 元 2 和 3 次方程式。當時已有理論數學 (約 450 B.C. 開始) ，把 $\sqrt{-b}$ 看成不是數不採用，b = 正實數，同時負數解也不用。300 B.C. 是希臘數學的黃金時代，一直到 600 A.D. 都相當地輝煌。另一個數學好的國家是印度，不過希臘和印度有不同的傾向，印度偏向於代數學，希臘是幾何學。到了 400 A.D. 至 1300 A.D. ，阿拉伯人建立了從印度到西班牙的宗教王國，由於代代教王都重視學藝，於是不但發揚光大希臘和印度的燦爛數學，並且帶進歐洲，引發歐洲的文藝復興。在 1545 年意大利數學家 Cardano (Girolamo Cardano, 1501~1576) 解 1 元 2 次方程式時同樣地遇到 $\sqrt{-b}$，他把 $\sqrt{-b}$ 當作一個新數沒放棄 [2)]。到了 1572 年同意大利數學家 Bombelli (Refael Bombelli, 1526~1572) 解 1 元 3 次方程式時就定義：

$$\sqrt{-b} \equiv \text{虛數 (imaginary number)} \cdots\cdots\cdots (1\text{-}1)$$

但他沒深入探討其意義。一直到創造今日我們用的**直角座標** (cartesian coördinate) 的法國 Descartes (René Descartes, 1596~1650) ，在 1637 年 (也有 1632 年之說) 首次定義含 (1-1) 式之數爲：

$$\left.\begin{array}{l} a+\sqrt{-b} \equiv \textbf{複數}\text{ (complex number)} \\ a=\text{實數}, \quad b=\text{正實數} \end{array}\right\} \cdots\cdots (1\text{-}2)$$

因此複數自然地歸入起源於希臘 Eudoxos (408~355 B.C.) 的**解析學** (analysis) 內。本來任意數都只用一個實數 a 來表示，現在有個同時用兩個相互獨立的實數 a 和 b，並且以 $(a+\sqrt{-b}\ )$ 形式表示之數。既然 a 和 b 相互獨立，它們不可能同屬一條直線的實數，必是各自獨立地在相互垂直的直線 ℓ_1 和 ℓ_2 上。ℓ_1 和 ℓ_2 相互垂直時，各自投影在對方的成分是零，顯然互不相干，於是 (1-2) 式的複數是在如圖 (1-2)，兩相互獨立的直線構成的平面上，是個平面數，不過到當時的幾何學沒有像 (1-1) 式的虛數，怎麼辦？困擾了數學界，一直到 1777A.D., Euler (Leonhard Euler, 1707~1783) 發現了 "i" 數：

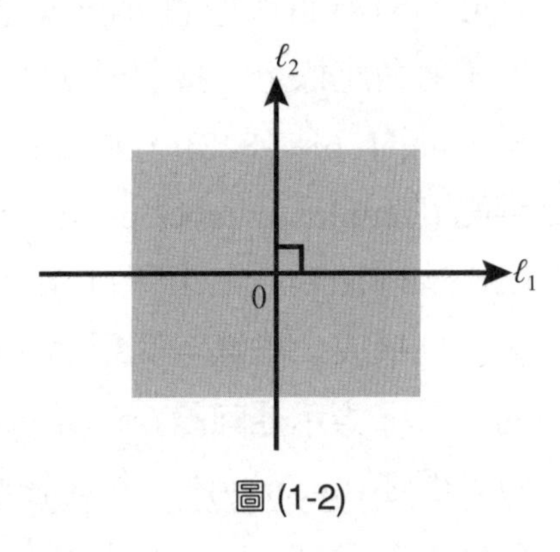

圖 (1-2)

$$\sqrt{-1} \equiv i \cdots\cdots (1\text{-}3)$$

i 叫**虛數單位** (imaginary unit)

$$\therefore a+\sqrt{-b}=a+\sqrt{b}\,i \equiv \alpha \cdots\cdots (1\text{-}4)$$

同時 Euler 從當時的三角函數和指數函數 [2] 級數得 [請看 (Ex.1-6)]：

$$e^{ix}=\cos x+i\sin x \cdots\cdots (1\text{-}5)$$

(1-5) 式稱爲 **Euler 公式** (Euler's formula)，此式立即帶來到今日 (2013 年 3 月)，不但是數學史上最美的式子，並且把數學三重要**普世常數** (universal constant) π, e 和 i 收編在一個簡單式子上：

$$e^{i\pi}=-1 \cdots\cdots (1\text{-}6)$$

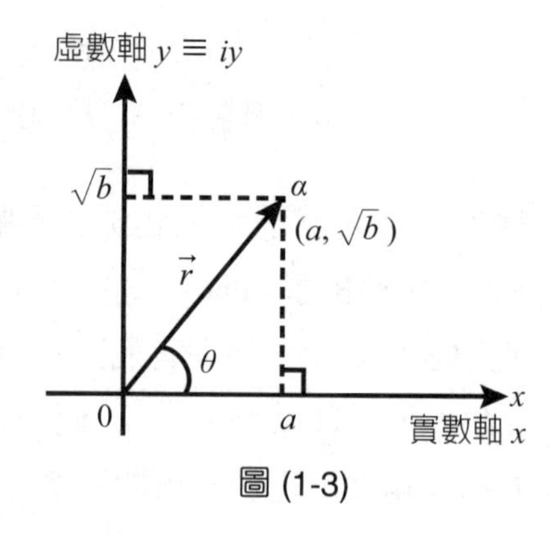

圖 (1-3)

Euler 的劃時代成就必然地影響了整個歐洲。如圖 (1-3)，1797 年挪威 Wessel (Caspar Wessel, 1745~1818) 首次把 (1-4) 式的複數放在 Descartes 的二維直角座標上。接著是瑞士 Argand (Jean Robert Argand, 1768~1822)，並且他稱 Wessel 平面為**複數平面** (complex number plane)，也稱為 **Argand 平面** (Argand plane)。如果圖 (1-3) 的兩個軸 x 和 y 是實數軸，則構成二維實空間平面，原點到其上面任意點的位置 $\vec{r}$ 表示**徑向量** (radial vector)，顯然複數可類比於向量。向量是物理量，其本質是**線性** (linearity)[2]，於是複數內藏著線性，線性代數學派上用處（可用）。如用極座標表示 $\vec{r}$ 是 (r, θ)，$r = {}_{+}\sqrt{a^2+(\sqrt{b})^2}$ 稱為複數 (1-4) 式的**絕對值**寫成 $|\alpha|$，θ 稱為**輻角** (argument)，這時的 x 軸稱為**實數軸** (real axis)，y 為**虛數軸** (imaginary axis)，即複數 α 是由有序的相互獨立實數對 $(a, \sqrt{b})$ 組成，是種平面數。

當 (1-4) 式的實數對是有序的實變數對 (x, y)，則得**複變數** (complex variable) z：

$$z \equiv x + iy \qquad \text{(1-7)}$$

首先注意到 (1-7) 式的核心數學家是 Gauss (Carl Friedrich Gauss, 1777~1855)，接著是 Cauchy (Augustin Louis Cauchy, 1789~1857)。Gauss 和 Argand 一樣，如圖 (1-4) 把 (1-7) 式的 z 放在 Descartes 二維直角座標上，故 Argand 平面又叫 **Argand-Gauss 平面**或簡稱 **Gauss 平面**。然後 Gauss 雖探討了跟著 z 變化的複變數函數 $f(z)$(1831 年)，但沒深入追究 $f(z)$ 的解析性，例如 $f(z)$ 的連續性，對應 z 變化的 $f(z)$ 的極限情況，以及作微分積分等運算時的性質，這些工作主要由 Cauchy 完成 (1825~1851)，因此世稱 Cauchy 為複變函數論創祖。繼 Cauchy 想法，並且使複變函數理論更上層樓的是 Riemann (Georg Friedrich Bernhard Riemann, 1826~1866)，不過他的理論較帶幾何學和物理學直感。約同時期，不從解析性而從級數性質切入研究 $f(z)$ 性質，另闢複變函數理論，較偏向嚴謹證明法的是 Weierstrass (Karl Theoder Wilhelm Weierstrass, 1815~1897)，同

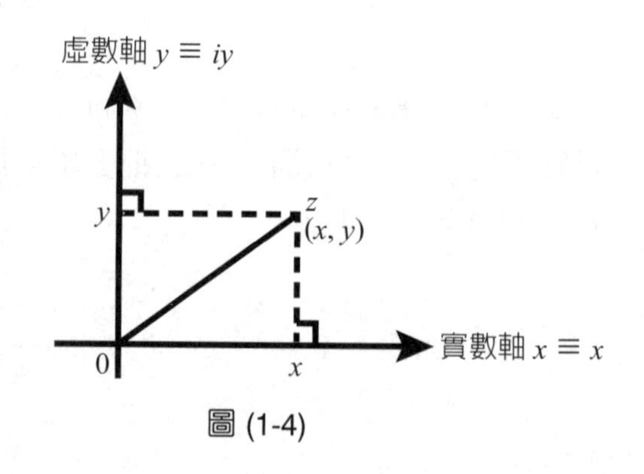

圖 (1-4)

時他開創了複數多變數理論 (1876 年)。在這些人帶領下，19 世紀上中葉研究複變函數及有關數學極盛，影響物理學之深不難想像，物理學在這段期間陸續地完成了三大領域：

$$\left.\begin{array}{l}\text{經典力學 (古典力學)} \cdots\cdots 1835\text{ 年} \\ \text{含統計力學初步的熱力學} \cdots\cdots 1854\text{ 年} \\ \text{電磁學} \cdots\cdots 1865\text{ 年}\end{array}\right\} \cdots\cdots (1\text{-}8)$$

是數學和物理學相融地邁入新境地時期，竟然在電磁學出現了前所未有的現象。例如我們生活的空間是由實數軸表示的三維空間，進入了含純虛數 ((1-4) 式的 $a = 0$ 或 (1-7) 式的 $x = 0$ 的數) 軸的四維空間，且虛數軸數是奇數的 1 或 3，稱這種空間爲 **Minkowski** (Hermann Minkowski, 1864~1909) **空間** [2, 3]。

(B) 複數在物理學的重要性 [2, 4, 5]

19 世紀中葉，不但是空間從實數推廣到複數，加上實驗技術的不斷進步，出現了難以 (1-8) 式解釋的實驗′。物理界興起尋找新力學新空間的旋風。解決空間方面的重要數學家是 Minkowski 的好友 Hilbert (David Hilbert, 1862~1943)，他在 1909 年創造建構於實數體的無限維線性空間 [2, 4]，稱爲 **Hilbert 空間**，把它推廣成爲複數體的無限維線性空間，此空間一般地也叫 Hilbert 空間。有時稱前者 (原創空間) 爲**實 Hilbert 空間**，後者爲**複數 Hilber 空間**，量子力學建構於此空間。至於新力學方面的發現者′是以一群年輕的研究生爲主，其中要角是：

$$\left.\begin{array}{l}\text{Heisenberg (Werner Karl Heisenberg, 1901~1976)} \cdots\cdots 1925\text{ 年} \\ \text{Schrödinger (Erwin Schrödinger, 1887~1961)} \cdots\cdots 1926\text{ 年} \\ \text{Dirac (Paul Adrien Maurice Dirac, 1902~1984)} \cdots\cdots 1928\text{ 年}\end{array}\right\} \cdots\cdots (1\text{-}9)$$

稱這新力學爲**量子力學** (quantum mechanics) [4]，是以在複數 Hilbert 空間內是**線性算符′** (linear operators) 來建構的理論。於是從**動力學** (dynamical) 量到運動方程式，不但赤裸裸地帶著 (1-3) 式的虛數單位 i，並具線性本質，任何表示式都無法分割成如 (1-7) 式那樣地，獨立實數和虛數部來解釋整個式子的物理，或解整個表示式。雖式子表面上可分成實和虛部，但無法合起各自來解釋整體。量子力學雖涵蓋經典 (古典) 力學，卻和經典力學截然不同的嶄新力學，除了 ***i*** 之外，還伴隨**二象性** (duality)[5] 來的 Planck (Max Karl Ernst Ludwig Planck, 1858~1947) 常量 ***h***，數學的普世常數 ***i*** 和物理學五大普世常數 [5] 之一的 ***h*** 攜手進入量子力學核心 [5]，你說妙不妙呢？其後的物理理論，一直到今日根本離不開數學邏輯，呈現與經典物理不同的色彩，即物理學和數學似乎融成一體向前衝，並且顯出**微觀世界** (microscopic world) 現象的數學表示式，在

i 與 ***h*** 糾纏下

帶來 1980 年代後的技術革命，還在前進 (2013 年春) 哪！同時主宰今日高科技的量子力學和電磁學是和 ***i*** 黏在一起，且離不開複數運算。

(II) 複數的基本運算

從 (註 5) 的 71 式，i 是近代物理的命根，其根源之一是量子力學的**機率** (probability) 本質：

$$\begin{aligned}\text{機率} &= \psi^*(t,\vec{x})\psi(t,\vec{x}), && \psi=\text{狀態函數 (波函數)}\\ &= (\psi^* e^{-i\gamma})(e^{i\gamma}\psi), && \gamma=\text{實數} \cdots\cdots (1\text{-}10)\end{aligned}$$

另一面，如 ψ 在某規範場內，則其度量值必是時空的函數，而帶來和規範函數有關，例如 (67)、$(69)_1$ 和 (70) 式的**相函數** (phase function)，它會帶來干涉現象。這一切都來自量子力學的二象性與建構在**複數線性空間** (complex linear space)，Hilbert 空間。數學方面，從約 300 B.C. 的希臘時代，解方程式時就遇到 $\sqrt{-b}$ 數，b = 正實數。那麼如何建立含 i 的解析學呢？既然 (1-4) 式的 α 是**數** (number)，它的運算法自然地該和實數的運算法相同才是，不過實數是直線數，而複數是圖 (1-3) 的平面數，自由度比前者廣，必隱藏前者沒有的特性，其核心特質是牽連**多值** (multivalue)，由圖 (1-3) 得：

$$\begin{aligned}\alpha &= a+i\sqrt{b}\\ &= r\cos\theta+ir\sin\theta, && r={}_{+}\sqrt{a^2+(\sqrt{b})^2}\\ &\overline{\overline{\text{(1-5) 式}}}\; re^{i\theta} && \theta=\tan^{-1}(\sqrt{b}/a)\\ &= re^{i\theta+2n\pi i} && n=0,1,2,\cdots,\infty, \cdots\cdots (1\text{-}11)\end{aligned}$$

於是會帶來和實數與實函數不同的一些演算結果。只要留意這一點，實數演算法全可用到複數演算上，只花樣多些，如拿物理學來作比喻，則得：

$$\begin{pmatrix} (\text{複數})\ \text{包含}\ (\text{實數}) \\ \begin{matrix} ||| & & ||| \\ C & & R \end{matrix} \\ C \supset R \\ C\ \text{有的規則}\ R\ \text{沒有} \end{pmatrix} \overset{\text{對應}}{\Longleftrightarrow} \begin{pmatrix} (\text{量子力學})\ \text{包含}\ (\text{牛頓力學}) \\ \begin{matrix} ||| & & ||| \\ Q & & N \end{matrix} \\ Q \supset N \\ Q\ \text{有的現象}\ N\ \text{沒有} \end{pmatrix} \cdots\cdots (1\text{-}12)$$

(A) 複數的代數運算 [15, 16)]

(1) 複數的定義與其特性，幺元和倒複數，以及複數共軛數和模數

(i) 定義

> 兩個相互獨立的實數 a 和 b 的有序線性組合數
>
> $$\alpha \equiv a + ib$$
>
> 稱為**複數** (complex number)。a 稱為 α 的**實部** (real part)，b 為 α 的**虛部** (imaginary part)，分別用 Re. α 和 Im. α 表示，而 $i \equiv \sqrt{-1}$ 叫**虛數單位** (imaginary unit)。

(ii) 特性

複數具線性的平面數，有類比於物理的向量性質，設 a, b, c 和 d 爲相互獨立的實數，$\alpha = (a + ib)$，$\beta = (c + id)$ 爲兩複數，k 爲任意標量，則得：

$$\begin{aligned} \alpha + \beta &= (a + ib) + (c + id) = (a + \text{c}) + i(b + d) \Longleftarrow \text{看}\ (1\text{-}20)_1\ \text{式} \\ &= e + if, \qquad e \equiv a + c = \text{實數}, \qquad f \equiv b + d = \text{實數} \\ &= \text{複數}, \qquad \text{即滿足線性的加法規則} \cdots\cdots (1\text{-}13)_1 \end{aligned}$$

$$\begin{aligned} k\alpha &= k(a + ib) = ka + ikb \Longleftarrow k = \text{實數} \\ &= c + id, \qquad c \equiv ka, \qquad d \equiv kb \\ &= \text{複數}, \qquad \text{即滿足線性的乘標量法規則} \cdots\cdots (1\text{-}13)_2 \end{aligned}$$

$$k\alpha = (k_1 + ik_2)(a + ib) = (k_1 a - k_2 b) + i(k_2 a + k_1 b) \Longleftarrow$$ 看 $(1\text{-}20)_3$ 式

$= \boldsymbol{e} + i\boldsymbol{f}$， $\boldsymbol{e} \equiv k_1 a - k_2 b$， $f \equiv k_2 a + k_1 b$， k_1 和 k_2 是實數

= 複數， 即滿足線性的乘標量法規則 ………… $(1\text{-}13)_3$

複數確實地滿足線性的加法與乘標量法規則 2)，所以複數是線性數，於是線性代數能用。那麼對應於線性代數演算用的**幺元** (identity element) 和**倒數** (**逆數** inverse number) 是什麼？

(iii) 複數幺元是什麼數？

(a) 複數′加法幺元 (additive identity element)

實數 a 和虛數 ai 分別能表示成：

$$\left.\begin{array}{ll} a = a + 0i, & i = {}_{+}\sqrt{-1} \\ ai = 0 + ai & \end{array}\right\} \cdots\cdots (1\text{-}14)_1$$

於是實數 0 (零) 是複數′**加法幺元**。

(Ex.1-1) $a + bi = (a + bi) + 0 \Longleftarrow a, b =$ 實數

$= (a + bi) + (0 + 0i)$

$= (a + 0) + (b + 0)i$

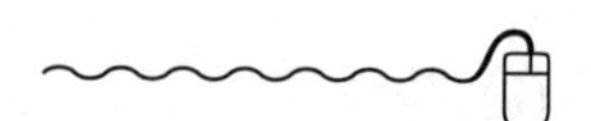

(b) 複數′的乘法幺元 (multiplicative identity element)

實數 a 和虛數 ai 分別能表示成：

$$\left.\begin{array}{l} a = a \cdot 1 = 1 \cdot a \\ ai = a \cdot 1i = 1 \cdot ai \end{array}\right\} \cdots\cdots (1\text{-}14)_2$$

所以實數 1 是複數′乘法幺元。

(Ex.1-2) $a + bi = (a + bi) \cdot 1 \Longleftarrow a, b =$ 實數

$= (a + bi)(1 + 0i)$

$$= (a \cdot 1 - b \cdot 0) + (a \cdot 0i + b \cdot 1i) = a + bi$$
$$= 1 \cdot (a + bi)$$
$$= (1 + 0i)(a + bi)$$
$$= (1 \cdot a - 0 \cdot b) + (0 \cdot ai + 1 \cdot bi) = a + bi$$

(iv) 倒複數 (逆複數) 是什麼數？

任何複數 $\alpha = (a + bi)$ 都有其加法與乘法倒 (逆) 複數，a, b 是實數。

(a) *複數′加法倒複數* (additive inverse complex number)

如 $\alpha = (a + bi)$，則稱 $(-\alpha) = (-a - bi)$ 爲 α 的**加法倒複數**，

$$\therefore \begin{Bmatrix} \alpha \\ (a+bi) \end{Bmatrix} \xleftrightarrow{\text{互為倒複數}} \begin{Bmatrix} -\alpha \\ (-a-bi) \end{Bmatrix} \cdots\cdots (1\text{-}15)_1$$

$$\therefore \alpha + (-\alpha) = (-\alpha) + \alpha = 0 \cdots\cdots (1\text{-}15)_2$$

(b) *複數′乘法倒複數* (multiplicative inverse complex number)

零複數之外的複數 $\alpha = (a + bi)$，a, b = 實數且不能同時爲零，都有其乘法倒複數 (逆複數) $\alpha^{-1} = 1/\alpha$ ，它也是個複數：

$$\alpha^{-1} = \frac{1}{a+bi} = \frac{a-bi}{(a+bi)(a-bi)}$$
$$= \frac{a}{a^2+b^2} - \frac{b}{a^2+b^2}i$$
$$\equiv c + di，\qquad c \equiv \frac{a}{a^2+b^2}，\qquad d = -\frac{b}{a^2+b^2} \cdots\cdots (1\text{-}15)_3$$

$$\therefore \alpha\alpha^{-1} = \alpha^{-1}\alpha = \mathbf{1} \cdots\cdots (1\text{-}15)_4$$

顯然也可以從 $(1\text{-}15)_2$ 和 $(1\text{-}15)_4$ 式，分別地從加法幺元與乘法幺元定義加法倒數與乘法倒複數。

(v) 複數共軛數 (複共軛數 complex conjugate number)？

如 $(a + bi) \equiv z$，即稱 $(a - bi) \equiv z^*$ 爲 z 的**複數共軛 (複共軛) 數**，符號“*”表示**共軛** (conjugate)，a 和 b 爲實數。

$$\therefore (z = a + bi) \xleftrightarrow{\text{互為複數共軛數}} (z^* = a - bi) \cdots\cdots (1\text{-}16)_1$$

$$\therefore \left\{\begin{array}{ll} \text{Re. } z = a = \dfrac{z+z^*}{2}, & \text{Im. } z = b = \dfrac{z-z^*}{2i} \\ z = z^* \text{時 } z \text{ 爲實數}, & z = -z^* \text{時 } z \text{ 爲純虛數} \end{array}\right\} \cdots\cdots (1\text{-}16)_2$$

於是對任意兩個複數 z_1 和 z_2，複數共軛數有下 (1-17) 式性質：

$$\left.\begin{array}{l} ① (z_1+z_2)^* = z_1^* + z_2^* \\ ② \left\{\begin{array}{l} (z_1 z_2)^* = z_1^* z_2^* \\ (z_1/z_2)^* = z_1^*/z_2^* \end{array}\right. \\ ③ (z^*)^* = z \end{array}\right\} \cdots\cdots (1\text{-}17)$$

證明 (1-17) 式：

① 的證明：

設 $z_1 = a + bi$， $z_2 = c + di$， $a, b, c, d =$ 實數

則 $(z_1 + z_2)^* = [(a + bi) + (c + di)]^* = [(a + c) + (b + d)i]^*$

$= (a + c) - (b + d)i = (a - bi) + (c - di) = z_1^* + z_2^*$

② 的證明：

$$(z_1 z_2)^* = [(a + bi)(c + di)]^* = [(ac - bd) + (ad + bc)i]^*$$

$$= (ac - bd) - (ad + bc)i = (a - bi)(c - di) = z_1^* z_2^*$$

$$(z_1/z_2)^* = \left(z_1 \frac{1}{z_2}\right)^* = \left[z_1 \left(\frac{1}{z_2}\right)\right]^*$$

$$\overline{\overline{\quad (1\text{-}15)_3 \text{式} \quad}} (z_1 z)^* \Longleftarrow z \equiv \frac{1}{z_2}$$

$$= z_1^* z^* = z_1^* \left(\frac{z_2^*}{z_2 z_2^*}\right)^* = z_1^* \frac{1}{z_2 z_2^*} (z_2^*)^* \Longleftarrow \frac{1}{z_2 z_2^*} = \text{實數}$$

$$= z_1^* \frac{1}{z_2 z_2^*} z_2 = z_1^* \frac{1}{z_2^*}$$

③ 的證明：

$$(z^*)^* = [(a + bi)^*]^* = [a - bi]^* = a + bi = z$$

(vi) 複數的絕對值 (absolute value of a complex number) **或複數的模數** (modulus)？

如複數 $z=(a+bi)$，則稱 $_{+}\sqrt{zz^{*}}={}_{+}\sqrt{(a+bi)(a-bi)}={}_{+}\sqrt{a^{2}+b^{2}}\equiv|z|$ 爲 z 的**絕對值**或 z 的**模數**，a 和 b 是實數。

$\therefore |z|\geq 0$ ，等號是 $a=0$，$b=0$ 時 ……………… (1-18)

同時對任意兩個複數 z_1 和 z_2 的模數有下 (1-19) 式之性質：

$$\left.\begin{array}{l}①\begin{cases}|z_1 z_2|=|z_1||z_2|\\|z_1/z_2|=|z_1|/|z_2|\end{cases}\\②|z_1+z_2|\leq(|z_1|+|z_2|)\\③\begin{cases}(|z_1|-|z_2|)\leq|z_1+z_2|\\(|z_1|-|z_2|)\leq|z_1-z_2|\end{cases}\end{array}\right\} \cdots\cdots (1\text{-}19)$$

(1-19) 式的證明：

① 的證明：

$$|z_1z_2|^2=(z_1z_2)(z_1z_2)^{*}\underset{(1\text{-}17)\text{式}}{=\!=\!=}(z_1z_2)(z_1^{*}z_2^{*})$$

$$=z_1z_1^{*}z_2z_2^{*}=|z_1|^2|z_2|^2=(|z_1||z_2|)^2$$

$\therefore |z_1z_2|=|z_1||z_2|$ ……………… (1)

$$|z_1/z_2|=\left|z_1\frac{1}{z_2}\right|\underset{(1\text{-}15)_3\text{式}}{=\!=\!=}|z_1 z|\longleftarrow z\equiv\frac{1}{z_2}$$

$$=|z_1||z|=|z_1|\left|\frac{1}{z_2}\right|$$

$$\left\{\begin{array}{l}\left|\dfrac{1}{z}\right|=\left|\dfrac{1}{a+bi}\right|=\left|\dfrac{a-bi}{a^2+b^2}\right|=\dfrac{|a-bi|}{a^2+b^2}\longleftarrow \text{任意 } z \text{ 時}\\=\dfrac{\sqrt{a^2+b^2}}{a^2+b^2}=\dfrac{1}{\sqrt{a^2+b^2}}=\dfrac{1}{|z|}\end{array}\right.$$

$$=|z_1|\frac{1}{|z_2|}=|z_1|/|z_2|$$

② 的證明：

設 $z=a+bi$ ，a 和 b 爲實數

則 $z+z^{*}=(a+bi)+(a-bi)=2a\leq(2\sqrt{a^2+b^2}=2|z|)$

$\therefore (z+z^{*})\leq 2|z|$， 且是實數 ……………… (2)

取 $z \equiv z_1 z_2^*$，則由 (2) 式得：

$$(z+z^*) \le 2|z_1 z_2^*| \underset{(1)式}{=\!=\!=} 2|z_1||z_2^*| = 2|z_1||z_2| \cdots\cdots (3)$$

另一面由 $|z_1+z_2|^2 = (z_1+z_2)(z_1^*+z_2^*)$ 和 $(z+z^*) = (z_1 z_2^* + z_1^* z_2)$ 得：

$$\begin{aligned} |z_1+z_2|^2 &= |z_1|^2 + z_1 z_2^* + z_1^* z_2 + |z_2|^2 \\ &= |z_1|^2 + (z+z^*) + |z_2|^2 \\ &\underset{(3)式}{\le} (|z_1|^2 + 2|z_1||z_2| + |z_2|^2) = (|z_1|+|z_2|)^2 \end{aligned}$$

$$\therefore |z_1+z_2| \le (|z_1|+|z_2|) \cdots\cdots (4)$$

③ 的證明：

$$|z_1| = |(z_1+z_2)-z_2| \underset{(4)式}{\le} (|z_1+z_2| + |-z_2|) = (|z_1+z_2| + |z_2|)$$

$$\therefore (|z_1|-|z_2|) \le |z_1+z_2|$$

同理 $|z_1| = |(z_1-z_2)+z_2| \underset{(4)式}{\le} (|z_1-z_2| + |z_2|)$

$$\therefore (|z_1|-|z_2|) \le |z_1-z_2|$$

(1-19) 式是作複數積分時很有用式子，尤其②。當變數 z 是連續地變，寫成 dz，則②的左邊之加變成積分，於是得：

$$\left|\int f(z)dz\right| \le \left|\int |f(z)|dz\right|$$

請看第三章 (III)(c) 例子′。

(2) 複數的代數運算加、減、乘和除

(i) 演算法

複數的加減乘除和實數的演算法相同，但必須記得：遇到 i^2 必用 (-1) 表示，同時習慣上分數之分母是化約成實數。設兩複數 z_1 和 z_2 爲：

$$z_1 \equiv a+bi, \qquad z_2 \equiv c+di, \qquad a, b, c \text{ 和 } d \text{ 是實數，}$$

(a) 加 (addition) 算法

$$z_1+z_2 = (a+bi)+(c+di) = (a+c)+(b+d)i \cdots\cdots (1\text{-}20)_1$$

(b) 減 (subtraction) 算法

$$z_1 - z_2 = (a + bi) - (c + di) = (a - c) + (b - d)i \quad \cdots\cdots (1\text{-}20)_2$$

(c) 乘 (multiplication) 算法

$$\begin{aligned} z_1 z_2 &= (a + bi)(c + di) = ac + (ad + bc)i + bdi^2 \\ &= (ac - bd) + (ad + bc)i \quad \cdots\cdots (1\text{-}20)_3 \end{aligned}$$

(d) 除 (division) 算法

$$\begin{aligned} \frac{z_1}{z_2} &= \frac{a+bi}{c+di} = \frac{a+bi}{c+di}\frac{c-di}{c-di} = \frac{ac+(bc-ad)i-bdi^2}{c^2+d^2} \\ &= \frac{ac+bd}{c^2+d^2} + \frac{bc-ad}{c^2+d^2}i, \qquad \text{且 } c^2 + d^2 \neq 0 \quad \cdots\cdots (1\text{-}20)_4 \end{aligned}$$

從 $(1\text{-}20)_1$ 到 $(1\text{-}20)_4$ 式得，兩複數相加、減、乘、除之後，一般地得一個新複數，但也可能得實數或虛數；同時發現減法和除法，分別可歸入加法和乘法，並且加法和乘法具有下 $(1\text{-}21)_1$ 式到 $(1\text{-}21)_5$ 式的性質。

(ii) 加法與乘法性質

設 $z_1 \equiv a + bi$，$z_2 \equiv c + di$，$z_3 \equiv e + fi$ 爲三個複數，a~f 爲實數，則得：

(a) 加法交換律 (commutative law of addition)

$$z_1 + z_2 = z_2 + z_1 \quad \cdots\cdots (1\text{-}21)_1$$

證明：

$$\begin{aligned} z_1 + z_2 &\overset{}{\underset{(1\text{-}20)_1 \text{ 式}}{=\!=\!=}} (a + c) + (b + d)i = (c + a) + (d + b)i \\ &= (c + di) + (a + bi) = z_2 + z_1 \end{aligned}$$

(b) 加法結合律 (associative law of addition)

$$z_1 + (z_2 + z_3) = (z_1 + z_2) + z_3 \quad \cdots\cdots (1\text{-}21)_2$$

證明：

$$z_1 + (z_2 + z_3) = (a + bi) + [(c + di) + (e + fi)]$$

$$\xlongequal[(1\text{-}20)_1\text{式}]{} (a+bi)+(c+e)+(d+f)i=(a+c)+(b+d)i+(e+fi)$$
$$=[(a+bi)+(c+di)]+(e+fi)=(z_1+z_2)+z_3$$

(c) 乘法交換律 (commutative law of multiplication)

$$z_1z_2=z_2z_1 \cdots\cdots (1\text{-}21)_3$$

證明：

$$z_1z_2=(a+bi)(c+di)\xlongequal[(1\text{-}20)_3\text{式}]{}(ac-bd)+(ad+bc)i$$
$$=(ca-db)+(da+cb)i=(c+di)(a+bi)=z_2z_1$$

(d) 乘法結合律 (associative law of multiplication)

$$z_1(z_2z_3)=(z_1z_2)z_3 \cdots\cdots (1\text{-}21)_4$$

證明：

$$z_1(z_2z_3)=(a+bi)[(c+di)(e+fi)]=(a+bi)[(ce-df)+(cf+de)i]$$
$$=\underline{ace}-adf-bcf-\underline{bde}+(\underline{bce}-bdf+acf+\underline{ade})i$$
$$=[(ac-bd)e+(ad+bc)ie]+[(ac-bd)+(ad+bc)i]fi$$
$$=[(a+bi)(c+di)](e+fi)=(z_1z_2)z_3$$

(e) 乘法分配律 (distributive law of multiplication)

$$z_1(z_2+z_3)=z_1z_2+z_1z_3 \cdots\cdots (1\text{-}21)_5$$

證明：

$$z_1(z_2+z_3)=(a+bi)[(c+di)+(e+fi)]$$
$$\xlongequal[(1\text{-}20)_1\text{式}]{}(a+bi)[(c+e)+(d+f)i]$$
$$=\underline{ac}+ae+(\underline{bc}+be)i+(\underline{ad}+af)i-(\underline{bd}+bf)$$
$$=[(ac-bd)+(ad+bc)i]+[(ae-bf)+(af+be)i]$$
$$=(a+bi)(c+di)+(a+bi)(e+fi)=z_1z_2+z_1z_3$$

(B) 複數的幾何學表象 (representation) 與其演算 [15, 16]

實數如圖 (1-1) 的直線數，複數是圖 (1-3) 的平面數，於是複數必內含著實數沒有的數以及演算法，虛數單位 i 是最好例子。讓我們一起來探索吧，請一路注意和實數之差異。

(1) 複數的幾何表象

如圖 (1-4)，複數的實部與虛部的數是**有序的** (ordered) 相互獨立實數**對** (pair) (x, y)，於是表示複數的座標是如圖 (1-4) 的直角座標，其平面通稱爲 **Argand-Gauss** 或 **Gauss 平面**，平面上之每一點針對著一個值，即只有一個複數 $z = (x + iy)$。實數本身表示其大小，但複數的大小是其絕對值$\sqrt{zz^*}=\sqrt{x^2+y^2}$，成對的 (x, y) 以**等權** (equal weight) x^2 和 y^2 的線性和 $(x^2 + y^2)$ 出現，於是無法定義兩個複數 z_1 和 z_2 的相互大小，但兩個實數 a 和 b，其大小的定義是，$(a - b) > 0$ 時 a 大於 b。以上這些複數的性質，令我們想到一個物理量**向量** (vector) $\vec{v}$，描述 $\vec{v}$ 的空間是平面 (2 維空間)，爲了方便於演算 (向量可以自由地平行移動 [2])，常取 $\vec{v}$ 的起點爲直角座標原點，如圖 (1-5)(a)。$\vec{v}$ 的大小是由其**內積** (scalar product) 來定義：

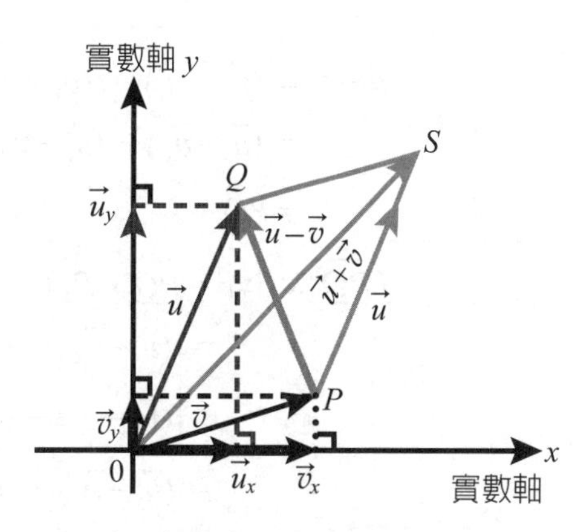

$\vec{v}_x$ 與 $\vec{u}_x = \vec{v}$ 與 $\vec{u}$ 在 x 軸上成分
$\vec{v}_y$ 與 $\vec{u}_y = \vec{v}$ 與 $\vec{u}$ 在 y 軸上成分
圖 (1-5)(a)

$$
\begin{aligned}
{}_{+}\sqrt{\vec{v}\cdot\vec{v}} &= \sqrt{(\vec{v}_x+\vec{v}_y)\cdot(\vec{v}_x+\vec{v}_y)} \\
&= \sqrt{v_x^2+v_y^2} \equiv |\vec{v}| = \vec{v} \text{ 的大小} \quad \cdots\cdots (1\text{-}22)_1
\end{aligned}
$$

$(1\text{-}22)_1$ 式確實地對應到複數 $z = (x + iy)$ 的絕對值：

$$
\begin{aligned}
{}_{+}\sqrt{zz^*} &= \sqrt{(x+yi)(x-yi)} \\
&= \sqrt{x^2+y^2} \equiv |z| = z \text{ 的大小} \quad \cdots\cdots (1\text{-}22)_2
\end{aligned}
$$

你說，$(1\text{-}22)_1$ 式和 $(1\text{-}22)_2$ 式對應地好不好，妙不妙呢？

(Ex.1-3) 求圖 (1-5)(a) 的兩向量 $\vec{u}$ 和 $\vec{v}$ 之差 ($\vec{u}-\vec{v}$)，以及圖 (1-5)(b) 的兩複數 z_2 和 z_1 之差 (z_2-z_1)，然後分析所得結果。

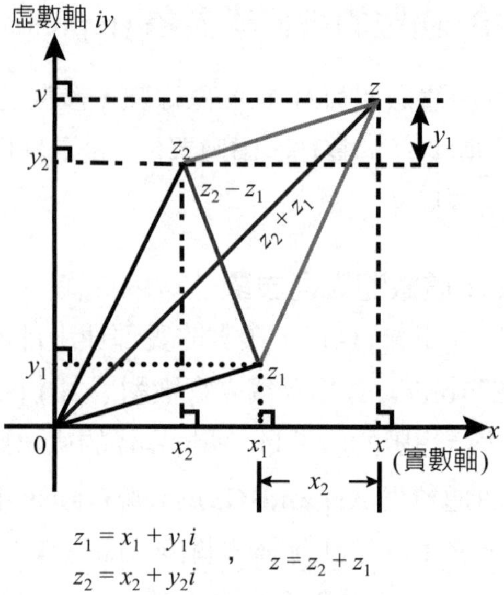

(解)：(1) 求 ($\vec{u}-\vec{v}$) 和 (z_2-z_1)，由圖 (1-5)(a) 和 (b) 得：

$$\vec{u}-\vec{v}=(\vec{u}_x+\vec{u}_y)-(\vec{v}_x+\vec{v}_y)$$
$$=(\vec{u}_x-\vec{v}_x)+(\vec{u}_y-\vec{v}_y)$$
$$=\overrightarrow{PQ}$$

$$(\overrightarrow{PQ}\text{大小})^2=\overrightarrow{PQ}\cdot\overrightarrow{PQ}$$
$$=[(\vec{u}_x-\vec{v}_x)+(\vec{u}_y-\vec{v}_y)]\cdot[(\vec{u}_x-\vec{v}_x)+(\vec{u}_y-\vec{v}_y)]$$
$$=(\vec{u}_x-\vec{v}_x)^2+(\vec{u}_y-\vec{v}_y)^2$$
$$=\text{兩向量終點間距離平方 (看圖 (1-5)(a))} \quad \cdots\cdots (1\text{-}23)_1$$

$z_1=x_1+y_1i$, $z=z_2+z_1$
$z_2=x_2+y_2i$

圖 (1-5)(b)

$$z_2-z_1=(x_2+y_2i)-(x_1+y_1i)=(x_2-x_1)+(y_2-y_1)i$$
$$((z_2-z_1)\text{ 大小 })^2=(z_2-z_1)^*(z_2-z_1)$$
$$=[(x_2-x_1)-(y_2-y_1)i][(x_2-x_1)+(y_2-y_1)i]$$
$$=(x_2-x_1)^2+(y_2-y_1)^2$$
$$=\text{兩個複數間的距離平方 (看圖 (1-5)(b))} \quad \cdots\cdots (1\text{-}23)_2$$

(2) 分析所得結果：

從 $(1\text{-}23)_1$ 和 $(1\text{-}23)_2$ 式，顯然地複數類比於向量。爲了進一步探究複數與向量的類比性，把題目改成求和。向量是可以在同一平面上平行移動，如圖 (1-5)(a)，把 $\overrightarrow{OQ}$ 平移到 $\overrightarrow{PS}$ 而得平行四邊形 $(OPSQ)$，則得：

$$\vec{u}+\vec{v}=\overrightarrow{OS}$$
$$(\overrightarrow{OS}\text{的大小})^2=\overrightarrow{OS}\cdot\overrightarrow{OS}=[(\vec{u}_x+\vec{u}_y)+(\vec{v}_x+\vec{v}_y)]\cdot[(\vec{u}_x+\vec{u}_y)+(\vec{v}_x+\vec{v}_y)]$$
$$=[(\vec{u}_x+\vec{v}_x)+(\vec{u}_y+\vec{v}_y)]\cdot[(\vec{u}_x+\vec{v}_x)+(\vec{u}_y+\vec{v}_y)]$$
$$=(\vec{u}_x+\vec{v}_x)^2+(\vec{u}_y+\vec{v}_y)^2 \quad \cdots\cdots (1\text{-}24)$$

而兩複數 z_1 與 z_2 和 (z_2+z_1) 的絕對值平方是：

$$(z_2+z_1)^*(z_2+z_1)=[(x_2+x_1)-(y_2+y_1)i][(x_2+x_1)+(y_2+y_1)i]$$
$$=(x_2+x_1)^2+(y_2+y_1)^2 \quad \cdots\cdots (1\text{-}25)_1$$

$(1\text{-}25)_1$ 式的 (x_2+x_1) 和 (y_2+y_1) 的幾何情況是：

$x_2+x_1=$ 如圖 (1-5)(b)，在實數軸上，從 x_1 點開始取 $x_2\equiv x$

$y_2+y_1=$ 如圖 (1-5)(b)，在虛數軸上，從 y_2 點開始取 $y_1\equiv y$

$$\therefore z_2+z_1=(x_1+x_2)+(y_2+y_1)i$$

$$=x+yi\equiv z \quad\cdots\cdots (1\text{-}25)_2$$

$$\therefore \begin{cases} |(z_2+z_1)|=|z|=\text{原點 } O \text{ 到 } Z \text{ 點的長度} \\ \text{並且 } (0\ z_1\ z\ z_2) \text{ 構成平行四邊形} \end{cases} \quad\cdots\cdots (1\text{-}25)_3$$

$$\text{顯然}\begin{cases} \overrightarrow{OS}=\begin{cases}\text{以 } \vec{u} \text{ 和 } \vec{v} \text{ 爲兩邊的平行四邊形，其長} \\ \text{對角線端點的\textbf{徑向量}(radial vector)。}\end{cases} \\ z=\begin{cases}\text{以 } z_1 \text{ 和 } z_2 \text{ 爲兩邊的平行四邊形，其長} \\ \text{對角線端點的複數 } (x+yi)\text{。}\end{cases} \end{cases} \quad\cdots\cdots (1\text{-}26)$$

綜合以上結果得：

複數		向量
z	←── 類　比 ──→	$\vec{v}$
(z_1+z_2)	←── 類　比 ──→	$(\vec{u}+\vec{v})$
(同樣可用平行四邊形法)	⟸	(用平行四邊形法)

$\cdots\cdots$ (1-27)

物理學的向量表示動態物理量或物理體系的**狀態** (state)[2]，其大小與方向說明著“動 (變)”的程度與“動 (變化)”的方向，於是必帶有該動態物理量的**因次** (dimension) 或該物理體系狀態的因次。純數學的複數是無因次的數，但用在物理，竟然如 (1-27) 式和動態有關，就帶有因次的複數量，例如 (註 5) 的 $(55)_1$ 式之動量 $\hat{P}$ 和 (59) 式的力學能 $\hat{H}$。本 (Ex.1-3) 是向量的加減，那麼乘法時，複數和向量也有類比嗎？回答是：有。向量的乘法有**標量積** [(scalar product 或**內積**，或**點積** (dot product)] 和**向量積** [(**矢量積** vector product 或**外積**，或**叉積** (cross product)] 兩種，複數有類比的標量和向量積兩種，請看下面的 $(1\text{-}47)_1$ 和 $(1\text{-}47)_2$ 式，它們在流體力學，熱力學和電磁學的複數演算時很有用。

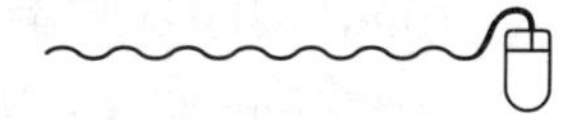

(i) 複數的極座標 (polar coördinate) 表象與其專用名詞′

複數的實部和虛部是相互獨立，於是表示複數的座標，必須是如圖 (1-2) 的正交座標，即座標軸相互垂直。常用二維的正交座標有直角座標 (x, y) 和極座標 (r, θ)，表示其獨立變數變化方向的單位向量 $(\mathbf{e}_x, \mathbf{e}_y)$ 和 $(\mathbf{e}_r, \mathbf{e}_\theta)$ 必是：

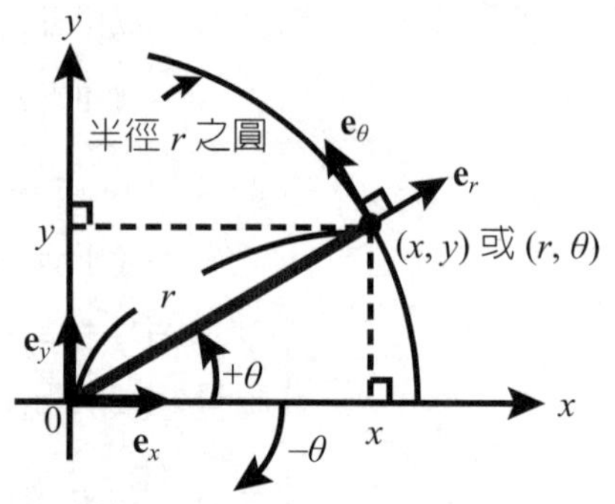

x 軸為角度起線，
逆時針方向為正角度 $+\theta$，
順時針方向為負角度 $-\theta$，
$\mathbf{e}_x$, $\mathbf{e}_y$ 為直角座標的單位向量，
$\mathbf{e}_r$, $\mathbf{e}_\theta$ 為極座標的單位向量。

圖 (1-6)

$$\mathbf{e}_x \perp \mathbf{e}_y，\quad 或 \quad \mathbf{e}_x \cdot \mathbf{e}_y = 0$$
$$\mathbf{e}_r \perp \mathbf{e}_\theta，\quad 或 \quad \mathbf{e}_r \cdot \mathbf{e}_\theta = 0$$

整個關係如圖 (1-6)。直角和極座標用處不同，在物理學，曲線運動比直線運動多，於是極座標較直角座標有用，不過後者各變數自動地帶有長度**因次** (dimension)，純數學演算時看成不帶因次的變數去運算。而前者的 θ 沒因次只有**單位** [unit，其單位是**弧度** (radian) 或**度** (degree)] 的變數，僅 r 帶長度因次，於是極座標雖在運算過程方便，卻無法瞭解運算過程的物理內涵，所以當步步都要看出物理訊息時，非用直角座標不可，請務必記住這一點。從圖 (1-6) 得：

$$x = r\cos\theta \quad ， \quad y = r\sin\theta$$
$$\therefore \text{複數 } z = x + iy = r(\cos\theta + i\sin\theta) \cdots\cdots (1\text{-}28)_1$$
$$r = {}_{+}\sqrt{x^2+y^2} = |z| = |x+iy| \geq 0 \text{ 的實數} \cdots\cdots (1\text{-}28)_2$$

$(1\text{-}28)_1$ 式稱為複數 z 的**極形式** (polar form) 或**極座標式**，r 叫 z 的**絕對值**或**模數** $|z|$，θ 稱為 z 的**輻角** (argument)，寫成 arg. z。由於 Gauss 平面上之任意點都表示一個複數值，於是當 $z \neq 0$ 時，輻角必是 $0 \leq \theta < 2\pi$ 中的一個值而已，顯然複數時 θ 的單位常使用弧度，較少用度的單位。弧度也好，度也好，都是只有**單位** (unit) 沒因次的量，要用哪個單位，完全依題目的需要，不過必記得複數演算用的是弧度單位，請看本章習題第四題。

有個量 x，它在空間的某範圍內依某規則變動時，跟著其變動而變化，並且有確實值的另一個量 f，則稱 x 為**獨立變數** (independent variable)，而 f 為 x 的**函**

數 (function)，表示成 $f(x)$。例如圖 (1-7)(a) 是 x 以 $3x^2$ 規則在 $(-1) \le x \le (+1)$ 範圍內變動時的 $f(x)$。圖 (1-7)(b) 是，在原點 "O" 的簡諧振動向左右傳送之正弦波 $A\sin\theta$ 的現象。顯然圖 (1-7)(a) 和 (b) 是二維空間，獨立變數僅一個的圖像。當二維空間的兩變數 x 和 y 全爲獨立變數時，表示它們的函數 $g(x, y)$ 必須垂直於 x-y 平面，如圖 (1-7)(c) 的第三座標軸 z。圖 (1-7)(d) 是在 x-y 平面以原點爲圓心繞半徑 R 的圓，作等速率 $|\vec{v}|$ 圓周運動的現象。於是粒子所在位置是：

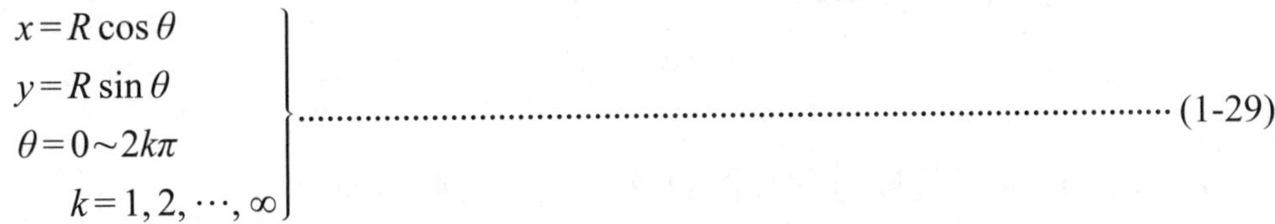

$$\left.\begin{aligned} & x = R\cos\theta \\ & y = R\sin\theta \\ & \theta = 0 \sim 2k\pi \\ & \quad k = 1, 2, \cdots, \infty \end{aligned}\right\} \cdots\cdots (1\text{-}29)$$

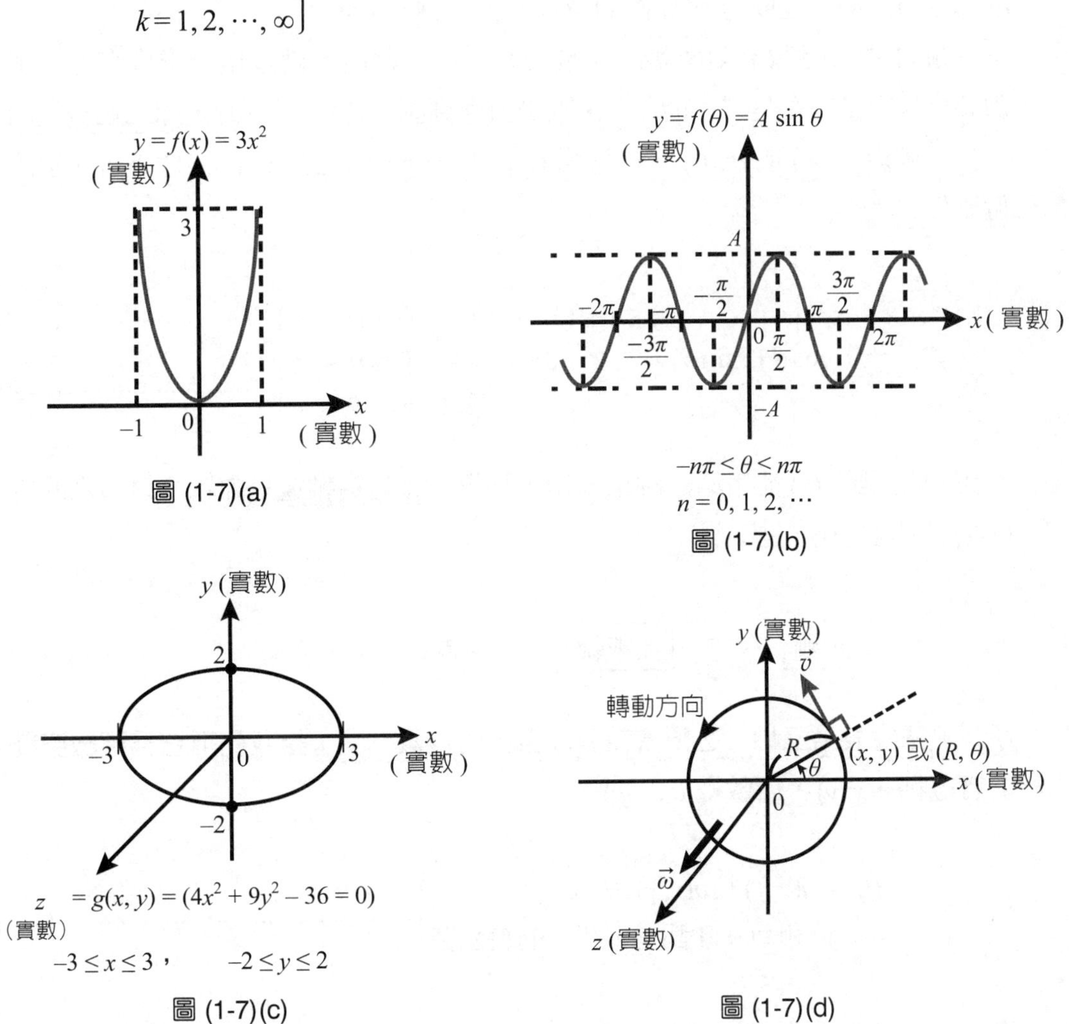

圖 (1-7)(a)

圖 (1-7)(b)

圖 (1-7)(c)

圖 (1-7)(d)

而速度 $\vec{v}$ 的成分大小是：

$$v_x = \frac{dx}{dt} = -R\frac{d\theta}{dt}\sin\theta \equiv -R\omega\sin\theta$$
$$v_y = \frac{dy}{dt} = R\frac{d\theta}{dt}\cos\theta = R\omega\cos\theta$$
$$\omega \equiv \frac{d\theta}{dt} = \text{角速度大小}$$
$$\therefore \text{速度大小 (速率)}\,|\vec{v}| = {}_{+}\sqrt{v_x^2 + v_y^2} = R\omega$$

ω 的方向，即角速度 $\vec{\omega}$ 是如圖 (1-7)(d) 沿著 z 軸方向。

圖 (1-7)(a) 到 (d) 是實數，當要畫變數的函數時，就以擴大維度來畫，那複數時可以嗎？回答是“不能”！複數是對應到圖 (1-7)(c) 和 (d)，即二維空間的兩個獨立變數 (x, y) 或 (r, θ) ，以**等權** (equal weight) 的**對** (pair) 線性組合表示的一個變數 z：

$$z = x + iy\text{，}\quad (-\infty) \le x \le (+\infty)\text{，}\quad (-\infty) \le y \le (+\infty) \cdots\cdots (1\text{-}30)_1$$

$$\text{或}\quad z = r(\cos\theta + i\sin\theta)\text{，}\quad r = 0 \sim \infty\text{，}\quad \left.\begin{array}{l} 0 \le \theta < 2\pi \\ \text{或 } (-\pi) < \theta \le \pi \end{array}\right\} \cdots\cdots (1\text{-}30)_2$$

假如 z 的函數 $f(z)$ 能用第三軸來表示，那第三軸是實軸還是虛軸？以複數的定義 (1-7) 式和圖 (1-4) 是：

$$\boxed{\text{實數軸}} \underset{\text{等權}}{=\!=\!=} \boxed{\text{虛數軸}}\text{，}\quad \text{且同時出現} \cdots\cdots (1\text{-}30)_3$$

所以無法定義第三軸，必須畫在 $f(z)$ 自己的複數空間，讓我們稱它爲**函數空間**，其實數軸 $u(x, y)$，虛數軸 $iv(x, y)$：

$$\left.\begin{array}{l} f(z) = u(x, y) + iv(x, y) \equiv \omega \\ u(x, y)\text{ 和 }v(x, y)\text{ 都是 }x\text{ 和 }y\text{ 的實函數} \end{array}\right\} \cdots\cdots (1\text{-}31)$$

圖 (1-7)(d) 的 (1-29) 式，只要 R 固定，$R\cos(\theta + 2k\pi) = R\cos\theta$ ，$R\sin(\theta + 2k\pi) =$

$R\sin\theta$ 都是在圓周上的一個值，換句話，二維平面上的每一點都只有一個值。同樣地，圖 (1-4) 的 Gauss 平面之每一點也只能有一個複數值。那麼在複數遇到類比 (1-29) 式時怎麼辦？三角函數的週期是 2π，第一圈在 Gauss 平面上，第二圈或更高圈要放到哪裡去？19 世紀中葉 Riemann 解決了此困難，他把無限多 (動態數，張數依題目的需求) 張的 Gauss 面疊在一起後，剪斷算輻角 θ 的起線，x 軸的正方向。然後將接連兩張的剪斷之第一張下線接到第二張上線，第二張下線接到第三張上線，一直到最後一張，把它的下線接到第一張上線，這樣就能完成 θ 從 0 繞到 $2k\pi$，$k = 1, 2, \cdots, \infty$。圖 (1-8) 是疊三張 Gauss 面例。像圖 (1-8) 的平面′合起來叫 **Riemann 曲面** (Riemann surface)，或 **Riemann 面**，稱每一面爲**葉** (sheet)：

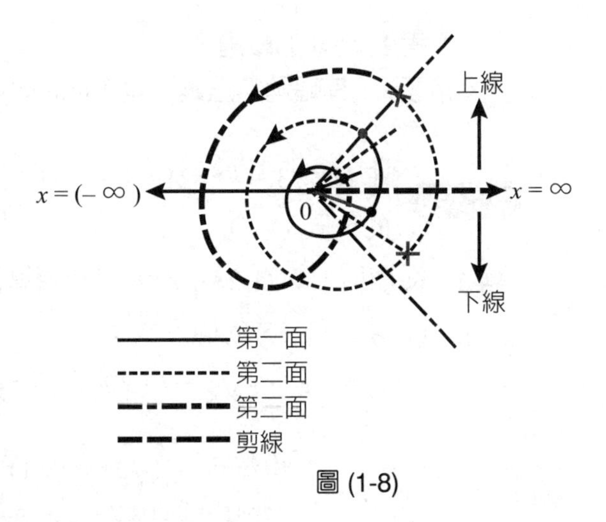

圖 (1-8)

$$
\left.\begin{array}{ll}
\textbf{第一葉}\text{ (the first sheet) 的輻角：} & 0 \le \theta < 2\pi \\
\textbf{第二葉}\text{ (the second sheet) 的輻角：} & 2\pi \le \theta < 4\pi \\
\textbf{第 } k \textbf{ 葉}\text{ (the k-th sheet) 的輻角：} & 2(k-1)\pi \le \theta < 2k\pi
\end{array}\right\} \cdots\cdots\cdots\cdots (1\text{-}32)_1
$$

第一葉的輻角值叫**主値** (principal value)，而用大寫的 Arg. z 表示，Arg. z 的存在域叫**主域** (principal range)，於是稱第一葉爲**主葉** (principal sheet)。稱剪線爲**分支線** (branch line) 或**分支切割** (branch cut)，而稱每葉共有之點“0”爲**分支點** (branch point)，它是**奇異點** (singular point)，即從該點近傍的所有點逼近該點，無法得同一確定值，是非解析性點。同樣地，分支線的每一點都是奇異點，因此 Riemann 面上的複數 $z \neq 0$ 之函數 $f(z)$ 是**單值函數** (single-valued function)。於是從另一角度看，Riemann 面約化**多值函數** (many-valued, multiplevalued function) 爲單值函數 (請看 $(1\text{-}36)_3$ 或 $(1\text{-}36)_4$ 式)。至於分支線的設定，是由題目的需求來決定，例如採用 $(-\pi) < \theta \le (+\pi)$ 來代替 $(1\text{-}32)_1$ 式的第一葉，則其分支線是負 x 軸。綜合以上得：

$$\left.\begin{array}{l}\text{不考慮 } z=0 \text{ 的輻角，}\\ \text{給了 } z\text{，其輻角無法唯一地 (uniquely) 確定。}\end{array}\right\} \cdots\cdots (1\text{-}32)_2$$

(Ex.1-4) 求 (1) $\sqrt{3}-i$，(2) $-1-\sqrt{3}i$，(3) $-1+i$ 的極形式，並且圖示它們的位置。

(**解**)：從極形式的 $(1\text{-}28)_1$ 式，則必須算模數大小，以及輻角就解決了。

(1) 求 $(\sqrt{3}-i)$ 的極形式：

$z_1=x+iy=\sqrt{3}-i$，$x=$ 正值，$y=$ 負值，於是 z_1 必在極座標第四象限：

$$\text{模數} = {}_{+}\sqrt{(\sqrt{3})^2+(-1)^2}=2$$

$$\left.\begin{array}{l} r\cos\theta=2\cos\theta=\sqrt{3} \implies \cos\theta=\sqrt{3}/2 \\ r\sin\theta=2\sin\theta=-1 \implies \sin\theta=-1/2 \end{array}\right\}\text{在第四象限}$$

$$\therefore \theta=2\pi-\frac{\pi}{6}=\frac{11}{6}\pi$$

$$\therefore z_1=2\left(\cos\frac{11}{6}\pi+i\sin\frac{11}{6}\pi\right)$$

(2) 求 $(-1-\sqrt{3}i)$ 的極形式：

$z_2=x+iy=-1-\sqrt{3}i$，x 和 y 都是負值，於是 z_2 必在極座標第三象限：

$$|z_2|={}_{+}\sqrt{(-1)^2+(-\sqrt{3})^2}=2$$

$$\left.\begin{array}{l} r\cos\theta=2\cos\theta=-1 \implies \cos\theta=-1/2 \\ r\sin\theta=2\sin\theta=-\sqrt{3} \implies \sin\theta=-\sqrt{3}/2 \end{array}\right\}\text{在第三象限}$$

$$\therefore \theta=\pi+\frac{1}{3}\pi=\frac{4}{3}\pi$$

$$\therefore z_2=2\left(\cos\frac{4}{3}\pi+i\sin\frac{4}{3}\pi\right)$$

(3) 求 $(-1+i)$ 的極形式：

$z_3=x+iy=-1+i$，$x=$ 負值，$y=$ 正值，於是 z_3 是在極座標第二象限：

$$|z_3|={}_{+}\sqrt{(-1)^2+1^2}=\sqrt{2}$$

$$\left.\begin{array}{l} r\cos\theta=\sqrt{2}\cos\theta=-1 \\ \text{或 } \cos\theta=-1/\sqrt{2} \\ r\sin\theta=\sqrt{2}\sin\theta=1 \\ \text{或 } \sin\theta=1/\sqrt{2} \end{array}\right\}\text{在第二象限}$$

$$\therefore \theta = \frac{\pi}{2} + \frac{\pi}{4} = \frac{3\pi}{4}$$

$$\therefore z_3 = \sqrt{2}\left(\cos\frac{3\pi}{4}\pi + i\sin\frac{3\pi}{4}\right)$$

(4) 各複數的圖示：

z_1, z_2 和 z_3 的圖示如右圖。

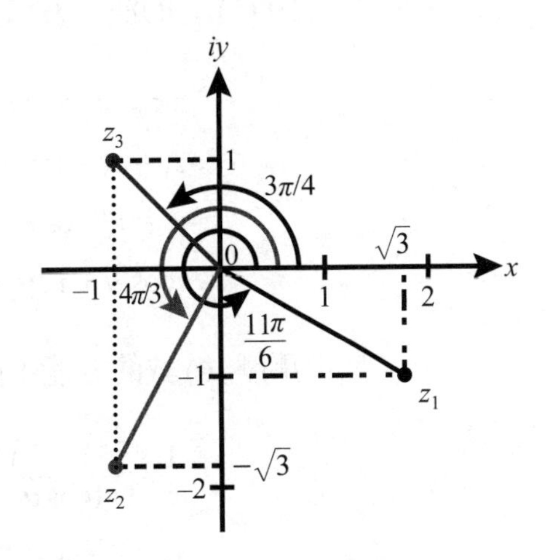

(Ex.1-5) 兩個不等於零的複數 z_1 和 z_2，求：

(1) z_1z_2 = 實數，

(2) z_1/z_2 = 虛數的條件，並且討論它們的輻角情況。

(3) 分析 z^n 和 z^{-n} 的輻角情況，n = 整數。

(**解**)：使用 $(1\text{-}20)_3$ 和 $(1\text{-}20)_4$ 式的極形式式子。

(1) z_1z_2 = 實數時的輻角：

$$z_1z_2 = r_1r_2(\cos\theta_1 + i\sin\theta_1)(\cos\theta_2 + i\sin\theta_2)$$

$$= r_1r_2[(\cos\theta_1\cos\theta_2 - \sin\theta_1\sin\theta_2) + i(\sin\theta_1\cos\theta_2 + \cos\theta_1\sin\theta_2)]$$

$$= r_1r_2[\cos(\theta_1+\theta_2) + i\sin(\theta_1+\theta_2)] = \text{實數} \cdots\cdots (1)$$

$$\therefore \sin(\theta_1+\theta_2) = 0 \Longrightarrow \theta_1+\theta_2 = n\pi，n = 0, 1, 2, \cdots$$

$$\therefore \arg.(z_1z_2) = \arg.z_1 + \arg.z_2 = n\pi，n = 0, 1, 2, \cdots, \cdots\cdots (2)$$

(2) z_1/z_2 = 虛數時的輻角：

$$z_1/z_2 = \frac{r_1(\cos\theta_1 + i\sin\theta_1)}{r_1(\cos\theta_2 + i\sin\theta_2)} = \frac{r_1(\cos\theta_1 + i\sin\theta_1)(\cos\theta_2 - i\sin\theta_2)}{r_2(\cos\theta_2 + i\sin\theta_2)(\cos\theta_2 - i\sin\theta_2)}$$

$$= \frac{r_1}{r_2}[\cos(\theta_1-\theta_2) + i\sin(\theta_1-\theta_2)] = \text{虛數} \cdots\cdots (3)$$

$$\therefore \cos(\theta_1-\theta_2) = 0 \Longrightarrow \theta_1-\theta_2 = \frac{2n+1}{2}\pi，n = 0, 1, 2, \cdots$$

$$\therefore \arg.(z_1/z_2) = \arg. z_1 - \arg. z_2 = \frac{2n+1}{2}\pi \text{，} n = 0, 1, 2, \cdots, \qquad (4)$$

(3) 討論相乘和相除的輻角情況：

由 (1) 式的演算方法可得：

$$z_1 z_2 \cdots z_n = r_1 r_2 \cdots r_n [\cos(\theta_1 + \theta_2 + \cdots + \theta_n) + i \sin(\theta_1 + \theta_2 + \cdots + \theta_n)]$$

$\therefore z_1 = z_2 = \cdots = z_n$ 的 n 個複數相乘 $= z^n$

$$z^n = r^n(\cos\theta + i\sin\theta)^n = r^n(\cos n\theta + i\sin n\theta) \qquad (5)$$

$$\therefore (\cos\theta + \mathrm{i}\sin\theta)^n = \cos n\theta + i\sin n\theta \text{，} n = 0, 1, 2, \cdots, \infty, \qquad (6)$$

那麼 (6) 式的 n 能不能有負整數呢？

$$\frac{1}{z} = \frac{1}{r(\cos\theta + i\sin\theta)} = r^{-1}\frac{\cos\theta - i\sin\theta}{(\cos\theta + i\sin\theta)(\cos\theta - i\sin\theta)}$$

$$= r^{-1}(\cos\theta - i\sin\theta)$$

$$= r^{-1}[\cos(-\theta) + i\sin(-\theta)] \xlongequal[\text{(6) 式的 } n=-1]{} z^{-1}$$

$$\therefore \frac{1}{z} = z^{-1} = r^{-1}[\cos(-\theta) + i\sin(-\theta)] \qquad (7)$$

$$\frac{1}{z^2} = \frac{1}{r^2(\cos\theta + i\sin\theta)(\cos\theta + i\sin\theta)} = \frac{1}{r^2}\frac{1}{\cos 2\theta + i\sin 2\theta}$$

$$= r^{-2}\frac{\cos 2\theta - i\sin 2\theta}{(\cos 2\theta + i\sin 2\theta)(\cos 2\theta - i\sin 2\theta)} = r^{-2}[\cos(-2\theta) + i\sin(-2\theta)]$$

$$\xlongequal[\text{(6) 式的 } n=-2]{} z^{-2}$$

$$\therefore \frac{1}{z^2} = z^{-2} = r^{-2}[\cos(-2\theta) + i\sin(-2\theta)] \qquad (8)$$

依此類推得：

$$\frac{1}{z^n} = z^{-n} = r^{-n}[\cos(-n\theta) + i\sin(-n\theta)] \text{，} n = 0, -1, -2, \cdots, (-\infty), \qquad (9)$$

⇑（相當於 (6) 式之 n 變成）

於是由 (6) 和 (9) 式得：

$$(\cos\theta + i\sin\theta)^n = (\cos n\theta + i\sin n\theta)\text{，}$$

$$n = 0, \pm 1, \pm 2, \cdots, \pm\infty, \qquad (1\text{-}33)_1$$

$(1\text{-}33)_1$ 式叫 **de Moivre 公式** (de Moivre formula, Abraham de Moivre, 1667~1754)。同時由本例題的演算過程得下 $(1\text{-}33)_2$ 式關係式：

$$\left.\begin{aligned}&\arg.(z_1 z_2 \cdots z_n) = \arg.z_1 + \arg.z_2 + \cdots + \arg.z_n\\&\arg.\left(\frac{1}{z_1 z_2 \cdots z_n}\right) = -(\arg.z_1 + \arg.z_2 + \cdots + \arg.z_n)\\&\qquad z_k \neq 0，k = 1, 2, \cdots, n\end{aligned}\right\} \cdots\cdots (1\text{-}33)_2$$

(Ex.1-6)

實數的指數函數和正餘弦三角函數的展開式是：

$$e^x = \sum_{n=0}^{\infty} \frac{x^n}{n!}， \qquad |x| < \infty$$

$$\sin x = \sum_{n=0}^{\infty} \frac{(-1)^n}{(2n+1)!} x^{2n+1}， \qquad \cos x = \sum_{n=0}^{\infty} \frac{(-1)^n}{(2n)!} x^{2n}， \qquad |x| < \infty$$

如 $x = i\theta$，$i = \sqrt{-1}$，$-\infty < \theta < \infty$ 的實數，則證明 $e^{\pm i\theta} = \cos\theta \pm i\sin\theta$。

(解)：由於指數函數和正餘弦函數的變數變域一致，並且前者的**次數** (degree) 偶奇次數都有，於是能直接從指數函數切入。

$$\begin{aligned}e^{i\theta} &= \sum_{n=0}^{\infty} \frac{(i\theta)^{2n}}{(2n)!} + \sum_{n=0}^{\infty} \frac{(i\theta)^{2n+1}}{(2n+1)!}， \qquad (i)^{2n} = (-1)^n， \qquad (i)^{2n+1} = i\ (-1)^n\\&= \sum_{n=0}^{\infty} \frac{(-1)^n}{(2n)!} \theta^{2n} + i \sum_{n=0}^{\infty} \frac{(-1)^n}{(2n+1)!} \theta^{2n+1}\\&= \cos\theta + i\sin\theta\end{aligned}$$

$$\therefore e^{i\theta} = \cos\theta + i\sin\theta \cdots\cdots (1)$$

$$\text{而 } e^{-i\theta} = e^{i(-\theta)} \underset{(1)\text{式}}{=\!=\!=} \cos(-\theta) + i\sin(-\theta) = \cos\theta - i\sin\theta$$

$$\therefore e^{-i\theta} = \cos\theta - i\sin\theta \cdots\cdots (2)$$

$$\therefore e^{\pm i\theta} = \cos\theta \pm i\sin\theta \cdots\cdots (1\text{-}34)_1$$

$(1\text{-}34)_1$ 式就是 (1-5) 式的 **Euler 公式** (Euler's formula)，是 1777 年他發現虛數單位 i 後發現的重要公式，此式涵蓋著 $(1\text{-}33)_1$ 式：

$$\underbrace{e^{i\theta}\ e^{i\theta} \cdots e^{i\theta}}_{n\text{個}} = e^{in\theta} = \cos n\theta + i\sin n\theta$$
$$= (\cos\theta + i\sin\theta)^n$$

所以在複變函數，Euler 公式非常有用，同時從 Euler 公式能洞察出，複

數的指數函數 e^z 有週期性：

$$e^z = e^z e^{2k\pi i} = e^{z+2k\pi i}\text{，} k = 0, \pm1, \pm2, \cdots, [\pm\infty\ (\text{動態數})], \cdots\cdots\cdots\cdots (1\text{-}34)_2$$

$(1\text{-}34)_2$ 式的性質，不但帶來 $\mathbf{e}^z$ 的**逆函數**(**反函數**，inverse function)複數對數函數 [2)] $\ln z$ ，並且複數三角函數和其逆函數複數**反三角函數**(inverse trigonometric function)，以及複數**初級函數′**(**初等函數′**，elementary functions)多彩多姿的結果(請看第二章)。

(ii) 複數 n 次方根 (the n-th roots of complex numbers) **與** Riemann **面**

當解複數多項式或方程式時，會遇到非零複數 z 的 n 次方根，這時 Euler 公式或 de Moivre 公式很有用，$n = 2, 3, 4, \cdots$。

$$\begin{aligned}
z &= x + iy \\
&= re^{i\theta_p}\text{，}\quad r = {}_{+}\sqrt{x^2+y^2}\text{，}\quad \theta_p = \tan^{-1} y/x = \mathrm{Arg.}\, z \cdots\cdots\cdots\cdots (1\text{-}35)_1 \\
&\qquad\qquad 0 \le \theta_p < 2\pi \quad (\text{Arg. 為主值}) \\
&= r\,(e^{i\theta_p} \times 1) \\
&= re^{i\theta_p} e^{2\pi k i} \\
&= re^{(\theta_p + 2\pi k)i}\text{，}\qquad k = 0, 1, 2, \cdots \\
\therefore z^{1/n} &= r^{1/n} e^{\frac{(\theta_p+2\pi k)i}{n}}\text{，}\qquad n = 2, 3, 4, \cdots, k = 0, 1, 2, \cdots, (n-1)\text{。} \\
&= r^{1/n}\left(\cos\frac{\theta_p + 2\pi k}{n} + i\sin\frac{\theta_p + 2\pi k}{n}\right) \equiv \omega \cdots\cdots\cdots\cdots (1\text{-}35)_2
\end{aligned}$$

稱 $(1\text{-}35)_2$ 式的 ω 為 z 的 **n 次方根** (the n-th roots) ，n 為正整數。由 $(1\text{-}35)_2$ 式，z 的 n 次方根的具體式是：

$$\left.\begin{array}{l} k=0：\omega_1=r^{1/n}\left(\cos\dfrac{\theta_p}{n}+i\sin\dfrac{\theta_p}{n}\right)=r^{1/n}e^{i\theta_p/n} \\ k=1：\omega_2=r^{1/n}\left[\cos\left(\dfrac{\theta_p}{n}+\dfrac{2\pi}{n}\right)+i\sin\left(\dfrac{\theta_p}{n}+\dfrac{2\pi}{n}\right)\right]=\omega_1 e^{2\pi i/n} \\ \cdots\cdots\cdots\cdots\cdots\cdots\cdots\cdots\cdots\cdots \\ k=n-1：\omega_n=r^{1/n}\left[\cos\left(\dfrac{\theta_p}{n}+\dfrac{2(n-1)\pi}{n}\right)+i\sin\left(\dfrac{\theta_p}{n}+\dfrac{2(n-1)\pi}{n}\right)\right]=\omega_1 e^{2(n-1)\pi i/n} \end{array}\right\} \cdots\cdots (1\text{-}35)_3$$

$$\begin{aligned} \therefore\ \omega^n - z &= (\omega-\omega_1)(\omega-\omega_2)(\omega-\omega_3)\cdots(\omega-\omega_n) \\ &= \omega^n-(\omega_1+\omega_2+\omega_3+\cdots+\omega_n)\omega^{n-1} \\ &\quad +(\omega_1\omega_2+\omega_2\omega_3+\cdots+\omega_{n-1}\omega_n)\omega^{n-2} \\ &\quad +\cdots+(-1)^n\omega_1\omega_2\cdots\omega_m=0 \end{aligned}$$

則由多項式性質得：

$$\left.\begin{array}{l} \omega_1+\omega_2+\omega_3+\cdots+\omega_n=0 \\ \omega_1\omega_2\omega_3\cdots\omega_n=(-1)^{n-1}z \end{array}\right\} \cdots\cdots (1\text{-}35)_4$$

$(1\text{-}35)_4$ 式是 $z^{1/n}$ 的 n 個根的關係式。那麼 $(1\text{-}35)_2$ 式的內涵是什麼？$\omega = z^{1/n}$ 表示 ω 是 z 的函數，該式與 $\omega^n = z$ 是等價式。換句話，對一個 $z = r\exp(i\theta_p)$，ω 有 $(1\text{-}35)_3$ 式的 n 個值（n 價），即 ω 是 n 個值的**多值函數**（**多價函數**，multiple-valued function, multivalued function）。而由 $(1\text{-}35)_1$ 式和 $(1\text{-}35)_3$ 式得 θ_p 以及 $\omega_1, \omega_2, \cdots, \omega_n$ 的值域 D 以及 D_j，$j = 1, 2, \cdots, n$ 是：

$$z \Longleftrightarrow \theta_p： \qquad [0 \le \theta_p < 2\pi] \equiv D \cdots\cdots (1\text{-}36)_1$$

$$\omega \Longleftrightarrow \left\{\begin{array}{l} \omega_1：\left[\left(\dfrac{0}{n}=0\right)\le \arg.\ \omega_1<\dfrac{2\pi}{n}\right]\equiv D_1 \\ \omega_2：\left[\left(\dfrac{2\pi}{n}\right)\le \arg.\ \omega_2<\dfrac{4\pi}{n}\right]\equiv D_2 \\ \omega_3：\left[\left(\dfrac{4\pi}{n}\right)\le \arg.\ \omega_3<\dfrac{6\pi}{n}\right]\equiv D_3 \\ \cdots\cdots\cdots\cdots\cdots\cdots \\ \omega_n：\left[\left(\dfrac{2(n-1)\pi}{n}\right)\le \arg.\ \omega_n<\left(\dfrac{2n\pi}{n}=2\pi\right)\right]\equiv D_n \end{array}\right\} \cdots\cdots (1\text{-}36)_2$$

ω 是 z 的函數，於是由 (1-31) 式對應於 $(1\text{-}36)_1$ 和 $(1\text{-}36)_2$ 式得圖 (1-9)(a) 和 (b)。圖說明的是，當 θ_p 在變數平面 z 平面，圖 (1-9)(a) 平面上取 $0 \leq \theta_p < 2\pi$ 任意一個值，則 ω_i 就在函數平面 D_i 區域上得對應的一個值。θ_p 是逆時針方向，於是 ω_i 值的變化方向，也是如圖 (1-9)(b) 的逆時針方向，$i = 1, 2, \cdots, n$。到了 θ_p 進入繞圖 (1-9)(a) 原點 O 第二圈 $2\pi \leq \theta_p < 4\pi$，則 $(1\text{-}35)_2$ 式的 $\theta_p \Longrightarrow (\theta_p + 2\pi)$，這時 $(1\text{-}35)_3$ 式的 $\omega_1 \Longrightarrow \omega_2$ 的值域，$\omega_2 \Longrightarrow \omega_3$ 的值域，而 $\omega_n \Longrightarrow \omega_1$ 的值域。依此類推下去，θ_p 轉第 n 圈的 $2n\pi \leq \theta_p < 2(n+1)\pi$ 時回源，即 ω_i 回到自己的 D_i 值域：

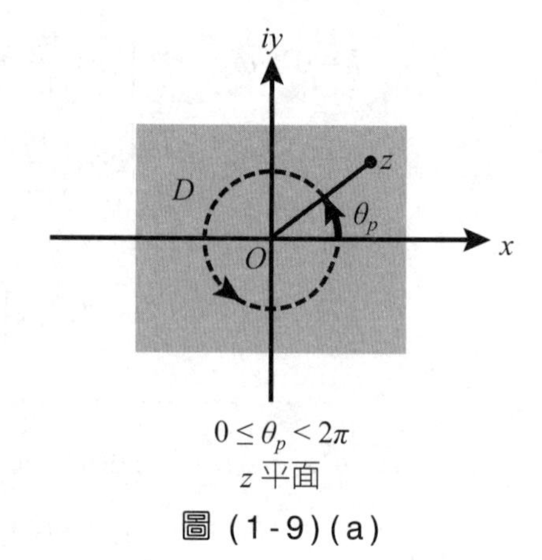

$0 \leq \theta_p < 2\pi$

z 平面

圖 (1-9)(a)

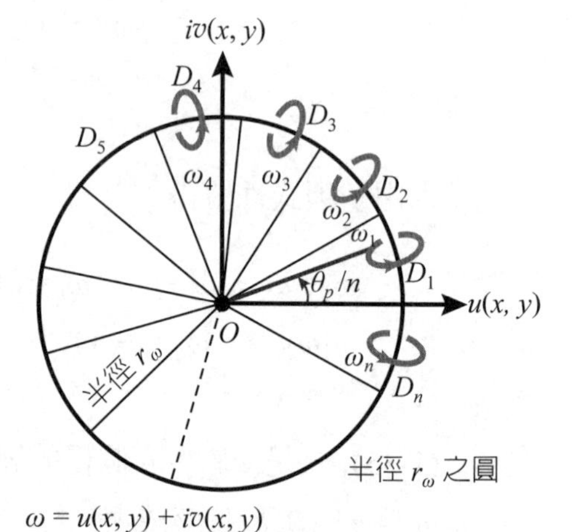

$\omega = u(x, y) + iv(x, y)$

$r_\omega = {}_+\sqrt{u^2 + v^2} = r^{1/n}$

ω_i 各在自己的值域 D_i 逆時針方向繞，當 θ_p 在 z 平面逆時針方向轉，$i = 1, 2, \cdots, n$。

函數平面 ω 平面

圖 (1-9)(b)

$$\left\{\begin{array}{l}(0 \leq \theta_p < 2\pi) \sim (2(n-1)\pi \leq \theta_p < 2n\pi) \\ D_i \text{ 的 } \omega_i = \omega_1, \omega_2, \cdots, \omega_{n-1}, \omega_n \\ i = 1, 2, 3, \cdots, n \text{。}\end{array}\right\} \quad (1\text{-}36)_3$$

為了深入瞭解 $(1\text{-}36)_3$ 式，將其內涵具體地表示於下 $(1\text{-}36)_4$ 式。

ω_i 值域，$i = 1, 2, \cdots, n$

z 值域	**ω_1**	**ω_2**	…………	**ω_{n-1}**	**ω_n**
$0 \leq \theta_p < 2\pi \longleftrightarrow$	D_1	D_2	…………	D_{n-1}	D_n
$2\pi \leq \theta_p < 4\pi \longleftrightarrow$	D_2	D_3	…………	D_n	D_1
$4\pi \leq \theta_p < 6\pi \longleftrightarrow$	D_3	D_4	………… D_n	D_1	D_2
$2(n-1)\pi \leq \theta_p < 2n\pi \longleftrightarrow$	D_n	D_1	…………	D_{n-2}	D_{n-1}
$2n\pi \leq \theta_p < 2(n+1)\pi \longleftrightarrow$	D_1	D_2	…………	D_{n-1}	D_n

（前五列）………… $(1\text{-}36)_4$

重複 $(1\text{-}36)_4$ 式 ………… $(1\text{-}36)_5$

$(1\text{-}36)_3$ 式或 $(1\text{-}36)_4$ 式表示，函數空間 $\omega = (u + iv)$ 的每一區域 D_i 上的 ω_i 值會出現不正常的 n 個值，即**多值**(**多價**，multivalue)。那麼能不能使每一個 D_i 的每一點只有一個 ω_i 值呢？回答是：“能”，就是使用 Riemann 面。當 $\omega = z^{1/n}$ 時，把 n **葉** (sheat) 的複數變數平面 z 平面疊在一起後，如圖 (1-8) 沿著 x 正軸方向剪斷，則圖 (1-9)(a) 的原點“O”就是**分支點** (branch point)，正 x 軸是**分支線** (branch line)，D 是第一葉 Riemann 面 R_1，於是第 i 葉 Riemann 面 R_i 是：

$$\left.\begin{array}{l}\boxed{\text{變數平面的 }\theta_p}:\ \longrightarrow\ \boxed{R_i\text{ 的 }\theta_p(R_i)}: \\ [2(i-1)\pi \le \theta_p < 2i\pi] \longrightarrow \underbrace{[0 \le \theta_p(R_i) < 2\pi] \longleftrightarrow [0 \le \theta_p < 2\pi]} \\ i = 1, 2, \cdots, n \qquad\qquad \Downarrow \\ \qquad\qquad\qquad \omega_i \text{ 永在 } D_i \end{array}\right\} \cdots\cdots\cdots\cdots (1\text{-}37)$$

(1-37) 式表示每一葉 Riemann 面 R_i 的 $\theta_p(R_i)$。只有一個值 ω_i 在自己的值域 D_i，請必看第二章的 (Ex.2-16)。所以 ω 平面上的每一點只有一個值，即**單值** (single value)，稱每一個 ω_i 所在區域 D_i 爲 $z^{1/n}$ 的**分支** (branch)，而 $z^{1/n}$ 是分支的總稱，$i = 1, 2, \cdots, n$ (請務必看本章習題 (10))。

(Ex.1-7) 求：(1) $z = i$ 的立方根 ω_j，$j = 1, 2, 3$，
(2) 畫各根 ω_j 以及其值域 D_j 在 $\omega = z^{1/3}$ 函數面上的位置。

(**解**)：(1) 求 $z = i$ 的立方根，由 $(1\text{-}35)_1$ 式得：

$$\begin{aligned} z &= x + iy = i \\ &= re^{i\theta} \quad,\quad \theta_p = \text{主輻角} = \text{Arg.}\,z \\ &\left\{\begin{array}{l} \theta_p = \tan^{-1}(y/x) = \tan^{-1}\left(\dfrac{1}{0}\right) = \tan^{-1}(\infty) = \dfrac{\pi}{2} \\ r = {}_+\sqrt{x^2+y^2} = \sqrt{0^2+1^2} = 1\text{，如圖 (1-10)(a)} \end{array}\right. \\ &= 1e^{\pi i/2} = e^{(\pi/2+2k\pi)i}\text{，}k = 0, 1, 2, \cdots, (n-1)\text{。} \end{aligned}$$

$$\therefore\ z^{1/3} = e^{(\pi/2+2k\pi)i/3} = e^{(\pi+4k\pi)i/6} \equiv \omega\text{，}k = 0, 1, 2\text{。}$$

(2) 分別由 $(1\text{-}35)_3$ 式和 $(1\text{-}36)_2$ 式得 ω_j 和 D_j，$j = 1, 2, 3$：

$$k=0：\begin{cases}\omega_1 = \cos\pi/6 + i\sin\pi/6 = \dfrac{1}{2}(\sqrt{3}+i)\\ D_1 = \omega_1\text{之值域，}0 \le D_1 < (2\pi/3 = 120°)\end{cases}$$

$$k=1：\begin{cases}\omega_2 = \cos 5\pi/6 + i\sin 5\pi/6 = \dfrac{1}{2}(-\sqrt{3}+i)\\ D_2 = \omega_2\text{之值域，}2\pi/3 \le D_2 < (4\pi/3 = 240°)\end{cases}$$

$$k=2：\begin{cases}\omega_3 = \cos 9\pi/6 + i\sin 9\pi/6 = -i\\ D_3 = \omega_3\text{之值域，}4\pi/3 \le D_3 < (6\pi/3 = 360°)\end{cases}$$

$$\begin{aligned}\omega &= z^{1/n} = z^{1/3}\\ &= u(x, y) + iv(x, y)\end{aligned}$$

於是 ω_j 和 D_j 各如圖 (1-10)(b) 所示。

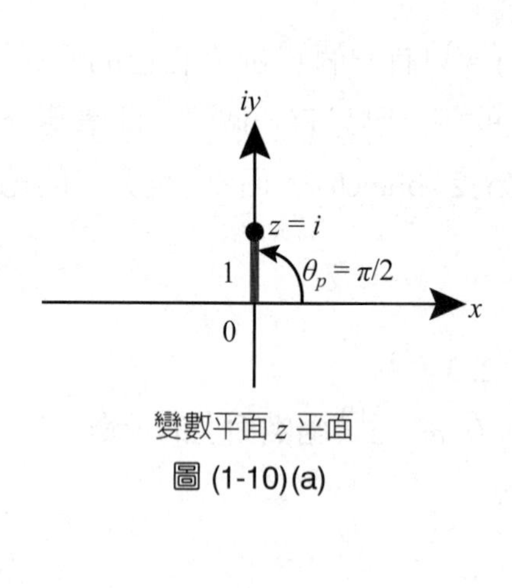

變數平面 z 平面

圖 (1-10)(a)

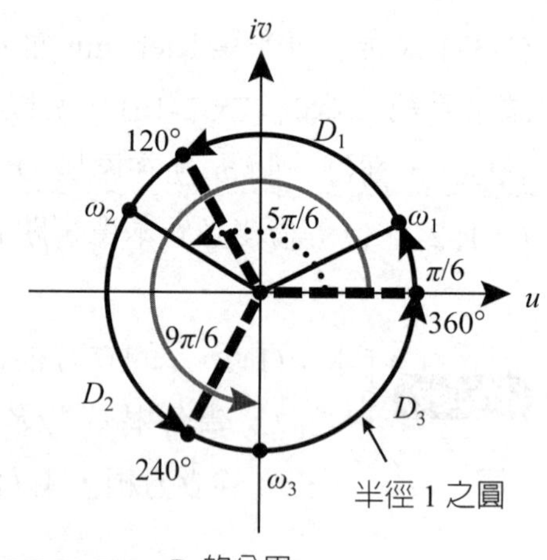

▬ ▬ ▬ $= D_j$ 的分界

$\omega_j = \exp.\left(\dfrac{1+4k}{6}\pi i\right)$, $k = 0, 1, 2,$

$j = 1, 2, 3,$

函數平面 ω 平面

圖 (1-10)(b)

(Ex.1-8) 求：(1) 複數 $z=\pm a$ 的 $\pm a$ 之 n 次方根 $z^{1/n}$，
(2) $z^n=\pm a$ 的 z，即 $\pm a$ 之 n 次方根 z，n = 正整數，a = 正實數。
(3) 分別畫圖討論 (1) 和 (2) 的結果，以及討論 $z^n=1$ 與 $z^n=z_0$，z_0 = 複數的情況。

（解）：$z=\pm a$ 的 n 次方根 $z^{1/n}=(\pm a)^{1/n}$ 與 $z^n=\pm a$ 的 n 次方根 $z=(\pm a)^{1/n}$ 都會遇到 $(\pm a)^{1/n}$ 數學量，但內涵不同。前者不會出現在 z 的複數面，而在 $z^{1/n}=\omega$ 的函數面上，後者是在 z 的複數面。爲什麼呢？一般地 a 是複數，爲了清楚演算過程才取 a = 正實數。複數 $z=\pm a$ 表示在 Gauss 面有個複數 $(+a)$ 或 $(-a)$，現以 $(+a)$ 來說明。設 $a^{1/n}$ 是某複變數 z 的 n 次方根 $z^{1/n}\equiv\omega(z)$，即 ω 爲 z 的函數，則 $z^{1/n}=\omega$ 等價於 $\omega^n=z$。$\omega^n=z$ 表示在函數平面有 n 個複數 ω_j，$j=1, 2, \cdots, n$，且 $\omega_j^n=z$，故 ω_j 是在函數平面上的複數方程式 $\omega^n=z$ 的解。同理，$z^n=a$ 表示在 Gauss 平面上有 n 個複數 z_j，$j=1, 2, \cdots, n$，且 $z_j^n=a$，於是 z_j 是在 Gauss 面上的複數方程式 $z^n=a$ 之解。

(1) 求 $z=\pm a$ 的 $\pm a$ 之 n 次方根 $z^{1/n}$：

(a) $z=+a$ 時：

$$\begin{aligned}
z&=a\\
&=x+iy\\
&=r(\cos\theta_p+i\sin\theta_p)，\qquad \theta_p=\text{主輻角}=\text{Arg}\cdot z\\
&=re^{i\theta_p}=re^{(\theta_p+2k\pi)i}，\quad k=0, 1, 2, \cdots
\end{aligned}$$

$$\begin{cases}
r={}_+\sqrt{x^2+y^2}=\sqrt{a^2+0^2}=a\\
\theta_p=\tan^{-1}(y/x)=\tan^{-1}\left(\dfrac{0}{a}\right)=\tan^{-1}(0)=0\pi\\
\therefore r=a，\qquad \theta_p=0\pi \cdots\cdots (1)
\end{cases}$$

$$\left.\begin{aligned}
\therefore z^{1/n}&=a^{1/n}e^{2k\pi i/n}，\qquad k=0,1,2,\cdots,(n-1),\\
&\equiv\omega\quad，\text{或}\quad \omega^n=z
\end{aligned}\right\}\cdots\cdots (2)$$

(2) 式的 z 是複數，其函數 ω 一般也是複數，由 (2) 式得 n 個 n 次方根：

$$\left.\begin{aligned}
&k=0：\quad \omega_1=a^{1/n}e^{0\pi i/n}=a^{1/n}\equiv\omega_0\\
&k=1：\quad \omega_2=a^{1/n}e^{2\pi i/n}=\omega_0 e^{2\pi i/n}\\
&\cdots\cdots\cdots\cdots\\
&k=n-1：\quad \omega_n=a^{1/n}e^{2(n-1)\pi i/n}=\omega_0 e^{2(n-1)\pi i/n}
\end{aligned}\right\}\cdots\cdots (3)$$

(b) $z=-a$ 時：

$z=a$ 與 $z=-a$ 的差在負符號 (-1)，於是兩者的輻角**主值** (principal

value) 差就在 (–1)！由 $(1\text{-}33)_2$ 式得：

$$\arg.(-a)=\arg.[(-1)(a)]=\arg.(-1)+\arg.(a)$$

由 $(1\text{-}28)_1$ 式得：

$$\left.\begin{aligned}&\cos\theta+i\sin\theta=-1 \text{ 的 } \theta=\pi\\ &\therefore \arg.(-a)=\pi+\arg.(a)\xlongequal[(1)\text{式}]{}\pi+0\pi=\pi\\ &\text{而 } r={}_{+}\sqrt{x^2+y^2}=\sqrt{(-a)^2+0^2}=a\end{aligned}\right\}\cdots\cdots(4)$$

但也可以照 (1) 式那樣地直接求 $(-a)$ 的輻角：

$$\theta_p=\tan^{-1}\left(\frac{y}{x}\right)=\tan^{-1}\left(\frac{0}{-a}\right)=\tan^{-1}(-0)=\pi$$

$$\left.\begin{aligned}&\therefore z^{1/n}=a^{1/n}e^{(\pi+2k\pi)i/n}\text{，}k=0,1,2,\cdots,(n-1)\text{。}\\ &\qquad\equiv\tilde{\omega}\quad\text{，或}\quad\tilde{\omega}^n=z\end{aligned}\right\}\cdots\cdots(5)$$

$$\therefore\left\{\begin{aligned}&k=0\text{：}\tilde{\omega}_1=a^{1/n}e^{\pi i/n}\equiv\omega_0e^{\pi i/n}\text{，}\omega_0\equiv a^{1/n}\\ &k=1\text{：}\tilde{\omega}_2=\omega_0e^{3\pi i/n}\\ &\cdots\cdots\cdots\cdots\cdots\cdots\\ &k=n-1\text{：}\tilde{\omega}_n=\omega_0e^{(2n-1)\pi i/n}\end{aligned}\right\}\cdots\cdots(6)$$

(2) 求 $z^n=\pm a$ 的 $\pm a$ 之 n 次方根 z：

(a) $z^n=+a$ 時：

z 是未知，只知 $z^n=a$，故從 a 切入：

$$\text{設 } a=r(\cos\theta_p+i\sin\theta_p)=x+iy\quad\text{，}\quad\theta_p=\text{Arg}.a$$

$$=re^{i\theta_p}=re^{(\theta_p+2k\pi)i}\quad\text{，}\quad k=0,1,2,\cdots$$

$$r={}_{+}\sqrt{x^2+y^2}=\sqrt{a^2+0^2}=a$$

$$\theta_p=\tan^{-1}\left(\frac{y}{x}\right)=\tan^{-1}\left(\frac{0}{a}\right)=\tan^{-1}(0)=0\pi$$

$$\therefore r=a\quad\text{，}\quad\theta_p=0\pi\cdots\cdots(7)$$

$$\therefore z=a^{1/n}=a^{1/n}e^{(0\pi+2k\pi)i/n}$$

$$=a^{1/n}e^{2k\pi i/n}\quad\text{，}\quad k=0,1,2,\cdots,(n-1)\text{。}\cdots\cdots(8)$$

所以 $a^{1/n}$ 的 n 個 n 次方根是：

$$\left.\begin{array}{l} k=0：z_1=a^{1/n}\,\mathbf{e}^{0\pi i/n}=a^{1/n}=\omega_0 \\ k=1：z_2=\omega_0\,\mathbf{e}^{2\pi i/n} \\ \cdots\cdots\cdots\cdots\cdots\cdots \\ k=n-1：z_n=\omega_0\,\mathbf{e}^{2(n-1)\pi i/n} \end{array}\right\} \cdots\cdots\cdots (9)$$

(9) 式的右邊等於 (3) 式的右邊，但左邊不同，表示兩式的內涵不同。

(9) 式是在複變數平面 z 平面，而 (3) 式是在 z 的函數平面 ω 平面。

(b) $z^n=-a$ 時：

設 $-a=x+iy$

$$=r(\cos\theta_p+i\sin\theta_p)$$

$$=r\mathbf{e}^{i\theta_p}=r\mathbf{e}^{(\theta_p+2k\pi)i}\quad，\quad k=0,1,2,\cdots$$

$$r={}_{+}\sqrt{x^2+y^2}=\sqrt{(-a)^2+0^2}=a$$

$$\theta_p=\tan^{-1}\left(\frac{y}{x}\right)=\tan^{-1}\left(\frac{0}{-a}\right)=\tan^{-1}(-0)=\pi$$

$$\therefore r=a，\theta_p=\pi \cdots\cdots\cdots (10)$$

$$\therefore z=(-a)^{1/n}=a^{1/n}\mathbf{e}^{(\pi+2k\pi)i/n}\quad，\quad k=0,1,2,\cdots,(n-1)$$

$$=a^{1/n}\mathbf{e}^{(2k+1)\pi i/n} \cdots\cdots\cdots (11)$$

所以 $(-a)^{1/n}$ 的 n 個 n 次方根是：

$$\left\{\begin{array}{l} k=0：\tilde{z}_1=\omega_0\,\mathbf{e}^{\pi i/n} \\ k=1：\tilde{z}_2=\omega_0\,\mathbf{e}^{3\pi i/n} \\ \cdots\cdots\cdots\cdots\cdots\cdots \\ k=n-1：\tilde{z}_n=\omega_0\,\mathbf{e}^{(2n-1)\pi i/n} \end{array}\right\} \cdots\cdots\cdots (12)$$

(12) 式和 (6) 式的右邊相同，但左邊不同，表示內涵不同，前者在複變數平面 z 平面，而後者在函數平面 ω 平面。

(3) 討論與畫圖 (1) 和 (2) 的結果，以及 $z^n=1$ 和 $z^n=z_0$ 時的情況：

(a) 畫 (1) 的結果圖：

由 (3) 式得如圖 (1-11)(b) $z=a$ 的 n 次方根圖，這 n 個 n 次方根位在 z 的函數 $\omega=(u+iv)$ 平面，半徑 $=a^{1/n}=\omega_0$ 圓的內接 n 多邊形的各邊角。這 n 個等腰三角形的頂角是 $2\pi/n$。至於 $z=(-a)$，從圖 (1-11)

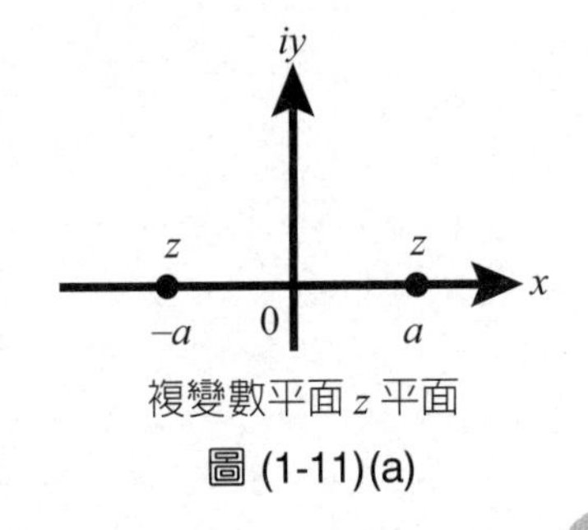

複變數平面 z 平面

圖 (1-11)(a)

(a) 明顯地看出其幅角是 π (從 (4) 式也可以)，於是 $z=(-a)$ 的 n 次方根 (6) 式 $\tilde{\omega}_j = e^{\pi i/n}\omega_j$ 是和 ω_j 一樣地，位在半徑 $a^{1/n}=\omega_0$ 圓的內接 n 多邊形之各邊角，其邊角在從圖 (1-11)(b) 逆時針方向各移 $\exp.(\pi i/n)$，$j=1, 2, 3, \cdots, n$。

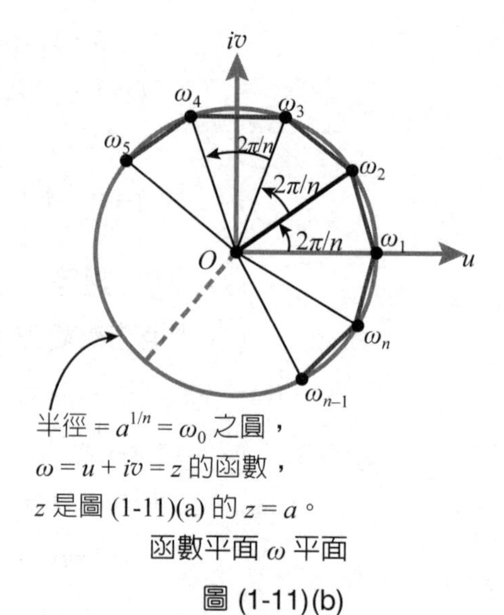

函數平面 ω 平面

圖 (1-11)(b)

(b)畫 (2) 的結果圖：

$z^n=a$ 與其 n 次方根 $z=a^{1/n}$ 都在複變數平面 z 平面上，所以才稱爲 a 的 n 次方根；換句話，a 是主角，必須先解決 a 的**極形式** (polar form)，因爲解題過程用 Euler 公式，就是 (7) 式到 (9) 式的演算過程。$z^n=a$ 的 n 個 n 次方根 z_j 是圖 (1-12)，半徑 $=a^{1/n}\equiv\omega_0$ 圓的內接 n 多邊形之邊角，$j=1, 2, \cdots, n$。至於 $z^n=(-a)$，相當於 a 乘上 "$-1=e^{\pi i}$"，於是其 n 次方根 $\tilde{z}_j=e^{\pi i}z_j$，$j=1, 2, \cdots, n$。所以 $\tilde{z}_j$ 在 z_j 的逆時針方向轉 $\exp\cdot(\pi i/n)$ 之位置。

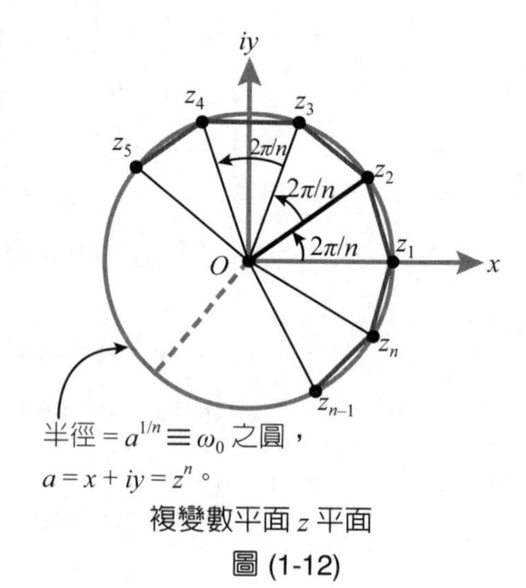

複變數平面 z 平面

圖 (1-12)

(c)當 (2) 的 $a=1$ 時：

由 (7) 式得 $r=1$，於是 (8) 式變成：

$$z=e^{2k\pi i/n},\qquad k=0, 1, 2, \cdots, (n-1)。$$

$$\therefore\left.\begin{cases} k=0: & z_1=1 \\ k=1: & z_2=e^{2\pi i/n}\equiv w \\ k=2: & z_3=e^{4\pi i/n}=w^2 \\ \cdots\cdots & \cdots\cdots \\ k=n-1: & z_n=e^{2(n-1)\pi i/n}=w^{n-1} \end{cases}\right\}\cdots\cdots(13)$$

所以 1 的 n 次方根 $1^{1/n}$ 是：

$$1, w, w^2, \cdots, w^{n-1} \quad ; \quad w \equiv e^{2\pi i/n} \cdots\cdots (14)$$

(14) 式每個根的位置是半徑 1 的圖 (1-12) 的 z_j，$j = 1, 2, \cdots, n$。(14) 式等於解 $z^n = 1$ 的複數方程式得的 n 個解。

$$\begin{aligned}\therefore z^n - 1 &= (z - z_1)(z - z_2)(z - z_3)\cdots(z - z_{n-1})(z - z_n) \\ &= (z - 1)(z - w)(z - w^2)\cdots(z - w^{n-2})(z - w^{n-1}) \\ &= z^n - (1 + w + w^2 + \cdots + w^{n-2} + w^{n-1})z^{n-1} \\ &\quad + (w + w^2 + w^3 + \cdots + w^{2n-3})z^{n-2} \\ &\quad + \cdots + (-1)^n 1 \cdot w \cdot w^2 \cdot \cdots \cdot w^{n-1} \cdots\cdots (15)\end{aligned}$$

於是由 $(1\text{-}35)_4$ 式得：

$$\left.\begin{aligned} &1 + w + w^2 + \cdots + w^{n-2} + w^{n-1} = 0 \\ &1 \cdot w \cdot w^2 \cdot w^3 \cdot \cdots \cdot w^{n-2} \cdot w^{n-1} = (-1)^{n-1}\end{aligned}\right\} \cdots\cdots (1\text{-}38)$$

(1-38) 式是 $z^n = 1$ 的 n 個解之關係式，由於 $z^n = 1$ 等價於 $z = 1^{1/n}$，所以 (1-38) 式又稱爲 1 之 n 次方根關係式。利用此關係式可得 $n > 1$ 正整數的正餘弦 (1-39) 式級數。由 (1-38) 式和 (13) 式得：

$$\begin{aligned} &1 + w + w^2 + \cdots + w^{n-1} \\ &= 1 + e^{2\pi i/n} + e^{4\pi i/n} + \cdots + e^{2(n-1)\pi i/n} \\ &= \left(1 + \cos\frac{2\pi}{n} + \cos\frac{4\pi}{n} + \cdots + \cos\frac{2(n-1)\pi}{n}\right) \\ &\quad + i\left(\sin\frac{2\pi}{n} + \sin\frac{4\pi}{n} + \cdots + \sin\frac{2(n-1)\pi}{n}\right) = 0\end{aligned}$$

$$\therefore \left\{\begin{aligned} &\cos\frac{2\pi}{n} + \cos\frac{4\pi}{n} + \cdots + \cos\frac{2(n-1)\pi}{n} = -1 \\ &\sin\frac{2\pi}{n} + \sin\frac{4\pi}{n} + \cdots + \sin\frac{2(n-1)\pi}{n} = 0 \\ &n = 2, 3, 4, \cdots\end{aligned}\right\} \cdots\cdots (1\text{-}39)$$

(d)$z^n = z_0$，$z_0 =$ 複數時：

由 (7) 式到 (12) 式演算過程得，解複數方程式 $z^n = z_0$ 的關鍵是求：

$$\left.\begin{array}{l}\text{(i) } z_0 \text{ 的模數，絕對值} |z_0|\text{，}\\ \text{(ii) } z_0 \text{ 的主輻角 Arg. } z_0\text{，}\end{array}\right\} \cdots\cdots (1\text{-}40)_1$$

如 $z_0 = (a + ib)$，a 和 b 為實數，則得：

$$\left.\begin{array}{l}|z_0| = {}_{+}\sqrt{a^2+b^2} \equiv r\\ \text{Arg. } z_0 = \tan^{-1}\left(\dfrac{b}{a}\right) \equiv \theta_p\end{array}\right\} \cdots\cdots (1\text{-}40)_2$$

$$\therefore \left\{\begin{array}{l}z = z_0^{1/n} = r^{1/n}\,\boldsymbol{e}^{(\theta_p + 2k\pi)i/n}\\ k = 0, 1, 2, \cdots, (n-1)\ \text{。}\end{array}\right\} \cdots\cdots (1\text{-}41)$$

(1-41) 式是 **z_0 的 n 次方根** (the n-th roots of z_0)，其每個根的位置在半徑 $r^{1/n} = (a^2 + b^2)^{\frac{1}{2n}}$ 的圖 (1-12) 的 z_j 逆時針方向轉 $\exp.(i\theta_p/n)$ 處。

(Ex.1-9)
(1) 求 $z = (-1 + \sqrt{3}\,i)$ 的三次方根，如要 z 的函數 $\omega = z^{1/3}$ 為單值函數，則要如何處理，請畫其幾何圖說明各結果。
(2) 解 $z^3 = (-1 + \sqrt{3}\,i)$，且畫其結果圖。

(**解**)：(1) 求 $z = (-1 + \sqrt{3}\,i)$ 的三次方根與畫其幾何圖：

這是 (Ex.1-8) 的 (1) 之具體例子，於是首要工作是求 z 的模數 $|z| \equiv r$ 與主輻角 Arg. $z \equiv \theta_p$。

(a)求主輻角有下面的兩方法：

方法 1：

$$\begin{aligned}-1 + \sqrt{3}\,i &= 2\left(-\frac{1}{2} + \frac{\sqrt{3}}{2}i\right)\\ &= 2\left(\cos\frac{2\pi}{3} + i\sin\frac{2\pi}{3}\right)\\ &= 2\boldsymbol{e}^{2\pi i/3}\end{aligned}$$

$$\therefore r = 2\text{，}\qquad \theta_p = \frac{2\pi}{3} = 120°$$

方法 2：

$$\theta_p = \tan^{-1}\left(\frac{\sqrt{3}}{-1}\right) = \tan^{-1}(-\sqrt{3}) = \frac{2\pi}{3}$$

$$r = {}_{+}\sqrt{(-1)^2+(\sqrt{3})^2}=\sqrt{4}=2$$

$$\therefore |z| = r = 2\text{，}\qquad \theta_p=\frac{2\pi}{3}=120^\circ \cdots\cdots (1)$$

$$\therefore z = 2e^{2\pi i/3} = 2e^{(2\pi/3+2k\pi)i}\text{，}\qquad k=0,1,2,\cdots\text{。}\cdots\cdots (2)$$

(b)求 $z=(-1+\sqrt{3}i)$ 的三次方根 ω_j 與其值域 D_j，$j=1, 2, 3$：

$$\begin{aligned} z^{1/3} &= 2^{1/3}e^{(2\pi/3+2k\pi)i/3} \\ &= 2^{1/3}e^{(2+6k)\pi i/9} \\ &\equiv \omega\text{，}\qquad k=0,1,2\text{。}\cdots\cdots (3) \end{aligned}$$

$$\therefore \left\{\begin{aligned} &k=0：\omega_1=2^{1/3}e^{2\pi/9} \\ &\qquad\quad \fallingdotseq 2^{1/2}(0.77+0.54i) \\ &k=1：\omega_2=2^{1/3}e^{8\pi i/9} \\ &\qquad\quad \fallingdotseq 2^{1/3}(-0.94+0.34i) \\ &k=2：\omega_3=2^{1/3}e^{14\pi i/9} \\ &\qquad\quad \fallingdotseq 2^{1/3}(0.17-0.98i) \end{aligned}\right\}\cdots\cdots (4)$$

由 $(1\text{-}36)_2$ 式得 ω_j 的值域 D_j，$j=1, 2, 3$：

$$\left.\begin{aligned} &\omega_1：D_1=\left[\left(\frac{0}{3}=0\right)\le\left(\arg.\ \omega_1=\frac{2\pi}{9}\right)<\left(\frac{2\pi}{3}=120^\circ\right)\right] \\ &\omega_2：D_2=\left[\left(\frac{2\pi}{3}\right)\le\left(\arg.\ \omega_2=\frac{8\pi}{9}\right)<\left(\frac{4\pi}{3}=240^\circ\right)\right] \\ &\omega_3：D_3=\left[\left(\frac{4\pi}{3}\right)\le\left(\arg.\ \omega_3=\frac{14\pi}{9}\right)<\left(\frac{6\pi}{3}=360^\circ\right)\right] \end{aligned}\right\}\cdots\cdots (5)$$

(c)畫 (1)，(4) 和 (5) 式的幾何圖：

輻角 θ_p 在**主值** (principal value) 領域 $0\le\theta_p<2\pi$ 時，(4) 式的 ω_j 確實在 (5) 式 D_j 內，不過當 θ_p 是 $2n\pi\le\theta_p<(2n+1)\pi$，$n\ge 1$，則照 $(1\text{-}36)_4$ 式，各 D_j 都是多值。於是爲了維持 ω 是 z 的單值函數，需要三葉 Riemann 面 R_1，R_2 和 R_3。把 (1) 式與 (4) 式和 (5) 式分別畫在圖 (1-13)(a) 與 (c)，而 Riemann 面在圖 (1-13)(b)，其原點“O”是三葉 Riemann 面的共同點**分支點** (branch point)，剪切線 $\overline{OQ}$，即圖 (1-13)(a) 的 x 軸正方向是**分支線** (branch line 或叫 branch cut)。

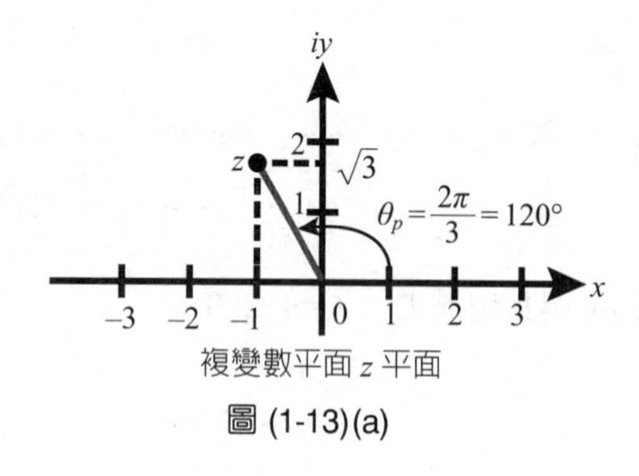

複變數平面 z 平面

圖 (1-13)(a)

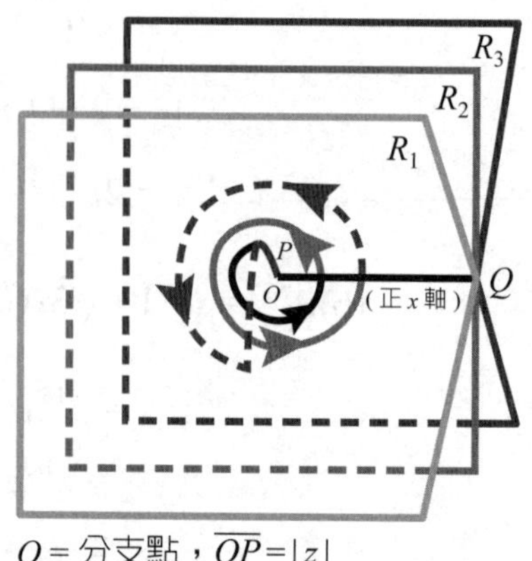

O = 分支點，$\overline{OP} = |z|$

$\overline{OQ}$ = 分支線，R_i = Riemann 面

$i = 1, 2, 3$。

圖 (1-13)(b)

$$\therefore \begin{cases} 2\pi \times 3n \leq \theta_p < 2\pi(3n+1) \text{ 在 } R_1\text{葉} \\ 2\pi(3n+1) \leq \theta_p < 2\pi(3n+2) \text{ 在 } R_2\text{葉} \\ 2\pi(3n+2) \leq \theta_p < 2\pi(3n+3) \text{ 在 } R_3\text{葉} \\ n = 0, 1, 2, \cdots \end{cases} \quad \cdots\cdots (6)$$

所以無論 θ_p 取什麼值，$\omega = z^{1/3}$ 都是單值函數。

(2) 解 $z^3 = (-1+\sqrt{3}i)$ 與畫其結果的幾何圖：

這是 (Ex.1-8)(2) 的具體例子，故必求 $(-1+\sqrt{3}i)$ 的絕對值和其輻角。

(a)求 $(-1+\sqrt{3}i)$ 的模數和其主輻角：

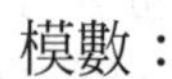

模數：

$$|(-1+\sqrt{3}i)|$$
$$= {}_{+}\sqrt{(-1+\sqrt{3}i)(-1-\sqrt{3}i)}$$
$$= \sqrt{(-1)^2 + (\sqrt{3})^2}$$
$$= 2 \equiv r$$

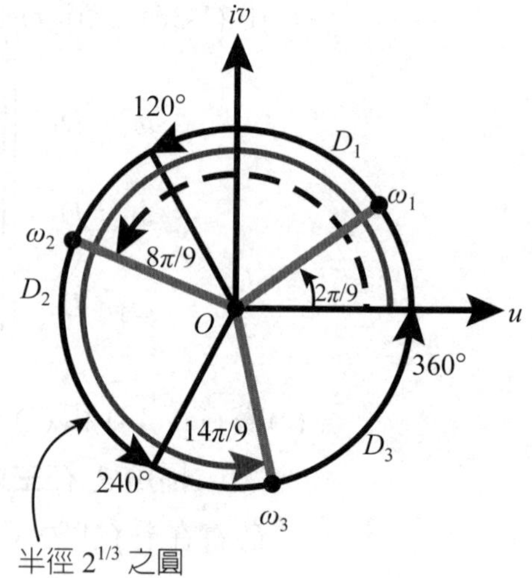

半徑 $2^{1/3}$ 之圓

$\omega_j = 2^{1/3}\ \exp.\left(\frac{2+6k}{9}\pi i\right)$

$\frac{2k}{3}\pi \leq D_j < \frac{2(k+1)}{3}\pi$

$j = 1, 2, 3$; $k = 0, 1, 2,$

$\omega = (-1+\sqrt{3}i)^{1/3} = (u+iv)$

函數平面 ω 平面

圖 (1-13)(c)

主輻角：

$$\text{Arg.}\,(-1+\sqrt{3}i)$$
$$=\tan^{-1}\left(\frac{\sqrt{3}}{-1}\right)=\tan^{-1}\ (-\sqrt{3})$$
$$=\frac{2\pi}{3}=\theta_p$$
$$\therefore z=(-1+\sqrt{3}i)^{1/3}$$
$$=(re^{i\theta_p})^{1/3}$$
$$=(re^{(\theta_p+2k\pi)i})^{1/3}$$
$$=2^{1/3}e^{(2\pi/3+2k\pi)i/3}$$
$$=2^{1/3}e^{(2+6k)\pi i/9}\ ,$$
$$k=0,1,2\ 。\cdots\cdots\cdots\cdots(7)$$

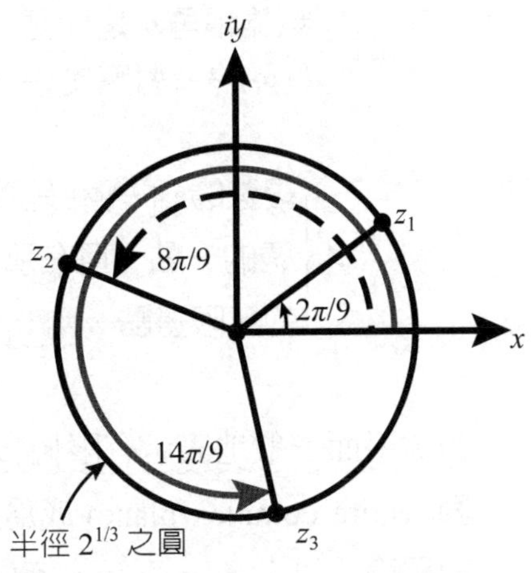

$z_j=2^{1/3}\ \exp.\left(\frac{2+6k}{9}\pi i\right)$

$j=1,2,3\ ;\ k=0,1,2,$

$z=(-1+\sqrt{3}i)^{1/3}=(x+iy)$

複變數平面 z 平面

圖 (1-13)(d)

(b) $z=(-1+\sqrt{3}i)^{1/3}$ 值和其幾何圖：

$$\therefore\begin{cases}k=0:z_1=2^{1/3}\,e^{2\pi i/9}\\k=1:z_2=2^{1/3}\,e^{8\pi i/9}\\k=2:z_3=2^{1/3}\,e^{14\pi i/9}\end{cases}$$ 如圖 (1-13)(d)。

(iii) 導入無限遠點，複數球？

在實數圖 (1-1) 的無限大數有兩種：

$$+\infty \qquad 和 \qquad -\infty \cdots\cdots\cdots\cdots (1\text{-}42)_1$$

那麼在複數 z 如何定義對應 $(1\text{-}42)_1$ 式的數學數呢？唯一能想到的是複數極形式：

$$z=x+iy=re^{i\theta} \qquad , \qquad r={}_{+}\sqrt{z^*z}=|z| \cdots\cdots\cdots\cdots (1\text{-}42)_2$$

比較 $(1\text{-}42)_1$ 式和 $(1\text{-}42)_2$ 式得：

$$\left.\begin{array}{l}\text{無論輻角}\,\theta\,\text{是什麼，}\\(+\infty)\longleftarrow\text{對應於}\longrightarrow(|z|\to\infty)\end{array}\right\}\cdots\cdots(1\text{-}42)_3$$

$$\therefore\left\{\begin{array}{l}\text{複數的}\,|z|\to\infty\,\text{是離複數平面 Gauss 面原點“}O\text{”無限}\\\text{遠的一點，且在那方向是不定，稱為該點為複數平面}\\\text{的\textbf{無限遠點}，用}\,|z|=\infty\,\text{符號表示。}\end{array}\right\}\cdots\cdots(1\text{-}43)$$

複數平面一般地表示有限值 $|z| < \infty$ 的所有點集合，於是稱含 $|z| = \infty$ 點爲**整複數面** (entire complex plane) 或爲**擴充複平面** (extended complex plane)，也簡稱爲**複數平面**，以 $|z| \leq \infty$ 表示。不過 $|z| < \infty$ 的代數演算：加減乘除，對 $|z| = \infty$ 是不能用，因爲 $|z| = \infty$ 是個假設點 (值)，雖寫成 $|z| = \infty$，但這“∞”和圖 (1-1) 的“$+\infty$”或“$-\infty$”意義不同。圖 (1-1) 的 $\pm\infty$ 一般地表示發散變數，而 $|z| = \infty$ 不是發散值，例如 $1/z = f(z) \equiv \omega$，則：

$$\frac{1}{|z|=\infty}=0 \quad \text{或} \quad \omega=0 \cdots\cdots (1\text{-}44)_1$$

$(1\text{-}44)_1$ 式表示函數平面上的“0”對應到擴充複數平面的 $|z| = \infty$ 之點，顯然 $|z| = \infty$ 是特別數，即：

$$\left.\begin{array}{ll}\infty+a=\infty\;, & (a\neq\infty\,,\,a=\text{常數})\\ a\cdot\infty=\infty\;, & (a\neq 0\;,\,a\neq\infty)\end{array}\right\}\cdots\cdots(1\text{-}44)_2$$

$(1\text{-}44)_2$ 式表示 $|z| = \infty$ 不會受任何平移與放大 ($|a| > 1$) 和縮小 ($|a| < 1$) 的影響 (請看本章習題 (4) 和 (5))，正如 Gauss 平面的原點“O”不受任何影響一樣，於是：

$$\left.\begin{array}{l}\dfrac{1}{0}=\infty\\ \text{或}\quad\text{當}\,|z|\to 0\;,\quad \omega\to\infty\end{array}\right\}\cdots\cdots(1\text{-}44)_3$$

或如下 $(1\text{-}44)_4$ 式定義 z 平面之 $z = \infty$ 的點：

$$\left.\begin{array}{l} \text{當} \quad \dfrac{1}{z}=\infty \\ \text{則} \quad \dfrac{1}{\infty}=0 \quad \text{，即 } z \text{ 的函數 } \omega=0 \text{ 為 } z=\infty \text{ 之點。} \end{array}\right\} \cdots\cdots (1\text{-}44)_4$$

$(1\text{-}44)_3$ 式右邊是函數平面 ω 平面的無限遠點。而 $(1\text{-}44)_4$ 式是複變數平面 z 平面的無限遠點。那麼如何表示 $|z| \leq \infty$ 複數平面最直感呢？是如圖 (1-14) 所示：

複數球面或稱作 **Riemann 球** ……………………………………………… (1-45)

(1-45) 式是半徑 1 的球 S_p 在複變數平面 P_C 的原點 "O" 相切，分別稱垂直於 P_C 的直徑兩端點 N 爲**北極** (north pole)，S 爲**南極** (south pole)。連 P_C 上任意點 P 和 N 時，必在 S_p 上有一個，且只有一個交點 P'，即 P_C 上任意一點 P 在 S_p 上必有 **1 對 1** (one to one) 的一點 P'，而離 P_C 原點無限遠之**點'** (points) 全會於 N 一點，換句話，N 是 P_C 的無限遠點的**映射** (mapping) 點。稱 S_p 爲**複數球面**或 **Riemann 球**，確實是一目瞭然地擴充複數面的圖像與 (1-43) 式內涵。像這樣把平面 (2 維) 映射成更高維 (3 維) 的方法叫**立體投影** (stereographic projection)。如圖 (1-14) 的 3 維是球狀時叫**球極平面投影**，英文也稱作 "stereographic projection"。同時說明著：「所謂的擴充複數平面，不是無限地擴充，是到 $|z|=\infty$ 的點' 會合於一點止。」當然圖 (1-14) 的複變數平面 P_C，Gauss 平面大小是無限大，只是其擴充不是無止境，而是任何方向的 $|z|$ 在距原點無限遠處的 $|z|=\infty$ 合爲一點。今後用的複數平面全含 $|z|=\infty$ 的複數平面。

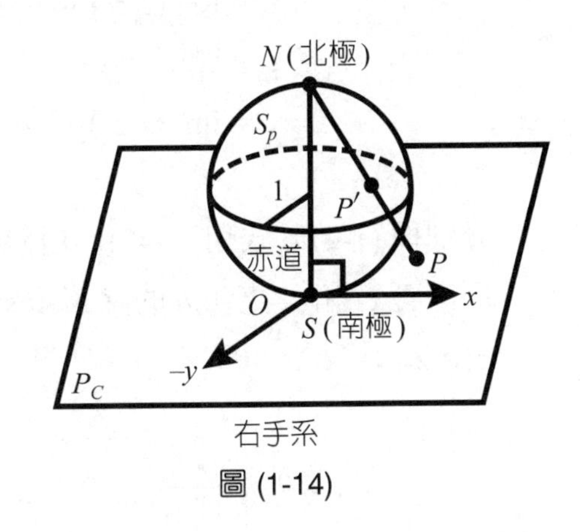

圖 (1-14)

(2) 複變數的標量積與向量積？

在 (1-27) 式獲得複數類比於物理向量，既然如此，在複變數能不能定義類比於物理學很重要的兩種乘法[2, 6]：

(i) 標量積 (scalar product，**又叫內積或點積**)：

$$\vec{A}\cdot\vec{B}=|\vec{A}||\vec{B}|\cos\theta$$
$$=A_xB_x+A_yB_y+A_zB_z \quad\cdots\cdots (1\text{-}46)_1$$

(ii) 向量積 (vector product，**又叫矢量積，外積或叉積**)：

$$\vec{A}\times\vec{B}=(|\vec{A}||\vec{B}|\sin\theta)\,\mathbf{e}_n$$
$$=\mathbf{e}_x(A_yB_z-A_zB_y)+\mathbf{e}_y(A_zB_x-A_xB_z)+\mathbf{e}_z(A_xB_y-A_yB_x) \quad\cdots\cdots (1\text{-}46)_2$$

θ是 $\vec{A}$ 與 $\vec{B}$ 的夾角，$\mathbf{e}_n$ 是垂直於 $\vec{A}$ 和 $\vec{B}$ 構成平面的單位向量。$\vec{A}$ 和 $\vec{B}$ 爲 3 維空間內的兩個獨立向量，其右下標誌是它們在座標軸 x, y 和 z 軸上的成分，而 $\mathbf{e}_x$，$\mathbf{e}_y$ 和 $\mathbf{e}_z$ 是各座標軸的單位向量。複數類比的是 2 維空間內的向量，於是假設 Gauss 平面上的兩個獨立複變數是 $z_1=(x_1+iy_1)$ 和 $z_2=(x_2+iy_2)$，則類比於 $(1\text{-}46)_1$ 式和 $(1\text{-}46)_2$ 式是：

$$z_1\cdot z_2=x_1x_2+y_1y_2$$
$$=\mathrm{Re.}(z_1^*z_2) \quad\cdots\cdots (1\text{-}47)_1$$
$$z_1\times z_2=x_1y_2-x_2y_1$$
$$=\mathrm{Im.}(z_1^*z_2) \quad\cdots\cdots (1\text{-}47)_2$$

分別稱 $(1\text{-}47)_1$ 式和 $(1\text{-}47)_2$ 式爲**複變數標量積**和**向量積**，同時類比於物理向量，可定義 z_1 和 z_2 夾角 θ 的餘弦 $\cos\theta$，以及 z_1 和 z_2 爲兩邊的平面四邊形面積大小 $|z_1\times z_2|$：

$$\cos\theta=\frac{z_1\cdot z_2}{|z_1||z_2|} \quad\cdots\cdots (1\text{-}47)_3$$

$$|z_1\times z_2|=|z_1||z_2|\sin\theta \quad\cdots\cdots (1\text{-}47)_4$$

於是稱 $z_1\cdot z_2=0$ 時，z_1 和 z_2 爲相互垂直，$z_1\times z_2=0$ 時，z_1 和 z_2 爲相互平行複數。

(Ex.1-10) 如圖 (1-15)，$z_1=(2+3i)$，$z_2=(4+2i)$，求：
(1) $z_1 \cdot z_2$，$z_1 \times z_2$，
(2) z_1 和 z_2 之夾角 θ，$|z_1 \times z_2|$。

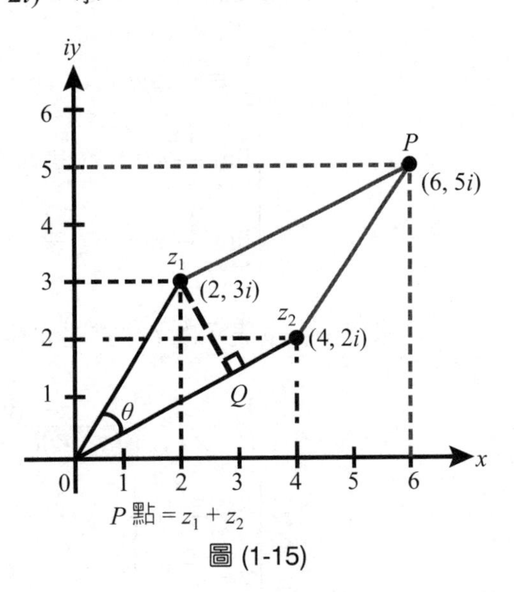

P 點 $=z_1+z_2$

圖 (1-15)

(解)：(1) 求 $z_1 \cdot z_2$ 和 $(z_1 \times z_2)$：

由 $(1\text{-}47)_1$ 和 $(1\text{-}47)_2$ 式得：

$$\begin{aligned} z_1 \cdot z_2 &= \text{Re.}(z_1^* z_2) \\ &= \text{Re.}[(2-3i)(4+2i)] \\ &= \text{Re.}(14-8i)=14 \cdots (1) \end{aligned}$$

$$\begin{aligned} z_1 \times z_2 &= \text{Im.}(z_1^* z_2) \\ &= \text{Im.}(14-8i)=-8 \cdots (2) \end{aligned}$$

(2) 求 z_1 和 z_2 之夾角 θ 和 $|z_1 \times z_2|$：

由 $(1\text{-}47)_3$ 和 $(1\text{-}47)_4$ 式得：

$$\cos\theta=\frac{z_1 \cdot z_2}{|z_1||z_2|} \underset{(1)式}{=\!=\!=} \frac{14}{(+\sqrt{z_1^* z_1})(+\sqrt{z_2^* z_2})}$$

$$=\frac{14}{\sqrt{(2-3i)(2+3i)}\sqrt{(4-2i)(4+2i)}}=\frac{14}{\sqrt{13}\sqrt{20}}=\frac{7}{\sqrt{65}}$$

$$\therefore \theta=\cos^{-1}(7/\sqrt{65}) \fallingdotseq 29.7° \cdots\cdots (3)$$

$$\sin\theta=\sqrt{1-\cos^2\theta}=\frac{4}{\sqrt{65}} \cdots\cdots (4)$$

$$\therefore |z_1 \times z_2|=|z_1||z_2|\sin\theta \underset{(3)和(4)式}{=\!=\!=} \sqrt{13}\sqrt{20}\,\frac{4}{\sqrt{65}}=8 \cdots\cdots (5)$$

$$\begin{aligned} &=(|z_1|\sin\theta)|z_2| \\ &=\overline{Z_1Q} \times \overline{OZ_2} \\ &= \text{平行四邊形 } OZ_2PZ_1 \text{ 面積。} \end{aligned}$$

(5) 式確實是 (2) 式的絕對值，並且更深刻地體會到 (1-27) 式。物理向量的本質是線性 2)，於是線性代數的演算法，複變代數學全能用。例如線性代數重要課題之一的**映射** (mapping)，在複變代數學同樣地重要。

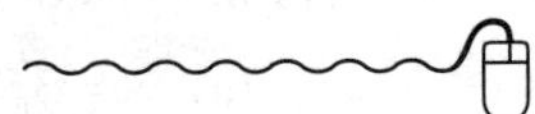

(Ex.1-11) 分析且畫幾何圖討論複變數 $z=(x+iy)$ 與其函數 $f(z)=\dfrac{1}{z}$ 之關係。

(解)：這題是**反演** (inversion) 變換例 (請看 (2–13) 式)。在線性代數，映射就是變換，

其數學式便是函數，於是設：

$$\frac{1}{z} \equiv \omega \equiv u + iv \quad ， u \text{ 和 } v \text{ 為 } x \text{ 和 } y \text{ 的實函數} \cdots\cdots (1)$$

$$\therefore \begin{cases} \lim_{z\to\infty} \frac{1}{z} = 0 & ，\text{表示函數平面 } \omega \text{ 平面的原點 } \omega = 0 \\ \lim_{z\to\infty} \frac{1}{z} = \infty & ，\text{表示函數平面的無限遠點 } |\omega| = \infty \end{cases} \cdots\cdots (2)$$

求以 x 和 y 表示的 (1) 式之 u 和 v：

$$\frac{1}{z} = \frac{1}{x+iy} = \frac{x-iy}{(x+iy)(x-iy)} = \frac{x}{x^2+y^2} - i\frac{y}{x^2+y^2}$$

$$\therefore \begin{cases} u = \dfrac{x}{x^2+y^2} \\ v = \dfrac{-y}{x^2+y^2} \end{cases} \cdots\cdots (3)$$

同樣地，以 u 和 v 表示的 (1) 式之 x 和 y：

$$z = \frac{1}{\omega} = \frac{1}{u+iv} = \frac{u-iv}{(u+iv)(u-iv)} = \frac{u}{u^2+v^2} - i\frac{v}{u^2+v^2}$$

$$\therefore \begin{cases} x = \dfrac{u}{u^2+v^2} \\ y = \dfrac{-v}{u^2+v} \end{cases} \cdots\cdots (4)$$

由 (2) 式以及 (3) 式和 (4) 式，顯然 Gauss 平面，即 z 平面與函數平面 ω 平面是類比，換句話：

> z 平面映射到 ω 平面的圖形關係 ═ ω 平面映射到 z 平面的圖形關係 ⋯⋯ (5)

(1) 畫 (4) 式的幾何圖：

(a) x = 非零常數 C_x，即在 z 平面平行於虛數軸 y 軸，如圖 (1-16)(a) 的直線，則由 (3) 和 (4) 式得：

$$u^2+v^2 = \frac{1}{x^2+y^2} = \frac{u}{x} = \frac{u}{C_x}$$

$$\therefore u^2+v^2-\frac{u}{C_x}=\left(u-\frac{1}{2C_x}\right)^2+v^2-\left(\frac{1}{2C_x}\right)^2=0$$

或 $\left(u-\frac{1}{2C_x}\right)^2+v^2=\left(\frac{1}{2C_x}\right)^2$ ……………………………… (6)

(6) 式表示在函數平面 ω 平面的映射圖是圓，其半徑 $\frac{1}{2C_x}$，圓心在 u 軸，且圓在原點 O 和 v 軸相切。$C_x>0$ 和 $C_x<0$ 的圓心分別在正 u 軸和負 u 軸。如圖 (1-16)(b) 的實曲線是圖 (1-16)(a) $C_x=1/4$ 和 $C_x=-1/4$ 的映射圖，z 平面 C_x 上的每一點 P_x 或 P_x' 所對應的 ω 平面上之座標是：

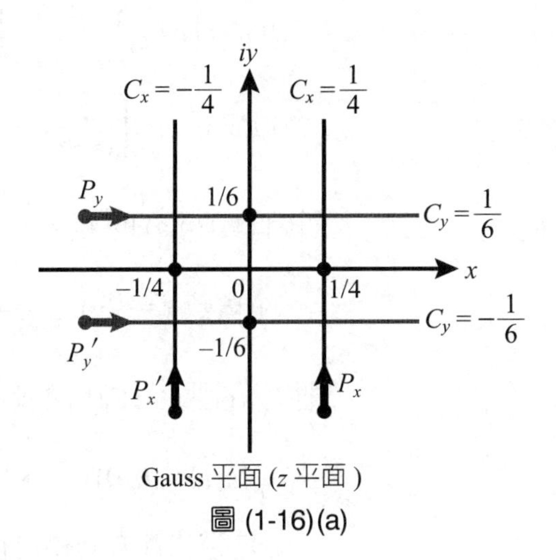

圖 (1-16)(a)

$$(u,v)=\left(\frac{C_x}{C_x^2+y^2},\frac{-y}{C_x^2+y^2}\right)\cdots\cdots(7)$$

設 ω 平面上的 (7) 式為 Q_u(C_x = 正值時) 和 Q_u'(C_x = 負值時)，則如圖 (1-16)(a)，在 $C_x=1/4$ 直線上之點 P_x，從實數 $y=-\infty$ (實數才可以寫成 $y=-\infty$) 上移到 $y=0$，則由 (7) 式得 P_x 在 ω 平面上的映射點 Q_u 就從 (7) 式的 $(u,v)=(0,0)$ 原點順時針方向繞圓周到 $(u,v)=(4,0)$，而 P_x 從 $y=0$ 到 $y=\infty$ 時，Q_u 從 $(u,v)=(4,0)$ 順時針方向回到起點之原點。同理在圖 (1-16)(a) 的 $C_x=-1/4$ 的 P_x' 從 $y=-\infty$ 上移到 $y=\infty$ 時，其映射點 Q_u' 就從 $(u,v)=(0,0)$ 原點如圖 (1-16)(b) 逆時針方向到 $(u,v)=(-4,0)$ 再到 $(u,v)=(0,0)$ 的原點。

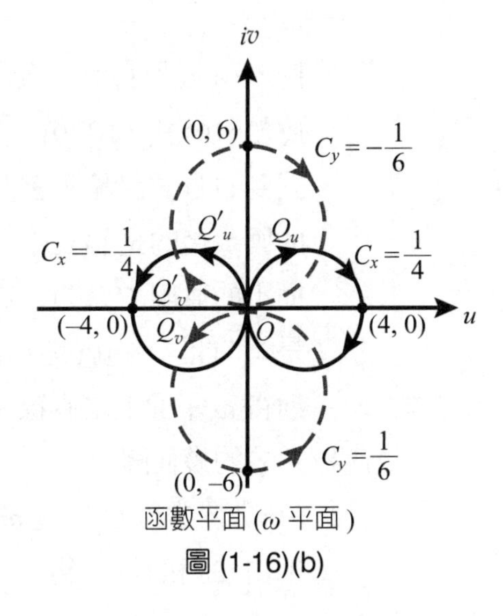

圖 (1-16)(b)

(b) y = 非零常數 C_y，即平行於 z 平面實軸 x 軸，如圖 (1-16)(a) 的直線，則由 (4) 和 (3) 式得：

$$u^2+v^2=\frac{1}{x^2+y^2}=\frac{v}{-y}=-\frac{v}{C_y}$$

$$\therefore u^2+v^2+\frac{v}{C_y}=u^2+\left(v+\frac{v}{2C_y}\right)^2-\left(\frac{1}{2C_y}\right)^2=0$$

或 $u^2+\left(v+\frac{1}{2C_y}\right)^2=\left(\frac{1}{2C_y}\right)^2$ ⟵ ω 平面上的映射圖是圓 ……………… (8)

座標 $(u, v)=\left(\frac{x}{x^2+c_y^2}，\frac{-C_y}{x^2+C_y^2}\right)=$ [ω 平面上的點 $\equiv Q_v$(或 Q_v')] …… (9)

設圖 (1-16)(a) 的 $C_y = 1/6$，其上任意點 P_y，它從左邊向右邊平移：

(實數 $x=-\infty$) $\xrightarrow[\text{平移}]{}$ ($x = 0$) $\xrightarrow[\text{平移}]{}$ ($x = +\infty$) ……………………………… (10)

則 P_y 在圖 (1-16)(b) 的映射點 Q_v，由 (9) 式得：

$[(u,v)=(0,0)] \longrightarrow [(u,v)=(0,-6)] \longrightarrow [(u,v)=(0,0)]$
是逆時針方向繞半徑 $\frac{1}{2C_y}=3$ 的圓周一圈 ………… (11)

同 (10) 或 (11) 式，如 $C_y = -1/6$ 上的任意點 P_y'，其映射點 Q_v'，則對應於 (10) 式，由 (9) 式得 Q_v' 是順時針方向繞半徑 3 的圓周一圈。從 (6) 式到 (11) 式討論了 z 平面上的直線 C_x 和 C_y 經變換 $1/z = \omega$ 得 ω 平面上的圓，用的是 (4) 式，而 (4) 式和 (3) 式是同型，那麼倒過來映射 ω 平面上的直線 C_u 和 C_v 是否類比圖 (1-16)(b) 能得 z 平面上的圓呢？回答是："能"，這就是 (5) 式內容。這操作等於 z 平面上之圓經 $1/z = \omega$ 映射得 ω 平面上之直線。

(2) 畫 (3) 式的幾何圖：

(a) $u=$ 非零常數 C_u，是 ω 平面上如圖 (1-17)(a) 平行於虛數軸 v 軸的直線，則由 (3) 和 (4) 式得：

$$x^2+y^2=\frac{1}{u^2+v^2}=\frac{x}{u}=\frac{x}{C_u}$$

$$\therefore x^2+y^2-\frac{x}{C_u}=\left(x-\frac{1}{2C_u}\right)^2+y^2-\left(\frac{1}{2C_u}\right)^2=0$$

或 $\left(x-\frac{1}{2C_u}\right)^2+y^2=\left(\frac{1}{2C_u}\right)^2$ ⟵ z 平面上的映射圖是圓 ……………… (12)

座標 $(x, y)=\left(\frac{C_u}{C_u^2+v}，\frac{-v}{C_u^2+v^2}\right)=$ [z 平面上之點 $\equiv Q_x$(或 Q_x')] …· (13)

(b) v = 非零常數 C_v，是如圖 (1-17)(a) 平行於 ω 平面的實軸 u 軸之直線，則由 (3) 和 (4) 式得：

$$x^2+y^2=\frac{1}{u^2+v^2}=\frac{y}{-v}=-\frac{y}{C_v}$$

$$\therefore x^2+y^2+\frac{y}{C_v}=x^2+\left(y+\frac{1}{2C_v}\right)^2-\left(\frac{1}{2C_v}\right)^2=0$$

或 $x^2+\left(y+\frac{1}{2C_v}\right)^2=\left(\frac{1}{2C_v}\right)^2$ ……………… (14)

座標 $(x, y)=\left(\frac{u}{u^2+C_v}\ ,\ \frac{-C_v}{u^2+C_v^2}\right)$ ……………… (15)

(14) 和 (15) 式分別表示，在 z 平面的映射圖是半徑 $\frac{1}{2C_v}$，圓心在 v 軸上之圓′，和該圓′各點之座標，設 C_v 正值時為 Q_y，C_v 負值時為 Q_y'。(12) 和 (13) 式分別對應 (6) 和 (7) 式，而 (14) 和 (15) 式分別對應於 (8) 和 (9) 式。於是如設 $C_u=\pm\frac{1}{4}$，$C_v=\pm\frac{1}{6}$，則得圖 (1-17)(a) 和圖 (1-17)(b)。這相當於 z 平面上圓心各在實虛軸上，並且在原點相切之圓′，映射到 ω 平面是，平行於實虛軸的直線′。

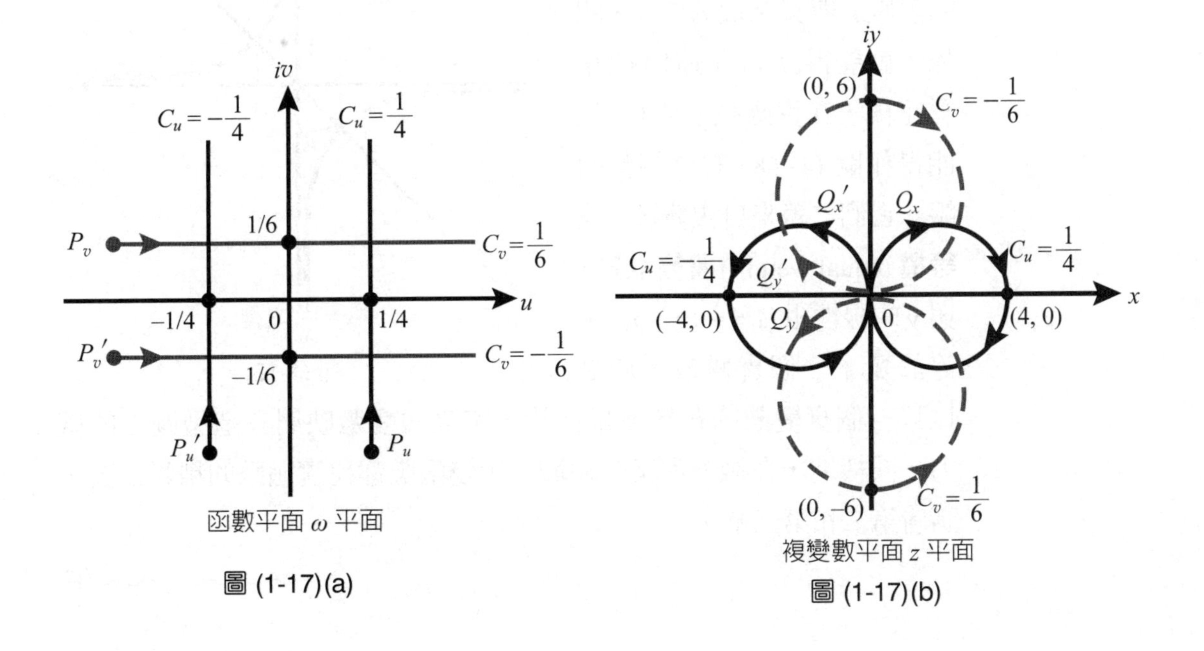

圖 (1-17)(a)

圖 (1-17)(b)

(3) z 平面的實虛軸之映射如何呢？

(a) $y=0$，$x\neq 0$ 的情況：

由 (3) 式得 $u=1/x$，$v=0$，表示 z 平面的實軸映射到 ω 平面的實軸：

$$\left.\begin{array}{llll}\text{實數 } x=(-\infty) & \sim & \underbrace{0} & \sim & (+\infty)\\ \text{實數 } u=(-0) & \sim & \underbrace{(-\infty),(+\infty)} & \sim & (+0)\end{array}\right\} \cdots\cdots (16)$$

$$\text{或}\left\{\begin{array}{lll}|x|=\infty & \sim & 0\\ |u|=0 & \sim & \infty\end{array}\right\} \cdots\cdots (17)$$

(b) $x=0$，$y\neq 0$ 的情形：

由 (3) 式得 $v=0$，$v=-1/y$，即 z 平面的虛數軸映射到 ω 平面的虛數軸：

$$\left.\begin{array}{lll}|y|=\infty & \sim & 0\\ |v|=0 & \sim & \infty\end{array}\right\} \cdots\cdots (18)$$

同理由 (4) 式得，ω 平面的實數與虛數軸，各映射到 z 平面的實數與虛數軸。如此簡單的變數 z 與其函數 $\omega=1/z$ 關係，就能得圖 (1-16)(b) 的精彩花樣，在實函數 $y=1/x$ 只能得如圖 (1-18) 的單調雙曲線。它們之差來自複變數 z 是**等權** (equal weight) 實變數對 x 與 y 的線性組合 $z=(x+iy)$，等於多了一個實變數，於是比只一個實變數的花樣多是必然，帶來複變數映射在造型圖上的威力。同樣地，在微分與積分領域，複變函數都比實函數的精彩多姿，請看第二和第三章。

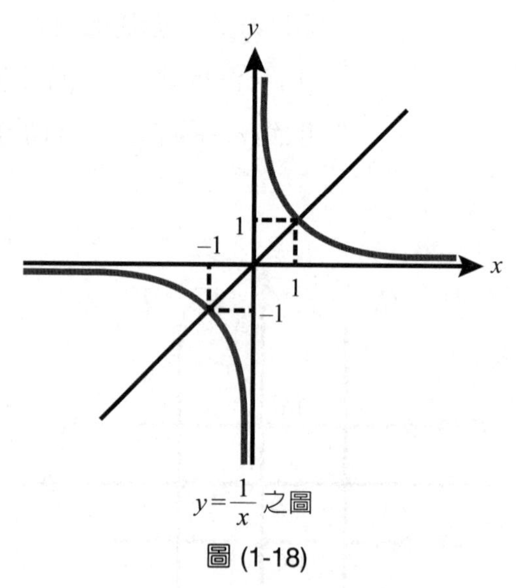

$y=\dfrac{1}{x}$ 之圖

圖 (1-18)

1. 如兩複數 $z_1 = (a + ib)$，$z_2 = (c + id)$，且 $z_1z_2 = 0$，則證 z_1 和 z_2 中必有一個是零複數，a, b, c, d 是實數。

➡ **解**

$z_1z_2 = (a + ib)(c + id) = (ac - bd) + i(ad + bc) = 0 + 0i$

$$\therefore \begin{cases} ac - bd = 0 & \cdots\cdots ① \\ ad + bc = 0 & \cdots\cdots ② \end{cases}$$

$\therefore$ ① 式平方加 ② 式平方 $= (ac - bd)^2 + (ad + bc)^2$

$$= a^2c^2 + b^2d^2 + a^2d^2 + b^2c^2$$

$$= (a^2 + b^2)(c^2 + d^2) = 0$$

$\therefore a^2 + b^2 = 0$　或　$c^2 + d^2 = 0$ ⋯⋯ ③

由於 a, b, c, d 都是實數，於是 ③ 式成立的必要且充分條件是：

$a = 0$，$b = 0$　時　$c^2 + d^2 \neq 0$

或 $c = 0$，$d = 0$　時　$a^2 + b^2 \neq 0$

$\therefore$ 當 $z_1z_2 = 0$ 時，z_1 和 z_2 中必有一個是零。

2. 使用 de Moivre 公式證明：

(a) $\sin 5\theta = 16\sin^5\theta - 20\sin^3\theta + 5\sin\theta$，

(b) $\cos 5\theta/\cos\theta = 16\sin^4\theta - 12\sin^2\theta + 1$，但 $\theta \neq \frac{2n+1}{2}\pi$，$n = 0, \pm1, \pm2, \cdots$

(c) 把正餘弦互換，(a) 和 (b) 的關係仍然成立，

不過這時 $\theta \neq n\pi$，$n = 0, \pm1, \pm2, \cdots$。

➡ **解**

由 $(1\text{-}33)_1$ 式 de Moivre 公式得：

$$(\cos\theta + i\sin\theta)^n = (\cos n\theta + i\sin n\theta)$$

於是要得 $\cos 5\theta$ 和 $\sin 5\theta$，$n = 5$，則需要用 2 項式的展開公式：

$$(a + b)^n = a^n + {}_nc_1a^{n-1}b + {}_nc_2a^{n-2}b^2 + \cdots + {}_nc_ra^{n-r}b^r + \cdots + b^n$$

$${}_nc_r = \frac{n!}{(n-r)!\,r!}$$

$$\therefore (\cos\theta + i\sin\theta)^5 = \cos^5\theta + \frac{5!}{4!\,1!}(\cos^4\theta)(i\sin\theta) + \frac{5!}{3!\,2!}(\cos^3\theta)(i\sin\theta)^2 + \frac{5!}{2!\,3!}(\cos^2\theta)(i\sin\theta)^3 + \frac{5!}{1!\,4!}(\cos\theta)(i\sin\theta)^4 + (i\sin\theta)^5$$

$$= (\cos^5\theta - 10\cos^3\theta\sin^2\theta + 5\cos\theta\sin^4\theta) + i(\sin^5\theta - 10\sin^3\theta\cos^2\theta + 5\sin\theta\cos^4\theta)$$

$$= \cos 5\theta + i\sin 5\theta \cdots\cdots ①$$

(a) 由 ① 式得：

$$\sin 5\theta = \sin^5\theta - 10\sin^3\theta\cos^2\theta + 5\sin\theta\cos^4\theta$$
$$= \sin^5\theta - 10\sin^3\theta(1-\sin^2\theta) + 5\sin\theta(1-\sin^2\theta)^2$$
$$= 16\sin^5\theta - 20\sin^3\theta + 5\sin\theta \cdots\cdots ②$$

(b) 由 ① 式得：

$$\cos 5\theta = \cos^5\theta - 10\cos^3\theta\sin^2\theta + 5\cos\theta\sin^4\theta$$
$$= \cos(1-\sin^2\theta)^2 - 10\cos\theta(1-\sin^2\theta)\sin^2\theta + 5\cos\theta\sin^4\theta$$

$$\therefore \frac{\cos 5\theta}{\cos\theta} = 16\sin^4\theta - 12\sin^2\theta + 1 \text{，且}\theta \neq \pm\frac{\pi}{2}, \pm\frac{3\pi}{2}, \cdots, \cdots\cdots ③$$

(c) 互換 (a) 和 (b) 的正弦與餘弦的情況：

從 ① 式，以 $\cos\theta$ 和 $\sin\theta$ 表示的 $\cos 5\theta$ 和 $\sin 5\theta$ 是同結構，於是互換正弦與餘弦，② 和 ③ 式仍然成立，不過這次的 ③ 式是用 $\sin\theta$ 除，故 $\theta \neq 0, \pm\pi, \pm2\pi, \cdots$：

$$\cos 5\theta = 16\cos^5\theta - 20\cos^3\theta + 5\cos\theta$$
$$\frac{\sin 5\theta}{\sin\theta} = 16\cos^4\theta - 12\cos^2\theta + 1$$

3. 求下述各式之值：

(a) $\cos^5\theta$，$\theta = \frac{\pi}{4}$；(b) $\left(\frac{\sqrt{3}+i}{\sqrt{3}-i}\right)^{10}$。

➥解

(a) 求 $\cos^5\theta$，$\theta = \pi/4$ 之值：

由 Euler 公式 $\exp.(\pm i\theta) = (\cos\theta \pm i\sin\theta)$ 得：

$$\cos\theta = \frac{1}{2}(e^{i\theta} + e^{-i\theta})$$

$$\therefore \cos^5\theta = \left[\frac{1}{2}(e^{i\theta} + e^{-i\theta})\right]^5$$

$$=\frac{1}{32}\left(e^{5i\theta}+\frac{5!}{4!\,1!}e^{4i\theta}e^{-i\theta}+\frac{5!}{3!\,2!}e^{3i\theta}e^{-2i\theta}+\frac{5!}{2!\,3!}e^{2i\theta}e^{-3i\theta}\right.$$

$$\left.+\frac{5!}{1!\,4!}e^{i\theta}e^{-4i\theta}+e^{-5i\theta}\right)$$

$$=\frac{1}{32}\left[(e^{5i\theta}+e^{-5i\theta})+5(e^{3i\theta}+e^{-3i\theta})+10(e^{i\theta}+e^{-i\theta})\right]$$

$$=\frac{1}{16}(\cos 5\theta+5\cos 3\theta+10\cos\theta)$$

$$\underset{\theta=\pi/4}{=\!=\!=}\frac{1}{16}\left(\cos\frac{5\pi}{4}+5\cos\frac{3\pi}{4}+10\cos\frac{\pi}{4}\right)=\frac{\sqrt{2}}{8}$$

(b) 求 $[(\sqrt{3}+i)/(\sqrt{3}-i)]^{10}$ 之值：

$$\sqrt{3}\pm i=2\left(\frac{\sqrt{3}}{2}\pm\frac{1}{2}i\right)=2\left(\cos\frac{\pi}{6}\pm i\sin\frac{\pi}{6}\right)=2e^{\pm\pi i/6}$$

$$\therefore\left(\frac{\sqrt{3}+i}{\sqrt{3}-i}\right)^{10}=\left(\frac{2e^{\pi i/6}}{2e^{-\pi i/6}}\right)^{10}=(e^{2\pi i/6})^{10}=e^{10\pi i/3}$$

$$=\cos\frac{10\pi}{3}+i\sin\frac{10\pi}{3}=-\frac{1}{2}(1+\sqrt{3}i)$$

4. (1) 如 α 是任意正弧度，而 $z\neq 0$ 的複數，則 $ze^{i\alpha}$ 和 $ze^{-i\alpha}$ 各表示什麼現象？請畫圖說明。

(2) 使用 (1) 的結果畫 $z=(z_0+\mathrm{Re}^{i\theta})$，$z_0\neq 0$ 的複數，$R=$ 正實數，$0<\theta<\pi$。

➡ 解

(1) 畫 $ze^{\pm i\alpha}$ 之圖，$\alpha=$ 正弧度，$z\neq 0$ 的複數：

$$z=x+iy=r(\cos\theta+i\sin\theta)=re^{i\theta}\quad,\quad r\neq 0\leftarrow\because z\neq 0$$

$$\therefore\begin{cases}ze^{i\alpha}=re^{i(\theta+\alpha)}\\ ze^{-i\alpha}=re^{i(\theta-\alpha)}\end{cases}$$

則得右圖：

$ze^{i\alpha}=$ 在 Gauss 平面上令 z（圖上 P_1 點）逆時針方向轉 α 角。

$ze^{-i\alpha}=$ 在 Gauss 平面上使 z 順時針方向轉 α 角。

$\therefore e^{\pm i\alpha}$ 是在 Gauss 平面，以原點為轉動點的**轉動（旋轉）算符** (rotation operator)。

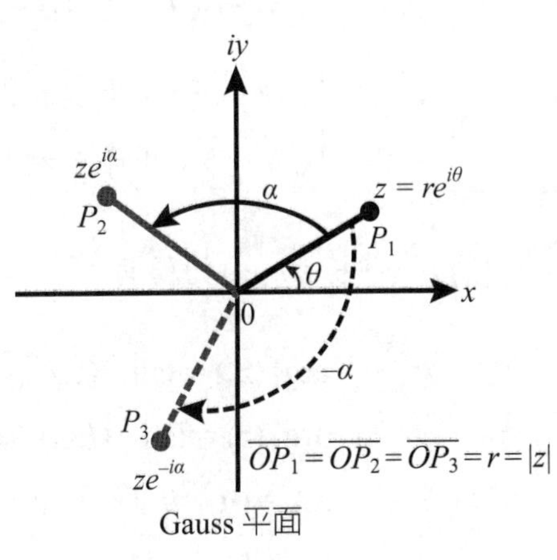

Gauss 平面

(2) 畫 $z = (z_0 + \mathrm{Re}^{i\theta})$ 之圖，$z_0 \neq 0$ 之複數，$R =$ 正實數：

爲了方便，假設 z_0 在 Gauss 平面的第一象限。另一面由 (1-27) 式得，複數 z_0 類比向量，於是如右圖，在 z_0 畫和實軸 x 軸平行的直線 ℓ，同時以 z_0 爲圓心，R 爲半徑畫圓，從 ℓ 逆時針方向轉 θ 角便得：

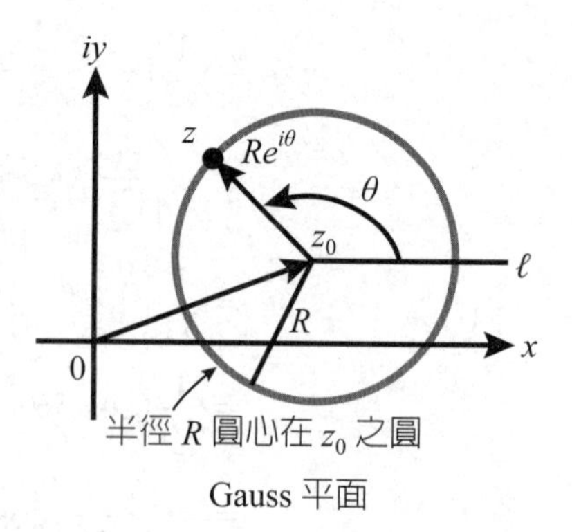

$$z = z_0 + Re^{i\theta}$$

類比於向量，在圖上畫了箭頭。

5. 當非零複數 $z = (a + ib)$ 乘上非零複數 $z_0 = (x_0 + iy_0)$ 時，z 會同時旋轉 z_0 與放大或者縮小 z_0，求：(1) z 放大或者縮小 z_0 的條件，(2) z，z_0 和 zz_0 的輻角，(3) 畫圖討論 $z = (3 + 2i)$，$z_0 = (1 + i)$ 的情況，(4) 請仿 (3) 自造題目練習。

➡ 解

(1) 求 z 是放大或縮小 z_0 的條件：

$$zz_0 = (a+ib)z_0 = \sqrt{a^2+b^2}(\cos\theta + i\sin\theta)z_0$$
$$= \sqrt{a^2+b^2}\,\mathbf{e}^{i\theta}z_0 \quad , \quad \theta = \tan^{-1}(b/a) ,$$

由習題 (4) 得 $e^{i\theta}z_0$ 是，z_0 如右圖 (a) 逆時針方向轉 θ 角，並且其大小 $|z_0| = {}_{+}\sqrt{z_0^* z_0} = \sqrt{x_0^2 + y_0^2}$ 變成 $\sqrt{a^2+b^2}|z_0|$，

$$\therefore \begin{cases} \sqrt{a^2+b^2} > 1 \text{時 } z_0 \text{ 被放大，} \\ \sqrt{a^2+b^2} < 1 \text{時 } z_0 \text{ 被縮小。} \end{cases}$$

(2) 求 z，z_0 和 zz_0 的輻角：

$$\arg.(z_0) = \tan^{-1}(y_0/x_0) \equiv \theta_0$$
$$\arg.(z) = \tan^{-1}(b/a) \equiv \theta$$
$$zz_0 = (a + ib)(x_0 + iy_0)$$
$$= (ax_0 - by_0) + i(ay_0 + bx_0)$$

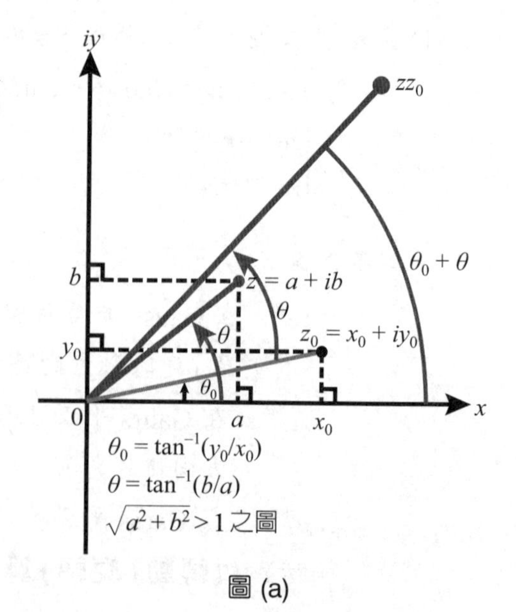

圖 (a)

$$\arg.(zz_0)=\tan^{-1}\left(\frac{ay_0+bx_0}{ax_0-by_0}\right)$$

這些式子的輻角全以**弧度** (radian) 表示，相互關係如前頁圖 (a)。因從 $(1\text{-}28)_2$ 式下段的説明，以及 $(1\text{-}32)_1$ 式得：

複數演算過程出現的輻角是**弧度單位** (radian unit)。

所以如需要用**度單位** (degree unit)，則必須作轉換。弧度與度的常用符號是：

θ 弧度 $\equiv \theta$ rad.

ϕ 度 $\equiv \phi^\circ$

它們之間的關係是 π 弧度 $= 180^\circ$

$$\therefore 1 \text{ 弧度} = 1 \text{ rad.} = \frac{180^\circ}{\pi} \fallingdotseq \frac{180^\circ}{3.14159} \fallingdotseq 57.296^\circ$$

$$\text{或 } \theta \text{ rad.} = \frac{\pi}{180^\circ}\phi^\circ$$

(3) 畫圖討論 $z=(3+2i)$，$z_0=(1+i)$ 的情況：

$zz_0 = z(1+i) = z\times 1 + z\times i$

$z\times 1 = (3+2i)\times 1 = 3+2i = z$ ……………… 圖 (b) 的 P_1

$z\times i = (3+2i)\times i = -2+3i$ ……………… 圖 (b) 的 P_2

$\therefore zz_0 = (3+2i)(1+i) = 1+5i$

$= (3+2i)+(-2+3i)$ ……………… 圖 (b) 之 P

從右圖 (b) 明顯地看出，z_0 乘 z 之後不但被放大 $\sqrt{3^2+2^2}=\sqrt{13}\fallingdotseq 3.6$，並且轉：

$\theta = \arg. z = \tan^{-1}(2/3)$

$= \tan^{-1}(0.\dot{6}\dot{6})$

$\fallingdotseq 0.588$ rad.

$\fallingdotseq 33.69^\circ$

於是原來和 z_0 有關的正方形 "$O1Qi$" 變成正方形 "OP_1PP_2"，即乘上 z 之前和後的圖形相似，只是轉一個角度 θ。請你自造類似題目玩一玩，欣賞複數的奧妙，同時

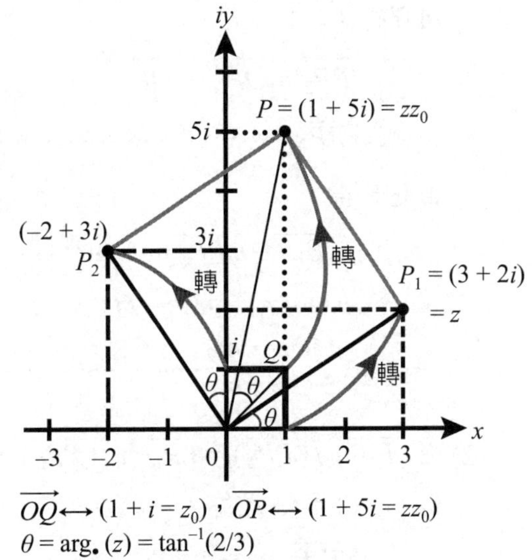

$\overrightarrow{OQ}\leftrightarrow(1+i=z_0)$，$\overrightarrow{OP}\leftrightarrow(1+5i=zz_0)$

$\theta=\arg.(z)=\tan^{-1}(2/3)$

$\overline{OP_1}=|z|=\sqrt{3^2+2^2}=\sqrt{13}=\overline{OP_2}$

圖 (b)

必會感謝 1545 年 Cadano 沒放棄 (1-1) 式，以及 1777 年 Euler 發現了 (1-3) 式，虛數單位 i，這些歷史教訓正是我們要學的。

6. 本題是複數與向量類比的 (1-27) 式之例。設 $z_1 = (x_1 + iy_1) \equiv P_1$ 點，$z_2 = (x_2 + iy_2) \equiv P_2$ 點，且如右圖，P 點 $\equiv z = (x + iy)$ 是連結 P_1 與 P_2 直線上任意點，證：

(1) 分割 $\overline{P_1P_2}$ 爲 $\overline{P_1P}/\overline{PP_2} = n/m$ 的 $z = \dfrac{mz_1 + nz_2}{m+n}$，$m$ 和 n 爲非同時等於零的實數。

(2) $\overline{P_1P}$ 與 $\overline{PP_2}$ 的實數部比與虛數部比相等。

(3) 討論結果。

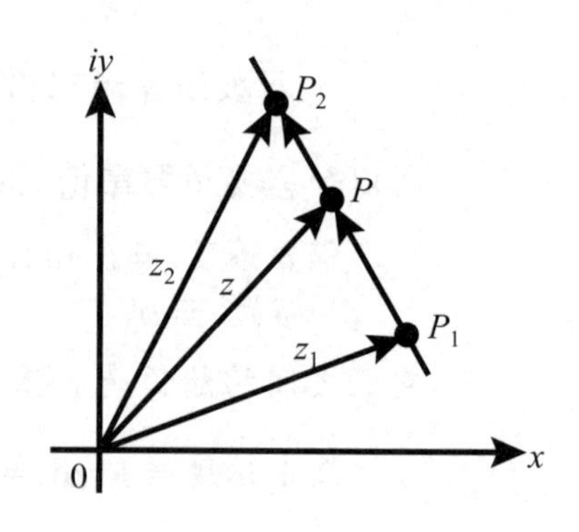

➡ 解

(1) 證 $z = \dfrac{mz_1 + nz_2}{m+n}$：

複數類比於向量，於是由向量關係得：

$$\overrightarrow{OP_1} + \overrightarrow{P_1P} = \overrightarrow{OP} \quad , \quad \text{或 } \overrightarrow{P_1P} = \overrightarrow{OP} - \overrightarrow{OP_1}$$

$$\therefore \overline{P_1P} = z - z_1 \cdots\cdots ①$$

同理得：

$$\overrightarrow{PP_2} = \overrightarrow{OP_2} - \overrightarrow{OP}$$

$$\therefore \overline{PP_2} = z_2 - z \cdots\cdots ②$$

由題目得：

$$m\overline{P_1P} = n\overline{PP_2} \cdots\cdots ③$$

$$\therefore m(z - z_1) = n(z_2 - z)$$

$$\therefore z = \frac{mz_1 + nz_2}{m+n} \cdots\cdots ④$$

(2) 證 $(\overline{P_1P})_r/(\overline{PP_2})_r = (\overline{P_1P})_i/(\overline{PP_2})_i$，右下標誌 r 和 i 分別表示實部和虛部：

由①，②和③式得：

$$\frac{\overline{P_1P}}{\overline{PP_2}} = \frac{z - z_1}{z_2 - z} = \frac{n}{m} \equiv k$$

$\therefore z - z_1 = k(z_2 - z)$ ⋯⋯⋯ ⑤

或 $(x - x_1) + i(y - y_1) = k(x_2 - x) + ik(y_2 - y)$

$\therefore (x - x_1) = k(x_2 - x)$，$(y - y_1) = k(y_2 - y)$

$\therefore \dfrac{x - x_1}{x_2 - x} = \dfrac{y - y_1}{y_2 - y}$ ⋯⋯⋯ ⑥

即 $(\overline{P_1P})_r / (\overline{PP_2})_r = (\overline{P_1P})_i / (\overline{PP_2})_i$ ⋯⋯⋯ ⑦

(3) 討論結果：

複數是平面數，連結平面上任意兩點 P_1 和 P_2 必得一直線，當 P 是在該直線上的動點，於是 (4) 式也好，(6) 式也好都表示是該直線方程式。(4) 式也可以寫成：

$$z = k_1 z_1 + k_2 z_2 \quad , \quad k_1 \equiv \frac{m}{m+n} \quad , \quad k_2 \equiv \frac{n}{m+n} \cdots\cdots ⑧$$

或 $k_1 + k_2 = 1$　，　$k_1 \geq 0$　，　$k_2 \geq 0$ 的實數。⋯⋯⋯ ⑨

7.
本題是複數的幾何圖像 (picture) 例，也是 (1-27) 式的另個例。
設 a，b 和 c 爲正實數，求：
(1) 半徑 R (正實數)，圓心在第一象限 $z_0 = (a + ib)$ 之圓方程式：
(2) 長軸 a，兩焦點在虛數軸 $(0, \pm ic)$ 的橢圓方程式。

➥解

(1) 求半徑 R 圓心在 $z_0 = (a + ib)$ 之圓方程式：

設 $z = (x + iy)$ 爲圓周上任意點，則圓是 z 到圓心 z_0 的距離 $|z - z_0|$ 是固定長 R：

$$|z - z_0| = {}_{+}\sqrt{(z - z_0)^*(z - z_0)} = R\text{ (半徑)}$$

$\therefore R = |z - z_0|$ ⋯⋯⋯ ①

① 式是在 Gauss 平面上，圓心在 z_0 半徑 R 的圓方程式，其直角座標表示是如右圖 (a) 的：

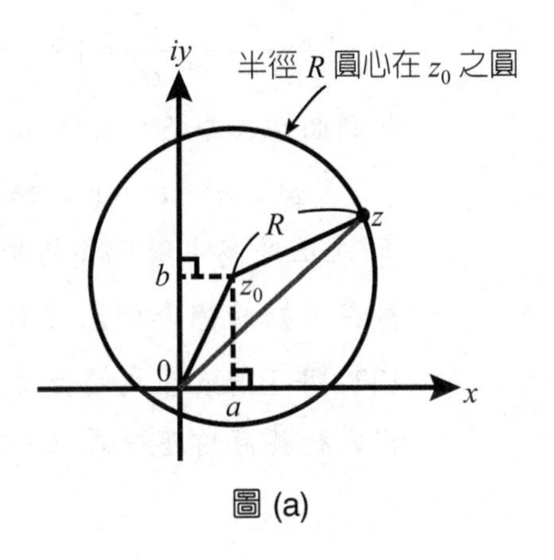

圖 (a)

$$|z - z_0|^2 = |(x + iy) - (a + ib)|^2$$
$$= (x - a)^2 + (y - b)^2 = R^2 \cdots\cdots ②$$

(2) 求長軸 a，兩焦點在 $(0, \pm ic)$ 的橢圓方程式：

設橢圓圓周上任意點爲 $z = (x + iy)$，則由橢圓性質，z 點到兩焦點 $(0, ic) \equiv z_f$ 與 $(0, -ic) \equiv z_f'$ 的距離和等於長軸 a 的兩倍得：

$$|z-z_f|+|z-z_f'|=2a \cdots\cdots ③$$

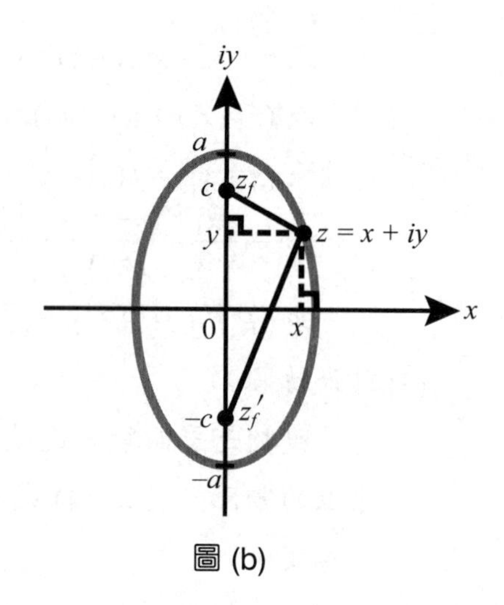

圖 (b)

③式是如右圖 (b) 中心在原點，長軸 a，兩焦點分別爲 $z_f=(0+ic)$ 與 $z_f'=(0-ic)$ 的橢圓方程式，其直角座標表示，沒 ① 式到 ② 式簡單，必須平方 ③ 式後再平方一次。

$$(|z-z_f|+|z-z_f'|)^2=4a^2$$

或 $2|z-z_f||z-z_f'|=4a^2-|z-z_f|^2-|z-z_f'|^2 \cdots\cdots ④$

再平方 ④ 式才能脫離根號：

$$4|z-z_f|^2|z-z_f'|^2=(4a^2-|z-z_f|^2-|z-z_f'|^2)^2 \cdots\cdots ⑤$$

$$\therefore -|z-z_f|^4-|z-z_f'|^4+2|z-z_f|^2|z-z_f'|^2+8a^2(|z-z_f|^2+|z-z_f'|^2)=(4a^2)^2$$

$$|z-z_f|^2=|(x+iy)-(0+ic)|^2=x^2+(y-c)^2$$

$$|z-z_f'|^2=|(x+iy)-(0-ic)|^2=x^2+(y+c)^2$$

於是得：

$$16a^2x^2-16c^2y^2+16a^2y^2+16a^2c^2=16a^4$$

或 $a^2x^2+(a^2-c^2)y^2=a^2(a^2-c^2)$

$\therefore \dfrac{x^2}{a^2-c^2}+\dfrac{y^2}{a^2}=1 \longleftarrow$ 橢圓方程式 $\cdots\cdots ⑥$

如橢圓短軸爲 b，則由 ⑥ 式和圖 (b) 得：

$b^2=a^2-c^2=$ (長軸)$^2-$[橢圓中心 (目前爲原點) 到焦點距離]$^2 \cdots\cdots ⑦$

⑦ 式正是高中解析幾何學的橢圓長短軸關係式，於是 ⑥ 式是長軸在 y 軸，短軸在 x 軸的標準橢圓方程式，你說，複數好不好玩呢？妙極了吧。眞感謝在 1777 年 Euler 幫我們發現 (1-3) 式 $i\equiv\sqrt{-1}$ 這個數。請仿本題求雙曲線複數方程式和其直角座標式玩一玩。

8. 含直線的 2 維直角座標圓方程式是：

$$A(x^2+y^2)+Bx+Cy+D=0，A, B, C, D \text{ 是實數。}$$

求：(1) 上式的複變數表示式。

(2) $(a^2x^2+b^2y^2)=1/4$ 的複變數方程式，a 和 b 是實數。

➥ 解

(1) 求 $A(x^2+y^2)+Bx+Cy+D=0$ 的複變數表示式，A, B, C, D 是實數：

設 $z=(x+iy)$，則其共軛變數 $z^*=(x-iy)$，於是得：

$$x=\frac{z+z^*}{2},\quad y=\frac{z-z^*}{2i},\quad zz^*=x^2+y^2 \cdots\cdots ①$$

$$\therefore A(x^2+y^2)+Bx+Cy+D=Azz^*+\frac{B}{2}(z+z^*)+\frac{C}{2i}(z-z^*)+D$$

$$=Azz^*+\frac{B-iC}{2}z+\frac{B+iC}{2}z^*+D=0 \cdots\cdots ②$$

② 式是所求的複變數表示式，當 $A=0$ 時是Gauss平面上的直線方程式，可寫成：

$$\alpha z+\alpha^* z^*=-D\,(\text{實數}),\quad \alpha\equiv\frac{B-iC}{2},\quad \alpha^*=\frac{B+iC}{2} \cdots\cdots ③$$

③ 式左邊確實是實數。Azz^* 是實數，故②式左邊是實數。

(2) 求 $(a^2x^2+b^2y^2)=1/4$ 的複變數表示式，a 和 b 是實數：

由 ① 式得：

$$a^2x^2+b^2y^2=a^2\left(\frac{z+z^*}{2}\right)^2+b^2\left(\frac{z-z^*}{2i}\right)^2$$

$$=\frac{1}{4}(a^2-b^2)z^2+\frac{1}{4}(a^2-b^2)(z^*)^2+\frac{1}{2}(a^2+b^2)zz^*=\frac{1}{4}$$

$$\therefore (a^2-b^2)[z^2+(z^*)^2]+2(a^2+b^2)zz^*=1(\text{實數}) \cdots\cdots ④$$

④ 式左邊的每一項確實都是實數，故④式是所求的複變數表示式。

9. 求下各方程式的解：

(1) $z^4+256=0$，且畫結果圖。

(2) $\sum\limits_{m=0}^{n} z^m=0$，$n\geq 2$ 的有限正整數，且 $z\neq 1$。請以 $n=2$ 驗證所得解和用非複數中學代數所得的解一致。

(3) $z^5-iz^3+(1+i)z^2+1-i=0$。

(4) $z^{10}+2z^5+1=0$。

(5) $\alpha z^2+\beta z+\gamma=0$，$\alpha, \beta$ 和 γ 是複數數。

➥ 解

本題是 (Ex.1-8) 的應用題。

(1) 求 $z^4+256=0$ 之解，並畫結果圖：

$$z^4 = -256 = -4^4 = -1 \times 4^4$$
$$= 4^4 e^{\pi i} = 4^4 e^{(\pi + 2k\pi)i}\text{，}k = 0, 1, 2, \cdots$$
$$\therefore z = 4e^{(1+2k)\pi i/4}\text{，}k = 0, 1, 2, 3\text{。} \cdots\cdots\cdots ①$$

$$\therefore \text{解} = \left\{\begin{aligned} z_1 &= 4e^{\pi i/4} = 2\sqrt{2}(1+i) \\ z_2 &= 4e^{3\pi i/4} = 2\sqrt{2}(-1+i) \\ z_3 &= 4e^{5\pi i/4} = 2\sqrt{2}(-1-i) \\ z_4 &= 4e^{7\pi i/4} = 2\sqrt{2}(1-i) \end{aligned}\right\} \Longrightarrow \text{右圖}$$

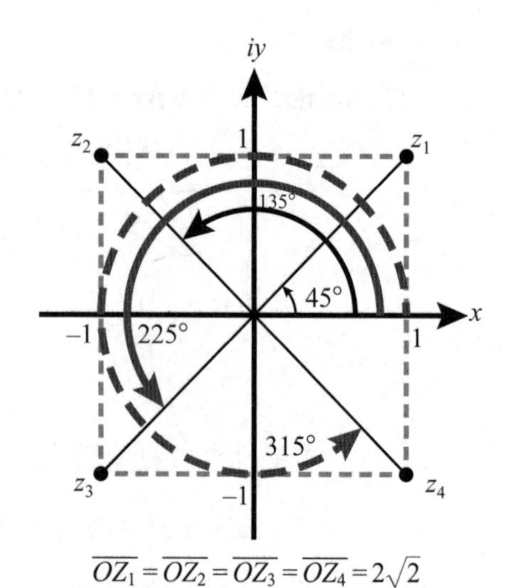

$\overline{OZ_1} = \overline{OZ_2} = \overline{OZ_3} = \overline{OZ_4} = 2\sqrt{2}$

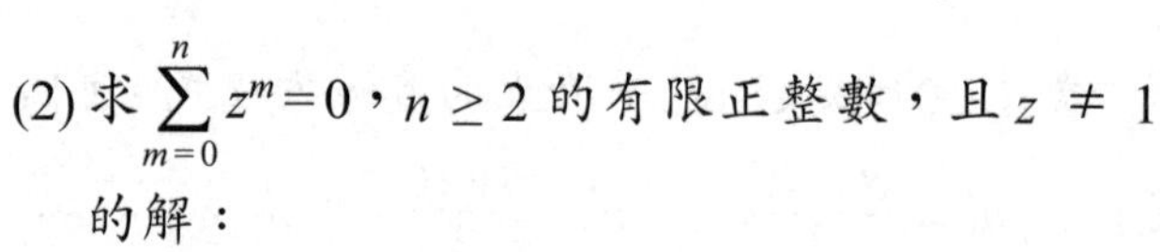

(2) 求 $\sum_{m=0}^{n} z^m = 0$，$n \geq 2$ 的有限正整數，且 $z \neq 1$ 的解：

(a) 求解：

$$\sum_{m=0}^{n} z^m = 1 + z + z^2 + \cdots + z^n$$
$$= \frac{z^{n+1} - 1}{z - 1} = 0 \cdots\cdots\cdots ②$$

由 ② 式，$z \neq 1$ 才行，如 $z \neq 1$，則 ② 式之解是 $z^{n+1} = 1$ 的除 $z = 1$ 的解：

$$z^{n+1} = 1 = e^{0\pi i} = e^{(0+2k)\pi i}\text{，}\quad k = 1, 2, 3, \cdots\text{，} \cdots\cdots\cdots ③$$

③ 式的 k，原來是有 $k = 0$，但 $k = 0$ 時會得 $z = 1$ 之解，這是不可以的解，

$$\therefore z = e^{2k\pi i/(n+1)}\text{，}\quad k = 1, 2, 3, \cdots, n\text{。} \cdots\cdots\cdots ④$$

$$\therefore z \text{ 的解} = \left\{\begin{aligned} z_1 &= e^{\frac{2\pi i}{n+1}} \longleftarrow k = 1 \\ z_2 &= e^{\frac{4\pi i}{n+1}} \longleftarrow k = 2 \\ z_3 &= e^{\frac{6\pi i}{n+1}} \longleftarrow k = 3 \\ &\cdots\cdots\cdots\cdots \\ z_n &= e^{2n\pi i/(n+1)} \longleftarrow k = n \end{aligned}\right\} \cdots\cdots\cdots ⑤$$

(b) 以 $n = 2$ 驗證 ⑤ 式解和非複數中學代數所得的解一致：

$n = 2$ 的 ⑤ 式之解是：

$$\left.\begin{aligned} z_1 &= e^{2\pi i/3} = \cos 120° + i \sin 120° = \frac{1}{2}(-1 + \sqrt{3}i) \\ z_2 &= e^{4\pi i/3} = \cos 240° + i \sin 240° = \frac{1}{2}(-1 - \sqrt{3}i) \end{aligned}\right\} \cdots\cdots\cdots ⑥$$

用非複數中學代數，必把 z 看成實變數，設爲 x，則 $n = 2$ 時由②式得：

$$1+x+x^2=0 \quad \cdots\cdots ⑦$$

⑦式是國中學的一元二次方程式，國中學的解是：

$$x=\frac{-1\pm\sqrt{1-4}}{2}=\frac{-1\pm\sqrt{3}i}{2}$$

$$\therefore \left\{\begin{aligned} x_1&=\frac{1}{2}(-1+\sqrt{3}i) \\ x_2&=\frac{1}{2}(-1-\sqrt{3}i) \end{aligned}\right\}=⑥\text{式} \quad \cdots\cdots ⑧$$

確實⑧式和⑥式一致，這表示同一個題目。解法一般地有好多種。會不會更覺得複變數的奧妙哪？眞棒！請你驗證：

$$[\ ⑤\text{式}\ n=3\ \text{的解}\ ]=[\ \text{高中代數的}\ (x^3+x^2+x+1)=0\ \text{之解}\ ] \quad \cdots\cdots ⑨$$

(3) 求 $[z^5-iz^3+(1+i)z^2+1-i]=0$ 之解：

$$\begin{aligned} z^5-iz^3+(1+i)z^2+1-i&=z^3(z^2-i)+(1+i)z^2-i(i+1) \\ &=(z^3+1+i)(z^2-i)=0 \end{aligned}$$

$$\therefore z^2-i=0 \quad \text{或} \quad z^3+1+i=0 \quad \cdots\cdots ⑩$$

(a) $z^2-i=0$ 的解：

$$z^2=i=e^{\pi i/2}=e^{\left(\frac{1}{2}+2k\right)\pi i} \quad , \quad k=0, 1, 2, \cdots$$

$$\therefore z=e^{\left(\frac{1}{2}+2k\right)\pi i/2}=e^{(1+4k)\pi i/4} \quad , \quad k=0, 1\text{。} \quad \cdots\cdots ⑪$$

$$\therefore \text{解}=\left\{\begin{aligned} z_1&=e^{\pi i/4}=\cos 45^\circ+i\sin 45^\circ=\frac{1}{\sqrt{2}}(1+i) \\ z_2&=e^{5\pi i/4}=\cos 225^\circ+i\sin 225^\circ=\frac{1}{\sqrt{2}}(-1-i) \end{aligned}\right\} \quad \cdots\cdots ⑫$$

(b) $z^3+1+i=0$ 的解：

$$\begin{aligned} z^3&=-1-i=\sqrt{2}\left(-\frac{1}{\sqrt{2}}-\frac{1}{\sqrt{2}}i\right)=\sqrt{2}\,e^{5\pi i/4} \\ &=\sqrt{2}\,e^{(5+8k)\pi i/4} \quad , \quad k=0, 1, 2, \cdots \end{aligned}$$

$$\therefore z=2^{1/6}e^{(5+8k)\pi i/12} \quad , \quad k=0, 1, 2\text{。} \quad \cdots\cdots ⑬$$

$$\therefore \text{解}=\left\{\begin{aligned} z_1&=2^{1/6}\,e^{5\pi i/12} \\ z_2&=2^{1/6}\,e^{13\pi i/12} \\ z_3&=2^{1/6}\,e^{21\pi i/12}=2^{1/6}\,e^{7\pi i/4} \end{aligned}\right\} \quad \cdots\cdots ⑭$$

所以答案是由 ⑫ 和 ⑭ 式得：

$$\therefore \text{答}=\left\{\begin{array}{l}\left\{\begin{array}{l}z_1=e^{\pi i/4}\\ z_2=e^{5\pi i/4}\end{array}\right.\\ \left\{\begin{array}{l}z_3=2^{1/6}\,e^{5\pi i/12}\\ z_4=2^{1/6}\,e^{13\pi i/12}\\ z_5=2^{1/6}\,e^{7\pi i/4}\end{array}\right.\end{array}\right\} \cdots\cdots\cdots ⑮$$

(4) 求 $(z^{10}+2z^5+1)=0$ 之解：

$$z^{10}+2z^5+1=(z^5+1)^2=0$$

$$\therefore z^5=-1=e^{\pi i}=e^{\pi i+2k\pi i}=e^{(1+2k)\pi i}，\qquad k=0, 1, 2, \cdots$$

上式的 $(-1)=\exp.(\pi i)$ 也可以用如下方法求：

$$\left\{\begin{array}{l}\text{設 } z=x+iy=re^{i\theta}=-1\\ \quad r={}_{+}\sqrt{x^2+y^2}=\sqrt{(-1)^2+0^2}=1\\ \quad \theta=\tan^{-1}\ (y/x)=\tan^{-1}\left(\dfrac{0}{-1}\right)=\tan^{-1}(-0)=\pi\\ \therefore z=1\times e^{\pi i}=e^{\pi i}\end{array}\right.$$

$$\therefore \quad z=e^{(1+2k)\pi i/5}，\qquad k=0, 1, 2, 3, 4。\cdots\cdots\cdots ⑯$$

$$\therefore \text{解}=\left\{\begin{array}{l}z_1=e^{\pi i/5}\\ z_2=e^{3\pi i/5}\\ z_3=e^{\pi i}\\ z_4=e^{7\pi i/5}\\ z_5=e^{9\pi/5}\end{array}\right\}\cdots\cdots\cdots ⑰$$

(5) 求 $(\alpha z^2+\beta z+\gamma)=0$ 之解，α, β 和 γ 是複數數：

(a) 先求 z 的一次式：

在實變數，一元二次方程式是最初要學的方程式，同樣地在複變數也是基礎之一，於是方法和國中解 $(ax^2+bx+c)=0$ 一樣，先用 α 除：

$$z^2+\frac{\beta}{\alpha}z+\left(\frac{\beta}{2\alpha}\right)^2-\left(\frac{\beta}{2\alpha}\right)^2+\frac{\gamma}{\alpha}=0$$

$$\therefore\left(z+\frac{\beta}{2\alpha}\right)^2=\left(\frac{\beta}{2\alpha}\right)^2-\frac{\gamma}{\alpha}=\frac{\beta^2-4\alpha\gamma}{4\alpha^2}\cdots\cdots\cdots ⑱$$

然後開方 ⑱ 式。對應於 ⑱ 式的實變數時，即 $\alpha\to a$，$\beta\to b$，$\gamma\to c$ 是：

$$\left(x+\frac{b}{2a}\right)^2=\frac{b^2-4ac}{4a^2}, \qquad a, b, c \text{ 是實數。}$$

$$\therefore \sqrt{\left(x+\frac{b}{2a}\right)^2}=\pm\sqrt{\frac{b^2-4ac}{4a^2}}=\pm\frac{\sqrt{b^2-4ac}}{2a}$$

$$\therefore x=\frac{-b\pm\sqrt{b^2-4ac}}{2a} \cdots\cdots ⑲$$

如⑲式，開方時必須取正和負符號，因爲正實數與負實數平方後相等，表示⑲式右邊有兩個數，於是一元二次方程式一般有兩個解。但複數時只取正符號就夠了，爲什麼？因爲還要處理根號數，這時自動得兩個值。由⑱式得：

$$z+\frac{\beta}{2\alpha}=\frac{_{+}\sqrt{\beta^2-4\alpha\gamma}}{2\alpha}$$

$$\text{或 } z=\frac{-\beta+\sqrt{\beta^2-4\alpha\gamma}}{2\alpha} \cdots\cdots ⑳$$

(b) 求 $(\beta^2-4\alpha\gamma)$ 的二次方根：

α, β 和 γ 爲複數，於是 $(\beta^2-4\alpha\gamma)$ 一般爲複數，設 A 和 B 爲實數，則得：

$$\beta^2-4\alpha\gamma=A+iB \cdots\cdots ㉑$$

於是 $(\beta^2-4\alpha\gamma)$ 的二次方根等於 $(A+iB)$ 的二次方根，設：

$$A+iB\equiv r(\cos\theta+i\sin\theta)=re^{i\theta}=re^{(\theta+2k\pi)i}, \qquad k=0, 1, 2, \cdots$$

$$\therefore \left.\begin{cases} r={}_{+}\sqrt{A^2+B^2}\;, & \cos\theta=A/r, \quad \sin\theta=B/r \\ \theta=\tan^{-1}(B/A) \end{cases}\right\} \cdots\cdots ㉒$$

$$\therefore (A+iB)^{1/2}=r^{1/2}e^{(\theta+2k\pi)i/2}, \qquad k=0, 1\text{。}$$

$$=\sqrt{r}\,[\cos(\theta/2+k\pi)+i\sin(\theta/2+k\pi)] \cdots\cdots ㉓$$

故兩個二次方根是：

$$\left.\begin{array}{ll} k=0: & \sqrt{r}(\cos\theta/2+i\sin\theta/2)\equiv P \\ k=1: & \sqrt{r}[\cos(\theta/2+\pi)+i\sin(\theta/2+\pi)]=-\sqrt{r}(\cos\theta/2+i\sin\theta/2)=-P \end{array}\right\} \cdots ㉔$$

㉔式確確實實地表示 $(\beta^2-4\alpha\gamma)$ 的平方根是同大小的正與負兩個值，和實變數的 ⑲ 式一致！接著是算 ㉔ 式的 $\cos\theta/2$ 和 $\sin\theta/2$，由三角函數得：

$$\left.\begin{array}{l} \cos\dfrac{\theta}{2}=\pm\sqrt{(1+\cos\theta)/2}\underset{㉒式}{=\!=\!=}\pm\sqrt{\dfrac{r+A}{2r}} \\ \sin\dfrac{\theta}{2}=\pm\sqrt{(1-\cos\theta)/2}=\pm\sqrt{\dfrac{r-A}{2r}} \end{array}\right\} \cdots\cdots ㉕$$

現在㉕式的 $\cos\theta/2$ 和 $\sin\theta/2$ 都有正與負兩個值，那麼要挑選哪個符號呢？

完全要看 ㉑ 式的 $(A+iB)$ 是在哪一個象限。假設 $A=$ 負實數，$B=$ 正實數，則㉒式的 θ 是在第二象限，於是 $\theta/2$ 就在第一象限，即必須確認 $\theta/2$ 在哪個象限才能選 ㉕ 式右邊的符號。在第一象限的正弦餘弦都是正號。

$$\therefore \cos\frac{\theta}{2}={}_{+}\sqrt{\frac{r+A}{2r}} \quad , \quad \sin\frac{\theta}{2}={}_{+}\sqrt{\frac{r-A}{2r}} \cdots\cdots ㉖$$

$$\therefore P=\frac{1}{\sqrt{2}}(\sqrt{r+A}+\sqrt{r-A}i) \quad , \quad -P=-\frac{1}{\sqrt{2}}(\sqrt{r+A}+\sqrt{r-A}i) \cdots\cdots ㉗$$

由 ⑳ 式和 ㉗ 式得 $(\alpha z^2+\beta z+\gamma)=0$ 的兩個解是：

$$\left.\begin{aligned} z_1&=\frac{1}{2\alpha}\left[-\beta+\frac{1}{\sqrt{2}}(\sqrt{r+A}+\sqrt{r-A}i)\right] \\ z_2&=\frac{1}{2\alpha}\left[-\beta-\frac{1}{\sqrt{2}}(\sqrt{r+A}+\sqrt{r-A}i)\right] \\ A&=\text{Re.}(\beta^2-4\alpha\gamma)\text{，}(\beta^2-4\alpha\gamma)\text{ 在第二象限} \\ r&={}_{+}\sqrt{[\text{Re.}(\beta^2-4\alpha\gamma)]^2+[\text{Im.}(\beta^2-4\alpha\gamma)]^2} \end{aligned}\right\} \cdots\cdots ㉘$$

本習題做了能因數分解的一元 n 次方程式和最基礎的一元二次方程式，那麼無法因數分解的一元 $n\geq 3$ 次方程式怎麼辦？對一些特殊情況有其特殊解法，正如一元 $n\geq 3$ 次的實變數方程式同情況。遇到那種方程式時，請自己找書或和朋友討論解決，學很多特殊方法，如不用就忘了。

10. 求 $z=(1-i)$ 的四次方根，並畫圖以及討論其分支點，分支線，分支與 Riemann 面數。

➥ 解

本題可參考 (Ex. 1-9)。

(1) 求 $z=(1-i)$ 的四次方根和畫結果圖：

(a) 求 $z=(1-i)$ 的四次方根：

$(1-i)$ 在 Gauss 平面第四象限，則由 $(1\text{-}35)_1$ 式得：

$$1-i\equiv r(\cos\theta_p+i\sin\theta_p)=re^{i\theta_p}$$

$$r={}_{+}\sqrt{1^2+(-1)^2}=\sqrt{2}$$

$$\theta_p=\tan^{-1}\left(\frac{-1}{1}\right)=\tan^{-1}(-1)=\frac{7}{4}\pi$$

$$\therefore\ z = 1 - i = re^{i\theta_P} = \sqrt{2}\,e^{7\pi i/4}$$

$$= \sqrt{2}\,e^{(7/4+2k)\pi i} \quad , \quad k = 0, 1, 2, \cdots, \quad \cdots\cdots ①$$

$$\therefore\ z^{1/4} = (1-i)^{1/4}$$

$$= 2^{1/8}\,e^{(7+8k)\pi i/16}$$

$$\equiv \omega \quad , \quad k = 0, 1, 2, 3。\quad \cdots\cdots ②$$

於是四個解是：

$$\left.\begin{aligned} k=0:&\quad \omega_1 = 2^{1/8}\,e^{7\pi i/16} \\ k=1:&\quad \omega_2 = 2^{1/8}\,e^{15\pi i/16} \\ k=2:&\quad \omega_3 = 2^{1/8}\,e^{23\pi i/16} \\ k=3:&\quad \omega_4 = 2^{1/8}\,e^{31\pi i/16} \end{aligned}\right\} \cdots\cdots ③$$

(b) 畫 ① 式和 ③ 式之圖：

①式是複變數 z 所在位置，$z = (1-i)$ 如下頁圖 (a)，而③式是函數 $\omega = z^{1/4}$ 的四個值，這四個值所在位置如下頁圖 (b)，每一個值所在的值域 D_j，$j = 1, 2, 3, 4$，由 $(1\text{-}36)_2$ 式得：

$$\left.\begin{aligned} \omega_1:&\left[\left(\frac{0}{4}=0\right) \le \left(\arg.\,\omega_1 = \frac{7\pi}{16}\right) < \left(\frac{2\pi}{4} = \frac{\pi}{2}\right)\right] \equiv D_1 \\ \omega_2:&\left[\quad \frac{\pi}{2} \quad \le \left(\arg.\,\omega_2 = \frac{15}{16}\pi\right) < \left(\frac{4\pi}{4} = \pi\right)\right] \equiv D_2 \\ \omega_3:&\left[\quad \pi \quad \le \left(\arg.\,\omega_3 = \frac{23}{16}\pi\right) < \left(\frac{6\pi}{4} = \frac{3\pi}{2}\right)\right] \equiv D_3 \\ \omega_4:&\left[\quad \frac{3\pi}{2} \quad \le \left(\arg.\,\omega_4 = \frac{31}{16}\pi\right) < \left(\frac{8\pi}{4} = 2\pi\right)\right] \equiv D_4 \end{aligned}\right\} \cdots\cdots ④$$

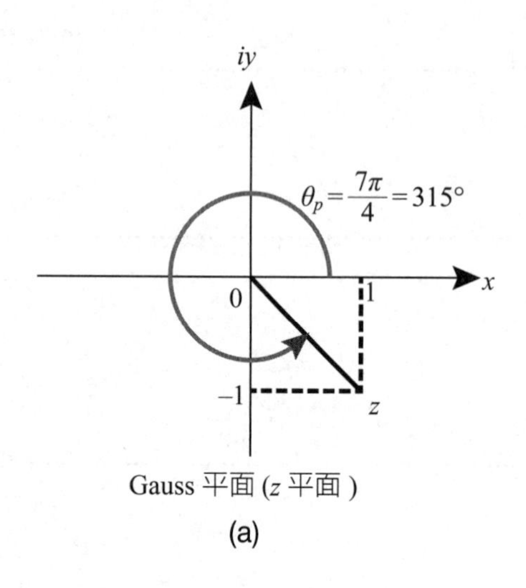

Gauss 平面 (z 平面)

(a)

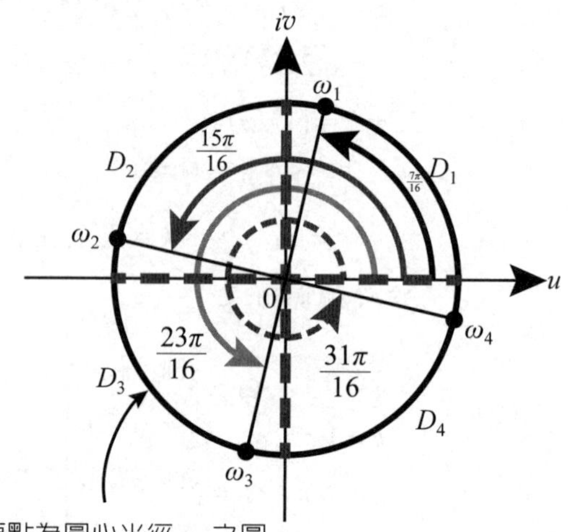

原點為圓心半徑 r_ω 之圓，
函數 $\omega = u(x, y) + iv(x, y)$，
$r_\omega = {}_{+}\sqrt{u^2 + v^2} = 2^{1/8}$，
$\omega_j = r_\omega \exp.\left[\frac{(7+8k)\pi i}{16}\right]$，
▬ ▬ ▬ $= D_j$ 的分界線，
$k = 0, 1, 2, 3$　。　$j = 1, 2, 3, 4$，
函數平面 (ω 平面)

(b)

(2) 討論：

由 ① 式 $z = \sqrt{2}\exp.[(\theta_p + 2k\pi)i]$，$k = 0, 1, 2, \cdots$，得無論 θ_p 繞原點 “O” 多少圈，在 z 平面 (Gauss 平面) 上的每一點的值都不變，但其函數 $\omega = z^{1/4}$ 的值，由②或和 $(1\text{-}36)_4$ 式得如 (表 1)，在函數 ω 平面的每一點都會出現四個值。

(表 1) 輻角 θ_p 與函數值 ω_j，j = 1, 2, 3, 4。

輻角 / 值域	$0 \le \theta_p < 2\pi$	$2\pi \le \theta_p < 4\pi$	$4\pi \le \theta_p < 6\pi$	$6\pi \le \theta_p < 8\pi$	$8\pi \le \theta_p < 10\pi \cdots\cdots 14\pi \le \theta_p < 16\pi$
D_1	$\omega_1(k=0)$	$\omega_4(k=3)$	$\omega_3(k=2)$	$\omega_2(k=1)$	$\omega_1(k=0)\cdots\cdots\omega_2(k=1)$
D_2	$\omega_2(k=1)$	$\omega_1(k=0)$	$\omega_4(k=3)$	$\omega_3(k=2)$	$\omega_2(k=1)\cdots\cdots\omega_3(k=2)$
D_3	$\omega_3(k=2)$	$\omega_2(k=1)$	$\omega_1(k=0)$	$\omega_4(k=3)$	$\omega_3(k=2)\cdots\cdots\omega_4(k=3)$
D_4	$\omega_4(k=3)$	$\omega_3(k=2)$	$\omega_2(k=1)$	$\omega_1(k=0)$	$\omega_4(k=3)\cdots\cdots\omega_1(k=0)$
	$\equiv W$ (前四欄)				重複 W 一直到 $2n\pi \le \theta_p < 2(n+1)\pi$　$n \ge 7$

(表 1) 明顯地表示 z 的函數 $\omega = z^{1/4}$ 是四個值的**多值函數** (multiple–valued function)，即 ω 平面的每一點都跟著 z 平面的 θ_p 繞原點 "O" 的圈數出現四個值。爲了要 ω 平面的每一點僅有一個值，只有令 θ_p 繞原點新圈時進入新 Gauss 平面。這樣的話，無論 θ_p 繞多少圈，每圈都是新 Gauss 平面，於是 θ_p 永遠在主域：

$$0 \leq \theta_p < 2\pi \cdots\cdots ⑤$$

$$\therefore \left(\begin{array}{l}\text{四值 (四價) 函數 } \omega = z^{1/4} \text{ 需要四葉 Gauss 平面，} \\ n \text{ 值 } (n \text{ 價}) \text{ 函數時需要 } n \text{ 葉 Gauss 平面。}\end{array}\right) \cdots\cdots ⑥$$

稱 ⑥ 式 Gauss 平面′爲 **Riemann 平面**。這種約化多值函數變成單值函數的方法是 Riemann 發現的，這過程正是我們要學的。這裡的 "多值" 與 "單值" 是指 ω 平面的每一點是多值或單值。用 Riemann 面時 ω 平面的每一點只有一個值，而 ω 仍然是多值函數，只是其值分布在 ω 平面的不同點，每一點只有一個值。如 ω 爲 n 價函數，則 ω 平面有 n 個值域，n 個值分在各值域 D_j，$j = 1, 2, \cdots, n$，稱 D_j 爲**分支** (branch)，請看 (1-37) 式下一段的說明。有時稱每葉 Riemann 面爲分支，因 D_j 與 Riemann 面是一對一。例如 $\omega = z^{1/n}$，$n > 1$ 的正整數，則有 n 個值域 D_j 和 n 葉 Riemann 面 R_j，$j = 1, 2, \cdots, n$。

實際上，Riemann 的發現，只要好好地觀察 ①，② 和 ③ 式與 (表 1) 就能看出來。因由 ① 式和 ② 式得：

$$\text{第一圈：}\left\{\begin{array}{l} z = \sqrt{2}\boldsymbol{e}^{i(\theta_p + 2k\pi)} \equiv z(\theta_p) \quad , \quad k = 0, 1, 2, 3, \cdots, \\ \omega = z^{1/4} = 2^{1/8}\boldsymbol{e}^{i(\theta_p + 2k\pi)/4} \equiv \omega(\theta_p) \\ \xrightarrow[\text{其值域}]{} D_j \quad , \quad k = 0, 1, 2, 3 \text{。} \quad j = 1, 2, 3, 4 \text{。} \end{array}\right\} \cdots\cdots ⑦$$

$$\text{第二圈：}\left\{\begin{array}{l} z(\theta_p + 2\pi) = \sqrt{2}\,\boldsymbol{e}^{i(\theta_p + 2\pi + 2k\pi)} \\ \qquad\qquad = \sqrt{2}\,\boldsymbol{e}^{i[\theta_p + 2(k+1)\pi]} \\ \omega(\theta_p + 2\pi) = 2^{1/8}\,\boldsymbol{e}^{i[\theta_p + 2(k+1)\pi]/4} \\ \xrightarrow[\text{其值域}]{} D_{j+1} \quad , \quad k = 0, 1, 2, 3 \text{。} \quad j = 1, 2, 3, 4 \text{。} \end{array}\right\} \cdots ⑧$$

由⑦式和⑧式發現，當 θ_p 多繞一圈 ω_j 就從 D_j 移到緊接的下一值域 D_{j+1}，換句話，原 ω_{j+1} 值就變成 ω_j。於是如要 ω_j 不變就要 D_j 不動，只有令 θ_p 繞新圈時仍然維持在主域 $0 \leq \theta_p < 2\pi$，

∴ 必須進入新 Gauss 面 (平面) .... ⑨

∴ n 價函數時需要 n 葉 Gauss 面，稱爲第一到第 n 葉 Riemann 面 .... ⑩

那麼如何連結接連的 Riemann 平面呢？主輻角 θ_p 的起線是，z 平面實軸 x 軸的正方向 (正實軸)，於是把 n 葉 Riemann 平面疊在一起後，如下圖 (c) 切割

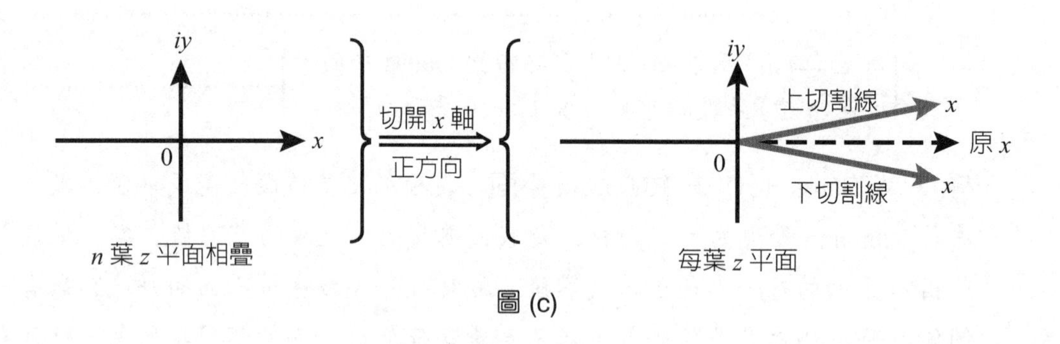

圖 (c)

x 軸正方向。θ_p 從第一葉的上切割線開始繞原點"O"到了第一葉下切割線時進入第二葉上切割線，依此類推到第 n 葉下切割線時進入第一葉上切割線。所以採用 Riemann 平面後，無論 θ_p 在 z 平面繞多少圈，函數 ω 平面的 n 個解都不變地，留在 ⑤ 式主輻角 θ_p 變數 z 帶來的 n 個位置，ω 平面上的每一點只有一個值。這時 z 平面的原點"O"是各葉 Riemann 平面的共有點，稱爲**分支點** (branch point)，而稱實軸 x 軸的正方向爲**分支線** (branch line) 或**分支切割** (branch cut)，多值函數值 ω_j 所在的值域 D_j 稱爲**分支** (branch)，$j = 1, 2, \cdots, n$。$\omega_{j=1} = \omega_1$ 爲多值函數 ω 的**主分支** (principal branch)，是對應第一葉 Riemann 面的**主輻角** (principal argument)，於是又稱每葉 Riemann 面爲分支。顯然從分支點近傍逼近該點時都無法得同一確定值，稱具此性質之點爲**奇異點** (singular point)，於是分支線上的每一點都是奇異點，奇異點又簡稱爲**奇點**。

∴ Riemann 平面約化多值函數成爲單值函數。.. ⑪

11. 畫幾何圖分析討論複變數 $z = (x + iy)$ 的函數 $f(z) = \dfrac{z+i}{z-i}$ 的變化情況。

➡ **解**

本題可參考 (Ex.1-11)。

$$\left.\begin{array}{l} z=x+iy \\ f(z)=\dfrac{z+i}{z-i}\equiv\omega\equiv u(x,y)+iv(x,y) \end{array}\right\} \cdots\cdots ①$$

$$\therefore \lim_{z\to i}\frac{z+i}{z-i}=\infty \longleftarrow \text{表示在函數 } \omega \text{ 平面的無限遠點} \cdots\cdots ②$$

② 式表示在 ω 平面上畫不出 $z=i$ 的映射點，如爲 ω 球面的話，它在圖 (1-14) 的 N 點。

(1) 求以 u 和 v 表示的 ① 式的 x 和 y：

$$z+i=\omega z-\omega i \Longrightarrow z=\frac{i(\omega+1)}{\omega-1}$$

$$\therefore x+iy=\frac{-v+i(u+1)}{(u-1)+iv}=\frac{[-v+i(u+1)][(u-1)-iv]}{(u-1)^2+v^2}$$

$$=\frac{2v+i(u^2+v^2-1)}{(u-1)^2+v^2}$$

$$\therefore x=\frac{2v}{(u-1)^2+v^2}\quad,\quad y=\frac{u^2+v^2-1}{(u-1)^2+v^2} \cdots\cdots ③$$

(2) 求以 x 和 y 表示的 ① 式之 u 和 v：

$$\omega=u+iv=\frac{z+i}{z-i}=\frac{x+i(y+1)}{x+i(y-1)}=\frac{[x+i(y+1)][x-i(y-1)]}{x^2+(y-1)^2}$$

$$=\frac{x^2+y^2-1+2xi}{x^2+(y-1)^2}$$

$$\therefore u=\frac{x^2+y^2-1}{x^2+(y-1)^2}\quad,\quad v=\frac{2x}{x^2+(y-1)^2} \cdots\cdots ④$$

比較 ③ 式和 ④ 式，發現複變數平面 z 平面與函數平面 ω 平面的實虛部，剛好對調類比，即 x 部對應 v 部，y 部對應 u 部，於是 x 的變化映射到 ω 平面是沿 v 軸方向，而 y 的變化會沿 u 軸方向發展，以畫映射圖來驗證是否眞如此。

(3) 畫 ③ 式 x 與 y 變化的映射圖：

(a) $x=$ 非零有限數 C_x，在 z 平面平行於虛數軸 iy 的直線，則由③式得：

$$(u-1)^2+v^2=2\frac{v}{x}=2\frac{v}{C_x}$$

$$\therefore (u-1)^2+\left(v-\frac{1}{C_x}\right)^2=\left(\frac{1}{C_x}\right)^2 \Longleftarrow \text{圓心 } (1,\ 1/C_x) \text{ 半徑 } 1/|C_x| \text{ 之圓} \cdots\cdots ⑤$$

⑤式是 z 平面的 $x=$ 非零常數 C_x，但 y 是沿 $x=C_x$ 如右圖 (a) 的 P_x 或 P_x'，從 $y=-\infty$ 變化到 $y=+\infty$ 時，映射在函數平面 ω 平面的點 Q_u 或 Q_u' 造成之圓，其圓心在 $(u, v)=(1, 1/C_x)$，半徑 $1/|C_x|$。於是 C_x 爲正實數時，圓心在第一象限，C_x 爲負實數時，圓心在 ω 平面的第四象限，而 P_x 和 P_x' 在 ω 平面的映射點 Q_u 或 Q_u' 的座標，由④式得：

$$(u,v)=\left(\frac{(y^2-1)+C_x^2}{(y-1)^2+C_x^2}, \frac{2C_x}{(y-1)^2+C_x^2}\right)$$

$$=Q_u \text{ 或 } Q_u' \text{ 座標} \quad \cdots\cdots ⑥$$

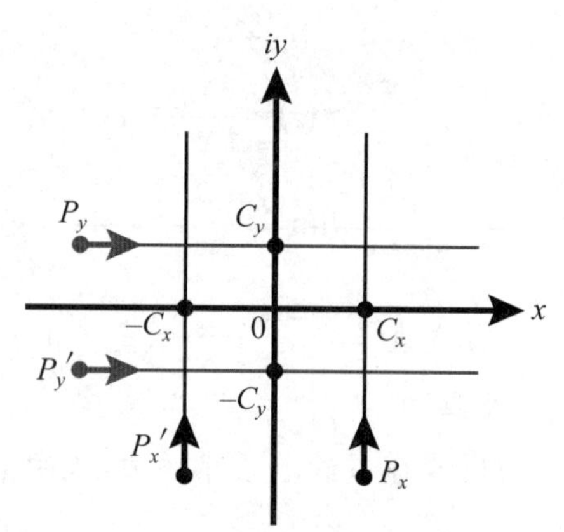

$P_x=(x=C_x, y)$，$P_x'=(x=-C_x, y)$，
$P_y=(x, y=C_y)$，$P_y'=(x, y=-C_y)$，
P_x，P_x'：$(y=-\infty)\longrightarrow(y=0)\longrightarrow(y=+\infty)$，
P_y，P_y'：$(x=-\infty)\longrightarrow(x=0)\longrightarrow(x=+\infty)$，
C_x，C_y 為非零正整數，且 $C_y\neq 1$。

圖 (a)

由⑥式得下表和圖 (b)，顯然正 C_x 之圓和負 C_x 之圓在 $(u, v)=(1, 0)$ 點相切。

y	$(-\infty)$	∼	$(-a(a=\text{正實數}))$	∼	0	∼	a	∼	$(+\infty)$
u	1	∼	$\left(\frac{(a^2-1)+C_x^2}{(-a-1)^2+C_x^2}=\text{正數}\right)$	∼	$\left(\frac{C_x^2-1}{C_x^2+1}\right)$	∼	$\left(\frac{(a^2-1)+C_x^2}{(a-1)^2+C_x^2}=\text{正數}\right)$	∼	1
v	0	∼	$\left(\frac{2C_x}{(-a-1)^2+C_x^2}=\begin{cases}\text{正 } C_x \text{ 正}\\ \text{負 } C_x \text{ 負}\end{cases}\right)$	∼	$\left(\frac{2C_x}{C_x^2+1}\right)$	∼	$\left(\frac{2C_x}{(a-1)^2+C_x^2}=\begin{cases}\text{正 } C_x \text{ 正}\\ \text{負 } C_x \text{ 負}\end{cases}\right)$	∼	0
C_x 正	Q_u 順時針方向轉如圖 (b)。								
C_x 負	Q_u' 逆時針方向轉如圖 (b)。								

(b) $y=$ 非零有限實數 C_y，即在 z 平面平行於實軸 x 軸的直線，則由③式得：

$$(u-1)^2+v^2=\frac{1}{y}(u^2+v^2-1)$$

$$=\frac{1}{C_y}(u^2+v^2-1)$$

$$\therefore \left(u-\frac{C_y}{C_y-1}\right)^2+v^2=\left(\frac{1}{C_y-1}\right)^2 \quad \cdots\cdots ⑦$$

由 ⑦ 式得 $C_y \neq 1$ ($C_y = 1$，$x = 0$ 就是 ② 式)，假設：

$$|C_y| > 1 \quad \text{⑧}$$

⑦ 式是圓心在 u 軸上 $(C_y/(C_y-1), 0)$ 半徑 $1/|C_y - 1|$ 的圓，當 C_y 爲正實數，圓心就在 (1, 0) 右邊的正 u 軸，C_y 爲負實數時圓心是在 (1, 0) 左邊之 u 軸。由 ④ 式得 $y = C_y$ 映射在函數平面 ω 平面的座標：

$$(u, v) = \left(\frac{x^2 + C_y^2 - 1}{x^2 + (C_y - 1)^2}, \frac{2x}{x^2 + (C_y - 1)^2}\right)$$

$= \omega$ 平面之點 Q_v 或 Q_v' 的座標 ⑨

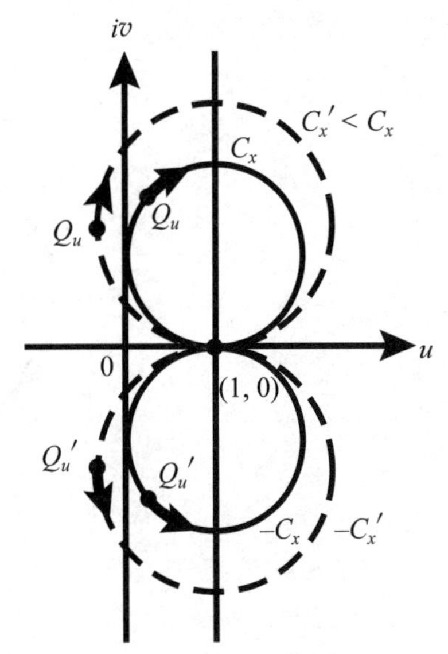

Q_u = 圖 (a) 的 P_x 點之映射點，
Q_u' = 圖 (a) 的 P_x' 點之映射點

圖 (b)

⑨ 式的 Q_v 或 Q_v' 分別是 z 平面的 $y = C_y$ 的 P_y 和 $y = -C_y$ 的 P_y' 之映射點，則由 ⑨ 式得下表和圖 (c)。

y	$(-\infty)$	～	$(-a(a=$ 正實數$))$	～	0	～	a	～	$(+\infty)$
u	1	～	$\left(\frac{a^2+C_y^2-1}{a^2+(C_y-1)^2}=\text{正數}\right)$	～	$\left(\frac{C_y^2-1}{(C_y-1)^2}=\text{正數}\right)$	～	$\left(\frac{a^2+C_y^2-1}{a^2+(C_y-1)^2}=\text{正數}\right)$	～	1
v	0	～	$\left(\frac{-2a}{a^2+(C_y-1)^2}=\text{負數}\right)$	～	0	～	$\left(\frac{2a}{a^2+(C_y-1)^2}=\text{正數}\right)$	～	0
C_y 正	Q_v 逆時針方向轉，如圖 (c)，								
C_y 負	Q_v' 順時針方向轉，如圖 (c)。								

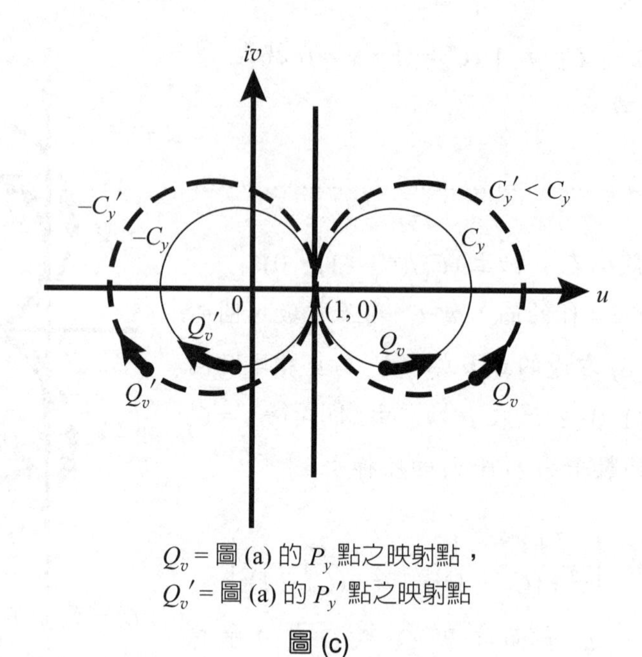

Q_v = 圖 (a) 的 P_y 點之映射點，
Q_v' = 圖 (a) 的 P_y' 點之映射點

圖 (c)

由比較 ③ 式和 ④ 式，曾在 ④ 式下段預料：

> z 平面的 x 之變化會映射到 ω 平面的 v 軸方向，而 y 的變化是沿 u 軸方向發展。果然圖 (b) 與圖 (c) 現出這現象。

摘要

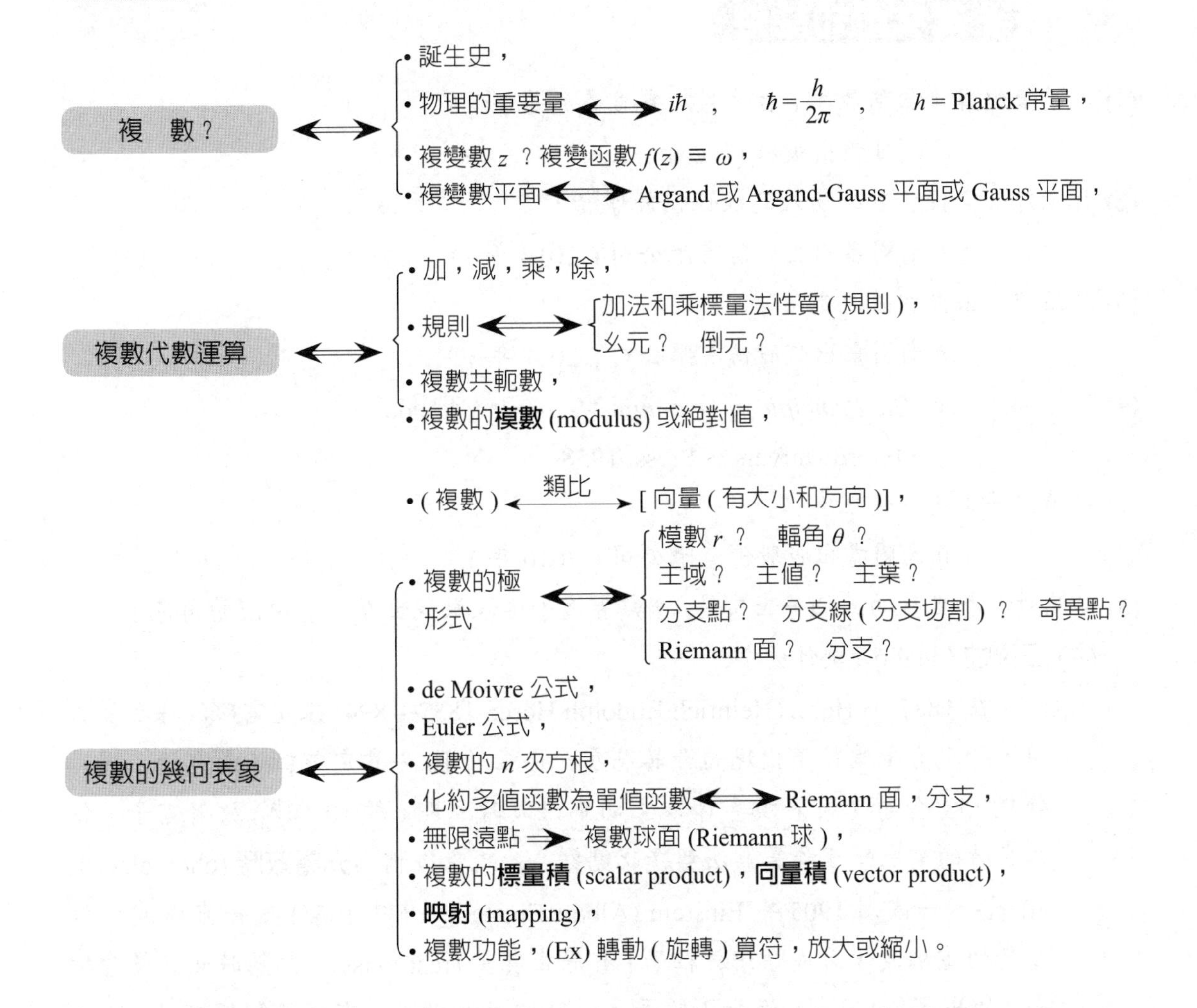

複　數？
誕生史，
物理的重要量 ⟷ $i\hbar$ ，　$\hbar = \frac{h}{2\pi}$ ，　h = Planck 常量，
複變數 z ？複變函數 $f(z) \equiv \omega$，
複變數平面 ⟷ Argand 或 Argand-Gauss 平面或 Gauss 平面，
複數代數運算
加，減，乘，除，
規則
加法和乘標量法性質 (規則)，
么元？　倒元？
複數共軛數，
複數的**模數** (modulus) 或絶對值，
複數的幾何表象
(複數) 類比 [向量 (有大小和方向)]，
複數的極形式
模數 r ？　輻角 θ ？
主域？　主値？　主葉？
分支點？　分支線 (分支切割) ？　奇異點？
Riemann 面？　分支？
de Moivre 公式，
Euler 公式，
複數的 n 次方根，
化約多值函數為單值函數 ⟷ Riemann 面，分支，
無限遠點 ⟹ 複數球面 (Riemann 球)，
複數的**標量積** (scalar product)，**向量積** (vector product)，
映射 (mapping)，
複數功能，(Ex) 轉動 (旋轉) 算符，放大或縮小。

參考文獻和註解

(1) 燕曉東編譯：幾何原本(古希臘歐幾里德原著)，
人民日報出版社(2005)。

(2) 林清凉著：從物理學切入的線性代數導論，
五南圖書出版股份有限公司(2014年)。

(3) 林清凉、戴念祖著：電磁學，
五南圖書出版股份有限公司(2011年)。

(4) P. A. M. Dirac: *The Principle of Quantum Mechanics*, 4th ed.,
Oxford University Press, 1958.

林清凉著：近代物理I，
五南圖書出版股份有限公司(2010年)。

(5) 二象性，物理學的五個普世常量，i 與 $\hbar$ 攜手進入微觀世界，$i\hbar$ 扮演的角色：

(A) **二象性** (duality) 是什麼？

在1887年Hertz (Heinrich Rudolph Hertz, 1857~1894) 探究電磁波存在實驗時，發現有帶電粒子出現的奇異現象。再經約10年肯定該粒子是電子。同時發現，當金屬受到某頻率 ν_0 以上的電磁波時立即(約 10^{-9} 秒)放射電子，但以當時的電磁學理論是無法解釋此現象，此現象後稱爲**光電效應** (photoelectric effect)。一直到1905年Einstein (Albert Einstein, 1879~1955) 把一直以波動性看待的電磁波，看成類比於粒子[有靜止質量(rest mass)，動態時此質量會增加]的**光子** (photon，沒靜止質量，但可定義和頻率 ν 有關的動態質量)才成功地解釋光電效應，即：

$$\left(\begin{array}{l}\text{電磁波在某種情況下的行爲是波動性(有干涉、繞射、偏}\\ \text{振現象)，另種情況(波長很短，波長 } \lambda \le 10^{-8}\,\text{m 時)是會}\\ \text{出現類似粒子性(有動量 } P\text{，總能量 } E\text{)的行爲。}\end{array}\right) \cdots\cdots\cdots\cdots (1)$$

20世紀初葉是尋找新力學(非牛頓力學之力學)的巔峰期。在1913年N. Bohr (Niels Henrik David Bohr, 1885~1962) 發現氫原子的電子，繞原子核轉動的角動量 $\vec{L}$ 的規則，即 $\vec{L}$ 的大小不是連續量，是一個**基本量** $\hbar$ (Planch 常量 $h/2\pi$) 的正整數倍的非連續量。竟沒想到此規則隱藏著粒子電子的另一面性質波動性，而其頻率 ν 和波長 λ 是：

$$\left.\begin{array}{l}\text{電子總能量 } E=h\nu \\ \text{電子動量 } P=h/\lambda\text{，}\qquad h=\text{Planck 常量}\end{array}\right\}\cdots\cdots\cdots(2)$$

(2) 式是 1923 年 9 月 de Broglie (Duc Louis Victor de Broglie, 1892~1987) 獲得，翌年 1924 年 4 月由他的論文指導教授 Langevin (Paul Langevin, 1872~1946) 公布於世的關係式。(2) 式的左邊表示著粒子特性，而右邊的 ν 和 λ 是波動特徵量。在同一個式子的左右邊呈現不同物理現象是首見，是嶄新現象。(2) 式的 E 左右兩邊是：

$$\left.\begin{array}{l}\text{因次相同，}E\text{ 等於能量因次，MKS 單位是}\textbf{焦兒}\text{(joule)，}\\ h\text{ 的因次} \equiv [h]=(\text{能量})\times(\text{時間})\text{，}\\ \qquad\equiv \textbf{作用}\text{(action)因次} \longleftarrow \text{我們的稱呼，}\\ \lambda\nu=\text{電子速度}v \longleftarrow \text{電子時，}\\ \lambda\nu=\text{光速}c \longleftarrow \text{光子時。}\end{array}\right\}\cdots\cdots(3)$$

凡是具有 (2) 式性質者，稱該粒子有**二象性**，二象性常以 $P=h/\lambda$ 代表。波動性和粒子性不會同時出現，常和測量現象有關，有的現象呈現波動性，有的現象是粒子性，即如要測該粒子在空間某點，則能測到訊息。

量子力學奠立後不久，在 1930 年代稱構成物質的電子 e，**中子** (neutron) n 和**質子** (proton) p，以及和電磁波有關的光子 γ 爲**基本粒子**′ (elementary particles)，後來跟著實驗技術的進步出現更多的基本粒子，到了 1960 年代至今 (2013 年春) 發現 n，p 等由更小的**夸克** (quark) 組成。基本粒子大約可分成 3 種類：

$$\left.\begin{array}{l}\text{(i) 負責強相互作用的粒子}\textbf{強子}\text{ (hadron)，}\\ \text{(ii) 負責弱相互作用的粒子}\textbf{輕子}\text{ (lepton)，}\\ \text{(iii) 媒介相互作用的粒子}\textbf{介子}\text{ (meson)。}\end{array}\right\}\cdots\cdots(4)$$

(4) 式的粒子都有二象性。稱有靜止質量的基本粒子之波爲**物質波** (matter wave，是 1926 年 Schrödinger 取的名稱) 或 **de Broglie 波** (紀念他發現 $P=h/\lambda$ 取的稱呼)，但 de Broglie 自己稱它爲**相波** (phase wave)。不但基本粒子有二象性，穩定的輕原子也呈現二象性的干涉現象，例如**氦** (helium He) 原子在 1930 年 Stern 和 Frisch (Otto Robert Frisch, 1904~1979) 獲得 He 的繞射紋。

(B) 物理學的五個**普世常量**′ (universal constants) ？

從國中理化到大一的普通物理學，我們學到五個普世常量。首先是和力學有關的萬有引力常量 G，接著是和熱力學第二定律有關的 Boltzmann (Ludwig

Eduard Boltzmann, 1844~1906) 常量 k 和氣體運動論有關的 Avogadro (Amedeo Conte di Quaregna di Cerretto Avogadro, 1776~1856) 常數 N_A，電磁學帶來的電磁波速度之光速 c，以及近代物理時進來的 Planck 常量 h，它們的大小與因次是：

$$\left.\begin{aligned} G &\fallingdotseq 6.672\times10^{-11}\,\mathrm{m^3\cdot kg^{-1}\cdot s^{-2}} \\ k &\fallingdotseq 1.381\times10^{-23}\,\mathrm{J\cdot K^{-1}} \\ N_A &\fallingdotseq 6.022\times10^{23}\,\mathrm{mol.^{-1}} \\ C &\fallingdotseq 2.998\times10^{5}\,\mathrm{km\cdot s^{-1}} \\ h &\fallingdotseq 6.626\times10^{-34}\,\mathrm{J\cdot s} \end{aligned}\right\} \cdots\cdots (5)$$

m = **公尺** (meter)，kg = **公斤** (kilogram)，s = **秒** (second)，J = **焦兒** (joule)，K = 溫度單位 (沒因次，唸成 kelvin)，mol. = mole 是國際單位量的一種，譯成“莫爾”。在 1971 年的國際度量衡會議定義一個 mol.是：

$$\left.\begin{aligned} 1\,\mathrm{mol.} \equiv\ & \text{標準狀態}(0^\circ\mathrm{C}\text{一氣壓下的氣體狀態})\text{下，}0.012\,\mathrm{kg} \\ & \text{的碳 12 所含有的 } \mathrm{C}^{12}\,(\mathrm{C}^{12} = {}_{\text{質子數 }6}\mathrm{C}^{6+6}_{\text{中子數 }6} = {}_6\mathrm{C}^{12}_6) \\ & \text{的原子數，} \\ \fallingdotseq\ & 6.022\times10^{23}\text{個 } \mathrm{C}^{12}\text{原子。} \end{aligned}\right\} \cdots\cdots 6)$$

於是稱在標準狀態有 6.022×10^{23} 個粒子時稱爲一個 **mole**。

(C) i 和 $\hbar$ 攜手進入微觀世界 [2, 3, 6~9)]：

(i) 電磁波方程式：

1865 年 Maxwell 統一了電學和磁學成爲電磁學時發現，一直是類似**參數** (parameter) 功能的時間 t，竟然和 3 維空間 $(x, y, z) \equiv \vec{x}$ 完全等地位地出現在他的電磁學方程式，並且從這些方程式獲得時空對等的電場 $\vec{E}(t, \vec{x})$ 和磁場 $\vec{B}(t, \vec{x})$ 在眞空且無電荷時的波動方程式：

$$\left.\begin{aligned} \left(\frac{\partial^2}{\partial x^2}+\frac{\partial^2}{\partial y^2}+\frac{\partial^2}{\partial z^2}\right)\psi(t,\vec{x}) &\equiv \nabla^2\psi(t,\vec{x}) \\ &= \frac{1}{v^2}\frac{\partial^2}{\partial t^2}\psi(t,\vec{x}) \\ \psi(t,\vec{x}) = \begin{cases} \vec{E}(t,\vec{x})\text{或} \\ \vec{B}(t,\vec{x}) \end{cases} & \end{aligned}\right\} \cdots\cdots (7)$$

v = 電磁波速度，更驚人的是 v = 光速 $c \fallingdotseq 2.998 \times 10^5$ km/s，1 km = 10^3 m，即表示光就是電磁波。這些全在 1888 年由 Hertz 成功地驗證了。換句話，如要描述電磁學現象′，需要四維空間 $(ct, x, y, z) \equiv (t, \vec{x})$。(7) 式是**實線性微分方程式** (real linear differential equation)，其數學解是：

$$\psi(t,\vec{x}) = Ae^{i(\vec{k}\cdot\vec{x}-\omega t)} + Be^{-i(\vec{k}\cdot\vec{x}-\omega t)} + Ce^{i(\vec{k}\cdot\vec{x}+\omega t)} + De^{-i(\vec{k}\cdot\vec{x}+\omega t)} \quad \cdots\cdots (8)_1$$

或 $$\psi(t,\vec{x}) = Ae^{i(\omega t-\vec{k}\cdot\vec{x})} + Be^{-i(\omega t-\vec{k}\cdot\vec{x})} + Ce^{i(\omega t+\vec{k}\cdot\vec{x})} + De^{-i(\omega t+\vec{k}\cdot\vec{x})} \quad \cdots\cdots (8)_2$$

$i=\sqrt{-1}$，$\omega = 2\pi\nu$，$k = 2\pi/\lambda$，ν 和 λ 分別爲電磁波頻率和波長。$\psi=\vec{E}$ 時，A, B, C, D 的因次是電場因次 (牛頓 / 庫侖) = (N/C)，$\psi=\vec{B}$ 時，A, B, C, D 是磁場因次 N/(A・m) ≡ T，A 是**安培** (ampere，電流單位)，m = 公尺，T 叫 tesla，是磁場單位。(7) 式的 $v^2=\vec{v}\cdot\vec{v}=(-\vec{v})\cdot(-\vec{v})$的兩種可能，因此才會出現 $(8)_1$ 式與 $(8)_2$ 式的 A 和 B (對應 $(+\vec{v})$) 與 C 和 D (對應 $(-\vec{v})$)，即 A 和 B 與 C 和 D 分別對應於 $\vec{v}\cdot\vec{v}$ 與 $(-\vec{v})\cdot(-\vec{v})$。那爲什麼有 $(8)_1$ 式和 $(8)_2$ 式呢？兩者的物理相等，只是定義四維空間的時間和空間順序時，以哪個優先而已。四維空間順序的國際慣例定義有下兩種：

$$ct \equiv x_0，x \equiv x_1，y \equiv x_2，z \equiv x_3 \Longleftarrow \text{時間先，空間後} \quad \cdots\cdots (9)_1$$

$$x \equiv x_1，y \equiv x_2，z \equiv z_3，ct \equiv x_4 \Longleftarrow \text{空間先，時間後} \quad \cdots\cdots (9)_2$$

當處理一個題目時，務必始終使用同定義，不然會差一個負符號。我們採用 $(9)_1$ 式，並且電磁波向 $\vec{x}$ 增大方向行進的 $v^2=(+\vec{v})\cdot(+\vec{v})=\vec{v}\cdot\vec{v}$：

$$\psi(t,\vec{x}) = Ae^{i(\omega t-\vec{k}\cdot\vec{x})} + Be^{-i(\omega t-\vec{k}\cdot\vec{x})} \quad \cdots\cdots (10)_1$$

$(10)_1$ 式的波稱作**平面波** (plane wave，$(8)_1$ 式和 $(8)_2$ 式也是)，描述沒受任何作用源的自由自在波。從 Euler 公式 (1-5) 式，$(10)_1$ 式的 A 和 B 是等質，但有使用上的方便差。爲了同樣沒作用源或作用和時間無關的，非相對論量子力學運動方程式的時間部解同符號，我們採用 $(10)_1$ 式 B 項作爲平面波：

$$\psi(t,\vec{x}) = \psi_0(t_0,\vec{x_0})\, e^{-i(\omega t-\vec{k}\cdot\vec{x})} \quad \cdots\cdots (10)_2$$

(ii) Lorentz 變換，Minkowski 空間：

我們都有，在作等速 v 行駛的火車或汽車內，收到靜止在家的爸媽或家人或朋友來電話的經驗。這現象表示在有相對速度 v 的兩個時空間 (四維座標)，其描述電磁波的數學式是完全一樣，即我們和爸媽的座標能相互轉換，這轉換是 1904 年 Lorentz 獲得的，世稱爲的 **Lorentz 變換** [2)]。如取車子的行駛方向爲 x 軸，則 Lorentz 變換的矩陣表示式是 [2)]：

$$\left.\begin{array}{l}\begin{pmatrix} ct' \\ ix' \\ iy' \\ iz' \end{pmatrix} \overline{\overline{\;(9)_1\text{式}\;}} \begin{pmatrix} x_0' \\ ix_1' \\ ix_2' \\ ix_3' \end{pmatrix} = \begin{pmatrix} \gamma & i\gamma\beta & 0 & 0 \\ -i\gamma\beta & \gamma & 0 & 0 \\ 0 & 0 & 1 & 0 \\ 0 & 0 & 0 & 1 \end{pmatrix} \begin{pmatrix} ct = x_0 \\ ix = ix_1 \\ iy = ix_2 \\ iz = ix_3 \end{pmatrix} \\ \beta \equiv v/c\text{，}\gamma \equiv 1/\sqrt{1-\beta^2} \end{array}\right\} \cdots\cdots (11)_1$$

$$\begin{pmatrix}\text{我們在以等速 } v \text{ 行駛的車上，} \\ \text{座標}(x_0', ix_1', ix_2', ix_3') \equiv (x_0', i\vec{x}')\end{pmatrix} \quad \begin{pmatrix}\text{爸媽所在的靜止座標} \\ (x_0, ix_1, ix_2, ix_3) \equiv (x_0, i\vec{x})\end{pmatrix} \cdots\cdots (11)_2$$

$(11)_2$ 式表示使用，時間軸是實軸而空間軸是純虛數的四維空間，稱爲 **Minkowski 空間**。$(10)_2$ 和 $(11)_2$ 式明顯地表示著，描述電磁學現象的數學式與空間離不開 $i=\sqrt{-1}$。

(iii) 標量勢 ϕ 與向量勢 $\vec{A}$：

電磁學與量子力學左右著人體和今日的高科技，於是需要再深入探討電磁學。初步階段的電磁學是，以電場 $\vec{E}=\vec{E}(t, \vec{x})$ 和磁場 $\vec{B}=\vec{B}(t, \vec{x})$ 來分析電磁現象較多，而稱 $\vec{E}$ 和 $\vec{B}$ 爲電場和磁場是 1865 年 Maxwell 開始。那麼**場** (field) 是什麼？某物理量 Q 的分布或存在空間稱作 Q **場**，如該空間任意點 $x_0 \equiv [(t_0, \vec{x_0}) = \text{四維時}]$ 只有大小 $Q(x_0)$ 者叫**標量場** (scalar field)，如同時有大小和方向 $\vec{Q}(x_0)$ 者稱作**向量場** (vector field)。而向量場又有兩種，在左右手座標系的方向 (大小不變) 相反與方向不變的兩種，前者叫**極向量場** (polar vector field)，電場 $\vec{E}$ 就是，後者叫**軸向量** (axial vector) 或**贗向量** (pseudo vector) **場**，磁場 $\vec{B}$ 便是。場量表示有作用能力的量，那麼能不能以“作用能力”這種場之潛性能來代替場量呢？回答是：可以，其英文名稱叫 potential，譯成“勢”，是執行能力的“執”和“力”的合成字，你說譯成“勢”棒不棒呢？“勢”這個物理名稱中國商朝就有 [6)]。勢的因次是依物理題目，即場變，故沒統一因次，這一點和**勢能** (potential energy) 完全不同，勢能的因次是能量因次，是**焦兒** (joule)，請特別小心，同時要眞瞭解勢的物理 [6)]。現有不同內涵 (極和贗) 的

電場 $\vec{E}$ 和磁場 $\vec{B}$，於是該有兩種勢，一種叫**標量勢** (scalar potential) $\phi(t, \vec{x})$，另一種叫**向量勢** (vector potential) $\vec{A}(t, \vec{x})$，結果在 MKS 單位制 (SI unit) 時是 3)：

$$\begin{aligned}\vec{E}(t, \vec{x}) &= -\left(\mathbf{e}_x \frac{\partial}{\partial x} + \mathbf{e}_y \frac{\partial}{\partial y} + \mathbf{e}_z \frac{\partial}{\partial z}\right)\phi(t, \vec{x}) - \frac{\partial \vec{A}(t, \vec{x})}{\partial t} \\ &\equiv -\vec{\nabla}\phi(t, \vec{x}) - \frac{\partial \vec{A}(t, \vec{x})}{\partial t} \quad \cdots\cdots (12)_1\end{aligned}$$

$$\left.\begin{aligned}\vec{B}(t, \vec{x}) &= \mathbf{e}_x\left(\frac{\partial Az}{\partial y} - \frac{\partial Ay}{\partial z}\right) + \mathbf{e}_y\left(\frac{\partial Ax}{\partial z} - \frac{\partial Az}{\partial x}\right) + \mathbf{e}_z\left(\frac{\partial Ay}{\partial x} - \frac{\partial Ax}{\partial y}\right) \\ &\equiv \vec{\nabla}\times\vec{A}(t, \vec{x}) \\ \vec{A}(t, \vec{x}) &= \vec{A_x}(t, \vec{x}) + \vec{A_y}(t, \vec{x}) + \vec{A_z}(t, \vec{x}) = \mathbf{e}_x A_x + \mathbf{e}_y A_y + \mathbf{e}_z A_z\end{aligned}\right\} \cdots\cdots (12)_2$$

如 (圖 1)，$\mathbf{e}_x$, $\mathbf{e}_y$ 和 $\mathbf{e}_z$ 分別爲 x, y 和 z 軸方向的單位向量，$\vec{A_i}(t, \vec{x})$ 和 $A_i(t, \vec{x})$ 分別爲 $\vec{A}(t, \vec{x})$ 在各座標軸上的分向量與其大小，$i = x, y, z$。

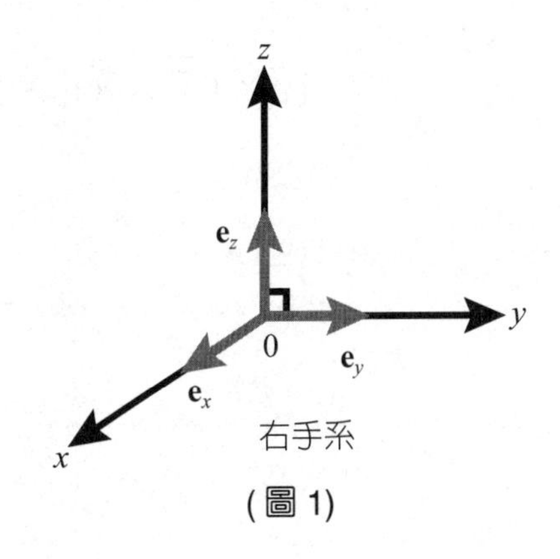

(圖 1)

(iv) Lorentz 力與 ϕ 和 $\vec{A}$ 的關係，以及力學動量和正則動量：

在 1892 年 Lorentz 發現有慣性質量 m 的粒子，如它同時帶有電荷 q，且以速度 $\vec{v}$ 進入有電場 $\vec{E}(t, \vec{x})$ 和磁場 $\vec{B}(t, \vec{x})$ 空間時會受到如下式的作用力：

$$\vec{F} = q\,[\vec{E}(t, \vec{x}) + \vec{v}\times\vec{B}(t, \vec{x})] \quad \cdots\cdots (13)$$

稱 (13) 式的 $\vec{F}$ 爲 **Lorentz 力**以紀念他。如 (圖 2)。$\vec{F}$ 顯然地垂直於 $\vec{v}$ 和 $\vec{B}$ 構成的平面，因此一般地牛頓第三定律，即作用反作用定律不成立。由 $(12)_1$, $(12)_2$ 和 (13) 式得：

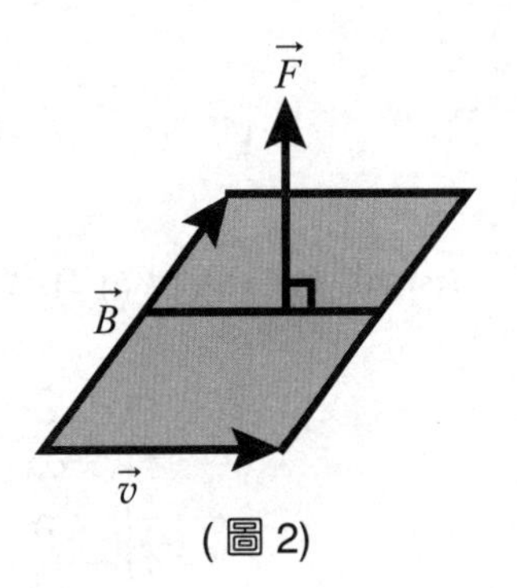

(圖 2)

$$\begin{aligned}\vec{F} = q\Big[&-\vec{\nabla}\phi(t, \vec{x}) - \frac{\partial \vec{A}(t, \vec{x})}{\partial t} \\ &+ \vec{v}\times(\vec{\nabla}\times\vec{A}(t, \vec{x}))\Big] \quad \cdots\cdots (14)\end{aligned}$$

接著以解剖 (14) 式來探視 $\vec{F}$ 內部：

(a) $$[\vec{v}\times(\vec{\nabla}\times\vec{A})]_x=v_y(\vec{\nabla}\times\vec{A})_z-v_z(\vec{\nabla}\times\vec{A})_y$$

$$=v_y\left(\frac{\partial Ay}{\partial x}-\frac{\partial Ax}{\partial y}\right)-v_z\left(\frac{\partial Ax}{\partial z}-\frac{\partial Az}{\partial x}\right)$$

$$=\left(v_y\frac{\partial Ay}{\partial x}+v_z\frac{\partial Az}{\partial x}+v_x\frac{\partial Ax}{\partial x}\right)-v_y\frac{\partial Ax}{\partial y}-v_z\frac{\partial Ax}{\partial z}-v_x\frac{\partial Ax}{\partial x}\cdots\cdots(15)_1$$

(b) 另一面 $$\frac{dAx}{dx}=\frac{\partial Ax}{\partial t}+\frac{\partial x}{\partial t}\frac{\partial Ax}{\partial x}+\frac{\partial y}{\partial t}\frac{\partial Ax}{\partial y}+\frac{\partial z}{\partial t}\frac{\partial Ax}{\partial z}$$

$$=\frac{\partial Ax}{\partial t}+v_x\frac{\partial Ax}{\partial x}+v_y\frac{\partial Ax}{\partial y}+v_z\frac{\partial Ax}{\partial z}\cdots\cdots(15)_2$$

由 $(15)_1$ 和 $(15)_2$ 式得：

$$[\vec{v}\times(\vec{\nabla}\times\vec{A})]_x=-\frac{dAx}{dt}+\frac{\partial Ax}{\partial t}+v_x\frac{\partial Ax}{\partial x}+v_y\frac{\partial Ay}{\partial x}+v_z\frac{\partial Az}{\partial x}$$

$$=-\frac{dAx}{dt}+\frac{\partial Ax}{\partial t}+\frac{\partial}{\partial x}(v_xA_x+v_yA_y+v_zA_z)$$

$$-\left[\left(\frac{\partial v_x}{\partial x}\right)A_x+\left(\frac{\partial v_y}{\partial x}\right)A_y+\left(\frac{\partial v_z}{\partial x}\right)A_z\right]$$

$$=-\frac{dAx}{dt}+\frac{\partial Ax}{\partial t}+\frac{\partial}{\partial x}(\vec{v}\cdot\vec{A})$$

$$-\left[\left(\frac{\partial v_x}{\partial x}\right)A_x+\left(\frac{\partial v_y}{\partial x}\right)A_y+\left(\frac{\partial v_z}{\partial x}\right)A_z\right]\cdots\cdots(16)_1$$

如 $\frac{\partial v_i}{\partial x_j}=0$ ， j 可含 i $\cdots\cdots(16)_2$

則得：

$$[\vec{v}\times(\vec{\nabla}\times\vec{A})]_x=-\frac{dAx}{dt}+\frac{\partial Ax}{\partial t}+\frac{\partial}{\partial x}(\vec{v}\cdot\vec{A})\leftarrow\text{條件}\frac{\partial v_i}{\partial x_j}=0\cdots\cdots(17)_1$$

(c) 由 (14) 式和 $(17)_1$ 式得：

$$Fx=q\left\{-\frac{\partial}{\partial x}\phi-\frac{\partial A_x}{\partial t}+[\vec{v}\times(\vec{\nabla}\times\vec{A})]_x\right\}$$

$$=q\left[-\frac{\partial}{\partial x}(\phi-\vec{v}\cdot\vec{A})-\frac{dAx}{dt}\right]\cdots\cdots(17)_2$$

$$\left\{\begin{array}{ll} F_x=\dfrac{dP_x}{dt}=\dfrac{d}{dt}(mv_x)\text{，} & P_x=\text{動量 } m\vec{v} \text{ 的 } x \text{ 成分，} \\ m=\dfrac{m_0}{\sqrt{1-(\vec{v}/c)^2}}\text{，} & m_0=m(v=0)\text{，} \quad \text{即靜止質量，} \end{array}\right\} \cdots\cdots (17)_3$$

$$\therefore \frac{d}{dt}(mv_x+qA_x)=-q\frac{\partial}{\partial x}[\phi(t,\vec{x})-\vec{v}\cdot\vec{A}(t,\vec{x})]$$

$$\left.\begin{array}{l} \therefore \dfrac{d}{dt}[m\vec{v}+q\vec{A}(t,\vec{x})]=-q\vec{\nabla}[\phi(t,\vec{x})-\vec{v}\cdot\vec{A}(t,\vec{x})] \\ \quad \text{條件是 } \partial v_i/\partial x_j=0\text{，} \quad j \text{ 可含 } i \end{array}\right\} \cdots\cdots (18)$$

(d) 分析結果 (18) 式：

普通速度 v 不會跟著瞬間的所在位置而變化大小，於是 (18) 式的條件一般地成立。另一面，**勢** (potential) 往往從**勢能** (potential energy) U 來，並且力中的**保守力** (conservative force) $\vec{F}$ 和 U 的關係是 [6)]：

$$\text{保守力 } \vec{F}=-\vec{\nabla}U(x,y,z) \quad , \quad \vec{\nabla}\equiv \mathbf{e}_x\frac{\partial}{\partial x}+\mathbf{e}_y\frac{\partial}{\partial y}+\mathbf{e}_z\frac{\partial}{\partial z} \cdots\cdots (19)_1$$

顯然 (18) 式右邊呈現 $(19)_1$ 式型，因此需要檢查 $q\phi$ 和 $q\vec{v}\times\vec{A}$ 的因次是否能量。由 $\vec{E}$ 和 $\vec{B}$ 以及 $(12)_1$，$(12)_2$ 和 (13) 式得：

$$\vec{\nabla}\text{的因次 } [\vec{\nabla}]=1/\text{長度，} q\vec{E}\text{的因次 } [q\vec{E}]=\text{力的因次}$$

$$\therefore q\phi \text{ 的因次 } [q\phi]=\text{力乘長度因次}=\text{能量因次} \cdots\cdots (19)_2$$

$$q\vec{A} \text{ 的因次 } [q\vec{A}]=[q\vec{E}]\times\text{時間}=[\text{力}]\times\text{時間}$$

$$\therefore \left\{\begin{array}{l} q\vec{v}\times\vec{A} \text{ 的因次 } [q\vec{v}\times\vec{A}]=\text{能量因次} \\ q\vec{v}\cdot\vec{A} \text{ 的因次 } [q\vec{v}\cdot\vec{A}]=\text{能量因次} \end{array}\right\} \cdots\cdots (19)_3$$

同時力 $\vec{F}$ 和動量 $\vec{P}$ 的關係是：

$$\vec{F}=\frac{d\vec{P}}{dt} \cdots\cdots (19)_4$$

於是由 $(19)_1$ 到 $(19)_4$ 式，(18) 式是：

$$\frac{d\vec{P}}{dt} = -\vec{\nabla} U \cdots\cdots (20)_1$$

$$\vec{P} = m\vec{v} + q\vec{A} \cdots\cdots (20)_2$$

$$U = q\phi - q\vec{v} \cdot \vec{A} \cdots\cdots (20)_3$$

怎麼$(20)_2$式的動量$\vec{P}$不是中學所學或$(17)_3$式的$m\vec{v}$呢？$m\vec{v}$是牛頓力學動量，稱爲**力學動量** (mechanical momentum 或 kinematical momentum) $\vec{P_m} \equiv m\vec{v}$，是慣性質量$m$的粒子，以速度$\vec{v}$行進時的物理量，該粒子在有場的空間運動時，其動量會增加場來的動量，它就是$q\vec{A}$，因此兩者和的$\vec{P} = (m\vec{v} + q\vec{A})$，稱$\vec{P}$爲滿足正統規則的動量，簡寫成“**正則動量** (canonical momentum)”，那$q\vec{A}$有動量因次 (質量 × 長度) / 時間嗎？由$(19)_3$式得：

$q\vec{A}$的因次$[q\vec{A}]$ = 能量 / 速度 = (質量 × 長度) / 時間 = 動量因次 $\cdots\cdots (20)_4$

力$\vec{F}$和動量$\vec{P}$的關係是$\vec{F} = d\vec{P}/dt$，這是正統規則，動量的定義。那正則的英文字 canonical 是怎麼來的呢？東羅馬帝國最厲害的皇帝 Justiny (約 A.D. 400 多年)，他能空手弄死一隻凶雄獅。當他統一各方之後，用銅柱在上面刻了 12 條法規，稱爲 **Canon**，即正統法。其後凡是“正統”都扯上“Canon”所以就有 canonical transformation (**正則變換**)，canonical variables (**正則變數'**) 等的物理專用名稱。

(e) 宏微觀世界的力學簡史：

說極端，我們看得到、摸得到的粒子或物體存在或活動的空間是**宏觀世界** (macroscopic world)，描述該粒子或物體運動的力學是**牛頓力學** (Newtonian mechanics)[2)]；而我們看不到、摸不到的粒子存在的空間就是**微觀世界** (microscopic world)，這時用的力學叫**量子力學** (quantum mechanics)。在宏觀世界，主要是求粒子的軌道，Maxwell 電子學是屬於宏觀世界物理學，於是解 (13) 式 (知道$\vec{E}$和$\vec{B}$時) 或 (18) 式 (知ϕ和$\vec{A}$時) 就能得慣性質量m帶有電荷q的粒子軌道[3)]。那微觀世界的粒子呢？既然看不到又摸不到，它不可能給我們它的肯定運動路徑的軌道，僅給它在空間各點存在的機率 (可能性值，probability)。當你觀測它，等於從外界作用它時，它不得不合作，規規矩矩地以最大機率呈現它的狀態，那宏微觀的運動方程式一定差異很大，是。最大差異是：宏觀是實量，微觀是複數量，不過兩者的動力學守恆量，例如動量守恆，角動量守恆，力學能守恆等，完全同樣地成立，但動力學量的數學表示截然不同，前者全實量，後者全和 $i\hbar$ ($i=\sqrt{-1}$，$\hbar = h/2\pi$，h = Planck 常量) 綁在一起的**線性算符** (linear operator)：例如動量 $\overrightarrow{P}$ (必須用正則動量，沒場時 $\overrightarrow{P}=\overrightarrow{P_m}$) 會變成算符 $\hat{\underset{\sim}{P}}$，帽子 “^” 表算符，下面的 “～” 符號表向量，即：

$$\overrightarrow{P} \xrightarrow[\text{量子化}^{4)}]{\text{過程叫}} \left\{ \begin{aligned} &\hat{\underset{\sim}{P}} \quad \begin{matrix}\longleftarrow \text{表算符} \\ \longleftarrow \text{表向量}\end{matrix} \\ &= -i\hbar\left(\mathbf{e}_x\frac{\partial}{\partial x}+\mathbf{e}_y\frac{\partial}{\partial y}+\mathbf{e}_z\frac{\partial}{\partial z}\right) \equiv -i\hbar\overrightarrow{\nabla} \end{aligned} \right\} \cdots\cdots (21)_1$$

（$\overrightarrow{P}$：牛頓力學的正則動量，是向量。）

（右邊：量子力學的正則動量，也是向量 (請看 $(55)_1$ 和 $(55)_2$ 式)）

而動能 $\overrightarrow{P_m}^2/(2m)$ 加勢能 U 的**力學能** (mechanical energy) E 變成：

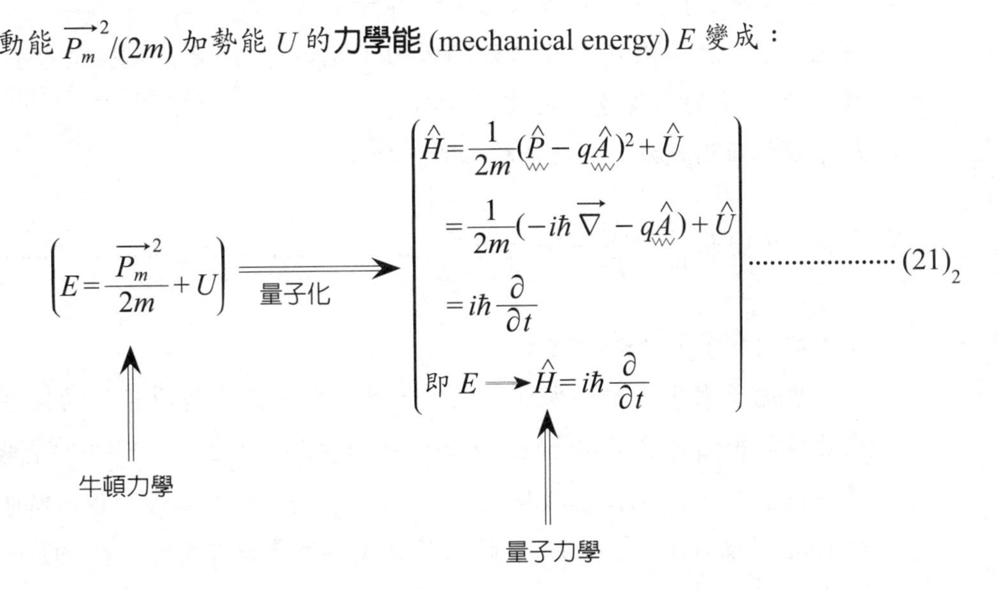

$\left(E=\frac{\overrightarrow{P_m}^2}{2m}+U\right)$
量子化
$\hat{H}=\frac{1}{2m}(\hat{\underset{\sim}{P}}-q\hat{\underset{\sim}{A}})^2+\hat{U}$
$=\frac{1}{2m}(-i\hbar\overrightarrow{\nabla}-q\hat{\underset{\sim}{A}})+\hat{U}$
$=i\hbar\frac{\partial}{\partial t}$
即 $E \longrightarrow \hat{H}=i\hbar\frac{\partial}{\partial t}$
$\cdots\cdots (21)_2$
牛頓力學
量子力學

至於描述現象的空間是：

$$\left.\begin{array}{lcl} \text{牛頓力學 (宏觀而已)} & \Longleftrightarrow & \text{實 Euclidean 空間} \\ \text{電磁學 (宏觀與微觀都是)} & \Longleftrightarrow & \text{奇數純虛數軸的 Minkowski 四維空間} \\ \text{量子力學 (微觀而已)} & \Longleftrightarrow & \text{複數 Hilbert 或簡稱 Hilbert 空間} \end{array}\right\} \cdots (21)_3$$

接著介紹 $(21)_1$ 式和 $(21)_2$ 式的來源簡史。

(v) 新力學量子力學運動方程式的誕生簡史 [2, 7, 8, 9]：

(a) N. Bohr 1911~1913 年的工作 [7]：

在 1897 年 J. J. Thomson (Sir Joseph John Thomson, 1856~1940) 發現電子，而在 1911 年 Rutherford (Sir Ernest Rutherford, 1871~1937) 發現線度約 10^{-15} m (公尺) 的原子核，於是提出如 (圖 3) 的原子是電子圍繞著原子核不斷地轉動之原子模型。同 1911 年拿博士學位後就從丹麥到英國 Thomson 處作研究的 N. Bohr，便在翌年 1912 年轉到 Rutherford 處專研 Rutherford 的原子模型，在 1913 年 1 月成功地發表能重現當時的氫原子光譜的，下述氫原子模型理論。

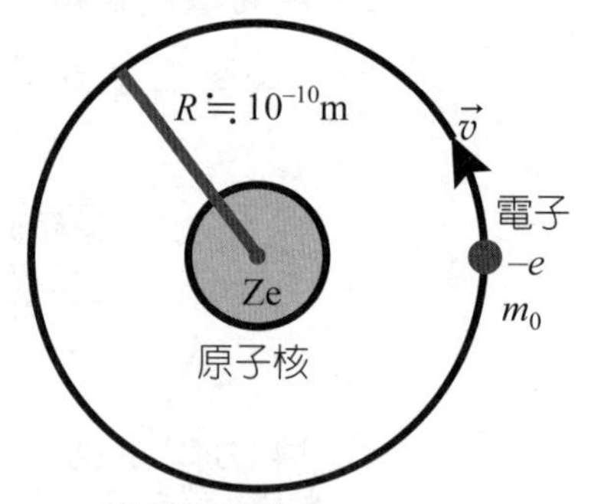

Ze = 原子核電荷，$Z = 1, 2, \cdots$，
$-e$ = 電子電荷，負表負電，
m_0 = 電子靜止質量 (rest mass)，
R = 電子轉動的圓半徑，
$\vec{v}$ = 電子繞 R 之圓時的速度。
(圖 3)

① 電子所受之力：

如 (圖 3)，原子核帶正電 Ze，電子是帶負電 $(-e)$，於是兩者間有庫倫相吸力，這時作等速度 $\vec{v}$ 的圓周運動之電子，必有能抵消原子核的庫倫吸力，它就是離心力，即：

$$\text{庫倫力}\frac{1}{4\pi\varepsilon_0}\frac{Ze^2}{R^2} = \text{離心力}\frac{mv^2}{R} \cdots\cdots (22)_1$$

② 電子的角動量 L 該是關鍵量：

氫原子大小不會愈來愈小或大，換句話，電子繞原子核的圓半徑，該不是連續的變化量！這就是關鍵，暗示角動量 $\vec{L} = \vec{r} \times \vec{P} = \vec{r} \times (m\vec{v})$ 是非連續量，是某個基本量 L_0 的正整數倍 $|\vec{L}| = L = nL_0$，$n = 1, 2, 3, \cdots$，這叫**角動量的量子化** (quantization)，是 N. Bohr 的大發現。接著是如何找 L_0，L_0 的因次 $[L_0]$ = 能量乘時間 ≡ 作用因次 = Planck 常量 h 的因次。Planck (Max Karl Ernst Ludwig Planck, 1858~1947) 為了解決 19 世紀後半的黑體輻射問題，把一直看成連續量的能量 E，看成某基本能量 ε 的正整數 n 倍，$E = n\varepsilon$，$\varepsilon = h\nu$，ν 是頻率，h 就是 Planck 常量，稱為**能量的量子化**，所以 $L = nL_0$ 該和 h 有關。另一面由力學，如 q_i = **廣義座標** (generalized coördinate)，P_i 為對應 q_i 的**廣義動量** (generalized momentum)，而稱 (q_i, P_i) 為**正則變量**′ (canonical variables)，則作週期運動時 P_i 和 q_i 有下式關係：

$$\oint P_i\,dq_i \xlongequal[q_i=\text{角度}\theta\text{，週期 }2\pi]{P_i=\text{角動量時}} \int_0^{2\pi} Rm_0 v\,d\theta$$

$$= R\,m_0 v \int_0^{2\pi} d\theta$$

$$= 2\pi Rm_0 v \equiv nh\text{，}\qquad n = 1, 2, \cdots, \infty \cdots\cdots (22)_2$$

$$\therefore \text{角動量 } L = Rm_0 v = n\frac{h}{2\pi} \equiv n\hbar \equiv nL_0\text{，}\qquad L_0 \equiv \hbar \cdots\cdots (22)_3$$

請注意，$(22)_2$ 式即 $(22)_3$ 式的 n 不含零，這是 N. Bohr 的理論結果。量子力學誕生後，角動量 L 可有零值。

③ 求電子的力學能：

由 $(22)_1$ 式和 $(22)_3$ 式得：

$$R = 4\pi\varepsilon_0 \frac{n^2\hbar^2}{m_0 ze^2}\text{，}\qquad v = \frac{1}{4\pi\varepsilon_0}\frac{ze^2}{n\hbar} \cdots\cdots (23)_1$$

$L = n\hbar$ 的狀態是穩定態，而電子持有的總能 E 是：

$$E = (\text{ 動能 }) + (\text{ 庫倫勢能 }) = \frac{m_0 v^2}{2} - \frac{1}{4\pi\varepsilon_0}\frac{ze^2}{R}$$

$$\xlongequal[(23)_1\text{式}]{} -\left(\frac{1}{4\pi\varepsilon_0}\right)^2 \frac{m_0 (ze^2)^2}{2\hbar^2}\frac{1}{n^2} \equiv E_n \cdots\cdots (23)_2$$

稱 $(23)_2$ 式的 E_n 爲**能級** (energy level)，而 E_n 的負符號表示電子是被原子核**束縛** (bounded)，除了從外邊給電子能量，讓電子帶正能量，電子是無法自由。稱 n 爲**主量子數** (principal quantum number)，$n = 1$ 叫**基態** (ground state)，$n > 1$ 叫**激發態** (excited state)，z 是**原子序數** (atomic number)。氫的 $z = 1$，於是得：

$$\left.\begin{array}{l} R(n=1,\ z=1) \fallingdotseq 0.529\times 10^{-10}\,\text{m} = 0.529\text{Å} \\ E(n\neq 1,\ z=1) \fallingdotseq -13.606\,\text{eV}\times\dfrac{1}{n^2} \end{array}\right\} \cdots\cdots (23)_3$$

$(23)_3$ 式的數值和當時的實驗值一致，證明角動量的量子化，以及 Rutherford 的原子模型是正確。這驚人的結果，必然地震動了當時的科學界追根究柢 Bohr 的原子模型理論，它內涵著：

$$\left.\begin{array}{l}\text{週期運動}\\ \text{角動量的量子化} \Longleftrightarrow \text{穩定態，它是什麼？}\\ \text{電子的運動方程式未定，}\end{array}\right\} \cdots\cdots (24)$$

從週期運動去尋找正則變量 (q_i, P_i) 的 q_i 與 P_i 間關係的是 Heisenberg (Werner Karl Heisenberg, 1901~1976)，從穩定態切入電子行爲的是 de Broglie，而直接挑戰電子運動方程式的是 Schrödinger (Erwin Schrödinger, 1887~1961)。

(b) Heisenberg 1925 年初到 7 月的工作 [2,7)]：

在 1753 年 D. Bernoulli (Daniel Bernoulli, 1700~1782) 解兩端固定，弦長 ℓ 的弦振動方程式：

$$\frac{\partial^2 y}{\partial t^2} = v^2 \frac{\partial^2 y}{\partial x^2} \cdots\cdots (25)$$

時獲得下 (26) 式解：

$$y(x, t) = \frac{a_0}{2} + \sum_{n=1}^{\infty} \left(a_n(t) \cos \frac{n\pi x}{\ell} + b_n(t) \sin \frac{n\pi x}{\ell} \right) \cdots\cdots (26)$$

到了 1807 年 Fourier (Jean Baptiste Joseph Fourier, 1768~1830) 解熱傳導方程式時又得如 (26) 式的結果：

$$y(x) = \frac{a_0}{2} + \sum_{k=1}^{\infty} (a_k \cos kx + b_k \sin kx) \cdots\cdots (27)_1$$

$$\text{且} \left\{ \begin{aligned} a_k &= \frac{1}{\pi} \int_{-\pi}^{\pi} y(x') \cos kx' \, dx' \\ b_k &= \frac{1}{\pi} \int_{-\pi}^{\pi} y(x') \sin kx' \, dx' \end{aligned} \right\} \cdots\cdots (27)_2$$

並且他主張任何函數 $f(x)$ 都能用 $(27)_1$ 式右邊表示，但他沒證明級數的收斂性，這工作 1820 年由 Cauchy 完成，於是 $(27)_1$ 和 $(27)_2$ 式被廣泛地應用，同時發揚光大成 Fourier 分析體系。今日通訊方面的數理技法少不了它，其他領域也很有用。(25) 式是空間一維的 (7) 式，即波動方程式。那**波** (wave) 是什麼？是空間的一點，以該點爲穩定點作週期振動，即該點跟著時間變化，這變化傳到它周圍的空間去的現象是波，於是在同一時間整個空間的每一點都作著週期振動。(25) 式右邊表示弦的各點 x 都在週期振動，左邊是弦上某點跟著時間

t 作週期振動。(7) 式的解 $(8)_1$ 式或 $(8)_2$ 式，用 (1-5) 式的 Euler 公式展開，不是週期函數 sine 和 cosine 函數嗎？

∴凡是週期運動，都能用 Fourier 級數表示 ………………………………………… (28)

作等速圓周運動的電子，只是其速度大小 $v \equiv |\vec{v}|$ 不變，但 $\vec{v}$ 的方向時時刻刻在變，這等於電子作著加速運動，則依 Maxwell 電磁學理論，帶電荷的電子就不斷地輻射電磁波，即放光不可，但沒有，Bohr 依這事實假定：

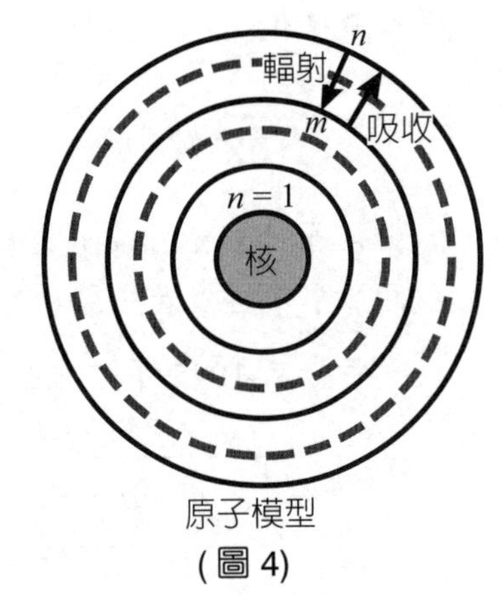

原子模型
(圖 4)

$(23)_2$ 式的能量 E_n 爲**穩定態** (stationary state) 能，在穩定態的電子不會輻射。 ………………………………………… $(29)_1$

如 (圖 4) 從能級 $E_{n>m}$ **躍遷** (transition) 到 E_m 能級狀態時才會輻射，且其頻率 $\nu(n \to m) = (E_n - E_m)/h \equiv \nu_r$) ………………………………………… $(29)_2$

倒過來，從能級 $E_{m<n}$ 躍遷到 E_n 能級狀態時是吸收電磁波，其頻率 $\nu(m \to n) = (E_m - E_n)/h \equiv \nu_a$。 ………………………… $(29)_3$

於是從 (圖 4)，ν_r 和 ν_a 互爲負值 (頻率都是正值，這個“負”是數學表示用)，$\nu_a = -\nu_r$。這現象對應於 $(8)_1$ 式的 A 和 D 項或 B 和 C 項：

輻射	吸收
$Xe^{2\pi i \nu_r t}$	$X^* e^{-2\pi i \nu_a t}$

………………………………………… $(29)_4$

X 表示電磁波的空間部，$X^* = X$ 的複數共軛量，顯然 $|X|^2$ = 實量。從 $(29)_2$ 和 $(29)_3$ 式能看出，原子所輻射或吸收的電磁波頻率是受到某條件的支配，這正是 Heisenberg 洞察出來的關鍵，換句話是：

$$\begin{pmatrix}\text{對應電子週期運動的 Fourier 級數成分}', \\ \text{必有滿足某條件的量}'\text{，它們之間必有關係。}\end{pmatrix} \cdots\cdots (30)_1$$

那麼這條件是什麼？另一面躍遷和能級 E_n 有關，能得 E_n 的關鍵是角動量的量子化：

$$\oint P\, dq = nh, \qquad n = 1, 2, \cdots, \infty \text{。} \cdots\cdots (30)_2$$

接著的 Heisenberg 靈感是：從 $(30)_2$ 式切入才能突破！因爲 $(30)_2$ 式是經典(古典)力學沒有的嶄新量，可能會帶來新力學的關鍵量。結果是正確，經過約半年，在 1925 年 7 月公布了正則變量 (x, p) 之間有下 (31) 式關係。

$$\boxed{\underset{\sim}{x}\,\underset{\sim}{p} - \underset{\sim}{p}\,\underset{\sim}{x} \equiv [\underset{\sim}{x}, \underset{\sim}{p}] = i\hbar \underset{\sim}{I}} \cdots\cdots (31)$$

$\underset{\sim}{x}$ 和 $\underset{\sim}{p}$ 是用**矩陣** (matrix) 表示的 x 和 p，符號“$\sim$”表示矩陣，而 $\underset{\sim}{I}$ 是單位矩陣。推導過程相當漫長(請參閱文獻 (7) 的量子力學 (I) 第五章)，在此僅簡述其重要步驟。

$$\text{角動量的量子化條件} \oint pdq = nh$$

使用直角座標，且一維為例

$$= \oint p_x dx \equiv \oint pdx \cdots\cdots (32)_1$$

頻率 v 是和時間 t 在一起，如要得 v 必須把 $(32)_1$ 式的積分變數換成 t，這一點就是關鍵靈感！於是得：

$$\oint pdx = \oint p\frac{dx}{dt}dt \cdots\cdots (32)_2$$

正則變量 (x, p) 的 Fourier 級數是：

$$\left.\begin{aligned} x &= \sum_{\tau=-\infty}^{\infty} x(n,\tau)\,\exp.[2\pi i v(n,\tau)t] \\ p &= \sum_{\tau=-\infty}^{\infty} p(n,\tau)\,\exp.[2\pi i v(n,\tau)t] \end{aligned}\right\} \cdots\cdots (33)_1$$

$(33)_1$ 式的 n 表示穩定態能級 E_n 的主量子數 n，τ 表示在 n 穩定態時第 τ 個頻率，則 $(32)_2$ 式是：

$$\oint p\frac{dx}{dt}dt = 2\pi i\sum_{\tau=\infty}^{\infty}\sum_{\tau'=-\infty}^{\infty}\oint P(n,\tau)X(n,\tau')\nu(n,\tau')\,\mathbf{exp.}\{2\pi i[\nu(n,\tau)t+\nu(n,\tau')t]\}dt$$
$$= nh \cdots\cdots (33)_2$$

$(33)_2$ 式顯然出現了 $ih/2\pi \equiv i\hbar$，$\hbar$ 是 $(22)_3$ 式的角動量**量子** (quantum)，它竟然和數學普世常量 i 攜手，確實是嶄新現象，非好好地追究正則變量 (x, p) 的 $X(n, \tau)$ 與 $P(n, \tau)$ 的關係不可。關鍵在如何找對應於週期運動的 $(33)_2$ 式的時間 t，有什麼物理現象可用？Heisenberg 想到的是能級間的躍遷現象，這現象與 ν 和 t 相連。如把氫原子的輻射和吸收連起來，不是類比來回的運動嗎？則從 $(29)_4$ 式的關係便能執行 $(33)_2$ 式對時間 t 的積分，果然 Heisenberg 獲得：

$$h = 2\pi i\left\{\sum_{\tau=-\infty}^{\infty}P(n, n+\tau)X(n+\tau, n) - \sum_{\tau=-\infty}^{\infty}X(n,n+\tau)P(n+\tau, n)\right\} \cdots\cdots (34)_1$$

同時 Heisenberg 用他的 Fourier 級數法解實際的週期運動題，獲得如意結果，這些成就啓示著他尋找新力學的方法是正確，於是著手找 $(34)_1$ 式的**緊形式** (compact form)。這時他發現 $(34)_1$ 式的 $\sum_{\tau=-\infty}^{\infty}P(n,n+\tau)X(n+\tau,n)$ 等於兩個矩陣 $\underset{\sim}{P}$ 和 $\underset{\sim}{X}$ 相乘的一個**元素** (element)$(\underset{\sim}{P}\,\underset{\sim}{X})_{nn}$ [2)]，用矩陣表示的 $(34)_1$ 式是：

$$h = 2\pi i\{(\underset{\sim}{P}\,\underset{\sim}{X})_{nn} - (\underset{\sim}{X}\,\underset{\sim}{P})_{nn}\} \cdots\cdots (34)_2$$

$$\text{或} \sum_k [X_{nk}P_{kn} - P_{nk}X_{kn}] = i\frac{h}{2\pi} \equiv i\hbar \quad , \quad \hbar = \frac{h}{2\pi} \cdots\cdots (34)_3$$

$X_{nk} \equiv X(n, n+\tau)$，$P_{nk} \equiv P(n, n+\tau)$。$(34)_3$ 式是 (31) 式雛式，顯然 i 與 $\hbar$ 糾在一起。$(34)_3$ 式來自角動量的量子化條件 $(32)_1$ 式，於是 $(34)_3$ 式以及其結果式，以矩陣表示的 (31) 式都內涵量子化條件，所以常稱 (31) 式爲從經典力學到量子力學時，正則變數 (x, p) 的量子化條件。當物理體系的粒子數會變化時，量子力學 (粒子數不變) 被推廣到**場論** (field theory)，這時會出現**產生算符** (creation operator) 和**湮沒** (**湮滅** annihilation) 算符，稱它們之間的關係爲**第二量子化** (the second quantization)，因此爲了區別上的方便稱 (31) 式爲**第一量子化**。但千萬要記得從經典力學到量子力學的量子化只有 (31) 式，沒第一第二之分。所以 Heisenberg 把 $(33)_1$ 式描述電子座標 x 和動量 p 的正則變量從 Fourier 級數改成矩陣：

$$x \Longrightarrow \begin{pmatrix} X_{11}\exp.(2\pi i\nu_{11}t) & X_{12}\exp.(2\pi i\nu_{12}t)\cdots\cdots \\ X_{21}\exp.(2\pi i\nu_{21}t) & X_{22}\exp.(2\pi i\nu_{22}t)\cdots\cdots \\ \cdots\cdots\cdots\cdots & \cdots\cdots\cdots\cdots \end{pmatrix}$$

$$\equiv (X_{nn'}\exp.(2\pi i\nu_{nn'}t)) \equiv \underset{\sim}{x} \quad \cdots\cdots (35)_1$$

$$p \Longrightarrow (P_{nn'}\exp.(2\pi i\nu_{nn'}t)) \equiv \underset{\sim}{p} \quad \cdots\cdots (35)_2$$

再經線性代數學的矩陣代數學獲得 (31) 式。至於求電子的狀態，以及對應於 $(23)_5$ 式的能級，則變成解下 (36) 式，求**本徵向量** (eigenvector) $\underset{\sim}{\xi}$ 和**本徵值** (eigenvalue) W 的矩陣式[2)]：

$$\underset{\sim}{H}\underset{\sim}{\xi} = W\underset{\sim}{\xi} \quad \cdots\cdots (36)$$

$\underset{\sim}{H}$是用矩陣表示的力學能 H，普通稱爲 **Hamiltonian**，是帶上作用能力的力學能稱呼，常以算符$\hat{H}$表示。如電子在 n 維線性空間運動，$\hat{H}$的矩陣形式是 $n\times n$ 矩陣，而$\underset{\sim}{\xi}$是 $n\times 1$ 矩陣。那爲什麼不稱 (36) 式爲方程式而叫矩陣式呢？因爲習慣上方程式是，式子有**操作** (operation) 能力的微分或積分的式子。另一面 $n\times n$ 矩陣 (一般爲 $n\times m$，$m \neq n$ 矩陣) 是某**算符** (operator) $\hat{\theta}$ 的矩陣表示[2)]，帽子“∧”表示算符，於是 (31) 式的 $\underset{\sim}{x}$ 和 $\underset{\sim}{p}$ 表示著：

新力學量子力學的正則變量是算符 $(\hat{x}, \hat{p})$，並且是**線性算符** (linear operator)。 ⎫ ……………… (37)

(c) de Broglie 1919 年～1923 年的工作[7)]：

學歷史學的 de Broglie，受到物理學家的哥哥影響，從 1911 年開始學物理。兩年後的 1913 年獲得物理學博士時，不幸遇到第一次世界大戰 (1913～1919)，而到軍事機構去服務，戰爭結束，立即回到研究理論物理學工作，焦點是量子論。他非常小心地分析光 (電磁波) 的二象性，首先分析光的波動性。說明光的折射現象有 Fermat (Pierre de Fermat, 1601~1665) 開創，而成爲**最小時間原理** (principle of least time)，通稱 **Fermat 原理** (Fermat's principle)，是如 (圖 5)：

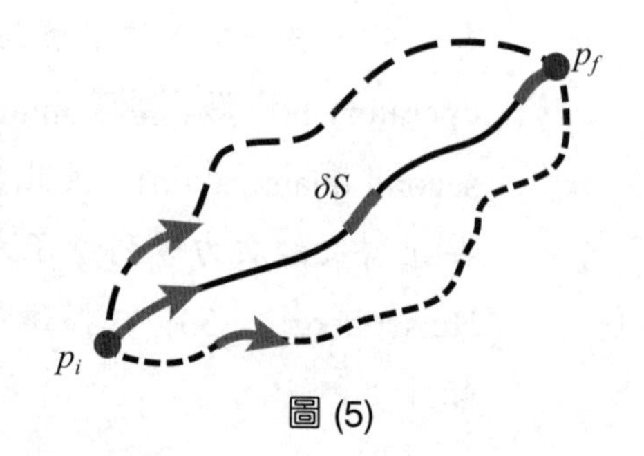

圖 (5)

$$\left.\begin{array}{l}\text{光從一點 } p_i \text{ 到另一點 } p_f \text{ 時，必走時間最小的路徑，}\\ \text{所需時間 } t=\int_{p_i}^{p_f}\delta t=\int_{p_i}^{p_f}\frac{\delta s}{v}=\frac{1}{c}\int_{p_i}^{p_f}n\delta s\end{array}\right\}\cdots\cdots(38)$$

(38) 式的 c 和 v 分別爲光在眞空中和物質中的速度，n 是絕對折射率，等於 c/v。如光是波動，則速度等於波長 λ 乘頻率 ν，折射時 ν 不變，只 λ 變，

$$\therefore t=\frac{1}{c}\int_{p_i}^{p_f}\frac{c}{v}\delta s=\frac{1}{\nu}\int_{p_i}^{p_f}\frac{1}{\lambda}\delta s, \qquad \delta s=\text{微小距離}\cdots\cdots(39)$$

(39) 式右邊的 $1/\nu$ 負責其左邊的時間 t 之因次。接著把 (圖 5) 的光以波動行進之現象，以光子 (無靜止質量的粒子) 的運動路徑來分析。de Broglie 注意到**最小作用原理** (principle of the least action) 用到僅有一個粒子之運動，該原理是 Maupertuis (Pierre Louis Moreau de Maupertuis, 1698~1759) 在 1747 年針對 Fermat 原理發明的原理，世稱 **Maupertuis 原理**：

$$\begin{aligned}\delta\int_{p_i}^{p_f}2T\,dt=0 \quad &, \qquad T=\text{粒子動能}=\frac{m}{2}v^2, \qquad v=\text{粒子速度}\\ =\delta\int_{p_i}^{p_f}mv^2\,dt&\\ =\delta\int_{p_i}^{p_f}mvvdt=\delta\int_{p_i}^{p_f}mv\frac{ds}{dt}dt&\\ =\delta\int_{p_i}^{p_f}mvds=\delta\int_{p_i}^{p_f}pds&\cdots\cdots(40)_1\end{aligned}$$

如果 $(40)_1$ 式是：

$$\delta\int_{p_i}^{p_f}pds\Longrightarrow\int_{p_i}^{p_f}p\delta s\cdots\cdots(40)_2$$

(39) 式和 $(40)_2$ 式分別以不同**圖像** (picture)，描述光從 (圖 5) 的 p_i 到 p_f 的現象，於是兩式的積分被積函數 $1/\lambda$ 和 p 該同質，但因次不同，如要兩函數具同因次，則：

$$\frac{1}{\lambda}\times(\text{常量})=p\cdots\cdots(41)_1$$

那麼 $(41)_1$ 式的常量 (有因次的 constant) 是什麼？用因次分析 (MKS 單位制) 得：

$$\begin{aligned}\text{動量 } p \text{ 的因次}&=\left[\text{kg(公斤)}\frac{\text{m(公尺)}}{\text{s(秒)}}\right]=\left[\text{kg}\frac{\text{m}^2}{\text{s}^2}\right]\frac{1}{\text{m}}\cdot\text{s}\\ &=\frac{(\text{能量})(\text{時間})}{\text{長度}}=\frac{\text{作用因次}}{\text{長度因次}}\end{aligned}$$

$\therefore$ 常量的因次 = 作用因次 = Planck 常量 h 的因次 ································ $(41)_2$

於是可能 de Broglie 想：$(41)_1$ 式的常量和 Bohr 的角動量量子化之 $(22)_2$ 式的 “h” 有關，而在 1923 年 9 月提出如下 (42) 式**假說** (postulate)：

$$\boxed{P=\frac{h}{\lambda}} \quad \cdots\cdots\cdots\cdots (42)_1$$

$(42)_1$ 式稱爲 **de Broglie 假說** (de Broglie's postulate)，那有沒有方法驗證 $(42)_1$ 式呢？$(42)_1$ 式眞奧妙，左右邊的物理本質不同，右邊是代表波動性的波長，即波動，而左邊是典型的粒子特徵 $p = mv$ 的動量，表示波有粒子性，或粒子有波動性，

$\therefore$ $(42)_1$ 式表示**二象性** (duality) ································ $(42)_2$

1923 年 Schrödinger 剛好在瑞士，立即注意 de Broglie 的假說，二象性成爲他發明新力學運動方程式的靈感之一。de Broglie 當然不放過這驚人結果，立即分析探討 Bohr 氫原子模型，瞄準 Bohr 模型的穩定態，在穩定態的電子竟然不遵守 Maxwell 電磁學輻射電磁波，必有秘訣！從穩定態切入，可能會找到電子的另種行爲本質。同時他又注意到：

（輻射就是射出電磁波，它有粒子 (光子) 的一面，即具二象性。）························ $(43)_1$

於是 de Broglie 大膽地假設：

（有慣性質量的電子，該有波動性，即電子有二象性。）························ $(43)_2$

並且物質波的波長 λ 和頻率 ν 是：

$$\lambda=\frac{h}{P} \quad , \quad \nu=\frac{E(\text{力學能})}{h} \quad \cdots\cdots\cdots\cdots (43)_3$$

怎麼找 $(43)_2$ 式？Bohr 的穩定態來自角動量的量子化，而角動量來自電子作等速率圓周運動，如把電子的粒子運動換成波繞半徑 R 的圓周波動，則顯然如(圖 6)的**駐波** (standing wave)。如從 Bohr 的角動量條件 $\oint pdq = nh$ 和(圖 6)的駐波能獲得 $(42)_1$ 式，就證明了 $(43)_2$ 式，是：

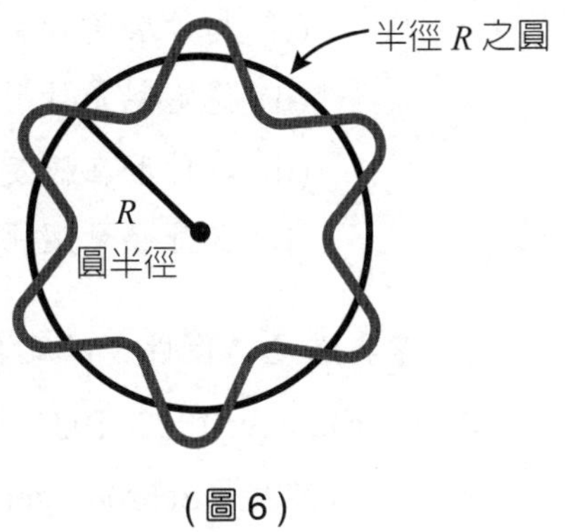

(圖 6)

$$\oint pdq = \int_0^{2\pi} Rmv\, d\theta$$

$$= Rmv \int_0^{2\pi} d\theta \Longleftarrow \text{等速率圓周運動}$$

$$= RP \int_0^{2\pi} d\theta = 2\pi RP = nh \Longleftarrow P = mv \quad\cdots\cdots (44)_1$$

如爲波長 λ 的駐波，則得：

$$2\pi R = n\lambda \quad\cdots\cdots (44)_2$$

所以由 $(44)_1$ 和 $(44)_2$ 式得：

$$P = \frac{h}{\lambda} = (42)_1 \text{ 式}$$

∴ 電子有波動性的一面 ……………… $(44)_3$

什麼叫駐波呢？是頻率相同的兩波，其行進方向相反，而在空間干涉的結果，變成在空間不行進之波，於是又叫**穩定波** (stationary wave)，其波峰，波谷和節點位置都固定。顯然駐波來自波′的干涉，而能有干涉現象，兩波之間必有相差[2)]，所以 de Broglie 才稱自己假設的 $(42)_1$ 式的波爲**相波** (phase wave)。Schrödinger 把焦點放在 $(44)_3$ 式的電子有波動性，而稱爲**物質波** (matter wave)，因爲電子是構成物質的基本粒子，不過常用名稱是 **de Broglie 波**。任何波都有產生該波的運動方程式，具二象性的 de Broglie 波之波動方程式是什麼？當時好多物理學家都在找這個新力學的運動方程式，Schrödinger 在 1926 年 6 月 23 日成功地找到了，發現了它！有了運動方程式才能解決 Bohr 氫原子模型的種種假定，例如：

(i) 爲什麼角動量會量子化？
(ii) 穩定態是什麼樣的狀態？
(iii) 爲什麼在穩定態的電子不輻射？
(iv) 爲什麼會躍遷？其機制如何？

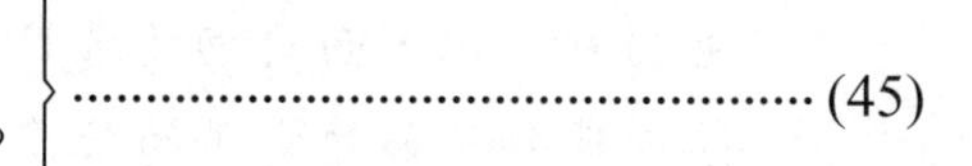
(45)

還要滿足二象性，以及 Heisenberg 的 (31) 式，眞是海底尋針似的高難度探究。

(d) Schrödinger 1922~1926 年 6 月的工作 [2, 7, 8, 9)]：

1922 年 Schrödinger 開始，從 Maxwell 電磁學理論和 Weyl (Hermann Weyl, 1885~1955) 的**規範理論** (gauge theory，請看後面 (D)) 切入來探搜，Bohr 氫原子模型的電子狀態函數。由於經典物理的運動方程式是實量，當遇到週期運動時，運動方程式的解是實函數與 exp. $(\pm 2\pi i\nu t)$ 的乘積，例如 $(10)_2$ 式。這個傳統觀念一直糾纏著 Schrödinger，到了 1925 年才逐漸地解除。這裡僅介紹將被解除，和他探究**量子波動力學** (quantum wave mechanics) 有關的關鍵部。

電磁波和電子都有二象性，前者不但有具體的波動方程式，並且已在通訊發揮威力，至於後者從未出現過電子的波動現象。於是電磁波動方程式 (7) 式是最好的切入點：

$$\left(\nabla^2 - \frac{1}{v^2}\frac{\partial^2}{\partial t^2}\right)\psi(t, \vec{x}) = 0 \qquad (46)_1$$

使用 $(10)_2$ 式的解，且把它表示成：

$$\psi(t, \vec{x}) \equiv \phi(\vec{x})\,\mathrm{e}^{-2\pi i\nu t} \qquad (46)_2$$

$$\therefore \nabla^2\phi(\vec{x}) + \left(\frac{2\pi\nu}{v}\right)^2\phi(\vec{x}) = 0 \qquad (46)_3$$

$(46)_2$ 式表示的是單頻率波動，單頻率時：

相速 (phase velocity) = 群速 (group velocity)
= 波速 (wave velocity) v ……… $(46)_4$

如電子有波動性，則電子來的物質波該具 $(46)_3$ 式的形式。氫原子的電子是在**庫倫勢能** (Coulomb potential energy) 場 $V(x, y, z)$ 內運動，其力學能 E 是：

$$E = \frac{1}{2m}(\vec{P}(\text{動量}))^2 + V \Longleftarrow \text{用了非相對論動能 } \frac{1}{2m}\vec{P}\cdot\vec{P}$$

$$\therefore |\vec{P}| \equiv P = {}_{+}\sqrt{2m(E-V)} = \sqrt{2m(E-V)} \cdots\cdots (46)_5$$

由 $(46)_4$ 和 $(46)_5$ 式與 $(43)_3$ 式得波速 υ：

$$\upsilon = \lambda\nu = \frac{h\nu}{P} = \frac{h\nu}{\sqrt{2m(E-V)}} \cdots\cdots (46)_6$$

將 $(46)_6$ 式代入 $(46)_3$ 式得：

$$\nabla^2\phi(x,y,z) + \frac{8\pi^2 m}{h^2}[E - V(x,y,z)]\phi(x,y,z) = 0 \cdots\cdots (47)$$

(47) 式是 1925 年 Schrödinger 獲得的式子。導此式過程在 $(46)_6$ 式用了 de Broglie 關係式 $\lambda = h/p$，於是 (47) 式滿足二象性。不過沒時間微分，故不是波動方程式，經朋友提醒這一點之後 Schrödinger 繼續努力，既然是單頻率，那麼力學能 E 是 $(43)_3$ 式的 $E = h\nu$，同時假設波函數仍然是 $(46)_2$ 式，則乘 exp. $(-2\pi i\nu t)$ 的 (47) 式含 E 的項是：

$$\frac{8\pi^2 m}{h^2}E\phi e^{-2\pi i\nu t} = \frac{8\pi^2 m}{h}\nu\phi e^{-2\pi i\nu t} = \frac{8\pi^2 m}{h}\frac{1}{-2\pi i}\frac{\partial}{\partial t}\phi e^{-2\pi i\nu t}$$
$$= \frac{4\pi i m}{h}\frac{\partial}{\partial t}\phi e^{-2\pi i\nu t} \cdots\cdots (48)$$

於是由乘 exp. $(-2\pi i\nu t)$ 的 (47) 式和 (48) 式得：

$$\nabla^2\psi(t,x,y,z) + \frac{4\pi i m}{h}\frac{\partial}{\partial t}\psi(t,x,y,z) - \frac{8\pi^2 m}{h^2}V(x,y,z)\psi(t,x,y,z) = 0 \cdots\cdots (49)$$
$$\psi(t,x,y,z) \equiv \phi(x,y,z)\exp.(-2\pi i\nu t) = \phi(\vec{x})\exp.(-2\pi i\nu t)$$

(49) 式內涵如下 (50) 式性質：

(i)確實滿足二象性：$\lambda = h/p$，$E = h\nu$；

(ii) 是線性微分方程式，其解′可以相加而帶來干涉現象，即有波動性；

(iii)含慣性質量 m，表示有粒子性；

(iv) 不過有 i，是複數微分方程，於是其解 $\psi(t,\vec{x})$ 一般無法**因子分解** (factorizing) 成實部 $\psi_r(t,\vec{x})$ 和虛部 $\psi_i(t,\vec{x})$ 的積：

$$\psi(t,\vec{x}) = \psi_r(t,\vec{x})\psi_i(t,\vec{x})$$

$\cdots$ (50)

(50) 式的 (iv) 又使 Schrödinger 陷入困境，因他很難接受複數解。當時 Heisenberg 的 (31) 式和求**本徵值** (eigenvalue) 的 (36) 式已問世，且能解決當時的物理問題，這表示 Heisenberg 的理論有眞實面，隱藏著物理學眞理。於是他回到實線性微分方程式 (47) 式來和 Heisenberg 用 (36) 式解**簡諧振動** (simple harmonic oscillation) 作類比 [7)]。

現以一維簡諧振動來作類比。Heisenberg 是矩陣力學，而矩陣是**算符** (operator，請看註 (2) 第 3 章) 的表示法之一，本徵向量對應於粒子或物理體系的狀態函數 [2)]，於是用算符符號 (戴上帽子“∧”來表示) 的 (36) 式是：

$$\underset{\sim}{H} \Longrightarrow \hat{H} = \frac{1}{2m}\hat{p}_x^{\,2} + \frac{k}{2}\hat{x}^2 \text{，} \qquad k = \text{Hooke 彈性常量，}$$

$$\underset{\sim}{H}\underset{\sim}{\xi} = W\underset{\sim}{\xi} \Longrightarrow \hat{H}\,|\,\xi\,\rangle = W\,|\,\xi\rangle \text{，} \qquad |\xi\rangle = \text{本徵向量} \text{，} \quad W = \text{本徵值，}$$

$$\text{或}\left(\frac{1}{2m}\hat{p}_x^{\,2} + \frac{k}{2}\hat{x}^2\right)\Big|\xi\Big\rangle = W|\xi\rangle \cdots\cdots (51)_1$$

且 $(51)_1$ 式的 $\hat{x}$ 和 $\hat{p}_x$ 必滿足 (31) 式的算符表示，它是：

$$[\,\underset{\sim}{x}\,,\underset{\sim}{p_x}\,] \Longrightarrow [\,\hat{x}\,,\hat{p}_x\,] = \hat{x}\,\hat{p}_x - \hat{p}_x\,\hat{x}$$

$$\therefore (\hat{x}\,\hat{p}_x - \hat{p}_x\,\hat{x})\,\phi(x) = i\hbar\,\phi(x) \cdots\cdots (51)_2$$

算符有作用對象時才有意義，$(51)_2$ 式是算符作用到狀態函數 $\phi(x)$。一維的 (47) 式是：

$$\frac{d^2}{dx^2}\phi(x) - \frac{8\pi^2 m}{h^2}V\phi(x) = -\frac{8\pi^2 m}{h^2}E\phi(x)$$

簡諧振動的勢能 $V = \frac{k}{2}x^2$，故乘上 $(-8\pi^2 m/h^2)^{-1}$ 的上式是：

$$\frac{1}{2m}\left(-\frac{h^2}{4\pi^2}\frac{d^2}{dx^2}\right)\phi(x) + \frac{k}{2}x^2\phi(x) = E\phi(x) \cdots\cdots (52)_1$$

$(52)_1$ 式左邊第一項有個負符號，它有分子和分母兩個地方可以放，當你引進複數單位 $i = \sqrt{-1}$ 來造“-1”時，會帶來不同物理結果。

① $(52)_1$ 式左邊第一項的負符號放在分母時：

$$\frac{1}{2m}\left(\frac{h^2}{-4\pi^2}\frac{d^2}{dx^2}\right)\phi+\frac{k}{2}x^2\phi=\frac{1}{2m}\left[\left(\frac{h}{2\pi i}\right)^2\frac{d^2}{dx^2}\right]\phi+\frac{k}{2}x^2\phi$$

$$=\frac{1}{2m}\left(\frac{h}{2\pi i}\frac{d}{dx}\right)^2\phi+\frac{k}{2}x^2\phi=E\phi \cdots\cdots\cdots (52)_2$$

比較 $(51)_1$ 式和 $(52)_2$ 式得：

$$\left.\begin{array}{l}\hat{p}_x=\dfrac{h}{2\pi i}\dfrac{d}{dx}\equiv-i\hbar\dfrac{d}{dx}, \quad \hbar\equiv\dfrac{h}{2\pi}\\ \hat{x}=x\\ W=E=\text{本徵值 (eigenvalue)}\end{array}\right\} \cdots\cdots\cdots (53)$$

Schrödinger 想：如 (53) 式的 $\hat{p}_x$ 和 $\hat{x}$ 能滿足 $(51)_2$ 式，那將是驚人的發現了！這是他洞察出來的 [7)]，眞佩服。

$$(\hat{x}\hat{p}_x-\hat{p}_x\hat{x})\phi(x)=\left(-i\hbar x\frac{d}{dx}+i\hbar\frac{d}{dx}x\right)\phi(x)$$

$$=-i\hbar x\frac{d\phi}{dx}+i\hbar\phi(x)+i\hbar x\frac{d\phi}{dx}$$

$$=i\hbar\phi(x)=(51)_2 \text{ 式右邊！}$$

即 (53) 式確實滿足 Heisenberg (31) 式，眞是劃時代的發現！換句話，(53) 式和 (31) 式的物理是等質，都是從經典力學到量子力學時，正則變量 (x, p_x) 的量子化條件。接著看看 “–1” 放在分子的情況如何？

② $(52)_1$ 式左邊第一項的負符號放在分子時：

$$\frac{1}{2m}\left(\frac{-h^2}{4\pi^2}\frac{d^2}{dx^2}\right)\phi+\frac{k}{2}x^2\phi=\frac{1}{2m}\left(\frac{ih}{2\pi}\frac{d}{dx}\right)^2\phi+\frac{k}{2}x^2\phi=E\phi \cdots\cdots\cdots (54)_1$$

比較 $(51)_1$ 式和 $(54)_1$ 式得：

$$\left.\begin{array}{l}\hat{p}_x=i\dfrac{h}{2\pi}\dfrac{d}{dx}=i\hbar\dfrac{d}{dx}\\ \hat{x}=x\\ W=E\end{array}\right\} \cdots\cdots\cdots (54)_2$$

把 $(54)_2$ 式代入 $(51)_2$ 式得：

$$(\hat{x}\hat{p}_x - \hat{p}_x\hat{x})\phi = i\hbar x\frac{d\phi}{dx} - i\hbar\phi - i\hbar x\frac{d\phi}{dx} = -i\hbar\phi \neq (51)_2 \text{ 式右邊}$$

$$\left.\begin{array}{l} \therefore \hat{p}_x \neq i\hbar\dfrac{d}{dx} \quad , \quad \text{是 } \hat{p}_x = -i\hbar\dfrac{d}{dx} \\ \text{而 } \hat{x} = x \end{array}\right\} \cdots\cdots (54)_3$$

三維時，如設 $\mathbf{e}_x$, $\mathbf{e}_y$ 和 $\mathbf{e}_z$ 爲座標軸 x, y 和 z 方向的單位向量，則得經典力學的動量 $\vec{p}$ 之量子化動量 $\underset{\sim}{\hat{p}}$ 是：

$$\mathbf{e}_x\hat{p}_x + \mathbf{e}_y\hat{p}_y + \mathbf{e}_z\hat{p}_z = -i\hbar\left(\mathbf{e}_x\frac{\partial}{\partial x} + \mathbf{e}_y\frac{\partial}{\partial y} + \mathbf{e}_z\frac{\partial}{\partial z}\right)$$

$$\equiv -i\hbar\vec{\nabla}$$

$$= \underset{\sim}{\hat{p}} \quad \begin{array}{l}\leftarrow \text{表示算符} \\ \leftarrow \text{表示向量}\end{array}$$

$$\text{或 } \underset{\sim}{\hat{p}} = -i\hbar\vec{\nabla} \cdots\cdots (55)_1$$

$$\mathbf{e}_x\hat{x} + \mathbf{e}_y\hat{y} + \mathbf{e}_z\hat{z} = \mathbf{e}_x x + \mathbf{e}_y y + \mathbf{e}_z z = \vec{x}$$

$$\text{或 } \underset{\sim}{\hat{x}} = \vec{x} \cdots\cdots (55)_2$$

$(55)_1$ 式和 $(55)_2$ 式是 Schrödinger 的劃時代發現。Heisenberg (31) 式的 x 和 p 是**正則變量′** (canonical variables)，於是 p 是 $(20)_2$ 式的正則動量，當粒子在某場內運動時，除了自己的力學動量 $\vec{p}_m = m\vec{v}$ 之外，別忘加場動量，電磁場的場動量就是 $(20)_2$ 式的 $q\vec{A}$。稱 $(55)_1$ 式和 $(55)_2$ 式爲 **Schrödinger 表象** (Schrödinger representation)。即正則座標 $\vec{x}$ 量子化後仍然是 $\vec{x}$，但其對應的正則動量 $\vec{p}$ 量子化後是“$-i\hbar\vec{\nabla}$”。它是一階微分，是線性算符，表示有操作能力，是針對動量是**動力學** (dynamics) 量，是動態，物理與數學對應的如此地奧妙，好極了！如 $\vec{x} = (x, y, z) = (x_1, x_2, x_3) \equiv (x_\ell)$，$\vec{p} = (p_x, p_y, p_z) \equiv (p_1, p_2, p_3) \equiv (p_k)$，不用 (p_m) 而用 (p_k) 是怕會被誤會成力學動量，則由 $(55)_1$ 和 $(55)_2$ 式得正則變量 (x, p) 之算符滿足：

$$\left.\begin{array}{l} [\hat{x}_\ell, \hat{x}_k] = 0 \\ [\hat{p}_\ell, \hat{p}_k] = 0 \\ [\hat{x}_\ell, \hat{p}_k] = i\hbar\delta_{\ell,k} \quad \hat{p}_k = -i\hbar\dfrac{\partial}{\partial x_k} \end{array}\right\} \cdots\cdots (56)$$

(56) 式來自 Heisenberg (31) 式，而 (31) 式來自角動量的量子化條件 $\oint pdq =$

nh，於是稱 (56) 式爲從經典力學到量子力學時，Schrödinger 表象的量子化條件。

$(55)_1$ 和 $(55)_2$ 式必然影響 Schrödinger 的傳統觀，非正視複數運動方程式不可。另一面帶來 $(55)_1$ 和 $(55)_2$ 式的 Bohr 的角動量量子化條件 $(22)_2$ 式，即 $(30)_2$ 式同時隱藏著電子的波動性，這個 de Broglie 波也是嶄新物理現象。Schrödinger 當然不放過這關鍵的物質波，新力學運動方程式極可能是波動方程式，於是他的焦點放在探究：同時有 $(55)_1$ 和 $(55)_2$ 式，以及 de Broglie 二象性的波動方程式。首先分析複數又具二象性的 (49) 式，它來自本質是**一體** (one body) 的 $(46)_3$ 式，當物理體系是**多體** (many-body) 時怎麼辦？另一面從粒子**圖像** (picture) 切入的運動方程式，要其所得結果帶有波動性，則非線性微分方程不可，因波有干涉、繞射等現象。經典力學的**分析力學** (analytical mechanics) 的物理體系總能，稱作 **Hamiltonian H**，是任何體都可。假設有 n 個粒子的體系，且相互作用是二體，則 H 是：

$$H(n\,\text{體}) \equiv H = \sum_{k=1}^{n} (T_k + V_k) + \sum_{k>n} V_{k,n} \quad \cdots\cdots (57)_1$$

$$\left.\begin{array}{l} T_k \text{和 } V_k = \text{第 } k \text{ 粒子的動能 } \dfrac{1}{2m_k}\vec{p}_k^{\,2} \text{ 和勢能 } V(x_k, y_k, z_k) \\ V_{k,m} = \text{第 } k \text{ 和第 } m \text{ 粒子}' \text{的相互作用勢能 } V(x_k, y_k, z_k; x_m, y_m, z_m) \end{array}\right\} \cdots\cdots (57)_2$$

經典物理的波動方程式是如 (7) 式，是時間二階微分，但它不會有粒子性，而對時間一階的微分方程式 (49) 式具二象性。這樣地 Schrödinger 大致清楚了探搜方向是：

$$\left.\begin{array}{l} \text{(i) 時間一階微分，} \\ \text{(ii) 複數線性微分方程式，} \\ \text{(iii) 量子化正則變量} \left\{\begin{array}{l} \vec{x}_k \Longrightarrow \hat{x}_k = \vec{x}_k \\ \vec{p}_k \Longrightarrow \hat{p}_k = -i\hbar\left(\mathbf{e}_x \dfrac{\partial}{\partial x} + \mathbf{e}_y \dfrac{\partial}{\partial y} + \mathbf{e}_z \dfrac{\partial}{\partial z}\right) \\ \qquad\qquad \equiv -i\hbar\vec{\nabla} \end{array}\right. \end{array}\right\} \cdots\cdots (58)$$

在 1926 年 6 月 23 日 Schrödinger 成功地發明發現了，劃時代的新力學量子力學的一體波動方程 [7, 8, 9]：

$$\hat{H}\psi(t,x,y,z)=\left(-\frac{\hbar^2}{2m}\vec{\nabla}^2+V(x,y,z)\right)\psi(t,x,y,z)$$
$$=i\hbar\frac{\partial}{\partial t}\psi(t,x,y,z)，\qquad \hat{H}\equiv i\hbar\frac{\partial}{\partial t} \cdots\cdots (59)$$

(59) 式是線性微分方程式，其解′必滿足**疊加原理** (principle of superposition)，即解′加起來之和也滿足 (59) 式，於是會帶來波動特性的干涉現象。多體時，(59) 式的 $\hat{H}$ 用 $(57)_1$ 式就是，仍然是線性微分方程式。(59) 式確實有下列性質：

①具有**二象性** (duality)：$p=h/\lambda$，　$E=h\nu$，
②一體，多體都可以。
③動力學物理量全是線性算符，例如

經典力學		量子力學
$\vec{x}$	$\Longrightarrow$	$\underset{\sim}{\hat{x}}=\vec{x}$
$\vec{p}$	$\Longrightarrow$	$\underset{\sim}{\hat{p}}=-i\hbar\vec{\nabla}$
H	$\Longrightarrow$	$\hat{H}=i\hbar\frac{\partial}{\partial t}$

④線性微分方程式，故滿足疊加原理，
⑤週期，非週期題都能用，
⑥能清楚地看出來方程式各項的物理，
⑦由於是微分方程式，於是比較容易運算，
⑧可惜是非相對論，又把粒子看成**點狀粒子** (point-like particle) 因沒考慮粒子的內部自由度，例如電子有**內稟角動量** (intrinsic angular momentum)，俗稱**自旋** (spin) 的實情。

$\cdots\cdots$ (60)

(60) 式的⑧在 1928 年 Dirac (Paul Adrien Maurice Dirac, 1902~1984)[4] 解決了，新力學量子力學誕生。(59) 式的解 $\psi(t,x,y,z)\equiv\psi(t,\vec{x})$ 稱作**波函數 (wave function)**，即表示粒子或物理體系的**狀態函數** (state function)，它一般是複數函數，並且是無法因子分解成實與虛函數之積。同時從 $(55)_1$ 和 (59) 式發現，由 i 和 $\hbar$ 攜手的純虛數量是動力學物理量 $\vec{p}$ 和等於力學能的 H，又是線性算符的核心量，換句話：

複數是物理學理論基之一 ……………………………………………………(61)

尤其虛數單位 i 扮演主角角色。到今天 (2013 年 3 月) 爲止，相互作用 (電磁，弱和強相互作用) 理論全爲**規範理論** (gauge theory)，和量子力學一樣地線性來的 i 和二象性來的 $\hbar$ 之結合體 $i\hbar$ 也是該理論的核心量 (請看下面 (D))。那 i 爲何和 $\hbar$ 攜手呢？動力學物理量和運動方程式，分別描述有靜止質量粒子的動態量和粒子的運動現象，都和“動”有關，於是必有表示該“動”的物理因次，此地的因次都和 $(43)_3$ 式的 $\hbar$ 因次有關。另一面，相互作用也是動態，它的主角 i 自然地和表動的 $\hbar$ 攜手帶來 $(55)_1$ 式和 (59) 式的 $\hat{p}$ 和 $\hat{H}$ 就能理解。同理，在下面 (D) 將會遇到當波函數或狀態函數 $\psi(t, \vec{x})$ 會變時，也會和 $i\hbar$ 因子牽在一起，顯示複數在近代物理學很重要。

(D) $i\hbar$ 扮演的角色：

發現量子力學之後的三大物理問題是相互作用的根源是什麼？質量怎麼來的？電荷是什麼？頭一個問題，目前 (2013 年 3 月) 的共識是規範理論，是本小節要介紹的問題；第二問題的質量，去年 (2012 年) 7 月大致找到，只剩最後的肯定，其源頭是 Higgs 粒子，這問題在 2014 年初夏告成；至於電荷，仍然是尚待解決的科研題。

(i) Maxwell 電磁學之動態內涵 [2, 3, 10, 11]：

(a) **Maxwell 方程組** (Maxwell equations)：

Maxwell 電磁學由描述兩個靜態與兩個動態，稱爲 **Maxwell 方程組**的四個方程式構成，其在眞空時是：

$$\left.\begin{aligned} &\vec{\nabla}\cdot\vec{E}(t, \vec{x})=\rho(t, \vec{x})/\varepsilon_0, \quad \vec{E}=\text{電場} \\ &\vec{\nabla}\cdot\vec{B}(t, \vec{x})=0, \quad \vec{B}=\text{磁場} \end{aligned}\right\} \longleftarrow \text{靜態} \cdots\cdots (62)_1$$

$$\left.\begin{aligned} &\vec{\nabla}\times\vec{E}(t, \vec{x})=-\partial\vec{B}(t, \vec{x})/\partial t \\ &\vec{\nabla}\times\vec{B}(t, \vec{x})=\mu_0(\vec{J}(t, \vec{x})+\varepsilon_0\,\partial\vec{E}(t, \vec{x})/\partial t) \end{aligned}\right\} \longleftarrow \text{動態} \cdots\cdots (62)_2$$

ε_0 = **真空電容率** (permittivity of vacuum)，μ_0 = **真空磁導率** (permeability of vacuum)，$\rho(t, \vec{x})$ 爲電荷體積密度，$\vec{J}(t, \vec{x})$ 是電流面積密度。當 $(62)_1$ 和 $(62)_2$ 式的 $\rho = 0$，$\vec{J}=0$ 就得 (7) 式，且 $v = 1/\sqrt{\mu_0\varepsilon_0}$ = 光速 c。μ_0 和 ε_0 是**常量**′ (constants)，表示 c 是個**普世常量** (universal constant)，於是在任何座標系都一

樣的值。這結果啓示著，方程式 $(62)_1$ 和 $(62)_2$ 式無論在哪個座標系都同型，其在座標系間的變換叫 **Lorentz 變換** (Lorentz transformation) (Hendrik Antoon Lorentz, 1853~1928)[2)]，電磁學的這個性質，就是狹義相對論性質，所以：

電磁學的本質是狹義相對論[3)] .... $(62)_3$

同時 $(62)_1$ 和 $(62)_2$ 式顯示著，時間和空間是對等，對場 $\vec{E}$ 和 $\vec{B}$ 的微分，時間和空間是同等的一階，即空間不是牛頓的三維實空間，而是稱爲 Minkowski 的四維複數空間[2, 3)]。這現象啓示空間扮演極重要角色，Einstein 洞察出來這個關鍵。於是他完成僅對慣性系成立的狹義相對論 (1905 年) 之後，將其思路推廣到一般座標系 (慣性與非慣性座標系)，而著手探究萬有引力，且焦點放在空間，以時空多樣體的幾何學結構來說明萬有引力現象，相當於用四維時空性質處理物理現象的萬有引力 (1916)，而得非線性且**張量** (tensor) 的方程式，成功地解決了和萬有引力有關的太陽系現象′，例如水星近日點會移動，經太陽傍的電磁波會彎曲等。Einstein 的這些成就之源是 Maxwell 電磁學，其空間與牛頓力學截然不同，空間不是空空蕩蕩，是有花樣。Maxwell 大二 (1851) 發表的**勢函數** (potential function) 論文，已視空間各點有其物理量，叫某某**場** (field)。**電場** (electric field) 和**磁場** (magnetic field) 的名稱是 Maxwell 首稱 (1865)[10)]。那麼 Maxwell 電磁學還隱藏著什麼？

(b) 電磁場 $\vec{E}(t, \vec{x})$ 和 $\vec{B}(t, \vec{x})$ 與勢函數 $\phi(t, \vec{x})$ 和 $\vec{A}(t, \vec{x})$ 的關係：

電磁場 $\vec{E}(t, \vec{x})$ 和 $\vec{B}(t, \vec{x})$ 是向量，表示帶電荷 q 的物質粒子，以速度 $\vec{v}$ 在 Minkowski 空間運動時，其單位電荷在空間任意點 $(t, \vec{x})$ 所受力 ((13) 式) 的強度，稱爲該點的**場強** (field strength)，於是該點必有能隨時產生 $\vec{E}(t, \vec{x})$ 和 $\vec{B}(t, \vec{x})$ 的物理量叫**勢 (potential)** $(\phi(t, \vec{x})/c, \vec{A}(t, \vec{x}))$，它與 $\vec{E}$ 和 $\vec{B}$ 的關係 (MKS 單位制) 是：

$$\left.\begin{aligned}\vec{E}(t, \vec{x}) &= -\vec{\nabla}\phi(t, \vec{x}) - \frac{\partial \vec{A}(t, \vec{x})}{\partial t}\\ \vec{B}(t, \vec{x}) &= -\vec{\nabla}\times\vec{A}(t, \vec{x})\end{aligned}\right\} \quad \cdots\cdots (63)_1$$

$\phi(t, \vec{x})$ 叫**標量勢** (scalar potential)，$\vec{A}(t, \vec{x})$ 叫**向量勢** (**矢量勢** vector potential)。$(63)_1$ 式是向量演算式，從演算法得，當 ϕ 和 $\vec{A}$ 加上一個能微分操作的標量函數 $\Lambda(t, \vec{x})$，$\vec{E}$ 和 $\vec{B}$ 維持不變，則 Maxwell 方程組 $(62)_1$ 和 $(62)_2$ 式以及 Lorentz 力

(13) 式仍然不變。ϕ 和$\vec{A}$與 $\Lambda(t, \vec{x})$ 的關係是：

$$\left.\begin{aligned} \phi(t, \vec{x}) &\Longrightarrow \phi'(t, \vec{x}) = \phi(t, \vec{x}) - \frac{\partial \Lambda(t, \vec{x})}{\partial t} \\ \vec{A}(t, \vec{x}) &\Longrightarrow \vec{A}'(t, \vec{x}) = \vec{A}(t, \vec{x}) + \vec{\nabla}\Lambda(t, \vec{x}) \end{aligned}\right\} \cdots\cdots (63)_2$$

$(63)_1$ 式的 $\vec{E}$ 和 $\vec{B}$ 經 $(63)_2$ 式的變換是：

$$\begin{aligned} \vec{E}'(t, \vec{x}) &= -\vec{\nabla}\phi'(t, \vec{x}) - \frac{\partial \vec{A}'(t, \vec{x})}{\partial t} \\ &= \left(-\vec{\nabla}\phi + \frac{\partial}{\partial t}\vec{\nabla}\Lambda\right) - \left(\frac{\partial \vec{A}}{\partial t} + \frac{\partial}{\partial t}\vec{\nabla}\Lambda\right) \\ &= -\vec{\nabla}\phi - \frac{\partial \vec{A}}{\partial t} = \vec{E}(t, \vec{x}) \cdots\cdots (63)_3 \end{aligned}$$

$$\begin{aligned} \vec{B}'(t, \vec{x}) &= \vec{\nabla} \times \vec{A}'(t, \vec{x}) \\ &= \vec{\nabla} \times \vec{A}(t, \vec{x}) + \vec{\nabla} \times \vec{\nabla}\Lambda(t, \vec{x}) \\ &= \vec{\nabla} \times \vec{A}(t, \vec{x}) = \vec{B}(t, \vec{x}) \cdots\cdots (63)_4 \end{aligned}$$

$(63)_3$ 和 $(63)_4$ 式明顯地表示 $(63)_1$ 式經 $(63)_2$ 式的變換不變，於是 Maxwell 方程組與 Lorentz 力都不變，同時表示著電磁場 $\vec{E}$ 和 $\vec{B}$ 有可微分標量函數 $\Lambda(t, \vec{x})$ 自由度，這些內容在 19 世紀中葉 [10] 已揭曉，但沒共識名稱。今日 (1918 年之後) 稱 $(63)_2$ 式爲電磁場的**第二種規範變換** (gauge transformation of the second kind)，標量勢 $\phi(t, \vec{x})$與向量勢$\vec{A}(t, \vec{x})$合起來 $\left(\frac{1}{c}\phi(t, \vec{x}), \vec{A}(t, \vec{x})\right) \equiv A^{\mu}(t, \vec{x})$ 稱爲**規範場** (gauge field)，$\Lambda(t, \vec{x})$稱爲**規範函數** (gauge function)，而 $\vec{E}$ 和 $\vec{B}$ 擁有的自由度叫**規範自由** (gauge freedom)。

(c) 規範變換：

那麼有**第一種規範變換** (gauge transformation of the first kind) 嗎？回答是“有”，那是對應於執行 (18) 式解的變換，(18) 式是經典物理的物質粒子運動方程式，近代物理的 (18) 式，至少要用慣性質量 m，且帶電荷 q 在電場$\vec{E}$和$\vec{B}$運動的 Schrödinger (59) 式 ((59) 式是非相對論，電磁學本質是狹義相對論，故最好用 Dirac 運動方程式 [4])，由 $(20)_2$ 和 $(20)_3$ 式得：(59) 式的動量 $\hat{p} = -i\hbar\vec{\nabla}$和勢能 V 都必須加上場動量 $q\vec{A}(t, \vec{x})$ 和標量場勢能 $q\phi(t, \vec{x})$：

$$\left\{\frac{1}{2m}\left[\underset{\sim}{\hat{p}}-q\vec{A}(t,\vec{x})\right]^2+\left[V+q\phi(t,\vec{x})\right]\right\}\psi(t,\vec{x})=i\hbar\frac{\partial}{\partial t}\psi(t,\vec{x})\text{............}(64)$$

(64) 式是慣性質量 m 且帶電荷 q 的粒子，在電磁場 $\vec{E}$ 和 $\vec{B}$ 內運動的 Schrödinger 方程式。如要獲得物理現象不變，即 (64) 式的形式不變，則除了 $(63)_2$ 式變換之外，(64) 式的 ψ 也非變換不可，並且變換後的 (64) 式和 (64) 式同型：

$$\left\{\frac{1}{2m}\left[\underset{\sim}{\hat{p}}-q\vec{A}'(t,\vec{x})\right]^2+\left[V+q\phi'(t,\vec{x})\right]\right\}\psi'(t,\vec{x})=i\hbar\frac{\partial}{\partial t}\psi'(t,\vec{x})\text{.......}(65)_1$$

那麼 $\psi(t,\vec{x})$ 與 $\psi'(t,\vec{x})$ 的關係如何？假設：

$$\psi'(t,\vec{x})=e^{\alpha(t,\vec{x})}\psi(t,\vec{x})\text{............}(65)_2$$

$\alpha(t,\vec{x})=$ 待定函數，將 $(63)_2$ 和 $(65)_2$ 式代入 $(65)_1$ 式得：

$$\left\{\frac{1}{2m}\left[\underset{\sim}{\hat{p}}-q\vec{A}-q(\overrightarrow{\nabla}\Lambda)\right]^2+\left[V+q\phi-q\frac{\partial\Lambda}{\partial t}\right]\right\}e^{\alpha}\psi=i\hbar\frac{\partial}{\partial t}e^{\alpha}\psi\text{..........}(65)_3$$

如要物理現象不變，則必須證明，當 α 取某種函數時從 $(65)_3$ 式能得 (64) 式：

$$\begin{aligned}\left[\underset{\sim}{\hat{p}}-q\vec{A}-q(\overrightarrow{\nabla}\Lambda)\right]e^{\alpha}\psi&=\left[-i\hbar\overrightarrow{\nabla}-q\vec{A}-q(\overrightarrow{\nabla}\Lambda)\right]e^{\alpha(t,\vec{x})}\psi(t,\vec{x})\\&=e^{\alpha}\left\{\left[-i\hbar\overrightarrow{\nabla}-q\vec{A}\right]\psi\right\}+e^{\alpha}\left\{\left[-i\hbar(\overrightarrow{\nabla}\alpha)-q(\overrightarrow{\nabla}\Lambda)\right]\psi\right\}\text{............}(66)_1\end{aligned}$$

如 $(66)_1$ 式右邊第二項等於零，則能得 (64) 式左邊第一項的算符 $(\underset{\sim}{\hat{p}}-q\vec{A})$，於是取：

$$\alpha=\frac{q}{-i\hbar}\Lambda=iq\Lambda(t,\vec{x})/\hbar\text{............}(66)_2$$

$$\begin{aligned}\therefore\left[\underset{\sim}{\hat{p}}-q\vec{A}-q(\overrightarrow{\nabla}\Lambda)\right]^2e^{\alpha}\psi&=\left[\underset{\sim}{\hat{p}}-q\vec{A}-q(\overrightarrow{\nabla}\Lambda)\right]\left\{\left[\underset{\sim}{\hat{p}}-q\vec{A}-q(\overrightarrow{\nabla}\Lambda)\right]e^{\alpha}\psi\right\}\\&=\left[\underset{\sim}{\hat{p}}-q\vec{A}-q(\overrightarrow{\nabla}\Lambda)\right]\left[e^{iq\Lambda/\hbar}(\underset{\sim}{\hat{p}}-q\vec{A})\psi\right]\\&=-i\hbar\overrightarrow{\nabla}\left[e^{iq\Lambda/\hbar}(\underset{\sim}{\hat{p}}-q\vec{A})\psi\right]+e^{iq\Lambda/\hbar}\left[-q\vec{A}-q(\overrightarrow{\nabla}\Lambda)\right](\underset{\sim}{\hat{p}}-q\vec{A})\psi\\&=e^{iq\Lambda/\hbar}\left\{q(\overrightarrow{\nabla}\Lambda)\left[(\underset{\sim}{\hat{p}}-q\vec{A})\psi\right]+(-i\hbar\overrightarrow{\nabla})\left[(\underset{\sim}{\hat{p}}-q\vec{A})\psi\right]\right\}\\&\quad+e^{iq\Lambda/\hbar}\left\{(-q\vec{A})(\underset{\sim}{\hat{p}}-q\vec{A})\psi-q(\overrightarrow{\nabla}\Lambda)\left[(\underset{\sim}{\hat{p}}-q\vec{A})\psi\right]\right\}\end{aligned}$$

$$=e^{iq\Lambda/\hbar}\left\{(-i\hbar\vec{\nabla}-q\vec{A})(\underset{\sim}{\hat{p}}-q\vec{A})\psi\right\}$$

$$=e^{iq\Lambda/\hbar}(\underset{\sim}{\hat{p}}-q\vec{A})^2\psi \cdots\cdots (66)_3$$

由 $(66)_2$ 式得 $(65)_3$ 式右邊的時間部分是：

$$i\hbar\frac{\partial}{\partial t}e^{\alpha(t,\,\vec{x})}\psi(t,\,\vec{x})=i\hbar\frac{\partial}{\partial t}e^{iq\Lambda(t,\,\vec{x})/\hbar}\psi(t,\,\vec{x})$$

$$=e^{iq\Lambda/\hbar}\left[-q\left(\frac{\partial\Lambda}{\partial t}\right)\psi+i\hbar\frac{\partial\psi}{\partial t}\right]\cdots\cdots (66)_4$$

將 $(66)_3$ 和 $(66)_4$ 式代入 $(65)_3$ 式得：

$$e^{iq\Lambda/\hbar}\left\{\frac{1}{2m}\left[\underset{\sim}{\hat{p}}-q\vec{A}(t,\,\vec{x})\right]^2+\left[V+q\phi(t,\,\vec{x})\right]\right\}\psi(t,\,\vec{x})$$

$$=e^{iq\Lambda/\hbar}\left(i\hbar\frac{\partial\psi(t,\,\vec{x})}{\partial t}\right)\cdots\cdots (66)_5$$

$\exp.(iq\Lambda(t,\,\vec{x})/\hbar)$ 是任意可微分標量函數，於是可從 $(66)_5$ 式的左右邊拿走它而得 (64) 式，證明變換後的 $(65)_1$ 式等於 (64) 式，表示物理現象不變，顯然必須同時變換場強勢 ϕ 與 $\vec{A}$ 和物質粒子的狀態函數，即波函數 $\psi(t,\,\vec{x})$：

$$\psi(t,\,\vec{x})\Longrightarrow\psi'(t,\,\vec{x})=e^{iq\Lambda(t,\,\vec{x})/\hbar}\psi(t,\,\vec{x})\cdots\cdots (67)$$

才能獲得運動方程式不變，稱 (67) 式爲**第一種規範變換** (gauge transformation of the first kind)，第一和第二規範變換合起來稱爲**規範變換**，是 1918 年 Weyl (Hermann Weyl, 1885~1955) 稱的學術名。以上簡述的邏輯稱作**規範理論** [11, 12)]。

(ii) Yang-Mills 場簡介 [11~14)]：

那麼從 $(62)_1$ 式到 (67) 式的演算過程，以及式子本身隱藏著什麼？這樣的分析工作，在學術研究過程最好作，往往會獲得靈感，甚至於發明發現。Maxwell 方程組 $(62)_1$ 和 $(62)_2$ 式，以場強 $\vec{E}(t,\,\vec{x})$ 和 $\vec{B}(t,\,\vec{x})$ 表示，是四維 Minkowski 空間每一點隨時能對付入侵者的物理量，如以**場勢** (field potential) $\phi(t,\,\vec{x})$ 和 $\vec{A}(t,\,\vec{x})$ 表示，則得 $(63)_1$ 式。竟沒想到 ϕ 和 $\vec{A}$ 都不是定函數，而與任意可微分的**標量函數** (scalar function) $\Lambda(t,\,\vec{x})$ 有關，同時 $\Lambda(t,\,\vec{x})$ 不但是 Maxwell 方程組 $(62)_1$ 和 $(62)_2$ 式，並且是物質粒子運動方程 (64) 式不變，

即維持物理現象不變的關鍵函數。$\Lambda(t, \vec{x})$ 使物質粒子場 $\psi(t, \vec{x})$ 依 (67) 式方式變，表示 $A^{\mu}(t, \vec{x})$ 不直接作用於 $\psi(t, \vec{x})$，而由 $A^{\mu}(t, \vec{x})$ 的自由自在的 $\Lambda(t, \vec{x})$ 去操作 ψ，不過沒 $A^{\mu}(t, \vec{x})$ 就沒 $\Lambda(t, \vec{x})$。

$$\therefore \psi(t, \vec{x}) \text{ 會變必有規範場 } A^{\mu}(t, \vec{x}) \cdots\cdots (68)_1$$

$\psi(t, \vec{x})$ 是 Schrödinger 方程式 (64) 式之解，是沒內部結構，僅以標量電荷 q 表示的**點狀物質粒子** (point-like matter particle) 場，簡稱**物質場** (matter field)。如用“1”表無結構，則 (67) 式變成：

$$\begin{aligned}\psi'(t, \vec{x}) &= e^{iq\Lambda(t, \vec{x})/\hbar}\psi(t, \vec{x}) \\ &= e^{iq \cdot 1 \cdot \Lambda(t, \vec{x})/\hbar}\psi(t, \vec{x}) \cdots\cdots (68)_2\end{aligned}$$

同時 Maxwell 電磁學，(67) 式的電荷是**守恆量** (conservative quantity)：

$$\text{電磁相互作用時電荷守恆} \cdots\cdots (68)_3$$

$(68)_1$ 式到 $(68)_3$ 式是 1940 年代末葉楊振寧 (1922 年出生於安徽省合肥縣，目前在北京清華大學) 洞察出來的關鍵，尤其 $(68)_2$ 式。經過探究強相互作用的一般原理，數年後的 1954 年和他的朋友 Mills 一起發表了影響到今日，解決相互作用根源的**非對易規範理論** (non-commutative 或 non-abelian gauge theory)[13)]。目前 (2013 年春) 我們所知的強、弱和電磁相互作用全是規範理論，甚至於萬有引力也可能是規範理論 (尚未定論)。1950 年前後楊振寧 ≡ Yang 想解決的是強相互作用，它是原子核內的現象。原子核由物質粒子的**中子** (neutron) n 和**質子** (proton) p 組成，於是原子核這個粒子就有內部結構。如把 n 和 p 看成點狀粒子，叫**核子** (nucleon，構成原子核的物質粒子)，且是在原子核**電荷空間** (iso space，或 isospin space) 的兩個狀態，則需要有一個使核子變成 n 或 p 狀態的算符，它是無因次的**同位旋算符** (isospin 或 isotopic spin operator) $\underset{\sim}{\hat{T}}$ [11)]，且 $\underset{\sim}{\hat{T}}$ 在電荷空間是有三個成分的向量。如果表示核子的物質粒子場 (對應於 (64) 式的 $\psi(t, \vec{x})$) $\Psi(t, \vec{x})$ 會變化，則必有對應於電磁學規範場 $A^{\mu}(t, \vec{x})$ 的場 $\vec{W}^{\mu}(t, \vec{x})$ 存在，設它的規範函數爲 $\vec{a}(t, \vec{x})$，則得對應於 $(65)_2$ 式的 $\Psi'(t, \vec{x})$，由 $(68)_2$ 式得：

$$\Psi'(t, \vec{x}) = e^{ig\underset{\sim}{\hat{T}} \cdot \vec{a}(t, \vec{x})/\hbar} \Psi(t, \vec{x}) \quad \cdots\cdots (69)_1$$

$(69)_1$ 式是 Yang 1954 年獲得的劃時代式子，g 和 $\underset{\sim}{\hat{T}}$ 都無因次，$\vec{a}$ 是作用（能量乘時間）因次，即：

$$\left.\begin{array}{lcl} g\underset{\sim}{\hat{T}} & \xleftrightarrow{\text{對應}} & (68)_2\text{式的 } q \cdot 1 \\ \vec{a}(t, \vec{x}) & \xleftrightarrow{\text{對應}} & (68)_2\text{式的} A(t, \vec{x}) \\ \vec{W}^\mu(t, \vec{x}) & \xleftrightarrow{\text{對應}} & \text{電磁學的 } A^\mu(t, \vec{x}) = \left(\dfrac{1}{c}\phi(t, \vec{x}), \vec{A}(t, \vec{x})\right) \end{array}\right\} \cdots\cdots (69)_2$$

那爲什麼規範場 $\vec{W}^\mu$ 和規範函數 $\vec{a}$ 都戴上箭頭符號呢？是因爲同位旋算符 $\underset{\sim}{\hat{T}}$ 是向量，所以 $\vec{W}^\mu$ 和 $\vec{a}$ 都必須是向量函數，即其向量是同位旋向量，並且其成分是和 $\underset{\sim}{\hat{T}}$ 的成分一對一的關係，而得 $(69)_1$ 式 $\underset{\sim}{\hat{T}}$ 和 $\vec{a}$ 的內積 $\underset{\sim}{\hat{T}} \cdot \vec{a}$。$g$ 是強相互作用強度大小，由實驗來決定，目前（2013 年春）的值約爲 14。在電磁學電荷 q 是守恆量，於是從 $(69)_1$ 式得，在 Yang 理論同位旋大小是守恆量，實際上，獨立於規範理論，在原子核物理學，各原子的原子核同位旋值是守恆。今日稱 $\vec{W}^\mu$ 爲 **Yang-Mills 場**，凡是非對易規範理論的規範場都叫 **Yang-Mills 場** (Yang-Mills field)。$\vec{W}^\mu$ 的非對易性來自同位旋 $\underset{\sim}{\hat{T}}$ 是非對易。表示核子存在的原子核電荷空間是二維，因此用矩陣表示的同位旋算符是 2×2 矩陣。

到了 1950 年代中葉之後，每個核子［不是原子核，因目前 (2013 年春天) 的台灣有人稱原子核爲核子，例如報章雜誌常登核能（原子核能的簡稱）發電爲核子發電，這是錯誤］都由三個更基本的粒子構成漸獲共識，發展成 1964 年 Gell-Mann (Murray Gell-Mann, 1929~) 的**夸克模型** (quark model)[14)]。夸克模型誕生前的 1961 年，Gell-Mann 推廣 Yang-Mills 規範理論爲三維內部空間的規範理論，世稱對應於原子核同位旋 $\underset{\sim}{\hat{T}}$ 的 Gell-Mann 的量 $\hat{F}_k$，$k = 1, 2, \cdots, 8$，爲**幺正同位旋** (unitary isospin)，我們稱爲 **Gell-Mann 同位旋**，$\hat{F}_k$ 的矩陣表示是 3×3 矩陣 [11, 12, 14)]。對應於 $(69)_1$ 式物質波場 $\Phi(t, \vec{x})$ 的變換是：

$$\Phi'(t, \vec{x}) = e^{ig\sum_{k=1}^{8}\hat{F}_k a_k(t, \vec{x})/\hbar} \Phi(t, \vec{x}) \quad \cdots\cdots (70)$$

$\hat{F}_k$ 是無因次的非對易算符，而 a_k 是作用因次的規範函數，其規範場是 $G_k^\mu(t, \vec{x})$，

仍然稱 $G_k^\mu(t, \vec{x})$ 爲 Yang-Mill 場，凡是非對易規範場目前都稱作 Yang-Mills 場。顯然物質場 $\psi(t, \vec{x})$，$\Psi(t, \vec{x})$ 和 $\Phi(t, \vec{x})$ 的規範變換全由規範場 $A^\mu(t, \vec{x})$，$\vec{W}^\mu(t, \vec{x})$ 和 $G_k^\mu(t, \vec{x})$，$k=1, 2, 3, \cdots, 8$，的規範函數 $\Lambda(t, \vec{x})$，$\vec{a}(t, \vec{x})$ 和 $a_k(t, \vec{x})$ 來運作。運作是動態現象，結果是各物質場變換時 (正在動的情況) 都陪伴著**相函數** (phase function，什麼是"相"，請看參考文獻 (2) 第一章的註 (5)(d) 的 $(27)_1$ 式到 (28) 式)，其指數都有 $i/\hbar=-i\hbar$ 的因子，此量針對應到經典力學的動力學量動量 $\vec{p}$ 和力學能 E 量子化的 $\hat{p}$ $(55)_1$ 式和 $\hat{H}$ (59) 式的"$i\hbar$"，是線性與二象性的結合量。再次證明動態物理現象需要"$i\hbar$"，同時微觀世界現象的根柢是二象性。

$$\therefore \begin{pmatrix} i\hbar \text{ 扮演的角色和動態物理現象有關，} \\ \text{近代物理學沒複數單位 } i \text{ 活不下去！} \end{pmatrix} \cdots\cdots (71)$$

(6) 林清凉、戴念祖著：力學，

五南圖書出版股份有限公司 (2014 年)。

(7) 朝永振一郎 (Tomonaga Sin-itiro) 著：量子力學 (I) 和 (II)，

Misuzu (音譯) 書房 (1952 年)。

英譯版是：

S. I. Tomonaga: *Quantum Mechanics* (1966)

North Holland.

(8) Chen Ning Yang: Square root of minus one, complex phases and Erwin Schrödinger，以及裡面所提一些參考文獻。

Schrödinger Centenary Celebration of Polymath

Edited by C. W. Kilmister

Cambridge University Press (1987).

(9) E. Schrödinger: Collected Papers on Wave Mechanics, translated from the second German Edition (1929),

Blackie and Son Limited.

(10) A. C. T. Wu and Chen Ning Yang:

Evolution of the Concept of the Vector Potential in the Description of Fundamental Interactions，以及裡面所提一些參考文獻。

International Journal of Modern Physics A, Vol. 21, No. 16 (2006), World Scientific Publishing Company.

(11) 林清涼著：近代物理 II，
五南圖書出版股份有限公司 (2010 年)。

(12) Ian J. R. Aitchison and Anthony J. G. Hey:
Gauge Theory in Particle Physics —— A Practical Introduction ——
Adam Hilger, Techno House (1989), 2nd. ed.

(13) C. N. Yang and R. L. Mills:
Phys. Rev. 95 (1954) 631
Phys. Rev. 96 (1954) 191

(14) M. Gell-Mann:
Phys. Rev. 125(3) (1961) 1067
Phys. Lett. 8 (1964) 214

(15) 竹内端三著：函數論上卷和下卷，
東京裳華房 (1952)(沒英譯版)。

(16) James Ward Brown and Ruel V. Churchill:
Complex Variables and Applications (Eighth Edition)
McGraw-Hill Inc (2008).

Chapter 2
初級複變函數，複變函數微分

(I) 複變函數，初級複變函數

(II) 複變函數微分

習題和解

摘 要

參考文獻和註解

(I) 複變函數，初級複變函數

變數與函數之學術名是 1670 年代 Leibniz (Gottfried Wilhelm Freiherr von Leibniz, 1646~1716) 開始用，到 1734 年 Euler 具體地表示它們之間關係：

如有兩個變數 x 和 y，當 x 之值在某區域 X 變動時，y 依一定規則得對應值，則稱 x 為**獨立變數**，y 為 x **的函數**，而用符號：

$$y = f(x) \quad \cdots\cdots (2\text{-}1)$$

表示。寫成 (2-1) 式的 y 後來又稱為 **x 的顯函數** (explicit function)，如寫成：

$$F(x, y) = 0 \quad \cdots\cdots (2\text{-}2)$$

則稱為 **x 的隱函數** (implicit function)。

如 n 個變數 $x_1, x_2, x_3, \cdots, x_n$ 的變域爲 $X_1, X_2, X_3, \cdots, X_n$，且總變域 X 爲：

$$X = X_1 \times X_2 \times X_3 \times \cdots \times X_n \text{ 的乘積} \quad \cdots\cdots (2\text{-}3)$$

則稱 $f = f(x_1, x_2, x_3, \cdots, x_n)$ 爲 n 個獨立變數 $x_1, x_2, x_3, \cdots, x_n$ 之函數。依獨立變數是實變數或複變數，稱其函數爲**實函數** (real function) 或**複變函數** (complex function)，並且根據函數性質，有各種函數名稱，以及函數符號。

(A) 複變數與複變函數 [15,16)]

能代表複數**集合** (set) 任何**元** (element) 的數稱爲**複變數** (complex variable)，通用符號"z"，而稱該集合爲 **z 的定義域** (domain) 或叫**變域**。z 是由**有序** (ordered) 且**等權** (equal weight) 的一**對** (pair) 實變數 x 和 y 線性組合而成：

$$x + iy \equiv z, \qquad i \equiv \sqrt{-1} \quad \cdots\cdots (2\text{-}4)$$

如依某規律，對每一個 z 值只有一個**值** (value) 稱爲**單值 (單價)**，有二或二以上之值稱爲**多值 (多價)** 的另一個複變數 ω，則稱 ω 爲 z 的**函數** (function) 表示成：

$$\omega = f(z) \cdots\cdots (2\text{-}5)$$

(2-5) 式的 z 與 ω 分別稱爲**獨立變數** (independent variable) 和**應變數** (dependent variable)，而稱一個值和多值的 $f(z)$ 爲**單值函數** (single-valued function) 和**多值函數** (multiple-valued 或 many-valued function)。從 $(1\text{-}36)_{1\sim6}$ 式和 (1-37) 式，多值函數類似單值函數**集** (collection)，其每一個單值成分稱爲 ω 的**分支** (branch)。對應於 (2-4) 式，常把 (2-5) 式表示成兩實函數 $u(x, y)$ 和 $v(x, y)$ 之和：

$$\omega = u(x, y) + iv(x, y) \cdots\cdots (2\text{-}6)_1$$

$(2\text{-}6)_1$ 式是爲純數學演算之方便，如果爲物理問題 $(2\text{-}6)_1$ 式是行不通[2, 4]，並且 19 世紀 Cauchy 開創複變函數論時是以整個複變函數 $f(z)$ 來探討。請牢記：

$$\left(\begin{array}{l}\text{微觀世界的物理體系，其狀態函數}\Psi(x, y, z)\text{（假設三維空間）}\\ \text{一般為複數函數，不能分成如}(2\text{-}6)_1\text{式的兩實函數的和來解釋}\\ \text{該體系的狀態情況，必以整體的}\Psi\text{處理，請看註(5)。}\end{array}\right) \cdots\cdots (2\text{-}6)_2$$

(2-4) 式和 $(2\text{-}6)_1$ 式明顯地各爲兩等權的獨立變數或函數構成的平面數，前後者所在的平面分別稱爲 **z 平面**或 **Gauss 平面**和 **ω 平面**或**函數平面**，而變數定義域是 z 平面上的某**區域** (region)。兩平面的每一點分別表示 z 值和 ω 值。如圖 (2-1)(a)，當 z 沿直線從 P 點變到 Q 點時，其函數 $f(z) = \omega$ 對應地如圖 (2-1)(b) 從 P' 點沿曲線 (含直線) 變到 Q' 點，則稱：

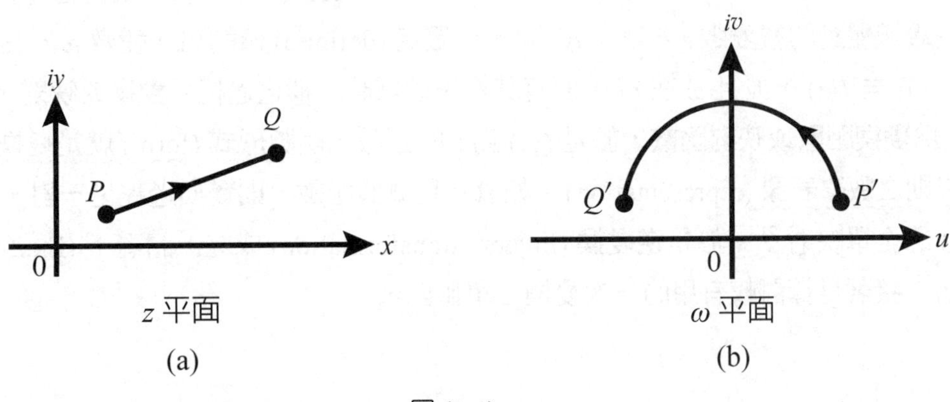

圖 (2-1)

曲線 $\widehat{P'Q'}$ = 直線 $\overline{PQ}$ 的**像** (image)……………………………………………… (2-7)

(2-7) 式等於把 z 平面上的變化**映射** (mapping) 到 ω 平面上。至於如何映射，它們之間必有遵守規則，它就是複變函數 $f(z)$ 的式子模樣。映射是動態現象，在物理學是動態物理量，例如**角動量** (anguler momentum) $\vec{L}$，**力矩** (torque 或 moment of force) $\vec{\tau}$，是種作用或操作，使物理體系從一個狀態 Ψ_i 變到另一個狀態 Ψ_f，換句話，是：

變換 (transformation)
或 **操作** (operation) ……………………………………………………………… $(2\text{-}8)_1$

從幾何學角度來看 $(2\text{-}8)_1$ 式，就是圖 (2-2) 的映射 [2]。圖 (2-2) 的 $\hat{f}$ 表示有操作能力的數學量，通常稱為**算符** (operator)：

($\hat{f}$ 表示操作(作用)方法，例如命令轉動，帽子 "∧" 表示算符(本書用符號)。) …… $(2\text{-}8)_2$

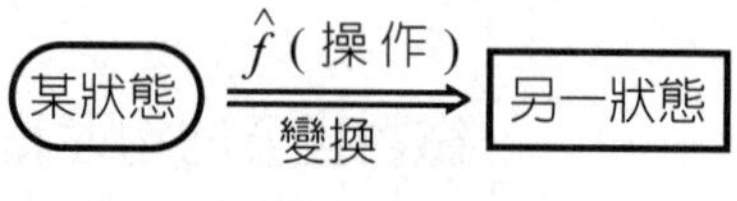

圖 (2-2)

$\hat{f}$ 的數學表示式就是函數 $f(z)$ (複變數 z 時)。

∴ 今日的函數和映射同意義……………………………………………………… $(2\text{-}8)_3$

(B) 變換與其功能和幾何表象 [15,16]

在圖 (2-1)(a) 和 (b) 以及圖 (2-2) 圖示了什麼叫變換，即以某規則對應於在 z 平面某定義域變動的複變數 $z = (x + iy)$ 值，有**確定** (definite) 值的另一變數 $\omega = [u(x, y) + iv(x, y)] \equiv f(z)$，並且 ω 在 ω 平面有其對應值域時，稱這過程為**變換**或**映射**，而 $\omega = f(z)$ 為**變換函數**或**映射函數**，於是 $f(z)$ 為 z 的函數，函數**形式** (form) 就是變換時遵守的規則之數學**表象** (representation)。如 $f(z)$ 是單值函數，則變換過程是**一對一** (one to one) 的全單映射 [2]，於是**逆變換** (inverse transformation) 成立，請看下 (Ex.2-1) 之圖 (2-3)。接著是探討較有用的一次變換之單值函數。

(Ex.2-1) 複變數 z 在 z 平面上的定義域是，以原點爲圓心半徑 $r = 1$ 的圓周 $0 \le \theta < 2\pi$。把圓周上之點 P 以逆時針方向繞圓周一圈的現象變換 (映射) 到另一空間 ω，其遵守規則的函數形式是 $\omega = z^n$，$n \ge 2$ 的正整數，則 ω 平面上 P 的像 P' 如何變動。同時畫圖說明。

(解)：從 $\omega = z^n$，$n \ge 2$ 的正整數，立即看出 P' 的變動速度比 P 快，且是一對一，那麼多快呢？只有具體演算才知道。繞圓周現象，最好使用**極形式** (polar form) 的 z：

$$z = x + iy = re^{i\theta}，\quad r = {}_{+}\sqrt{x^2 + y^2} = 1，\quad \theta = \tan^{-1}(y/x)$$
$$= e^{i\theta} \cdots\cdots (1)$$
$$\therefore\ \omega = z^n = (e^{i\theta})^n = e^{in\theta} \equiv e^{i\phi}，\quad 半徑\ R = 1，\quad \phi = n\theta \cdots\cdots (2)$$

於是 (1) 式的 θ 變化 $0 \le \theta < 2\pi$ 時，(2) 式的 ϕ 變化是 $0 \le \phi < 2n\pi$，同時 P' 和 P 一樣地以 ω 平面的原點爲圓心半徑 $R = 1$ 的圓周上逆時針方向轉動，但轉速是 n 倍。如下圖 (2-3)(a) 和 (b)，z 平面的每一點 P 都確實地映射到 ω 平面的每一點 P'，即 P' 和 P 是一對一。

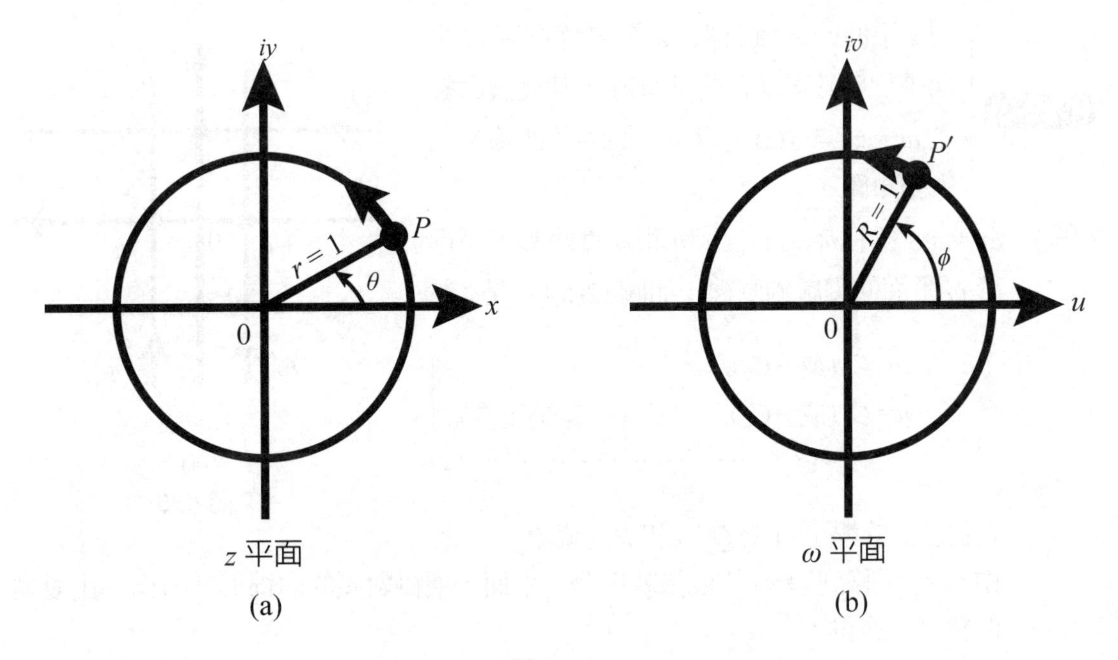

圖 (2-3)

一般化 (Ex.2-1) 的內涵來說明什麼叫**全單變換**(**全單映射** bijection)，這時逆變換必成立。設 Z 爲 z 的定義域，W 爲 ω 的**值域**(codomain 又叫**對應域**)。把 Z 中每一點 $(z_1, z_2, \cdots, z_i, \cdots, z_n)$，以遵守某規則的操作 $\hat{f}$ 一對一地映射到 W 內每一點 $(\omega_1, \omega_2, \cdots, \omega_i, \cdots, \omega_n)$，稱這種變換爲**全單變換**，如圖 (2-4)。顯然逆變換必成立，其操作算符是 $\hat{f}^{-1}$，則得**反函數** (inverse function) $f^{-1}(z)$，且 $f(z)$ 和 $f^{-1}(z)$ 都是單值函數。例如高中一年級學的三角函數正弦函數 $\sin x$ 的反正弦函數是 $\sin^{-1} x$ 一樣，以這裡的符號是：

$$\omega = \sin z = f(z)$$
$$z = \sin^{-1} \omega = f^{-1}(z)$$

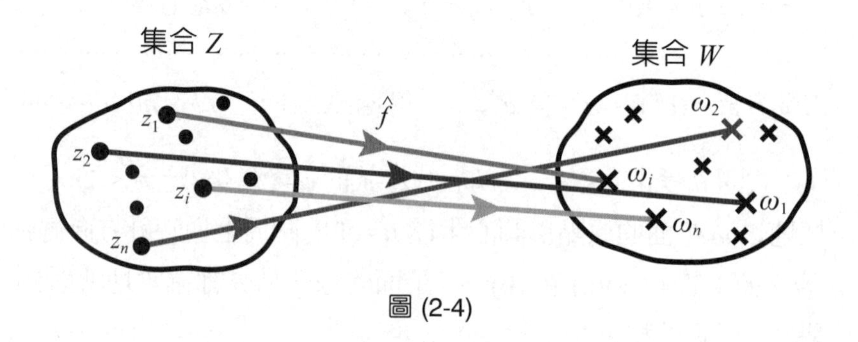

圖 (2-4)

(Ex.2-2) 把 z 平面的某種曲線′以全單變換到 ω 平面平行於其實虛軸的各直線，其變換函數是 $\omega = z^2 \equiv f(z)$，求 z 平面的該曲線，且畫結果圖。

(解)：$\omega = u(x, y) + iv(x, y)$，　u 和 v 實函數，平行於 ω 平面的實虛軸直線，如圖 (2-5)(a) 是：

$$\left.\begin{array}{l} v = C_v\,(或 -C_v) \\ u = C_u\,(或 -C_u)，\quad C_u 與 C_v 是正實數 \end{array}\right\} \cdots\cdots (1)$$

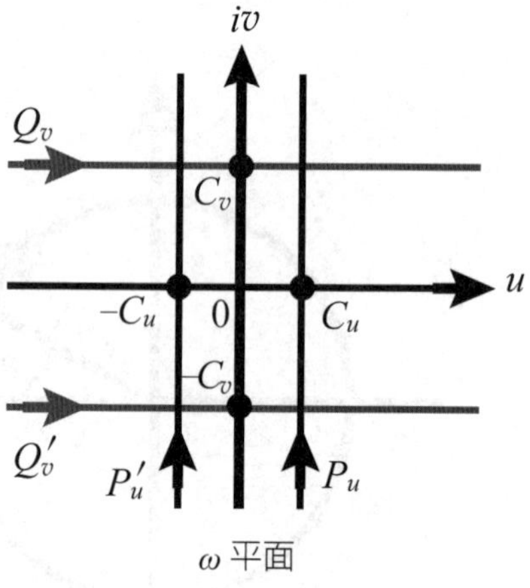

iv, u, Q_v, Q_v', C_v, $-C_v$, C_u, $-C_u$, 0, P_u, P_u'

ω 平面

(a)

圖 (2-5)

在直線上之點 Q_v (或 Q_v') 和 P_u (或 P_u')，各由 $(-\infty)$ 平移到 $(+\infty)$ 的現象映射到 z 平面，便得對應的曲線與其方向。由變換函數 $\omega = z^2$ 得：

$$\begin{aligned} \omega = z^2 &= (x + iy)^2 \\ &= x^2 - y^2 + i2xy \\ &= u(x, y) + iv(x, y) \end{aligned}$$

$$\therefore \left\{\begin{array}{l} u=x^2-y^2=C_u\,(\text{或}-C_u) \\ v=2xy=C_v\,(\text{或}-C_v) \end{array}\right\} \cdots\cdots\cdots (2)$$

(2) 式的 C_u 和 C_v 都是雙曲線，其漸近線，C_u 時是 z 平面從 x 軸開始，如圖 (2-5)(b) 的 45° 和 135°，而 C_v 時是 x 和 iy 軸。接著來探討如何得 z 平面上曲線。

曾在(Ex.1-11)做過類似題，當時從變換函數 $f(z)$ 容易得 z 平面的 x 和 y 的值域 (對應域)，這裡不然。在 $u = \pm C_u$ 直線。雖 u 固定值，但 v 是從 $(-\infty)$ 變到 $(+\infty)$。同理 $v = \pm C_v$ 的 u 也是從 $(-\infty)$ 到 $(+\infty)$，於是可從實函數 u 和 v 的 (2) 式切入：

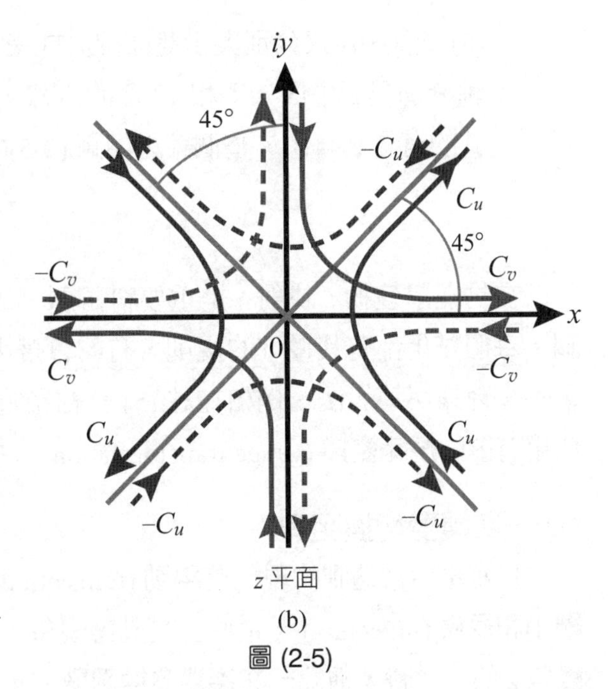

(b)
圖 (2-5)

$$u=x^2-y^2=C_u \Longrightarrow x=\pm\sqrt{y^2+C_u}$$

$$\therefore v=\pm 2y\sqrt{y^2+C_u}，\qquad -\infty\le v\le\infty\ (\text{複數時不含等號})$$

$$\therefore y\text{的值域}=(-\infty\le y\le\infty) \cdots\cdots\cdots (3)$$

同理，如用 $u=x^2-y^2=-C_u$，則得：

$$v=\pm 2x\sqrt{x^2+C_u}$$

$$\therefore x\text{的值域}=(-\infty\le x\le\infty) \cdots\cdots\cdots (4)$$

當 $u=x^2-y^2=C_u$ 時 $|x|>|y|$，於是雙曲線主軸是 x 軸，而 $u=x^2-y^2=-C_u$ 時主軸是 iy 軸。那麼 ω 平面的 P_u 和 P_u' 移動現象的像方向如何定呢？實數時無限大才有正負 $(\pm\infty)$，複數時的無限大如圖 (1-14) 只有一個 ∞，因此在同性質實函數′的正負無限遠點上的像，必歸成一進和一出。如取在 z 平面第四象限的 (3) 式 $y=(-\infty)$ 雙曲線上像為進，則同在第四象限的 (4) 式 $x=\infty$ 雙曲線上像是出。$v=\pm C_v$ 的論述是同 $u=\pm C_u$ 的動點 P_u 和 P_u' 的分析而得：

$$v = 2xy = C_v \implies x \text{ 和 } y \text{ 必同號} \cdots\cdots (5)$$
$$v = 2xy = -C_v \implies x \text{ 和 } y \text{ 必異號} \cdots\cdots (6)$$

(5) 式與 (6) 式分別表示雙曲線必在第一和第三與第二和第四象限。它們的主軸分別爲 z 平面 45° 和 135° 的直線，而 Q_v 和 Q_v' 在 $\pm\infty$ 處必配合 (3) 和 (4) 式的有入必有出。整個結果如圖 (2-5)(b)。請必看 (Ex.2-25)。

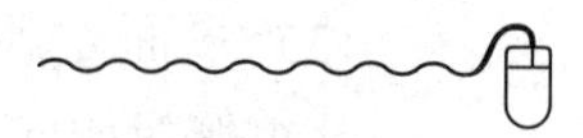

在物理學變換 (映射) 是重要科研題，因直接和物理體系的現象或狀態變化有關。每個變化都有其遵守的規則，有的會帶來**守恆** (conservative) 物理量。於是誕生了不少理論與演算法，例如在註 (5) 介紹和電磁學有關的 Lorentz 變換，以及和相互作用有關的**規範變換** (gauge transformation)。接著一起來探討簡單的一些基礎變換。

(1) 一次複變變換函數

日常生活常遇到的現象有**平動** (translation)，**轉動** (rotation)，**放大** (stretching) 或**縮小**和**反演** (inversion)，這些全是動態現象，從數學角度就是變換。當變換函數爲複變數 z 的一次時，稱爲**一次複變變換函數**。

(i) 平動變換？

如圖 (2-6)(a) 和 (b)，當 z 平面上之點 P 順時針方向畫一個橢圓，P 的像 Q 在函數平面 ω 平面同樣地順時針方向畫一個完全一樣的橢圓，只是此橢圓如圖示平動了 α (複數)，則變換操作的變換函數 $f_t(z)$ 是：

$$f_t(z) = z + \alpha \equiv \omega \cdots\cdots (2\text{-}9)_1$$

稱 $(2\text{-}9)_1$ 式的變換爲**平動變換**，f_t 的右下標誌 “t” 表示**平動** (translation)。物理學，質量 m 的物體以速度 $\vec{v}$ 移動著的量，**動量** (momentum) $\vec{P} = m\vec{v}$ 不是 $(2\text{-}9)_1$ 式所描述的現象嗎？於是稱動量算符爲**平動算符**

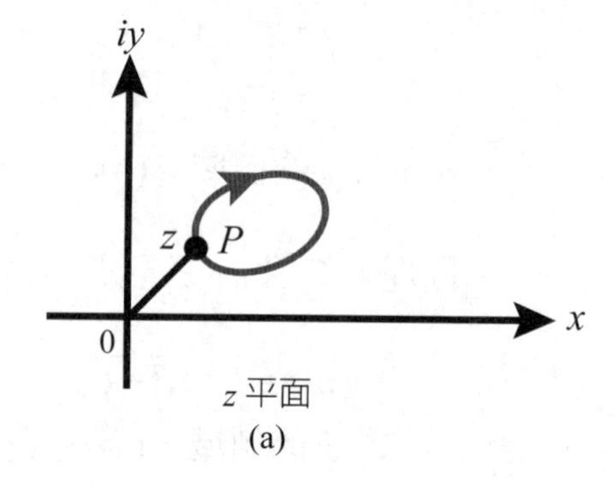

z 平面
(a)

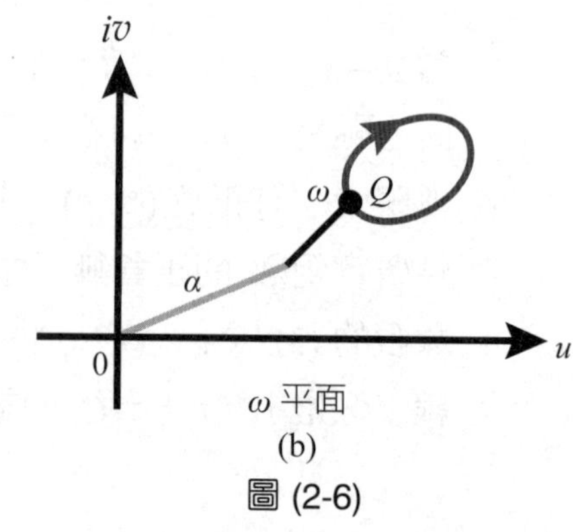

ω 平面
(b)

圖 (2-6)

(translational operator)(請看註 (5) 的 $(55)_1$ 式)。

∴ 平動變換是完全不變地把現象在空間平移 (平動)………………………… $(2\text{-}9)_2$

(ii) 轉動變換？

在第一章的習題 (4) 曾討論過任意複數 z 的轉動，負責轉動功能的是 exp.$(i\theta)$ ，於是轉動變換函數 $f_r(z)$ 是：

$$f_r(z) = e^{i\theta}z \equiv \omega \quad\cdots\cdots\cdots\cdots\cdots\cdots \quad (2\text{-}10)$$

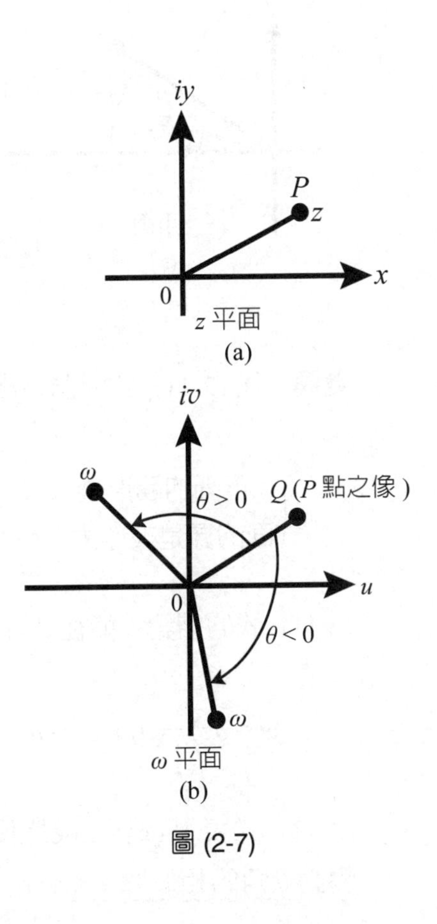

圖 (2-7)

(2-10) 式的 z 平面和函數平面 ω 平面是如圖 (2-7)(a) 和 (b)。當 $\theta > 0$ 時是逆時針方向轉 θ 角，$\theta < 0$ 時是順時針方向軸轉 θ 角。稱 (2-10) 式的變換爲**轉動變換**，f_r 的右下標誌“r”表示**轉動** (rotation)。

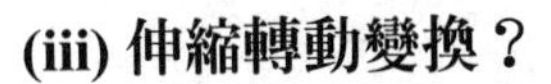

(iii) 伸縮轉動變換？

(2-10) 式的 exp.$(i\theta)$ 是模數 (絕對值)1 的複數，於是 (2-10) 式等於兩複數相乘，而令 z 保持其模數大小純轉動 θ 角。那麼如果 exp.$(i\theta)$ 是個模數不等於 1 的複數 α ，則兩複數 α 和 z 相乘會發生什麼現象呢？在第一章習題 (5) 曾討論過。當 $|\alpha| > 1$，則 αz 一面令 z 轉動一面拉長 z ，而 $|\alpha| < 1$ 時是縮短 z 地轉動，因此我們稱 αz 爲**伸縮轉動變換函數** $f_s(z)$：

$$\left.\begin{array}{l} f_s(z) = \alpha z \equiv \omega \\ |\alpha| \lessgtr 1 \text{ 的複數} \end{array}\right\} \cdots\cdots\cdots\cdots\cdots\cdots\cdots\cdots \quad (2\text{-}11)_1$$

$(2\text{-}11)_1$ 的圖示如圖 (2-8)(a) 和 (b)。$(2\text{-}11)_1$ 式的英文名簡稱 stretching transformation ，不過它包含**收縮** (contraction) 和轉動，因此我們才譯成**伸縮轉動**

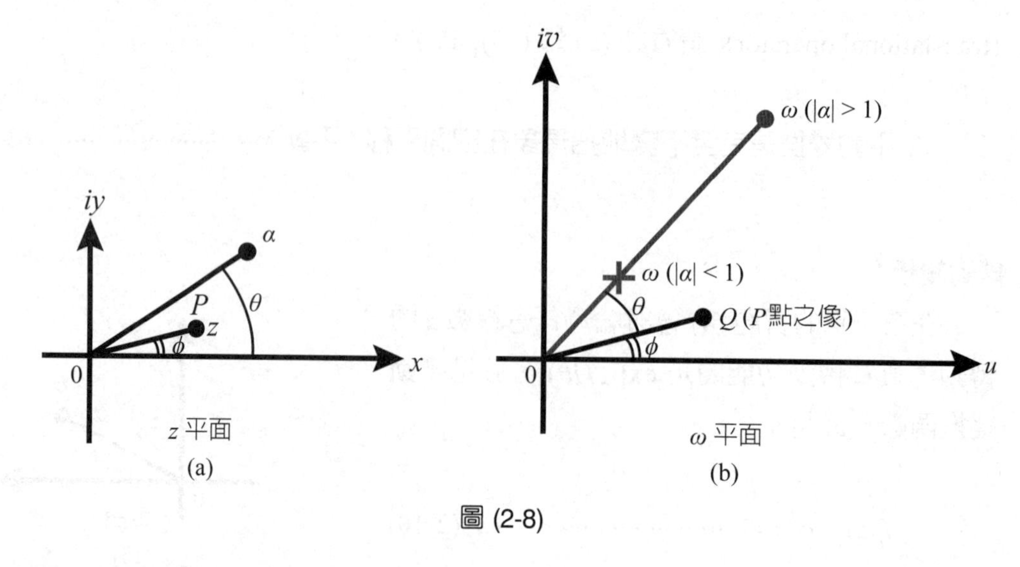

圖 (2-8)

變換。從 $(2\text{-}11)_1$ 式能洞察出：

$$\left(\begin{array}{l} z \text{ 平面的圖形經 } (2\text{-}11)_1 \text{ 式變換，其在函數平面 } \omega \text{ 平} \\ \text{面的像是被放大 } (|\alpha|>1) \text{ 或縮小 } (|\alpha|<1) \text{ 的相似形。} \end{array}\right) \cdots\cdots\cdots (2\text{-}11)_2$$

$(2\text{-}11)_2$ 式的結論，能從 $(2\text{-}11)_1$ 式來獲得：

$$(\omega = \alpha z) \Longrightarrow (\omega : z = \alpha : 1) \cdots\cdots\cdots (2\text{-}11)_3$$

$(2\text{-}11)_3$ 式表示 ω 與 z 成比例關係，即在 z 和 ω 兩平面上之圖形大小是成比例地轉動 θ 角的相似形。

(iv) 反演變換？

反演 (inversion) 是什麼？最容易懂的例子是：從頭到尾看的電影，把它倒過來從尾看到頭。這時的核心變數是時間，在物理學稱爲**時間反演** (time reversion，較不用 time inversion)，令物理體系發生這現象的操作算符叫**時間反演算符**〔time reversal (習慣上不用 inversive) operator〕。有的物理現象能時間反演，有的不行，例如我們的生命是無法時間反演，即**時間的不可逆過程** (irreversible process of time)，所以父母親才勉勵我們好好地用功，同時練好身體，不然中年時後悔已來不及。另一個重要例子叫**空間反演** (space inversion，不用 space reversion)，和日常生活最有關係的是，描述我們的運動(力學)現象時，使用的**座標系** (coordinate system) 是如圖 (2-9)(a) 的**右手系** (right-handed system) 或 (b) 的**左手系** (left-handed system)，左右手座標系互爲空間反演。如果表示運動現象的物理量或物理體系狀態，在左右座標系相同，物理學稱爲**偶宇稱** (even parity)，如果該物理量或該狀態變了符號，例如正號變爲負號，則稱該物理現象爲**奇宇稱** (odd parity) 現象。中國人首次在物理學領域獲得 Nobel 獎的李政道 (1926~，出生上海) 和楊振寧的工作是，解決了困擾數十年的**弱相互作用** (weak interaction) 的**宇稱** (parity) 問題。

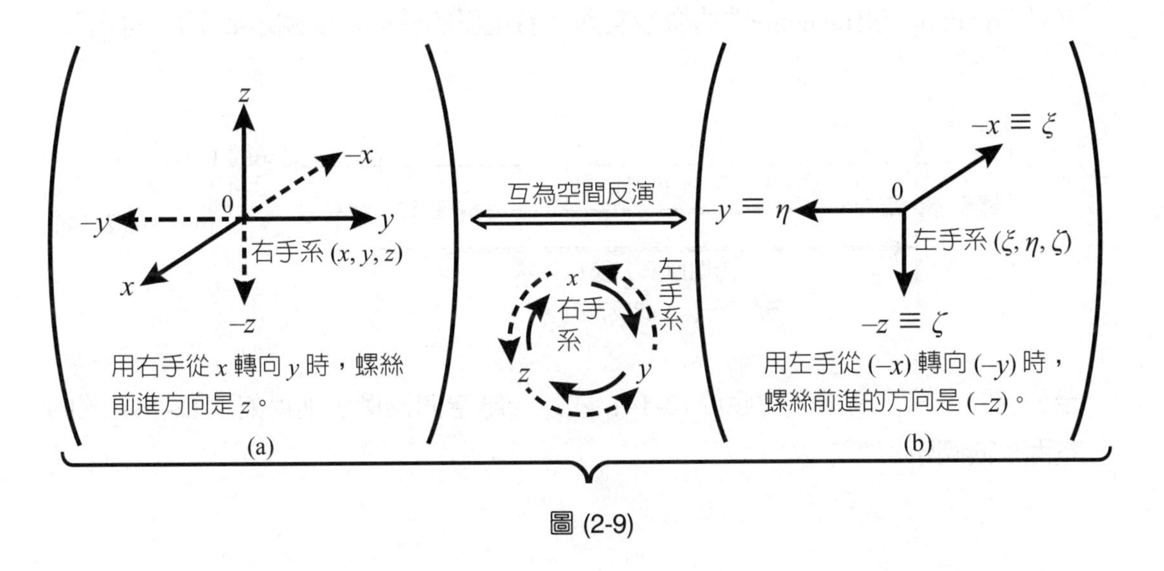

圖 (2-9)

請注意圖 (2-9) 和所謂的反演座標：

$$\left(\begin{array}{l}\text{不是 } x_i \Longrightarrow \dfrac{1}{x_i}, \quad x_{i=1}=x, \quad x_{i=2}=y, \quad x_{i=3}=z,\\ \text{而是把座標軸 } x_i \text{ 的方向倒過來變成}(-x_i)\text{，即倒向量方向！}\end{array}\right) \cdots\cdots\cdots (2\text{-}12)$$

要令一個向量改變成反方向，必有作用進來。例如令向東走的你反過來向西走，必有原因，它就是操作你的作用。複變數 z 是和物理向量類比，請看 (1-27) 式。把向量連續倒轉兩次等於不變，即原狀態乘 1，於是定義下 (2-13) 式爲反演變換操作的變換函數 $f_i(z)$：

$$f_i(z)=\frac{1}{z}\equiv\omega，\quad 或\ z\omega=1 \cdots\cdots (2\text{-}13)$$

而稱操作空間反演爲**空間反演算符**〔space inversion (不用 reversal) operator〕。

在物理學，到目前 (2013 年春天) 都沒有向量 $\vec{v}$ 的倒數 $1/\vec{v}$ 之量。複變數 z 類比於向量，z 便有向量功能，但不是向量！那 (2-13) 式眞的會完成在上面所說明的物理現象嗎？請看第一章的 (Ex.1-11) ，以最簡單平行於座標軸的直線做了 (2-13) 式例。圖 (1-16)(a) 和 (b) 與圖 (1-17)(a) 和 (b) 不是互爲反演現象嗎？你說：物理和數學互動的好不好，棒極了吧。接著一起來分析上面兩個例子所用的英文名稱“reversion和inversion”的微妙差異。看電影的時間反演圖示如下 $(2\text{-}14)_1$ 式：

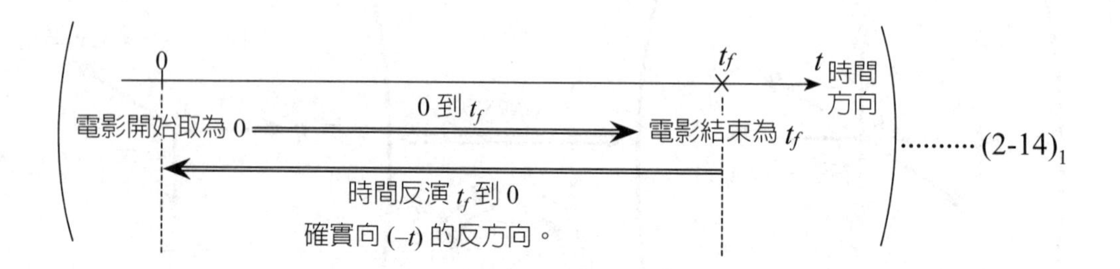

至於空間，爲了易懂，對應於 $(2\text{-}14)_1$ 式以一維空間爲例，則得如下 $(2\text{-}14)_2$ 式的空間反演圖示：

0
$-x$ $+x$
現象發生的空間　現象發生的空間
$x=-\infty$　$x=-0$　$x=+0$　$x=+\infty$
(左手系)　(右手系)
確實互為反方向
$\cdots\cdots (2\text{-}14)_2$

人類取**大爆炸** (big-bang) 爲時間零來算宇宙形成壽命，同樣地，處理物理現象時，習慣取現象開始爲時間起點零，於是 $(2\text{-}14)_1$ 式的倒演電影雖爲 $(-t)$ 方向，實際時間仍然往前。至於 $(2\text{-}14)_2$ 式，對同一現象，同一時間，同一方法王先生用右手系，而王小姐用左手系處理，兩位該得同一結果，只是表示現象的物理量或狀態的正負相同或相異而已。因此常用 reversion 於 $(2\text{-}14)_1$ 式，inversion 於 $(2\text{-}14)_2$ 式以區別微妙差異，不過兩者我們都譯成“反演”。在日常生活有對應於

$(2\text{-}14)_2$ 式，從 $x = -\infty$ 到 $x = -0$ 的空間反演物理現象，但沒對應於 $(2\text{-}14)_1$ 式，從 $t = -0$ 到 $t = -\infty$ 的時間反演物理現象。

(Ex.2-3) 討論分析把周邊為 $x = 0, x = 1, y = 0$ 和 $y = 2$ 的複變數平面 z 平面上矩形 D，以下述各變換函數所得像 D'。(1) 平動變換 $f_t(z) = z + (2 - 3i)$，(2) 伸縮轉動變換 $f_s(z) = 2e^{\pi i/3}z$，(3) 合成 (1) 和 (2) 的變換 $f(z) = f_s(z) + (2 - 3i)$。

(**解**)：(1) 平動變換圖 (2-10)(a) 的 D：

(a)像 D' 的周邊情形：

$$\begin{aligned} f_t(z) &= z + (2 - 3i) \equiv \omega \\ &= u(x, y) + iv(x, y) \\ &= (x + iy) + (2 - 3i) \\ &= (x + 2) + i(y - 3) \end{aligned}$$

z 平面
圖 (2-10)(a)

$$\therefore \begin{Bmatrix} u = x + 2 \\ v = y - 3 \end{Bmatrix} \cdots\cdots (1)$$

$$\therefore \begin{Bmatrix} \begin{Bmatrix} x = 0 \text{ 之邊} \longrightarrow u = 2 \text{ 之邊} \\ x = 1 \text{ 之邊} \longrightarrow u = 3 \text{ 之邊} \end{Bmatrix} \\ \begin{Bmatrix} y = 0 \text{ 之邊} \longrightarrow v = -3 \text{ 之邊} \\ y = 2 \text{ 之邊} \longrightarrow v = -1 \text{ 之邊} \end{Bmatrix} \end{Bmatrix} \cdots\cdots (2)$$

由 (2) 式得，D 的周邊在函數平面 ω 平面上的像 D' 周邊值如圖 (2-10)(b)。

(b)D 內任意點 P 是否一對一地映射到 D' 內之像 Q 點？

設 P 為 (x_0, y_0)，則由 (1) 式顯然地僅能得一個映射點 $Q = (u_0, v_0) = (x_0 + 2, y_0 - 3)$，於是 D 內所有點都以**一對一** (one to one) 地映射到 D'。由圖 (2-10)(a) 和 (b)，D 確實地平移了 $(2 - 3i)$ 到 D'，實證了 $(2\text{-}9)_1$ 式。

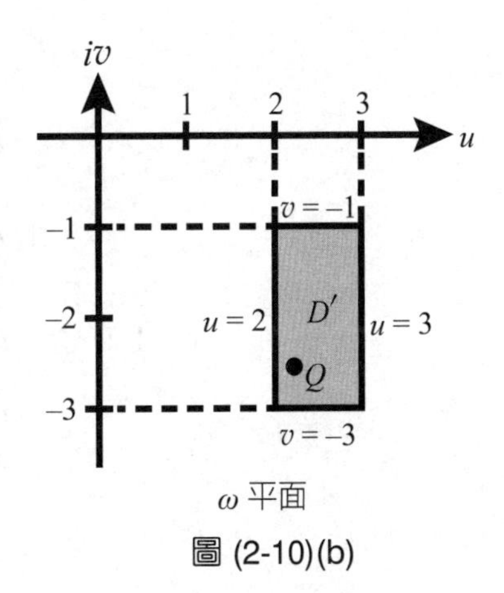

ω 平面
圖 (2-10)(b)

(2) 伸縮轉動變換圖 (2-10)(a) 的 D：

(a)D 的像 D' 之周邊情形：──(請看本章習題 (22))──

$$f_s(z) = 2e^{\pi i/3}z = 2(\cos 60° + i\sin 60°)\, z$$
$$= (1+\sqrt{3}i)(x+iy) = (x-\sqrt{3}y) + i\,(\sqrt{3}x+y)$$
$$\equiv \omega = u(x, y) + iv(x, y)$$

$$\therefore \begin{Bmatrix} u = x-\sqrt{3}y \\ v = \sqrt{3}x+y \end{Bmatrix} \cdots\cdots (3)$$

由 (3) 式可得 D 的各邊 $x = 0$, $x = 1$, $y = 0$ 和 $y = 2$ 變換到 D' 的各邊是：

<u>$x = 0$ 之邊</u>：$u = -\sqrt{3}y$, $v = y$，y 可從 0 變到 2，但只取 $y = 0$ 和 $y = 2$ 來計算。

$\therefore \arg.\omega = \tan^{-1}(v/u) = \tan^{-1}(-1/\sqrt{3}) = 150°$，如圖 (2-10) (c) 表示 D 之 $x = 0$ 之邊的像逆時針方向轉 150°，即整個 D' 逆時針轉 60°，實證 (2-10) 式。

D 的 $x = 0$ 邊的矩形邊長是兩點 (0, 0) 和 (0, 2) 間距離，設爲 ℓ：

$$\ell = {}_{+}\sqrt{0+2^2} = 2 \cdots\cdots (4)$$

其 D' 之對應邊長是兩點 (0, 0) 和 $(-2\sqrt{3}, 2)$ 間距離，設爲 ℓ'：

$$\ell' = {}_{+}\sqrt{(-2\sqrt{3})^2+2^2} = 4 = 2\ell \cdots\cdots (5)$$

由 (4) 和 (5) 式，表示變換後的邊長是原長之兩倍 ⋯⋯ (6)

<u>$x = 1$ 之邊</u>：$u = 1-\sqrt{3}y$, $v = \sqrt{3}+y$，同樣地只取 $y = 0$ 和 $y = 2$ 來演算。

$\therefore \arg.\omega = \tan^{-1}(v/u) \underset{y=0}{=\!=} \tan^{-1}(\sqrt{3}) = 60°$，如圖 (2-10) (c)，表示 $y = 0$ 之邊轉 60°，或畫平行於 u 軸的直線，$x = 1$ 之邊轉了 150°。⋯⋯ (7)

D 的 $x = 1$ 之邊長是兩點 (1, 0) 和 (1, 2) 間距離：

$$_{+}\sqrt{(1-1)^2+(0-2)^2} = 2 = \ell \cdots\cdots (8)$$

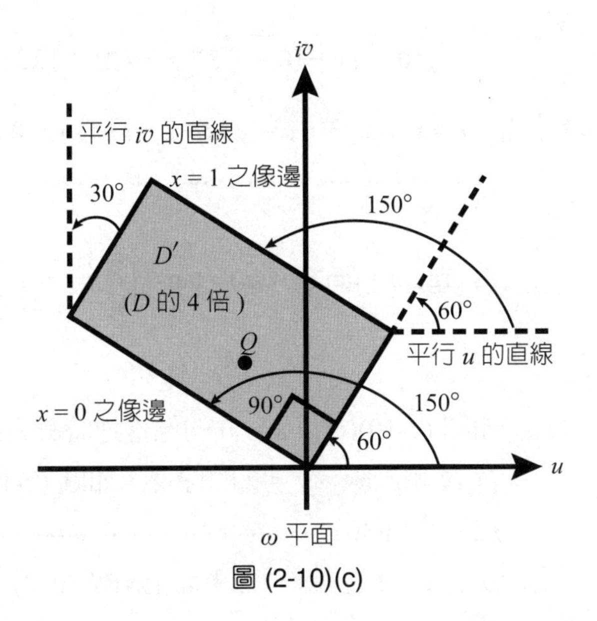

圖 (2-10)(c)

其像的 D' 之邊長是 ω 平面上的兩點，由 (3) 式得 $(1-2\sqrt{3}, \sqrt{3}+2)$ 和 $(1, \sqrt{3})$ 間距離：

$$_{+}\sqrt{(1-2\sqrt{3}-1)^2+(\sqrt{3}+2-\sqrt{3})^2}$$
$$=4=2\ell \quad \cdots\cdots (9)$$

$\underline{y=0 \text{ 之邊}}$：$u=x$，$v=\sqrt{3}x$，$x$ 是從 0 變到 1，但只取 $x=0$ 和 $x=1$ 來計算。$\cdots\cdots$ (10)

$$\therefore \quad \arg.\ \omega=\tan^{-1}(v/u)$$
$$=\tan^{-1}(\sqrt{3}/1)=60°$$

如圖 (2-10)(c) 逆時針方向轉 60° $\cdots\cdots$ (11)

D 的 $y=0$ 之邊長是 z 平面之兩點 (0, 0) 和 (1, 0) 間距離，設爲 L：

$$L={}_{+}\sqrt{1^2+0^2}=1$$

其在 D' 像上的邊長是，(10) 式的 $x=0$ 和 $x=1$ 之兩點 (0, 0) 和 $(1, \sqrt{3})$ 間距離：

$${}_{+}\sqrt{(0-1)^2+(0-\sqrt{3})^2}=2=2L\text{，原長之兩倍} \cdots\cdots\cdots\cdots \quad (12)$$

<u>$y=2$ 之邊</u>：$u=x-2\sqrt{3}$，$v=\sqrt{3}x+2$，只取 $x=0$ 和 $x=1$ 來計算。
$\cdots\cdots\cdots\cdots\cdots\cdots\cdots\cdots\cdots\cdots\cdots\cdots\cdots\cdots\cdots\cdots$ (13)

$$\therefore \arg.\omega=\tan^{-1}(v/u)=\tan^{-1}\left(\frac{\sqrt{3}x+2}{x-2\sqrt{3}}\right)\underset{x=0}{=\!=\!=}\tan^{-1}\left(-\frac{1}{\sqrt{3}}\right)$$
$$=150°$$

如圖 (2-10)(c)，$x=0$ 的像邊逆時針方向轉 150°，或畫平行 iv 軸直線，$y=2$ 的像邊，如圖 (2-10)(c) 所示，和該直線的交角 30°。$\cdots\cdots\cdots\cdots\cdots\cdots\cdots\cdots\cdots\cdots$ (14)

D 的 $y=2$ 邊長是，z 平面上兩點 (0, 2) 和 (1, 2) 間距離：

$${}_{+}\sqrt{(0-1)^2+(2-2)^2}=1=L \cdots\cdots\cdots\cdots\cdots\cdots \quad (15)$$

其像在 D' 的邊長是 (13) 式上兩點，$x=0$ 之點 $(-2\sqrt{3}, 2)$ 和 $x=1$ 之點 $(1-2\sqrt{3}, \sqrt{3}+2)$ 間距離：

$${}_{+}\sqrt{(-2\sqrt{3}-1+2\sqrt{3})^2+(2-\sqrt{3}-2)^2}=2=2L\text{，}$$
原長之兩倍 $\cdots\cdots\cdots\cdots\cdots\cdots\cdots\cdots\cdots\cdots\cdots\cdots$ (16)

(b) D 內任一點 P 是否一對一地映射到 D' 內的像 Q 點？

設 $P=(x_0, y_0)$，則由 (3) 式得 $Q=(x_0-\sqrt{3}y_0, \sqrt{3}x_0+y_0)$，顯然 Q 是單值，於是只能得一點，表示一對一映射。$f_s(z)$ 確實地以伸長與轉動，把 D 映射到 D'。

(3) 合成 (1) 和 (2) 變換圖 (2-10)(a) 的 D：

(a) 像 D' 的四個邊之情形：

$$f(z)=f_s(z)+(2-3i)=2e^{\pi i/3}z+(2-3i)\equiv\omega=u(x,y)+iv(x,y)$$
$$=(x-\sqrt{3}y)+i(\sqrt{3}x+y)+(2-3i)$$
$$=(2+x-\sqrt{3}y)+i(-3+\sqrt{3}x+y)$$

$$\therefore \begin{Bmatrix} u=2+x-\sqrt{3}y \\ v=-3+\sqrt{3}x+y \end{Bmatrix} \cdots\cdots\cdots\cdots\cdots\cdots\cdots\cdots \quad (17)$$

從(17)式得D的各邊$x=0, x=1, y=0$和$y=2$的映射像D'之各邊時，$x=$常數的y是從0變到2，而$y=$常數時的x是從0變到1，於是得：

$$x=0\text{ 之邊：}\begin{Bmatrix} u=2-\sqrt{3}y \\ v=-3+y \end{Bmatrix} \Longrightarrow$$

$$\left\{\begin{array}{l} y=0\text{：}\begin{Bmatrix} u=2 \\ v=-3 \end{Bmatrix} \equiv Q_1\text{點} \\ y=2\text{：}\begin{Bmatrix} u=2-2\sqrt{3} \fallingdotseq -1.5 \\ v=-1 \end{Bmatrix} \equiv Q_2\text{點} \\ \text{兩點間距離} \\ \ell={}_{+}\sqrt{(2-2+2\sqrt{3})^2+(-3+1)^2}=4 \end{array}\right\} \cdots\cdots\cdots\cdots (18)$$

$$x=1\text{ 之邊：}\begin{Bmatrix} u=3-\sqrt{3}y \\ v=-3+\sqrt{3}+y \end{Bmatrix} \Longrightarrow$$

$$\left\{\begin{array}{l} y=0\text{：}\begin{Bmatrix} u=3 \\ v=-3+\sqrt{3} \fallingdotseq -1.3 \end{Bmatrix} \equiv Q_3\text{點} \\ y=2\text{：}\begin{Bmatrix} u=3-2\sqrt{3} \fallingdotseq -0.5 \\ v=-1+\sqrt{3} \fallingdotseq 0.7 \end{Bmatrix} \equiv Q_4\text{點} \\ \text{兩點間距離} \\ \ell={}_{+}\sqrt{(3-3+2\sqrt{3})^2+(-3+\sqrt{3}+1-\sqrt{3})^2}=4 \end{array}\right\} \cdots\cdots\cdots\cdots (19)$$

$$y=0\text{ 之邊：}\begin{Bmatrix} u=2+x \\ v=-3+\sqrt{3}x \end{Bmatrix} \Longrightarrow$$

$$\left\{\begin{array}{l} x=0\text{：}\begin{Bmatrix} u=2 \\ v=-3 \end{Bmatrix} = Q_1\text{點} \\ x=1\text{：}\begin{Bmatrix} u=3 \\ v=-3+\sqrt{3} \fallingdotseq -1.3 \end{Bmatrix} = Q_3\text{點} \\ \text{兩點間距離 } L={}_{+}\sqrt{(2-3)^2+(3-3+\sqrt{3})^2}=2 \end{array}\right\} \cdots\cdots\cdots\cdots (20)$$

$$y=2\text{ 之邊：}\begin{Bmatrix} u=2+x-2\sqrt{3} \\ v=-1+\sqrt{3}x \end{Bmatrix} \Longrightarrow$$

$$\left\{\begin{array}{l} x=0:\left\{\begin{array}{l} u=2-2\sqrt{3}\fallingdotseq -1.5 \\ v=-1=-1 \end{array}\right\}=Q_2\text{點} \\ x=1:\left\{\begin{array}{l} u=3-2\sqrt{3}\fallingdotseq -0.5 \\ v=-1+\sqrt{3}\fallingdotseq 0.7 \end{array}\right\}=Q_4\text{點} \\ \text{兩點間距離 } L={}_{+}\sqrt{(2-2\sqrt{3}-3+2\sqrt{3})^2+(-1+1-\sqrt{3})^2}=2 \end{array}\right\} \cdots\cdots (21)$$

顯然 D 的各邊都被拉長兩倍，於是 D' 是 D 的四倍大面積。

從 (18) 式到 (21) 式得圖 (2-10)(d)。圖 (2-10)(a) 往右斜下方向平動而

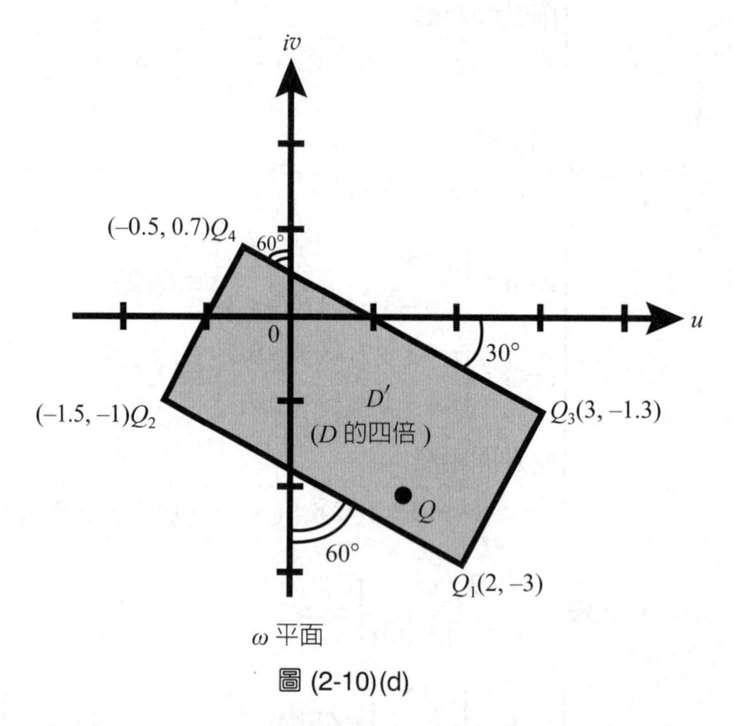

圖 (2-10)(d)

得圖 (2-10)(b)，同樣地圖 (2-10)(c) 往右斜下方向平動而得圖 (2-10)(d)。為什麼往右斜下方向呢？因為平動變換函數 $f_t(z)$ 的複數 $(2-3i)$ 在第四象限，於是把在第一象限的 D 平移下來。另一面從 (a) 圖和 (d) 圖確實地看到 D 轉了 60°，矩形四個角 P_1, P_2, P_3 和 P_4 是一對一地映射到 Q_1, Q_2, Q_3 和 Q_4 (請從 (18) 式到 (21) 式驗證)。所以：

$$\left.\begin{array}{l} f(z)=\underbrace{\alpha}_{\text{(伸縮}}\ \underbrace{e^{i\theta}}_{\text{轉動)}}\ \underbrace{z}\ +\ \underbrace{\beta}_{\text{(平動)}} \\ z=z\text{ 平面任意點，} \\ \alpha,\beta=\text{複數(含實數)} \end{array}\right\} \cdots\cdots (2\text{-}15)$$

$f(z)$ 是平動，轉動和伸縮共存的變換函數，而 $\alpha e^{i\theta} \equiv z_0$(複數常數) 功能，請看第一章習題 (5)。

(b)D 內任意點 P 是否一對一地映射到 D' 內的像 Q 點？

由 (17) 式，u 和 v 都是 x 和 y 的線性函數，於是 D 內任意點 $P = (x_0, y_0)$ 的像 $Q=(2+x_0-\sqrt{3}y_0, -3+\sqrt{3}x_0+y_0)$ 是顯然的一點，表示 P 的映射是一對一，就是 (2-15) 式的 $f(z)$ 確實地把矩形 D 放大四倍 ($\alpha = 2$)，轉動 60° ($\theta = \pi i/3$)，且平動 ($\beta = 2 - 3i$) 到 D'，實證 $(2\text{-}9)_1$, (2-10) 和 $(2\text{-}11)_1$ 式。

(2) 一般與特殊一次複變變換函數

(i) 一般一次複變變換函數

一次複變變換函數 $(2\text{-}9)_1$, (2-10), $(2\text{-}11)_1$ 和 (2-13) 式是基礎變換，它們可歸納成一個如下 (2-16) 式的一般形式的一次複變變換函數，以下簡稱爲**變換函數**：

$$f(z)=\frac{\alpha z+\beta}{\gamma z+\delta},\qquad 且\ \alpha\delta-\gamma\beta \neq 0 \cdots\cdots (2\text{-}16)$$

α, β, γ 和 δ 是複數常數。當 $(\alpha\delta - \gamma\beta) = 0$，則 $\beta = \alpha\delta/\gamma$ 而得 $f(z) = \alpha/\gamma$ 的無法執行變換複變數 z 的複數常數 α/γ。(2-16) 式又稱爲**雙線性變換** (bilinear transformation) 函數，或**分數變換** (fractional transformation) 函數，又叫 **Möbius** (August Ferdinant Mobius, 1790~1868) **變換函數**。我們稱爲**一般一次變換函數**。(2-16) 式具有 $(2\text{-}9)_1$, (2-10), $(2\text{-}11)_1$ 和 (2-13) 式功能嗎？答：有，請看下述分析。

$$f(z)=\frac{\frac{\alpha}{\gamma}(\gamma z+\delta)+\beta-\frac{\alpha\delta}{\gamma}}{\gamma z+\delta}=\frac{\alpha}{\gamma}+\frac{\gamma\beta-\alpha\delta}{\gamma^2 z+\gamma\delta}$$

$$=\frac{\alpha}{\gamma}+\frac{\gamma\beta-\alpha\delta}{\gamma^2}\frac{1}{z+\frac{\delta}{\gamma}} \cdots\cdots (2\text{-}17)_1$$

如 $\gamma\beta-\alpha\delta \neq 0$　或　$\alpha\delta-\gamma\beta \neq 0 \cdots\cdots (2\text{-}17)_2$

$$且\ z+\frac{\delta}{\gamma}\equiv Z \cdots\cdots (2\text{-}17)_3$$

則得：

$$f(z)=\frac{\alpha}{\gamma}+\frac{\gamma\beta-\alpha\delta}{\gamma^2}\frac{1}{Z}$$

$$\equiv \mu+\nu\frac{1}{Z}\quad ,\quad \mu\equiv\frac{\alpha}{\gamma},\quad \nu\equiv\frac{\gamma\beta-\alpha\delta}{\gamma^2} \cdots\cdots (2\text{-}17)_4$$

$$=\mu+\nu\tilde{z}\quad ,\quad \frac{1}{Z}\equiv\tilde{z} \cdots\cdots (2\text{-}17)_5$$

$(2\text{-}17)_2$ 式正是 (2-16) 式的條件，$(2\text{-}17)_4$ 的 $1/Z$ 就是反演變換，而 $(2\text{-}17)_5$ 式是組合平動和伸縮轉動或轉動變換的 (2-15) 式。

對 (2-16) 式，複變函數書都會提到圓圓變換以及**共形** (conformal) 變換，前者是 z 平面的圓變換後也是圓，後者是如圖 (2-11) ，相交於 z_0 點的 z 平面兩曲線 C_1 和 C_2，變換到 ω 平面兩曲線 C_1' 和 C_2'，在 z_0 之像 ω_0 的交叉角 ϕ 之大小和轉向，與 C_1 和 C_2 在 z_0 的交叉角 θ 之大小和轉向一樣，即變換前和後是相互共形，所以才稱爲**共形變換**。兩曲線在任意點 P 的交叉角是，在 P 點兩曲線的兩切線交叉角，而曲線的切線和在該點曲線函數的導函數有關，於是在探討複變函數微分時才舉例，請看後面 (II)(B)(4)。在物理學，保持原形或者維持曲線的曲率不變的變換不少。例如無論用哪種座標，都得同樣的，地球逆時針方向繞太陽的軌跡是橢圓，而**座標系′** (coordinate systems) 間以變換函數相互轉換。

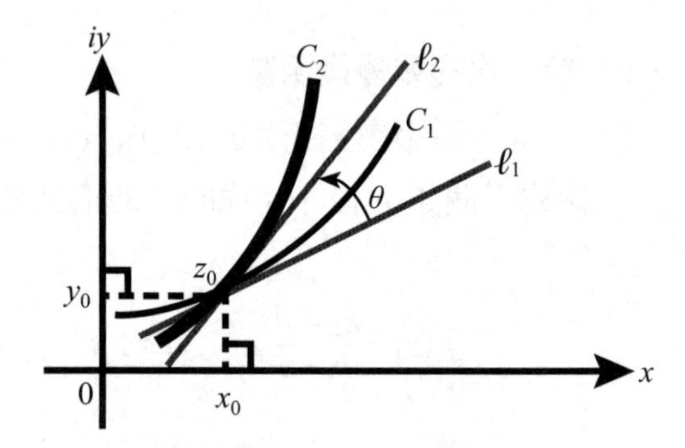

$\ell_{1,2}$ = 在 z_0 點的曲線 $C_{1,2}$ 的切線

z 平面

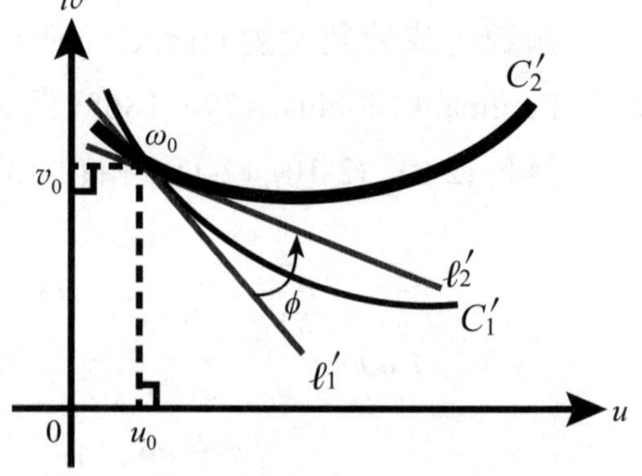

$\ell'_{1,2}$ = 在 ω_0 點的曲線 $C'_{1,2}$ 的切線，
ϕ 的轉向和 θ 一樣，且 $\phi=\theta$ 大小

ω 平面

(圖 2-11)

(Ex.2-4)

(1) a, b, c, d 和 x, y 分別爲非零實數和實變數，證實數的圓方程式是：

$$a(x^2+y^2)+2bx+2cy+d=0$$

且 $(b^2+c^2)\geq ad$。

(2) 則求在複數平面 z 的圓方程式及實複常數間關係，

(3) 取 (2-16) 式涵蓋的變換 $f(z)=\dfrac{1}{z}\equiv\omega$，證 (2) 得的方程式之映射方程式也是圓方程式，

(4) 如變換函數是 $f(z)=\dfrac{z+i}{z-i}\equiv\omega$，則在 z 平面的**動點** P，沿實軸 x 從 $x=-1$ 經 $x=0$ 到 $x=+1$ 後，繞圓心在原點半徑 1 ($|z|=1$) 之單位圓逆時針方向轉圓周一圈時，其像點 Q 在函數平面 ω 平面上是如何運動？

(**解**)：(1) 實數空間的圓方程式：

$$a(x^2+y^2)+2bx+2cy+d=a\left(x+\frac{b}{a}\right)^2+a\left(y+\frac{c}{a}\right)^2-\frac{b^2+c^2}{a}+d=0 \quad \cdots\cdots(1)$$

$$\therefore\ \left(x+\frac{b}{a}\right)^2+\left(y+\frac{c}{a}\right)^2=\frac{b^2+c^2-ad}{a^2}=\left(\frac{+\sqrt{b^2+c^2-ad}}{a}\right)^2\equiv R^2 \quad \cdots\cdots(2)$$

(2) 式是圓心在 $(-b/a, -c/a)$，半徑 $R=\sqrt{b^2+c^2-ad}/a$ 的圓方程式，半徑是正實數，

$$\therefore\ (b^2+c^2)\geq ad \quad \cdots\cdots(3)$$

∴ 滿足 (3) 式的 (1) 式才是圓方程式 ……(4)

(2) 複數平面 z 平面的圓方程式：

實變數 x 和 y 與複變數 z 的關連式是定義式 (1-7) 式，從此式切入就是。圓方程式的 x 和 y 是**等權** (equal weight) 的 x^2 和 y^2，如圓心在原點，(x^2+y^2) 便是圓半徑。是個定數，要在複數空間得 z 的定數便是 z 的範數 (絕對值)。

∴ 必須動用 z 的共軛變數 $z^*=x-iy$ ……(5)

$$\therefore\ x=\frac{z+z^*}{2},\qquad y=\frac{z-z^*}{2i},\qquad x^2+y^2=zz^* \cdots\cdots (6)$$

把 (6) 式代入 (1) 式便得複數空間 (平面) z 平面上的圓方程式：

$$azz^*+b(z+z^*)-ic(z-z^*)+d=0$$

或 $azz^*+(b-ic)z+(b+ic)z^*+d=0$

或 $azz^*+\beta z+\beta^* z^*+d=0$，　$\beta\equiv b-ic$，　$\beta^*\equiv b+ic \cdots\cdots (7)$

當 $a\neq 0$ 時 (7) 式是 z 平面的圓方程式，$a=0$ 時 (7) 式是 z 平面的直線方程式。習慣上 a 和 d 都用複數常數 $a\equiv\alpha$，$d\equiv\gamma$，同時由 (3) 和 (7) 式得常數間關係式：

$$azz^*+\beta z+\beta^* z^*+\gamma=0,\qquad \text{且 } \beta\beta^*\geq\alpha\gamma \cdots\cdots (8)$$

(8) 式是 z 平面上的圓方程式。這樣地從實數空間的演算法，函數或方程式得複數空間的演算法，函數或方程式，相信你也會創造 ，這正是我們要學的焦點。

(3) 證 (8) 式經變換函數 $f(z)=\dfrac{1}{z}\equiv\omega$ 所得的方程式也是圓方程式：

$$f(z)=\frac{1}{z}\equiv\omega \Longrightarrow z=\frac{1}{\omega},\qquad z^*=\frac{1}{\omega^*} \cdots\cdots (9)$$

把 (9) 式代入 (8) 式得：

$$\gamma\omega\omega^*+\beta\omega^*+\beta^*\omega+\alpha=0 \cdots\cdots (10)$$

(10) 式是和 (8) 式同形數學式，於是 (10) 式和 (8) 一樣地，$\gamma\neq 0$ 時是 ω 平面的圓方程式，$\gamma=0$ 時是 ω 平面的直線方程式。

$\therefore$ z 平面上之圓或直線映射所得的像是圓 (或直線)
或直線 (或圓) ……………… (2-18)

(2-18) 式，即 (8) 和 (10) 式稱作**圓圓變換**。

(4) 探討 z 平面 P 點的運動，經 $f(z)=\dfrac{z+i}{z-i}\equiv\omega$ 映射在函數平面 ω 平面上的像 Q 點之運動：

假如 z 平面上的 P 點運動是，如圖 (2-12)(a) 所示的路徑與方向：

$$P_1 \to P_2 \to P_3 \to P_4 \to P_1 \to P_5 \to P_3$$

則其在 ω 平面上的像 Q 點，由 $f(z)$ 來的表 (2-1) 得如圖 (2-12)(b) 所示的：

$$Q_1 \to Q_2 \to Q_3 \Longrightarrow (\text{沒 } Q_4) \to Q_1 \to Q_5 \to Q_3$$

表 (2-1)

	$\omega = (z+i)/(z-i)$　或　$z + i = z\omega - i\omega$							
z	x 軸，左到右		z 平面，上半圓		z 平面，下半圓			方向如圖示
	-1	0	1	i	-1	$-i$	1	
	P_1	P_2	P_3	(P_4)	P_1	P_5	P_3	
ω	$-i$	-1	i	∞	$-i$	0	i	方向如圖示
	Q_1	Q_2	Q_3	(沒 Q_4)	Q_1	Q_5	Q_3	
	ω 平面，左半圓		v 軸，上到下		v 軸，下到上			

表 (2-1) 的 P_4 點是：

$$\lim_{z \to i} f(z) = \lim_{z \to i} \frac{z+i}{z-i} = \infty \quad \text{.............} (11)$$

(11) 式的 $f(z) = \omega = \infty$ 點在圖 (2-12)(b) 是無法畫出來的，除了使用 Riemann 球面 (請看圖 (1-14))。從圖 (2-12)(a) 和 (b) 明顯地看出 (2-18) 式內容。曾在第一章的習題 (11) ，以本題的變換函數 $f(z) = (z + i)/(z - i)$ 映射 z 平面上的直線，獲得完整的圓形像。

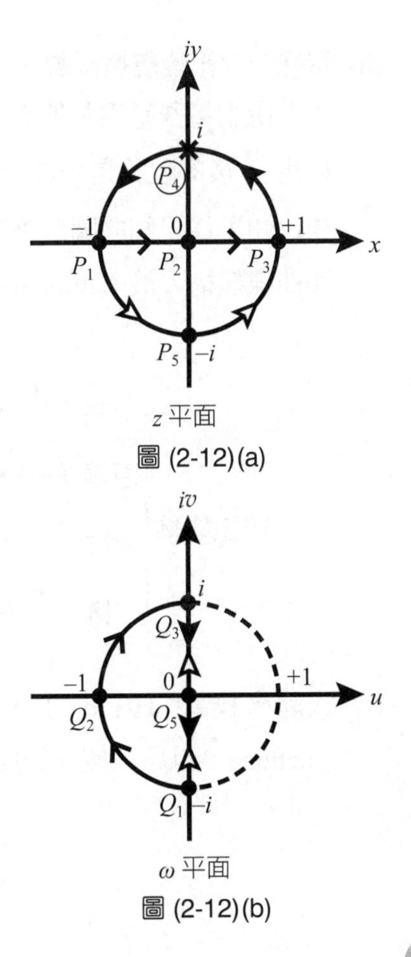

z 平面
圖 (2-12)(a)

ω 平面
圖 (2-12)(b)

圖 (2-12)(a) 的 P 點繞圓周一圈時，其像 Q 點如圖 (2-12)(b) 來回圓的直徑 v 軸一次，如 P 點繼續繞圓運動，則 Q 點就在 v 軸繼續來回振盪。這現象類比高中物理所學的，質量 m 的粒子，以速度 $\vec{v}$ 的大小 $|\vec{v}|$ 不變繞圓周運動，即等速率圓周運動時，如圖 (2-13) m

在該圓直徑 $\overline{AB}$ 上的投影點 S，就在 $\overline{AB}$ 上做來回運動，S 的運動叫**簡諧振動** (simple harmonic motion)，是任意振動的基礎振動。其解是正弦或餘弦函數，Fourier 級數之函數。你說，數學與物理對應的好不好呢？

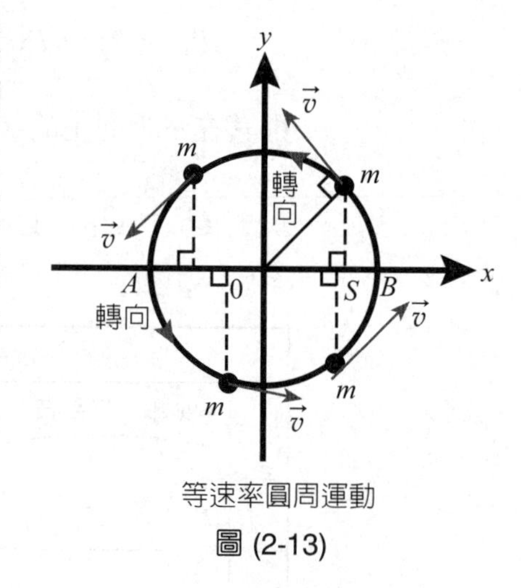

等速率圓周運動

圖 (2-13)

(ii) 特殊一次複變變換函數

所謂特殊是爲某種需要的變換。以複變數平面 z 平面表示的物理現象，受到作用 $\hat{f}$ 後的現象是函數平面 ω 平面的象。目前的問題是，作用 $\hat{f}$ 之前和後的現象已知，從已知的圖形來找 $\hat{f}$。從 $(2\text{-}9)_1$ 式到 (2-16) 式探討的圖形，都能以直線和曲線建構。最簡單的曲線是圓的部分，於是起碼的特殊變換是：

$$\left.\begin{array}{l} \qquad z\text{ 平面} \xrightarrow{\ \hat{f}\ } \omega\text{ 平面} \\ \text{起碼變換}\left\{\begin{array}{l} \text{直線} \xrightarrow{\hat{f}\,=\,?} \text{直線} \\ \text{直線} \xrightarrow{\hat{f}\,=\,?} \text{圓} \\ \quad\text{圓} \xrightarrow{\hat{f}\,=\,?} \text{圓} \end{array}\right. \end{array}\right\} \cdots\cdots\cdots\cdots (2\text{-}19)$$

一起來找 (2-19) 式的 $\hat{f}$，其方法是重要科研題。例如**原子核反應** (nuclear reaction)，以原子核 a 去撞靶原子核 A，結果得原子核 B 和測得到的原子核 b：

$$\left.\begin{array}{l}\underbrace{(a+A)}_{\text{知道}} \Longrightarrow \boxed{a, A} \Longrightarrow \underbrace{(B+b)}_{\text{知道}} \\ \qquad\qquad \Updownarrow \\ \qquad \begin{pmatrix}\text{看不到}\\ \text{測不到}\end{pmatrix} \equiv \hat{f}\end{array}\right\}_{\text{對應於圖}(2-4)} \cdots\cdots (2\text{-}20)$$

當得 (2-20) 式的 $\hat{f}$ 後，就能預估其他 $(C+D)$ 核反應可能會產生什麼原子核′。那麼如何切入 (2-19) 式呢？既然是一次複變變換的範圍，就從內涵 $(2\text{-}9)_1$ 式到 (2-13) 式變換的標準一次變換函數 (2-16) 式切入。

(a) **映射 z 平面的實軸到 ω 平面的實軸之變換函數 $f(z)$**

變換是實軸到實軸，則 (2-16) 式的複數常數 α, β, γ 和 δ，猜該爲實數，是否猜對只有證明。常數四個，不過有一個式子 (2-16) 式，於是只要在 z 平面的實軸 x 軸挑三個容易演算的數就能解決。挑 $z = x = -1, 0, +1$，則由 (2-16) 式得：

$$z = x = -1：\quad \frac{\beta-\alpha}{\delta-\gamma} \equiv r_1，\quad r \text{ 表示實數} \cdots\cdots (2\text{-}21)_1$$

$$z = x = 0：\quad \frac{\beta}{\delta} \equiv r_2 \cdots\cdots (2\text{-}21)_2$$

$$z = x = +1：\quad \frac{\alpha+\beta}{\gamma+\delta} \equiv r_3 \cdots\cdots (2\text{-}21)_3$$

由 $(2\text{-}21)_1$, $(2\text{-}21)_2$ 和 $(2\text{-}21)_3$ 式得：

$$\alpha = \frac{-r_1r_2+2r_1r_3-r_2r_3}{r_1-r_3}\delta, \qquad \beta = r_2\delta, \qquad \gamma = \frac{r_1-2r_2+r_3}{r_1-r_3}\delta \cdots\cdots (2\text{-}21)_4$$

$$\therefore \frac{\alpha z+\beta}{\alpha z+\delta} = \frac{(-r_1r_2+2r_1r_3-r_2r_3)z+r_2(r_1-r_3)}{(r_1-2r_2+r_3)z+(r_1-r_3)}$$

$$\begin{cases} -r_1r_2+2r_1r_3-r_2r_3 \equiv \text{實數 } a， & r_2(r_1-r_3) \equiv \text{實數 } b \\ r_1-2r_2+r_3 \equiv \text{實數 } c， & r_1-r_3 \equiv \text{實數 } d \end{cases}$$

$$\therefore f(z) = \frac{az+b}{cz+d}，\quad a, b, c \text{ 和 } d \text{ 是實數常數，猜對。} \cdots\cdots (2\text{-}22)$$

(2-22) 式是變換 z 平面實軸 x 軸到 ω 平面實軸 u 軸的一次變換函數。

(b) 映射 z 平面實軸到 ω 平面原點爲圓心的單位圓變換函數 $f(z)$

不像前小節 (a) 容易猜，這次有圓，(2-16) 式的複數常數 α, β, γ 和 δ 不可能實數，那有什麼可用資料或切入點？只有盡量從題目去尋寶。想到的是實軸的特性，以及單位圓性質。實數值從 $(-\infty) \to 0 \to (+\infty)$，於是 $z = x = 0$ 和 ∞ 必用，但只有兩個，還要一個値才能定 α, β, γ 和 δ 中的三個常數，當然挑最容易算的 $z = x = 1$。

$$f(z) = \frac{\alpha z + \beta}{\gamma z + \delta} \xlongequal[z=x=0]{} \frac{\beta}{\delta} \equiv \omega \cdots\cdots (2\text{-}23)_1$$

單位圓的 $|\omega| = 1$，於是從 $(2\text{-}23)_1$ 式得：

$$|\delta| = |\beta| \neq 0 \cdots\cdots (2\text{-}23)_2$$

$(2\text{-}23)_2$ 式的 $|\delta| = |\beta|$ 不一定是 $\delta = \beta$ 或 $\delta^* = \beta$，例如 $z_1 = (3 + 4i)$，$z_2 = (4 + 3i)$ 時 $|z_1| = |z_2| = 5$，但 $z_1 \neq z_2$。接著用 $z = x = \infty$ (複數沒 $\pm\infty$，只有 ∞)：

$$f(z) = \frac{\alpha z + \beta}{\gamma z + \delta} \xlongequal[z=x=\infty]{\text{假定}\alpha=0,\ \gamma\neq 0} 0 = \omega\text{，} \quad \text{但 } |\omega| = 1\text{，} \quad \text{故 } \alpha \neq 0 \cdots (2\text{-}23)_3$$

$$f(z) = \frac{\alpha z + \beta}{\gamma z + \delta} \xlongequal[z=x=\infty]{\text{假定}\alpha\neq 0,\ \gamma=0} \infty = \omega\text{，} \quad \text{但 } |\omega| = 1\text{，} \quad \text{故 } \gamma \neq 0 \cdots (2\text{-}23)_4$$

$$\therefore f(z) = \frac{\alpha z + \beta}{\gamma z + \delta} \equiv \omega\text{，} \quad \alpha \neq 0\text{，} \quad \gamma \neq 0\text{，} \quad |\beta| = |\delta| \neq 0 \cdots\cdots (2\text{-}23)_5$$

$$\therefore \lim_{z=x\to\infty} \frac{\alpha z + \beta}{\gamma z + \delta} = \frac{\alpha}{\gamma} \equiv \omega \Longrightarrow |\omega| = 1\text{，} \quad |\alpha| = |\gamma| \neq 0 \cdots\cdots (2\text{-}23)_6$$

$$\therefore f(z) = \frac{\alpha(z + \beta/\alpha)}{\gamma(z + \delta/\gamma)} \equiv \rho \frac{z + \lambda}{z + \sigma}\text{，} \quad \rho \equiv \frac{\alpha}{\gamma}\text{，} \quad \lambda \equiv \frac{\beta}{\alpha}\text{，} \quad \sigma \equiv \frac{\delta}{\gamma} \cdots\cdots (2\text{-}23)_7$$

由 $(2\text{-}23)_5$, $(2\text{-}23)_6$ 和 $(2\text{-}23)_7$ 式得：

$$\left.\begin{array}{ll} |\rho| = \left|\dfrac{\alpha}{\gamma}\right| = 1 \quad \text{或} & |\alpha| = |\gamma| \neq 0 \\ |\lambda| = \left|\dfrac{\beta}{\alpha}\right| = \dfrac{|\beta|}{|\alpha|}\text{，} & |\sigma| = \left|\dfrac{\delta}{\gamma}\right| = \dfrac{|\delta|}{|\gamma|} = \dfrac{|\beta|}{|\alpha|} \end{array}\right\} \Longrightarrow |\lambda| = |\sigma| \cdots\cdots (2\text{-}23)_8$$

$$\therefore\ \omega\omega^* = \rho\rho^* \frac{(z+\lambda)(z^*+\lambda^*)}{(z+\sigma)(z^*+\sigma^*)} \underset{z=x=1}{=\!=\!=} \frac{(1+\lambda)(1+\lambda^*)}{(1+\sigma)(1+\sigma^*)} = 1$$

$$\therefore\ (1+\lambda)(1+\lambda^*) = (1+\sigma)(1+\sigma^*) \xrightarrow[(2\text{-}23)_8\text{ 式}]{} \lambda+\lambda^* = \sigma+\sigma^* \cdots\cdots\cdots (2\text{-}23)_9$$

$(2\text{-}23)_9$ 式表示 $\text{Re.}\lambda = \text{Re.}\sigma$，同時由 $(2\text{-}23)_8$ 式的 $|\lambda| = |\sigma|$ 得：

$$|\text{Im.}\lambda| = |\text{Im.}\sigma|$$

$$\therefore\ \sigma = \lambda \quad \text{或} \quad \sigma = \lambda^* \cdots\cdots\cdots (2\text{-}23)_{10}$$

$(2\text{-}23)_{10}$ 式表示有兩個解，如 $\sigma = \lambda$，則由 $(2\text{-}23)_7$ 式 $f(z) = \rho =$ 複數常數，表示沒有變換函數，於是 $\sigma = \lambda^*$。

$$\therefore\ f(z) = \rho\frac{z+\lambda}{z+\lambda^*} \equiv \omega, \qquad \text{而}\ |\rho| = 1 \cdots\cdots\cdots (2\text{-}24)_1$$

$(2\text{-}24)_1$ 式是變換 z 平面的整實數軸到函數平面 ω 平面的圓心在原點半徑 1 之圓，這種圓定義為**單位圓** (unit circle)，的變換函數，但普通複變函數書[15, 16]是如下 $(2\text{-}24)_2$ 式：

$$f(z) = e^{i\theta}\frac{z-\lambda}{z-\lambda^*}, \qquad \theta = \text{實數 (弧度)}, \qquad \text{即}\ |e^{i\theta}| = 1 \cdots\cdots\cdots (2\text{-}24)_2$$

比較 $(2\text{-}24)_1$ 式和 $(2\text{-}24)_2$ 式得：

兩式的複數常數 λ 的符號相反 $\cdots\cdots\cdots (2\text{-}24)_3$

當映射 z 平面整實軸到 ω 平面單位圓 ($|\omega| = 1$ 之圓)，$(2\text{-}24)_1$ 式和 $(2\text{-}24)_2$ 式都是變換函數。因為 $z = x =$ 實數時，$(z \pm \lambda)$ 和 $(z \pm \lambda^*)$ 互為共軛數，

$$\therefore\ |z \pm \lambda| = |z \pm \lambda^*|$$

於是從 $(2\text{-}41)_1$ 和 $(2\text{-}41)_2$ 式都得 $|\omega| = 1$。另從幾何學角度，由 (1-27) 式，複

變數類比向量而得圖 (2-14)(a)。λ 和 λ^* 互爲**鏡像** (mirror image)，對一直線呈現對稱之兩點，稱此兩點對該直線互爲**鏡像**，例如複變數 $z = (x + iy)$ 與其共軛變數 $z^* = (x - iy)$ 是對 x 軸互爲鏡像的兩點。向量可以平移，於是如圖 (2-14)(a) 得兩個全同平行四邊形 $OP_4P_5P_1$ 和 $OP_3P_2P_1$，則由它們的對角線得：

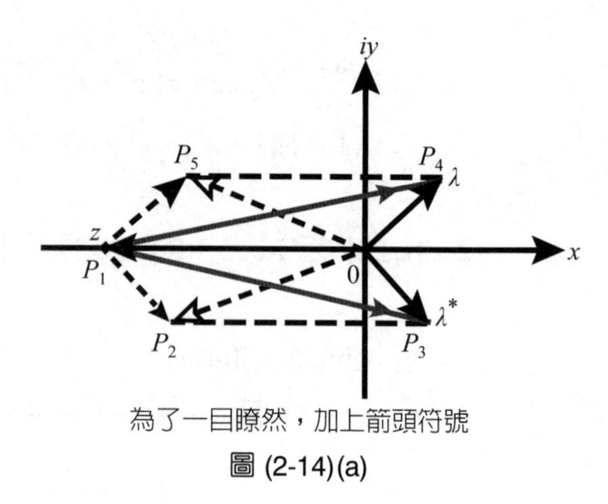

為了一目瞭然，加上箭頭符號

圖 (2-14)(a)

$$\overline{OP_5} = |z+\lambda| = \overline{OP_2} = |z+\lambda^*|$$

$$\overline{P_1P_4} = |\lambda - z| = |z - \lambda| = \overline{P_1P_3} = |\lambda^* - z| = |z - \lambda^*|$$

z 與 λ 和 λ^* 的加號和減號是由兩向量的相加和相減來。從上面結果，顯然，無論從數學角度或幾何學角度，只要 $z = x$ 都得：

$$|f(z)| = \left|\rho\frac{z+\lambda}{z+\lambda^*}\right| \underset{(1-19)\text{式}}{=\!=} |\rho|\frac{|z+\lambda|}{|z+\lambda^*|} = |\omega| = 1 \cdots\cdots (2\text{-}25)_1$$

$$\text{或 } |f(z)| = \left|e^{i\theta}\frac{z-\lambda}{z-\lambda^*}\right| = |e^{i\theta}|\frac{|z-\lambda|}{|z-\lambda^*|} = |\omega| = 1 \cdots\cdots (2\text{-}25)_2$$

$$\therefore \begin{pmatrix}\text{映射整條 } z \text{ 平面 } x \text{ 軸到 } \omega \text{ 平面單位圓} \\ \text{時，}(2\text{-}24)_1 \text{ 式和 } (2\text{-}24)_2 \text{ 式都能用。}\end{pmatrix} \cdots\cdots (2\text{-}25)_3$$

那麼爲什麼在複變函數書僅出現 $(2\text{-}24)_2$ 式呢？如圖 (2-14)(b)，把 z 平面含 x 軸的上半面，變換到函數平面 ω 平面的單位圓盤時，$(2\text{-}24)_1$ 式會出現 $|\omega| > 1$ 的情形，而 $(2\text{-}24)_2$ 式，只要 λ 在 z 平面上半面 (含 x 軸)，必滿足 $|\omega| \leq 1$，即能把 z 平面上半面映射到 ω 平面的整單位圓盤，x 軸到圓周，x 軸以外的上半面到單位圓內部，如圖 (2-14)(c)。$(2\text{-}24)_2$ 式，相當於 (2-16) 式的 $\beta \to (-\beta)$，$\delta \to (-\delta)$ 的一次變換函數。當 λ 在 x 軸下半面，則由圖 (2-14)(b) 得 $|z - \lambda| > |z - \lambda^*|$，於是無法得 $|\omega| \leq 1$。從代數演算也能證明 $(2\text{-}24)_1$ 式不能用，設在上半

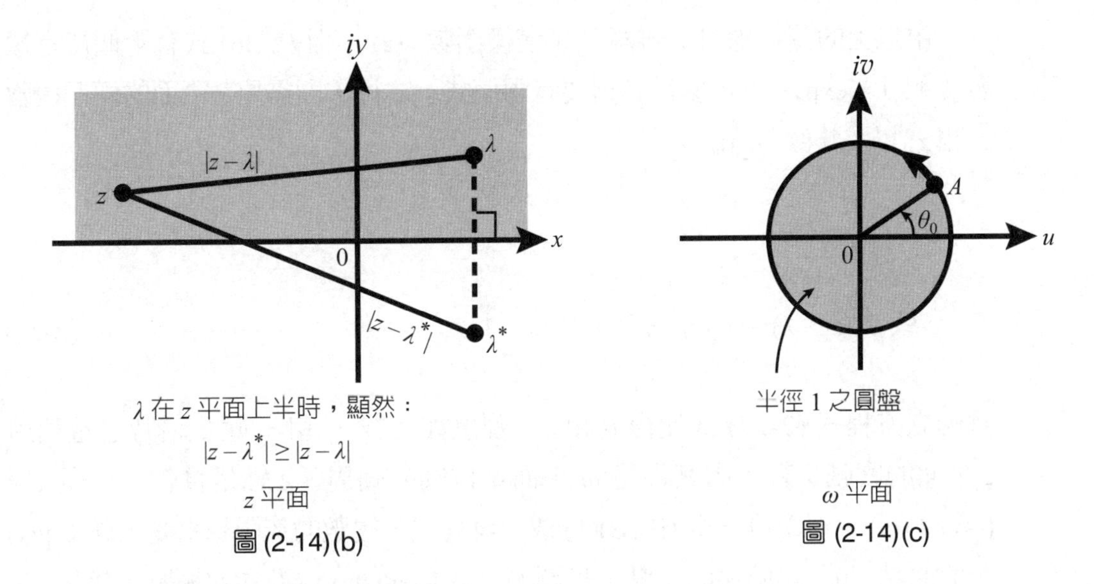

λ 在 z 平面上半時，顯然：

$|z-\lambda^*| \geq |z-\lambda|$

z 平面

圖 (2-14)(b)

ω 平面

圖 (2-14)(c)

面的 λ 和含 x 軸的 z 為：

$$\lambda=(x_0, y_0)\text{，}\qquad z=(x, y)$$

則得：

$$\left|\frac{z+\lambda}{z+\lambda^*}\right|=\left|\frac{(x+iy)+(x_0+iy_0)}{(x+iy)+(x_0-iy_0)}\right|$$

$$=\left|\frac{(x+x_0)+i(y+y_0)}{(x+x_0)+i(y-y_0)}\right|$$

$$=\begin{Bmatrix} >1\cdots\cdots z \text{ 不在 } x \text{ 軸，即 } y\neq 0 \\ =1\cdots\cdots z \text{ 在 } x \text{ 軸，　即 } y=0 \end{Bmatrix}\cdots\cdots\cdots\cdots(2\text{-}25)_4$$

$$\left|\frac{z-\lambda}{z-\lambda^*}\right|=\left|\frac{(x-x_0)+i(y-y_0)}{(x-x_0)+i(y+y_0)}\right|=\begin{Bmatrix} =1\cdots\cdots z \text{ 在 } x \text{ 軸，　即 } y=0 \\ <1\cdots\cdots z \text{ 不在 } x \text{ 軸，即 } y\neq 0 \end{Bmatrix}\cdots\cdots(2\text{-}25)_5$$

$(2\text{-}25)_4$ 和 $(2\text{-}25)_5$ 式明顯地表示，$(2\text{-}24)_1$ 式無法得圖 (2-14)(c)，同時得 λ 必在 z 平面的上半面，即 $\text{Im.}\,\lambda>0$，所以映射 z 平面含 x 軸的上半面，到 ω 平面的單位圓盤的變換函數：

$$f(z)=e^{i\theta}\frac{z-\lambda}{z-\lambda^*}\text{，}\qquad \theta=\text{實數，}\qquad \text{Im.}\,\lambda>0\cdots\cdots\cdots\cdots(2\text{-}26)$$

由以上的分析探討，雖肯定了變換函數 $f(z)$，但 (2-26) 式有兩個待定複數 λ 和 $\rho = \exp.(i\theta)$，於是必須要有兩個式子才行，即需要 z 平面的兩個複數 z_1 和 z_2 以及其像 ω_1 和 ω_2：

$$e^{i\theta}\frac{z_k-\lambda}{z_k-\lambda^*}=\omega_k$$

或 $e^{i\theta}(z_k-\lambda)=\omega_k(z_k-\lambda^*)$，　　$k=1,2,\cdots$ ………………………………… (2-27)

解聯立方程式 (2-27) 式便得 θ 和 λ。那麼如何找 z_1 和 z_2 呢？這時盡量利用 z 平面的實軸 x 軸，因其像是 ω 平面單位圓的圓周。x 軸是實軸，於是 $x = (-\infty)\sim(+\infty)$，但由第一章 (II)(B)(1) 或 (1-43) 式，複數的無限遠點是，離 Gauss 平面原點 "0" 無限遠的一點，是圖 (1-14) Riemann 球面的北極點，於是 $x=(-\infty)$ 和 $x=(+\infty)$ 在 ω 平面的像必在圓周上的同一點。當 $z=x$ 從 $(-\infty)$ 變到 $(+\infty)$ 時，在該點的像必逆時針方向在 ω 平面的單位圓周繞一圈而回到起點。假設 $z=x=(-\infty)$ 的像在圖 (2-14)(c) 的 A 點，而 $\theta=\theta_0$，則像點如圖示繞一圈後回到 A 點。於是無限大的 x 可用，再來可用之點是 $z=i$。請看 (Ex.2-5)。

(Ex.2-5)
(1) 求全單映射 (1 對 1 映射) z 平面含 x 軸的上半面到函數平面 ω 平面單位圓盤的變換函數 $f(z)$，這時 $z=x=\infty$ 和 $z=i$ 的像分別是 $\omega=1$ 和 $\omega=0$。
(2) 如把 (1) 的上半面改為下半面呢？

(**解**)：(1) 求映射 z 平面含 x 軸的上半面到 ω 平面單位圓盤的變換函數 $f(z)$：

由 (2-26) 式得變換函數 $f(z)$：

$$f(z)=e^{i\theta}\frac{z-\lambda}{z-\lambda^*}\overset{}{\underset{z=i}{=\!=\!=}}e^{i\theta}\frac{i-\lambda}{i-\lambda^*}=\omega=0\Longrightarrow\lambda=i \quad\cdots\cdots(1)$$

$$\therefore\ \lim_{z\to\infty}f(z)=\lim_{z\to\infty}e^{i\theta}\frac{z-i}{z+i}=e^{i\theta}=\omega=1\Longrightarrow\theta=0^\circ \quad\cdots\cdots(2)$$

由 (1) 式和 (2) 式分別得 $\text{Im}.\lambda=1>0$，$\theta=0^\circ=$ 實數，確實滿足 (2-26) 式條件。

$$\therefore\ f(z)=\frac{z-i}{z+i}\equiv f_{上}(z) \quad\cdots\cdots(3)$$

(2) 求映射 z 平面含 x 軸的下半面到 ω 平面單位圓盤的變換函數 $f_{\text{下}}(z)$：

推導 (2-26) 式的過程 $(2\text{-}23)_1$ 式到 $(2\text{-}23)_{10}$ 式全可以用，從式 $(2\text{-}25)_3$ 之後到 (2-26) 式，尤其圖 (2-14)(b) 必須修正爲，以 x 軸爲對稱線的鏡像取代，於是變換函數 $f_{\text{下}}(z)$，右下標誌“下”表示下半面，是：

$$f_{\text{下}}(\theta)=e^{i\theta}\frac{z-\lambda}{z-\lambda^*}，\quad \theta=\text{實數}，\quad \text{Im.}\lambda<0\text{的負實數} \cdots (2\text{-}28)$$

定 (2-28) 式 θ 和 λ 是，把 (1) 的 $z=x=\infty$ 和 $z=i$ 換成 $z=x=-\infty$ 和 $z=-i$，其像是 $\omega=-1$ 和 $\omega=0$，於是由 (2-28) 式得：

$$f_{\text{下}}(z)=e^{i\theta}\frac{z-\lambda}{z-\lambda^*}\overline{\overline{\;z=-i\;}}\,e^{i\theta}\frac{-i-\lambda}{-i-\lambda^*}=\omega=0\Longrightarrow\lambda=-i \cdots\cdots (4)$$

$$\therefore \lim_{z\to-\infty} f_{\text{下}}(z)=\lim_{z\to-\infty} e^{i\theta}\frac{z+i}{z-i}=e^{i\theta}=\omega=-1\Longrightarrow \theta=\pi \cdots\cdots (5)$$

由 (4) 和 (5) 式得 $\theta=\pi=180°=$ 實數，$\text{Im.}\lambda=-1<0$，確實滿足 (2-28) 式條件。

$$\therefore f_{\text{下}}(z)=e^{\pi}\frac{z+i}{z-i}=(-1)\frac{z+i}{z-i}=\frac{i+z}{i-z} \cdots\cdots (6)$$

(c) 全單映射 z 平面單位圓周到 ω 平面單位圓周的變換函數 $f(z)$

本題牽涉到 z 平面 x 軸的上與下半面，於是一般一次變換函數 (2-16) 式的 α,β,γ 和 δ 該是複數常數。假設 $\alpha=0$，$\gamma\neq0$，則由 (2-16) 式，z 平面單位圓 $|z|=1$ 到 ω 平面單位圓 $|\omega|=1$ 是：

$$|\omega|=\left|\frac{\beta}{\gamma z+\delta}\right|\overline{\overline{\;(1\text{-}19)\text{式}\;}}\,\frac{|\beta|}{|\gamma z+\delta|}=1$$

$$\therefore \delta=0\text{ 時，}|\beta|=|\gamma|\neq0 \cdots\cdots (2\text{-}29)_1$$

$$\therefore f(z)=\frac{\beta}{\gamma z}\equiv\rho\frac{1}{z}，\quad \rho\equiv\frac{\beta}{\gamma}，\text{並且 }|\rho|=1 \cdots\cdots (2\text{-}29)_2$$

同理 $\alpha\neq0$，$\gamma=0$，則得：

$$|\omega| = \left|\frac{\alpha z+\beta}{\delta}\right| = \frac{|\alpha z+\beta|}{|\delta|} = 1$$

$$\therefore \beta = 0 \text{ 時}, \quad |\alpha| = |\delta| \neq 0 \cdots\cdots (2\text{-}29)_3$$

$$\therefore f(z) = \frac{\alpha}{\delta} z \equiv \rho z, \quad \rho \equiv \frac{\alpha}{\delta}, \quad \text{並且 } |\rho| = 1 \cdots\cdots (2\text{-}29)_4$$

綜合 $(2\text{-}29)_1$ 式到 $(2\text{-}29)_4$ 式，(2-16) 式的 α, β, γ 和 δ 確實是非零複數常數。另一方面複變數 z 可在 z 平面 x 軸，以及 x 軸上與下半面，其像又是 ω 平面單位圓周，於是由獲得 (2-26) 式的分析或圖 (2-14)(b)，一般一次變換函數 (2-16) 式的 β 和 δ 必須 $(-\beta)$ 和 $(-\delta)$，故得：

$$\left.\begin{aligned} & f(z) = \frac{\alpha z-\beta}{\gamma z-\delta} = \frac{\alpha}{\gamma}\frac{z-\beta/\alpha}{z-\delta/\gamma} \equiv \rho\frac{z-\lambda}{z-\sigma} = \omega \\ & \rho \equiv \frac{\alpha}{\gamma}, \quad \lambda \equiv \frac{\beta}{\alpha}, \quad \sigma \equiv \frac{\delta}{\gamma} \end{aligned}\right\} \cdots\cdots (2\text{-}30)$$

剩下的是定 (2-30) 式的 λ, σ 和 ρ ，這時會牽連到鏡像問題。普通的鏡像是對一直線呈現對稱的兩點，稱作互爲**鏡像** (mirror image) ，例如複變數 $z = (a + ib)$ 的鏡像點是 z^* 點。

$$\therefore zz^* = (a+ib)(a-ib) = a^2 + b^2 = \text{實數}, \quad a, b = \text{實數} \cdots\cdots (2\text{-}31)$$

於是由 (2-31) 式兩鏡像點乘積的性質，定義對一個半徑 R 之圓互爲鏡像之兩點 P 和 Q。如圖 (2-15)(a)，P 和 Q 爲圓心 O 半徑 R 的 $\overline{OR}$ 延長線的兩點，則定義：

$$\left\{\begin{aligned} & \text{當 } \overline{OP}\times\overline{OQ} = \overline{OR}^2 = (\text{半徑 } R)^2 \\ & \qquad\qquad = R^2 = \text{實數} \\ & \text{稱 } P \text{ 和 } Q \text{ 點是對該圓的兩} \\ & \textbf{互為鏡像之點}。 \end{aligned}\right\} \cdots\cdots (2\text{-}32)$$

那 (2-32) 式對本題的一對一全單映射單位圓到單位圓像有何關係？因從 (2-32) 式和在中學學的平面幾何圖 (2-15)(b) 能得鏡像原理：

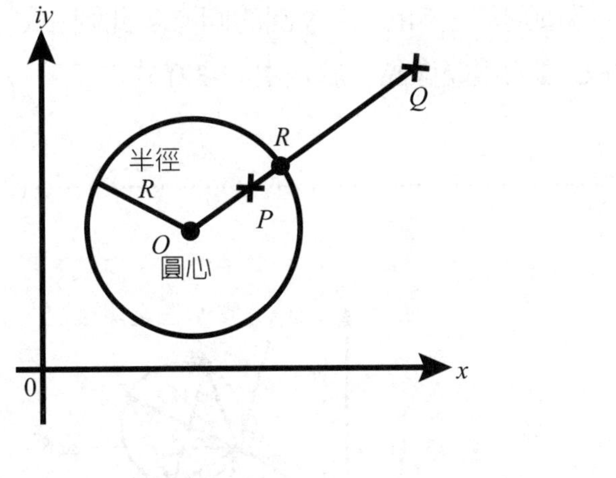

圖 (2-15)(a)

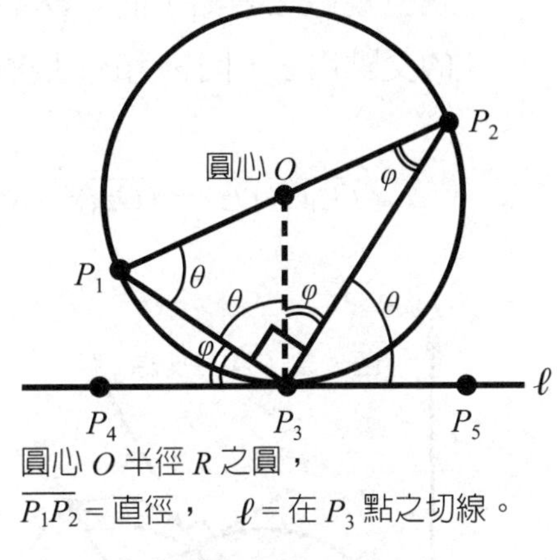

圖 (2-15)(b)

$$\left\{\begin{array}{l}\text{以一般一次變換函數 (2-16) 式，全單映射 } z \text{ 平面} \\ \text{的圓 } C \text{ 到 } \omega \text{ 平面的圓 } K \text{ 時，對圓 } C \text{ 互為鏡像之} \\ \text{兩點 } z_1 \text{ 和 } z_2 \text{ 的像 } \omega_1 \text{ 和 } \omega_2 \text{ 對圓 } K \text{ 也互為鏡像，} \\ \text{稱為鏡像原理}^{15)}\text{。}\end{array}\right\} \cdots\cdots\cdots (2\text{-}33)$$

用 (2-33) 式來定 (2-30) 式的 ρ, λ 和 σ 之前，先來證明 (2-33) 式。由國中平面幾何學，如圖 (2-15)(b)，以直徑爲一邊的內接三角形 $P_1P_2P_3$ 的頂角是 90°，在 P_3 點的切線 ℓ 必和半徑 $\overline{OP_3}$ 垂直，於是得：

$$\begin{aligned}
\text{角 } \angle OP_2P_3 &= \angle OP_3P_2 \equiv \varphi \\
\angle OP_1P_3 &= \angle OP_3P_1 \equiv \theta \\
\angle OP_3P_1 + \angle P_1P_3P_4 &= 90° \\
&= \angle OP_3P_1 + \angle OP_3P_2 \\
\therefore \angle P_1P_3P_4 = \angle OP_2P_3 &= \varphi \cdots\cdots\cdots (2\text{-}34)_1
\end{aligned}$$

同理得：

$$\angle P_2P_3P_5 = \angle\ OP_1P_3 = \theta \cdots\cdots\cdots (2\text{-}34)_2$$

圖 (2-15)(c) 爲圓心在“O”半徑 R 在 z 平面之圓 C，z_1 和 z_2 爲對 C 圓的

互爲鏡像之兩點，而“O'”爲圓周經 z_1 和 z_2 之 S 圓的圓心，此圓和 C 圓周的交點爲 z_3，因 z_1 和 z_2 是對 C 圓的兩鏡像點，於是由 (2-32) 式得：

$$\overline{Oz_1}\times\overline{Oz_2}=(\overline{Oz_3})^2=R^2 \cdots\cdots (2\text{-}34)_3$$

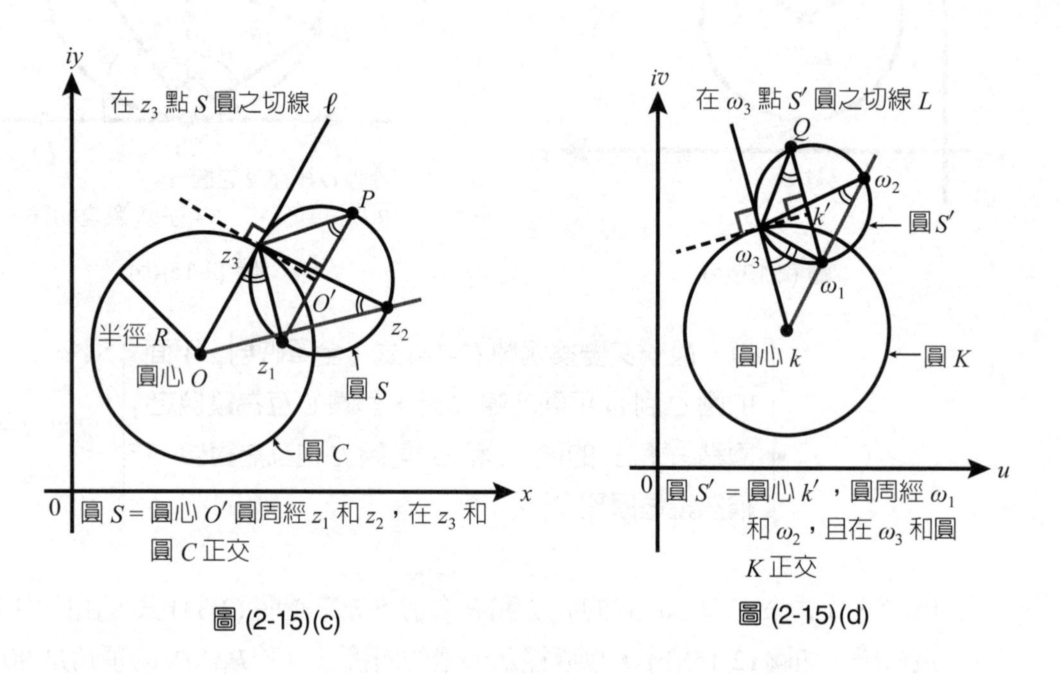

圖 (2-15)(c)　　圖 (2-15)(d)

如果 $(2\text{-}34)_3$ 式成立，則在 C 圓周上的 z_3 點明顯地受到約束，什麼約束呢？連結 z_3 與 z_1 和 z_2，以及設以 z_1 爲端點的 S 圓直徑和其圓周之交點爲 P，則由平面幾何得：

$$\text{角}\angle z_1z_2z_3=\angle z_1Pz_3=\angle Oz_2z_3 \cdots\cdots (2\text{-}34)_4$$

$$\left(\begin{array}{l}\text{假設連 } O \text{ 和 } z_3 \text{ 的直線 } \ell \text{ 是，}\\ \text{在 } z_3 \text{ 點的圓 } S \text{ 之切線。}\end{array}\right) \cdots\cdots (2\text{-}34)_5$$

由圖 (2-15)(b) 得：

$$\angle Oz_3z_1=\angle z_1Pz_3 \cdots\cdots (2\text{-}34)_6$$

於是從 $(2\text{-}24)_4$ 和 $(2\text{-}34)_6$ 式得：

三角形 Oz_1z_3 和 Oz_2z_3 相似 ………………………………………… $(2\text{-}34)_7$

再從兩三角形對應邊比相等得：

$$\frac{\overline{Oz_3}}{\overline{Oz_1}}=\frac{\overline{Oz_2}}{\overline{Oz_3}} \cdots\cdots (2\text{-}34)_8$$

$\therefore \overline{Oz_1}\times\overline{Oz_2}=(\overline{Oz_3})^2=R^2=(2\text{-}34)_3$ 式

$\therefore (2\text{-}34)_3$ 式成立的條件是 $(2\text{-}34)_5$ 式 ………………………… (2-35)

從另一角度看 $(2\text{-}34)_5$ 式，發現 S 圓很特別，其圓周經 z_1 和 z_2，而和 C 圓的交點 z_3，必須使 $\overline{Oz_3}$ 直線為 S 圓的切線。換言之，C 圓和 S 圓在 z_3 點正交，即在 z_3 點對兩圓的兩切線相互垂直。如是一對一的全單映射，C 圓與 z_1, z_2 和 z_3 之像為 K 圓與 ω_1, ω_2 和 ω_3，則會得圖 (2-15)(d)，ω_1 和 ω_2 分別在 K 圓內和外，而 ω_3 在圓周上，同時經 ω_3, ω_1 和 ω_2 三點之圓 S' 必在 ω_3 點和 K 圓正交，於是 (2-33) 式成立，$\overline{k\omega_1}\times\overline{k\omega_2}=(\overline{k\omega_3})^2$。於是當圓周變為直線時，(2-33) 式便是 (2-32) 式。

接著來定 (2-30) 式的 ρ, λ 和 σ。(2-30) 式的 $(z-\lambda)$ 和 $(z-\sigma)$ 都是兩點間距離，當 z 是如圖 (2-15)(b) 的 z_3，在單位圓周上時，由鏡像原理 (2-33) 式，z_3 之像 ω_3 也在單位圓周上，同時 λ 和 σ 對單位圓是互為鏡像。如圖 (2-15)(c) 的 $\overline{Oz_1}\equiv\lambda$，$\overline{Oz_2}\equiv\sigma$，則得：

$$\left.\begin{aligned}&\lambda^*\sigma=(\text{單位圓半徑})^2=1\\&\text{或 }\sigma=\frac{1}{\lambda^*}\end{aligned}\right\} \cdots\cdots (2\text{-}36)_1$$

$$\therefore f(z)=\rho\frac{z-\lambda}{z-\sigma}=\rho\lambda^*\frac{z-\lambda}{\lambda^*z-1}=\omega$$

$$\therefore |\rho\lambda^*|\left|\frac{z-\lambda}{\lambda^*z-1}\right|=|\omega|=1 \cdots\cdots (2\text{-}36)_2$$

在 $(2\text{-}36)_1$ 式為什麼不是 $\lambda\sigma$ 而是 $\lambda^*\sigma$ 呢？是為了要得實數。從單位圓周的 $z=1$，得 $|z-\lambda|=|1-\lambda|=|\lambda^*-1|$，於是由 $(2\text{-}36)_2$ 式得：

$$|\rho\lambda^*| = 1$$

$$\therefore\ f(z) = \eta\frac{z-\lambda}{\lambda^* z - 1} = \omega\,，\qquad \eta \equiv \lambda^*\rho\,，\qquad |\eta| = 1 \cdots\cdots (2\text{-}36)_3$$

接著驗證 $(2\text{-}36)_3$ 式是否眞把 z 平面單位圓周，變換到函數平面 ω 平面的單位圓周，同時眞的 λ 不在圓周上。由 (2-16) 式，一次變換函數 $f(z)$ 必須滿足條件 $(\alpha\delta - \beta\gamma) \neq 0$ 才行，故由比較 (2-16) 和 $(2\text{-}36)_3$ 式得：

$$-\eta + \eta\lambda\lambda^* = \eta(\lambda\lambda^* - 1) \neq 0\,，\qquad \eta \neq 0$$

$$\therefore\ \lambda\lambda^* \neq 1$$

$$\therefore\ |\lambda| \neq 1 \cdots\cdots (2\text{-}36)_4$$

$(2\text{-}36)_4$ 表示 λ 確實不在單位圓周上。另一面由單位圓得 $|z| = |z^*| = 1$，或 $zz^* = 1$，

$$\therefore\ |\omega| = |\eta|\left|\frac{z-\lambda}{\lambda^* z - 1}\right| = |\eta|\left|\frac{z^*(z-\lambda)}{\lambda^* - z^*}\right| = \frac{|z^*||z-\lambda|}{|\lambda^* - z^*|} = |z^*| = 1 \cdots\cdots (2\text{-}36)_5$$

$(2\text{-}36)_5$ 式表示在 ω 平面確實得單位圓，於是全單映射 z 平面的單位圓周到函數平面 ω 平面的單位圓周的變換函數 $f(z)$ 是：

$$f(z) = e^{i\theta_0}\frac{z-\alpha}{\alpha^* z - 1}\,，\qquad \theta_0 = \text{實數 (弧度)}\,，\qquad |\alpha| \neq 1 \text{ 的複數} \cdots\cdots (2\text{-}37)$$

(Ex.2-6) 求全單映射圓心在原點半徑 R 之複變數平面 z 平面的圓之像是，原點爲圓心半徑 $1/R$ 之圓的變換函數 $f(z)$，並且驗證所得結果。

(解)：(1) 推導變換函數 $f(z)$：

由 (2-30) 式得：

$$f(z) = \frac{\alpha z - \beta}{\gamma z - \delta} = \omega\,，\qquad \alpha, \beta, \gamma, \delta = \text{待定常數} \cdots\cdots (1)$$

圓心在原點半徑 R 之圓是，$|z| = |z^*| = R$，於是由 (1) 式得：

$$\alpha z-\beta=z\left(\alpha-\frac{\beta}{z}\right)=z\left(\alpha-\frac{\beta z^*}{zz^*}\right)$$

$$\therefore\ |\alpha z-\beta|=|z|\left|\alpha-\frac{\beta z^*}{|z|^2}\right|=R\left|\alpha-\frac{\beta z^*}{R^2}\right|=\frac{1}{R}|R^2\alpha-\beta z^*| \cdots\cdots (2)$$

$$\therefore\ |\omega|=\frac{1}{R}\frac{|R^2\alpha-\beta z^*|}{|\gamma z-\delta|} \cdots\cdots (3)$$

如果 $|R^2\alpha-\beta z^*|=|\gamma z-\delta|$ ，就得圓心在原點半徑 $1/R$ 之像。(3) 式的分子和分母的複變數互爲共軛，於是要分子和分母的絕對值相等，則 α, β, γ 和 δ 必須爲實數才行，這時是：

$$R^2\alpha-\beta z^*=\gamma z-\delta,\qquad \alpha,\beta,\gamma,\delta \text{ 爲實數} \cdots\cdots (4)$$

$$\therefore\ \gamma z+\beta z^*=R^2\alpha+\delta \cdots\cdots (5)$$

接著是利用 z 平面，半徑 R 之圓的特性來定 α, β, γ 和 δ 間關係。代 $z=\pm R$ 或 $z=\pm iR$ 於 (5) 式，這裡採用 $z=\pm R$：

$$\left.\begin{array}{ll} z=R: & R\gamma+R\beta=R^2\alpha+\delta \\ z=-R: & -R\gamma-R\beta=R^2\alpha+\delta \end{array}\right\}\Longrightarrow\left\{\begin{array}{l}\delta=-R^2\alpha \\ \beta=-\gamma\end{array}\right\} \cdots\cdots (6)$$

$$\therefore\ f(z)=\frac{\alpha z+\gamma}{\gamma z+R^2\alpha}=\omega,\qquad |z|=R,\qquad \alpha \text{ 和 } \gamma \text{ 是實數} \cdots\cdots (2\text{-}38)$$

(2) 驗證 (2-38) 式是否滿足題目的要求：

$$|\omega|=\left|\frac{\alpha z+\gamma}{\gamma z+R^2\alpha}\right|=\frac{|z|\left|\alpha+\dfrac{\gamma z^*}{zz^*}\right|}{|\gamma z+R^2\alpha|}=\frac{1}{R}\frac{|R^2\alpha+\gamma z^*|}{|\gamma z+R^2\alpha|}$$

$$\overline{\overline{\alpha,\gamma=\text{實數}}}\ \frac{1}{R} \cdots\cdots (7)$$

當 α 和 γ 爲複數時

$$\begin{aligned}|\gamma z+R^2\alpha|^2&=(\gamma^*z^*+R^2\alpha^*)(\gamma z+R^2\alpha)\\&=R^2|\gamma|^2+R^4|\alpha|^2+R^2(\alpha^*\gamma z+\alpha\gamma^*z^*)\\&=R^2[R^2|\alpha|^2+|\gamma|^2+(\alpha^*\gamma z+\alpha\gamma^*z^*)] \cdots\cdots (8)\end{aligned}$$

$$\begin{aligned}|\alpha z+\gamma|^2&=(\alpha^*z^*+\gamma^*)(\alpha z+\gamma)\\&=R^2|\alpha|^2+|\gamma|^2+(\alpha^*\gamma z^*+\alpha\gamma^*z) \cdots\cdots (9)\end{aligned}$$

(8) 和 (9) 式右邊第三項，當 α 和 γ 爲複數時，一般地不相等，但 α 和 γ 爲實數時相等，而得 $|\gamma z + R^2\alpha| = R|\alpha z + \gamma|$。

$$\therefore \frac{|\alpha z+\gamma|}{|\gamma z+R^2\alpha|}=\frac{1}{R}=|\omega|, \quad \alpha \text{ 和 } \gamma \text{ 是實數}, \quad |z|=R \cdots\cdots\cdots\cdots (10)$$

(10) 式表示在函數平面 ω 平面確實得，圓心在原點半徑 $1/R$ 之圓。

由於變換牽連範圍廣泛，於是發展出好些變換理論和求變換函數 $f(z)$ 之方法，不過只要瞭解以上的如何求變換函數 $f(z)$ 之起碼邏輯，相信將來遇到必要時，自己研讀有關書籍必會解決。

(C) 初級複變函數′ (elementary complex functions)[15, 16]

接著一起來研討，將中學時代非學不可的實函數′，即實變數 x 和其實函數 $f(x)$ 的初級函數推廣到，由兩個相互獨立，且以**等權** (equal weight) 的實變數 x 和 y 線性組合 $(x + iy) \equiv z$，$i \equiv \sqrt{-1}$ 的複變數 z 與其函數 $f(z)$。於是必會出現新花樣，我們將焦點放在複變數 z 和複變函數 $f(z)$ 的新：

內涵，功能和幾何表象 ……………………………………………………………… (2-39)

至於複變函數的數學演算法，雖和實函數一樣，不過要小心，眼前要出現的不是單實變數 x 的函數 $f(x)$，而是以等權出現的兩實變數 x 和 y 的線性組合變數之函數：

$$f(x + iy) = f(z)$$

(1) 多項式函數′ (polynomial functions)

和中學的實變數 x 之多項式完全一樣的型式：

$$\begin{aligned}P_n(z) &\equiv \alpha_0 z^n + \alpha_1 z^{n-1} + \cdots + \alpha_{n-2} z^2 + \alpha_{n-1} z + \alpha_n \\ &= \sum_{k=0}^{n} \alpha_k z^{n-k} \equiv \omega,\end{aligned}$$

且 n 有限，叫 $P_n(z)$ 的**次數** ………………… (2-40)

$\alpha_k \neq 0$ 之複數常數，$k = 0, 1, 2, \cdots, n$，稱 (2-40) 式為**多項式函數**。當 $n = 1$，(2-40) 式便對應於 (2-15) 式，或 (2-16) 式的 $\gamma = 0$，$\delta = 1$，即 $f(z) = (\alpha_0 z + \alpha_1)$ 的一次變換函數，或稱為**線性變換函數**′ (linear transformation functions)。(2-40) 式有時稱為**有理整函數**，是標準**解析函數**′ (analytic functions，簡言之，是能微分之函數′，請看註 (2) 的附錄。)

(2) 有理代數函數′ (rational algebraic functions)

如 $P(z)$ 和 $Q(z)$ 為多項式函數，則稱 $f(z)$：

$$f(z) \equiv \frac{P(z)}{Q(z)} \equiv \omega \quad \text{(2-41)}$$

為**有理代數函數**，有時稱 (2-41) 式為**有理變換** (rational transformation) 或**有理函數** (rational function)。$f(z)$ 在 $Q(z) \neq 0$ 的區域是解析函數，當 $P(z)$ 和 $Q(z)$ 都為**一次** (degree) 函數，$P(z) = (\alpha z + \beta)$，$Q(z) = (\gamma z + \delta)$，且 $(\alpha\delta - \beta\gamma) \neq 0$ 便是 (2-16) 式的雙線性變換函數或分數變換函數。

(3) 指數函數′ (exponential functions)

(i) 定義複變數指數函數

指數函數 a^n 起源甚早 (請看註 (1) 第 9 卷)，a = 正實數 $(a > 0, a \neq 1)$，n = 正負整數。如 n 為連續實變數 x，則表示成 a^x，稱為**以 a 為底的指數函數** (exponential function to the base a)。在希臘 Pythagoras (572~492 B. C.) 時代已有今日我們用的演算法 [1)]。在 1731 年 Euler (1707~1783) 發現 [2)] 今日稱為**超越數** (transcendental number) “e” 之後，廣泛用的指數函數 $f(x)$ 是 e^x，且滿足下 $(2\text{-}42)_1$ 式加法定理和 $(2\text{-}42)_2$ 式展開式：

$$f(x_1)f(x_2) = e^{x_1} e^{x_2} = e^{x_1 + x_2} \quad (2\text{-}42)_1$$

$$f(x) = e^x = 1 + \frac{x}{1!} + \frac{x^2}{2!} + \cdots + \frac{x^n}{n!} + \cdots =$$

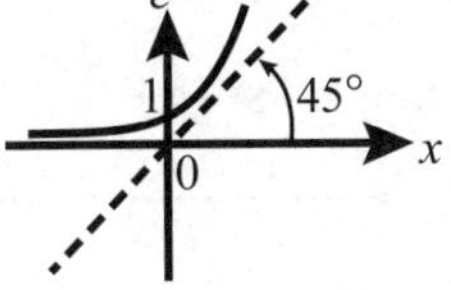

e^x 1 45° 0 x

$$=\sum_{n=0}^{\infty}\frac{x^n}{n!}, \qquad |x|<\infty \cdots\cdots (2\text{-}42)_2$$

$$e\equiv\lim_{n\to\infty}\left(1+\frac{1}{n}\right)^n=\sum_{n=0}^{\infty}\frac{1}{n!}\fallingdotseq 2.718281828\cdots, \cdots\cdots (2\text{-}42)_3$$

$(2\text{-}42)_3$ 式的收斂級數是 Napier (John Napier, 1550~1617) 發現的，而在 1731 年 Euler 發現該級數的收斂數是個**普世常數** (universal constant) 於是 Euler 定義爲 "e" (好像用 Euler 的頭一個字母)。

如把 $(2\text{-}42)_1$ 和 $(2\text{-}42)_2$ 式的實變數 x 改成複變數 $z=(x+iy)$ ，並且指數函數的加法定理和展開式照樣成立，該怎麼辦？先假設下面演算可行：

$$f(z)=e^z=e^{x+iy}=e^xe^{iy} \cdots\cdots (2\text{-}42)_4$$

$$\text{且 } e^{iy}=1+iy-\frac{y^2}{2!}-i\frac{y^3}{3!}+\frac{y^4}{4!}+i\frac{y^5}{5!}-\frac{y^6}{6!}-\cdots$$

$$=\left(1-\frac{y^2}{2!}+\frac{y^4}{4!}-\frac{y^6}{6!}+\cdots\right)+i\left(y-\frac{y^3}{3!}+\frac{y^5}{5!}-\cdots\right)$$

$$=\sum_{n=0}^{\infty}(-1)^n\frac{y^{2n}}{(2n)!}+i\left(\sum_{n=0}^{\infty}(-1)^n\frac{y^{2n+1}}{(2n+1)!}\right)$$

$$=\cos y+i\sin y \cdots\cdots (2\text{-}42)_5$$

$(2\text{-}42)_4$ 和 $(2\text{-}42)_5$ 式都把 "iy" 看成實變數處理，但實際上不是，它是虛數變數，於是複變數指數函數就用 $(2\text{-}42)_5$ 式結果定義：

$$e^z=e^{x+iy}$$

$$\equiv e^x(\cos y+i\sin y) \cdots\cdots (2\text{-}43)$$

換句話，是如下：

$$e^{x+iy}\neq e^xe^{iy}$$

$$\text{是 } e^{x+iy}=e^x(\cos y+i\sin y)$$

$$\text{或 } (e)^z\neq e^z \cdots\cdots (2\text{-}44)$$

e^z 有時用指數的英文字 exponent 的頭三個字母寫成 exp. z 。

(ii) 複變數指數函數 e^z 之性質

加法定理：$e^{z_1}e^{z_2}=e^{z_1+z_2}$ ……………………………… (2-45)

倒指數：　$e^{-z}=\dfrac{1}{e^z}$ ……………………………… (2-46)

證明 (2-45) 和 (2-46) 式：

設 $z_1=(x_1+iy_1)$，　$z_2=(x_2+iy_2)$，則由 (2-43) 式得：

$$e^{z_1}e^{z_2}=e^{x_1}e^{x_2}(\cos y_1+i\sin y_1)(\cos y_2+i\sin y_2)$$
$$=e^{x_1+x_2}[\cos(y_1+y_2)+i\sin(y_1+y_2)] \quad \cdots\cdots (1)$$
$$e^{z_1+z_2}=e^{(x_1+x_2)+i(y_1+y_2)}$$
$$=e^{(x_1+x_2)}[\cos(y_1+y_2)+i\sin(y_1+y_2)]=(1)\text{ 式}$$

$\therefore e^{z_1}e^{z_2}=e^{z_1+z_2}=$ (2-45) 式，即加法定理成立

同理可得：

$$e^{z_1}e^{-z_2}=e^{z_1-z_2} \quad \cdots\cdots (2\text{-}47)$$

至於 (2-46) 式是：

$$e^{-z}=e^{-x-iy}=e^{-x}[\cos(-y)+i\sin(-y)]$$
$$=e^{-x}(\cos y-i\sin y) \quad \cdots\cdots (2)$$
$$\frac{1}{e^z}=\frac{1}{e^{x+iy}}=\frac{1}{e^x(\cos y+i\sin y)}$$
$$=e^{-x}\frac{\cos y-i\sin y}{(\cos y+i\sin y)(\cos y-i\sin y)}=e^{-x}(\cos y-i\sin y)=(2)\text{ 式}$$

$\therefore e^{-z}=\dfrac{1}{e^z}=$ (2-46) 式

由 (2-46) 和 (2-47) 式得：

$$\frac{e^{z_1}}{e^{z_2}}=e^{z_1-z_2} \quad \cdots\cdots (2\text{-}48)$$

接著探討任意實數 a 和 n 的指數演算 $a^n = (a)^n$，在複數指數函數 e^z 的情況。實數演算的指數 n 是整數和分數都可以，這明顯會受到 e^z 定義式 (2-43) 式的影響。由 (2-43) 式得：

$$(e^z)^m = [e^x(\cos y + i\sin y)]^m = (e^x)^m(\cos y + i\sin y)^m$$

$\left\{\begin{array}{l} m = \text{整實數 } 0, \pm1, \pm2, \cdots \text{時，} \\ \text{由 } (1\text{-}33)_1 \text{ 式 de Moivre 公式得：} \end{array}\right.$

$$= e^{mx}(\cos my + i\sin my)$$

$$= e^{mx + imy} = e^{m(x+iy)} = e^{mz}$$

$\therefore (e^z)^m = e^{mz}$，　$m = 0, \pm1, \pm2, \cdots$，即 $m \neq$ 分數 ……………………………… (2-49)

因當 $m \neq$ 整實數時，無法用 de Moivre 公式，就無法得 (2-49) 式。

除加法定理之外，指數函數 e^z 的另一個重要性質是：“**週期性**(periodicity)”，因正餘弦函數是週期 2π 的函數，於是得：

$$e^z = e^{x+iy} = e^x(\cos y + i\sin y)$$

$$= e^x[\cos(y + 2n\pi) + i\sin(y + 2n\pi)]$$

$$= e^{x+iy+2n\pi i}$$

$\therefore e^z = e^{z+2n\pi i}$，　$n = 0 \pm 1, \pm 2, \cdots$，…………………………………………………… (2-50)

於是稱複變數指數函數 e^z 有**純虛數** (pure imaginary) $2n\pi i$ 週期性，這性質影響所有和 e^z 有關的複變數函數′以及其運算。

(Ex.2-7) $\left\{\begin{array}{l}\text{分析平行於複變數平面 } z \text{ 平面兩軸的直線 } x = \pm C_x \text{ 和 } y = \pm C_y \text{，} C_x \text{ 和} \\ C_y \text{ 是正實數，經變換函數 } f(z) = e^z \text{ 所得的像，並且畫像圖。}\end{array}\right.$

(**解**)：函數平面 ω 平面是：

$$f(z) = e^z = e^{x+iy} = e^x(\cos y + i\sin y)$$

$$\equiv \omega = u(x, y) + iv(x, y)$$

$\therefore u(x, y) = e^x \cos y$，　$v(x, y) = e^x \sin y$ ………………………………………… (1)

$$\therefore \left\{\begin{array}{l} u^2 + v^2 = e^{2x} \quad \cdots\cdots\cdots (2) \\ \dfrac{u}{\cos y} = \dfrac{v}{\sin y} = e^x \quad \cdots\cdots\cdots (3) \end{array}\right.$$

(2) 和 (3) 式的 x, y, u, v 和 e^x 全實變數或函數，於是由 $x = (-\infty\sim 0\sim +\infty)$ 和正餘弦週期 2π，即 $y = (0\sim 2\pi) = (-\pi\sim 0\sim \pi)$ 得實常數：

$$C_x = (-\infty\sim 0\sim +\infty) \quad\cdots\cdots (4)$$

$$0 \le C_y < \pi，\quad -\pi \le C_y < 0 \quad\cdots\cdots (5)$$

由 (2) 和 (4) 式得 $e^{2C_x} \ge 0$ 的實數，設 $R_x \equiv e^{C_x}$，則得：

$$u^2 + v^2 = R_x^2 \quad\cdots\cdots (6)$$

(6) 式是半徑 R_x，圓心在 ω 平面原點的同心圓群，而 R_x 的變化如表 (2-2)(a)。z 平面，對同一 C_x 的 y 是如圖 (2-16)(a)，P_x 是從 $y = -\infty$ 往上動到 $y = \infty$，於是 P_x 在 ω 平面上的像 Q_x，如圖 (2-16)(b) 是逆時針方向繞圓周轉，y 值每變化 2π 就繞 $R_x = e^x$ 圓周一次，所以 $y = (-\infty\sim +\infty)$ 使 Q_x 繞同一圓周無限多圈。

表 (2-2)(a)

C_x	$-\infty$	非 $(-\infty)$ 的負數	0	非 ∞ 的正數	∞
R_x	0 在 ω 平面原點，即圖 (1-14) Riemann 球面的南極 S 點。	$0 < R_x < 1$	1	$\infty > R_x > 1$	∞ 不在 ω 平面，是圖 (1-14) Riemann 球面的北極 N 點。

(4) 和 (5) 式如圖 (2-16)(a)，而 (6) 式的表 (2-2)(a) 如圖 (2-16)(b)。至於 z 平面，平行於 x 軸的直線 $y = \pm C_y$，從 (3) 和 (4) 式得 $e^x = (0\sim\infty)$，即 $e^x \ge 0$。於是 (3) 式的 u 和 $\cos y$，以及 v 和 $\sin y$ 必須同時爲正值或負值才行。不過由於 $\cos(-y) = \cos y$，所以只要看 v 和 $\sin y$ 是否同號，就知 $y = \pm C_y$ 的像位置是：

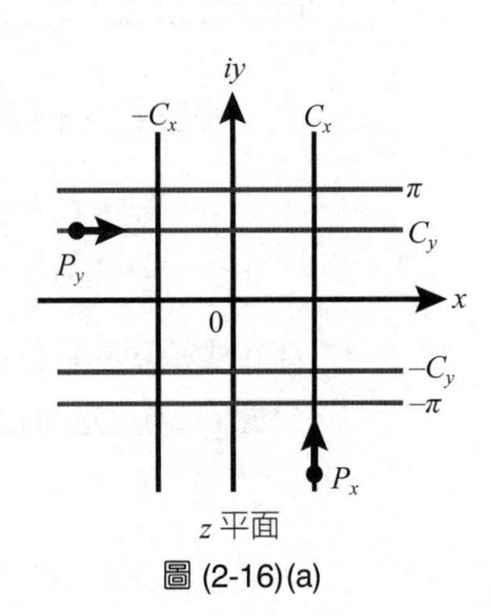

圖 (2-16)(a)

$$\left.\begin{array}{l} 0 \le C_y < \pi \text{ 時 } \sin C_y \ge 0 \\ \therefore \text{(3) 式之圖在 } \omega \text{ 平面上半面} \end{array}\right\} \cdots\cdots (7)$$

$$\left.\begin{array}{l} -\pi \le C_y < 0 \text{ 時 } \sin C_y \le 0 \\ \therefore \text{(3) 式的圖在 } \omega \text{ 平面下半面} \end{array}\right\} \cdots\cdots (8)$$

那麼 (3) 式是什麼圖形呢？由 (3) 式，當 $y = C_y$ 時得：

$$\frac{v}{u} = \frac{\sin y}{\cos y} = \frac{\sin C_y}{\cos C_y} = \tan C_y \cdots\cdots (9)$$

(9) 式右邊是斜率 $\tan C_y$，表示 (3) 式是從 ω 平面原點開始的放射型直線群，至於直線在 ω 平面哪一個象限，則由 (3), (7), (8) 和 (9) 式得表 (2-2)(b)，以及其圖 (2-16)(c)，表示 z 平面 $y = C_y$ 上的點 P_y 從 $x = -\infty$ 動到 $x = \infty$ 時，其像 Q_y 是從 ω 平面的原點沿著放射型直線跑到無限遠。

表 (2-2)(b)

C_y	$C_y = 0$	$0 < C_y < \frac{\pi}{2}$	$C_y = \frac{\pi}{2}$	$\frac{\pi}{2} < C_y < \pi$	$-\frac{\pi}{2} < C_y < 0$	$C_y = -\frac{\pi}{2}$	$-\pi < C_y < -\frac{\pi}{2}$	$C_y = -\pi$
像位置	∞遠 不在 ω 平面，在正 u 軸無限遠點，在 Riemann 球北極 N。	ω 平面 第一象限	∞遠 不在 ω 平面，在正 v 軸無限遠點，在 Riemann 球北極 N。	ω 平面 第二象限	ω 平面 第四象限	∞遠 不在 ω 平面，在負 v 軸無限遠點，在 Riemann 球北極 N。	ω 平面 第三象限	∞遠 不在 ω 平面，在負 u 軸無限遠點，在 Riemann 球北極 N。

那麼 $C_y > \pi$ 和 $C_y < (-\pi)$ 的情況爲何？從正餘弦函數的 2π 週期性得：

$$\left.\begin{array}{ll} n\pi \le C_y < (n+1)\pi, & -(n+1)\pi \le C_y < (-n\pi) \\ n = 1, 2, 3, \cdots, \infty & \end{array}\right\} \cdots\cdots (10)$$

(10) 式顯然重演 (3), (5), (7), (8) 和 (9) 式，即在 (10) 式的 C_y 上平動的 P_y 點之像 Q_y 仍然是圖 (2-16)(c)，由 (5) 式和 (10) 式得 $n = 0, 1, 2, \cdots, \infty$。於是：

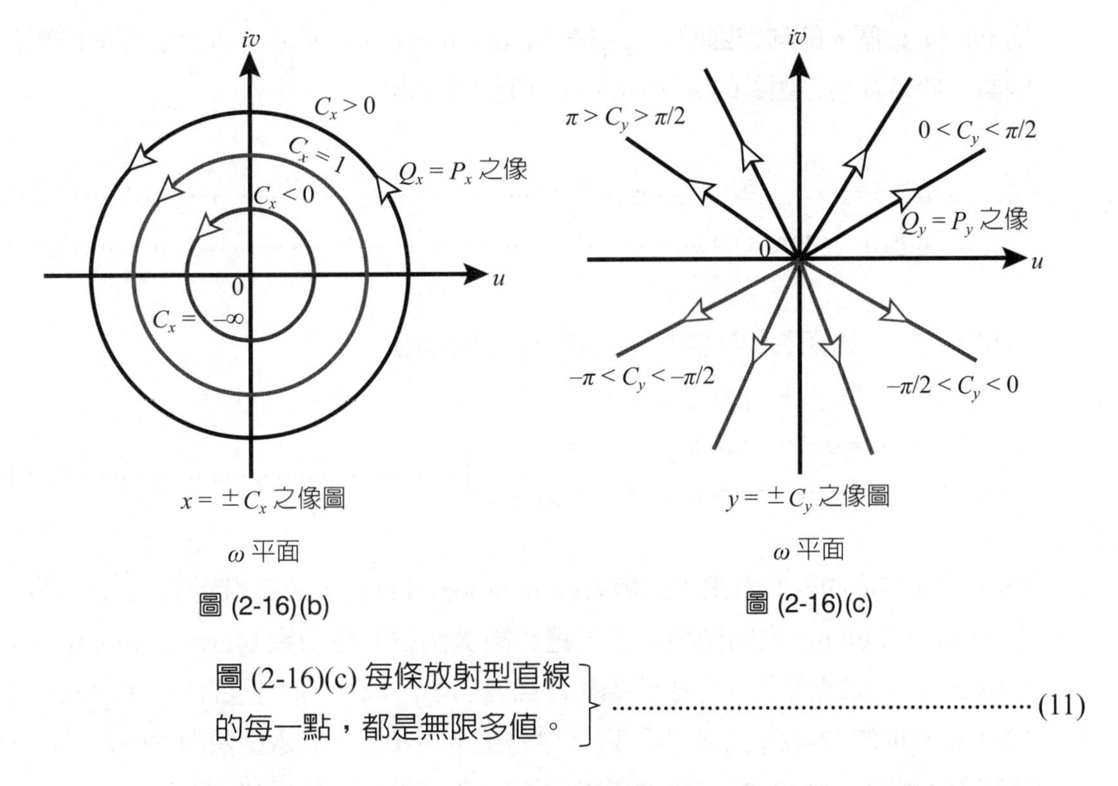

圖 (2-16)(b)　　圖 (2-16)(c)

圖 (2-16)(c) 每條放射型直線的每一點，都是無限多值。 ……………………………… (11)

(11) 式的現象，在 $x = \pm C_x$ 之像已發生了。ω 平面之每一點都是無限多值之因是，複變數指數函數 e^z 有純虛數 $2n\pi i$ 的週期性。

(4) 對數函數′ (logarithmic functions)

(i) 實變數 x 的實對數函數 $\ln x$

如前小節所述，以 $a > 0$，$a \neq 1$ 的正實數 a 爲底的指數函數 a^x，雖起源甚早，其逆函數一直到 16 世紀才獨立地由英國 Napier 和德國 Jürge (Joost Jürgi, 1552~1632) 發現出來，稱爲**對數函數** (logarithmic function)，以英文對數名詞的頭三個字母“log”表示函數符號，如指數函數 $a^x = y$，y 爲 x 的函數，則其對數函數是：

$$x = \log_a y \Longleftarrow x \text{ 為 } y \text{ 的函數} \qquad \text{(2-51)}$$

$$\therefore \log_a a = 1 \qquad \text{(2-52)}$$

稱 $\log_a y$ 爲**底 *a* 的對數函數** (logarithmic function to the base *a*) 或以 *a* 爲底的對數函數。於是互爲逆函數的 a^x 和 $\log_a y$ 滿足下述關係：

$$a^{\log_a y}=y，\quad 或 \quad \log_a a^x=x \cdots\cdots (2\text{-}53)_1$$

$$\therefore \log_a a^x = x\log_a a = x \cdots\cdots (2\text{-}53)_2$$

這樣一來，指數函數的乘法和除法變成加法和減法：

$$\left.\begin{aligned} a^{x_1}a^{x_2}=a^{x_1+x_2} &\Longrightarrow \log_a a^{x_1+x_2}=x_1+x_2 \\ a^{x_1}/a^{x_2}=a^{x_1-x_2} &\Longrightarrow \log_a a^{x_1-x_2}=x_1-x_2 \end{aligned}\right\} \cdots\cdots (2\text{-}54)$$

稱 $a = 10$ 作底的對數爲**常用對數** (common logarithm)，一直用到 18 世紀初葉。在 1684 年 Leibniz 發明微積分後，遇到對數函數的**導函數** (derived function 或 derivative) 相當複雜 (請看參考文獻 (2) 的註 (4))，解決這問題的是，用 Euler 在 1731 年發現的 $(2\text{-}42)_3$ 式之“*e*”數，於是配合微積分，對數函數的底改爲“*e*”，同時爲了和非 *e* 底的 (2-51) 式的對數函數符號作區別，使用“ln”符號。

我們習慣用 *x* 作變數，*y* 爲其函數，下面一律用此符號。先討論實變數 *x* 與其實函數 *y* 或 $f(x)$，並且 $0 < x < \infty$：

$$y=\log_e x \equiv \ln x = \quad [\text{graph}] \quad ，\quad 即\ x>0 \cdots\cdots (2\text{-}55)$$

稱以“*e*”作底的對數函數爲**自然對數函數** (natural logarithmic function) 或 **Naperian 對數函數**。於是從對數函數的性質 (2-52) 式到 (2-54) 式得自然對數函數的下述性質，都是中學時代所學的公式′：

$$e^{\ln x}=x \cdots\cdots (2\text{-}56)$$

$$\ln e^x = x \cdots\cdots (2\text{-}57)$$

$$\ln x_1x_2=\ln x_1+\ln x_2，\quad \ln x^n = n\ln x \cdots\cdots (2\text{-}58)$$

$$\ln x_1/x_2 = \ln x_1 - \ln x_2 \quad \cdots\cdots (2\text{-}59)$$

$$\ln 1 = 0 \quad \cdots\cdots (2\text{-}60)$$

對實變數 x 的每一個值，(2-55) 式的函數 y 都有對應的**確定** (definite) 值，但把實變數 x 推廣到複變數 $z = (x + iy)$ 時情況完全變了。$\ln z$ 是 e^z 的逆函數，從 e^z 的性質 (2-50) 式，立即看出：「對一個 z 值，其函數一般地是有無限多的值」，即 $f(z)$ 是有無限多值的多值 (多價) 函數，如要化爲單值函數就要用 Riemann 面。

(ii) 複變數 z 與複變對數函數 $\ln z$

把實變數 x 和其實對數函數 $f(x)$ 推廣到複變數 z 和其複變對數函數 $f(z)$，便由 (2-50) 式得 $f(z)$ 是**多値函數** (many-valued, multiple-valued function)，同時，從指數函數的定義式 (2-43) 式得對數函數 $f(z)$ 的定義式：

$$\begin{aligned} f(z) &\equiv \ln z \Longleftarrow (1\text{-}28)_1 \text{ 和 } (2\text{-}50) \text{ 式} \\ &\equiv \ln[re^{i(\theta_p+2n\pi)}], \quad r = |z|, \quad \theta_p = \text{Arg}\centerdot z \\ &= \ln r + i(\theta_p + 2n\pi) \\ &\equiv \widetilde{\ln}\, r + i(\theta_p + 2n\pi) \\ &\equiv \omega, \quad n = 0, \pm 1, \pm 2, \cdots, \quad \cdots\cdots (2\text{-}61) \end{aligned}$$

(2-61) 式如用極座標**表象** (representation，請看 $(1\text{-}28)_{1,2}$ 和 $(1\text{-}32)_{1,2}$ 式) 便是：

$$\left.\begin{aligned} & z = re^{i(\theta_p+2n\pi)}, \quad n = 0, \pm 1, \pm 2, \cdots \\ & \theta_p = \textbf{主輻角} (\text{principal argument}) = \text{Arg}\centerdot z \\ & r = z \text{ 的絶對值或}\textbf{模數} (\text{modulus}), \quad \text{即 } r > 0 \\ & 0 \le \theta_p < 2\pi, \quad \text{或} (-\pi) \le \theta_p < (+\pi) \\ & \text{且不考慮 } z = 0, \quad \text{即不定義 } \ln 0 \end{aligned}\right\} \cdots\cdots (2\text{-}62)$$

由 (2-62) 式得 r = 實數，故 $\ln r$ 有確定的一個值，於是爲了和多值的複數數 $\ln a$ 區別。在 (2-61) 式用了符號 "$\widetilde{\ln}$"，即：

$$\ln a = \text{多值}, \quad \widetilde{\ln}\, a = \text{單值} \quad \cdots\cdots (2\text{-}63)$$

(2-63) 式的 $\widetilde{\ln}$ 是本書用符號。爲什麼不定義 ln 0 呢？從對數函數的定義 (2-61) 式，如 $\omega = \ln a$，則 $e^{\omega} = a$，要得**確定的** (definite) $a = 0$，在實數時 $\omega = -\infty$，但複變數沒 "$-\infty$" 之值。

$$\therefore \left\{ \begin{array}{l} \text{沒 } \ln 0\text{，即在複變數對數函數沒 } z=0\text{，} \\ z \neq 0 \text{ 時 } \ln z \text{ 有無限多值，各值差 } 2\pi i \end{array} \right\} \cdots\cdots (2\text{-}64)$$

於是從指數函數的性質(2-43)式到(2-48)式和(2-50)式得，對數函數的如下性質：

$$\left. \begin{array}{l} e^{\ln z} = z\text{，} \quad \ln(e^z) = z + 2n\pi i \\ \ln(z_1 z_2) = \ln z_1 + \ln z_2 + 2n\pi i \\ \ln(z_1/z_2) = \ln z_1 - \ln z_2 + 2n\pi i \\ \widetilde{\ln}\, 1 = 0\text{，} \quad n = 0, \pm 1, \pm 2, \cdots \end{array} \right\} \cdots\cdots (2\text{-}65)$$

(2-65) 式對應於 (2-56) 式到 (2-60) 式，而稱 $n = 0$ 的 $\ln z$ 值爲**主值** (principal value)，使用英文字大寫的 $\mathrm{Ln}\, z$ 表示：

$$\mathrm{Ln}\, z \equiv \widetilde{\ln}\, r + i\theta_p \cdots\cdots (2\text{-}66)$$

(2-61) 式顯示，對一個 z 值，其對數函數 $\ln z$ 有無限多個值，那 (2-65) 式的左右邊相等的 "等號" 表示著什麼？雖左右兩邊都是無限多值，不過在某適當值時左右邊等值是等號的定義，即對左邊的某些值′，右邊必有一對一的相等之值。

(Ex.2-8) 求 (1) $\ln 6, \ln e$，(2) $\ln(-1)$，(3) $\ln(1 + i)$，(4) $\ln(\sqrt{3} - i)$ 之值。

(**解**)：(1) 求 $\ln 6$ 和 $\ln e$ 之值：

由 (2-62) 式得：

$$z = r(\cos\theta_p + i\sin\theta_p) = 6 \Longrightarrow r = 6\text{，} \quad \theta_p = 0$$

$$\therefore \ln z = \ln 6 = \widetilde{\ln}\, 6 + 2n\pi i\text{，} \quad n = 0, \pm 1, \pm 2, \cdots$$

同理得：

$$\ln e = \widetilde{\ln}\, e + 2n\pi i = 1 + 2n\pi i，\qquad n = 0, \pm 1, \pm 2, \cdots$$

(2) 求 ln(–1) 之值，由 (2-62) 式得：

$$z = r(\cos\theta_p + i\sin\theta_p) = -1$$
$$= 1\times(-1) \Longrightarrow r = 1, \qquad \theta_p = \pi$$
$$\therefore\ \ln(-1) = \widetilde{\ln}\, 1 + (\pi + 2n\pi)i$$
$$\overset{}{\underset{(2-65)式}{=\!=\!=\!=}}\ 0 + (\pi + 2n\pi)i$$
$$\therefore\ \ln(-1) = (2n+1)\pi i，\qquad n = 0, \pm 1, \pm 2, \cdots$$

(3) 求 ln(1 + i) 之值，由 (2-62) 式得：

$$z = r(\cos\theta_p + i\sin\theta_p) = 1 + i$$
$$= \sqrt{2}\left(\frac{1}{\sqrt{2}} + \frac{1}{\sqrt{2}}i\right) = \sqrt{2}\left(\cos\frac{\pi}{4} + i\sin\frac{\pi}{4}\right)$$
$$\therefore\ r = \sqrt{2}，\qquad \theta_p = \frac{\pi}{4}$$
$$\therefore\ \ln(1+i) = \widetilde{\ln}\,\sqrt{2} + \left(\frac{1}{4} + 2n\right)\pi i$$
$$\underset{(2-58)式}{=\!=\!=\!=}\ \frac{1}{2}\widetilde{\ln}\, 2 + \left(\frac{1}{4} + 2n\right)\pi i，\qquad n = 0, \pm 1, \pm 2, \cdots$$

(4) 求 ln $(\sqrt{3} - i)$ 之値，由 (2-62) 式得：

$$z = r(\cos\theta_p + i\sin\theta_p) = \sqrt{3} - i$$
$$= 2\left(\frac{\sqrt{3}}{2} - \frac{1}{2}i\right) = 2[\cos(-\pi/6) + i\sin(-\pi/6)]$$
$$\therefore\ r = 2，\quad \underbrace{\theta_p = -\frac{\pi}{6}}_{(-\pi)\le\theta_p<(+\pi)} \quad 或 \quad \underbrace{\theta_p = \frac{11}{6}\pi}_{0\le\theta_p<2\pi}$$
$$\therefore\ \begin{cases} \ln(\sqrt{3} - i) = \widetilde{\ln}\, 2 + \left(2n - \dfrac{1}{6}\right)\pi i \\ 或\ \ln(\sqrt{3} - i) = \widetilde{\ln}\, 2 + \left(2n + \dfrac{11}{6}\right)\pi i，\qquad n = 0, \pm 1, \pm 2, \cdots \end{cases}$$

(Ex.2-9) 求以變換函數 $f(z)=\ln z$ 全單映射：
(1) 複變數平面 z 平面的原點“O”爲圓心的同心圓群，
(2) 從極限 (因由 (2-62) 式沒 $\ln(z=0)$) 原點“O”出發的放射型直線群，
(3) 除去原點的整個 z 平面，
到函數平面 $f(z)\equiv\omega$ 平面的像′。

(**解**)：本例題是 (Ex.2-7) 的逆變換題，請好好地比較兩例題。

(1) 求 z 平面原點爲圓心的同心圓群之像′，由 (2-61) 式得：

$$f(z)=\ln z=\widetilde{\ln}\, r+i\,(\theta_p+2n\pi)\equiv\widetilde{\ln}\, r+i\theta,\qquad \theta\equiv\theta_p+2n\pi,$$

$$\equiv\omega=u(r,\theta)+iv(r,\theta)\cdots\cdots(1)$$

$$\left.\begin{cases}0\le\theta_p<2\pi\quad\text{或}\quad(-\pi)\le\theta_p<(+\pi)\\ r>0,\quad n=0,\pm1,\pm2,\cdots\end{cases}\right\}\cdots\cdots(2)$$

$$\therefore\left.\begin{cases}u(r,\theta)=\widetilde{\ln}\, r\\ v(r,\theta)=\theta_p+2n\pi\end{cases}\right\}\cdots\cdots(3)$$

設某值的 $r\equiv C_r$ 和 $\theta_p\equiv C_\theta$，以及它們的像值爲 C_u 和 C_v，而 C_r, C_θ, C_u 和 C_v 全是正實數，即：

$$\left.\begin{array}{ll}u=\widetilde{\ln}\, r=\widetilde{\ln}\, C_r, & u\equiv C_u\\ v=\theta_p+2n\pi\equiv C_\theta+2n\pi, & v(\theta=\theta_p+2n\pi)\equiv C_v\end{array}\right\}\cdots\cdots(4)$$

設在 C_r 和 C_θ 上運動之點分別爲 P_r 和 P_θ，其在 ω 平面上的像點分別爲 Q_r 和 Q_θ。u, v, r 和 $(\theta_p+2n\pi)$ 全爲實數，於是其値的變化域是：

$$\left.\begin{array}{ll}r=0\sim\infty, & u=(-\infty)\sim0\sim(+\infty)\\ \theta_p=0\sim2\pi, & v=(-\infty)\sim0\sim(+\infty)\end{array}\right\}\cdots\cdots(5)$$

但複變不定義 $r=0$ 和 $\pm\infty$ 值。(4) 式的 $n=$ 正時 P_r 逆時針方向，而 $n=$ 負時 P_r 順時針方向如圖 (2-17)(a) 繞半徑 C_r 的圓周轉。z 平面以原點爲圓心的同心圓群′與其像′之値如表 (2-3)(a)，其圖分別爲圖 (2-17)(a) 和圖 (2-17)(c) 的 Q_r 和 Q_r' 之行進路徑，是平行於 v 軸的直線′。

表 (2-3)(a)

$r \equiv C_r$	0	0.1	1	10	∞
$\theta_p \equiv C_\theta$	$0 \sim 2\pi$	$0 \sim 2\pi$	$0 \sim 2\pi$	$0 \sim 2\pi$	$0 \sim 2\pi$
C_u (C_r 之像)	$-\infty$ 不在 ω 平面	$0 < C_r < 1$，$C_u =$ 負值，C_u 在負 u 軸，是平行於 v 軸的直線。	ω 平面原點，C_u 就是 v 軸。	$1 < C_r$，C_u = 正值，C_u 在正 u 軸，是平行於 v 軸的直線。	$+\infty$ 不在 ω 平面

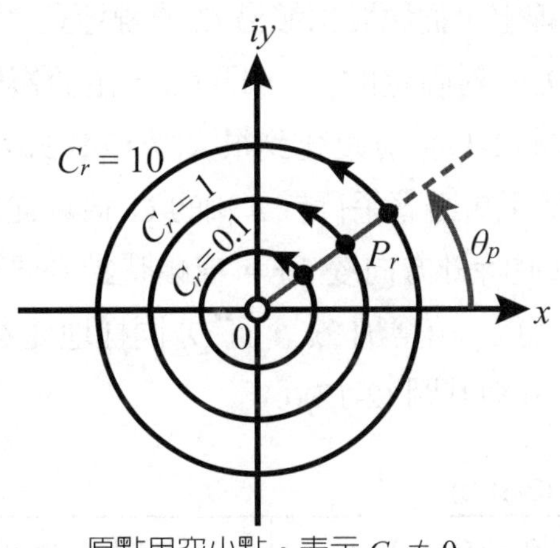

z 平面

圖 (2-17)(a)

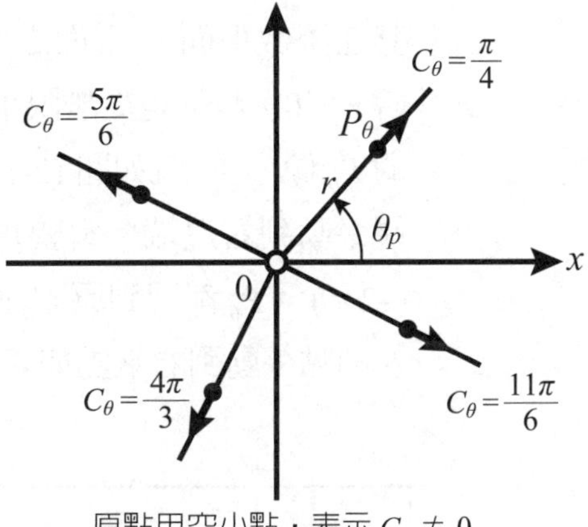

z 平面

圖 (2-17)(b)

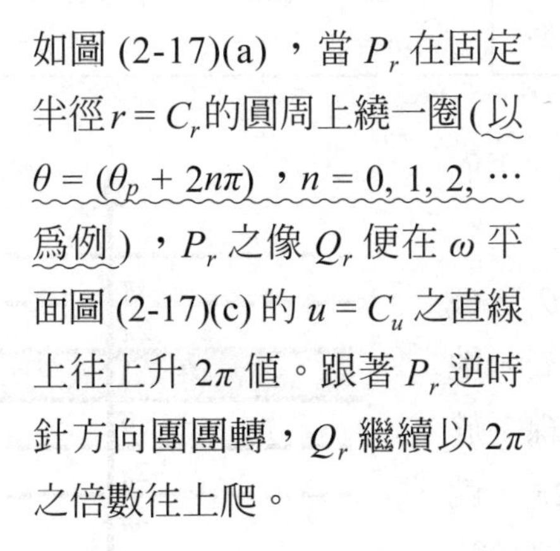

如圖 (2-17)(a)，當 P_r 在固定半徑 $r = C_r$ 的圓周上繞一圈(以 $\theta = (\theta_p + 2n\pi)$，$n = 0, 1, 2, \cdots$ 爲例)，P_r 之像 Q_r 便在 ω 平面圖 (2-17)(c) 的 $u = C_u$ 之直線上往上升 2π 值。跟著 P_r 逆時針方向團團轉，Q_r 繼續以 2π 之倍數往上爬。

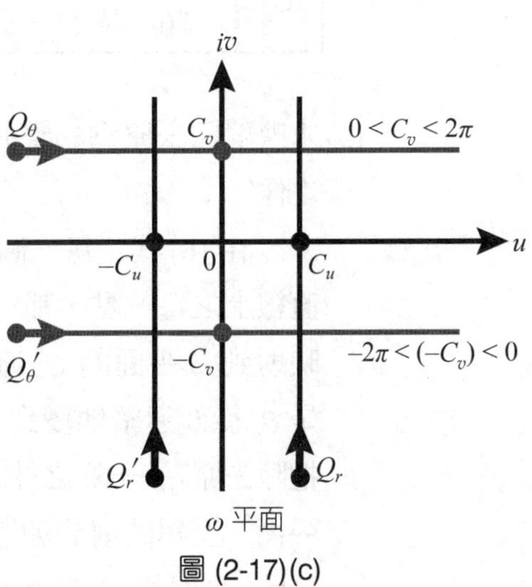

ω 平面

圖 (2-17)(c)

(2) 求從 z 平面**極限** (limit) 原點出發的放射型直線群之像′：

極座標**表象** (representation) 的 r，表示從 z 平面原點到平面某點的距離，而 θ_p 表示該點所在的輻角，於是 $0 \le \theta_p < 2\pi$。實數時 $r = (0\sim\infty)$，所以全 z 平面是：

$$\left.\begin{array}{l} r = 0 \sim \infty \\ 0 \le \theta_p < 2\pi \end{array}\right\} \Longleftrightarrow \text{全 } z \text{ 平面} \cdots\cdots (6)$$

(6) 式等於用從原點開始的無限多放射型直線表示的平面。如圖 (2-17)(b)，設 P_θ 爲在某 $\theta_p \equiv C_\theta$ 的直線上，從原點出發沿 C_θ 直線運動之點，其在函數平面 ω 平面之像爲 Q_θ。對固定的 θ_p ，即 C_θ ，由於複變數時 $r > 0$，故 r 是從無限小 (看圖 (2-17)(b)) 變化到很大時，(4) 式 C_v 上的 P_θ 像 Q_θ ，就如圖 (2-17)(c) 所示，沿著平行於 u 軸的 C_v 直線從左邊端平動到右邊端。當輻角 θ_p 每逆時針方向變 2π ，或順時針方向變化 (-2π) ，P_θ 都回到原 C_θ 直線，而 C_v 值增加 2π ，且 Q_θ 同樣地從 C_v 的左端點平動到右端點如表 (2-3)(b) 與其圖 (2-17)(c)。

表 (2-3)(b)

C_θ	$\theta_p = (0 \sim 2\pi)$	$\theta = (\theta_p + 2n\pi)$ $n = 1, 2, \cdots$	$\theta = (\theta_p - 2n\pi)$ $n = 1, 2, \cdots$
r	無限小～∞	無限小～∞	無限小～∞
C_v	$0 \sim 2\pi$ “0” 時 $C_v = u$ 軸	$2\pi \sim 2n\pi$ $n = 2, 3, \cdots$	$(-2\pi) \sim (-2n\pi)$ $n = 2, 3, \cdots$

(3) 求映射除去原點的整個 z 平面之像′：

由 (6) 式，每一個 $\theta_p = C_\theta$ 直線上之每一點，都一對一地映射到 ω 平面的 C_v 直線。於是 θ_p 從 0 連續地變到 2π ，就把除去原點 $z = 0$ 之外的整個 z 平面，全單映射到如圖 (2-17)(d) ω 平面的 $C_v = (0\sim 2\pi)$ 的

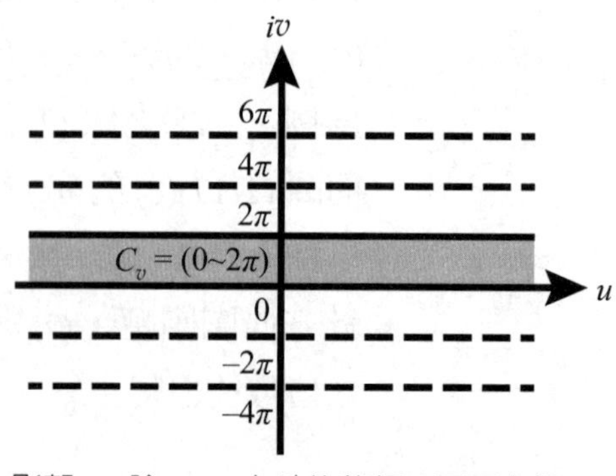

影部 = (除 $z = 0$ 之外的整個 z 平面之像)

ω 平面

圖 (2-17)(d)

帶。如 θ_p 繼續增大，每變化 2π 就映射整個 z 平面一次，寬度 2π 的帶接連地重演。如 θ_p 的主域不是 $0 \le \theta_p < 2\pi$，而是 $(-\pi) \le \theta_p < (+\pi)$，則圖 (2-17)(d) 的影部是從 $v = (-\pi)$ 到 $v = (+\pi)$。至於爲什麼不含 $z = 0$ 値呢？因複變對數函數沒 $\ln 0$，它等於 $\omega = -\infty$，而複數沒 $(-\infty)$ 之數。

(5) 冪函數′ (power functions)

(i) 定義複變冪函數

在中學，當 a = 正實數，b = 實數時稱 a^b 爲 **a 的 b 冪數**或 **a 的 b 次方數**，且表示成：

$$a^b = e^{\ln a^b} = e^{b \ln a} \quad \text{(2-67)}$$

於是針對 (2-67) 式，在複變數 z 時，設 α 爲任意複數，則稱 α^z 爲**複變冪函數**或簡稱**冪函數**，且同樣地用對數函數定義爲：

$$\alpha^z \equiv e^{z \ln \alpha} \quad \text{(2-68)}$$

或 $$z^\alpha \equiv \mathrm{e}^{\alpha \ln z} \quad \text{(2-69)}$$

α = 有理數時 (2-69) 式的 z^α 才屬於初級函數，而**有理數**，一般定義爲全部的正和負**整數** (integer) 與其分數以及零。當 $f(z)$ 和 $g(z)$ 爲 z 的兩函數，則它們的冪函數是：

$$f(z)^{g(z)} \equiv e^{g(z) \ln f(z)} \quad \text{(2-70)}$$

(ii) 探討複變冪函數 (2-68) 式的內涵

以分析當複變數 z 爲某複數 β 時，則由 (2-68) 式得：

$$\alpha^\beta = e^{\beta \ln \alpha} \quad \text{(2-71)}_1$$

極座標表象 (representaion) 的 $\ln\alpha$，由 (2-61) 式得：

$$\left.\begin{array}{l}\ln\alpha=\widetilde{\ln}|\alpha|+(\theta_p+2n\pi)i\\|\alpha|=\alpha\text{ 的絕對值或模數 (modulus)，}\\\theta_p=\text{主輻角，}\quad n=0,\pm1,\pm2,\cdots\end{array}\right\}\cdots\cdots(2\text{-}71)_2$$

接著以 β 等於正整數 m 以及分數 $1/n$ 來研討 $(2\text{-}71)_1$ 式。

(a) $\beta=$ 非零正整數 m 時

$$\begin{aligned}\alpha^\beta&=\alpha^m\overset{}{\underset{(2-71)_1\text{式}}{=\!=\!=}}e^{m\ln\alpha}\\&=e^{(\ln\alpha+\ln\alpha+\cdots+\ln\alpha)}\Longleftarrow\text{指數有 } m\text{ 項}\\&\underset{(2-45)\text{式}}{=\!=\!=}e^{\ln\alpha}e^{\ln\alpha}\cdots e^{\ln\alpha}\Longleftarrow m\text{ 個 }e^{\ln\alpha}\text{ 因數}\\&\underset{(2-71)_2\text{式}}{=\!=\!=}e^{[\widetilde{\ln}|\alpha|+(\theta_p+2k\pi)i]}\cdots e^{[\widetilde{\ln}|\alpha|+(\theta_p+2k\pi)i]}\cdots\Longleftarrow m\text{ 個因數}\\&=\{|\alpha|[\cos(\theta_p+2k\pi)+i\sin(\theta_p+2k\pi)]\}\cdots\cdots\\&\quad\times\{|\alpha|[\cos(\theta_p+2k\pi)+i\sin(\theta_p+2k\pi)]\}\Longleftarrow m\text{ 個因數}\\&=|\alpha|^m[\cos(\theta_p+2k\pi)+i\sin(\theta_p+2k\pi)]^m\end{aligned}$$

$$\therefore\left\{\begin{array}{l}\alpha^m=|\alpha|^m\{\cos[m(\theta_p+2k\pi)]+i\sin[m(\theta_p+2k\pi)]\}\\\theta_p=\mathrm{Arg}.\alpha,\quad k=0,\pm1,\pm2,\cdots;\quad m=1,2,3,\cdots\end{array}\right\}\cdots\cdots(2\text{-}72)_1$$

(b) $\beta=$ 分數 $\dfrac{1}{n}$，$n=1,2,3,\cdots$，時

$$\begin{aligned}\alpha^\beta&=\alpha^{\frac{1}{n}}\underset{(2-71)_1\text{式}}{=\!=\!=}e^{\frac{1}{n}\ln\alpha}\\&\underset{(2-71)_2\text{式}}{=\!=\!=}e^{\frac{1}{n}[\widetilde{\ln}|\alpha|+(\theta_p+2k\pi)i]},\qquad k=0,\pm1,\pm2,\cdots\\&=e^{\left[\widetilde{\ln}\,\alpha^{1/n}+\frac{1}{n}(\theta_p+2k\pi)i\right]}\end{aligned}$$

$$\therefore\ \alpha^{\frac{1}{n}}=|\alpha|^{1/n}\left[\cos\left(\frac{\theta_p+2k\pi}{n}\right)+i\sin\left(\frac{\theta_p+2k\pi}{n}\right)\right],\quad k=0,\pm1,\pm2,\cdots,\cdots\cdots(2\text{-}72)_2$$

(c) $\beta =$ 分數 m/n，m 和 n 都是非零正整數時

$$\alpha^\beta = \alpha^{m/n} \xlongequal[(2-71)_1\text{式}]{} e^{m/n \ln \alpha}$$

$$= \left(e^{\frac{1}{n}\ln\alpha}\right)\left(e^{\frac{1}{n}\ln\alpha}\right)\cdots\left(e^{\frac{1}{n}\ln\alpha}\right) \Longleftarrow m \text{ 個 } \left(e^{\frac{1}{n}\ln\alpha}\right) \text{因數}$$

$$= \left(e^{\frac{1}{n}\ln\alpha}\right)^m$$

$$= \left\{e^{\frac{1}{n}[\widetilde{\ln}|\alpha| + (\theta_p + 2k\pi)i]}\right\}^m, \quad k = 0, \pm 1, \pm 2, \cdots$$

$$= \left\{|\alpha|^{1/n}\left[\cos\left(\frac{\theta_p + 2k\pi}{n}\right) + i\sin\left(\frac{\theta_p + 2k\pi}{n}\right)\right]\right\}^m$$

$$\therefore \alpha^{m/n} = |\alpha|^{m/n}\left\{\cos\left[\frac{m}{n}(\theta_p + 2k\pi)\right] + i\sin\left[\frac{m}{n}(\theta_p + 2k\pi)\right]\right\}, \quad k = 0, \pm 1, \pm 2, \cdots, \quad \cdots\cdots (2\text{-}72)_3$$

(d) $\beta =$ 負數 $(-b)$，$b =$ 正實數時

$$\alpha^\beta = \alpha^{-b} \xlongequal[(2-71)_1\text{式}]{} e^{-b\ln\alpha} = e^{-b[\widetilde{\ln}|\alpha| + (\theta_p + 2k\pi)i]}$$

$$= e^{[\widetilde{\ln}|\alpha|^{-b} + (-b\theta_p - 2bk\pi)i]}, \quad k = 0, \pm 1, \pm 2, \cdots$$

$$= |\alpha|^{-b}\{\cos[-(b\theta_p + 2bk\pi)] + i\sin[-(b\theta_p + 2bk\pi)]\}$$

$$= \frac{1}{|\alpha|^b}\{\cos[b(\theta_p + 2k\pi)] + i\sin[b(\theta_p + 2k\pi)]\}^{-1}$$

$$= \frac{1}{|\alpha|^b}\frac{1}{\cos[b(\theta_p + 2k\pi)] + i\sin[b(\theta_p + 2k\pi)]}$$

$$= \frac{1}{e^{[\widetilde{\ln}|\alpha|^b + b(\theta_p + 2k\pi)i]}}$$

$$= \frac{1}{e^{\{b[\widetilde{\ln}|\alpha| + (\theta_p + 2k\pi)i]\}}} = \frac{1}{\alpha^b}$$

$$\therefore \alpha^{-b} = \frac{1}{\alpha^b} \quad \cdots\cdots (2\text{-}72)_4$$

(e) $\beta=0$ 時

$$\alpha^{\beta}=\alpha^{0}\ \underset{(2-71)_1\text{式}}{=\!=\!=\!=}\ e^{0(\ln\alpha)}=e^{0}=1$$

$$\therefore\ \alpha^{0}=1 \cdots\cdots\cdots\cdots\cdots\cdots (2\text{-}72)_5$$

$(2\text{-}72)_1$ 式到 $(2\text{-}72)_5$ 式表示 β 是有理數，推演這些式子′的過程都用到，本小節以前的初級函數性質。於是只要 (2-68) 和 (2-69) 式的 α 是有理數，α^{z} 和 z^{α} 都是初級函數，並且由 (2-61) 式得，複變冪函數 (2-68) 式或 (2-69) 式是無限多值函數。

(Ex.2-10) 求 (1) 3^{-5} 和 (2) $(-1+\sqrt{3})^{1+i}$ 之值，(3) e 的多少次方才能得 1？

(解)：(1) 求 3^{-5} 之值，由 (2-62) 式得：

$$z=r(\cos\theta_p+i\sin\theta_p)=3\Longrightarrow r=3,\qquad \theta_p=0$$

$$\therefore\ \ln 3=\widetilde{\ln}\,3+2n\pi i,\qquad n=0,\ \pm1,\ \pm2,\ \cdots$$

n = 正整數逆時針方向，n = 負整數時順時針方向繞 z 平面原點轉，下面的 n 正與負同理。

$$\begin{aligned}\therefore\ 3^{-5}\ &\underset{(2-71)_1\text{式}}{=\!=\!=\!=}\ e^{-5\ln 3}=e^{-5(\widetilde{\ln}\,3+2n\pi i)}\\&=e^{(\widetilde{\ln}\,3^{-5}-10n\pi i)}\\&=3^{-5}[\cos(-10n\pi)+i\sin(-10n\pi)]=3^{-5}\end{aligned}$$

此結果表示，實數時用實數演算也好，複數演算也好都一樣。

(2) 求 $(-1+\sqrt{3}i)^{1+i}$ 之值，由 (2-62) 式得：

$$z=r(\cos\theta_p+i\sin\theta_p)=-1+\sqrt{3}i=2\left(-\frac{1}{2}+\frac{\sqrt{3}}{2}\right)\Longrightarrow r=2,\ \theta_p=\frac{2\pi}{3}$$

$$\therefore\ \ln(-1+\sqrt{3}i)=\widetilde{\ln}\,2+\left(\frac{2}{3}+2n\right)\pi i,\qquad n=0,\ \pm1,\ \pm2,\ \cdots$$

$$\begin{aligned}\therefore\ (-1+\sqrt{3}i)^{1+i}\ &\underset{(2-71)_1\text{式}}{=\!=\!=\!=}\ e^{(1+i)\ln(-1+\sqrt{3}i)}\\&=e^{(1+i)\left[\widetilde{\ln}\,2+\left(\frac{2}{3}+2n\right)\pi i\right]}\end{aligned}$$

$$= e^{\left[\widetilde{\ln}\,2 - \left(\frac{2}{3} + 2n\right)\pi + (\widetilde{\ln}\,2 + 2\pi/3)i + 2n\pi i\right]}$$

$$\underset{(2-45)\text{式}}{=\!=\!=} 2e^{-(2/3+2n)\pi} e^{(\widetilde{\ln}\,2 + 2\pi/3)i}, \qquad n = 0, \pm 1, \pm 2, \cdots$$

(3) 求 e 的多少次方才能得 1？設爲 x 次方，則由 (2-62) 式得：

$$z = r(\cos\theta_p + i\sin\theta_p) = e \Longrightarrow r = e, \theta_p = 0$$

$$\therefore \ln e = \widetilde{\ln}\, e + 2n\pi i = 1 + 2n\pi i, \qquad n = 0, \pm 1, \pm 2, \cdots$$

同理得 $\ln 1 = \widetilde{\ln}\, 1 + 2m\pi i = 0 + 2m\pi i = 2m\pi i$，　$m = 0, \pm 1, \pm 2, \cdots$

$$\therefore e^x \underset{(2-71)_1\text{式}}{=\!=\!=} e^{x\ln e} = e^{x(1+2n\pi i)}$$

$$= 1 \underset{(2-71)_1\text{式}}{=\!=\!=} e^{\ln 1} = e^{2m\pi i}$$

$$\therefore x(1 + 2n\pi i) = 2m\pi i$$

$$\therefore x = \frac{2m\pi i}{1 + 2n\pi i}, \qquad n, m = 0, \pm 1, \pm 2, \cdots$$

(6) 三角函數′ (trigonometric functions)

(i) 定義複變三角函數′

人類爲測地與觀測天象，自然地從幾何圖形中最簡單的，由三邊組成之三角形開始探究其性質。於是文明發祥地，如埃及、巴比倫和中國都有探討三角法記錄。到了希臘 Hipparchos (190?~125? B. C.) 已有正餘弦的數學表示式 [1]，再經阿拉伯和印度的發揚光大，在 10 世紀已有今日的 6 種三角函數。傳到歐洲，在 15 世紀德國 Regiomontanus (Johann Müller Regiomontanus, 1436~1476) 完成爲今日我們用的三角函數演算法與其性質。到了 1748 年 Euler 把實數三角函數推廣爲複數的三角函數法與其性質。但 Euler 發現**虛數單位** (imaginary unit) $\sqrt{-1} \equiv i$ 是 1777 年。由 Euler 公式 $(1\text{-}34)_1$，當 x (以弧度算) 爲實數，則得：

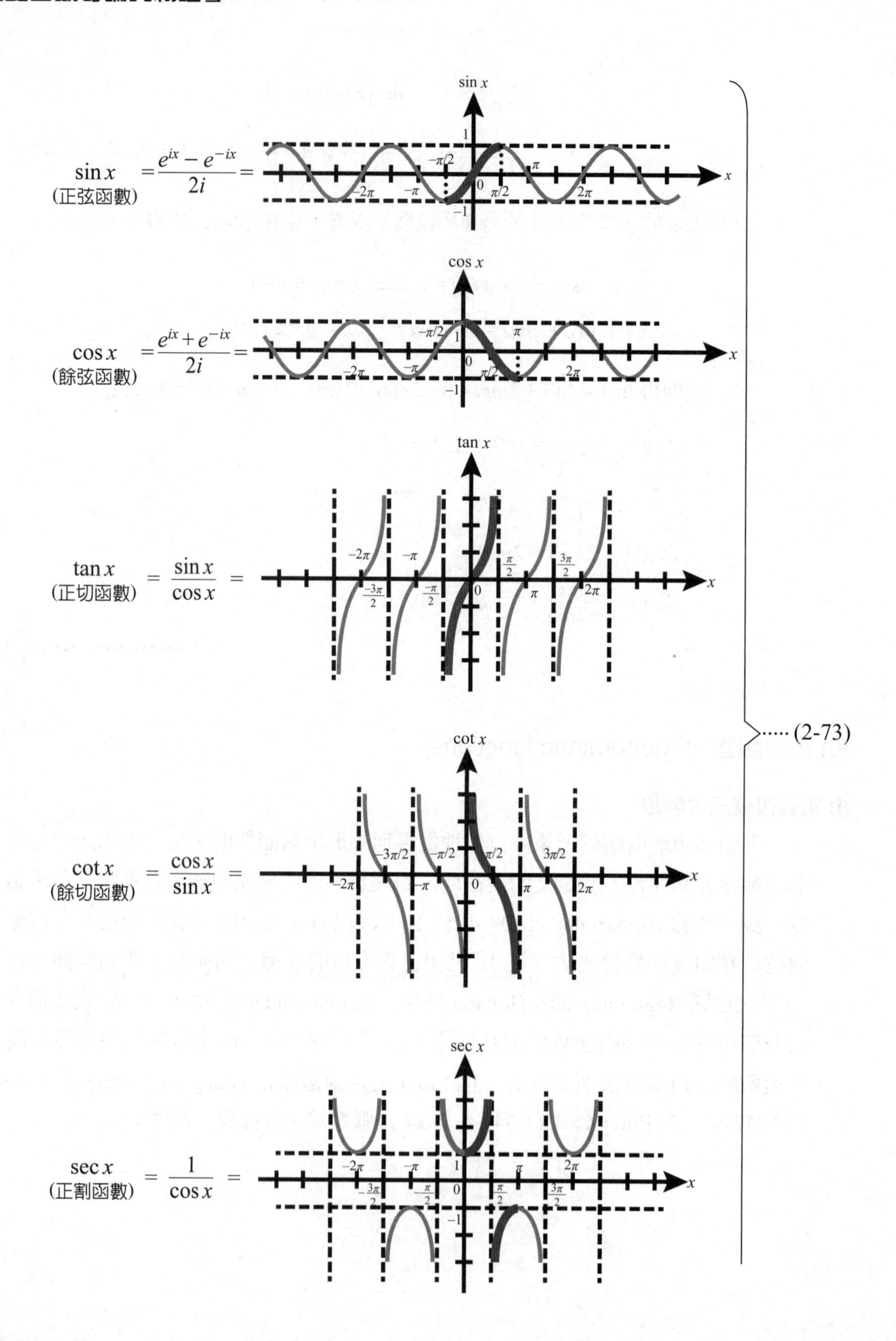

sin x
(正弦函數)
$=\frac{e^{ix}-e^{-ix}}{2i}=$
cos x
(餘弦函數)
$=\frac{e^{ix}+e^{-ix}}{2i}=$
tan x
(正切函數)
$=\frac{\sin x}{\cos x}=$
cot x
(餘切函數)
$=\frac{\cos x}{\sin x}=$
sec x
(正割函數)
$=\frac{1}{\cos x}=$
······ (2-73)

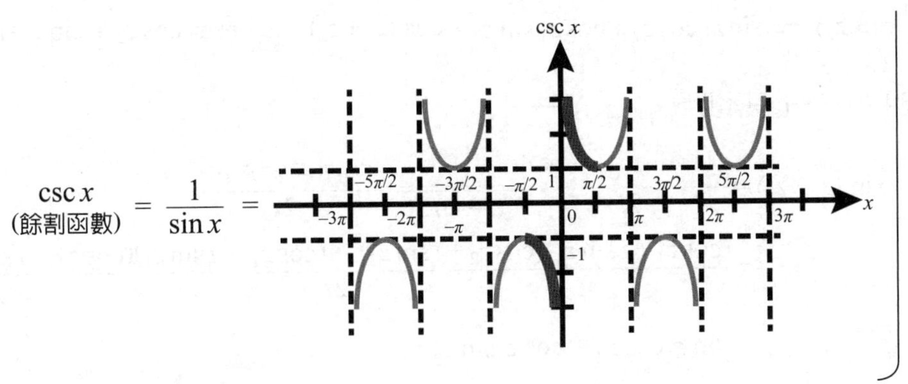

圖上的粗線為主值域。

實三角函數以及其性質，在解物理題目′時很有威力。例如有名又有用的 Fourier 分析法，正是利用正弦與餘弦函數的**正交性** (orthogonality) 發展出來的數學演算法。於是就將(2-73)式推廣到複數空間，以複變數 $z=(x+iy)$ 定義複數三角函數：

$$\left.\begin{aligned}\sin z &\equiv \frac{e^{iz}-e^{-iz}}{2i}, \quad & \cos z &\equiv \frac{e^{iz}+e^{-iz}}{2i} \\ \tan z &\equiv \frac{\sin z}{\cos z}, \quad & \cot z &\equiv \frac{\cos z}{\sin z} \\ \sec z &\equiv \frac{1}{\cos z}, \quad & \csc z &\equiv \frac{1}{\sin z}\end{aligned}\right\} \cdots\cdots (2\text{-}74)$$

接著一起來探討複數三角函數′是否具有，實三角函數′的那些性質。

(ii) 複變三角函數的性質

(a) $\sin(-z) \underset{?}{=\!=} -\sin z$，　$\cos(-z) \underset{?}{=\!=} \cos z$

證明：

$$\sin(-z) \underset{(2-74)\text{式}}{=\!=\!=} \frac{e^{-iz}-e^{iz}}{2i} = -\frac{e^{iz}-e^{-iz}}{2i} = -\sin z$$

$$\cos(-z) \underset{(2-74)\text{式}}{=\!=\!=} \frac{e^{-iz}+e^{iz}}{2} = \frac{e^{iz}+e^{-iz}}{2} = \cos z$$

$$\therefore \sin(-z) = -\sin z，\quad \cos(-z) = \cos z \cdots\cdots (2\text{-}75)_1$$

(b) $\sin(z_1 \pm z_2) \underset{?}{=\!=} \sin z_1 \cos z_2 \pm \cos z_1 \sin z_2$，$\cos(z_1 \pm z_2) \underset{?}{=\!=} \cos z_1 \cos z_2 \mp \sin z_1 \sin z_2$

證明：——（只證明 $(z_1 + z_2)$）——

$$\sin(z_1 + z_2) = \frac{e^{i(z_1+z_2)} - e^{-i(z_1+z_2)}}{2i} \underset{(2-45)\text{式}}{=\!=\!=} \frac{e^{iz_1} e^{iz_2} - e^{-iz_1} e^{-iz_2}}{2i}$$

$$= \frac{(\cos z_1 + i \sin z_1)(\cos z_2 + i \sin z_2) - (\cos z_1 - i \sin z_1)(\cos z_2 - i \sin z_2)}{2i}$$

$$= \sin z_1 \cos z_2 + \cos z_1 \sin z_2$$

$$\cos(z_1 + z_2) = \frac{e^{i(z_1+z_2)} + e^{-i(z_1+z_2)}}{2} = \frac{e^{iz_1} e^{iz_2} + e^{-iz_1} e^{-iz_2}}{2}$$

$$= \frac{(\cos z_1 + i \sin z_1)(\cos z_2 + i \sin z_2) + (\cos z_1 - i \sin z_1)(\cos z_2 - i \sin z_2)}{2}$$

$$= \cos z_1 \cos z_2 - \sin z_1 \sin z_2$$

同理可證明 $(z_1 - z_2)$ 之情況。

$$\therefore \begin{Bmatrix} \sin(z_1 \pm z_2) = \sin z_1 \cos z_2 \pm \cos z_1 \sin z_2 \\ \cos(z_1 \pm z_2) = \cos z_1 \cos z_2 \mp \sin z_1 \sin z_2 \end{Bmatrix} \cdots\cdots (2\text{-}75)_2$$

(c) $\sin^2 z + \cos^2 z \underset{?}{=\!=} 1$

證明：

$$\sin^2 z + \cos^2 z = \left(\frac{e^{iz} - e^{-iz}}{2i}\right)^2 + \left(\frac{e^{iz} + e^{-iz}}{2}\right)^2$$

$$\underset{(2-49)\text{式}}{=\!=\!=} \left(\frac{e^{iz} - e^{-iz}}{2i}\right)\left(\frac{e^{iz} - e^{-iz}}{2i}\right) + \left(\frac{e^{iz} + e^{-iz}}{2}\right)\left(\frac{e^{iz} + e^{-iz}}{2}\right)$$

$$= -\left(\frac{e^{2iz} - 2 + e^{-2iz}}{4}\right) + \left(\frac{e^{2iz} + 2 + e^{-2iz}}{4}\right) = 1$$

$$\therefore \sin^2 z + \cos^2 z = 1 \cdots\cdots (2\text{-}75)_3$$

同推導 $(2\text{-}75)_1$ 式到 $(2\text{-}75)_3$ 式之方法，得複變函數的週期性：

$$
\left.\begin{aligned}
&\sin(z+2n\pi)=\sin z \\
&\cos(z+2n\pi)=\cos z \\
&\tan(z+n\pi)=\tan z\text{，} && z\neq\frac{2k+1}{2}\pi \\
&\cot(z+n\pi)=\cot z\text{，} && z\neq k\pi \\
&\sec(z+2n\pi)=\sec z\text{，} && z\neq\frac{2k+1}{2}\pi \\
&\csc(z+2n\pi)=\csc z\text{，} && z\neq k\pi \\
&\quad n=0,\pm1,\pm2,\cdots\text{，} && k=0,\pm1,\pm2,\cdots
\end{aligned}\right\}\cdots\cdots (2\text{-}75)_4
$$

複變三角函數 (2-74) 式的核心函數是指數函數 exp.$(\pm iz)$：

$$
e^{\pm iz}=e^{\pm i(x+iy)}=e^{\mp y\pm ix}=e^{\mp y}(\cos x\pm i\sin x)\cdots\cdots (2\text{-}76)
$$

(2-76) 式出現了 exp.$(\mp y)$ 的實指數函數，它們到底牽連到什麼函數呢？既然現身在三角函數，那有沒有類比於 (2-73) 式的函數呢？回答是："有"，是雙曲線函數′ (hyperbolic functions)，從 (2-76) 式能窺視到，這些實雙曲線函數′必會纏著複變三角函數。於是先來探究雙曲線函數。

(7) 雙曲線函數′ (hyperbolic functions)

(i) 定義複變雙曲線函數

先有實三角函數 (2-73) 式的名稱符號，於是定義，以實變數指數函數 $e^{\pm x}$ 取代 (2-73) 式之 $e^{\pm ix}$ 的雙曲線函數時，在三角函數名稱符號末尾加上英文"hyperbolic"頭一個字母"h"得雙曲線函數名稱的符號：

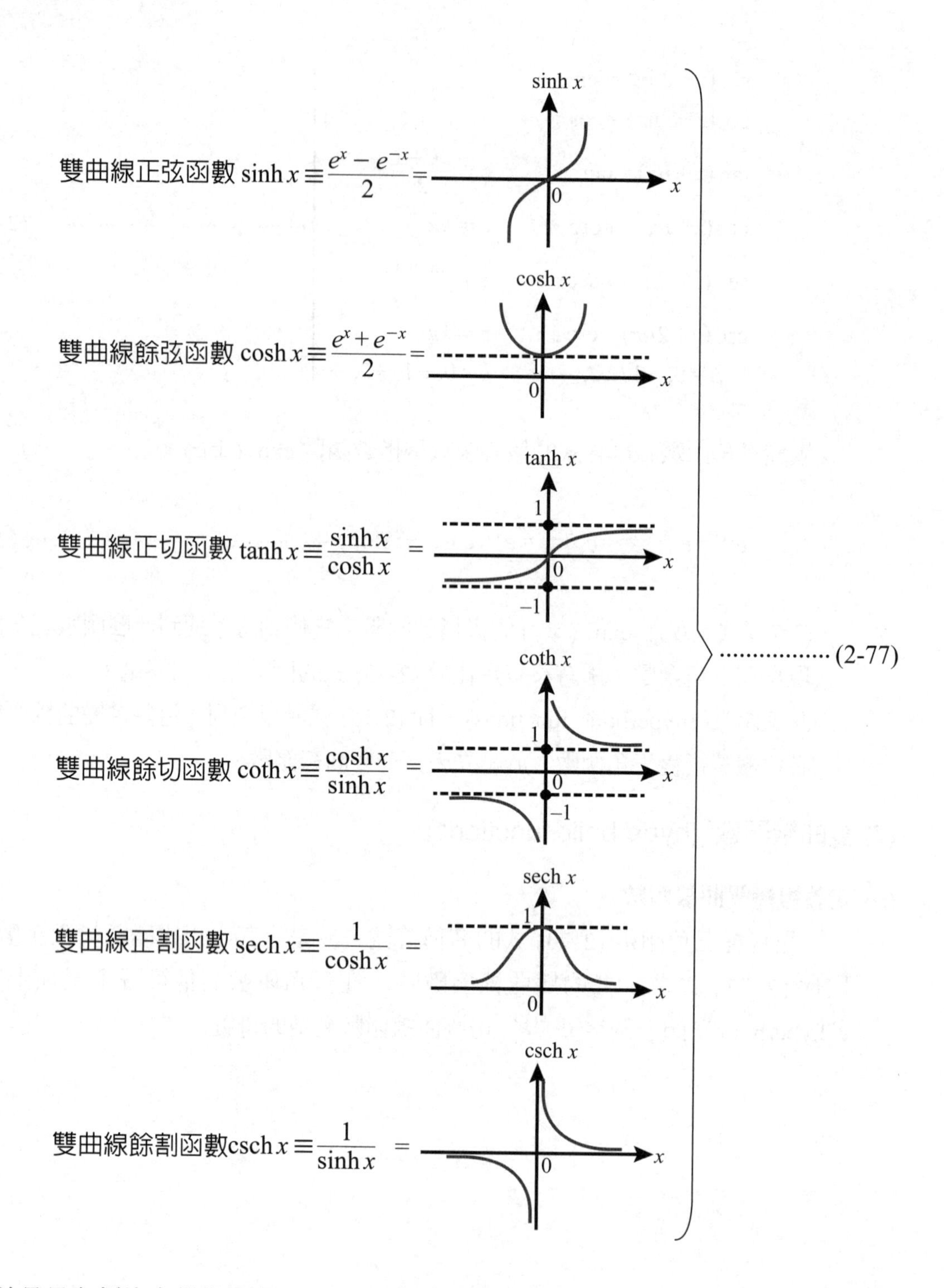

sinh x
雙曲線正弦函數 $\sinh x \equiv \frac{e^x - e^{-x}}{2} =$
0
x
cosh x
雙曲線餘弦函數 $\cosh x \equiv \frac{e^x + e^{-x}}{2} =$
1
0
x
tanh x
雙曲線正切函數 $\tanh x \equiv \frac{\sinh x}{\cosh x} =$
1
0
−1
x
coth x
雙曲線餘切函數 $\coth x \equiv \frac{\cosh x}{\sinh x} =$
1
0
−1
x
sech x
雙曲線正割函數 $\operatorname{sech} x \equiv \frac{1}{\cosh x} =$
1
0
x
csch x
雙曲線餘割函數 $\operatorname{csch} x \equiv \frac{1}{\sinh x} =$
0
x
……………… (2-77)

並且具有類比中學學的實三角函數′的同樣性質：

$$\left.\begin{aligned}&\sinh(-x) = -\sinh x \text{，}\quad \cosh(-x) = \cosh x\\ &\cosh^2 x - \sinh^2 x = 1\\ &\sinh(x_1 \pm x_2) = \sinh x_1 \cosh x_2 \pm \cosh x_1 \sinh x_2\\ &\cosh(x_1 \pm x_2) = \cosh x_1 \cosh x_2 \pm \sinh x_1 \sinh x_2\end{aligned}\right\} \cdots\cdots (2\text{-}78)$$

而三角函數′和雙曲線函數′的關係是：

$$\sin(ix) = i\sinh x \quad \text{，}\quad \cos(ix) = \cosh x \cdots\cdots (2\text{-}79)$$

從實變數三角函數′定義複變數三角函數′一樣地，以複變數 $z = (x + iy)$ 取代 (2-77) 式的實變數 x 定義複數雙曲線函數：

$$\left.\begin{aligned}&\sinh z \equiv \frac{e^z - e^{-z}}{2} \quad \text{，}\quad \cosh z \equiv \frac{e^z + e^{-z}}{2}\\ &\tanh z \equiv \frac{\sinh z}{\cosh z} \quad \text{，}\quad \coth z \equiv \frac{\cosh z}{\sinh z}\\ &\operatorname{sech} z \equiv \frac{1}{\cosh z} \quad \text{，}\quad \operatorname{csch} z \equiv \frac{1}{\sinh z}\end{aligned}\right\} \cdots\cdots (2\text{-}80)$$

(ii) 複變雙曲線函數的性質

$$\left.\begin{aligned}&\sinh(-z) = -\sinh z \quad \text{，}\quad \cosh(-z) = \cosh z\\ &\cosh^2 z - \sinh^2 z = 1\\ &\sinh(z_1 \pm z_2) = \sinh z_1 \cosh z_2 \pm \cosh z_1 \sinh z_2\\ &\cosh(z_1 \pm z_2) = \cosh z_1 \cosh z_2 \pm \sinh z_1 \sinh z_2\end{aligned}\right\} \cdots\cdots (2\text{-}81)$$

證明請看本章習題 (9)。而複變三角函數與複變雙曲線函數的關係是：

$$\sin(iz) = i\sinh z \quad \text{，}\quad \cos(iz) = \cosh z \cdots\cdots (2\text{-}82)_1$$

$$\sinh(iz) = i\sin z \quad \text{，}\quad \cosh(iz) = \cos z \cdots\cdots (2\text{-}82)_2$$

(Ex.2-11) 求以變換函數 $f(z) = \sin z$ 映射複變數平面 z 平面：
(1) 平行於 y 軸的 $x = \pm C_x$，C_x = 正實數，且 $0 \le C_x \le \pi/2$ 之直線，
(2) 平行於 x 軸的 $y = \pm C_y$，C_y = 正實數的直線，
到函數平面 $f(z) \equiv \omega$ 平面之像′。

（解）：變換函數是複變三角函數時，會遇到實三角函數和實雙曲線函數各兩種，以及兩個實數，零"0"和無限大"∞"，於是需要逐步地小心分析變換過程。同時為了有複變函數的**圖像** (picture)，必須以實變數的實函數進行分析工作。

$$f(z) = \sin z = \frac{e^{iz} - e^{-iz}}{2i}, \qquad z = x + iy$$

$$= \frac{1}{2i}\left[e^{-y}(\cos x + i\sin x) - e^{y}(\cos x - i\sin x)\right]$$

$$= \sin x \cosh y + i \cos x \sinh y$$

$$\equiv \omega = u(x, y) + iv(x, y)$$

$$\therefore \begin{cases} u(x, y) = \sin x \cosh y \\ v(x, y) = \cos x \sinh y \end{cases} \cdots\cdots (1)$$

(1) $x = \pm C_x$，C_x = 正實數，且 $0 \le C_x \le \pi/2$，即如圖 (2-18)(a)：

(a) $(x = C_x = \pm\pi/2) \xRightarrow[\text{(1) 式}]{} \begin{pmatrix} u = \pm\cosh y,\ v = 0 \\ y = (-\infty \sim 0 \sim +\infty) \end{pmatrix}$，則由 (2-77) 式的雙曲線餘弦得表 (2-4)(a)。表很明顯地表示著，z 平面的 $C_x = \pm\pi/2$ 上之動點 P_x 與 P_x' 從 $y = (-\infty)$ 往上爬到 $y = (+\infty)$ 時，其在函數平面 ω 平面的像 Q_x 沿著實軸 u，從無限遠 $(+\infty)$ 到 $(u, v) = (1, 0)$ 後，又沿原路回到無限遠。而 Q_x' 是同樣地沿著實軸 u，從負無限遠到 $(u, v) = (-1, 0)$ 後，又沿原路回到負無限遠去，如圖 (2-18)(b)。

表 (2-4)(a)

C_x	$\pi/2$		
y	$-\infty$	0	$+\infty$
$\omega = \cosh y$	$+\infty$	1	$+\infty$
C_x	$-\pi/2$		
y	$-\infty$	0	$+\infty$
$\omega = -\cosh y$	$-\infty$	-1	$-\infty$

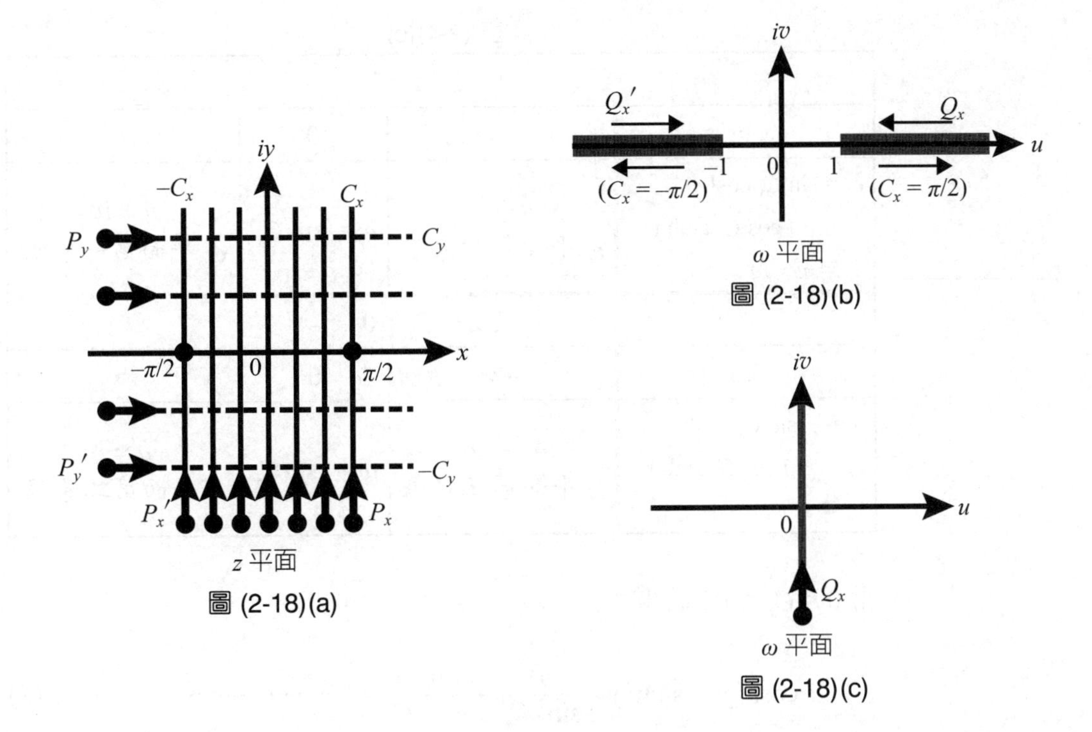

圖 (2-18)(a)

圖 (2-18)(b)

圖 (2-18)(c)

(b)$(x = C_x = 0) \xRightarrow[\text{(1) 式}]{} \begin{pmatrix} u=0,\ v=\sinh y \\ y=(-\infty\sim 0\sim +\infty) \end{pmatrix}$，則由 (2-77) 式得表 (2-4)(b)，此表顯示 z 平面上，在 $C_x = 0$，即在 y 軸上的動點 P_x 是沿著 y 軸，從負無限遠上升到正無限遠時，其像 Q_x 如圖 (2-18)(c) 沿著虛軸 v，從負無限遠到正無限遠。

表 (2-4)(b)

C_x	0		
y	$-\infty$	0	$+\infty$
$\omega = \sinh y$	$-\infty$	0	$+\infty$

(c)$(x = \pm C_x，0 < C_x < \pi/2) \xRightarrow[\text{(1) 式}]{} \begin{pmatrix} u=\pm\sin C_x \cosh y \\ v=\cos C_x \sinh y \\ y=(-\infty\sim 0\sim +\infty) \end{pmatrix}$，則由 (2-77) 式得表 (2-4)(c)。

表 (2-4)(c)

$0 < C_x < \pi/2$			
y	$-\infty$	0	$+\infty$
$\omega = \sin C_x \cosh y$ $+ i \cos C_x \sinh y$ $\equiv u + iv$	$u - iv$ ω 平面第四象限	$\omega = \sin C_x$	$u + iv$ ω 平面第一象限
$-\pi/2 < C_x < 0$			
y	$-\infty$	0	$+\infty$
$\omega = -\sin C_x \cosh y$ $+ i \cos C_x \sinh y$ $\equiv u + iv$	$-u - iv$ ω 平面第三象限	$\omega = -\sin C_x$	$-u + iv$ ω 平面第二象限

當 $0 < C_x < \pi/2$ 時得：

$$\cosh^2 y - \sinh^2 y = \frac{u^2}{\sin^2 C_x} - \frac{v^2}{\cos^2 C_x} = 1 \quad \cdots\cdots (2)$$

(2) 式是主軸為 u 軸，中心是 ω 平面原點的雙曲線，其焦點剛好由實變數三角正餘弦函數得：

$$\pm\sqrt{\sin^2 C_x + \cos^2 C_x} = \pm 1 \quad \cdots\cdots (3)$$

於是由 (2) 和 (3) 式，以及表 (2-4)(c) 得：在 z 平面圖 (2-18)(a) 的 $x = \pm C_x$ 直線上，從 $y = (-\infty)$ 往上爬到 $y = (+\infty)$ 的動點 P_x 與 P_x'，其在 ω 平面的像 Q_x 與 Q_x' 就在如圖 (2-18)(d) 的雙曲線移動。當 $C_x \to \pi/2$ 和 $(-\pi/2)$ 時，雙曲線便被拉扁成如圖 (2-18)(b)。另一面當 $C_x \to 0$ 時，雙

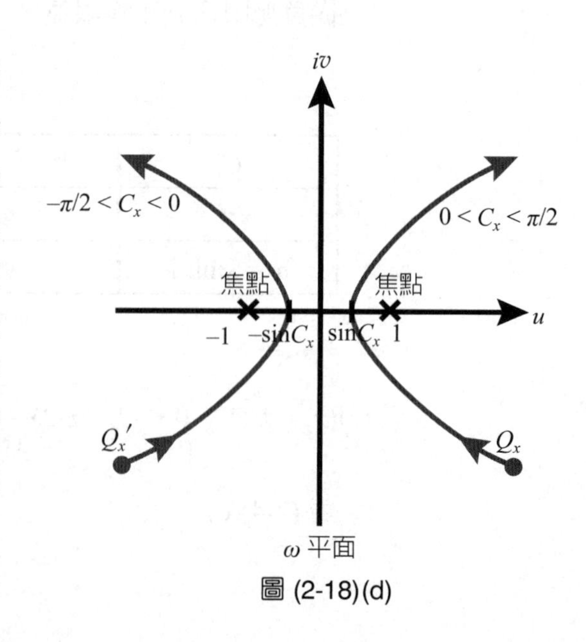

圖 (2-18)(d)

曲線便被拉直變成圖 (2-18)(c)。綜合以上分析結果，變換函數 $f(z) = \sin z$，把 z 平面 $x = (-\pi/2)$ 到 $x = \pi/2$ 之帶域變換成如圖 (2-18)(e) 的情況。

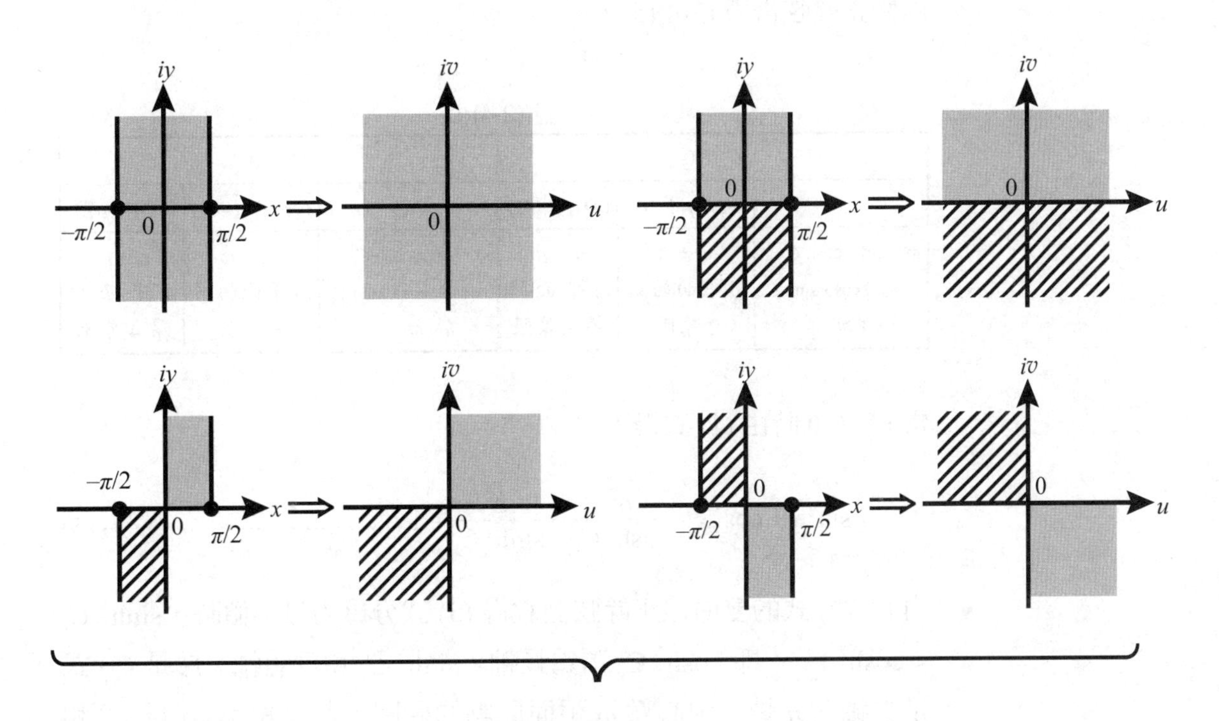

圖 (2-18)(e)

(2) $y = \pm C_y$，C_y = 正實數，如圖 (2-18)(a)：

(a) $y = C_y = 0$ 時，則由 (1) 式和 (2-77) 式得：

$$u = \sin x，\quad v = 0$$

$$\therefore \left(x = \left[\left(-\frac{\pi}{2}\right) \longrightarrow 0 \longrightarrow \left(\frac{\pi}{2}\right)\right]\right) \Longrightarrow (u = [(-1) \to 0 \to 1]) \cdots\cdots\cdots\cdots (4)$$

在 z 平面 $y = C_y = 0$ 直線上的動點 P_y，從 $(x, y) = (-\pi/2, 0)$ 沿 x 軸經原點到 $(\pi/2, 0)$ 時，P_y 之像 Q_y 如圖 (2-18)(f)，在 ω 平面的實軸 u 軸上從 $(u, v) = (-1, 0)$ 平動到 $(1, 0)$。

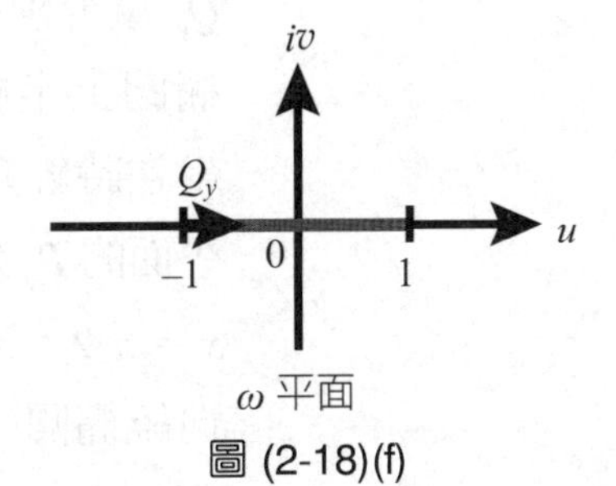

圖 (2-18)(f)

(b)$(y=\pm C_y, C_y\neq 0)\xrightarrow[(1)\text{式}]{}\begin{pmatrix} u=\pm\sin x\cosh C_y \\ v=\pm\cos x\sinh C_y \\ x=(-\pi/2\sim 0\sim\pi/2) \end{pmatrix}$，則由 (2-73) 式的三角函數正餘弦得表 (2-4)(d)。

表 (2-4)(d)

$C_y>0$			$C_y<0$		
x	$(-\pi/2)\sim(-0)$	$(+0)\sim(\pi/2)$	x	$(-\pi/2)\sim(-0)$	$(+0)\sim(\pi/2)$
$\omega=\sin x\cosh C_y$ $+i\cos x\sinh C_y$ $=u+iv$	$-u+iv$ ω 平面的第 2 象限	$u+iv$ ω 平面的第 1 象限	$\omega=\sin x\cosh C_y$ $-i\cos x\sinh C_y$ $=u-iv$	$-u-iv$ ω 平面的第 3 象限	$u-iv$ ω 平面的第 4 象限

當 $C_y\neq 0$ 時由 (1) 式得：

$$\sin^2 x+\cos^2 x=\frac{u^2}{\cosh^2 C_y}+\frac{v^2}{\sinh^2 C_y}=1 \quad\cdots\cdots(5)$$

由 (2-77) 式的雙曲線正餘弦函數得 (5) 式分母的最小値時，$\sinh^2 C_y<\cosh^2 C_y$，即 $\cosh^2 C_y$ 項爲長軸，$\sinh^2 C_y$ 項爲短軸，於是 (5) 式是主軸在 u 軸，中心爲 ω 平面原點的橢圓，其焦點是 $\cosh^2 C_y$ 和 $\sinh^2 C_y$ 之差，剛好由實變數雙曲線函數得：

$$\pm\sqrt{\cosh^2 C_y-\sinh^2 C_y}=\pm 1 \quad\cdots\cdots(6)$$

故由 (5) 和 (6) 式，以及表 (2-4)(d) 得，在 z 平面圖 (2-18)(a) 的 $y=C_y$ 直線上，從 $x=(-\pi/2)$ 往右平動到 $x=(\pi/2)$ 的 P_y 和 P_y'，在其 ω 平面的像 Q_y 和 Q_y' 就分別在圖 (2-18)(g) 的橢圓上半順時針方向和下半逆時針方向移動。如果 z 平面的 P_y 來回 $x=(-\pi/2)$ 與 $x=\pi/2$，則 Q_y 就順時針方向繞橢圓一圈。於是 P_y 以

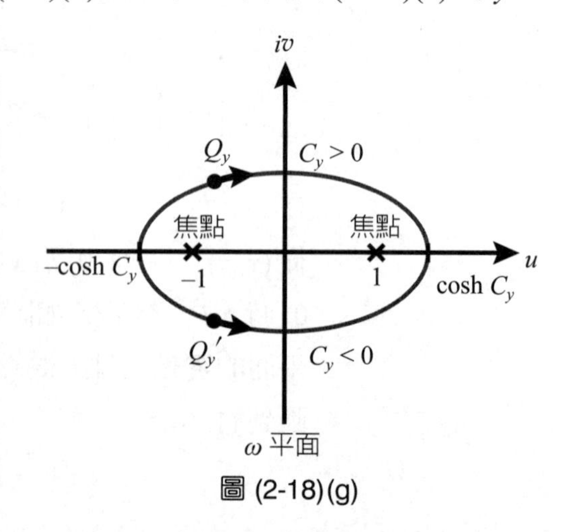

圖 (2-18)(g)

等速繼續來回 $x = (-\pi/2)$ 與 $x = \pi/2$，Q_y 就順時針方向定期地繞橢圓運動。同理 P_y' 之像 Q_y' 是逆時針方向運動，正如地球繞太陽運動。當 $C_y \to 0$，橢圓愈來愈瘦，到了 $C_y = 0$ 就變成圖 (2-18)(f)，在 $u = (-1)$ 與 $u = 1$ 來回。而 C_y 離零"0"愈遠橢圓愈胖，但焦點永是 $u = \pm 1$。綜合以上現象′，z 平面的 $C_y \geq 0$ 與 $C_y \leq 0$，且 $(-\pi/2) \leq x \leq (\pi/2)$ 的帶域，經 $f(z) = \sin z$ 變換得如圖 (2-18)(h)，ω 平面上半與下半的半橢圓面。

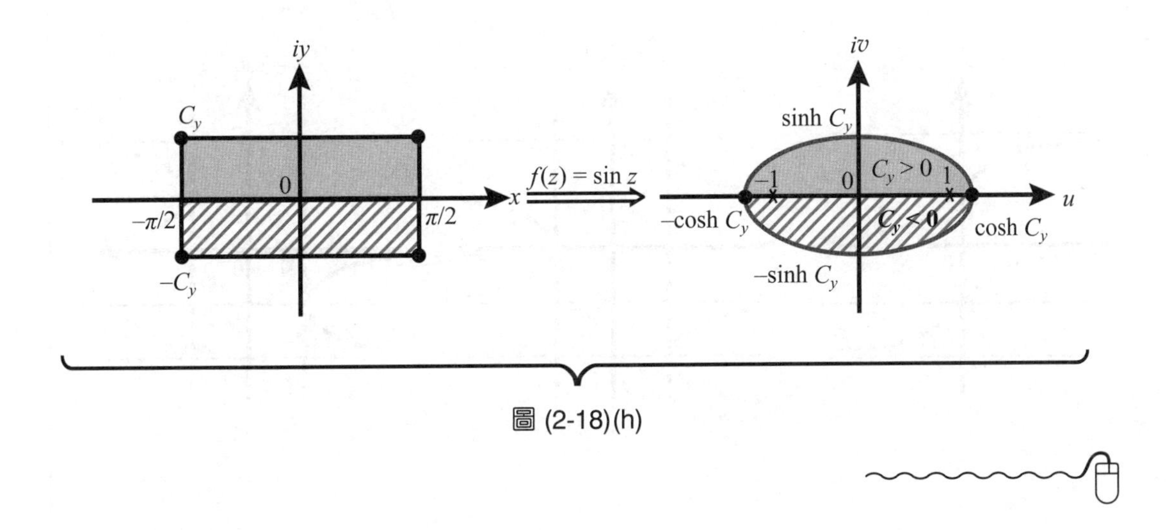

圖 (2-18)(h)

(8) 反三角函數′ (inverse trigonometric functions)

(i) 實變數與實反三角函數′

凡是要獲得複變函數的圖像，必須從和它們有關的實變數與實函數切入才有實感。同時遇到複變數或複變函數 n 次方根時，必記得會牽連到多值問題 (請複習 $(1\text{-}35)_1$ 式到 (1-37) 式的推演過程)。中學的實三角函數，例如 $y = \sin x$，其反三角函數 $\sin^{-1} y = x$，而 $\sin^{-1}$ 唸成"arc sine (反正弦)"，正式應稱作"inverse sine"有時叫 antisine。中學的實反三角函數與其性質是：

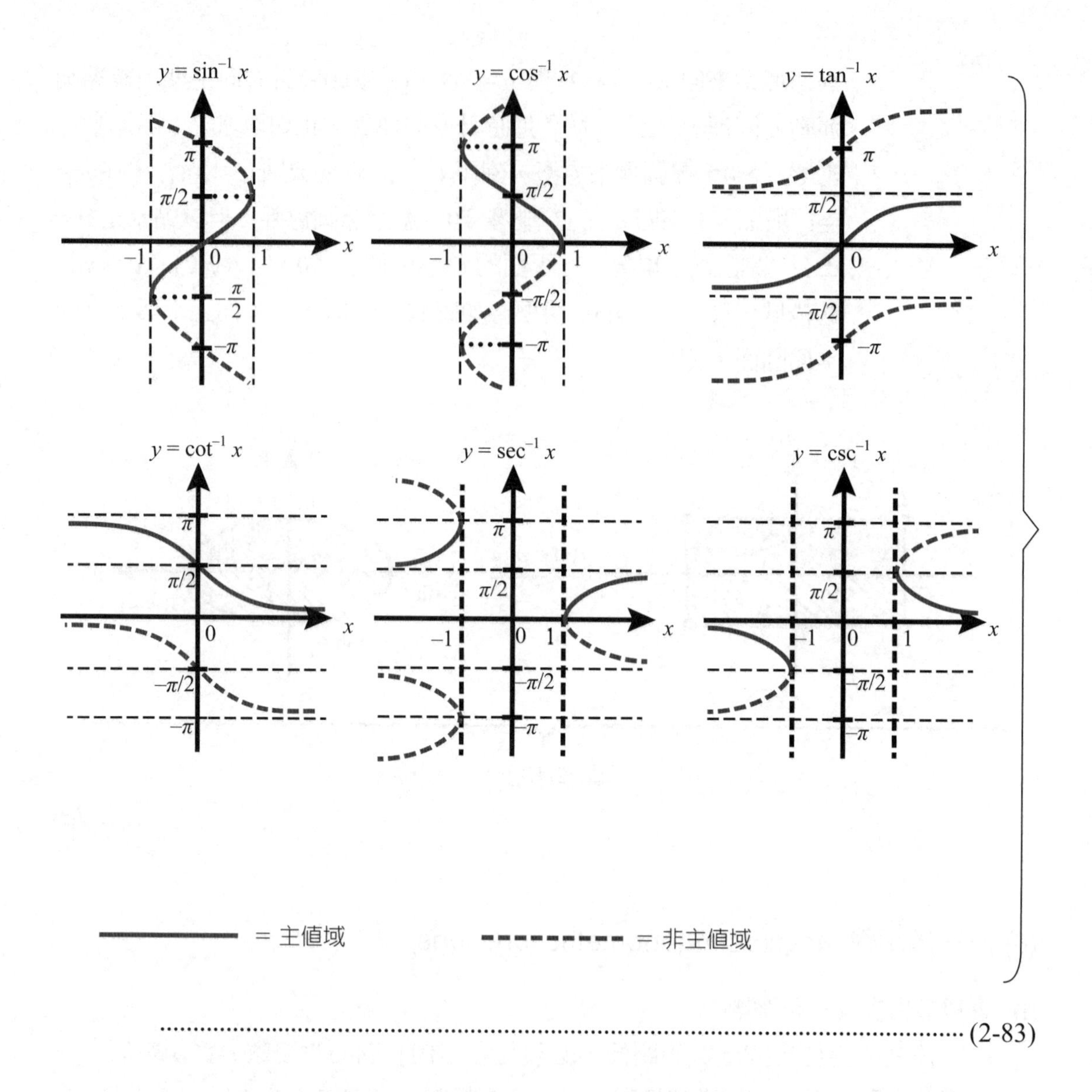

$$\cdots\cdots\cdots\cdots (2\text{-}83)$$

爲什麼在 (2-83) 式明顯地以圖表示**主值** (principal value) 域或主域 (函數是單值) 呢？因推導反三角函數時會用到主域的條件 (請看下面 $(2\text{-}85)_2$ 式到 $(2\text{-}85)_3$ 式的過程)，同時反三角函數性質是以主域來表示。那麼如何定義反三角函數主域？從 (2-73) 式得各三角函數圖的特質："正値與負値之母" 是下 (2-84) 式。

$$\left.\begin{array}{llll} y=\sin x \xrightarrow{\text{主域}} & -\pi/2 \le x \le 0 & , & 0 \le x \le \pi/2 \\ y=\cos x \xrightarrow{\text{主域}} & 0 \le x \le \pi/2 & , & \pi/2 \le x \le \pi \\ y=\tan x \xrightarrow{\text{主域}} & -\pi/2 < x \le 0 & , & 0 \le x < \pi/2 \\ y=\cot x \xrightarrow{\text{主域}} & 0 < x \le \pi/2 & , & \pi/2 \le x < \pi \\ y=\sec x \xrightarrow{\text{主域}} & 0 \le x < \pi/2 & , & \pi/2 < x \le \pi \\ y=\csc x \xrightarrow{\text{主域}} & -\pi/2 \le x < 0 & , & 0 < x \le \pi/2 \end{array}\right\} \cdots\cdots (2\text{-}84)$$

所以反三角函數的主域是，把 (2-84) 式左邊的三角函數換成反三角函數，其圖示是 (2-83) 式。那反三角函數的數學表示式呢？由實三角函數 (2-73) 式得：

$$\text{當 } y=\sin x\text{，}\quad \text{則 } x=\sin^{-1}y \cdots\cdots (2\text{-}85)_1$$

於是只要推導出 x 是 y 的函數就是：

$$y=\sin x=\frac{e^{ix}-e^{-ix}}{2i}$$

$$\therefore (e^{ix})^2-2iy\,e^{ix}-1=0$$

$$\therefore e^{ix}=iy\pm\sqrt{(-iy)^2+1}=iy\pm\sqrt{1-y^2}$$

$$=e^{ix-2k\pi i}\qquad k=0,\ \pm1,\ \pm2,\cdots$$

$$\therefore \ln e^{i(x-2k\pi)}=i\,(x-2k\pi)=\ln\,(iy\pm\sqrt{1-y^2})$$

$$\therefore x=-i\ln\,(iy\pm\sqrt{1-y^2})+2k\pi\text{，}\qquad k=0,\ \pm1,\ \pm2,\cdots \cdots\cdots (2\text{-}85)_2$$

接著是定 $(2\text{-}85)_2$ 式的 k 值，以及選定 ($\pm\sqrt{1-y^2}$) 的符號。主域的 $y=\sin x$，當 $x=0$ 時 $y=0$，即 $\sin 0=0$，於是由 $(2\text{-}85)_2$ 式得：

$$0=-i\ln(\pm1)+2k\pi$$

$$\left\{\begin{array}{l} \ln(-1)=\ln e^{\pi i}=\pi i\neq 0\text{，而 }\ln 1=0 \\ \text{於是 }\ln(\pm1)\text{ 只能取正號} \end{array}\right.$$

$$=0+2k\pi$$

$$\therefore \left\{\begin{array}{l} k=0 \\ \pm\sqrt{1-y^2}\Longrightarrow +\sqrt{1-y^2}=\sqrt{1-y^2} \end{array}\right\} \cdots\cdots (2\text{-}85)_3$$

所以依慣例，以 x 爲變數 y 爲其函數的表示法，由 $(2\text{-}85)_2$ 和 $(2\text{-}85)_3$ 式得實變數正弦反三角函數的數學表示式是：

$$y=\sin^{-1}x=-i\ln\left(ix+\sqrt{1-x^2}\right) \cdots\cdots (2\text{-}86)_1$$

同理得其他的反三角函數 (請看本章習題 (10))：

$$\left.\begin{aligned}
\cos^{-1}x&=-i\ln\left(x+\sqrt{x^2-1}\right)\\
\tan^{-1}x&=-\frac{i}{2}\ln\left(\frac{1+ix}{1-ix}\right)\\
\cot^{-1}x&=-\frac{i}{2}\ln\left(\frac{x+i}{x-i}\right)\\
\sec^{-1}x&=-i\ln\left(\frac{1+\sqrt{1-x^2}}{x}\right)\\
\csc^{-1}x&=-i\ln\left(\frac{i+\sqrt{x^2-1}}{x}\right)
\end{aligned}\right\} \cdots\cdots (2\text{-}86)_2$$

並且從 $(2\text{-}86)_2$ 式可得反三角函數性質 (證明請看本章習題 (10))：

$$\left.\begin{aligned}
&\sin^{-1}x+\cos^{-1}x=\pi/2，\quad \sin^{-1}(1/x)=\csc^{-1}x\\
&\tan^{-1}x+\cot^{-1}x=\pi/2，\quad \cos^{-1}(1/x)=\sec^{-1}x\\
&\sec^{-1}x+\csc^{-1}x=\pi/2，\quad \tan^{-1}(1/x)=\cot^{-1}x
\end{aligned}\right\} \cdots\cdots (2\text{-}86)_3$$

至於多値性，三角函數′是週期函數，例如 $y=\sin x=\sin(x+2n\pi)$，$n=0, \pm1, \pm2, \cdots$，隱藏著多値性，於是反三角函數是多値函數。接著是將 (2-83) 式到 $(2\text{-}86)_3$ 式的**圖像** (picture) 推廣到複數空間。

(ii) 定義複變數反三角函數′：——(請必看習題 (18))——

實反三角函數明顯地以對數函數出現，而複數空間的對數函數是 (2-61) 式，是多値函數，於是在 $(2\text{-}85)_2$ 式出現的 $2k\pi$ 會留下來。所以用複變數 $z=(x+iy)$ 取代 $(2\text{-}86)_1$ 和 $(2\text{-}86)_2$ 式定義的複變數反三角函數′是：

$$\left.\begin{aligned}
&\sin^{-1}z=-i\ln(iz+\sqrt{1-z^2})+2k\pi\\
&\cos^{-1}z=-i\ln(z+\sqrt{z^2-1})+2k\pi\\
&\tan^{-1}z=-\frac{i}{2}\ln\left(\frac{1+iz}{1-iz}\right)+2k\pi\\
&\cot^{-1}z=-\frac{i}{2}\ln\left(\frac{z+i}{z-i}\right)+2k\pi\\
&\sec^{-1}z=-i\ln\left(\frac{1+\sqrt{1-z^2}}{z}\right)+2k\pi\\
&\csc^{-1}z=-i\ln\left(\frac{i+\sqrt{z^2-1}}{z}\right)+2k\pi\\
&\qquad k=0,\pm1,\pm2,\cdots
\end{aligned}\right\}\cdots\cdots\cdots(2\text{-}87)$$

(2-87) 式的 $k=0$ 稱爲**主支** (principal branch，請看 $(1\text{-}36)_1$ 式到 (1-37) 式)，而把 $(2\text{-}86)_3$ 式的 x 以 $z=(x+iy)$ 取代，就得複數反三角函數的性質。

(Ex.2-12) 求下面複變數反三角函數之值：
(1) $\sin^{-1}(-i)$，　(2) $\sin^{-1}(1/2)$，　(3) $\sin^{-1}(2)$。

(解)：複變數反三角函數用 (2-87) 式，複變數對數函數用 (2-61) 式。

(1) $\sin^{-1}(-i)$ 之值：

$$\sin(-i)\xlongequal[(2-87)式]{}-i\ln(1+\sqrt{2})+2k\pi，\quad k=0,\pm1,\pm2,\cdots，$$

$$\ln z=\ln[r(\cos\theta_p+i\sin\theta_p)]=\widetilde{\ln}\,r+(\theta_p+2n\pi)i，\quad n=0,\pm1,\pm2,\cdots，$$

$$z=r(\cos\theta_p+i\sin\theta_p)=(1+\sqrt{2})\times1$$

$$=(1+\sqrt{2})[\cos(0)+i\sin(0)]$$

$$\therefore r=1+\sqrt{2}，\quad \theta_p=0(弧度)\cdots\cdots(1)$$

$$\therefore\sin^{-1}(-i)=-i[\widetilde{\ln}(1+\sqrt{2})+2n\pi i]+2k\pi \Longleftarrow \widetilde{\ln}\ 符號請看\ (2\text{-}63)\ 式$$

$$=-i\widetilde{\ln}(1+\sqrt{2})+2(n+k)\pi，\quad 設\ n+k\equiv m$$

$$\therefore\sin^{-1}(-i)=-i\widetilde{\ln}(1+\sqrt{2})+2m\pi，\quad m=0,\pm1,\pm2,\cdots，\cdots\cdots(2)$$

(2) 求 $\sin^{-1}(1/2)$ 之值：

$$\sin^{-1}(1/2) \overset{}{\underset{(2-87)式}{=\!=\!=}} -i\ln\left(\frac{i}{2}+\frac{\sqrt{3}}{2}\right)+2k\pi，\qquad k=0,\ \pm 1,\ \pm 2,\cdots，$$

$$z = r(\cos\theta_p + i\sin\theta_p)] = \frac{\sqrt{3}}{2}+\frac{i}{2}$$

$$= 1\times\left(\cos\frac{\pi}{6}+i\sin\frac{\pi}{6}\right)$$

$$\therefore r=1，\quad \theta_p=\pi/6 \cdots\cdots (3)$$

$$\therefore \sin^{-1}(1/2) = -i\,[\widetilde{\ln}\,1 + (\pi/6+2n\pi)i] + 2k\pi，\qquad n=0,\ \pm 1,\ \pm 2,\cdots，$$

$$= -i[0+(\pi/6+2n\pi)i]+2k\pi，\qquad 設\ n+k\equiv m$$

$$\therefore \sin^{-1}(1/2) = \pi/6 + 2m\pi，\qquad m=0,\ \pm 1,\ \pm 2,\cdots，\cdots\cdots (4)$$

(3) 求 $\sin^{-1}(2)$ 之值：

$$\sin^{-1}(2) \overset{}{\underset{(2-87)式}{=\!=\!=}} -i\ln(2i+\sqrt{1-4})+2k\pi$$

$$= -i\ln[(2+\sqrt{3})i]+2k\pi，\qquad k=0,\ \pm 1,\ \pm 2,\cdots，$$

$$z = r(\cos\theta_p + i\sin\theta_p)] = (2+\sqrt{3})i$$

$$= (2+\sqrt{3})(\cos\pi/2 + i\sin\pi/2)$$

$$\therefore r=2+\sqrt{3}，\quad \theta_p=\pi/2 \cdots\cdots (5)$$

$$\therefore \sin^{-1}(2) = -i\,[\widetilde{\ln}\,(2+\sqrt{3}) + (\pi/2+2n\pi)i] + 2k\pi，\qquad n=0,\ \pm 1,\ \pm 2,\cdots，$$

$$= -i\,\widetilde{\ln}\,(2+\sqrt{3}) + \left(\frac{1}{2}+2m\right)\pi，\qquad m\equiv n+k=0,\ \pm 1,\ \pm 2,\cdots，$$

$$\cdots\cdots (6)$$

☆實正弦三角函數的值是 (–1)～(+1) 的實數 (請看 (2-73) 式)，於是其反三角函數不可能出現虛數，以及大小大於 1 之值，所以看到複數值或大小大於 1 之值出現。表示複變數領域，上面所得結果確實證明如此。

(9) 反雙曲線函數′ (inverse hyperbolic functions)

(i) 實變數與實反雙曲線函數′

圖像是深入瞭解問題結構的最好方法，尤其是圖示。複變函數無法直接畫圖，故需要有紮實的實函數圖解。實雙曲線函數類比於實三角函數，於是從 (2-

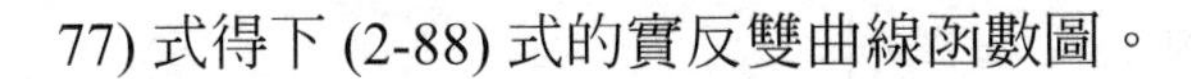
77) 式得下 (2-88) 式的實反雙曲線函數圖。

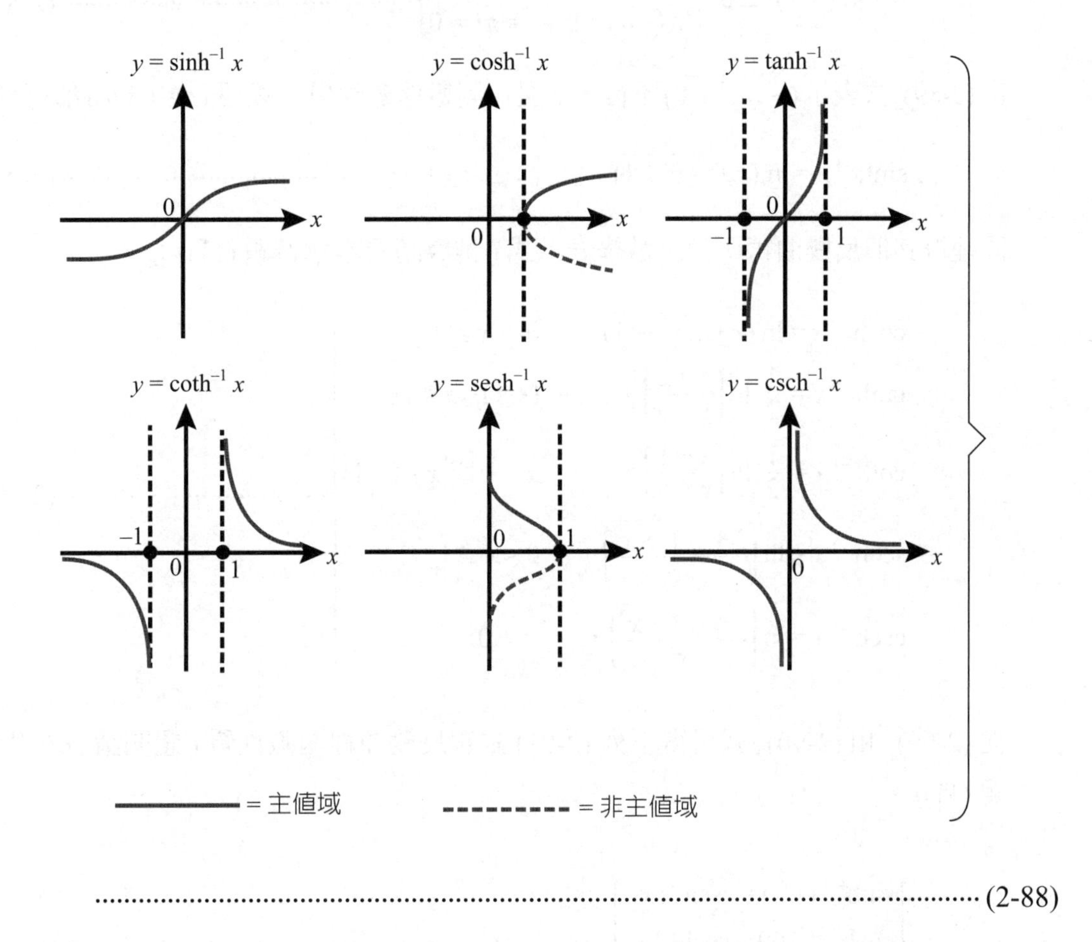

$$\cdots\cdots\cdots\cdots\cdots\cdots\cdots\cdots \text{(2-88)}$$

實反雙曲線函數的數學表示式之求法是，類比於求實反三角函數 $(2\text{-}86)_1$ 和 $(2\text{-}86)_2$ 式，例如 $x = \sinh y$，則 $y = \sinh^{-1} x$，於是從 (2-77) 式切入求 y 就是。

$$\sinh y = \frac{e^y - e^{-y}}{2} = x \cdots\cdots\cdots\cdots \text{(2-89)}_1$$

$$\therefore (e^y)^2 - 2xe^y - 1 = 0$$

$$\therefore e^y = x \pm \sqrt{(-x)^2 + 1} = x \pm \sqrt{x^2 + 1} \cdots\cdots\cdots\cdots \text{(2-89)}_2$$

$$\therefore \ln e^y = y = \ln\,(x \pm \sqrt{x^2 + 1}) = \sinh^{-1} x \cdots\cdots\cdots\cdots \text{(2-89)}_3$$

由 $(2\text{-}89)_1$ 式，當 $y = 0$ 時，$\sinh y = x = 0$，把這些數代入 $(2\text{-}89)_3$ 式得：

$$0=\ln(\pm 1)\Longrightarrow\begin{Bmatrix}\ln 1=0\\ \ln(-1)=\ln e^{\pi i}=\pi i\neq 0\end{Bmatrix}\cdots\cdots(2\text{-}89)_4$$

由$(2\text{-}89)_4$式表示$(-\sqrt{x^2+1})$不行，並且由對數函數性質，只要$x\neq(\pm\infty)$都可以。

$$\therefore\ \sinh^{-1}x=\ln(x+\sqrt{x^2+1}),\qquad (-\infty)<x<\infty\cdots\cdots(2\text{-}90)_1$$

同理得其他反雙曲線函數之數學表示式(推導請看本章習題(11))：

$$\left.\begin{aligned}
&\cosh^{-1}x=\ln(x+\sqrt{x^2-1}), && \infty>x\geq 1\\
&\tanh^{-1}x=\frac{1}{2}\ln\left(\frac{1+x}{1-x}\right), && (-1)<x<1\\
&\coth^{-1}x=\frac{1}{2}\ln\left(\frac{x+1}{x-1}\right), && x>1\text{ 或 }x<(-1)\\
&\operatorname{sech}^{-1}x=\ln\left(\frac{1+\sqrt{1-x^2}}{x}\right), && 0<x\leq 1\\
&\operatorname{csch}^{-1}x=\ln\left(\frac{1+\sqrt{1+x^2}}{x}\right), && x\neq 0
\end{aligned}\right\}\cdots\cdots(2\text{-}90)_2$$

從$(2\text{-}90)_1$和$(2\text{-}90)_2$式可得下列(2-91)式實反雙曲線函數性質(證明請看本章習題(11))。

$$\left.\begin{aligned}
&\begin{cases}\sinh^{-1}(1/x)=\operatorname{csch}^{-1}x\\ \cosh^{-1}(1/x)=\operatorname{sech}^{-1}x\\ \tanh^{-1}(1/x)=\coth^{-1}x\end{cases}\\
&\begin{cases}\sinh^{-1}(ix)=i\sin^{-1}x\\ \cosh^{-1}(ix)=i\cos^{-1}(ix)\\ \tanh^{-1}(ix)=i\tan^{-1}x\end{cases}
\end{aligned}\right\}\cdots\cdots(2\text{-}91)$$

(ii) 定義複變反雙曲線函數′與其性質：——(請同時看本章習題(18))——

實反雙曲線函數是，如$(2\text{-}90)_1$和$(2\text{-}90)_2$式以對數函數出現，複變對數函數是多值函數，於是以複變數$z=(x+iy)$取代$(2\text{-}90)_1$和$(2\text{-}90)_2$式的實變數x定義複變反雙曲線函數時，必須加"$2k\pi i$"項。爲什麼不是如(2-87)式加"$2k\pi$"而是"$2k\pi i$"呢？因$(2\text{-}89)_2$式左邊是e^y不是e^{iy}，而$e^y=e^{y-2k\pi i}$的$\ln e^{y-2k\pi i}=(y-2k\pi i)$，於是$(2\text{-}90)_1$和$(2\text{-}90)_2$式右邊需要加的是有"$i$"的$2k\pi i$項，所以得：

$$\left.\begin{aligned}
&\sinh^{-1} z \equiv \ln(z+\sqrt{z^2+1})+2k\pi i\\
&\cosh^{-1} z \equiv \ln(z+\sqrt{z^2-1})+2k\pi i\\
&\tanh^{-1} z \equiv \frac{1}{2}\ln\left(\frac{1+z}{1-z}\right)+2k\pi i\\
&\coth^{-1} z \equiv \frac{1}{2}\ln\left(\frac{z+1}{z-1}\right)+2k\pi i\\
&\text{sech}^{-1} z \equiv \ln\left(\frac{1+\sqrt{1-z^2}}{z}\right)+2k\pi i\\
&\text{csch}^{-1} z \equiv \ln\left(\frac{1+\sqrt{z^2+1}}{z}\right)+2k\pi i\\
&\quad k=0,\ \pm1,\ \pm2,\ \cdots,\ k=0 \text{ 為主支}
\end{aligned}\right\} \cdots\cdots (2\text{-}92)$$

從 (2-92) 式可得下 (2-93) 式的複變反雙曲線函數性質：

$$\left.\begin{aligned}
&\begin{cases}\sinh^{-1}(1/z)=\text{csch}^{-1} z\\ \cosh^{-1}(1/z)=\text{sech}^{-1} z\\ \tanh^{-1}(1/z)=\coth^{-1} z\end{cases}\\
&\begin{cases}\sinh^{-1}(iz)=i\sin^{-1} z\\ \cosh^{-1}(iz)=i\cos^{-1}(iz)\\ \tanh^{-1}(iz)=i\tan^{-1} z\end{cases}
\end{aligned}\right\} \cdots\cdots (2\text{-}93)$$

(Ex.2-13)
求在**主支** (principal branch) 下的下面複變反雙曲線函數之值：
(1) $\cosh^{-1}(-1)$，(2) $\tanh^{-1}(0)$，(3) $-i\sinh^{-1}(i/2)$，(4) $-i\sinh^{-1}(2i)$
然後比較 (3) 和 (4) 結果與(Ex.2-12)的(2)和(3)結果，以證明(2-93)式。

(**解**)：使用 (2-92) 式的 $k=0$，以及 (2-61) 式：

(1) 求在主支的 $\cosh^{-1}(-1)$ 之值：

$$\cosh^{-1}(-1) \xlongequal[(2-92)\text{式}]{} \ln(-1+\sqrt{(-1)^2-1})=\ln(-1)$$

$$\ln z \xlongequal[(2-61)\text{式}]{} \ln[r(\cos\theta_p+i\sin\theta_p)]=\widetilde{\ln}\, r+(\theta_p+2n\pi)i$$

$$z=r(\cos\theta_p+i\sin\theta_p)=-1$$

$$=1\times(\cos\pi+i\sin\pi)$$

$$\therefore r=1,\quad \theta_p=\pi$$

$$\therefore \ln(-1) = \widetilde{\ln}\,1 + (1+2n)\pi i = 0 + (1+2n)\pi i = (1+2n)\pi i \quad \cdots\cdots (1)$$

$$\therefore \cosh^{-1}(-1) = (1+2n)\pi i \text{，} \quad n = 0, \pm 1, \pm 2, \cdots \text{，} \quad \cdots\cdots (2)$$

(2) 求在主支的 $\tanh^{-1}(0)$ 之值：

$$\tanh^{-1}(0) \xlongequal[\text{(2-92)式}]{} \frac{1}{2}\ln\left(\frac{1+0}{1-0}\right) = \frac{1}{2}\ln 1$$

$$\ln z \xlongequal[\text{(2-61)式}]{} \widetilde{\ln}\,r + (\theta_p + 2n\pi)i \text{，} \quad n = 0, \pm 1, \pm 2, \cdots$$

$$z = r(\cos\theta_p + i\sin\theta_p) = 1 \Longrightarrow r = 1 \text{，} \quad \theta_p = 0$$

$$\therefore \ln 1 = \widetilde{\ln}\,1 + 2n\pi i = 0 + 2n\pi i = 2n\pi i \quad \cdots\cdots (3)$$

$$\therefore \tanh^{-1}(0) = \frac{1}{2} \times 2n\pi i = n\pi i \text{，} \quad n = 0, \pm 1, \pm 2, \cdots \text{，} \quad \cdots\cdots (4)$$

(3) 求在主支的 $-i\sinh^{-1}(i/2)$ 之值：

$$-i\sinh^{-1}(i/2) \xlongequal[\text{(2-92)式}]{} -i\ln\left(\frac{i}{2} + \sqrt{\left(\frac{i}{2}\right)^2 + 1}\right) = -i\ln\left(\frac{\sqrt{3}}{2} + \frac{i}{2}\right)$$

$$z = r(\cos\theta_p + i\sin\theta_p) = \frac{\sqrt{3}}{2} + \frac{i}{2}$$

$$= 1 \times (\cos\pi/6 + i\sin\pi/6)$$

$$\therefore r = 1 \text{，} \quad \theta_p = \pi/6$$

$$\therefore \ln z \xlongequal[\text{(2-61)式}]{} \widetilde{\ln}\,1 + \left(\frac{\pi}{6} + 2n\pi\right)i = \left(\frac{\pi}{6} + 2n\pi\right)i \quad \cdots\cdots (5)$$

$$\therefore -i\sinh^{-1}(i/2) = \frac{\pi}{6} + 2n\pi \text{，} \quad n = 0, \pm 1, \pm 2, \cdots \text{，} \quad \cdots\cdots (6)$$

$$= \sin^{-1}\left(\frac{1}{2}\right) \Longleftarrow \text{(Ex.2-12) 的 (4) 式}$$

$$\therefore \sinh^{-1}(i/2) = i\sin^{-1}(1/2) \quad \cdots\cdots (7)$$

或 $\sinh^{-1}(iz) = i\sin^{-1}(z)$，即證明了 (2-93) 式。

(4) 求在主支的 $-i\sinh^{-1}(2i)$ 之值：

$$-i\sinh^{-1}(2i) \xlongequal[\text{(2-92)式}]{} -i\ln((2i + \sqrt{(2i)^2 + 1}) = -i\ln[(2+\sqrt{3})i]$$

$$z = r(\cos\theta_p + i\sin\theta_p) = (2+\sqrt{3})i = (2+\sqrt{3})(\cos\pi/2 + i\sin\pi/2)$$

$$\therefore r = 2 + \sqrt{3} \text{，} \quad \theta_p = \pi/2$$

$$\therefore \ln z \underset{(2-61)\text{式}}{=\!=\!=} \widetilde{\ln}(2+\sqrt{3})+\left(\frac{\pi}{2}+2n\pi\right)i, \qquad n=0, \pm 1, \pm 2, \cdots$$

$$\therefore -i\sinh^{-1}(2i) = -i\widetilde{\ln}(2+\sqrt{3})+\left(\frac{1}{2}+2n\right)\pi \cdots\cdots (8)$$

$$= \sin^{-1}(2) \Longleftarrow \text{(Ex.2-12) 的 (6) 式}$$

$$\therefore \sinh^{-1}(2i) = i\sin^{-1}(2) \cdots\cdots (9)$$

或 $\sinh^{-1}(iz) = i\sin^{-1}(z)$，即證明了 (2-93) 式。

以上我們是一面複習中學時代學的初級函數′，一面推廣它們到複變數領域，而得最起碼的複變初級函數′：指數，三角，雙曲線函數與其反函數，以及多項式，有理代數和冪函數。他們個個有自己的定義，不是解方程式得來的函數。於是以有限次的加減乘除運算任意初級函數所得的函數，仍然是同質的初級函數。此地的初級函數：指數，三角和雙曲線函數的反函數都是初級曲數，但一般地，初級函數的反函數不一定初級函數。

(10) 代數函數與超越函數

高中學的代數方程式是實數，且係數爲常數，最高次數是五次的一元五次線性方程式，現推廣爲係數是複變數 $z=(x+iy)$ 的一元 n 次複變線性方程式：

$$P_0(z)\omega^n + P_1(z)\omega^{n-1} + \cdots + P_{n-1}(z)\omega + P_n(z)$$
$$= \sum_{k=0}^{n} P_k(z)\omega^{n-k} = 0, \qquad n = \text{有限正整數，且 } P_0 \neq 0 \cdots\cdots (2\text{-}94)$$

如 $P_k(z)$ 爲 (2-40) 式的 z 之多項式，則稱 (2-94) 式之解 $\omega \equiv f(z)$ 爲 z 的**代數函數** (algebraic function)，是初級函數，而稱無法表示成 (2-94) 式的函數爲**超越函數** (transcendental function)。顯然複變指數函數 e^z，三角函數 $\sin z$ 等，雙曲線函數 $\sinh z$ 等，與其反函數 $\ln z$，$\sin^{-1} z$，$\sinh^{-1} z$，以及冪函數 z^α，有理代數函數 $P(z)/Q(z)$ 都屬於超越函數。(2-94) 式的最簡單形式是係數爲複數常數 α, β, γ 等，例如 $n=2$ 是：

$$\alpha\omega^2 + \beta\omega + \gamma = 0, \qquad \alpha \neq 0 \cdots\cdots (2\text{-}95)_1$$

$$\therefore \begin{Bmatrix} \omega_1 = (-\beta + \sqrt{\beta^2 - 4\alpha\gamma})/(2\alpha) = \text{複數常數} \\ \omega_2 = (-\beta - \sqrt{\beta^2 - 4\alpha\gamma})/(2\alpha) = \text{複數常數} \end{Bmatrix} \cdots\cdots (2\text{-}95)_2$$

顯然無法得 z 的函數，於是 (2-94) 的係數不可以全為複數常數 (含實常數)，例如 $(\alpha\omega^2 - z) = 0$，$\alpha \neq 0$，則得 $\omega = \pm\sqrt{z/\alpha}$ 是代數函數。代數函數之代數函數是代數函數，但代數函數的超越函數和超越函數的代數函數都是超越函數。

(II) 複變函數微分

對複變函數大約有初步瞭解了，接著來探討函數在其存在域有什麼幾何學現象，即函數的變化情況如何。在物理學，物理現象和發生現象的空間有密切關係。例如空間是否均勻，是否什麼都沒有，或有如懸崖深淵似的變化等。函數是描述物理現象的數學量，於是函數的幾何變化就是在該空間的現象變化。故從四面八方逼近函數在存在域之某點時，有無確定值，便能窺視物理現象的可能情況。這操作在數學稱為求函數在空間某點的**極限 (limit) 值**，以及該函數是否**連續** (continuous) 函數。有的函數只能無限地逼近問題點，但無法到達該點，即沒有該點的極限值的非連續現象。有的函數不但能無限地逼近，且能到達該點 (問題點)，有該點極限值的連續現象。這些數學情況完全和描述物理現象的函數性有關。複變數 z 是平面數，其函數 $f(z)$ 必是函數平面上的曲線 (含直線)，曲線的彎曲情況是探討的對象，於是需要有：

(i) 明顯定義的函數，
(ii) 且是**單值** (single-valued) 函數。 } ……………… $(2\text{-}96)_1$

而現象和函數的關連**圖像** (picture) 是：

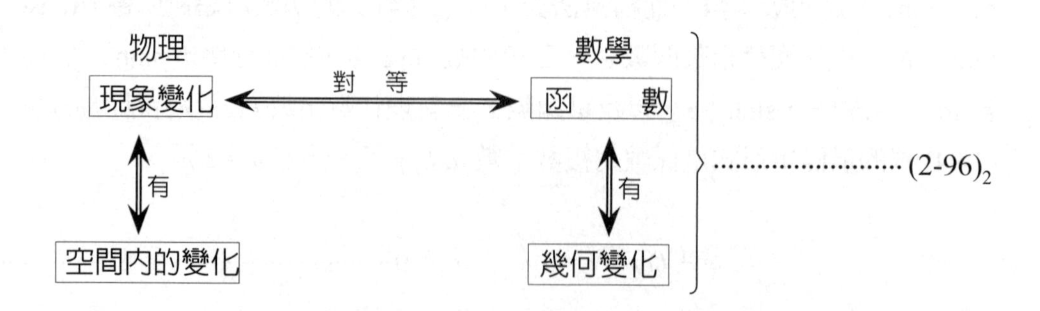

如遇到**多值**(many-valued 或 multiple-valued) 函數，則挑和處理問題有關的**分支**(branch 請看 (1-36)$_1$ 式到 (1-37) 式)。

$$\therefore \text{核心是}\left\{\begin{array}{l}\text{(i) 什麼叫極限？函數在某點的極限值是什麼？} \\ \text{(ii) 什麼叫連續？函數在其存在域的}\textbf{連續性} \\ \quad \text{(continuity) 如何？}\end{array}\right\} \cdots\cdots (2\text{-}96)_3$$

(A) 函數的連續性？[15, 16)]

(1) 極限′ (limits) 是什麼？

極限是無限地逼近某空間點，或某種現象的操作，我們僅研討前者。於是必有個變數 z 和有一個在 z 變域內之值 z_0，令 z 從四周八方逼近於 z_0 時，兩者差值的絕對值 $|z-z_0|$ 設為 δ，δ 能小到你所要之小 (as small as you wish)，但不能 $\delta=0$，即 $z \neq z_0$，稱 z_0 為 z 在該點的**極限值**，換句話，z_0 是 z 的收斂值。

(i) 極限的定義

設 $f(z) \equiv \omega$ 為複變數平面 z 平面某**區域** (region) 的複變數 z 之**單值** (single-valued) 函數，如對任意無限小正數 ε，存在另一無限小正數 δ，而：

$$\left.\begin{array}{r}|f(z)-\omega_0|<\varepsilon \\ \text{當 } 0<|z-z_0|<\delta\end{array}\right\} \cdots\cdots (2\text{-}97)_1$$

稱 z 逼近於 z_0 時，$f(z)$ 有一個**唯一** (unique) 值，為極限值 ω_0，表示成：

$$\lim_{z \to z_0} f(z) = \omega_0 \cdots\cdots (2\text{-}97)_2$$

(2-97)$_1$ 式的幾何表示如下圖 (2-19)：

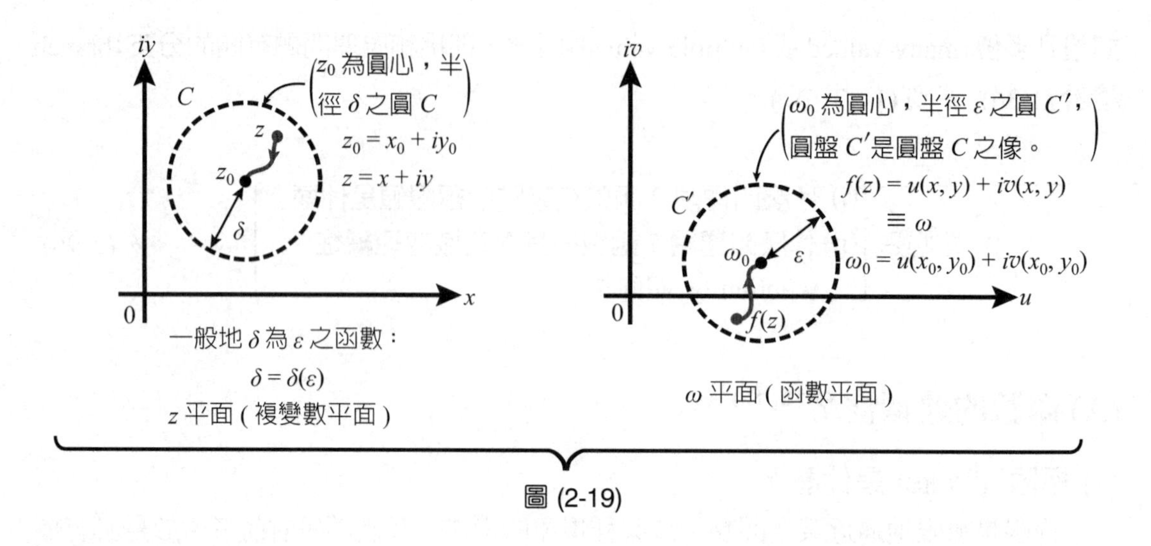

圖 (2-19)

$(2\text{-}97)_1$ 式的第一式表示：$(f(z) \to \omega_0)$ 和 $f(z_0) = \omega_0$ 的本質不同，而第二式表示 z 不含 z_0，這一點和求實函數極限值一樣 [17]。至於 **"唯一** (unique) 值"，表示該值與 z 逼近於 z_0 的路徑或者方式無關的一個值。這種操作必須 $f(z)$ 爲單值函數才行，於是當 $f(z)$ 爲多值函數時，必挑和問題有關的 Riemann 葉〔請複習 (Ex.1-8) 和 (Ex.1-9)〕來求極限值。

平面數的複變數 z 是，由兩個獨立變數 x 和 y 以**等權** (equal weight) 的線性組合數，於是其無限小"0"和無限大"∞"，由於：

$$z = x + iy$$

$$\therefore \left.\begin{cases} z \to 0 \text{ 時，必須同時 } x \to 0 \text{ 和 } y \to 0, \\ z \to \infty \text{ 時，至少 } x \to \infty \text{ 和 } y \to \infty \text{ 之一個必成立。} \end{cases}\right\} \cdots\cdots (2\text{-}98)$$

無限小"0"是 z 平面的原點或複數球面圖 (1-14) 的南極 S，無限大"∞"在 z 平面無法以"一點"來表示，只能用複數球面表示"∞"點，它是圖 (1-14) 的北極 N。實變數 x 時，有正與負無限大，但複變數 z 只有一個無限大，例如：

$$\left.\begin{aligned} &\lim_{z \to 1} \frac{1}{1-z} = \infty \\ &\lim_{x \to 1} \frac{1}{1-x} = \lim_{x \to (1\pm 0)} \frac{1}{1-x} = \mp\infty \end{aligned}\right\} \cdots\cdots (2\text{-}99)$$

(ii) 複變函數的極限值性質

(a) 如 $f(z)=[u(x,y)+iv(x,y)]\equiv\omega$，$u$ 和 v 為實變數 x 和 y 的實函數，則 $(2\text{-}97)_2$ 式是：

$$\lim_{z\to z_0} f(z)=\omega_0\ ,\qquad z_0=x_0+iy_0$$
$$=\lim_{(x,y)\to(x_0,y_0)}[u(x,y)+iv(x,y)$$
$$=u(x_0,y_0)+iv(x_0,y_0)\cdots\cdots(2\text{-}100)_1$$

(b) 如 $\lim\limits_{z\to z_0} f(z)=p$，$\lim\limits_{z\to z_0} g(z)=q$，則得和實函數′極限值一樣[17]的如下結果：

$$\lim_{z\to z_0}[f(z)+g(z)]=p+q\cdots\cdots(2\text{-}100)_2$$
$$\lim_{z\to z_0} f(z)g(z)=pq\cdots\cdots(2\text{-}100)_3$$
$$\lim_{z\to z_0} f(z)/g(z)=p/q\quad 當\ q\neq 0\cdots\cdots(2\text{-}100)_4$$

證明 $(2\text{-}100)_2$ 式到 $(2\text{-}100)_4$ 式：

① 證明 $(2\text{-}100)_2$ 式：

使用定義式 $(2\text{-}97)_1$ 式來證明，對任意小的正數 ε，必能找到另一小正數 δ 使得下關係式成立：

$$[f(z)+g(z)]-(p+q)|<\varepsilon，\qquad 當\ 0<|z-z_0|<\delta\cdots\cdots(1)$$

重寫 (1) 式左邊和用 (1-19) 式得：

$$|[f(z)-p]+[g(z)-q]|\leq(|f(z)-p|+|g(z)-q|)\cdots\cdots(2)$$

$$設\begin{cases}|f(z)-p|<\varepsilon/2， & 當\ 0<|z-z_0|<\delta_1\\ |g(z)-q|<\varepsilon/2， & 當\ 0<|z-z_0|<\delta_2\end{cases}\cdots\cdots(3)$$

則由 (2) 和 (3) 式，以及取比 δ_1 和 δ_2 較小者為 δ 得：

$$|[f(z)+g(z)]-(p+q)|<(\varepsilon/2+\varepsilon/2)=\varepsilon，\qquad 當\ 0<|z-z_0|<\delta\cdots\cdots(4)$$
$$\therefore\lim_{z\to z_0}[f(z)+g(z)]=p+q=(2\text{-}100)_2\ 式\cdots\cdots(5)$$

② 證明 $(2\text{-}100)_3$ 式：

同 (1) 式到 (5) 式的方法與使用 (1-19) 式來證明 $(2\text{-}100)_3$ 式，於是必想辦法把 $(2\text{-}100)_3$ 式的 $[f(z)g(z)-pq]$ 化成 $[f(z)-p]$ 和 $[g(z)-q]$ 的組合：

$$f(z)g(z)-pq=[f(z)-p][g(z)-q]+p[g(z)-q]+q[f(z)-p] \cdots\cdots (6)$$

$$\therefore |f(z)g(z)-pq| \leq (|f(z)-p||g(z)-q|+|p||g(z)-q|+|q||f(z)-p|) \cdots\cdots (7)$$

設 ε_1 和 ε 爲兩個小正數，以及另一個小正數 δ，且滿足：

$$|f(z)-p|<\varepsilon_1, \quad |g(z)-q|<\varepsilon_1, \quad 當\ 0<|z-z_0|<\delta \cdots\cdots (8)$$

$$\varepsilon_1|p|<\varepsilon/3, \quad \varepsilon_1|q|<\varepsilon/3, \quad \varepsilon_1^2<\varepsilon/3 \cdots\cdots (9)$$

$$\therefore |f(z)g(z)-pq|<(\varepsilon_1^2+|p|\varepsilon_1+|q|\varepsilon_1)<\left(\frac{\varepsilon}{3}+\frac{\varepsilon}{3}+\frac{\varepsilon}{3}\right) \cdots\cdots (10)$$

$$\therefore |f(z)g(z)-pq|<\varepsilon, \quad 當\ 0<|z-z_0|<\delta \cdots\cdots (11)$$

$$\therefore \lim_{z\to z_0} f(z)g(z)=pq=(2\text{-}100)_3\ 式 \cdots\cdots (12)$$

③ 證明 $(2\text{-}100)_4$ 式：

$f(z)/g(z)=[f(z)]\left[\frac{1}{g(z)}\right]$ 相當於執行 $(2\text{-}100)_3$ 式，於是關鍵是證明：

$$\lim_{z\to z_0}\frac{1}{g(z)}=\frac{1}{q}, \quad 當\ 0<|z-z_0|<\delta \cdots\cdots (13)$$

故必從 $1/g(z)$ 切入，並且盡量化成 $(2\text{-}97)_1$ 式形式的 $[g(z)-g]$：

$$\frac{1}{q}-\frac{1}{g(z)}=\frac{g(z)-q}{qg(z)} \cdots\cdots (14)$$

$$\therefore \left|\frac{1}{q}-\frac{1}{g(z)}\right| \underset{(1-19)式}{=\!=\!=} \frac{|g(z)-q|}{|qg(z)|}=\frac{|g(z)-q|}{|q||g(z)|} \cdots\cdots (15)$$

分析 (7) 式到 (10) 式過程，得焦點是能獲得 (15) 式左邊要小於很小正數 ε。從 (15) 式右邊可得 ε 的信息，但分母是兩個絕對值之積，如能得 $|g(z)|$ 和 $|q|$ 的關係就能突破。由於 $q \neq 0$，故用它來找任意小正數 ε 和比 ε 更小的小正數 ε_1，並且是：

$$\varepsilon_1<|q|/2, \quad 同時\ \varepsilon_1<\varepsilon|q|^2/z \cdots\cdots (16)$$

(16) 式的 1/2 **因子** (factor) 之靈感來自 (3) 式，以及

$$|q-g(z)|<\varepsilon_1\text{，}\quad 當\ 0<|z-z_0|<\delta \cdots\cdots (17)$$

$$\because\ q=[q-g(z)]+g(z)$$

$$\therefore\ |q|=\frac{1}{2}|q|+\frac{1}{2}|q|$$

$$=(|q-g(z)|+|g(z)|)<(\varepsilon_1+|g(z)|)<\left(\frac{|q|}{2}+|g(z)|\right)$$

$$\therefore\ \frac{1}{2}|q|<|g(z)| \cdots\cdots (18)$$

把 (16), (17) 和 (18) 式代入 (15) 式得：

$$\left|\frac{1}{q}-\frac{1}{g(z)}\right|<\frac{\varepsilon_1}{|q|^2/2}<\varepsilon \cdots\cdots (19)$$

$$\therefore\ \lim_{z\to z_0}\frac{1}{g(z)}=\frac{1}{q}\text{，}\quad 當\ 0<|z-z_0|<\delta \cdots\cdots (20)$$

$$\therefore\ \lim_{z\to z_0}\frac{f(z)}{g(z)}=\frac{p}{q}=(2\text{-}100)_4\ 式\text{，}\quad 當\ 0<|z-z_0|<\delta \cdots\cdots (21)$$

(Ex.2-14) 求下面各函數的極限值：

(1) $\lim\limits_{z\to 0}\frac{z^*}{z}$，　(2) $\lim\limits_{z\to i}\frac{zz^*+z-iz^*-i}{z^2+1}$，　(3) $\lim\limits_{z\to -i}\frac{1}{1+z^2}$

(**解**)：依 $(2\text{-}97)_1$ 和 $(2\text{-}97)_2$ 式的函數極限值定義，必須和逼近於問題點的路徑與方式無關才行。複變數 $z=(x+iy)$ 是平面數，故可利用 x 變數與 y 變數路徑來逼近於問題點 $z_0=(x_0+iy_0)$，看看能不能得同值，如得同值就存在極限值，不同值就是沒極限值。不過有的題目不能同時使用 x 與 y 軸作爲路徑，例如問題點 $z_0=$ 實數時 y 軸路徑不能用，而 $z_0=$ 虛數時 x 軸路徑不能用。

(1) 求 $\lim\limits_{z\to 0} z^*/z$ 的極限值：

(a)以 x 軸爲 $z\to 0$ 之路徑：

$$\lim_{z\to 0}\frac{z^*}{z}=\lim_{\substack{x\to 0\\ y=0}}\frac{x-iy}{x+iy}=\lim_{x\to 0}\frac{x}{x}=1 \cdots\cdots (1)$$

(b) 以 y 軸爲 $z \to 0$ 之路徑：

$$\lim_{z\to 0}\frac{z^*}{z}=\lim_{\begin{pmatrix}x=0\\y\to 0\end{pmatrix}}\frac{x-iy}{x+iy}=\lim_{y\to 0}\frac{-iy}{iy}=-1\neq(1)\text{ 式} \cdots\cdots (2)$$

(1) 和 (2) 式明顯地表示 $\lim_{z\to 0} z^*/z$ 值和路徑有關，

$$\therefore \lim_{z\to 0}\frac{z^*}{z}\text{ 值不存在} \cdots\cdots (3)$$

(2) 求 $\lim_{z\to i}\dfrac{zz^*+z-iz^*-i}{z^2+1}$ 的極限值：

本題的問題點 $z_0=i$，故 x 軸路徑無法用，於是除 y 軸路徑之外，非找非 x 非 y 軸的一般路徑不可。

(a)以 z 平面的非實數與非虛數軸的路徑：

$$\lim_{z\to i}\frac{zz^*+z-iz^*-i}{z^2+1}=\lim_{z\to i}\frac{(z^*+1)(z-i)}{(z+i)(z-i)}$$

$$=\lim_{z\to i}\frac{z^*+1}{z+i}=\frac{-i+1}{2i} \cdots\cdots (4)$$

(b)以 y 軸爲 $z \to i$ 的路徑：

$$\lim_{z\to i}\frac{zz^*+z-iz^*-i}{z^2+1}=\lim_{z\to i}\frac{z^*+1}{z+i}=\lim_{\begin{pmatrix}x=0\\y\to 1\end{pmatrix}}\frac{x-iy+1}{x+iy+i}$$

$$=\frac{-i+1}{2i}=(4)\text{ 式} \cdots\cdots (5)$$

$$\therefore \lim_{z\to i}\frac{zz^*+z-iz^*-i}{z^2+1}\text{ 値存在，是 }\frac{1-i}{2i} \cdots\cdots (6)$$

(3) 求 $\lim_{z\to -i}\dfrac{1}{1+z^2}$ 的極限值：

此題和 (2) 一樣，極限點都在 z 平面的一個軸上，於是由 (4) 和 (5) 式之方法得：

$$\lim_{z\to -i}\frac{1}{1+z^2}=\lim_{z\to -i}\frac{1}{(z+i)(z-i)}=\frac{1}{0}=\infty \cdots\cdots (7)$$

$$\lim_{z\to -i}\frac{1}{1+z^2}=\lim_{\substack{x=0\\ y\to -1}}\frac{1}{1+(x+iy)^2}=\frac{1}{0}=\infty=(7)\text{ 式} \quad\cdots\cdots (8)$$

$$\therefore \lim_{z\to -i}\frac{1}{1+z^2}=\infty \quad\cdots\cdots (9)$$

(2) 連續 (continuity) 是什麼？

複變數 z 與其函數 $f(z)\equiv\omega$，如 $|f(z)-\omega_0|<\varepsilon$，當 $0<|z-z_0|<\delta$，且 ω_0 是和 z 逼近於 z_0 的路徑和逼近方式 (例如連續地逼近或跳躍地逼近) 無關的**唯一** (unique) 值，同時能得：

$$\lim_{z\to z_0} f(z)=f(z_0)$$

則稱 $f(z)$ 在 $z=z_0$ 點**連續**，換句話，z 眞的能到達 z_0 點，因此這時的 δ，一般地和 ε 以及極限點之 z_0 有關。綜合這些內涵，便能定義什麼是連續。

(i) 連續的定義

如複變數 z 的函數 $f(z)$ 具有下述三條件：

$$\left\{\begin{array}{l} \text{①}\ f(z)\text{ 必存在極限值，當 } z\to z_0 \\ \text{②}\ f(z_0)\text{ 確實存在，當 } z=z_0\text{，而} \\ \text{③}\ \lim\limits_{z\to z_0} f(z)=f(z_0) \end{array}\right\} \quad\cdots\cdots (2\text{-}101)$$

則稱 $f(z)$ 在 $z=z_0$ **連續**。

(2-101) 式的 ① 表示 $f(z)$ 是滿足 $(2\text{-}97)_1$ 式的函數；加上 ② 的 $f(z)$。不但在 z_0 近傍，並且在 $z=z_0$ 是有確定值，同時單值函數；而 ③ 是 $f(z)$ 在 z_0 的值。接著是探討和連續性有關的重要專用名詞。

(ii) 均勻連續 (uniform continuity) 是什麼？

$$\left(\begin{array}{l}\text{如 } f(z) \text{在 } z \text{ 平面某區域 (region)} D \text{ 內(不含 } D \text{ 的} \\ \text{邊界之意）的所有點都是連續，則稱 } f(z) \text{ 在 } D \\ \text{為連續函數或 } f(z) \text{ 為 } D \text{ 的連續函數。}\end{array}\right) \cdots\cdots (2\text{-}102)_1$$

$(2\text{-}102)_1$ 式表示 $f(z)$ 在 D 內各點都滿足 (2-101) 式，於是無論 z 在 D 內的哪一點都是：

$$\left.\begin{array}{l}|f(z)-f(z_0)|<\varepsilon \text{，} \quad \text{當} |z-z_0|<\delta \\ \text{而} \delta \text{ 只和} \varepsilon \text{ 有關，和 } z_0 \text{ 無關。}\end{array}\right\} \cdots\cdots (2\text{-}102)_2$$

稱滿足 $(2\text{-}102)_2$ 式的 $f(z)$ 爲 D 的均勻連續函數。換句話，如 z_1 和 z_2 是 D 內任意兩點，則得：

$$|f(z_1)-f(z_2)|<\varepsilon \text{，} \quad \text{當 } |z_1-z_2|<\delta \cdots\cdots (2\text{-}102)_3$$

複變函數 $f(z)$ 是複變數空間′之間的變換 (映射) 數學表示式子，例如圖 (2-3) 到圖 (2-8)，以及圖 (2-10)(a) 到圖 (2-12)，畫圖時需用實函數 $u(x, y)$ 和 $v(x, y)$：

$$z = x + iy \text{，} \quad z_0 = x_0 + iy_0$$
$$f(z) = u(x, y) + iv(x, y)$$

於是 $f(z)$ 在 $z = z_0$ 連續的 (2-101) 式 $f(z_0)$ 是：

$$\begin{aligned}\lim_{z\to z_0} f(z) &= \lim_{z\to z_0}[u(x, y) + iv(x, y)] \\ &= \lim_{(x,y)\to(x_0,y_0)}[u(x, y) + iv(x, y)] \\ &= u(x_0, y_0) + iv(x_0, y_0) \cdots\cdots (2\text{-}103)\end{aligned}$$

因此 $f(z)$ 在 $z = z_0$ 的連續條件變成 (2-103) 式的 u 與 v 在 (x_0, y_0) 點的連續條件；

同樣地，當 $f(z)$ 爲 D 的連續函數時，u 與 v 分別爲 D 的連續函數。

(iii) 非連續 (discontinuity) 與可去非連續 (removable discontinuity)？

當複變函數 $f(z)$ 無法滿足 (2-101) 式的任何一個條件，尤其 (2-101) 式的 ② 或 ③，則稱 $f(z)$ 在 $z = z_0$ 不連續，或者稱 $f(z)$ 爲在 $z = z_0$ **非連續函數**，或簡稱**非連續函數**，而 z_0 爲 $f(z)$ 的非連續點。不過當 $f(z)$ 滿足 (2-101) 式的 ① 和 ②，但 ③ 不行，即 $\lim_{z \to z_0} f(z) \neq f(z_0)$，則稱 z_0 爲**可去非連續點**。爲什麼**可去** (removable) 呢？因可重新定義 $f(z_0)$，令 $f(z_0)$ 等於 $\lim_{z \to z_0} f(z)$。如 $f(z)$ 僅滿足 (2-101) 式的 ① 而不存在 $f(z_0)$ 值，即 ② 不行了，③ 更不必提，則稱 z_0 爲**不可去非連續性** (non-removable discontinuity) 點。

(iv) 複變函數的連續性質

(a) 如複變函數′$f(z)$ 和 $g(z)$ 在複變數 $z = z_0$ 連續，則下述複變函數全在 $z = z_0$ 爲連續函數：

$$\begin{cases} \lim_{z \to z_0} [f(z)+g(z)] = f(z_0)+g(z_0) \cdots\cdots (2\text{-}104)_1 \\ \lim_{z \to z_0} [f(z)g(z)] = f(z_0)g(z_0) \cdots\cdots (2\text{-}104)_2 \\ \lim_{z \to z_0} f(z)/g(z) = f(z_0)/g(z_0), \quad g(z_0) \neq 0 \cdots\cdots (2\text{-}104)_3 \end{cases}$$

證明 $(2\text{-}104)_1$ 式到 $(2\text{-}104)_3$ 式：

此三式的證明對應於證明 $(2\text{-}100)_2$ 式至 $(2\text{-}100)_4$ 式，不過此地的 z 是能到達 $z = z_0$，而得 $\lim_{z \to z_0} f(z) = f(z_0)$，$\lim_{z \to z_0} g(z) = g(z_0)$，於是對任意小正數 ε，必能找到另一小正數 δ 使得：

$$|[f(z)+g(z)] - [f(z_0)+g(z_0)]| < \varepsilon, \quad 當\ |z - z_0| < \delta \cdots\cdots (1)$$

$$|f(z)g(z) - f(z_0)g(z_0)| < \varepsilon, \quad 當\ |z - z_0| < \delta \cdots\cdots (2)$$

$$|f(z)/g(z) - f(z_0)/g(z_0)| < \varepsilon, \quad 當\ |z - z_0| < \delta \cdots\cdots (3)$$

所以能得 $(2\text{-}104)_1$ 式到 $(2\text{-}104)_3$ 式。請注意：是 $|z - z_0| < \delta$，不是 $0 < |z - z_0| < \delta$，因爲 z 能到達 z_0 點了。

(b) 如 $\omega = f(z)$ 在 $z = z_0$ 連續，而 $z = g(\xi)$ 在 $\xi = \xi_0$ 連續，並且 $z_0 = g(\xi_0)$，則**複合函數** (composite function，或**函數之函數** (function of a function)) $\omega = f[g(\xi)]$ 在 $\xi = \xi_0$ 連續，即：

$$\lim_{z \to z_0} f(z) = \lim_{\xi \to \xi_0} f[g(\xi)] = f[g(\xi_0)] = f(z_0) \cdots\cdots (2\text{-}105)_1$$

換句話：

連續函數的連續函數是連續函數 ……… $(2\text{-}105)_2$

(c) 初級實函數 (不含其反函數) 都是連續函數 [17]，於是在 (I)(C) 所探討的初級函數′：

$$\left.\begin{array}{l} (2-40)\text{ 式的多項式函數 } P(z)， \\ (2-41)\text{ 式的有理代數函數 } P(z)/Q(z)， \\ (2-43)\text{ 式的指數函數 } e^z， \\ (2-74)\text{ 式的三角函數 } \sin z \text{ 和 } \cos z， \end{array}\right\} \cdots\cdots (2\text{-}106)$$

在複變數平面 z 平面的**有限區域** (finite region) 是連續函數。

(d) 如複變函數 $f(z)$ 在 z 平面的某**封閉區域** (closed region，即有界區域) C 內 (不含邊界) 連續，則對所有 C 內的 z 必存在一個**正常數** (positive constant) M，使得：

$$|f(z)| \leq M \cdots\cdots (2\text{-}107)$$

(Ex.2-15)
分析下述各函數的連續性 (連續？非連續？可不可去連續？)：

(1) $f(z) = \begin{cases} z^2 \cdots\cdots z \neq z_0，且 z \neq 0 \\ 0 \cdots\cdots z = z_0 \end{cases}$

(2) $f(z) = \dfrac{3z^4 - 2z^3 + 8z^2 - 2z + 5}{z - i}$，

(3) $f(z) = \dfrac{z}{z^2 + 1}$，

(4) $f(z) = \tan z$。

(**解**)：使用連續的定義 (2-101) 式，以及和連續有關的專用名詞定義。

(1) 分析 $f(z)=\begin{cases} z^2 \cdots\cdots z \neq z_0\text{，且 } z_0 \neq 0 \\ 0 \cdots\cdots z = z_0 \end{cases}$ 的連續性：

$\lim\limits_{z \to z_0} f(z) = \lim\limits_{z \to z_0} z^2 = z_0^2 \neq 0$，但由題目 $f(z_0)=0$

$\therefore \lim\limits_{z \to z_0} f(z) \neq f(z_0) \Longleftarrow$ 和 (2-101) 式的第三式牴觸，

$\therefore f(z)$ 在 $z=z_0$ 點爲非連續函數。

(2) 分析 $f(z)=\dfrac{3z^4-2z^3+8z^2-2z+5}{z-i}$ 的連續性：

當 $z \neq i$，則 $f(z)$ 是 (2-41) 式的有理代數函數，是連續函數 (看 (2-106) 式)，但當 $z=i$ 時無法定義 $f(z)$，於是由 (2-101) 式 $f(z)$ 在 $z=i$ 是非連續。不過當重定義 $f(z)$：

$$\begin{aligned} f(z) &= \frac{3z^4-2z^3+8z^2-2z+5}{z-i} \\ &= \frac{3z^3(z-i)+(3z^2i-2z^2)(z-i)+(5z-2zi)(z-i)+5i(z-i)}{z-i} \\ &= 3z^3+3z^2i-2z^2+5z-2zi+5i \Longleftarrow \text{分子分母相約 } (z-i) \text{ 來} \\ &= 3z^2(z+i)-2z(z+i)+5(z+\mathrm{i}) \\ &= (3z^2-2z+5)(z+i) \equiv \tilde{f}(z) \cdots\cdots (1) \end{aligned}$$

$$\therefore \lim_{z \to i} \tilde{f}(z) = 4+4i = \tilde{f}(i) \cdots\cdots (2)$$

(2) 式表示：雖 $\lim\limits_{z \to z_0} f(z)$ 不存在，但重定義 $f(z)$ 的 $\tilde{f}(z)$ 的 (1) 式在 $z=i$ 是連續，

$\therefore f(z)$ 是**可去非連續函數** (removable discontinuous function) ········· (3)

(3) 分析 $f(z)=\dfrac{z}{z^2+1}$ 的連續性：

$f(z)=\dfrac{z}{z^2+1}=\dfrac{z}{(z+i)(z-i)}$，於是當 $z=\pm i$ 時 $f(z)$ 的分母等於零，表示 $f(z)$ 在 $z=\pm i$ 時無法定義。

$\therefore f(z)=\dfrac{z}{z^2+1}$ 在 $z=\pm i$ 是非連續函數，$z \neq \pm i$ 時

由 (2-106) 式是連續函數 ········· (4)

(4) 分析 $f(z)=\tan z$ 的連續性：

$$\tan z=\frac{\sin z}{\cos z}，而 \sin z=\frac{e^{iz}-e^{-iz}}{2i}， \qquad \cos z=\frac{e^{iz}+e^{-iz}}{2} \cdots\cdots (5)$$

由 (2-106) 式得 (5) 式的 $\sin z$ 和 $\cos z$，對所有有限值的 z 是連續函數，其有限值含有零，於是當 $\cos z=0$ 時，在該點就無法定義 $\tan z$。使 $\cos z=0$ 的有限值是 $z=(2n+1)\pi/2$，$n=0, \pm1, \pm2, \cdots$，故除了 $z=(2n+1)\pi/2$ 值之外的所有 z 的有限值，$\tan z$ 是連續函數。

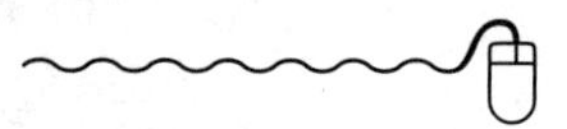

(Ex.2-16) 分析 $f(z)=\sqrt{z}$ 在 $z=ai$ 的連續性，$a=$ 非零的有限大小正實數。

(解)：(a) 求 $f(z)=\sqrt{z}$ 之解：

$f(z)=\sqrt{z}$ 是屬於 $z^{1/n}$ 的 $n=2$ 的兩值函數 (請複習 $(1\text{-}35)_1$ 式到 (1-37) 式)。由 $(1\text{-}35)_2$ 式得 $z^{1/n}$ 的一般解：

$$\left.\begin{array}{l} z^{1/n}=r^{1/n}\left(\cos\dfrac{\theta_p+2k\pi}{n}+i\sin\dfrac{\theta_p+2k\pi}{n}\right) \\ \begin{cases} k=0, 1, 2, \cdots, (n-1) 。\\ r={}_{+}\sqrt{x^2+y^2}， \quad \theta_p=\tan^{-1}\dfrac{y}{x} \end{cases} \end{array}\right\} \cdots\cdots (1)$$

於是 $z_0=(x_0+iy_0)=ai$ 的 r 和 θ_p 是：

$$r={}_{+}\sqrt{0^2+a^2}=a， \qquad \theta_p=\tan^{-1}\frac{a}{0}=\tan^{-1}\infty=\frac{\pi}{2} \cdots\cdots (2)$$

$$\therefore z^{1/2}=\sqrt{a}\left(\cos\frac{\pi/2+2k\pi}{2}+i\sin\frac{\pi/2+2k\pi}{2}\right)，k=0, 1 。$$

$$\left.\begin{array}{l} \therefore z^{1/2}=\begin{cases} \sqrt{a}\left(\cos\dfrac{\pi}{4}+i\sin\dfrac{\pi}{4}\right)=\sqrt{\dfrac{a}{2}}(1+i)\equiv\omega_1\cdots\cdots k=0 \\ \sqrt{a}\left(\cos\dfrac{5\pi}{4}+i\sin\dfrac{5\pi}{4}\right)=-\sqrt{\dfrac{a}{2}}(1+i)\equiv\omega_2\cdots\cdots k=1 \end{cases} \\ 顯然\begin{cases} (\omega_2=-\omega_1)\Longrightarrow(\omega_1+\omega_2=0 \text{ 或} \sum_{i=1}^{n}\omega_i=0) \\ (\omega_1\omega_2=-z_0)\Longrightarrow(\prod_{i=1}^{n}\omega_i=(-1)^{n-1}z_0) \end{cases} 驗證了 (1\text{-}35)_4 式 \end{array}\right\} \cdots (3)$$

由 (3) 式得 $f(z)=\sqrt{z}\equiv\omega$ 是如圖 (2-20)(b) 的兩值函數，即圖 (2-20)(a) 複變數平面 z 平面上的 $z=ai$ 點 P 在函數平面 ω 平面有兩個像 Q_1 和 Q_2，且 θ_p 每增加 2π，在值域 D_i 的 ω_i 就會對調 (請看 $(1\text{-}36)_4$ 式)，表示 ω 平面的任意點都有兩個值，$i=1, 2$。但探討的函數連續性必須爲單值函數，於是需要使用 Riemann 面，兩價函數要兩葉 Riemann 面 R_1 和 R_2 分別負責 ω_1 和 ω_2。

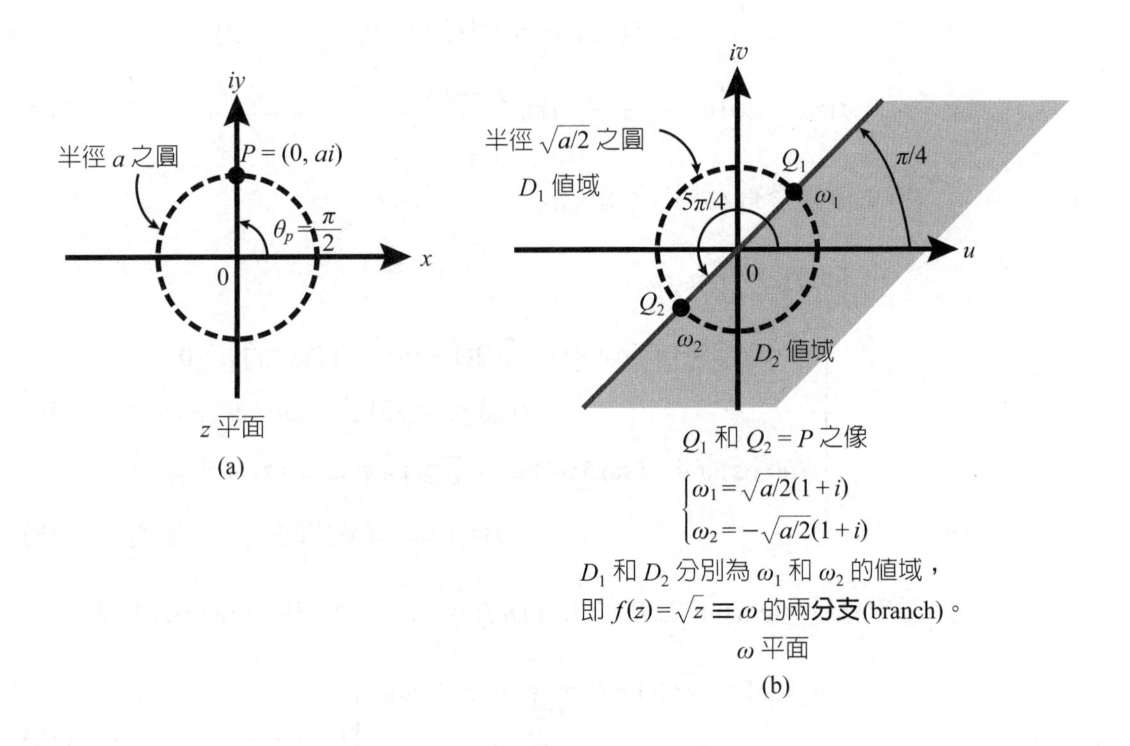

圖 (2-20)

$$\therefore\left\{\begin{array}{l}R_1：分支\ f_1(z_0=ai)=\omega_1=\sqrt{\dfrac{a}{2}}(1+i)\\R_2：分支\ f_2(z_0=ai)=\omega_2=-\sqrt{\dfrac{a}{2}}(1+i)\end{array}\right\}\cdots\cdots(4)$$

(b) $f(z)$ 在 $z_0=ai$ 連不連續？

$$f(z)=\sqrt{z}=z^{1/2}$$

$$\overline{\overline{\ (2-69)式\ }}\ e^{\frac{1}{2}\ln z}$$

$$\overline{\overline{\quad(2-61)\text{式}\quad}}\ e^{\frac{1}{2}[\ln r+(\theta+2n\pi)i]}$$

$$=e^{[\ln\sqrt{r}+(\theta+2n\pi)i/2]}$$

$$=\sqrt{r}\left(\cos\frac{\theta+2n\pi}{2}+i\sin\frac{\theta+2n\pi}{2}\right),\quad n=0,1,2,\cdots,\cdots\cdots(5)$$

$$\left.\begin{cases}z_0=x_0+iy_0=ai\\ r={}_{+}\sqrt{x_0^2+y_0^2}={}_{+}\sqrt{0+a^2}=a\\ \theta=\tan^{-1}(y_0/x_0)=\tan^{-1}(a/0)=\tan^{-1}\infty=\pi/2\end{cases}\right\}\cdots\cdots(6)$$

$$\therefore f(z_0)=\sqrt{a}\left(\cos\frac{\pi+4n\pi}{4}+i\sin\frac{\pi+4n\pi}{4}\right)\cdots\cdots(7)$$

(7) 式確實含有 (3) 式之值。

$$\therefore \lim_{z\to z_0}f(z)=\lim_{z\to z_0}\sqrt{z}$$

$$=\begin{cases}\sqrt{a}(\cos\pi/4+i\sin\pi/4)=\sqrt{a/2}(1+i)\longleftarrow (7)\text{式的 } n=0\\ \qquad =f(z_0)\Longleftarrow (3)\text{式的}\omega_1\text{，}z_0\text{在 }R_1\cdots\cdots(8)\\ \sqrt{a}(\cos 5\pi/4+i\sin 5\pi/4)=-\sqrt{a/2}(1+i)\longleftarrow (7)\text{式的 } n=1\\ \qquad =f(z_0)\Longleftarrow (3)\text{式的}\omega_2\text{，}z_0\text{在 }R_2\cdots\cdots(9)\end{cases}$$

設對應於 Riemann 面 R_i 的 $f(z)$ 爲 $f_i(z)$，$i=1,2$，則由 (8) 和 (9) 式得：

$$\left.\begin{array}{l}\lim\limits_{z\to z_0}f_1(z)=\sqrt{a/2}(1+i)\ \overline{\overline{\ (4)\text{式}\ }}\ f_1(z_0)=\omega_1\\ \lim\limits_{z\to z_0}f_2(z)=-\sqrt{a/2}(1+i)\ \overline{\overline{\ (4)\text{式}\ }}\ f_2(z_0)=\omega_2\end{array}\right\}\cdots\cdots(10)$$

$\therefore \lim\limits_{z\to z_0}f(z)=f(z_0)$ 表示 $f(z)$ 在 $z=z_0=ai$ 點連續 ⋯⋯(11)

綜合 (7) 式到 (10) 式 $f_i(z)=(\sqrt{z})_i$，$i=1,2$ 的一般式是：

$$\left.\begin{array}{l}f_1(z)=\sqrt{a}(e^{\pi i/4})\times 1=\sqrt{a}\,e^{(\pi/4+2n\pi)i}\\ f_2(z)=\sqrt{a}(e^{5\pi i/4})\times 1=\sqrt{a}\,e^{(5\pi/4+2n\pi)i},\quad n=0,1,2,\cdots\end{array}\right\}\cdots\cdots(12)$$

接著請看本章習題 (14)。

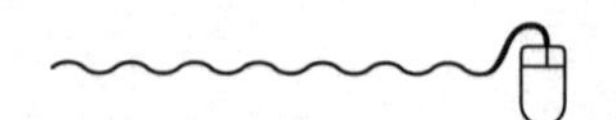

(B) 導函數 (derivative function)？[15, 16]

相信大約瞭解複變數 z 的變數空間與其函數空間，以及函數在空間各點變化時需注意什麼，焦點該是：

無限地逼近問題點的
情況與其性質 ························· (2-108)

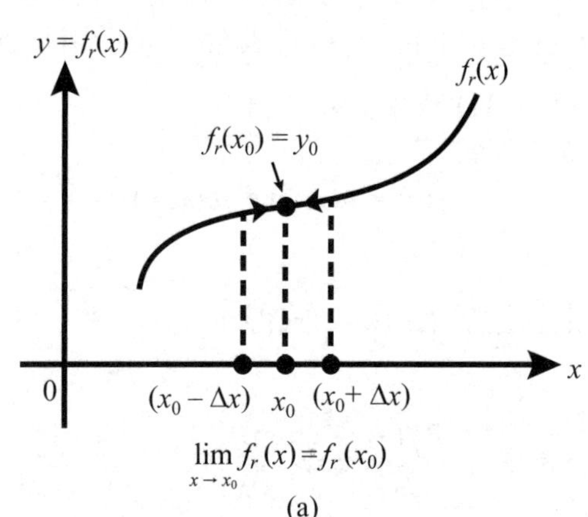

(a)

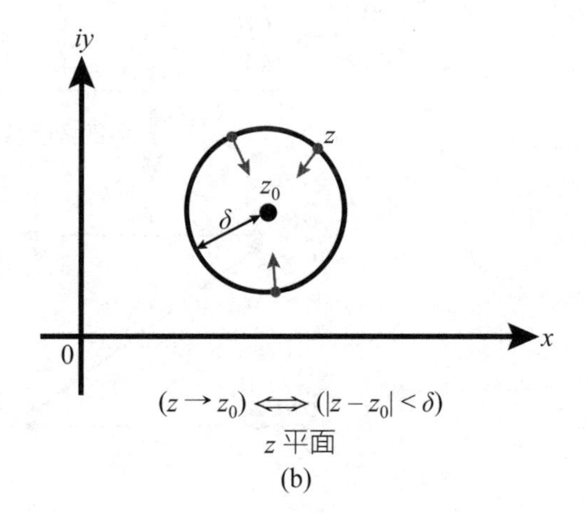

(b)

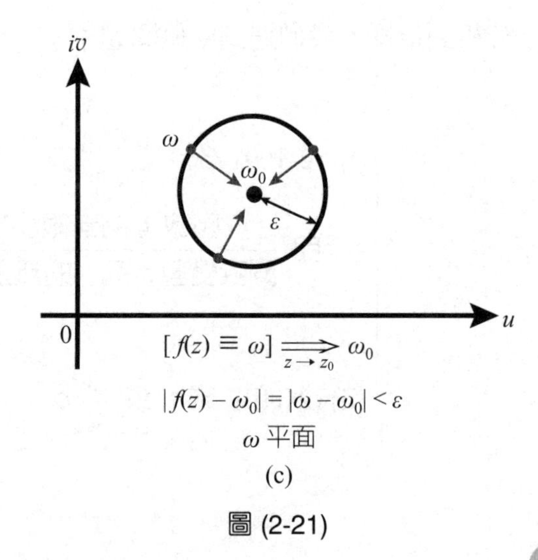

(c)

圖 (2-21)

對應於 (2-108) 式較常見的物理現象是，質點 (慣性質量 m 的**點狀** (point-like) 粒子) 在某空間點 z_0 的瞬間變化，如何影響該質點的狀態 $f(z_0)$。例如在 z_0 產生加速度 (動的更快或更慢) $\vec{a}$ 時，該質點的行進路徑 (曲線 (含直線)) 所受的影響 (行進方向是焦點) 如何？類似這問題的數學是接著要探討的所謂 "**微分** (differentiation)"。複變數 $z = (x + iy)$ 是平面數，不像如圖 (2-21)(a) 實變數 x 與其函數 $f(x) \equiv f_r(x) = y$，右下標誌 "r" 表示實函數現象 (曲線爲例) 在空間點 x_0 的變化，僅從 x_0 的左右逼近。但到了複變數平面 z 平面的某點 z_0 與其函數 $f(z_0) \equiv \omega_0$，則如圖 (2-21)(b) 和 (c)，是從平面的四周八方逼近於 z_0 和 ω_0，於是不難想像複雜性升高，必會帶來某些限制或制約。那麼制約來自什麼？假設 $f_r(x, y)$ 爲兩獨立變數 x 和 y 的實函數，並設 $f_r(x, y)$ 的微小變化爲 ∂f_r，變數的微小變化各爲 ∂x 和 ∂y，它們之商值爲：

$$\frac{\partial f_r}{\partial x} \quad , \quad \frac{\partial f_r}{\partial y} \cdots\cdots\cdots\cdots (2\text{-}109)_1$$

因爲 x 和 y 各自獨立，於是：

$$\frac{\partial f_r}{\partial x} \underset{\text{沒關係}}{\overset{\text{相互}}{\Longleftrightarrow}} \frac{\partial f_r}{\partial y} \cdots\cdots (2\text{-}109)_2$$

換句話，$\partial f_r/\partial x$ 和 $\partial f_r/\partial y$ 之間不存在任何制約。但複變數 $z=(x+yi)$ 的 x 與 y 是**等權** (equal weight) 的線性關係！如採用類比於 $z=(x+yi)$，用兩個實函數 $u(x,y)$ 和 $v(x,y)$ 的 (1-31) 式來表示 $f(z)$：

$$f(z)=u(x,y)+iv(x,y) \cdots\cdots (2\text{-}110)_1$$

則對應於 $(2\text{-}109)_1$ 式得：

$$\left.\begin{array}{l} \dfrac{\partial f(z)}{\partial x} \Longrightarrow \dfrac{\partial u}{\partial x} \quad , \quad \dfrac{\partial v}{\partial x} \\ \dfrac{\partial f(z)}{\partial y} \Longrightarrow \dfrac{\partial u}{\partial y} \quad , \quad \dfrac{\partial v}{\partial y} \end{array}\right\} \cdots\cdots (2\text{-}110)_2$$

這四個函數，必會受到 $z=(x+iy)$ 來的制約！

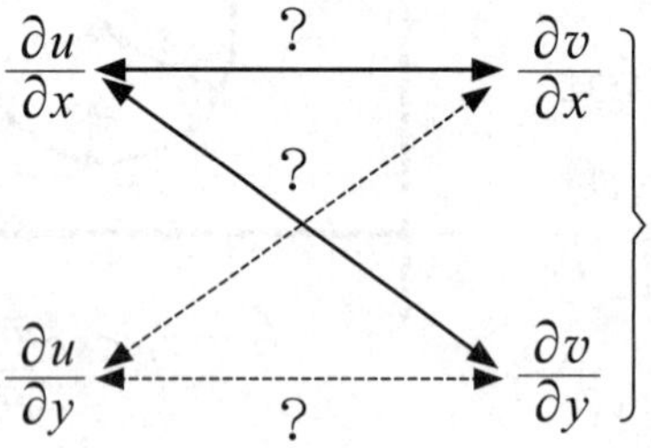

$$\left.\begin{array}{ccc} \dfrac{\partial u}{\partial x} & \overset{?}{\longleftrightarrow} & \dfrac{\partial v}{\partial x} \\ & ? & \\ \dfrac{\partial u}{\partial y} & \underset{?}{\longleftrightarrow} & \dfrac{\partial v}{\partial y} \end{array}\right\} \Longleftarrow \text{到底哪一組？} \cdots\cdots (2\text{-}110)_3$$

分析到這裡，我們遇到兩個問題：

(i) $(2\text{-}109)_1$ 式：$\dfrac{\partial f_r}{\partial x}=?$ ， $\dfrac{\partial f_r}{\partial y}=?$

即 $\dfrac{\text{函數 } f_r \text{ 的無限小變化}}{\text{獨立變數 } x \text{ 或 } y \text{ 的無限小變化}} = ?$ $\cdots\cdots (2\text{-}111)_1$

(ii) $(2\text{-}110)_3$ 式：$\dfrac{\partial u}{\partial x} \overset{?}{\longleftrightarrow} \dfrac{\partial v}{\partial x}, \dfrac{\partial v}{\partial y}$ ， $\dfrac{\partial u}{\partial y} \overset{?}{\longleftrightarrow} \dfrac{\partial v}{\partial x}, \dfrac{\partial v}{\partial y}$ $\cdots\cdots (2\text{-}111)_2$

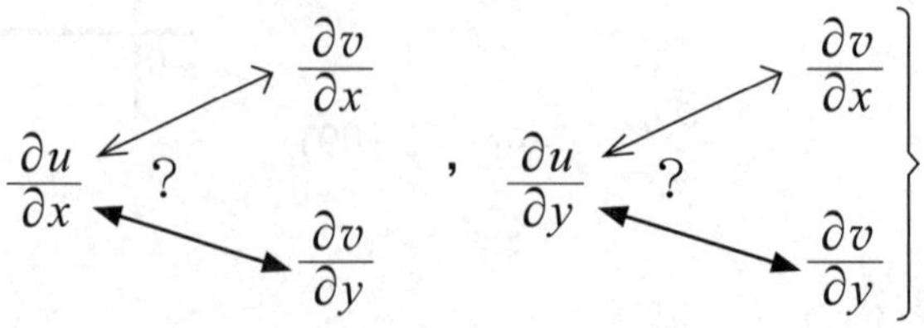

$(2\text{-}111)_1$ 式叫**導數** (derivative)，求它的運算操作稱爲**微分** (differentiation)；而 $(2\text{-}111)_2$ 式隱藏的 u 和 v 之導數間關係，在 19 世紀上半葉，由建立複變函數論的 Cauchy，以及走 Cauchy 路線的 Riemann 發現 (請看 (2-133) 式)：

$$\frac{\partial u}{\partial x}=\frac{\partial v}{\partial y} \quad , \quad \frac{\partial u}{\partial y}=-\frac{\partial v}{\partial x} \cdots\cdots (2\text{-}111)_3$$

稱 $(2\text{-}111)_3$ 式爲 **Cauchy-Riemann 關係式**或方程式。接著是處理這兩問題。

(1) 可微分？微分？導數和導函數與其幾何圖像？

定義：

設 $f(z)$ 是定義在 z 平面某**區域** (region) D 的單值函數，當對 D 之某點 z_0

$$\lim_{\Delta z\to 0}\frac{f(z_0+\Delta z)-f(z_0)}{\Delta z}, \qquad \Delta z=z-z_0 \cdots\cdots (2\text{-}112)_1$$

的極限值存在時，稱 $f(z)$ 在點 z_0 **可微分** (differentiable)，而稱

$$\lim_{\Delta z\to 0}\frac{f(z_0+\Delta z)-f(z_0)}{\Delta z}\equiv f'(z_0) \cdots\cdots (2\text{-}112)_2$$

之 $f'(z_0)$ 爲 $f(z)$ 在 z_0 的**導數** (derivative)。當 $f(z)$ 對 D 的每一點可微分，則稱 $f(z)$ 在區域 D 是**正則函數** (regular function) 或**解析函數** (analytic function) 或**全純函數** (holomorphic function)。從整個 D 觀點，D 各點的導數 $f'(z)$ 是個函數，於是稱 $f'(z)$ 爲**導函數** (derivative function)，而使用符號：

$$f'(z)=\frac{df(z)}{dz}=\frac{d}{dz}f(z) \cdots\cdots (2\text{-}112)_3$$

表示。求導函數的操作叫**微分** (differentiate) $f(z)$，操作符號 “$\frac{d}{dz}$” 稱爲**微分算符** (differential operator 或 differentiation operator)。

從可微分定義 $(2\text{-}112)_1$ 式和 (2-101) 式得：

$f(x)$ 在 z_0 可微分，表示 $f(z)$ 在 z_0 連續，或者
$f(z)$ 在 z_0 存在導數 $f'(z_0)$，表示 $f(z)$ 在 z_0 連續。 $\cdots\cdots (2\text{-}113)_1$

但當$f(z)$在z_0是連續，是否$f(z)$在z_0一定可微分或存在導函數$f'(z_0)$呢？回答是："不一定"(請看本章習題(15))。

$$\therefore \left(\begin{array}{l} \text{如 } f(z) \text{ 在 } z_0 \text{ 可微分，則 } f(z) \text{ 在 } z_0 \text{ 連續，但} \\ f(z) \text{ 在 } z_0 \text{ 連續，} f(z) \text{ 不一定在 } z_0 \text{ 可微分。} \end{array} \right) \cdots\cdots (2\text{-}113)_2$$

顯然函數可微分比連續嚴謹，而微分帶來的是導數或導函數。那麼導數與導函數的幾何**圖像**(picture)如何？先以有實感的實變數x與其函數$f(x) \equiv y$的圖(2-22)(a)來說明[17]。設$a \sim b$爲x的變域，$f(x) \equiv y$爲其函數，x_0是問題點$P_0 = f(x_0)$，P是動點$f(x) \equiv f_p(x) = f(x_0 + \Delta x) = (y_0 + \Delta y)$。由圖(2-22)(a)能明顯地看出，當$P$逼近於$P_0$時，兩點$P_0$與$P$的連線$\overline{P_0P}$逼近於只在$P_0$相切的直線$\ell$，於是$\overline{P_0P}$的**斜率**(slope) $\Delta y/\Delta x = \tan\theta$就逼近$\ell$的斜率$\tan\theta_0$，它就是$f(x)$在$x_0$的導數：

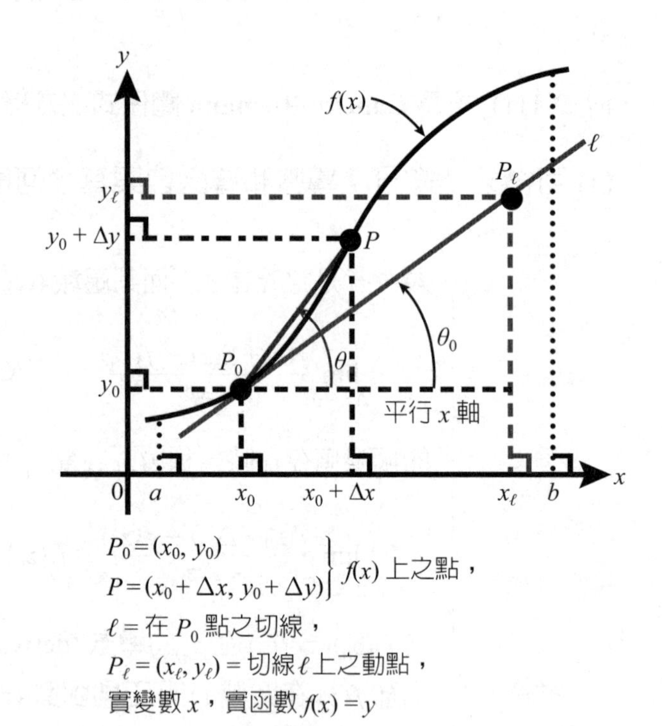

$P_0 = (x_0, y_0)$, $P = (x_0 + \Delta x, y_0 + \Delta y)$ 為 $f(x)$ 上之點，
ℓ = 在 P_0 點之切線，
$P_\ell = (x_\ell, y_\ell)$ = 切線 ℓ 上之動點，
實變數 x，實函數 $f(x) = y$

圖(2-22)(a)

$$\begin{aligned} \lim_{x \to x_0} \frac{f(x) - f(x_0)}{x - x_0} &= \lim_{\Delta x \to 0} \frac{f(x_0 + \Delta x) - f(x_0)}{\Delta x} \\ &= f'(x_0) \\ &= \lim_{\Delta x \to 0} \frac{\Delta y}{\Delta x} \equiv \frac{dy}{dx} = \tan\theta_0 \cdots\cdots (2\text{-}114)_1 \end{aligned}$$

$$\text{或} \lim_{\Delta x \to 0} \tan\theta = \tan\theta_0 = \text{在 } x_0 \text{ 的 } \ell \text{ 之斜率} \cdots\cdots (2\text{-}114)_2$$

那麼在P_0的切線ℓ之方程式呢？設$P_\ell = (x_\ell, y_\ell)$爲$\ell$上任意點，則$\ell$的式子是：

$$\frac{y_\ell - y_0}{x_\ell - x_0} = \tan\theta_0 = f'(x_0)$$

$$\therefore y_\ell = y_0 + (x_\ell - x_0) f'(x_0) \cdots\cdots (2\text{-}114)_3$$

而 $f(x)$ 在 x 的區域 $a \sim b$ 之導函數是：

$$\lim_{\Delta x \to 0} \frac{f(x+\Delta x) - f(x)}{\Delta x} = \lim_{\Delta x \to 0} \frac{\Delta y}{\Delta x} = \frac{dy}{dx}$$

$$= f'(x) \cdots\cdots (2\text{-}114)_4$$

$(2\text{-}114)_4$ 式表示曲線 $f(x)$ 上任意點 (x, y) 的切線**斜率** (slope)。所以導數 $f'(x_0)$ 是導函數 $f'(x)$ 在函數 $f(x)$ 某點 x_0 的具體數 (此數是**弧度** (radian))，是點 x_0 處的切線斜率。

那麼在複變空間，對應於圖 (2-22)(a) 之幾何圖像如何？複變數雖只有一個變數 z ，但它是由兩個獨立變數 x 和 y 以 $(x + yi)$ 的等權線性組合變數，很難在同一張圖上畫出 z 以及其函數 $f(z) \equiv \omega$ 的變化情況。所以 $(2\text{-}112)_2$ 式或 $(2\text{-}112)_3$ 式定義的 $f'(z_0)$ 或 $f'(z)$ ，只能對應於圖 (2-22)(a)：

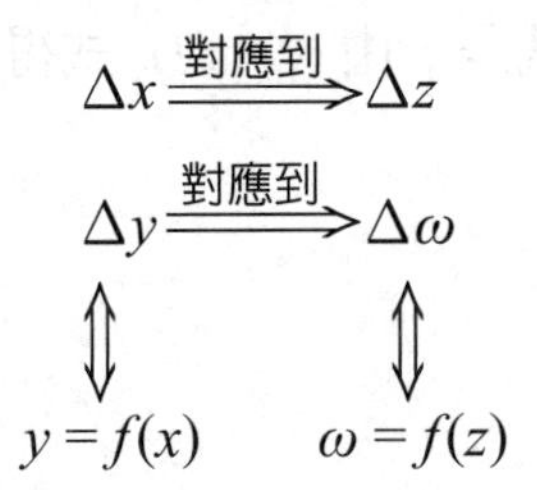

分開來畫 Δz 和 $\Delta\omega$ ，如圖 (2-22)(b) 和 (c) ，兩圖合起來是：

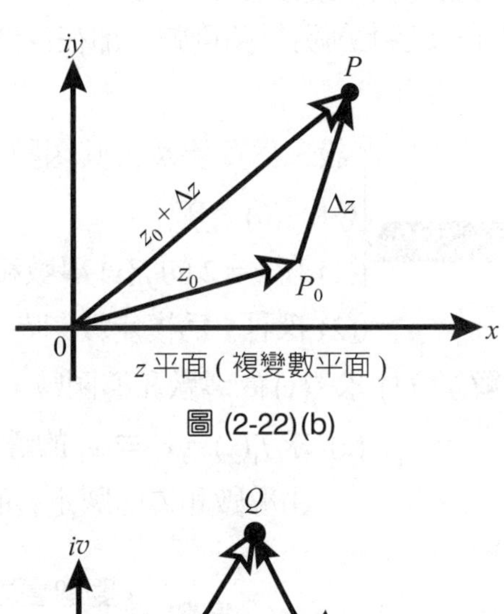

z 平面 (複變數平面)

圖 (2-22)(b)

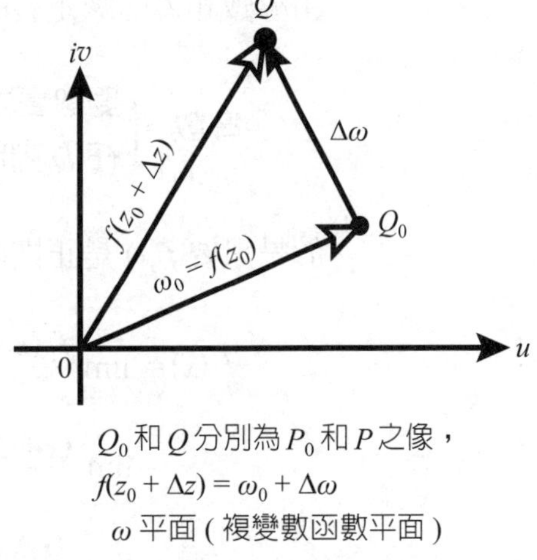

Q_0 和 Q 分別為 P_0 和 P 之像，

$f(z_0 + \Delta z) = \omega_0 + \Delta\omega$

ω 平面 (複變數函數平面)

圖 (2-22)(c)

$$\lim_{\Delta z\to 0}\frac{f(z_0+\Delta z)-f(z_0)}{\Delta z}=\lim_{P\to P_0}\frac{\overline{QQ_0}}{\overline{PP_0}}=\lim_{\Delta z\to 0}\frac{\Delta\omega}{\Delta z}$$

$$=\frac{df(z)}{dz}=f'(z_0) \cdots\cdots (2\text{-}114)_5$$

到這裡大致地說明了 $(2\text{-}111)_1$ 式的內涵，不過好像微分符號有點妙，微分定義的 $(2\text{-}112)_3$ 式或 $(2\text{-}114)_1$ 式用的都是挺胸的"$\frac{d}{dz}$"或"$\frac{d}{dx}$"。當獨立變數僅有一個時，執行微分當然理直氣壯地挺胸，當獨立變數超過一個時，就要客氣地用低頭符號"$\frac{\partial}{\partial x}$"，"$\frac{\partial}{\partial y}$"了[2, 17)]。科學家們很會創造符號吧，這正是我們要學的。我們的祖先在文字上創造很多符號，卻在自然科學創造太少太少符號！

(Ex.2-17)
設 x 爲實變數，其函數 $f_1(x)=x^2\equiv y_1$，$f_2(x)=x^3\equiv y_2$，而 x 的變域是 $(-6)\sim(6)$。求：
(1) 在 $x=2$ 的 $f_i(x)$ 導數和導函數，且畫圖說明結果，$i=1, 2$。
(2) 探討 x 爲複變數 z 時，在 $z=2$ 的 $f_i(z)$ 導數和導函數，$i=1, 2$。

(**解**)：(1) 求 $f_i(x)$ 的導數和導函數，$i=1, 2$：

(a) 求 $f_1(x)=x^2\equiv y_1$ 的導數和導函數：

由導數和導函數定義的 $(2\text{-}112)_2$ 和 $(2\text{-}112)_3$ 式得：

$$\text{導數}=\begin{pmatrix}\text{變數變域 } D \text{ 的導函數 } f' \\ \text{在 } D \text{ 內問題點 } x_0 \text{ 之值。}\end{pmatrix} \cdots\cdots (2\text{-}115)$$

於是只要 $f(x)$ 是正則函數，先求導函數就是，由 $(2\text{-}112)_3$ 式得：

$$f'(x)=\lim_{\Delta x\to 0}\frac{f_1(x+\Delta x)-f_1(x)}{\Delta x}$$

$$=\lim_{\Delta x\to 0}\frac{(x+\Delta x)^2-x^2}{\Delta x}$$

$$=\lim_{\Delta x\to 0}\frac{2x\Delta x+(\Delta x)^2}{\Delta x}=2x \cdots\cdots (1)$$

$\therefore f_1(x)=x^2$ 的導函數 $f'(x)$ 是 $2x$

或 $\frac{df_1}{dx}=\frac{dy_1}{dx}$

$=y_1'=2x$ ……… (2)

所以由 (2) 式得在 $x=2$ 的導數是：

$y_1'(x=2)=2\times 2$

$=4$ ……… (3)

(3) 式正是 $(2\text{-}112)_2$ 式定義，在 $x=2$ 的導數：

$$\lim_{\Delta x\to 0}\frac{f_1(2+\Delta x)-f_1(2)}{\Delta x}$$

$$=\lim_{\Delta x\to 0}\frac{(2+\Delta x)^2-2^2}{\Delta x}$$

$$=4=\frac{4}{1} \quad \cdots\cdots\cdots (4)$$

即 (4) 式是圖 (2-23)(a) 在 $P_1=(2, 4)$ 的切線 ℓ_1 的斜率，如 (x, y) 爲 ℓ_1 上任意點，則 ℓ_1 的方程式是：

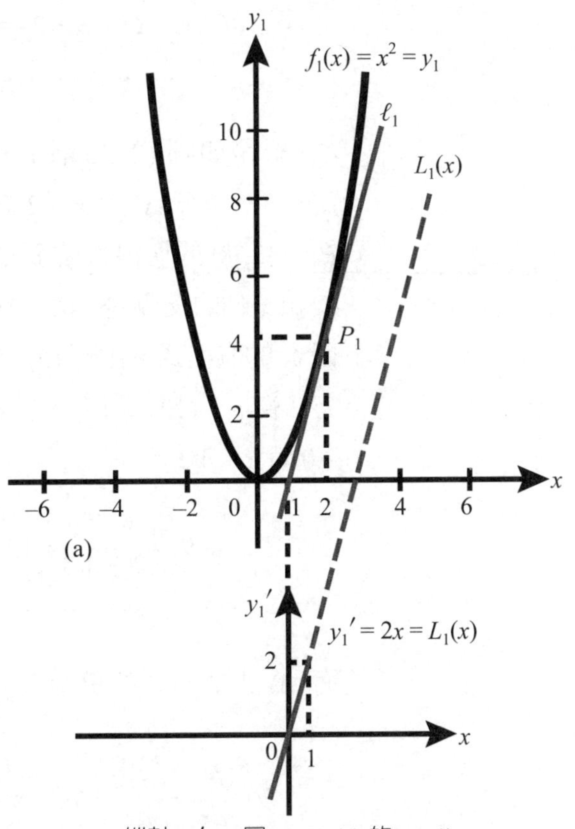

圖 (2-23)

$$\frac{y-4}{x-2}=4 \Longrightarrow y=4x-4 \quad \cdots\cdots\cdots (5)$$

而 (2) 式是導函數，變數是 x 其函數是 $y_1'=y_1'(x)=2x$ ，是如圖 (2-23)(b) 的直線，設爲 $L_1(x)$ ，於是 (3) 式在 $L_1(x)$ 的 $x=2$ 的一個值 4，表示在圖 (2-23)(a) 的 $f_1(x)=x^2$ 之 P_1 點切線斜率。導函數一般爲曲線 (含直線)，再做一例題，就能深入瞭解導數和導函數的**圖像** (picture)。

(b) 求 $f_2(x)=x^3\equiv y_2$ 的導數和導函數：

$$f_2(x) \text{ 的導函數 } f_2'(x)=\lim_{\Delta x\to 0}\frac{(x+\Delta x)^3-x^3}{\Delta x}=3x^2 \quad \cdots\cdots\cdots (6)$$

於是在 $f_2(x)=x^3$ 之點 $x=x_0=2$ 的導數 $f_2'(x=2)$，由 (6) 式得：

$$f_2'(x=2) = 3 \times 2^2 = 12 \quad \cdots\cdots (7)$$

(7) 式是如圖 (2-23)(c)，在 $f_2(x) = x^3 \equiv y_2(x)$ 上 $x = 2$ 之點 $P_2 = (2, 8)$ 的切線 ℓ_2 之斜率，ℓ_2 和 x 軸的交點是 (4/3, 0)，因 ℓ_2 的方程式，由算 (5) 式的方法得 $y = (12x - 16)$，於是 $y = 0$ 時 $x = 4/3$。

$$\therefore \tan\theta_0 = \frac{8-0}{2-4/3} = 12 \quad \cdots\cdots (8)$$

而 (6) 式是 $f_2(x)$ 的導函數 $y_2'(x)$：

$$\frac{df_2}{dx} = \frac{dy_2}{dx} = 3x^2 = y_2'(x) \quad \cdots\cdots (9)$$

$y_2'(x)$ 顯然是曲線，如圖 (2-23)(d)，直線 $x = 2$ 和 $y_2'(x)$ 相交點的 $y'(x=2) = 12$，在圖 (2-23)(d) 沒畫出來。

以上是爲了確實瞭解導數和導函數，使用實變數以及其實函數，而得一目瞭然的圖 (2-23)(a) 到 (d)，但在複變數領域是無法畫如圖 (2-23)(a) 到 (d) 之圖，不過邏輯以及圖像是完全一樣。

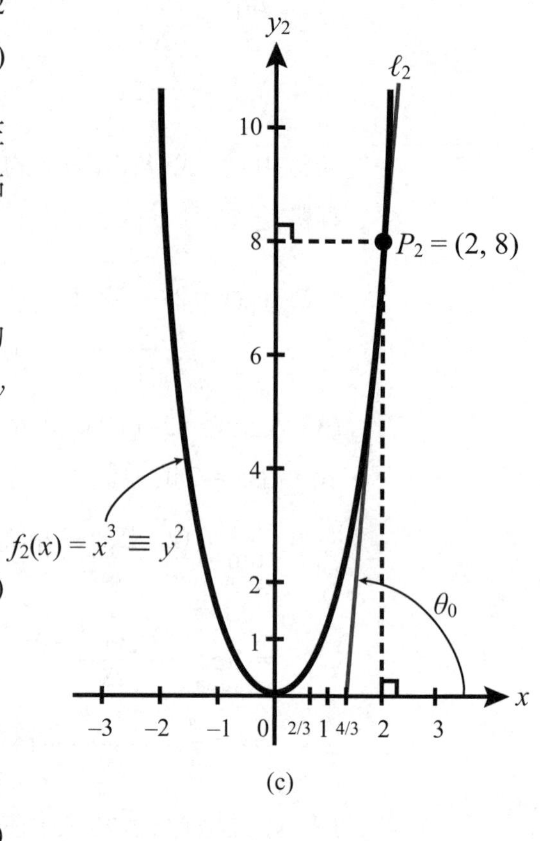

(c)

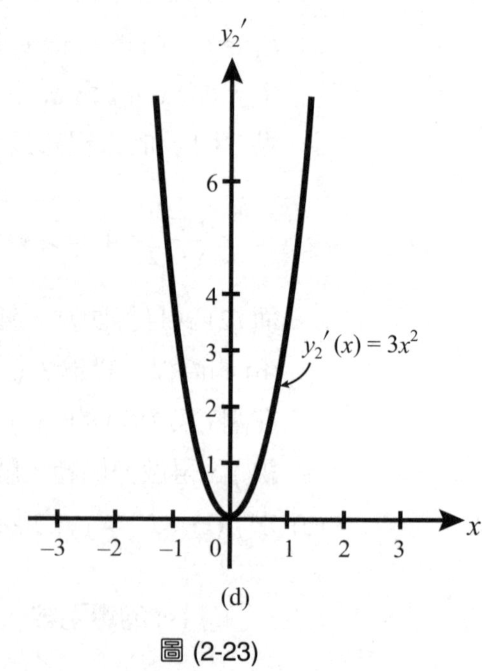

(d)

圖 (2-23)

(2) 求 $f_1(z)=z^2$ 和 $f_2(z)=z^3$ 的導數和導函數：

由 $(2\text{-}112)_3$ 式得 $f_i(z)$ 的導函數，$i=1,2,$：

$$f_1'(z)=\lim_{\Delta z\to 0}\frac{(z+\Delta z)^2-z^2}{\Delta z}$$

$$=2z \quad\cdots\cdots\cdots (10)$$

$$f_2'(z)=\lim_{\Delta z\to 0}\frac{(z+\Delta z)^3-z^3}{\Delta z}$$

$$=3z^2 \quad\cdots\cdots\cdots (11)$$

於是由 (10) 和 (11) 式可得 $z=2$ 的 $f_i(z)$ 的導數：

$$f_1(z=2)\text{ 的導數}=f_1'(z=2)\underset{(10)\text{式}}{=\!=\!=}2\times 2=4 \quad\cdots\cdots\cdots (13)$$

$$f_2(z=2)\text{ 的導數}=f_2'(z=2)\underset{(11)\text{式}}{=\!=\!=}3\times 2^2=12 \quad\cdots\cdots\cdots (14)$$

(Ex.2-18)

請討論下列函數的導函數問題：

(1) $f(z)=\dfrac{1+z}{1-z}$，　$z\neq 1$，

(2) $f_1(z)=z^n$，　$f_2(z)=\dfrac{1}{z^n}$，　$n=1,2,3,\cdots$，

(3) $f(z)=x$，　$z=x+iy$

(4) $f(z)=z^*=x-iy$，

(5) $f(z)=zz^*$。

(解)：(1) 討論 $f(z)=\dfrac{1+z}{1-z}$，　$z\neq 1$ 的導函數：

由 $(2\text{-}112)_3$ 式得 $f(z)$ 的導函數 df/dz：

$$\frac{df}{dz}=\lim_{\Delta z\to 0}\frac{f(z+\Delta z)-f(z)}{\Delta z}=\lim_{\Delta z\to 0}\frac{\dfrac{1+(z+\Delta z)}{1-(z+\Delta z)}-\dfrac{1+z}{1-z}}{\Delta z}$$

$$=\lim_{\Delta z\to 0}\frac{2\Delta z}{(1-z-\Delta z)(1-z)\Delta z}=\lim_{\Delta z\to 0}\frac{2}{(1-z-\Delta z)(1-z)}=\frac{2}{(1-z)^2}$$

由於 $z\neq 1$，於是 $f(z)$ 的導函數存在。

(2) $f_1(z)=z^n$，$f_2(z)=1/z^n$，$n=1, 2, 3, \cdots$，的導函數情況如何？

$$\frac{df_1}{dz}=\lim_{\Delta z\to 0}\frac{f_1(z+\Delta z)-f_1(z)}{\Delta z}=\lim_{\Delta z\to 0}\frac{(z+\Delta z)^n-z^n}{\Delta z}$$

$$\left\{(a+b)^n=a^n+\frac{n}{1!}a^{n-1}b+\cdots+\frac{n(n-1)\cdots(n-m+1)}{m!}a^{n-m}b^m+\cdots\cdots+b^n \quad \cdots\cdots (2\text{-}116)_1\right.$$

$$=\lim_{\Delta z\to 0}\left[nz^{n-1}+\frac{1}{2!}z^{n-2}\Delta z+\cdots+\frac{n(n-1)\cdots(n-m+1)}{m!}z^{n-m}(\Delta z)^{m-1}+\cdots+(\Delta z)^{n-1}\right]=nz^{n-1}$$

$$\therefore \frac{d}{dz}z^n=nz^{n-1}, \quad n=1, 2, 3, \cdots, \quad\cdots\cdots (2\text{-}116)_2$$

$$\frac{df_2}{dz}=\lim_{\Delta z\to 0}\frac{f_2(z+\Delta z)-f_2(z)}{\Delta z}=\frac{\dfrac{1}{(z+\Delta z)^n}-\dfrac{1}{z^n}}{\Delta z}$$

$$\overline{\overline{(2-116)_1\text{式}}}-\lim_{\Delta z\to 0}\left[nz^{n-1}+\frac{1}{2!}z^{n-2}\Delta z+\cdots+(\Delta z)^{n-1}\right]/[(z+\Delta z)^n z^n]$$

$$=-\frac{nz^{n-1}}{z^n z^n}=-\frac{n}{z^{n+1}}$$

$$\therefore \frac{d}{dz}\frac{1}{z^n}=-\frac{n}{z^{n+1}}, \quad n=1, 2, 3, \cdots, \quad\cdots\cdots (2\text{-}116)_3$$

(3) 討論 $f(z)=x$，$z=(x+iy)$ 的導函數：

目前的複變函數 $f(z)$ 只有實變數部 $f(z)=x=\text{Re.}z$

$$\therefore f(z+\Delta z)=\text{Re.}(z+\Delta z)=x+\Delta x$$

$$\therefore \frac{df}{dz}=\lim_{\Delta z\to 0}\frac{f(z+\Delta z)-f(z)}{\Delta z}=\lim_{\substack{\Delta x\to 0\\ \Delta y\to 0}}\frac{(x+\Delta x)-x}{\Delta x+i\Delta y}$$

$$=\lim_{\substack{\Delta x\to 0\\ \Delta y\to 0}}\frac{\Delta x}{\Delta x+i\Delta y} \quad\cdots\cdots (1)$$

複變數 $z=(x+iy)$ 是平面數，由兩個相互獨立變數 x 和 y 以等權線性組合的變數，所以 Δz 逼近於零的路徑才能換成 (1) 式，這時必須同時探討：

$$\left.\begin{array}{l}\text{(i) } \Delta y=0\text{，而}\Delta x\to 0\\ \text{(ii) } \Delta x=0\text{，而}\Delta y\to 0\end{array}\right\}\text{的兩路徑} \quad\cdots\cdots\cdots (2\text{-}117)$$

$$\therefore\left\{\begin{array}{l}\text{如(2-117)式的(i)和(ii)同值，則 } f(z)\text{ 可微分，即 } df/dz\text{ 存在}\\ \text{如(2-117)式的(i)和(ii)不同值，則由(2−101)式得 } df/dz\text{ 不存在}\end{array}\right\}$$

$$\cdots\cdots\cdots (2\text{-}118)$$

$$\therefore \lim_{\substack{\Delta x\to 0\\ \Delta y\to 0}}\frac{\Delta x}{\Delta x+i\Delta y}=\begin{cases}\displaystyle\lim_{\substack{\Delta x\to 0\\ (\Delta y=0)}}\frac{\Delta x}{\Delta x}=1 \quad\cdots\cdots\cdots (2)\\ \displaystyle\lim_{\substack{\Delta y\to 0\\ (\Delta x=0)}}\frac{0}{i\Delta y}=0\neq(2)\text{式} \quad\cdots\cdots\cdots (3)\end{cases}$$

由 (2) 和 (3) 式，以及 (2-118) 式得：

$$f(z)=x \quad \text{不存在導函數 } \frac{df}{dz} \quad\cdots\cdots\cdots (4)$$

(4) 討論 $f(z)=z^*=(x-iy)$ 的導函數：

$$\frac{df}{dz}=\lim_{\Delta z\to 0}\frac{f(z+\Delta z)-f(z)}{\Delta z}=\lim_{\Delta z\to 0}\frac{(z^*+\Delta z^*)-z^*}{\Delta z}$$

$$=\lim_{\Delta z\to 0}\frac{\Delta z^*}{\Delta z}=\lim_{\substack{\Delta x\to 0\\ \Delta y\to 0}}\frac{\Delta x-i\Delta y}{\Delta x+i\Delta y} \quad\cdots\cdots\cdots (5)$$

$$=\begin{cases}\displaystyle\lim_{\substack{\Delta x\to 0\\ (\Delta y=0)}}\frac{\Delta x}{\Delta x}=1 \quad\cdots\cdots\cdots (6)\\ \displaystyle\lim_{\substack{\Delta y\to 0\\ (\Delta x=0)}}\frac{-i\Delta y}{i\Delta y}=-1\neq(6)\text{式} \quad\cdots\cdots\cdots (7)\end{cases}$$

(6) 和 (7) 式表示 df/dz 和求極限的路徑有關，於是 f 是**非解析函數** (non-analytic function)，故 $f(z)=z^*$ 不存在導函數。

$$\therefore f(z)=z^* \quad \text{不存在導函數 } df/dz \quad\cdots\cdots\cdots (8)$$

(5) 討論 $f(z)=zz^*$ 的導函數：

$$\frac{df}{dz}=\lim_{\Delta z\to 0}\frac{f(z+\Delta z)-f(z)}{\Delta z}=\lim_{\Delta z\to 0}\frac{(z+\Delta z)(z^*+\Delta z^*)-zz^*}{\Delta z}$$

$$=\lim_{\Delta z\to 0}\left(z^*+\Delta z^*+z\frac{\Delta z^*}{\Delta z}\right)$$

$$=\lim_{\substack{\Delta x\to 0\\ \Delta y\to 0}}\left[(x-iy)+(\Delta x-i\Delta y)+(x+iy)\frac{\Delta x-i\Delta y}{\Delta x+i\Delta y}\right] \cdots\cdots (9)$$

$$=\begin{cases}\lim\limits_{\substack{\Delta x\to 0\\ (\Delta y=0)}}\left[(x-iy)+\Delta x+(x+iy)\dfrac{\Delta x}{\Delta x}\right]=z^*+z \cdots\cdots (10)\\ \lim\limits_{\substack{\Delta y\to 0\\ (\Delta x=0)}}\left[(x-iy)-i\Delta y+(x+iy)\dfrac{-i\Delta y}{i\Delta y}\right]=z^*-z\neq(10)\text{式} \cdots\cdots (11)\end{cases}$$

和前題 $f(z)=z^*$ 一樣地，(10) 和 (11) 式表示 df/dz 和求極限的路徑有關，如要 df/dz 存在，則 (10) 式必須等於 (11) 式：

$$z^*+z=z^*-z$$

$\therefore z=0$ ………………………………………………………… (12)

$\therefore$ 除原點 $z=0$ 之外的 $f(z)=zz^*$ 全不能微分，

$\therefore f(z)=zz^*$ 是非解析函數 ……………………………………… (13)

綜合 (5) 式到 (13) 式的推演結果，歸納下述結論：

(複變函數 $f(z)$ 在變域 D 的某一點 z_0 能微分，但在 z_0 鄰域內的任意點不一定能微分。) ……………… (2-119)

(2-119) 式是很重要的觀念，把它應用到社會問題更好玩哪！敬請想一想。因爲複變很物理，物理又超好玩。

(2) 微分′ (differentials)？微分規則′？

(i) 微分′ (differentials)？

相信瞭解了導數和導函數，它們是獨立變數 z 與其函數 $f(z)$ 的無限小變化比，是個商值和商函數 $df(z)/dz = f'(z)$。當獨立變數 z 在其空間的某變域 D 內的變化 Δz，會帶來其函數 $f(z)$ 在函數空間的變化 $\Delta f(z) = [f(z+\Delta z) - f(z)] \equiv \Delta\omega$。在物理學，函數 f 是描述物理現象的數學表示量，而獨立變數主要的是時間 t，但觀察對象往往是 f 的變化 df，於是需要定義 df。如 $f(z)$ 和其**第一階** (the first order) 導函數 $df(z)/dz = f'(z)$ 都是連續函數，則得：

$$\Delta f(z) = f'(z)\Delta z + \varepsilon\Delta z \equiv \Delta\omega \qquad (2\text{-}120)_1$$

且 $\varepsilon \to 0$ 當 $\Delta z \to 0$。如 $\varepsilon \to 0$ 當 $\Delta z \to 0$，則由 $(2\text{-}120)_1$ 式得：

$$df(z) = f'(z)dz = d\omega \qquad (2\text{-}120)_2$$

稱 $(2\text{-}120)_2$ 式的 df 或 $d\omega$ 爲 Δf 或 $\Delta\omega$ 的 "differential"，譯成 "**微分**"，這個微分和動詞的微分不同，是個專用名詞。同理 dz 爲 Δz 的微分，但要小心：

$$d\omega \neq \lim_{\Delta z\to 0}\Delta\omega, \qquad dz \neq \lim_{\Delta z\to 0}\Delta z \qquad (2\text{-}120)_3$$

因爲 $(2\text{-}120)_3$ 式的右邊一般等於零，而 $(2\text{-}120)_2$ 式的 dz 和 $d\omega$ 一般地不等於零。$(2\text{-}120)_2$ 式是複變函數的**微分** (differential) 定義式，於是微分 $df(z)$ 是 z 和微分 dz 的函數，換句話，從微分的角度，導函數 $f'(z)$ 能看成函數 $f(z)$ 和獨立變數 z 的微分 $df(z)$ 和 dz 之**商** (quatient) $df(z)/dz = f'(z)$。做近似計算或數值計算時，使用函數與其獨立變數的微分來進行很方便。解方程式的近似法有好多種，其中很受歡迎的一種叫**牛頓法** (Newton's method)[17] 就是使用 $(2\text{-}120)_2$ 式的方法，微積分書都會介紹，請找一本來唸一唸，然後才去看複變領域的牛頓法。

(ii) 微分規則′ (rules for differentiation)？

描述物理現象或物理體系狀態的函數′，可能是線性組合的加減型，可能是相乘除或合成型。設 $f(z)$ 和 $g(z)$ 是解析函數′，則得下述 (a) 到 (c) 的微分規則′。

(a) 加，減，乘和除的微分規則′

$$\frac{d}{dz}[Cf(z)] = C\frac{df(z)}{dz} = Cf'(z)，\qquad C = \textbf{標量}\text{ (scalar)} \cdots\cdots (2\text{-}121)$$

$$\frac{d}{dz}[f(z) \pm g(z)] = f'(z) \pm g'(z) \cdots\cdots (2\text{-}122)$$

$$\frac{d}{dz}[f(z)g(z)] = f'(z)g(z) + f(z)g'(z) \cdots\cdots (2\text{-}123)$$

$$\frac{d}{dz}\left[\frac{f(z)}{g(z)}\right] = \frac{f'(z)g(z) - f(z)g'(z)}{[g(z)]^2}，\qquad \text{當 } g(z) \neq 0 \cdots\cdots (2\text{-}124)$$

(b) 複合函數 (composite function) 的微分規則

如 $\omega = f(z)$ 在獨立變數 z 的**區域** (region) D 是解析函數，且 $\xi = g(\omega)$ 在 ω 平面含 D 之像的區域 D' 是解析函數，則複合函數 $g(f(z))$ 的微分規則是：

$$\frac{d\xi}{dz} = \frac{d\xi}{d\omega}\frac{d\omega}{dz} = g'(\omega)f'(z) \cdots\cdots (2\text{-}125)$$

(2-125) 式表示函數 $\xi = g(\omega) = g(f(z))$ 在變數 z 的區域 D 是解析函數。同樣牽涉到兩個函數，但不是複合函數，是兩函數同時爲獨立變數 t 的區域 D 之解析函數 $f(t) = z,\ g(t) = \omega$，則其微分規則是：

$$\frac{d\omega}{dz} = \frac{\frac{d\omega}{dt}}{\frac{dz}{dt}} = \frac{g'(t)}{f'(t)} \cdots\cdots (2\text{-}126)_1$$

$$\text{或}\quad \frac{dz}{d\omega} = \frac{\frac{dz}{dt}}{\frac{d\omega}{dt}} = \frac{f'(t)}{g'(t)} \cdots\cdots (2\text{-}126)_2$$

而 t 又稱爲**參數** (parameter)。

(c) 反函數 (inverse function) 的微分規則

$\omega = f(z)$ 在獨立變數 z 的區域 D 是解析函數，並且 $f'(z) \neq 0$。D' 爲 D 在 ω 平面的像域，則 $f(z)$ 的反函數 $z = f^{-1}(\omega)$ 在 D' 是解析函數，且下 (2-127) 式成立：

$$\frac{dz}{d\omega}=\frac{1}{d\omega/dz}=\frac{1}{\frac{d}{dz}f(z)}=\frac{1}{f'(z)} \quad\cdots\cdots (2\text{-}127)$$

以上 (2-121) 式到 (2-127) 式是依連續定義 (2-101) 式和導函數定義 $(2\text{-}112)_3$ 式，經種種方法求各種函數′的導函數歸納出來的結果′(性質)而成爲微分規則′。有的書把它們定爲**定理**′(theorems)，然後依連續和導函數定義 (2-101) 式和 $(2\text{-}112)_{1\sim3}$ 式來證明。在物理學的定理，**定律** (law) 和**規則** (rule) 是分析種種物理現象′歸納出來的共同性質，且必須能定量地不受時間和空間的影響，於是往往以數學式子出現。再從實際現象的範圍大小，深度及影響等因素分爲**原理** (principle)，接著是定理到定律到最小範圍的規則。它們全以實驗′來驗證，這階段對應於數學的證明。到今天 (2013 年 10 月中旬) 我所知道在物理學，僅有兩個是從數學切入，其中之一是影響今日世界最深遠的 Maxwell 電磁學之**位移電流** (displacement current, 1861~1862 Maxwell 發現！)[3]，沒它就沒電磁波了！另一個是主宰今日高科技之一，建立在複變線性空間的**量子力學** (quantum mechanics)，在 1925 年上半葉 Heisenberg 從 Fourier 級數切入，而發現了量子化條件 (請看第一章註 (5) 的 (31) 式)。這兩個從純數學切入而發現的物理量，後來全驗證了，現在我們用的手機，網路，從零件到通訊，它們扮演核心功能哪！於是從以上觀點，用連續定義 (2-101) 式和導函數定義 $(2\text{-}112)_{1\sim3}$ 式來推導 (2-123) 和 (2-124) 式。

證明 (2-123) 和 (2-124) 式：

(1) 證明 $\frac{d}{dz}[f(z)g(z)]=[f'(z)g(z)+f(z)g'(z)]$：

已知 $f(z)$ 和 $g(z)$ 是解析函數，即在 z 的區域 D 的任意點都能微分。

$$\text{設 } f(z)g(z)\equiv\omega(z)\text{，}\quad \left.\begin{aligned}\Delta f(z)&=f(z_0+\Delta z)-f(z_0),\\ \Delta g(z)&=g(z_0+\Delta z)-g(z_0),\end{aligned}\right\}\cdots\cdots (1)$$

$$\text{則}\left\{\begin{aligned}&\omega(z_0)=f(z_0)g(z_0)\\ &\omega(z_0)+\Delta\omega(z)=[f(z_0)+\Delta f(z)][g(z_0)+\Delta g(z)]\end{aligned}\right\}\cdots\cdots (2)$$

$$\begin{aligned}\therefore\ \Delta\omega(z)&=[f(z_0)+\Delta f(z)][g(z_0)+\Delta g(z)]-f(z_0)\,g(z_0)\\ &=\Delta f(z)\,g(z_0)+f(z_0)\,\Delta g(z)+[\Delta f(z)][\Delta g(z)]\cdots\cdots (3)\end{aligned}$$

$$\therefore \lim_{\Delta z\to 0}\frac{\Delta\omega(z)}{\Delta z}=\left(\lim_{\Delta z\to 0}\frac{\Delta f(z)}{\Delta z}\right)g(z_0)+f(z_0)\left(\lim_{\Delta z\to 0}\frac{\Delta g(z)}{\Delta z}\right)+\lim_{\Delta z\to 0}\left(\left[\frac{\Delta f(z)}{\Delta z}\right][\Delta g(z)]\right)$$

$$\overline{\overline{\text{(1)式}}}\, f'(z_0)\,g(z_0)+f(z_0)\,g'(z_0)+\left(\lim_{\Delta z\to 0}\left[\frac{\Delta f(z)}{\Delta z}\right]\right)\left(\lim_{\Delta z\to 0}[\Delta g(z)]\right) \quad\cdots\cdots\cdots (4)$$

(4) 式右邊第三項是用了 $(2\text{-}100)_3$ 式，這時由 (1) 式得 $\lim_{\Delta z\to 0}[\Delta g(z)]=0$。(3) 式到 (4) 式時，右邊第三項也可以把分母的 Δz 放在 $\Delta g(z)$ **因子** (factor)，則得 $\lim_{\Delta z\to 0}[\Delta f(z)]=0$。於是無論把 Δz 放在 $\Delta f(z)$ 因子，或放在 $\Delta g(z)$ 因子，當 $\Delta z\to 0$ 時 (4) 式右邊第三項都是零，

$$\therefore \lim_{\Delta z\to 0}\frac{\Delta\omega(z)}{\Delta z}=\frac{d\omega(z_0)}{dz}=\frac{d}{dz}[f(z_0)\,g(z_0)]=f'(z_0)\,g(z_0)+f(z_0)\,g'(z_0)$$

z_0 是變域 D 的任意點，於是得：

$$\frac{d}{dz}[f(z)\,g(z)]=f'(z)\,g(z)+f(z)\,g'(z)=(2\text{-}123)\text{ 式} \quad\cdots\cdots\cdots (5)$$

(2) 證明 $\frac{d}{dz}\left[\frac{f(z)}{g(z)}\right]=\frac{f'(z)\,g(z)-f(z)\,g'(z)}{[g(z)]^2}$，　當 $g(z)\neq 0$：

$$\text{設 }\omega(z)=\frac{f(z)}{g(z)},\qquad \left.\begin{aligned}\Delta f(z)&=f(z_0+\Delta z)-f(z_0)\\ \Delta g(z)&=g(z_0+\Delta z)-g(z_0)\end{aligned}\right\}\cdots\cdots\cdots (6)$$

$$\text{則}\left\{\begin{aligned}&\omega(z_0)=\frac{f(z_0)}{g(z_0)}\\ &\omega(z_0)+\Delta\omega(z)=\frac{f(z_0+\Delta z)}{g(z_0+\Delta z)}\end{aligned}\right\}\cdots\cdots\cdots (7)$$

$$\therefore \Delta\omega(z)=\frac{f(z_0+\Delta z)}{g(z_0+\Delta z)}-\frac{f(z_0)}{g(z_0)}=\frac{f(z_0+\Delta z)\,g(z_0)-f(z_0)g(z_0+\Delta z)}{g(z_0+\Delta z)g(z_0)}\cdots\cdots\cdots (8)$$

$$\therefore \lim_{\Delta z\to 0}\frac{\Delta\omega(z)}{\Delta z}\,\overline{\overline{(2-100)_{2,4}\text{式}}}\,\frac{\lim_{\Delta z\to 0}f(z_0+\Delta z)\,g(z_0)/\Delta z-\lim_{\Delta z\to 0}f(z_0)\,g(z_0+\Delta z)/\Delta z}{\lim_{\Delta z\to 0}g(z_0+\Delta z)g(z_0)}$$

$$=\frac{f'(z_0)\,g(z_0)-f(z_0)\,g'(z_0)}{[g(z_0)]^2}\quad\cdots\cdots\cdots (9)$$

$$\therefore \lim_{\Delta z\to 0}\frac{\Delta\omega(z)}{\Delta z}=\frac{d\omega(z)}{dz}=\frac{d}{dz}\frac{f(z)}{g(z)}=\frac{f'(z)\,g(z)-f(z)\,g'(z)}{[g(z)]^2}=(2\text{-}124)\text{ 式}$$

其他微分規則式的證明完全一樣，不多做了。至於**微分'** (differentials) 是否也有類似 (2-122) 式到 (2-124) 式的加，減，乘除規則呢？回答是："有"：

$$d[f(z) \pm g(z)] = df(z) \pm dg(z) = f'(z)dz \pm g'(z)dz$$
$$= [f'(z) \pm g'(z)]dz \quad \cdots\cdots (2\text{-}128)$$

$$d[f(z)\,g(z))] = [df(z)]g(z) + f(z)[dg(z)] = [f'(z)\,dz]g(z) + f(z)\,[g'(z)dz]$$
$$= [f'(z)\,g(z) + f(z)\,g'(z)]dz \quad \cdots\cdots (2\text{-}129)$$

$$d\frac{f(z)}{g(z)} = \frac{[df(z)]g(z) - f(z)[dg(z)]}{[g(z)]^2} = \frac{[f'(z)dz]g(z) - f(z)[g'(z)dz]}{[g(z)]^2}$$
$$= \frac{[f'(z)g(z) - f(z)g'(z)]dz}{[g(z)]^2} \quad \cdots\cdots (2\text{-}130)$$

(Ex.2-19)
(1) 求函數 $f(z) = az^3 + bz^2 \equiv \omega$ 的：
(a)$\Delta\omega$，(b)$d\omega$，(c) 分析 $(\Delta\omega - d\omega)$，
(2) 如 $f(z) = az^3 + bz^2$，$g(z) = cz$，則求：
(a) $\frac{d}{dz}f(z)\,g(z)$ (b) $\frac{d}{dz}\frac{f(z)}{g(z)}$，$a, b$ 和 c 爲常數。

(**解**)：這題是 $(2\text{-}120)_{1\sim3}$ 式，(2-123) 和 (2-124) 式的例題。

(1) $f(z) = az^3 + bz^2 \equiv \omega$，求 (a) $\Delta\omega$，(b) $d\omega$，(c) 分析 $(\Delta\omega - d\omega)$：

(a) $$\Delta\omega = f(z + \Delta z) - f(z)$$
$$= [a(z + \Delta z)^3 + b(z + \Delta z)^2] - [az^3 + bz^2]$$
$$= \underbrace{(3az^2 + 2bz)\Delta z}_{} + (3az + b)(\Delta z)^2 + a(\Delta z)^3 \quad \cdots\cdots (1)$$

當 $\lim\Delta z \to 0$ 時，這一項會留下來，
於是稱這一項為 $\Delta\omega$ 的**主部** (principal part)。

(b) $$\lim_{\Delta z \to 0} \Delta\omega = d\omega \overset{}{\underset{(1)式}{=\!=}} (3az^2 + 2bz)dz \quad \cdots\cdots (2)$$

$$\therefore \frac{d\omega}{dz} = \frac{df(z)}{dz} = f'(z) \underset{(2)式}{=\!=} 3az^2 + 2bz \quad \cdots\cdots (3)$$

(c) $$\Delta\omega - d\omega \underset{(1)和(2)式}{=\!=\!=} [(3az^2 + 2bz)\Delta z + (3az + b)(\Delta z)^2 + a\,(\Delta z)^3]$$
$$- \lim_{\Delta z \to 0}[(3az^2 + 2bz)\Delta z] \quad \cdots\cdots (4)$$

$$\therefore \lim_{\Delta z \to 0}(\Delta\omega - d\omega) = (3az + b)(dz)^2 \quad \cdots\cdots (5)$$

$$\therefore \frac{\lim\limits_{\Delta z\to 0}(\Delta\omega - d\omega)}{(dz)^2} = 3az + b \underset{(3)式}{=\!=\!=} \frac{1}{2}\frac{d}{dz}f'(z) \cdots\cdots (6)$$

從 (5) 式到 (6) 式，明顯地能看出 $(\Delta\omega - d\omega)$ 牽連到比導函數 $f'(z)$ 高一階，即和**第二階** (second order) 導函數有關之量。

$$\therefore \Delta\omega - d\omega = 比\ dz\ 高一階的無限小量 \cdots\cdots (7)$$

換句話，如 $f'(z) = 3az^2 + 2bz \equiv h(z)$，則 $(\Delta\omega - d\omega)$ 和 $\frac{d}{dz}h(z)$ 有關：

$$\frac{d}{dz}h(z) \underset{(2-112)_3式}{=\!=\!=} \lim_{\Delta z\to 0}\frac{h(z+\Delta z) - h(z)}{\Delta z} = 6az + 2b$$

$$= \frac{d^2}{dz^2}f(z) \cdots\cdots (8)$$

(2) $f(z) = az^3 + bz^2$，$g(z) = cz$，求 (a) $\frac{d}{dz}f(z)g(z)$，(b) $\frac{d}{dz}\frac{f(z)}{g(z)}$：

(a) $$\frac{d}{dz}f(z)g(z) \underset{(2-123)式}{=\!=\!=} \left\{\lim_{\Delta z\to 0}\left[\frac{f(z+\Delta z) - f(z)}{\Delta z}\right]\right\}g(z) + f(z)\left\{\lim_{\Delta z\to 0}\left[\frac{g(z+\Delta z) - g(z)}{\Delta z}\right]\right\}$$

$$= \left\{\lim_{\Delta z\to 0}[(3az^2 + 2bz) + (3az + b)\Delta z + a(\Delta z)^3]\right\}g(z) + f(z)c$$

$$= (3az^2 + 2bz)g(z) + cf(z)$$

$$= 4acz^3 + 3bcz^2 = cz^2(3b + 4az) \cdots\cdots (9)$$

(b) $$\frac{d}{dz}\frac{f(z)}{g(z)}$$

$$\underset{(2-124)式}{=\!=\!=} \frac{\left\{\lim\limits_{\Delta z\to 0}\left[\frac{f(z+\Delta z) - f(z)}{\Delta z}\right]\right\}g(z) - f(z)\left\{\lim\limits_{\Delta z\to 0}\left[\frac{g(z+\Delta z) - g(z)}{\Delta z}\right]\right\}}{[g(z)]^2}$$

$$= \frac{(3az^2 + 2bz)g(z) - f(z)c}{(cz)^2} = \frac{2acz^3 + bcz^2}{c^2z^2}$$

$$= \frac{2az + b}{c} \cdots\cdots (10)$$

到這裡大致瞭解 $(2\text{-}120)_2$ 式的微分是什麼？以及如何依 $(2\text{-}112)_3$ 式定義求導函數，不過好像還有未解內容似的感覺。因複變數 z 是由兩獨立變數 x 和 y 以等權線性組合 $z = (x + iy)$ 的平面變數，它隱藏的"制約" $(2\text{-}111)_2$ 式尚未現身，讓我們一起來探索吧。

(3) Cauchy-Riemann 關係式 (又叫方程式)？

對應於複變數 $z = (x + iy)$，將其函數 $f(z)$ 表示成如 $(2\text{-}6)_1$ 式：

$$f(z) = u(x, y) + iv(x, y) \cdots\cdots (2\text{-}131)$$

$u(x, y)$ 和 $v(x, y)$ 爲實變數 x 和 y 的實函數。當 $f(z)$ 在複變數平面 z 平面某區域 D 可微分，則 D 內任意點 $z_0 = (x_0 + iy_0)$ 必存在導函數 $f'(z_0)$，於是 (2-131) 式的兩變數函數 $u(x, y)$ 和 $v(x, y)$ 該同樣地存在導函數。那以什麼樣的型態出現呢？他們間的關係如何？由 (2-131) 式得：

$$f(z_0) = u(x_0, y_0) + iv(x_0, y_0)$$

$$\therefore\ f(z_0 + \Delta z) = u(x_0 + \Delta x, y_0 + \Delta y) + iv(x_0 + \Delta x, y_0 + \Delta y)$$

$$\text{而}\ f'(z_0) = \lim_{\Delta z \to 0} \frac{f(z_0 + \Delta z) - f(z_0)}{\Delta z}$$

$$= \lim_{\substack{\Delta x \to 0 \\ \Delta y \to 0}} \frac{[u(x_0 + \Delta x, y_0 + \Delta y) - u(x_0, y_0)] + i[v(x_0 + \Delta x, y_0 + \Delta y) - v(x_0, y_0)]}{\Delta x + i\Delta y} \cdots\cdots (2\text{-}132)_1$$

由 $(2\text{-}113)_1$ 式，如 $f(z)$ 在 z_0 可微分，則 $f(z)$ 必須在 z_0 連續，而由 (2-101) 式的連續性定義，$f(z)$ 必存在極限値，當 $z \to z_0$，同時由 $(2\text{-}97)_2$ 式 $f(z_0)$ 必須**唯一** (unique) 値，即 $f(z_0)$ 和 $z \to z_0$ 的方式以及路徑無關。既然 $\Delta z = (\Delta x + i\Delta y)$，於是 $\Delta z \to 0$ 可用 $\Delta x \to 0$ 而 $\Delta y = 0$ 和 $\Delta y \to 0$ 而 $\Delta x = 0$ 來逼近。

(i) 取 $\Delta y = 0$，$\Delta x \to 0$ 之路徑

$$f'(z_0) \xlongequal[(2-132)_1\text{式}]{} \lim_{\substack{\Delta x \to 0 \\ (\Delta y = 0)}} \left\{ \frac{u(x_0 + \Delta x, y_0) - u(x_0, y_0)}{\Delta x} + i\frac{v(x_0 + \Delta x, y_0) - v(x_0, y_0)}{\Delta x} \right\}$$

$$= \left(\frac{\partial u}{\partial x}\right)_{(x_0,\, y_0)} + i\left(\frac{\partial v}{\partial x}\right)_{(x_0,\, y_0)} \cdots\cdots (2\text{-}132)_2$$

在 $(2\text{-}132)_2$ 式爲什麼沒寫成 du/dx 和 dv/dx 而表示成 $\partial u/\partial x$ 和 $\partial v/\partial x$ 呢？因爲 u 和 v 是兩個獨立變數函數，而微分操作僅對其中一個變數，才把 $\frac{d}{dx}$ 變成：

$$\frac{\partial}{\partial x}\text{，叫對 } x \text{ 的}\textbf{偏微分}\text{ (partial differentiation)} \cdots\cdots (2\text{-}132)_3$$

右下標誌 (x_0, y_0) 表示該值在 $z_0 = (x_0 + iy_0)$。

(ii) 取 $\Delta x = 0$，$\Delta y \to 0$ 之路徑

$$f'(z_0) \overline{\overline{(2-132)_1\text{式}}} \lim_{\substack{\Delta y \to 0 \\ (\Delta x = 0)}} \left\{\frac{u(x_0,\, y_0 + \Delta y) - u(x_0,\, y_0)}{i\Delta y} + i\frac{v(x_0,\, y_0 + \Delta y) - v(x_0,\, y_0)}{i\Delta y}\right\}$$

$$= \left(\frac{\partial v}{\partial y}\right)_{(x_0,\, y_0)} - i\left(\frac{\partial u}{\partial y}\right)_{(x_0,\, y_0)} \cdots\cdots (2\text{-}132)_4$$

由於 $f'(z_0)$ 存在，故 $(2\text{-}132)_1$ 式的極限值和 $\Delta z \to 0$ 的路徑無關，於是 $(2\text{-}132)_2$ 式必須等於 $(2\text{-}132)_4$ 式：

$$\left(\frac{\partial u}{\partial x}\right)_{(x_0,\, y_0)} + i\left(\frac{\partial v}{\partial x}\right)_{(x_0,\, y_0)} = \left(\frac{\partial v}{\partial y}\right)_{(x_0,\, y_0)} - i\left(\frac{\partial u}{\partial y}\right)_{(x_0,\, y_0)}$$

$$\therefore \begin{cases} \dfrac{\partial u}{\partial x} = \dfrac{\partial v}{\partial y} \\[2ex] \dfrac{\partial u}{\partial y} = -\dfrac{\partial v}{\partial x} \end{cases} \cdots\cdots (2\text{-}133)$$

(2-133) 式，即 $(2\text{-}111)_3$ 式稱爲 **Cauchy-Riemann 關係式**或方程式，是 19 世紀中葉 Cauchy 和 Riemann 發現的複函數 $f(z)$，在 z 平面的區域 D 是可微分的解析函數的**必要條件** (necessary condition)。所以如 $f(z) = [u(x, y) + iv(x, y)]$ 在 D 區域是解析函數，則由 $(2\text{-}132)_2$ 和 $(2\text{-}132)_4$ 式得：

$$\left.\begin{array}{l} f'(z)=u_x(x, y)+iv_x(x, y)\equiv f_x(z) \\ \quad =\dfrac{1}{i}[u_y(x, y)+iv_y(x, y)]\equiv f_y(z) \\ u_x\equiv\dfrac{\partial u}{\partial x}, \quad u_y\equiv\dfrac{\partial u}{\partial y}, \quad v_x\equiv\dfrac{\partial v}{\partial x}, \quad v_y\equiv\dfrac{\partial v}{\partial y} \end{array}\right\} \cdots\cdots (2\text{-}134)$$

(2-134) 式的 $f_x(z)$ 和 $f_y(z)$，分別稱爲解析函數 $f(z)$ 沿 z 平面的實數軸和虛數軸路徑的導函數，另一面由 $(2\text{-}132)_1$ 式到 $(2\text{-}132)_4$ 式得如下結論：

$$\left(\begin{array}{l} \text{如 } f(z)=[u(x, y)+iv(x, y)] \text{ 在 } z=(x+iy) \text{ 平面的 } D \text{ 區域} \\ \text{內存在導函數 } f'(z)\text{，則其必要條件是}(2-133)\text{式成立。} \end{array}\right) \cdots\cdots (2\text{-}135)$$

那麼 Cauchy-Riemann 關係式 (2-133) 式有沒有滿足 $f(z)$ 可微分的**充分條件** (sufficient condition) 呢？即滿足下 (2-136) 式呢？

$$\left\{\begin{array}{l} \text{當 } f(z)=[u(x, y)+iv(x, y)] \text{ 為定義在 } z=(x+iy) \text{ 平面 } D \\ \text{區域的函數，如 } u \text{ 和 } v \text{ 在 } D \text{ 內的每一點存在對 } x \text{ 和} \\ y \text{ 的一階偏導函數 } \partial u/\partial x\equiv u_x,\ \partial u/\partial y\equiv u_y,\ \partial v/\partial x\equiv v_x, \\ \partial v/\partial y\equiv v_y\text{，並且滿足 Cauchy-Riemann 關係 } u_x=v_y \text{ 和} \\ u_y=-v_x\text{，則 } f'(z) \text{ 必存在。} \end{array}\right\} \cdots\cdots (2\text{-}136)$$

如 (2-136) 式成立，則 Cauchy-Riemann 關係式 (2-133) 式是滿足 $f(z)$ 在 D 區域能微分的必要和充分條件。接著來探討 (2-136) 式成不成立。

由於 $u(x, y)$ 和 $v(x, y)$ 在 D 的每一點都存在一階偏導函數，於是由 $(2\text{-}113)_1$ 式得：在 D 的任意點 $z_0 = (x_0 + iy_0)$，不但 $u_{x,\,y}(x_0, y_0)$ 和 $v_{x,\,y}(x_0, y_0)$ 存在，並且在 z_0 連續。所以從 $f(z) = [u(x, y) + iv(x, y)]$ 得：

$$\begin{aligned} f(z_0+\Delta z)-f(z_0) &= [u(x_0+\Delta x,\ y_0+\Delta y)-u(x_0,\ y_0)]+i[v(x_0+\Delta x,\ y_0+\Delta y)-v(x_0,\ y_0)] \\ &= \{[u(x_0+\Delta x,\ y_0+\Delta y)-u(x_0,\ y_0+\Delta y)]+[u(x_0,\ y_0+\Delta y)-u(x_0,\ y_0)]\} \\ &\quad +i\{[v(x_0+\Delta x,\ y_0+\Delta y)-v(x_0,\ y_0+\Delta y)]+[v(x_0,\ y_0+\Delta y)-v(x_0,\ y_0)]\} \\ &= \left\{\left(\frac{\Delta u}{\Delta x}\right)_{(x_0,\ y_0)}\Delta x+\left(\frac{\Delta u}{\Delta y}\right)_{(x_0,\ y_0)}\Delta y\right\} \\ &\quad +i\left\{\left(\frac{\Delta v}{\Delta x}\right)_{(x_0,\ y_0)}\Delta x+\left(\frac{\partial v}{\partial y}\right)_{(x_0,\ y_0)}\Delta y\right\} \cdots\cdots (2\text{-}137)_1 \end{aligned}$$

如 $u(x, y)$ 和 $v(x, y)$ 的一階偏導函數存在，且滿足 Cauchy-Riemann 關係式，則：

$$\left.\begin{array}{l} \dfrac{\partial u}{\partial x}=\lim\limits_{\Delta x\to 0}\dfrac{\Delta u}{\Delta x}=\dfrac{\partial v}{\partial y}=\lim\limits_{\Delta y\to 0}\dfrac{\Delta v}{\Delta y} \\ \dfrac{\partial u}{\partial y}=\lim\limits_{\Delta y\to 0}\dfrac{\Delta u}{\Delta y}=-\dfrac{\partial v}{\partial x}=-\lim\limits_{\Delta x\to 0}\dfrac{\Delta v}{\Delta x} \end{array}\right\} \cdots\cdots (2\text{-}137)_2$$

把 $(2\text{-}137)_2$ 式代入 $(2\text{-}137)_1$ 式，這時 $\Delta z\to 0$ 有沿實數軸和沿虛數軸的兩條路徑 $\Delta x\to 0$ 而 $\Delta y=0$ 和 $\Delta y\to 0$ 而 $\Delta x=0$，於是得：

$$\begin{aligned} & f(z_0+\Delta z)-f(z_0) \\ &=\left\{\begin{array}{l} \left[\left(\dfrac{\Delta u}{\Delta x}\right)_{(x_0,\, y_0)}(\Delta x+i\Delta y)+i\left(\dfrac{\Delta v}{\Delta x}\right)_{(x_0,\, y_0)}(\Delta x+i\Delta y)\right], \\ \dfrac{1}{i}\left[\left(\dfrac{\Delta u}{\Delta y}\right)_{(x_0,\, y_0)}(\Delta x+i\Delta y)+i\left(\dfrac{\Delta v}{\Delta y}\right)_{(x_0,\, y_0)}(\Delta x+i\Delta y)\right] \end{array}\right\} \cdots\cdots (2\text{-}137)_3 \end{aligned}$$

以 $(\Delta x+i\Delta y)=\Delta z$ 除 $(2\text{-}137)_3$ 式左右兩邊，且令 $\Delta z\to 0$ 得：

$$\begin{aligned} \lim_{\Delta z\to 0}\frac{f(z_0+\Delta z)-f(z_0)}{\Delta z} &= f'(z_0) \\ &=\left\{\begin{array}{l} [u_x(x_0,\, y_0)+iv_x(x_0,\, y_0)]\equiv f_x(z_0) \\ \dfrac{1}{i}[u_y(x_0,\, y_0)+iv_y(x_0,\, y_0)]\equiv f_y(z_0) \end{array}\right\} \cdots\cdots (2\text{-}137)_4 \end{aligned}$$

而 $\left(\dfrac{\partial u}{\partial x}\right)_{(x_0,\, y_0)}\equiv u_x(x_0, y_0)$，$\left(\dfrac{\partial u}{\partial y}\right)_{(x_0,\, y_0)}\equiv u_y(x_0, y_0)$，$\left(\dfrac{\partial v}{\partial x}\right)_{(x_0,\, y_0)}\equiv v_x(x_0, y_0)$，

$\left(\dfrac{\partial v}{\partial y}\right)_{(x_0,\, y_0)}\equiv v_y(x_0, y_0)$

$(2\text{-}137)_4$ 式正是 (2-134) 式，$f(z)$ 在 $z=z_0$ 點的導函數 。能得 $(2\text{-}137)_4$ 式的關鍵是 $(2\text{-}137)_2$ 式，所以 Cauchy-Riemann 關係式確實是 $f(z)$ 在 D 區域存在導函數 $f'(z)$ 的充分條件。

$$\therefore \left\{\begin{array}{l} u_x=v_y \\ u_y=-v_x \end{array}\right\} \text{是 } f(z) \text{ 在 } z \text{ 平面的 } D \text{ 區域可微分的必要且充分條件} \cdots\cdots (2\text{-}138)$$

換句話，$f(z)$ 在 z 平面 D 區域存在導函數 $f'(z)$ 是經過 Cauchy-Riemann 方程式關卡，因此一旦 $f(z)$ 在 D 滿足了 Cauchy-Riemann 方程式，則 $f(z)$ 在 D 不但存在一階導函數，並且存在高階導函數 $d^n f(z)/dz^n \equiv f^n(z)$，$n \geq 2$。

(iii) 極座標之 Cauchy-Riemann 關係式？

極座標 (r, θ) 和直角座標 (x, y) 的轉換關係是：

$$\left.\begin{cases} x = r\cos\theta \\ y = r\sin\theta \\ r = {}_{+}\sqrt{x^2+y^2} \\ \theta = \tan^{-1}(y/x) \end{cases}\right\} \text{如右圖} \cdots\cdots (2\text{-}139)_1$$

$$\therefore \left.\begin{cases} \dfrac{\partial}{\partial x} = \dfrac{\partial r}{\partial x}\dfrac{\partial}{\partial r} + \dfrac{\partial \theta}{\partial x}\dfrac{\partial}{\partial \theta} \\ \dfrac{\partial}{\partial y} = \dfrac{\partial r}{\partial y}\dfrac{\partial}{\partial r} + \dfrac{\partial \theta}{\partial y}\dfrac{\partial}{\partial \theta} \end{cases}\right\} \cdots\cdots (2\text{-}139)_2$$

由 $(2\text{-}139)_1$ 式得：

$$\left.\begin{aligned} \frac{\partial r}{\partial x} &= \frac{1}{2}(x^2+y^2)^{-1/2}\,2x = \frac{x}{\sqrt{x^2+y^2}} = \frac{r\cos\theta}{r} = \cos\theta \\ \frac{\partial r}{\partial y} &= \frac{y}{\sqrt{x^2+y^2}} = \frac{r\sin\theta}{r} = \sin\theta \\ \frac{\partial \theta}{\partial x} &= \frac{-y/x^2}{1+(y/x)^2} = -\frac{y}{x^2+y^2} = -\frac{\sin\theta}{r} \\ \frac{\partial \theta}{\partial y} &= \frac{1/x}{1+(y/x)^2} = \frac{x}{x^2+y^2} = \frac{\cos\theta}{r} \end{aligned}\right\} \cdots\cdots (2\text{-}139)_3$$

把 $(2\text{-}139)_3$ 式代入 $(2\text{-}139)_2$ 式得：

$$\left.\begin{aligned} \frac{\partial}{\partial x} &= \cos\theta\frac{\partial}{\partial r} - \frac{\sin\theta}{r}\frac{\partial}{\partial \theta} \\ \frac{\partial}{\partial y} &= \sin\theta\frac{\partial}{\partial r} + \frac{\cos\theta}{r}\frac{\partial}{\partial \theta} \end{aligned}\right\} \cdots\cdots (2\text{-}139)_4$$

於是由 (2-133) 式和 $(2\text{-}139)_4$ 式得：

$$\frac{\partial u}{\partial x}=\cos\theta\frac{\partial u}{\partial r}-\frac{\sin\theta}{r}\frac{\partial u}{\partial\theta}$$
$$=\frac{\partial v}{\partial y}=\sin\theta\frac{\partial v}{\partial r}+\frac{\cos\theta}{r}\frac{\partial v}{\partial\theta} \quad\cdots\cdots (2\text{-}139)_5$$

$$\frac{\partial u}{\partial y}=\sin\theta\frac{\partial u}{\partial r}+\frac{\cos\theta}{r}\frac{\partial u}{\partial\theta}$$
$$=-\frac{\partial v}{\partial x}=-\cos\theta\frac{\partial v}{\partial r}+\frac{\sin\theta}{r}\frac{\partial v}{\partial\theta} \quad\cdots\cdots (2\text{-}139)_6$$

分別 [(cos θ)×$(2\text{-}139)_5$ 式 + (sin θ)×$(2\text{-}139)_6$ 式] 和 [(sin θ)×$(2\text{-}139)_5$ 式 − (cos θ)×$(2\text{-}139)_6$ 式] 得：

$$\left.\begin{cases}\dfrac{\partial u}{\partial r}=\dfrac{1}{r}\dfrac{\partial v}{\partial\theta}, & u=u(r,\theta),\ v=v(r,\theta)\\[2ex] \dfrac{\partial v}{\partial r}=-\dfrac{1}{r}\dfrac{\partial u}{\partial\theta}\end{cases}\right\} \quad\cdots\cdots (2\text{-}140)$$

(2-140) 式稱爲**極座標 Cauchy-Riemann 關係式**或方程式。由於 (2-140) 式含複變函數 z 的**模數** (modulus)，即**絕對值** (absolute value) $|z|={}_{+}\sqrt{x^2+y^2}=r$ 的倒數，於是 (2-135) 式和 (2-136) 式必須修正成如下述 (2-141) 式和 (2-142) 式，即加上 $z\neq 0$ 的條件：

> 如 $f(z)=[u(r,\theta)+iv(r,\theta)]$ 在 $z=(x+iy)=re^{i\theta}$ 平面，且 $z\neq 0$ 的區域 D 存在導函數 $f'(z)$，則其**必要條件** (necessary condition) 是 (2-140) 式，即 Cauchy-Riemann 關係式成立。 ……(2-141)

> 當 $f(z)=[u(r,\theta)+iv(r,\theta)]$ 為定義在 $z=(x+iy)=re^{i\theta}$ 平面，且 $z\neq 0$ 的 D 區域，如 $u(r,\theta)$ 和 $v(r,\theta)$ 在 D 的每一點都存在對 r 和 θ 的一階偏導函數 $\partial u/\partial r\equiv u_r$, $\partial u/\partial\theta\equiv u_\theta$, $\partial v/\partial r\equiv v_r$, $\partial v/\partial\theta\equiv v_\theta$，並且滿足 Cauchy-Riemann 方程式 $u_r=\dfrac{1}{r}v_\theta$, $v_r=-\dfrac{1}{r}u_\theta$，則 $f'(z)$ 必存在。 ……(2-142)

$$\therefore \left\{\begin{array}{l}\text{複變函數 } f(z)=[u(r,\theta)+iv(r,\theta)] \text{ 在複變數平面 } z \text{ 平} \\ \text{面的 } z=(x+iy)=re^{i\theta}\text{，且 } \underset{\sim\sim\sim\sim\sim\sim}{z\neq 0 \text{ 的區域 } D} \text{ 可微分，} \\ \text{即在 } D \text{ 是解析函數的必要且充分條件是：在 } D \text{ Cauchy-} \\ \text{Riemann 關係式成立。}\end{array}\right\} \cdots\cdots (2\text{-}143)$$

如 $z_0=(x_0+iy_0)=r_0\,e^{i\theta_0}\neq 0$ 為 z 平面 D 區域之任意點，則對應於 (2-134) 式的極座標式是 (推導在本章習題 (17))：

$$\left.\begin{array}{l} f'(z_0)=e^{i\theta_0}[u_r(r_0,\,\theta_0)+iv_r(r_0,\,\theta_0)]\equiv f_r(z_0) \\ \qquad =\dfrac{e^{i\theta_0}}{r_0}[v_\theta(r_0,\,\theta_0)-iu_\theta(r_0,\,\theta_0)]\equiv f_\theta(z_0) \\ \text{而 } \left(\dfrac{\partial u}{\partial r}\right)_{(r_0,\,\theta_0)}\equiv u_r(r_0,\,\theta_0),\ \left(\dfrac{\partial u}{\partial \theta}\right)_{(r_0,\,\theta_0)}\equiv u_\theta(r_0,\,\theta_0)\text{，}\ v \text{ 函數也同樣}\end{array}\right\}\cdots\cdots (2\text{-}144)$$

(Ex.2-20) 下述函數的導函數是否存在？請分析討論。
(1) $f_1(z)=z|z|$，　(2) $f_2(z)=\ln\sqrt{x^2+y^2}+i\tan^{-1}(y/x)$，
(3) $f_3(z)=e^{az}$，$a=$ 常數，　(4) $f_4(z)=\sin z$。

(解)：(1) 分析討論 $f_1(z)=z|z|$ 的導函數情況：

由 (2-138) 式，如 $f_1(z)$ 在 z 平面存在導函數，則 Cauchy-Riemann 關係式必成立，於是以 $u(x,y)$ 和 $v(x,y)$ 表示 $f_1(z)$ 較方便：

$$\begin{aligned} f_1(z)=z|z| &= (x+iy)(_+\sqrt{x^2+y^2}) \\ &= x\sqrt{x^2+y^2}+iy\sqrt{x^2+y^2}=u(x,y)+iv(x,y)\end{aligned}$$

$$\therefore \left\{\begin{array}{l} u(x,y)=x\sqrt{x^2+y^2} \\ v(x,y)=y\sqrt{x^2+y^2}\end{array}\right\}\cdots\cdots (1)$$

$$\therefore \left\{\begin{array}{ll} \dfrac{\partial u}{\partial x}=u_x=\sqrt{x^2+y^2}+\dfrac{x^2}{\sqrt{x^2+y^2}}\text{，} & u_y=\dfrac{xy}{\sqrt{x^2+y^2}} \\ v_x=\dfrac{xy}{\sqrt{x^2+y^2}}\text{，} & v_y=\sqrt{x^2+y^2}+\dfrac{y^2}{\sqrt{x^2+y^2}}\end{array}\right\}\cdots\cdots (2)$$

(2) 式顯然不滿足 Cauchy-Riemann 關係式 $u_x=v_y$，$u_y=-v_x$ 當 $x\neq 0$, $y\neq 0$。不過當 x 和 y 同時以等速逼近於零，則得：

$$\lim_{\substack{x\to 0\\ y\to 0}} u_x = \lim_{\substack{x\to 0\\ y\to 0}} u_y = \lim_{\substack{x\to 0\\ y\to 0}} v_x = \lim_{\substack{x\to 0\\ y\to 0}} v_y = 0 \cdots\cdots (3)$$

$$\therefore\ u_x(0, 0) = v_y(0, 0)\text{，}\quad u_y(0, 0) = -v_x(0, 0) \cdots\cdots (4)$$

所以由 (4) 式得：

除原點 $f_1(z) = z|z|$ 是非解析函數，故不存在導函數 ……… (5)

(2) 分析討論 $f_2(z) = [\ln\sqrt{x^2+y^2} + i\tan^{-1}\ (y/x)]$ 的情況：

如 $f_2(z) = [u(x, y) + iv(x, y)]$，則：

$$u(x, y) = \ln\sqrt{x^2+y^2}\text{，}\quad v(x, y) = \tan^{-1}(y/x) \cdots\cdots (6)$$

$$\therefore \left\{\begin{matrix} u_x = \dfrac{x}{x^2+y^2}\text{，} & u_y = \dfrac{y}{x^2+y^2} \\ v_x = -\dfrac{y}{x^2+y^2}\text{，} & v_y = \dfrac{x}{x^2+y_2} \end{matrix}\right\} \cdots\cdots (7)$$

$$\therefore\ u_x = v_y\text{，}u_y = -v_x\text{，即滿足 Cauchy-Riemann 關係式} \cdots\cdots (8)$$

$f_2(z)$ 有對數函數，而由 (2-61) 式，對數函數是無限多值函數，且原點 $z = 0$ 是**分支點** (branch point)。所以由 (2-138) 式和 (8) 式，除了分支點 $z = 0$，$f_2(z)$ 在 z 平面是可微分的解析函數，於是由 (2-134) 式得其導函數是：

$$f_2'(z) = u_x + iv_x = \frac{x-iy}{x^2+y^2} = \frac{z^*}{zz^*} = \frac{1}{z}$$

$$= v_y - iu_y = \frac{x-iy}{x^2+y^2} = \frac{z^*}{zz^*} = \frac{1}{z}\text{，}\qquad \text{且 } z \neq 0 \cdots\cdots (9)$$

怎麼表面那麼複雜的 $f_2(z)$，其導函數 $f_2'(z)$ 這麼簡單？那 $f_2(z)$ 可能是個初級函數！

$\sqrt{x^2+y^2}$ 不是 z 的模數嗎？

$\tan^{-1}\left(\dfrac{y}{x}\right)$ 不是 z 的**輻角** (argument) 嗎？

則由 (2-61) 式得：

$$\left.\begin{aligned}&\ln\sqrt{x^2+y^2}+i\tan^{-1}\left(\frac{y}{x}\right)=\ln z\text{，}\quad \text{且 } n=0\\ \therefore\ &\frac{df_2(z)}{dz}\underset{?}{=\!=}\frac{d}{dz}\ln z=\frac{1}{z}\text{，}\quad \text{且 } z\neq 0\end{aligned}\right\}\cdots\cdots(10)$$

我們的分析結論 (9) 式證明 (10) 式是“對”。我們在本章 (I)(C) 研討的初級函數中，(2-61) 式的對數函數 $\ln z$ 和 (2-68) 式或 (2-69) 式的冪函數 α^z 和 z^α 都是無限多值函數，而能執行微分的函數必須單值解析函數，於是求 $\ln z$ 的導函數 $f'(z)$ 時必須引入無限多葉 Riemann 面。所以在每一葉的 Riemann 面，$\ln z$ 的導函數都是 $1/z$，且不含分支點 $z=0$，它是**奇異點** (singular point)，(10) 式是在 $n=0$ 之主葉求 $f_2(z)$ 的導函數。

(3) 分析討論 $f_3(z)=e^{az}$，$a=$ 常數的情況：

曾研討的初級函數中之指數函數定義是 (2-43) 式，沒 e^{az} 定義式，不過當令 $az\equiv\xi$，則 $e^{az}=e^{\xi}$ 就能用求複合函數的導函數 (2-125) 式。所以求 e^{az} 導函數之前，必須先求 e^z 的導函數。從 e^z 定義式的 (2-43) 式得：

$$f(z)=e^z=e^x(\cos y+i\sin y)=u(x,y)+iv(x,y)\cdots\cdots(11)$$

$$\therefore\ \begin{cases}u(x,y)=e^x\cos y\\ v(x,y)=e^x\sin y\end{cases}$$

$$\therefore\ \left\{\begin{aligned}&\frac{\partial u}{\partial x}=u_x=e^x\cos y\text{，}\quad \frac{\partial u}{\partial y}=u_y=-e^x\sin y\\ &\frac{\partial v}{\partial x}=v_x=e^x\sin y\text{，}\quad \frac{\partial v}{\partial y}=v_y=e^x\cos y\end{aligned}\right\}\cdots\cdots(12)$$

從 (12) 式得 $u_x=v_y$，$u_y=-v_x$，即滿足 Cauchy-Riemann 關係式。

$$\begin{aligned}\therefore\ f'(z)&\underset{(2-134)\text{式}}{=\!=\!=}u_x+iv_x=e^x(\cos y+i\sin y)=e^z\\ &\underset{(2-134)\text{式}}{=\!=\!=}v_y-iu_y=e^x(\cos y+i\sin y)=e^z\cdots\cdots(13)\end{aligned}$$

$$\therefore\ \frac{d}{dz}f(z)=\frac{d}{dz}e^z=e^z\cdots\cdots(14)$$

接著是用 (2-125) 式來求 e^{az} 的導函數，即：

$$\left.\begin{aligned}&當\ \omega=f(\xi),\quad \xi=g(z)時\\ &\frac{d\omega}{dz}=\frac{d\omega}{d\xi}\frac{d\xi}{dz}=f'(\xi)g'(z)\end{aligned}\right\}\cdots\cdots(15)$$

所以設 $az\equiv\xi=g(z)$，則 $f_3(z)=e^{\xi}\equiv f(\xi)=\omega$

$$\therefore\ \frac{d}{dz}f_3(z)=\frac{d\omega}{dz}=\frac{d\omega}{d\xi}\frac{d\xi}{dz}\underset{(14)式}{=\!=\!=}e^{\xi}\frac{d\xi}{dz}$$

$$\underset{\xi=az}{=\!=\!=}e^{\xi}\times a$$

$$\therefore\ \frac{d}{dz}f_3(z)=ae^{az}\cdots\cdots(16)$$

(4) 分析討論 $f_4(z)=\sin z$ 的導函數情況：

$$f_4(z)=\sin z=\sin(x+iy)=\sin x\cos(iy)+\cos x\sin(iy)$$

$$\underset{(2-79)式}{=\!=\!=}\sin x\cosh y+i\cos x\sinh y=u(x,y)+iv(x,y)\cdots(17)$$

$$\therefore\ u(x,y)=\sin x\cosh y,\quad v(x,y)=\cos x\sinh y\cdots\cdots(18)$$

$$\left\{\begin{aligned}&\frac{d}{dx}\sin x=\cos x,\quad \frac{d}{dx}\sinh x=\cosh x\\ &\frac{d}{dx}\cos x=-\sin x,\quad \frac{d}{dx}\cosh x=\sinh x\end{aligned}\right.$$

$$\therefore\left\{\begin{aligned}&\frac{\partial u}{\partial x}=u_x=\cos x\cosh y,\quad \frac{\partial u}{\partial y}=u_y=\sin x\sinh y\\ &\frac{\partial v}{\partial x}=v_x=-\sin x\sinh y,\quad \frac{\partial v}{\partial y}=v_y=\cos x\cosh y\end{aligned}\right\}\cdots\cdots(19)$$

(19) 式確實滿足 Cauchy-Riemann 方程式 $u_x=v_y$，$u_y=-v_x$，所以 $f_4(z)=\sin z$ 在全 z 平面是可微分的解析函數，於是由 (2-134) 式得 $f_4(z)$ 的導函數：

$$\begin{aligned}\frac{d}{dz}f_4(z)&=\frac{d}{dz}\sin z\\ &=u_x+iv_x=\cos x\cosh y-i\sin x\sinh y\\ &=\cos(x+iy)=\cos z\\ &=v_y-iu_y=\cos x\cosh y-i\sin x\sinh y\\ &=\cos(x+iy)=\cos z\end{aligned}$$

$$\therefore\ \frac{d}{dz}\sin z=\cos z\cdots\cdots(20)$$

(20) 式也可從複數三角函數 (2-73) 式和指數函數的微分 (16) 式得：

$$\frac{d}{dz}\sin z = \frac{d}{dz}\left(\frac{e^{iz}-e^{-iz}}{2i}\right)$$

$$= \frac{1}{2i}\frac{d}{dz}e^{iz} - \frac{1}{2i}\frac{d}{dz}e^{-iz}$$

$$= \frac{1}{2}e^{iz} + \frac{1}{2}e^{-iz} = \frac{e^{iz}+e^{-iz}}{2} = \cos z \cdots\cdots (21)$$

類似推導 (10), (13), (16) 和 (20) 式的方法，以及推導 $(2\text{-}116)_2$ 和 $(2\text{-}116)_3$ 式的方法，就能得在本章 (I)(c) 的所有函數之導函數，而得下 (2-145) 式 (部分請看本章習題 (18))。

(1)	$\frac{d}{dz}a=0$，　$a=$ 常數	(13)	$\frac{d}{dz}\sin^{-1}z=\frac{1}{\sqrt{1-z^2}}$
(2)	$\frac{d}{dz}z^n=nz^{n-1}$，　$n=$ 正整數	(14)	$\frac{d}{dz}\cos^{-1}z=-\frac{1}{\sqrt{1-z^2}}$
(3)	$\frac{d}{dz}e^z=e^z$	(15)	$\frac{d}{dz}\tan^{-1}z=\frac{1}{1+z^2}$
(4)	$\frac{d}{dz}a^z=a^z\ln a$	(16)	$\frac{d}{dz}\cot^{-1}z=-\frac{1}{1+z^2}$
(5)	$\frac{d}{dz}\ln z=\frac{1}{z}$，　$z\neq 0$	(17)	$\frac{d}{dz}\sec^{-1}z=\frac{1}{Z\sqrt{z^2-1}}$
(6)	$\frac{d}{dz}\log_a z=\frac{1}{z}\log_a e$，　$z\neq 0$	(18)	$\frac{d}{dz}\csc^{-1}z=-\frac{1}{Z\sqrt{z^2-1}}$
(7)	$\frac{d}{dz}\sin z=\cos z$	(19)	$\frac{d}{dz}\sinh z=\cosh z$
(8)	$\frac{d}{dz}\cos z=-\sin z$	(20)	$\frac{d}{dz}\cosh z=\sinh z$
(9)	$\frac{d}{dz}\tan z=\sec^2 z$	(21)	$\frac{d}{dz}\tanh z=\text{sech}^2 z$
(10)	$\frac{d}{dz}\cot z=-\csc^2 z$	(22)	$\frac{d}{dz}\coth z=-\text{csch}^2 z$
(11)	$\frac{d}{dz}\sec z=\sec z\tan z$	(23)	$\frac{d}{dz}\text{sech}\, z=-\text{sech}\, z\tanh z$
(12)	$\frac{d}{dz}\csc z=-\csc z\cot z$	(24)	$\frac{d}{dz}\text{csch}\, z=-\text{csch}\, z\coth z$

(25)	$\frac{d}{dz}\sinh^{-1}z=\frac{1}{\sqrt{1+z^2}}$	(28)	$\frac{d}{dz}\coth^{-1}z=\frac{1}{1-z^2}$
(26)	$\frac{d}{dz}\cosh^{-1}z=\frac{1}{\sqrt{z^2-1}}$	(29)	$\frac{d}{dz}\text{sech}^{-1}z=-\frac{1}{Z\sqrt{1-z^2}}$
(27)	$\frac{d}{dz}\tanh^{-1}z=\frac{1}{1-z^2}$	(30)	$\frac{d}{dz}\text{csch}^{-1}z=-\frac{1}{Z\sqrt{1+z^2}}$

……………………………………………………………………………… (2-145)

(Ex.2-21) 求下列函數的導函數：

(1) $f_1(z)=[\tan^{-1}(a+ibz)]^{-1}$，　(2) $f_2(z)=z\tanh^{-1}(\ln z)$

(3) $f_3(z)=\cos^2(az+ib)$，　(4) $f_4(z)=(z+ib)^{az+c}$，　a, b, c 爲常數。

(解)：此題牽連到冪函數 (2-68) 式和 (2-145) 式。

(1) 求 $f_1(z)=[\tan^{-1}(a+ibz)]^{-1}$ 的導函數，由 (2-145) 式得：

$$\frac{d}{dz}f_1(z)=\frac{d}{dz}[\tan^{-1}(a+ibz)]^{-1}$$

$$=-[\tan^{-1}(a+ibz)]^{-2}\left\{\frac{d}{dz}[\tan^{-1}(a+ibz)]\right\}$$

$$=-[\tan^{-1}(a+ibz)]^{-2}\left\{\left[\frac{1}{1+(a+ibz)^2}\right]\left[\frac{d}{dz}(a+ibz)\right]\right\}$$

$$=-\frac{ib}{[\tan^{-1}(a+ibz)]^2[1+(a+ibz)^2]} \cdots\cdots (1)$$

(2) 求 $f_2(z)=z\tanh^{-1}(\ln z)$ 的導函數，由 (2-123) 和 (2-145) 式得：

$$\frac{d}{dz}f_3(z)=\frac{d}{dz}[z\tanh^{-1}(\ln z)]=\tanh^{-1}(\ln z)+z\frac{1}{1-(\ln z)^2}\left[\frac{d}{dz}(\ln z)\right]$$

$$=\tanh^{-1}(\ln z)-\frac{1}{1-(\ln z)^2} \cdots\cdots (2)$$

(3) 求 $f_3(z)=\cos^2(az+ib)$ 的導函數，由 (2-145) 式得：

$$\frac{d}{dz}f_3(z)=\frac{d}{dz}[\cos^2(az+ib)]=2\cos(az+ib)]\left[\frac{d}{dz}\cos(az+ib)\right]$$

$$= 2\cos(az+ib)\left\{[-\sin(az+ib)]\left[\frac{d}{dz}(az+ib)\right]\right\}$$
$$= -2a\cos(az+ib)\sin(az+ib)$$
$$= -a\sin[2(az+ib)] \quad \cdots\cdots (3)$$

(4) 求 $f_4(z)=(z+ib)^{az+c}$ 的導函數，由 (2-68) 和 (2-145) 式得：

$$\frac{d}{dz}f_4(z)=\frac{d}{dz}[(z+ib)^{az+c}]=\frac{d}{dz}[e^{(az+c)\ln(z+ib)}]$$
$$=e^{(az+c)\ln(z+ib)}\left\{\left[\frac{d}{dz}(az+c)\ln(z+ib)\right]\right\}$$
$$=e^{(az+c)\ln(z+ib)}\left\{\left[\frac{d}{dz}(az+c)\right][\ln(z+ib)]+(az+c)\left[\frac{d}{dz}\ln(z+ib)\right]\right\}$$
$$=e^{(az+c)\ln(z+ib)}\left\{a\ln(z+ib)+(az+c)\left[\frac{1}{z+ib}\frac{d}{dz}(z+ib)\right]\right\}$$
$$=e^{(az+c)\ln(z+ib)}\left\{a\ln(z+ib)+\frac{az+c}{z+ib}\right\}$$
$$=(z+ib)^{az+c}\left[a\ln(z+ib)+\frac{az+c}{z+ib}\right]$$
$$=(z+ib)^{az+c-1}(az+c)+(z+ib)^{az+c}\ln(z+ib)^a \quad \cdots\cdots (4)$$

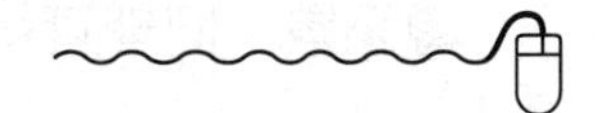

到這裡我們解決了 $(2\text{-}111)_2$ 式的問題，瞭解複變函數的微分內涵，它可歸納成如下 (2-146) 式的兩同等表示。如 $f(z)=[u(x,y)+iv(x,y)]$ 爲定義在複變數平面 z 平面的區域 D 內的連續函數，則：

$$\left.\begin{array}{l}\text{(i) } f(z) \text{ 在 } D \text{ 內是解析函數，}\\ \text{(ii) 在 } D \text{ 內的每一點 } z=(x+iy)\text{，}u \text{ 和 } v \text{ 不但能微分，}\\ \quad\text{且滿足 Cauchy-Riemann 關係式 } u_x=v_y,\ u_y=-v_x\text{。}\end{array}\right\} \cdots\cdots (2\text{-}146)$$

而 $(2\text{-}111)_2$ 式因爲複變數 $z=(x+iy)$ 是由兩個獨立變數 x 和 y 的等權線性組合變數，所以其函數 $f(z)$ 能微分的條件必比實數函數嚴，才多了 Cauchy-Riemann 關係式，除此之外，$f(z)$ 又有實變數函數不一定存在的非尋常特質：

$$\left.\begin{cases}\text{如 } f(z) \text{ 在 } z \text{ 平面的區域 } D \text{ 是解析函數，} \\ \text{則不但 } f(z) \text{ 的一階導函數 } f'(z)\text{，並且高} \\ \text{階導函數 } f^{(n)}(z) \text{ 在 } D \text{ 都存在，} n \geq 2\text{。}\end{cases}\right\} \cdots\cdots (2\text{-}147)$$

換句話，(2-147) 式表示：只要 $f(z)$ 在 D 是解析函數，則 $f(z)$ 在 D 的任何階導函數全是解析函數。接著來探討**高階導函數**′ (higher order derivatives) 與帶來的重要結果′ (請也看 (3-44) 和 (3-45) 式)。

(iv) 高階導函數′？

當複變數 z 的函數 $f(z)$ 在 z 平面的區域 D 是解析函數，則存在導函數 $f'(z)$ 在 D。如 $f'(z)$ 在 D 內每一點 $z = (x + iy)$ 都是連續，則可微分 $f'(z)$：

$$\lim_{\Delta z \to 0} \frac{f'(z+\Delta z) - f'(z)}{\Delta z} = \frac{d}{dz}[f'(z)] = \frac{d}{dz}\left\{\frac{d}{dz}[f(z)]\right\}$$

$$= \frac{d^2}{dz^2} f(z) \equiv f''(z) \cdots\cdots (2\text{-}148)_1$$

稱 $(2\text{-}148)_1$ 式的 $f''(z)$ 爲 $f(z)$ 的**第二階** (the second order) 或**二階** (second order) **導函數**，同理可得更高階導函數。超過二階的導函數符號，習慣上寫成 $f^{(3)}(z)$, $f^{(4)}(z)$, ⋯, 或 $f^{(n)}(z)$, $n = 3, 4, 5, \cdots$。函數的高階微分，在物理學常遇到。當物理體系成員超過兩個，成員間的相互作用就夠繁，再加上外來作用，其運動方程式雖二階微分方程，幾乎無法解。這時如相互作用強度不強，常用的近似計算法是**微擾法** (perturbation method)，是種逼近法，於是自然地需要高階導函數，相當於函數的級數展開法。還好，通常遇到的是二階線性微分方程式，例如 Cauchy-Riemann 關係 (2-133) 式帶來的方程式；如 $u(x, y)$ 和 $v(x, y)$ 存在一階導函數，則由 (2-147) 式，它們必存在高階導函數。由 Cauchy-Riemann 方程：

$$u_x = \frac{\partial u}{\partial x} = v_y = \frac{\partial v}{\partial y} \cdots\cdots (2\text{-}148)_2$$

$$u_y = \frac{\partial u}{\partial y} = -v_x = -\frac{\partial v}{\partial x} \cdots\cdots (2\text{-}148)_3$$

分別對 $(2\text{-}148)_2$ 和 $(2\text{-}148)_3$ 式執行 x 和 y 的微分得：

$$\frac{\partial}{\partial x}\frac{\partial u}{\partial x}=\frac{\partial^2 u}{\partial x^2}=\frac{\partial}{\partial x}\frac{\partial v}{\partial y}=\frac{\partial^2 v}{\partial x\partial y}$$

$$\frac{\partial}{\partial y}\frac{\partial u}{\partial y}=\frac{\partial^2 u}{\partial y^2}=-\frac{\partial}{\partial y}\frac{\partial v}{\partial x}=-\frac{\partial^2 v}{\partial y\partial x}\overset{}{\underset{\text{連續性}}{=\!=\!=}}-\frac{\partial^2 v}{\partial x\partial y}$$

$$\therefore\ \frac{\partial^2 u}{\partial x^2}+\frac{\partial^2 u}{\partial y^2}\equiv\nabla^2 u=0\text{，}\qquad \nabla^2\equiv\frac{\partial^2}{\partial x^2}+\frac{\partial^2}{\partial y^2}\quad\cdots\cdots (2\text{-}148)_4$$

同樣地分別對 $(2\text{-}148)_2$ 和 $(2\text{-}148)_3$ 式執行 y 和 x 的微分得：

$$\frac{\partial^2 v}{\partial x^2}+\frac{\partial^2 v}{\partial y^2}=\nabla^2 v=0\quad\cdots\cdots (2\text{-}148)_5$$

如用 $\psi(x, y)$ 代表 $u(x, y)$ 或 $v(x, y)$，則 $(2\text{-}148)_4$ 和 $(2\text{-}148)_5$ 式可表示成：

$$\nabla^2\psi(x, y)=0\text{，}\qquad \nabla^2\equiv\frac{\partial^2}{\partial x^2}+\frac{\partial^2}{\partial y^2}\quad\cdots\cdots (2\text{-}149)_1$$

稱能表示成 $(2\text{-}149)_1$ 式的函數 ψ 爲**調和函數** (harmonic function)，其方程式稱爲 **Laplace** (Pierre Simon Laplace, 1749~1827) **方程式**，而 ∇^2 稱爲 **Laplace 算符** (Laplace operator)，因爲用途太廣，於是有個專用名詞叫 **Laplacian**，是 Laplace 研究天體力學和**勢理論** (potential theory) 時獲得的算符，設爲三維：

$$\begin{aligned}\text{Laplacian}&=\vec{\nabla}\cdot\vec{\nabla}\\&=\frac{\partial^2}{\partial x^2}+\frac{\partial^2}{\partial y^2}+\frac{\partial^2}{\partial z^2}\quad\cdots\cdots (2\text{-}149)_2\end{aligned}$$

$$\vec{\nabla}\equiv\mathbf{e}_x\frac{\partial}{\partial x}+\mathbf{e}_y\frac{\partial}{\partial y}+\mathbf{e}_z\frac{\partial}{\partial z}\quad\cdots\cdots (2\text{-}149)_3$$

$\vec{e_x}\equiv\mathbf{e}_x$，$\vec{e_y}\equiv\mathbf{e}_y$ 和 $\vec{e_z}\equiv\mathbf{e}_z$ 分別爲**直角座標** (cartesian coördirate) 的 x, y 和 z 軸的**單位向量** (unit vector)。

那麼爲什麼稱 $\nabla^2\psi=0$ 的 ψ 爲調和函數呢？因爲 ψ 在其變數的**區域** (region) D 內 (不含 D 邊界之意) 沒起起伏伏的變化，類似擺平的函數。由實函數 $f(x)$，我們知道：在 x 的區域內任意點 $x=x_0$，當：

$$\left.\begin{array}{ll}[f''(x)]_{x_0}=f''(x_0)>0\text{，} & \text{則 } f(x) \text{ 在 } x=x_0 \text{ 是極小點，}\\ [f''(x)]_{x_0}=f''(x_0)<0\text{，} & \text{則 } f(x_0) \text{ 是極大點，}\end{array}\right\}\cdots\cdots (2\text{-}149)_4$$

$$[f''(x)]_{x_0}=f''(x_0)=0 \cdots\cdots (2\text{-}149)_5$$

$(2\text{-}149)_5$ 式表示 $x = x_0$ 點是 $f(x)$ 的**拐點** (point of inflection)，即極大到極小或極小到極大，相當於平均點，所以才稱 $\nabla^2\psi = 0$ 的 ψ 爲調和函數。

(Ex.2-22) 證明不含原點的萬有引力**勢能** (potential energy) 函數 $U_g(r)=-G\dfrac{Mm}{r}$ 是調和函數，G = 萬有引力常量，M 和 m 分別爲地球和某物體的質量。

(**解**)：和我們最密切的調和函數是**連心力** (central force) 的萬有引力勢能函數 $U_g(r)=-G\dfrac{Mm}{r}$，或者**萬有引力勢** (gravitational potential) 函數 $V_g(r)=-G\dfrac{M}{r}$，M 和 m 分別爲地球和王小姐質量，r 是如圖 (2-24)(a)，從 M 的分布中心到 m 的分布中心，所以才叫萬有引力 $\vec{F}_g(\vec{r})=-G\dfrac{Mm}{r^2}\mathbf{e}_r$ 爲**連心力**，$\vec{r}$ 方向的單位向量 $\mathbf{e}_r=\vec{r}/|\vec{r}|\equiv\vec{r}/r$，而 $V_g(r)\equiv U_g(r)/m$[6]。王小姐不可能在 M 的分布中心之 $r = 0$ 處，是在 $r \neq 0$ 的三維空間的某地方 (x, y, z)。如圖 (2-24)(b)，取地心爲座標原點，則質量 m 的王小姐所在點是 $r=\sqrt{x^2+y^2+z^2}$，

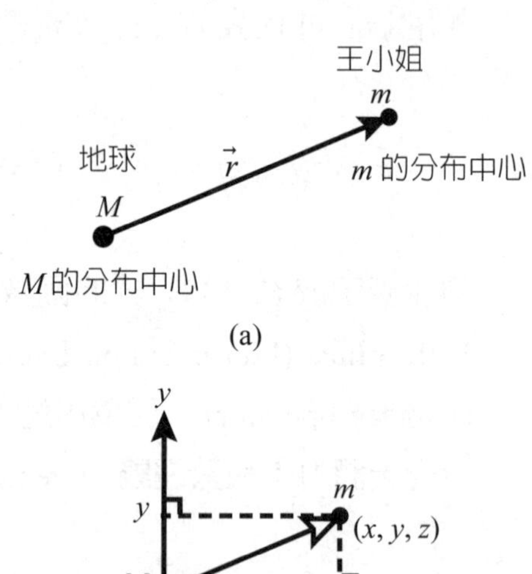

圖 (2-24)

$$\therefore\ \nabla^2U_g(r)=-GMm\left(\frac{\partial^2}{\partial x^2}+\frac{\partial^2}{\partial y^2}+\frac{\partial^2}{\partial z^2}\right)\frac{1}{\sqrt{x^2+y^2+z^2}}\cdots\cdots (1)$$

$$\frac{\partial}{\partial x}\frac{1}{\sqrt{x^2+y^2+z^2}}=\frac{-x}{(x^2+y^2+z^2)^{3/2}}$$

$$\frac{\partial}{\partial x}\left(\frac{-x}{(x^2+y^2+z^2)^{3/2}}\right)=-\frac{1}{(x^2+y^2+z^2)^{3/2}}+\frac{3x^2}{(x^2+y^2+z^2)^{5/2}}$$

$$\therefore \frac{\partial^2}{\partial x^2}\frac{1}{\sqrt{x^2+y^2+z^2}}=-\frac{1}{r^3}+\frac{3x^2}{r^5}，\quad 且\ r\neq 0 \cdots\cdots (2)$$

同理得：

$$\left.\begin{aligned}\frac{\partial^2}{\partial y^2}\frac{1}{\sqrt{x^2+y^2+z^2}}&=-\frac{1}{r^3}+\frac{3y^2}{r^5}，\quad 且\ r\neq 0\\ \frac{\partial^2}{\partial z^2}\frac{1}{\sqrt{x^2+y^2+z^2}}&=-\frac{1}{r^3}+\frac{3z^2}{r^5}，\quad 且\ r\neq 0\end{aligned}\right\}\cdots\cdots (3)$$

$$\therefore \nabla^2 U_g(r)=-GMm\left(\frac{-3}{r^3}+\frac{3(x^2+y^2+z^2)}{r^5}\right)$$

$$=-GMm\left(\frac{-3}{r^3}+\frac{3}{r^3}\right)=0，\quad 當\ r\neq 0 \cdots\cdots (4)$$

$\therefore$ 當 $r\neq 0$ 時 $U_g(r)$ 是調和函數 ⋯⋯ (5)

從另一角度來看什麼是調和。在地面上生活的我們，萬有引力不是很調和嗎？在同一 r 的球面上，不會有的地方萬有引力特強或特弱，只有在萬有引力場的**邊界** (boundary)，引力場的這一邊受萬有引力 $\vec{F}_g(\vec{r})=-\vec{\nabla}U_g(r)=-GMm\,\mathbf{e}_r/r^2$，另一邊是 $\vec{F}_g(\vec{r})=0$，於是在邊界有大起大伏的 $\vec{F}_g(\vec{r})$，好玩吧。至於 $r=0$ 的問題，請看本章習題 (19)。綜合 (Ex.2-20) 和本例題得：

> 當複變函數 $f(z)=(u(x,y)+iv(x,y))$ 在 z 平面區域 D 內是解析函數，則 u 和 v 不但滿足 Cauchy-Riemann 關係式，並且是調和函數，於是只要知道 u(或 v) 就能找到 v(或 u) 而獲得 $f(z)$。 ⋯⋯ $(2\text{-}150)_1$

(Ex.2-23) 在複變數平面 z 平面的 D 區域內，複變函數 $f(z)=(u(x,y)+iv(x,y))$ 是解析函數，並且 $v=(y^3-3x^2y)$，求 $f(z)$。

(解)：本例題是針對 $(2\text{-}150)_1$ 式造的，你也可以試一試，造的時候請用待定常數，稱爲 Lagrange undetermined constant (或 coefficient)。

(1) 首先必看看 v 是否調和函數：

所謂的 Lagrange 待定係數 (或待定常數) 法是：設 $v\equiv(ay^3+bx^2y)$，

然後令 v 滿足調和函數來定 a 和 b，結果得 $a = 1, b = -3$。本題目是這樣造的，故 $\nabla^2 v = 0$，請試試。

$$\frac{\partial v}{\partial x} = -6xy, \qquad \frac{\partial^2 v}{\partial x^2} = -6y \quad \cdots\cdots (1)$$

$$\frac{\partial v}{\partial y} = 3y^2 - 3x^2, \qquad \frac{\partial^2 v}{\partial y^2} = 6y \quad \cdots\cdots (2)$$

$$\therefore \ \nabla^2 v = \frac{\partial^2 v}{\partial x^2} + \frac{\partial^2 v}{\partial y^2} = -6y + 6y = 0 \quad \cdots\cdots (3)$$

$\therefore$ $v(x, y)$ 是調和函數。

(2) 從 Cauchy-Riemann 關係式求 $u(x, y)$：

$$\frac{\partial v}{\partial x} = -\frac{\partial u}{\partial y} = -6xy \quad \cdots\cdots (4)$$

$$\frac{\partial v}{\partial y} = \frac{\partial u}{\partial x} = 3y^2 - 3x^2 \quad \cdots\cdots (5)$$

由 (5) 式：

$$\int du = u \int (3y^2 - 3x^2) dx$$

$= 3xy^2 - x^3 +$ (和 x 無關的函數，設爲 $Y(y)$，或加常數 C)

$$= 3xy^2 - x^3 + Y(y) \quad \cdots\cdots (6)$$

$$\therefore \ \frac{\partial u}{\partial y} \underset{(6)式}{=\!=\!=} 6xy + \frac{dY}{dy} = 6xy + Y'(y)$$

$$\underset{(4)式}{=\!=\!=} 6xy$$

$\therefore$ $Y'(y) = 0$，即 $Y(y) =$ 常數 $\equiv C$ ……(7)

$$\therefore \ u(x, y) = 3xy^2 - x^3 + C \quad \cdots\cdots (8)$$

$$\therefore \ f(z) = u(x, y) + iv(x, y) = 3xy^2 - x^3 + i(y^3 - 3x^2 y) + C \quad \cdots\cdots (9)$$

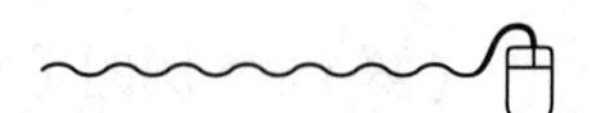

複習 $(2\text{-}97)_1$ 式到此地的內容是：

$$\left.\begin{array}{l}\text{複變函數 } f(z)=(u(x,y)+iv(x,y))\text{，在複變數平面 } z \text{ 平面}\\ \text{某區域 } D \text{ 內的 } z=z_0 \text{ 能微分，解析函數是關鍵。所謂解}\\ \text{析，是在 } z=z_0 \text{ 存在 } (2\text{-}97)_2 \text{ 式的唯一 (unique) 極限值，}\\ \text{且滿足 (2-101) 式在 } z=z_0 \text{ 連續。能微分的 } f(z)\text{，其實部}\\ u(x,y) \text{ 和虛部 } v(x,y)\text{，不但滿足 Cauchy-Riemann 關係式}\\ \text{(2-133) 式，並且是如 } (2\text{-}148)_4 \text{ 和 } (2\text{-}148)_5 \text{ 式的調和函數，}\\ \text{而 } f(z) \text{ 的導函數如 (2-147) 式從一階到高階 } f^{(n)}(z) \text{ 都存在，}\\ n=1,2,3,\cdots\text{。}\end{array}\right\} \cdots\cdots (2\text{-}150)_2$$

∴ 解析函數是函數能微分的核心 ………………………………………… $(2\text{-}150)_3$

於是需要再剖析解析函數。解析學之一的微積分學的關鍵在於微分。

(4) 解析函數′ (analytic functions)？

解析學起源甚早，不過到公元前約五世紀才在希臘 2) 具體地步入幾何學與代數學的融合，一直到十七世紀才露出今日的面貌，而在 18 世紀末葉到 19 世紀上半葉成形如今日的解析學，其中複變函數論是重要領域之一。

凡是研究數的算法，函數的極限和連續觀念爲基礎之數學，俗稱爲**解析學**，而函數的解析性是：

$$\left.\begin{array}{l}\text{設變數 } x\text{，其變域 } X \text{ 的函數為 } f(x)\text{，且 } f(x) \text{ 在任意點}\\ x=x_0 \text{ 近傍能以冪級數展開，或能微分時，稱 } f(x) \text{ 在}\\ x_0 \text{ 有解析性 (analyticity) 或正則性 (regularity)。}\end{array}\right\} \cdots\cdots\cdots\cdots (2\text{-}151)_1$$

$$\left.\begin{array}{l}\text{如 } f(x) \text{ 在 } X \text{ 內各點都有解析性時，稱 } f(x) \text{ 為解析函數}\\ \text{(analytic function)，又叫正則函數 (regular function)。}\end{array}\right\} \cdots\cdots\cdots\cdots (2\text{-}151)_2$$

分別稱 $(2\text{-}151)_2$ 式的 x 爲實變數時是**實解析函數**，x 是複變數 $z=(x+iy)$ 時爲**複變解析函數**或**複數解析函數**或簡稱**解析函數**。實解析函數 $f(x)$ 與複數解析函數 $f(z)$ 的最大差異是，前者 $f(x)$ 能做**一階** (first order) 微分，但不一定能做無限多階微分，而後者 $f(z)$ 只要能做一階微分，就能做無限多階微分。爲什麼呢？因爲 $f(z)$ 能否微分的條件比$f(x)$嚴格，多(2-133)式Cauchy-Riemann條件，它也是$f(z)$爲解析函數的必要條件。

(i) 複變解析函數或解析函數的定義

$$\left\{\begin{array}{l}\text{在複變數平面 } z \text{ 平面的開區域 (open region)} D \text{ 或稱作開} \\ \text{集合 } D \text{ 之各點，能微分的複數函數 } f(z) \text{ 稱為解析函數。}\end{array}\right\} \cdots\cdots\cdots (2\text{-}152)$$

(2-152)式是Cauchy的解析函數定義。如$z = (x + iy)$，$f(z) = [u(x, y) + iv(x, y)]$，$u(x, y)$和$v(x, y)$爲$x$和$y$的實函數，則Cauchy-Riemann關係式$\partial u/\partial x = \partial v/\partial y$, $\partial u/\partial y = -\partial v/\partial x$是$f(z)$爲解析函數的必要條件。由於Cauchy-Riemann關係式自然地帶來Laplace方程式$\nabla^2 u = 0, \nabla^2 v = 0, \nabla^2 \equiv (\partial^2/\partial x^2 + \partial^2/\partial y^2)$，於是又稱Laplace方程式$\nabla^2 u = 0, \nabla^2 v = 0$爲$f(z)$是解析函數的必要條件。另一個解析函數的定義是：

$$\left\{\begin{array}{l}\text{稱在 } z \text{ 平面的開區域之任意點 } z_0\text{，能以冪級數：} \\ \qquad f(z) = \sum_{n=0}^{\infty} C_n (z - z_0)^n \\ \text{表示的 } f(z) \text{ 為解析函數。}\end{array}\right\} \cdots\cdots\cdots (2\text{-}153)$$

解析函數又叫**正則函數**或**全純函數** (holomorphic function)。冪級數不但是單値函數，並且滿足(2-101)和$(2\text{-}112)_1$式，即在z_0點能微分，所以(2-152)式和(2-153)式是同質。一般地解析函數比正則函數涵義大，因爲解析函數通常暗含正則函數能**解析延拓** (**解析開拓** analytic continuation) 的最大**區域** (region)，換言之，解析函數不但能解析延拓，並且有最大解析域。稱以z平面全面爲解析域的函數爲**整函數** (entire function)，其最好的例子是指數函數$e^z = \sum_{n=0}^{\infty} z^n/n!$，顯然地解析函數的變域是：

$$\left.\begin{array}{l}\text{(i) 必是有限變域，但} \\ \text{(ii) 不含變域邊界，即開區域。}\end{array}\right\} \cdots\cdots\cdots (2\text{-}154)_1$$

於是僅在複變數平面z平面的如下區域：

$$\left.\begin{array}{l}\text{(i) 某直線，}\\ \text{(ii) 某點，}\end{array}\right\}\text{能微分的 } f(z) \text{ 不是解析函數。} \cdots\cdots (2\text{-}154)_2$$

而稱在開區域無解析性的函數爲**非解析函數** (non-analytic function) 或**非正則函數** (non-regular function)。

(Ex.2-24) $\begin{cases}\text{分析下述函數的解析性與解析區域：}\\ (1)\ f_1(z)=\dfrac{1}{z}，\quad (2)\ f_2(z)=z^n，n \text{ 爲正或負整數，}\quad (3)\ f_3(z)=\ln z\text{。}\end{cases}$

(**解**)：函數的解析性和函數能微分是一體的兩面，於是分析函數能微分就是。

(1) 分析 $f_1(z)=1/z$ 的解析性：

$$\frac{d}{dz}f_1(z)=\frac{d}{dz}\frac{1}{z}=\lim_{\Delta z\to 0}\frac{1}{\Delta z}\left(\frac{1}{z+\Delta z}-\frac{1}{z}\right)$$

$$=\lim_{\Delta z\to 0}\frac{1}{\Delta z}\left[\frac{z-(z+\Delta z)}{(z+\Delta z)z}\right]=\lim_{\Delta z\to 0}\frac{-1}{(z+\Delta z)z}=-\frac{1}{z^2}$$

$$\therefore\ \frac{d}{dz}f_1(z)=\frac{d}{dz}\frac{1}{z}=-\frac{1}{z^2} \cdots\cdots (1)$$

$\therefore\ f_1(z)=\dfrac{1}{z}$ 除 $z=0$ 之點爲非解析，其他各點全爲解析之函數。

(2) 分析 $f_2(z)=z^n$ 的解析性，$n=$ 正或負整數：

(i) $n=$ 正整數時：

$$\frac{d}{dz}f_2(z)=\lim_{\Delta z\to 0}\frac{1}{\Delta z}[(z+\Delta z)^n-z^n]$$

$$=\lim_{\Delta z\to 0}\left[nz^{n-1}+\frac{n(n-1)}{2!}z^{n-2}\Delta z+\frac{n(n-1)(n-2)}{3!}z^{n-3}(\Delta z)^2+\cdots\right]$$

$$=nz^{z-1} \cdots\cdots (2)$$

$\therefore\ f_2(z)=z^n$，$n=$ 正整數，是以 z 平面全面爲解析域的整函數。

(ii) $n =$ 負整數時：

$$\frac{d}{dz}f_2(z) = \lim_{\Delta z \to 0}\frac{1}{\Delta z}\left[\frac{1}{(z+\Delta z)^n} - \frac{1}{z^n}\right]$$

$$= \lim_{\Delta z \to 0}\frac{1}{\Delta z}\left[\frac{z^n - (z+\Delta z)^n}{(z+\Delta z)^n z^n}\right]$$

$$= \lim_{\Delta z \to 0}\frac{-nz^{n-1} - \dfrac{n(n-1)}{2!}z^{n-2}\Delta z - \dfrac{n(n-1)(n-2)}{3!}z^{n-3}(\Delta z)^2 - \cdots}{(z+\Delta z)^n z^n}$$

$$= -\frac{nz^{n-1}}{z^n z^n} = -\frac{n}{z^{n+1}} \quad \cdots\cdots (3)$$

$\therefore\ f_2(z) = 1/z^n$，除 $z = 0$ 之點爲非解析之外的各點全爲解析的函數。

(3) 分析 $f_3(z) = \ln z$ 的解析性：

由 (2-61) 式得：

$$\ln z = \widetilde{\ln}\, r + i\,(\theta_p + 2n\pi)，\qquad 且\ z \neq 0$$

$$\begin{cases} r = {}_{+}\sqrt{x^2+y^2}，\quad \theta_p = 主輻角，\quad n = 0, \pm 1, \pm 2, \cdots \\ \theta_p + 2n\pi = \tan^{-1}(y/x) \end{cases}$$

$$\therefore\ \ln z = \frac{1}{2}\widetilde{\ln}\,(x^2+y^2) + i\tan^{-1}(y/x) \quad \cdots\cdots (4)$$

$$= u(x, y) + iv(x, y) \quad \cdots\cdots (5)$$

$$\therefore \begin{cases} u(x, y) = \dfrac{1}{2}\widetilde{\ln}\,(x^2+y^2) \\ v(x, y) = \tan^{-1}(y/x) \end{cases} \quad \cdots\cdots (6)$$

從 (2-133) 式的分析，如函數 $f(z)$ 能微分，則 Cauchy-Riemann 條件必須成立，現來看成不成立：

$$\left.\begin{aligned} \frac{\partial u}{\partial x} &= \frac{x}{x^2+y^2} \\ \frac{\partial v}{\partial y} &= \frac{1/x}{1+(y/x)^2} = \frac{x}{x^2+y^2} \end{aligned}\right\} \Longrightarrow u_x = v_y \quad \cdots\cdots (7)$$

$$\left.\begin{aligned} \frac{\partial u}{\partial y} &= \frac{y}{x^2+y^2} \\ \frac{\partial v}{\partial x} &= \frac{-y/x^2}{1+(y/x)^2} = -\frac{y}{x^2+y^2} \end{aligned}\right\} \Longrightarrow u_y = -v_x \quad \cdots\cdots (8)$$

由 (7) 和 (8) 式得 ln z 確實滿足 Cauchy-Riemann 關係式，故 $f_3(z) = \ln z$ 可微分，於是由 (2-134) 式得：

$$\frac{d}{dz}\ln z = u_x + iv_x = \frac{x}{x^2+y^2} + i\frac{-y}{x^2+y^2}$$

$$= \frac{x-iy}{(x+iy)(x-iy)} = \frac{1}{x+iy} = \frac{1}{z} \quad \cdots\cdots (9)$$

∴ $f_3(z) = \ln z$ 除 $z = 0$ 之點爲非解析之外的各點全爲解析之函數，這和 (4) 式的要求 $z \neq 0$ 一致。

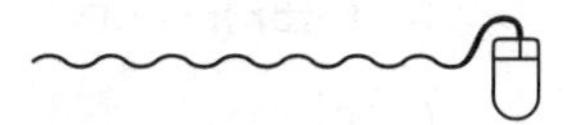

(ii) 解析函數′的性質

從 (2-152) 式解析函數的定義，立即能洞察出：由微分規則 (2-122) 式到 (2-125) 式能得解析函數′的下述性質。

性質 1：設 $f(z)$ 和 $g(z)$ 是在 z 平面的同一**開區域** (open region) D 之解析函數，則：

(i) $f(z) \pm g(z)$ ⋯⋯ (2-155)

(ii) $f(z)g(z)$ ⋯⋯ (2-156)

(iii) $\dfrac{f(z)}{g(z)}$，　$g(z) = 0$ 之點除外 ⋯⋯ (2-157)

函數′在 D 開區域也是解析函數。

性質 2：設 $f(z) \equiv \omega$ 在 z 平面的開區域 D 是解析函數 $\xi = g(\omega)$ 在 ω 平面含 D 之像的開區域 D' 是解析函數，則複合函數 $g(f(z))$ 在 D 也是解析函數。換言之，解析函數的解析函數也是解析函數。⋯⋯ (2-158)

(iii) 以解析 (正則) 函數的映射

在本章 (I)(B) 探討了最基礎的變換或映射，這裡是討論牽連微分的變換或映射，其主角是在圖 (2-11) 提過的**共形變換** (conformal transformation)。把變數平面 z 平面的現象，即圖形 (**曲線** (curve) C 或**區域** (region) R) 映射到函數平面 ω 平面 (其像分別爲 C' 和 R') 是和解下 (2-159) 聯立方程式同質。

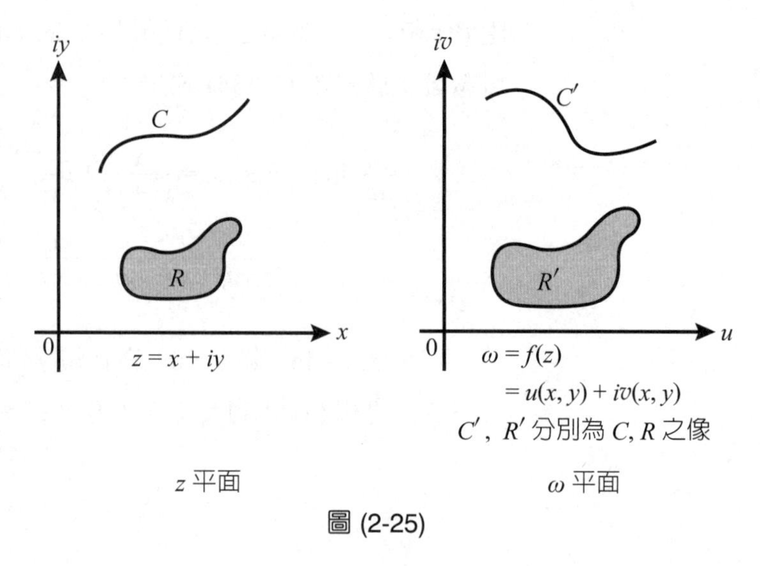

圖 (2-25)

$$\left.\begin{array}{l} u=u(x,y) \\ v=v(x,y) \end{array}\right\} \cdots\cdots (2\text{-}159)$$

(2-159) 式的內涵如圖 (2-25)。於是從微積分學，如函數 u 和 v 是連續可微分的函數，則兩空間的變換關係必滿足下 $(2\text{-}160)_1$ 式。

$$\frac{\partial(u,v)}{\partial(x,y)} \equiv \begin{vmatrix} \dfrac{\partial u}{\partial x} & \dfrac{\partial u}{\partial y} \\ \dfrac{\partial v}{\partial x} & \dfrac{\partial v}{\partial y} \end{vmatrix} \equiv \begin{vmatrix} u_x & u_y \\ v_x & v_y \end{vmatrix} \neq 0 \cdots\cdots (2\text{-}160)_1$$

$u_x = \partial u/\partial x$，$u_y = \partial u/\partial y$，$v_x$ 和 v_y 同理。$(2\text{-}160)_1$ 式表示，變換操作 $\hat{f}$ 把 z 平面的 C 或 R 的任意點 $z_0 = (x_0 + iy_0)$ ，**1 對 1**(one-to-one) 地映射到 ω 平面的 $f(z_0) = (u(x_0, y_0) + iv(x_0, y_0))$ 時，描述兩空間現象的獨立變數 (x, y) 和 (u, v) 的關係式，稱爲**變換 Jacobian** ，或簡稱 **Jacobian** 以紀念發現者 Jacobi (Carl Gustav Jacobi, 1804~1851)，而簡寫成：

$$\frac{\partial(u,v)}{\partial(x,y)} \equiv J(x,y) \cdots\cdots (2\text{-}160)_2$$

如不但是 **1 對 1**(one-to-one)，並且是**全** (onto)[2)]，即**全單映射** (bijection)，則逆映射存在，其 Jacobian 是：

$$J(u, v)=\frac{\partial(x, y)}{\partial(u, v)}$$

$$=\frac{1}{J(x, y)}，\qquad 且\ J(x, y) \neq 0 \cdots\cdots (2\text{-}160)_3$$

證明 $(2\text{-}160)_3$ 式：

由於是全單映射，故其逆映射必存在，則解 (2-159) 式能得：

$$\left.\begin{aligned} x&=x(u, v) \\ y&=y(u, v) \end{aligned}\right\} \cdots\cdots (1)$$

由 (2-159) 式得：

$$\left.\begin{aligned} du&=\frac{\partial u}{\partial x}dx+\frac{\partial u}{\partial y}dy \\ dv&=\frac{\partial v}{\partial x}dx+\frac{\partial v}{\partial y}dy \end{aligned}\right\} \cdots\cdots (2)$$

而由 (1) 式得：

$$\left.\begin{aligned} dx&=\frac{\partial x}{\partial u}du+\frac{\partial x}{\partial v}dv \\ dy&=\frac{\partial y}{\partial u}du+\frac{\partial y}{\partial v}dv \end{aligned}\right\} \cdots\cdots (3)$$

把 (3) 式代入 (2) 式的第一式便得：

$$\begin{aligned} du&=\frac{\partial u}{\partial x}\left(\frac{\partial x}{\partial u}du+\frac{\partial x}{\partial v}dv\right)+\frac{\partial u}{\partial y}\left(\frac{\partial y}{\partial u}du+\frac{\partial y}{\partial v}dv\right) \\ &=\left(\frac{\partial u}{\partial x}\frac{\partial x}{\partial u}+\frac{\partial u}{\partial y}\frac{\partial y}{\partial u}\right)du+\left(\frac{\partial u}{\partial x}\frac{\partial x}{\partial v}+\frac{\partial u}{\partial y}\frac{\partial y}{\partial v}\right)dv \end{aligned}$$

$$\therefore \left\{\begin{aligned} &\frac{\partial u}{\partial x}\frac{\partial x}{\partial u}+\frac{\partial u}{\partial y}\frac{\partial y}{\partial u}=1 \\ &\frac{\partial u}{\partial x}\frac{\partial x}{\partial v}+\frac{\partial u}{\partial y}\frac{\partial y}{\partial v}=0 \end{aligned}\right\} \cdots\cdots (4)$$

把 (3) 式代入 (2) 式的第二式，則同理得：

$$\begin{cases} \dfrac{\partial v}{\partial x}\dfrac{\partial x}{\partial v}+\dfrac{\partial v}{\partial y}\dfrac{\partial y}{\partial v}=1 \\ \dfrac{\partial v}{\partial x}\dfrac{\partial x}{\partial u}+\dfrac{\partial v}{\partial y}\dfrac{\partial y}{\partial u}=0 \end{cases} \cdots\cdots (5)$$

$$\therefore J(x, y)\cdot J(u, v)=\frac{\partial(u, v)}{\partial(x, y)}\frac{\partial(x, y)}{\partial(u, v)}$$

$$=\begin{vmatrix} \dfrac{\partial u}{\partial x} & \dfrac{\partial u}{\partial y} \\ \dfrac{\partial v}{\partial x} & \dfrac{\partial v}{\partial y} \end{vmatrix}\cdot\begin{vmatrix} \dfrac{\partial x}{\partial u} & \dfrac{\partial x}{\partial v} \\ \dfrac{\partial y}{\partial u} & \dfrac{\partial y}{\partial v} \end{vmatrix}$$

$$=\begin{vmatrix} \dfrac{\partial u}{\partial x}\dfrac{\partial x}{\partial u}+\dfrac{\partial u}{\partial y}\dfrac{\partial y}{\partial u} & \dfrac{\partial u}{\partial x}\dfrac{\partial x}{\partial v}+\dfrac{\partial u}{\partial y}\dfrac{\partial y}{\partial v} \\ \dfrac{\partial v}{\partial x}\dfrac{\partial x}{\partial u}+\dfrac{\partial v}{\partial y}\dfrac{\partial y}{\partial u} & \dfrac{\partial v}{\partial x}\dfrac{\partial x}{\partial v}+\dfrac{\partial v}{\partial y}\dfrac{\partial y}{\partial v} \end{vmatrix}$$

$$\overline{\overline{\text{(4)式和(5)式}}}\begin{vmatrix} 1 & 0 \\ 0 & 1 \end{vmatrix}=1 \cdots\cdots (6)$$

如 $J(x, y) \neq 0$，則從 (6) 式左邊乘 $1/J(x, y)$ 得：

$$J(u, v)=\left(\frac{1}{J(x, y)}，\quad 且\ J(x, y)\neq 0\right)=(2\text{-}160)_3\ 式$$

如在圖 (2-25) 的映射不但是單映射，並且 $f(z)$ 在 z 平面的 R **閉區域** (closed region) 是**解析函數** (analytic function)，則 Cauchy-Riemann 關係式成立，$u_x = v_y$, $u_y = (-v_x)$，於是從 $(2\text{-}160)_2$ 式得：

$$J(x, y)=\begin{vmatrix} u_x & u_y \\ v_x & v_y \end{vmatrix}=u_x v_y - u_y v_x$$

$$=(u_x)^2+(v_x)^2$$

$$\overline{\overline{(2-134)式}}\,|f'(z)|^2$$

$$\therefore \frac{\partial(u, v)}{\partial(x, y)}=|f'(z)|^2，\quad 且\ f'(z)\neq 0 \cdots\cdots (2\text{-}161)$$

換言之，(2-161) 式成立的映射是，$f'(z) \neq 0$，同時是 1 對 1 映射，並且 $f(z)$ 是解析函數，而稱 $f'(z)=0$ 之點爲**臨界點** (critical point)。

具 (2-161) 式性質的變換中，最有特色的是圖 (2-11) 的共形變換 (映射)。在 z 平面某區域的任意點 z_0，由 $(2\text{-}112)_2$ 式 $f'(z_0)$ 是該點的導數，一般地是個複數値，於是 $|f'(z_0)|^2$ 是實數値，所以 $|f'(z_0)|^2$ 大 (或小) 於 1，等於把圖 (2-25) 的 R 之像對應地放大 (或縮小)。因此共形變換 (映射) 具下 (2-162) 式結果。

$$\left.\begin{array}{l}\text{(i)}\ R\ \text{和}\ R'\ \textbf{相似}\ \text{(similar)，}\\ \text{(ii)}\begin{cases}|f'(z)|^2>1\ \text{時}\ R'\ \text{是放大的}\ R\ \text{之相似形，}\\ |f'(z)|^2<1\ \text{時}\ R'\ \text{是縮小的}\ R\ \text{之相似形，}\end{cases}\end{array}\right\}\cdots\cdots(2\text{-}162)$$

於是稱 $|f'(z)|^2$ 爲**伸縮因子** (magnification-reduction factor)。依 R 爲面積 (z 平面之某閉區域) 或線段 (曲線 (含直線))，稱 $|f'(z)|^2$ **為面積 (area)**，$_{+}\sqrt{|f'(z)|^2}=|f'(z)|$ **為線 (linear) 伸縮因子**。所以當 $f(z)$ 在閉區域是解析函數，且 $|f'(z)| \neq 0$，則 $f(z)$ 將 R 的所有點共形變換或映射到 R'，但也有只角度大小相等而角度變化**方向** (sense) 不同，稱此映射爲**等角映射** (isogonal mapping)。顯然以解析函數的映射中最特別的性質是等角性，換言之，等角映射是以解析函數映射的一般性，而共形變換 (映射) 是以解析函數變換具有的特徵。

接著是探討有用的等角映射中的**正交映射** (orthogonal mapping)，如圖 (2-26)，解析函數 $f(z)$ 把 z 平面的一組曲線 C_1 和 C_2 映射到 ω 平面所得的 C_1 和 C_2 之像是相互垂直的 C_u 和 C_v 直線，則**由共形變換**得 z 平面的 C_1 和 C_2 在它們的交叉點必是正交的 90 度。稱 C_1 和 C_2 曲線族爲 $f(z)$ 的**階層曲線** (level curves)，而 C_u 和 C_v 爲 $f(z)$ 的**正交族** (orthogonal families)，$f(z)$ 爲**正交映射** (orthogonal mapping) 函數，即：

$$\left.\begin{array}{l}\text{如}\begin{cases}u(x,y)=C_u\\ v(x,y)=C_v\end{cases},\quad C_u\ \text{和}\ C_v\ \text{為標量，}\\ \text{則}\ C_1\ \text{和}\ C_2\ \text{在相交點必正交。}\end{array}\right\}\cdots\cdots(2\text{-}163)$$

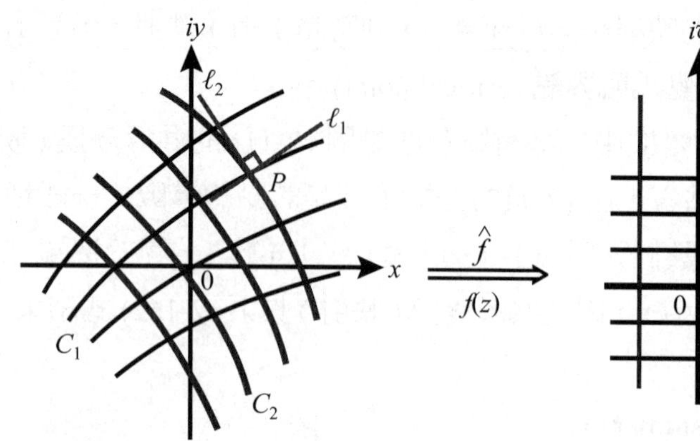

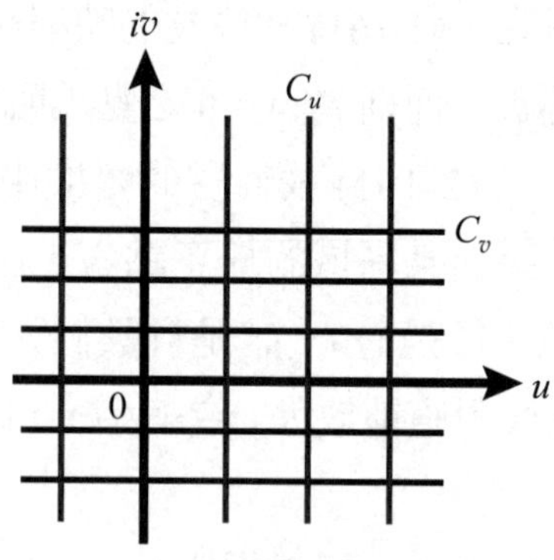

C_1 和 C_2 為一組曲線，ℓ_1 和 ℓ_2 為在交點 P 的 C_1 和 C_2 的切線。

$z = x + iy$

z 平面

C_u 和 C_v 分別為平行於 v 軸和 u 軸的直線′。

$\omega = f(z)$

$= u(x, y) + iv(x, y)$

ω 平面

圖 (2-26)

證明 (2-163) 式：

$$\because\ u(x, y) = C_u\ (\text{標量})$$

$$\therefore\ \frac{\partial u}{\partial x} + \frac{\partial u}{\partial y}\frac{dy}{dx} = 0$$

$$\therefore\ \left(\frac{dy}{dx}\right)_{C_u} = -\left(\frac{\partial u/\partial x}{\partial u/\partial y}\right)_{C_u} \cdots\cdots (1)$$

由 $(2\text{-}114)_1$ 式到 (2-115) 式的說明，(1) 式是 z 平面曲線族在某點 P 的斜率，設爲 $(dy/dx)_p \equiv m_u$：

$$\therefore\ -\left(\frac{\partial u/\partial x}{\partial u/\partial y}\right)_{C_u} = m_u \cdots\cdots (2)$$

同理由 $v(x, y) = C_v$ 得 z 平面另一曲線族在 P 點的斜率 m_v：

$$-\left(\frac{\partial v/\partial x}{\partial v/\partial y}\right)_{C_v} = m_v \cdots\cdots (3)$$

$$\therefore\ m_u m_v = \left(\frac{(\partial u/\partial x)(\partial v/\partial x)}{(\partial u/\partial y)(\partial v/\partial y)}\right)_p \cdots\cdots (4)$$

由於 $f(z) = (u(x, y) + iv(x, y))$ 是解析函數，於是 (2-133) 式的 Cauchy-Riemann 關

係式成立，

$$\therefore\ m_u m_v = \left\{\frac{(\partial u/\partial x)(\partial v/\partial x)}{[-(\partial v/\partial x)][(\partial u/\partial x)]}\right\}_P = -1 \cdots\cdots (5)$$

(5) 式表示階層曲線族在它們的任意交叉點 P 是相互垂直。所以只要 $f'(z) \neq 0$，階層曲線族在其相交點 P 必正交，即 (2-163) 式成立。如果 C_u 是 C_1 (或 C_2) 經 $f(z)$ 的映射像，則 C_v 是 C_2 (或 C_1) 的映射像。

正交變換或映射在物理學很有用，例如我們常經驗的手機訊息，媽媽在靜止的家打給你的話，其電磁波之電場 $\vec{E}$ 和磁場 $\vec{B}$ 是相互正交，而坐在以等速行駛的火車上接到的訊息電磁波之電場 $\vec{E}'$ 磁場 $\vec{B}'$ 也是正交，兩者間的變換操作 $\hat{f}$ 是 Lorentz 變換 [2)]。

(Ex.2-25) 如變換函數 $f(z) = z^2 = ((x^2 - y^2) + i(2xy))$ 爲 $f'(z) \neq 0$ 的解析函數，且 $\omega = f(z) = (u(x, y) + iv(x, y))$ 的 $u(x, y) = C_u$，$v(x, y) = C_v$，如圖 (2-27)(a)，C_u 和 C_v 爲標量，則證明 $f(z)$ 的階層曲線 $(x^2 - y^2) = C_u$ 和 $2xy = C_v$ 相互正交。

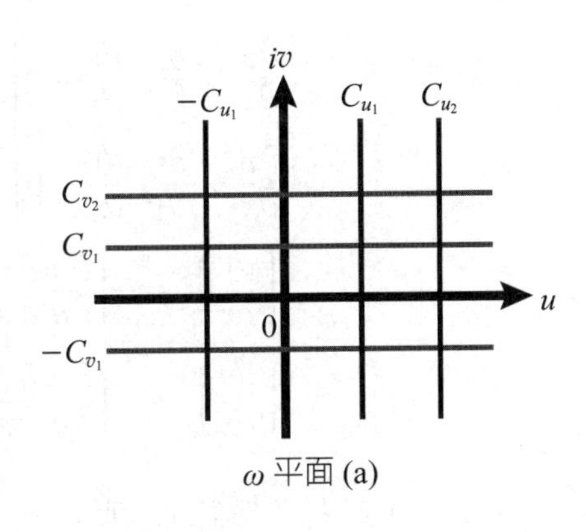

ω 平面 (a)

(解)：這一題是從另一角度看 (Ex.2-2)，於是請先複習 (Ex.2-2)。由題目得：

$$\left.\begin{aligned} u &= u(x, y) \\ &= x^2 - y^2 = C_u \\ v &= v(x, y) \\ &= 2xy = C_v \end{aligned}\right\} \cdots\cdots (1)$$

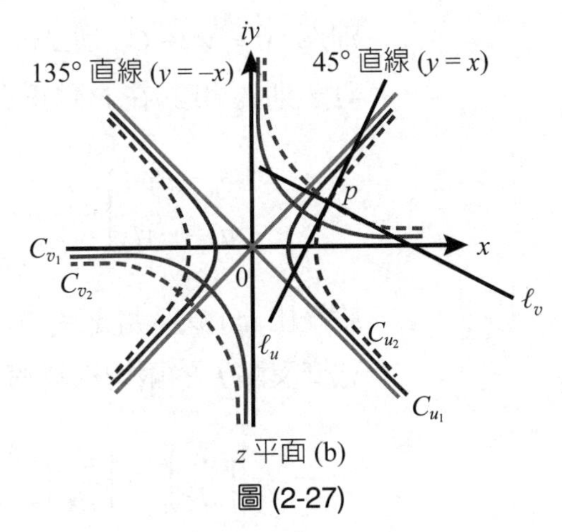

z 平面 (b)

圖 (2-27)

(1) 式是解析函數 $f(z)$ 把 z 平面 $z^2 = ((x^2 - y^2) + i(2xy))$ 映射到函數平面 ω 平面的像是平行於實虛數軸的直線 $u = C_u$ 和 $v = C_v$，實標量的 C_u 和 C_v 是相互正交且可取正和負值。z 平面的 $(x^2 - y^2) = C_u$ 和 $2xy = C_v$ 是兩組雙曲線群：

$$\left.\begin{aligned} x^2 - y^2 &= (C_u > 0) \text{ 時主軸在 } x \text{ 軸} \\ &= (C_u < 0) \text{ 時主軸在 } y \text{ 軸} \\ 2xy &= (C_v > 0) \text{ 時主軸是 } y = x \text{ 的直線} \\ &= (C_v < 0) \text{ 時主軸是 } y = (-x) \text{ 的直線} \end{aligned}\right\} \cdots\cdots (2)$$

(2) 式的圖請看圖 (2-5)(b)，在這裡僅畫正實數的 $C_u > 0$ 和 $C_v > 0$ 各兩個值 C_{u_1} 和 C_{u_2} 與 C_{v_1} 和 C_{v_2} 於圖 (2-27)(b)。那麼兩族雙曲線是否正交呢？取圖 (2-27)(b) 的 C_{u_2} 和 C_{v_2} 的交叉點 P 爲例來證兩族雙曲線是否正交。由 (1) 式得：

$$\left.\begin{aligned} \frac{\partial u}{\partial x} + \frac{\partial u}{\partial y}\frac{dy}{dx} &= 0 \\ \frac{\partial v}{\partial x} + \frac{\partial v}{\partial y}\frac{dy}{dx} &= 0 \end{aligned}\right\} \cdots\cdots (3)$$

$$\therefore \left\{\begin{aligned} \left(\frac{dy}{dx}\right)_{C_u} &= -\left(\frac{\partial u/\partial x}{\partial u/\partial y}\right)_{C_u} \equiv m_u \\ \left(\frac{dy}{dx}\right)_{C_v} &= -\left(\frac{\partial v/\partial x}{\partial v/\partial y}\right)_{C_v} \equiv m_v \end{aligned}\right\} \cdots\cdots (4)$$

(4) 式右下標誌 C_u 或 C_v 表示代入 C_u 或 C_v 值於括弧內量，而 m_u 與 m_v 分別爲 $(x^2 - y^2) = C_{u_2}$ 與 $2xy = C_{v_2}$ 在 P 點的切線 ℓ_u 與 ℓ_v 之斜率值。如 $m_u m_v = -1$，則 ℓ_u 和 ℓ_v 在 P 點正交，由 (2) 和 (4) 式得：

$$\left.\begin{aligned} m_u &= x/y \\ m_v &= -y/x \end{aligned}\right\} \cdots\cdots (5)$$

於是由 (5) 式，當 $x \neq 0, y \neq 0$ 時 z 平面的階層曲線 (兩族雙曲線) 之任意交叉點 P 的兩切線斜率積是：

$$\left[\left(\frac{dy}{dx}\right)_{C_u} \cdot \left(\frac{dy}{dx}\right)_{C_v}\right] = \frac{x}{y} \cdot \left(-\frac{y}{x}\right) = -1 \cdots\cdots (6)$$

$\therefore \ell_u \perp \ell_v$，階層曲線確實是相互正交，

∴ 驗證了 (2-163) 式。

(Ex.2-26) 變換函數 $f(z)=[u(x,y)+iv(x,y)]$ 的虛數部 $v=e^{-x}(x\sin y-y\cos y)$，

求
(1) $v(x,y)$ 是否**調和函數** (harmonic function)？
(2) $f(z)$ 爲解析函數時的實數部 $u(x,y)$，
(3) 證 $u(x,y)$ 和 $v(x,y)$ 是正交曲線族′。

(**解**)：(1) $v(x,y)$ 是否調和函數？

如 v 爲調和函數，則由 $(2\text{-}149)_1$ 或，則必須證明 $(v_{xx}+v_{yy})=0$

$$v_x=\frac{\partial v}{\partial x}=-e^{-x}\ (x\sin y-y\cos y)+e^{-x}\sin y \cdots\cdots (1)$$

$$v_{xx}=\frac{\partial^2 v}{\partial x^2}=e^{-x}\ (x\sin y-y\cos y)-2e^{-x}\sin y \cdots\cdots (2)$$

$$v_y=\frac{\partial v}{\partial y}=e^{-x}\ (x\cos y-\cos y+y\sin y) \cdots\cdots (3)$$

$$v_{yy}=\frac{\partial^2 v}{\partial y^2}=e^{-x}\ (-x\sin y+2\sin y+y\cos y) \cdots\cdots (4)$$

由 (2) 和 (4) 式得：

$$\frac{\partial^2 v}{\partial x^2}+\frac{\partial^2 v}{\partial y^2}=0 \cdots\cdots (5)$$

∴ $v(x,y)$ 是調和函數。

(2) 利用解析函數的必要條件 Cauchy-Riemann 關係式求 $u(x,y)$：

$$\frac{\partial u}{\partial x}=\frac{\partial v}{\partial y}\ \underset{(3)\text{式}}{=\!=\!=}\ e^{-x}\ (x\cos y-\cos y+y\sin y) \cdots\cdots (6)$$

$$\frac{\partial u}{\partial y}=-\frac{\partial v}{\partial x}\ \underset{(1)\text{式}}{=\!=\!=}\ e^{-x}\ (x\sin y-y\cos y-\sin y) \cdots\cdots (7)$$

對 y 積分 (7) 式：

$$\begin{aligned} u\,(x,y) &= e^{-x}\left[(\cos y-x\cos y)-\int y\cos y dy\right] \\ &= e^{-x}[(\cos y-x\cos y)-y\sin y-\cos y+k(x)] \\ &= -e^{-x}(x\cos y+y\sin y)+F(x) \cdots\cdots (8) \end{aligned}$$

$F(x) \equiv e^{-x}k(x)$，$k(x)$ 是 x 的任意實函數，於是 $F(x)$ 也是。對 (8) 式偏微分 x 得：

$$\frac{\partial u}{\partial x}=e^{-x}[(x\cos y+y\sin y)-\cos y]+\frac{dF}{dx} \cdots\cdots (9)$$

比較 (6) 式和 (9) 式得 $dF/dx=0$，即 $F=$ 常數 $\equiv C$，於是由 (8) 式得：

$$u(x, y)=-e^{-x}(x\cos y+y\sin y)+C \cdots\cdots (10)$$

(3) $u(x, y)$ 和 $v(x, y)$ 是否相互正交的兩族曲線？

$$\begin{cases} v(x, y)=e^{-x}(x\sin y-y\cos y) \\ y'=\dfrac{\partial v/\partial x}{\partial v/\partial y}=\dfrac{-e^{-x}[(x\sin y-y\cos y)-\sin y]}{e^{-x}(x\cos y-\cos y+y\sin y)} \equiv m_v \end{cases} \cdots\cdots (11)$$

$$\begin{cases} u(x, y)=-e^{-x}(x\cos y+y\sin y)+C \\ y'=\dfrac{\partial u/\partial x}{\partial u/\partial y}=\dfrac{-e^{-x}[(x\cos y+y\sin y)-\cos y]}{e^{-x}(-x\sin y+\sin y+y\cos y)} \\ \qquad =\dfrac{e^{-x}(x\cos y-\cos y+y\sin y)}{e^{-x}(x\sin y-y\cos y-\sin y)} \equiv m_u \end{cases} \cdots\cdots (12)$$

由 (11) 和 (12) 式得 $m_v \cdot m_u=(-1)$，

$\therefore$ {在函數平面 $\omega=f(z)=[u(x, y)+iv(x, y)]$ 的兩族曲線群 $u(x, y)$ 和 $v(x, y)$，其對應的二曲線確實相互正交。} …… (13)

(Ex.2-27) 證如變換函數 $f(z)=(u(x, y)+iv(x, y)) \equiv \omega$ 爲解析函數，則 ω 與 z^* 無關，是 z 的**顯函數** (explicit function)，z^* 是 z 的共軛變數。

(**解**)：複變數 z 與其共軛變數 z^* 是：

$$\begin{cases} z=x+iy \\ z^*=x-iy \end{cases}$$

$$\therefore \begin{cases} x = \text{Re.}\ z = \dfrac{1}{2}(z + z^*) \\ y = \text{Im.}\ z = \dfrac{i}{2}(z^* - z) \end{cases} \cdots\cdots (1)$$

$$\begin{aligned} \therefore \frac{\partial \omega}{\partial z^*} &= \frac{\partial \omega}{\partial x}\frac{\partial x}{\partial z^*} + \frac{\partial \omega}{\partial y}\frac{\partial y}{\partial z^*} \\ &= \frac{1}{2}\frac{\partial \omega}{\partial x} + \frac{i}{2}\frac{\partial \omega}{\partial y} \\ &= \frac{1}{2}\left(\frac{\partial}{\partial x} + i\frac{\partial}{\partial y}\right)\omega \\ &= \frac{1}{2}\left(\frac{\partial}{\partial x} + i\frac{\partial}{\partial y}\right)(u(x, y) + iv(x, y)) \\ &= \frac{1}{2}\left\{\left(\frac{\partial u}{\partial x} - \frac{\partial v}{\partial y}\right) + i\left(\frac{\partial u}{\partial y} + \frac{\partial v}{\partial x}\right)\right\} \cdots\cdots (2) \end{aligned}$$

如 $f(z)$ 爲解析函數，則 Cauchy-Riemann 關係成立：

$$\frac{\partial u}{\partial x} = \frac{\partial v}{\partial y}, \qquad \frac{\partial u}{\partial y} = -\frac{\partial v}{\partial x} \cdots\cdots (3)$$

由 (2) 和 (3) 式得：

$$\frac{\partial \omega}{\partial z^*} = 0 \cdots\cdots (4)$$

(4) 式表示 ω 和 z^* 無關，是 z 的顯函數 $\omega = \omega(z)$。證明 $\partial\omega/\partial z^* = 0$ 時用了 Cauchy-Riemann 關係，它是解析函數的必要條件，於是 $\partial\omega/\partial z^* = 0$ 也可說成 $\omega = f(z)$ 爲解析函數的必要條件，但 $\partial\omega/\partial z^* = 0$ 時不一定 $\omega = f(z)$ 必是解析函數。

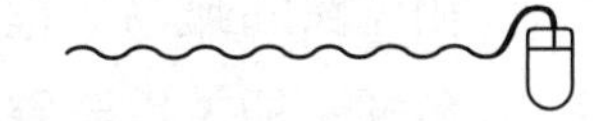

變換或映射在物理學是非常重要，是描述動態物理現象在不同時空間的發展情況。例如本質是狹義相對論的電磁學理論，主宰今日高科技的量子力學，其核心是變換理論。經過變換不變的量，是該物理體系在它的運動過程保持不變之量，稱爲**守恆量** (conservative quantity)，例如電荷守恆，動量守恆，角動量守恆，能量守恆等。這些就是對應到**共形** (conformal)，或**等角** (isogonal) 其特別情況是**正交** (orthogonal) 映射，即：

$$(\text{變換或映射不變量}) \underset{\text{對應}}{\Longleftrightarrow} (\text{守恆的物理量}) \cdots\cdots (2\text{-}164)_1$$

和正交映射有關的熟悉物理量有**勢能** (potential energy)$U(r)$ 與其產生的**保守力** (conservative force) $\vec{F}$，以及**勢** (potential)$V(r)$ 與其產生的**場強** (field strength) $\vec{S}$，都是相互正交物理量：

$$\begin{pmatrix} U(r) \text{和} \vec{F} \text{正交，} & \vec{F} = -\vec{\nabla} U(r) \\ V(r) \text{和} \vec{S} \text{正交，} & \vec{S} = -\vec{\nabla} V(r) \\ r = \text{徑向量大小。} & \end{pmatrix} \cdots\cdots (2\text{-}164)_2$$

例如萬有引力的等勢能 (俗稱等位能) 面 $U_g(r)$ 和萬有引力 $\vec{F_g}$，等電勢 (俗稱等電壓) 面 $V_E(r)$ 與電場 $\vec{E}$ 是正交，即無論變換到哪一種座標系都是不變地相互正交。

一直到這裡所探討的變數空間 z 平面是平靜無異常現象發生的空間，即**均勻空間** (homogeneous space)。接著是 z 平面不均勻，有異常點存在。例如一路順風行進中的你，突然遇到如圖 (2-28)(a) 強力排斥，(b) 吸引，(c) 非跨過不可的**異常點** (abnormal point) S。這個異常點 S 依其“排斥”，“吸引”和“跨的難易”程度或強度取不同名稱。稱 S 爲**奇異點 (或奇點 singular point)**，如爲函數 $f(z)$，則稱 $z = z_s$ 之點爲 $f(z)$ 的**奇異性 (或奇性 singularity) 點**，

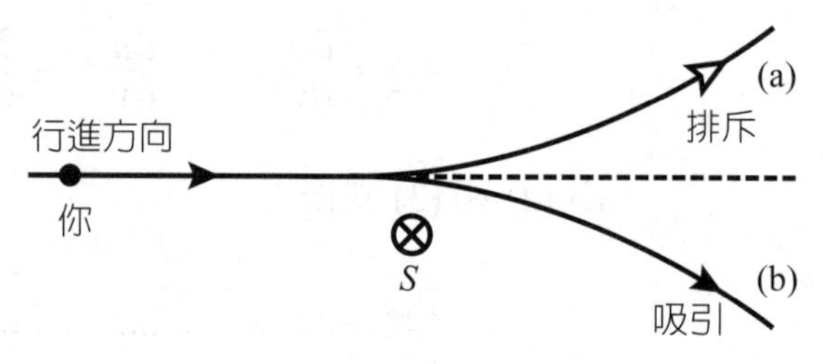

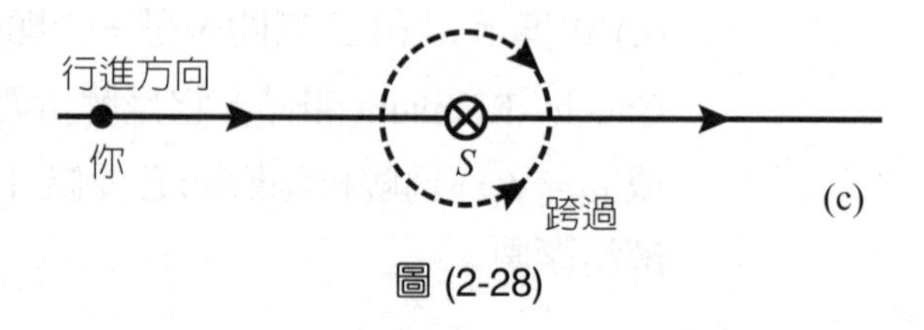

圖 (2-28)

$$\therefore f(z_s) = f(z) \text{ 是非解析函數} \cdots\cdots (2\text{-}165)$$

在物理學，圖 (2-28) 是**散射** (scattering) 現象，還有**時空** (space-time) 的奇異現象，例如改變方向點的**曲率** (curvature) 是無限大，如**黑洞** (black hole) ，其質量密度是無限大。

(iv) 奇異點或奇點？

(a) 奇異點的定義：—— 單值函數時 ——

$$\left(\begin{array}{l}\text{單值函數 } f(z) \text{ 在 } z=z_0 \text{ 不具解析性時，} \\ \text{稱 } z_0 \text{ 為 } f(z) \text{ 的\textbf{奇異點}或\textbf{奇點}。}\end{array}\right) \cdots\cdots (2\text{-}166)$$

如爲多值函數，則使用 Riemann 面約化成單值函數來處理，這時會遇到各葉 Riemann 面的共有點，即**分支點** (branch point ，請複習 $(1\text{-}32)_1$ 式到 $(1\text{-}32)_2$ 式)，於是分支點是奇異點的一種，它的值有限，但不是確定值。以下僅探討單值函數的奇異點名稱。針對 (2-166) 式的定義切入去分析，就能得奇異點的不同名稱。那麼如何進行？(2-166) 式的核心是 $f(z)$ 的解析性，其關鍵如下 (2-167) 式。

$$\left\{\begin{array}{l}\text{①在某點 } z_0 \text{ 的解析性，由}(2-152)\text{式是在 } z_0 \text{ 能微分，} \\ \text{②在 } z_0 \text{ 能微分，由}(2-113)_1\text{式 } f(z) \text{ 必在 } z_0 \text{ 連續，} \\ \text{③}\left\{\begin{array}{l}\text{而由}(2-101)\text{式，} f(z) \text{ 在 } z_0 \text{ 必存在極限值，同時} \\ f(z_0) \text{ 確實存在，即 } \lim\limits_{z\to z_0} f(z)=f(z_0)=\text{確定值。}\end{array}\right.\end{array}\right\} \cdots\cdots (2\text{-}167)$$

於是由定義 (2-166) 式以及其內涵 (2-167) 式便得如下各名稱。

(b) 孤立奇異點 (isolated singular point)？

$$\left(\begin{array}{l}\text{當函數 } f(z)\text{，除 } z=z_0\text{，且以 } z_0 \text{ 為圓心和處理問題} \\ \text{有關的半徑 } 0<|z-z_0|<R \text{ 之區域內部都沒其他奇} \\ \text{異點時，稱 } z_0 \text{ 為 } f(z) \text{ 的\textbf{孤立奇異點}(看習題 24)}\end{array}\right) \cdots\cdots (2\text{-}168)$$

例如 $f(z)=\dfrac{1}{z}$，當 $z=0$ 時 $f(z)$ 失去解析性，但 $z \neq 0$ 時 $f(z)$ 是解析函數 (請看 (Ex.2-24)) ，所以 $f(z)=1/z$ 的 $z=0$ 是孤立奇異點。至於以 z 平面全面爲解析域的整函數 $f(z)=z^n$ ，$n=$ 正整數，無限遠點是它的孤立奇異點 (請看 (Ex.2-24) 和圖 (1-14))。

(c) 聚奇異點 (accumulated singular point)？

$$\left(\begin{array}{l}\text{當 } z=z_0 \text{ 不但是 } f(z) \text{ 的奇異點，且在 } z_0 \text{ 近傍有}\\ \text{無數的奇異點時，稱 } z_0 \text{ 為 } f(z) \text{ 的}\textbf{聚奇異點}\text{。}\end{array}\right) \cdots\cdots (2\text{-}169)_1$$

就是把 (2-168) 式的半徑 R 縮小，仍然在 z_0 近傍有其他奇異點。顯然聚奇異點時，函數 $f(z)$ 沒確定的極限值，即：

$$\lim_{z\to z_0} f(z) = \text{非確定值} \cdots\cdots (2\text{-}169)_2$$

例子請看下面 (f) 本質奇異點 (例 2)。

(d) 可去奇異點 (或可去奇點 removable singular point)？

$$\left(\begin{array}{l}\text{在 } z=z_0 \text{ 的函數 } f(z_0) \text{ 不存在，但}\\ \lim\limits_{z\to z_0} f(z) = \text{有限大確定值時，稱 } z_0\\ \text{點為 } f(z) \text{ 的}\textbf{可去奇異點}\text{。}\end{array}\right) \cdots\cdots (2\text{-}170)$$

由 (2-101) 式的函數連續定義，$f(z)$ 違背了 (2-101) 式之 ②，但滿足 ① 的要求，於是有可能能去除其奇異性，才稱 z_0 為可去奇異點。例如：

(例 1) $f(z)=\dfrac{1-z^2}{1-z}$

$$f(z=1)=\frac{1-1}{1-1}=\text{無法定義數}$$

$$\text{但} \lim_{z\to 1} f(z) = \lim_{z\to 1}\frac{1-z^2}{1-z} = \lim_{z\to 1}\frac{(1-z)(1+z)}{1-z}$$

$$= \lim_{z\to 1}(1+z) = 2 = \text{有限大確定值。}$$

$\therefore z=1$ 是 $f(z)$ 的可去奇異點，即 $f(z)$ 在 $z=1$ 是解析。

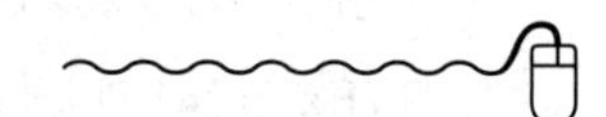

(例 2) $f(z)=\dfrac{\sin z}{z}$

$$f(z=0)=\frac{0}{0}=\text{無法定義數}$$

但 $\lim\limits_{z\to 0} f(z)=\lim\limits_{z\to 0}\dfrac{\sin z}{z}=\lim\limits_{z\to 0}\left[\dfrac{1}{z}\left(z-\dfrac{z^3}{3!}+\dfrac{z^5}{5!}-\cdots\right)\right]$

$$=\lim_{z\to 0}\left(1-\frac{z^2}{3!}+\frac{z^4}{5!}-\frac{z^6}{7!}+\cdots\right)$$

$=1=$ 確定值，且有限，

$\therefore z=0$ 是 $f(z)$ 的可去奇異點，$f(z)$ 在 $z=0$ 是解析。

(e) **極 (或極點，pole)？**

當在 (2-168) 式的定義下，$f(z)$ 在 z_0 的極限值是：

$$\lim_{z\to z_0} f(z)=\infty \cdots\cdots (2\text{-}171)_1$$

則稱 $(2\text{-}171)_1$ 式的 z_0 爲 $f(z)$ 的**極**。於是極是一種孤立奇異點。無限大是一個確定數，請看圖 (1-14)。例如 $f(z)=1/(z-a)$ 的 $z=a$ 是 $f(z)$ 之極，a 是任意有限大小數。那麼遇到 $g(z)=1/(z-a)^n$，$n=$ 正整數時，$z=a$ 在 $f(z)$ 與 $g(z)$ 的極該有不同名稱才方便吧，“是的”，稱：

$$\left(\begin{array}{l} n=1 \text{ 為一階極點，或簡稱單極點 (simple pole)，} \\ n=2 \text{ 為二階極點，} \\ n=n \text{ 為 } n \text{ 階極點 (pole of order } n\text{)。} \end{array}\right) \cdots\cdots (2\text{-}171)_2$$

於是從 $(2\text{-}171)_1$ 和 $(2\text{-}171)_2$ 式可歸納如 $(2\text{-}171)_3$ 式的極點定義：

$$\left(\begin{array}{l} \text{如 } \lim\limits_{z\to z_0}(z-z_0)^n f(z)=\text{有限大小確定值 } A\neq 0\text{，} \\ \text{則稱 } z_0 \text{ 為 } f(z) \text{ 的 } n \text{ 階極點，} n=\text{正整數。} \end{array}\right) \cdots\cdots (2\text{-}171)_3$$

(例) $f(z)=\dfrac{5z-1}{(z-1)^2(z+2)(z-3)^4}$ 的極點情況，由 $(2\text{-}171)_3$ 式是：

$z=1$ 是 2 階極點，$f(1)=\dfrac{1}{12}$

$z=-2$ 是 1 階極點，$f(-2)=-\dfrac{11}{5625}$

$z=3$ 是 4 階極點，$f(3)=\dfrac{7}{10}$

(f) 本質奇異點 (essential singular point)？

當在 (2-168) 式的定義下，$f(z)$ 在 z_0 的極限值是：

$$\lim_{z\to z_0} f(z)=\text{非確定值} \cdots\cdots (2\text{-}172)_1$$

則稱 $(2\text{-}172)_1$ 式的 z_0 爲 $f(z)$ 的**本質奇異點**。所謂非確定值是，不是有限大小的確定數，如 (2-170) 式，又不是肯定的無限大，如 $(2\text{-}172)_1$ 式的數，於是稱：

$$\left.\begin{cases}\text{不是可去的奇異點，}\\ \text{又不是極點，}\\ \text{更不是分支點(因不屬於單值函數)。}\end{cases}\right\}\text{的奇點為}\textbf{本質奇異點}\cdots\cdots (2\text{-}172)_2$$

從 $(2\text{-}172)_1$ 和 $(2\text{-}172)_2$ 式的內涵不難瞭解 z_0 的奇異情況，在 z_0 點得不到肯定明確的結果值，眞是本質奇異點，不是嗎？

(例 1) $f(z)=e^{1/(z-1)}$

$$f(z=1)=f(1)=e^{1/0}=\text{無法定義數}$$

$$\text{又}\lim_{z\to 1} f(z)=\lim_{z\to 1} e^{1/(z-1)}$$

$$=\lim_{z\to 1}\left[1+\frac{1}{1!}\frac{1}{z-1}+\frac{1}{2!}\frac{1}{(z-1)^2}+\frac{1}{3!}\frac{1}{(z-1)^3}+\cdots\right]$$

$$=\text{非確定值}$$

或 $\lim\limits_{z\to 1}(z-1)^n f(z)=$ 確定值 $A\neq 0$ 的肯定之 n 也不存在，於是 $f(z)$ 不

是可去奇異點，又不是任何肯定階的極點，

$\therefore z = 1$ 是 $f(z) = e^{1/(z-1)}$ 的本質奇異點。

(例 2) $f(z) = \csc\left(\dfrac{1}{z}\right)$

$$f(z) = \csc(1/z) = \frac{1}{\sin 1/z}$$

當 $f(z=0) = \dfrac{1}{\sin 1/0}$，無法定義 $\sin 1/0$，故無法定義 $f(0)$，

$\therefore z = 0$ 是 $f(z)$ 的奇異點 .... (1)

同時當 $\sin 1/z = \sin n\pi = 0$，或 $z = 1/(n\pi)$ 時 $f\left(z = \dfrac{1}{n\pi}\right) = 1/0$，無法定義 $f(z)$，$n = \pm 1, \pm 2, \cdots, n = 0$ 是一階極點 (看習題 24)。

$\therefore z = \dfrac{1}{n\pi}$ 是 $f(z)$ 的奇異點，　$n = 0, \pm 1, \pm 2, \cdots$，........................ (2)

由 (1) 和 (2) 式，在 z 平面的實軸 x 軸，如圖 (2-29) 有無限多奇異點，並且分佈在：

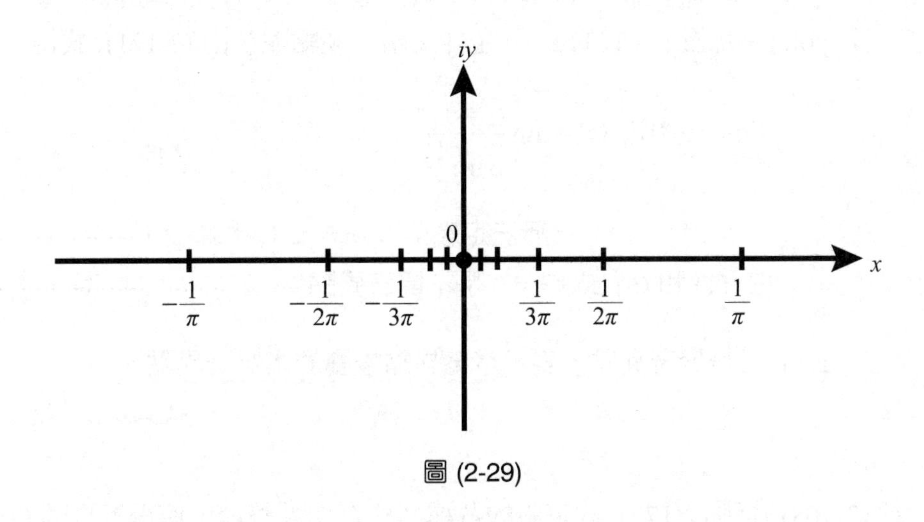

圖 (2-29)

$$\left.\begin{array}{l} 0<\left(\left|z-\dfrac{1}{n\pi}\right|=\left|x-\dfrac{1}{n\pi}\right|\right)<R \\ R=\dfrac{1}{\pi}+\varepsilon \quad \text{且} \quad n\neq 0 \\ \varepsilon=\text{無限小正實數} \end{array}\right\} \cdots\cdots (3)$$

同時在原點近傍有無限多奇異點，n 愈大愈逼近原點，

$\therefore z=0$ 是聚奇異點 ……………………………… (4)

接著看看 z 逼近 $\dfrac{1}{n\pi}$ 時能得什麼樣的極限值：

$$\lim_{z\to\frac{1}{n\pi}}\left(z-\frac{1}{n\pi}\right)f(z)=\lim_{z\to\frac{1}{n\pi}}\frac{z-\dfrac{1}{n\pi}}{\sin\dfrac{1}{z}}$$

$$\xlongequal[\text{(2-176)}_1\text{式}]{\text{用 Hospital 規則}}\lim_{z\to\frac{1}{n\pi}}\frac{1}{-\dfrac{1}{z^2}\cos\dfrac{1}{z}}$$

$$=-\frac{1}{(n\pi)^2\cos n\pi}=\frac{(-1)^{n+1}}{(n\pi)^2}$$

$\neq 0$ 的有限確定值，當 n 有限 ……………………… (5)

由 $(2\text{-}171)_3$ 式得，(5) 式表示每一個 n 的 z 值，$f(z)$ 是**單極** (simple pole)。那麼 (1) 式的 $z=0$ 是什麼階之極點呢？由 $(2\text{-}171)_3$ 式得：

$$\lim_{z\to 0}(z-0)^n f(z)=\lim_{z\to 0}\frac{(z-0)^n}{\sin\dfrac{1}{z}}$$

$=$ 無法定義，　$n=\pm1,\pm2,\cdots$，……………………… (6)

$\therefore$ 由 (1) 和 (6) 式，$z=0$ 是本質奇異點 ……………………… (7)

$z=0$ 又是聚奇異點，表示聚奇異點是屬於本質奇異點。

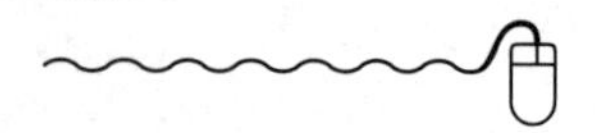

把 (2-168) 式到 $(2\text{-}172)_2$ 式定義的各種名稱奇異點整理，使得下頁圖 (2-30)。

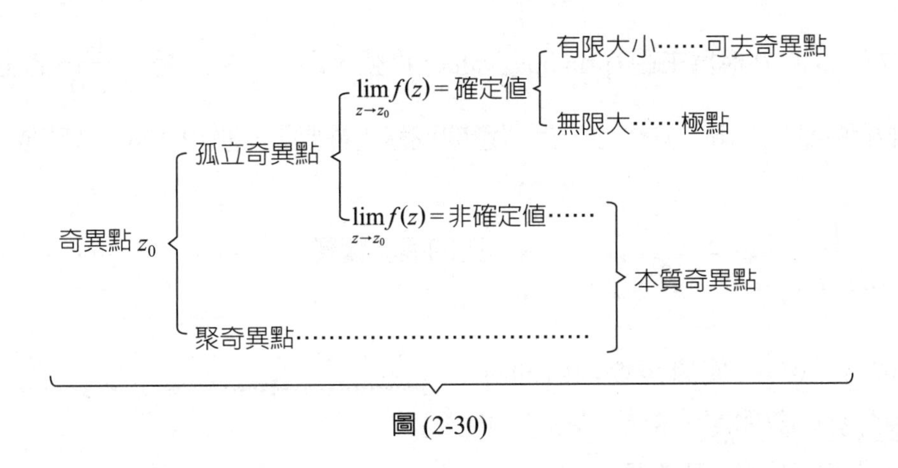

圖 (2-30)

於是從圖 (2-30) 得：

$$\left(\begin{array}{l}\text{單值函數 } f(z) \text{ 的奇異點只有極點和} \\ \text{本質奇異點兩種，多值函數時多了} \\ \text{分支點的奇異點。}\end{array}\right) \cdots\cdots (2\text{-}173)$$

極點是孤立奇異點，而孤立奇異點才有機會使非解析點變成解析點。例如可去奇異點，至於極點有沒有機會呢？一階極點時一定有機會，爲什麼？因能用 Dirac 的 **δ 函數** (δ function)，即本章後面註 (18) 的 (107) 式，該式是物理學處理一階極點的重要公式之一，例如處理散射題的典型方法之一 (請看註 (11) 的 pp. 570~578)。散射的**能量本徵方程式** (energy eigenvalue equation) $\hat{H}\psi = E\psi$，E 是 $\hat{H}$ 的能量本徵值 [2)]，$\hat{H}$ 是作散射的物理體系總能量〔**動能** (kinetic energy) 和**勢能** (potential energy) 之和〕算符，而解 $\hat{H}\psi = E\psi$ 時會遇到：

$$\frac{1}{E-\hat{H}} \text{ 的過程} \cdots\cdots (2\text{-}174)_1$$

$(2\text{-}174)_1$ 式是一階極點，於是會遇到註 (18) 的 $(100)_1$ 式之情況，怎麼辦？方法之一是使用 (107) 式化非連續點爲連續點：

$$\frac{1}{E-\hat{H}} \Longrightarrow P\frac{1}{E-\hat{H}} \pm i\pi\delta(E-\hat{H}) \cdots\cdots (2\text{-}174)_2$$

$(2\text{-}174)_2$ 式的 P 稱爲**主值** (principal value) 符號，即 $P\dfrac{1}{E-\hat{H}}$ 是 $\dfrac{1}{E-\hat{H}}$ 的主值部，是非極點部分之值。方法之二是“避開或移走極點”，把 $(2\text{-}174)_1$ 式寫成：

$$\frac{1}{E-\hat{H}} \Longrightarrow \frac{1}{E-\hat{H}\pm i\varepsilon}, \qquad \varepsilon = \text{正的很小實量} \cdots\cdots (2\text{-}174)_3$$

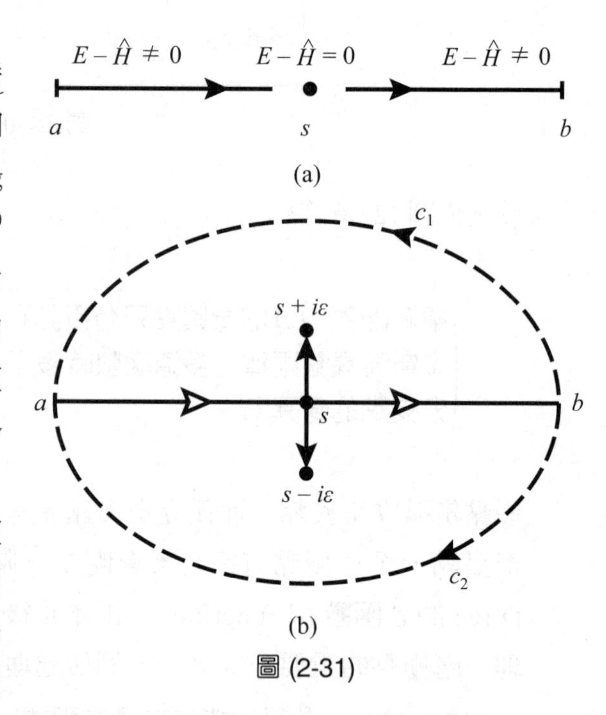

圖 (2-31)

$(2\text{-}174)_3$ 式等於使用複變函數的特性來解實函數問題，結果“$+i\varepsilon$”和“$-i\varepsilon$”分別地和**向外波** (outgoing wave) 和**向內波** (incoming wave)[11] 連上關係，令我們一目瞭然地看得到物理散射過程的數學美麗的陳述式。至於 $(2\text{-}174)_2$ 式的主值是 **Cauchy 積分的主值** (Cauchy principal value of the integration)，請看第三章。除外，還有其他主値名稱，例如 Riemann 面主葉的輻角值也叫主值，而用大寫的 Arg z 表示 (請看 $(1\text{-}32)_1$ 到 $(1\text{-}32)_2$ 式) 或寫成 θ_p，以及在主葉的複變數 z 之對數函數 $\ln z$ 也叫主值，用 $\text{Ln}\, z$ 表示 (請看 (2-66) 式)。所以看到主值，必注意是什麼定義的主值。那 $(2\text{-}174)_2$ 式和 $(2\text{-}174)_3$ 式的物理是什麼？前者如圖 (2-31)(a)，後者是 (b)。E, $\hat{H}$ 和 ε 的因次都是能量，能量是實量，在複變數平面的實軸。於是 $(2\text{-}174)_2$ 式是如圖 (2-31)(a) 直走 a 到 b，而一階極點 S 以 $\pm i\pi\delta(E-\hat{H})$ 處理。$(2\text{-}174)_3$ 式是以加 $\pm i\varepsilon$ 避免 $(E-\hat{H})=0$ 而產生一階極點，從另一角度看是把 s 從實軸移到 $(s \pm i\varepsilon)$，然後想辦法把它們包在新走的路徑內，是種間接處理法。因爲極點是問題核心點，非解決不可之點，不是移走不管！那麼用什麼樣的封閉曲線來包住 $(s \pm i\varepsilon)$ 呢？如圖 (2-31)(b) 的：

$$\left.\begin{aligned}(a \longrightarrow b \longrightarrow c_1 \longrightarrow a) &\equiv \tilde{c}_1\\(a \longrightarrow b \longrightarrow c_2 \longrightarrow a) &\equiv \tilde{c}_2\end{aligned}\right\} \cdots\cdots (2\text{-}175)_1$$

$(s+i\varepsilon)$ 和 $(s-i\varepsilon)$ 分別爲路徑 $\tilde{c}_1$ 和 $\tilde{c}_2$ 所包**區域** (region) 內的一階極點，這時請注意：

$$\left.\begin{array}{l}\tilde{c}_1 \text{時} (s+i\varepsilon) \text{永在行進路徑的左邊，}\\ \tilde{c}_2 \text{時} (s-i\varepsilon) \text{永在行進路徑的右邊。}\end{array}\right\} \cdots\cdots (2\text{-}175)_2$$

$(2\text{-}175)_2$ 式明顯地表示，兩個極點的影響剛好相反！請你用左右手自然地同時鎖螺絲釘，右手是鎖住，而左手是鬆開螺絲釘，暗示著 $(s+i\varepsilon)$ 和 $(s-i\varepsilon)$ 一定帶來不同的物理現象，果然沒錯 $(E-\hat{H}+i\varepsilon)^{-1}$ 帶來向外波，而 $(E-\hat{H}-i\varepsilon)^{-1}$ 是向內波 [11](請看 (Ex.3-19))。再來必須注意的是 $(E-\hat{H})^{-1}$ 的實量，原來路徑是圖 (2-31) 的 $a\rightarrow b$，所以從 $\tilde{c}_1$ 和 $\tilde{c}_2$ 的 c_1 和 c_2 路徑來的值必須等於零才行，精彩！數學演算能作到，是 **Cauchy 定理** (Cauchy's theorem) 或稱爲 **Cauchy 積分定理** (Cauchy's integral theorem) 之應用 (請看第三章求**留數** (residue) 部)。無論走 $(2\text{-}174)_2$ 式或 $(2\text{-}174)_3$ 式，結果該相等：

$$\left.\begin{array}{l}\begin{cases} P\dfrac{1}{E-\hat{H}}-i\pi\delta(E-\hat{H})=\dfrac{1}{E-\hat{H}+i\varepsilon} \\ P\dfrac{1}{E-\hat{H}}+i\pi\delta(E-\hat{H})=\dfrac{1}{E-\hat{H}-i\varepsilon}\end{cases}\\ \text{或 } \dfrac{1}{E-\hat{H}\pm i\varepsilon}=P\dfrac{1}{E-\hat{H}}\mp i\pi\delta(E-\hat{H})\end{array}\right\} \cdots\cdots (2\text{-}175)_3$$

$(2\text{-}175)_3$ 式是物理學散射題的重要公式之一。

(5) L' Hospitals 規則？

複變函數 $f(z)$ 和 $g(z)$ 在複變數平面 z 平面，含 z_0 點的區域 D 內爲解析函數，並且 $f(z_0)=0$，$g(z_0)=0$，$\left(\dfrac{dg(z)}{dz}\right)_{z_0}=g'(z_0)\neq 0$，則：

$$\lim_{z\rightarrow z_0}\frac{f(z)}{g(z)}=\frac{f'(z_0)}{g'(z_0)} \cdots\cdots (2\text{-}176)_1$$

$(2\text{-}176)_1$ 式稱爲 **L'Hospital 規則** (L'Hospital's rule)。如 $f'(z_0)=0$，$g'(z_0)=0$，但 $g''(z_0)\neq 0$，則由 $(2\text{-}176)_1$ 式得：

$$\lim_{z\to z_0}\frac{f'(z_0)}{g'(z_0)}=\frac{f''(z_0)}{g''(z_0)} \qquad (2\text{-}176)_2$$

依此類推下去到不得 0/0 止，因爲複變函數只要一階導函數在 z_0 點存在，其高階導函數全存在 (請看 (2-147) 式) 於 z_0 點。

證明 $(2\text{-}176)_1$ 和 $(2\text{-}176)_2$ 式：

$$\lim_{z\to z_0}\frac{f(z)}{g(z)}=\lim_{\Delta z\to 0}\frac{f(z_0+\Delta z)}{g(z_0+\Delta z)}$$

$$\overline{\overline{(2-112)_2\text{式}}}\lim_{\Delta z\to 0}\frac{f(z_0)+\Delta z f'(z_0)}{g(z_0)+\Delta z g'(z_0)}$$

$$=\frac{f'(z_0)}{g'(z_0)}=(2\text{-}176)_1\text{ 式}$$

如這時遇到 $f'(z_0)=0$，$g'(z_0)=0$，而 $g''(z_0)\neq 0$，則設 $f'(z_0)\equiv F(z)$，$g'(z_0)\equiv G(z)$ 而用 $(2\text{-}176)_1$ 式得：

$$\lim_{z\to z_0}\frac{f'(z_0)}{g'(z_0)}=\lim_{z\to z_0}\frac{F(z)}{G(z)}=\frac{F'(z_0)}{G'(z_0)}$$

$$=\frac{f''(z_0)}{g''(z_0)}=(2\text{-}176)_2\text{ 式}$$

(Ex.2-28)
求下述複變函數 $f_i(z)$ 的極限值，$i=1, 2, 3,$：

(1) $\lim\limits_{z\to i}f_1(z)=\lim\limits_{z\to i}\dfrac{z^{14}+1}{z^{10}+1}$，　(2) $\lim\limits_{z\to 0}f_2(z)=\lim\limits_{z\to 0}\dfrac{1-\cos z}{z^2}$，

(3) $\lim\limits_{z\to 0}f_3(z)=\lim\limits_{z\to 0}\dfrac{1-\cos z}{\sin z^2}$。

(**解**)：求極限值的 L' Hospital 規則需要對複變函數作微分，於是首先必須證明 $f_i(z)$ 的分子和分母函數是否解析函數。由 (2-145) 式得 $f_i(z)$ 的分子和分母函數全可

以微分，所以由 $(2\text{-}151)_1$ 式得它們全是解析函數，即滿足 $(2\text{-}176)_1$ 式之解析函數條件。再來是檢查 $f_i(z)$ 的分子和分母函數在求極限點 z_0 是否等於零，並且其分母函數的一階微分在 z_0 不等於零。本題目的 $f_i(z)$ 已知爲解析函數，於是只檢驗後半就夠。

(1) $\lim\limits_{z\to i} f_1(z)=\lim\limits_{z\to i}\dfrac{z^{14}+1}{z^{10}+1}$：

$$\lim_{z\to i}(z^{14}+1)=i^{14}+1=(-1)^7+1=0，$$

$$\lim_{z\to i}(z^{10}+1)=i^{10}+1=(-1)^5+1=0，$$

$$\left[\frac{d}{dz}[z^{10}+1]\right]_{z=i}=(10z^9)_{z=i}=10i\neq 0，$$

$$\therefore \lim_{z\to i}\frac{z^{14}+1}{z^{10}+1}=\lim_{z\to i}\frac{14z^{13}}{10z^9}=\frac{7}{5}i^4=\frac{7}{5}\Longleftarrow (2\text{-}176)_1\text{ 式}$$

(2) $\lim\limits_{z\to 0} f_2(z)=\lim\limits_{z\to 0}\dfrac{1-\cos z}{z^2}$：

$$\lim_{z\to 0}\frac{1-\cos z}{z^2}=\frac{\lim\limits_{z\to 0}(1-\cos z)}{\lim\limits_{z\to 0}z^2}=\frac{0}{0}，$$

$$\left(\frac{d}{dz}z^2\right)_{z=0}=(2z)_{z=0}=0，\quad \left[\frac{d}{dz}(1-\cos z)\right]_{z=0}=(\sin z)_{z=0}=0，$$

但 $\left(\dfrac{d^2}{dz^2}z^2\right)_{z=0}=\left(\dfrac{d}{dz}2z\right)_{z=0}=2$，於是由 $(2\text{-}176)_2$ 式得：

$$\lim_{z\to 0}\frac{1-\cos z}{z^2}=\lim_{z\to 0}\frac{\sin z}{2z}=\lim_{z\to 0}\frac{\cos z}{2}=\frac{1}{2}$$

同時獲得：

$$\lim_{z\to 0}\frac{\sin z}{z}=1 \cdots\cdots (1)$$

(3) $\lim\limits_{z\to 0} f_3(z)=\lim\limits_{z\to 0}\dfrac{1-\cos z}{\sin z^2}$：

$$\lim_{z\to 0}\frac{1-\cos z}{\sin z^2}=\frac{0}{0}$$

$$\overline{\overline{(2-176)_1\text{式}}}\ \lim_{z\to 0}\frac{\sin z}{2z\cos z^2}=\frac{0}{0} \cdots\cdots (2)$$

(2) 式有不同方法求極限值，如用 $(2\text{-}176)_2$ 式，或用已知的極限值式：

$$(2)\text{式} \xlongequal{(2-176)_2\text{式}} \lim_{z\to 0}\frac{\cos z}{2\cos z^2 - 4z^2\sin z^2} = \frac{1}{2}$$

$$\xlongequal{(1)\text{式}} \frac{1}{2}\left[\lim_{z\to 0}\left(\frac{\sin z}{z}\right)\right]\left[\lim_{z\to 0}\left(\frac{1}{\cos z^2}\right)\right] = \frac{1}{2}$$

$$\therefore \lim_{z\to 0}\frac{1-\cos z}{\sin z^2} = \frac{1}{2}$$

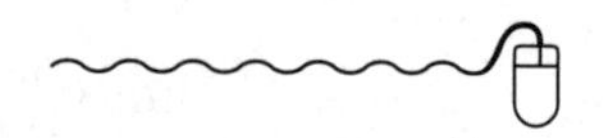

(6) 複變數的微分算符′ (operators)？

(i) 為何需要複變數的微分算符？

曾在第一章的複數之幾何學表象，探討了複數與物理向量的類比性。請看圖 (1-5)(a), (b) 和 (1-27) 式。另一面從物理現象歸納得來的**標量積** (scalar product) 和**向量積** (vector product) 的 $(1\text{-}46)_1$ 和 $(1\text{-}46)_2$ 式，其複數類比式是 $(1\text{-}47)_1$ 和 $(1\text{-}47)_2$ 式，以及和兩向量交角有關的 $(1\text{-}47)_3$ 和 $(1\text{-}47)_4$ 式，但沒討論直接和動態現象有關，即有操作能力的數學表示式。

許多物理現象的動力學，如用數學式表示，則有個共通的演算形式，於是為了方便定義了演算符號，稱為**算符** (operator)，例如下述的 (1), (2) 和 (3)。

(1) **保守力** (conservative force) $\vec{F}$ 與產生 $\vec{F}$ 的**勢能** (potential energy) U：

$\vec{F}$ 和 U 之間的關係如圖 (2-32)(a)，$\vec{F}$ 與等勢能面 U_1 和 U_2 的交點 P_1 和 P_2 之切面 S_1 和 S_2 在 P_1 和 P_2 正交，並且 (請看 (Ex.2-22))：

$$\vec{F} = -\left(\mathbf{e}_x\frac{\partial U}{\partial x} + \mathbf{e}_y\frac{\partial U}{\partial y} + \mathbf{e}_z\frac{\partial U}{\partial z}\right)$$

$$= -\sum_{i=1}^{3}\mathbf{e}_i\frac{\partial}{\partial x_i}U \quad\cdots\cdots\cdots\cdots\cdots (2\text{-}177)_1$$

$$\equiv -\vec{\nabla} U$$

$$\vec{\nabla} \equiv \sum_{i=1}^{3}\mathbf{e}_i\frac{\partial}{\partial x_i} \quad\cdots\cdots\cdots\cdots\cdots\cdots (2\text{-}177)_2$$

稱 $(2\text{-}177)_2$ 式的符號 $\vec{\nabla}$ 為**梯度 (陡度) 算符** (gradient operator)[6]，是

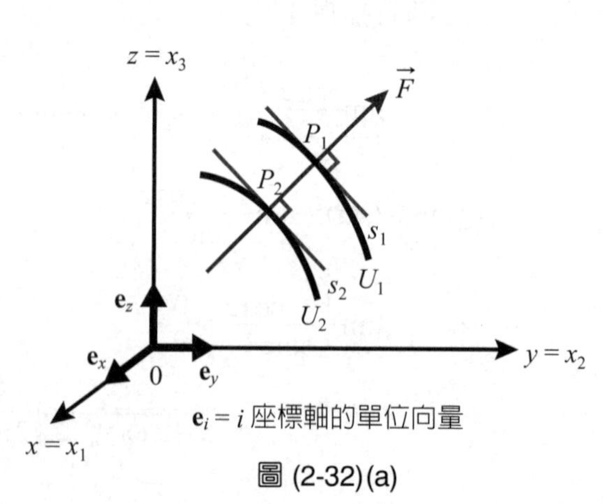

圖 (2-32)(a)

向量算符。

(2) 靜止**點狀** (point-like) 正電荷 ($+q$) 與負電荷 ($-q$) 的電力線 $\vec{E}$：

如圖 (2-32)(b)，描述 $\vec{E}$ 的這現象之數學式是：

$$\frac{\partial E_x}{\partial x}+\frac{\partial E_y}{\partial y}+\frac{\partial E_z}{\partial z} \underset{(1-46)_1 和 (2-177)_2 式}{=\!=\!=} \vec{\nabla}\cdot\vec{E} \quad\text{.............. (2-177)}_3$$

稱 “$\vec{\nabla}\cdot$” 爲**散度算符** (divergence operator)[6)]。

(3) 颱風眼，水渦或從洗澡盆的放水孔的流水現象：

這些現象者是如圖 (2-32)(c) 之現象，其數學表示式是：

$$\mathbf{e}_x\left(\frac{\partial v_z}{\partial y}-\frac{\partial v_y}{\partial z}\right)+\mathbf{e}_y\left(\frac{\partial v_x}{\partial z}-\frac{\partial v_z}{\partial x}\right)+\mathbf{e}_z\left(\frac{\partial v_y}{\partial x}-\frac{\partial v_x}{\partial y}\right) \underset{(1-46)_2 和 (2-177)_2 式}{=\!=\!=} \vec{\nabla}\times\vec{v} \quad\text{.............. (2-177)}_4$$

稱 “$\vec{\nabla}\times$” 爲**旋度算符** (rotation (或 curl) operator)[6)]。

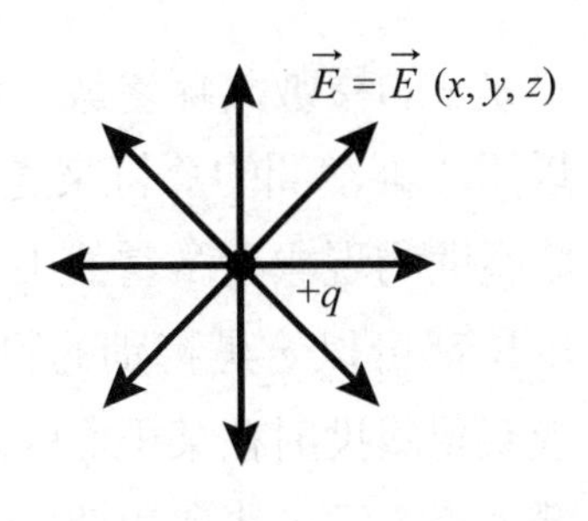

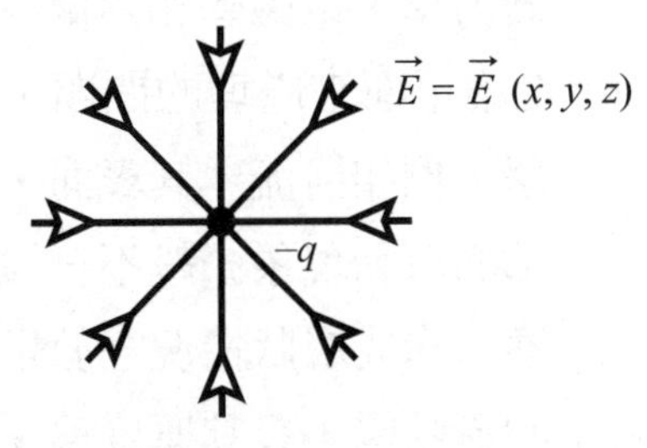

圖 (2-32)(b)

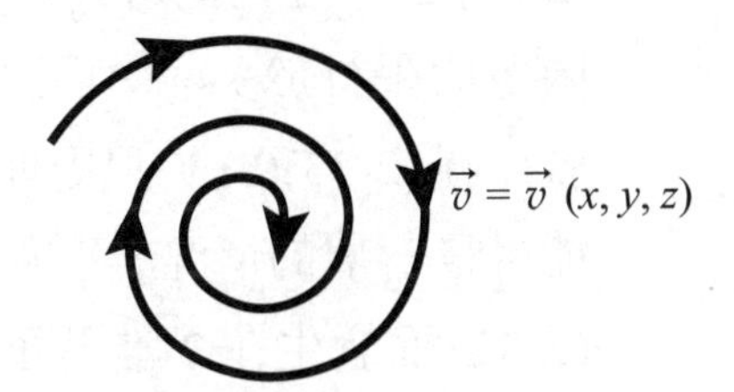

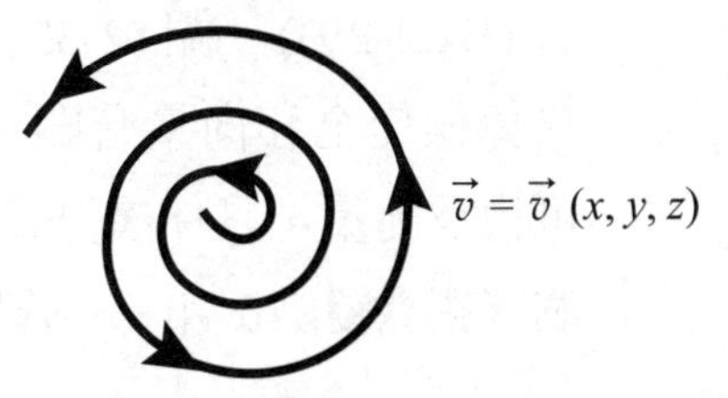

$\vec{v}$ = 風速或水速，是位置函數。

圖 (2-32)(c)

物理體系的狀態變化，必有引起變化的動力學量，它操作物理體系從一個狀態變到另一個狀態，這時都有狀態變化方向。這具方向的操作之數學表示是算符 “$\vec{\nabla}$”，“$\vec{\nabla}\cdot$” 和 “$\vec{\nabla}\times$”，它們不但有操作能力，並且具方向性。操作的數學就是微分，才叫**微分算符** (differential operator)，$(2\text{-}177)_2$ 式不是微分嗎？複變數 z 類比於物理向量，於是就能定義複變數微分算符。複變數 z 是平面數，因此複變數的微分算符是 2 維空間 (平面) 的算符，僅由兩個**等權** (equal weight) 的獨立變數 x 和 y 的線性組成之微分算符，或由另兩個獨立變數 z 和 z^* 表示之算符，

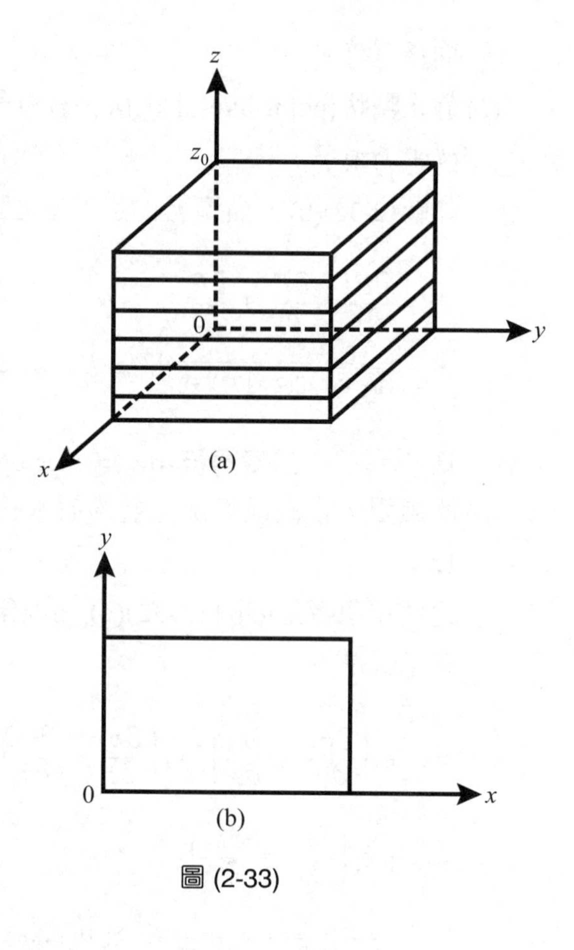

圖 (2-33)

z^* 是 z 的複數共軛變數。那爲什麼可以用 2 維空間的算符來處理發生在 3 維空間的現象呢？當然不是所有物理現象都可以，是特別的物理現象′，或某現象投射在某平面的現象。在流體力學，電磁學和熱傳導會遇到可用 2 維平面來處理的問題，尤其流體力學。例如河流，其表面，中間和深層部的流動現象一般不一樣，但仔細觀察是構成層狀情況。於是就取出類似的流動層，設其厚度爲 z_0，則得如圖 (2-33)(a)，它是把這 z_0 層，橫切成無限多的平行於 x-y 平面之面′。所以就如圖 (2-33)(b)，只處理 x-y 平面便能得整 z_0 層的情況。不過眞的有如圖 (2-32) 而發生在 2 維平面的現象 (請看 (Ex.2-29))。圖 (2-32) 的現象，其演算操作全和向量有關，而複變數 z 可視爲向量，且作演算時有時候比用實變數向量方便，因一個 z 等於同時進行兩個實獨立變數 x 和 y。於是需定義複變數的微分算符′。

(ii) 定義複變數的微分算符

在前面 (i) 全用實量分析物理現象的動態情景，而歸納得三維空間的三種實量算符 “$\vec{\nabla}$, $\vec{\nabla}\cdot$, $\vec{\nabla}\times$”。從 $(2\text{-}177)_2$ 到 $(2\text{-}177)_4$ 式應已洞察出：

$$\left\{\begin{array}{l}\text{梯(陡)度算符“}\vec{\nabla}\text{”僅對}\textbf{標量函數}\text{(scalar function)}\\ \text{執行，而帶來}\textbf{向量函數}\text{ (vector function)；散度算}\\ \text{符“}\vec{\nabla}\cdot\text{”和旋度算符“}\vec{\nabla}\times\text{”僅對向量函數執行，}\\ \text{前者帶來標量函數，後者是向量函數。}\end{array}\right\} \cdots\cdots\cdots (2\text{-}178)$$

假如現象發生在 2 維空間，則 $(2\text{-}177)_2$ 式的梯度算符是：

$$\left.\vec{\nabla}=\underbrace{\mathbf{e}_x\frac{\partial}{\partial x}}_{\text{沿著 }x\text{ 軸方向操作}}+\underbrace{\mathbf{e}_x\frac{\partial}{\partial y}}_{\Uparrow\ \text{沿著 }y\text{ 軸方向操作}}\equiv\underbrace{\vec{\nabla}_r}_{\text{實}}\right\}\cdots\cdots(2\text{-}179)_1$$

$(2\text{-}179)_1$ 式的微分 $\partial/\partial x$ 和 $\partial/\partial y$ 表示操作，單位向量 $\mathbf{e}_x$ 和 $\mathbf{e}_y$ 表示操作方向，和操作無關才放在左邊，而操作是對在它右邊的量進行。$(2\text{-}179)_1$ 式的梯度算符明顯地具向量性，以 $\mathbf{e}_x$ 和 $\mathbf{e}_y$ 表示 $\vec{\nabla}$ 的兩個獨立成分。至於複變數 z ，它內涵著向量性：

$$z=\underbrace{x}_{x\text{ 軸方向}}+\underbrace{\underbrace{i}\,y}_{y\text{ 軸方向}(i\text{ 是關鍵})}$$

$$\therefore\left(\frac{\partial}{\partial x}+i\frac{\partial}{\partial y}\right)\underset{\text{對應}}{\Longleftrightarrow}\left(\mathbf{e}_x\frac{\partial}{\partial x}+\mathbf{e}_y\frac{\partial}{\partial y}\right)\cdots\cdots(2\text{-}179)_2$$

於是 2 維空間時使用複變數算符顯然簡潔方便，棒吧！這是 19 世紀初葉數學家洞察出來的，以上的分析過程正是我們要學的方法。

(a) 定義複變數的梯 (陡) 度算符 $\vec{\nabla}_c$

$$\vec{\nabla}\equiv\frac{\partial}{\partial x}+i\frac{\partial}{\partial y}=2\frac{\partial}{\partial z^*}\equiv\underbrace{\vec{\nabla}_c}_{\text{複數}}\cdots\cdots(2\text{-}180)_1$$

則其共軛算符 $\left(\vec{\nabla}\right)^*$ 是：

$$\left(\vec{\nabla}\right)^*=\frac{\partial}{\partial x}-i\frac{\partial}{\partial y}=2\frac{\partial}{\partial z}\equiv\vec{\nabla}_c^*\cdots\cdots(2\text{-}180)_2$$

證明 $(2\text{-}180)_1$ 和 $(2\text{-}180)_2$ 式右邊表示：

$$z=x+iy,\qquad z^*=x-iy$$

$$\therefore x=\frac{z+z^*}{2},\qquad y=\frac{z-z^*}{2i}$$

$$\therefore \begin{cases} \dfrac{\partial}{\partial z} = \dfrac{\partial x}{\partial z}\dfrac{\partial}{\partial x} + \dfrac{\partial y}{\partial z}\dfrac{\partial}{\partial y} = \dfrac{1}{2}\dfrac{\partial}{\partial x} - \dfrac{i}{2}\dfrac{\partial}{\partial y} \\ \quad \xlongequal[(2-180)_2\text{式}]{} \dfrac{1}{2}(\vec{\nabla})^* = \dfrac{1}{2}\vec{\nabla}_c^* \\ \dfrac{\partial}{\partial z^*} = \dfrac{\partial x}{\partial z^*}\dfrac{\partial}{\partial x} + \dfrac{\partial y}{\partial z^*}\dfrac{\partial}{\partial y} = \dfrac{1}{2}\dfrac{\partial}{\partial x} + \dfrac{i}{2}\dfrac{\partial}{\partial y} \\ \quad \xlongequal[(2-180)_1\text{式}]{} \dfrac{1}{2}\vec{\nabla} = \dfrac{1}{2}\vec{\nabla}_c \end{cases}$$

$$\therefore \begin{cases} \vec{\nabla}_c = 2\dfrac{\partial}{\partial z^*} = (2\text{-}180)_1\text{ 式} \\ (\vec{\nabla}_c)^* \equiv \vec{\nabla}_c^* = 2\dfrac{\partial}{\partial z} = (2\text{-}80)_2\text{ 式} \end{cases}$$

$(2\text{-}180)_1$ 和 $(2\text{-}180)_2$ 式是複變數**梯度算符** (gradient operator)，算符本身沒什麼物理，它作用在和表示某物理有關的函數時才產生物理現象。先以實函數建立**圖像** (picture)。設 $f(x, y)$ 爲連續可微分實函數，則 $\vec{\nabla}f(x, y) = (\mathbf{e}_x\,\partial/\partial x + \mathbf{e}_y\,\partial/\partial y)f(x, y)$ 是 xy 平面的曲線 $f(x, y) \equiv C$，在 P 點受到作用 $\vec{\nabla}$ 變成或產生新量 $\vec{\nabla}f(x, y)$，這時如圖 (2-34)(a)，P 點的 f 和 $\vec{\nabla}f$ 在 P 點相互正交。f 與 $\vec{\nabla}f$ 分別對應於圖 (2-32)(a) 的 U 和 $\vec{F}$。圖 (2-34)(a) 的圖像，如用複變數來表示便非常地清楚，首先變換 (x, y) 爲 (z, z^*)：

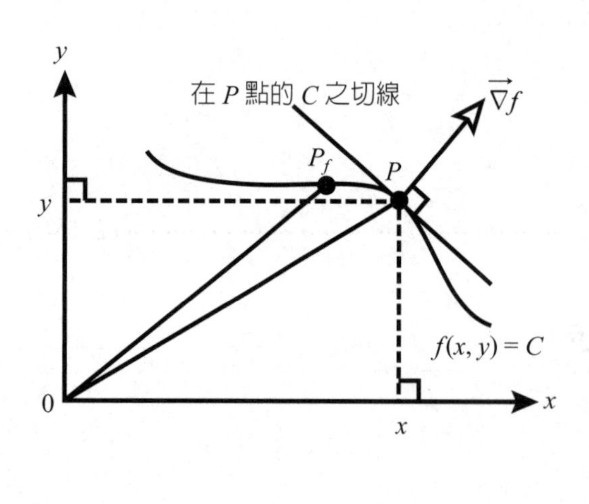

圖 (2-34)(a)

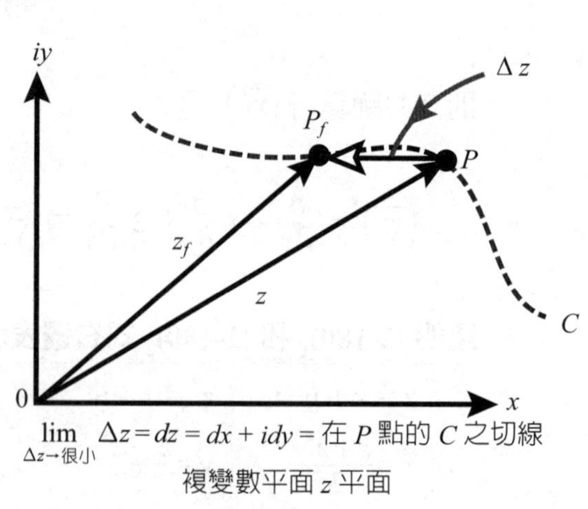

圖 (2-34)(b)

$$f(x, y) = f\left(\frac{z+z^*}{2}, \frac{z-z^*}{2i}\right) \equiv F(z, z^*)$$

$$\therefore \vec{\nabla}_c f = \left(\frac{\partial}{\partial x} + i\frac{\partial}{\partial y}\right) f$$

$$= \frac{\partial f}{\partial x} + i\frac{\partial f}{\partial y} \cdots\cdots (2\text{-}181)_1$$

而 $f = c$ (處處等値之曲線，例如等勢能曲線) 的全微分 df 是：

$$df = \frac{\partial f}{\partial x}dx + \frac{\partial f}{\partial y}dy$$

$$= dC = 0 \cdots\cdots (2\text{-}181)_2$$

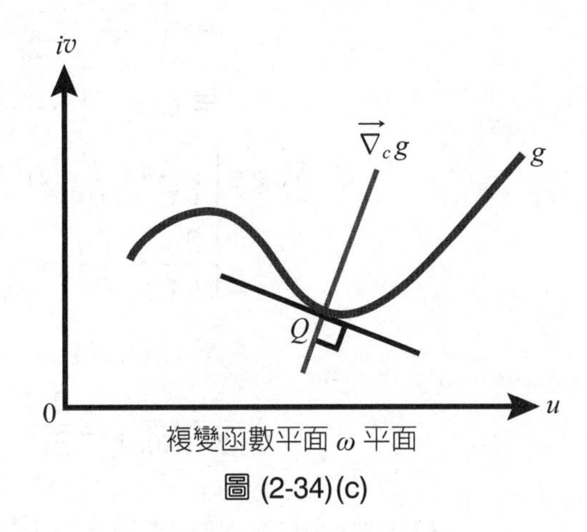

圖 (2-34)(c)

圖 (2-34)(a) 的曲線 C 上之點 P_f 變到 P 的現象，如用複變數平面的 $z = (x + iy)$ 表示，則如圖 (2-34)(b)。當 P_f 逼近於 P 時 Δz 逼近於 dz，dz 是 P 點的切線，而：

$$dz = dx + idy \cdots\cdots (2\text{-}181)_3$$

$$\therefore df = (\vec{\nabla}_c f) \cdot dz$$

$$\overline{\overline{(2-181)_{1,3}\text{式}}} \left(\frac{\partial f}{\partial x} + i\frac{\partial f}{\partial y}\right) \cdot (dx + idy) \Longleftarrow \left(\begin{array}{l}\text{由 } (2-179)_2 \text{ 式，} \\ \text{“}i\text{” 是 } \mathbf{e}_y \text{ 之功能。}\end{array}\right)$$

$$\overline{\overline{(1-47)_1\text{式}}} \left(\frac{\partial f}{\partial x}\right)dx + \left(\frac{\partial f}{\partial y}\right)dy$$

$$\overline{\overline{c = \text{常數的}(2-181)_2\text{式}}} \; 0 \cdots\cdots (2\text{-}181)_4$$

由 $(1\text{-}47)_3$ 式得，$(\vec{\nabla}_c f) \cdot dz = 0$ 表示兩代數向量 $\vec{\nabla}_c f$ 和 dz 的交角是 90°

$$\therefore (\vec{\nabla}_c f) \perp dz \cdots\cdots (2\text{-}181)_5$$

即 $\vec{\nabla}_c f$ 和在 P 點的切線 dz 垂直，漂亮吧。

那麼 $\vec{\nabla}_c$ 作用到複變函數 $g(x, y)$ 時能得什麼信息呢？$\vec{\nabla}_c$ 是作用，是微分，於是 $g(x,y)$ 之梯度 $\vec{\nabla}_c g(x, y)$ 如存在，則 $g(x, y)$ 該有某種特性才行，不是嗎？以實和虛函數 $u(x, y)$ 和 $v(x, y)$ 表示 $g(x, y)$：

$$
\begin{aligned}
g(x, y) &= u(x, y) + iv(x, y) \\
&= g\left(\frac{z+z^*}{2}, \frac{z^*-z^*}{2i}\right) \\
&= u\left(\frac{z+z^*}{2}, \frac{z-z^*}{2i}\right) + iv\left(\frac{z+z^*}{2}, \frac{z-z^*}{2i}\right) \\
&\equiv G(z, z^*) \cdots\cdots (2\text{-}182)_1
\end{aligned}
$$

$$
\begin{aligned}
\therefore\ \vec{\nabla}_c g &= \left(\frac{\partial}{\partial x} + i\frac{\partial}{\partial y}\right)(u+iv) \\
&= \left(\frac{\partial u}{\partial x} - \frac{\partial v}{\partial y}\right) + i\left(\frac{\partial u}{\partial y} + \frac{\partial v}{\partial x}\right) \\
&= \vec{\nabla}_c G(z, z^*) \\
&\overline{\overline{(2-180)_1\text{式}}}\ 2\frac{\partial G}{\partial z^*} \cdots\cdots (2\text{-}182)_2
\end{aligned}
$$

$(2\text{-}182)_1$ 和 $(2\text{-}182)_2$ 式是，在複變函數平面 ω 平面的 g 和 $\vec{\nabla}_c g$，在如圖 (2-34)(c) 的 P 點之像 Q 點相互正交。由 (2-152) 式，能微分的函數是解析函數，於是 g 或 G 是解析函數，再由 (Ex. 2-27) 得 $g = g(z)$ 時 $\partial g/\partial z^* = 0$，

$$
\therefore \left(\frac{\partial u}{\partial x} - \frac{\partial v}{\partial y}\right) + i\left(\frac{\partial u}{\partial y} + \frac{\partial v}{\partial x}\right) = 0 \cdots\cdots (2\text{-}182)_3
$$

$$
\therefore \left\{\begin{aligned} \frac{\partial u}{\partial x} &= \frac{\partial v}{\partial y} \\ \frac{\partial u}{\partial y} &= -\frac{\partial v}{\partial x} \end{aligned}\right\} = \text{Cauchy-Riemann 關係式} \cdots\cdots (2\text{-}182)_4
$$

$(2\text{-}182)_4$ 式確實地驗證了，可微分的解析函數必滿足 Cauchy-Riemann 關係式 (2-133) 式，$\vec{\nabla}_c g$ 存在時 g 該具此特性。圖 (2-34)(b) 和 (c) 正是等角映射的正角映射例，請看圖 (2-26)。再次遇到迷人結果，精彩吧。感謝 Euler 發現**虛數單位** (imaginary unit) $\sqrt{-1} = i$ (1777 年)，以及 Cauchy 在 19 世紀上半葉建立

了複變函數論。至於 g 和 $\vec{\nabla}_c g$ 的關係，在複變函數平面 $\omega = (u + iv)$ 平面是如圖 (2-34)(c)。

(b) 定義複變數的散度算符 $\vec{\nabla}_c\cdot$

複變數標量積 (內積，或點積) 是 $(1\text{-}47)_1$ 式，把它的 z_1 和 z_2 分別以複變數梯度算符 $\vec{\nabla}_c$ 和複變函數 $g(x, y) = [u(x, y) + iv(x, y)] = G(z, z^*)$ 取代得 g 的散度 $\vec{\nabla}_c \cdot g(x, y) = \vec{\nabla}_c \cdot G(z, z^*)$：

$$
\begin{aligned}
\vec{\nabla}_c \cdot g(x, y) &= \left(\frac{\partial}{\partial x} + i\frac{\partial}{\partial y}\right) \cdot [u\,(x,\ y) + iv\,(x, y)] \\
&\underset{(1-47)_1\text{式}}{=\!=\!=\!=} \text{Re.}\,(\vec{\nabla}_c^{\,*} g) = \text{Re.}\left[\left(\frac{\partial}{\partial x} - i\frac{\partial}{\partial y}\right)(u + iv)\right] = \frac{\partial u}{\partial x} + \frac{\partial v}{\partial y} \\
&= \text{Re.}\,(\vec{\nabla}_c^{\,*} G) \\
&\underset{(2-180)_2\text{式}}{=\!=\!=\!=} 2\text{Re.}\left(\frac{\partial G}{\partial z}\right) \quad \cdots\cdots (2\text{-}183)
\end{aligned}
$$

(2-183) 式表示 $\vec{\nabla}_c \cdot g$ 是實函數，這和實向量函數 $\vec{f}$ 的散度 $\vec{\nabla}_r \cdot \vec{f}$ 是實函數一樣的實函數。(2-183) 式是在複變函數平面 ω 平面 $(\omega = g)$ 的 $\vec{\nabla}_c \cdot g\,(x, y)$，即 ω 平面某點 $g(x_0, y_0) = [u(x_0, y_0) + iv(x_0, y_0)]$ 的 $\vec{\nabla}_c \cdot g\,(x_0, y_0)$ 之情景，如圖 (2-35)。$g(x_0, y_0)$ 可能是**源點** (source)，可能是**匯點** (sink) 才沒寫上如圖 (2-32)(b) 的箭頭。

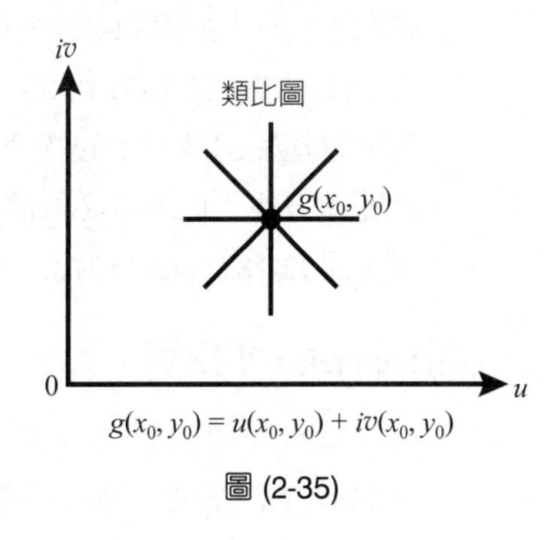

圖 (2-35)

(c) 定義複變數的旋度算符 $\vec{\nabla}_c\times$

複變數的向量積 (外積，或叉積) 是 $(1\text{-}47)_2$ 式，把其 z_1 和 z_2 分別以複變數梯度算符 $\vec{\nabla}_c$ 和複變函數 $g(x, y) = [u(x, y) + iv(x, y)] = G(z, z^*)$ 取代得 g 的旋度 $\vec{\nabla}_c \times g(x, y) = \vec{\nabla}_c \times G(z, z^*)$：

$$\vec{\nabla}_c \times g(x, y) = \left(\frac{\partial}{\partial x} + i\frac{\partial}{\partial y}\right) \times [u(x, y) + iv(x, y)]$$

$$\xlongequal[(1-47)_2\text{式}]{} \text{Im.}(\vec{\nabla}_c^* g) = \text{Im.}\left[\left(\frac{\partial}{\partial x} - i\frac{\partial}{\partial y}\right)(u + iv)\right] = \frac{\partial v}{\partial x} - \frac{\partial u}{\partial y}$$

$$= \text{Im.}(\vec{\nabla}_c^* G)$$

$$\xlongequal[(2-180)_2\text{式}]{} 2\,\text{Im.}\left(\frac{\partial G}{\partial z}\right) \cdots\cdots (2\text{-}184)$$

(2-184) 式看似虛函數，但和實向量函數 $\vec{f}$ 的旋度 $\vec{\nabla}_r \times \vec{f}$ 是實函數一樣的實函數。(2-184) 式是在複變函數平面 ω 平面 ($g \equiv \omega$) 的 $\vec{\nabla}_c \times g(x,y) = \vec{\nabla}_c \times G(z, z^*)$，是如圖 (2-36) 在 ω 平面的 $z_0 = (x_0 + iy_0)$ 之像點 $g(x_0, y_0) = [u(x_0, y_0 + iv(x_0, y_0)]$ 之 $\vec{\nabla}_c \times g$。$g(x_0, y_0)$ 可能是源點，可能是匯點才沒寫上如圖 (2-32)(c) 的箭頭。

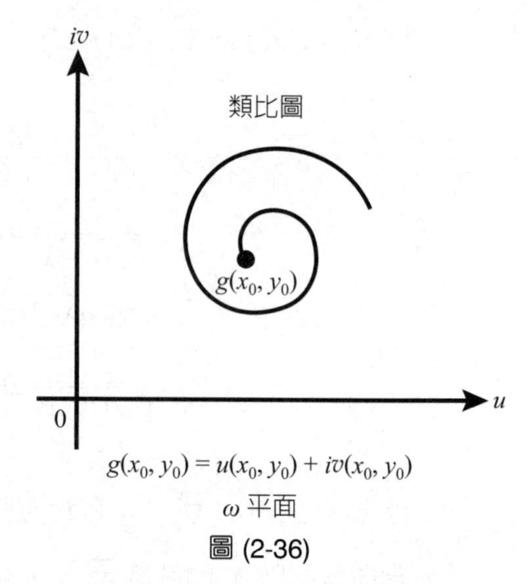

圖 (2-36)

$(2\text{-}182)_2$, (2-183) 和 (2-184) 式全爲，以複變函數表示的物理現象函數執行演算時用式子。因用複變數進行演算簡潔方便，但最後必取演算結果的實部，以吻合實際發生的物理現象是實量，而 $(2\text{-}182)_2$, (2-183) 和 (2-184) 式已滿足此要求，請看 (Ex.2-30)。

(d) Laplacian 算符 $\vec{\nabla}_c \cdot \vec{\nabla}_c$？

Laplacian 算符 $\vec{\nabla} \cdot \vec{\nabla} \equiv \vec{\nabla}^2 \equiv \nabla^2$ 簡稱爲 **Laplacian**，曾在 $(2\text{-}149)_1$ 到 $(2\text{-}149)_5$ 式討論過。物理學的運動方程式是以 **2 階** (second order) 微分方程式出現，於是 Laplacian $\vec{\nabla}^2$ 在物理學是重要算符之一。由複變數的標量積 $(1\text{-}47)_1$ 式得：

$$\vec{\nabla}_c \cdot \vec{\nabla}_c \equiv \vec{\nabla}_c^2 \equiv \nabla_c^2 = \left(\frac{\partial}{\partial x} + i\frac{\partial}{\partial y}\right) \cdot \left(\frac{\partial}{\partial x} + i\frac{\partial}{\partial y}\right)$$

$$\xlongequal[(1-47)_1\text{式}]{} \text{Re.}(\vec{\nabla}_c^* \vec{\nabla}_c)$$

$$= \text{Re}\left[\left(\frac{\partial}{\partial x} - i\frac{\partial}{\partial y}\right)\left(\frac{\partial}{\partial x} + i\frac{\partial}{\partial y}\right)\right] = \frac{\partial^2}{\partial x^2} + \frac{\partial^2}{\partial y}$$

$$\overline{\overline{(2-180)_{1,2}\text{式}}}\, 4\frac{\partial^2}{\partial z\,\partial z^*} \cdots\cdots (2\text{-}185)_1$$

因此如 $g(x, y) = G(z, z^*)$ 是解析並且調和函數，則：

$$\vec{\nabla}_c^{\,2}\, G(z, z^*) = \vec{\nabla}_c^{\,2}\,(u + iv) = 0 \cdots\cdots (2\text{-}185)_2$$

$$\text{或}\begin{cases}\vec{\nabla}_c^{\,2}\, u = 0 \\ \vec{\nabla}_c^{\,2}\, v = 0\end{cases} \cdots\cdots (2\text{-}185)_3$$

$(2\text{-}185)_3$ 式是解析且調和函數帶來的結果，是解析函數的必要條件 Cauchy-Riemann 關係式的必然結果，即 $(2\text{-}149)_1$ 式。解 Laplace 方程式 $\vec{\nabla}_c^{\,2} G = 0$ 和解 $(2\text{-}185)_3$ 式是相等，選方便的去解。

(Ex.2-29) 相對於長度，橫切面積可視爲無限小的無限長流體源 (source)，以**等質量流率** (constant flow rate of mass) **各向同性** (isotropic) 地流出。假設此流體無黏滯力，質量密度 ρ 是**常量** (constant)，流體源如圖 (2-37)(a) 是直線，取它爲 z 軸。求 (1) 距流體源 r 的流速度 $\vec{v}_r$，(2) 如 (1) 的流源換爲流**匯** (sink) 的流速度。

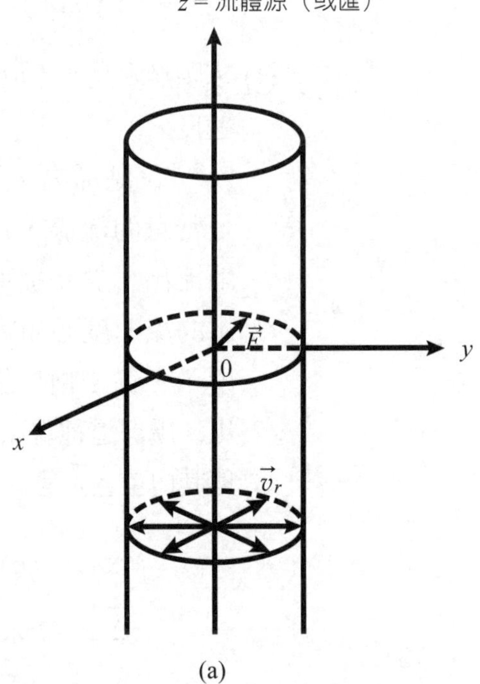

(a)

(解)：**流率** (flow rate) 是單位時間的流體量 (體積，或質量)，於是質量流率 Q_m = (流體質量 m)/(時間 s)，MKS 單位的 Q_m 之因次是 kg/s，右下標 m 表示質量。流體能從流體源表面點 P 流出，流體速度 $\vec{v}$ 必是如圖 (2-37)(b) 的垂直於 ΔA 的 $\vec{v}_\perp$ 成分，平行於 ΔA 的成分 $\vec{v}_{//}$ 留在流體源表面。面積能用向量表示，如圖(2-37)(c)，ΔA 的向量 $\overrightarrow{\Delta A}=\Delta A\,\mathbf{e}_A$，單位向量 $\mathbf{e}_A$ 是在 P 點垂直於該點切面 ΔA，通常取向外爲正，向內爲負。設 $\vec{v}$ 與 $\mathbf{e}_A$ 的夾角爲 θ，則：

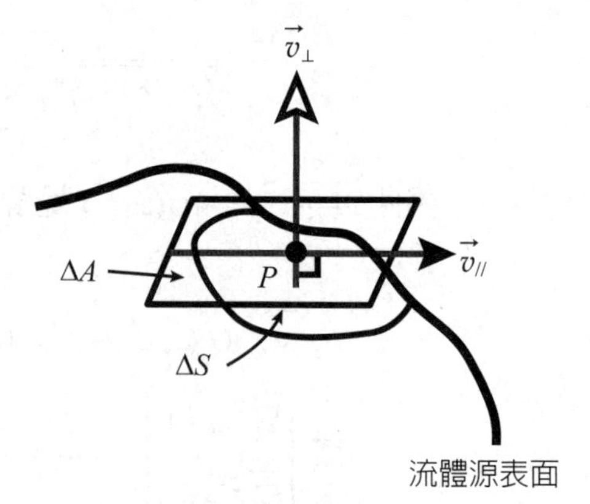

ΔS = 微小流體源表面，
$P=\Delta S$ 上之一點，
$\Delta A=P$ 點的切面。
(b)

$$\left.\begin{aligned}\vec{v}&=\vec{v}_\perp+\vec{v}_{//}\\ \vec{v}_\perp&=(|\vec{v}|\cos\theta)\,\mathbf{e}_A\end{aligned}\right\}\cdots\cdots(2\text{-}186)_1$$

$\therefore$ 質量流率 $Q_m=\rho v_\perp\,\Delta A$

$$=\rho|\vec{v}|\Delta A\cos\theta$$

$$\therefore Q_m=\rho\,\vec{v}\cdot\overrightarrow{\Delta A}\cdots\cdots\cdots\cdots(2\text{-}186)_2$$

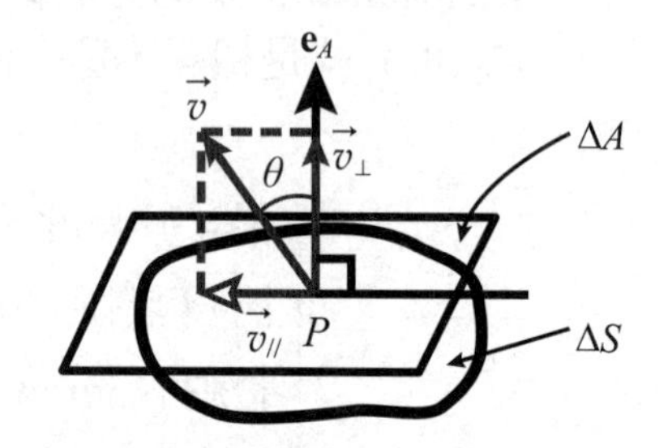

$\mathbf{e}_A$ = 在 P 點垂直於 ΔA 的單位向量，
$\overrightarrow{\Delta A}$ = 面積向量 = $\Delta A_{\mathbf{e}_A}$
(c)
圖 (2-37)

(1) 求距無限長直線流體源 r 的流速度 $\vec{v}_r$：

沒黏滯力，質量密度 ρ 是常量的流體，以各向同性地流出，於是從直線流源流出的流速度必如圖 (2-37)(a) 所示，從 z 軸以放射式地流出。處理這種現象，圓柱座標[6]最好，圓柱座標的微小表面積 ΔA 與其向量 $\overrightarrow{\Delta A}$ 是：

$$\Delta A=2\pi r\Delta z$$

$$\overrightarrow{\Delta A}=(2\pi r\Delta z)\mathbf{e}_r,\qquad \mathbf{e}_r=\frac{\vec{r}}{r},\qquad \vec{r}=\text{徑向量}$$

而流速度 $\vec{v}=|\vec{v}|\mathbf{e}_r\equiv v_r\,\mathbf{e}_r=\vec{v}_r$，故由 $(2\text{-}186)_2$ 式得質量流率 Q_m：

$$\begin{aligned}Q_m&=\rho(v_r\mathbf{e}_r)\cdot[(2\pi r\Delta z)\mathbf{e}_r]=\text{常量}\\&=2\pi\,\Delta z\rho r v_r\end{aligned}$$

$$\therefore v_r=\frac{Q_m}{2\pi\Delta z\rho}\frac{1}{r}$$

$$\equiv \frac{k}{r}, \qquad k = \frac{Q_m}{2\pi\Delta z\rho}$$

$$\therefore\ \vec{v}_r = v_r\,\mathbf{e}_r = \frac{k}{r^2}\vec{r}$$

(2) 求距無限長直線流體匯的流速度 $\vec{v}_r$：

這時 $\overrightarrow{\Delta A}$ 不變，是 $(2\pi r\Delta z)\mathbf{e}_r$，但流速度的方向相反，即 $\vec{v} = |\vec{v}|\ (-\mathbf{e}_r)$，於是由 $(2\text{-}186)_2$ 式得：

$$Q_m = \rho(-v_r\mathbf{e}_r) \cdot [(2\pi r\Delta z)\mathbf{e}_r]$$
$$= -2\pi\Delta z\rho r v_r$$

$$\therefore\ v_r = -\frac{Q_m}{2\pi\Delta z\rho}\frac{1}{r} = -\frac{k}{r}$$

$$\therefore\ \vec{v}_r = v_r\,\mathbf{e}_r = -\frac{k}{r^2}\vec{r}$$

(Ex.2-30) 求複變函數 $g(x, y) = (2xy^2 + 4x^2yi) = G(z, z^*)$ 的下述數學量。
(1) 梯度，　(2) 散度，　(3) 旋度，　(4) Laplace 方程式？

(**解**)：使用 $(2\text{-}182)_2$, (2-183), (2-184) 和 $(2\text{-}185)_1$ 式計算就是，先求 $G(z, z^*)$：

$$g(x, y) = 2xy^2 + 4x^2yi$$
$$= (z + z^*)\left[-\frac{(z - z^*)^2}{4}\right] + (z + z^*)^2\frac{z - z^*}{2}$$
$$= \frac{1}{4}z^3 + \frac{3}{4}z^2z^* - \frac{1}{4}zz^{*2} - \frac{3}{4}z^{*3} = G(z, z^*) \cdots\cdots\cdots\cdots (1)$$

(1) 求 $\vec{\nabla}_c g(x, y) = 2\left(\frac{\partial G(z, z^*)}{\partial z^*}\right)$：

$$\vec{\nabla}_c g(x, y) = \left(\frac{\partial}{\partial x} + i\frac{\partial}{\partial y}\right)(2xy^2 + 4x^2yi)$$
$$= (2y^2 - 4x^2) + (4xy + 8xy)i = 2(y^2 - 2x^2) + 12xyi \cdot (2)$$

$$2\frac{\partial G}{\partial z^*} = 2\frac{\partial}{\partial z^*}\left(\frac{1}{4}z^3 + \frac{3}{4}z^2z^* - \frac{1}{4}zz^{*2} - \frac{3}{4}z^{*3}\right)$$
$$= \frac{3}{2}z^2 - zz^* - \frac{9}{2}z^{*2}$$
$$= \frac{3}{2}(x + iy)^2 - (x + iy)(x - iy) - \frac{9}{2}(x - iy)^2$$

$$= -4x^2 + 2y^2 + 12xyi = (2) \text{ 式} \cdots\cdots (3)$$

(2) 求 $\vec{\nabla}_c \cdot g(x, y) = 2\text{Re}\left(\dfrac{\partial G(z, z^*)}{\partial z}\right)$：

複變函數分別以 x, y 和 z, z^* 表示是 $g(x, y)$ 和 $G(z, z^*)$，則由 (2-183) 式得：

$$\begin{aligned}
\vec{\nabla}_c \cdot g(x, y) &= \text{Re}\,(\vec{\nabla}_c^* g(x, y)) \\
&= \text{Re}\left[\left(\frac{\partial}{\partial x} - i\frac{\partial}{\partial y}\right)(2xy^2 + 4x^2yi)\right] \\
&= \text{Re}[\,(2y^2 + 4x^2) + i(8xy - 4xy)] \\
&= 4x^2 + 2y^2 \cdots\cdots (4)
\end{aligned}$$

$$\begin{aligned}
\text{或 } \vec{\nabla}_c \cdot g(x, y) &= 2\text{Re}\left(\frac{\partial G(z, z^*)}{\partial z}\right) \\
&= 2\text{Re}\left[\frac{\partial}{\partial z}\left(\frac{1}{4}z^3 + \frac{3}{4}z^2z^* - \frac{1}{4}zz^{*2} - \frac{3}{4}z^{*3}\right)\right] \\
&= 2\text{Re}\left[\frac{3}{4}z^2 + \frac{3}{2}zz^* - \frac{1}{4}z^{*2}\right] \\
&= 2\text{Re}\left[\frac{3}{4}(x+iy)^2 + \frac{3}{2}(x+iy)(x-iy) - \frac{1}{4}(x-iy)^2\right] \\
&= 2\text{Re}[(2x^2 + y^2) + 2xyi] \\
&= 4x^2 + 2y^2 = (4) \text{ 式} \cdots\cdots (5)
\end{aligned}$$

$$\therefore \vec{\nabla}_c \cdot g(x, y) = 4x^2 + 2y^2 = \text{實函數} \cdots\cdots (6)$$

(3) 求 $\vec{\nabla}_c \times g(x, y) = 2\text{Im}\left(\dfrac{\partial G(z, z^*)}{\partial z}\right)$：

以 x, y 表示的複變函數 $g(x, y)$，如以 z, z^* 表示爲 $G(z, z^*)$，則由 (2-184) 式得：

$$\begin{aligned}
\vec{\nabla}_c \times g(x, y) &= \text{Im}\,(\vec{\nabla}_c^* g) \\
&\xlongequal[\text{上面結果}]{} \text{Im}[(2y^2 + 4x^2) + 4xyi] \\
&= 4xy \cdots\cdots (7)
\end{aligned}$$

$$\begin{aligned}
\text{或 } \vec{\nabla}_c \times g(x, y) &= 2\,\text{Im}\left(\frac{\partial G(z, z^*)}{\partial z}\right) \\
&\xlongequal[\text{上面結果}]{} 2\,\text{Im}[(2x^2 + y^2) + 2xyi]
\end{aligned}$$

$$= 4xy = (7)\text{ 式} \cdots\cdots (8)$$

$$\therefore\ \vec{\nabla}_c \times g(x, y) = 4xy = \text{實函數} \cdots\cdots (9)$$

(4) 求複變函數 $g(x, y)$ 的 $\vec{\nabla}_c^{\,2}\, g(x, y) = ?$

由 $(2\text{-}185)_1$ 式得：

$$\vec{\nabla}_c^{\,2}\, g(x, y) = [\mathrm{Re}\,(\vec{\nabla}_c^{\,*}\vec{\nabla}_c)]g\,(x, y)$$

$$= \left\{\mathrm{Re}\left[\left(\frac{\partial}{\partial x} - i\frac{\partial}{\partial y}\right)\left(\frac{\partial}{\partial x} + i\frac{\partial}{\partial y}\right)\right]\right\}g(x, y)$$

$$= \left\{\mathrm{Re}\left[\left(\frac{\partial^2}{\partial x^2} + \frac{\partial^2}{\partial y^2}\right) + i\left(\frac{\partial^2}{\partial x\partial y} - \frac{\partial^2}{\partial y\partial x}\right)\right]\right\}g(x, y)$$

$$= \left(\frac{\partial^2}{\partial x^2} + \frac{\partial^2}{\partial y^2}\right)g(x, y)$$

$$= \left(\frac{\partial^2}{\partial x^2} + \frac{\partial^2}{\partial y^2}\right)(2xy^2 + 4x^2yi)$$

$$= 4x + 8yi \cdots\cdots (10)$$

或 $$\vec{\nabla}_c^{\,2}\, g(x, y) = 4\frac{\partial^2}{\partial z\partial z^*}G(z, z^*)$$

$$= 4\frac{\partial^2}{\partial z\partial z^*}\left(\frac{1}{4}z^3 + \frac{3}{4}z^2z^* - \frac{1}{4}zz^{*^2} - \frac{3}{4}z^{*^3}\right)$$

$$= 4\frac{\partial}{\partial z}\left(\frac{3}{4}z^2 - \frac{1}{2}zz^* - \frac{9}{4}z^{*^2}\right)$$

$$= 4\left(\frac{3}{2}z - \frac{1}{2}z^*\right)$$

$$= 6(x + iy) - 2(x - iy)$$

$$= 4x + 8yi = (10)\text{ 式} \cdots\cdots (11)$$

$$\therefore\ \vec{\nabla}_c^{\,2}\, g(x, y) = 4x + 8yi \neq 0 \cdots\cdots (12)$$

$\therefore$ $g(x, y)$ 是解析非調和函數。

從以上結果得：

求複變函數的梯、散、旋度和 Laplace 方程式時，
看看用 (x, y) 表示的 $g(x, y)$，或者 (z, z^*) 表示的
$G(z, z^*)$ 的哪一個較方便，就採用較方便的去做。

1. $\begin{cases} \text{分析討論和畫幾何圖，以變換函數 } f(z)=\left[\frac{1}{2}e^{-\pi i/6}z+(-3-2i)\right] \text{ 變換四邊爲 } x=0, \\ x=4, y=0 \text{ 和 } y=4 \text{，如右圖的 } z \text{ 平面正方形 } D\text{。} \end{cases}$

➥ **解**

本題的變換函數 $f(z)$，由 (2-15) 式是同時伸縮轉動和平動的變換函數，並且 $f(z)$ 的各項是：

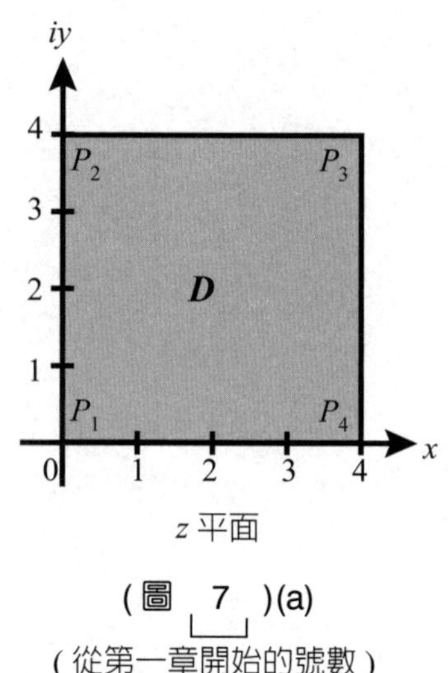

(圖 7)(a)
(從第一章開始的號數)

$\begin{cases} \text{由 (2-10) 式，} e^{-\pi i/6} \text{ 是順時針方向轉 } 30^\circ\text{；由 (2-11) 式，} 1/2 \text{ 是縮小原圖形各邊 } 1/2\text{；而 } (-3-2i) \text{ 是把縮小且順時針方向轉 } 30^\circ \text{ 的正方形，右圖 (圖 7)(a) 的 } D \text{ 照 } (2\text{-}9)_1 \text{ 式向斜左下方平動。} \end{cases}$

………………………………………………………………①

接著用實際演算證明 ① 式。

$$f(z)=\frac{1}{2}e^{-\pi i/6}z+(-3-2i)$$

$$=\frac{1}{2}[\cos(-30^\circ)+i\sin(-30^\circ)](x+iy)+(-3-2i)$$

$$=\frac{1}{4}(\sqrt{3}x+y-12)+\frac{i}{4}(-x+\sqrt{3}y-8)\equiv\omega=u(x,y)+iv(x,y)$$

$$\therefore \begin{cases} u(x,y)=\frac{1}{4}(\sqrt{3}x+y-12) \\ v(x,y)=\frac{1}{4}(-x+\sqrt{3}y-8) \end{cases} \cdots\cdots\cdots\cdots ②$$

(a) 用 ② 式求 D 的四個角點 P_i 像點 Q_i，$i=1, 2, 3, 4$，以及正方形各邊長：

因爲 ② 式的 u 和 v 各爲 x 和 y 的線性函數，所以 z 平面任意點 (x_i, y_i) 必只得一個映射點 (u_i, v_i)，是一對一映射，於是由 ② 式得下表。

空間點 \ i	1	2	3	4
$P_i=(x_i, y_i)$	$P_1=(0, 0)$	$P_2=(0, 4)$	$P_3=(4, 4)$	$P_4=(4, 0)$
$Q_i=(u_i, v_i)$	$Q_1=(-3, -2)$	$Q_2=(-2, \sqrt{3}-2)$ $\fallingdotseq(-2, -0.3)$	$Q_3=(\sqrt{3}-2, \sqrt{3}-3)$ $\fallingdotseq(-0.3, -1.3)$	$Q_4=(\sqrt{3}-3, -3)$ $\fallingdotseq(-1.3, -3)$

從上表得 D 的映射 D' (圖 7)(b)，以及各邊長：

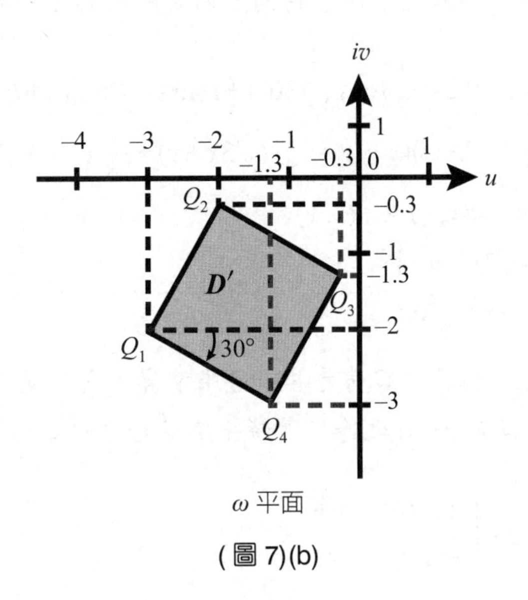

(圖 7)(b)

$$\left.\begin{array}{l}\left\{\begin{array}{l}\overline{P_2P_1}={}_{+}\sqrt{(0-0)^2+(4-0)^2}=4\equiv\ell\\ \overline{P_3P_2}={}_{+}\sqrt{(4-0)^2+(4-4)^2}=4=\ell\\ \overline{P_4P_3}={}_{+}\sqrt{(4-4)^2+(0-4)^2}=4=\ell\\ \overline{P_1P_4}={}_{+}\sqrt{(0-4)^2+(0-0)^2}=4=\ell\end{array}\right.\\ \left\{\begin{array}{l}\overline{Q_2Q_1}={}_{+}\sqrt{(-2+3)^2+(\sqrt{3}-2+2)^2}=2\equiv\ell'=\dfrac{\ell}{2}\\ \overline{Q_3Q_2}={}_{+}\sqrt{(\sqrt{3}-2+2)^2+(\sqrt{3}-3-\sqrt{3}+2)^2}=2=\dfrac{\ell}{2}\\ \overline{Q_4Q_3}={}_{+}\sqrt{(\sqrt{3}-3-\sqrt{3}+2)^2+(-3-\sqrt{3}+3)^2}=\dfrac{\ell}{2}\\ \overline{Q_1Q_4}={}_{+}\sqrt{(-3-\sqrt{3}+3)^2+(-2+3)^2}=\dfrac{\ell}{2}\end{array}\right.\end{array}\right\}\cdots\cdots\cdots\cdots③$$

從 ③ 式，正方形 D 的各邊確實地縮成一半，同時從表所得的圖位置是從第一象限平動到斜左下方的第三象限。至於 D 的轉動現象，不能用含平動項 $(-3-2i)$ 的作用項，要從 (2-15) 式的伸縮轉動作用項 $\alpha e^{i\theta}$ 的 $\frac{1}{2}e^{-\pi i/6}$ 切入。

(b) 求正方形 D 的轉動情況：

$$f_S(z)=\frac{1}{2}e^{-\pi i/6}z \quad \cdots\cdots \text{④}$$

④ 式的轉動作用已明顯地表示，轉動方向是順時針方向的 $(-\theta)$，眞的嗎？

$$\begin{aligned} f_S(z)&=\frac{1}{2}e^{-\pi i/6}z=\frac{1}{2}[\cos(-30°)+i\sin(-30°)](x+iy)\\ &=\frac{1}{4}(\sqrt{3}-i)(x+iy)=\frac{1}{4}(\sqrt{3}x+y)+\frac{i}{4}(-x+\sqrt{3}y)\\ &\equiv \omega=u(x,y)+iv(x,y)\end{aligned}$$

$$\therefore \begin{cases} u(x,y)=\sqrt{3}x+y \\ v(x,y)=-x+\sqrt{3}y \end{cases} \quad \cdots\cdots \text{⑤}$$

正方形 D 有四邊，挑其中容易看的一邊來演算。角度是從起線 x 軸開始計算。於是最方便的一邊是 $y=0$ 之邊，這時 x 是從 0 變到 4：

$$y=0 \text{ 之邊：} \begin{cases} u(x,0)=\sqrt{3}x \\ v(x,0)=-x \end{cases}$$

$$\therefore \text{輻角 } \arg\omega=\tan^{-1}\left(\frac{v}{u}\right)=\tan^{-1}\left(\frac{-x}{\sqrt{3}x}\right)=\tan^{-1}\left(-\frac{1}{\sqrt{3}}\right)=-30° \quad \cdots\cdots \text{⑥}$$

由 ⑥ 式得整個 D 順時針方向轉 30°，$y=0$ 之邊是 $\overline{P_1P_4}$ 邊，其映射是 $\overline{Q_1Q_4}$ 邊，正如 (圖 7)(b)，從平行於 u 軸的 $v=-2$ 轉 30°。

從 (1-27) 式我們獲得複數 z 是**類比於** (analogue with) 向量，於是複數帶著類比於向量大小的大小。z 維持大小轉了 $e^{-\pi i/6}=30°$ 後，受到伸縮**因子** (factor)1/2，而 z 的大小變成 1/2，最後又受到平動到第三象限的 $(-3-2i)$ 的作用，從第一象限平動到第三象限。這就是 (2-15) 式的具體例子本題的物理，換句話，(2-15) 式是把以上現象用數學式子表示。好玩吧。

$$\left(\begin{array}{l}\text{從數學式子看出物理，倒過來，}\\ \text{把物理現象用數學式子表示。}\end{array}\right) \quad \cdots\cdots (72)$$

（第一章開始的號數）

(72) 式是我們要學習的。物理現象必須要能定量地得結果，如果是事實，則必須是實量，且和時間與空間位置無關地能重複。能定量與重複，只有靠數學，即數學式子。

2. z 平面的動點 P，沿虛數軸從 $y = (-i)$ 經 $y = 0$ 到 $y = (+i)$ 後，順時針方向繞圓心在原點半徑 1 ($|z| = 1$) 的單位圓一圈的運動，如以函數 $f(z) = (z + i)/(z - i) \equiv \omega$ 變換，則 P 的像 Q 在函數平面 ω 平面的運動如何？

➡ 解

複變數平面 z 平面的動點 P，依 (圖 8)(a)(圖和表的號數全從第一章開始) 的路徑 $P_1 \to P_2 \to P_3 \to P_4 \to P_1 \to P_5 \to P_3$ 運動，以變換函數 $f(z) = \dfrac{z+i}{z-i} \equiv \omega$ 映射的 P 點之像 Q 的運動如 (表 2)，於是其幾何圖是 (圖 8)(b)。(圖 8)(a) 的 $z = i$ 是在無限遠處，於是無法畫 P_3 之像 Q_3 在 ω 平面，除非用 Riemann 球面。因此 P 點的運動像圖變成如 (圖 8)(b) 沒 Q_3 點。P 點之像 Q 點，從 ω 平面原點 Q_1 出發，沿 u 軸向左方向動到 Q_2 後遠離到無限遠點，然後溜回 $\omega = i$ 的 Q_4 後，一直沿 v 軸往下移動，經原點 Q_1 到 $\omega = -i$ 的 Q_5 點又回到無限遠處去。請和 (Ex.2-4) 以及第一章的習題 (11) 作比較。

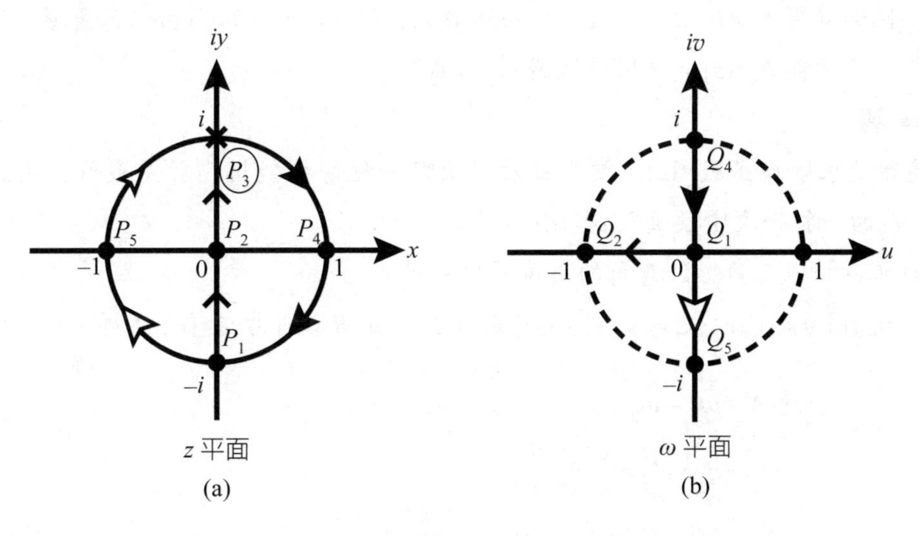

(圖 8)

（表 2 ）
（從第一章開始的號數）

空間	$f(z)=\dfrac{z+i}{z-i}\equiv\omega$	圖 8
z	v 軸，由下往上：$-i$ (P_1)，0 (P_2)，i (P_3 圈起) 順時針，右半圓：i (P_3)，$+1$ (P_4)，$-i$ (P_1) 順時針，左半圓：$-i$ (P_1)，-1 (P_5)，i (P_3 圈起)	(a)
ω	0 (Q_1)，-1 (Q_2)，∞ (沒 Q_3)：u 軸，從原點往左 ∞ (沒 Q_3)，i (Q_4)，0 (Q_1)：v 軸，從上往原點 0 (Q_1)，$-i$ (Q_5)，∞ (沒 Q_3)：v 軸，從原點往下	(b)

3. 國中平面幾何學過相似三角形，是如 (圖 9)(a), (b) 的兩三角形對應角相等，或各角對應邊比相等：$\dfrac{a}{A}=\dfrac{b}{B}=\dfrac{c}{C}$ ……………… ①

如 z_1, z_2, z_3 和 $\omega_1, \omega_2, \omega_3$ 分別爲三角形在 z 平面上三個頂點，與其在 ω 平面的三個像點，則求：

(a) 兩三角形任意角的夾邊關係式，

(b) 如要得 $z_1=0, z_2=-1, z_3=i, \omega_1=0, \omega_2=1, \omega_3=-i$ 的兩相似三角形，則求線性變換函數 $f(z)=$ ？同時驗證 ① 式成立。

➡ 解

這題是求變換函數 $f(z)$，從題目看不出哪一種變換能用，於是最好使用涵蓋各種可能的一般一次變換函數 (2-16) 式來解。

(a) 求兩相似三角形任意角的夾邊關係式：

選 (圖 9)(a), (b) 之角 γ，其夾邊爲 a, b 與 A, B，則由 (2-16) 式得：

$$
\begin{aligned}
\text{邊 } A &= \omega_1-\omega_2\\
&=\frac{\alpha z_1+\beta}{\gamma z_1+\delta}-\frac{\alpha z_2+\beta}{\gamma z_2+\delta}\\
&=\frac{(z_1-z_2)(\alpha\delta-\beta\gamma)}{(\gamma z_1+\delta)(\gamma z_2+\delta)} \quad\cdots\cdots ②
\end{aligned}
$$

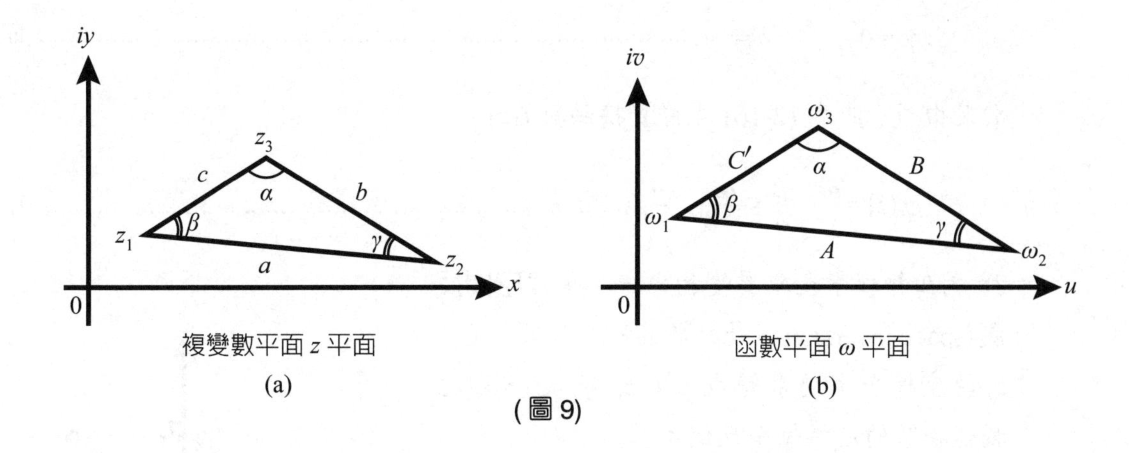

(圖 9)

$$
\text{邊 } B=\omega_3-\omega_2
$$

$$
=\frac{\alpha z_3+\beta}{\gamma z_3+\delta}-\frac{\alpha z_2+\beta}{\gamma z_2+\delta}
$$

$$
=\frac{(z_3-z_2)(\alpha\delta-\beta\gamma)}{(\gamma z_2+\delta)(\gamma z_3+\delta)} \cdots\cdots ③
$$

$$
\therefore \frac{A}{B}=\frac{\omega_1-\omega_2}{\omega_3-\omega_2}=\frac{z_1-z_2}{z_3-z_2}\frac{\gamma z_3+\delta}{\gamma z_1+\delta} \Longleftarrow \text{角 } \gamma \cdots\cdots ④
$$

同理得角 α 和角 β 的夾邊關係：

$$
\frac{C}{B}=\frac{\omega_1-\omega_3}{\omega_2-\omega_3}=\frac{z_1-z_3}{z_2-z_3}\frac{\gamma z_2+\delta}{\gamma z_1+\delta} \Longleftarrow \text{角 } \alpha \cdots\cdots ⑤
$$

$$
\frac{C}{A}=\frac{\omega_3-\omega_1}{\omega_2-\omega_1}=\frac{z_3-z_1}{z_2-z_1}\frac{\gamma z_2+\delta}{\gamma z_3+\delta} \Longleftarrow \text{角 } \beta \cdots\cdots ⑥
$$

(b) 求變換函數 $f(z)$ 以及驗證 ① 式，由 (2-16) 式得：

$$
\omega_1=0 \overset{}{\underset{z_1=0}{=\!=\!=}} \frac{\alpha\times 0+\beta}{\gamma\times 0+\delta}=\frac{\beta}{\delta} \Longrightarrow \beta=0, \quad \delta\neq 0 \cdots\cdots ⑦
$$

$$
\omega_2=1 \underset{\beta=0,\ z_2=-1}{=\!=\!=\!=} \frac{\alpha\times(-1)}{\gamma\times(-1)+\delta} \Longrightarrow -\gamma+\delta=-\alpha \cdots\cdots ⑧
$$

$$
\omega_3=-i \underset{\beta=0,\ z_3=i}{=\!=\!=\!=} \frac{i\alpha}{i\gamma+\delta} \Longrightarrow \gamma-i\delta=i\alpha \cdots\cdots ⑨
$$

由 ⑧ 和 ⑨ 式得：

$$
\gamma=\alpha+\delta=i(\alpha+\delta)
$$

$$\therefore \gamma = 0，\quad \delta = -\alpha \cdots\cdots ⑩$$

於是由 ⑦, ⑩ 和 (2-16) 式得變換函數 $f(z)$：

$$f(z) = \frac{\alpha z + \beta}{\gamma z + \delta} = \frac{\alpha z}{-\alpha} = -z \cdots\cdots ⑪$$

⑪ 式在物理學是重要變換之一，稱作**空間反演**(space inversion)，是把物體所在位置 $P(x, y, z)$ 的座標全倒過來變成 $P'(-x, -y, -z)$，即把描述物體的座標軸全反倒：

$$x_i \to -x_i \quad , \quad i = 1, 2, 3$$

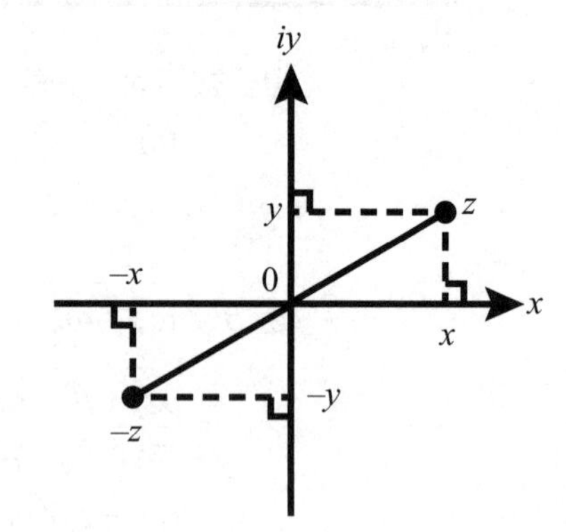

於是複變數的 ⑪ 式的話，就如右圖。

把 ⑦ 和 ⑩ 式代入 ④, ⑤ 和 ⑥ 式得：

$$\frac{A}{B} = \frac{\omega_1 - \omega_2}{\omega_3 - \omega_2} = \frac{z_1 - z_2}{z_3 - z_2} = \frac{a}{b} \Longrightarrow \frac{a}{A} = \frac{b}{B} \cdots\cdots ⑫$$

$$\frac{C}{B} = \frac{\omega_1 - \omega_3}{\omega_2 - \omega_3} = \frac{z_1 - z_3}{z_2 - z_3} = \frac{c}{b} \Longrightarrow \frac{b}{B} = \frac{c}{C} \cdots\cdots ⑬$$

$$\frac{C}{A} = \frac{\omega_3 - \omega_1}{\omega_2 - \omega_1} = \frac{z_3 - z_1}{z_2 - z_1} = \frac{c}{a} \Longrightarrow \frac{a}{A} = \frac{c}{C} \cdots\cdots ⑭$$

$$\therefore \frac{a}{A} = \frac{b}{B} = \frac{c}{C} = ① 式$$

同時由 ⑫, ⑬ 和 ⑭ 式得：

$$\left\{ \begin{array}{l} \text{當非同一直線的 } z \text{ 平面三點 } z_i, z_j, z_k \text{ 與其} \\ \text{三個像點 } \omega_i, \omega_j, \omega_k \text{ 具：} \\ \qquad \dfrac{\omega_i - \omega_k}{\omega_j - \omega_k} = \dfrac{z_i - z_k}{z_j - z_k}, \qquad i, j, k = 1, 2, 3 \\ \text{時，} z \text{ 平面與 } \omega \text{ 平面各三點構成的兩個} \\ \text{三角形是\textbf{相似三角形}}'\text{(similar triangles)。} \end{array} \right\} \cdots\cdots (73)$$

換句話，(73) 式成立的必要且充分條件是兩個三角形 (z_i, z_j, z_k) 和 $(\omega_i, \omega_j, \omega_k)$ 是相似三角形。

用不著計算，從變換函數 ⑪ 式立即得 z 平面三點 $z = 0, -1, i$ 的像點是 $\omega = 0, 1,$

$-i$。在這裡用了 ① 式的邊比值是 1，請你用不等於 1 的比值造 z 平面與 ω 平面兩相似三角形去找變換函數 $f(z)$，很好玩。不過記得比值是正值！當你自造題後自己解，會非常高興，那才是眞快樂，並且你無形中獲得自信，加油！

4. 如內涵平動，伸縮轉動和反演的一般一次變換函數 (2-16) 式 $f(z) = (\alpha z + \beta)/(\gamma z + \delta)$，當 $\beta = -\alpha, \delta = \gamma = 1$，且 $\alpha = (a + ib)$，a 和 b 爲非零實數，請分析討論且畫圖：
(1) 映射逆時針方向繞 z 平面單位圓周上運動的 P 點，在函數平面 ω 平面的像 Q 點之路徑，
(2) 如 P 點順時針方向運動，則像 Q 點的路徑如何？

➡解

(1) 分析 a 和 b 爲非零實數，且 P 點逆時針方向運動時，其像 Q 點之路徑：

當 a 和 b 爲非零實數，則有如下的四種組合：

$a > 0$：　$b > 0$ 和 $b < 0$，
$a < 0$：　$b > 0$ 和 $b < 0$

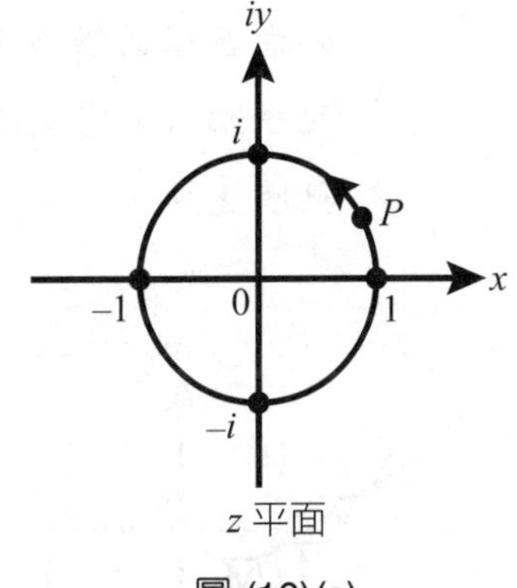

圖 (10)(a)

於是依這四種可能組合作分析。

(a) $a > 0, b > 0$ 的正實數：──$(\alpha = a + ib)$──

$$f(z) = \alpha\frac{z-1}{z+1} \equiv \omega \quad \cdots\cdots ①$$

選 z 平面單位圓 $|z| = 1$ 的特殊點 $z = \pm 1, \pm i$ 代入 ① 式得 (表 3)(a)。

(表 3)(a)

z	1	i	-1	$-i$
ω	0	$i\alpha = -b + ia$ 第二象限	∞ 不在 (圖 10)(b) 上面	$-i\alpha = b - ia$ 第四象限

從 (表 3)(a) 得，P 點之像 Q 是從 ω 平面的原點“O”出發，如 (圖 10)(b) 經 $\omega = (-b + ia)$ 的第二象限跑到無限遠點後，從無限遠點回到第四象限的 $\omega = (b - ia)$ 而到原點“O”的直線。

(b) $a<0, b<0$ 的負實數：──$(\alpha=-a-ib)$──

這是等於把 (表 3)(a) 的 a 和 b 都變符號，於是 P 點之像 Q 從 ω 平面的原點出發，如 (圖 10)(b) 經 $\omega=(b-ia)$ 的第四象限跑到無限遠後，回到第二象限的 $\omega=(-b+ia)$ 再到原點的直線。換句話 $\alpha=(a+ib)$ 的 a 和 b 同符號時，只要 $|a|\neq 0, |b|\neq 0$，在 z 平面逆時針方向繞單位圓運動之 P 點，在函數平面 ω 平面的像 Q 點之路徑是穿過原點，貫穿第二和四象限的直線。如用圖 (1-14) 的 Riemann 球面描述 $a>0, b>0$ 和 $a<0, b<0$，且逆時針方向運動的 P 點之像 Q 點的路徑，則得 (圖 10)(c)。以經球心含 u 軸和 v 軸的兩圓盤區隔 Riemann 球，則得 $a>0$ 和 $b>0$ 的 Q 點是，如 (圖 10)(c)，從 S 出發順時針方向在球面經 N 到 S 的一圈；而 $a<0$ 和 $b<0$ 的 Q 點是，從 S 出發逆時針方向在球面經 N 到 S 的一圈路徑。這時 (表 3)(a) 的 $\omega=\infty$ 就是 (圖 10)(c) 的北極點 N，它是在 (圖 10)(b) 無法畫出來的 $\omega=\infty$ 點，複數空間僅有一點的無限遠點。

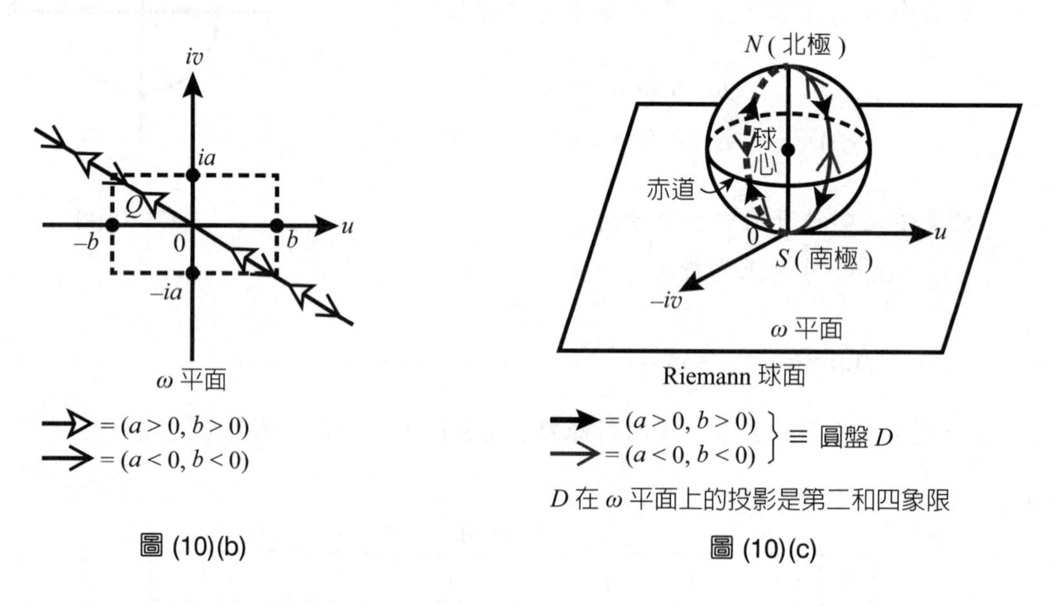

圖 (10)(b)　　圖 (10)(c)

(c) $a>0, b<0$ 的實數：──$(\alpha=a-ib)$──

同樣地把 z 平面單位圓 $|z|=1$ 的特殊點 $z=\pm 1, \pm i$ 代入 ① 式得 (表 3)(b)。

(表 3)(b)

z	1	i	-1	$-i$
ω	0	$i\alpha = b - ia$ 第四象限	∞ 不在 (圖 10)(b) 上	$-i\alpha = -b + ia$ 第二象限

從 (表 3)(b)，當 $\alpha = (a - ib)$，a 和 b 爲正實數時，P 點逆時針方向繞單位圓周一圈，其像 Q 之路徑和 $\alpha = (-a - ib)$，a 和 b 爲正實數時的像路徑一樣。

(d)$a < 0, b > 0$ 的實數：——$(\alpha = -a + ib)$——

$\alpha = (-a + ib)$ 等於把 (表 3)(b) 的 a 和 b 都變符號，則得 (表 3)(a)，於是 P 點的像 Q 的路徑和 $\alpha = (a + ib)$，a 和 b 爲正實數時相同。

(2) 分析 a 和 b 爲非零實數，且 P 點順時針方向運動時，其像 Q 點之路徑：

如果 P 點順時針方向繞 z 平面單位圓周一圈，則 P 點之像 Q 點在 ω 平面的路徑是，上述 (a), (b), (c) 和 (d) 的反方向路徑。

5. 分析探討如 (圖 11)(a)，在複變數平面 z 平面第二象限的矩形 $ABCD$ 邊上，如圖示方向運動的 P 點現象，經變換函數 $f(z) = e^z$ 映射像點 Q 的運動情況。請自造類似題作。

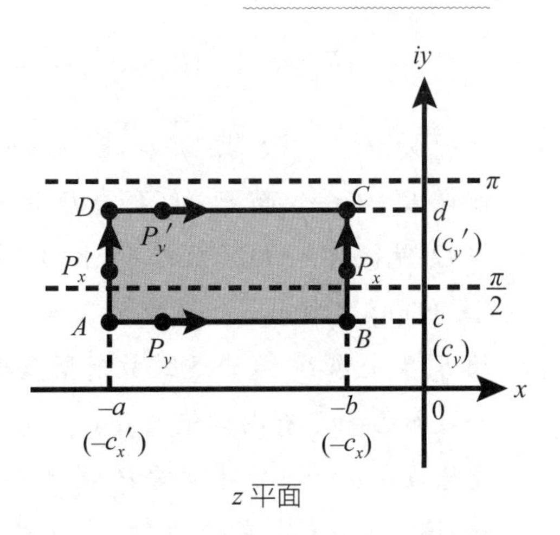

(圖 11)(a)

➡ 解

這題是 (Ex.2-7) 的應用題，故直接用 (Ex.2-7) 的資料。

$$f(z) = e^z = e^x(\cos y + i \sin y)$$
$$\equiv \omega = u(x, y) + iv(x, y)$$

$$\therefore \begin{cases} x = (-\infty \sim 0 \sim \infty),\ y = (0 \sim 2n\pi),\ n = 0, 1, 2, \cdots, \infty, \cdots\cdots ① \\ u^2 + v^2 = (e^x)^2 \equiv R_x^2 \Longleftarrow \text{在 } \omega \text{ 平面，圓心在原點半徑 } e^x = R_x \text{ 的圓群} \cdots\cdots ② \\ \dfrac{u}{\cos y} = \dfrac{v}{\sin y} = e^x \Longleftarrow \text{在 } \omega \text{ 平面，從原點開始到無限遠點的放射型直線群} \cdots\cdots ③ \end{cases}$$

當 $x = -C_x, y = +C_y$，　　C_x 和 C_y 都是正實數，則：

$\left(\begin{array}{l}x = C_x \text{ 時 } y \text{ 從 } (-\infty) \text{ 變到 } (+\infty) \text{ 弧度，於是 } y \text{ 值每增加 } 2\pi \\ (\text{一週期}) \text{ 弧度，在 } C_x \text{ 上運動的 } P_x \text{ 之像 } Q_x\text{，便逆時針} \\ \text{方向繞 ② 式半徑 } R_x = e^{C_x} \text{ 的圓周一次。}\end{array}\right)$ ……………… ④

$\left(\begin{array}{l}y = C_y \text{ 時 } x \text{ 從 } (-\infty) \text{ 變到 } (+\infty) \text{ 值，③ 式的 } e^x \geq 0\text{，於是在} \\ C_y \text{ 上運動的 } P_y \text{ 點的像 } Q_y\text{，便從 } \omega \text{ 平面原點出發沿著放} \\ \text{射型直線到無限遠。所以 } C_y \text{ 每變化一週期 } (C_y \pm 2\pi)\text{，則} \\ P_y \text{ 之像 } Q_y \text{ 便在 ③ 式的原 } C_y \text{ 直線重現一次。}\end{array}\right)$ ………… ⑤

現在 (圖 11)(a) C_x 上的 y，只從 $y = c$ 到 $y = d$，故 P 點之像 Q_x 只走 ④ 式圓周的一部分，如 (圖 11)(b)，C_x 有兩個值，於是有兩個部分圓周，其半徑是：

$$(R_a = e^{-a}) < (R_b = e^{-b}) \text{ ………… ⑥}$$

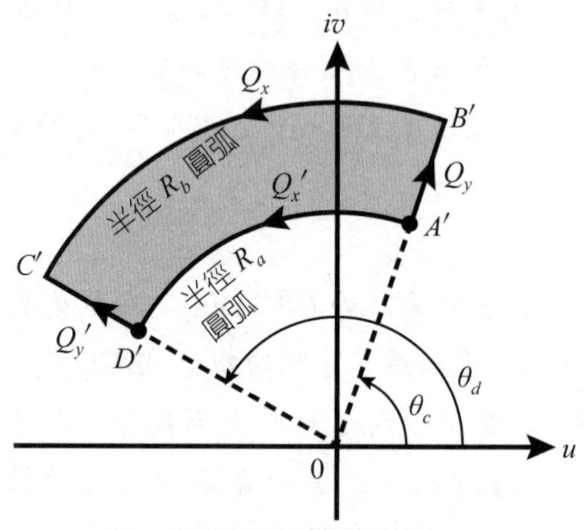

(Ex.2-7) 的 y 值是輻角 (弧度單位)，
$\theta_c \equiv c$，$\theta_d \equiv d$，$\overline{OB'} = e^{-b} = R_b$，$\overline{OD'} = e^{-a} = R_a$

ω 平面

(圖 11)(b)

當 P_x 從 $B \to C$，其像如 (圖 11)(b) Q_x 便從 $B' \to C'$，而 P_x' 從 $A \to D$ 時，其像 Q_x' 就從 $A' \to D'$。至於 C_y 上的 x，如 (圖 11)(a) 只從 $x = (-a)$ 變到 $x = (-b)$，故 P_y 點之像 Q_y 只走⑤式放射型直線的一段而已。C_y 有兩個值，且 $C_y > 0$，於是線段在 ω 平面上半。當 P_y 從 $A \to B$，如 (圖 11)(b)，其像 Q_y 便從 $A' \to B'$，而 P_y' 從 $D \to C$ 時，其像 Q_y' 就從 $D' \to C'$。請仿本習題自造在 z 平面不同象限的矩形試試玩一玩。

6. $\begin{cases}(1) \text{ 證明 } \ln z^k \neq k \ln z\text{，} \\ (2) \text{ 求 } \ln(-1)^k \text{ 之值，} k = \text{正整數。}\end{cases}$

➥ 解

使用複變數的極座標表象：

(1) 證明 $\ln z^k \neq k \ln z$，　$k=$ 正整數：

$$z = r(\cos\theta + i\sin\theta)$$
$$= r[\cos(\theta_p + 2n\pi) + i\sin(\theta_p + 2n\pi)]，\quad n = 0, \pm 1, \pm 2, \cdots$$

θ_p 是**主輻角** (principal argument)，即 $0 \le \theta_p < 2\pi$ 或 $(-\pi) \le \theta_p < (+\pi)$，

$$\therefore \ln z = \widetilde{\ln}\, r + (\theta_p + 2n\pi)i \quad \cdots\cdots ①$$
$$\therefore k\ln z = k\,\widetilde{\ln}\, r + k(\theta_p + 2n\pi)i$$
$$= k\,\widetilde{\ln}\, r + (k\theta_p + 2kn\pi)i \quad \cdots\cdots ②$$

另一面 z^k 是：

$$z^k = [r(\cos\theta + i\sin\theta)]^k = r^k(\cos\theta + i\sin\theta)^k$$
$$\overline{\overline{\text{de Moivre 公式}}}\ r^k(\cos k\theta + i\sin k\theta)$$
$$= r^k[\cos(k\theta_p + 2n\pi) + i\sin(k\theta_p + 2n\pi)] \quad \cdots\cdots ③$$
$$\therefore \ln z^k = \widetilde{\ln}\, r^k + (k\theta_p + 2n\pi)i$$
$$= k\,\widetilde{\ln}\, r + (k\theta_p + 2n\pi)i \quad \cdots\cdots ④$$

從 ② 和 ④ 式得 $k\ln z$ 和 $\ln z^k$ 的實數部相等，但虛數部不等。

$$\therefore \ln z^k \neq k\ln z，\quad k = \text{正整數} \quad \cdots\cdots (74)$$

(2) 求 $\ln(-1)^k$ 之值，$k=$ 正整數：

$$z = r(\cos\theta + i\sin\theta)$$
$$= (-1) = 1\times(-1) = 1\times(\cos\pi + i\sin\pi)$$
$$\therefore (-1)^k = [1\times(\cos\pi + i\sin\pi)]^k = 1^k\times(\cos k\pi + i\sin k\pi)$$
$$= 1^k\times[\cos(k\pi + 2n\pi) + i\sin(k\pi + 2n\pi)]$$
$$\therefore \ln(-1)^k = \widetilde{\ln}\, 1^k + (k + 2n)\pi i$$
$$= k\,\widetilde{\ln}\, 1 + (k + 2n)\pi i$$
$$= (k + 2n)\pi i$$

$$\therefore \ln(-1)^k = (k+2n)\pi i, \qquad n = 0, \pm 1, \pm 2, \cdots。$$

7. 如何約化無限多值(或無限多價)的對數函數爲單值函數呢？

➡解

由 (2-61) 式得：

$$f(z) = \ln z = \widetilde{\ln} r + (\theta_p + 2n\pi)i, \qquad n = 0, \pm 1, \pm 2, \cdots$$

確實 $f(z)$ 有純虛數 $2\pi i$ 的週期性，$n = 0, 1, 2, \cdots$ 時是逆時針方向，$n = 0, -1, -2, \cdots$ 是順時針方向，繞複變數平面 z 平面的原點 "0" 團團轉，每轉一次 $f(z)$ 值增 2π，於是如要得單值，需要無限多葉 (sheet) Riemann 平面 R_i，$i = 0, 1, 2, \cdots$。把它們疊在一起後剪斷 z 平面正 x 軸，各葉右半分成上和下，以如(圖 12)(a) 用 R_i(上) 和 R_i(下) 表示。

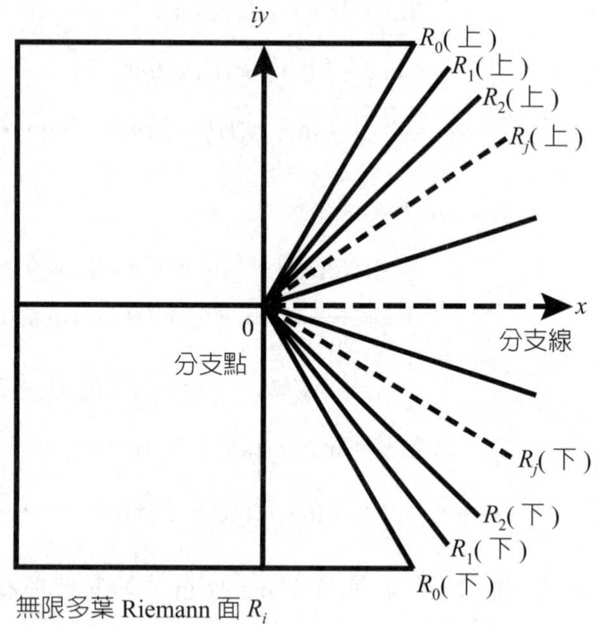

(圖 12)(a)

(1) $n = 0, 1, 2, \cdots$，且 θ_p 在 R_0 第一象限：

從 R_0 的 θ_p 位置出發，逆時針方向繞 "0" 一圈

到 R_0(下) $\xrightarrow[\text{進入}]{}$ R_1(上)，逆時針方向繞 "0" 一圈

到 R_1(下) $\xrightarrow[\text{進入}]{}$ R_2(上)，逆時針方向繞 "0" 一圈

……………………(一直進行)……………………

到 R_j(下) $\xrightarrow[\text{進入}]{}$ R_{j+1}(上)，逆時針方向繞 "0" 一圈

……………………(繼續前進)……………………

$\therefore$ { 原點 "0" 是**分支點** (branch point)，
正 x 軸是**分支線** (branch line) 或**分支切割** (branch cut)。

(2) $n = 0, -1, -2, \cdots$，且 θ_p 在 R_0 第一象限：

從 R_0 的 θ_p 出發，順時針方向繞"0"一圈

到 R_0(上) $\xrightarrow[\text{進入}]{}$ R_1(下)，順時針方向繞"0"一圈

到 R_1(上) $\xrightarrow[\text{進入}]{}$ R_2(下)，順時針方向繞"0"一圈

……………………(一直進行)……………………

到 R_j(上) $\xrightarrow[\text{進入}]{}$ R_{j+1}(下)，順時針方向繞"0"一圈

……………………(繼續前進)……………………

這樣地使用無限多**葉** Riemann 面約化 $\ln z$ 爲單值函數，且 $z = 0$ 是分支點，正 x 軸爲分支線，於是如複變對數函數是 $\ln(z - \alpha)$，α = 複數，則分支點是 $z = \alpha$ 點，而分支線是如 (圖 12)(b) 的原點"0"和 α 點連線的正值方向的直線。

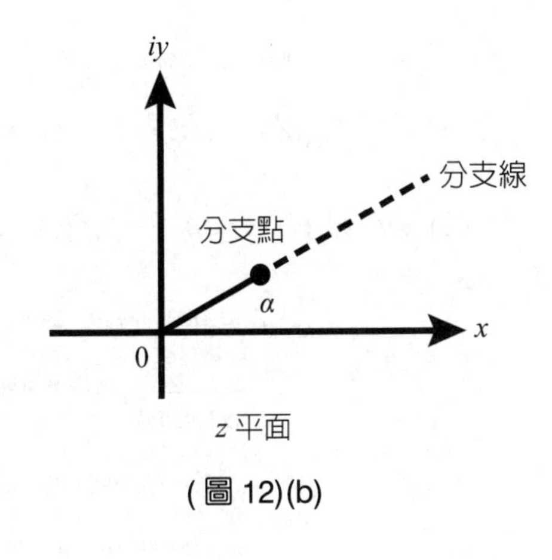

(圖 12)(b)

8.
實數時相等的下述關係數，在複數時什麼情況下才會相等？
(1) $(\alpha^\beta)^\delta$ 與 $\alpha^{\beta\delta}$，$\alpha > 0$，
(2) $\alpha^\beta\alpha^\delta$ 與 $\alpha^{\beta+\delta}$，
(3) $\alpha^\delta\beta^\delta$ 與 $(\alpha\beta)^\delta$，
(4) $\alpha = \beta$ 時 α^δ 與 β^δ。

➡解

(1) $(\alpha^\beta)^\delta$ 與 $\alpha^{\beta\delta}$，由 (2-62) 式得：

$$z = r(\cos\theta_p + i\sin\theta_p) = \alpha \Longrightarrow r = |\alpha|, \qquad \theta_p = \text{Arg.}\,\alpha$$

$$\therefore \ln\alpha = \widetilde{\ln}|\alpha| + (\theta_p + 2n\pi)i, \qquad n = 0, \pm1, \pm2, \cdots, \cdots\cdots ①$$

$$\therefore \alpha^\beta \underset{(2-71)_1\text{式}}{=\!=\!=} e^{\beta\ln\alpha} \underset{①\text{式}}{=\!=\!=} e^{\beta[\widetilde{\ln}|\alpha| + (\theta_p + 2n\pi)i]} \cdots\cdots ②$$

$$\therefore \ln\alpha^{\beta} \overset{}{\underset{②式}{=\!=\!=}} \ln e^{[\beta\widetilde{\ln}|\alpha|+\beta(\theta_p+2n\pi)i]}$$

$$\underset{(2-65)式}{=\!=\!=} [\beta\widetilde{\ln}|\alpha|+\beta(\theta_p+2n\pi)i]+2m\pi i, \quad m=0,\pm1,\pm2,\cdots, \quad \text{.....③}$$

$$\therefore (\alpha^{\beta})^{\delta} \underset{(2-71)_1式}{=\!=\!=} e^{\delta\ln\alpha^{\beta}} \underset{③式}{=\!=\!=} e^{[\delta\beta\widetilde{\ln}|\alpha|+\delta\beta(\theta_p+2n\pi)i+2\delta m\pi i]} \quad \text{......④}$$

$$而\ \alpha^{\beta\delta} \underset{(2-71)_1式}{=\!=\!=} e^{\beta\delta\ln\alpha} \underset{①式}{=\!=\!=} e^{\beta\delta[\widetilde{\ln}|\alpha|+(\theta_p+2n\pi)i]}$$

$$=e^{[\beta\delta\widetilde{\ln}|\alpha|+\delta\beta(\theta_p+2n\pi)i]} \quad \text{......⑤}$$

由④式和⑤式，如 $\delta=$ 整數 k，$k=0,\pm1,\pm2,\cdots$，則：

$$e^{2\delta m\pi i}=e^{2km\pi i}=1$$

$$\therefore (\alpha^{\beta})^{\delta}=\alpha^{\beta\delta}, \qquad 當\ \delta=0,\pm1,\pm2,\cdots, \quad \text{......⑥}$$

(2) $\alpha^{\beta}\alpha^{\delta}$ 與 $\alpha^{\beta+\delta}$，由②式得：

$$\alpha^{\beta}\alpha^{\delta}=e^{\beta[\widetilde{\ln}|\alpha|+(\theta_p+2n\pi)i]}e^{\delta[\widetilde{\ln}|\alpha|+(\theta_p+2m\pi)i]}$$

$$\underset{(2-45)式}{=\!=\!=} e^{[(\beta+\delta)\widetilde{\ln}|\alpha|+(\beta+\delta)\theta_p+2\pi(\beta n+\delta m)i]} \quad \text{......⑦}$$

$$\alpha^{\beta+\delta}=e^{(\beta+\delta)[\widetilde{\ln}|\alpha|+(\theta_p+2k\pi)i]}, \qquad k=0,\pm1,\pm2,\cdots$$

$$=e^{[(\beta+\delta)\widetilde{\ln}|\alpha|+(\beta+\delta)\theta_p+2\pi(\beta+\delta)ki]} \quad \text{......⑧}$$

由⑦和⑧式，如 β 和 δ 都是**整數** (integer)，則得：

$$\alpha^{\beta}\alpha^{\delta}=\alpha^{\beta+\delta}, \qquad 當\ \beta\ 和\ \delta\ 都是整數 \quad \text{......⑨}$$

(3) $\alpha^{\delta}\beta^{\delta}$ 與 $(\alpha\beta)^{\delta}$，由②式得：

$\alpha^{\delta}\beta^{\delta}=e^{\delta\ln\alpha}e^{\delta\ln\beta}$，設 $\theta_{P_\alpha}\equiv \text{Arg.}\,\alpha$，　$\theta_{P_\beta}\equiv \text{Arg.}\,\beta$

$$=e^{\delta[\widetilde{\ln}|\alpha|+(\theta_{P_\alpha}+2n\pi)i]}e^{\delta[\widetilde{\ln}|\beta|+(\theta_{P_\beta}+2m\pi)i]}$$

$$\underset{(2-45)式}{=\!=\!=} e^{[\delta(\widetilde{\ln}|\alpha|+\widetilde{\ln}|\beta|)+\delta(\theta_{P_\alpha}+\theta_{P_\beta})i+2\pi\delta(n+m)i]}$$

$$=e^{[\delta\widetilde{\ln}|\alpha||\beta|+\delta(\theta_{P_\alpha}+\theta_{P_\beta})i+2\pi\delta(n+m)i]} \quad \text{......⑩}$$

$$\alpha\beta=[|\alpha|(\cos\theta_{P_\alpha}+i\sin\theta_{P_\alpha})][|\beta|(\cos\theta_{P_\beta}+i\sin\theta_{P_\beta})]$$

$$=|\alpha||\beta|[\cos(\theta_{P_\alpha}+\theta_{P_\beta})+i\sin(\theta_{P_\alpha}+\theta_{P_\beta})]$$

$$\therefore \ln\alpha\beta=\widetilde{\ln}|\alpha||\beta|+[(\theta_{P_\alpha}+\theta_{P_\beta})+2k\pi]i, \qquad k=0,\pm1,\pm2,\cdots$$

$$\therefore (\alpha\beta)^{\delta}=e^{\delta\ln\alpha\beta}=e^{[\delta\,\widetilde{\ln}|\alpha||\beta|+\delta(\theta_{P_\alpha}+\theta_{P_\beta})i+2\delta k\pi i]} \quad \text{⑪}$$

由 ⑩ 和 ⑪ 式，如 $\delta=$ **整數** (integer)，則得：

$$\alpha^{\delta}\beta^{\delta}=(\alpha\beta)^{\delta}，\quad 當\ \delta=0,\pm1,\pm2,\cdots， \quad \text{⑫}$$

(4) $\alpha=\beta$ 時 α^{δ} 與 β^{δ} 之關係，由 ③ 式得：

$$\ln\alpha^{\delta}=\delta\,\widetilde{\ln}|\alpha|+\delta(\theta_{P_\alpha}+2n\pi)i+2m\pi i，\quad n\text{和}m\text{都是整數} \quad \text{⑬}$$

$$\ln\beta^{\delta}=\delta\,\widetilde{\ln}|\beta|+\delta(\theta_{P_\beta}+2k\pi)i+2\ell\pi i，\quad k\text{和}\ell\text{都是整數}$$

當 $\alpha=\beta$ 時，$|\alpha|=|\beta|$，　$\text{Arg.}\,\alpha=\theta_{P_\alpha}=\text{Arg.}\,\beta=\theta_{P_\beta}$

$$\therefore \ln\beta^{\delta}=\delta\,\widetilde{\ln}|\alpha|+\delta(\theta_{P_\alpha}+2k\pi)i+2\ell\pi i \quad \text{⑭}$$

由 ⑬ 和 ⑭ 式，如 $\alpha=\beta$，則得：

$$\alpha^{\delta}=\beta^{\delta}，\quad 當\quad \alpha=\beta \quad \text{⑮}$$

$$\therefore \left.\begin{cases}\left.\begin{aligned}&(\alpha^{\beta})^{\delta}=\alpha^{\beta\delta}\\&\alpha^{\delta}\beta^{\delta}=(\alpha\beta)^{\delta}\end{aligned}\right\}當\ \delta=0,\pm1,\pm2,\cdots\\ \alpha^{\beta}\alpha^{\delta}=\alpha^{\beta+\delta}，當\ \beta\text{和}\delta\text{都是整數}\ 0,\pm1,\pm2,\cdots\\ \alpha^{\delta}=\beta^{\delta}，\quad 當\ \alpha=\beta\end{cases}\right\} \quad (75)$$

9. 證明
$$\begin{cases}(1)\ (2-81)\text{式的各式子，}\\ (2)\begin{cases}(a)\ \sinh(2z)=2\sinh z\cosh z\\ (b)\ \cosh(2z)=\cosh^2 z+\sinh^2 z\\ \qquad\qquad\ =2\cosh^2 z-1=2\sinh^2 z+1\\ (c)\ \sinh\left(\dfrac{z}{2}\right)=\pm\sqrt{\dfrac{\cosh z-1}{2}} \Longleftarrow (\text{正號是 } z>0\text{，負號是 } z<0)\\ (d)\ \cosh\left(\dfrac{z}{2}\right)=_{+}\sqrt{\dfrac{\cosh z+1}{2}}\end{cases}\end{cases}$$

➡ **解**

(1) 證明 (2-81) 式的各式子，由定義 (2-80) 式得：

$$\sinh(-z)=\frac{e^{-z}-e^{z}}{2}=-\frac{e^{z}-e^{-z}}{2}=-\sinh z \Longleftarrow \text{表示} \sinh z \text{是奇函數} \cdots\cdots ①$$

$$\cosh(-z)=\frac{e^{-z}+e^{z}}{2}=\frac{e^{z}+e^{-z}}{2}=\cosh z \Longleftarrow \text{表示} \cosh z \text{是偶函數} \cdots\cdots ②$$

$$\cosh^2 z-\sinh^2 z=\frac{1}{4}\{(e^{z}+e^{-z})^2-(e^{z}-e^{-z})^2\}$$

$$\overline{\overline{\;(2-45),\,(2-49)\text{式}\;}}\ \frac{1}{4}\{(e^{2z}+2e^{z-z}+e^{-2z})-(e^{2z}-2e^{z-z}+e^{-2z})\}$$

$$=\frac{1}{4}\times 4=1 \cdots\cdots ③$$

$$\sinh z_1\cosh z_2+\cosh z_1\sinh z_2=\frac{1}{4}\{(e^{z_1}-e^{-z_1})(e^{z_2}+e^{-z_2})$$

$$+(e^{z_1}+e^{-z_1})(e^{z_2}-e^{-z_2})\}$$

$$\overline{\overline{\;(2-45)\text{式}\;}}\ \frac{1}{4}\{2e^{(z_1+z_2)}-2e^{-(z_1+z_2)}\}$$

$$=\frac{e^{(z_1+z_2)}-e^{-(z_1+z_2)}}{2}$$

$=\sinh(z_1+z_2)$，同理可得 $\sinh(z_1-z_2)$ …… ④

同理可證明 $\cosh(z_1\pm z_2)=(\cosh z_1\cosh z_2\pm\sinh z_1\sinh z_2)$，但也可用如下證明：

$$\cosh(z_1+z_2)=\frac{1}{2}\{e^{(z_1+z_2)}+e^{-(z_1+z_2)}\}$$

$$=\frac{1}{4}\{[e^{(z_1+z_2)}+e^{-(z_1-z_2)}+e^{(z_1-z_2)}+e^{-(z_1+z_2)}]$$

$$+[e^{(z_1+z_2)}-e^{-(z_1-z_2)}-e^{(z_1-z_2)}+e^{-(z_1+z_2)}]\}$$

$$=\frac{1}{4}\{(e^{z_1}+e^{-z_1})(e^{z_2}+e^{-z_2})+(e^{z_1}-e^{-z_1})(e^{z_2}-e^{-z_2})\}$$

$$=\frac{e^{z_1}+e^{-z_1}}{2}\frac{e^{z_2}+e^{-z_2}}{2}+\frac{e^{z_1}-e^{-z_1}}{2}\frac{e^{z_2}-e^{-z_2}}{2}$$

$$=\cosh z_1\cosh z_2+\sinh z_1\sinh z_2 \cdots\cdots ⑤$$

同理可證明 $\cosh(z_1-z_2)=(\cosh z_1\cosh z_2-\sinh z_1\sinh z_2)$。

(2) 的各式證明：

(a) $\sinh(z_1+z_2)\ \overline{\overline{\;z_1=z_2\equiv z\;}}\ \sinh(2z)\ \overline{\overline{\;④\text{式}\;}}\ 2\sin z\cos z$ …… ⑥

(b) $\cosh(z_1+z_2)\ \overline{\overline{\;z_1=z_2\equiv z\;}}\ \cosh(2z)\ \overline{\overline{\;⑤\text{式}\;}}\ \cosh^2 z+\sinh^2 z\ \overline{\overline{\;③\text{式}\;}}\ 2\cosh^2 z-1$

$$\xlongequal[\text{⑧式}]{} 2\sinh^2 z+1 \cdots\cdots ⑦$$

(c) $\sinh^2\left(\dfrac{z}{2}\right) \xlongequal[\text{⑦式}]{} \dfrac{\cosh z-1}{2}$

$\therefore \sinh\left(\dfrac{z}{2}\right)=\pm\sqrt{\dfrac{\cosh z-1}{2}}$

$$\xlongequal[\text{①式}]{} \begin{cases} _{+}\sqrt{(\cosh z-1)/2} \longleftarrow z>0 \\ _{-}\sqrt{(\cosh z-1)/2} \longleftarrow z<0 \end{cases} \Longleftarrow \left(\begin{array}{l}\text{對應於實雙曲}\\ \text{函數(2−77)式}\\ \text{的 } \sinh x \text{ 之圖。}\end{array}\right) \cdots\cdots ⑧$$

(d) $\cosh^2\left(\dfrac{\pi}{2}\right) \xlongequal[\text{⑦式}]{} \dfrac{\cosh z+1}{2}$

由 ② 式得 $\cosh z$ 是偶函數，對應於實雙曲線函數 (2-77) 式的 $\cosh x$ 之圖得：

$$\cosh\left(\frac{\pi}{2}\right)={}_{+}\sqrt{\frac{\cosh z+1}{2}} \longleftarrow z \gtreqless 0 \cdots\cdots ⑨$$

10. 推導 $\begin{cases}\text{(1) 反三角函數}'(2-86)_2\text{ 式，}\\ \text{(2) 反三角函數性質}(2-86)_3\text{ 式。}\end{cases}$

➥ **解**

(1) 推導反三角函數′ $(2\text{-}86)_2$ 式：——仿推導 $(2\text{-}85)_1$ 式到 $(2\text{-}85)_3$ 式的方法——

(a) $y=\cos x=\dfrac{e^{ix}+e^{-ix}}{2} \Longrightarrow e^{ix}+e^{-ix}-2y=0$

$\therefore (e^{ix})^2-2ye^{ix}+1=0$

$\therefore e^{ix}=y\pm\sqrt{(-y)^2-1}=y\pm\sqrt{y^2-1}$

$\quad =e^{i(x-2k\pi)}$， $\quad k=0, \pm1, \pm2, \cdots$

$\therefore x=-i\ln(y\pm\sqrt{y^2-1})+2k\pi$

$\Downarrow y=\cos x$

$\therefore 0=-i\ln 1+2k\pi$

主值域時 $\cos 0=1$，即 $y=1$

於是得 $0=\ln(\pm1)$

但 $\ln 1=0$，$\ln(-1)=\pi i\neq 0$

$\therefore \begin{cases} k=0 \\ \text{同時 } {}_{\pm}\sqrt{y^2-1} \Longrightarrow {}_{+}\sqrt{y^2-1} \text{ 才行，}\end{cases}$

$$\therefore\ x=\cos^{-1}y=-i\ln\left(y+\sqrt{y^2-1}\right)\cdots\cdots\text{①}$$

(b) $y=\tan x=\dfrac{\sin x}{\cos x}=\dfrac{-i(e^{ix}-e^{-ix})}{e^{ix}+e^{-ix}}$

$$\therefore\ (y+i)e^{ix}=(i-y)e^{-ix}$$

$$\therefore\ (e^{ix})^2=\frac{i-y}{y+i}=\frac{1+iy}{1-iy}$$

$$\therefore\ \ln e^{ix}\ \underset{\text{主値域}}{=\!=\!=}\ \ln\left(\frac{1+iy}{1-iy}\right)^{1/2}=\frac{1}{2}\ln\left(\frac{1+iy}{1-iy}\right)$$

$$\therefore\ x=-\frac{i}{2}\ln\left(\frac{1+iy}{1-iy}\right)=\tan^{-1}y\cdots\cdots\text{②}$$

(c) $y=\cot x=\dfrac{\cos x}{\sin x}=\dfrac{e^{ix}+e^{-ix}}{-i(e^{ix}-e^{-ix})}$

$$\therefore\ e^{ix}(1+iy)=e^{-ix}(iy-1)$$

$$\therefore\ (e^{ix})^2=\frac{iy-1}{iy+1}=\frac{y+i}{y-i}$$

$$\therefore\ \ln e^{ix}\ \underset{\text{主値域}}{=\!=\!=}\ \ln\left(\frac{y+i}{y-i}\right)^{1/2}=\frac{1}{2}\ln\left(\frac{y+i}{y-i}\right)$$

$$\therefore\ x=-\frac{i}{2}\ln\left(\frac{y+i}{y-i}\right)=\cot^{-1}y\cdots\cdots\text{③}$$

(d) $y=\sec x=\dfrac{1}{\cos x}=\dfrac{2}{e^{ix}+e^{-ix}}$

$$\therefore\ e^{ix}+e^{-ix}=\frac{2}{y}$$

$$\therefore\ (e^{ix})^2-\frac{2}{y}e^{ix}+1=0$$

$$\therefore\ e^{ix}=\frac{1}{y}\pm\sqrt{\left(-\frac{1}{y}\right)^2-1}=\frac{1\pm\sqrt{1-y^2}}{y}$$

$$\therefore\ \ln e^{ix}\ \underset{\text{主値域}}{=\!=\!=}\ \ln\left(\frac{1+\sqrt{1-y^2}}{y}\right)$$

$$\therefore\ x=-i\ln\left(\frac{1+\sqrt{1-y^2}}{y}\right)=\sec^{-1}y\cdots\cdots\text{④}$$

(e) $y=\csc x=\dfrac{1}{\sin x}=\dfrac{2i}{e^{ix}-e^{-ix}}$

$$\therefore\ (e^{ix})^2-\frac{2i}{y}e^{ix}-1=0$$

$$\therefore e^{ix}=\frac{i}{y}\pm\sqrt{\left(-\frac{i}{y}\right)^2+1}=\frac{i\pm\sqrt{y^2-1}}{y}$$

$$\therefore \ln e^{ix}\overset{}{\underset{\text{主值域}}{=\!=\!=}}\ln\left(\frac{i+\sqrt{y^2-1}}{y}\right)$$

$$\therefore x=-i\ln\left(\frac{i+\sqrt{y^2-1}}{y}\right)=\csc^{-1}y \cdots\cdots ⑤$$

(2) 推導反三角函數性質 $(2\text{-}86)_3$ 式：──使用 $(2\text{-}86)_2$ 式──

(a)
$$\begin{aligned}\sin^{-1}x+\cos^{-1}x&=-i\ln\left(ix+\sqrt{1-x^2}\right)-i\ln\left(x+i\sqrt{1-x^2}\right)\\&=-i\ln\left(ix+\sqrt{1-x^2}\right)\left(x+i\sqrt{1-x^2}\right)\\&=-i\ln[(ix^2+\sqrt{1-x^2}\,(x-x)+i(1-x^2)]\\&=-i\ln i=-i\ln e^{\pi i/2}=-i\times\frac{\pi i}{2}=\frac{\pi}{2}\end{aligned}$$

$$\therefore \sin^{-1}x+\cos^{-1}x=\frac{\pi}{2} \cdots\cdots ⑥$$

(b)
$$\begin{aligned}\tan^{-1}x+\cot^{-1}x&=-\frac{i}{2}\ln\left[\left(\frac{1+ix}{1-ix}\right)\left(\frac{x+i}{x-i}\right)\right]\\&=-\frac{i}{2}\ln\left[\frac{(1+ix)^2}{1+x^2}\frac{(x+i)^2}{1+x^2}\right]\\&=-\frac{i}{2}\ln\left[\frac{-(1+2x^2+x^4)}{(1+x^2)^2}\right]=-\frac{i}{2}\ln(-1)\\&=-\frac{i}{2}\ln e^{\pi i}=-\frac{i}{2}(\pi i)=\frac{\pi}{2}\end{aligned}$$

$$\therefore \tan^{-1}x+\cot^{-1}x=\frac{\pi}{2} \cdots\cdots ⑦$$

(c)
$$\begin{aligned}\sec^{-1}x+\csc^{-1}x&=-i\ln\left[\left(\frac{1+\sqrt{1-x^2}}{x}\right)\left(\frac{i+\sqrt{x^2-1}}{x}\right)\right]\\&=-i\ln\left[\frac{\left(1+i\sqrt{x^2-1}\right)\left(i+\sqrt{x^2-1}\right)}{x^2}\right]\\&=-i\ln\frac{ix^2}{x^2}=-i\ln i=-i\ln e^{\pi i/2}=-i\left(\frac{\pi i}{2}\right)=\frac{\pi}{2}\end{aligned}$$

$$\therefore \sec^{-1}x+\csc^{-1}x=\frac{\pi}{2} \cdots\cdots ⑧$$

由 $(2\text{-}86)_2$ 式和 ③, ④ 與 ⑤ 式得：

$$\sin^{-1}\left(\frac{1}{x}\right)=-i\ln\left(\frac{i}{x}+\sqrt{1-\left(\frac{1}{x}\right)^2}\right)=-i\ln\left(\frac{i+\sqrt{x^2-1}}{x}\right)=\csc^{-1}x \cdots\cdots ⑨$$

$$\cos^{-1}\left(\frac{1}{x}\right)=-i\ln\left(\frac{1}{x}+\sqrt{\left(\frac{1}{x}\right)^2-1}\right)=-i\ln\left(\frac{1+\sqrt{1-x^2}}{x}\right)=\sec^{-1}x \cdots\cdots ⑩$$

$$\tan^{-1}\left(\frac{1}{x}\right)=-\frac{i}{2}\ln\left(\frac{1+i/x}{1-i/x}\right)=-\frac{i}{2}\ln\left(\frac{x+i}{x-i}\right)=\cot^{-1}x \cdots\cdots ⑪$$

11. 推導 $(2\text{-}90)_2$ 式，以及證明 (2-91) 式。

➥解

(1) 推導 $(2\text{-}90)_2$ 式：──仿推導 $(2\text{-}89)_1$ 式到 $(2\text{-}89)_4$ 式的方法──

(a) $\cosh y=\dfrac{e^y+e^{-y}}{2}=x \cdots\cdots ①$

$\therefore (e^y)^2-2xe^y+1=0$

$\therefore e^y=x\pm\sqrt{(-x)^2-1}=x\pm\sqrt{x^2-1}$

$\therefore \ln e^y=y=\ln(x\pm\sqrt{x^2-1})=\cosh^{-1}x \cdots\cdots ②$

由 (2-88) 式，在主值域的 $y\geq 0, x\geq 1$， 於是

當 x 很大時 $\sqrt{x^2-1}\fallingdotseq\sqrt{x^2}=x$

$\therefore \lim\limits_{x\to\infty}\ln(x-\sqrt{x^2-1})=\ln 0 \cdots\cdots ③$

由 ② 和 ③ 式得 $y=-\infty$，即 $y=$ 負值，這違背了 y 是正值的條件，

$\therefore \cosh^{-1}x=\ln(x+\sqrt{x^2-1})$，且 $x\geq 1 \cdots\cdots ④$

(b) $\tanh y=\dfrac{\sinh y}{\cosh y}=\dfrac{e^y-e^{-y}}{e^y+e^{-y}}=x \cdots\cdots ⑤$

$\therefore (e^y)^2(1-x)=1+x$

$\therefore e^y=\pm\sqrt{\dfrac{1+x}{1-x}} \cdots\cdots ⑥$

$\therefore y=\ln\left(\pm\sqrt{\dfrac{1+x}{1-x}}\right)$

由 (2-88) 式，當 $x=0$ 時 $y=0$，$\ln 1=0$，但 $\ln(-1)=\ln e^{\pi i}=\pi i\neq 0$

$\therefore \ln\left(-\sqrt{\dfrac{1+x}{1-x}}\right)$ 不滿足條件。

$$\therefore \tanh^{-1}x=\ln\sqrt{\frac{1+x}{1-x}}=\frac{1}{2}\ln\frac{1+x}{1-x}，且\ (-1)<x<1 \cdots\cdots ⑦$$

$$(c)\ \coth y=\frac{\cosh y}{\sinh y}=\frac{e^{y}+e^{-y}}{e^{y}-e^{-y}}=x \cdots\cdots ⑧$$

$$\therefore (e^{y})^2(x-1)=x+1$$

$$\therefore \ln e^{y}=y=\ln\left(\pm\sqrt{\frac{x+1}{x-1}}\right) \cdots\cdots ⑨$$

為了 $\sqrt{\frac{x+1}{x-1}}$ = 實數，$x>1$ 以及 $x<(-1)$ 才行，同時 (2-88) 式得：

$$\lim_{x\to\infty} y=\lim_{x\to\infty}\left[\ln\left(\pm\sqrt{\frac{x+1}{x-1}}\right)\right]=\ln(\pm 1)\ \underset{必須}{=\!=}\ 0$$

$$\lim_{x\to-\infty} y=\lim_{x\to-\infty}\left[\ln\left(\pm\sqrt{\frac{x+1}{x-1}}\right)\right]=\ln(\pm 1)\ \underset{必須}{=\!=}\ 0$$

$\ln 1=0$，但 $\ln(-1)=\ln e^{\pi i}=\pi i\neq 0$

$$\therefore \coth^{-1}x=\ln\sqrt{\frac{x+1}{x-1}}=\frac{1}{2}\ln\left(\frac{x+1}{x-1}\right)，\quad 且\ x>1,\ x<(-1) \cdots\cdots ⑩$$

$$(d)\ \operatorname{sech} y=\frac{1}{\cosh y}=\frac{2}{e^{y}+e^{-y}}=x \cdots\cdots ⑪$$

$$\therefore (e^{y})^2-\frac{2}{x}e^{y}+1=0$$

$$\therefore e^{y}=\frac{1}{x}\pm\sqrt{\left(-\frac{1}{x}\right)^2-1}=\frac{1\pm\sqrt{1-x^2}}{x}$$

$$\therefore y=\ln\left(\frac{1\pm\sqrt{1-x^2}}{x}\right) \cdots\cdots ⑫$$

由 (2-88) 式，主值域的 $x>0$，同時為了 $\sqrt{1-x^2}$ = 實數，故 $x\le 1$，

$$\therefore 0<x\le 1 \cdots\cdots ⑬$$

並且 x 逼近於零時 y 逼近於正無限大，於是：

$$\lim_{x\to 0}\left(\frac{1-\sqrt{1-x^2}}{x}\right)\neq\infty，即不合要求，$$

$$\therefore \operatorname{sech}^{-1}x=\ln\left(\frac{1+\sqrt{1-x^2}}{x}\right)，\quad 且\ 0<x\le 1 \cdots\cdots ⑭$$

$$(e)\ \operatorname{csch} y=\frac{1}{\sinh y}=\frac{2}{e^{y}-e^{-y}}=x \cdots\cdots ⑮$$

$$\therefore (e^{y})^2-\frac{2}{x}e^{y}-1=0$$

$$\therefore y=\ln\left(\frac{1\pm\sqrt{1+x^2}}{x}\right) \cdots\cdots ⑯$$

由 ⑯ 式得 $x \neq 0$ 都可以，另從 (2-88) 式，當 x 逼近於正負零時 y 逼近於正負無限大，於是：

$$\lim_{x\to 0}\left(\frac{1-\sqrt{1+x^2}}{x}\right) \neq \infty\text{，故不合條件}$$

$$\therefore \operatorname{csch}^{-1}x=\ln\left(\frac{1+\sqrt{1+x^2}}{x}\right)\text{，且 } x \neq 0 \cdots\cdots ⑰$$

(2) 證明 (2-91) 式：——使用 $(2\text{-}90)_1$ 和 $(2\text{-}90)_2$ 式——

(a) $$\sinh^{-1}\left(\frac{1}{x}\right) \underset{(2-90)_1\text{式}}{=\!=\!=} \ln\left(\frac{1}{x}+\sqrt{\left(\frac{1}{x}\right)^2+1}\right)\text{，且 } x \neq 0$$

$$=\ln\left(\frac{1+\sqrt{1+x^2}}{x}\right) \underset{⑰\text{式}}{=\!=\!=} \operatorname{csch}^{-1}x \cdots\cdots ⑱$$

(b) $$\cosh^{-1}\left(\frac{1}{x}\right) \underset{(2-90)_2\text{式}}{=\!=\!=} \ln\left(\frac{1}{x}+\sqrt{\left(\frac{1}{x}\right)^2-1}\right)\text{，} \quad \text{且 } 0<x\leq 1$$

$$=\ln\left(\frac{1+\sqrt{1-x^2}}{x}\right) \underset{⑭\text{式}}{=\!=\!=} \operatorname{sech}^{-1}x \cdots\cdots ⑲$$

(c) $$\tanh^{-1}\left(\frac{1}{x}\right) \underset{(2-90)_2\text{式}}{=\!=\!=} \frac{1}{2}\ln\left(\frac{1+1/x}{1-1/x}\right)\text{，} \quad \text{且 } x>1, x<(-1)$$

$$=\frac{1}{2}\ln\left(\frac{x+1}{x-1}\right) \underset{⑩\text{式}}{=\!=\!=} \coth^{-1}x \cdots\cdots ⑳$$

(d) $$\sinh^{-1}(ix) \underset{(2-90)_1\text{式}}{=\!=\!=} \ln[(ix)+\sqrt{(ix)^2+1}]$$

$$=\ln(ix+\sqrt{1-x^2}) \underset{(2-86)_1\text{式}}{=\!=\!=} i\sin^{-1}x \cdots\cdots ㉑$$

(e) $$\cosh^{-1}(ix) \underset{(2-90)_2\text{式}}{=\!=\!=} \ln[(ix)+\sqrt{(ix)^2-1}]$$

$$\underset{(2-86)_2\text{式}}{=\!=\!=} i\cos^{-1}(ix) \cdots\cdots ㉒$$

(f) $$\tanh^{-1}(ix) \underset{(2-90)_2\text{式}}{=\!=\!=} \frac{1}{2}\ln\left(\frac{1+ix}{1-ix}\right) \underset{(2-86)_2\text{式}}{=\!=\!=} i\tan^{-1}x \cdots\cdots ㉓$$

12. 證明 (2-94) 式是線性方程式。

➥解

線性 (linearity) 是什麼？[2)] 某數學量具：

$$\left.\begin{array}{l}(1)\ \text{可相加，}\\(2)\ \text{能自由地乘}\textbf{標量}\text{(scalar)，}\end{array}\right\}\text{仍然本質不變} \cdots\cdots ①$$

則稱該數學量是線性量，即本質是線性。設 (2-94) 式的集合[2)] 爲：

$$\left\{\left[\sum_{k=0}^{n} p_k(z)\omega^{n-k}\right], \left[\sum_{k=0}^{n} q_h(z)\omega^{n-k}\right], \cdots\right\} \cdots\cdots ②$$

(1) 可相加性：

② 式的任意兩**元** (element) 之和：

$$\begin{aligned}&\sum_{k=0}^{n} p_k(z)\omega^{n-k} + \sum_{k=0}^{n} q_h(z)\omega^{n-h}\\&= [p_0(z)+q_0(z)]\omega^n + [p_1(z)+q_1(z)]\omega^{n-1} + \cdots + [p_{n-1}(z)+q_{n-1}(z)]\omega\\&\quad + [p_n(z)+q_n(z)]\\&\left.\begin{aligned}&\equiv S_0(z)\omega^n + S_1(z)\omega^{n-1} + \cdots + S_{n-1}(z)\omega + S_n(z)\\&\qquad p_i(z)+q_i(z) \equiv S_i(z), \qquad i=0, 1, 2, \cdots, n\end{aligned}\right\} \cdots\cdots ③\end{aligned}$$

③ 式仍然是一元 n 次複變數方程式。

(2) 能自由地乘標量性：

設 α 爲非零標量，則由 (2-94) 式得：

$$\begin{aligned}\alpha\left(\sum_{k=0}^{n} p_k(z)\omega^{n-k}\right) &= \alpha p_0(z)\omega^n + \alpha p_1(z)\omega^{n-1} + \cdots + \alpha p_{n-1}(z)\omega + \alpha p_n(z)\\&\left.\begin{aligned}&\equiv Q_0(z)\omega^n + Q_1(z)\omega^{n-1} + \cdots + Q_{n-1}(z)\omega + Q_n(z)\\Q_i(z) &\equiv \alpha p_i(z), \qquad i=0, 1, 2, \cdots, n\end{aligned}\right\} \cdots\cdots ④\end{aligned}$$

④ 式仍然是一元 n 次複變數方程式，所以 (2-94) 式確實有 ① 式的性質，

∴ (2-94) 式是線性方程式。

13.
$$\begin{cases}\text{求下面函數}'\text{的各極限值：}\\ (1)\lim\limits_{z\to\infty}\dfrac{\alpha z+\beta}{\gamma z+\delta}\text{，}\alpha,\beta,\gamma\text{和}\delta\text{爲有限複數(可實數)，且}(\alpha\delta-\beta\gamma)\neq 0\text{，}\\ (2)\lim\limits_{z\to 0}\dfrac{\sin z}{z}\text{，}z\to 0\text{的路徑是直線。}\end{cases}$$

➡ **解**

(1) $\lim\limits_{z\to\infty}\dfrac{\alpha z+\beta}{\gamma z+\delta}=$ ？且 $\alpha\delta-\beta\gamma\neq 0$，$\alpha,\beta,\gamma$ 和 δ 爲有限複數(可實數)：

當 $(\alpha\delta-\beta\gamma)\neq 0$，$(\alpha z+\beta)/(\gamma z+\delta)$ 便是 (2-16) 式的一般一次複數變換函數，z 可取任何數。接著是看 $z\to\infty$ 是否和路徑無關。

$$\lim_{z\to\infty}\frac{\alpha z+\beta}{\gamma z+\delta}=\lim_{z\to\infty}\frac{\alpha+\beta/z}{\gamma+\delta/z}=\frac{\alpha}{\gamma}\text{，}\qquad\text{當}\gamma\neq 0\cdots\cdots ①$$

$$\therefore\lim_{z\to\infty}\frac{\alpha+\beta/z}{\gamma+\delta/z}=\lim_{\begin{pmatrix}x=0\\ y\to\infty\end{pmatrix}}\frac{\alpha+\dfrac{\beta}{x+iy}}{\gamma+\dfrac{\delta}{x+iy}}=\frac{\alpha}{\gamma}\text{，}\qquad\text{當}\gamma\neq 0\cdots\cdots ②$$

$$=\lim_{\begin{pmatrix}y=0\\ x\to\infty\end{pmatrix}}\frac{\alpha+\dfrac{\beta}{x+iy}}{\gamma+\dfrac{\delta}{x+iy}}=\frac{\alpha}{\gamma}\text{，}\qquad\text{當}\gamma\neq 0\cdots\cdots ③$$

從 ①, ② 和 ③ 式得：

$$\lim_{z\to\infty}\frac{\alpha z+\beta}{\gamma z+\delta}=\frac{\alpha}{\gamma}\Longleftarrow\text{和路徑無關的唯一值}\cdots\cdots ④$$

(2) $\lim\limits_{z\to 0}\dfrac{\sin z}{z}=$ ？　$z\to 0$ 是沿直線路徑：

$$\sin z=\frac{e^{iz}-e^{-iz}}{2i}=\frac{e^{i(x+iy)}-e^{-i(x+iy)}}{2i}$$

$$=\frac{e^{y}+e^{-y}}{2}\sin x+i\frac{e^{y}-e^{-y}}{2}\cos x\cdots\cdots ⑤$$

(a) $z\to 0$ 的路徑是 $(x=0,y\to 0)$ 的虛數軸：

$$\therefore\lim_{z\to 0}\frac{\sin z}{z}=\lim_{\begin{pmatrix}x=0\\ y\to 0\end{pmatrix}}\frac{\sin z}{z}\overset{}{\underset{⑤\text{式}}{=\!=\!=}}\lim_{y\to 0}\frac{i}{2iy}(e^{y}-e^{-y})$$

$$=\lim_{y\to 0}\frac{e^{y}-e^{-y}}{2y} \Longleftarrow \text{用實函數的 L'Hospital 定律}$$

⊛(不用 L'Hosptial 定律)

$$=\lim_{y\to 0}\frac{e^{y}+e^{-y}}{2}=\frac{2}{2}=1 \cdots\cdots ⑥$$

(b) $z\to 0$ 的路徑是 $(y=0, x\to 0)$ 的實數軸：

$$\therefore \lim_{z\to 0}\frac{\sin z}{z}=\lim_{\binom{y=0}{x\to 0}}\frac{\sin z}{z}\overset{⑤式}{=\!=}\lim_{x\to 0}\frac{\sin x}{x} \Longleftarrow \text{用 L' Hosptial 定律}$$

☆(不用 L' Hosptial 定律)

$$=\lim_{x\to 0}\frac{\cos x}{1}=\frac{1}{1}=1 \cdots\cdots ⑦$$

由 ⑥ 和 ⑦ 式得：

$$\lim_{z\to 0}\frac{\sin z}{z}=1 \Longleftarrow \text{和路徑無關的唯一值} \cdots\cdots ⑧$$

(c) 另一種求法，是用展開法處理：——(回答 ⑥ 和 ⑦ 式的 ⊛ 和 ☆)——

⊛展開 $e^{\pm y}$：——($e^{y}=\sum_{n=0}^{\infty}\frac{y^{n}}{n!}$， $|y|<\infty$)——

$$\frac{1}{2y}(e^{y}-e^{-y})=\frac{1}{2y}\left[2\sum_{n=0}^{\infty}\frac{y^{2n+1}}{(2n+1)!}\right]=1+\sum_{n=1}^{\infty}\frac{y^{2n}}{(2n+1)!} \cdots\cdots ⑨$$

$\therefore y\to 0$ 時由 ⑥ 和 ⑨ 式得 $\lim_{z\to 0}\sin z/z=1$ ⋯⋯ ⑩

☆展開 $\sin x$：——($\sin x=\sum_{n=0}^{\infty}(-1)^{n}\frac{x^{2n+1}}{(2n+1)!}$， $|x|<\infty$)——

$$\frac{\sin x}{x}=1+\sum_{n=1}^{\infty}(-1)^{n}\frac{x^{2n}}{(2n+1)!} \cdots\cdots ⑪$$

$\therefore x\to 0$ 時由 ⑦ 和 ⑪ 式得 $\lim \sin z/z=1$ ⋯⋯ ⑫

14. $\begin{cases} \text{分析 } f(z)=\sqrt{z} \text{ 在 } z_0=(a+bi) \text{ 的連續性，} \\ b=\text{包含零的有限大小實數，} \\ a=\begin{cases} \text{當 } b\neq 0 \text{ 時是包含零的有限大小實數，} \\ \text{當 } b=0 \text{ 時是包含零的有限大小負實數，} \end{cases} \\ \text{即 } z_0 \text{ 在除 } z \text{ 平面正實數軸 } x \text{ 軸以外之所有點。} \end{cases}$

➡ **解**

這題是 (Ex.2-16) 的一般化題，不限制 z_0 僅在 z 平面的正虛數軸，推廣到：

除了 z 平面的正實數軸的 x 軸之外的所有點。

(a) 求 $f(z)=\sqrt{z}$ 之解：

$f(z)=\sqrt{z}$ 是屬於 $z^{1/n}$ 的 $n=2$ 的雙值函數，由 $(1\text{-}35)_2$ 式得 $z^{1/n}$ 的一般解：

$$\left.\begin{array}{l} z^{1/n}=r^{1/n}\left(\cos\dfrac{\theta_p+2\pi k}{n}+i\sin\dfrac{\theta_p+2\pi k}{n}\right) \\ \begin{cases} k=0,\ 1,\ 2,\ \cdots,\ (n-1), & z=x+iy \\ r={}_{+}\sqrt{x^2+y^2}, & \theta_p=\tan^{-1}(y/x) \end{cases} \end{array}\right\}\cdots\cdots\text{①}$$

於是 $z_0=(a+bi)$ 的 r 和 θ_p 是：

$$r={}_{+}\sqrt{a^2+b^2},\qquad \theta_p=\tan^{-1}\ (b/a)\cdots\cdots\text{②}$$

$$\therefore\ \sqrt{z}=\sqrt{r}\left(\cos\frac{\theta_p+2\pi k}{2}+i\sin\frac{\theta_p+2\pi k}{2}\right),\qquad k=0,\ 1$$

$$\therefore\ \sqrt{z}=\left\{\begin{array}{l} \sqrt{r}\,[\cos(\theta_p/2)+i\sin(\theta_p/2)] \\ =\sqrt{r}\exp.(\theta_p i/2)\equiv\omega_1\cdots\cdots\cdots\cdots k=0 \\ \sqrt{r}\,[\cos(\pi+\theta_p/2)+i\sin(\pi+\theta_p/2)] \\ =\sqrt{r}\exp.[(\pi+\theta_p/2)i]=-\sqrt{r}\exp.(\theta_p i/2)\equiv\omega_2=-\omega_1,\ \cdots\cdots k=1 \end{array}\right\}\cdots\text{③}$$

③ 式的內容是什麼？問題點 $z_0=(a+bi)\equiv P$ 在除了 z 平面的正 x 軸之外的所有點，假設 P 在如 (圖 13)(a) 所示處，則由 ③ 式 P 的像是 (圖 13)(b) 的 Q_1 與 Q_2，即 $f(z)=\sqrt{z}\equiv\omega$ 是雙值函數，其值是 ω_1 和 ω_2。當 θ_p 每增加 2π，在值域 D_i 的 ω_i 就對調一次，表示 ω 平面的任意點都有兩個值，$i=1, 2$。由於 z 平面的正 x 軸爲**分支線** (branch line，或 branch cut)，於是 $f(z)=\sqrt{z}$ 之解 ω_1 和 ω_2 不會出現在 ω 平面實數軸 u 軸上，只能對應於 z 平面的 θ_p 無限地逼近於零或

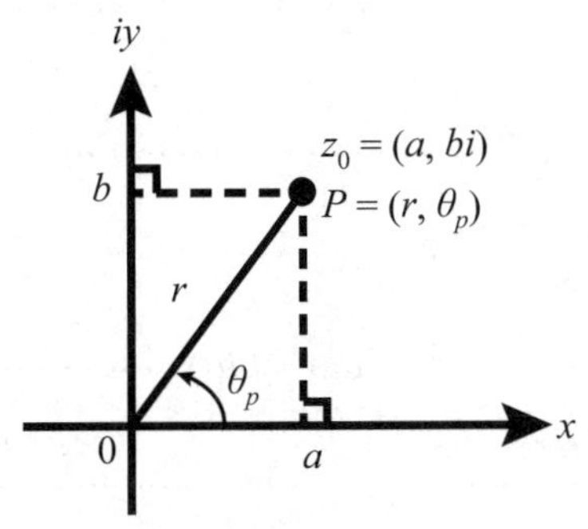

正 x 軸為分支線，
$r=\sqrt{a^2+b^2}\geq 0$
$0<\theta_p<2\pi$

z 平面 (複變數平面)

(圖 13)(a)

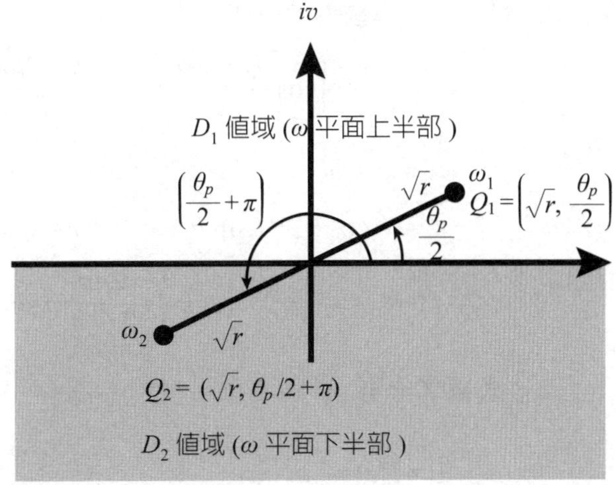

Q_1 和 $Q_2=P$ 之像，
$\omega_1=\sqrt{r}\exp\left(\frac{\theta_p i}{2}\right)$, $\omega_2=\sqrt{r}\exp[(\theta_p/2+\pi)i]$，
D_1 和 D_2 分別為 ω_1 和 ω_2 的值域，即
$f(z)=\sqrt{z}\equiv\omega$ 的兩個分支。

ω 平面 (複變函數平面)

(圖 13)(b)

2π，而無限地逼近於 u 軸。至於探討的函數連續性，必須爲**單值** (single-valued) 函數，於是需要使用 Riemann 面。雙值函數要兩葉 Riemann 面 R_1 和 R_2 分別來負責 ω_1 和 ω_2 帶來 ω 平面的每一個點只有一個值。

$$\therefore \left\{\begin{aligned} R_1: & \text{分支 } f_1(z_0=a+bi)=\omega_1 \\ & =\sqrt{r}\,e^{\frac{\theta_p i}{2}} \\ R_2: & \text{分支 } f_2(z_0=a+bi)=\omega_2 \\ & =\sqrt{r}\,e^{\left(\frac{\theta_p}{2}+\pi\right)i} \\ & =-\omega_1 \end{aligned}\right\} \cdots\cdots ④$$

(b) $f(z)$ 在 $z_0=(a+bi)$ 連不連續？

$$f(z)=\sqrt{z}=z^{1/2} \overset{}{\underset{(2-69)\text{式}}{=\!=\!=}} e^{\frac{1}{2}\ln z}$$

$$\underset{(2-61)\text{式}}{=\!=\!=} e^{\frac{1}{2}[\ln r+i(\theta_p+2n\pi)]}, \qquad n=0, 1, 2, \cdots$$

$$= e^{[\ln\sqrt{r}+i(\theta_p+2n\pi)/2]}$$

$$= \sqrt{r}\left(\cos\frac{\theta_p+2n\pi}{2}+i\sin\frac{\theta_p+2n\pi}{2}\right) \cdots\cdots ⑤$$

$$z_0 = a+bi$$

$$= r(\cos\theta_p + i\sin\theta_p)，\quad r=\sqrt{a^2+b^2}，\quad \theta_p=\tan^{-1}(b/a) \cdots\cdots ⑥$$

$$\therefore f(z) = (a^2+b^2)^{1/4}\left(\cos\frac{\theta_p+2n\pi}{2}+i\sin\frac{\theta_p+2n\pi}{2}\right) \cdots\cdots ⑦$$

⑦ 式確實含有 ③ 式之值。

$$\therefore \lim_{z\to z_0} f(z) = \lim_{z\to z_0}\sqrt{z}$$

$$= \begin{cases} \sqrt{r}\left(\cos\frac{\theta_p}{2}+i\sin\frac{\theta_p}{2}\right)=\sqrt{r}\,e^{\frac{\theta_p i}{2}} \\ \quad = \omega_1 \Longleftarrow ⑦\text{式的 } n=0 \\ \quad \overline{\overline{\;④\text{式}\;}}\ f_1(z_0) \Longleftarrow z_0 \text{ 在 } R_1 \cdots\cdots ⑧ \\ \sqrt{r}\left[\cos\left(\frac{\theta_p}{2}+\pi\right)+i\sin\left(\frac{\theta_p}{2}+\pi\right)\right]=\sqrt{r}\,e^{\left(\frac{\theta_p}{2}+\pi\right)i} \\ \quad = \omega_2 \Longleftarrow ⑦\text{式的 } n=1 \\ \quad \overline{\overline{\;④\text{式}\;}}\ f_2(z_0) \Longleftarrow z_0 \text{ 在 } R_2 \cdots\cdots ⑨ \end{cases}$$

從 ⑧ 和 ⑨ 式得：

$$\lim_{z\to z_0} f(z) = f(z_0)$$

$$\therefore f(z)=\sqrt{z} \text{ 在 } z=z_0=(a+bi) \text{ 點連續} \cdots\cdots ⑩$$

綜合 ⑦ 式到 ⑨ 式，$f_i(z) = (\sqrt{z})_i$，$i=1, 2$ 的一般式是：

$$\left.\begin{aligned} f_1(z) &= (a^2+b^2)^{1/4}\left(e^{\frac{\theta_p i}{2}}\right)\times 1 \\ &= (a^2+b^2)^{1/4}\,e^{\left(\frac{\theta_p}{2}+2n\pi\right)i} \\ f_2(z) &= (a^2+b^2)^{1/4}\left(e^{\left(\frac{\theta_p}{2}+\pi\right)i}\right)\times 1 \\ &= (a^2+b^2)^{1/4}\,e^{\left[\frac{\theta_p}{2}+(2n+1)\pi\right]i}, \quad n=0,\ 1,\ 2,\ \cdots \end{aligned}\right\} \cdots\cdots ⑪$$

15. $\begin{cases} (1)\ \text{複變數}\ z=(x+iy)\ \text{的函數}\ f(z)=iy=\text{Im.}z\ \text{可否微分？} \\ (2)\begin{cases} \text{(i) 如}\ f(z)\ \text{在}\ z\ \text{的變域}\ D\ \text{之任意點}\ z_0\ \text{可微分，則證}\ f(z)\ \text{在}\ z_0\ \text{必連續，} \\ \text{(ii) 舉實例證明倒過來的 (i) 不一定成立。} \end{cases} \end{cases}$

➡ **解**

本習題的目的是證明 $(2\text{-}113)_2$ 式。

(1) $f(z)=iy=\text{Im.}z$ 可否微分？

本題是 (Ex.2-18) 的題目 (3) 之類比題。

$$\frac{df}{dz}=\lim_{\Delta z\to 0}\frac{f(z+\Delta z)-f(z)}{\Delta z}=\lim_{\Delta z\to 0}\frac{\text{Im.}(z+\Delta z)-\text{Im.}z}{\Delta z}$$

$$=\lim_{\Delta z\to 0}\frac{(iy+i\Delta y)-iy}{\Delta z}=\lim_{\Delta z\to 0}\frac{i\Delta y}{\Delta x+i\Delta y}$$

$$=\begin{cases}\lim\limits_{\substack{\Delta x\to 0\\(\Delta y=0)}}\dfrac{0}{\Delta x}=0 \cdots\cdots\cdots\cdots ① \\ \lim\limits_{\substack{\Delta y\to 0\\(\Delta x=0)}}\dfrac{i\Delta y}{i\Delta y}=1\neq ①\text{式} \cdots\cdots\cdots\cdots ②\end{cases}$$

由 ① 和 ② 式得，df/dz 和求極限的路徑有關，

$\therefore f(z)=iy$ 不存在導函數 df/dz，即不可微分 ……………… ③

(2) (i) $f(z)$ 在 z_0 可微分，證 $f(z)$ 在 z_0 必連續：

$$\frac{df}{dz}=\lim_{\Delta z\to 0}\frac{f(z_0+\Delta z)-f(z_0)}{\Delta z}=f'(z_0)\ \text{存在，是一個數值} \cdots\cdots\cdots ④$$

$$\because f(z_0+\Delta z)-f(z_0)=\frac{f(z_0+\Delta z)-f(z_0)}{\Delta z}\times(\Delta z)$$

$$\therefore \lim_{\Delta z\to 0}[f(z_0+\Delta z)-f(z_0)]=\lim_{\Delta z\to 0}f(z_0+\Delta z)-f(z_0)$$

$$=\left\{\lim_{\Delta z\to 0}\frac{f(z_0+\Delta z)-f(z_0)}{\Delta z}\right\}\left\{\lim_{\Delta z\to 0}(\Delta z)\right\}$$

$$\overline{\overline{\ ④\text{式}\ }}\ \{f'(z_0)\}\{0\}=0 \cdots\cdots\cdots ⑤$$

$$\therefore \lim_{\Delta z\to 0}f(z_0+\Delta z)=f(z_0) \cdots\cdots\cdots ⑥$$

⑥ 式表示：當 $z=z_0$ 時 $f(z)$ 存在極限值 $f(z_0)$，並且由 ④ 式肯定 $f(z_0)$，於是滿

足 (2-101) 式的函數連續定義。

$\therefore f(z)$ 在 $z=z_0$ 連續，當 $f(z)$ 在 z_0 可微分。 ……… ⑦

(2) (ii) $f(z)$ 在 $z=z_0$ 連續，但在 z_0 的 df/dz 不一定存在：

本習題的 (1) 是個例子，$f(z)$ 在 z 的整變域的任意一點 y_0 都存在極限值：

$$\lim_{\Delta z\to 0} f(z_0+\Delta z)=\lim_{\Delta y\to 0}(iy_0+i\Delta y)=iy_0=f(z_0) \qquad ⑧$$

即 $f(z)=iy$ 滿足 (2-101) 式，於是 $f(z)$ 在 z_0 連續，但如 ① 和 ② 式所示 $f(z)$ 不存在 df/dz。(Ex.2-18) 的題目 (3) 和 (4) 也是例子′。

$$\begin{pmatrix} f(z)\text{在 } z \text{ 的變域 } D \text{ 的某點 } z_0 \text{可微分時，} f(z)\text{在 } z_0 \text{ 必連續，但} \\ \text{在 } z \text{ 的變域 } D \text{ 的某點 } z_0 \text{ 連續的 } f(z)\text{，不一定在 } z_0 \text{可微分。} \end{pmatrix} \qquad ⑨$$

16. 求 $f(z)=z^{1/2}$ 的導函數，並且分析結果。

➥解

本題和 (Ex.2-16) 以及本章習題 (14) 有關，同時請再複習 $(1\text{-}32)_1$ 式到 $(1\text{-}32)_2$ 式間的說明和 $(1\text{-}35)_1$ 式到 (1-37) 式。由習題 (14) 得 $f(z)=z^{1/2}$ 是：

$$\left.\begin{array}{l} \text{(i) 兩值函數，需要兩葉 Riemann 面，} \\ \text{(ii) 在複變數平面 } z \text{ 平面 } f(z)\text{是連續函數。} \end{array}\right\} \qquad ①$$

求導函數時由 $(2\text{-}112)_1$ 式 $f(z)$ 必須單值函數，這一點 ① 式已保證，於是取容易運算的 z 平面的 $z_0=1$ 來求導函數。由習題 (14) 的 ③ 式得：

$$\sqrt{z}=\left\{\begin{array}{l} \sqrt{r}\left[\cos\dfrac{\theta_p}{2}+i\sin\dfrac{\theta_p}{2}\right]\equiv\omega_1 \\ \sqrt{r}\left[\cos\left(\pi+\dfrac{\theta_p}{2}\right)+i\sin\left(\pi+\dfrac{\theta_p}{2}\right)\right]\equiv\omega_2 \end{array}\right\}\text{的雙值函數} \qquad ②$$

當 $z_0=1$ 時的 r 和 θ_p 是：

$$r={}_{+}\sqrt{1^2+0^2}=1, \qquad \theta_p=\tan^{-1}\left(\frac{0}{1}\right)=0 \qquad ③$$

$$\therefore \omega_1=1, \qquad \omega_2=-1 \qquad ④$$

於是 ω_1 時是第一葉 Riemann 面，ω_2 時是第二葉 Riemann 面，而兩葉 Riemann 共有點 $z=0$ 是**分支點** (branch point)，它是雙值。

$\therefore$ 除分支點，$f(z)=z^{1/2}\equiv\omega$ 是單值解析函數 ……………… ⑤

$\therefore z=\omega^2$

$$\therefore \frac{dz}{d\omega} \overline{\overline{(2-116)_2\text{式}}}\ 2\omega$$

$$\therefore \frac{d\omega}{dz}=\frac{1}{2\omega}=\frac{1}{2z^{1/2}}=\frac{1}{2}z^{-1/2} \quad \cdots\cdots\cdots ⑥$$

$$\text{或}\ \frac{d}{dz}f(z)=\frac{d}{dz}z^{1/2}=\frac{1}{2}z^{-1/2} \quad \cdots\cdots\cdots ⑦$$

⑥ 式或 ⑦ 式是 $f(z)=z^{1/2}$ 的導函數，顯然 $z=0$ 的分支點導函數不存在，於是一般地：

函數 $f(z)=z^{1/2}$ 存不存在導函數？
回答是不存在。 } ……………… ⑧

因為 $f(z)=z^{1/2}$ 是兩值函數，違背函數的導函數定義：

必須單值解析函數的 $(2\text{-}112)_1$ 式。

17. 請從 (2-134) 式推導 (2-144) 式。

➥ **解**

$$f'(z)=u_x(x,y)+iv_x(x,y)=\frac{\partial u}{\partial x}+i\frac{\partial v}{\partial x}$$

$$\overline{\overline{(2-139)_4\text{式}}}\left[(\cos\theta)u_r-\frac{\sin\theta}{r}u_\theta\right]+i\left[(\cos\theta)v_r-\frac{\sin\theta}{r}v_\theta\right]$$

$$=(\cos\theta)(u_r+iv_r)-\frac{\sin\theta}{r}(u_\theta+iv_\theta) \quad \cdots\cdots\cdots ①$$

$$=v_y-iu_y=\frac{\partial v}{\partial y}-i\frac{\partial u}{\partial y}$$

$$\overline{\overline{(2-139)_4\text{式}}}\left[(\sin\theta)v_r+\frac{\cos\theta}{r}v_\theta\right]-i\left[(\sin\theta)u_r+\frac{\cos\theta}{r}u_\theta\right]$$

$$=(\sin\theta)(v_r-iu_r)+\frac{\cos\theta}{r}(v_\theta-iu_\theta)$$

$$=(-i\sin\theta)(u_r+iv_r)+\frac{\cos\theta}{r}(v_\theta-iu_\theta) \quad \cdots\cdots\cdots ②$$

由①和②式得：

$$(\cos\theta+i\sin\theta)(u_r+iv_r)=e^{i\theta}(u_r+iv_r)$$

$$=\frac{\cos\theta+i\sin\theta}{r}(v_\theta-iu_\theta)=\frac{e^{i\theta}}{r}(v_\theta-iu_\theta) \cdots\cdots ③$$

$$\therefore f'(z_0)=e^{i\theta_0}[u_r(r_0,\theta_0)+iv_r(r_0,\theta_0)]\equiv f_r(z_0)$$

$$=\frac{e^{i\theta_0}}{r_0}[v_\theta(r_0,\theta_0)-iu_\theta(r_0,\theta_0)]\equiv f_\theta(z_0)$$

$$=\text{(2-144) 式} \cdots\cdots ④$$

④式的 z_0 是 z 平面 D 區域內的任意點 $z=z_0=(x_0+iy_0)=r_0e^{i\theta_0}$，$r_0={}_+\sqrt{x_0^2+y_0^2}$，$\theta_0=\tan^{-1}(y_0/x_0)$。

18. 求下列各函數的導函數：
(1) $f_1(z)=\ln f(z)$，　(2) $f_2(z)=\sin^{-1}z$，　(3) $f_3(z)=\tanh^{-1}z$。

➡解

(1) 求 $f_1(z)=\ln f(z)$ 的導函數，由 (2-125) 和 (2-145) 式得：

設 $f(z)=\xi$，則 $f_1(z)=\ln\xi\equiv\omega$

$$\therefore \frac{d}{dz}f_1(z)=\frac{d\omega}{dz}\underset{\text{(2-125)式}}{=\!=\!=}\frac{d\omega}{d\xi}\frac{d\xi}{dz}$$

$$\underset{\text{(2-145)式}}{=\!=\!=}\frac{1}{\xi}\frac{d}{dz}f(z)，\quad 且\ \xi=f(z)\neq 0$$

$$=\frac{1}{f(z)}f'(z) \cdots\cdots ①$$

$$\therefore \frac{d}{dz}\ln f(z)=\frac{f'(z)}{f(z)}，\quad 且\ f(z)\neq 0 \cdots\cdots ②$$

(2) 求 $f_2(z)=\sin^{-1}z$ 的導函數：

執行微分的函數，如微分定義 $(2\text{-}112)_1$ 式是必須**單值函數** (single-valued function)，不過好多複變函數是**多值** (multiple-valued 或 many-valued) 函數，於是爲了化爲單值函數必須引入 Riemann 面（請複習 $(1\text{-}32)_1$ 式到 (1-37) 式）。所以對多值函數執行微分的 Riemann 面，選的是 Riemann 面的**主葉**〔principal sheet 或**主支** (principal branch)〕。那什麼是多值函數 $f(z)$ 的主葉呢？由定義式 $(1\text{-}32)_1$ 式，是 $f(z)=0$ 當 $z=0$ 之葉。至於微分，複變函數必須有具體形式才能

進行演算，於是需先求 $\sin^{-1} z$ 的代數式：

$$f_2(z) = \sin^{-1} z = \omega \cdots\cdots ③$$

$$\therefore z = \sin\omega \underset{(2-73)式}{=\!=\!=} \frac{e^{i\omega} - e^{-i\omega}}{2i}$$

$$\therefore e^{i\omega} - e^{-i\omega} = 2iz$$

$$\therefore e^{2i\omega} - 2ize^{i\omega} - 1 = 0 \cdots\cdots ④$$

$$\therefore e^{i\omega} = iz \pm \sqrt{1-z^2} \Longleftarrow (-\sqrt{1-z^2}) 和 (+\sqrt{1-z^2}) 等質⊛$$

$$= e^{i\omega - 2\pi ki}，\quad k = 0, \pm 1, \pm 2, \cdots， \cdots\cdots ⑤$$

⊛由 ③ 式 $z = 0$ 時 $\omega = 0$，當 $z = 0$ 時 $(-\sqrt{1-z^2}) = -1$ 不等於該式左邊值 1，而 $(+\sqrt{1-z^2}) = 1$ 是可以。

$$\therefore e^{i(\omega - 2\pi k)} = iz + \sqrt{1-z^2}$$

$\Downarrow$ 取兩邊對數得

$$\omega = \sin^{-1} z = 2\pi k + \frac{1}{i}\ln(iz + \sqrt{1-z^2}) \cdots\cdots ⑥$$

⑥ 式就是 (2-87) 式。主葉是 $f_2(z) = \sin^{-1} z = 0$ 當 $z = 0$，故 ⑥ 式的 $k = 0$ 是主葉。

$$\therefore \sin^{-1} z = -i\ln(iz + \sqrt{1-z^2}) \cdots\cdots ⑦$$

$$\therefore \frac{d}{dz}\sin^{-1} z = \frac{d}{dz}[-i\ln(iz + \sqrt{1-z^2})]$$

$$\underset{(2-145)式}{=\!=\!=} -i\left\{\frac{1}{iz + \sqrt{1-z^2}}\left[\frac{d}{dz}(iz + \sqrt{1-z^2})\right]\right\}$$

$$= \frac{-i}{iz + \sqrt{1-z^2}}\left[i + \frac{1}{2}\frac{-2z}{\sqrt{1-z^2}}\right]$$

$$= \frac{1}{iz + \sqrt{1-z^2}}\left(1 + \frac{iz}{\sqrt{1-z^2}}\right) = \frac{1}{\sqrt{1-z^2}}$$

$$\therefore \frac{d}{dz}\sin^{-1} z = \frac{1}{\sqrt{1-z^2}} \cdots\cdots ⑧$$

(3) 求 $f_3(z) = \tanh^{-1} z$ 的導函數，同求 $\sin^{-1} z$ 的導函數方法得：

設 $f_3(z) = \tanh^{-1} z \equiv \omega$，則 $z = \tanh\omega$ $\cdots\cdots$ ⑨

$$\therefore z = \frac{\sinh\omega}{\cosh\omega} \underset{(2-77)式}{=\!=\!=} \frac{e^{\omega} - e^{-\omega}}{e^{\omega} + e^{-\omega}}$$

$$\therefore z(e^{\omega} + e^{-\omega}) = e^{\omega} - e^{-\omega}$$

$$\therefore e^{\omega}(1 - z) = e^{-\omega}(1 + z)$$

$$或\ e^{2\omega}=\frac{1+z}{1-z}，\qquad 或\ e^{\omega}=\left(\frac{1+z}{1-z}\right)^{1/2}$$

$$\therefore e^{\omega}=e^{\omega}\times 1=e^{\omega-2k\pi i}，\qquad k=0,\ \pm 1,\ \pm 2,\ \cdots， \cdots\cdots ⑩$$

$$\therefore \omega=\tanh^{-1}z=2k\pi i+\frac{1}{2}\ln\frac{1+z}{1-z} \cdots\cdots ⑪$$

⑪ 式是 (2-92) 式而主葉是 $k=0$，

$$\therefore \tanh^{-1}z=\frac{1}{2}\ln\frac{1+z}{1-z}$$

$$\underset{(2-65)式且主值}{=\!=\!=}\ \frac{1}{2}[\ln(1+z)-\ln(1-z)] \cdots\cdots ⑫$$

$$\therefore \frac{d}{dz}\tanh^{-1}z=\frac{d}{dz}\left[\frac{1}{2}\ln(1+z)-\frac{1}{2}\ln(1-z)\right]$$

$$\underset{(2-145)式}{=\!=\!=}\ \frac{1}{2}\frac{1}{1+z}-\frac{1}{2}\frac{1}{1-z}=\frac{1}{1-z^2}$$

$$\therefore \frac{d}{dz}\tanh^{-1}z=\frac{1}{1-z^2} \cdots\cdots ⑬$$

(2-145) 式的三角和反三角函數，以及雙曲線和反雙曲線函數的微分是如上面的 (2) 和 (3) 的方法推導出來的 (請選一兩個函數試試)，於是就當初級複變函數的微分公式使用。依推導 ⑦ 和 ⑫ 式的方法得主葉時的反三角和反雙曲線函數之代數式，將它們列於下面 (表 4)。請和前面的習題 (10) 和 (11) 的結果作比較。

(表 4)

反三角函數	反雙曲線函數
$\sin^{-1}z=-i\ln(iz+\sqrt{1-z^2})$	$\sinh^{-1}z=\ln(z+\sqrt{z^2+1})$
$\cos^{-1}z=-i\ln(z+\sqrt{z^2-1})$	$\cosh^{-1}z=\ln(z+\sqrt{z^2-1})$
$\tan^{-1}z=-\frac{i}{2}\ln\left(\frac{i-z}{i+z}\right)$	$\tanh^{-1}z=\frac{1}{2}\ln\left(\frac{1+z}{1-z}\right)$
$\cot^{-1}z=-\frac{i}{2}\ln\left(\frac{z+i}{z-i}\right)$	$\coth^{-1}z=\frac{1}{2}\ln\left(\frac{z+1}{z-1}\right)$
$\sec^{-1}z=-i\ln\left(\frac{1}{z}+\frac{1}{z}\sqrt{1-z^2}\right)$	$\text{sech}^{-1}z=\ln\left(\frac{1}{z}+\frac{1}{z}\sqrt{1-z^2}\right)$
$\csc^{-1}z=-i\ln\left(i\frac{1}{z}+\frac{1}{z}\sqrt{z^2-1}\right)$	$\text{csch}^{-1}z=\ln\left(\frac{1}{z}+\frac{1}{z}\sqrt{1+z^2}\right)$

19. $\begin{cases} \text{證明含 } r=0 \text{ 的萬有引力勢能 } U_g(r)=-GMm\dfrac{1}{r}\text{，從 Laplace 方程式 } \nabla^2 U_g(r)=0 \\ \text{變成 } \nabla^2 U_g(r)=-4\pi GMm\delta(\vec{r})\text{，}\delta(\vec{r})\text{ 是三維 }\delta\text{ 函數，}\delta(\vec{r})=\delta(x)\delta(y)\delta(z)\text{直角座標} \\ \text{時。} \end{cases}$

➥**解**

本題目會牽連一些向量分析的基礎代數演算和 δ 函數，請看註 (18) 和 (19) 之後才做本習題。本題啓發性高，我們一起來分析吧。下面所用的向量式子和 δ 函數方面的式子，請看註 (18) 和 (19)。由**保守力** (conservative force) 和**勢能** (potential energy) 關係得萬有引力 $\vec{F}_g(r)$ 是：

$$\vec{F}_g(r)=-\vec{\nabla}U_g(r)\text{，}\quad \text{右下標誌 } g \text{ 表示萬有引力} \cdots\cdots ①$$

$$\begin{aligned}\therefore \vec{\nabla}\cdot\vec{F}_g(r)&=-\vec{\nabla}\cdot\vec{\nabla}U_g(r)\\&=-\left(\mathbf{e}_x\frac{\partial}{\partial x}+\mathbf{e}_y\frac{\partial}{\partial y}+\mathbf{e}_z\frac{\partial}{\partial z}\right)\cdot\left(\mathbf{e}_x\frac{\partial U_g}{\partial x}+\mathbf{e}_y\frac{\partial U_g}{\partial y}+\mathbf{e}_z\frac{\partial U_g}{\partial z}\right)\\&\quad\left\{\frac{\partial}{\partial x_i}\mathbf{e}_j=0\quad,\quad i,j=1,2,3\right.\\&=-\left(\frac{\partial^2U_g}{\partial x^2}+\frac{\partial^2U_g}{\partial y^2}+\frac{\partial^2U_g}{\partial z^2}\right)\equiv-\nabla^2U_g(r)\cdots\cdots ②\end{aligned}$$

$$\text{而 } \vec{\nabla}\cdot\vec{\nabla}\equiv\vec{\nabla}^2=\sum_{i=1}^{3}\frac{\partial^2}{\partial x_i^2}=\nabla^2\cdots\cdots ③$$

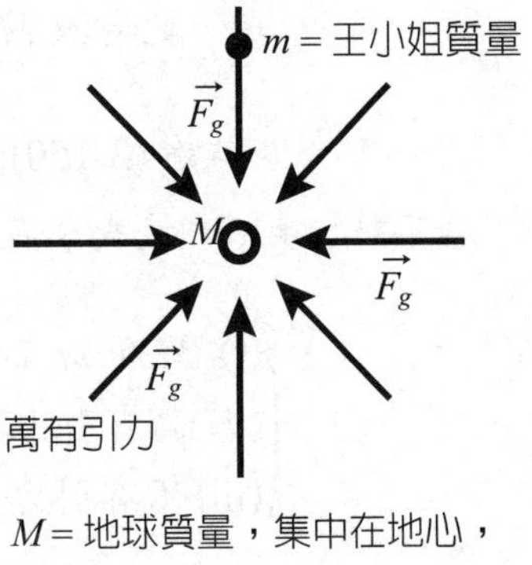

我們是生活在如右圖的質量 M 的萬有引力場，時時刻刻被往地心吸引。右圖現象是 $\vec{F}_g$ 的散度現象。

m = 王小姐質量

$\vec{F}_g$

M

萬有引力

M = 地球質量，集中在地心，

$$\therefore \vec{\nabla}\cdot\vec{F}_g\neq 0 \text{ 才對} \cdots\cdots ④$$

但由 ② 式和 (Ex.2-22) 是：

$$\vec{\nabla}\cdot\vec{F}_g=-\vec{\nabla}^2U_g=0\cdots\cdots ⑤$$

④ 式與 ⑤ 式的不一致結果是怎麼一回事？有兩個可能：

$$\left.\begin{array}{l}\text{(i) 直接求}\vec{\nabla}\cdot\vec{F}_g\text{，即懷疑 ① 式的 }U_g(r)\text{，}\\ \text{(ii) 如得}\vec{\nabla}\cdot\vec{F}_g=0\text{，那就要解剖 }\vec{F}_g\text{ 或 }U_g\text{。}\end{array}\right\}\cdots\cdots ⑥$$

先從散度定義來看看⑥式 (i) 的 $\vec{\nabla}\cdot\vec{F}_g$：

$$\begin{aligned}
\vec{\nabla}\cdot\vec{F}_g(r) &= -GMm\vec{\nabla}\cdot\left(\frac{1}{r^2}\mathbf{e}_r\right), \qquad \mathbf{e}_r=\frac{\vec{r}}{|\vec{r}|}=\frac{\vec{r}}{r}, \qquad r\neq 0 \\
&= -GMm\vec{\nabla}\cdot\left(\frac{\vec{r}}{r^3}\right) \\
&= -GMm\left\{\sum_{i=1}^{3}\frac{\partial}{\partial x_i}\left[\frac{x_i}{\left(\sum_{k=1}^{3}x_k^2\right)^{3/2}}\right]\right\} \\
&= -GMm\left\{\frac{3}{\left(\sum_{k=1}^{3}x_k^2\right)^{3/2}}+\sum_{i=1}^{3}x_i\left[\frac{-\frac{3}{2}\sum_{k=1}^{3}2x_k\delta_{ik}}{\left(\sum_{k=1}^{3}x_k^2\right)^{5/2}}\right]\right\} \\
&= -GMm\left\{\frac{3}{r^3}-\frac{3\sum_{i=1}^{3}x_i^2}{r^5}\right\} \\
&= -GMm\left\{\frac{3}{r^3}-\frac{3}{r^3}\right\}=0, \qquad \text{當 } r\neq 0 \cdots\cdots ⑦
\end{aligned}$$

由⑤, ⑥和⑦式得：「地球沒把我們往地心方向吸引」，沒有這回事，不是嗎？那只有直接開刀 $\vec{F}_g(r)=-GMm\mathbf{e}_r/r^2$，或者 $U_g(r)=-GMm/r$，立即發現：

我們把場源 M 的分布中心所在點 $r=0$ 排除掉了！ $\cdots\cdots$ ⑧

在推導結論 $(2\text{-}150)_1$ 式時，以萬有引力勢能 $U_g=-GMm/r$ 爲例，這個式子顯然不許 $r\neq 0$。這式子有非常不實際的假設：

$$\left(\begin{array}{l}\text{(i) } M \text{ 和 } m \text{ 都是點狀粒子 (point-like particle)，} \\ \text{(ii) 萬有引力場是均質，} \\ \text{(iii) 萬有引力是球對稱，}\end{array}\right) \cdots\cdots ⑨$$

質量 M 也好 m 也好都分布在有限空間，並且分布的質量密度不一定均勻，假定這些都暫時不管，至少要考慮場源 M 的分布中心所在點 $r=0$。不幸 $r=0$ 時 $U_g(r)$ 不滿足 (2-101) 式，是奇異點，如要 $U_g(r)$ 在 $r=0$ 時是**適定義** (well defined) 函數要怎麼辦？ $U_g(r)$ 是 $1/r$ 的函數，這正是在註 (18) 的 $(100)_1$ 式遇到的問題，要它在問題點 $r=0$ 能微分或積分，則必須如 $(100)_6$ 式那樣地加上三維空間的 δ 函數

$C\delta^3(x)$，所以含 $r=0$ 的 $U_g(r)$，設爲 $\widetilde{U}_g(r)$ 是：

$$\nabla^2 \widetilde{U}_g(r) = (\vec{r} \neq 0) + (\vec{r} = 0)$$
$$= 0 + C\delta^3(x)，\qquad C = \text{待定常量}$$
$$= C\delta^3(x) \cdots\cdots ⑩$$

$\delta^3(x) = \delta(x)\,\delta(y)\,\delta(z) \equiv \delta(\vec{r})$，則由 δ 函數的定義得：

$$\iiint_{-\infty}^{\infty} \delta^3(x)\, d^3x = 1 \quad , \quad \left.\begin{matrix} \delta(x)=0， & \delta(y)=0， & \delta(z)=0， \\ \text{當 } x\neq 0， & y \neq 0， & z\neq 0， \end{matrix}\right\} \cdots\cdots ⑪$$

那怎麼找 C 值呢？必須從萬有引力的物理去找，且 C 必帶**因次** (dimension)，因爲 ⑩ 式左邊是有因次的量。由 $\vec{F}_g(r) = -\vec{\nabla} U_g$ 得：

$$\nabla^2 \widetilde{U}_g(r) \equiv -\vec{\nabla} \cdot \vec{F}_g(r)，\qquad \vec{F}_g(r) \equiv -\vec{\nabla}\, \widetilde{U}_g(r)$$

$$\therefore \vec{\nabla} \cdot \vec{F}_g(r) = -C\delta^3(x) \cdots\cdots ⑫$$

再來是如何切入呢？現在的焦點是針對 ⑨ 式的修正，對象是整個萬有引力存在空間，是如右圖的問題，有體積 V 和包住它的表面積 A，加上 ⑫ 式的散度，於是想到註 (19) 的 (117) 式之 Gauss 定理可用。由 ⑫ 式得：

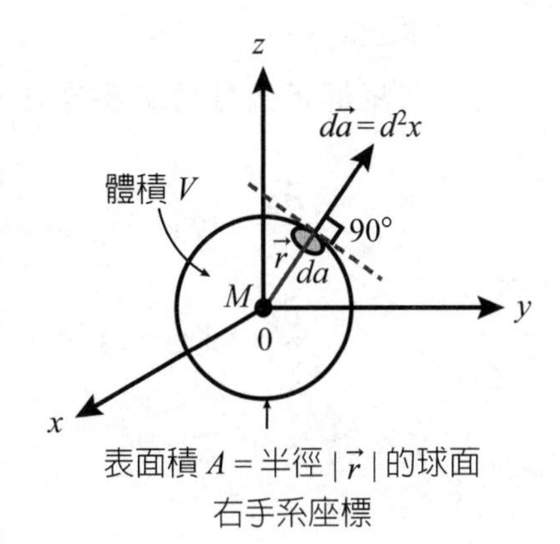

表面積 A = 半徑 $|\vec{r}|$ 的球面
右手系座標

$$\int_V (\vec{\nabla} \cdot \vec{F}_g)\, d^3x \;\overline{\overline{\;\text{Gauss 定理}\;}}\; \int_A \vec{F}_g(\vec{r}) \cdot \vec{da} \cdots\cdots ⑬$$

萬有引力是連心力，使用的最好座標是球座標 (r, θ, φ)[2)]，其微小面積 $\vec{da} = r^2 \sin\theta\, d\theta d\varphi \mathbf{e}_r$，$\mathbf{e}_r = \vec{r}/|\vec{r}| = \vec{r}/r$，而 $\vec{F}_g(r) = -GMm\mathbf{e}_r/r^2$，

$$\therefore \int_A \vec{F}_g(\vec{r}) \cdot \vec{da} = \int_A (-GMm\mathbf{e}_r/r^2) \cdot (r^2 \sin\theta\, d\theta\, d\varphi\, \mathbf{e}_r)$$
$$= -GMm \int_0^{\pi} \sin\theta\, d\theta \int_0^{2\pi} d\varphi$$
$$= -GMm\Big[-\cos\theta\Big]_0^{\pi} \times 2\pi$$
$$= 4\pi GMm$$

$$= \int_V (\vec{\nabla} \cdot \vec{F_g})\, d^3x \underset{⑫式}{=\!=\!=} -C\int_V \delta^3(x)\, d^3x \underset{⑪式}{=\!=\!=} -C$$

$$\therefore C = -4\pi GMm \cdots\cdots ⑭$$

於是由⑩, ⑫ 和 ⑭ 式得含 $r=0$ 的 $\nabla^2 \widetilde{U}_g(r)$ 和 $\vec{\nabla} \cdot \vec{F_g}(r)$ 是：

$$\left.\begin{aligned} \vec{\nabla} \cdot \vec{F_g}(r) &= \begin{cases} 0 \cdots\cdots r \neq 0 \\ 4\pi GMm\delta(\vec{r}) \cdots\cdots 含\ r=0 \end{cases} \\ \nabla^2 \widetilde{U}_g(r) &= \begin{cases} 0 \cdots\cdots r \neq 0 \\ -4\pi GMm\delta(\vec{r}) \cdots\cdots 含\ r=0 \end{cases} \end{aligned}\right\} \cdots\cdots ⑮$$

20. 設變換函數是解析函數的 $f(z) = (u(x,y) + iv(x,y))$，且 $u(x,y) = (3x^2y - y^3)$，求：
(1) $v(x,y)$，　(2) v 是否調和函數？　(3) u 與 v 是否正交？

➥ 解

此題是 (Ex.2-26) 的仿造題，你也可以自己造一造類似題。

(1) 求 $v(x,y)$：

利用解析函數的必要條件 Cauchy-Riemann 關係式求 v：

$$\frac{\partial u}{\partial x} = 6xy = \frac{\partial v}{\partial y} \cdots\cdots ①$$

$$\frac{\partial u}{\partial y} = 3x^2 - 3y^2 = -\frac{\partial v}{\partial x} \cdots\cdots ②$$

對 y 積分 ① 式：

$$\int dv = \int 6xydy \Longrightarrow v(x,y) = 3xy^2 + \phi(x) \cdots\cdots ③$$

③ 式的 $\phi(x)$ 是 x 的任意實函數，對 ③ 式偏微分 x 得：

$$\frac{\partial v}{\partial x} = 3y^2 + \frac{\partial \phi}{\partial x} \underset{②式}{=\!=\!=} 3y^2 - 3x^2$$

$$\therefore \phi(x) = -\int 3x^2\, dx = -x^3 + (常數 \equiv C) \cdots\cdots ④$$

於是由 ③ 和 ④ 式得 $v(x,y)$：

$$v(x,y) = 3xy^2 - x^3 + C \cdots\cdots ⑤$$

(2) $v(x, y)$ 是否調和函數呢？

調和函數 $(2\text{-}148)_4$ 和 $(2\text{-}148)_5$ 式來自 Cauchy-Riemann 關係式 (2-133) 式，既然使用 Cauchy-Riemann 關係式推導 $v(x, y)$，於是只要從 ① 式到 ⑤ 式的演算過程沒錯，v 一定是調和函數。所以如得 $(v_{xx} + v_{yy}) = 0$，等於驗證演算是正確，由 ⑤ 式得：

$$\frac{\partial v}{\partial x} = 3y^2 - 3x^2，\quad \frac{\partial^2 v}{\partial x^2} = -6x \quad ⑥$$

$$\frac{\partial v}{\partial y} = 6xy，\quad \frac{\partial^2 v}{\partial y^2} = 6x \quad ⑦$$

$$\therefore \frac{\partial^2 v}{\partial x^2} + \frac{\partial^2 v}{\partial y^2} = 0 \quad ⑧$$

$\therefore v(x, y) = 3xy^2 - x^3 + C$ 是調和函數。

(3) $u(x, y)$ 與 $v(x, y)$ 是否正交呢？

由 ① 與 ② 式和 ⑥ 與 ⑦ 式得：

$$斜率\ m_u = \frac{\partial u/\partial x}{\partial u/\partial y} = \frac{6xy}{3(x^2 - y^2)} = \frac{2xy}{x^2 - y^2}$$

$$m_v = \frac{\partial v/\partial x}{\partial v/\partial y} = \frac{-(3x^2 - 3y^2)}{6xy} = -\frac{x^2 - y^2}{2xy}$$

$$\therefore m_u \cdot m_v = \frac{2xy}{x^2 - y^2} \cdot \left(-\frac{x^2 - y^2}{2xy}\right) = -1 \quad ⑨$$

$\therefore u(x, y)$ 和 $v(x, y)$ 是兩族相互正交曲線群。

21. 回答下問題：

(1) 對變數平面 z 平面的所有 z，其導函數 $f'(z) = 0$，$f(z)$ 是什麼函數？

(2) 複變函數 $f(z) = \begin{cases} \dfrac{\cos z - 1}{z^2}, & z \neq 0 \\ -\dfrac{1}{2}, & z = 0 \end{cases}$ 是什麼函數？

(3) 如 $u(x, y)$ 爲調和函數，則 $f(z) = (u_x - iu_y)$ 是**整函數** (entire function)，$u_x = \partial u/\partial x$，$u_y = \partial u/\partial y$。

➡ 解

(1) 如 $f'(z)=0$，則 $f(z)$ 是什麼函數？

$f'(z)$ 存在，證明 $f(z)$ 是解析函數，於是 Cauchy-Riemann 關係式存在。設 $f(z)=(u(x,y)+iv(x,y))$，則由 (2-134) 式得：

$$f'(z)=\frac{\partial u}{\partial x}+i\frac{\partial v}{\partial x}$$

$$\overline{\overline{\text{Cauchy-Riemann 關係式}}}\ \frac{\partial v}{\partial y}-i\frac{\partial u}{\partial y}=0 \cdots\cdots ①$$

由 (1) 式左右邊的實虛部得：

$$\frac{\partial u}{\partial x}=\frac{\partial v}{\partial y}=0, \qquad \frac{\partial v}{\partial x}=-\frac{\partial u}{\partial y}=0 \cdots\cdots ②$$

$\therefore u=$ 常數，　$v=$ 常數 $\cdots\cdots$ ③

$\therefore f(z)=$ 常數

(2) $f(z)=\begin{cases}\dfrac{\cos z-1}{z^2}, & z\neq 0\\ -\dfrac{1}{2}, & z=0\end{cases}$ 是什麼函數？

首先看看 $f(z)$ 是否解析函數，最簡單的解析函數是 (2-40) 式的多項式。

$$\frac{\cos z-1}{z^2}=\frac{1}{z^2}\left\{\left(1-\frac{z^2}{2!}+\frac{z^4}{4!}-\frac{z^6}{6!}+\cdots\right)-1\right\}$$

$$=-\frac{1}{2!}+\frac{z^2}{4!}-\frac{z^4}{6!}+\cdots=\text{多項式} \cdots\cdots ④$$

$$\therefore \begin{cases}\lim\limits_{z\to 0}f(z)=-\dfrac{1}{2!}=-\dfrac{1}{2}\\ f(z=0)=f(0)=-\dfrac{1}{2}\end{cases}$$

$$\therefore \lim_{z\to 0}f(z)=f(0) \cdots\cdots ⑤$$

於是由 (2-101) 式得 $f(z)$ 在 $z=0$ 連續且爲解析 (∵多項式)，所以 $f(z)$ 在 z 平面全面爲解析域的函數，

$\therefore f(z)$ 是整函數 (entire function)。$\cdots\cdots$ ⑥

(3) 證明當 $u(x, y)$ 是調和函數時 $f(z) = (u_x - iu_y)$ 爲整函數：

因 $u(x, y)$ 爲調和函數，於是得：

$$\frac{\partial^2 u}{\partial x^2} + \frac{\partial^2 u}{\partial y^2} = 0 \quad \text{⑦}$$

如 $f(z)$ 的 u_x 和 $(-u_y)$ 滿足 Cauchy-Riemann 關係式，則 $f(z)$ 是解析函數。於是設：

$$\left.\begin{array}{l} u_x \equiv \alpha(x, y), \quad -u_y \equiv \beta(x, y) \\ \text{或 } f(z) = u_x - iu_y = u_x + i(-u_y) = \alpha(x, y) + i\beta(x, y) \end{array}\right\} \quad \text{⑧}$$

$$\therefore \begin{cases} \dfrac{\partial \alpha}{\partial x} - \dfrac{\partial \beta}{\partial y} = \dfrac{\partial}{\partial x}\left(\dfrac{\partial u}{\partial x}\right) - \dfrac{\partial}{\partial y}\left(-\dfrac{\partial u}{\partial y}\right) \\ \qquad = \dfrac{\partial^2 u}{\partial x^2} + \dfrac{\partial^2 u}{\partial y^2} \overset{}{\underset{\text{⑦式}}{=\!=}} 0 \quad \text{⑨} \\ \dfrac{\partial \alpha}{\partial y} + \dfrac{\partial \beta}{\partial x} = \dfrac{\partial}{\partial y}\left(\dfrac{\partial u}{\partial x}\right) + \dfrac{\partial}{\partial x}\left(-\dfrac{\partial u}{\partial y}\right) \\ \qquad = \dfrac{\partial^2 u}{\partial y \partial x} - \dfrac{\partial^2 u}{\partial x \partial y} \underset{u\text{為解析函數}}{=\!=} 0 \quad \text{⑩} \end{cases}$$

由 ⑨ 和 ⑩ 式得：

$$\frac{\partial \alpha}{\partial x} = \frac{\partial \beta}{\partial y}, \qquad \frac{\partial \alpha}{\partial y} = -\frac{\partial \beta}{\partial x} \quad \text{⑪}$$

$$\text{或 } \frac{\partial u_x}{\partial x} = \frac{\partial(-u_y)}{\partial y}, \qquad \frac{\partial u_x}{\partial y} = -\frac{\partial(-u_y)}{\partial x} \quad \text{⑫}$$

$\therefore$ { $f(z) = (u_x - iu_y)$ 是解析函數，且其解析域是 z 平面全面 ($\because$ 在全 z 平面能微分)，故 $f(z)$ 是整函數。}

22. 把複變數平面 z 平面的面積 A 之圖形，以伸縮轉動變換 $f(z) = 2e^{\pi i/3}z$ 映射到函數平面 ω 平面。(1) 求變換 Jacobian，(2) 解釋幾何圖形變化情況。

➡ 解

這一題是，從另一角度來分析 (Ex.2-3) 的變換前後之圖形大小。對同一題目，常有好多種解法，這正是我們要學的。先來看看變換函數各**因子** (factor) 的功能：

$$f(z) = 2e^{\pi i/3}z = \underbrace{2z}\ \underbrace{e^{\pi i/3}}$$

複變數，令逆時針方向轉 $\frac{\pi}{3}=60°$ }……①

線性變數，$2>0$，於是等於令 z 的變化增大 2 倍。

在 (Ex.2-3) 是具體地推算 $2z$ 的變化，確實線度增長 2 倍，整個平面圖 (2 維) 的大小變化是 2^2，這大小變化經 (2-162) 式是等於 $|f'(z)|^2$。

(1) 求 $f(z)=2e^{\pi i/3}z$ 的 Jacobian，由 $(2\text{-}160)_1$ 式得：

$$f(z)=2e^{\pi i/3}z=2\left(\cos\frac{\pi}{3}+i\sin\frac{\pi}{3}\right)(x+iy)$$

$$=(x-\sqrt{3}y)+i(\sqrt{3}x+y)$$

$$\equiv u(x,y)+iv(x,y) \quad\cdots\cdots ②$$

$$\therefore \text{Jacobian}\ \frac{\partial(u,v)}{\partial(x,y)}=\begin{vmatrix}\partial u/\partial x & \partial u/\partial y\\ \partial v/\partial x & \partial v/\partial y\end{vmatrix}=\begin{vmatrix}1 & -\sqrt{3}\\ \sqrt{3} & 1\end{vmatrix}=4 \quad\cdots\cdots ③$$

$$\overline{\overline{\ (2-161)式\ }}\ |f'(z)|^2 \quad\cdots\cdots ④$$

確實，$|f'(z)|^2=(2e^{-\pi i/3})(2e^{\pi i/3})=4$

(2) 變換前後的圖形變化情況，由 (1) 和 (4) 式得：

整個圖形逆時針方向轉 60°，
整個面積增加 4 倍，請看圖(2−10)(a)與(c)。 }……⑤

請自己造題目試一試，很好玩的遊戲。

23. 設 $f(z)$ 是解析函數，證明 $\left(\frac{\partial^2}{\partial x^2}+\frac{\partial^2}{\partial y^2}\right)|f(z)|^2=4|f'(z)|^2$。

➥解

$f(z)=(u(x,y)+iv(x,y))$，u 和 v 分別為 $f(z)$ 的實和虛部，則得：

$$|f(z)|^2=(u+iv)(u-iv)=u^2+v^2 \quad\cdots\cdots ①$$

$$\therefore \frac{\partial}{\partial x}|f(z)|^2=2u\frac{\partial u}{\partial x}+2v\frac{\partial v}{\partial x}$$

$$\therefore \frac{\partial^2}{\partial x^2}|f(z)|^2=2\left(\frac{\partial u}{\partial x}\right)^2+2u\frac{\partial^2 u}{\partial x^2}+2\left(\frac{\partial v}{\partial x}\right)^2+2v\frac{\partial^2 v}{\partial x^2} \quad\cdots\cdots ②$$

同理得：

$$\frac{\partial^2}{\partial y^2}|f(z)|^2=2\left(\frac{\partial u}{\partial y}\right)^2+2u\frac{\partial^2 u}{\partial y^2}+2\left(\frac{\partial v}{\partial y}\right)^2+2v\frac{\partial^2 v}{\partial y^2} \cdots\cdots ③$$

解析且調和函數時 Cauchy-Riemann 關係式和 Laplace 方程式成立：

$$\left.\begin{array}{l}\dfrac{\partial u}{\partial x}=\dfrac{\partial v}{\partial y}，\quad \dfrac{\partial u}{\partial y}=-\dfrac{\partial v}{\partial x}\\ \dfrac{\partial^2 u}{\partial x^2}+\dfrac{\partial^2 u}{\partial y^2}=0，\quad \dfrac{\partial^2 v}{\partial x^2}+\dfrac{\partial^2 v}{\partial y^2}=0\end{array}\right\} \cdots\cdots ④$$

$$\begin{aligned}\therefore \left(\frac{\partial^2}{\partial x^2}+\frac{\partial^2}{\partial y^2}\right)|f(z)|^2 &\overline{\overline{\text{(2), (3), (4)式}}}\ 4\left\{\left(\frac{\partial u}{\partial x}\right)^2+\left(\frac{\partial v}{\partial x}\right)^2\right\}\\ &=4(u_x+iv_x)(u_x-iv_x)\\ &=4|f'(z)|^2=4|df/dz|^2\end{aligned}$$

$$\therefore \left(\frac{\partial^2}{\partial x^2}+\frac{\partial^2}{\partial y^2}\right)|f(z)|^2=4|df/dz|^2=4|f'(z)|^2$$

24. 求下述各複變函數 $f(z)$ 的奇異點以及其名稱：

(1) $f_1(z)=\dfrac{z}{(z^2+9)^2}$，　(2) $f_2(z)=\ln(z-a)$，$a=$ 有限正實數，

(3) $f_3(z)=\dfrac{\sin\sqrt{z}}{\sqrt{z}}$，　(4) $f_4(z)=\dfrac{1-\cos z}{z}$，　(5) $f_5(z)=\dfrac{1}{\sin(1/z)}$。

➥ **解**

(1) $f_1(z)=\dfrac{z}{(z^2+9)^2}$：

$$f_1(z)=\frac{z}{(z^2+9)^2}=\frac{z}{(z-3i)^2(z+3i)^2}$$

$$\therefore \begin{cases}\lim\limits_{z\to 3i}(z-3i)^2 f_1(z)=\lim\limits_{z\to 3i}\dfrac{z}{(z+3i)^2}\\ =-\dfrac{1}{12}i=\text{非零確定值}\\ \lim\limits_{z\to -3i}(z+3i)^2 f_1(z)=\lim\limits_{z\to -3i}\dfrac{z}{(z-3i)^2}\\ =\dfrac{1}{12}i=\text{非零確定值}\end{cases}$$

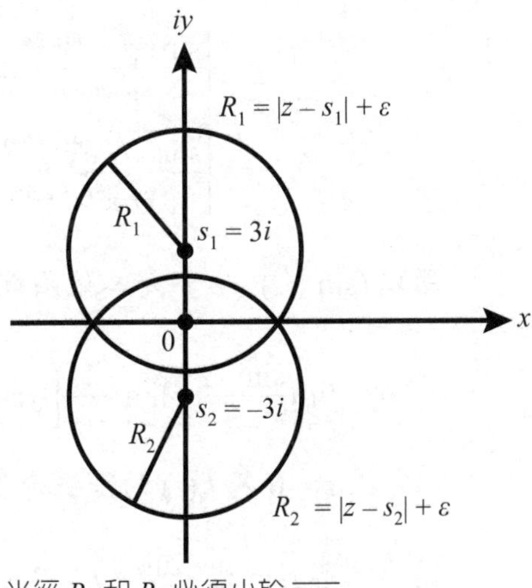

半徑 R_1 和 R_2 必須小於 $\overline{s_1 s_2}$

於是由 $(2\text{-}171)_3$ 式，$(z-3i)=0$ 之 $s_1=3i$ 和 $(z+3i)=0$ 之 $s_2=-3i$ 都是二階極點。這時如右圖，以 s_1 和 s_2 爲圓心，半徑各爲 $|z-s_1|<R_1$ 和 $|z-s_2|<R_2$ 的區域都沒其他奇異點，故由 (2-168) 式 $z=3i\equiv s_1$ 和 $z=-3i\equiv s_2$ 是孤立奇異點，$R_i\equiv(\overline{s_1s_2}-\varepsilon)$，$\varepsilon=$ 無限小量，$i=1,2$。

(2) $f_2(z)=\ln(z-a)$，$a=$ 有限正實數：

由 (2-61) 式得對數函數 $f(z)=\ln z$ 是無限多值函數，於是有無限多葉 Riemann 面，而原點 $z=0$ 是各葉共有點，即**分支點** (branch point)，它是奇異點 (請複習 $(1\text{-}32)_1$ 式到 $(1\text{-}32)_2$ 式)，這是爲什麼在複變函數不定義 $z=0$ 的 $\ln 0$ (請看 (2-64) 式)。

$\therefore z=a$ 是 $\ln(z-a)$ 的分支點，是個孤立奇異點。

(3) $f_3(z)=\dfrac{\sin\sqrt{z}}{\sqrt{z}}$：

$f(z)=\sqrt{z}$ 是二值函數 (請看 (Ex.2-16) 或習題 (14) 和 (16))，即多值函數。故其奇異點是分支點，它是孤立奇異點。不過 $f_3(z)$ 不是純 $\sqrt{z}$ 函數，是兩個同多值函數的比函數，同時 $f_3(z)$ 類比具可去奇異點的 $(\sin z)/z\equiv g(z)$ 函數，於是我們猜 $f_3(z)$ 可能對應 $g(z)$，那只有實際演算了。由 $(1\text{-}35)_2$ 式得：

$$\sqrt{z}=z^{\frac{1}{2}}=\begin{cases} r^{1/2}\left(\cos\dfrac{\theta_p}{2}+i\sin\dfrac{\theta_p}{2}\right)=\sqrt{r}e^{i\theta_p/2} \\ r^{1/2}\left(\cos\dfrac{\theta_p+2\pi}{2}+i\sin\dfrac{\theta_p+2\pi}{2}\right)=\sqrt{r}e^{i(\theta_p+2\pi)/2} \end{cases}$$

$$\therefore\ \frac{\sin\sqrt{z}}{\sqrt{z}}=\begin{cases} \dfrac{\sin(\sqrt{r}\,e^{i\theta_p/2})}{\sqrt{r}\,e^{i\theta_p/2}}\equiv g(z_1) \\ \dfrac{\sin(\sqrt{r}\,e^{i(\theta_p+2\pi)/2})}{\sqrt{r}\,e^{i(\theta_p+2\pi)/2}}=\dfrac{\sin(-\sqrt{r}\,e^{i\theta_p/2})}{-\sqrt{r}\,e^{i\theta_p/2}}=g(z_1) \end{cases}$$

所以 $(\sin\sqrt{z})/\sqrt{z}$ 不是二值函數，是單值函數，只有一葉 Riemann 面，且：

$$\lim_{z\to 0}\frac{\sin\sqrt{z}}{\sqrt{z}}=\lim_{z\to 0}\frac{1}{\sqrt{z}}\left(\sqrt{z}-\frac{1}{3!}(\sqrt{z})^3+\frac{1}{5!}(\sqrt{3})^5-\cdots\right)=1$$

$\therefore z=0$ 是 $f_3(z)$ 的可去奇異點，即 $z=0$ 是孤立奇異點。

請你試解 $(\sin z^{1/n})/z^{1/n}$，$n>2$ 的正整數，很好玩。

(4) $f_4(z)=\dfrac{1-\cos z}{z}$：

$$f_4(z=0)=\frac{1-1}{0}=\frac{0}{0}=\text{無法定義數}$$

$$\text{但}\lim_{z\to 0}f_4(z)=\lim_{z\to 0}\frac{1}{z}\left[1-\left(1-\frac{z^2}{2!}+\frac{z^4}{4!}-\cdots\right)\right]$$

$$=\lim_{z\to 0}\left(\frac{z}{2!}-\frac{z^3}{4!}+\frac{z^5}{6!}-\cdots\right)=0=\text{確定值}$$

於是由 (2-170) 式得 $z=0$ 是 $f_4(z)$ 的可去奇異點，且是孤立奇異點。

(5) $f_5(z)=\dfrac{1}{\sin(1/z)}$：

這一題在介紹本質奇異點的 (例 2) 以 $f(z)=\csc(1/z)$ 討論過，不過當時的分析焦點是聚奇異點，沒仔細地分析 $\sin n\pi=0$ 之 $n=0$ 情況，因 $n=0$ 牽連到 $|z|=\infty$。在複變數空間，由 (1-43) 式得 $|z|=\infty$ 是很特別之一點，它是圖 (1-14) 的北極點，請複習 $(1\text{-}42)_1$ 式到 (1-45) 式。當 $\sin(1/z)=0$，則：

$$f_5(z)=\frac{1}{0}=\text{無法定義}\,f_5(z)$$

$$\text{而}\sin\left(\frac{1}{z}\right)=0=\sin n\pi$$

$$\therefore z=\frac{1}{n\pi}\text{是}\,f_5(z)\text{ 的奇異點，}\qquad n=0,\pm1,\pm2,\cdots\text{，} \cdots\cdots ①$$

但 ① 式的 $n=0$ 和 $n=\infty$ 必須特別小心分析。① 式的 $n=\pm1,\pm2,\pm3,\cdots,\pm$ (有限大) 部分，請看圖 (2-29)，以及 $n\to\infty$ 的 $z=0$ 是本質奇異點都在該例題分析過。這裡僅分析 $n=0$：

$$\lim_{n\to 0}\frac{1}{n\pi}=\frac{1}{0}\xlongequal[\text{實數時}]{}\infty \cdots\cdots ②$$

由 ① 和 ② 式得 $n=0$ 會帶來 $|z|=\infty$，它是圖 (1-14) 的北極，這時如以北極爲球面圓心，任意有限大半徑 $R>0$ 的球面圓內，除了北極都沒其他奇異點，所以 $|z|=\infty$ 是 $f_5(z)$ 的孤立奇異點，那是什麼樣的孤立奇異點呢？令 $z\equiv 1/\xi$，則：

$$f_5(z)=f_5\left(\frac{1}{\xi}\right)=\frac{1}{\sin\xi}\equiv g(\xi) \cdots\cdots ③$$

$$\therefore \lim_{\xi\to 0}g(\xi)=\frac{1}{0}=\text{無法定義}\,g(\xi)\text{ 值}$$

但 $\lim_{\xi\to 0}(\xi-0)\,g(\xi)=\lim_{\xi\to 0}\frac{\xi}{\sin\xi}$

$=1=$ 非零的確定值 ……………………………… ④

於是由 $(2\text{-}171)_3$ 式 $g(\xi)$ 是一階極點，

$\therefore f_5(|z|=\infty)=f_5\left(z=\frac{1}{n\pi},\,n=0\right)$ 是一階極點，……………………………… ⑤

本習題 $f_5(z)=\frac{1}{\sin(1/z)}=\csc\left(\frac{1}{z}\right)$ 是非常好的題目，涵蓋 (2-166) 式到 (2-173) 式內容，這是爲什麼分成兩個地方 (本文和習題) 來討論，以加深對奇異點之瞭解。

25. 請仿 (Ex.2-30) 自造複變函數 $g(x,y)$，然後求其：
(1) 梯度，　(2) 散度，　(3) 旋度，　(4) Laplace 方程式，
並且從 $g(x,y)$ 的結果去證明和 $G(z,z^*)$ 的結果相等。

摘要

(I) 複變函數，初級複變函數：

複變函數？

$$\begin{pmatrix}\text{複變數 } z \\ z = x + iy\end{pmatrix} \Longleftrightarrow \begin{pmatrix}\text{複變函數 } f(z) \equiv \omega \\ = u(x, y) + iv(x, y)\end{pmatrix}$$

$$\begin{pmatrix}\text{幾何表象 (Ex.2-2)} \\ \text{數學與物理 } (2\text{-}96)_2 \text{ 式}\end{pmatrix}$$

變　換？

(1) 一次複變變換函數

- (i) 平動變換 ………… $(2\text{-}9)_1$ 式
- (ii) 轉動變換 ………… (2-10) 式
- (iii) 伸縮轉動變換 ………… (2-11) 式
- (iv) 反演變換 ………… (2-13) 式

(2) 一般與特殊一次複變變換函數：

- 一般一次複變變換函數 ………… (2-16) 式
- 共形變換 ………… 圖 (2-11)
- 特殊一次複變變換函數 ………… (2-19) 式，或 (2-22) 式、(2-26) 式、(2-37) 式

初級複變函數

(1) 多項式函數 ………… (2-40) 式
(2) 有理代數函數 ………… (2-41) 式
(3) 指數函數 ………… (2-43) 式
(4) 對數函數 ………… (2-61) 式
(5) 冪函數 ………… (2-68) 式
(6) 三角函數 ………… (2-74) 式
(7) 雙曲線函數 ………… (2-80) 式
(8) 反三角函數 ………… (2-87) 式
(9) 反雙曲線函數 ………… (2-92) 式

(10) 代數函數與超越函數 ………………………… (2-94) 式

(II) 複變函數微分：

複變微分內涵？

(1) 為什麼需要微分？什麼是微分？
(2) 極限 …………… $(2\text{-}97)_{1,2}$ 式，圖 (2-19)
(3) 連續 …………… (2-101) 式 { 均勻連續？／非連續？可去非連續？／不可去非連續？

導 函 數

(1) { 可微分？ ………………… $(2\text{-}112)_1$ 式，／導數？ …………………… $(2\text{-}112)_2$ 式，／導函數？ ………………… $(2\text{-}112)_3$ 式，幾何圖像？ …………… 圖 (2-22)(a), (b), (c)。
(2) 微分規則？ ……………… (2-121)~(2-125) 和 (2-127) 式，
(3) Cauchy-Riemann 關係式 { 直角座標形式 ………… (2-133) 式，／極座標形式 ……………… (2-140) 式。
(4) 高階導函數 ……………… (2-147) 式

$f(z) = u + iv \Longrightarrow (\nabla^2 u = 0, \quad \nabla^2 v = 0)$ …………… $(2\text{-}148)_{4,5}$ 式，

Laplace 方程式 $\nabla^2\psi = 0, \quad \nabla^2 = \frac{\partial^2}{\partial x^2} + \frac{\partial^2}{\partial y^2}$ ……… $(2\text{-}149)_1$ 式。

解 析 函 數 ——(2-152) 式

(1) 什麼叫解析函數？
(2) 以解析函數的映射 { 變換 Jacobian ？ ………………… $(2\text{-}160)_{1,2,3}$ 式，／伸縮因子？ …………………… (2-162) 式，／共形變換 { 等角映射／正交映射 }
(3) 奇異點 { 孤立奇異點／聚奇異點／可去奇異點／極點／本質奇異點 } …………………… 圖 (2-30)

(4) L'Hospital 規則？ ………………………………… $(2\text{-}176)_1$ 式

(5) 複變數的微分算符

- 梯 (陡) 度算符 $\vec{\nabla}_c$ ………………………………………… $(2\text{-}180)_{1,2}$ 式
- 散度算符 $\vec{\nabla}_c \cdot$ ………………………………………… (2-183) 式
- 旋度算符 $\vec{\nabla}_c \times$ ………………………………………… (2-184) 式
- Laplacian $\vec{\nabla}_c \cdot \vec{\nabla}_c = \vec{\nabla}_c^{\,2} \equiv \nabla_c^2$ ……………………… $(2\text{-}185)_1$ 式

(17) G. E. F. Sherwood and Angus E. Taylor:

Calculus (third edition)

Prentice-Hall, Inc. (1954)

Robert A. Adams and Christopher Essex:

Calculus (17th edition)

Pearson Addison Wesley (2010)

(18) δ 函數 (delta function) 是什麼？[4)]

(A) δ 函數的定義

符號“δ”唸成“delta”，δ 函數是 1926 年 Dirac (Paul Adrien Maurice Dirac, 1902~1984) 爲了處理連續**譜** (spectrum) 時，以類比離散譜理論創造 (該説是發現) 的**擬函數** (improper function 又譯成反常函數)。物理的所謂**譜** (spectrum，複數 spectra) 是某種物理量的分佈範圍，例如太陽光譜，普通是從頻率很小的紅外光一直分佈到頻率很高的紫外光。在這裡以直觀的比喻方式介紹 (請務必精讀 Dirac[4)] 的 P.58 到 P.61 δ 函數起源) δ 函數。設物理體系 (或一個粒子) 內某能觀測的動力學量之算符爲 $\hat{\sigma}$，以 $\hat{\sigma}$ 的**本徵值** (eigenvalue)[2)] 構成的譜作例進行討論。物理體系的**力學能** (mechanical energy) $E =$ (動能 + 勢能)，如用算符表示 E 是 $\hat{H}$，當要觀測該物理體系某能量時，就把和該能量有關的 $\hat{H}$ 作用到物理體系 (下面簡稱體系) 的狀態函數 $\psi_\alpha(\xi)$ (離散本徵值 α 時 $\alpha = 1, 2, \cdots\cdots$) 或 $\psi(\xi, \alpha)$ (連續本徵值 α 時) 上面得：

$$\hat{H}\left[\sum_{\alpha=1}^{n} \psi_\alpha(\xi)\right] = \hat{H}\,\psi_\beta(\xi) = E_\beta\,\psi_\beta(\xi) \quad \cdots\cdots (76)$$

連續時 (76) 式的 $\sum_{\alpha=1}^{n}$ 變成積分 $\int_a^b d\alpha$：

$$\hat{H}\int_a^b \psi(\xi, \alpha)\,d\alpha = \,? \quad \cdots\cdots (77)$$

(76) 式的 E_β 是 $\hat{H}$ 的本徵值，而 ψ_β 爲對應於 E_β 的 $\hat{H}$ 的**本徵函數** (eigen function)。類比這個觀測的 (76) 式，如要 (77) 式的 $\psi(\xi, \alpha)$ 肯定地是 $\psi(\xi, \beta)$ 要

怎麼辦？這一點正是年輕的 Dirac（當時才 24 歲）洞察出來的核心點，而把離散量時用的 $\delta_{\alpha,\beta}$ (Kronecker delta α 和 β, Leopold Kronecker, 1823~1891) 推廣到連續量，創造了 δ 函數為 $\delta(\alpha-\beta)$。1926 年 Dirac 確實是從 $\delta_{\alpha,\beta}$ 創造了 $\delta(\alpha-\beta)$，不過以目前的現狀，該說成：「Dirac 發現了 δ 函數」較好，因為太多物理題沒它不行，即表示 δ 函數是存在於數學函數內的一種函數。請看下面的 Fourier 變換已隱藏了 $(97)_1$ 式。如引進 $\delta(\alpha-\beta)$，則 (77) 式左邊是：

$$\hat{H}\int_a^b \psi(\xi,\alpha)d\alpha \Longrightarrow \hat{H}\int_a^b \psi(\xi,\alpha)\delta(\alpha-\beta)d\alpha$$
$$=\hat{H}\,\psi(\xi,\beta)=E_\beta\psi(\xi,\beta) \cdots\cdots (78)$$

如果有能扮演 (78) 式任務角色的 $\delta(x)$ 函數，則 $\delta(x)$ 必是：

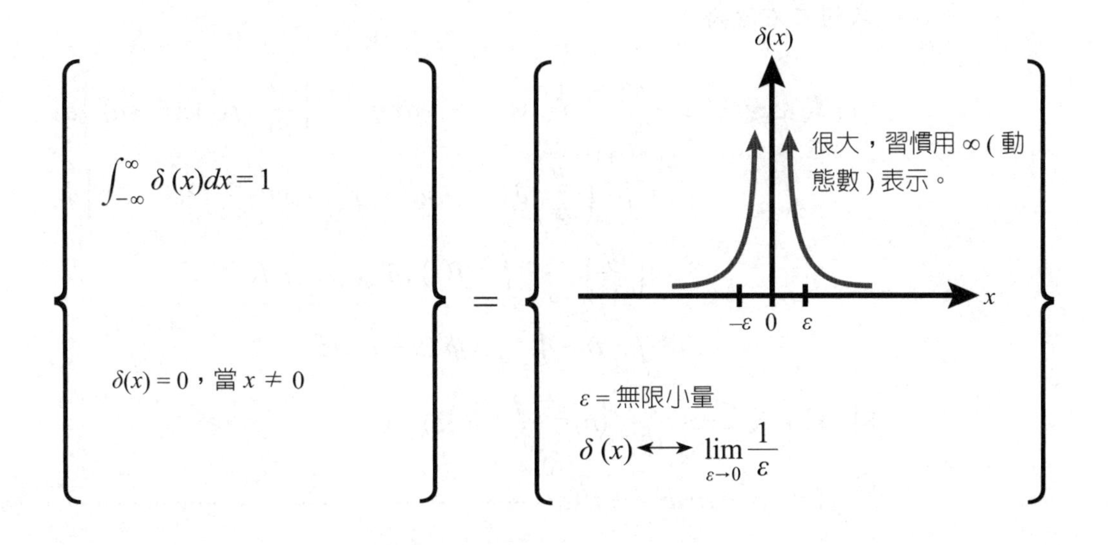

$\int_{-\infty}^{\infty}\delta(x)dx=1$
$\delta(x)=0$，當 $x\neq 0$
=
$\delta(x)$
很大，習慣用 ∞（動態數）表示。
x
$-\varepsilon$ 0 ε
ε = 無限小量
$\delta(x) \longleftrightarrow \lim_{\varepsilon\to 0}\frac{1}{\varepsilon}$

$\cdots\cdots (79)$

並且 $\delta(x)$ 的特質是現身在**被積函數** (integrand)：

$$\int_{-\infty}^{\infty} f(x)\delta(x)dx=f(0) \cdots\cdots (80)$$

(79) 式和 (80) 式是等質，以哪一式作為 δ 函數的定義都一樣，不過 (80) 式的 $f(x)$ 必須單值函數並且連續函數。(79) 式是 1926 年 Dirac 定義的 δ 函數，並且稱它為**擬函數** (improper function)。顯然積分範圍不一定從 $x=(-\infty)$ 到 $x=(+\infty)$，表示全空間之意。由於除問題點附近，其他區域的 δ 函數是零，所以只要積分範圍涵蓋問題點就行。如問題點不在原點 $x=0$，而在 $x=a$，則 (80) 式是：

$$\int_{-\infty}^{\infty} f(x)\delta(x-a)dx = f(a) \quad \cdots\cdots (81)$$

以上敘述的過程，正是我們要學習的招術，其中的類比法是作科學研究的重要方法之一，接著是大膽地假設，或大膽地創造符號。

問題解決了嗎？回答是：尚未解。物理現象是會變的，變化牽連到微分，那麼遇到求導函數時，如何定義擬函數的 δ 函數的微分呢？即 δ 函數有沒有 (2-101) 式性質呢？從 (80) 式或 (81) 式，Dirac 定義的 δ 函數是在**被積函數** (integrand) 內的一個**因子** (factor)，所以只要被積函數 $f(x)$ 滿足 (2-101) 式的連續函數就行，於是 Dirac 從 (81) 式切入去尋找 δ 函數的導函數 $\dfrac{d\delta}{dx} \equiv \delta'(x)$。微分 (81) 式的左右邊得：

$$\begin{aligned}
(81)\text{ 式左邊} \Longrightarrow \frac{d}{dx}\int_{-\infty}^{\infty} f(x)\delta(x-a)dx &= \int_{-\infty}^{\infty}\left\{\frac{d}{dx}[f(x)\delta(x-a)]\right\}dx \\
&= \int_{-\infty}^{\infty}\left(\frac{df}{dx}\right)\delta(x-a)dx + \int_{-\infty}^{\infty} f(x)\left\{\frac{d}{dx}[\delta(x-a)]\right\}dx \\
&= \left(\frac{df}{dx}\right)_{x=a} + \int_{-\infty}^{\infty} f(x)\{\delta'(x-a)\}\,dx \\
&= f'(a) + \int_{-\infty}^{\infty} f(x)\delta'(x-a)\,dx
\end{aligned}$$

$$(81)\text{ 式右邊} \Longrightarrow \frac{d}{dx}f(a) = \frac{d}{dx}(\text{常數}) = 0$$

$$\therefore \int_{-\infty}^{\infty} f(x)\delta'(x-a)\,dx = -f'(a) \quad \cdots\cdots (82)$$

就這樣地定義了 δ 函數的導函數。

(B) δ 函數的性質

(1) 一維爲例：

Dirac 依以上邏輯在 1927 年春天前完成了連續譜理論，而整理出下述的 δ 函數性質。讓我們一起來欣賞他的思路歷程，正是我們要學習的方法也。Dirac 先去找具有 (79) 式內涵的函數，這時他洞察到 δ 函數的核心角色是 (80) 式，於是他從 (80) 式切入去找。他發現在 $x=0$ 處，求 (圖 14) 的**階梯函數** (step function) 的極限操作，能滿足 (80) 式，階梯函數 Ⓗ(x) 是：

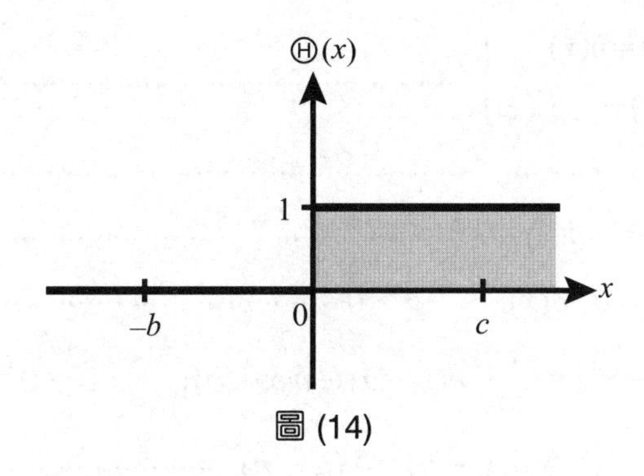

圖 (14)

$$Ⓗ(x)=\begin{Bmatrix}1\cdots\cdots x>0\\0\cdots\cdots x<0\end{Bmatrix}\cdots\cdots(83)$$

設 $\frac{dⒽ}{dx}\equiv Ⓗ'(x)$，以 $Ⓗ'(x)$ 取代 (80) 式左邊的 $\delta(x)$，且把積分上下限如 (圖 14) 所示換爲 $(-\infty\Rightarrow -b)$，$(+\infty\Rightarrow c)$ 得：

$$\int_{-\infty}^{\infty}f(x)\delta(x)dx=\int_{-\infty}^{\infty}f(x)Ⓗ'(x)\,dx$$

$$=\int_{-b}^{c}f(x)Ⓗ'(x)\,dx \Longleftarrow \text{執行部分積分}$$

$$=f(x)Ⓗ(x)\Big]_{-b}^{c}-\int_{-b}^{c}f'(x)Ⓗ(x)\,dx$$

$$=f(c)-\int_{-b}^{c}f'(x)Ⓗ(x)\,dx$$

$$=f(c)-\int_{0}^{c}f'(x)\,dx$$

$$=f(c)-f(x)\Big]_{0}^{c}=f(c)-f(c)+f(0)=f(0)$$

$$\therefore\int_{-b}^{c}f(x)Ⓗ'(x)\,dx=\int_{-\infty}^{\infty}f(x)Ⓗ'(x)\,dx=f(0)=(80)\text{ 式}\cdots\cdots(84)$$

$$\text{或 }\delta(x)=\frac{d}{dx}Ⓗ(x)\cdots\cdots(85)$$

階梯函數是非連續函數，於是從 (83) 式到 (85) 式的演算過程歸納得：

$$\begin{pmatrix}\delta\text{函數是處理非連續函數}\\\text{的微分時會出現的函數。}\end{pmatrix}\cdots\cdots(86)$$

以因子形式現身於被積函數內的 δ 函數，經執行積分演算歸納的一維 δ 函數有下 (87) 式到 (93) 式的性質，即把下列各式的左右邊分別放進被積函數時，能得相同結果。

$$\left.\begin{aligned}\delta(-x)&=\delta(x)\\ \delta'(-x)&=-\delta'(x)\end{aligned}\right\}\cdots\cdots(87)$$

$$x\delta(x)=0\cdots\cdots(88)$$

$$x\delta'(x)=-\delta(x)\cdots\cdots(89)$$

$$\delta(ax)=a^{-1}\delta(x),\qquad a>0\cdots\cdots(90)$$

$$\delta(a^2-x^2)=\frac{1}{2a}[\delta(x-a)-\delta(x+a)],\qquad a>0\cdots\cdots(91)$$

$$\int\delta(a-x)\,dx\,\delta(x-b)=\delta(a-b)\cdots\cdots(92)$$

$$f(x)\delta(x-a)=f(a)\delta(x-a)\cdots\cdots(93)$$

證明 (87) 式到 (93) 式：

(i) 證明 (87) 式 $\delta(x)=\delta(-x)$ 和 $\delta'(-x)=-\delta'(x)$：

從 δ 函數的定義 (79) 式得 δ 函數是**偶函數** (even function)，即對 $x=0$ 對稱的函數。(87) 式的 $\delta(-x)=\delta(x)$ 就是表示偶函數，設 $f(x)$ 爲連續函數，則：

$$\begin{aligned}\int_{-\infty}^{\infty}f(x)\delta(-x)\,dx &\xlongequal[x\rightarrow(-x)]{} \int_{\infty}^{-\infty}f(-x)\delta(x)\,(-dx)\\ &=-\int_{\infty}^{-\infty}f(-x)\delta(x)dx\\ &=\int_{-\infty}^{\infty}f(-x)\delta(x)dx\\ &\xlongequal[(80)\text{式}]{} f(0)=\int_{-\infty}^{\infty}f(x)\delta(x)dx\end{aligned}$$

$\therefore\ \delta(-x)=\delta(x)=$ (87) 式 ……①

對 ① 式兩邊執行微分 $\dfrac{d}{dx}$：

$$\begin{aligned}\frac{d}{dx}\delta(-x)&=-\frac{d}{d(-x)}\delta(-x)\\ &=-\delta'(-x)\\ &=\frac{d}{dx}\delta(x)=\delta'(x)\end{aligned}$$

$\therefore\ \delta'(-x)=-\delta'(x)=$ (87) 式 ……②

(ii) 證明 (88) 式 $x\delta(x)=0$：

設 $f(x)$ 爲連續函數，則：

$$\int_{-\infty}^{\infty} f(x)\, x\, \delta(x)\, dx = \int_{-\infty}^{\infty} [f(x)x]\, \delta(x)\, dx$$

$$\overline{\overline{\quad(80)\text{式}\quad}}\ f(0)\times 0 = 0 = \int_{-\infty}^{\infty} [f(x)\times 0]dx$$

$\therefore\ x\delta(x) = 0 = (88)$ 式 ………………………………………… ③

③ 式表示，在被積函數乘 $x\delta(x)$ 因子等於在被積函數乘零**因子** (factor)。

(iii)證明 (89) 式 $x\delta'(x) = -\delta(x)$：

設 $f(x)$ 爲連續函數，得

$$\int_{-\infty}^{\infty} f(x)\, x\, \delta'(x)\, dx = \int_{-\infty}^{\infty} [f(x)x]\, \delta'(x)\, dx$$

$$\overline{\overline{\quad(82)\text{式}\ a=0\quad}}\ -\left[\frac{d}{dx}(f(x)x)\right]_{x=0}$$

$$= -\ [f'(x)\, x]_{x=0} -\ [f(x)]_{x=0}$$

$$= 0 - f(0) = -f(0)$$

而 $\int_{-\infty}^{\infty} f(x)\,[-\delta(x)]dx = -\int_{-\infty}^{\infty} f(x)\delta(x)dx\ \overline{\overline{\quad(80)\text{式}\quad}}\ -f(0)$

$\therefore\ x\delta'(x) = -\delta(x) = (89)$ 式 ………………………………………… ④

(iv)證明 (90) 式 $\delta(ax) = \frac{1}{a}\delta(x)$，$a > 0$：

設 $f(x)$ 爲連續函數，則由 (81) 式得：

$$\int_{-\infty}^{\infty} f(x)\, \delta(x-b)\, dx = f(b) \quad \text{………………………………………… ⑤}$$

設 $x = ay$，則 ⑤ 式變成：

$$⑤\ \text{式左邊} = a\int_{-\infty}^{\infty} f(ay)\, \delta(ay - ab)\, dy$$

$$= a\int_{-\infty}^{\infty} f(ay)\delta\,[a\,(y-b)]dy$$

$$\overline{\overline{\quad ⑤\text{式右邊}\quad}}\ f(ab) \quad \text{………………………………………… ⑥}$$

而 $\int_{-\infty}^{\infty} f(ay)\, \delta(y-b)\, dy\ \overline{\overline{\quad(81)\text{式}\quad}}\ f(ab)$ ………………………………………… ⑦

由 ⑥ 和 ⑦ 式得：

$$\int_{-\infty}^{\infty} f(ay)\,\delta[a(y-b)]\,dy = \frac{1}{a}\int_{-\infty}^{\infty} f(ay)\,\delta(y-b)\,dy$$

設 $(y-b)=\xi$，則由上式得：

$$\delta(a\xi)=\frac{1}{a}\delta(\xi)$$

或 $\delta(ax)=\dfrac{1}{a}\delta(x)=(90)$ 式 ……………………………………………… ⑧

(v) 證明 (91) 式 $\delta\,(x^2-a^2)=\dfrac{1}{2a}\,[\delta\,(x-a)+\delta\,(x+a)],\qquad a>0$：

$$\delta\,(x^2-a^2)=\delta[(x-a)(x+a)]$$

$$\overset{}{\underset{(90)\text{式}}{=\!=\!=}}\ \frac{1}{|x+a|}\delta\,(x-a)+\frac{1}{|x-a|}\,\delta\,(x+a) \quad\cdots\cdots ⑨$$

$$\therefore \int_{-\infty}^{\infty} f(x)\delta\,(x^2-a^2)dx=\int_{-\infty}^{\infty}\frac{f(x)}{|x+a|}\,\delta\,(x-a)dx+\int_{-\infty}^{\infty}\frac{f(x)}{|x-a|}\,\delta\,(x+a)dx$$

……………………………………………………………………………… ⑩

設 $(x-a)\equiv\xi$，$(x+a)\equiv\eta$，則 ⑩ 式右邊是：

$$⑩\text{ 式右邊}=\int_{-\infty}^{\infty}\frac{f(\xi+a)}{|\xi+2a|}\delta(\xi)d\xi+\int_{-\infty}^{\infty}\frac{f(\eta-a)}{|\eta-2a|}\delta(\eta)d\eta$$

$$\underset{(80)\text{式}}{=\!=\!=}\ \frac{f(a)}{|0+2a|}+\frac{f(-a)}{|0-2a|}$$

$$=\frac{1}{2a}\{f(a)+f(-a)\} \quad\cdots\cdots ⑪$$

但 $f(a)+f(-a)\ \underset{⑧\text{式}}{=\!=\!=}\ \displaystyle\int_{-\infty}^{\infty} f(x)\delta\,(x-a)dx+\int_{-\infty}^{\infty} f(x)\delta\,(x+a)dx$ ……… ⑫

所以由 ⑩, ⑪ 和 ⑫ 式得：

$$\int_{-\infty}^{\infty} f(x)\delta\,(x^2-a^2)dx=\frac{1}{2a}\int_{-\infty}^{\infty} f(x)\,[\delta\,(x-a)+\delta\,(x+a)]dx \quad\cdots\cdots ⑬$$

$$\therefore \delta\,(x^2-a^2)=\left\{\frac{1}{2a}[\delta(x-a)+\delta(x+a)],\qquad a>0\right\}=(91)\text{ 式} \quad\cdots\cdots ⑭$$

(vi)證明 (92) 式 $\int \delta(a-x)\,dx\,\delta(x-b)=\delta(a-b)$：

設 $f(a)$ 爲連續函數，則在 (92) 式的左右兩邊乘上 $\int_{-\infty}^{\infty} f(a)da$ 得：

$$(92)\text{ 式左邊} \Longrightarrow \int_{-\infty}^{\infty} f(a)da\left[\int \delta(a-x)dx\delta(x-b)\right]$$
$$= \int \delta(x-b)\,dx \int_{-\infty}^{\infty} f(a)\delta(a-x)da$$
$$\overline{\overline{\underset{(81)\text{式}}{}}} \int \delta(x-b)dx f(x) \overline{\overline{\underset{(81)\text{式}}{}}} f(b) \cdots\cdots ⑮$$

$$(92)\text{ 式右邊} \Longrightarrow \int_{-\infty}^{\infty} f(a)\delta(a-b)da \overline{\overline{\underset{(81)\text{式}}{}}} f(b) = ⑮\text{ 式} \cdots\cdots ⑯$$

$$\therefore \int \delta(a-x)dx\,\delta(x-b) = \delta(a-b) = (92)\text{ 式} \cdots\cdots ⑰$$

同樣地，在 (92) 式的左右兩邊乘上 $\int_{-\infty}^{\infty} f(b)db$ 也能得 ⑰ 式結果，請試一試。從 ⑮ 式到 ⑰ 式的推導過程，赤裸裸地表示著 (92) 式是：「被積函數的變數 a (或變數 b，當用 $\int_{-\infty}^{\infty} f(b)db$ 乘 (92) 式兩邊時) 時插入被積函數內的**因子** (factor)」，(87) 式到 (93) 式扮演的角色全一樣，是插入被積函數內的因子。

(vii)證明 (93) 式 $f(x)\delta(x-a) = f(a)\delta(x-a)$：

對 (93) 式左右兩邊執行 $\int_{-\infty}^{\infty} dx$ 操作得：

$$(93)\text{ 式左邊} \Longrightarrow \int_{-\infty}^{\infty} f(x)\delta(x-a)\,dx \overline{\overline{\underset{(81)\text{式}}{}}} f(a) \cdots\cdots ⑱$$

$$(93)\text{ 式右邊} \Longrightarrow \int_{-\infty}^{\infty} f(a)\delta(x-a)\,dx = f(a)\int_{-\infty}^{\infty} \delta(x-a)\,dx$$
$$\overline{\overline{\underset{x-a\equiv y}{}}} f(a)\int_{-\infty}^{\infty} \delta(y)\,dy$$
$$\overline{\overline{\underset{(79)\text{式}}{}}} f(a) = ⑱\text{ 式} \cdots\cdots ⑲$$

$$\therefore f(x)\delta(x-a) = f(a)\delta(x-a) = (93)\text{ 式} \cdots\cdots ⑳$$

(2) 三維的 δ 函數例與一些注意事項：

以上探討了一維空間的 δ 函數，那高於一維的 δ 函數是什麼樣？把 (79) 式定義推廣就是。例如三維的直角和球座標 δ 函數是如 (表 5)。

(表 5)

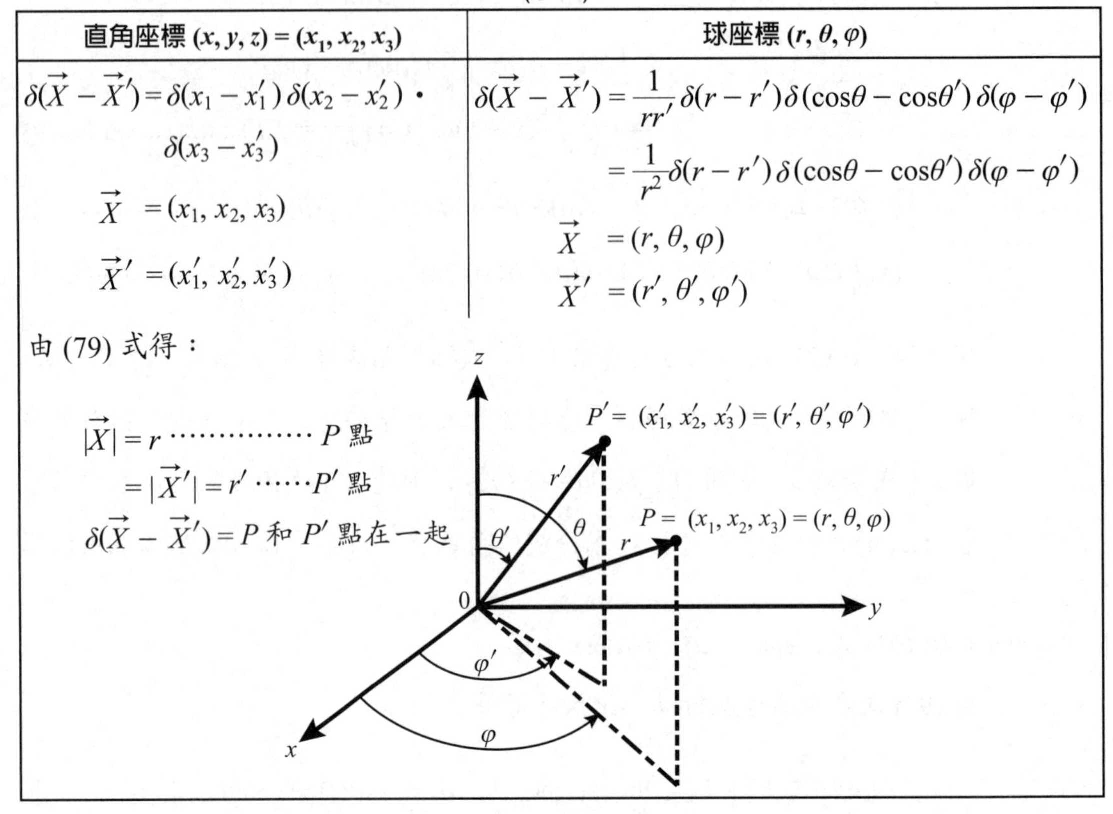

直角座標 $(x, y, z) = (x_1, x_2, x_3)$	球座標 (r, θ, φ)
$\delta(\vec{X}-\vec{X}') = \delta(x_1 - x_1')\,\delta(x_2 - x_2')\cdot\delta(x_3 - x_3')$ $\vec{X} = (x_1, x_2, x_3)$ $\vec{X}' = (x_1', x_2', x_3')$	$\delta(\vec{X}-\vec{X}') = \frac{1}{rr'}\delta(r-r')\,\delta(\cos\theta-\cos\theta')\,\delta(\varphi-\varphi')$ $= \frac{1}{r^2}\delta(r-r')\,\delta(\cos\theta-\cos\theta')\,\delta(\varphi-\varphi')$ $\vec{X} = (r, \theta, \varphi)$ $\vec{X}' = (r', \theta', \varphi')$

由 (79) 式得：

$|\vec{X}| = r$ ……………… P 點

$= |\vec{X}'| = r'$ ……P' 點

$\delta(\vec{X}-\vec{X}') = P$ 和 P' 點在一起

由 (表 5) 明顯地看出：

$$\left(\begin{array}{l}\text{高於一維的 } \delta \text{ 函數=各維 } \delta \text{ 函數的乘積，於}\\ \text{是(87) 式到 (93) 式的 } \delta \text{ 函數性質仍然成立。}\end{array}\right) \cdots\cdots (94)$$

如為函數 $f(x)$ 的 δ 函數 $\delta[f(x)]$，則由 (79) 式之定義和證明 (91) 式的推演過程的 ⑨ 式到 ⑬ 的方法得：

$$\delta[f(x)] = \sum_i \frac{\delta(x-x_i)}{\left|\dfrac{df}{dx}\right|_{x=x_i}} \cdots\cdots (95)$$

x_i 是**被積函數** (integrand) 積分領域內的函數 $f(x)$ 的**根**′ (roots)，即 $f(x=x_i)=0$，並且同一 x_i 只能有一個根才行，把這個根 (解) x_i 代入 (df/dx) 的 x，同時取絕對值，就是 $|df/dx|_{x=x_i}$。於是 (91) 式是 (95) 式的一例：

$$\delta[f(x)] = \delta[(x^2-a^2)]$$

$\therefore f(x) = x^2 - a^2 = (x-a)(x+a)$

$\therefore f(x)$ 的兩根是 $x = a$ 和 $x = -a$

而 $\dfrac{df}{dx} = 2x$

$$\therefore \begin{cases} \left|\dfrac{df}{dx}\right|_{x=a} = |2a| = 2a \\ \left|\dfrac{df}{dx}\right|_{x=-a} = |-2a| = 2a \end{cases}$$

$$\therefore \delta(x^2 - a^2) = \frac{1}{2a}\delta(x-a) + \frac{1}{2a}\delta(x+a)$$

$$= \frac{1}{2a}[\delta(x-a) + \delta(x+a)] = (91) \text{ 式}$$

因此往往用 (95) 式取代 Dirac 原來[4)] 的 (91) 式，(95) 式是作科研時很有用的公式。

那麼具有 (79) 式定義的 δ 函數，除了 (圖 14) 的 Ⓗ(x) 在非連續點 $x = 0$ 表現的微分行爲外，還有什麼樣的 δ 函數呢？很多，但常會出現的 δ 函數是：

和分布函數有關的： $\delta(x) = \lim\limits_{a\to\infty} \dfrac{a}{\sqrt{\pi}} e^{-a^2x^2}$ ……………… $(96)_1$

和平面波有關的： $\delta(x) = \lim\limits_{g\to\infty} \dfrac{\sin gx}{\pi x}$ ……………… $(96)_2$

和碰撞問題有關的： $\delta(x) = \lim\limits_{\varepsilon\to 0} \dfrac{1}{2\pi i}\left(\dfrac{1}{x - i\varepsilon} - \dfrac{1}{x + i\varepsilon}\right)$ ……………… $(96)_3$

和 Fourier 變換有關的： $\delta(x) = \dfrac{1}{2\pi}\displaystyle\int_{-\infty}^{\infty} e^{ikx} dk$ ……………… $(96)_4$

(C) Fourier 變換與 δ 函數的重要功能

顯然 1926 年 Dirac 發現的 δ 函數是隱藏在各領域，其影響深遠。目前 (2013 年秋) 不但出現在物理學各領域，並且在工科，甚至於經濟學，最發揮威力的是處理非連續函數時。$(96)_4$ 式在 1810 年 Fourier 公布他的積分變換式時，已隱藏在變換式之內，只是沒被當時的科學家發現而已。一維 Fourier 積分變換式是：

如 $f(x) = \dfrac{1}{\sqrt{2\pi}}\displaystyle\int_{-\infty}^{\infty} g(k) e^{ikx} dk$ ……………… ①

$$\text{則 } g(k)=\frac{1}{\sqrt{2\pi}}\int_{-\infty}^{\infty}f(x)e^{-ikx}dx \quad \cdots\cdots ②$$

在物理學，變換牽涉到動態，其物理量都有**因次**（**量綱** dimension）。如 ① 和 ② 式的 x 之因次 $[x]$ = 長度，則 k 的因次 $[k]$ = 1/ 長度，類比於波數因次，這樣才能使大家共用的數學函數是無因次的原則，於是 e^{ikx} 是無因次。由 ① 和 ② 式得：

$$\begin{aligned} g(k)&=\frac{1}{\sqrt{2\pi}}\int_{-\infty}^{\infty}\left[\frac{1}{\sqrt{2\pi}}\int_{-\infty}^{\infty}g(k')\,e^{ik'x}\,dk'\right]e^{-ikx}\,dx \\ &=\frac{1}{2\pi}\int_{-\infty}^{\infty}g(k')\left[\int_{-\infty}^{\infty}e^{i(k'-k)x}dx\right]dk' \quad \cdots\cdots ③ \end{aligned}$$

如要 ③ 式右邊等於左邊的 $g(k)$，需要有一個函數 $\delta(k'-k)$，並且它有 (81) 式的性質，則由 ③ 式得：

$$\delta(k'-k)\equiv\frac{1}{2\pi}\int_{-\infty}^{\infty}e^{i(k'-k)x}dx \quad \cdots\cdots (97)_1$$

$$\begin{aligned} \therefore \frac{1}{2\pi}\int_{-\infty}^{\infty}g(k')\left[\int_{-\infty}^{\infty}e^{i(k'-k)x}dx\right]dk' &= \int_{-\infty}^{\infty}g(k')\,\delta(k'-k)\,dk' \\ &\overline{\overline{\;(81)式\;}}\, g(k) \end{aligned}$$

$(97)_1$ 式就是 $(96)_4$ 式，三維時是：

$$\delta(\vec{k}'-\vec{k})=\frac{1}{(2\pi)^3}\int_{-\infty}^{\infty}e^{i(\vec{k}'-\vec{k})\cdot\vec{x}}d^3x \quad \cdots\cdots (97)_2$$

$d^3x=dxdydz=dx_1dx_2dx_3$。但 $(97)_1$ 式和 $(97)_2$ 式的指數函數之指數有兩個自由度：正號和負號，要取哪一個，完全和你處理的物理題目所採用的**標誌** (notation) 有關。如以影響我們的生活最大的電磁學爲例，描述電磁現象的空間是四維 Minkewski 空間 [2)]，它有奇數的純虛數軸。四維的奇數是 1 和 3，選座標時你只能選 1 和 3 中的一個，一旦選定了，處理整個題目時必須維持不變！依 (94) 式，四維空間的 δ 函數是四個一維 δ 函數的乘積，三維的 $(97)_2$ 式是這樣來的，其指數：

$$(\vec{k}'-\vec{k})\cdot\vec{x}=(k_x'-k_x)x+(k_y'-k_y)y+(k_z'-k_z)z$$

於是四維空間的**內積** (scalar product) 設爲 $k\cdot x$ 是：

$$k \cdot x=\begin{cases} k_0x_0-k_1x_1-k_2x_2-k_3x_3 \Longleftarrow \text{三個虛數軸時} \cdots\cdots ④ \\ \qquad \text{或} \\ k_1x_1+k_2x_2+k_3x_3-k_4x_4 \Longleftarrow \text{一個虛數軸時} \cdots\cdots ⑤ \\ \Longrightarrow -(k_0x_0-k_1x_1-k_2x_2-k_3x_3) \end{cases}$$

④ 和 ⑤ 式的右下標：(0, 1, 2, 3) 和 (1, 2, 3, 4) 是國際習慣於順序算數目來的。於是 ④ 和 ⑤ 式的指數函數 $e^{ik \cdot x}$ 的指數剛好差一個負符號：

$$\delta(k) \underset{4\text{維}}{=\!=} \frac{1}{(2\pi)^4}\int_{-\infty}^{\infty} e^{ik \cdot x} d^4x \cdots\cdots (97)_3$$

$$\underset{\text{或}}{=\!=} \frac{1}{(2\pi)^4}\int_{-\infty}^{\infty} e^{-ik \cdot x} d^4x \cdots\cdots (97)_4$$

四維空間的 k 也好，x 也好，都是四維空間的向量，不是 $k=|\vec{k}|, x=|\vec{x}|$，冠箭頭符號的只有三維空間的向量。顯然對一個物理題目，我們可以針對該題目定義 δ 函數，於是除了 $(96)_1$ 式到 $(96)_4$ 式之外，還有好多種 δ 函數。δ 函數很好用，眞是威力十足。

接著要注意的是，在物理學 δ 函數是帶有因次的函數，請注意 (81) 式，如被積函數不出現 δ 函數，則積分 $\int f(x)dx$ 的因次等於 $f(x)$ 的因次 $[f(x)]$ 乘 x 來的因次 $[x]$，但 (81) 式右邊少了 $[x]$ 因次不是嗎？

∴ 定義物理題目的 δ 函數時，必小心因次問題 ……………… (98)

請參閱習題 (19)。在 (81) 式下段曾提到類比法是作科研的重要方法之一，同樣地，因次分析法，即以因次作導航之方法，是作科研的另種重要方法，所以 δ 函數的因次很重要。

接著來談談 δ 函數的重要功能之一的：

(類似扮演約化在空間某點非連續的函數成爲連續，奇異變成非奇異。) ……………… (99)

函數能微分必須具 (2-101) 式的連續性，並且是單値函數，於是遇到多値函數時必須選擇合題目的 Riemann 面（請複習 $(1\text{-}32)_1$ 式到 (1-37) 式）。在沒特別要求時，執行微分操作是在第一葉 Riemann 面，俗稱**主葉** (principal sheet) 或叫**主支** (principal branch)，其**輻角** (argument) 叫**主輻角** (principal argument) θ_p，

是 $0 \leq \theta_p < 2\pi$ 或 $(-\pi) \leq \theta_p < (+\pi)$。至於遇到無法求極限值時尚無方法，而 δ 函數救了它，例如：

$$\lim_{x\to\pm 0}\frac{1}{x} = \pm\infty \neq \text{(2-101) 式的 ②} \cdots\cdots (100)_1$$

$$\therefore \text{當 } A=B\text{，且 } x\to\pm 0 \text{ 時，是否 } \frac{A}{x} \underset{?}{=\!=} \frac{B}{x} \cdots\cdots (100)_2$$

例如以 x 除 (88) 式左右邊是：

$$\delta(x) = \frac{0}{x} \cdots\cdots (100)_3$$

$x \neq 0$ 時 $(100)_3$ 式的左右邊相等，都是零，但 $x\to(\pm 0)$ 時是：

$$\lim_{x\to\pm 0}\delta(x)=\infty, \qquad \text{但}\lim_{x\to\pm 0}\frac{0}{x} = ? \cdots\cdots (100)_4$$

由 $(100)_4$ 式得 $(100)_3$ 式不成立，換句話：

$$\begin{pmatrix}\text{當 } x \text{ 從正值經零變到負值時，}\\ \text{一般地，}(100)_2\text{ 式不成立。}\end{pmatrix} \cdots\cdots (100)_5$$

同時從 $(100)_2$ 式和 $(100)_3$ 式得：要跨過 $x=0$ 需要 $\delta(x)$ 的介入，即：

$$\left.\begin{aligned}&\frac{A}{x}=\frac{B}{x}+C\,\delta(x)\\ &C=\text{待定係數}\end{aligned}\right\} \cdots\cdots (100)_6$$

那有 $(100)_2$ 式到 $(100)_6$ 式所論的實例嗎？回答是“有”。具有 $1/x$ 的最好例子是多值函數的對數函數 $\ln x$ (其圖請看 (2-25) 式) 的微分，實變數函數的微分是：

$$\frac{d}{dx}\ln x = \frac{1}{x}, \qquad x>0 \cdots\cdots (101)_1$$

顯然 $x=0$ 是**奇異點** (singular point)。如把 $(101)_1$ 式右邊的 x，從 $x=$ 正，經 $x=0$ 延伸到 $x=$ 負，則 $1/x$ 是如 (圖 15)，在 $x=0$ 非連續。

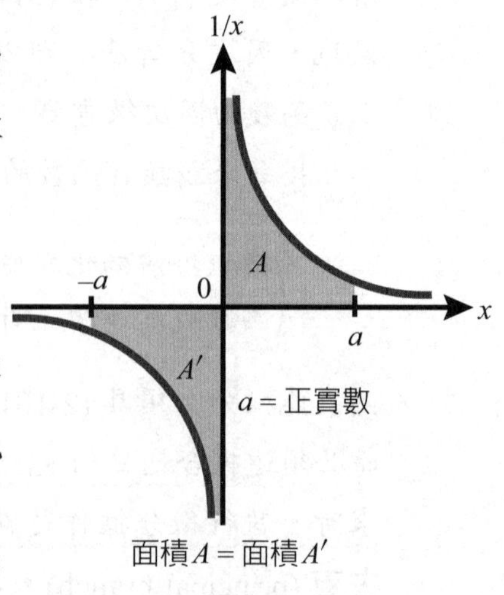

(圖 15)

含 x = 負的 $(101)_1$ 式的積分：

$$\int_{-a}^{a}\frac{1}{x}dx = \text{面積}(A - A')$$
$$= 0 \quad \cdots\cdots (101)_2$$

爲什麼在 $(101)_2$ 式的積分 $\int \frac{1}{x}dx$ 不是 $\ln x$ 呢？因爲 $(101)_2$ 式含 x = 負值，違背 $(101)_1$ 式。$(101)_2$ 式的被積函數是奇函數，其在 $x = 0$ 的左右邊形成的面積大小是相等。至於 $(101)_1$ 式的左邊是：

$$\int_{-a}^{a}\left(\frac{d}{dx}\ln x\right)dx = [\ln x]_{-a}^{a} \Longleftarrow \text{因微分緊接著積分等於不變，}$$
$$= \ln a - \ln(-a) \Longleftarrow a = \text{正實數，}$$
$$= \ln\left(\frac{a}{-a}\right)$$
$$= \ln(-1) \neq (101)_2 \text{ 式} \quad \cdots\cdots (101)_3$$

$$\text{即：}\left\{\begin{array}{l}\text{當}\dfrac{d}{dx}\ln x = \dfrac{1}{x},\quad x > 0\text{，令它}\\ \text{含 } x = \text{負值時}\dfrac{d}{dx}\ln x \neq \dfrac{1}{x}\end{array}\right\} \cdots\cdots (102)_1$$

那麼含 x = 負值的 $\frac{d}{dx}\ln x$ 等於什麼？當 $x < 0$ 時，x 必須從 $(x > 0)$ 經 $(x = 0)$ 到 $(x < 0)$，這時會遇到 $(100)_2$ 式到 $(100)_6$ 式的過程，從兩過程 (除以 x 得 $1/x$ 的過程和 $\int \frac{1}{x}dx$ 的過程) 能洞察出：

$$\left(\begin{array}{l}\text{關鍵式是 } (100)_6 \text{ 式，並且}\\ C \text{ 和 } \ln(-1)\text{有關！}\end{array}\right) \cdots\cdots (102)_2$$

再仔細地觀察便得：

$$\left\{\begin{array}{l}\text{如要}\displaystyle\int_{-a}^{a}\left(\frac{d}{dx}\ln x\right)dx = 0\text{，則必須消掉 }\ln(-1)\text{，}\\ \text{或 }\dfrac{d}{dx}\ln x = \dfrac{1}{x} - C\delta(X)\end{array}\right\} \cdots\cdots (102)_3$$

剩下是求和 $\ln(-1)$ 有關的待定數 C，怎麼切入呢？從 $\ln x$ 的特性“多值”下手。赤裸裸地表示對數函數的多值性式子是 (2-61) 式或 (2-62) 式：

$$\ln z = \ln[re^{i(\theta_p+2n\pi)}]$$
$$= \widetilde{\ln} r + i(\theta_p + 2n\pi), \qquad n = 0, \pm1, \pm2, \cdots\cdots$$
$$\therefore \ln(-1) = \ln 1 + i(\pi + 2n\pi) \Longleftarrow \text{請看 (Ex.2-8)}$$
$$= i(\pi + 2n\pi)$$
$$\underset{n=0}{=\!=\!=} i\pi \Longleftarrow n = 0 \text{ 是主輻角，叫主値} \cdots\cdots (102)_4$$

$(102)_4$ 式的 $i\pi$ 就是 $(102)_3$ 式的 C，

$$\therefore \left\{\begin{aligned} &\frac{d}{dx}\ln x = \frac{1}{x} - i\pi\delta(x) \\ &x = (\text{負數}\sim0\sim\text{正數}) \end{aligned}\right\} \cdots\cdots (103)$$

那麼 (103) 式的右邊表示什麼？

$$\left(\begin{aligned} &\text{表示函數 } 1/x \text{ 在 } x=0 \text{ 的奇異性，以加 } [-i\pi\delta(x)] \text{ 解除了，} \\ &\text{於是含 } x=0 \text{ 的 } 1/x \text{ 是適定義(well defined)函數，可積分。} \end{aligned}\right) \cdots\cdots (104)_1$$

$$\int_{-a}^{a}\left[\frac{1}{x} - i\pi\delta(x)\right]dx = [\ln x]_{-a}^{a} - i\pi\int_{-a}^{a}\delta(x)\,dx$$
$$= \ln(-1) - i\pi\int_{-\infty}^{\infty}\delta(x)dx$$
$$= i\pi - i\pi = 0 \cdots\cdots (104)_2$$

$$\text{或} \int \frac{1}{x}dx = \ln x, \qquad x = (\text{負數}\sim0\sim\text{正數}) \cdots\cdots (104)_3$$

所以遇到 $1/\xi$ 且 ξ = (負數 ~ 0 ~ 正數)，則在 $\xi = \xi_i = 0$ 時，必須加 “$-i\pi\delta(\xi_i)$” ：

$$\frac{1}{\xi} \Longrightarrow \left[\frac{1}{\xi_i} - i\pi\delta(\xi_i)\right] \cdots\cdots (105)$$

(105) 式是 ξ 從正數經零到負數帶來的結果，如果在推演 (103) 式的過程，x 是：

$$\left\{\begin{aligned} &\text{從(負數)} \Longrightarrow \text{零} \Longrightarrow \text{(正數)} \\ &\text{則 } (101)_3 \text{ 式的積分上下限剛好對調：} \\ &\qquad \int_{a}^{-a} = -\int_{-a}^{a} \end{aligned}\right\} \cdots\cdots (106)_1$$

$$\therefore \int_{a}^{-a}\left(\frac{d}{dx}\ln x\right)dx = -\int_{-a}^{a}\left(\frac{d}{dx}\ln x\right)dx = -\ln(-1) = -i\pi \cdots\cdots (106)_2$$

$$\therefore \begin{Bmatrix} (103)\text{式變成}\ \dfrac{d}{dx}\ln x = \dfrac{1}{x} + i\pi\delta(x) \\ (105)\text{式變成}\ \dfrac{1}{\xi} \Longrightarrow \dfrac{1}{\xi_i} + i\pi\delta(\xi_i) \end{Bmatrix} \cdots\cdots (106)_3$$

$$\therefore \frac{1}{\xi} \Longrightarrow \begin{Bmatrix} \left[\dfrac{1}{x} - i\pi\delta(x)\right] \Longleftarrow [x = (\text{正}\to\text{零}\to\text{負})] \\ \left[\dfrac{1}{x} + i\pi\delta(x)\right] \Longleftarrow [x = (\text{負}\to\text{零}\to\text{正})] \end{Bmatrix} \cdots\cdots (107)$$

(19) 向量分析的一些基礎算符和定理[20)]

以三維直角座標 $(x, y, z) \equiv (x_1, x_2, x_3)$ 爲例，爲了直覺瞭解時採用 (x, y, z)，純演算時用 (x_1, x_2, x_3) 標誌。

(A) **微分算符′** (differential operators)[6, 20)]：

(1) 梯度 (陡度) 算符？

對一個**標量** (scalar) 解析函數 $\varphi(r)$，$r = {}_{+}\sqrt{x^2+y^2+z^2}$ 進行微分操作時產生的演算符號：

$$\mathbf{e}_x\frac{\partial}{\partial x} + \mathbf{e}_y\frac{\partial}{\partial y} + \mathbf{e}_z\frac{\partial}{\partial z} \equiv \vec{\nabla} \cdots\cdots (108)$$

$\mathbf{e}_x$, $\mathbf{e}_y$ 和 $\mathbf{e}_z$ 分別爲 x, y 和 z 軸方向的**單位向量** (unit vector)，他們和操作算符的 $\dfrac{\partial}{\partial x}$, $\dfrac{\partial}{\partial y}$ 和 $\dfrac{\partial}{\partial z}$ 無關，故必須放在操作算符的左邊，因爲操作算符是對它右邊的所有量執行：

$$\vec{\nabla}\varphi(r) = \mathbf{e}_x\frac{\partial\varphi(r)}{\partial x} + \mathbf{e}_y\frac{\partial\varphi(r)}{\partial y} + \mathbf{e}_z\frac{\partial\varphi(r)}{\partial z}$$

$$= \text{向量解析函數或叫解析向量函數} \cdots\cdots (109)_1$$

$$\text{目前 (2013 年秋) 沒有：} \begin{Bmatrix} \vec{\nabla}\vec{f}(r)\ \text{或}\ \vec{\nabla}g(\vec{r}), \\ \vec{f}(r)\ \text{和}\ g(\vec{r})\ \text{爲向量解析函數} \end{Bmatrix} \cdots\cdots (109)_2$$

(108) 式的算符 $\vec{\nabla}$ 叫**梯度算符** (**陡度算符** gradient opertor)。

(2) 散度算符？

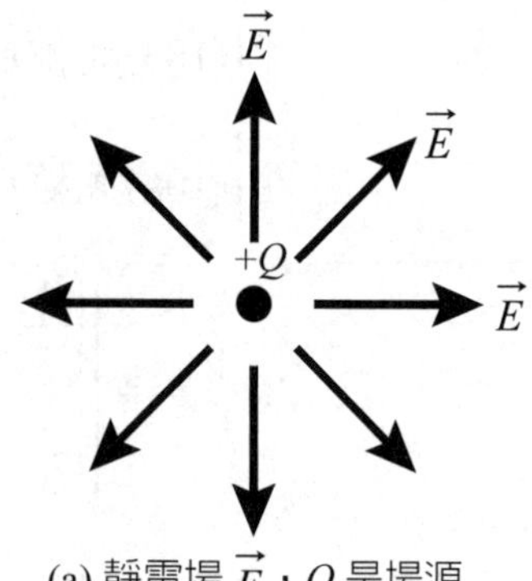

(a) 靜電場 $\vec{E}$，Q 是場源

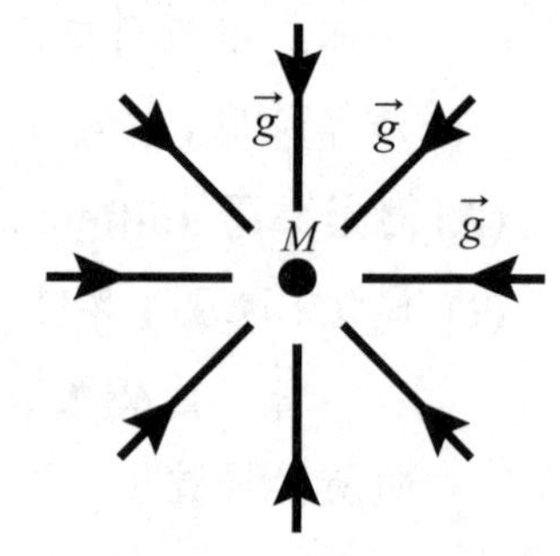

(b) 萬有引力場 $\vec{g}$，M 是場源

(圖 16)

靜止電荷 Q 所影響的空間叫靜電場，場內每一點的**場強** (field strength) 叫**靜電場 $\vec{E}$**，或簡稱**電場 $\vec{E}$**。離開 Q 等距離的電場 $\vec{E}$ 之大小都一樣，只是方向如 (圖 16)(a) 所示不一樣。正電 "$+Q$" 時 $\vec{E}$ 是從 Q 向外，負電 "$-Q$" 的 $\vec{E}$ 是從外向 Q。同樣地，質量 M 造成的場叫**萬有引力場**，場內每一點的場強，叫**重力加速度 $\vec{g}$**。距 M 等距離的 $\vec{g}$，其大小都一樣，只是方向如 (圖 16)(b) 所示不一樣，並且全指向 M。像電場或萬有引力場，空間任意點的物理量，同時有大小和方向的叫**向量場** (vector field)，而稱只有大小沒方向的爲**標量場** (scalar field)，最好的例子是**勢能場** (potential energy field)，因爲能量只有大小沒方向的物理量。(圖 16) 的現象之數學表示式，就是 $\vec{E}$ 或 $\vec{g}$ 的**散度** (divergence)：

$$\vec{\nabla}\cdot\vec{E}=\left(\mathbf{e}_x\frac{\partial}{\partial x}+\mathbf{e}_y\frac{\partial}{\partial y}+\mathbf{e}_z\frac{\partial}{\partial z}\right)\cdot(\mathbf{e}_xE_x+\mathbf{e}_yE_y+\mathbf{e}_zE_z) \cdots\cdots (110)_1$$

❑ $\frac{\partial}{\partial x}(\mathbf{e}_xE_x)=\left(\frac{\partial\mathbf{e}_x}{\partial x}\right)E_x+\mathbf{e}_x\left(\frac{\partial E_x}{\partial x}\right)\Leftarrow$ (單位向量 $\mathbf{e}_x$ 是大小 1，方向固定向 x 軸，於是 $\partial\mathbf{e}_x/\partial x=0$)

$$=0\times E_x+\mathbf{e}_x\left(\frac{\partial E_x}{\partial x}\right)=\mathbf{e}_x\left(\frac{\partial E_x}{\partial x}\right)$$

其他同樣，

❑ $\mathbf{e}_i\cdot\mathbf{e}_j=\delta_{ij}=\begin{cases}1\cdots\cdots i=j\\0\cdots\cdots i\neq j\end{cases}$, $i,j=x,y,z$

$$\therefore\ \vec{\nabla}\cdot\vec{E}=\frac{\partial E_x}{\partial x}+\frac{\partial E_y}{\partial y}+\frac{\partial E_z}{\partial z} \cdots\cdots (110)_2$$

同理得：

$$\vec{\nabla}\cdot\vec{g}=\sum_{i=1}^{3}\frac{\partial g_i}{\partial x_i} \qquad \cdots\cdots (110)_3$$

稱符號“$\vec{\nabla}\cdot$”爲**散度算符** (divergence operator)，它只作用在向量$\vec{v}$或向量函數$\vec{f}(r)$，不作用於標量函數 $\varphi(r)$：

$$\left.\begin{array}{l}\vec{\nabla}\cdot\vec{v}=\displaystyle\sum_{i=1}^{3}\frac{\partial v_i}{\partial x_i} \quad , \quad \vec{\nabla}\cdot\vec{f}(r)=\displaystyle\sum_{i=1}^{3}\frac{\partial f_i(r)}{\partial x_i} \\ \text{沒有 } \vec{\nabla}\cdot\varphi(r)\end{array}\right\} \cdots\cdots (111)$$

(111) 式的 $\vec{\nabla}\cdot\vec{v}$ 和 $\vec{\nabla}\cdot\vec{f}(r)$ 分別爲 $\vec{\nabla}$ 與 $\vec{v}$ 和 $\vec{f}(r)$ 的內積或點積或**標量積** (scalar product) 或叫 $\vec{v}$ 和 $\vec{f}(r)$ 的**散度** (divergence)。

(3) 旋度算符？

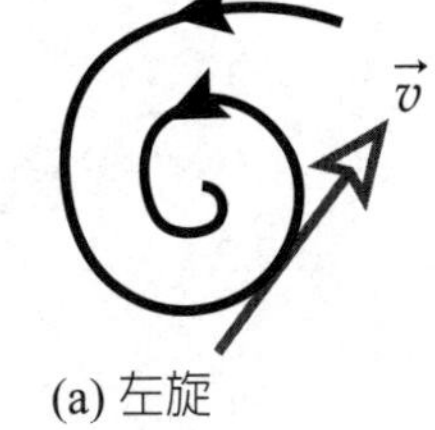

(a) 左旋

(b) 右旋

(圖 17)

河川流水遇到水中大阻礙物時，或放走洗澡盆或洗臉盆水，在將要結束時，常在出水口上面看到如 (圖 17)(a) 或 (b) 的水流現象。水流方向是沿左手轉動的前進方向的叫**左旋**，如是右手的稱爲**右旋**。請記住：普通書本除了特別聲明，都採用右手或稱爲**右手系** (right-handed system)。(圖 17) 的水平面任意點的水速度 $\vec{v}$，不但有大小並且有方向，其現象的數學表示式是：

$$\vec{\nabla}\times\vec{v}=\left(\mathbf{e}_x\frac{\partial}{\partial x}+\mathbf{e}_y\frac{\partial}{\partial y}+\mathbf{e}_z\frac{\partial}{\partial z}\right)\times(\mathbf{e}_x v_x+\mathbf{e}_y v_y+\mathbf{e}_z v_z)$$

❑ $$\frac{\partial}{\partial x}(\mathbf{e}_x v_x)=\left(\frac{\partial\mathbf{e}_x}{\partial x}\right)v_x+\mathbf{e}_x\left(\frac{\partial v_x}{\partial x}\right)$$

$$=0\times v_x+\mathbf{e}_x\left(\frac{\partial v_x}{\partial x}\right)=\mathbf{e}_x\left(\frac{\partial v_x}{\partial x}\right)$$

單位向量 $\mathbf{e}_x$, $\mathbf{e}_y$, $\mathbf{e}_z$ 的大小 1，方向固定地沿著座標 x, y, z 軸 (請小心，曲線座標時的單位向量之方向不固定)，於是：

$$\partial\mathbf{e}_i/\partial x_i=0 \text{ 或 } \partial\mathbf{e}_i/\partial x_j=0, \quad i,j=x,y,z$$

其他項的微分同理。

❑ $\mathbf{e}_i \times \mathbf{e}_j = \mathbf{e}_k$ 　　 $i \to j \to k$（⊕） 　　方向倒過來“負”

或 $\mathbf{e}_i \times \mathbf{e}_j = \varepsilon_{ijk}\mathbf{e}_k$，　ε_{ijk} = **置換符號** (permutation symbol)

$$\varepsilon_{ijk} = \begin{cases} 0 & \cdots\cdots \text{下指標有兩個相同時，} \\ +1 & \cdots\cdots \text{下指標偶數置換(permutation)時，} \\ -1 & \cdots\cdots \text{奇數置換下指標時。} \end{cases}$$

$$\therefore \vec{\nabla} \times \vec{v} = \mathbf{e}_x\left(\frac{\partial v_z}{\partial y} - \frac{\partial v_y}{\partial z}\right) + \mathbf{e}_y\left(\frac{\partial v_x}{\partial z} - \frac{\partial v_z}{\partial x}\right) + \mathbf{e}_z\left(\frac{\partial v_y}{\partial x} - \frac{\partial v_x}{\partial y}\right) \cdots\cdots (112)_1$$

或者借用行列式表示 $(112)_1$ 式得：

$$\vec{\nabla} \times \vec{v} = \begin{vmatrix} \mathbf{e}_x & \mathbf{e}_y & \mathbf{e}_z \\ \dfrac{\partial}{\partial x} & \dfrac{\partial}{\partial y} & \dfrac{\partial}{\partial z} \\ v_x & v_y & v_z \end{vmatrix} \cdots\cdots (112)_2$$

$(112)_1$ 式或 $(112)_2$ 是 $\vec{\nabla}$ 和 $\vec{v}$ 的外積式或叉積或**向量(矢量)積** (vector product)，又叫 $\vec{v}$ 的**旋度** (rotation 或 curl)，符號“$\vec{\nabla}\times$”稱爲**旋度算符** (rotation operator 或 curl operator)，它必須作用在向量 $\vec{v}$ 或向量解析函數 $\vec{f}(r)$ 上，不會作用在標量函數 φ(r)。

(B) **積分定理′** (integral theorems)[20)]

空空的空間不可能有東西往著空間某點進或從該點出來，如有進或出，在該點一定有物理量，稱爲**場源** (sink 或 source of the field) 在。於是就會想探討整個進或出之量有多少，以及和場源的關係如何。首先研究此問題的是 1760 年的 Lagrange (Joseph Louis Lagrange, 1736~1813)，完成爲數學式的是 1828 年的 Green (George Green, 1793~1841)，但大量地用來解決物理現象的是 19 世紀上半葉的 Gauss，最有名的是 Gauss 用電場 $\vec{E}$ 取代 1785 年庫侖 (Charles Augustin Coulomb, 1736~1806) 以電力 $\vec{F}$ 表示的**庫侖定律** (Coulomb's law) 表示式。因此稱表示 (圖 16) 的物理現象之數學式爲 **Gauss 定理** (Gauss' theorem)，又叫**散度定理** (divergence theorem)，是牽連發生現象的空間體積 V 與包住該體積的表面積 A 間的關係數學式。同樣地將 (圖 17) 的物理現象，以具體數學式表示的是 1854 年的 Stokes (George Gabriel Stokes, 1819~1903)，因此稱爲**Stokes 定理**(Stokes' theorem)，是關連現象的曲面(含平面) A 和包圍 A 的封閉曲線 Γ 的式子。

我們每天非動不可，從靜止開始動，或走的更快或更慢，或轉方向等的狀態變化，稱瞬間令狀態變化的物理量爲**力 (force)** $\vec{F}$。力分爲**保守力** (conservative force) $\vec{F_c}$ 和**非保守力** (non-conservative force) $\vec{F_n}$，而 $\vec{F_c}$ 是和物理體系所在的空間點 $\vec{r}$ 的所謂**勢能** (potential energy) $U(r)$ 有關，$r \equiv |\vec{r}|$。$U(r)$ 是**標量函數** (scalar function)，它和 $\vec{F_c}$ 的關係是 $\vec{F_c}(r) = [-\vec{\nabla}U(r)]$，但 $\vec{F_n}$ 沒有 $U(r)$。於是 $\vec{F_c}(r)$ 是有力源，例如保守力萬有引力 $\vec{F_g}$ 的力源是質量 M，其空間每一點的力之強度是萬有引力加速度 $\vec{g} = -G\dfrac{M}{r^2}\mathbf{e}_r$，於是在萬有引力場內質量 m 的物體所受之力 $\vec{F_g} = m\vec{g} = -G\dfrac{Mm}{r^2}\mathbf{e}_r$，$G$ 是**萬有引力常量** (gravitational constant)，$\mathbf{e}_r = \vec{r}/r$，$r = |\vec{r}|$，$\vec{r}$ 如圖 (2-24)(a)，是從 M 的分布中心到 m 的分布中心的向量。設萬有引力勢能爲 $U_g(r)$，則由保守力與其勢能關係得：

$$\left.\begin{aligned} &\vec{F_g}(r) = -\vec{\nabla}U_g(r) \\ &U_g(r) = -\int_{\vec{F_g}=0}^{r} \vec{F_g}(r') \cdot d\vec{r}' = -G\frac{Mm}{r} \end{aligned}\right\} \cdots\cdots (113)_1$$

那麼有沒有對應於 $U_g(r)$ 的 $\vec{g}(r)$ 之標量函數呢？回答是“有”：

$$\left(\vec{g} = \frac{\vec{F_g}(r)}{m}\right) \xrightarrow{\text{標量函數}} \left(u_g(r) = \frac{U_g(r)}{m}\right)$$

$$\therefore \left\{\begin{aligned} &\vec{g}(r) = -\vec{\nabla}u_g(r) \\ &u_g(r) = -\int_{\vec{g}=0}^{r} \vec{g}(r') \cdot d\vec{r}' = -G\frac{M}{r} \end{aligned}\right\} \cdots\cdots (113)_2$$

$U_g(r)$ 和 $u_g(r)$ 分別稱爲**萬有引力勢能** (gravitational potential energy) 和**萬有引力勢** (gravitational potential)，於是任何保守力 $\vec{F_c}$ 的場強，設爲 $\vec{S_c}(r)$，都有其勢 (potential) $u(r)$：

$$\left.\begin{aligned} &\vec{F_c}(r) = -\vec{\nabla}U(r) \\ &\vec{S_c}(r) = -\vec{\nabla}u(r) \end{aligned}\right\} \cdots\cdots (114)$$

從以上這一小段容易地看出，向量函數可用標量函數的梯度函數來表示，洞察出這一點的 Green，在 1828 年用類比於勢能，或者勢的數學式來表示 (圖 16) 的物理現象，是類比於 Gauss 定理的數學理論，世稱 **Green 定理 (Green's theorem)**，是對同於 (圖 16) 的物理現象：

$$\left.\begin{cases}\text{Gauss 定理是以力或場強的向量函數，而}\\ \text{Green 定理是以類比於勢能或勢的標量函數}\end{cases}\right\}\text{來表示物理現象} \cdots\cdots\cdots (115)_1$$

因此由 (114) 和 $(115)_1$ 式得：

$$\left.\begin{cases}\text{Gauss 定理出現的是解析函數的一階微分，}\\ \text{Green 定理是解析函數的二階微分。}\end{cases}\right\}\cdots\cdots\cdots\cdots\cdots\cdots\cdots\cdots (115)_2$$

從 (114) 和 $(115)_1$ 式立即能瞭解，爲何 $(115)_2$ 式的 Green 定理比 Gauss 定理多一階微分。兩個定理都來自 Lagrange 1760 年的數學理論。Lagrange 甚至於在 1773 年公開了“**勢**”(potential) 的觀念且首次用了“potential”這個名詞。

(1) Gauss 定理 (或散度定理) ？

在這裡用物理推導，數學推導請看註 (20)。空間有 (圖 16) 的現象，物理量 $\vec{f}$ 出 (或進) 之點是場源所在點，取爲座標原點“0”如 (圖 18)(a)。V 和 A 分別爲現象發生的空間體積和包住 V 的封閉表面積，da 是 A 上的一個微小面積，P 爲 da 上 $\vec{f}$ 出 (進) 之點。面積是向量，如何定義呢？如 (圖 18)(b) 作經 P 點的切面，經 P 垂直此切面的直線叫曲面 A 上的 P 點**法線 (normal line)** $\vec{n}$，它有向內和向外的兩方向，封閉曲面時習慣取向外爲正，向體積內爲負，則微小面積 da 的面積向量 $d\vec{a}$ 是：

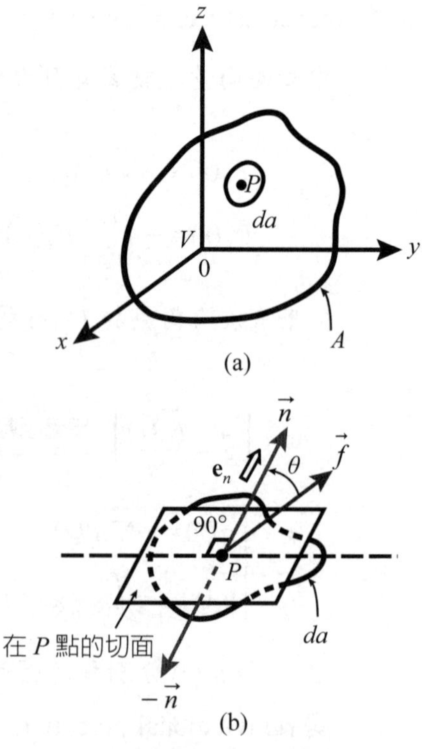

$\vec{n}$ = 在 P 點之法線，封閉曲面時，習慣取向外為正方向，向內為負方向。

$\mathbf{e}_n = \vec{n}$ 的單位向量

(圖 18)

$$d\vec{a} \equiv (\mathbf{e}_n\, da)\cos\theta$$
$$= \mathbf{e}_n\, da' \quad \cdots\cdots (116)_1$$

da' 爲 da 在切面上之大小。接著以從場源射出的 $\vec{f}$ 爲例進行討論。例如在 P 點的 $\vec{f}$ 如 (圖 18)(b) 和 $\vec{n}$ 之夾角爲 θ，則 $|\vec{f}|\sin\theta$ 留在 A 表面，只有 $|\vec{f}|\cos\theta$ 離開 A 表面，而遠離場源“0”走掉了。於是離開 da 之量是：

$$(|\vec{f}|\cos\theta)\, da = (|\vec{f}|\, da)\cos\theta \overset{}{\underset{(116)_1\text{式}}{=\!=\!=}} \vec{f}\cdot d\vec{a} \quad \cdots\cdots (116)_2$$

由 (圖 16)(a) 和 $(110)_2$ 式得離開場源的總量是：

$$\int_V \left(\vec{\nabla}\cdot\vec{f}\right) d^3x \quad \cdots\cdots (116)_3$$

$(116)_3$ 式的量必須從包住 V 的封閉曲面 A 出去，即等於：

$$\boxed{\int_V \left(\vec{\nabla}\cdot\vec{f}\right) d^3x = \int_A \vec{f}\cdot d\vec{a} \equiv \int_A \vec{f}\cdot d^2x} \quad \cdots\cdots (117)$$

(117) 式就是 **Gauss 定理** (Gauss' theorem)，經 A 進入 V 也同樣式子。從數學演算看，(117) 式左邊是體積的三重積分，而右邊是對面積的二重積分，等於把體積積分變成面積積分。

接著讓我們一起來學 Gauss 的洞察力之一：

(是在電磁學的 **Gauss 定律**(Gauss' law)！
沒它 **Maxwell 方程組** (Maxwell equations)[3)]
便失去其對電場和磁場的對稱性與優美。) ……(118)

1785 年**庫侖** (Coulomb) 發現類比於 17 世紀**牛頓** (Sir Isac Newton, 1643~1727) 發現的萬有引力之靜電力，稱爲**庫侖力** (Coulomb's force) $\vec{F}_c(r)$，右下標誌“C”表示庫侖。兩者都是**反平方力** (inverse square force)，即力之大小 $|\vec{F}_c| \propto \frac{1}{r^2}$，$r$ 是從場源分布中心到該力場任意點 P 的**徑向量** (radial vector) $\vec{r}$ 的大小 $|\vec{r}| \equiv r$，如 (圖 19)，場源是正電荷 Q，一切如圖示。從 (圖 19) 能明顯地看出，以“O”爲球心半徑 r 的球面上，各點的 $\vec{F}_c$ 大小相等。如入侵電荷也是正電荷 q，則由同性相斥，$\vec{F}_c$ 和 $\mathbf{e}_r = \vec{r}/r$ 同方向，且垂直於 P 點的切面。球座標 (r, θ, φ) 的微小面積 $da = r^2\sin\theta d\theta d\varphi$，於是 (117) 式的 $d\vec{a}$ 是：

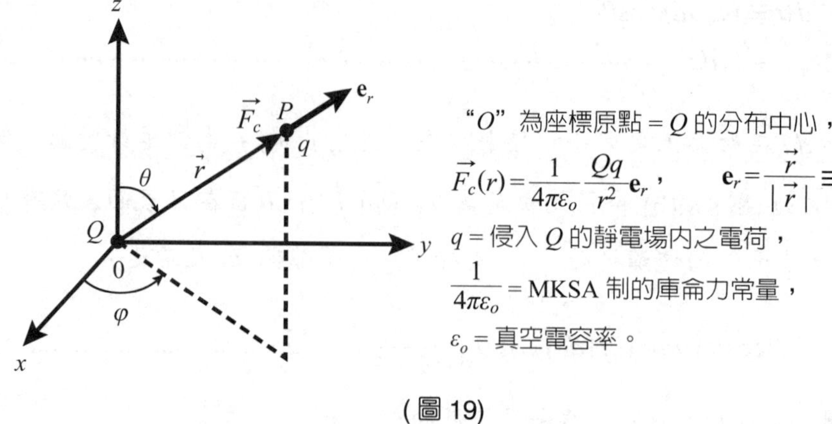

"O" 為座標原點 = Q 的分布中心，

$\vec{F}_c(r) = \frac{1}{4\pi\varepsilon_o}\frac{Qq}{r^2}\mathbf{e}_r$， $\mathbf{e}_r = \frac{\vec{r}}{|\vec{r}|} \equiv \frac{\vec{r}}{r}$，

q = 侵入 Q 的靜電場内之電荷，

$\frac{1}{4\pi\varepsilon_o}$ = MKSA 制的庫侖力常量，

ε_o = 真空電容率。

(圖 19)

$$d\vec{a} = (r^2 \sin\theta d\theta d\varphi)\mathbf{e}_r \quad \cdots\cdots (119)_1$$

$$\therefore \vec{F}_c \cdot d\vec{a} = \left(\frac{1}{4\pi\varepsilon_o}\frac{Qq}{r^2}\mathbf{e}_r\right) \cdot (r^2 \sin\theta d\theta d\varphi)\mathbf{e}_r$$

剛好相互抵消！

$$= \frac{Qq}{4\pi\varepsilon_o}\sin\theta\, d\theta d\varphi \quad \cdots\cdots (119)_2$$

$$\therefore \int_A \vec{F}_c \cdot d\vec{a} = \frac{Qq}{4\pi\varepsilon_o}\int_0^{\pi}\sin\theta\, d\theta\int_0^{2\pi}d\varphi$$

$= \frac{Qq}{\varepsilon_o}$ ⇐ 如 Q 和 q 固定，則得**常量** (constant) ！

= 和入侵者 q 所在位置無關的量，即和 r 無關之量。 ..... $(119)_3$

$(119)_1$ 式到 $(119)_3$ 式是 Gauss 洞察出來的，是反平方力學帶來的絕美結果!!
到這裡 Gauss 已夠厲害了，接下來的一步才是核心：

$$\left(\begin{array}{l}\text{他用 } \vec{F}_c \text{ 的場強之電場 } \vec{E} \\ \text{來呈現場源 } Q \text{ 的作用！}\end{array}\right) \cdots\cdots (120)_1$$

$$\text{場強} \equiv \frac{\text{場源 } Q \text{ 造的力 } \vec{F}_c(r)}{\text{和場源同質的量(此地是電荷) } g} \equiv \vec{E}(r) = \frac{1}{4\pi\varepsilon_o}\frac{Q}{r^2}\mathbf{e}_r \cdots\cdots (120)_2$$

力的話和入侵者有關，場強時僅和場源有關，於是 $(120)_2$ 式明顯地表示：

$$\left(\begin{array}{l}\text{場源 } Q \text{ 造的場内任意點，給入} \\ \text{侵者的力之強度只和 } Q \text{ 有關。}\end{array}\right) \cdots\cdots (120)_3$$

$$\therefore \left(\begin{array}{l} \text{入侵者 } q \text{ 愈大，} \vec{F}_c \text{ 愈大，即} \\ Q \text{ 和 } q \text{ 的相互作用力愈強。} \end{array} \right) \cdots\cdots (120)_4$$

$(120)_4$ 式的結果精不精彩？於是由 (117) 式得：

$$\int_V \left[\vec{\nabla} \cdot \left(\frac{\vec{F}_c}{q} \right) \right] d^3x = \int_V \left(\vec{\nabla} \cdot \vec{E} \right) d^3x$$

$$= \int_A \left(\frac{\vec{F}_c}{q} \right) \cdot d\vec{a} = \int_A \vec{E} \cdot d\vec{a} \underset{(119)_3\text{式}}{=\!=\!=} \frac{Q}{\varepsilon_o} \cdots\cdots (121)$$

如場源電荷 Q 是以電荷密度 $\rho(r)$ 連續地分布在 V 內有限體積，則 (121) 式是：

$$\int_V \left(\vec{\nabla} \cdot \vec{E} \right) d^3x = \frac{1}{\varepsilon_o} \int_V \rho(r)\, d^3x$$

$$\therefore \vec{\nabla} \cdot \vec{E} = \frac{1}{\varepsilon_o} \rho(r) \cdots\cdots (122)$$

(122) 式稱爲電磁學的 **Gauss 定律** (Gauss' law)，是由四個式子構成的 Maxwell 方程組的一個式子，直接操縱著今日人類日常生活的電磁學。能得簡單且一看就顯出物理現象的 (122) 式的關鍵是反平方力。如 V 內的場源是非連續分布，而是離散分布，且正和負電荷都有，則對每一個電荷 Q_i 執行 (121) 式後加起來：

$$\sum_{i=1}^{n} \left(\int_V \left(\vec{\nabla} \cdot \vec{E}_i \right) d^3x \right) = \int_V \left(\vec{\nabla} \cdot \vec{E} \right) d^3x$$

$$= \sum_{i=1}^{n} \left(\int_A \vec{E}_i \cdot d\vec{a} \right)$$

$$= \int_A \vec{E} \cdot d\vec{a} = \sum_{i=1}^{n} \left(\frac{1}{\varepsilon_o} Q_i \right) \cdots\cdots (123)_1$$

$\vec{E}_i$ 是電荷 Q_i 產生的場強，$\vec{E} = \sum_{i=1}^{n} \vec{E}_i$ 是總電場。由於電磁學的電場 $\vec{E}$ 的磁場 $\vec{B}$ 都是物理的向量，物理向量的本性是線性 [2)]，即滿足**疊加原理** (principle of superposition)，才能如 $(123)_1$ 式簡單地以各場強 $\vec{E}_i$ 之和表示。這樣地 Gauss 定律替代了庫侖定律。

$$\therefore \sum_{i=1}^{n} Q_i = \left\{ \begin{array}{l} \text{負值時總電場 } \vec{E} \text{ 向內，} \\ \text{正值時總電場 } \vec{E} \text{ 向外。} \end{array} \right\} \cdots\cdots (123)_2$$

(2) Stokes 定理？

接著一起來分析在流體 (氣體和液體) 運動時常見的 (圖 17) 現象。請想一想 (圖 17) 的現象是否不少？有沒有看過遇到大阻礙物時的河川流水形成之水渦，泉水傍的漩渦、龍捲風，在地面上旋轉的砂塵，小樹葉在空中的旋轉等，全歸納成 (圖 17) 的左右旋兩種，不是嗎？同樣地用物理來推導 Stokes 定理，數學方法請看註 (20)。首先探討什麼叫**線積分** (line integral) 內涵？

(圖 20)(a) 的河流現象該看過，它是某時間 t_o 時，將整個流場空間中各點的流速連成互不相關的曲線或直線。(圖 20)(a) 之目的是要探討流體微小單元在空間各點的流速 $\vec{v}$，尋找它們的空間分布和隨時間變化的規律。這些曲線或直線稱爲**流線** (stream line)，請注意，流線上任意點 P 的流速 $\vec{v}$ 方向是 P 點的切線方向。於是空間每一點的流速只有一個方向，不然流體就會向四面八方到處流動，但也可能發生，是屬於**非定常流** (non-steady flow)，在這裡不討論，只討論**定常流** (steady flow)。定常流動的流線是固定大小與方向，不會隨時間改變。針對 (圖 20)(a) 的任意流線 C，流體從 a 流到 b，沿著曲線 (含直線) 的速度 $\vec{v}$ 之變化**和** (sum) 如何，是探討線積分**圖像** (picture) 的核心。即如 (圖 20)(b)，在某流場 (向量場) 內的向量函數 $\vec{f}(r)$，沿著曲線 C 的積分稱爲**線積分**。設 C 上的任意點爲 P_i，含 P_i 的 C 之微小線段向量爲 $d\vec{\ell}$，則當經 P_i 點的 $\vec{f}(r)$ 爲 $\vec{f}(P_i)$ 時，沿著曲線 C 的 $\vec{f}(P_i)$ 是：

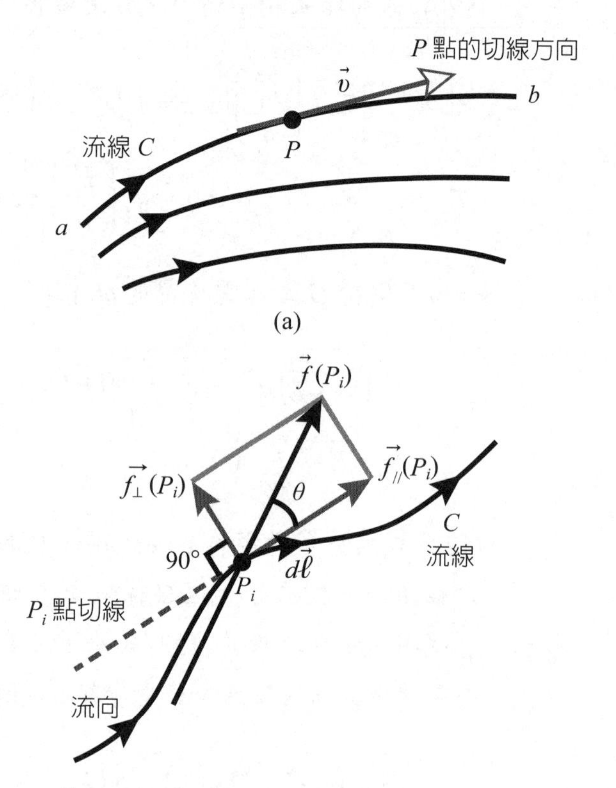

$\theta = \vec{f}(P_i)$ 和 P_i 點的切線夾角，
$\vec{f}_{//}(P_i) = \vec{f}(P_i)$ 在 P_i 點切線上的成分，
$\vec{f}_\perp(P_i) = \vec{f}(P_i)$ 在 P_i 點法線上的成分。

(圖 20)

$$|\vec{f}(P_i)|\cos\theta = |\vec{f}_{//}(P_i)|$$

$$\therefore \text{線積分} = \int_a^b |\vec{f}_{//}(P_i)|\, d\ell = \int_a^b \vec{f}(r)\cdot d\vec{\ell}\cdot \quad \cdots\cdots (124)_1$$

如曲線爲封閉曲線 Γ，則 $(124)_1$ 式的積分符號，國際慣例用 $\oint_\Gamma$：

$$\oint_\Gamma \vec{f}(r)\cdot d\vec{\ell} \quad \cdots\cdots (124)_2$$

那麼作線積分時，如何繞曲線 Γ 呢？顯然有兩個可能：

$$\begin{cases}\text{順　時針方向轉，和}\\ \text{逆　時針方向轉。}\end{cases}$$

設 da 爲向量場內一個微小面積，$\vec{f}(r)$ 經過之點爲 P, Γ_a 爲包圍 da 的封閉曲線，則如 (圖 21) 所示，逆時針方向轉稱爲**右手系** (或右手規則)，順時針方向叫**左手系**，除特別聲明，一般使用右手系。

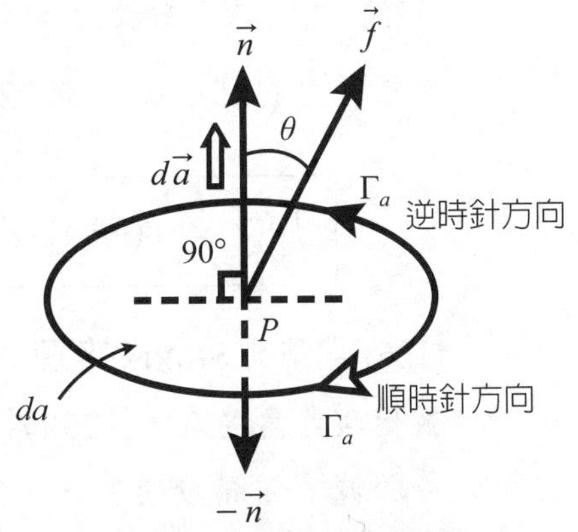

$\vec{n}$ = 經 P 點的法線，轉動向量方向。小心！此地的 θ 和 (圖 20)(b) 的 θ 不同，前者的焦點是沿切線方向的流速，而後者之焦點是向法線方向的轉動方向。

(圖 21)

回到 (圖 17)，它是發生在三維空間的現象。$\vec{f}(r)$ 是空間各點 $\vec{r}$ 的函數，換句話，該空間是**向量場** (vector field) 取出漩渦內的一個曲面 A，把 A 如 (圖 22) 分成無限多小方塊，且採用右手系。考慮接連的兩小方塊 a 和 b，它們的微小旋轉如圖示，在 a 和 b 相接邊，其旋轉向剛好相反，於是相互抵消。依此類推，最後留下來的是沿著周圍 Γ 的成分，Γ 是包圍 A 的封閉曲線，即：

$$\oint_\Gamma \vec{f}(r)\cdot d\vec{\ell} \quad \cdots\cdots (125)_1$$

從另一角度，A 是向量場內的一個曲面，曲面上各點 $\vec{r}$ 都有**旋轉** (rotation) 著的向量函數 (物理量) $\vec{f}(r)$，於是由 $(112)_1$ 式和 (圖

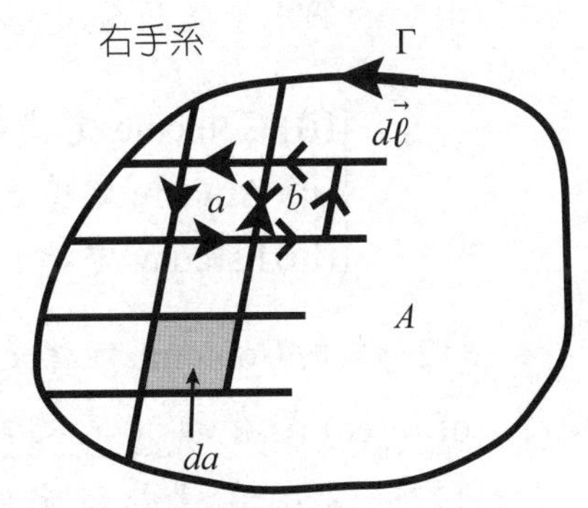

A = 向量場內某曲面，
$d\vec{\ell}$ = Γ 上的微小線段向量，
da = 小方塊面積。

(圖 22)

21) 以及 (圖 22) 得：

$$每小方塊的旋轉 = \left\{|\vec{\nabla} \times \vec{f}(r)|da\right\}\cos\theta$$
$$= |[\vec{\nabla} \times \vec{f}(r)] \cdot d\vec{a}|$$

所以在整個曲面 A 的旋轉現象是：

$$\int_A [\vec{\nabla} \times \vec{f}(r)] \cdot d\vec{a} \quad \cdots\cdots (125)_2$$

$(125)_2$ 式是表示發生在向量場內的向量函數 $\vec{f}(r)$ 之具體現象，此現象的實質結果等於 $(125)_1$ 式，(圖 22) 是整個物理圖像。

$$\therefore \boxed{\int_A [\vec{\nabla} \times \vec{f}(r)] \cdot d\vec{a} = \oint_\Gamma [\vec{f}(r)] \cdot d\vec{\ell}} \quad \cdots\cdots (126)$$

(126) 式稱爲 **Stokes 定理** (Stokes' theorem)，是 1854 年 Stokes 獲得的定理。從數學演算角度看，(126) 式左邊是面積的二重積分，而右邊是線的單重積分，等於減少了積分重數一。Stokes 公布他的定理時，正是 Maxwell 正在統一電學和磁學的黃金時期，從 1855 年 (Maxwell 才 24 歲) 到 1865 年 Maxwell 發表了三篇，影響我們今日生活之深的電磁學關鍵論文，最後不但統一了電學和磁學成爲電磁學，並且公佈了 20 個電磁學式子 (1865 年)。再經 Heaviside (Oliver Heaivside, 1850~1925) 和 Hertz (Heinrich Ridolph Hertz, 1857~1894) 整理成今日我們用的，稱爲 **Maxwell 方程組** (Maxwell equations) 之四個式子，其中兩個式子就和 Stokes 定理有關。電磁學由三個**定律** (law) 構成 3)：

$$\left\{\begin{array}{l}\text{(i) Coulomb 定律或 Gauss 定律 ((122)式)} \\ \text{(ii) Ampere 定律或 Ampere-Maxwell 律 (下(129)式)} \\ \text{(iii) Faraday 定律 (下(131)式)}\end{array}\right\} \quad \cdots\cdots (127)$$

(127) 式的 Coulomb 定律是靜態電荷產生的電力問題，其電場 $\vec{E}$ 的**電力線**′(lines of force) 是有頭有尾之非封閉線 (含直線)。Ampere (André Marie Ampere, 1775~1836) 定律是穩定電流 I 與其產生的磁場 $\vec{B}$ 之關係定律，而 Faraday (Michael Faraday, 1791~1867) 是磁場 $\vec{B}$ 的變化產生**電動勢** (electromotive force) ξ，其電場 $\vec{E}$ 的電力線是封閉曲線，這時的 $\vec{B}$ 與 $\vec{E}$ 之關係定律。ξ 的因次等

於 $\vec{E}$ 的因次乘長度因次，即 ξ 是電磁**勢** (potential 請參考 (Ex.2-22) 或 $(113)_2$ 式)。和動態有關的 Ampere 和 Faraday 定律，竟然都牽連到 Stokes 定理的邏輯：

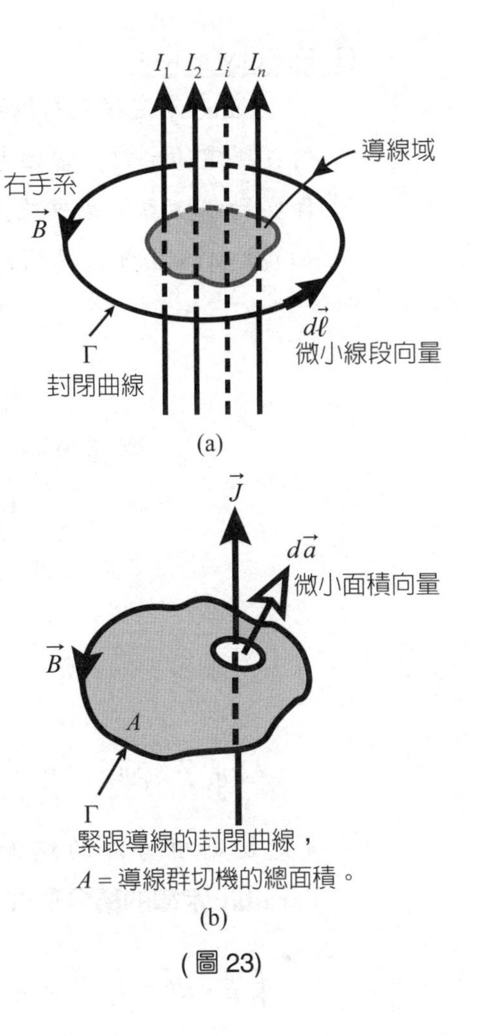

(圖 23)

(1) Ampere 定律：

電荷 q 一動除了它產生的電場 $\vec{E}$ 之外，立即產生磁場 $\vec{B}$，於是如 (圖 23)(a) 流著穩定電流 I_i 的周圍必產生 $\vec{B}$，$i = 1, 2, \cdots, n$，其他如圖示。由實驗歸納得：

$$\oint_\Gamma \vec{B} \cdot d\vec{\ell} = \mu_o \sum_{i=1}^{n} I_t \quad \cdots\cdots (128)_1$$

$(128)_1$ 式稱為 **Ampere 定律的積分形式**，μ_o 是 MKSA 單位制的**真空磁導率**（permeability of vacunm）。無論是磁鐵產生的或電流產生的磁場 $\vec{B}$，磁力線永遠是封閉曲線，電流 I 不是向量，電流 (面積) 密度 $\vec{J}$ 才是向量，兩者關係是：

$$\begin{aligned} I_a &= \vec{J} \cdot d\vec{a} \\ &= \text{流過微小面積 } da \text{ 的電流} \quad \cdots\cdots (128)_2 \end{aligned}$$

於是如 (圖 23)(b) 使用 Stokes 定理表示的 $(128)_1$ 式是：

$$\oint_\Gamma \vec{B} \cdot d\vec{\ell} = \int_A (\vec{\nabla} \times \vec{B}) \cdot d\vec{a} = \mu_o \int_A \vec{J} \cdot d\vec{a} \quad \cdots\cdots (128)_3$$

$$\therefore \vec{\nabla} \cdot \vec{B} = \mu_o \vec{J} \quad \cdots\cdots (129)$$

(129) 式稱為 **Ampere 定律的微分形式**。

(2) Faraday 定律：

Faraday 定律又叫**電磁感應定律** (law of electromagnetic induction)，是如何獲得電的定律。當磁力線的方向變，或者方向固定而磁力線數變時，立即在切割磁力線的導線上產生電動勢ξ，是 1831 年 Faraday 發現的現象。如 (圖 24)，由實驗歸納的電動勢ξ是：

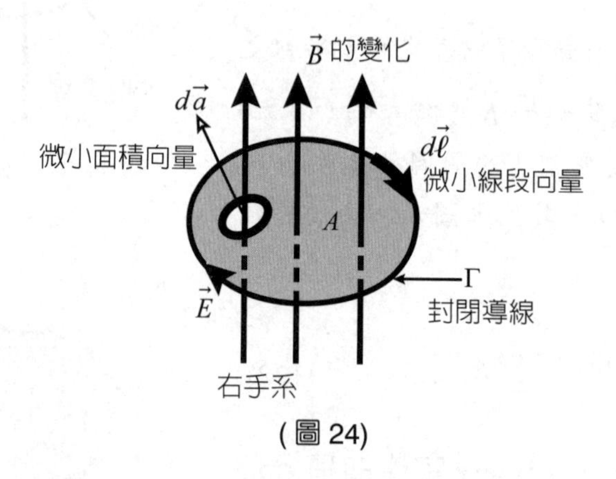

(圖 24)

$$\xi=\oint_{\Gamma}\vec{E}\cdot d\vec{\ell}=-\frac{d}{dt}\int_{A}\vec{B}\cdot d\vec{a} \quad \cdots\cdots (130)_1$$

A 是切割磁力線的總面積，Γ 是包圍 A 的導線，t 是時間。$(130)_1$ 式叫 **Faraday 定律的積分形式**，如用 Stokes 定理表示：

$$\oint_{\Gamma}\vec{E}\cdot d\vec{\ell}=\int_{A}(\vec{\nabla}\times\vec{E})\cdot d\vec{a}$$

$$=-\frac{d}{dt}\int_{A}\vec{B}\cdot d\vec{a}=-\int_{A}\frac{\partial\vec{B}}{\partial t}\cdot d\vec{a} \quad \cdots\cdots (130)_2$$

$$\therefore \vec{\nabla}\times\vec{E}=-\frac{\partial\vec{B}}{\partial t} \quad \cdots\cdots (131)$$

(131) 式稱爲 **Faraday 定律的微分形式**。$(130)_2$ 式的時間微分 d/dt 是全微分，即對執行對象的所有獨立變數作微分。磁場 $\vec{B}=\vec{B}(x,y,z,t)\equiv\vec{B}(x_1,x_2,x_3,t)$

$$\therefore \frac{d\vec{B}}{dt}=\frac{\partial\vec{B}}{\partial t}+\sum_{i=1}^{3}\frac{\partial x_i}{\partial t}\frac{\partial\vec{B}}{\partial x_i}$$

$$\text{而}\ \frac{d}{dt}\vec{B}\cdot d\vec{a}=\left(\frac{d\vec{B}}{dt}\right)\cdot d\vec{a}+\vec{B}\cdot\left(\frac{d}{dt}d\vec{a}\right)$$

但 (圖 24)(即電磁感應) 的 $\vec{B}$ 不跟著位置 (x_1, x_2, x_3) 變，而瞬間的 $d\vec{a}$ 不跟

著時間變，

$$\therefore \frac{d}{dt}\vec{B} \cdot d\vec{a} = \left(\frac{\partial \vec{B}}{\partial t}\right) \cdot da$$

(3) Green 定理？

在 $(113)_1$ 和 $(113)_2$ 式以萬有引力爲例介紹了保守力場的**勢能** (potential energy) 與**勢** (potential) 的觀念，且在 $(115)_1$ 式提醒了 Gauss 與 Green 定理之差異，兩者都針對同一物理現象，而處理方法不同而已，即都是針對：

使物理體系狀態變化之源是保守力 $\vec{F}_c$，而 $\vec{F}_c$ 必有場源，以及場源造的勢能場 $U(r)$。

力也好，場強也好都是**向量函數** (vector function)，不但有大小又有方向，於是較費神，如能用只有大小沒方向的**標量函數** (scalar function)，則較輕鬆，不過必付代價，因熱力學第一定律告訴我們：「天下沒白吃的午餐」。用向量函數 $\vec{f}$ 表示的 (117) 式和 (126) 式都是對 $\vec{f}$ 的一階微分，由於如 $(113)_1$ 式或 $(113)_2$ 式，要得向量函數須對標量函數執行微分，

∴ Green 定理會出現二階微分

好多物理現象是在勢能場或勢場內發生，這是 Green 洞察出來的，於是他從 Gauss 定理的 (117) 式切入去研究保守力場問題。現同樣地以我們最熟悉的萬有引力作例來分析。質量 m 的我們，如

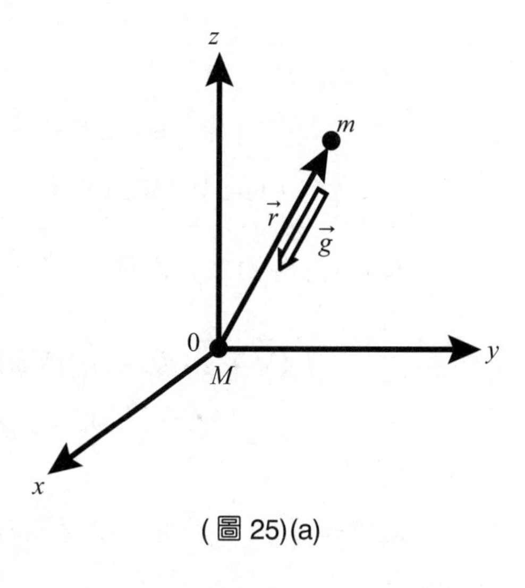

(圖 25)(a)

(圖 25)(a) 生活在質量 M 的地球萬有引力勢能場內，其場強 $\vec{g}(r) = -G\dfrac{M}{r^2}\mathbf{e}_r$，$\mathbf{e}_r = \vec{r}/|\vec{r}|$，

$$\therefore \text{我們所受的引力 } \vec{F}_g = m\vec{g}(r) \cdots\cdots (132)_1$$

顯然一個向量函數 $\vec{F}_g(r)$ 如 $(132)_1$ 式能用標量 m 和向量 $\vec{g}(r)$ 之積表示。相對

於光速 c ($c = 3\times10^8$ m/s)，質量 m 的我們之運動速度 $\vec{v}$ 是非常小，當 $|\vec{v}|$ 很大，甚至於接近光速 c，m 是 $|\vec{v}|\equiv v$ 的函數 $m = m(v)$，v 是位置 $\vec{r}$ 的時間變化，說極端 $m = m(r)$ 標量函數。在這裡必須提醒的是，帶電荷 q 的粒子，q 和該粒子的運動速度 $\vec{v}$ 無關，即 $q \neq q(v)$，請特別留意這一點，是質量和電荷之最大差異。質量怎麼來的，在 2012 年夏天肯定地解決了，但電荷怎麼來的是尚未解決 (2013 年秋天)。所以 (117) 式的 $\vec{f}(r)$ 一般地能用標量函數 $\phi(r)$ 和向量函數 $\vec{v}(r)$ 之積表示：

$$\vec{f}(r)=\phi(r)\vec{v}(r) \cdots\cdots (132)_2$$

$$\therefore \vec{\nabla}\cdot\vec{f}(r)=\vec{\nabla}\cdot[\phi(r)\vec{v}(r)] \cdots\cdots (132)_3$$

$$\begin{aligned}[\vec{\nabla}\cdot(\phi\vec{v})]_i &= \frac{\partial}{\partial x_i}(\phi\vec{v})_i = \left(\frac{\partial\phi}{\partial x_i}\right)(\vec{v})_i + \phi\left(\frac{\partial}{\partial x_i}(\vec{v})_i\right) \\ &= \left(\mathbf{e}_i\frac{\partial\phi}{\partial x_i}\right)\cdot(\mathbf{e}_i v_i) + \phi\left(\mathbf{e}_i\frac{\partial}{\partial x_i}\right)\cdot(\mathbf{e}_i v_i) \\ &= (\vec{\nabla}\phi)_i\cdot(\vec{v})_i + \phi(\vec{\nabla})_i\cdot(\vec{v})_i \\ &= [(\vec{\nabla}\phi)\cdot\vec{v}]_i + \phi(\vec{\nabla}\cdot\vec{v})_i\end{aligned}$$

$\mathbf{e}_i = x_i$ 方向的單位向量，即 $\mathbf{e}_i = \vec{x}_i/|\vec{x}_i| = \vec{x}_i/x_i$

$$\therefore \vec{\nabla}\cdot(\phi\vec{v}) = (\vec{\nabla}\phi)\cdot\vec{v} + \phi(\vec{\nabla}\cdot\vec{v}) \cdots\cdots (132)_4$$

由 (117) 和 $(132)_4$ 式得：

$$\begin{aligned}\int_V(\vec{\nabla}\cdot\vec{f})\,d^3x &= \int_V[(\vec{\nabla}\phi)\cdot\vec{v} + \phi(\vec{\nabla}\cdot\vec{v})]d^3x \\ &= \oint_A\vec{f}\cdot d\vec{a} = \oint_A(\phi\vec{v})\cdot d\vec{a} \cdots\cdots (132)_5\end{aligned}$$

這時如 $\vec{v}(r)$ 又是另一標量函數 (請看 $(113)_2$ 式) $\varphi(r)$ 的梯度 (陡度) 函數：

$$\vec{v}(r)=\vec{\nabla}\varphi(r) \cdots\cdots (132)_6$$

則由 $(132)_5$，$(132)_6$ 和 (117) 式得：

$$\begin{aligned}\oint_A(\phi\vec{v})\cdot d\vec{a} &= \int_V\{\phi\,[\vec{\nabla}\cdot(\vec{\nabla}\varphi)] + (\vec{\nabla}\varphi)\cdot(\vec{\nabla}\phi)\}d^3x \\ &= \int_V\{\phi\,(\nabla^2\varphi) + (\vec{\nabla}\varphi)\cdot(\vec{\nabla}\phi)\}d^3x \cdots\cdots (132)_7\end{aligned}$$

$(132)_7$ 式的 $(\vec{v} \cdot d\vec{a})$ 如 (圖 25)(b) 所示，是 $\vec{v}$ 在 da 的法線 $\vec{n}$ 上的成分 v_n 與 da 之積：

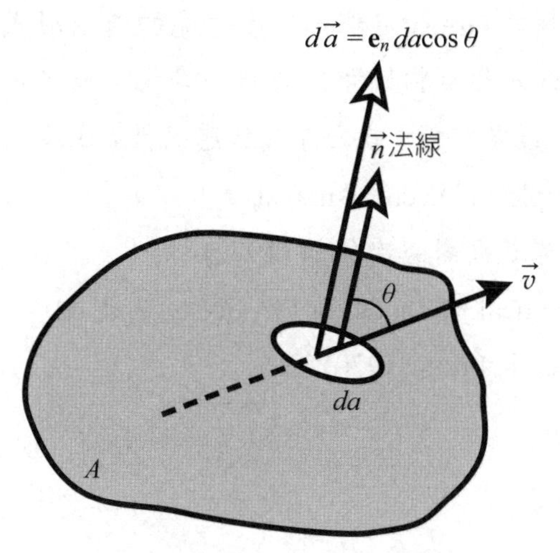

$\mathbf{e}_n = da$ 的法線 $\vec{n}$ 之單位向量

(圖 25)(b)

$$\vec{v} \cdot d\vec{a} = [(\vec{\nabla}\varphi) \cdot \mathbf{e}_n]da$$

$$\equiv \frac{\partial \varphi}{\partial n} da \cdots\cdots (132)_8$$

於是由 $(132)_7$ 和 $(132)_8$ 式得：

$$\boxed{\oint_A \left(\phi \frac{\partial \varphi}{\partial n}\right) da = \int_V \left\{\phi(\nabla^2\varphi) + (\vec{\nabla}\phi) \cdot (\vec{\nabla}\varphi)\right\} d^3x} \cdots\cdots (133)$$

(133) 式稱爲 **Green 定理** (Green's theorem) 或 **Green 第一恆等式** (Green's first identity)，但普通稱的 Green 定理是下 (135) 式。(135) 式又叫**對稱形式 Green 定理** (symmetrical form of Green's theorem) 或 **Green 第二恆等式** {Green's second identity}，是在**量子力學**和**電動力學** (electrodynamics) 很有用的式子。把 (133) 式的 ϕ 的 φ 對換得：

$$\oint_A \left(\varphi \frac{\partial \phi}{\partial n}\right) da = \int_V \left\{\varphi(\nabla^2\phi) + (\vec{\nabla}\varphi) \cdot (\vec{\nabla}\phi)\right\} d^3x \cdots\cdots (134)$$

(133) 式和 (134) 式相減得：

$$\oint_A \left(\phi\frac{\partial\varphi}{\partial n}-\varphi\frac{\partial\phi}{\partial n}\right)da=\int_V[\phi(\nabla^2\varphi)-\varphi(\nabla^2\phi)]\,d^3x \quad\cdots\cdots(135)$$

(135) 式是普通稱的 Green 定理，多麼漂亮的對稱形式，這些推演招術就是我們要學的。(135) 式是解物理體系的狀態變化，或者描述現象的方程式時常用的定理，其 ϕ 和 φ 是勢能(或勢)或狀態函數(或波函數)的標量函數。

(20) J. B. Marion: Principles of Vector Analysis，
台灣中央圖書出版社 (1972)。

G. Arfken: Mathematical Methods for Physicists, 2nd, ed.,
Academic Press (1970).

Chapter 3 複變函數積分、留數與實函數定積分

(I) 微分與積分關係

(A) 複習 [17, 20]

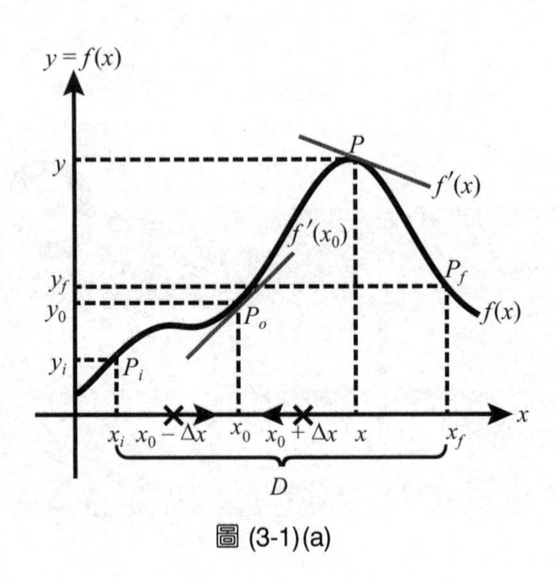

圖 (3-1)(a)

爲了紮實觀念，以一個獨立實變數 x 與其應變數，即實函數 $f(x) \equiv y$ 來複習什麼是**微分** (differentiation) 與**積分** (integration)，以及它們之間的關係。設 D 爲 x 連續變的**區域** (region)，當 x 變時，稱依某規則變的數 $f(x)$ 爲 **x 的函數** (function of x)，規則就是函數之名稱，例如 $\sin x$, e^x 等。如圖 (3-1)(a)，x 沿一直線從 x_i 連續地變到 x_f，則 $f(x) \equiv y$ 依某規則連續地從 $y_i = f(x_i)$ 變到 $y_f = f(x_f)$，且對每一個 x, f 只有一個數，即 $f(x)$ 爲**單值函數** (single-valued function)，而得一曲線 (含直線)。在 D 內任一點 x_0，從其左右點 $(x_0 - \Delta x)$ 和 $(x_0 + \Delta x)$ 無限地逼近 x_0 點時，如：

$$\lim_{\Delta x\to 0} f(x_0-\Delta x)=\lim_{\Delta x\to 0} f(x_0+\Delta x)=\textbf{確定值}\ (\text{definite value})\, f(x_0) \cdots\cdots (3\text{-}1)$$

則稱 (3-1) 式的 $f(x_0)$ 爲 $f(x)$ 在 $x = x_0$ 之**極限值**，這時完全瞭解在 $x = x_0$ 的 $f(x_0)$ 是什麼值。自然現象需要 $f(x)$ 與 x 瞬間變化比值 (商值)，例如速度 $\vec{v} = d\vec{s}/dt$ 是在 dt 時間往某方向走了 $d\vec{s}$ 的比值。於是需要定義：

$$\begin{aligned}\lim_{\Delta x\to 0}\frac{f(x+\Delta x)-f(x)}{\Delta x} &= \frac{f(x)\text{ 的無限小變化}}{x\text{ 的無限小變化}}\\ &\equiv \frac{df(x)}{dx}=\frac{d}{dx}f(x)=f'(x)=\text{在 } x \text{ 的確定值}\\ &=\frac{dy}{dx}=\frac{d}{dx}y=y' \cdots\cdots (3\text{-}2)\end{aligned}$$

稱 (3-2) 式的操作爲對函數 $f(x)$ 之**微分**，是對函數 $f(x)$ 的和微分定義式，而 $\dfrac{d}{dx}$ 稱爲**微分算符** (differential operator)，$f'(x)$ 與 y' 爲**導函數** (derivative function 或 derived function)，對某值 x_0 的導函數值 $f'(x_0)$ 稱爲 x_0 的**導數** (derivative)，即在圖 (3-1)(a) 的 P_0 點之曲線斜率〔請複習 (Ex.2-17)〕，於是 (3-2) 式的導函數就是在 x 的 P 點曲線斜率。如在 D 區域內有 $f(x)$ 和 $g(x)$ 兩單值且可微分之函數，則微分的加減乘除是：

$$\begin{cases} F(x) \equiv f(x) \pm g(x)，\quad G(x) \equiv f(x)g(x)，\quad H(x) \equiv \dfrac{f(x)}{g(x)} \cdots\cdots (3\text{-}3)_1 \\ \dfrac{d}{dx}F(x) = F'(x) = \dfrac{d}{dx}[f(x) \pm g(x)] = f'(x) \pm g'(x) \cdots\cdots (3\text{-}3)_2 \\ \dfrac{d}{dx}G(x) = G'(x) = \dfrac{d}{dx}[f(x)g(x)] = f'(x)g(x) + f(x)g'(x) \cdots\cdots (3\text{-}3)_3 \\ \dfrac{d}{dx}H(x) = H'(x) = \dfrac{d}{dx}\left[\dfrac{f(x)}{g(x)}\right] = \dfrac{f'(x)g(x) - f(x)g'(x)}{(g(x))^2} \cdots\cdots (3\text{-}3)_4 \\ \dfrac{d}{dx}C\,(\text{常數}) = 0 \cdots\cdots (3\text{-}3)_5 \end{cases}$$

那麼如何從導函數 $f'(x)$ 求微分前之**原函數** (primitive function) $f(x)$？$f'(x)$ 告訴我們，因變數 $y=f(x)$ 曲線 (含直線) 在獨立變數 x 的變化區域 D 內每一點的變化情況，但不知整 D 內的 $f(x)$，於是需要 $f(x)$ 時必須從 $f'(x)$ 切入。由 $f'(x)$ 的定義 (3-2) 式得：

$$f'(x) = \frac{df(x)}{dx}$$

$$\therefore df(x) = f'(x)dx \cdots\cdots (3\text{-}4)$$

如圖 (3-1)(b)，$f'(x)$ 是 x 的函數，dx 是無限小量，所以 $f'(x)dx$ 是 $P_1P_2P_3P_4$ 所圍的微小面積 dA。因此想獲得原函數 $f(x)$ 的訊息，必須對圖 (3-1)(b) 的 x 之有關範圍連續地把 (3-4) 式全加起來。連續加的符號，由發現微分積分學的 Leibniz 在 1672 年以符號"$\int$"取代非連續加的符號"$\sum$"，而稱"$\int$"爲**積分符號**，於是積分定義是：

$$\sum \xrightarrow[\text{連續加}]{} \int$$

$$\therefore \int df = \int f'(x)dx \cdots\cdots (3\text{-}5)_1$$

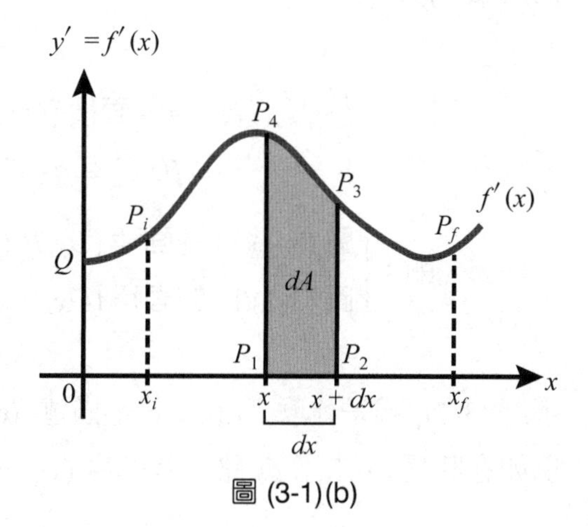

圖 (3-1)(b)

如 x 有確定範圍，如 $x_i \sim x_f$，則 $(3\text{-}5)_1$ 式是：

$$\int_{x_i}^{x_f} df = \int_{x_i}^{x_f} f'(x)dx$$
$$= \left[f(x) \right]_{x_i}^{x_f} = f(x) \Big]_{x_i}^{x_f} \cdots\cdots (3\text{-}5)_2$$

稱 $(3\text{-}5)_2$ 式爲 $f'(x)$ 的**定積分** (definite integral) ，而 $f'(x)$ 爲**被積函數** (integrand)；稱沒確定範圍爲**不定積分** (indefinite integral)：

$$\int_{x_i}^{x} df = \int_{x_i}^{x} f'(x)dx \cdots\cdots (3\text{-}5)_3$$

或 $$\int df = \int f'(x)dx \cdots\cdots (3\text{-}5)_4$$

於是由 $(3\text{-}5)_1$ 式就能得原函數 $f(x)$：

$$\int df = \int f'(x)dx = f(x) \cdots\cdots (3\text{-}6)_1$$

$(3\text{-}6)_1$ 式右邊，一般地必須加一個 $(3\text{-}3)_5$ 式來的常數 C ，叫**積分常數** (integral constant)。所以一般地對某單值可微分之函數 $g(x)$ 的不定積分定義是：

$$\int g(x)dx = G(x) + C，\quad \frac{dG(x)}{dx} = g(x)，\quad C = \text{積分常數} \cdots\cdots (3\text{-}6)_2$$

$(3\text{-}6)_2$ 式的 $G(x)$ 是 $g(x)$ 的原函數，如指定積分範圍的定積分時 $(3\text{-}6)_2$ 式的 C 就沒了。顯然定積分是如圖 (3-1)(b) 所示，求 x_i, x_f, P_f 和 P_i 包圍的面積，是一個數，設爲 A，則由 $(3\text{-}5)_2$ 式得：

$$\int_{x_i}^{x_f} f'(x)dx = A = \text{面積}\,(Ox_fP_fQ) - \text{面積}\,(Ox_iP_iQ)$$
$$= f(x) \Big]_{x_i}^{x_f} = f(x_f) - f(x_i) \cdots\cdots (3\text{-}7)_1$$

$$\text{即：}\left\{ \begin{array}{l} \text{圖 (3-1)(b) 的面積}\,(Ox_fP_fQ)\,\text{值} = \text{圖 (3-1)(a)}\, f(x_f)\,\text{值} \\ \text{圖 (3-1)(b) 的面積}\,(Ox_iP_iQ)\,\text{值} = \text{圖 (3-1)(a)}\, f(x_i)\,\text{值} \end{array} \right\} \cdots\cdots (3\text{-}7)_2$$

那麼 $(3\text{-}7)_1$ 式是什麼？(3-2) 式是描述 dx 內發生的物理現象 df ，其比值 df/dx 多大？例如在時間 dt 走了 ds 路，其**速度** (velocity) $\vec{v} = d\vec{s}/dt$，$\vec{v}$ 的大小**速率** (speed) $|d\vec{s}/dt|$

$\equiv ds/dt$，則其 $(3\text{-}7)_1$ 式是從時間 t_i 到 t_f，以速率 ds/dt 所走的總路長。

相信瞭解了微分與積分是什麼，以及它們之間的關係。於是如 $g(x)$ 和 $h(x)$ 是在 D 閉區域 (含內部和邊界之區域) $[x_i, x_f]$ 可微分之函數′，則由 $(3\text{-}3)_2$, $(3\text{-}3)_3$, $(3\text{-}5)_2$ 和 $(3\text{-}7)_1$ 式′得如下定積分性質：

$$\int_{x_i}^{x_f} g(x)dx = G(x)\Big]_{x_i}^{x_f} = G(x_f) - G(x_i), \qquad \frac{dG(x)}{dx} = g(x) \cdots\cdots (3\text{-}8)_1$$

$$\int_{x_i}^{x_f} g(x)dx = -\int_{x_f}^{x_i} g(x)dx \cdots\cdots (3\text{-}8)_2$$

$$\int_{x_i}^{x_f} Cg(x)dx = C\int_{x_i}^{x_f} g(x)dx, \qquad C = \text{常數 (constant)} \cdots\cdots (3\text{-}8)_3$$

$$\int_{x_i}^{x_f}\left[\alpha g(x) + \beta h(x)\right]dx = \alpha\int_{x_i}^{x_f} g(x)dx + \beta\int_{x_i}^{x_f} h(x)dx, \qquad \alpha, \beta = \text{常數} \cdots\cdots (3\text{-}8)_4$$

$$\int_{x_i}^{x_f} g'(x)h(x)dx = g(x)h(x)\Big]_{x_i}^{x_f} - \int_{x_i}^{x_f} g(x)h'(x)dx \cdots\cdots (3\text{-}8)_5$$

$$\int_{x_i}^{x_k} g(x)dx + \int_{x_k}^{x_f} g(x)dx = \int_{x_i}^{x_f} g(x)dx, \qquad x_i < x_k < x_f \cdots\cdots (3\text{-}8)_6$$

$$\text{當 } g(x) \geq 0, \qquad \text{則} \int_{x_i}^{x_f} g(x)dx \geq 0 \cdots\cdots (3\text{-}8)_7$$

(被積函數必須在獨立變數 x 的變域 D，能微分的單值解析函數；換句話，在 D 無法微分的函數，由 $(3\text{-}5)_1$ 式是不存在其積分。) ……… $(3\text{-}8)_8$

(B) 複數微分與積分關係 [15, 16]

從分析 (3-2) 式到 $(3\text{-}7)_1$ 式的內涵切入，來探究複數微分與積分關係。實單變數 x 是直線數，一般該直線爲座標 x 軸，故能在 2 維平面如圖 (3-1)(a) 表示其因變數 y 爲座標 y 軸，於是 x 與 $f(x) = y$ 同在一平面。但複變數 $z = (x + iy)$ 是平面數，z 能在平面上自由地連續變動。於是定義在 z 平面之區域 D 的單值連續函數 $f(z)$ 是無法在 z 平面描述，非在函數平面 $f(z) = \omega = [u(x, y) + iv(x, y)]$ 表示不可。同時如實函數的積分定義 $(3\text{-}5)_1$ 式，

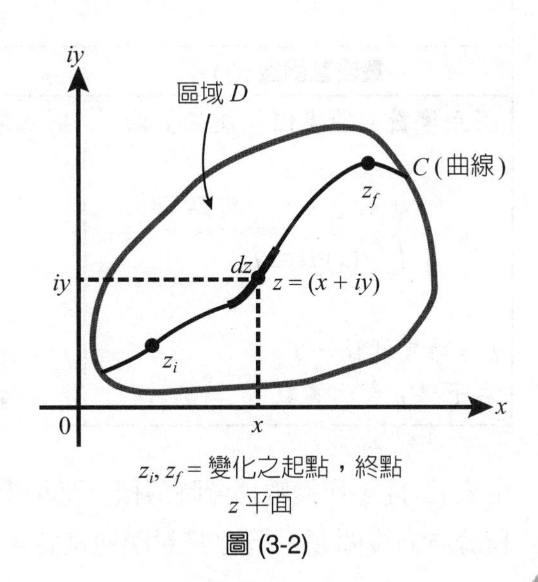

圖 (3-2)

$f(z)$ 能微分才存在 $f(z)$ 之積分。於是定義在如圖 (3-2) 的 D 區域之可微分函數 $f(z)$ ，跟著 z 從 z_i 連續地變到 z_f ，而在函數平面 ω 平面變動，故由 $(3\text{-}5)_1$ 式得複變函數 $f(z)$ 的積分定義：

$$\int f(z)dz \cdots\cdots (3\text{-}9)$$

(3-9) 式的 dz 是圖 (3-2) 的區域 D 內，z 變動軌跡曲線 (含直線) C 上的一個無限小線段，$f(z)$ 是 dz 上任意點 z，能微分之單值函數。於是如 (3-9) 式要有**確定** (definite) 值，必須有明確的曲線 C 才可以，即：

$$\int_{z_i}^{z_f} f(z)dz \equiv \int_{C(z_i \sim z_f)} f(z)dz \equiv \int_C f(z)dz \cdots\cdots (3\text{-}10)$$

換句話，曲線 C 是複變函數 $f(z)$ 的積分關鍵量，此點是和實變數函數 $f(x)$ 的積分之最大差異點。(3-10) 式是 19 世紀初葉 Cauchy 發現的事實，稱圖 (3-2) 的曲線爲**積分路** (path of integration 或 contour ，但習慣上 contour 是用在封閉曲線時用)，而 (3-10) 式爲**複數線積分**或簡稱**線積分**〔curvilinear integral 或 line integral (習慣上非封閉曲線時用)，或 contour integral (習慣上封閉曲線時用)〕。由於 (3-10) 式有起終點，於是稱爲**線定積分** (definite line integral)。把實變數和複變數函數定積分的差異列於表 (3-1)。

表 (3-1)

定積分	
實變數函數 $f(x)$	**複變數函數 $f(z)$**
獨立變數 x 的變化 = 座標 x 軸， 起點 x_i， 終點 x_f $\int_{x_i}^{x_f} f(x)dx \equiv I_r$ I_r = 確定實值， 右下標 r 表示實數。	獨立變數 z 的變化 = z 平面的曲線 (含直線) C， 起點 z_i， 終點 z_f $\int_{z_i}^{z_f} f(z)dz = \int_{C(z_i \sim z_f)} f(z)dz \equiv \int_C f(z)dz \equiv I_C$ I_C = 跟著所選的 C 變 ≠ 確定值， I_C 一般爲複數值，右下標 C 表示複數。

由表 (3-1) ，作複數積分時選積分路是重要工作，非封閉曲線時，由於有起終點，故積分方向沒問題，但 C 是封閉曲線時，繞平面曲線有順時針和逆時針的兩方向，如

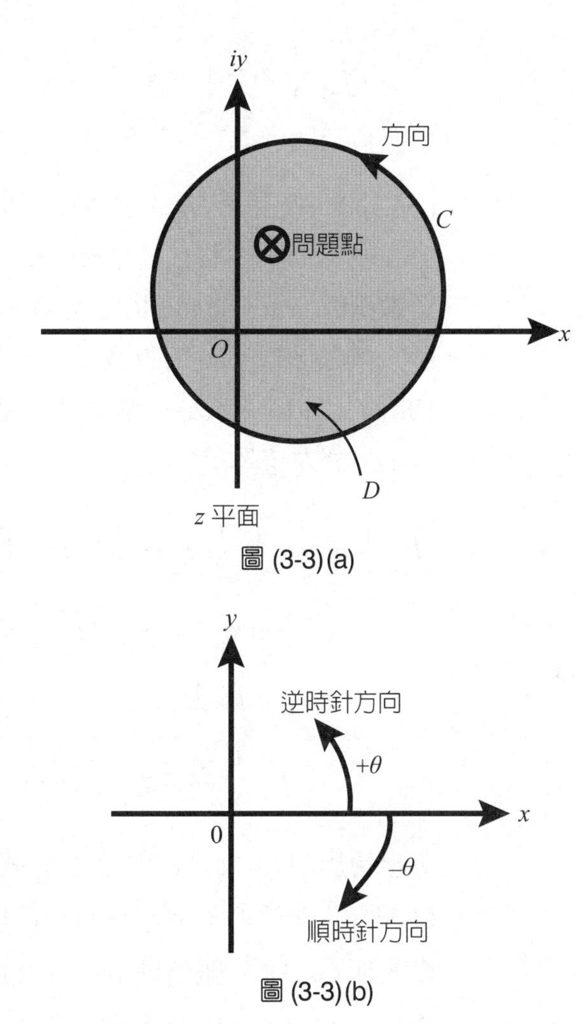

圖 (3-3)(a)

圖 (3-3)(b)

何選方向呢？非封閉曲線的方向，當然是從起點 z_i 向終點 z_f 的方向爲正方向，倒過來爲負方向。而封閉曲線時，C 必是能解決問題的曲線，方向是如圖 (3-3)(a) 所示，繞 C 時問題點，或 $f(z)$ 的定義區域 D (C 所圍的區域) 永遠在你的左手邊，即逆時針方向爲正方向，順時針 (D 在你的右手邊) 爲負方向。因爲“繞”就是物理的轉動，瞬時對某固定點，設爲“0”轉，轉動角 θ 的正與負方向的定義如圖 (3-3)(b) ，這是老早就定義的方向正與負 [1)]，17 世紀複數誕生後非遵守不可的規則。顯然複數積分緊抓住問題點不放，於是能解決，對同一問題用實數積分時無法解決的問題，是複變函數論之威力，它確實棒！例如主宰今日高科技的主學科之一的量子力學是建立在複變線性理論上。接著一起來作一個用實數積分無法解決，卻很容易地用複數積分解決了。它是 1810 年代初葉引人注意的題目，也和 1926 年 Dirac 的 δ 函數〔請看註解 (18)〕有關。

(Ex.3-1) 求 $\int_{-1}^{1}\frac{1}{x}dx$ 之值，如把實變數 x 換成複變數 z 呢？

(解)：(1) x 爲實變數時：

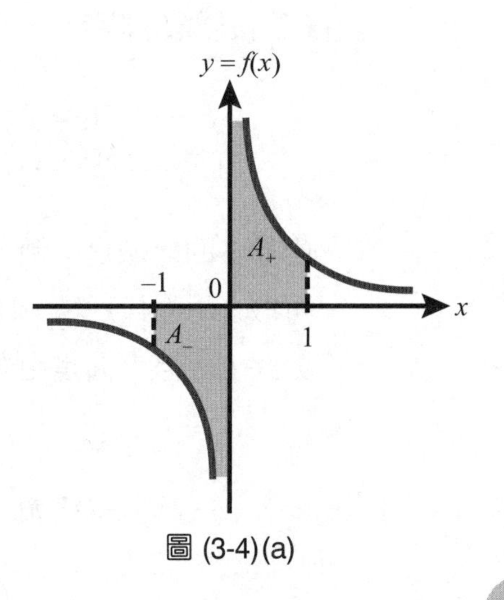

圖 (3-4)(a)

被積分函數 $\frac{1}{x}\equiv f(x)=y$ 是如圖 (3-4)(a)，是奇函數，

∴ (x = 0 ～ 1 的面積 A_+) = − (x = 0 ～ (−1) 的面積 A_-)

$$\therefore \int_{-1}^{1}\frac{1}{x}dx = A_- + A_+$$
$$= -A_+ + A_+ = 0 \cdots\cdots\cdots\cdots (3\text{-}11)_1$$

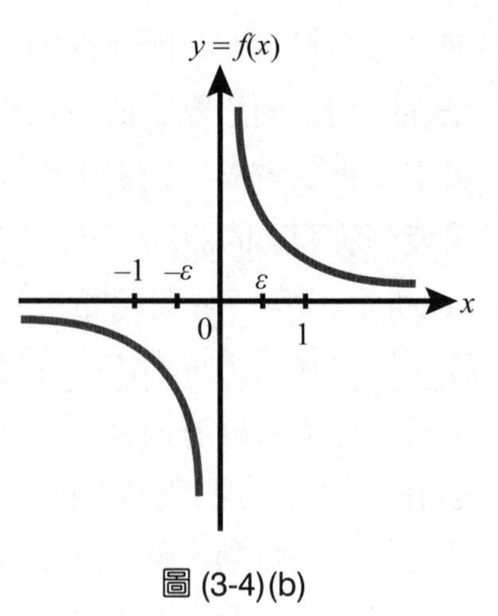

圖 (3-4)(b)

$(3\text{-}11)_1$ 式是圖解的結果，如用微積分 [17, 20]，則 $(3\text{-}11)_1$ 式左邊的積分牽連到對數函數 $\ln x$，而 $\ln x$ 的 x 必須 $x > 0$ 之實數，無法處理 $x \to 0$ 以及 $x < 0$ 之部分。如圖 (3-4)(b)，設 ε = 無限小正實數，則 $(3\text{-}11)_1$ 式左邊是：

$$\int_{-1}^{1}\frac{1}{x}dx = -\int_{\varepsilon}^{1}\frac{1}{x}dx + \int_{\varepsilon}^{1}\frac{1}{x}dx + \int_{-\varepsilon}^{\varepsilon}\frac{1}{x}dx$$
$$= -\ln x\Big]_{\varepsilon}^{1} + \ln x\Big]_{\varepsilon}^{1} + \int_{-\varepsilon}^{\varepsilon}\frac{1}{x}dx$$
$$= 0 + \int_{-\varepsilon}^{\varepsilon}\frac{1}{x}dx$$
$$= \int_{-\varepsilon}^{\varepsilon}\frac{1}{x}dx \equiv g(x)\Big]_{-\varepsilon}^{\varepsilon} \cdots\cdots\cdots\cdots (3\text{-}11)_2$$

怎麼會出現 $(3\text{-}11)_1$ 式和 $(3\text{-}11)_2$ 式的矛盾呢？仔細分析兩式的演算過程，$(3\text{-}11)_1$ 式違背了 $3x = (-1\sim1) = (-1\sim0\sim1)$ 的 x 之連續要求，跳過了 $x = 0$ 之點，而 $(3\text{-}11)_2$ 式雖滿足了 $x = (-1\sim0\sim1)$ 的連續要求，但如何算 $g(x)\Big]_{-\varepsilon}^{\varepsilon}$ 呢？這是 1810 年代初葉注意到的問題，不久以複變數 z 取代實變數 x，而解決了這困難。

(2) x 為複變數 z 時：

$$\left.\begin{array}{l} x \longrightarrow (z = x + iy) \\ (\text{積分上下限的 } |x| = 1) \longrightarrow (|z| = 1) \end{array}\right\} \Longrightarrow z = 1e^{i\theta} = e^{i\theta} \cdots\cdots\cdots (3\text{-}11)_3$$

由於 x 的變域是 x 軸，從左到右，即負到正的閉區域 $[-1, 1]$，而複變數 z 可取 z 平面任意積分路。為了配合 x 的區域 $[-1, 1]$，取如圖 (3-4)(c) 的積分路 C，且方向是由右往左，所以 $(3\text{-}11)_3$ 式的 z 之方向剛好和 x 的相反，

$$\left.\begin{array}{l} \therefore\ z = -e^{i\theta} \\ \therefore\ dz = -ie^{i\theta}\,d\theta \end{array}\right\} \cdots\cdots\cdots\cdots (3\text{-}11)_4$$

$$\therefore \int_{-1}^{1} \frac{1}{x} dx \Longrightarrow \int_{0}^{\pi} \frac{1}{z} dz = \int_{0}^{\pi} \frac{-ie^{i\theta}}{-e^{i\theta}} d\theta \cdots\cdots (3\text{-}11)_5$$

$$= i\int_{0}^{\pi} d\theta = \pi i$$

實變數時之 $(3\text{-}11)_2$ 式的困難，複變數時不見了，於是得：

$$\int_{-1}^{1} \frac{1}{x} dx = g(x)\Big]_{-\varepsilon}^{\varepsilon} = \pi i \cdots\cdots (3\text{-}11)_6$$

請注意！$(3\text{-}11)_6$ 式的結果和註 (18) 的 (107) 式積分結果一致，$x = 0$ 是奇異點，複變數竟然如此簡單地能解決奇異點帶來之困難，而在 (107) 式是引進 δ 函數來解決，不過 δ 函數有其獨特物理功能，有另種威力。

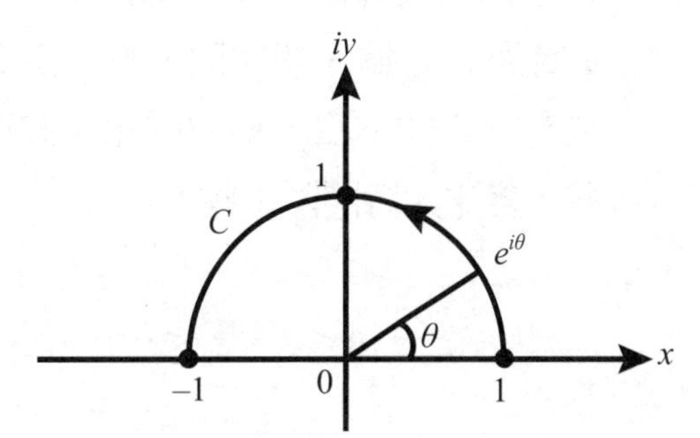

積分路 C = 半徑 1，圓心在原點之半圓弧

圖 (3-4)(c)

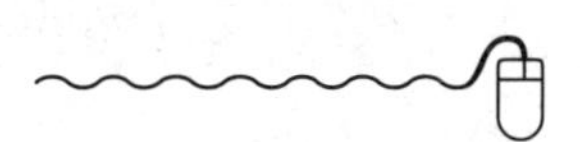

瞭解到這裡的準備工作內涵後，就能一起來研討複變積分的邏輯與方法和其應用。

(II) 複變函數積分 [15, 16)]

從 1811 年開始 Cauchy 接連地發現一些複變函數的微分與積分之特性，例如在第二章介紹的 Cauchy-Riemann 關係式，在積分方面有兩個影響深遠的定理，是 **Cauchy 積分第一定理** (Cauchy's first integral theorem)，通稱爲 **Cauchy 定理** (Cauchy's theorem)，以及和奇異點有關 **Cauchy 積分第二定理** (Cauchy's second integral theorem)，世稱爲 **Cauchy 積分公式**。它們是 (II) 節的焦點，會在下面 (B) 與 (C) 分別介紹，先一起來研究複數線積分。

(A) 複數線積分？複數定與不定積分？

(1) 說明線積分

設 ξ 為獨立變數，其可微分函數為 $f(\xi)$，如圖 (3-5)(a)，曲線 (含直線) C 為 ξ 連續地在它的 2 維空間變動之軌跡，且 C 的**總長有限** (finite length)。把 ξ 從 a 變到 b 分為 n 個間隔 (不一定等間隔或有一定的分法，例如變化小時間隔大些，變化大時間隔小些：)

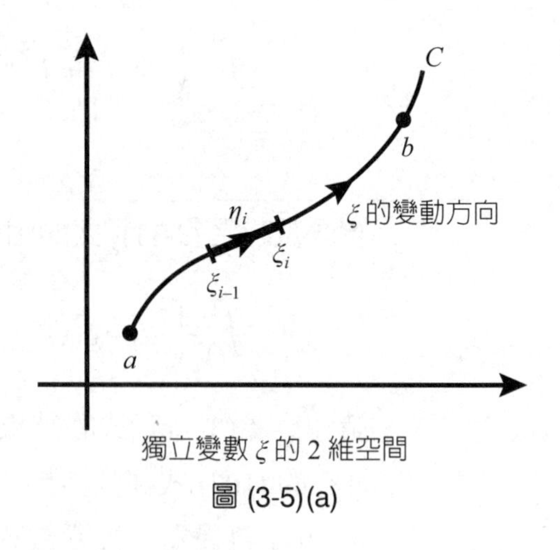

圖 (3-5)(a)

$$(\xi_0 = a) < \xi_1 < \xi_2 < \cdots\cdots < \xi_{i-1} < \xi_i < \xi_{i+1} < \cdots\cdots < \xi_{n-1} < (\xi_n = b) \cdots\cdots\cdots\cdots (3\text{-}12)_1$$

如 η_i 為線段 $(\xi_i - \xi_{i-1})$ 上的任意點，則從 a 到 b 之和 S：

$$\sum_{i=1}^{n} f(\eta_i)\,(\xi_i - \xi_{i-1}) \equiv S \cdots\cdots\cdots\cdots (3\text{-}12)_2$$

當 n 增大，使間隔 $(\xi_i - \xi_{i-1})$ 逼近於無限小 $d\xi$，同時 $(3\text{-}12)_2$ 式的 S 逼近於**有限確定值** (definite finite value) I 時，稱 I 為 $f(\xi)$ 沿路徑 C，從 a 到 b 的**線定積分** (definite line integral)：

$$I = \int_{a(\text{起點})}^{b(\text{終點})} f(\xi)d\xi \cdots\cdots\cdots\cdots (3\text{-}12)_3$$

$$\text{或}\ I = \int_{C(a\sim b)} f(\xi)d\xi \equiv \int_C f(\xi)d\xi \cdots\cdots\cdots\cdots (3\text{-}12)_4$$

$(3\text{-}12)_4$ 式右邊是普通使用的 $f(\xi)$ 線積分表示式，而積分路是非封閉曲線 C，如沒上下限 a 和 b 者，則稱為**線不定積分 (indefinite line integral)**。當 C 為封閉曲線時，在積分符號上寫一個圓圈：

$$\oint_C f(\xi)d\xi \cdots\cdots\cdots\cdots (3\text{-}12)_5$$

習慣上稱 $(3\text{-}12)_4$ 式為**線積分** (line integral)，$(3\text{-}12)_5$ 式為**周線積分** (contour integral)，而分別稱 ξ 是實變數 x 和複變數 $z = (x + iy)$ 爲**實數線積分** (real line integral) 和**複數線積分** (complex line integral)，於是前者的被積分函數是實數函數，而後者是複數函數。

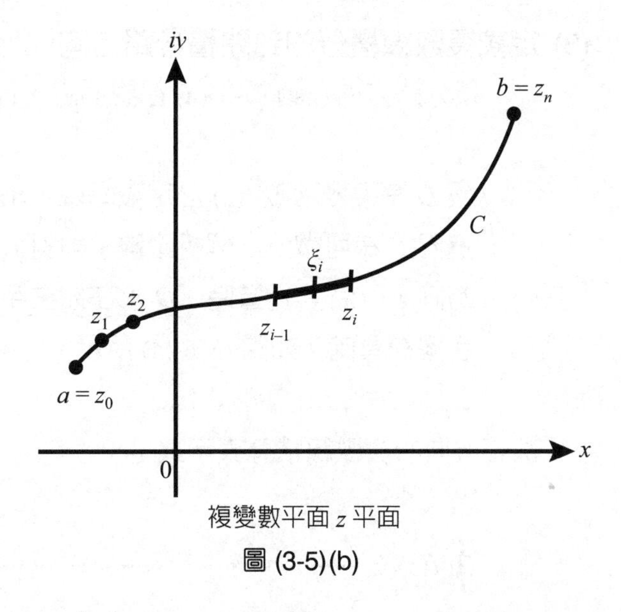

圖 (3-5)(b)

(2) 複數線積分的定義

如圖 (3-5)(b)，C 爲 z 平面上起點 a 和終點 b，且可算總長的連續曲線 (含直線)。如 z 之函數 $f(z)$ 在 C 上所有點 ξ_i 是可微分的單值解析函數，則定義下 (3-13) 式的 $\int_C f(z)dz$ 爲 $f(z)$ 在積分路 C 的**複數線積分** (complex line integral)，簡稱**線積分** (line integral)：

$$\left.\begin{aligned}&\lim_{\substack{n\to\infty\\ \max|\Delta z_i|\to 0}} \sum_{i=1}^{n} f(\xi_i)\,\Delta z_i = \int_a^b f(z)\,dz \equiv \int_C f(z)dz\\ &\Delta z_i \equiv z_i - z_{i-1}，\ \max|\Delta z_i| = \text{最大}\,\Delta z_i\,\text{的模數 (modulus)}\\ &(a = z_0) < z_1 < z_2 < \cdots\cdots < z_{i-1} < z_i < \cdots\cdots < (z_n = b)\end{aligned}\right\} \cdots\cdots (3\text{-}13)$$

由實函數 $g(x)$ 的積分定義式 $(3\text{-}6)_2$ 式，(3-13) 式的 $\int f(z)dz$ 就是複數函數 $f(z)$ 的積分 (3-9) 式，因爲有起點 a 和終點 b，於是是**複數定積分** (complex definite integral)，沒起終點時稱爲**複數不定積分** (complex indefinite integral) 表示成 $\int f(z)dz$。

$$\therefore \text{複數函數}\ f(z)\ \text{之積分} = \text{複數函數}\ f(z)\ \text{的線積分} \cdots\cdots (3\text{-}14)$$

(3-14) 式是 19 世紀初葉 Cauchy 發現的數學眞相之一！既然複數積分可歸爲複數線積分，則沿著的曲線方向是核心點，如何定義封閉複數積分路的方向呢？

(3) 定義複數線積分的封閉積分路方向

積分路方向在圖 (3-3)(a) 已說明過，即：

$$\left(\begin{array}{l}\text{設 } D \text{ 為複變函數 } f(z) \text{ 之定義區域，} f(z) \text{ 在 } D \text{ 內與其} \\ \text{邊界 } C \text{ 為可微分之解析函數，則對 } f(z) \text{ 的線積分路} \\ \text{方向，以沿 } C \text{ 行進時，} D \text{ 永在你左手邊為正向，右} \\ \text{手邊為負向，如圖 (3-6)(a) 所示。}\end{array}\right) \cdots\cdots (3\text{-}15)$$

故正方向的複數線積分表示式是：

$$\oint f(z)dz \cdots\cdots (3\text{-}16)_1$$

負方向時是：

$$-\oint f(z)dz \cdots\cdots (3\text{-}16)_2$$

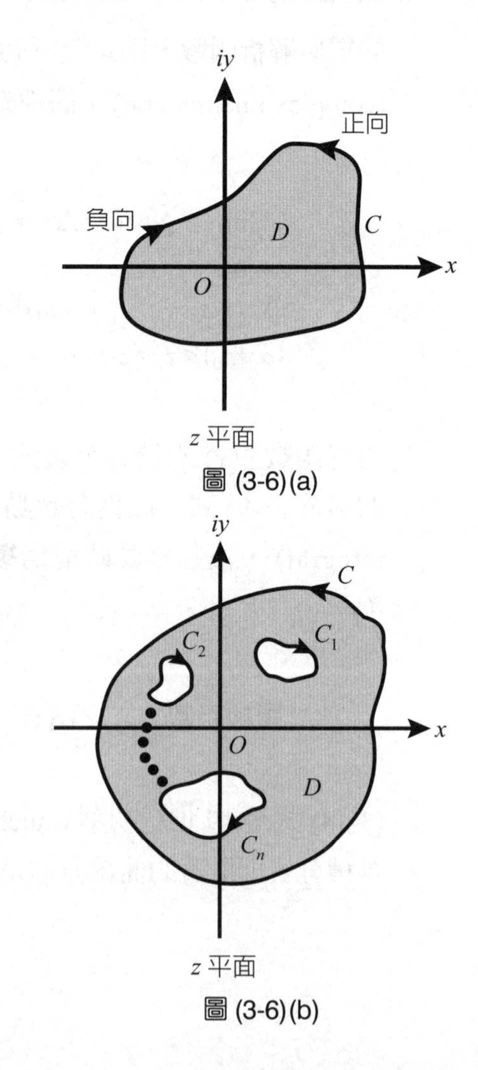

圖 (3-6)(a)

圖 (3-6)(b)

那麼如圖 (3-6)(b)，D 內有 n 個獨立互不相交的洞，其邊界為 $C_1, C_2, \cdots, C_n$，則由 (3-15) 式的定義，$f(z)$ 之定義區域 D (影部) 必在左手邊才是正向，得在各洞上的方向必須順時針方向才行。於是圖 (3-6)(b) 的線積分是：

$$\oint_C f(z)dz + \sum_{i=1}^{n} \oint_{C_i} f(z)dz \cdots\cdots (3\text{-}16)_3$$

如果是相交的如圖 (3-6)(c) 的洞呢？仍然依 (3-15) 式的定義，把相交洞分為左右兩個洞來思考，繞每一個洞的方向仍然是順時針方向的 $C_{右}$ 和 $C_{左}$，於是在交差點 P 剛好方向相反而相互抵消，不影響線積分值。

(4) 用實數積分表示的複數積分？

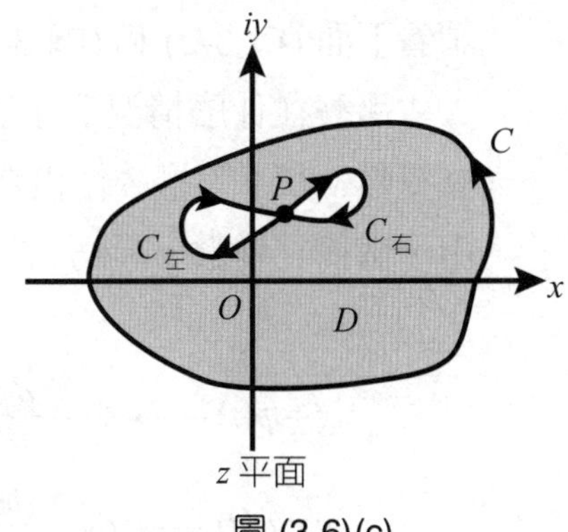

圖 (3-6)(c)

$(3\text{-}16)_1$ 式是積分路爲封閉曲線 C 的複數積分式，至於非封閉曲線的複數積分，則由 $(3\text{-}12)_4$ 式得如下複數定積分 I_d 與複數不定積分 I_{ind}，右下標 d 和 ind 分別表示**確定** (definite) 和**不確定** (indefinite)。

$$I_d=\int_a^b f(z)dz=\int_{C(a\sim b)} f(z)dz=\int_C f(z)dz \quad \cdots\cdots (3\text{-}17)_1$$

$$\text{或 } I_d=\int_a^b f(z)dz=G(z)\Big]_a^b=G(b)-G(a)\text{，}\quad \frac{d}{dz}G(z)=f(z) \cdots\cdots (3\text{-}17)_2$$

$$I_{ind}=\int f(z)dz \cdots\cdots (3\text{-}17)_3$$

如把 $f(z)$ 和 z 表示成：

$$f(z)=u(x,y)+iv(x,y)\text{，}\quad u \text{ 和 } v \text{ 為 } x \text{ 和 } y \text{ 的實函數，}$$
$$z=x+iy$$

則 $(3\text{-}17)_1$ 和 $(3\text{-}17)_3$ 式的積分部都是：

$$\begin{aligned}\int f(z)dz&=\int[u(x,y)+iv(x,y)](dx+idy)\\&=\int[u(x,y)dx-v(x,y)dy]+i\int[v(x,y)dx+u(x,y)dy] \cdots\cdots (3\text{-}17)_4\end{aligned}$$

$(3\text{-}17)_4$ 式表示複數積分可約化成兩個實數積分，這時 $[udx-vdy]$ 和 $[vdx+udy]$ 必須各自整體處理。爲什麼？因 $u(x,y)$ 和 $v(x,y)$ 不是相互獨立，是以 Cauchy-Riemann 關係式 $(2\text{-}111)_3$ 式相互關連，換句話，不能把 $(3\text{-}17)_4$ 式右邊表示成各項和，即：

$$\int f(z)dz \underset{\text{不行！}}{=\!=\!=} \int u(x,y)dx-\int v(x,y)dy+i\int v(x,y)dx+i\int u(x,y)dy \cdots\cdots (3\text{-}17)_5$$

請看下面 (Ex.3-2) 和 (Ex.3-3)。

那麼在什麼情況下才能把 $(3\text{-}17)_4$ 式右邊分成四個實數積分呢？把由兩個獨立變數 x 和 y 等權線性組合的 $z = (x + iy)$ 所變動的連續軌跡曲線 (含直線) C，由一個獨立變數，設爲 t 之連續變化的函數造成的曲線表示：

$$\left.\begin{aligned} x=\phi(t) &\longrightarrow dx=\frac{d\phi}{dt}dt=\phi'(t)\,dt \\ y=\psi(t) &\longrightarrow dy=\frac{d\psi}{dt}dt=\psi'(t)\,dt \end{aligned}\right\} \cdots\cdots (3\text{-}17)_6$$

則由 $(3\text{-}17)_4$ 和 $(3\text{-}17)_6$ 式得：

$$\begin{aligned} \int f(z)dz &= \int[u(\phi(t),\psi(t))\phi'(t)dt - v(\phi(t),\psi(t))\psi'(t)dt] \\ &\quad + i\int[v(\phi(t),\psi(t))\phi'(t)dt + u(\phi(t),\psi(t))\psi'(t)dt] \cdots\cdots (3\text{-}17)_7 \\ &\overline{\overline{\text{可以}}} \int u(\phi(t),\psi(t))\phi'(t)dt - \int v(\phi(t),\psi(t))\psi'(t)dt \\ &\quad + i\int v(\phi(t),\psi(t))\phi'(t)dt + i\int u(\phi(t),\psi(t))\psi'(t)dt \cdots\cdots (3\text{-}17)_8 \end{aligned}$$

$(3\text{-}17)_7$ 式右邊如能相加就相加，最理想時變成如下的兩個實數積分：

$$\left.\begin{aligned} &\int f(z)dz=\int P(t)dt+i\int Q(t)dt \\ &P(t)\equiv u(\phi(t),\,\psi(t))\,\phi'(t)-v\,(\phi(t),\,\psi(t))\,\psi'(t) \\ &Q(t)\equiv u(\phi(t),\,\psi(t))\psi'(t)+v\,(\phi(t),\,\psi(t))\,\phi'(t) \end{aligned}\right\} \cdots\cdots (3\text{-}17)_9$$

$(3\text{-}17)_6$ 式相當於執行變數變換，等於以第三變數使 x 與 y 等權，於是不可把積分 $(3\text{-}17)_4$ 式換爲 $(3\text{-}17)_5$ 式變爲可以。同樣地使用 $(3\text{-}17)_6$ 式的變換能使不能複數積分的積分變成可以積分，請看 (Ex.3-4)。

在複數積分，和複變函數 $f(z)$ 的積分路有關之定義域 D，其內部有沒有洞，與選積分路方向有密切關係，於是對圖 (3-6)(a) 到 (c) 的情況定義了如下 (5) 的專用名詞。

(5) 什麼叫單連通和複連通區域？

當 z 平面上的區域 D 上之任意封閉曲線 C 縮到一點，且該點仍然留在 D 內時，稱該區域 D 爲**單連通區域** (simply-connected region)，圖 (3-6)(a) 就是單連通區域。圖 (3-6)(b) 或 (c) 的 C 是無法縮成一點時，稱爲**複連通區域** (multiply-connected region)。顯然只要 D 上任意封閉曲線 C 內有洞，D 便是複連通區域。

(Ex.3-2) 討論使用 $(3\text{-}17)_4$ 式與 $(3\text{-}17)_5$ 式求複數不定積分 $\int f(z)dz = \int z^2 dz$ 之情況。

(解)：(1) 用 $(3\text{-}17)_4$ 式時：

$$\int z^2 dz = \int (x+iy)^2 (dx + idy)$$
$$= \int [(x^2 - y^2)dx - 2xydy] + i\int [2xydx + (x^2 - y^2)dy] \cdots\cdots (1)$$

仔細觀察 (1) 式的被積分函數，發現各爲某函數 $g(x, y)$ 和 $h(x, y)$ 的全微分 (對函數的所有變數微分)：

$$(x^2 - y^2)\,dx - 2xydy = d\left(\frac{x^3}{3} - xy^2\right) \equiv d\,[g(x, y)] \cdots\cdots (2)$$

$$2xydx + (x^2 - y^2)\,dy = d\left(x^2y - \frac{y^3}{3}\right) \equiv d\,[h(x, y)] \cdots\cdots (3)$$

把 (2) 和 (3) 式代入 (1) 式得：

$$\int z^2 dz = \int d\,[g(x, y)] + i\int d\,[h(x, y)]$$
$$\overset{}{\underset{(3-6)_1\text{式}}{=\!=\!=}} g(x, y) + ih(x, y)$$
$$= \left(\frac{1}{3}x^3 + x(iy)^2\right) + \left(x^2(iy) + \frac{1}{3}(iy)^3\right)$$
$$= \frac{1}{3}(x+iy)^3 = \frac{1}{3}z^3$$

$$\therefore \int z^2 dz = \frac{1}{3}z^3 + \text{積分常數 } k \cdots\cdots (4)$$

依此類推得：

$$\int z^n dz = \frac{1}{n+1}z^{n+1} + k,\qquad n \neq -1 \text{ 的整數} \cdots\cdots (3\text{-}18)$$

(3-18) 式和實數函數不定積分相同。

(2) 假定 $(3\text{-}17)_5$ 式成立時，則由 (1) 式得：

$$\int z^2 dz = \int x^2 dx - \int y^2 dx - \int 2xy dy + i\int 2xy dx + i\int x^2 dy - i\int y^2 dy \cdots\cdots (5)$$

$$= \frac{1}{3}x^3 - y^2x - xy^2 + ix^2y + ix^2y - i\frac{1}{3}y^3 \cdots\cdots (6)$$

$$= \frac{1}{3}x^3 + 2x(iy)^2 + 2x^2(iy) + \frac{1}{3}(iy)^3$$

$$= \frac{1}{3}(x+iy)^3 + x(iy)^2 + x^2(iy)$$

$$= \frac{1}{3}z^3 + x(iy)^2 + x^2(iy) \neq \frac{1}{3}z^3 \cdots\cdots (7)$$

得 (7) 式 ≠ (4) 式，因執行 (5) 式積分時，把 x 和 y 看成互不相關的獨立變數才得 (6) 式，但 x 與 y 不是互不相關！兩個獨立變數 x 與 y 是有，以等權線性組合成新變數 $z = (x + iy)$ 的關係，所以把 (1) 式寫成 (5) 式是錯，(5) 式到 (6) 式更不行，必須照 (2) 和 (3) 式的邏輯進行，即 $(3\text{-}17)_5$ 式不成立，故不能用。

(Ex.3-3) 討論使用 $(3\text{-}17)_4$ 式和 $(3\text{-}17)_5$ 式求 $\int \sin z\, dz$ 不定積分之情況。

(解)：(1) 用 $(3\text{-}17)_4$ 式求 $\int \sin z\, dz$：

$$\sin z = \sin(x+iy)$$

$$= \sin x \cos iy + \cos x \sin iy \cdots\cdots (1)$$

接著必須把 $\sin iy$ 和 $\cos iy$ 化為實變數函數不可，由 Euler 公式 (1-5) 得：

$$\sin\theta = \frac{e^{i\theta} - e^{-i\theta}}{2i}, \qquad \cos\theta = \frac{e^{i\theta} + e^{-i\theta}}{2} \cdots\cdots (2)$$

$$\left.\begin{cases} \sin iy = \dfrac{e^{-y} - e^{y}}{2i} = i\dfrac{e^{y} - e^{-y}}{2} = i\sinh y \\ \cos iy = \dfrac{e^{-y} + e^{y}}{2} = \cosh y \end{cases}\right\} \cdots\cdots (3)$$

由 (1) 和 (3) 式得：

$$\int \sin z\,dz = \int (\sin x \cosh y + i\cos x \sinh y)(dx + idy)$$
$$= \int (\sin x \cosh y\,dx - \cos x \sinh y\,dy)$$
$$+ i\int (\cos x \sinh y\,dx + \sin x \cosh y\,dy) \cdots\cdots (4)$$

由雙曲線函數得：

$$\frac{d}{dx}\sinh x = \frac{d}{dx}\frac{e^x - e^{-x}}{2} = \frac{e^x + e^{-x}}{2} = \cosh x$$
$$\frac{d}{dx}\cosh x = \frac{d}{dx}\frac{e^x + e^{-x}}{2} = \frac{e^x - e^{-x}}{2} = \sinh x$$

於是 (4) 式的被積分部各爲：

$$\left.\begin{array}{l}\sin x \cosh y dx - \cos x \sinh y dy = -d(\cos x \cosh y) \\ \sin x \cosh y dy + \cos x \sinh y dy = d(\sin x \sinh y)\end{array}\right\} \cdots\cdots (5)$$

$$\therefore \int \sin z dz = -\int d(\cos x \cosh y) + i\int d(\sin x \sinh y)$$
$$= -\cos x \cosh y + i \sin x \sinh y$$
$$\underset{(3)式}{=\!=} -\cos x \cos iy + \sin x \sin iy$$
$$= -\cos(x + iy) = -\cos z \cdots\cdots (6)$$

(2) 假定 $(3\text{-}17)_5$ 式成立，則由 (4) 式得：

$$\int \sin z dz = \int \sin x \cosh y dx - \int \cos x \sinh y dy$$
$$+ i\int \sin x \cosh y dy + i\int \cos x \sinh y dx \cdots\cdots (7)$$
$$= -\cos x \cosh y - \cos x \cosh y$$
$$+ i \sin x \sinh y + i \sin x \sinh y \cdots\cdots (8)$$
$$= -2\cos x \cos iy + 2\sin x \sin iy$$
$$= -2\cos(x + iy) = -2\cos z \neq (6)\text{ 式} \cdots\cdots (9)$$

(7) 式犯了 x 與 y 互不相干之錯，(7) 式到 (8) 式更把函數看成常數之錯，所以 $(3\text{-}17)_5$ 式不能用。

$$\therefore \int \sin z dz = -\cos z + \text{積分常數 } k \cdots\cdots (3\text{-}19)$$

接著關連到什麼叫微分與積分 (請複習 (3-1) 式到 $(3\text{-}5)_4$ 式) 的說明。(Ex.3-2) 和 (Ex3-3) 都是能找到**被積函數** (integrand) 的全微分函數而完成複數積分例，如被積函數沒全微分函數，則由 $(3\text{-}5)_1$ 式的積分定義，在 z 的變域 D 無法執行複數積分，那怎麼辦？把 z 空間變換到另一空間，方法是：

$$\left(\begin{array}{l}\text{從複數積分 } \int_C f(z)dz \text{ 的積分路 } C \text{ 切入，}\\ \text{找能表示 } C \text{ 的 } x \text{ 和 } y \text{ 之共同參變數 } t \text{ 的}\\ \text{函數 } x=\phi(t)\text{，}y=\psi(t) \text{ 而用 } (3\text{-}17)_6 \text{ 式到}\\ (3\text{-}17)_8 \text{ 式之方法執行 } \int_C f(z)dz\text{。}\end{array}\right) \cdots\cdots (3\text{-}20)$$

(Ex.3-4) 求如圖 (3-7)(a) 之 C_1, C_2 和 C_3 的三條積分路之，和複數有關的定積分：

$$\int_{z_i}^{z_f} f(z)dz = \int_{z_i}^{z_f} z^* dz = \int_C z^* dz$$

$z_i=(0,0)$，$z_f=(4,2)$ 的各值。

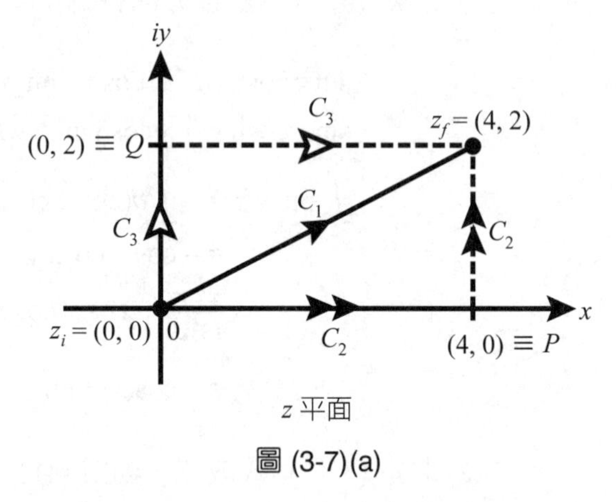

圖 (3-7)(a)

(解)：由 (Ex.2-18) 或 (2-119) 式得：

$$\left(\begin{array}{l} f(z)=z^* \text{ 在 } z \text{ 平面是非解析函數，因 } z^* \text{ 是 } z \text{ 的}\\ \text{共軛數，} z^* \text{ 平面和 } z \text{ 平面互為共軛平面，於是}\\ \text{無法得 } df/dz\text{，故無法算 } \int_C z^* dz\text{。}\end{array}\right) \cdots\cdots (1)$$

(1) 式是眞的嗎？一起來研究吧。

$$\left.\begin{aligned}\int_{z_i}^{z_f} z^* dz &= \int_{z_i}^{z_f}(x-iy)(dx+idy)\\ &= \underbrace{\int_{z_i}^{z_f}(xdx+ydy)}_{\text{存在全微分函數：}\, d(x^2+y^2)} + i\underbrace{\int_{z_i}^{z_f}(xdy-ydx)}_{\text{不存在全微分函數}}\end{aligned}\right\} \cdots\cdots (2)$$

$\therefore$ (2) 式無法積分或 $\int_C z^* dz$ 無法積分。……………… (3)

現在把 $f(z)=z^*$ 和 z 同時變換到如圖 (3-7)(b) 的 $x=\phi(t)$，$y=\psi(t)$ 的平面去處理：

$$\left.\begin{array}{l} x=\phi(t) \longrightarrow dx=\dfrac{d\phi}{dt}dt=\phi'(t)dt \\ y=\psi(t) \longrightarrow dy=\dfrac{d\psi}{dt}=\psi'(t)dt \end{array}\right\} \cdots\cdots (4)$$

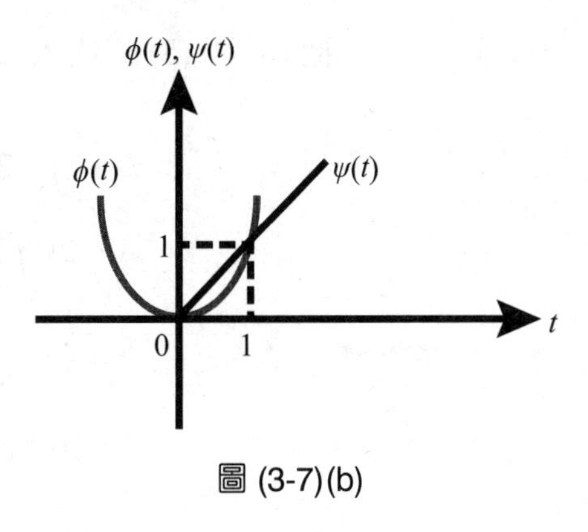

圖 (3-7)(b)

那如何找 (4) 式的 $\phi(t)$ 和 $\psi(t)$？從 $\int_{z_i}^{z_f} f(z)dz = \int_{C_1} z^* dz$ 的積分路 C_1 去找，因 C_2 與 C_3 都不如 C_1 一般，分別含 $y=0$ 與 $x=0$。C_1 的起終點是：

$$\left.\begin{array}{l} z_i=(x_i, y_i)=(0, 0) \\ z_f=(x_f, y_f)=(4, 2) \end{array}\right\} \Longrightarrow \left\{\begin{array}{l} x=t^2 \equiv \phi(t) \\ \therefore dx=2tdt \\ y=t \equiv \psi(t) \\ \therefore dy=dt \end{array}\right\} \cdots\cdots (5)$$

(a) 積分路 $C=C_1=[(0, 0) \longrightarrow (4, 2)]$，則由 (5) 式得：

$$\left.\begin{array}{ll} dx \neq 0, & dy \neq 0 \\ (0, 0) \text{ 時 } t=0, & (4, 2) \text{ 時 } t=2 \end{array}\right\} \cdots\cdots (6)$$

接著是執行 $(3\text{-}17)_6$ 式到 $(3\text{-}17)_8$ 式，把不能複數積分的約化成能積分。把 (6) 和 (5) 式代入 (2) 式得：

$$\begin{aligned} \int_{C_1} z^* dz &= \int_0^2 (2t^3dt+tdt)+i\int_0^2 (\underbrace{t^2dt-2t^2dt}_{\text{可以合併}}) \\ &= 2\int_0^2 t^3dt+\int_0^2 t\,dt-i\int_0^2 t^2dt \\ &= \frac{1}{2}t^4\Big]_0^2+\frac{1}{2}t^2\Big]_0^2-\frac{i}{3}t^3\Big]_0^2 \\ &= 10-\frac{8}{3}i \equiv I_{C_1} \cdots\cdots (7) \end{aligned}$$

(b) 積分路 $C=C_2=[\underbrace{(0, 0) \longrightarrow (4,}\ \underbrace{0) \longrightarrow (4, 2)}]$：

$$\left(\begin{array}{l} (y=0) \Longrightarrow (dy=0) \\ (x\neq 0) \Longrightarrow (dx\neq 0) \\ x \text{ 的 } t=(0\sim 2) \\ \because x=t^2 \end{array}\right) \left(\begin{array}{l} (x=4) \Longrightarrow (dx=0) \\ (y\neq 0) \Longrightarrow (dy\neq 0) \\ y \text{ 的 } t=(0\sim 2) \\ \because y=t \end{array}\right) \cdots\cdots (8)$$

把 (8) 和 (5) 式代入 (2) 式得：

$$
\begin{aligned}
\int_{C_2} z^* dz &= \left[\int_0^2 (2t^3\,dt + 0) + i\int_0^2 (t^2 \times 0 - 0 \times 2t\,dt)\right] \\
&\quad + \left[\int_0^2 (4 \times 0 + t\,dt) + i\int_0^2 (4dt - t \times 0)\right] \\
&= \frac{1}{2}t^4\Big]_0^2 + \frac{1}{2}t^2\Big]_0^2 + 4it\Big]_0^2 \\
&= 10 + 8i \equiv I_{C_2} \quad \cdots\cdots (9)
\end{aligned}
$$

(c) 積分路 $C = C_3 = \Big[\underbrace{(0,\,0) \longrightarrow (0,\,2)}_{\begin{pmatrix} (x=0) \Longrightarrow (dx=0) \\ (y \neq 0) \Longrightarrow (dy \neq 0) \\ y\text{ 的 } t = (0\sim 2) \\ \because y = t \end{pmatrix}}\ \underbrace{(0,\,2) \longrightarrow (4,\,2)}_{\begin{pmatrix} (y=2) \Longrightarrow (dy=0) \\ (x \neq 0) \Longrightarrow (dx \neq 0) \\ y\text{ 的 } t = (0\sim 2) \\ \because x = t^2 \end{pmatrix}}\Big]$： $\cdots\cdots$ (10)

把 (10) 和 (5) 式代入 (2) 式得：

$$
\begin{aligned}
\int_{C_3} z^* dz &= \left[\int_0^2 (0 + t\,dt) + i\int_0^2 (0 - t \times 0)\right] \\
&\quad + \left[\int_0^2 (2t^3\,dt + 2 \times 0) + i\int_0^2 (t^2 \times 0 - 2 \times 2t\,dt)\right] \\
&= \frac{1}{2}t^2\Big]_0^2 + \frac{1}{2}t^4\Big]_0^2 - 2it^2\Big]_0^2 = 10 - 8i \equiv I_{C_3} \quad \cdots\cdots (11)
\end{aligned}
$$

$$
\left.\begin{aligned}
&\therefore I_{C_1} = 10 - \frac{8}{3}i\text{，}\qquad I_{C_2} = 10 + 8i\text{，}\qquad I_{C_3} = 10 - 8i \\
&\text{或 } I_{C_1} \neq I_{C_2} \neq I_{C_3}
\end{aligned}\right\} \quad \cdots\cdots (12)
$$

(12) 式的結果是必然，因依複數積分的定義 (3-9) 式或 (3-13) 式，被積函數 $f(z)$ 必須在 z 的區域 D 內是單值的解析函數才行。如在 D 內 $f(z)$ 是單值解析函數，則依複數積分的 (3-9) 式或 (3-13) 式得：

$$
\begin{pmatrix}
\text{複數定積分} \int_{z_i}^{z_f} f(z)dz = \int_C f(z)dz \text{ 僅和起點} \\
z_i = (x_i, y_i) \text{ 與終點 } z_f = (x_f, y_f) \text{ 有關，和積分} \\
\text{路 } C \text{ 無關，請看 (Ex.3-5)。}
\end{pmatrix} \quad \cdots\cdots (3\text{-}21)
$$

(Ex.3-5) 求：(1) 如圖 (3-8) 的積分路 C_1, C_2 和 C_3 的定積分 $\int_{z_i}^{z_f} z^* \, dz^* = \int_C z^* \, dz^*$ 之各值，$z_i = (0, 0)$，$z_f = (4, -2)$。

(2) $\oint z^* \, dz^* = \left(\int_{C_1} z^* \, dz^* + \int_{-C_2} z^* \, dz^* \right)$ 之值。

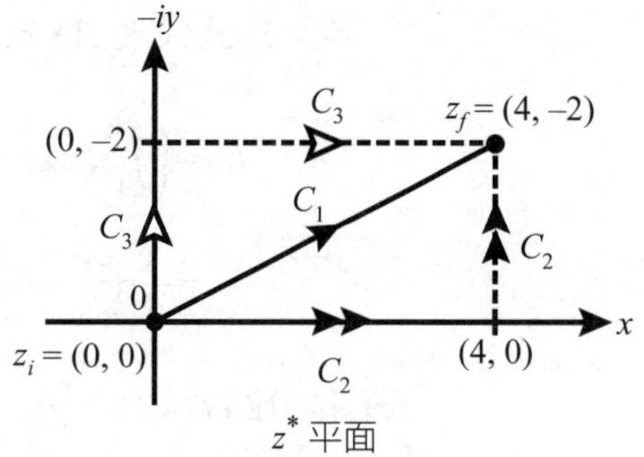

z^* 平面
(z 平面之共軛平面)
圖 (3-8)

(解)：本例題是 (Ex.3-4) 的修正題，$f(z^*) = z^*$ 在 z 平面是非解析函數，但在 z^* 平面是解析函數，於是可積分。

(1) 求 $\int_C z^* \, dz^*$ 在 C 等於 C_1, C_2 與 C_3 積分路之各值：

(a) 積分路 $C = C_1 = \Big[\underbrace{(z_i = (0, 0)) \longrightarrow (z_f = (4, \; -2))}_{dx \neq 0，dy \neq 0} \Big]$：

$$\int_{z_i}^{z_f} z^* \, dz^* = \int_{z_i}^{z_f} (x - iy)(dx - idy)$$

$$= \int_{z_i}^{z_f} (xdx - ydy) - i \int_{z_i}^{z_f} (xdy + ydx) \quad \cdots\cdots (1)$$

$$= \int_{z_i}^{z_f} \frac{1}{2} d\,(x^2 - y^2) - i \int_{z_i}^{z_f} d\,(xy) = \frac{1}{2} \Big[(x^2 - y^2) - 2ixy \Big]_{z_i}^{z_f}$$

$$= \frac{1}{2} \, (x - iy)^2 \Big]_{z_i}^{z_f} = \frac{1}{2} \, (z^*)^2 \Big]_{z_i}^{z_f} = \frac{1}{2} \, (z_f^*)^2 - \frac{1}{2} \, (z_i^*)^2 \quad \cdots\cdots (2)$$

或 $\int z^* \, dz^* = \dfrac{1}{2} \, (z^*)^2 +$ 積分常數 k $\cdots\cdots$ (3)

依此類推可得：

$$\int (z^*)^n \, dz^* = \frac{1}{n+1} \, (z^*)^{n+1} + k \quad \cdots\cdots (3\text{-}22)$$

把 $z_i = (0, 0)$，$z_f = (4, -2)$ 代入 (2) 式得：

$$I_{C_1} = \int_{(0,\,0)}^{(4,\,-2)} z^* \, dz^* = \frac{1}{2} \, (x - iy)^2 \Big]_{(0,\,0)}^{(4,\,-2)}$$

$$= \frac{1}{2} [4 - i\,(-2)]^2 = \frac{1}{2} (4^2 - 2^2 + 16i) = 6 + 8i \quad \cdots\cdots (4)$$

(b) 積分路 $C = C_2 = \Big[\underbrace{(0, 0) \longrightarrow (4, \; 0)}_{} \underbrace{\longrightarrow (4, \; -2)}_{} \Big]$：

$$\begin{pmatrix} (y=0) \Longrightarrow (dy=0) \\ (x \neq 0) \Longrightarrow (dx \neq 0) \\ x = (0 \sim 4) \end{pmatrix} \begin{pmatrix} (x=4) \Longrightarrow (dx=0) \\ (y \neq 0) \Longrightarrow (dy \neq 0) \\ y = (0 \sim (-2)) \end{pmatrix} \quad \cdots\cdots (5)$$

把 (5) 式代入 (1) 式得 I_{C_2}：

$$I_{C_2}=\left(\int_0^4(xdx-0)-i\int_0^4(0+0)\right)+\left(\int_0^{-2}(0-y\,dy)-i\int_0^{-2}(4dy+0)\right)$$

$$=\frac{1}{2}x^2\Big]_0^4-\frac{1}{2}y^2\Big]_0^{-2}-4iy\Big]_0^{-2}=6+8i=(4)\text{ 式} \quad\cdots\cdots(6)$$

(c) 積分路 $C=C_3=\left[\underbrace{(0,\ 0)\longrightarrow(0,}\ \underbrace{-2)\longrightarrow(4,\ -2)}\right]$：

$$\begin{pmatrix}(x=0)\Longrightarrow(dx=0)\\(y\neq 0)\Longrightarrow(dy\neq 0)\\y=(0\sim(-2))\end{pmatrix}\quad\begin{pmatrix}(y=-2)\Longrightarrow(dy=0)\\(x\neq 0)\Longrightarrow(dx\neq 0)\\x=(0\sim 4)\end{pmatrix}\quad\cdots\cdots(7)$$

由 (7) 和 (1) 式得 I_{C_3}：

$$I_{C_3}=\left(\int_0^{-2}(0-ydy)-i\int_0^{-2}(0+0)\right)+\left(\int_0^4(xdx-0)-i\int_0^4(0-2dx)\right)$$

$$=-\frac{1}{2}y^2\Big]_0^{-2}+\frac{1}{2}x^2\Big]_0^4+2ix\Big]_0^4=6+8i=(4)\text{ 式} \quad\cdots\cdots(8)$$

由 (4), (6) 和 (8) 式得：

$$I_{C_1}=I_{C_2}=I_{C_3} \quad\cdots\cdots(9)$$

(9) 式驗證了 (3-21) 式。

(2) 求 $\oint z^*\,dz^*=\left(\int_{C_1}z^*\,dz^*+\int_{-C_2}z^*\,dz^*\right)$ 之値：

積分路 $(-C_2)=\left[\underbrace{(4,\ -2)\longrightarrow(4,}\ \underbrace{0)\longrightarrow(0,\ 0)}\right]$

$$\left.\begin{pmatrix}(x=4)\Longrightarrow(dx=0)\\(y\neq 0)\Longrightarrow(dy\neq 0)\\y=(-2\sim 0)\end{pmatrix}\begin{pmatrix}(y=0)\Longrightarrow(dy=0)\\(x\neq 0)\Longrightarrow(dx\neq 0)\\x=(4\sim 0)\end{pmatrix}\right\}\cdots\cdots(10)$$

由 (10) 和 (1) 式得 I_{-C_2}：

$$I_{-C_2}=\left(\int_{-2}^0(0-ydy)-i\int_{-2}^0(4dy+0)\right)+\left(\int_4^0(xdx-0)-i\int_4^0(0+0)\right)$$

$$=-\frac{1}{2}y^2\Big]_{-2}^0-4iy\Big]_{-2}^0+\frac{1}{2}x^2\Big]_4^0=-8i-6=(4)\text{ 式乘 }(-1)\quad\cdots\cdots(11)$$

$$\therefore I_{-C_2}=-I_{C_2}$$

$$或 \int_{z_i}^{z_f} f(z)dz = -\int_{z_f}^{z_i} f(z)dz \cdots\cdots (3\text{-}23)$$

於是由 (4) 和 (11) 式得：

$$\oint z^* dz^* = (6+8i) + (-8i-6) = 0 \cdots\cdots (12)$$

$$或 \oint f(z)dz = 0 \cdots\cdots (3\text{-}24)$$

(3-24) 式是 1814 年 Cauchy，對任意解析函數 $f(z)$ 作封閉積分路線積分獲得的結果，被稱爲 **Cauchy 定理** (Cauchy's theorem)，請看下面 (B) 小節。

(6) 複變函數積分之基本性質

歸納以上例子之結果得：

（複變函數的積分基本性質和實變數函數的積分基本性質一樣。）⋯⋯ (3-25)

於是由 $(3\text{-}8)_1$ 式到 $(3\text{-}8)_7$ 式得下 $(3\text{-}26)_1$ 式到 $(3\text{-}26)_7$ 式的複變函數之積分基本性質。

$$\int_{z_i}^{z_f} f(z)dz = G(z)\Big]_{z_i}^{z_f} = G(z_f) - G(z_i)，\quad \frac{dG}{dz} = f(z) \cdots\cdots (3\text{-}26)_1$$

$$\int_{z_i}^{z_f} f(z)dz = -\int_{z_f}^{z_i} f(z)dz \cdots\cdots (3\text{-}26)_2$$

$$\int_{z_i}^{z_f} \alpha f(z)dz = \alpha \int_{z_i}^{z_f} f(z)dz，\quad \alpha = 常數 \cdots\cdots (3\text{-}26)_3$$

$$\left.\begin{aligned}&\int_{z_i}^{z_k} f(z)dz + \int_{z_k}^{z_f} f(z)dz = \int_{z_i}^{z_f} f(z)dz，\quad z_i < z_k < z_f 且在同一積分路\\ 或\ &\int_C f(z)dz = \int_{C_1} f(z)dz + \int_{C_2} f(z)dz + \cdots + \int_{C_n} f(z)\,dz，C = C_1 + C_2 + \cdots + C_n\end{aligned}\right\}$$

$$\cdots\cdots (3\text{-}26)_4$$

$$\int_C (\alpha f(z)dz + \beta g(z))dz = \alpha \int_C f(z)dz + \beta \int_C g(z)dz，\quad \alpha 和 \beta 是常數 \cdots\cdots (3\text{-}26)_5$$

$$\int_{z_i}^{z_f} f'(z)g(z)dz = f(z)g(z)\Big]_{z_i}^{z_f} - \int_{z_i}^{z_f} f(z)g'(z)dz \cdots\cdots (3\text{-}26)_6$$

$$\left.\begin{array}{l}\left|\int_C f(z)dz\right| \le ML \\ \qquad M = \text{在 } C \text{ 上} |f(z)| \text{ 之最大值，} \quad L = C \text{ 的長度}\end{array}\right\} \cdots\cdots\cdots (3\text{-}26)_7$$

$(3\text{-}26)_7$ 式的性質，可從 $(3\text{-}12)_2$ 式得：

$$|S| = \left|\sum_{i=1}^{n} f(\eta_i)(\xi_i - \xi_{i-1})\right| \le M\sum_{i=1}^{n}|\xi_i - \xi_{i-1}| \le ML$$

並且從 $(3\text{-}26)_1$ 式可得 (3-21) 和 (3-24) 式的性質：

$$\left(\begin{array}{l}\text{複數定積分僅和起點與終點有關，} \\ \text{和積分路無關，以及} \oint f(z)dz = 0\end{array}\right) \cdots\cdots\cdots (3\text{-}26)_8$$

同時也可得下 $(3\text{-}26)_9$ 式之性質：

$$\left(\begin{array}{l}\text{如把 } z \text{ 的區域 } D\text{，如圖 (3-9) 分割成有} \\ \text{限個 } m \text{ 小區域 } d_i\text{，且沿 } C \text{ 和 } C_i \text{ 的路徑} \\ \text{方向相同，} i = 1, 2, \cdots, m\text{，則：} \\ \qquad \int_C f(z)dz = \sum_{i=1}^{m}\int_{C_i} f(z)dz\end{array}\right) \cdots\cdots\cdots (3\text{-}26)_9$$

因爲在接連兩小區域的共同路徑，例如圖 (3-9) 的 C_1 和 C_3 的路徑 C_{PQ}，C_1 來的值剛好和 C_3 來的值相抵消，最後各 C_i 所剩下的值等於沿 C 之值。將一些常用的複數不定積分列在註 (21)，可當公式使用。接著一起來探究在物理學有用的一些複數積分和公式。

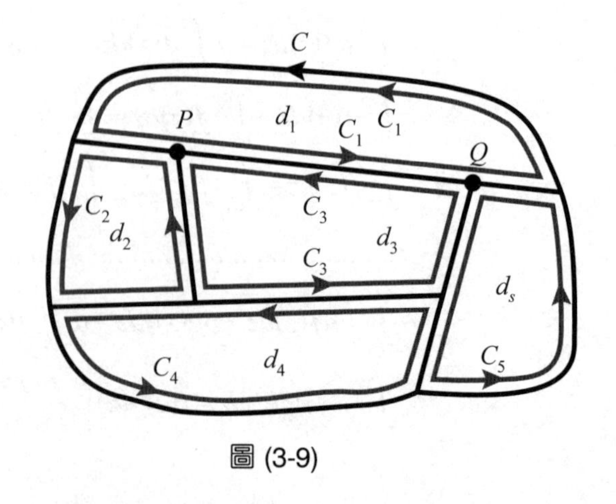

圖 (3-9)

(B) Cauchy 定理？[15, 16)]

從 18 世紀末葉到 19 世紀上半葉，複變函數論是非常熱門之研究領域，成果豐富，不過本導論僅介紹 Cauchy 理論。進入複變函數論的基本大定理 Cauchy 定理之前，先介紹和線積分有關的 Green 定理（1828 年），不是和向量分析理論（註 19）有關的 Green 定理。

(1) Green 定理？

如實函數 $P(x, y)$ 和 $Q(x, y)$ 在區域 D 內以及其邊界 C，不但連續且其偏導函數也連續，則：

$$\oint_C (Pdx + Qdy) = \iint_D \left(\frac{\partial Q}{\partial x} - \frac{\partial P}{\partial y} \right) dxdy \quad \text{(3-27)}$$

繞 C 之方向必須正方向。

(3-27) 式稱為**在平面的 Green 定理**(Green's theorem in the plane)，或簡稱 **Green 定理**，它是單連通與複連通區域都成立之定理。

證明 (3-27) 式：

圖 (3-10) 的 x-y 平面是實平面，x 與 y 軸是直角座標之座標軸。C 是在該平面的簡單封閉曲線，即任意和座標軸平行的直線和 C 僅有兩個交點。設平行於 y 軸的直線 ℓ，和 C 的交點為 (x, y_1) 和 (x, y_2)，而 $\overline{Gg}$ 和 $\overline{Hh}$ 與 $\overline{Aa}$ 和 $\overline{Bb}$ 分別為平行於 x 軸和 y 軸，C 上 G、H、A 和 B 點的切線，D 是 C 包圍的區域，則得：

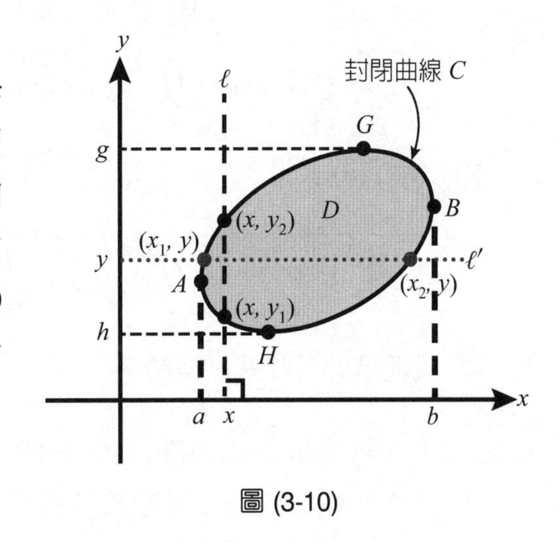

圖 (3-10)

$$\iint_D \frac{\partial P}{\partial y} dxdy = \int_a^b \left[\int_{y_1}^{y_2} \frac{\partial P}{\partial y} dy \right] dx \equiv I \quad \text{(1)}$$

y_1 和 y_2 在經 C 上 A 和 B 間任意點 x 之平行於 y 軸的直線 ℓ 上，故 y_1 和 y_2 都是 x 的函數 $y_1 = y_1(x)$，$y_2 = y_2(x)$，於是 (1) 式是：

$$I = \int_a^b \Big[P(x, y) \Big]_{y_1(x)}^{y_2(x)} dx$$

$$= \int_a^b \Big\{ P\,[x, y_2(x)] - P\,[x, y_1(x)] \Big\} dx$$

$$\overline{\overline{(3-8)_2\text{式}}} - \int_a^b P\,[x, y_1(x)]\,dx - \int_b^a P\,[x, y_2(x)]\,dx$$

$$= -\oint_C P(x, y)dx \cdots\cdots (2)$$

$$\therefore \oint_C P(x, y)dx = -\iint_D \frac{\partial P}{\partial y} dxdy \cdots\cdots (3)$$

同 (1) 式到 (3) 式的推導法，從平行於 x 軸的直線 ℓ' 和 C 之交點 (x_1, y) 和 (x_2, y) 得：

$$\iint_D \frac{\partial Q}{\partial x} dxdy = \int_h^g \left[\int_{x_1(y)}^{x_2(y)} \frac{\partial Q}{\partial x} dx \right] dy \cdots\cdots (4)$$

$$= \int_h^g \Big\{ Q\,[x_2(y), y] - Q\,[x_1(y), y] \Big\} dy$$

$$\overline{\overline{(3-8)_2\text{式}}} \int_h^g Q\,[x_2(y), y]dy + \int_g^h Q\,[x_1(y), y]dy$$

$$= \oint_C Q\,(x, y)dy \cdots\cdots (5)$$

$$\therefore \oint_C Q\,(x, y)dy = \iint_D \frac{\partial Q}{\partial x} dxdy \cdots\cdots (6)$$

由 (3) 和 (6) 式得：

$$\oint_C [P\,(x, y)\,dx + Q\,(x, y)\,dy] = \iint_D \left[\frac{\partial Q(x, y)}{\partial x} - \frac{\partial P(x, y)}{\partial y} \right] dxdy \cdots\cdots (7)$$

(7) 式就是 (3-27) 式，得證。

(2) Green 定理之複變數形式？

$$\left(\begin{array}{l}\text{如 } G(z, z^*) \text{ 在複變數平面 } z \text{ 平面的區域 } D \text{ 與其邊界 } C \text{ 是連續，並且其一階偏導函數 } \partial G/\partial z^* \text{ 也是連續，} z=(x+iy)\text{，}z^*=(x-iy)\text{，則：}\\ \oint_C G(z, z^*)dz = 2i\iint_D \frac{\partial G}{\partial z^*}dxdy \\ \text{繞 } C \text{ 之方向必須正方向。}\end{array}\right) \cdots\cdots (3\text{-}28)$$

(3-28) 式稱爲 **Green 定理之複變數形式** (complex form of Green theorem)。

證明 (3-28) 式：

設 $G(z, z^*) \equiv (P(x, y) + iQ(x, y))$，則：

$$\oint_C G(z, z^*)dz = \oint_C (P + iQ)(dx + idy)$$

$$= \oint_C (Pdx - Qdy) + i\oint_C (Qdx + Pdy) \equiv I \cdots\cdots (1)$$

把 Green 定理 (3-27) 式分別代入 (1) 式右邊得：

$$I = -\iint_D \left(\frac{\partial Q}{\partial x} + \frac{\partial P}{\partial y}\right)dxdy + i\iint_D \left(\frac{\partial P}{\partial x} - \frac{\partial Q}{\partial y}\right)dxdy$$

$$= i\iint_D \left[\left(\frac{\partial P}{\partial x} - \frac{\partial Q}{\partial y}\right) + i\left(\frac{\partial P}{\partial y} + \frac{\partial Q}{\partial x}\right)\right]dxdy$$

$$= i\iint_D \left[\left(\frac{\partial}{\partial x} + i\frac{\partial}{\partial y}\right)(P + iQ)\right]dxdy \cdots\cdots (2)$$

$$\because \begin{Bmatrix} z = x + iy \\ z^* = x - iy \end{Bmatrix} \cdots\cdots (3)$$

$\therefore x = \frac{1}{2}(z + z^*)$，　$y = -\frac{i}{2}(z - z^*)$，表示 x 和 y 是 z 和 z^* 之函數 $\cdots\cdots$ (4)

$$\therefore \begin{cases} \dfrac{\partial}{\partial x} = \dfrac{\partial z}{\partial x}\dfrac{\partial}{\partial z} + \dfrac{\partial z^*}{\partial x}\dfrac{\partial}{\partial z^*} = \dfrac{\partial}{\partial z} + \dfrac{\partial}{\partial z^*} \\ \dfrac{\partial}{\partial y} = \dfrac{\partial z}{\partial y}\dfrac{\partial}{\partial z} + \dfrac{\partial z^*}{\partial y}\dfrac{\partial}{\partial z^*} = i\left(\dfrac{\partial}{\partial z} - \dfrac{\partial}{\partial z^*}\right) \end{cases} \cdots\cdots (5)$$

$$\therefore \frac{\partial}{\partial x} + i\frac{\partial}{\partial y} = 2\frac{\partial}{\partial z^*} \cdots\cdots (6)$$

由 (2) 和 (6) 式得：

$$I = 2i\iint_D \left[\frac{\partial}{\partial z^*}(P+iQ)\right]dxdy = 2i\iint_D \frac{\partial G}{\partial z^*}dxdy$$

$$\therefore \oint_C G(z, z^*)dz = 2i\iint_D \frac{\partial G}{\partial z^*}dxdy \cdots\cdots (7)$$

(7) 式就是 (3-28) 式，得證。

(3) Cauchy 定理？

從表 (3-1)，複數積分存在的充分條件是，要有明確的積分路 C，以及被積函數 $f(z)$ 在 C 上是單值連續函數，但 $f(z)$ 不一定在 C 之外的 $f(z)$ 定義區域 D 內也是單值連續函數。在 1811 年複變函數論之祖 Cauchy 發現：

> 如複變函數 $f(z)$，在 z 平面的有限區域 D 之邊界及其內部所有點，都是連續的解析函數，則沿 D 邊界的封閉曲線 C 的積分是：
>
> $\oint_C f(z)\,dz = 0$，　　繞 C 的方向必須正方向。 ……(3-29)

(3-29) 式是 **Cauchy 定理** (Cauchy's theorem)，又稱作 **Cauchy 積分第一定理** (Cauchy's first integral theorem)。

證明 (3-29) 式：

設 $f(z) = u(x, y) + iv(x, y) \cdots\cdots (1)$

因 $f(z)$ 在其定義閉區域 D 是解析函數，則在 D 的 $f(z)$ 能微分，於是 Cauchy-Riemann 關係式 (2-133) 式成立：

$$\frac{\partial u}{\partial x}=\frac{\partial v}{\partial y}, \quad \frac{\partial u}{\partial y}=-\frac{\partial v}{\partial x} \cdots\cdots (2)$$

$$\oint_C f(z)dz=\oint_C (u+iv)(dx+idy)$$

$$=\left.\underbrace{\oint_C (udx-vdy)}_{I_1}+i\underbrace{\oint_C (vdx+udy)}_{I_2}\right\} \cdots\cdots (3)$$

使用 Green 定理 (3-27) 式於 (3) 式的 I_1 和 I_2：

$$I_1=\oint_C (udx-vdy) \xrightarrow[P=u,\ Q=-v]{(3-27)\text{式}} \iint_D \left(-\frac{\partial v}{\partial x}-\frac{\partial u}{\partial y}\right)dxdy$$

$$\xrightarrow[(2)\text{式}]{} \iint_D \left(\frac{\partial u}{\partial y}-\frac{\partial u}{\partial y}\right)dxdy=0 \cdots\cdots (4)$$

$$I_2=i\oint_C (vdx+udy) \xrightarrow[P=v,\ Q=u]{(3-27)\text{式}} i\iint_D \left(\frac{\partial u}{\partial x}-\frac{\partial v}{\partial y}\right)dxdy$$

$$\xrightarrow[(2)\text{式}]{} i\iint_D \left(\frac{\partial v}{\partial y}-\frac{\partial v}{\partial y}\right)dxdy=0 \cdots\cdots (5)$$

由 (3), (4) 和 (5) 式得：

$$\oint_C f(z)dz=0 \cdots\cdots (6)$$

(6) 式就是 (3-29) 式，得證。

(3-29) 式的積分路的正向是，沿著積分路 C 行進時，$f(z)$ 的定義區域 D 永在你的左手邊，設 D_S 與 D_P 分別爲單連通與複連通區域，則如圖 (3-11)(a) 與 (b) 的行進方向是：

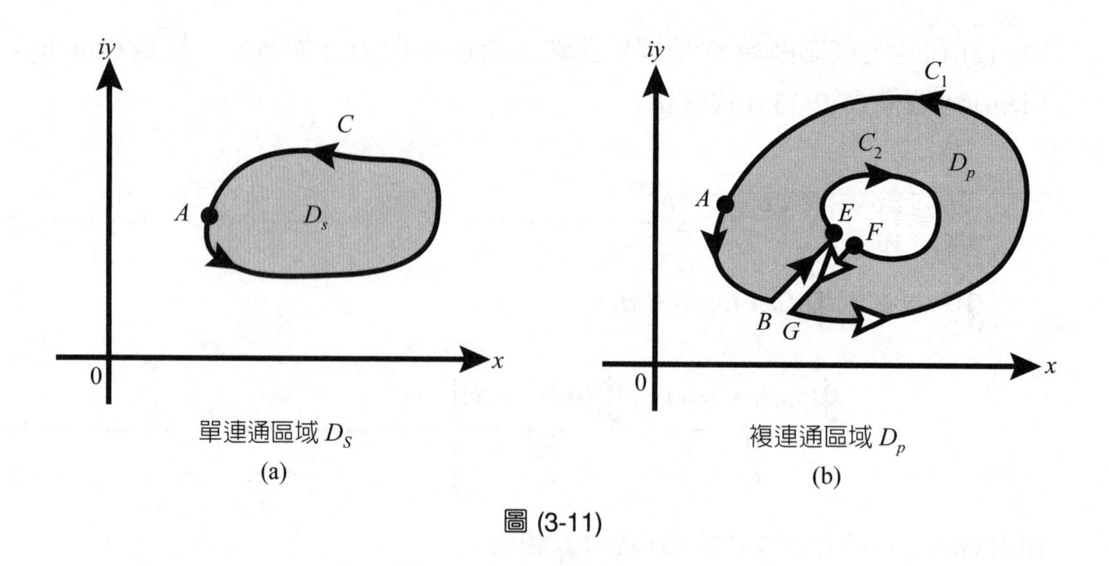

單連通區域 D_S
(a)

複連通區域 D_p
(b)

圖 (3-11)

D_S 時：從 A 出發繞 D_S 邊界一圈回到 A，

D_P 時：從 $A \to B \to E$ 後順時針方向繞到 $F \to G$ 後逆時針方向繞回 A，

複連通區域是 $f(z)$ 的定義區域內部有洞，而 (3-29) 式的 C 是，必須把 $f(z)$ 定義區域的邊界全涵蓋才行。於是進入洞時需要有通道，圖 (3-11)(b) 的 $\overline{BE}$ 或 $\overline{GF}$ 就是通道。從 $\overline{BE}$ 進，沿原路出，爲了一目瞭然才寫成 $\overline{GF}$。進與出的方向相反，故通道來的值等於零。通道稱爲**截線** (cross-cut)，是一條橫切 D_P 的直線。所以圖 (3-11)(b) 的 $f(z)$ 定義區域 D_P 時之 (3-29) 式是：

$$\oint_C f(z)dz = \int_{AB} f\,dz + \int_{BE} f\,dz + \oint_{-C_2} f\,dz + \int_{FG} f\,dz + \int_{GA} f\,dz$$

$$\left\{\begin{aligned} &\int_{FG} f(z)\,dz = -\int_{BE} f(z)\,dz \\ &\int_{AB} f(z)\,dz + \int_{GA} f(z)\,dz = \oint_{C_1} f(z)dz \end{aligned}\right.$$

$$\therefore \oint_C f(z)dz = \oint_{C_1} f(z)dz + \oint_{-C_2} f(z)\,dz = 0 \qquad \text{(3-30)}$$

(3-30) 式右邊第二項的線積分方向是，順時針之負方向才寫成“$-C_2$”。Cauchy 定理是複數積分之基本大定理，它內藏著下 (4) 的複數積分之重要性質。

(4) Cauchy 定理的歸結性質

(a) 性質 1

設複數函數 $f(z)$ 在 z 平面之 D 區域內是解析函數，則如圖 (3-12)，僅包圍 D 之點的 D 內任意封閉曲線 C，無論 C 內有沒有洞，其積分都是：

$$\oint_C f(z)\,dz = 0 \quad \cdots\cdots (3\text{-}31)$$

$C = C_1$ 是內部有洞，

$C = C_2$ 是內部沒洞。

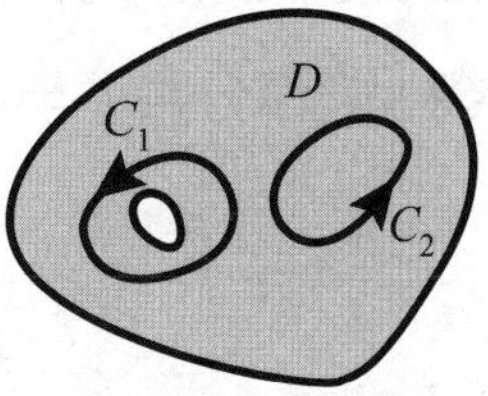

圖 (3-12)

由 (3-30) 式得，無論是 (3-31) 式的 $C = C_1$ 或 $C = C_2$，$\oint_C f(z)\,dz = 0$ 都成立。

(b) 性質 2

如圖 (3-13)，複數函數 $f(z)$，在 z 平面共有兩端點 a 和 b 之兩曲線 Γ_1 和 Γ_2，其所包圍的區域 D 內的所有點 $f(z)$ 都是解析函數，且在 Γ_1 和 Γ_2 上是連續函數，則：

$$\int_{a\Gamma_1 b} f(z)\,dz = \int_{a\Gamma_2 b} f(z)\,dz \quad \cdots\cdots (3\text{-}32)_1$$

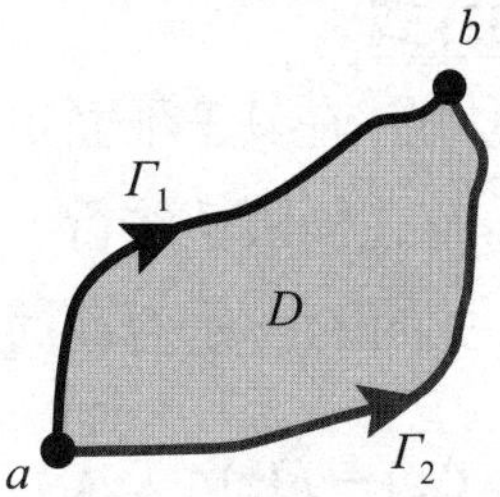

圖 (3-13)

由於兩曲線 Γ_1 和 Γ_2 共有兩端點，

$\therefore a(\Gamma_1)b(\Gamma_2)a =$ 封閉曲線

於是由 (3-29) 式得：

$$\int_{a\Gamma_1 b} f(z)\,dz + \int_{b\Gamma_2 a} f(z)\,dz = 0$$

或 $\displaystyle\int_{a\Gamma_1 b} f(z)\,dz - \int_{a\Gamma_2 b} f(z)\,dz = 0$

$\therefore \displaystyle\int_{a\Gamma_1 b} f(z)\,dz = \int_{a\Gamma_2 b} f(z)\,dz$

$(3\text{-}32)_1$ 式顯然地表示，複數積分值僅與積分路 Γ 的兩端點有關，和 Γ 的形狀無關。$(3\text{-}32)_1$ 式可簡述成：

設 a 和 b 為，複數解析函數 $f(z)$ 的 z 平面定義區域 D 內任意兩點，則線積分 $\int_a^b f(z)dz$ 值，與在 D 內的 a 到 b 之積分路 Γ 無關。 …………………… $(3\text{-}32)_2$

(c) 性質 3

設複數函數 $f(z)$ 在其 z 平面的單連通定義區域 D 內為連續函數，a 和 z 為 D 內任意兩點，則線積分：

$\int_a^z f(\xi)\, d\xi \equiv F(z)$ 在 D 內是連續函數，

而 $f(z) = \dfrac{dF(z)}{dz}$。 …………………… (3-33)

證明 (3-33) 式：

函數 $f(z)$ 在其 z 平面定義區域 D 內某點 z_0 之連續性，由 (2-101) 式，$f(z)$ 必須在 z_0 存在極限值才行，而極限值需滿足 $(2\text{-}97)_1$ 式之定義。用此邏輯來證明 (3-33) 式的 $F(z)$ 是否連續，以及 $F'(z) = f(z)$。由 (3-33) 式得：

$$\begin{aligned}
&\frac{F(z+\Delta z) - F(z)}{\Delta z} - f(z) \\
&= \frac{1}{\Delta z}\left[\int_a^{z+\Delta z} f(\xi)\, d\xi - \int_a^z f(\xi)\, d\xi\right] - f(z) \\
&= \frac{1}{\Delta z}\int_z^{z+\Delta z} f(\xi)\, d\xi - f(z) \\
&\qquad\qquad \left\{ f(z) = \frac{f(z)}{\Delta z}\int_z^{z+\Delta z} d\xi = \frac{1}{\Delta z}\int_z^{z+\Delta z} f(z)\, d\xi \right. \\
&= \frac{1}{\Delta z}\int_z^{z+\Delta z} [f(\xi) - f(z)]d\xi \quad \cdots\cdots (1)
\end{aligned}$$

另從 $(3\text{-}32)_2$ 式得，只要連接 z 和 $(z + \Delta z)$ 之曲線在 D 內，(1) 式和路徑無關，於是取 z 和 Δz 間的最短路直線來作積分路。因 $f(z)$ 在 D 內是連續函數，所

以由(2-101)和$(2\text{-}97)_1$式，對任一無限小量$\varepsilon > 0$必存在$|\xi - z| < \delta$，即$|\Delta z| < \delta$，$\delta =$另一無限小量，

$$\therefore |f(\xi) - f(z)| < \varepsilon$$

$$\therefore \left| \int_z^{z+\Delta z} [f(\xi) - f(z)] d\xi \right| \underset{(1\text{-}19\text{ 式})}{\leqq} \int_z^{z+\Delta z} |f(\xi) - f(z)| |d\xi| < \varepsilon |\Delta z| \cdots\cdots (2)$$

由 (1) 和 (2) 式得：

$$\left| \frac{F(z+\Delta z) - F(z)}{\Delta z} - f(z) \right| = \frac{1}{|\Delta z|} \left| \int_z^{z+\Delta z} [f(\xi) - f(z)] d\xi \right| < \varepsilon \cdots\cdots (3)$$

於是由，當$\Delta z \to 0$時$\varepsilon \to 0$，以及$(2\text{-}112)_2$式得：

$$\lim_{\Delta z \to 0} \frac{F(z+\Delta z) - F(z)}{\Delta z} = F'(z) \underset{(3)\text{ 式}}{=\!=} f(z) \cdots\cdots (4)$$

同時由$(2\text{-}112)_2$式得$F(z)$爲解析函數，因此也連續。

(d) 性質 4

如圖 (3-14)(a)，複數函數$f(z)$在其定義區域D的解析領域R內，沿任意兩點a和b間之積分路Γ的複數積分值I：

$$I = \int_{a\Gamma b} f(z) dz$$

只要固定a和b，並且Γ不經非解析點，則無論如何連續地變動Γ，I值不變。 ……(3-34)

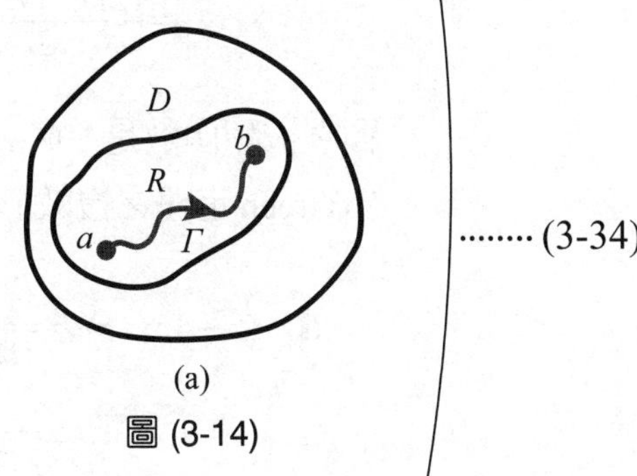

(a)
圖 (3-14)

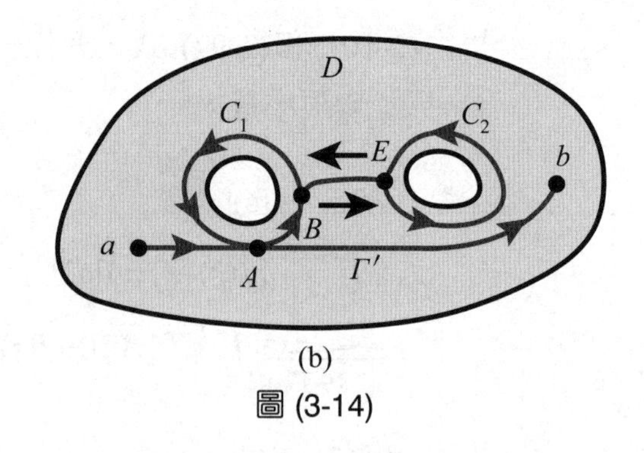

(b)
圖 (3-14)

(3-34) 式是從另一個角度表示的 $(3\text{-}32)_1$ 式，焦點在動態的積分路 Γ，於是只要 a 到 b 的 Γ 不經過非解析點，$f(z)$ 之積分值都相等。設 $f(z)$ 的定義區域是如圖 (3-14)(b)(有兩個洞作例) 的複連通區域 D。把積分路 Γ 從不繞洞，連續地變到繞部分洞或所有洞的 Γ'，則 (3-34) 式的 I 值仍然是 Γ 時的值。因爲繞洞的**積分路** (contour) C_1 和 C_2 之值各爲零，在**截線** (cross-cut) $\overline{BE}$ 之值，來與回之值相互抵消，於是只剩 $a \to A \to b$ 的路徑：

$$\int_a^A f(z)dz + \int_A^b f(z)dz = \int_a^b f(z)dz$$

(Ex.3-6) 求如圖 (3-15)，以 $|z| = 3$ 爲積分路 C 之**周線積分** (contour integral) $\oint_C f(z)dz = \oint_C (z - \text{Im.}z)\,dz$ 之值。

(解)：積分路 C 是 $|z| = 3$ 的封閉曲線，是圖 (3-15)，圓心在原點半徑 3 之圓周，其包圍的區域 D。被積函數：

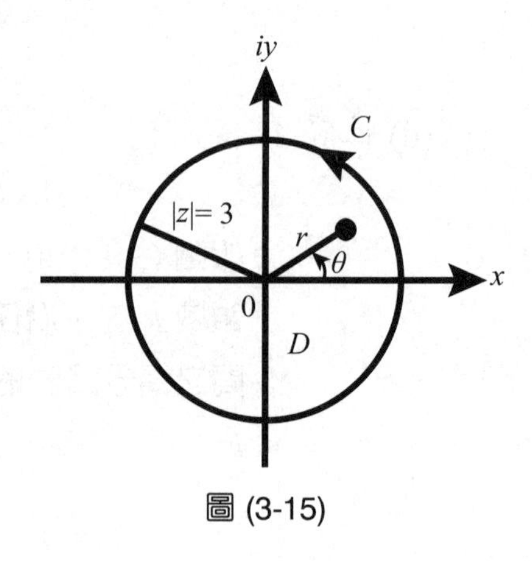

圖 (3-15)

$$z - \text{Im.}z = z - y = z - \frac{z - z^*}{2i}$$
$$= \frac{(2i-1)z + z^*}{2i} \cdots\cdots\cdots\cdots (1)$$

顯然被積函數是 z 與 z^* 之函數，於是由 Green 定理之複數形式 (3-28) 式得：

$$\oint_C (z - \text{Im.}z)dz \overset{}{\underset{(1)式}{=\!=}} \oint_C \frac{1}{2i}[(2i-1)z + z^*]dz$$
$$\underset{(3-28)式}{=\!=\!=} 2i\iint_D \frac{\partial}{\partial z^*}(z - \text{Im.}z)dxdy$$
$$= 2i\iint_D \frac{\partial}{\partial z^*}\left(\frac{(2i-1)z + z^*}{2i}\right)dxdy$$

$$= \iint_D dxdy \equiv I \quad \cdots\cdots (2)$$

(2) 式的 D 是積分路 C 所包圍的面積，它是半徑 $r = 3$ 之圓盤，於是直角座標 (x, y) 不方便，極座標 (r, θ) 方便。兩座標之關係是：

$$\begin{Bmatrix} x = r\cos\theta \\ y = r\sin\theta \end{Bmatrix} \Longleftarrow \text{看圖 (3-15)}$$

$$\therefore dxdy = \begin{vmatrix} \dfrac{\partial x}{\partial r} & \dfrac{\partial y}{\partial r} \\ \dfrac{\partial x}{\partial \theta} & \dfrac{\partial y}{\partial \theta} \end{vmatrix} drd\theta$$

$$= \begin{vmatrix} \cos\theta & \sin\theta \\ -r\sin\theta & r\cos\theta \end{vmatrix} drd\theta = r\,drd\theta \quad \cdots\cdots (3)$$

$$\therefore I = \int_0^3 r\,dr \int_0^{2\pi} d\theta = \frac{2\pi}{2}\left[r^2\right]_0^3 = 9\pi$$

(Ex.3-7) 設 $f(z)$ 在其定義的複連通區域 D 內與邊界 C，以及洞邊界都是連續的解析函數，則證：

(1) 圖 (3-16)(a) 只有一個洞時：

$$\oint_C f(z)dz = \oint_{C'} f(z)dz$$

(2) 圖 (3-16)(b) 有 m 個洞時：

$$\oint_C f(z)dz = \sum_{i=1}^{m} \oint_{C_i} f(z)dz$$

繞向都是正方向。

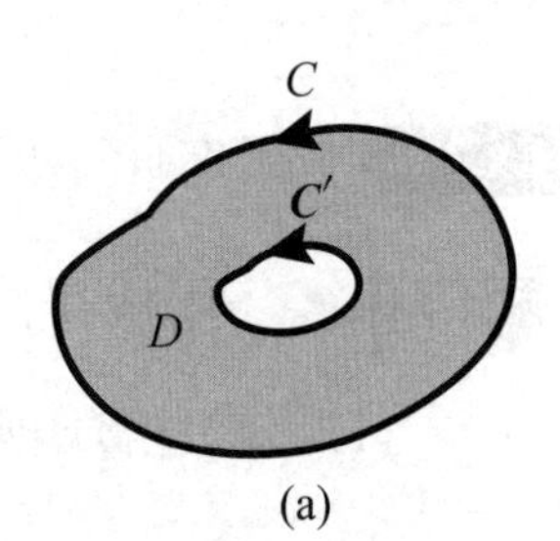

(a)

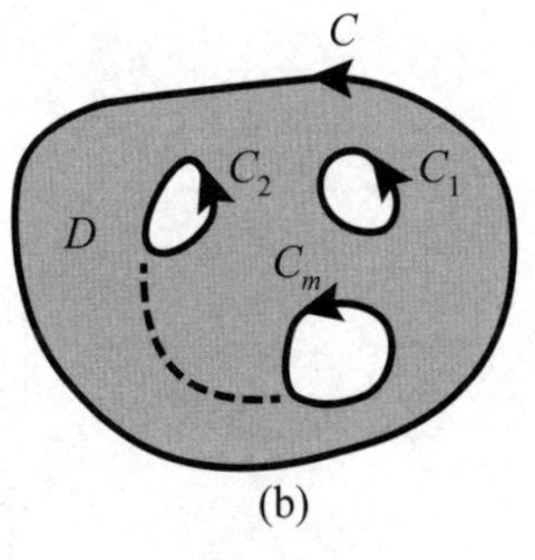

(b)

圖 (3-16)

(解)：(1) 圖 (3-16)(a) 的情況：

由 (3-30) 式得：

$$\oint_C f(z)dz + \oint_{-C'} f(z)dz = 0$$

$$\therefore \oint_C f(z)dz = -\oint_{-C'} f(z)dz \xlongequal[(3-16)_2\text{式}]{} \oint_{C'} f(z)dz \cdots\cdots (3\text{-}35)_1$$

(2) 圖 (3-16)(b) 的情況：

Cauchy 定理 (3-29) 式是，無論複數函數 $f(z)$ 之定義區域 D 是單或複連通都成立，並且線積分路必須涵蓋 D 之邊界 C，以及所有洞邊界 C_i，而由 (3-30) 式，C 是正方向，C_i 是負方向：

$$\oint_C f(z)dz + \sum_{i=1}^{m} \oint_{-C_i} f(z)dz = 0$$

$$\therefore \oint_C f(z)dz = \sum_{i=1}^{m} \oint_{C_i} f(z)dz \cdots\cdots (3\text{-}35)_2$$

1811 年 Cauchy 發現 (3-29) 式後，用它來計算過去數學家非費九牛二虎之力才能解決的，實函數定積分變成容易，尤其他的積分第二定理，又叫 Cauchy 積分公式 (請看下面 (c) 小節) 更是威力十足，影響深遠。

(Ex.3-8) 一起來研討複數解析函數 e^{-z^2} 之積分 $\oint_C e^{-z^2} dz = 0$。

(解)：$\oint_C e^{-z^2} dz = 0$ 是能得有名的 Fresnel (Augustin Jean Fresnel, 1788~1827) 積分例。

(1) 先求些實函數積分公式：

$$e^{-z^2} = e^{-(x+iy)^2} = e^{-x^2+y^2-2ixy}$$
$$= e^{-x^2} e^{y^2}[\cos(2xy) - i\sin(2xy)]$$
$$\equiv u(x, y) + iv(x, y) \cdots\cdots (1)$$

$$\therefore \left\{\begin{array}{l} u(x, y) = e^{-x^2} e^{y^2} \cos(2xy) \\ v(x, y) = -e^{-x^2} e^{y^2} \sin(2xy) \end{array}\right\} \cdots\cdots (2)$$

$$\therefore \oint_C f(z)dz = \oint_C e^{-z^2} dz = \oint_C [u(x, y) + iv(x, y)](dx + idy)$$
$$= \oint_C (udx - vdy) + i\oint_C (vdx + udy) \equiv I_1 + iI_2 \cdots\cdots (3)$$

$$I_1 \equiv \oint_C (udx - vdy) \xlongequal[(3)\text{式}=0\text{時}]{} 0 \cdots\cdots (4)$$

$$I_2 \equiv \oint_C (vdx + udy) \xlongequal[(3)\text{式}=0\text{時}]{} 0 \cdots\cdots (5)$$

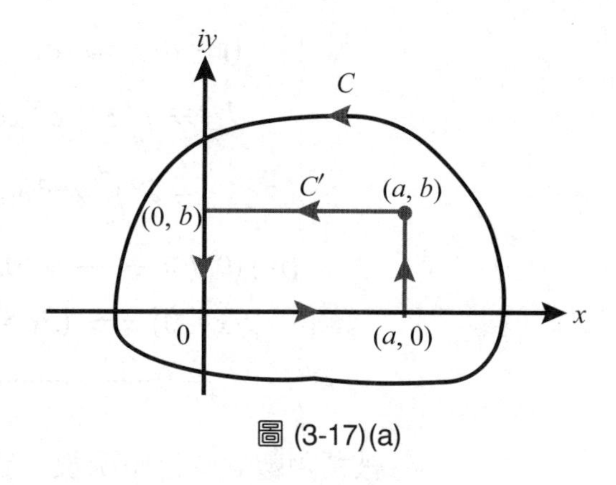

圖 (3-17)(a)

由 Cauchy 定理 (3-29) 式，(3) 式等於零，於是其實部 I_1 和虛部 I_2 必須分別地等於零而得 (4) 和 (5) 式。接著是積分路問題，(3)，(4) 和 (5) 式都是同一積分路 C。如在 (3) 式沒有已定之 C，則依題目的需要選 C。如果 (3) 式已有積分路 C，那要怎麼辦？前者含在後者內，於是本例題採用後者。本例題的被積函數 e^{-z^2} 是**整函數** (entire function)，即在整個 z 平面是解析函數，於是依需要取封閉曲線 C 爲積分路，且已取了如圖 (3-17)(a) 之 C。現在爲了獲得一些實函數積分公式，需要有如圖示的矩形積分路 C'，怎麼辦！在 C 包圍的區域內，如圖示取在 C 內。由 (3-30) 式及圖 (3-11)(b) 或 $(3\text{-}35)_1$ 式得：

$$\oint_C f(z)dz = -\oint_{-C'} f(z)\,dz = \oint_{C'} f(z)\,dz \quad \cdots\cdots (6)$$

(6) 式表示對積分路 C 所得的值，等於對 C 內部任意封閉曲線 C' 執行的積分值。現用 (6) 式來執行 I_1 和 I_2 之演算：

(a) $I_1 = \oint_C (udx - vdy) = \oint_{C'} (udx - vdy)$：

$$I_1 = \oint_{C'} (udx - vdy) \underset{(2)\text{式}}{=\!=\!=} \oint_{C'} e^{-x^2} e^{y^2}[\cos(2xy)dx + \sin(2xy)dy] \quad \cdots\cdots (7)$$

(i) $(0, 0) \longrightarrow (a, 0)$：

$(y = 0) \Longrightarrow (dy = 0)$，　$(x = 0 \sim a) \Longrightarrow (dx \neq 0)$ 代入 (7) 式：

$$I_{11} \equiv \int_0^a e^{-x^2}\,dx \quad \cdots\cdots (8)$$

(ii) $(a, 0) \longrightarrow (a, b)$：

$(x = a) \Longrightarrow (dx = 0)$，　$(y = 0 \sim b) \Longrightarrow (dy \neq 0)$：

$$I_{12} \equiv \int_0^b e^{-a^2} e^{y^2}[\sin(2ay)dy]$$

$$= e^{-a^2}\int_0^b e^{y^2} \sin(2ay)dy \quad \cdots\cdots (9)$$

(iii) $(a, b) \longrightarrow (0, b)$：

$(y=b) \Longrightarrow (dy=0)$， $(x=a\sim 0) \Longrightarrow (dx \neq 0)$：

$$I_{13} \equiv \int_a^0 e^{-x^2} e^{b^2} \cos(2bx)dx$$

$$= e^{b^2} \int_a^0 e^{-x^2} \cos(2bx)dx \cdots\cdots (10)$$

(iv) $(0, b) \longrightarrow (0, 0)$：

$(x=0) \Longrightarrow (dx=0)$， $(y=b\sim 0) \Longrightarrow (dy \neq 0)$：

$$I_{14} = 0 \cdots\cdots (11)$$

被積函數 e^{-z^2} 是整函數，於是積分路 C 可以非常大，所以 C' 的 a 可以很大，即 $a=\infty$，則得：

$$\left.\begin{array}{l} I_{11} = \int_0^\infty e^{-x^2} dx \underset{(看(Ex.3-9))}{=\!=\!=} \dfrac{\sqrt{\pi}}{2} \\ I_{12} = 0 \end{array}\right\} \cdots\cdots (12)$$

由 (7) 式到 (12) 式得：

$$I_1 = \oint_{C'} (udx - vdy) = I_{11} + I_{12} + I_{13} + I_{14}$$

$$\underset{a=\infty}{=\!=\!=} \frac{\sqrt{\pi}}{2} - e^{b^2} \int_0^\infty e^{-x^2} \cos(2bx)dx = 0$$

$$\therefore \int_0^\infty e^{-x^2} \cos(2bx)dx = \frac{\sqrt{\pi}}{2} e^{-b^2} \cdots\cdots (3\text{-}36)_1$$

(b) $I_2 = \oint_C (vdx + udy) = \oint_{C'} (vdx + udy)$：

$$I_2 = \oint_{C'} (vdx + udy) \underset{(2)式}{=\!=\!=} \oint_{C'} e^{-x^2} e^{y^2} [-\sin(2xy)dx + \cos(2xy)dy] \cdots\cdots (13)$$

(i) $(0, 0) \longrightarrow (a, 0)$：

$(y=0) \Longrightarrow (dy=0)$， $(x=0\sim a) \Longrightarrow (dx \neq 0)$

$$I_{21} = 0 \cdots\cdots (14)$$

(ii) $(a, 0) \longrightarrow (a, b)$：

$(x=a) \Longrightarrow (dx=0)$， $(y=0\sim b) \Longrightarrow (dy \neq 0)$

$$I_{22} \equiv \int_0^b e^{-a^2} e^{y^2} [\cos(2ay)dy]$$

$$= e^{-a^2} \int_0^b e^{y^2} \cos(2ay)dy \cdots\cdots (15)$$

(iii) $(a, b) \longrightarrow (0, b)$：

$(y=b) \Longrightarrow (dy=0)$，　$(x=a\sim 0) \Longrightarrow (dx \neq 0)$

$$I_{23} \equiv -\int_a^0 e^{b^2} e^{-x^2} \sin(2bx)dx$$

$$= -e^{b^2}\int_a^0 e^{-x^2} \sin(2bx)dx \cdots\cdots (16)$$

(iv) $(0, b) \longrightarrow (0, 0)$：

$(x=0) \Longrightarrow (dx=0)$，　$(y=b\sim 0) \Longrightarrow (dy \neq 0)$

$$I_{24} \equiv \int_b^0 e^{y^2} dy \cdots\cdots (17)$$

由 (13) 式到 (17) 式，並且 $a=\infty$ 得：

$$I_2 = e^{b^2}\int_0^\infty e^{-x^2} \sin(2bx)dx - \int_0^b e^{y^2} dy = 0$$

$$\therefore \int_0^\infty e^{-x^2} \sin(2bx)dx = e^{-b^2}\int_0^b e^{y^2} dy \cdots\cdots (3\text{-}36)_2$$

(2) 求 Fresnel 積分 $\int_0^\infty \sin(x^2)dx=?$，$\int_0^\infty \cos(x^2)dx=?$

使用被積函數 e^{-z^2}，而積分路是如圖 (3-17)(b)，圓心在原點半徑 $R=\overline{0a}$ 之圓的八分之一圓周，即扇形封閉曲線 C。

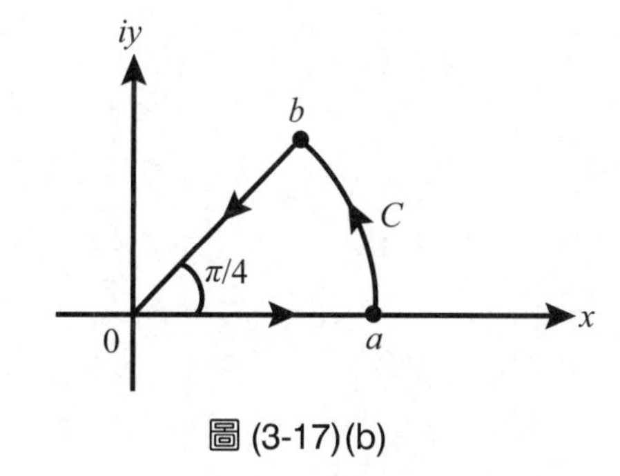

圖 (3-17)(b)

$$\oint_C e^{-z^2} dz = \underbrace{\int_0^a e^{-z^2} dz}_{I_1} + \underbrace{\int_a^b e^{-z^2} dz}_{I_2} + \underbrace{\int_b^0 e^{-z^2} dz}_{I_3} \cdots\cdots (18)$$

(i) $I_1 = [(0, 0) \longrightarrow (a, 0)]$

$(y=0) \Longrightarrow (dy=0)$，　$(x=0\sim a) \Longrightarrow (dx \neq 0)$

$z = x + iy$，　$dz = dx + idy$

$$\therefore I_1 = \int_0^a e^{-x^2} dx = \int_0^R e^{-x^2} dx$$

$$\overline{\overline{R=\infty}} \int_0^\infty e^{-x^2} dx = \frac{\sqrt{\pi}}{2} \cdots\cdots (19)$$

(ii) I_2 = 沿圓周的線積分，這種積分用極座標最方便。

$z = R(\cos\theta + i\sin\theta) = Re^{i\theta}$

$$\therefore \begin{cases} dz = Ri\,e^{i\theta}\,d\theta \\ z^2 = R^2(\cos\theta + i\sin\theta)^2 = R^2(\cos 2\theta + i\sin 2\theta) \end{cases}$$

$$\therefore I_2 = \int_0^{\pi/4} e^{-R^2(\cos 2\theta + i\sin 2\theta)}\,(iRe^{i\theta})d\theta \quad \cdots\cdots (20)$$

$$\therefore |I_2| = \left|\int_0^{\pi/4} e^{-R^2(\cos 2\theta + i\sin 2\theta)}\,(iRe^{i\theta})d\theta\right|$$

$$\underset{(1-19)\text{式}}{\leqq} \int_0^{\pi/4} \left|e^{-R^2(\cos 2\theta + i\sin 2\theta)}\,(iRe^{i\theta})\right| d\theta$$

$$\left|e^{-R^2(\cos 2\theta + i\sin 2\theta)}\,(iRe^{i\theta})\right|$$

$$\underset{(1-19)\text{式}}{=\!=} |e^{-R^2\cos 2\theta}||e^{-iR^2\sin 2\theta}||iRe^{i\theta}|$$

$$= R|e^{-R^2\cos 2\theta}| \quad \cdots\cdots (21)$$

$$\therefore I_2 \le R\int_0^{\pi/4} e^{-R^2\cos 2\theta}d\theta \quad \cdots\cdots (22)$$

變數變換：

$$2\theta \equiv \pi/2 - \phi \Longrightarrow d\theta = -\frac{1}{2}d\phi\text{，}$$

$$\theta = 0 \Longrightarrow \phi = \frac{\pi}{2}\text{，} \qquad \theta = \frac{\pi}{4} \Longrightarrow \phi = 0\text{，}$$

$$\therefore \int_0^{\pi/4} e^{-R^2\cos 2\theta}d\theta = \frac{1}{2}\int_0^{\pi/2} e^{-R^2\sin\phi}d\phi \quad \cdots\cdots (23)$$

又由三角學得：──(看 (3-103) 式)──

當 $0 \le \phi \le \frac{\pi}{2}$ 時 $\sin\phi \ge \frac{2\phi}{\pi}$，

於是 $(-R^2\sin\phi) \le \left(-R^2\frac{2}{\pi}\phi\right)$

$$\therefore \int_0^{\pi/2} e^{-R^2\sin\phi}d\phi \le \int_0^{\pi/2} e^{-2R^2\phi/\pi}d\phi\text{，設}\left(-\frac{2R^2}{\pi}\phi\right) = u\text{，}$$

則得：

$$\int_0^{\pi/2} e^{-2R^2\phi/\pi}d\phi = -\frac{\pi}{2R^2}\int_0^{-R^2} e^u\,du = \frac{\pi}{2R^2}(1 - e^{-R^2})$$

$$\therefore \int_0^{\pi/4} e^{-R^2\cos 2\theta}d\theta \le \frac{\pi}{2R^2}(1 - e^{-R^2}) \quad \cdots\cdots (24)$$

由 (20) 式到 (24) 式得：

$$I_2 \le \left[\frac{\pi}{2R}(1 - e^{-R^2})\right] \quad \cdots\cdots (25)$$

$$\therefore \lim_{R\to\infty} I_2 \le \lim_{R\to\infty}\left[\frac{\pi}{2R}(1 - e^{-R^2})\right] = 0$$

$$\therefore \lim_{R\to\infty} I_2 = 0 \quad \cdots\cdots (26)$$

(iii) I_3 = 積分路是 θ 爲 $\pi/4$ 經原點之直線，於是 $x=y$

$$\therefore \begin{cases} z=\left(\cos\dfrac{\pi}{4}\right)x+i\left(\sin\dfrac{\pi}{4}\right)x=\dfrac{1+i}{\sqrt{2}}x \\ dz=\dfrac{1+i}{\sqrt{2}}dx，\quad z^2=\left(\dfrac{1+i}{\sqrt{2}}x\right)^2=ix^2 \end{cases} \cdots\cdots\cdots\cdots (27)$$

$$\therefore I_3=\int_b^0 e^{-z^2}dz \xlongequal[\text{(27) 式}]{} \int_R^0 e^{-ix^2}\left(\frac{1+i}{\sqrt{2}}\right)dx$$

$$\xlongequal[R=\infty]{} \frac{1+i}{\sqrt{2}}\int_\infty^0(\cos x^2-i\sin x^2)dx \cdots\cdots\cdots\cdots (28)$$

由 (28), (26), (19) 和 (18) 式得：

$$\oint_C e^{-z^2}dz=\int_0^\infty e^{-x^2}dx+\frac{1+i}{\sqrt{2}}\int_\infty^0(\cos x^2-i\sin x^2)dx=0$$

$$\therefore \int_0^\infty e^{-x^2}dx=-\frac{1+i}{\sqrt{2}}\int_\infty^0(\cos x^2-i\sin x^2)dx$$

$$\text{或} \frac{\sqrt{2}}{1+i}\int_0^\infty e^{-x^2}dx=\int_0^\infty(\cos x^2-i\sin x^2)dx$$

$$=\frac{\sqrt{2}}{2}(1-i)\int_0^\infty e^{-x^2}dx$$

$$=\frac{\sqrt{2\pi}}{4}(1-i) \cdots\cdots\cdots\cdots (29)$$

由 (29) 式兩邊的實部與虛部各自相等得：

$$\int_0^\infty(\cos x^2)dx=\int_0^\infty(\sin x^2)dx=\frac{\sqrt{2\pi}}{4} \cdots\cdots\cdots\cdots (3\text{-}36)_3$$

$(3\text{-}36)_3$ 式稱爲 **Fresnel 積分**，是 19 世紀初難作的實函數積分之一，竟然用複數積分容易地作出來，鼓舞了年輕的 Cauchy。

在本節 (B) 討論的是，複數函數 $f(z)$ 的定義區域 D 內沒非解析點，如**極點** (pole)。那麼在 $f(z)$ 的定義區域 D 內有非解析點時怎麼辦？Cauchy 不但想到了這一點，並且解決了，又是複數積分的另一個基本定理 (1814 年)，稱爲 **Cauchy 積分第二定理** (Cauchy's second integral theorem)，簡稱 **Cauchy 積分公式** (Cauchy's integral formula)。

(C) Cauchy 積分公式與相關定理 [15, 16]

(1) Cauchy 積分公式

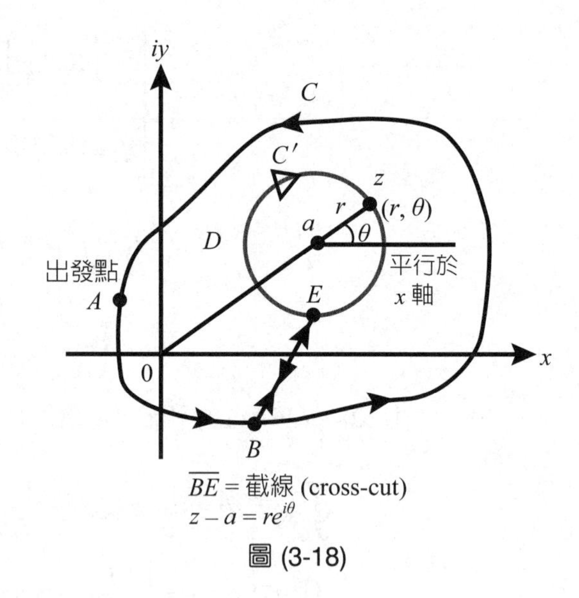

$\overline{BE}$ = 截線 (cross-cut)
$z-a=re^{i\theta}$
圖 (3-18)

讓我們一起來追懷 Cauchy 的思路，他如何獲得空前絕後的數學定理，這正是我們要學的地方。(3-29) 式的複數函數 $f(z)$ 之定義區域 D 內出現如圖 (3-18) 的非解析點 $z=a$ 時該怎麼辦？沒關係，只要積分路不經過 $z=a$ 之點就行。接著他以含有最簡單的**第一階極點** (first-order singularity 或 simple pole，請複習 (2-166), $(2\text{-}171)_1$ 和 $(2\text{-}171)_2$ 式) 的非解析函數：

$$\frac{f(z)}{z-a} \cdots\cdots (3\text{-}37)$$

來研究，其過程是：

(i) 以 $z=a$ 為圓心，半徑 $|z-a|\equiv r$ 之圓包圍 $z=a$ 點之圓周 C'，

(ii) 執行如圖示箭頭之線積分路徑：

出發點 $A \longrightarrow B$（正方向）$\longrightarrow E$（截線）$\longrightarrow E$（負方向繞 C'）$\longrightarrow B$（截線）$\longrightarrow A$（正方向繞 C）

$$\cdots\cdots (3\text{-}38)$$

把 (3-37)(此式在 C 和 C' 為邊界的區域解析) 和 (3-38) 式代入 (3-29) 式得：

$$\oint_C \frac{f(z)}{z-a}dz+\oint_{-C'}\frac{f(z)}{z-a}dz=0 \cdots\cdots (3\text{-}39)_1$$

$$\text{或}\oint_C \frac{f(z)}{z-a}dz=-\oint_{-C'}\frac{f(z)}{z-a}dz=\oint_{C'}\frac{f(z)}{z-a}dz \cdots\cdots (3\text{-}39)_2$$

周線 (contour) C' 是圓周，遇到這種題目時最好用極座標 (r, θ)：

$$\left.\begin{aligned} z-a&=re^{i\theta} \\ \therefore\ dz&=ire^{i\theta}\,d\theta \end{aligned}\right\} \cdots\cdots (3\text{-}40)_1$$

由 $(3\text{-}39)_2$ 和 $(3\text{-}40)_1$ 式得：

$$\begin{aligned} \oint_C \frac{f(z)}{z-a}dz &= \int_0^{2\pi} \frac{f(a+re^{i\theta})}{re^{i\theta}}\, ir\,e^{i\theta}\,d\theta \\ &= i\int_0^{2\pi} f(a+re^{i\theta})d\theta \cdots\cdots (3\text{-}40)_2 \end{aligned}$$

周線 C' 之半徑 r 可令它非常地小，小到 $r\to 0$。從另一角度觀察 $(3\text{-}40)_2$ 式，執行周線 C 之左邊根本沒 r，於是 $(3\text{-}40)_2$ 式右邊取 $r\to 0$ 是合理，

$$\begin{aligned} \therefore \oint_C \frac{f(z)}{z-a}dz &= \int_0^{2\pi} f(a)d\theta \\ &= if(a)\int_0^{2\pi} d\theta = 2\pi i f(a) \cdots\cdots (3\text{-}40)_3 \end{aligned}$$

$$\therefore f(a) = \frac{1}{2\pi i}\oint_C \frac{f(z)}{z-a}dz \cdots\cdots (3\text{-}41)$$

(3-41) 式是 1814 年 Cauchy 發現的複數積分不可思議之數學事實：

> 如複數函數 $f(z)$ 在其定義區域 D 內及邊界 C 是解析函數，則 D 內任一點 $z=a$ 的 $f(z)$ 之值 $f(a)$，完全由 $f(z)$ 沿 D 邊界周線 C 之線積分來決定。 ……… (3-42)

換言之，(3-42) 式是：

> 如複數函數 $f(z)$ 在其定義區域 D 內與邊界 C 是解析，則 C 內任意點 $z=a$ 之值是：
>
> $$f(a) = \frac{1}{2\pi i}\oint_C \frac{f(z)}{z-a}dz$$
>
> 繞 C 之方向必須正方向 (逆時針方向)。 ……… (3-43)

(3-43) 式稱爲 **Cauchy 積分第二定理** (Cauchy's second integral theorem)，(3-43) 式比 (3-29) 式更具威力。緊接著他又獲得下 (3-44) 式的驚人結果，兩式合起來稱爲 **Cauchy 積分公式′** (Cauchy's integral formulas)。

如複數函數 $f(z)$ 在其定義區域 D 內與邊界 C 是解析，則 $f(z)$ 在 C 內任意點 $z=a$ 的 ***n* 階** (n^{th} order) 導函數之值 $f^{(n)}(a)$ 是：

$$f^{(n)}(a)=\frac{n!}{2\pi i}\oint_C \frac{f(z)}{(z-a)^{n+1}}dz \qquad \cdots\cdots (3\text{-}44)$$

$n=1, 2, 3, \cdots$，繞 C 之方向必須正方向。

(3-43) 式是一階極點，而 (3-44) 式是 $n\geq 2$ 階極點之用 (請看習題 (10))。

證明 (3-44) 式：——使用歸納法證——

(a) $n=1$ 的 (3-44) 式是：

$$f'(a)=\frac{1}{2\pi i}\oint_C \frac{f(z)}{(z-a)^2}dz \qquad \cdots\cdots (1)$$

如 $z=a$ 和 $z=(a+h)$ 都在 C 之內部，則由微分定義 $(2\text{-}112)_2$ 式得：

$$f'(a)=\lim_{h\to 0}\frac{f(a+h)-f(a)}{h} \qquad \cdots\cdots (2)$$

由 (3-43) 式得：

$$\left.\begin{aligned} f(a)&=\frac{1}{2\pi i}\oint_C \frac{f(z)}{z-a}dz \\ f(a+h)&=\frac{1}{2\pi i}\oint_C \frac{f(z)}{z-a-h}dz \end{aligned}\right\} \qquad \cdots\cdots (3)$$

$$\begin{aligned} \therefore\ f'(a)&=\lim_{h\to 0}\left\{\frac{1}{h}\left[\frac{1}{2\pi i}\oint_C f(z)\left(\frac{1}{z-a-h}-\frac{1}{z-a}\right)dz\right]\right\} \\ &=\lim_{h\to 0}\left\{\frac{1}{2\pi ih}\oint_C f(z)\left[\frac{h}{(z-a-h)(z-a)}\right]dz\right\} \\ &=\frac{1}{2\pi i}\oint_C \frac{f(z)}{(z-a)^2}dz \qquad \cdots\cdots (4) \end{aligned}$$

(b) (4) 式表示 (3-44) 式的 $n = 1$ 時成立，依此類推下去，假設 $n = k$，$k < n$ 時 (3-44) 式也成立：

$$f^{(k)}(a) = \frac{k!}{2\pi i}\oint_C \frac{f(z)}{(z-a)^{k+1}}dz \cdots\cdots (5)$$

則 $n = (k + 1)$ 時是：

$$f^{(k+1)}(a) = \lim_{h\to 0}\frac{f^{(k)}(a+h) - f^{(k)}(a)}{h} \cdots\cdots (6)$$

由 (5) 式得：

$$f^{(k)}(a+h) = \frac{k!}{2\pi i}\oint_C \frac{f(z)}{(z-a-h)^{k+1}}dz \cdots\cdots (7)$$

由 (5), (6) 和 (7) 式得：

$$\begin{aligned} f^{(k+1)}(a) &= \lim_{h\to 0}\left\{\frac{k!}{(2\pi i)\,h}\oint_C f(z)\left[\frac{1}{(z-a-h)^{k+1}} - \frac{1}{(z-a)^{k+1}}\right]dz\right\} \\ &= \lim_{h\to 0}\left\{\frac{k!}{(2\pi i)\,h}\oint_C f(z)\left[\frac{(z-a)^{k+1} - (z-a-h)^{k+1}}{(z-a-h)^{k+1}(z-a)^{k+1}}\right]dz\right\} \cdots\cdots (8) \end{aligned}$$

由 2 項式公式得：

$$\begin{aligned} (z-a-h)^{k+1} &= [(z-a)-h]^{k+1} \\ &= (z-a)^{k+1} - (k+1)(z-a)^k h + \frac{(k+1)k}{2}(z-a)^{k-1}h^2 - \cdots \\ &\quad + (-1)^k C_k^{k+1}(z-a)\,h^k + (-1)^{k+1}h^{k+1} \cdots\cdots (9) \end{aligned}$$

由 (8) 和 (9) 式得：

$$\begin{aligned} f^{(k+1)}(a) &= \lim_{h\to 0}\left\{\frac{k!}{(2\pi i)h}\oint_C f(z)\left[\frac{(k+1)(z-a)^k h + \cdots + (-1)^k h^{k+1}}{(z-a-h)^{k+1}(z-a)^{k+1}}\right]dz\right\} \\ &= \frac{(k+1)!}{2\pi i}\oint_C \frac{f(z)}{(z-a)^{k+2}}dz \cdots\cdots (10) \end{aligned}$$

(10) 式表示 (3-44) 式的 $n = k$，$1 < k < n$ 時成立，依此類推到 n，於是 n 時成立而得 (3-44) 式。

(2) Cauchy 積分公式之性質

接著一起來剖析 (3-43) 和 (3-44) 式，尤其 (3-44) 式隱藏著什麼？

(a) 性質 1

$$\left(\begin{array}{l}\text{如複數函數 } f(z) \text{ 在其定義區域 } D \text{ 內任意點} \\ z=z_0 \text{ 能微分，則在該點能作高階微分。}\end{array}\right) \cdots\cdots (3\text{-}45)$$

(3-45) 式在實函數微分時不一定成立。另一面，可微分之函數必是解析函數，既然在某一點能微分，則高一階的微分也存在，於是得下性質 2。

(b) 性質 2

$$\left(\begin{array}{l}\text{如複數函數 } f(z) \text{ 在其定義區域 } D \text{ 內任意點} \\ z=z_0 \text{ 是解析函數，則在該點的 } f(z) \text{ 之任何} \\ \text{階導函數都是解析函數。}\end{array}\right) \cdots\cdots (3\text{-}46)$$

同 (3-45) 式，(3-46) 式一樣地在實函數時不一定成立。

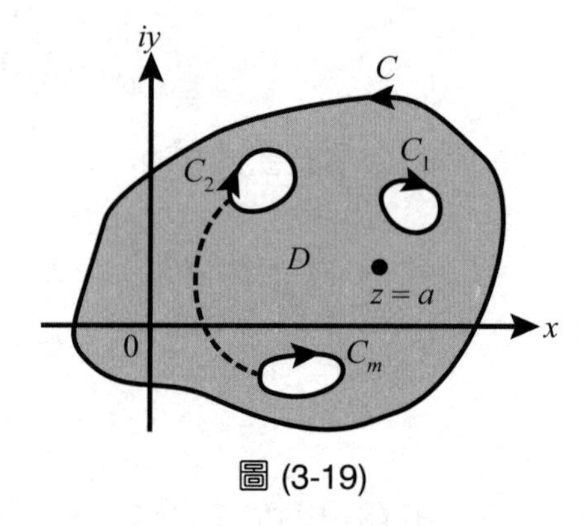

圖 (3-19)

(c) 性質 3

推導 (3-43) 和 (3-44) 式時，暗中用了 $f(z)$ 之定義區域 D 是單連通。那麼當 D 是如圖 (3-19)，內部有 m 個洞的複連通區域時，(3-43) 和 (3-44) 式變成如何呢？同 (Ex.3-7) 的邏輯得：

$$f(a)=\frac{1}{2\pi i}\left\{\oint_C \frac{f(z)}{z-a}dz+\sum_{k=1}^{m}\oint_{-C_k}\frac{f(z)}{z-a}dz\right\} \cdots\cdots (3\text{-}47)$$

$$f^{(n)}(a)=\frac{n!}{2\pi i}\oint_C \frac{f(z)}{(z-a)^{n+1}}dz+\sum_{k=1}^{m}\oint_{-C_k}\frac{f(z)}{(z-a)^{n+1}}dz \cdots\cdots (3\text{-}48)$$

(3-47) 和 (3-48) 式是，分別對應於 (3-43) 和 (3-44) 的複連通區域之 Cauchy 積分公式，而“$-C_k$”之負符號是，繞洞邊界的方向是負方向 (順時針方向)。

(Ex.3-9) 求實函數定積分值 $\int_0^\infty e^{-x^2}dx=?$

(解)：e^{-x^2} 在物理學是重要函數之一，是**機率** (probability) 分佈之核心函數。在物理學，x 常帶有**因次** (dimension) 又叫量綱。但大家共用之數學函數是無因次，於是 x 必和消除其因次的**因子** (factor)，設為 a 在一起，則得：

$$e^{-a^2x^2}\equiv y \cdots\cdots (1)$$

(1) 式是如圖 (3-20)，是對稱函數，x 是從 "$-\infty$" 到 "$+\infty$"。a 有兩種功能，消除 x 因次和調整曲線 y 的**半寬度** (half width) Γ，即曲線半高度之寬度，a 愈大 Γ 愈小，a 愈小 Γ 愈大。(1) 式型的分佈稱為 **Gauss 分佈** (Gaussian distribution)，其應用範圍很廣，所以理工科學生大約背得本例題的答案是 $\sqrt{\pi}/2$。最簡單的計算法是利用被積函數之對稱性：

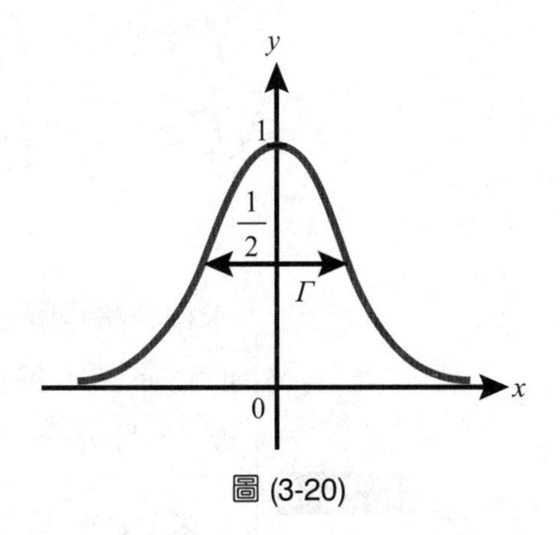

圖 (3-20)

$$\int_0^\infty e^{-x^2}dx=\frac{1}{2}\int_{-\infty}^\infty e^{-x^2}dx \cdots\cdots (2)$$

考慮如下積分：

$$\int_{-\infty}^\infty e^{-x^2}dx\int_{-\infty}^\infty e^{-y^2}dy=\iint_{-\infty}^{\infty} e^{-(x^2+y^2)}dxdy\equiv I \cdots\cdots (3)$$

(3) 式等於對 x-y 全平面的積分，於是可以用極座標來執行：

$$\begin{cases}\begin{cases}x=r\cos\theta, & r=0\sim\infty, \quad \theta=0\sim 2\pi \text{ 表全平面}\\ y=r\sin\theta\end{cases}\\ x^2+y^2=r^2\\ dxdy=\begin{vmatrix}\partial x/\partial r & \partial x/\partial\theta\\ \partial y/\partial r & \partial y/\partial\theta\end{vmatrix}drd\theta=\begin{vmatrix}\cos\theta & -r\sin\theta\\ \sin\theta & r\cos\theta\end{vmatrix}drd\theta=rdrd\theta\end{cases}$$

用極座標的好處是，能用數學的**普世常數** (universal constant) π 來表示結果，如下 (3-49) 式。尤其複數函數積分，因複數 $z=(x+iy)$ 是平面數，而極座標是 2 維，即平面上座標，如積分路爲曲線時很有用。

$$\therefore I=\int_0^{2\pi}d\theta\int_0^{\infty}e^{-r^2}rdr$$

$$=2\pi\left[-\frac{1}{2}e^{-r^2}\right]_0^{\infty}=\pi \quad\cdots\cdots(4)$$

並且 $\int_{-\infty}^{\infty}e^{-x^2}dx=\int_{-\infty}^{\infty}e^{-y^2}dy \quad\cdots\cdots(5)$

由 (3), (4) 和 (5) 式得：

$$\int_{-\infty}^{\infty}e^{-x^2}dx=\sqrt{\pi}\ \overline{\overline{\text{(2) 式}}}\ 2\int_0^{\infty}e^{-x^2}dx$$

$$\therefore\int_0^{\infty}e^{-x^2}dx=\frac{\sqrt{\pi}}{2} \quad\cdots\cdots(3\text{-}49)$$

(Ex.3-10) 求積分路是圖 (3-21) 之周線 C (圓心在原點，半徑 R 之半圓周和直徑)，且 $R\to\infty$ 的定積分：

$$\oint_C\frac{e^{iaz}}{z^2+b^2}dz \text{ 値，} a \text{ 和 } b \text{ 是正常數，}$$

以及其帶來的實函數積分值。

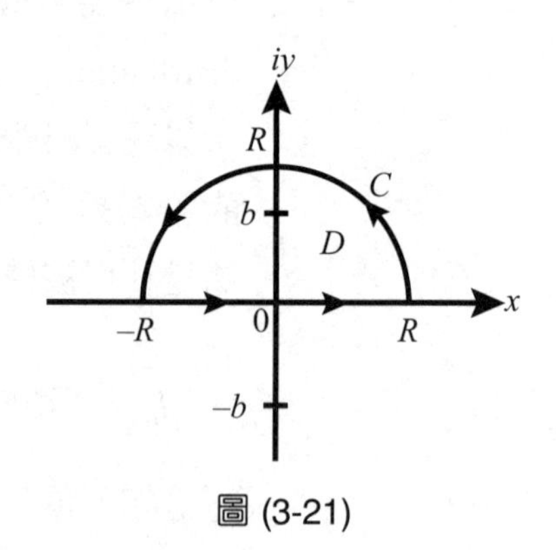

圖 (3-21)

(解)：本例題牽連 Cauchy 的定理和公式，能赤裸裸地看到其威力，令人直叫好棒！

(1) 求 $\oint\frac{e^{iaz}}{z^2+b^2}dz$ 値：

$$\oint_C\frac{e^{iaz}}{z^2+b^2}dz=\oint_C\frac{e^{iaz}}{(z-ib)(z+ib)}dz$$

$$=\oint_C\frac{e^{iaz}}{2bi}\left(\frac{1}{z-ib}-\frac{1}{z+ib}\right)dz$$

$$=\frac{1}{2bi}\oint_C\frac{e^{iaz}}{z-ib}dz-\frac{1}{2bi}\oint_C\frac{e^{iaz}}{z+ib}dz \quad\cdots\cdots(1)$$

(1) 式右邊第 2 項，雖 $z=-ib$ 是**極點** (pole)，但不在周線 C 所包圍

的區域 D 內，在 D 以及 C 上其被積分函數 $e^{iaz}/(z+ib)$ 是連續解析函數，於是由 Cauchy 定理 (3-29) 式得：

$$\oint_C \frac{e^{iaz}}{z+ib}dz=0 \quad \cdots\cdots (2)$$

而 (1) 式右邊第一項的 $z=ib$ 是在 D 內的極點，於是由 Cauchy 公式 (3-43) 式得：

$$\oint_C \frac{e^{iaz}}{z-ib}dz=2\pi i\,(e^{iaz})_{z=ib}$$

$$=2\pi i e^{-ab} \quad \cdots\cdots (3)$$

$$\therefore \frac{1}{2ib}\oint_C \frac{e^{iaz}}{z-ib}dz=\frac{\pi}{b}e^{-ab} \quad \cdots\cdots (4)$$

由 (1), (2) 和 (4) 式得：

$$\oint_C \frac{e^{iaz}}{z^2+b^2}dz=\frac{\pi}{b}e^{-ab} \quad \cdots\cdots (5)$$

(2) 求 $\oint_C \frac{e^{iaz}}{z^2+b^2}dz$ 帶來的實函數積分值：

$$\oint_C \frac{e^{iaz}}{z^2+b^2}dz=\underbrace{\int_{-R}^{R}\frac{e^{iaz}}{z^2+b^2}dz}_{z=x+iy\ \overline{\overline{y=0}}\ x,\ \therefore dz=dx}+\underbrace{\int_0^{\pi}\frac{e^{iaz}}{z^2+b^2}dz}_{z=Re^{i\theta},\ \therefore \begin{cases}dz=iRe^{i\theta}d\theta\\ z^2=R^2e^{i2\theta}\end{cases}}$$

$$=\int_{-R}^{R}\frac{e^{iax}}{x^2+b^2}dx+iR\int_0^{\pi}\frac{e^{iaRe^{i\theta}}}{R^2e^{i2\theta}+b^2}e^{i\theta}d\theta \quad \cdots\cdots (6)$$

接著要令 $R\to\infty$，這時 (6) 式右邊第一項的被積函數和 R 無關，但第二項和 R 有關，非好好地分析不可。

$$\oint_0^{\pi}\frac{e^{iaRe^{i\theta}}}{R^2e^{i2\theta}+b^2}e^{i\theta}d\theta=\oint_0^{\pi}\frac{e^{-aR\sin\theta}e^{iaR\cos\theta}}{(R^2\cos 2\theta+b^2)+iR^2\sin 2\theta}e^{i\theta}d\theta\equiv I$$

$$\cdots\cdots (7)$$

$$\therefore |I| \underset{(1\text{-}19)\text{式}}{\leq} \int_0^{\pi}\left|\frac{e^{-aR\sin\theta}e^{iaR\cos\theta}}{(R^2\cos 2\theta+b^2)+iR^2\sin 2\theta}e^{i\theta}\right|d\theta \quad \cdots\cdots (8)$$

(8) 式被積函數的絕對值能化簡：

$$\left|\frac{e^{-aR\sin\theta}e^{iaR\cos\theta}}{(R^2\cos 2\theta+b^2)+iR^2\sin 2\theta}e^{i\theta}\right|$$

$$\underset{(1\text{-}19)\text{式}}{=\!=\!=}\frac{|e^{-aR\sin\theta}||e^{iaR\cos\theta}|}{|(R^2\cos 2\theta+b^2)+i\,R^2\sin 2\theta|}|e^{i\theta}|$$

$$=\frac{e^{-aR\sin\theta}}{+\sqrt{(R^2\cos 2\theta+b^2)^2+(R^2\sin 2\theta)^2}}$$

$$=\frac{e^{-aR\sin\theta}}{+\sqrt{R^4+2b^2R^2\cos 2\theta+b^4}}\cdots\cdots(9)$$

由 (8) 和 (9) 式得：

$$I\le\int_0^{\pi}\frac{e^{-aR\sin\theta}}{+\sqrt{R^4+2b^2R^2\cos 2\theta+b^4}}d\theta\cdots\cdots(10)$$

當 $R\to\infty$ 時 (10) 式分母的 R^4 遠遠地大於其他兩項，而 (10) 式分子的指數的函數 $\sin\theta$，在 $\theta=0\sim\pi$ 時是偶函數，即 $\sin(\pi-\theta)=\sin\theta$，於是得：

$$\int_0^{\pi}\frac{e^{-aR\sin\theta}}{+\sqrt{R^4+2b^2R^2\cos 2\theta+b^4}}d\theta\underset{R\to\infty}{=\!=\!=}\int_0^{\pi}\frac{e^{-aR\sin\theta}}{R^2}d\theta$$

$$=\frac{2}{R^2}\int_0^{\pi/2}e^{-aR\sin\theta}d\theta\cdots\cdots(11)$$

當 $0\le\theta\le\frac{\pi}{2}$ 時 $\sin\theta\ge\frac{2\theta}{\pi}$ ← 請看 (3-103) 式

$$\therefore\frac{2}{R^2}\int_0^{\pi/2}e^{-aR\sin\theta}d\theta\le\frac{2}{R^2}\int_0^{\pi/2}e^{-\frac{a}{\pi}R\theta}d\theta\cdots\cdots(12)$$

$$\int_0^{\pi/2}e^{-\frac{a}{\pi}R\theta}d\theta=\left[-\frac{\pi}{aR}e^{-aR\theta/\pi}\right]_0^{\pi/2}$$

$$=\frac{\pi}{aR}(1-e^{-aR/2})\cdots\cdots(13)$$

由 (10) 式到 (13) 式得：

$$\lim_{R\to\infty}I=\lim_{R\to\infty}\frac{2\pi}{aR^3}(1-e^{-aR/2})=0\cdots\cdots(14)$$

把 (7) 和 (14) 式代入 (6) 式得：

$$\oint_C \frac{e^{iaz}}{z^2+b^2}dz=\int_{-\infty}^{\infty}\frac{e^{iaz}}{x^2+b^2}dx$$

$$=\int_{-\infty}^{\infty}\frac{\cos(ax)}{x^2+b^2}dx+i\int_{-\infty}^{\infty}\frac{\sin(ax)}{x^2+b^2}dx$$

$$\underset{\text{左邊由 (5) 式}}{=\!=\!=}\frac{\pi}{b}e^{-ab} \quad\cdots\cdots (15)$$

由 (15) 式的左右之實部和虛部得：

$$\int_{-\infty}^{\infty}\frac{\sin(ax)}{x^2+b^2}dx=0 \quad\cdots\cdots (3\text{-}50)$$

$$\int_{-\infty}^{\infty}\frac{\cos(ax)}{x^2+b^2}dx=\frac{\pi}{b}e^{-ab} \quad\cdots\cdots (3\text{-}51)$$

(3-51) 式在 1810 年 Laplace 用了九牛二虎之力才獲得，用複數積分竟然如此地簡易，非感謝 Cauchy 定理與其公式不可，確實威力十足。當 $a = b = 1$ 時，(3-51) 式左邊的積分值不可思議地和兩個數學**普世常數** (universal constant) π 和 e 有關：

$$\int_{-\infty}^{\infty}\frac{\cos x}{x^2+1}dx=\frac{\pi}{e} \quad\cdots\cdots (3\text{-}52)$$

請同時看習題 (9)。

(Ex.3-11) 求積分路 C 是如圖 (3-22)$|z|=2$ 周線的下列複數積分之值：

(a) $\oint_C \frac{ze^z}{(z+1)(z+\pi)}dz$，

(b) $\oint_C \frac{e^z+z^2}{(z-1)^4}dz$。

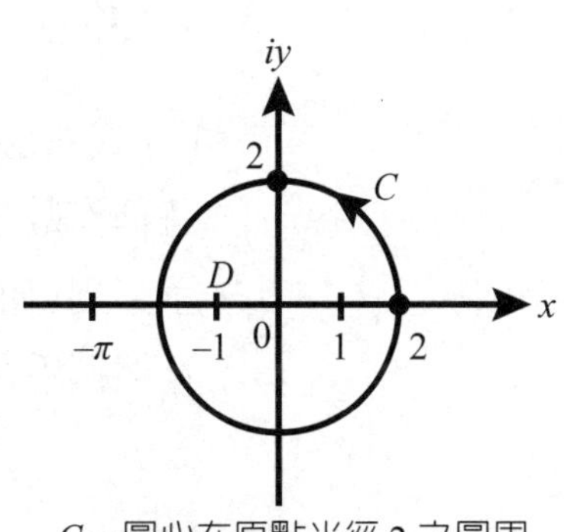

C = 圓心在原點半徑 2 之圓周

圖 (3-22)

(解)：(a) $\oint_C \frac{ze^z}{(z+1)(z+\pi)}dz$ 之值：

在 C 所包圍區域 D 內的極點只 $z = -1$，於是

設 $f(z)=\frac{ze^z}{z+\pi}$ 在 D 內 C 上都是解析函數 ……………… (1)

則由 (3-43) 式得：

$$\oint_C \frac{ze^z}{(z+1)(z+\pi)}dz = 2\pi i f(z=-1)$$

$$\underset{(1)\text{式}}{=\!=\!=} -\frac{2\pi i}{e(\pi-1)} \cdots\cdots (2)$$

(b) 求 $\oint_C \frac{e^z+z^2}{(z-1)^4}dz$ 之值：

D 內只有四階極點 $z=1$，於是設：

$f(z)=e^z+z^2$ 在 D 內 C 上都是解析函數 ……………………………… (3)

則由 Cauchy 公式 (3-44) 式得：

$$f^{(3)}(z=1) = \frac{3!}{2\pi i}\oint_C \frac{f(z)}{(z-1)^4}dz \cdots\cdots (4)$$

$$\begin{cases} f^{(3)}(z) = \dfrac{d^3}{dz^3}f(z) = \dfrac{d^3}{dz^3}(e^z+z^z) \\ \quad = \dfrac{d^2}{dz^2}(e^z+2z) = \dfrac{d}{dz}(e^z+2) = e^z \cdots\cdots (5) \\ \therefore f^{(3)}(z=1) = e \cdots\cdots (6) \end{cases}$$

由 (3), (4) 和 (6) 式得：

$$\oint_C \frac{e^z+z^2}{(z-1)^4}dz = \frac{2\pi i}{3!}e = \frac{\pi e i}{3} \cdots\cdots (7)$$

(7) 式右邊太奧妙，數學的兩個普世常數 π 和 e 與複數單位 i（有時稱作數學普世常數）同時以等權方式出現！加上分母是 3，好極了。到目前 (2014 年 12 月) 以符號表示的數學普世常數只有 π, e, i 竟然攜手在一起！

(3) Cauchy 積分公式之相關定理′

和Cauchy積分公式有關的定理不少，但有的不常用，於是只列出較常用者。

(i) Cauchy 不等式 (Cauchy's inequality)？

設複數函數 $f(z)$ 在其複變數平面 z 平面，如圖 (3-23)，以 $z=a$ 為圓心半徑 r 的圓周 C 與其包圍之區域 D 都是解析，則 $f(z)$ 的 n 階導數 $f^{(n)}(a)$ 是：

$$|f^{(n)}(a)| \leq \frac{Mn!}{r^n} \quad \cdots\cdots\cdots (3\text{-}53)$$

$n=0, 1, 2, \cdots$，M 為常數，且在 C 上：

$$|f(z)| < M$$

即在 C 上 M 是最大值。

(3-53) 式稱爲 **Cauchy 不等式**。

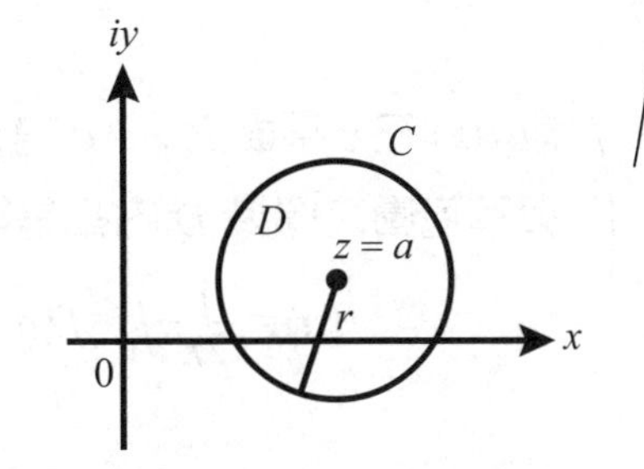

C = 圓心在 a 半徑 r 之圓周，

z 平面

圖 (3-23)

證明 (3-53) 式：

由 Cauchy 積分公式 (3-44) 式得：

$$f^{(n)}(a) = \frac{n!}{2\pi i}\oint_C \frac{f(z)}{(z-a)^{n+1}}dz, \qquad n=0, 1, 2, \cdots \cdots\cdots (1)$$

$$\therefore |f^{(n)}(a)| = \left|\frac{n!}{2\pi i}\oint_C \frac{f(z)}{(z-a)^{n+1}}dz\right|$$

$$\underset{(1\text{-}19)\text{ 式}}{\leq} \frac{n!}{2\pi}\oint_C \frac{|f(z)|}{|(z-a)^{n+1}|}|dz| \cdots\cdots\cdots (2)$$

在 C 上，$z = a + ie^{i\theta}$，　$r = |z-a|$

$\therefore dz = ire^{i\theta}d\theta$

$\therefore |dz| = rd\theta$

並且在 C 上，$|f(z)| < M$

$$\therefore \oint_C \frac{|f(z)|}{|(z-a)^{n+1}|}|dz| < \int_0^{2\pi} \frac{M}{r^{n+1}} r d\theta \cdots\cdots (3)$$

$$\therefore |f^{(n)}(a)| \leq \frac{Mn!}{2\pi r^n}\int_0^{2\pi} d\theta$$

$$\therefore |f^{(n)}(a)| \leq \frac{Mn!}{r^n}$$

(ii) Gauss 平均值 (Gauss mean value) 定理？

設 $f(z)$ 在 z 平面之 $z=a$ 為圓心半徑 r 的圓周 C，與其包圍之區域 D 內都是解析，則 $f(a)$ 是：

$$f(a)=\frac{1}{2\pi}\int_0^{2\pi} f(a+re^{i\theta})\,d\theta \cdots\cdots (3\text{-}54)$$

(3-54) 式稱為 **Gauss 平均值定理**。

證明 (3-54) 式：

由 Cauchy 積分公式 (3-43) 式得：

$$f(a)=\frac{1}{2\pi i}\oint_C \frac{f(z)}{z-a}dz \cdots\cdots (1)$$

在圓周 C 上是：

$$z=a+re^{i\theta}$$

$$\therefore dz=ire^{i\theta}d\theta \cdots\cdots (2)$$

由 (1) 和 (2) 式得：

$$\begin{aligned} f(a)&=\frac{1}{2\pi i}\int_0^{2\pi}\frac{f(a+re^{i\theta})}{re^{i\theta}}ire^{i\theta}\,d\theta \\ &=\frac{1}{2\pi}\int_0^{2\pi} f(a+re^{i\theta})d\theta \end{aligned}$$ 得證。

(iii) 最大模定理 (maximum modulus theorem)？

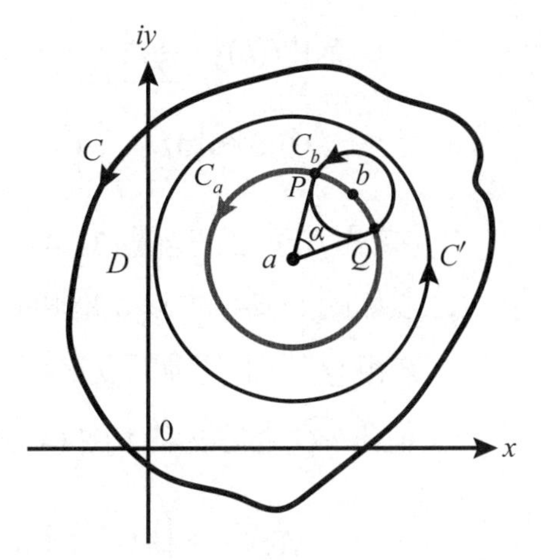

C = z 平面上之簡單周線，
C' 和 C_a = C 內之同心圓，圓心在 a 半徑大於 $(\overline{ab}+\delta)$ 和 $\overline{ab}$ 之圓周，
C_b = C_a 上之點 b 為圓心半徑 δ 之圓周，
z 平面
圖 (3-24)

設 $f(z)$ 在如圖 (3-24) 之簡單封閉曲線 C 上，與其包圍區域 D 內都是非常數的解析函數，則 $|f(z)|$ 之極大值在 C 上。 ……………… (3-55)

(3-55) 式稱爲**最大模定理**。

證明 (3-55) 式：

由於 $f(z)$ 在 C 上與 D 內爲非常數之解析函數，於是 $f(z)$ 在 C 上與 D 內必是有起伏的連續函數，換句話，必有極大或極小值。設 M 爲 $f(z)$ 在該定義域內之極大值，那麼 M 會出現在哪裡呢？

(a) 假設 M 出現在如圖 (3-24) D 內的 $z=a$：

$$f(a)=M \quad \cdots\cdots (1)$$

(b) 設如圖 (3-24)，以 a 爲圓心的 C 內任意圓周 C'，則 C' 內任意點 $b \neq a$，由 (1) 式得 $f(b)<M$，換句話是：

$$f(b)=M-\varepsilon，\quad \varepsilon>0 \quad \cdots\cdots (2)$$

由於 $f(z)$ 在 $z=b$ 是連續，於是由連續定義 (2-101) 式以及和它有關的 $(2\text{-}97)_1$ 式得 $|z-b|<\delta$，$\delta>0$ 的另一數，或是：

$$\left.\begin{array}{l}\text{當 } |z-b|<\delta \text{ 時}\\ \big|\,|f(z)|-|f(b)|\,\big|<\dfrac{1}{2}\varepsilon\end{array}\right\} \quad \cdots\cdots (3)$$

$$\therefore |f(z)|<\left(|f(b)|+\frac{1}{2}\varepsilon\right)$$

$$而\left(|f(b)|+\frac{1}{2}\varepsilon\right)\underset{(2)式}{=\!=\!=}M-\varepsilon+\frac{1}{2}=M-\frac{1}{2}$$

$$\therefore |f(z)|<\left(M-\frac{\varepsilon}{2}\right) \cdots\cdots (4)$$

(4) 式 $f(z)$ 之 z 是圖 (3-24)，以 b 爲圓心半徑 δ 之圓周 C_b 內之任意點。

(c) 設如圖 (3-24)，以 a 爲圓心半徑 $|b-a|=\overline{ab}$ 之圓周爲 C_a，C_a 與 C_b 之交點爲 P 和 Q，而 $\overline{aP}$ 與 $\overline{aQ}$ 之交角爲 α，則圓弧 $\widehat{PQ}$ 是在 C_b 包圍的區域 D_b 內，於是在 $\widehat{PQ}$ 上之 z 點，由 (4) 式是：

$$|f(z)|_{\widehat{PQ}}<\left(M-\frac{\varepsilon}{2}\right) \cdots\cdots (5)$$

而在 C_a 上之 z 點，由 (1) 式是：

$$|f(z)|_{C_a}\le M \cdots\cdots (6)$$

(d) 由 Gauss 平均值定理 (3-54) 式得，繞 C_a 圓周之積分是：

$$f(a)=\frac{1}{2\pi}\int_0^{2\pi}f(a+re^{i\theta})d\theta，\quad r=\overline{ab} \cdots\cdots (7)$$

$$=\frac{1}{2\pi}\int_0^{\alpha}f(a+re^{i\theta})d\theta+\frac{1}{2\pi}\int_{\alpha}^{2\pi}f(a+re^{i\theta})d\theta \cdots\cdots (8)$$

(8) 式右邊第一項和 (5) 式有關，第二項和 (6) 式有關，於是得：

$$\because f|a|\underset{(1\text{-}19)式}{\leqq}\left\{\frac{1}{2\pi}\int_0^{\alpha}|f(a+re^{i\theta})|d\theta+\frac{1}{2\pi}\int_{\alpha}^{2\pi}|f(a+re^{i\theta})|d\theta\right\}$$

$$\therefore f|a|\leqq\left\{\frac{1}{2\pi}\int_0^{\alpha}\left(M-\frac{\varepsilon}{2}\right)d\theta+\frac{1}{2\pi}\int_{\alpha}^{2\pi}Md\theta\right\} \cdots\cdots (9)$$

$$\frac{1}{2\pi}\int_0^{\alpha}\left(M-\frac{\varepsilon}{2}\right)d\theta+\frac{1}{2\pi}\int_{\alpha}^{2\pi}Md\theta=\frac{1}{2\pi}(M-2\varepsilon)\alpha+\frac{1}{2\pi}M(2\pi-\alpha)$$

$$=M-\frac{\alpha\varepsilon}{\pi}$$

$$\therefore f|a|\leqq\left(M-\frac{\alpha\varepsilon}{\pi}\right) \cdots\cdots (10)$$

發現 (10) 式不等於 (1) 式的矛盾現象，

$\therefore |f(a)|$ 的極大值不可能在 C 內，而在 C 上 ………………………………………… (11)

(11) 式證明了 (3-55) 式。

(3-55) 式也可以表示成：

$$\left(\begin{array}{l}\text{當複數函數 } f(z)\text{，在複變數平面 } z \text{ 平面的定義區域 } D \\ \text{內是解析函數時，則 } f(z) \text{ 之最大值是在 } D \text{ 之邊界上。}\end{array}\right) \cdots\cdots\cdots\cdots (3\text{-}56)$$

(iv) 最小模定理 (minimum modulus theorem)？

$$\left(\begin{array}{l}\text{設複數函數 } f(z)\text{，在簡單封閉曲線 } C \text{ 上，與其包圍} \\ \text{的區域 } D \text{ 內都是解析，並且在 } D \text{ 內的 } f(z) \neq 0\text{，} \\ \text{則 } |f(z)| \text{ 之極小值在 } C \text{ 上。}\end{array}\right) \cdots\cdots\cdots\cdots (3\text{-}57)$$

(3-57) 式稱爲**最小模定理**。

證明 (3-57) 式：

設 $g(z) \equiv \dfrac{1}{f(z)}$，因 $f(z)$ 在 D 不但解析，並且 $f(z) \neq 0$，於是 $g(z)$ 在 D 必是解析函數，則由最大模定理得：

$$|g(z)| \xlongequal[\text{(1-19) 式}]{} \frac{1}{|f(z)|} \text{ 的最大值在 } C \text{ 上，}$$

$\therefore |f(z)|$ 的極小值在 C 上，得證。

(v) 輻角定理 (the argument theorem)？

當複數函數 $f(z)$ 是在簡單封閉曲線 C，與其包圍區域 D，如圖 (3-25)(a)，除在 a_m 是 P_m 階 (order) 孤立極點，以及在 b_k 是 n_k 階孤立零點之外，都是解析函數，且 $a_i \neq b_j$，則：

$$\frac{1}{2\pi i}\oint_C \frac{f'(z)}{f(z)}dz = N - P$$

$f'(z) = f(z)$ 之導函數，

$P = \sum_{i=1}^{m} P_i$，　$P_i =$ 正整數，

$N = \sum_{j=1}^{k} n_j$，　$n_j =$ 正整數

m 和 k 都是有限正整數。 ……(3-58)

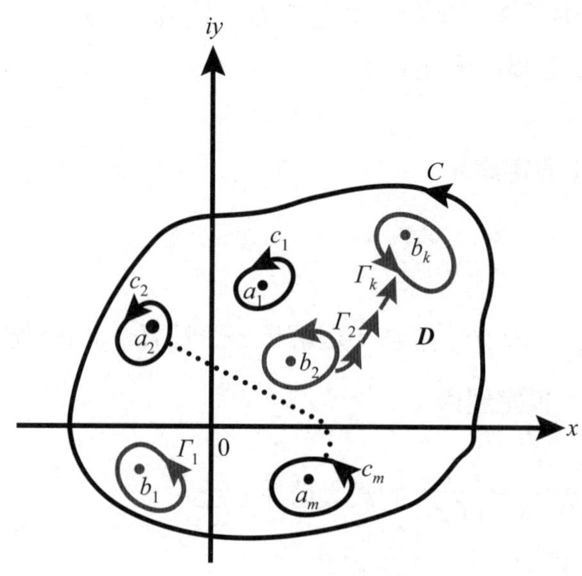

$a_1, a_2, \cdots a_m = C$ 內之 $f(z)$ 極點，
$c_1, c_2, \cdots c_m =$ 包 $a_1, a_2, \cdots a_m$ 之周線，
$b_1, b_2, \cdots b_k = C$ 內之 $f(z)$ 零點，
$\Gamma_1, \Gamma_2, \cdots \Gamma_k =$ 包 $b_1, b_2, \cdots b_k$ 之周線，
z 平面

圖 (3-25)(a)

(3-58) 式稱爲**輻角定理**。

證明 (3-58) 式：

$$\because \left\{ \begin{array}{l} f(z) \text{ 在 } C \text{ 上及 } D \text{ 內除了極點' 都是解析函數，} \\ a_1, a_2, \cdots, a_m = f(z) \text{ 在 } D \text{ 內的 } P_1, P_2, \cdots, P_m \text{ 階極點，} \\ b_1, b_2, \cdots, b_k = f(z) \text{ 在 } D \text{ 內的 } n_1, n_2, \cdots, n_m \text{ 階零點，} \end{array} \right\} \cdots\cdots (1)$$

$$\therefore f(z) = \frac{(z-b_1)^{n_1}(z-b_2)^{n_2}\cdots\cdots(z-b_k)^{n_k}}{(z-a_1)^{P_1}(z-a_2)^{P_2}\cdots\cdots(z-a_m)^{P_m}} \cdots\cdots (2)$$

(a) C 內孤立 n_j 階零點 b_j 和 P_i 階極點 a_i 各一個時：

$$\text{設 } f(z) \equiv \frac{(z-b_j)^{n_j}}{(z-a_i)^{P_i}} \cdots\cdots (3)$$

且 b_j 和 a_i 各如圖 (3-25)(b) 以周線 Γ_j 和 C_i 包圍。因 $f(z)$ 在 C 上以及 D 內都是解析函數，於是 (2-152) 式得 $f'(z)$ 與 $f'(z)/f(z)$ 在 C 上以及 D 內都是解析。

$$\therefore \frac{1}{2\pi i}\oint_C \frac{f'(z)}{f(z)}dz = \frac{1}{2\pi i}\oint_{\Gamma_j}\frac{f'(z)}{f(z)}dz + \frac{1}{2\pi i}\oint_{C_i}\frac{f'(z)}{f(z)}dz \cdots\cdots (4)$$

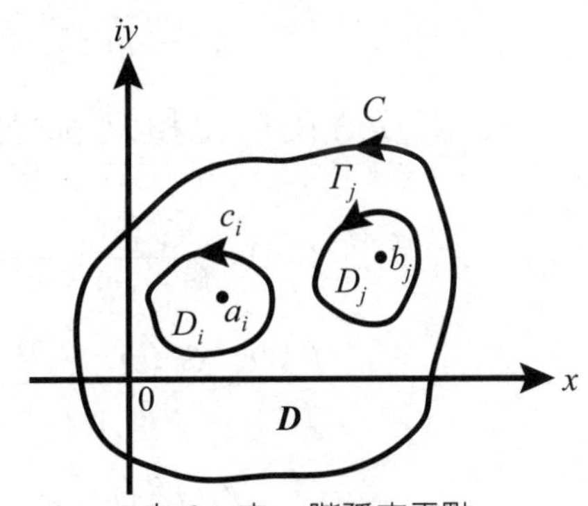

$b_j = C$ 內 $f(z)$ 之 n_j 階孤立零點，
$D_j =$ 周線 Γ_j 包圍區域，
$a_i = C$ 內 $f(z)$ 之 P_i 階孤立極點，
$D_i =$ 周線 C_i 包圍之區域。

z 平面
圖 (3-25)(b)

(4) 式右邊第一項，即 $f(z=b_j)=0$ 時設：

$$f(z) \equiv (z-b_j)^{n_j}F(z) \cdots\cdots (5)$$

則 $F(z)$ 在 Γ_j 上和 D_j 都是解析函數，於是由 (2-152) 式 $F'(z)$ 存在，

$$\therefore \frac{f'(z)}{f(z)} = \frac{n_j(z-b_j)^{n_j-1}F(z)}{(z-b_j)^{n_j}F(z)} + \frac{(z-b_j)^{n_j}F'(z)}{(z-b_j)^{n_j}F(z)}$$

$$= \frac{n_j}{z-b_j} + \frac{F'(z)}{F(z)} \cdots\cdots (6)$$

$$\therefore \frac{1}{2\pi i}\oint_{\Gamma_j}\frac{f'(z)}{f(z)}dz=\frac{n_j}{2\pi i}\oint_{\Gamma_j}\frac{1}{z-b_j}dz+\frac{1}{2\pi i}\oint_{\Gamma_j}\frac{F'(z)}{F(z)}dz \cdots\cdots (7)$$

(7) 式右邊第一項，由 (3-43) 式得：

$$\frac{1}{2\pi i}\oint_{\Gamma_j}\frac{1}{z-b_j}dz=1$$

(7) 式右邊第二項，由 (3-29) 式得：

$$\oint_{\Gamma_j}\frac{F'(z)}{F(z)}dz=0$$

$$\therefore \frac{1}{2\pi i}\oint_{\Gamma_j}\frac{f'(z)}{f(z)}dz=n_j \cdots\cdots (8)$$

(4) 式右邊第二項，即 $f(z=a_i)=\infty$ 時設：

$$f(z)=\frac{1}{(z-a_i)^{P_i}}G(z) \cdots\cdots (9)$$

則 $G(z)$ 在 C_i 上和 D_i 都是解析函數，所以 $G'(z)$ 存在，

$$\therefore f'(z)=\frac{G'(z)}{(z-a_i)^{P_i}}-P_i\frac{G(z)}{(z-a_i)^{P_i+1}}$$

$$\therefore \frac{f'(z)}{f(z)}=\frac{G'(z)}{G(z)}-\frac{P_i}{z-a_i} \cdots\cdots (10)$$

$$\therefore \frac{1}{2\pi i}\oint_{C_i}\frac{f'(z)}{f(z)}dz=\frac{1}{2\pi i}\oint_{C_i}\frac{G'(z)}{G(z)}dz-\frac{1}{2\pi i}P_i\oint_{C_i}\frac{1}{z-a_i}dz$$

$$=0-P_i \cdots\cdots (11)$$

把 (8) 和 (11) 式代入 (4) 式得：

$$\frac{1}{2\pi i}\oint_{C}\frac{f'(z)}{f(z)}dz=n_j-P_i \cdots\cdots (12)$$

(b) 周線 C 內有 m 個階數 P_i 的孤立極點 a_i，k 個階數 n_j 的孤立零點 b_j，即 (2) 式時，

$$設\, f(z)\equiv\frac{(z-b_1)^{n_1}(z-b_2)^{n_2}\cdots\cdots(z-b_k)^{n_k}}{(z-a_1)^{P_1}(z-a_2)^{P_2}\cdots\cdots(z-a_m)^{P_m}}H(z) \cdots\cdots (13)$$

(13) 式的 $H(z)$ 和 $f(z)$ 不一樣，在 D 內沒零點和極點，於是在 C 上與 D 內都是解析函數。設圖 (3-25)(a) 的 z 平面是**主葉** (principal sheet ，請看 $(1\text{-}32)_1$ 式

到 $(1\text{-}32)_2$ 式，同時請複習 (2-61) 式到 (2-65) 式)，則由 (13) 式得：

$$\ln f(z)=\sum_{j=1}^{k}n_j\ln(z-b_j)-\sum_{i=1}^{m}P_i\ln(z-a_i)+\ln H(z)$$

$$\therefore \frac{d}{dz}\ln f(z)=\frac{f'(z)}{f(z)}=\sum_{j=1}^{k}\frac{n_j}{z-b_j}-\sum_{i=1}^{m}\frac{P_i}{z-a_i}+\frac{H'(z)}{H(z)}\cdots\cdots(14)$$

$$\therefore \frac{1}{2\pi i}\oint_C\frac{f'(z)}{f(z)}dz=\sum_{j=1}^{k}\frac{n_j}{2\pi i}\oint_{\Gamma_j}\frac{1}{z-b_j}dz-\sum_{i=1}^{m}\frac{P_i}{2\pi i}\oint_{C_i}\frac{1}{z-a_i}dz$$

$$+\frac{1}{2\pi i}\oint_C\frac{H'(z)}{H(z)}dz\cdots\cdots(15)$$

$$\xlongequal[\text{(8) 和 (11) 式}]{}\sum_{j=1}^{k}n_j-\sum_{i=1}^{m}P_j+\frac{1}{2\pi i}\oint_C\frac{H'(z)}{H(z)}dz\cdots\cdots(16)$$

(16) 式右邊第三項的被積函數在 D 內是解析函數，於是由 Cauchy 定理 (3-29) 式得零。

$$\therefore \frac{1}{2\pi i}\oint_C\frac{f'(z)}{f(z)}dz=\sum_{j=1}^{k}n_j-\sum_{i=1}^{m}P_j=N-P\cdots\cdots(17)$$

而 $N\equiv\sum_{j=1}^{k}n_j$，　$P\equiv\sum_{i=1}^{m}P_j\cdots\cdots(18)$

證明了 (3-58) 式。

(Ex.3-12) 求在 $|z-1|\le 1$ 圓盤上的 $|e^z|$ 之最大和最小值。

(解)：(1) 求 $|e^z|$ 之最大值：

$|z-1|\le 1$ 圓盤是如圖 (3-26)，於是由最大模定理 (3-55) 式得 $|e^z|$ 之最大值是在圓周 C 上，圓周上之 z 是：

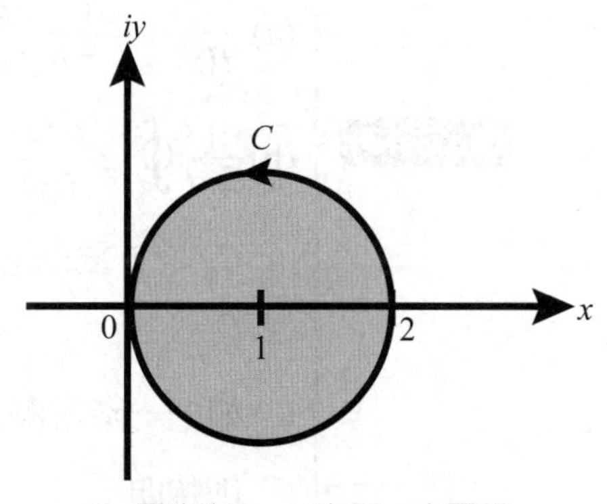

C = 圓心在 $z=1$ 半徑 1 之圓周

圖 (3-26)

$z=1+re^{i\theta}$ ⟵ r = 半徑，這裡 $r=1$

$=1+e^{i\theta}$

$=1+\cos\theta+i\sin\theta\cdots\cdots(1)$

$\therefore e^z=e^{1+\cos\theta+i\sin\theta}=e^{1+\cos\theta}e^{i\sin\theta}$

$$\therefore |e^z| \xlongequal[(1-19)\text{式}]{} |e^{1+\cos\theta}||e^{i\sin\theta}| = e^{1+\cos\theta} \quad \cdots\cdots (2)$$

(2) 式的最大值是 $\cos\theta = 1$ 時，即 $\theta = 0$ 弧度時，

$$\therefore |e^z| \text{ 最大值} = e^z \quad \cdots\cdots (3)$$

從圖 (3-26) 也能看出 C 的最大值在 $z = 2$。

(2) 求 $|e^z|$ 之最小值：

由 (3-57) 式得 $|e^z|$ 最小值是在圓周 C 上，於是由 (2) 式得：

(2) 式的最小值是當 $\cos\theta = -1$，即 $\theta = \pi$ 弧度，

$$\therefore |e^z| \text{ 最小值} = e^0 = 1 \quad \cdots\cdots (4)$$

從圖 (3-26) 也能得 C 的最小值在 $z = 0$。

(Ex.3-13)

如圖 (3-27) 定義在 z 平面 D 區域，其邊界 C 的複數函數 $f(z)$，在 D 內除在 $z = b$ 有一**階** (order) 零點之外，在 D 內與 C 上都是解析。如 $f(z) = (z-b)\cdot\varphi(z)$，$\varphi(z)$ 在 D 內及 C 上都是解析，且 $\varphi(b) \neq 0$，則證明：

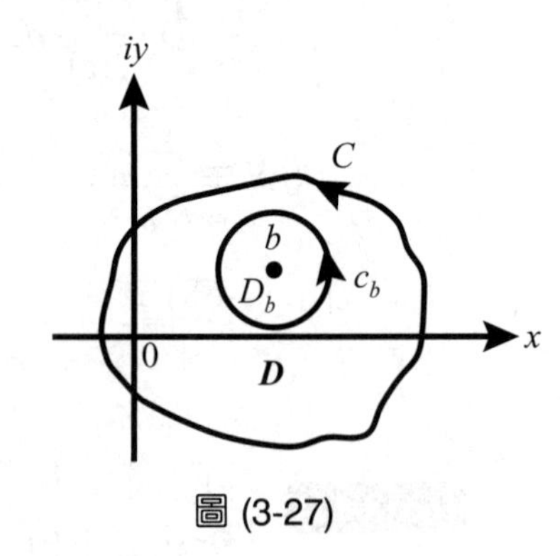

圖 (3-27)

(a) $\dfrac{f'(z)}{f(z)} = \dfrac{1}{z-b} + \dfrac{\varphi'(z)}{\varphi(z)}$，

(b) $\dfrac{1}{2\pi i}\oint_C z\dfrac{f'(z)}{f(z)}dz = \dfrac{1}{2\pi i}\oint_{C_b} z\dfrac{f'(z)}{f(z)}dz = b$

C_b 是 b 為圓心，圓周在 D 內之**周線** (contour)，其包圍之區域為 D_b。

(c) 如把一階零點換成在 $z = a$ 的一階極點，且 $f(z) = \dfrac{\phi(z)}{z-a}$，$\phi(a) \neq 0$，則證明：

$$\frac{1}{2\pi i}\oint_C z\frac{f'(z)}{f(z)}dz = \frac{1}{2\pi i}\oint_{C_a} z\frac{f'(z)}{f(z)}dz = -a$$

C_a 是 a 為圓心，圓周在 D 內之周線，其包圍之區域為 D_a。

(解)：(a) 證明 $\dfrac{f'(z)}{f(z)}=\dfrac{1}{z-b}+\dfrac{\varphi'(z)}{\varphi(z)}$：

$$f(z)=(z-b)\varphi(z)$$

$$\therefore f'(z)=\varphi(z)+(z-b)\varphi'(z)$$

$$\therefore \frac{f'(z)}{f(z)}=\frac{\varphi(z)+(z-b)\varphi'(z)}{(z-b)\varphi(z)}=\frac{1}{z-b}+\frac{\varphi'(z)}{\varphi(z)} \cdots\cdots (1)$$

(b) 證明 $\dfrac{1}{2\pi i}\oint_C z\dfrac{f'(z)}{f(z)}dz=\dfrac{1}{2\pi i}\oint_{C_b} z\dfrac{f'(z)}{f(z)}dz=b$：

$$\frac{1}{2\pi i}\oint_{C_b} z\frac{f'(z)}{f(z)}dz \overset{(1)\text{式}}{=\!=\!=} \frac{1}{2\pi i}\oint_{C_b}\left(\frac{z}{z-b}+z\frac{\varphi'(z)}{\varphi(z)}\right)dz \cdots\cdots (2)$$

(2) 式右邊第二項之被積函數 $z\varphi'/\varphi$ 在 C_b 以及 D_b 都是解析函數，於是由 Cauchy 定理 (3-29) 式得：

$$\oint_{C_b} z\frac{\varphi'(z)}{\varphi(z)}dz=0 \cdots\cdots (3)$$

$$\therefore \frac{1}{2\pi i}\oint_{C_b} z\frac{f'(z)}{f(z)}dz=\frac{1}{2\pi i}\oint_{C_b}\frac{z}{z-b}dz \cdots\cdots (4)$$

$$\overset{(3-43)\text{式}}{=\!=\!=\!=} b \cdots\cdots (5)$$

或不用 Cauchy 積分公式 (3-43) 式，直接演算也能得 (5) 式：

設 $z-b=re^{i\theta}$，　$r=C_b$ 之半徑，　$\theta=0\sim2\pi$

$\therefore dz=ire^{i\theta}d\theta$，　$z=b+re^{i\theta}$

$$\therefore \frac{1}{2\pi i}\oint_{C_b}\frac{z}{z-b}dz=\frac{1}{2\pi i}\int_0^{2\pi}\frac{b+re^{i\theta}}{re^{i\theta}}ire^{i\theta}d\theta$$

$$=\frac{1}{2\pi}\int_0^{2\pi}(b+re^{i\theta})d\theta$$

$$=\frac{1}{2\pi}\left\{b\theta\Big]_0^{2\pi}+\frac{r}{i}e^{i\theta}\Big]_0^{2\pi}\right\}=b$$

$$\therefore \frac{1}{2\pi i}\oint_{C_b}\frac{z}{z-b}dz=b \cdots\cdots (6)$$

$$\therefore \frac{1}{2\pi i}\oint_C z\frac{f'(z)}{f(z)}dz \overset{(3-35)_1\text{式}}{=\!=\!=\!=} \frac{1}{2\pi i}\oint_{C_b} z\frac{f'(z)}{f(z)}dz=b \cdots\cdots (3\text{-}59)$$

(c) 證明 $\frac{1}{2\pi i}\oint_C z\frac{f'(z)}{f(z)}dz=\frac{1}{2\pi i}\oint_{C_a} z\frac{f'(z)}{f(z)}dz=-a$：

方法完全和 (a) 與 (b) 相同。設 a 爲圓心，圓周在 D 內的周線爲 C_a，其包圍之區域爲 D_a，以及 $f(z)$ 如下 (7) 式，且 $\phi(a)\neq 0$。

$$f(z)=\frac{1}{z-a}\phi(z) \cdots\cdots (7)$$

則 $\phi(z)$ 不但在 D 內 C 上，並且在 D_a 內 C_a 上都是解析，由 (7) 式得：

$$f'(z)=-\frac{1}{(z-a)^2}\phi(z)+\frac{1}{z-a}\phi'(z)$$

$$\therefore \frac{f'(z)}{f(z)}=-\frac{1}{z-a}+\frac{\phi'(z)}{\phi(z)} \cdots\cdots (8)$$

$$\therefore \frac{1}{2\pi i}\oint_{C_a} z\frac{f'(z)}{f(z)}dz \underset{(8)\text{式}}{=\!=\!=} \frac{1}{2\pi i}\oint_{C_a}\left(\frac{-z}{z-a}+z\frac{\phi'(z)}{\phi(z)}\right)dz \cdots\cdots (9)$$

(9) 式右邊第二項的被積函數 $z\phi'(z)/\phi(z)$ 在 C_a 和 D_a 是解析，故由 Cauchy 定理 (3-29) 式得：

$$\oint_{C_a} z\frac{\phi'(z)}{\phi(z)}dz=0$$

$$\therefore \frac{1}{2\pi i}\oint_{C_a} z\frac{f'(z)}{f(z)}dz=-\frac{1}{2\pi i}\oint_{C_a}\frac{z}{z-a}da$$

$$\underset{(3-43)\text{式}}{=\!=\!=\!=} -a \cdots\cdots (10)$$

$$\therefore \frac{1}{2\pi i}\oint_C z\frac{f'(z)}{f(z)}dz \underset{(3-35)_1\text{式}}{=\!=\!=\!=} \frac{1}{2\pi i}\oint_{C_a} z\frac{f'(z)}{f(z)}dz=-a \cdots\cdots (3\text{-}60)$$

在 (3-59) 和 (3-60) 式分別是，在複數函數 $f(z)$ 之定義區域 D 內，$f(z)$ 僅有一個一階零點 b 和一個一階極點 a 的情況。如果在 D 內是如圖 (3-25)(a)，$f(z)$ 有 m 個一階零點 $b_1, b_2, \cdots, b_m$ 和 n 個一階極點 $a_1, a_2, \cdots, a_n$，則得：

$$\frac{1}{2\pi i}\oint_C z\frac{f'(z)}{f(z)}dz=\sum_{i=1}^{m} b_i-\sum_{j=1}^{n} a_j \cdots\cdots (3\text{-}61)$$

(III) 留數與實函數定積分 [15, 16]

(A) 冪級數展開 (power series expansion)？

(1) 展開 (expansion)？

以逐步提高逼近程度的方法，來逼近於問題點，設為 a，而"逼近"是動態，即變數，設為 z，則整個過程是：

$$f(z) = b_0 + b_1(z-a) + b_2(z-a)^2 + \cdots + b_n(z-a)^n = \sum_{i=0}^{n} b_i(z-a)^i \quad \cdots\cdots (3\text{-}62)$$

稱 (3-62) 式為**冪級數展開**。除在變數平面 z 平面上展開的 (3-62) 式之外，以定義在 z 平面某**區域** (region)，設為 D 的單值函數集 $\{u_i(z)\}$ 來展開時是：

$$F(z) = u_1(z) + u_2(z) + \cdots + u_n(z) = \sum_{i=1}^{n} u_i(z) \quad \cdots\cdots (3\text{-}63)_1$$

在物理學 (3-62) 和 $(3\text{-}63)_1$ 式都很有用，不過必須 $f(z)$ 和 $F(z)$ 都有**確定** (definite) 形，且在它們的定義域 D 內得有限值。例如 $(3\text{-}63)_1$ 式，當 $n \to \infty$ 時 $u_n(z) \to U(z)$，即 $u_n(z)$ 的極限函數 $U(z)$ 存在才行，換句話：

$$\left.\begin{array}{ll} |u_n(z) - U(z)| < \varepsilon, & \varepsilon = \text{很小的正數} \\ \text{當所有 } n > N, & N = \text{某展開項 } u_N(z) \text{ 之 } N \end{array}\right\} \quad \cdots\cdots (3\text{-}63)_2$$

稱滿足 $(3\text{-}63)_2$ 式，$(3\text{-}63)_1$ 式為**收斂級數** (convergence series) 或**收斂序列** (convergence sequence)，而稱 D 為**級數或序列之收斂區域** (region of convergence of the series or sequence)，稱不滿足 $(3\text{-}63)_2$ 式條件的為**發散級數**或**序列** (divergence series or sequence)。另外，在物理學還有**近似計算** (approximate calculation) 的函數展開。有個物理體系 S 呈現的現象，設為 Ψ，但無法得數學表示的 Ψ，不過當 S 在某情況下呈現的現象，設為 ϕ，是能得數學表示該現象的**完備集** (complete set)[2] $\{\phi_i\}$，即該現象能得解析解 $\{\phi_i\}$，於是就以 $\{\phi_i\}$ 來逼近 Ψ 之方法是：

$$\Psi = a_1\phi_1 + a_2\phi_2 + \cdots + a_n\phi_n = \sum_{i=j}^{n} a_i\phi_i \cdots\cdots (3\text{-}64)$$

類比於 $(3\text{-}63)_1$ 式的收斂是，用 (3-64) 式之 Ψ 求所要的物理量來定展開項數。接著一起來探討，在複變函數很有用的 Taylor 和 Laurent 冪級數展開，即他們的定理。

(2) Taylor 和 Laurent 展開？

(i) Taylor 級數？Taylor 展開？

設複數函數 $f(z)$ 在複變數平面 z 平面之定義區域爲 D，其邊界爲 C，則如圖 (3-28) 定義：

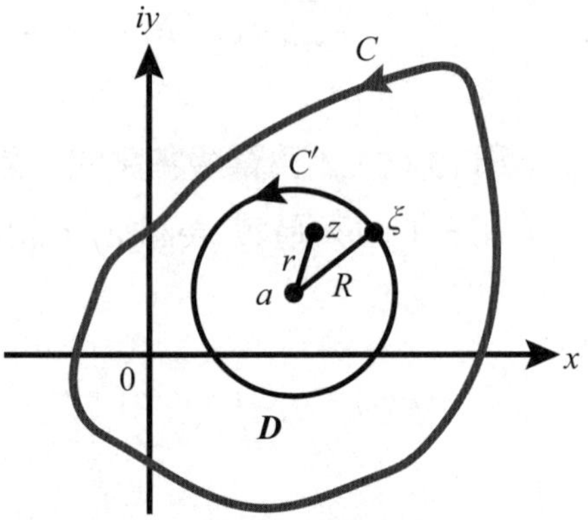

$f(z)$ 在以 a 為圓心半徑 R 的圓周 C' 上，以及其內部都是單值解析，則 C' 內任意點 z 之 $f(z)$ 是：

$$f(z) = \sum_{n=0}^{\infty} b_n (z-a)^n ,\quad |z-a| < R \cdots\cdots (3\text{-}65)_1$$

$n = 0, 1, 2, \cdots, \infty$

$$b_n = \frac{1}{2\pi i}\oint_{C'} \frac{f(\xi)}{(\xi-a)^{n+1}} d\xi = \frac{1}{n!} f^{(n)}(a) \cdots\cdots (3\text{-}65)_2$$

$a = D$ 內之任意解析點，

$R < a$ 到 C 之最短距離。

圖 (3-28)

稱 $(3\text{-}65)_1$ 和 $(3\text{-}65)_2$ 式爲 **Taylor 展開**，而 $(3\text{-}65)_1$ 式爲 **Taylor 級數**。

證明 $(3\text{-}65)_1$ 和 $(3\text{-}65)_2$ 式：

如圖 (3-28)，設 $z = re^{i\theta}$ 爲 C' 內任意點，即 $r < R$，則由 Cauchy 積分公式 (3-43) 式得：

$$f(z) = \frac{1}{2\pi i}\oint_{C'} \frac{f(\xi)}{\xi - z} d\xi \cdots\cdots (1)$$

在周線 C' 上，$|\xi - a| = R$，於是 $|\xi - a| > |z - a|$

$$\therefore \frac{1}{\xi - z} = \frac{1}{(\xi - a) - (z - a)}$$

$$= \frac{1}{(\xi - a)\left[1 - \left(\frac{z-a}{\xi - a}\right)\right]} \quad , \qquad \left|\frac{z-a}{\xi-a}\right| < 1\text{，故能展開，}$$

$$= \frac{1}{\xi - a}\sum_{n=0}^{\infty}\frac{(z-a)^n}{(\xi-a)^n} = \sum_{n=0}^{\infty}\frac{(z-a)^n}{(\xi-a)^{n+1}} \cdots\cdots (2)$$

把 (2) 式代入 (1) 式得：

$$f(z) = \frac{1}{2\pi i}\oint_{C'} f(\xi)\left[\sum_{n=0}^{\infty}\frac{(z-a)^n}{(\xi-a)^{n+1}}\right]d\xi$$

$$= \sum_{n=0}^{\infty}\left[\frac{1}{2\pi i}\oint_{C'}\frac{f(\xi)}{(\xi-a)^{n+1}}d\xi\right](z-a)^n \cdots\cdots (3)$$

$$\equiv \sum_{n=0}^{\infty} b_n (z-a)^n \cdots\cdots (4)$$

$$b_n \equiv \frac{1}{2\pi i}\oint_{C'}\frac{f(\xi)}{(\xi-a)^{n+1}}d\xi \cdots\cdots (5)$$

所以 $(3\text{-}65)_1$ 和 $(3\text{-}65)_2$ 式又叫 **Cauchy-Taylor 定理**，或簡稱 **Taylor 定理**，這時如用 Cauchy 的另一個積分公式 (3-44) 於 (3) 式右邊，則得：

$$f(z) = \sum_{n=0}^{\infty}\frac{f^{(n)}(a)}{n!}(z-a)^n \cdots\cdots (3\text{-}65)_3$$

$(3\text{-}65)_3$ 式是 Taylor 定理的另一種表示形式。

複數函數 $f(z)$ 之 Taylor 級數展開，$f(z)$ 必須單值函數，那麼遇到多值函數的 $f(z)$ 時怎麼辦？使用 Riemann 面處理就是，挑滿足問題條件的**分支** (branch ，請複習 $(1\text{-}32)_1$ 和 (1-37) 式)，則 $f(z)$ 是單值函數了。

(ii) Laurent 級數？Laurent 展開？

設如圖 (3-29) ，在 z 平面以問題點 a 爲圓心，半徑爲 $R_1 < R_2$ 的兩個同心圓構成的**環形區域** (annular region) 爲 D，則定義：

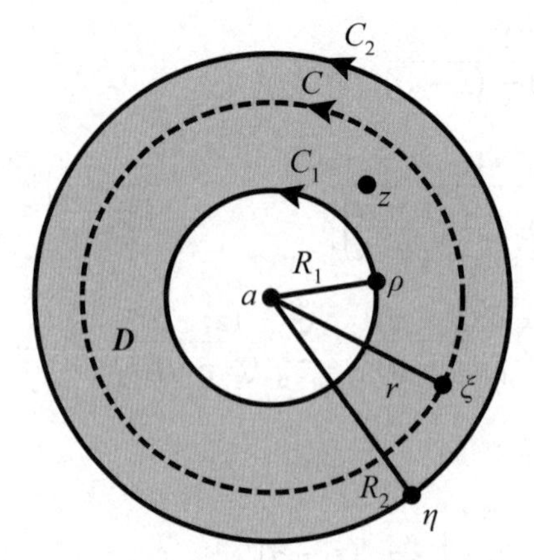

$R_1 < (r$ 和 $|z-a|) < R_2$，
C_1 和 C_2 為圓心 a 半徑 R_1 和 R_2 之同心圓周，
$D=$ 以 C_1 和 C_2 為界之區域，
$C=D$ 內，圓心 a 半徑 r 之圓周。

z 平面

圖 (3-29)

如複數函數 $f(z)$，在以 $z=a$ 為圓心，R_1 和 R_2 為半徑的同心圓周 C_1 和 C_2 上，以及 C_1 和 C_2 為邊界的環形區域 D 內是單值解析，則 D 內任意點 z 之 $f(z)$ 是：

$$\left.\begin{array}{l} f(z)=\displaystyle\sum_{n=-\infty}^{\infty} b_n (z-a)^n \\ \qquad R_1<|z-a|<R_2 \\ \qquad n=0,\ \pm1,\ \pm2,\ \cdots,\ \pm\infty \end{array}\right\} \cdots\cdots (3\text{-}66)_1$$

$$b_n=\frac{1}{2\pi i}\oint_C \frac{f(\xi)}{(\xi-a)^{n+1}}d\xi \cdots\cdots (3\text{-}66)_2$$

稱 $(3\text{-}66)_1$ 和 $(3\text{-}66)_2$ 式爲 **Laurent** (Pierre Alphonse Laurent, 1813~1854) **展開**，而 $(3\text{-}66)_1$ 式爲 **Laurent 級數**。Taylor 展開的 a 是解析點，但 Laurent 展開的 a 不一定爲解析點，當 a 是極點時 Laurent 展開很有用。普通稱 $(3\text{-}66)_1$ 式爲 $f(z)$ 對 $z=a$ 的 Laurent 展開，而 $(3\text{-}65)_1$ 式爲 $f(z)$ 對 $z=a$ 的 Taylor 展開。

證明 $(3\text{-}66)_1$ 和 $(3\text{-}66)_2$ 式：

設 z 爲 D 內任意點，則由 Cauchy 積分公式 (3-47) 式得：

$$f(z)=\frac{1}{2\pi i}\oint_{C_2}\frac{f(\eta)}{\eta-z}d\eta-\frac{1}{2\pi i}\oint_{C_1}\frac{f(\rho)}{\rho-z}d\rho \cdots\cdots (1)$$

在周線 C_2 上 $|\eta-a|=R_2>|z-a|$，於是得：

$$\frac{1}{\eta-z}=\frac{1}{(\eta-a)-(z-a)}=\frac{1}{(\eta-a)\left(1-\dfrac{z-a}{\eta-a}\right)},\quad \left|\frac{z-a}{\eta-a}\right|<1$$

$$\therefore \frac{1}{(\eta-a)\left(1-\dfrac{z-a}{\eta-a}\right)}=\frac{1}{\eta-a}\sum_{n=0}^{\infty}\left(\frac{z-a}{\eta-a}\right)^n=\sum_{n=0}^{\infty}\frac{(z-a)^n}{(\eta-a)^{n+1}}$$

$$\therefore \frac{1}{2\pi i}\oint_{C_2}\frac{f(\eta)}{\eta-z}d\eta=\frac{1}{2\pi i}\oint_{C_2}f(\eta)\left[\sum_{n=0}^{\infty}\frac{(z-a)^n}{(\eta-a)^{n+1}}\right]d\eta$$

$$=\sum_{n=0}^{\infty}\left(\frac{1}{2\pi i}\oint_{C_2}\frac{f(\eta)}{(\eta-a)^{n+1}}d\eta\right)(z-a)^n \cdots\cdots (2)$$

$$=\sum_{n=0}^{\infty}B_n(z-a)^n \cdots\cdots (3)$$

$$B_n\equiv\frac{1}{2\pi i}\oint_{C_2}\frac{f(\eta)}{(\eta-a)^{n+1}}d\eta,\quad n=0,1,2,\cdots,\infty,\cdots\cdots (4)$$

在周線 C_1 上 $|\rho-a|=R_1<|z-a|$，於是得：

$$\frac{1}{\rho-z}=-\frac{1}{z-\rho}=-\frac{1}{(z-a)-(\rho-a)}$$

$$=-\frac{1}{z-a}\frac{1}{1-\dfrac{\rho-a}{z-a}},\quad \left|\frac{\rho-a}{z-a}\right|<1$$

$$=-\frac{1}{z-a}\sum_{n=0}^{\infty}\left(\frac{\rho-a}{z-a}\right)^n$$

$$=-\frac{1}{z-a}\sum_{n=-1}^{-\infty}\left(\frac{z-a}{\rho-a}\right)^{n+1}=-\sum_{n=-1}^{-\infty}\frac{(z-a)^n}{(\rho-a)^{n+1}} \cdots\cdots (5)$$

$$\therefore -\frac{1}{2\pi i}\oint_{C_1}\frac{f(\rho)}{\rho-z}d\rho=\frac{1}{2\pi i}\oint_{C_1}f(\rho)\left[\sum_{n=-1}^{-\infty}\frac{(z-a)^n}{(\rho-a)^{n+1}}\right]d\rho$$

$$=\sum_{n=-1}^{-\infty}\left[\frac{1}{2\pi i}\oint_{C_1}\frac{f(\rho)}{(\rho-a)^{n+1}}d\rho\right](z-a)^n$$

$$=\sum_{n=-1}^{-\infty}A_n(z-a)^n \cdots\cdots (6)$$

$$A_n \equiv \frac{1}{2\pi i}\oint_{C_1}\frac{f(\rho)}{(\rho-a)^{n+1}}d\rho,\qquad n=-1,-2,\cdots,-\infty, \quad\cdots\cdots(7)$$

把 (3) 和 (6) 式代入 (1) 式得：

$$f(z)=\sum_{n=0}^{\infty}B_n(z-a)^n+\sum_{n=-1}^{-\infty}A_n(z-a)^n \quad\cdots\cdots(8)$$

那 B_n 和 A_n 是否相等？B_n 和 A_n 分別對周線 C_2 和 C_1 執行，不過都在解析範圍內。同樣以 a 爲圓心半徑 r ($R_1 < r < R_2$)，如圖 (3-29) 圓周不經過 z 點之圓爲**周線** (contour) C，則由 (3-47) 式得：

$$f(z)=\frac{1}{2\pi i}\oint_{C_2}\frac{f(\eta)}{\eta-z}d\eta=\frac{1}{2\pi i}\oint_{C}\frac{f(\xi)}{\xi-z}d\xi \quad\cdots\cdots(9)$$

$$f(z)=\frac{1}{2\pi i}\oint_{C}\frac{f(\xi)}{\xi-z}d\xi=\frac{1}{2\pi i}\oint_{C_1}\frac{f(\rho)}{\rho-z}d\rho \quad\cdots\cdots(10)$$

如要把 $f(z)$ 在 D 內任意點 z 展開，則 (9) 和 (10) 式分別表示：

左邊的展開式＝右邊的展開式 ⋯⋯(11)

而 (11) 式分別等於共同複數函數 $f(z)$：

$$f(z)=\frac{1}{2\pi i}\oint_{C}\frac{f(\xi)}{\xi-z}d\xi \quad\cdots\cdots(12)$$

所以 B_n 和 A_n 都能以 (12) 式的展開係數表示，設其展開係數爲 b_n，則由 (8) 式得：

$$\begin{aligned}f(z)&=\sum_{n=0}^{\infty}b_n(z-a)^n+\sum_{n=-1}^{-\infty}b_n(z-a)^n\\&=\sum_{n=-\infty}^{\infty}b_n(z-a)^n \quad\cdots\cdots(13)\end{aligned}$$

$$b_n \equiv \frac{1}{2\pi i}\oint_{C}\frac{f(\xi)}{(\xi-a)^{n+1}}d\xi,\qquad \text{得證。}\quad\cdots\cdots(14)$$

C＝圓心在 a，半徑 r 是 $R_1 < r < R_2$ 的圓周，如圖 (3-29) 所示。

從 (1) 式到 (14) 式的推演過程，只要 $R_2 > R_1$ 就行，於是可令 $R_1 \to 0$，而 $R_2 \to \infty$，即 $(3\text{-}66)_1$ 式的條件可以推廣到：

$$0 \le R_1 < |z-a| < R_2 \le \infty \cdots\cdots (15)$$

$(3\text{-}66)_2$ 式的 b_n 能不能和 $(3\text{-}65)_2$ 式那樣地表示成：

$$b_n = \frac{1}{2\pi i}\oint_C \frac{f(\xi)}{(\xi-a)^{n+1}}d\xi \underset{?}{=} \frac{1}{n!}f^{(n)}(a) \cdots\cdots (16)$$

Laurent 展開的 (16) 式右邊一般地不成立，除 Laurent 級數的負整數項之 b_n 全爲零。(16) 式左右邊才相等，這時 Laurent 級數變成 Taylor 級數了。另一面，$(3\text{-}66)_1$ 式雖含 $(z-a)$ 的負次冪項，不一定 $(z-a)=0$ 而帶來 $f(z)$ 的奇異點，分別稱 Laurent 級數 $(3\text{-}66)_1$ 式的正負次冪項：

$\sum_{n=0}^{\infty} b_n(z-a)^n$ 為 Laurent 展開的**正則部** (regular part)，
$\sum_{n=-1}^{-\infty} b_n(z-a)^n$ 為 Laurent 展開的**主部** (principal part)。 …………… (3-67)

(Ex.3-14) 求下述級數：
(1) 在主葉的 $z=0$ $(0 \le \arg. < 2\pi)$ 之 $f(z)=(1+z)^r$ Taylor 級數，
$r \ne$ 正整數的正實數，這 $(1+z)^r$ 一般是多值函數。
(2) 在 z 平面 $1<|z-1|<2$ 的區域內的 $f(z)=\dfrac{1}{z^3-z}$ 之 Laurent 級數。

(解)：(1) 求 $f(z)=(1+z)^r$ 的 Taylor 級數，$r \ne$ 正整數，由 $(3\text{-}65)_1$ 和 $(3\text{-}65)_2$ 式得：

$$\because \begin{cases} \dfrac{df}{dz} = f'(z) = r(1+z)^{r-1} \\ \dfrac{df'}{dz} = f''(z) = r(r-1)(1+z)^{r-2} \\ \cdots\cdots\cdots\cdots \\ f^{(n)}(z) = r(r-1)(r-2)\cdots(r-n+1)(1+z)^{r-n} \end{cases}$$

$$\therefore \left.\begin{cases} f(z=0) \equiv f(0) = 1^r = 1 \\ f'(0) = r\cdot(1^{r-1}) = r \\ f''(0) = r(r-1)\cdot(1^{r-2}) = r(r-1) \\ \cdots\cdots\cdots\cdots \\ f^{(n)}(0) = r(r-1)\cdots(r-n+1)\cdot(1^{r-n}) = r(r-1)\cdots(r-n+1) \end{cases}\right\} \cdots\cdots (1)$$

把 (1) 式代入 $(3\text{-}65)_1$ 式得：

$$
\begin{aligned}
f(z) &= \sum_{n=0}^{\infty} b_n (z-0)^n = \sum_{n=0}^{\infty} \frac{f^{(n)}(a=0)}{n!} z^n \\
&= f(0) + \frac{f'(0)}{1!} z + \frac{f''(0)}{2!} z^2 + \cdots + \frac{f^{(n)}(0)}{n!} z^n + \cdots \\
&= 1 + \frac{r}{1!} z + \frac{r(r-1)}{2!} z^2 + \cdots + \frac{r(r-1)\cdots(r-n+1)}{n!} z^n + \cdots \\
&= \sum_{n=0}^{\infty} {}_rC_n z^n, \quad {}_rC_n = \frac{r!}{(r-n)!\, n!} = \frac{r(r-1)\cdots(r-n+1)}{n!} \cdots\cdots\cdots (2)
\end{aligned}
$$

(2) 求如右圖環形 $1 < |z-1| < 2$ 內任意點之 $f(z) = \dfrac{1}{z^3 - z}$ Laurent 級數：

$$
\begin{aligned}
f(z) &= \frac{1}{z^3 - z} = \frac{1}{z(z+1)(z-1)} \\
&= -\frac{1}{z} + \frac{1/2}{z+1} + \frac{1/2}{z-1} \cdots\cdots\cdots (3)
\end{aligned}
$$

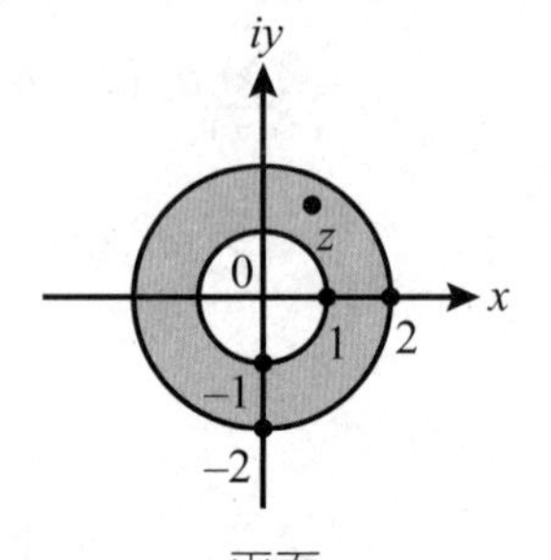

z 平面

由於 (3) 式右邊各項之分母都是 z 的一次項，於是能用下 (4) 式展開，不必動用 $(3\text{-}66)_2$ 式。

$$
(1+\xi)^{-1} = \sum_{n=0}^{\infty} (-\xi)^n, \quad \text{但} \ |\xi| < 1 \cdots\cdots\cdots (4)
$$

設：

$$
\rho \equiv z - 1 \cdots\cdots\cdots (5)
$$

於是由 (3) 和 (5) 式得：

$$
\begin{aligned}
f(\rho) &= -\frac{1}{\rho+1} + \frac{1/2}{\rho+2} + \frac{1/2}{\rho} \\
&= -\frac{1}{\rho+1} + \frac{1}{4} \frac{1}{1+\rho/2} + \frac{1}{2\rho} \cdots\cdots\cdots (6)
\end{aligned}
$$

因 $1 < |z-1| < 2$，　於是 $1 < |\rho| < 2$，

$$
\therefore \frac{1}{2} < \frac{|\rho|}{2} < 1, \quad \frac{1}{|\rho|} < 1 \cdots\cdots\cdots (7)
$$

如 (6) 式右邊分母和 ρ 有關部，能約化且滿足 (7) 式，則能直接用 (4)

式展開。

$$f(\rho)\xlongequal[\text{(6) 式}]{}-\frac{1}{\rho}\frac{1}{1+1/\rho}+\frac{1}{4}\frac{1}{1+\rho/2}+\frac{1}{2\rho}$$

$$\xlongequal[\text{(7) 式條件}]{}-\frac{1}{\rho}\sum_{n=0}^{\infty}\left(-\frac{1}{\rho}\right)^n+\frac{1}{4}\sum_{n=0}^{\infty}\left(-\frac{\rho}{2}\right)^n+\frac{1}{2\rho}\cdots\cdots(8)$$

$$\therefore f(z)\xlongequal[\text{(5) 和 (8) 式}]{}\sum_{n=0}^{\infty}\left[\left(-\frac{1}{z-1}\right)^{n+1}+\frac{1}{4}\left(-\frac{z-1}{2}\right)^n\right]+\frac{1}{2}\frac{1}{z-1}\cdots\cdots(9)$$

雖(9)式含$(z-1)^{-n}$，$n>1$之正整數，因$(z-1)\neq 0$，於是$f(z)$沒奇異點。

(Ex.3-15) 求複數函數 $f(z)=\dfrac{z-1}{z+1}$ 對下述各點之 Taylor 級數，以及其級數的收斂區域：

(a) 對 $z=0$ 之 Taylor 展開，

(b) 對 $z=1$ 之 Taylor 展開。

(解)：級數展開之中心點 $z=a$，在 Taylor 級數時，a 必須解析點，本題的 $z=0$ 和 $z=1$ 確實都是 $f(z)$ 的解析點。原則上是使用 $(3\text{-}65)_1$ 和 $(3\text{-}65)_2$ 式來展開。不過當有可用的展開式時，就不必用 $(3\text{-}65)_2$ 式來求展開係數。

(a) 求 $f(z)=(z-1)/(z+1)$ 對 $z=0$ 之 Taylor 展開及收斂區域：

$$f(z)=\frac{z-1}{z+1}=\frac{z}{z+1}-\frac{1}{z+1}\cdots\cdots(1)$$

由於對 $z=0$ 展開，於是可設 $|z|<1$，則可用 (請看習題 16) 下式：

$$\frac{1}{1+z}=\sum_{n=0}^{\infty}(-z)^n,\qquad \text{當 } |z|<1\cdots\cdots(2)$$

把 (2) 式代入 (1) 式得：

$$f(z)=z\left[\sum_{n=0}^{\infty}(-z)^n\right]-\sum_{n=0}^{\infty}(-z)^n$$

$$=-1+2z-2z^2+2z^3-\cdots+(-)^{n+1}2z^n+\cdots,\cdots\cdots(3)$$

(3) 式是對 $z=0$ 的 $f(z)$ Taylor 級數，至於它的收斂不收斂，普通是用比值測試法來定：

$$\because \lim_{n\to\infty}\left|\frac{(-1)^{n+2}2z^{n+1}}{(-1)^{n+1}2z^{n}}\right| = |z| < 1$$

∴ (3) 式是收斂級數，其收斂區域如右圖，原點為圓心，半徑 $r<1$ 之圓盤。

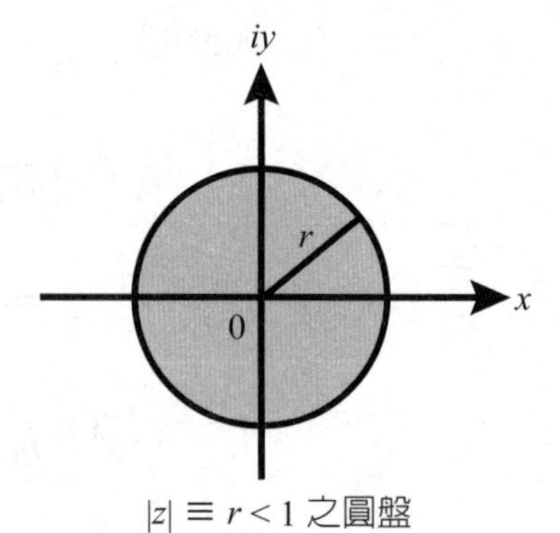

$|z|\equiv r<1$ 之圓盤

$$\therefore f(z) = -1-2\left[\sum_{n=1}^{\infty}(-z)^n\right] \cdots\cdots\cdots\cdots (4)$$

(b) 求對 $z=1$ 的 $f(z)=(z-1)/(z+1)$ Taylor 展開及收斂區域：

同一 $f(z)$ 卻對不同點展開，且用同一既有展開式，如 (2) 式，那就要想辦法滿足 (2) 式的展開條件，設：

$$z-1=u, \quad 或 z=1+u \cdots\cdots\cdots\cdots (5)$$

$$\therefore f(z)=\frac{z-1}{z+1}=\frac{u}{u+2}=\frac{u}{2}\frac{1}{1+u/2}$$

如 $|u|<2$，即如右圖 $|z-1|\equiv r<2$，則 $\left|\frac{u}{2}\right|<1$，於是可用 (2) 式展開：

$$=\frac{u}{2}\left[\sum_{n=0}^{\infty}(-\frac{u}{2})^n\right]$$

$$=\frac{z-1}{2}\left[\sum_{n=0}^{\infty}\left(-\frac{z-1}{2}\right)^n\right]$$

$$=\sum_{n=0}^{\infty}(-1)^n\left(\frac{z-1}{2}\right)^{n+1} \cdots\cdots\cdots\cdots (6)$$

$x=1$ 為圓心半徑 $r<2$ 之圓盤

(6) 式是對 $z=1$ 的 $f(z)$ Taylor 級數，其收斂區域如圖的 $|z-1|\equiv r<2$ 之圓盤，接著以比值測試法證 (6) 式是收斂級數：

$$\lim_{n\to\infty}\left|\frac{(-1)^{n+1}\left(\frac{z-1}{2}\right)^{n+2}}{(-1)^{n}\left(\frac{z-1}{2}\right)^{n+1}}\right| = \frac{|z-1|}{2}<1, \qquad 表示級數收斂 \cdots\cdots\cdots\cdots (7)$$

所以 (6) 式確實是收斂級數。

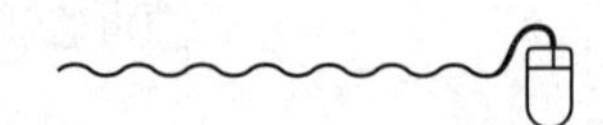

(B) 什麼叫留數 (residue)？[15,16]

(1) 說明

定義在複變數平面 z 平面之區域 D 與其邊界 C 的複數函數 $f(z)$，除在 D 內 $z=a$ 非解析之外，全單値解析，即當 z 逼近於 a 時 $f(z)$ 呈奇異現象（請看 (2-166) 式和圖 (2-30))：

$$\lim_{z\to a} f(z) = \text{非解析量} \underset{\text{例如}}{=\!=} \infty \cdots\cdots (3\text{-}68)_1$$

當把 $z=a$ 的奇異性拿走，$f(z)$ 在 $z=a$ 留下之值稱爲**留數**：

$$\lim_{z\to a} \underbrace{(z-a)f(z)}_{\text{拿走 } f(z) \text{在 } z=a \text{ 之奇異性，}} \equiv \underbrace{\text{Res.} f(a)}_{f(z)\text{在 } z=a \text{ 留下之數，寫成 Res.} f(a)\text{，Res. 是英文名詞 residue 之簡寫。}} \cdots\cdots (3\text{-}68)_2$$

如 $f(z)$ 對 $z=a$ 作級數展開，則在 $z=a$ 必出現奇異項，例如 Laurent 展開的 $(3\text{-}66)_1$ 式必含 $n=$ 負整數項，並且 $(z-a)=0$，稱 $n=-1$ 的 b_{-1} 爲 **$f(z)$ 在 $z=a$ 之留數**，當然 $n=-2,-3,\cdots,$ 的高階極點（請看 $(2\text{-}171)_2$ 式）也會帶來其留數，不過留數之定義爲 $f(z)$ 對一階極點的展開係數 b_{-1}。

(2) 留數之定義

如圖 (3-30)，$f(z)$ 在其定義區域 D 及邊界 C，除 D 內 $z=a$ 為孤立奇異點，都是單值解析，則 $f(z)$ 對 a 的 Laurent 展開是：

$$f(z)=\sum_{n=-\infty}^{\infty} b_n (z-a)^n,\quad 0<|z-a|<R,$$

$$b_n=\frac{1}{2\pi i}\oint_{C'}\frac{f(\xi)}{(\xi-a)^{n+1}}d\xi$$

定義 $f(z)$ 在 $z=a$ 之留數，如以符號 Res.$f(a)$ 表示，則為：

$$\text{Res.} f(a) \equiv \frac{1}{2\pi i}\oint_{C'} f(\xi)\,d\xi = b_{-1} \cdots (3\text{-}69)$$

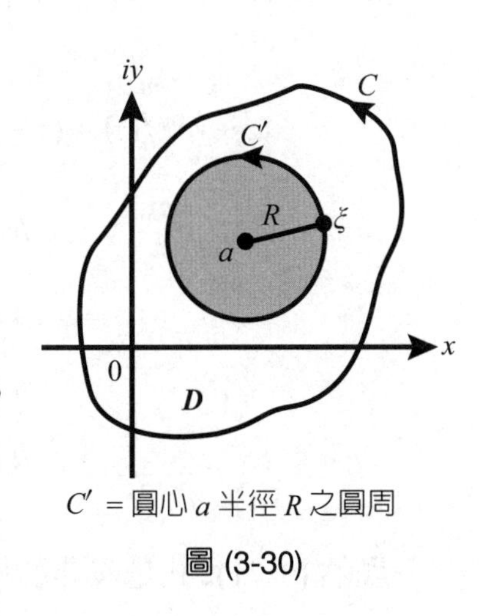

C' = 圓心 a 半徑 R 之圓周

圖 (3-30)

Laurent 展開係數是有限確定數，換句話，留數必須是有限確定數。另一面 Laurent 展開之定義 $(3\text{-}66)_1$ 和 $(3\text{-}66)_2$ 式的條件是：

$$\left.\begin{array}{l} f(z)=\text{單值解析，} \\ z=a\ \text{是孤立極點，} \end{array}\right\} \cdots\cdots (3\text{-}70)_1$$

於是 (3-69) 式的周線 C' 內只許 $z = a$ 的一個極點，那麼遇到多值函數 $f(z)$ 時，如何求 $f(z)$ 之留數呢？使用滿足問題的 Riemann 面 (請看 $(1\text{-}32)_1$ 式) 把多值約化成單值函數。至於**可去奇異點** (removable singular point (請看 (2-170) 式)) 有沒有留數？它是：

$$z = a\ \text{為}\ f(z)\ \text{之可去奇異點時 Res.}\, f(a) = 0 \cdots\cdots (3\text{-}70)_2$$

(3) 高階 (階數 ≥ 2) 極點與無限遠點的單值解析函數 $f(z)$ 之留數？

如 $f(z)$ 對 $z = a$ 是 m 階極點，則由 $(3\text{-}66)_1$ 式得：

$$f(z) = \cdots + b_{-m}\frac{1}{(z-a)^m}, \quad \text{且}\ z - a = 0 \cdots\cdots (3\text{-}71)_1$$

於是要消除 $f(z)$ 之 m 階奇異性，必須乘 $(z-a)^m$ 於 $f(z)$，故由 $(3\text{-}71)_1$ 式得：

$$\begin{aligned}(z-a)^m f(z) &= (z-a)^m\Big[\cdots + b_2(z-a)^2 + b_1(z-a) + b_0 \\ &\quad + b_{-1}\frac{1}{(z-a)} + b_{-2}\frac{1}{(z-a)^2} + \cdots + b_{-m}\frac{1}{(z-a)^m}\Big] \\ &= \cdots + b_2(z-a)^{m+2} + b_1(z-a)^{m+1} + b_0(z-a)^m \\ &\quad + b_{-1}(z-a)^{m-1} + b_{-2}(z-a)^{m-2} + \cdots + b_{-m+1}(z-1) \\ &\quad + b_{-m} \cdots\cdots (3\text{-}71)_2\end{aligned}$$

顯然 $(3\text{-}71)_2$ 式是沒非解析點之單值解析函數，所以如要得 $f(z)$ 在 $z = a$ 之留數 (3-69) 式的 b_{-1}，則對 $(3\text{-}71)_2$ 式執行 $(m-1)$ 階微分便得：

$$\frac{d^{m-1}}{dz^{m-1}}[(z-a)^m f(z)] = \cdots + b_2\frac{(m+2)!}{2!}(z-a)^3 + b_1\frac{(m+1)!}{1!}(z-a)^2$$

$$+ b_0\frac{m!}{0!}(z-a) + b_{-1}(m-1)! \cdots\cdots (3\text{-}71)_3$$

$$\therefore \lim_{z\to a}\left\{\frac{d^{m-1}}{dz^{m-1}}[(z-a)^m f(z)]\right\} = (m-1)!b_{-1}$$

$$\therefore b_{-1} = \lim_{z\to a}\left\{\frac{1}{(m-1)!}\frac{d^{m-1}}{dz^{m-1}}[(z-a)^m f(z)]\right\} = \text{Res.} f(a) \cdots\cdots (3\text{-}71)_4$$

$(3\text{-}71)_4$ 式是 $f(z)$ 定義區域 D 內之 $z=a$ 爲 $f(z)$ 的 m 階極點時之留數。

接著一起來探討，單值解析函數 $f(z)$ 在無限遠點之留數。普通研討的複變數平面 z 平面是 $z<\infty$ 之平面，如擴充到 $z=\infty$，就要小心，因複變數沒 $\pm\infty$，只有一個 ∞ (請看 (1-43) 式到 $(1\text{-}44)_3$ 式)，它是離 z 平面原點無限遠之一點，在那方向是不定，用 $|z|=\infty$ 表示。如必須畫出來，就用 Riemann 球 (請看圖 (1-14)) 的北極 N 點來表示，或寫成：

$$\left.\begin{array}{l}\dfrac{1}{z}=f(z)\equiv\omega \\ \omega=0 \text{ 就是 } |z|=\infty \text{ 之點}\end{array}\right\} \cdots\cdots (3\text{-}72)$$

$\omega=0$ 是函數平面 ω 平面之原點，由於需要 ω 平面，於是需要推廣留數定義到 $|z|=\infty$ 點，所以定義 $f(z)$ 在 $z=\infty$ 之留數爲：

$$\text{Res.} f(\infty) \equiv \frac{1}{2\pi i}\oint_{C_0} f(z)dz \cdots\cdots (3\text{-}73)$$

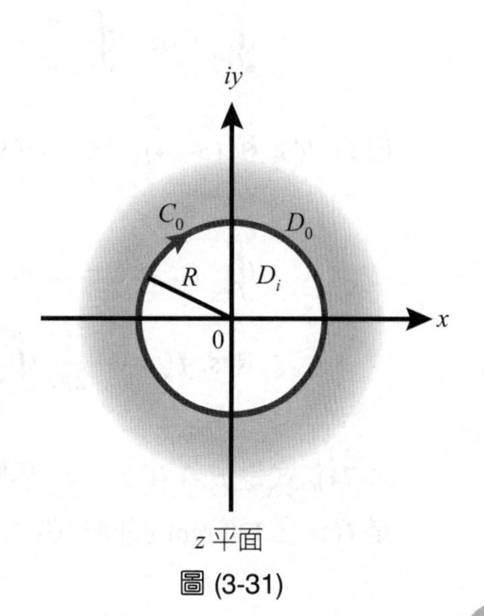

圖 (3-31)

(3-73) 式之周線 C_0 如圖 (3-31)，是原點爲圓心半徑 $R\doteqdot\infty$ 之圓周，C_0 之內爲 $|z|\neq\infty$ 區域，設爲 D_i，C_0 之外爲 $|z|=\infty$ 區域，設爲 D_0，於是依圖 (3-3)(a) 和 (b) 之定義，繞 C_0 的方向必順時針方向，D_0 才永在你左手邊，即正方向。$f(z)$ 在 D_0 只有一個 $z=\infty$ (請看圖 (1-14)) 之極點，其他全爲解析。那 (3-73) 式是否和 (3-69) 式一樣地，$f(z)$ 對 $|z|=\infty$ Laurent 展開時的 b_{-1}

呢？由 $|z|=\infty$ 之定義 (3-72) 式得，$f(z)$ 對 $|z|=\infty$ 的 Laurent 級數是：

$$f(z)=\sum_{n=-\infty}^{\infty} b_n z^n$$
$$=\cdots+b_2 z^2+b_1 z+b_0+b_{-1}\frac{1}{z}+b_{-2}\frac{1}{z^2}+\cdots, \quad \text{(3-74)}_1$$

由留數之定義 (3-69) 式，這時需要作下式積分：

$$\oint_{C_0} f(z)dz \xlongequal[\text{(3-74)}_1\text{式}]{} \sum_{n=-\infty}^{\infty} b_n \oint_{C_0} z^n dz \quad \text{(3-74)}_2$$

設 $z=re^{i\theta}$，且 $r=$ 很大，則 $dz=ire^{i\theta}d\theta$

$$\therefore \oint_{C_0} z^n dz = r^{n+1}\int_0^{-2\pi} i e^{i(n+1)\theta} d\theta \Longleftarrow \text{順時針方向之角度}$$
$$=\frac{r^{n+1}}{n+1}\left[e^{i(n+1)\theta}\right]_0^{-2\pi}$$
$$\xlongequal[n\neq-1]{} \frac{r^{n+1}}{n+1}\left[\cos(n+1)\theta\right]_0^{-2\pi}=0 \quad \text{(3-74)}_3$$

而 $n=(-1)$ 時：

$$\oint_{C_0} z^n dz=\oint_{C_0}\frac{dz}{z}=\oint_{C_0}\frac{i re^{i\theta}d\theta}{re^{i\theta}}=\int_0^{-2\pi} id\theta=-2\pi i \quad \text{(3-74)}_4$$

把 $(3\text{-}74)_3$ 和 $(3\text{-}74)_4$ 式代入 $(3\text{-}74)_2$ 式得：

$$\oint_{C_0} f(z)dz=-2\pi i b_{-1} \quad \text{(3-74)}_5$$

$$\therefore \text{Res.} f(\infty)=\frac{1}{2\pi i}\oint_{C_0} f(z)dz=-b_{-1} \quad \text{(3-74)}_6$$

$(3\text{-}74)_6$ 式是 $f(x)$ 在 $z=\infty$ 極點之留數，和 $z\neq\infty$ 之點的留數差一個負符號。b_{-1} 是 $f(z)$ 之 Laurent 展開級數 $1/z$ 項係數，換句話是：

$zf(z)$ 的數值 ………………………………………………………………………… $(3\text{-}74)_7$

留數必須有限確定數，所以：

$$\left(\begin{array}{l}\text{如 } \lim\limits_{z\to\infty} zf(z) = \text{有限確定值，設為 } B\text{，} \\ \text{則 } (-B) \text{ 是 } f(z) \text{ 在 } z=\infty \text{ 極點之留數。}\end{array}\right) \cdots\cdots (3\text{-}75)$$

(4) 留數定理

從 $(3\text{-}68)_1$ 式到 (3-75) 式，探討了定義在複變數平面 z 平面之 D 區域及其邊界 C，除在 D 內有個孤立奇異點 $z = a$ 之外，都是單值解析函數之 $f(z)$，努力消除 $z = a$ 之非解析性，而留下的有限確定數 $\text{Res.} f(a)$，稱爲 $f(z)$ 在 $z = a$ 之留數。分析歸納這些操作過程及結果，得如下性質，又稱作**留數定理**。

(i) 性質 1

$$\left\{\begin{array}{l}\text{如圖 (3-32)，} f(z) \text{ 在其定義區域 } D \text{ 內及其邊界 } C\text{，除} \\ \text{在 } D \text{ 內 } z=a \text{ 為孤立極點之外，都是單值解析，且：} \\ \qquad \lim\limits_{z\to a}(z-a)f(z) = \text{有限確定值，設為 } A \\ \text{則稱 } A \text{ 為 } f(z) \text{ 在 } z=a \text{ 之留數，而：} \\ \qquad A = \dfrac{1}{2\pi i}\oint_C f(z)dz \equiv \text{Res.} f(a)\end{array}\right\} \cdots\cdots (3\text{-}76)$$

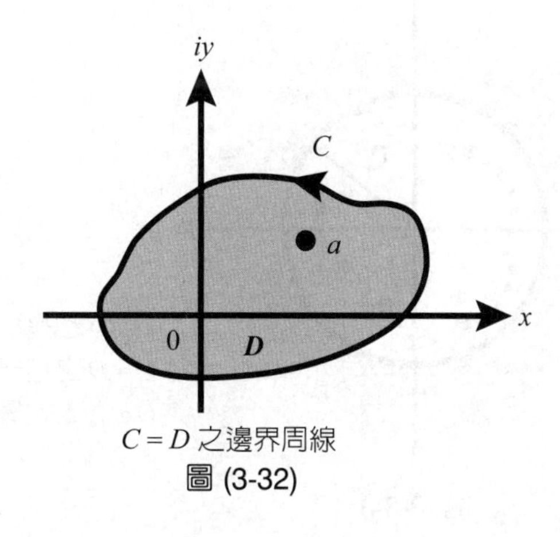

$C = D$ 之邊界周線

圖 (3-32)

(ii) 性質 2

如圖 (3-33)，$f(z)$ 在其定義區域 D 內與其邊界 C，除在 D 內有 n 個孤立極點 $a_1, a_2, \cdots, a_n$，都是單值解析，則 $f(z)$ 在 D 之留數為：

$$\oint_C f(z)dz = 2\pi i\left[\sum_{j=1}^{n} \text{Res.}\, f(a_j)\right] \qquad \cdots\cdots (3\text{-}77)$$

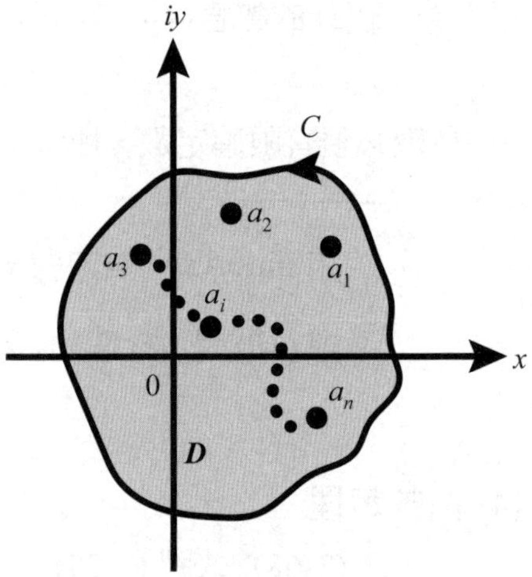

C = D 之邊界周線

圖 (3-33)

(iii) 性質 3

如圖 (3-34)，$f(z)$ 在定義區域，以 z 平面原點為圓心，很大半徑 R 之圓盤 D，與其邊界 C，除在 D 內有 n 個孤立極點 $a_1, a_2, \cdots, a_n$ 之外，$z=\infty$ 也是奇異點，都是單值解析，則 $f(z)$ 在整 z 平面的留數是：

$$\oint_{-C} f(z)dz = 2\pi i\left[\sum_{j=1}^{n} \text{Res.}\, f(a_j) + \text{Res.}\, f(\infty)\right] \qquad \cdots\cdots (3\text{-}78)$$

周線 C 之繞向是順時針，才有個負符號。

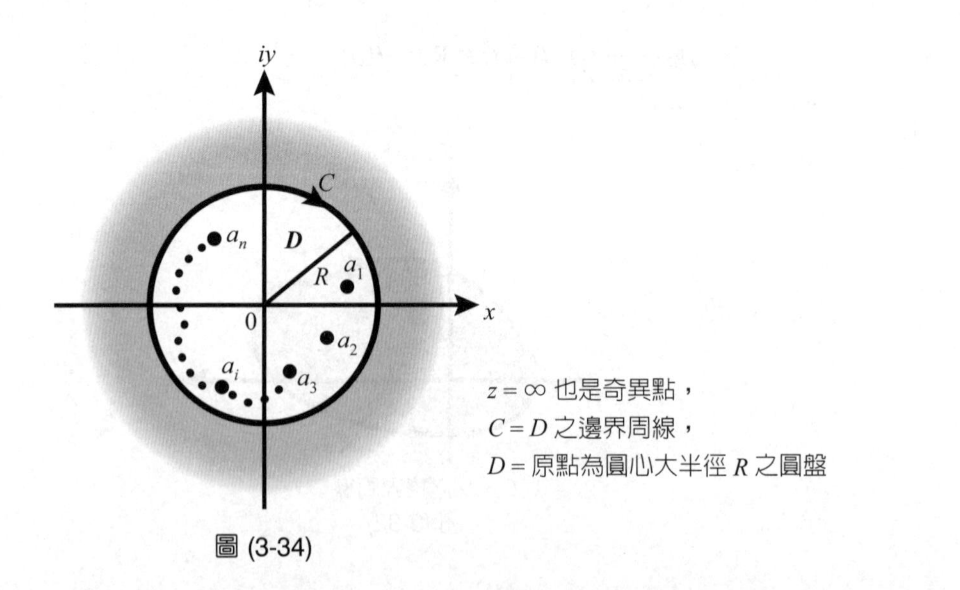

$z=\infty$ 也是奇異點，
$C = D$ 之邊界周線，
$D =$ 原點為圓心大半徑 R 之圓盤

圖 (3-34)

(iv)性質 4 (複連通區域時)

如遇到如圖 (3-35) 複連通區域，上述性質 (3-76) 式到 (3-78) 式成立嗎？當然成立。正如 Cauchy 公式從沒洞的單連通 (3-43) 式，變爲有 m 個互不相交之 m 個洞的複連通 (3-47) 式那樣地，把 (3-76), (3-77) 和 (3-78) 式的 $\oint_C f(z)dz$ 涵蓋到各洞邊界周線 C_m 就是：

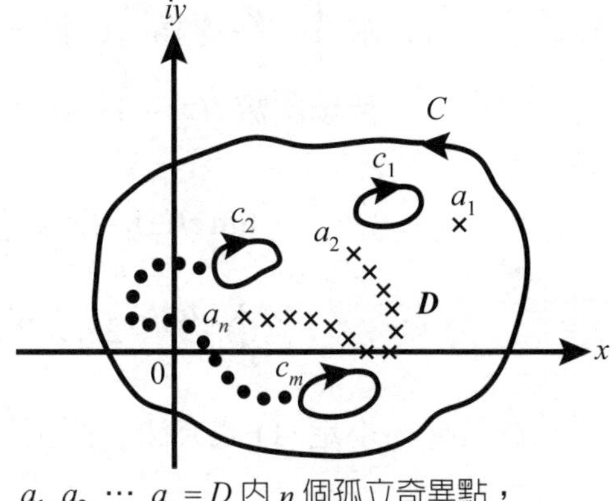

$a_1, a_2, \cdots, a_n = D$ 內 n 個孤立奇異點，

$c_1, c_2, \cdots, c_m = D$ 內 m 個不交界洞之邊界。

圖 (3-35)

$$\oint_C f(z)dz \implies \oint_C f(z)dz + \sum_{j=1}^{m} \oint_{-C_j} f(z)dz$$

於是 (3-77) 式變成：

$$\oint_C f(z)dz + \sum_{j=1}^{m} \oint_{-C_j} f(z)dz = 2\pi i \left[\sum_{j=1}^{n} \text{Res.} f(a_j) \right] \text{......} \quad (3\text{-}79)$$

(3-79) 式左邊第二項是，因繞洞周線 C_j 之方向是順時針的負方向才寫成"$-C_j$"，多了一個負符號。同理 (3-78) 式變成：

$$\oint_{-C} f(z)dz + \sum_{j=1}^{m} \oint_{C_j} f(z)dz = 2\pi i \left[\sum_{j=1}^{n} \text{Res.} f(a_j) + \text{Res.} f(\infty) \right] \text{......} \quad (3\text{-}80)$$

(Ex.3-16) 求下述複數積分：

(1) $\oint_C \frac{dz}{z}$，　C = 圓心在原點，半徑 1 之周線。

(2) $\oint_C \frac{e^z}{z^2(z^2+\pi^2)^2} dz$，　C 爲 $|z| = 4$ 之圓周。

(解)：複數積分，如被積函數 $f(z)$ 在周線 C，與其包圍之區域 D 都是單值解析，則由 Cauchy 定理 (3-29) 式，積分值等於零。不過當 D 內有奇異點時，積分值是留數值，即以 (3-77) 式求複數積分值。

(1) 求 $\oint_C \frac{dz}{z}$ 之值，C 為 $|z|=1$ 之周線：

被積函數 $f(z)=1/z$ 在 $z=0$ 為孤立極點，於是由 (3-76) 式得留數：

$$\lim_{z\to 0} zf(z)=\lim_{z\to 0} z\frac{1}{z}=1=\text{Res.}\,f(0) \quad\cdots\cdots (1)$$

$$\therefore \oint_C \frac{dz}{z}=2\pi i\times \text{Res.}\,f(0)=2\pi i \quad\cdots\cdots (2)$$

不走 (1) 式方法，直接執行線積分也能得 (2) 式：

$$設\ z=re^{i\theta}\underset{r=1}{=\!=\!=}e^{i\theta}，\qquad dz=ie^{i\theta}d\theta$$

$$\therefore \oint_C \frac{dz}{z}=\int_0^{2\pi}\frac{ie^{i\theta}}{e^{i\theta}}d\theta=2\pi i=(2)\ 式$$

(2) 求 $\oint_C \frac{e^z}{z^2(z^2+\pi^2)^2}dz$，$C$ 為 $|z|=4$ 之圓周：

被積函數 $f(z)=\frac{e^z}{z^2(z^2+\pi^2)^2}=\frac{e^z}{z^2(z+\pi i)^2(z-\pi i)^2}$ 在 $|z|=4$ 之周線內有 $z=0$，$z=\pm\pi i$ 的各 2 階孤立極點，於是由 $(3\text{-}71)_4$ 式得各極點之留數：

$$\text{Res.}\,f(0)=\lim_{z\to 0}\frac{d}{dz}[z^2f(z)]=\lim_{z\to 0}\frac{d}{dz}\frac{e^z}{(z^2+\pi^2)^2}$$

$$=\lim_{z\to 0}\frac{e^z(z^2+\pi^2-4z)}{(z^2+\pi^2)^3}=\pi^{-4} \quad\cdots\cdots (3)$$

$$\text{Res.}\,f(\pi i)=\lim_{z\to \pi i}\frac{d}{dz}[(z-\pi i)^2f(z)]=\lim_{z\to \pi i}\frac{d}{dz}\frac{e^z}{z^2(z+\pi i)^2}$$

$$=\lim_{z\to \pi i}\frac{e^z[z(z+\pi i)-2(2z+\pi i)]}{z^3(z+\pi i)^3}$$

$$=\frac{e^{\pi i}(\pi+3i)}{4\pi^5}=-\frac{\pi+3i}{4\pi^5} \quad\cdots\cdots (4)$$

$$\text{Res.}\,f(-\pi i)=\lim_{z\to -\pi i}\frac{d}{dz}[(z+\pi i)^2f(z)]=\lim_{z\to -\pi i}\frac{d}{dz}\frac{e^z}{z^2(z-\pi i)^2}$$

$$=\lim_{z\to -\pi i}\frac{e^z[z(z-\pi i)-2(2z-\pi i)]}{z^3(z-\pi i)^3}$$

$$=\frac{e^{-\pi i}(\pi-3i)}{4\pi^5}=-\frac{\pi-3i}{4\pi^5} \quad\cdots\cdots (5)$$

$$\therefore \oint_C \frac{e^z}{z^2(z^2+\pi^2)^2} dz = 2\pi i(\text{Res.} f(0) + \text{Res.} f(\pi i) + \text{Res.} f(-\pi i))$$

$$= 2\pi i \left(\pi^{-4} - \frac{\pi+3i}{4\pi^5} - \frac{\pi-3i}{4\pi^5} \right)$$

$$= \frac{i}{\pi^3} \cdots\cdots (6)$$

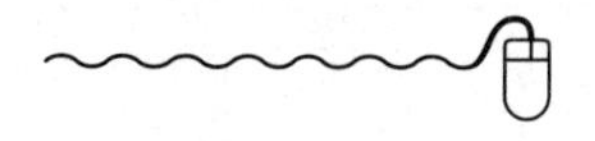

(Ex.3-17) 求下述複數積分值，周線 C 是 $(25x^2+y^2)=25$ 之橢圓周。

(1) $I_1 = \oint_C \frac{1}{1-e^z} dz$，

(2) $I_2 = \oint_C \left[\frac{ze^{\pi z}}{(z^2+9)^2} + ze^{\pi z} \right] dz$

(3) $I_3 = \oint_C \frac{e^z}{\cosh z} dz$。

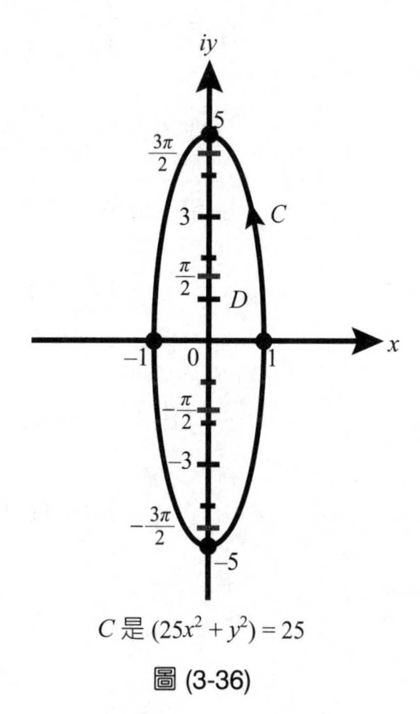

C 是 $(25x^2+y^2)=25$

圖 (3-36)

(解)：積分周線是圖 (3-36) 的橢圓周 C，顯然各被積函數在 C 包圍的區域 D 內都有非解析點，即奇異點，於是非求奇異點之留數不可，而以 (3-77) 式求積分值。

(1) 求 $I_1 = \oint_C \frac{1}{1-e^z} dz$ 值：

被積函數 $\frac{1}{1-e^z} dz \equiv f(z)$，當 $z = 2n\pi i$ 時：

$1-e^z = 1-e^{2n\pi i} = 0$，　　$n = 0, \pm 1, \pm 2, \cdots$
故 $z = 2n\pi i$ 是 $f(z)$ 之一階極點，
但在 D 內的孤立極點只 $n = 0$ 的一個。 …………………… (1)

於是由 (3-76) 式得留數：

$$\text{Res.} f(2n\pi i) = \lim_{z \to 2n\pi i} (z - 2n\pi i) \frac{1}{1-e^z}$$

$$= \lim_{z \to 2n\pi i} \frac{z-2n\pi i}{1-e^z} \cdots\cdots (2)$$

當 $z \to 2n\pi i$ 時 (2) 式的分子分母都同等於零，於是非用 Hospital 規則 $(2\text{-}176)_1$ 式不可，對 (2) 式的分子分母各對 z 微分得：

$$\text{Res.} f(2n\pi i) = \lim_{z \to 2n\pi i} \frac{1}{-e^z} = -1 \quad \cdots\cdots (3)$$

$$\therefore I_1 = \oint_C \frac{1}{1-e^z} dz = 2\pi i \,\text{Res.} f(2n\pi i) = -2\pi i \quad \cdots\cdots (4)$$

(2) 求 $I_2 = \oint_C \left[\frac{ze^{\pi z}}{(z^2+9)^2} + ze^{\pi/z}\right] dz$ 値：

設 $f(z) \equiv \dfrac{ze^{\pi z}}{(z^2+9)^2}$， $g(z) \equiv ze^{\pi/z}$ $\cdots\cdots (5)$

(a) $f(z)$ 的奇異點是 $(z^2+9)^2 = 0$：

$$\left.\begin{array}{l} (z^2+9)^2 = (z+3i)^2(z-3i)^2 = 0 \Longrightarrow z = \pm 3i \\ z = \pm 3i \text{ 都在圖 (3-36) 之 } D \text{ 內，且各爲二階孤立極點} \end{array}\right\} \cdots\cdots (6)$$

由 $(3\text{-}71)_4$ 式得 $f(z)$ 之二階留數：

$$\begin{aligned} \text{Res.} f(3i) &= \lim_{z \to 3i} \frac{1}{1!} \frac{d}{dz}[(z-3i)^2 f(z)] \\ &= \lim_{z \to 3i} \frac{d}{dz} \frac{ze^{\pi z}}{(z+3i)^2} \\ &= \lim_{z \to 3i} \frac{e^{\pi z}[z(\pi z - 1) + 3i(\pi z + 1)]}{(z+3i)^3} \\ &= e^{3\pi i} \frac{-18\pi}{(6i)^3} = -\frac{\pi}{12i} \quad \cdots\cdots (7) \end{aligned}$$

$$\begin{aligned} \text{Res.} f(-3i) &= \lim_{z \to -3i} \frac{1}{1!} \frac{d}{dz}[(z+3i)^2 f(z)] \\ &= \lim_{z \to -3i} \frac{d}{dz} \frac{ze^{\pi z}}{(z-3i)^2} \\ &= \lim_{z \to -3i} \frac{e^{\pi z}[z(\pi z - 1) - 3i(\pi z + 1)]}{(z-3i)^3} = \frac{\pi}{12i} \quad \cdots\cdots (8) \end{aligned}$$

$$\therefore \oint_C f(z) dz = 2\pi i [\text{Res.} f(3i) + \text{Res.} f(-3i)] \xrightarrow[(7) \text{ 和 } (8) \text{ 式}]{} 0 \quad \cdots\cdots (9)$$

(b) $g(z)$ 的奇異點是 $1/z$ 之 $z=0$：

當遇到被積函數是**初級函數** (elementary function) 時，常級數展開該函數，然後用 (3-69) 式，留數定義式 Res. $f(a) = b_{-1}$ 求留數，a 是 $f(z)$ 之奇異點。於是先展開 $g(z)$ 之 $e^{\pi/z}$ (請看註 (22))：

$$g(z)=ze^{\pi/z}=z\left(1+\frac{1}{1!}\frac{\pi}{z}+\frac{1}{2!}\frac{\pi^2}{z^2}+\frac{1}{3!}\frac{\pi^3}{z^3}+\cdots+\frac{1}{n!}\frac{\pi^n}{z^n}+\cdots\right)$$

$$=\left(z+\frac{\pi}{1!}+\frac{\pi^2}{2!}\frac{1}{z}+\frac{\pi^3}{3!}\frac{1}{z^2}+\cdots+\frac{\pi^n}{n!}\frac{1}{z^{n-1}}+\cdots\right) \cdots\cdots (10)$$

$g(z)$ 爲 (3-69) 式的奇異點 $a=0$ 時的情況是：

$$g(z)=\left(\cdots+b_2z^2+b_1z+b_0+b_{-1}\frac{1}{z}+b_{-2}\frac{1}{z^2}+\cdots+b_{-n}\frac{1}{z^n}+\cdots\right) \quad (11)$$

比較 (10) 和 (11) 式得：

$$\left\{\begin{array}{l} z=0 \text{ 是在 } D \text{ 內的}\textbf{本質奇異點} \text{ (essential} \\ \quad \text{singular point，請看 (2-30))} \\ \text{Res. } g(0)=b_{-1}=\dfrac{\pi^2}{2!}=\dfrac{\pi^2}{2} \end{array}\right\} \cdots\cdots (12)$$

$$\therefore \oint_C g(z)dz=\oint_C ze^{\pi/z}dz=2\pi i \text{ Res. } g(0)=\pi^3 i \cdots\cdots (13)$$

$$\therefore I_2=\oint_C\left[\frac{ze^{\pi/z}}{(z^2+9)^2}+ze^{\pi/z}\right]dz$$

$$=\oint_C f(z)dz+\oint_C g(z)dz$$

$$\xlongequal[\text{(9) 和 (13) 式}]{} 0+\pi^3 i=\pi^3 i \cdots\cdots (14)$$

(3) 求 $I_3=\oint_C \dfrac{e^z}{\cosh z}dz$ 值：

被積函數 $\dfrac{e^z}{\cosh z}\equiv f(z)$，　$\cosh x=\dfrac{e^z+e^{-z}}{2}$，於是 $f(z)$ 之奇異點是：

$$e^z+e^{-z}=0$$

$$\therefore e^{2z}=-1$$

$$=e^{(2n+1)\pi i}, \quad n=0, \pm1, \pm2, \cdots, \cdots\cdots (15)$$

$$\left.\begin{array}{l}\therefore z=\dfrac{(2n+1)\pi i}{2}\text{ 是 } f(z) \text{ 之一階奇異點，}\\ \text{但由圖 (3-36)，在 } D \text{ 內只有 } n=0\text{，}\pm 1 \text{ 和 } (-2)\text{，即：}\\ z=\pm\dfrac{\pi}{2}i\text{，}\pm\dfrac{3\pi}{2}i\text{，}\end{array}\right\}\cdots\cdots\cdots (16)$$

$$\therefore \text{Res.}f\left(\frac{2n+1}{2}\pi i\right)=\lim_{z\to\frac{2n+1}{2}\pi i}\left(z-\frac{2n+1}{2}\pi i\right)\frac{e^z}{\cosh z}$$

$$=\lim_{z\to\frac{2n+1}{2}\pi i}(2e^z)\cdots\cdots\cdots (17)$$

由 (16) 和 (17) 式得 $f(z)$ 在 D 內各極點之留數：

$$\left.\begin{array}{l}\text{Res.}f\left(\dfrac{1}{2}\pi i\right)=\displaystyle\lim_{z\to\pi i/2}(2e^z)=2\\ \text{Res.}f\left(-\dfrac{1}{2}\pi i\right)=\displaystyle\lim_{z\to-\pi i/2}(2e^z)=-2\\ \text{Res.}f\left(\dfrac{3}{2}\pi i\right)=\displaystyle\lim_{z\to 3\pi i/2}(2e^z)=-2\\ \text{Res.}f\left(-\dfrac{3}{2}\pi i\right)=\displaystyle\lim_{z\to-3\pi i/2}(2e^z)=2\end{array}\right\}\cdots\cdots\cdots (18)$$

$$\therefore \oint_C f(z)dz=\oint_C\frac{e^z}{\cosh z}dz$$

$$=2\pi i\left[\text{Res.}f\left(\frac{\pi}{2}i\right)+\text{Res.}f\left(-\frac{\pi}{2}i\right)+\text{Res.}f\left(\frac{3}{2}\pi i\right)+\text{Res.}\left(-\frac{3}{2}\pi i\right)\right]$$

$$=2\pi i(2-2-2+2)=0\cdots\cdots\cdots (19)$$

(5) 積分之 Cauchy 主值？

19 世紀 Cauchy 發現，除在 $x=x_0$ 之外，函數 $f(x)$ 在閉區域 $a\le x\le b$ 是連續函數時，有下面情況發生：

$$\int_b^a f(x)dx = \lim_{\substack{\varepsilon_1 \to 0 \\ \varepsilon_2 \to 0}} \left\{ \int_a^{x_0 - \varepsilon_1} f(x)dx + \int_{x_0 + \varepsilon_2}^b f(x)dx \right\}$$

$$= \left\{ \begin{array}{l} \text{不存在確定值，當 } \varepsilon_1 \neq \varepsilon_2 \\ \text{存在確定值，當 } \varepsilon_1 = \varepsilon_2 = \varepsilon \\ \quad \varepsilon_1, \varepsilon_2, \varepsilon \text{ 都是正無限小值} \end{array} \right\} \cdots\cdots (3\text{-}81)$$

Cauchy 稱 $\varepsilon_1 = \varepsilon_2$ 時的積分值爲**積分主值** (principal value of integrals)，而寫成：

$$P\int_a^b f(x)dx \equiv \lim_{\varepsilon \to 0} \left\{ \int_a^{x_0 - \varepsilon} f(x)dx + \int_{x_0 + \varepsilon}^b f(x)dx \right\} \cdots\cdots (3\text{-}82)$$

普通又稱 (3-82) 式爲 **Cauchy 積分主值** (Cauchy principal value of integral)，即 $P\int_a^b f(x)dx$ 爲積分 $\int_a^b f(x)dx$ 之主值。x_0 是 $f(x)$ 的非解析點，是什麼樣的奇異點呢？$\pm\varepsilon$ 有什麼特性呢？數學家的興趣是積分的收不收斂性 ((3-82) 式的值是有限確定值時，稱該積分爲**收斂積分**)，而物理學家的興趣焦點在，奇異點是什麼？$\pm\varepsilon$ 有什麼物理意義，有什麼物理現象內涵此性質？這些是 20 世紀量子力學誕生後的重要科研題之一。爲了探討複合體，例如原子，原子核內部結構，20 世紀初葉物理學家們就開始做**碰撞** (collision) 或**散射** (scattering) 實驗 (請複習 (2-164)$_1$ 式到 (2-165) 式和圖 (2-28))。不久物理學家發現 Cauchy 一連串理論，如 (3-29), (3-43) 和 (3-82) 式正是分析散射現象的數學理論 (請複習 (2-173) 式到 (2-175)$_3$ 式，以及圖 (2-31)(a), (b))。現以 (Ex.3-18) 和 (Ex.3-19) 方式回答以上所說之內容。

(Ex.3-18) 積分之 Cauchy 主值是什麼？以求 $\int_{-a}^{a} \frac{dx}{x^3}$ 值來回答，x = 實變數，a = 正實數。

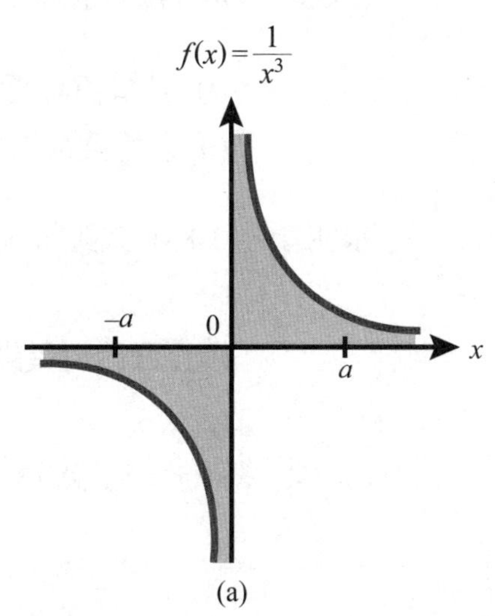

(a)

(解)：被積函數 $1/x^3 \equiv f(x)$ ，除 $x = 0$ 之外，如圖 (3-37)(a) 是解析函數。顯然 $f(x)$ 是**奇函數** (odd function)，於是如圖 (3-37)(a)，$f(x)$ 在第一象限之面積和第三象限之面積，剛

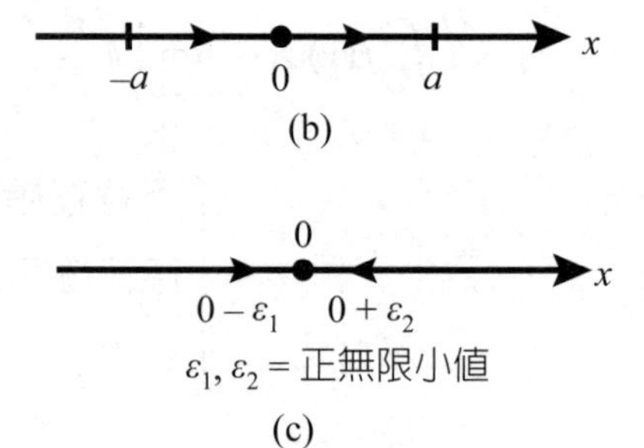

圖 (3-37)

好相互抵消。不過積分路徑是如圖 (3-37)(b)，非經過 $x = 0$ 之點不可，而 $f(x)$ 在 $x = 0$ 是三階極點！Cauchy 想到的解救法是如圖 (3-37)(c)，從 $x = 0$ 之左右以不等速無限地逼近 $x = 0$：

$$\left.\begin{array}{l}\text{左邊：}\lim\limits_{\varepsilon_1\to 0}(0-\varepsilon_1)\\ \text{右邊：}\lim\limits_{\varepsilon_2\to 0}(0+\varepsilon_2)\end{array}\right\}\cdots\cdots\cdots\cdots (3\text{-}83)_1$$

$$\therefore \int_{-a}^{a}\frac{dx}{x_3}=\lim_{\substack{\varepsilon_1\to 0\\ \varepsilon_2\to 0}}\left\{\int_{-a}^{0-\varepsilon_1}\frac{dx}{x^3}+\int_{0+\varepsilon_2}^{a}\frac{dx}{x^3}\right\}$$

$$=\lim_{\varepsilon_1\to 0}\left[-\frac{1}{2}\frac{1}{x^2}\right]_{-a}^{-\varepsilon_1}+\lim_{\varepsilon_2\to 0}\left[-\frac{1}{2}\frac{1}{x^2}\right]_{\varepsilon_2}^{a}$$

$$=-\frac{1}{2}\lim_{\varepsilon_1\to 0}\frac{1}{(-\varepsilon_1)^2}+\frac{1}{2}\frac{1}{(-a)^2}-\frac{1}{2}\frac{1}{a^2}+\lim_{\varepsilon_2\to 0}\frac{1}{2\varepsilon_2^2}$$

$$=\lim_{\substack{\varepsilon_1\to 0\\ \varepsilon_2\to 0}}\left(\frac{1}{2\varepsilon_2^2}-\frac{1}{2\varepsilon_1^2}\right)\cdots\cdots\cdots\cdots (3\text{-}83)_2$$

$$\neq \mathbf{0}\ (\text{圖 (3-37)(a) 的幾何圖形是等於 } 0)\cdots\cdots\cdots\cdots (3\text{-}83)_3$$

如要 $(3\text{-}83)_3$ 式之右邊等於零，則需要 $(3\text{-}83)_2$ 式的：

$$\varepsilon_1=\varepsilon_2\equiv\varepsilon\cdots\cdots\cdots\cdots (3\text{-}83)_4$$

$(3\text{-}83)_4$ 式是什麼意思呢？從圖 (3-37)(c) 的立場是：

$$\left.\begin{array}{l}\text{(i) 以和 } f(x) \text{ 的 } x \text{ 同質且等權之量 } \varepsilon\text{，}\\ \text{(ii) 以等速從奇異點的左右逼近奇異點。}\end{array}\right\}\cdots\cdots\cdots\cdots (3\text{-}83)_5$$

很明顯，$(3\text{-}83)_4$ 式雖帶來 $(3\text{-}83)_3$ 式的幾何圖形來的結果，卻：

$$\text{沒正面碰奇異點 } x=0\text{！}\cdots\cdots\cdots\cdots (3\text{-}83)_6$$

$(3\text{-}83)_4$ 式等於作了圖 (3-38) 的積分，所以 Cauchy 才定義 (3-82) 式，以符號

"P" 明確地表示沒碰奇異點的積分值。這是 Cauchy 求**反常積分** (**廣義積分** improper integral) 的方法。

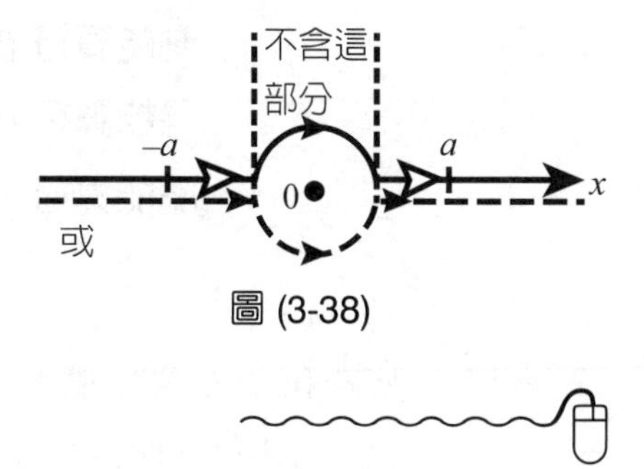

圖 (3-38)

(Ex.3-19) 分析**二體** (two-body) 散射 11) 的 P570~578

(解)：(a) 說明：

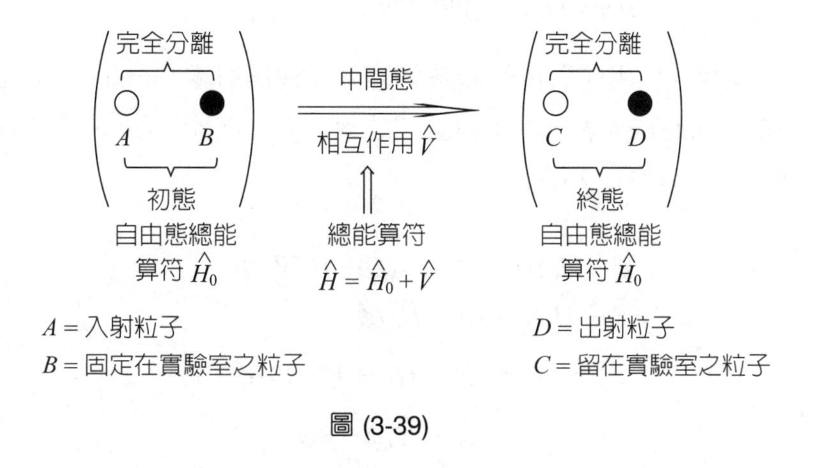

圖 (3-39)

探討粒子間的相互作用**機制** (mechanism)，粒子的內部結構時，物理學最常用的方法是研究粒子的散射 (常含反應，碰撞)。爲了容易瞭解，如圖 (3-39) 以二體散射爲例，且現象發生在實驗室，以及二體間的相互作用是以**勢能** (potential energy)V 表示，物理體系的總能量，設爲 H，是兩個粒子的**動能** (kinetic energy) 和 K，和兩粒子相互作用能 V，即：

$$\hat{H}=\hat{K}+\hat{V} \cdots\cdots (3\text{-}84)_1$$

動能 K，勢能 V 全是動態量，是有**操作** (operate) 能力，在其上面戴上帽子 "∧" 表示 "操作"，稱爲：

$$\left.\begin{array}{l}\textbf{動能算符 (kinetic energy operator) } \hat{K}，\\ \textbf{勢能算符 (potential energy operator) } \hat{V}，\\ \text{總能算符 } \hat{H}\text{，稱 } \hat{H} \text{ 為 Hamiltonian 算符，} \\ \qquad\text{簡稱 Hamiltonian 。}\end{array}\right\} \cdots\cdots (3\text{-}84)_2$$

當兩粒子完全分離，即無相互作用時 $\hat{V}=0$，設描述這時的物理體系之狀態(自由態)函數爲 ϕ ，總能量爲 E ，而 $\hat{V}\neq 0$ 時的狀態函數爲 Ψ ，則由能量守恆得散射體系之微分方程式：

$$\left.\begin{array}{l}\hat{H}_0\,\phi=E\phi \\ \hat{H}\Psi=(\hat{H}_0+\hat{V})\Psi=E\Psi\end{array}\right\} \cdots\cdots (3\text{-}85)_1$$

二體相互作用前與後的體系狀態分別稱爲**初態** (initial state) $\phi=\phi_i$ 與**終態** (final state) $\phi=\phi_f$，右下標誌 “i” 和 “f” 分別爲 initial 和 final 的頭一個字母。由 $(3\text{-}85)_1$ 式得：

$$(E-\hat{H}_0)\phi=0, \qquad (E-\hat{H})\Psi=0$$

$$\begin{aligned}\therefore (E-\hat{H})\Psi &= (E-\hat{H}_0)\phi \\ &= [E-(\hat{H}_0+\hat{V}-\hat{V})]\phi \\ &= (E-\hat{H})\phi+\hat{V}\phi\end{aligned}$$

$$\therefore \Psi=\phi+\frac{1}{E-\hat{H}}\hat{V}\phi \cdots\cdots (3\text{-}85)_2$$

散射 Hamiltonian $\hat{H}$ 的**能量本徵值** (energy eigenvalue)[2] $<\hat{H}>\equiv E_H$，E_H 是連續值，於是 $(3\text{-}85)_2$ 式的 $(E-\hat{H})$ 會遇到零值，換句話，如圖 (3-40)，$(E-\hat{H})^{-1}$ 會遇到極點，怎麼辦？曾在 $(2\text{-}174)_1$ 式到 $(2\text{-}175)_3$ 式討論過，即：

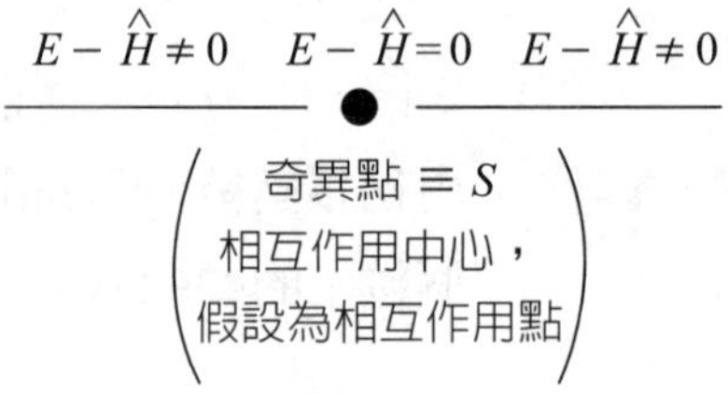

圖 (3-40)

方法一：

使用註 (18) 的 (107) 式，引進 δ 函數，

$$\frac{1}{E-\hat{H}} \Longrightarrow P\frac{1}{E-\hat{H}} \pm i\pi\delta\,(E-\hat{H}) \quad\cdots\cdots\cdots\cdots\cdots\cdots\cdots\cdots\cdots\cdots\cdots \quad (3\text{-}86)_1$$

<u>方法二：</u>

（把奇異點移走一點點）$\Longleftrightarrow$ 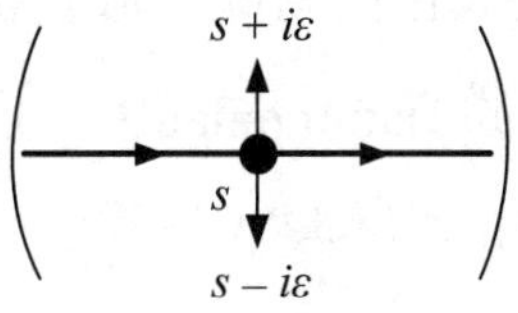

$$\frac{1}{E-\hat{H}} \Longrightarrow \frac{1}{E-\hat{H}\pm i\varepsilon}，\qquad \varepsilon = \text{和 } \hat{H} \text{ 同因次 (dimension) 的}$$

正微小實量$\cdots\cdots\cdots\cdots\cdots\cdots\cdots\cdots$ $(3\text{-}86)_2$

無論用哪種方法，兩者該相等：

$$\frac{1}{E-\hat{H}\pm i\varepsilon} = P\frac{1}{E-\hat{H}} \mp i\pi\delta\,(E-\hat{H}) \quad\cdots\cdots\cdots\cdots\cdots\cdots\cdots\cdots\cdots\cdots\cdots \quad (3\text{-}86)_3$$

(b) 推導 $(3\text{-}86)_3$ 式：

$$\frac{1}{E-\hat{H}\pm i\varepsilon} = \frac{E-\hat{H}\mp i\varepsilon}{[(E-\hat{H})\pm i\varepsilon][(E-\hat{H})\mp i\varepsilon]}$$

$$= \underset{\substack{\Uparrow \\ \text{沒相互作用點之項} \\ \Downarrow}}{\frac{E-\hat{H}}{(E-\hat{H})^2+\varepsilon^2}} \mp i \underset{\substack{\Uparrow \\ \text{有相互作用點之項} \\ \Downarrow\, \varepsilon\to 0}}{\frac{\varepsilon}{(E-\hat{H})^2+\varepsilon^2}}$$

$$= \underset{\substack{\Uparrow \\ \frac{1}{E-\hat{H}}\text{ 之主值}}}{P\frac{1}{E-\hat{H}}} \mp \underset{\substack{\Uparrow \\ \text{極點 [}(E-\hat{H})=0\text{ 之點]}}}{i\pi\delta\,(E-\hat{H})} \quad\cdots\cdots\cdots\cdots\cdots\cdots\cdots\cdots \quad (3\text{-}87)_1$$

$$\left.\begin{array}{l} P\dfrac{1}{E-\hat{H}} = \dfrac{E-\hat{H}}{(E-\hat{H})^2+\varepsilon^2} \\[2ex] \displaystyle\lim_{\varepsilon\to 0}\frac{\varepsilon}{x^2+\varepsilon^2} = \pi\delta(x) \longleftarrow \text{註 (18) 的 } (96)_3 \text{ 式} \end{array}\right\} \cdots\cdots\cdots\cdots\cdots\cdots\cdots\cdots \quad (3\text{-}87)_2$$

$(3\text{-}87)_1$ 式就是 $(3\text{-}86)_3$ 式。那麼和 $\hat{H}$ 同因次，且和奇異點有關的 ε 到底扮演什麼物理角色？移走奇異點是動態行爲，於是 ε 一定和“動”有關。

(c) $(3\text{-}86)_2$ 式的 ε 之物理？

ε 是爲了位移奇異點進來之量，也是避免 $(E-\hat{H})^{-1}$ 發散之量，都和相互作用 $\hat{V}$ 有關。於是觀察相互作用 $\hat{V}$ 源的情況時，最好不用含相互作用 $\hat{V}$ 的 Hamiltonian $\hat{H}$，而用自由態的 $\hat{H}_0$ (因爲必從外邊觀察現象)，故由 $(3\text{-}85)_1$ 式得：

$$\hat{H}\Psi=(\hat{H}_0+\hat{V})\Psi=E\Psi$$

$$\therefore (E-\hat{H}_0)\Psi=\hat{V}\Psi$$

$$=[(\hat{V}=0)\text{ 的情況 }]+[(\hat{V}\neq 0)\text{ 的情況 }]$$

$$=(E-\hat{H}_0)\phi+\hat{V}\Psi$$

$$\therefore \Psi=\phi+\frac{1}{E-\hat{H}_0}\hat{V}\Psi \cdots\cdots (3\text{-}88)_1$$

$(3\text{-}88)_1$ 式右邊第二項，同樣地出現一階極點，於是必須加微小量 $\pm i\varepsilon$ 來避免發散：

$$(E-\hat{H}_0)\Longrightarrow(E-\hat{H}_0)\pm i\varepsilon, \qquad \varepsilon=\text{正的微小實量} \cdots\cdots (3\text{-}88)_2$$

$$\therefore \Psi^{(\pm)}=\phi+\frac{1}{E-\hat{H}_0\pm i\varepsilon}\hat{V}\Psi^{(\pm)} \cdots\cdots (3\text{-}88)_3$$

$(3\text{-}88)_3$ 式之 $\Psi^{(\pm)}$ 右上標誌是，對應“$\pm i\varepsilon$”的“$\pm$”放上去的符號：

$$\left.\begin{array}{l}\Psi^{(+)}\longleftarrow +i\varepsilon\\ \Psi^{(-)}\longleftarrow -i\varepsilon\end{array}\right\} \cdots\cdots (3\text{-}88)_4$$

$(3\text{-}88)_3$ 式通稱爲 **Lippmann-Schwinger 方程式** (Bernard Abram Lippmann (1914~?)，Julian Seymeur Schwinger (1918~1994))。

接著來探討 $(3\text{-}88)_3$ 式的 $\pm i\varepsilon$ 扮演之角色。爲了一目瞭然易懂，把圖 (3-39) 約化成 $A=D$ 爲質量 m 之粒子，$B=C$ 爲造勢能 $\hat{V}$ 源之粒子，並且用三維空間的直角座標 $(x,y,z)\equiv\vec{x}$，則以 $\vec{x}$ 表示，且“$\pm i\varepsilon$”時的 $(3\text{-}88)_3$ 式方程式是：

$$\Psi^{(+)}(\vec{x}) = \phi(\vec{x}) + \int d^3x' \left\langle \vec{x} \left| \frac{1}{E - \hat{H} + i\varepsilon} \right| \vec{x}' \right\rangle V(\vec{x}')\Psi^{(+)}(\vec{x}') \cdots\cdots\cdots\cdots (3\text{-}89)_1$$

質量 m 的入射粒子是自由粒子，只有動能 $\vec{P_0}^2/2m$，$\vec{P_0} = \hbar\vec{k_0}$ 是質量 m 的粒子**動量** (momentum)，$\vec{k_0}$ 是**角波數** (angular wave number) 向量，又叫**波向量** (wave vector)，所以 $\hat{H}_0\phi(\vec{x}) = E\phi(\vec{x}) = (\hbar^2k_0^2/2m)\phi(\vec{x})$，表示 $\phi(\vec{x})$ 是在空間每一點的**機率** (probability) 都一樣，**波陣面** (wave front) 形式平面之**平面波** (plane wave)：

$$\phi(\vec{x}) = \frac{1}{(2\pi)^{3/2}} e^{i\vec{k_0}\cdot\vec{x}} \xlongequal[\text{省略}(2\pi)^{-3/2}]{} e^{i\vec{k_0}\cdot\vec{x}} \cdots\cdots\cdots\cdots (3\text{-}89)_2$$

$(3\text{-}89)_2$ 式的 $(2\pi)^{-3/2}$ 是平面波的**歸一化** (normalization) 係數 [2, 4]，爲了突顯波的性質，以 $\exp(i\vec{k_0}\cdot\vec{x})$ 爲平面波，省略了 $(2\pi)^{-3/2}$。波的特性是有波長 λ，$(2\pi/\lambda) \equiv k$ 叫**角波數**，與頻率 ν，$2\pi\nu \equiv \omega$ 叫**角頻率** (angular frequency)，並且以 $\vec{k}$ 表示波的行進方向。質量 m 的粒子自由自在地進到有勢能 $\hat{V}$ 作用的空間來，會變成怎樣呢？所以需要配合 $(3\text{-}89)_2$ 式，把和波的行進無直接關係的 $(3\text{-}89)_1$ 式，從 $\vec{x}$ 空間變換到角波數向量 $\vec{k} = (k_x, k_y, k_z)$ 空間來：

$$\begin{aligned}\left\langle \vec{x} \left| \frac{1}{E - \hat{H}_0 + i\varepsilon} \right| \vec{x}' \right\rangle &= \left\langle \vec{x} \left| \frac{1}{E_0 - \hat{H}_0 + i\varepsilon} \right| \vec{x}' \right\rangle \\ &= \int d^3k\, d^3k' \langle \vec{x} | \vec{k} \rangle \left\langle \vec{k} \left| \frac{1}{E_0 - \hat{H}_0 + i\varepsilon} \right| \vec{k}' \right\rangle \langle \vec{k}' | \vec{x}' \rangle\end{aligned}$$

$$\cdots\cdots\cdots\cdots (3\text{-}89)_3$$

$(3\text{-}89)_3$ 式的 $\int d^3k |\vec{k}\rangle\langle\vec{k}|$ 是，變數 $\vec{k}$ 爲連續變數時的**投射算符** (projection operator)，於是 $\hat{H}_0$ 作用到 $|k'>$ 狀態得 [2, 4]：

$$\left\langle \vec{k} \left| \frac{1}{E - \hat{H}_0 + i\varepsilon} \right| \vec{k}' \right\rangle = \left\langle \vec{k} \left| \frac{1}{E_0 - \frac{\hbar^2 \vec{k}'^2}{2m} + i\varepsilon} \right| \vec{k}' \right\rangle$$

$$\xlongequal[\vec{k}'\cdot\vec{k}' \equiv \vec{k}'^2 = k'^2]{} \frac{1}{E_0 - \frac{\hbar^2 k'^2}{2m} + i\varepsilon} \langle \vec{k} | \vec{k}' \rangle$$

$$\xrightarrow[E_0=\hbar^2k_0^2/2m]{} \frac{2m}{\hbar^2}\frac{1}{k_0^2-k^2+i\eta}\delta^3(\vec{k}-\vec{k}') \cdots\cdots (3\text{-}89)_4$$

由 $(3\text{-}89)_3$ 和 $(3\text{-}89)_4$ 式得：

$$\left\langle\vec{x}\left|\frac{1}{E-\hat{H}_0+i\varepsilon}\right|\vec{x}'\right\rangle=\frac{2m}{\hbar^2}\int d^3k\langle\vec{x}|\vec{k}\rangle\frac{1}{k_0^2-k^2+i\eta}\langle\vec{k}|\vec{x}'\rangle \cdots\cdots (3\text{-}89)_5$$

$\eta\equiv 2m\varepsilon/\hbar^2>0$，而 $\langle\vec{x}|\vec{k}\rangle$ 和 $\langle\vec{k}|\vec{x}'\rangle$ 是 $\vec{x}$ 空間與 $\vec{k}$ 空間的變換函數：

$$\left.\begin{aligned}\langle\vec{x}|\vec{k}\rangle&=\frac{1}{(2\pi)^{3/2}}e^{i\vec{k}\cdot\vec{x}}\\ \langle\vec{k}|\vec{x}'\rangle&=\frac{1}{(2\pi)^{3/2}}e^{-i\vec{k}\cdot\vec{x}'}\end{aligned}\right\} \cdots\cdots (3\text{-}89)_6$$

$$\therefore\left\langle\vec{x}\left|\frac{1}{E-\hat{H}_0+i\varepsilon}\right|\vec{x}'\right\rangle=\frac{2m}{\hbar^2}\frac{1}{(2\pi)^3}\int d^3k e^{i\vec{k}\cdot(\vec{x}-\vec{x}')}\frac{1}{k_0^2-k^2+i\eta} \cdots\cdots (3\text{-}90)_1$$

接著是執行 $(3\text{-}90)_1$ 式的積分，假設 $\vec{k}=\vec{p}/\hbar$ 的分佈是球對稱，如圖 (3-41)，取 $(\vec{x}-\vec{x}')\equiv\vec{r}$ 方向爲 k_z 軸，而在和 k_z 軸垂直的平面，依右手系規則取 k_x 和 k_y 軸，則得：

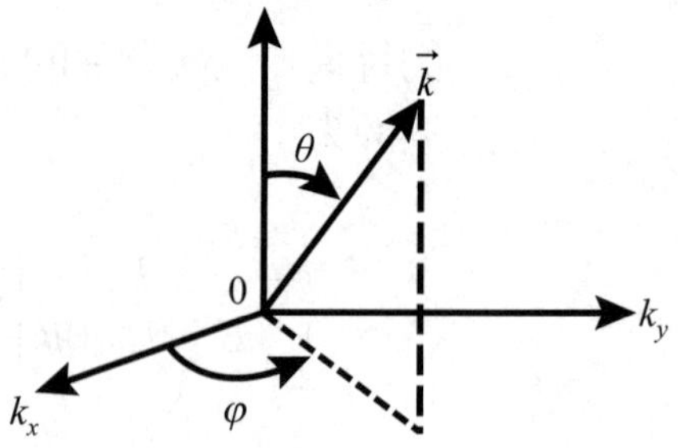

$\vec{k}$ 空間的球座標 $(|\vec{k}|,\theta,\varphi)$

圖 (3-41)

$$\begin{aligned}\int d^3k&=\int_0^\infty dk\int_0^\pi kd\theta\int_0^{2\pi}k\sin\theta d\varphi\\ &=\int_0^\infty\int_0^\pi\int_0^{2\pi}k^2\sin\theta\,dk\,d\theta\,d\varphi,\qquad k\equiv|\vec{k}| \cdots\cdots (3\text{-}90)_2\end{aligned}$$

$$\begin{aligned}&\left\langle\vec{x}\left|\frac{1}{E-\hat{H}_0+i\varepsilon}\right|\vec{x}'\right\rangle\\ &=-\frac{2m}{\hbar^2}\frac{1}{(2\pi)^3}\int_0^\infty\int_0^\pi\int_0^{2\pi}\frac{1}{k^2-k_0^2-i\eta}e^{ikr\cos\theta}k^2\sin\theta\,dk\,d\theta\,d\varphi\\ &=-\frac{2m}{\hbar^2}\frac{1}{4\pi^2}\frac{1}{ir}\int_0^\infty\frac{k(e^{ikr}-e^{-ikr})}{k^2-k_0^2-i\eta}dk \cdots\cdots (3\text{-}90)_3\end{aligned}$$

當 $k \to (-k)$ 時，$(3\text{-}90)_3$ 式的被積函數不變，即偶函數：

$$\therefore \int_0^\infty dk = \frac{1}{2}\int_{-\infty}^{\infty} dk$$

$$\therefore \left\langle \vec{x} \left| \frac{1}{E - \hat{H}_0 + i\varepsilon} \right| \vec{x}' \right\rangle = -\frac{2m}{\hbar^2}\frac{1}{4\pi^2}\frac{1}{2ir}\int_{-\infty}^{\infty}\frac{k(e^{ikr} - e^{-ikr})}{k^2 - k_0^2 - i\eta}dk \cdots\cdots\cdots (3\text{-}90)_4$$

當 $k \to (\pm k_0)$ 時 $(3\text{-}90)_4$ 式的分母逼近零，即 $k = \pm k_0$ 是極點，爲了避免發散才有 $i\eta$，就是採用 $(3\text{-}86)_2$ 式的方法，目的是想用 Cauchy 的 (3-43) 式或求留數之方法來求 $(3\text{-}90)_4$ 式值。由 $(3\text{-}90)_4$ 式的分母得：

$$k^2 - k_0^2 - i\eta = \left(k - k_0 - i\frac{\sigma}{2}\right)\left(k + k_0 + i\frac{\sigma}{2}\right), \qquad \sigma \equiv \eta/k_0 \cdots\cdots\cdots (3\text{-}90)_5$$

$(3\text{-}90)_5$ 式等於把 $k = \pm k_0$ 之極點，如圖 (3-42) 從 k 的實軸移走，然後使用求留數方法來得極點值。於是 $(3\text{-}90)_4$ 式對 k 的實數積分變成對複數 k 的**周線** (contour) 積分，但眞正要的是沿 Re. k 部分，於是半圓周部分必須等於零。爲了達到此目的，於是因數分解 $(3\text{-}90)_5$ 式左邊變爲右邊時必須小心：從 $(3\text{-}90)_4$ 式的 $\exp(\pm ikr)$ 能得 $\exp(-\sigma r/2)$ ，稱爲**衰減因子** (damping factor) 才行，它會使從圖 (3-42) 的半圓周來的值變成零，而只留下對 k 的實數積分，即：

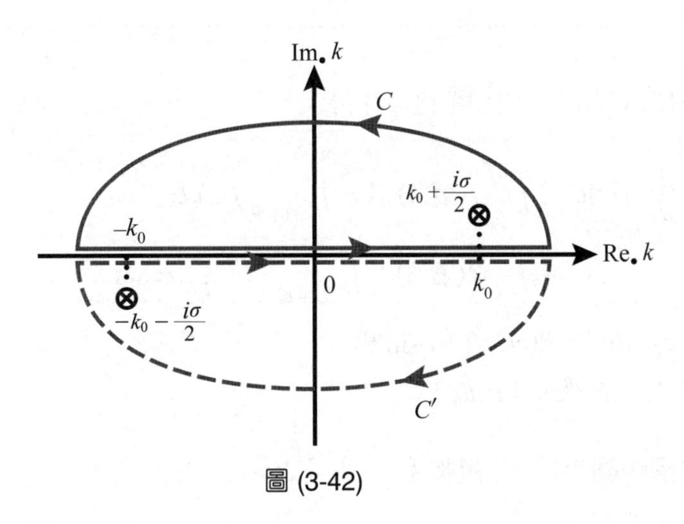

圖 (3-42)

$$\left.\begin{array}{l} e^{\pm ikr} \xrightarrow[\text{出現}]{} e^{-\sigma r/2} = e^{-\eta r/2k_0} \\ \text{而} \lim\limits_{r\to\infty} e^{-\eta r/2k_0} = 0 \\ \therefore \oint dk = \int_{-\infty}^{\infty} dk \end{array}\right\} \cdots\cdots\cdots (3\text{-}91)_1$$

把實數 k 往上或往下移，是和 $(3\text{-}90)_5$ 式的因數分解有關。像這樣的“用心”，當用數學理論或演算方法於物理題目時，是必須留意之事，到底數學和物理是有微妙差異。我們在註 (5) 的 $(52)_1$ 式到 $(54)_2$ 式做了類似這種之事。

爲了達到 $(3\text{-}91)_1$ 式的要求，$(3\text{-}90)_4$ 式的 $\exp(ikr)$ 和 $\exp(-ikr)$ 項的複數積分周線，分別爲圖 (3-42) 的 C 和 C'，C 是逆時針的正方向，而 C' 是順時針的負方向。現在 k 爲複數，設複數 $k \equiv z$，則得：

$$\begin{aligned} \int_{-\infty}^{\infty} \frac{ke^{ikr}}{k^2 - k_0^2 - i\eta} dk &\Longrightarrow \oint_C \frac{ze^{izr}}{z^2 - k_0^2} dz \\ &\equiv \oint_C f(z)dz \xlongequal[(3-76)\text{式}]{} 2\pi i \,\text{Res.} f(k_0) \cdots\cdots (3\text{-}91)_2 \\ \int_{-\infty}^{\infty} \frac{ke^{-ikr}}{k^2 - k_0^2 - i\eta} dk &\Longrightarrow \oint_{C'} \frac{ze^{-izr}}{z^2 - k_0^2} dz \\ &\equiv \oint_{C'} g(z)dz \xlongequal[(3-16)_2, (3-76)\text{式}]{} -2\pi i \,\text{Res.}\, g(-k_0) \end{aligned}$$

$$\cdots\cdots\cdots (3\text{-}91)_3$$

至於周線 C 和 C'，由圖 (3-42) 得：

$$\begin{aligned} \oint_C f(z)dz &= \int_{-\infty}^{\infty} f(\text{實 } k)\, dk + \int_{C\text{ 的半圓}} f(z)dz \\ &= \int_{-\infty}^{\infty} f(\text{實 } k) + \int_{C\text{ 的半圓}} \frac{ze^{izr}}{z^2 - k_0^2} dz \cdots\cdots\cdots (3\text{-}91)_4 \end{aligned}$$

設 $z = Re^{i\theta} = R(\cos\theta + i\sin\theta)$

則 $dz = iRe^{i\theta}d\theta = izd\theta$

R = 半圓的圓半徑 = | 複數 k |，並且 $R > k_0$ 才行。

$$\therefore \int_{C\text{ 的半圓}} \frac{ze^{izr}}{z^2 - k_0^2} dz = i\int_0^{\pi} \frac{z^2 e^{izr}}{z^2 - k_0^2} d\theta \equiv I \cdots\cdots\cdots (3\text{-}91)_5$$

積分 I 的被積函數：

$$\left|\frac{z^2 e^{izr}}{z^2-k_0^2}\right| \xlongequal[\text{(1−19) 式}]{} \frac{|z^2||e^{izr}|}{|z^2-k_0^2|}$$

$$=\frac{|z^2||e^{iRr\cos\theta}||e^{-Rr\sin\theta}|}{|z^2-k_0^2|}$$

$$=\frac{|z^2|e^{-Rr\sin\theta}}{|z^2-k_0^2|}$$

$$\begin{cases} |z^2|=R^2 \\ |z^2-k_0^2| \xlongequal[\text{(1-19) 式}]{} \{(|z^2|-|k_0^2|)=R^2-k_0^2\} \end{cases}$$

$$\leq\frac{R^2 e^{-Rr\sin\theta}}{R^2-k_0^2}$$

$$\therefore I=i\int_0^\pi \frac{z^2 e^{izr}}{z^2-k_0^2}dz \leq \left\{i\int_0^\pi \frac{R^2 e^{-Rr\sin\theta}}{R^2-k_0^2}d\theta=2i\int_0^{\pi/2}\frac{R^2 e^{-Rr\sin\theta}}{R^2-k_0^2}d\theta\right\}$$

$$\begin{cases} \text{當 } 0\leq\theta\leq\dfrac{\pi}{2} \text{ 時} \\ \sin\theta\geq\dfrac{2\theta}{\pi} \end{cases}$$

$$\therefore I\leq 2i\int_0^{\pi/2}\frac{R^2 e^{-2Rr\theta/\pi}}{R^2-k_0^2}d\theta$$

$$=\frac{2iR^2}{R^2-k_0^2}\frac{-\pi}{2Rr}\left[e^{-2Rr\theta/\pi}\right]_0^{\pi/2}$$

$$=\frac{-iR\pi}{R^2-k_0^2}\frac{1}{r}(e^{-Rr}-1)\xlongequal[r\to\infty]{}0 \cdots\cdots (3\text{-}91)_6$$

把 $(3\text{-}91)_5$ 和 $(3\text{-}91)_6$ 式代入 $(3\text{-}91)_4$ 式得：

$$\oint_C f(z)dz=\int_{-\infty}^{\infty} f(\text{實 } k)dk$$

$$\xlongequal[(3-91)_2\text{ 式}]{} 2\pi i\,\text{Res.}f(k_0)$$

$$=\int_{-\infty}^{\infty}\frac{ke^{ikr}}{k^2-k_0^2-i\eta}dk \cdots\cdots (3\text{-}92)_1$$

同理從 $(3\text{-}91)_3$ 式得：

$$\int_{-\infty}^{\infty}\frac{ke^{-ikr}}{k^2-k_0^2-i\eta}dk=\int_{-\infty}^{\infty}g(\text{實 }k)dk$$

$$=-2\pi i\ \text{Res.}\,g(-k_0)\ \cdots\cdots\ (3\text{-}92)_2$$

而各周線 C 與 C' 之留數 $\text{Res.}f(k_0)$ 與 $\text{Res.}g(-k_0)$，由 (3-76) 式得：

$$\text{Res.}f(k_0)=\lim_{k\to k_0}(k-k_0)\frac{ke^{ikr}}{(k-k_0)(k+k_0)}=\frac{1}{2}e^{ik_0r}\ \cdots\cdots\ (3\text{-}93)_1$$

$$\text{Res.}\,g(-k_0)=\lim_{k\to -k_0}(k+k_0)\frac{ke^{-ikr}}{(k-k_0)(k+k_0)}=\frac{1}{2}e^{ik_0r}\ \cdots\cdots\ (3\text{-}93)_2$$

把 $(3\text{-}92)_1$ 和 $(3\text{-}92)_2$ 式代入 $(3\text{-}90)_4$ 式得：

$$\left\langle\vec{x}\left|\frac{1}{E-\hat{H}_0+i\varepsilon}\right|\vec{x}'\right\rangle=-\frac{2m}{\hbar^2}\frac{1}{4\pi^2}\frac{1}{2ir}\left\{(2\pi i)\times\frac{1}{2}e^{ik_0r}-(-2\pi i)\times\frac{1}{2}e^{ik_0r}\right\}$$

$$=-\frac{2m}{\hbar^2}\frac{1}{4\pi}\frac{1}{r}e^{ik_0r}$$

$$=-\frac{2m}{\hbar^2}\frac{1}{4\pi}\frac{1}{|\vec{x}-\vec{x}'|}e^{ik_0|\vec{x}-\vec{x}'|}\ \cdots\cdots\ (3\text{-}94)_1$$

於是由 $(3\text{-}89)_1$, $(3\text{-}89)_2$ 和 $(3\text{-}94)_1$ 式得：

$$\Psi^{(+)}(\vec{x})=\underbrace{e^{i\vec{k}_0\bullet\vec{x}}}_{\text{進來的平面波}}-\frac{2m}{\hbar^2}\frac{1}{4\pi}\int d^3x'\underbrace{\frac{e^{ik_0|\vec{x}-\vec{x}'|}}{|\vec{x}-\vec{x}'|}}_{\text{向外球面波}}\underbrace{V(|\vec{x}'|)}_{\text{散射源}}\Psi^{(+)}(\vec{x}')$$

$$\cdots\cdots\ (3\text{-}94)_2$$

$(3\text{-}94)_2$ 式的圖示如圖 (3-43)，自由自在的平面波：

$$\frac{1}{(2\pi)^{3/2}}e^{i\vec{k}_0\bullet\vec{x}}\Longrightarrow e^{i\vec{k}_0\bullet\vec{x}}$$

遇到散射源 $\hat{V}$ (以“×”表示) 變成向外散射球面波 (波陣面形成球面之波)：

$$\frac{1}{r}e^{ik_0r}\text{，}\quad r=|\vec{x}-\vec{x}'|$$

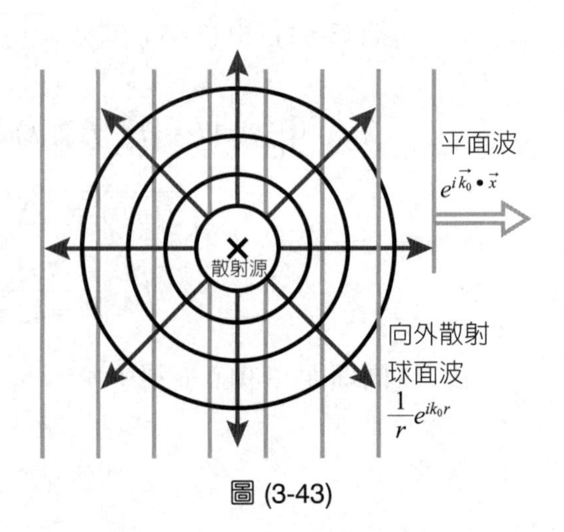

圖 (3-43)

$\vec{x}$ = 波所在位置，$\vec{x}'$ = 散射源位置。同理可得 “$-i\varepsilon$” 帶來的現象：

$$\left\langle \vec{x} \left| \frac{1}{E - \hat{H}_0 - i\varepsilon} \right| \vec{x}' \right\rangle = -\frac{2m}{\hbar^2}\frac{1}{4\pi}\frac{e^{-ik_0|\vec{x}-\vec{x}'|}}{|\vec{x}-\vec{x}'|} \quad \cdots\cdots (3\text{-}95)_1$$

$$\Psi^{(-)}(\vec{x}) = \underbrace{e^{i\vec{k}_0\cdot\vec{x}}}_{\text{進來的平面波}} - \frac{2m}{\hbar^2}\frac{1}{4\pi}\int d^3x' \frac{e^{-ik_0|\vec{x}-\vec{x}'|}}{\underbrace{|\vec{x}-\vec{x}'|}_{\text{向內球面波}}} \underbrace{V(|\vec{x}'|)}_{\text{散射源}}\Psi^{(-)}(\vec{x}')$$

$$\cdots\cdots (3\text{-}95)_2$$

$(3\text{-}95)_2$ 式的圖示，就是把圖 (3-43) 向外散射球面波的箭頭倒過來，指向散射源。$(3\text{-}94)_2$ 與 $(3\text{-}95)_2$ 式分別來自 $(3\text{-}94)_1$ 與 $(3\text{-}95)_1$ 式左邊的 “$+i\varepsilon$” 和 “$-i\varepsilon$”：

$$\left.\begin{array}{l} +i\varepsilon \Longrightarrow \textbf{向外球面波} \text{ (outgoing spherical wave)} \\ -i\varepsilon \Longrightarrow \textbf{向內球面波} \text{ (incoming spherical wave)} \end{array}\right\} \cdots\cdots (3\text{-}96)$$

從另一角度觀察 $(3\text{-}86)_2$ 式或 $(3\text{-}88)_2$ 式引進的 $\pm i\varepsilon$ 之功能，是帶來 $(3\text{-}91)_1$ 式的衰減因子 $\exp(-\sigma r/2)$ 之源。因直接用 $(3\text{-}90)_5$ 式之 k 於 $(3\text{-}90)_4$ 式之 $\exp(\pm ikr)$ 便得：

$$\begin{aligned} e^{\pm ikr} &\Longrightarrow e^{\pm i(\pm k_0 \pm i\sigma/2)r} \\ &\Longrightarrow e^{-\sigma r/2} \quad \cdots\cdots (3\text{-}97) \end{aligned}$$

(3-97) 式之 $\exp(-\sigma r/2)$ 是對應 $(3\text{-}91)_6$ 式之 $\exp(-Rr)$，因爲 σ 之因次，由 $(3\text{-}90)_5$ 式是等於 k 的因次，而 R = | 複數 k |，也是 k 的因次，所以 R 和 σ 都扮演 k 的功能。(3-96) 和 (3-97) 式都是 ε 內涵之物理。

(C) 實變數定積分之計算 [15, 16]

從 Leibniz 發現微積分之後，到 19 世紀中葉累積了不少用普通微積分方法很難計算的實數積分，卻容易地用含**留數** (residue) 之**周線** (contour) 複數積分法獲得結果，這時的關鍵工作是：

(i) 如何找能重現實數被積函數 $f(x)$ 的複數被積函數 $F(z)$，且 $F(z)$ 必含有孤立**極點** (pole)；
(ii) 如何找計算 $F(z)$ 用的複數積分用周線 C。 ………… (3-98)

一直到 20 世紀初葉，把難用微積分法計算，但常遇到的實數積分分成幾種類型來探討。接著依這些類型，以實例來訓練 (3-98) 式的找 $F(z)$ 與 C 之方法。一般地找 $F(z)$ 比找周線 C 容易，除了幾種標準**擬函數** (improper functions) 積分之典型 C 之外，一般需依題目自找，不是簡單事，是要有經驗。從到這裡的演算經驗，該有對周線 C 及被積函數 $f(x)$ 之下述認識：

(i) C 必須簡單的封閉曲線，且在同一 Riemann 面，除了特別指定，C 是在主葉；
(ii) 繞 C 的方向必須從頭到尾一貫；
(iii) 輻角方向也必須從頭到尾同一方向；
(iv) $f(x)$ 在其定義區域必須解析函數，於是 $F(z)$ 在其定義區域 D 內，除了孤立極點之外，必須解析函數。 ………… $(3\text{-}99)_1$

滿足 $(3\text{-}99)_1$ 式條件，才能用 Cauchy 留數定理 (3-69) 或 (3-77) 式得：

$$\left.\begin{aligned}\oint_C F(z)dz &= 2\pi i\,\text{Res.}\,F(a)\cdots\cdots\cdots\cdots \text{單極點 } a\\ &= 2\pi i\left[\sum_{j=1}^{n}\text{Res.}\,F(a_j)\right]\cdots\cdots n \text{ 個極點 } a_j\end{aligned}\right\}\cdots\cdots (3\text{-}99)_2$$

於是以更分析性解下面例題′，請慢慢地念。

(1) 實數定積分型 $\int_{-\infty}^{\infty} f(x)dx$

這種類型是設：

(i) $f(x) \Longrightarrow f(z)$
(ii) 周線 C 如圖 (3-44) ………… $(3\text{-}100)_1$

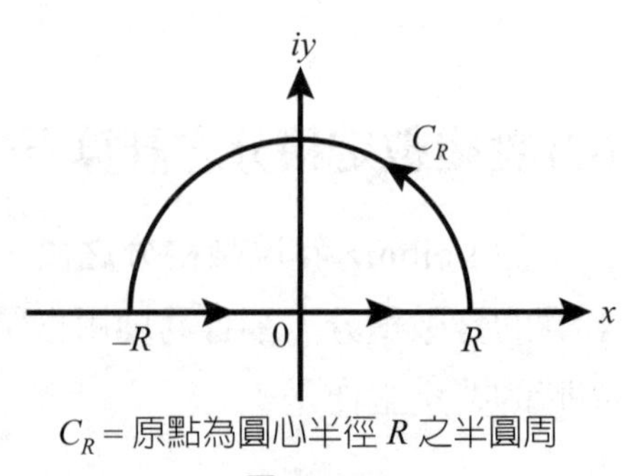

C_R = 原點為圓心半徑 R 之半圓周
圖 (3-44)

$$\left.\begin{array}{l}\text{這時如} \ |f(z)| \leq \dfrac{M}{R^k} \\ \qquad M \text{ 為 } |f(z)| \text{ 在 } C_R \text{ 上之}\textbf{最大值}\text{ (upper bound)，} \\ \qquad k > 1 \text{ 之實正數，}\end{array}\right\} \cdots\cdots\cdots\cdots\cdots\cdots\cdots (3\text{-}100)_2$$

則 $\lim\limits_{R\to\infty}\int_{C_R} f(z)dz = 0$

$$\therefore \int_{-\infty}^{\infty} f(x)dx \Longrightarrow \oint_C f(z)dz = \lim_{R\to\infty}\left\{\int_{-R}^{R} f(x)dx + \int_{C_R} f(z)dz\right\} = \int_{-\infty}^{\infty} f(x)dx$$

$\cdots\cdots\cdots\cdots\cdots\cdots\cdots\cdots\cdots\cdots\cdots\cdots\cdots\cdots\cdots\cdots\cdots\cdots\cdots\cdots\cdots\cdots\cdots (3\text{-}100)_3$

(Ex.3-20) 求 $\int_0^{\infty}\dfrac{dx}{1+x^4}$ 值。

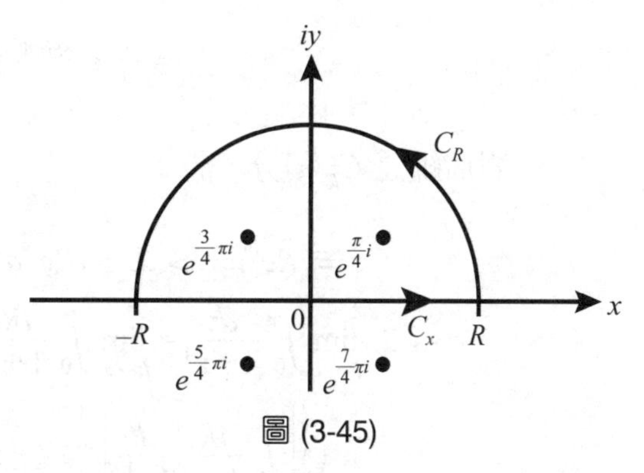

圖 (3-45)

(解)：被積函數 $\dfrac{1}{1+x^4} \equiv f(x)$ 是偶函數，

$$\therefore \int_0^{\infty}\frac{dx}{1+x^4} = \frac{1}{2}\int_{-\infty}^{\infty}\frac{dx}{1+x^4} \cdots\cdots (1)$$

於是設 $F(z)$ 與積分周線 C 爲：

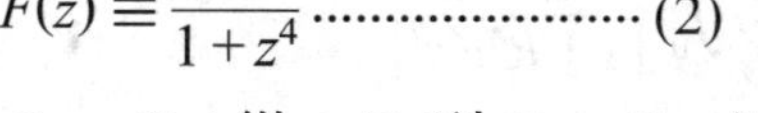

$$F(z) \equiv \frac{1}{1+z^4} \cdots\cdots\cdots\cdots\cdots\cdots\cdots (2)$$

$C \equiv C_x$ (從 $(-R)$ 到 R) + C_R (原點爲圓心半徑 R 之半圓周) $\cdots\cdots\cdots\cdots\cdots (3)$

顯然 $(z^4+1) = 0$ 是 $F(z)$ 的極點，

$$z^4 \underset{(2-69)\text{式}}{=\!=\!=\!=\!=} e^{4\ln z}$$

$$= -1 = e^{(2n+1)\pi i}, \qquad n = 0, 1, 2, 3, \cdots$$

$$\therefore \ln z = \frac{2n+1}{4}\pi i$$

$$\therefore z = e^{(2n+1)\pi i/4} \cdots\cdots\cdots\cdots\cdots\cdots\cdots\cdots\cdots\cdots\cdots\cdots\cdots\cdots\cdots (4)$$

(4) 式的 z 都爲 $F(z)$ 的一階極點，而在 Riemann 面第一葉，即主葉的是：

$$\frac{2n+1}{4}\pi \leq 2\pi$$

$\therefore n \leq \dfrac{7}{2}$，　　即 $n = 0, 1, 2, 3$ 在主葉 $\cdots\cdots\cdots\cdots\cdots\cdots\cdots\cdots\cdots\cdots\cdots (5)$

(5) 式的極點位置如圖 (3-45) 所示，只 exp.$(\pi i/4)$ 和 exp.$(3\pi i/4)$ 在周線 (3) 式

之 C 內，於是由 (3-77) 式得：

$$\lim_{R\to\infty}\oint_C F(z)dz=\lim_{R\to\infty}\oint_C\frac{dz}{1+z^4}=\int_{-\infty}^{\infty}\frac{dx}{1+x^4}+\lim_{R\to\infty}\int_0^{\pi}\frac{dz}{1+z^4}$$

$$=2\pi i\{\text{Res.}F(e^{\pi i/4})+\text{Res.}F(e^{3\pi i/4})\}\quad\cdots\cdots(6)$$

$$\text{Res.}F(e^{\pi i/4})\xlongequal[\text{(3-76) 式}]{}\lim_{z\to e^{\pi i/4}}(z-e^{\pi i/4})\frac{1}{1+z^4}$$

$$\xlongequal[\text{Hospital 規則}]{}\lim_{z\to e^{\pi i/4}}\frac{1}{4z^3}=\frac{1}{4}e^{-3\pi i/4}=-\frac{1+i}{4\sqrt{2}}\quad\cdots\cdots(7)$$

$$\text{Res.}F(e^{3\pi i/4})=\lim_{z\to e^{3\pi i/4}}(z-e^{3\pi i/4})\frac{1}{1+z^4}=\lim_{z\to e^{3\pi i/4}}\frac{1}{4z^3}$$

$$=\frac{1}{4}e^{-9\pi i/4}=\frac{1-i}{4\sqrt{2}}\quad\cdots\cdots(8)$$

對周線之 C_R 積分，設：

$$z\equiv Re^{i\theta}\Longrightarrow dz=iRe^{i\theta}d\theta$$

$$\therefore\lim_{R\to\infty}\int_0^{\pi}\frac{dz}{1+z^4}=\lim_{R\to\infty}\int_0^{\pi}\frac{iRe^{i\theta}d\theta}{1+R^4e^{4i\theta}}\quad\cdots\cdots(9)$$

$$\left|\int_0^{\pi}\frac{iRe^{i\theta}d\theta}{1+R^4e^{4i\theta}}\right|\xlongequal[\text{(1-19) 式}]{\le}\int_0^{\pi}\frac{|iRe^{i\theta}|d\theta}{|1+R^4e^{4i\theta}|}$$

$$|1+R^4e^{4i\theta}|=|(1+R^4\cos 4\theta)+iR^4\sin 4\theta|=\sqrt{1+2R^4\cos 4\theta+R^8}$$

而 $-1\le\cos 4\theta\le 1$，並且 $R>1$

$$\therefore|1+R^4e^{4i\theta}|\ge\sqrt{1-2R^4+R^8}=R^4-1$$

$$\therefore\int_0^{\pi}\frac{|iRe^{i\theta}|d\theta}{|1+R^4e^{4i\theta}|}\le\int_0^{\pi}\frac{R\,d\theta}{R^4-1}=\frac{\pi R}{R^4-1}$$

$$\therefore\lim_{R\to\infty}\int_0^{\pi}\frac{dz}{1+z^4}\le\lim_{R\to\infty}\frac{\pi R}{R^4-1}=0\quad\cdots\cdots(10)$$

把 (7) 式到 (10) 式代入 (6) 式得：

$$\int_{-\infty}^{\infty}\frac{dx}{1+x^4}=2\pi i\left(-\frac{1+i}{4\sqrt{2}}+\frac{1-i}{4\sqrt{2}}\right)=\frac{\pi}{\sqrt{2}}\quad\cdots\cdots(11)$$

$$\therefore\int_0^{\infty}\frac{dx}{1+x^4}=\frac{\pi}{2\sqrt{2}}$$

(Ex.3-21) 使用非圖 (3-45) 的周線，求 $\int_0^{\infty}\frac{dx}{1+x^n}$ 值，$n=2, 3, 4, \cdots$。

(解)：這例題是 (Ex.3-20) 之一般題，$n=4$ 就是 (Ex.3-20)。那有沒有除圖 (3-45) 之外的周線呢？回答：有，這是作本例題之目的。設複數被積函數爲 $F(z)$，則得：

$$F(z)\equiv\frac{1}{1+z^n} \cdots\cdots (1)$$

於是 $(1+z^n)=0$ 是 $F(z)$ 之極點：

$$z^n=e^{n\ln z}=-1=e^{(2k+1)\pi i}$$

$$\therefore z=e^{(2k+1)\pi i/n}\text{，}\quad k=0, 1, 2, 3, \cdots, \cdots\cdots (2)$$

(2) 式都是 $F(z)$ 之一階極點，顯然 $z=0$ 不是極點，故可取如圖 (3-46) 的封閉扇形爲周線 C：

$$C=C_1+C_2+C_3 \cdots\cdots (3)$$

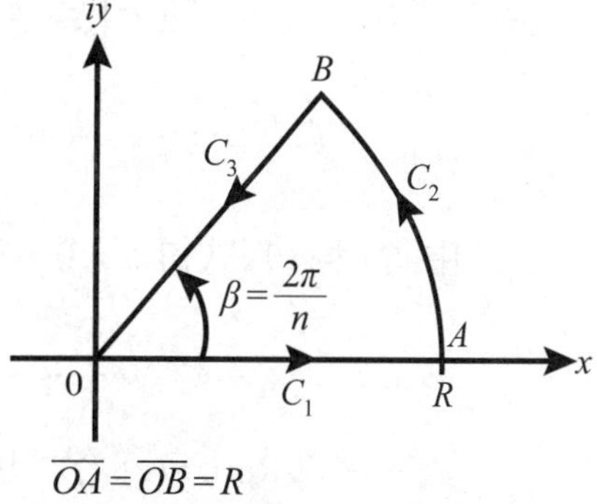

$\overline{OA}=\overline{OB}=R$
C_2 = 原點為圓心半徑 R 之圓孤
圖 (3-46)

那麼如何得扇形角 β 呢？這是關鍵。取扇形之目的是想利用扇形特性，設 β 爲扇形角，z_3 爲 $\overline{OB}$ 上任一點，則：

$|z_3|$ 在 $\overline{OA}$ 上之對應點 x 時，

$$z_3=xe^{i\beta} \cdots\cdots (4)$$

$$\therefore (z_3)^n=x^n e^{in\beta} \cdots\cdots (5)$$

$$\left.\begin{array}{l}\text{如 } e^{in\beta}=1=e^{2\pi i}\text{，}\\ \text{或 } \beta=\dfrac{2\pi}{n}\end{array}\right\} \cdots\cdots (6)$$

則由 (4) 和 (6) 式，以及圖 (3-46) 得：

$$\int_{C_3}F(z)dz=\int_R^0\frac{e^{i\beta}\,dx}{1+x^n\,e^{in\beta}}$$

$$=-e^{i\beta}\int_0^R\frac{dx}{1+x^n}=-e^{i\beta}\int_{C_1}F(z)dz \cdots\cdots (7)$$

$$\because \oint_C F(z)dz = \oint_C \frac{dz}{1+z^n} = \int_{C_1}\frac{dz}{1+z^n} + \int_{C_2}\frac{dz}{1+z^n} + \int_{C_3}\frac{dz}{1+z^n}$$

$$\begin{cases} C_1 \text{ 時}：z = x \Longrightarrow dz = dx \\ C_2 \text{ 時}：z = Re^{i\theta} \Longrightarrow dz = iRe^{i\theta}d\theta \\ C_3 \text{ 時}：z = xe^{i\beta} \Longrightarrow dz = e^{i\beta}dx \end{cases}$$

$$\therefore \lim_{R\to\infty}\oint_C F(z)dz = \lim_{R\to\infty}\left\{\int_0^R \frac{dx}{1+x^n} + \int_0^\beta \frac{iRe^{i\theta}}{1+R^n e^{in\theta}}d\theta - e^{i\beta}\int_0^R \frac{dx}{1+x^n}\right\}$$

$$= (1 - e^{i\beta})\int_0^\infty \frac{dx}{1+x^n} + \lim_{R\to\infty}\int_0^\beta \frac{iRe^{i\theta}}{1+R^n e^{in\theta}}d\theta$$

$$= 2\pi i \text{ Res.} F\,(\text{在扇形內極點} \equiv z_s) \quad \cdots\cdots (8)$$

(2) 式的 $F(z)$ 極點中，在扇形內者是輻角滿足：

$$\frac{2k+1}{n}\pi \le \left(\beta = \frac{2\pi}{n}\right)$$

$$\therefore k \le \frac{1}{2} \quad \cdots\cdots (9)$$

由 (2) 和 (9) 式得 $k = 0$，於是在扇形內的極點只有一個：

$$z_s = e^{\pi i/n} \quad \cdots\cdots (10)$$

$$\therefore \text{Res.} F(e^{\pi i/n}) = \lim_{z\to e^{\pi i/n}} (z - e^{\pi i/n})\frac{1}{1+z^n}$$

$$\xlongequal[\text{Hospital 規則}]{} \lim_{z\to e^{\pi i/n}} \frac{1}{nz^{n-1}} = -\frac{1}{n}e^{\pi i/n} \quad \cdots\cdots (11)$$

由 (6), (8) 和 (11) 式得：

$$(1 - e^{2\pi i/n})\int_0^\infty \frac{dx}{1+x^n} + \lim_{R\to\infty}\int_0^{2\pi/n} \frac{iRe^{i\theta}d\theta}{1+R^n e^{in\theta}} = -\frac{2\pi i}{n}e^{\pi i/n} \quad \cdots\cdots (12)$$

由 (1-19) 式得：

$$\left|\int_0^{2\pi/n} \frac{iRe^{i\theta}d\theta}{1+R^n e^{in\theta}}\right| \le \int_0^{2\pi/n} \frac{|iRe^{i\theta}|}{|1+R^n e^{in\theta}|}d\theta$$

$$\begin{cases} |iRe^{i\theta}| = |iR\cos\theta - R\sin\theta| = \sqrt{(R\cos\theta)^2 + (-R\sin\theta)^2} = R \\ |1 + R^n e^{in\theta}| = \sqrt{(1+R^n\cos n\theta)^2 + (R^n \sin n\theta)^2} \\ \qquad = \sqrt{1 + 2R^n\cos n\theta + R^{2n}} \end{cases}$$

$$\begin{cases} \text{由於 } -1 \le \cos n\theta \le 1\text{，並且 } R > 1\text{，} \\ \therefore \sqrt{1+2R^n\cos n\theta + R^{2n}} \ge \sqrt{1-2R^n+R^{2n}} \\ \text{或}\sqrt{1+2R^n\cos n\theta + R^{2n}} \ge (R^n-1) \end{cases}$$

$$\therefore \left|\int_0^{2\pi/n} \frac{iRe^{i\theta}d\theta}{1+R^n e^{in\theta}}\right| \le \int_0^{2\pi/n} \frac{R}{R^n-1}d\theta \cdots\cdots (13)$$

$$\therefore \lim_{\substack{R\to\infty \\ n\ge 2}} \int_0^{2\pi/n} \frac{iRe^{i\theta}}{1+R^n e^{in\theta}}d\theta \le \lim_{\substack{R\to\infty \\ n\ge 2}} \frac{2\pi R}{n(R^n-1)} = 0 \cdots\cdots (14)$$

於是由 (12) 和 (14) 式得：

$$\int_0^\infty \frac{dx}{1+x^n} = \frac{-2\pi i e^{\pi i/n}}{n(1-e^{2\pi i/n})}$$

$$= \frac{\pi}{n}\frac{e^{\pi i/n}}{e^{\pi i/n}(e^{\pi i/n}-e^{-\pi i/n})/2i} = \frac{\pi}{n}\frac{1}{\sin \pi/n} \cdots\cdots (15)$$

當 $n=4$ 時由 (15) 式得：

$$\int_0^\infty \frac{dx}{1+x^4} = \frac{\pi}{4}\frac{1}{\sin\pi/4} = \frac{\pi}{2\sqrt{2}} = \text{(Ex.3-20) 的結果。}$$

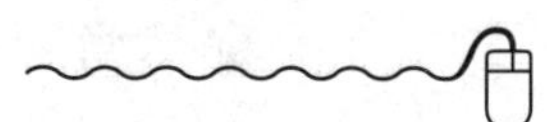

(Ex.3-22) 求 $\int_0^\infty \frac{\sqrt{x}}{1+x^2}dx$ 值，然後分析結果。

(解)：作本例題的目的是：

> (i) 同 (Ex.3-21)，如何找複數積分用周線 C；
> (ii) 分析所得結果後，推演到本例題之一般型之結果。 ⋯⋯ (1)

(A)解題目：

設被積函數 $\sqrt{x}/(1+x^2)$ 之複數函數 $F(z)$ 爲：

$$F(z) \equiv \frac{\sqrt{z}}{1+z^2} \cdots\cdots (2)$$

接著是如何找積分 $F(z)$ 用周線 C？由 (2) 式：

$z \ne 0$，　　不然 $F(z)=0$

$z = \pm i$ 是 $F(z)$ 之一階極點，且 C 內必含有 $F(z)$ 之極點才行，不然無法用 Cauchy 留數定理。實數被積函數的獨立變數是 x，且 $x = 0 \sim \infty$，於是 C 必須含 x 軸，同時避開 $x = 0$，想到的是圖 (3-47) 之周線 C：

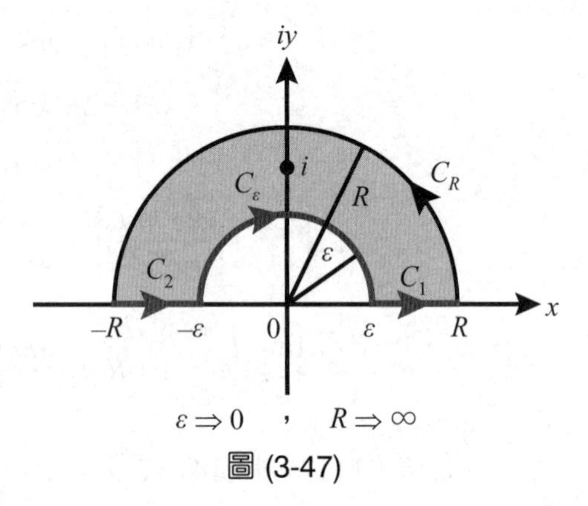

$\varepsilon \Rightarrow 0$ ， $R \Rightarrow \infty$

圖 (3-47)

$$C = C_1 + C_R + C_2 + C_\varepsilon \cdots\cdots (3)$$

C_R 和 C_ε 分別為圓心在原點，半徑 R 和 ε 之半圓周，則 C 的各分周線上的變數是：

$$\left.\begin{array}{lll} C_1：z = x & \Longrightarrow dz = dx， & x = \varepsilon \sim R \\ C_R：z = Re^{i\theta} & \Longrightarrow dz = iRe^{i\theta}d\theta， & \theta = 0 \sim \pi \\ C_2：z = x & \Longrightarrow dz = dx， & x = (-R) \sim (-\varepsilon) \\ C_\varepsilon：z = \varepsilon e^{i\varphi} & \Longrightarrow dz = i\varepsilon e^{i\varphi}d\varphi， & \varphi = \pi \sim 0 \end{array}\right\} \cdots\cdots (4)$$

顯然當 $\varepsilon \to 0$, $R \to \infty$ 時，從 (2) 和 (4) 式 C_1 和 C_2 能得實數被積函數 $\sqrt{x}/(1+x^2)$，

$$\therefore \oint_C F(z)\,dz = \oint_C \frac{\sqrt{z}}{1+z^2} \overset{}{\underset{(2-69)式}{=\!=\!=}} \oint_C \frac{e^{\frac{1}{2}\ln z}}{1+z^2}dz$$

$$= \int_\varepsilon^R \frac{\sqrt{x}}{1+x^2}dx + \int_{-R}^{-\varepsilon}\frac{\sqrt{x}\,dx}{1+x^2} + \int_0^\pi \frac{e^{\frac{1}{2}\ln Re^{i\theta}}\,iRe^{i\theta}}{1+R^2e^{2i\theta}}d\theta$$

$$+ \int_\pi^0 \frac{e^{\frac{1}{2}\ln \varepsilon e^{i\varphi}}\,i\varepsilon e^{i\varphi}}{1+\varepsilon^2 e^{2i\varphi}}d\varphi \cdots\cdots (5)$$

$$I \equiv \lim_{\substack{\varepsilon\to 0\\ R\to\infty}} \int_{-R}^{-\varepsilon}\frac{\sqrt{x}}{1+x^2}dx \underset{x\to -x}{=\!=\!=} \lim_{\substack{\varepsilon\to 0\\ R\to\infty}} \int_R^\varepsilon \frac{\sqrt{-x}\,(-dx)}{1+x^2} = i\int_0^\infty \frac{\sqrt{x}}{1+x^2}dx \cdots\cdots (6)$$

$$I(R) \equiv \lim_{R\to\infty}\int_0^\pi \frac{e^{\frac{1}{2}\ln Re^{i\theta}}\,iRe^{i\theta}}{1+R^2e^{2i\theta}}d\theta = \lim_{R\to\infty}\int_0^\pi \frac{e^{\left(\ln\sqrt{R}+\frac{1}{2}i\theta\right)}\,iRe^{i\theta}}{1+R^2e^{2i\theta}}d\theta$$

$$\left\{ \lim_{R\to\infty}\left|\int_0^\pi \frac{e^{(\ln\sqrt{R}+i\theta/2)}\,iRe^{i\theta}}{1+R^2e^{2i\theta}}d\theta\right| \le \lim_{R\to\infty}\int_0^\pi \frac{\left|e^{(\ln\sqrt{R}+i\theta/2)}\right|\left|iRe^{i\theta}\right|}{\left|1+R^2e^{2i\theta}\right|}d\theta \right.$$

$$= \lim_{R\to\infty} \int_0^{\pi} \frac{\sqrt{R}\times R}{\sqrt{(1+R^2\cos 2\theta)^2+(R^2\sin 2\theta)^2}}\,d\theta$$

$$\because e^{(\ln\sqrt{R}+i\theta/2)} = \sqrt{R}\,e^{i\theta/2}$$

$$\le \lim_{R\to\infty} \int_0^{\pi} \frac{R^{3/2}}{R^2-1}\,d\theta = \lim_{R\to\infty} \frac{\pi R^{3/2}}{R^2-1} = 0$$

$$= 0 \quad \cdots\cdots (7)$$

$$I(\varepsilon) \equiv \lim_{\varepsilon\to 0} \int_{\pi}^{0} \frac{e^{\frac{1}{2}\ln\varepsilon e^{i\varphi}}\, i\varepsilon e^{i\varphi}}{1+\varepsilon^2 e^{2i\varphi}}\,d\varphi = \lim_{\varepsilon\to 0} \int_{\pi}^{0} \frac{e^{(\ln\sqrt{\varepsilon}+i\varphi/2)}\, i\varepsilon e^{i\varphi}}{1+\varepsilon^2 e^{2i\varphi}}\,d\varphi$$

$$\lim_{\varepsilon\to 0}\left| \int_{\pi}^{0} \frac{e^{(\ln\sqrt{\varepsilon}+i\varphi/2)}\, i\varepsilon e^{i\varphi}}{1+\varepsilon^2 e^{2i\varphi}}\,d\varphi \right| \le \lim_{\varepsilon\to 0} \int_{\pi}^{0} \frac{\left|e^{(\ln\sqrt{\varepsilon}+i\varphi/2)}\right|\left|i\varepsilon e^{i\varphi}\right|}{\left|1+\varepsilon^2 e^{2i\varphi}\right|}\,d\varphi$$

$$= \lim_{\varepsilon\to 0} \int_{\pi}^{0} \frac{\sqrt{\varepsilon}\times\varepsilon}{\sqrt{(1+\varepsilon^2\cos 2\varphi)^2+(\varepsilon^2\sin 2\varphi)^2}}\,d\varphi$$

$$\because (-1) \le \cos 2\varphi \le 1$$

$$\le \lim_{\varepsilon\to 0} \int_{\pi}^{0} \frac{\varepsilon^{3/2}}{1-\varepsilon^2}\,d\varphi = \lim_{\varepsilon\to 0} \frac{-\pi\varepsilon^{3/2}}{1-\varepsilon^2} = 0$$

$$= 0 \quad \cdots\cdots (8)$$

把 (6), (7) 和 (8) 式代入 (5) 式得：

$$\oint_C F(z)dz = (1+i)\int_0^{\infty} \frac{\sqrt{x}}{1+x^2}\,dx$$

$$\overline{\overline{\text{(3−76)式}}}\ 2\pi i\,\text{Res.}\,F(z=i) \quad \cdots\cdots (9)$$

$$\text{Res.}\,F(z=i) = \lim_{z\to i}\,(z-i)\frac{\sqrt{z}}{1+z^2} = \lim_{z\to i}\,(z-i)\frac{e^{\frac{1}{2}\ln z}}{(z+i)(z-i)}$$

$$= \frac{1}{2i}e^{\frac{1}{2}\ln i} = \frac{1}{2i}e^{\frac{1}{2}\ln e^{(2n+1/2)\pi i}}$$

$$= \frac{1}{2i}e^{\frac{1}{2}\left(\frac{4n+1}{2}\right)\pi i}, \qquad n = 0, 1, 2, \cdots \quad \cdots\cdots (10)$$

(10) 式的 n 值中，只有 $n=0$ 在圖 (3-47) 的周線 C 內，

$$\therefore \text{Res.}\,F(z=i) = \frac{1}{2i}e^{\pi i/4} = \frac{1}{2i}\left(\cos\frac{\pi}{4} + i\sin\frac{\pi}{4}\right) = \frac{1+i}{2\sqrt{2}i} \quad \cdots\cdots (11)$$

於是由 (9) 和 (11) 式得：

$$\int_0^\infty \frac{\sqrt{x}}{1+x^2}dx = \int_0^\infty \frac{x^{1/2}}{1+x^2}dx = \frac{\pi}{\sqrt{2}} = \frac{\pi}{2^{1/2}} \cdots\cdots (12)$$

(B)分析解題過程與所得結果：

(1) 從周線 C 之一部分必須能得實數被積函數：

從圖 (3-47) 我們獲得了 (9) 式，(9) 式中的一項是由 (6) 式來的，而 (6) 式的演算含了非常重要的變換：

$$x \Longrightarrow (-x = (-1)\times x)$$

$$\therefore x \Longrightarrow (-1)^{1/2}x^{1/2} \Longleftarrow \text{關鍵量 } (-1)^{1/2}$$

$$\therefore \left\{\begin{array}{l} x^{1/2} \text{ 變爲 } x^{1/3} \text{ 時的關鍵量} = (-1)^{1/3} \\ x^{1/2} \text{ 變爲 } x^{1/k} \text{ 時是 } (-1)^{1/k}, \quad k = 2, 3, \cdots\cdots \end{array}\right\} \cdots\cdots (13)$$

(2) 同樣地第二關卡也是被積函數的分子：

在算留數時會影響結果是 (10) 式的：

$$e^{\frac{1}{2}\ln i} \Longleftarrow \text{指數的} \frac{1}{2} \text{來自} \sqrt{z} = z^{1/2}$$

$$\therefore \left\{\begin{array}{l} z^{1/3} \Longrightarrow e^{\frac{1}{3}\ln i} = e^{\frac{1}{3}\ln e^{(2n+1/2)\pi i}}, \qquad n = 0, 1, 2, \cdots \\ \qquad\qquad = e^{\frac{1}{3}(2n+1/2)\pi i} \overset{}{\underset{n=0}{=\!=\!=}} e^{\frac{1}{3}\times\frac{\pi i}{2}} \\ z^{1/k} \Longrightarrow e^{\frac{1}{k}\ln i} = e^{\frac{1}{k}(2n+1/2)\pi i} \underset{n=0}{=\!=\!=} e^{\frac{1}{k}\times\frac{\pi i}{2}} \end{array}\right\} \cdots\cdots (14)$$

爲什麼在 (14) 式只取 $n = 0$ 呢？因只有 $n = 0$ 在周線 C 內。於是如果把 (2) 式的 $F(z)$ 改爲：

$$F_3(z) = \frac{z^{1/3}}{1+z^2}, \qquad F_k(z) = \frac{z^{1/k}}{1+z^2} \cdots\cdots (15)$$

則只要把 (10) 式的 $\exp\left(\frac{1}{2}\ln i\right)$ 改爲 (14) 式之值，就能得：

$$\int_0^\infty \frac{x^{1/3}}{1+x^2}dx \quad \text{和} \quad \int_0^\infty \frac{x^{1/k}}{1+x^2}dx \text{ 之值。} \cdots\cdots (16)$$

接著以實際演算來驗證我們的分析是否正確。

(a) 求 $\int_0^\infty \frac{x^{1/3}}{1+x^2}dx$ 值：——

同 (5), (6), (10) 和 (11) 式之算法，由 (13) 和 (14) 式得：

$$\oint_C \frac{z^{1/3}}{1+z^2}dz = \lim_{\substack{\varepsilon\to 0\\ R\to\infty}}\left\{\int_\varepsilon^R \frac{x^{1/3}}{1+x^2}dx + \int_\varepsilon^R \frac{(-x)^{1/3}}{1+x^2}dx\right\} \cdots\cdots (17)$$

$$\left\{\begin{aligned}(-x)^{1/3} &= (-1)^{1/3}x^{1/3} = (e^{\pi i})^{1/3}x^{1/3} = e^{\pi i/3}x^{1/3}\\ &= \left(\cos\frac{\pi}{3} + i\sin\frac{\pi}{3}\right)x^{1/3} = \left(\frac{1}{2} + i\frac{\sqrt{3}}{2}\right)x^{1/3}\end{aligned}\right.$$

$$= \frac{3}{2}\int_0^\infty \frac{x^{1/3}}{1+x^2}dx + i\frac{\sqrt{3}}{2}\int_0^\infty \frac{x^{1/3}}{1+x^2}dx$$

$$= 2\pi i \operatorname{Res.} F_3\,(z=i)$$

$$\overline{\overline{\text{(14)式}}}\ 2\pi i \times \frac{1}{2i}e^{\frac{1}{3}\times\frac{\pi i}{2}} = \pi\left(\cos\frac{\pi}{6} + i\sin\frac{\pi}{6}\right)$$

$$= \pi\left(\frac{\sqrt{3}}{2} + i\frac{1}{2}\right) \cdots\cdots (18)$$

由 (18) 式左右邊的實數部，或虛數部得：

$$\int_0^\infty \frac{x^{1/3}}{1+x^2}dx = \frac{\pi}{\sqrt{3}} \cdots\cdots (19)$$

(b) 求 $\int_0^\infty \frac{x^{1/k}}{1+x^2}dx$，$k = 2, 3, \cdots$, 值：

同上面 (a) 的推導邏輯得：

$$\int_0^\infty \frac{z^{1/k}}{1+z^2}dz \ \overline{\overline{\text{(13)式}}}\ \lim_{\substack{\varepsilon\to 0\\ R\to\infty}}\left\{\int_\varepsilon^R \frac{x^{1/k}}{1+x^2}dx + \int_\varepsilon^R \frac{(-1)^{1/k}x^{1/k}}{1+x^2}dx\right\}$$

$$= (1+e^{\pi i/k})\int_0^\infty \frac{x^{1/k}}{1+x^2}dx \cdots\cdots (20)$$

$$= 2\pi i \operatorname{Res.} F_k\,(z=i)$$

$$\overline{\overline{\text{(14)式}}}\ \pi e^{\frac{\pi}{2k}i} \cdots\cdots (21)$$

由 (20) 和 (21) 式的實數部或虛數部得：

實數部：$\left(1+\cos\frac{\pi}{k}\right)\int_0^\infty \frac{x^{1/k}}{1+x^2}dx = \pi\cos\frac{\pi}{2k}$

$$\therefore 2\cos^2\frac{\pi}{2k}\int_0^\infty \frac{x^{1/k}}{1+x^2}dx = \pi\cos\frac{\pi}{2k}$$

$$\therefore \int_0^\infty \frac{x^{1/k}}{1+x^2}dx = \frac{\pi}{2\cos\frac{\pi}{2k}} \cdots\cdots (22)$$

虛數部：$\sin\frac{\pi}{k}\int_0^\infty \frac{x^{1/k}}{1+x^2}dx = \pi\sin\frac{\pi}{2k}$

$$\therefore \int_0^\infty \frac{x^{1/k}}{1+x^2}dx = \frac{\pi}{2\cos\frac{\pi}{2k}} = (22) \text{ 式}$$

(22) 式是本例題之一般型，確實當 $k = 2$ 與 $k = 3$ 時能得 (12) 與 (19) 式。在學習過程，像這樣的分析結果是很重要之工作。

(2) 實數定積分型 $\int_{-\infty}^{\infty} f(x)e^{imx}\,dx$

這種類型是設：

(i) $f(x)e^{imx} \Longrightarrow f(z)e^{imz}$

(ii) 周線 C 是 $m > 0$ 與 $m < 0$，分別為圖 (3-48)(a) 與 (b) 為主，但常對應題目自造。 ……(3-101)$_1$

如 $|f(z)| \le M/R^k$，M 為 $|f(z)|$ 在 C_R 上之最大值，$k > 1$ 之實正數，則 $\lim\limits_{R\to\infty}\int_{C_R} f(z)e^{imz}\,dz = 0$ ……(3-101)$_2$

$$\therefore \int_{-\infty}^{\infty} f(x)\,e^{imx}\,dx \Longrightarrow \oint_C f(z)\,e^{imz}\,dz$$

$$= \lim_{R\to\infty}\left\{\int_{-R}^{R} f(x)\,e^{imx}\,dx + \int_{C_R} f(z)\,e^{imz}\,dz\right\} \cdots\cdots (3\text{-}101)_3$$

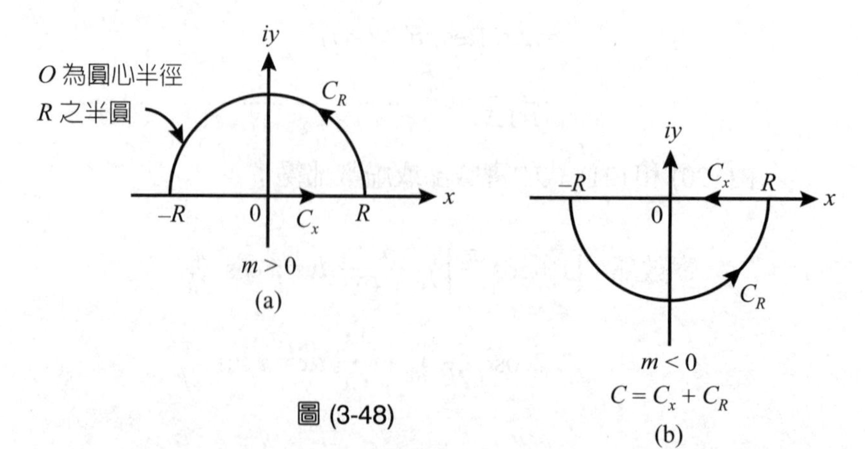

圖 (3-48)

(Ex.3-23) 求 $\int_{-\infty}^{\infty}\frac{\cos(ax)}{(x^2+b^2)(x^2+c^2)}dx$ 值，$a, b, c > 0$，且 $b \neq c$。

(解)：遇到三角函數或雙曲線函數必須：

$$\left.\begin{cases}\cos(mx) \Longrightarrow e^{imz}\text{，但 }\dfrac{e^{imz}+e^{-imz}}{2}\text{ 不行，理由看下面⊛，}\\ \cosh(mx) \Longrightarrow e^{mz}\text{，但 }\dfrac{e^{mz}+e^{-mz}}{2}\text{ 不行。}\end{cases}\right\}\cdots\cdots(3\text{-}102)$$

於是由 (3-102) 式，設複數被積函數 $f(z)$ 爲：

$$f(z)\equiv\frac{e^{iaz}}{(z^2+b^2)(z^2+c^2)}\cdots\cdots(1)$$

$f(z)$ 有一階極點：

$$\left.\begin{array}{l}z^2+b^2=0\Longrightarrow z=\pm ib\\ z^2+c^2=0\Longrightarrow z=\pm ic\end{array}\right\}\cdots\cdots(2)$$

很明顯，極點不在複數平面 $z=(x+iy)$ 平面的 x 軸上，所以設如圖 (3-49) 的周線 C：

$$\left.\begin{array}{l}C=C_x+C_R\\ C_x：z=x\Longrightarrow dz=dx\\ C_R：z=Re^{i\theta}\Longrightarrow dz=iRe^{i\theta}d\theta\end{array}\right\}\cdots\cdots(3)$$

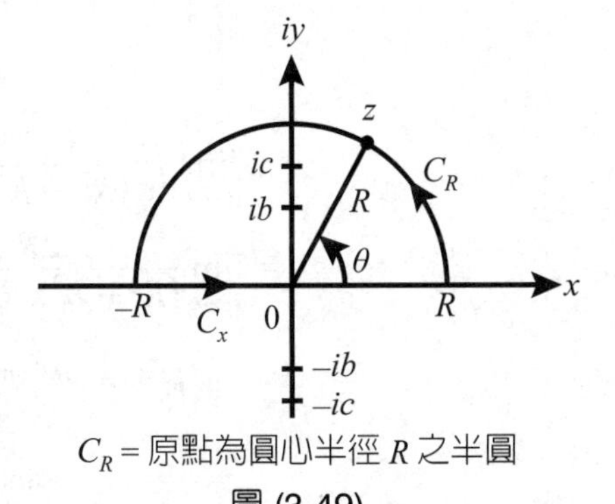

C_R = 原點為圓心半徑 R 之半圓

圖 (3-49)

$$\therefore \int_{-\infty}^{\infty}\frac{\cos(ax)}{(x^2+b^2)(x^2+c^2)}dx \Longrightarrow \lim_{R\to\infty}\oint_C f(z)dz$$

$$=\lim_{R\to\infty}\left\{\int_{-R}^{R}\frac{e^{iax}}{(x^2+b^2)(x^2+c^2)}dx+\int_0^{\pi}\frac{e^{iaRe^{i\theta}}iRe^{i\theta}d\theta}{(R^2e^{2i\theta}+b^2)(R^2e^{2i\theta}+c^2)}\right\}$$

$$=\int_{-\infty}^{\infty}\frac{e^{iax}dx}{(x^2+b^2)(x^2+c^2)}+\underbrace{\lim_{R\to\infty}\int_0^{\pi}\frac{e^{iaRe^{i\theta}}iRe^{i\theta}d\theta}{(R^2e^{2i\theta}+b^2)(R^2e^{2i\theta}+c^2)}}_{\displaystyle ||| \atop \displaystyle I}$$

$$\underset{(3-77)\text{式}}{=\!=\!=}2\pi i\{\text{Res.}f(z=ib)+\text{Res.}f(z=ic)\}\cdots\cdots(4)$$

$$\left.\begin{aligned}\text{Res. } f(z=ib)&=\lim_{z\to ib}(z-ib)\frac{e^{iaz}}{(z-ib)(z+ib)(z^2+c^2)}=\frac{1}{c^2-b^2}\frac{e^{-ab}}{2ib}\\ \text{Res. } f(z=ic)&=\lim_{z\to ic}(z-ic)\frac{e^{iaz}}{(z-ic)(z+ic)(z^2+b^2)}=\frac{1}{b^2-c^2}\frac{e^{-ac}}{2ic}\end{aligned}\right\}\cdots\cdots(5)$$

$$|I|=\lim_{R\to\infty}\left|\int_0^{\pi}\frac{e^{iaRe^{i\theta}}iRe^{i\theta}\,d\theta}{(R^2e^{2i\theta}+b^2)(R^2e^{2i\theta}+c^2)}\right|$$

$$\leq\lim_{R\to\infty}\int_0^{\pi}\left|\frac{e^{iaRe^{i\theta}}iRe^{i\theta}}{(R^2e^{2i\theta}+b^2)(R^2e^{2i\theta}+c^2)}\right|d\theta \Longleftarrow \text{(1-19) 式}$$

$$=\lim_{R\to\infty}\int_0^{\pi}\frac{|e^{iaR\cos\theta}e^{-aR\sin\theta}||iRe^{i\theta}|}{|R^2e^{2i\theta}+b^2||R^2e^{2i\theta}+c^2|}d\theta\cdots\cdots(6)$$

$$\begin{aligned}|R^2e^{2i\theta}+k^2|&=|(k^2+R^2\cos 2\theta)+iR^2\sin 2\theta|，\qquad k^2=b^2,c^2\\&=\sqrt{R^4+2R^2k^2\cos 2\theta+k^4}\\&=(R^2+k^2)\sim(R^2-k^2)\Longleftarrow(-1)\leq\cos 2\theta\leq(+1)\end{aligned}$$

$$\leq\lim_{R\to\infty}\int_0^{\pi}\frac{(e^{-aR\sin\theta})R}{(R^2-b^2)(R^2-c^2)}d\theta$$

$$=\lim_{R\to\infty}\frac{2R}{(R^2-b^2)(R^2-c^2)}\int_0^{\pi/2}e^{-aR\sin\theta}d\theta\cdots\cdots(7)$$

$\int_0^{\frac{\pi}{2p}}e^{-aR^p\sin(p\theta)}d\theta$ 的積分時，必須使用 sin 函數之特性：

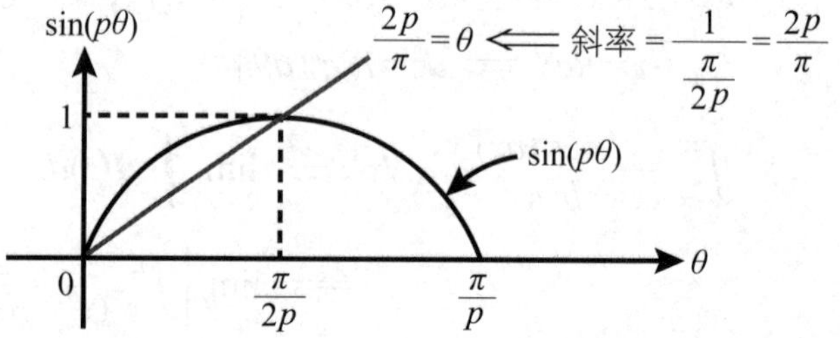

$\sin(p\theta)$　$\frac{2p}{\pi}=\theta \Longleftarrow$ 斜率 $=\frac{1}{\frac{\pi}{2p}}=\frac{2p}{\pi}$

1　$\sin(p\theta)$　θ

0　$\frac{\pi}{2p}$　$\frac{\pi}{p}$

$$\left.\begin{aligned}&\therefore \text{當}\ \theta=0\sim\frac{\pi}{2p}\ \text{時，}\\&\sin(p\theta)\geq\frac{2p}{\pi}\theta，\quad p=\text{正整數}\end{aligned}\right\}\cdots\cdots(3\text{-}103)$$

$$\leq\lim_{R\to\infty}\frac{2R}{(R^2-b^2)(R^2-c^2)}\int_0^{\pi/2}e^{-2aR\theta/\pi}d\theta$$

$$=\lim_{R\to\infty}\frac{-\pi}{a(R^2-b^2)(R^2-c^2)}(a^{-aR}-1)=0\cdots\cdots(8)$$

把 (5) 和 (8) 式代入 (4) 式得：

$$\int_{-\infty}^{\infty}\frac{e^{iax}\,dx}{(x^2+b^2)(x^2+c^2)}=\int_{-\infty}^{\infty}\frac{\cos(ax)}{(x^2+b^2)(x^2+c^2)}dx+i\int_{-\infty}^{\infty}\frac{\sin(ax)}{(x^2+b^2)(x^2+c^2)}dx$$

$$=\frac{\pi}{b^2-c^2}\left(\frac{e^{-ac}}{c}-\frac{e^{-ab}}{b}\right)\cdots\cdots(9)$$

由 (9) 式左右邊的實與虛部得：

$$\int_{-\infty}^{\infty}\frac{\cos(ax)}{(x^2+b^2)(x^2+c^2)}dx=\frac{\pi}{b^2-c^2}\left(\frac{e^{-ac}}{c}-\frac{e^{-ab}}{b}\right)\cdots\cdots(10)$$

$$\int_{-\infty}^{\infty}\frac{\sin(ax)}{(x^2+b^2)(x^2+c^2)}dx=0\cdots\cdots(11)$$

⊛ 說明 (3-102) 式的 $\cos(mx)$，不能設為 $(e^{imz}+e^{-imz})/2$ 的理由：

在 (1) 式，如設：

$$f(z)=\frac{(e^{imz}+e^{-imz})/2}{(z^2+b^2)(z^2+c^2)}\cdots\cdots(12)$$

則 (6) 式 $|I|$ 的被積分函數之分子會出現兩項：

$$e^{iaRe^{i\theta}}+e^{-iaRe^{i\theta}}=e^{(iaR\cos\theta-aR\sin\theta)}+e^{(-iaR\cos\theta+aR\sin\theta)}\cdots\cdots(13)$$

於是 (7) 式的積分部也會出現兩項：

$$\int_0^{\pi/2}(e^{-aR\sin\theta}+e^{aR\sin\theta})\,d\theta\le\int_0^{\pi/2}(e^{-2aR\theta/\pi}+e^{2aR\theta/\pi})\,d\theta$$

$$=\frac{\pi}{2aR}\{(1-e^{-aR})+(e^{aR}-1)\}$$

$$=\frac{\pi}{2aR}(e^{aR}-e^{-aR})\cdots\cdots(14)$$

$$\therefore\oint_{C_R}f(z)dz\neq 0\cdots\cdots(3\text{-}104)$$

(Ex.3-24) 求 $\int_0^\infty \frac{\cos x}{x^2-1}dx$ 值。

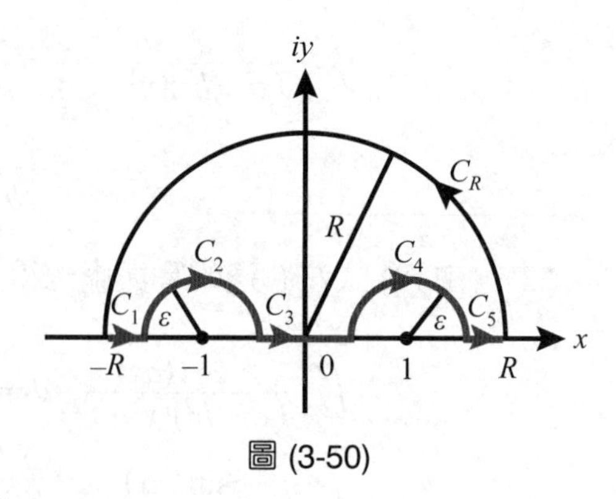

圖 (3-50)

(解)：由 (3-102) 式得複數被積函數 $F(z)$：

$$F(z)=\frac{e^{iz}}{z^2-1} \cdots\cdots (1)$$

而積分用周線 C 呢？實數被積函數 $\frac{\cos x}{x^2-1}\equiv f(x)$ 是偶函數，且在 $x=\pm 1$ 非連續，於是 $f(x)$ 之積分，可從 $(-\infty)$ 到 $(+\infty)$，同時必須避開 $x=\pm 1$，所以周線 C 是如圖 (3-50)：

$$\left.\begin{aligned}
&C=C_1+C_2+C_3+C_4+C_5+C_R\\
&C_1：z=x\Longrightarrow dz=dx，\quad x=(-R)\sim(-1-\varepsilon)\\
&C_3：z=x\Longrightarrow dz=dx，\quad x=(-1+\varepsilon)\sim(1-\varepsilon)\\
&C_5：z=x\Longrightarrow dz=dx，\quad x=(1+\varepsilon)\sim R\\
&C_2：z=-1+\varepsilon e^{i\varphi}\Longrightarrow dz=i\varepsilon e^{i\varphi}d\varphi，\quad \varphi=\pi\sim 0\\
&C_4：z=1+\varepsilon e^{i\varphi}\Longrightarrow dz=i\varepsilon e^{i\varphi}d\varphi，\quad \varphi=\pi\sim 0\\
&C_R：z=Re^{i\theta}\Longrightarrow dz=iRe^{i\theta}d\theta，\quad \theta=0\sim\pi
\end{aligned}\right\} \cdots\cdots (2)$$

C_2 和 C_4 分別以 $x=-1$ 和 $x=1$ 爲圓心半徑 ε 之半圓，C_R 是以原點爲圓心半徑 R 之半圓，並且 $\varepsilon\to 0$，而 $R\to\infty$。

$$\therefore \int_0^\infty \frac{\cos x}{x^2-1}dx=\frac{1}{2}\int_{-\infty}^{\infty}\frac{\cos x}{x^2-1}dx \Longrightarrow \lim_{\substack{\varepsilon\to 0\\ R\to\infty}}\oint_C F(z)dz \cdots\cdots (3)$$

$$\begin{aligned}
\lim_{\substack{\varepsilon\to 0\\ R\to\infty}}\oint_C F(z)dz &= \lim_{\substack{\varepsilon\to 0\\ R\to\infty}}\oint_C \frac{e^{iz}}{z^2-1}dz\\
&=\lim_{\substack{\varepsilon\to 0\\ R\to\infty}}\left\{\left(\int_{-R}^{-1-\varepsilon}\frac{e^{ix}}{x^2-1}dx+\int_{-1+\varepsilon}^{1-\varepsilon}\frac{e^{ix}}{x^2-1}dx+\int_{1+\varepsilon}^{R}\frac{e^{ix}}{x^2-1}dx\right)\right.\\
&\quad+\left(\int_\pi^0\frac{i\varepsilon e^{i(-1+\varepsilon e^{i\varphi})}}{\varepsilon^2e^{2i\varphi}-2\varepsilon e^{i\varphi}}e^{i\varphi}d\varphi+\int_\pi^0\frac{i\varepsilon e^{i(1+\varepsilon e^{i\varphi})}}{\varepsilon^2e^{2i\varphi}+2\varepsilon e^{i\varphi}}e^{i\varphi}d\varphi\right)\\
&\quad\left.+\underbrace{\int_0^\pi\frac{e^{iRe^{i\theta}}iRe^{i\theta}d\theta}{R^2e^{2i\theta}-1}}_{\displaystyle ||| \atop \displaystyle I}\right\}
\end{aligned}$$

$$= \int_{-\infty}^{\infty} \frac{e^{ix}}{x^2-1}dx + i\lim_{\varepsilon\to 0}\int_{\pi}^{0}\left(\frac{e^{i(-1+\varepsilon e^{i\varphi})}}{\varepsilon e^{i\varphi}-2}+\frac{e^{i(1+\varepsilon e^{i\varphi})}}{\varepsilon e^{i\varphi}+2}\right)d\varphi + \lim_{R\to\infty} I$$

和 (Ex.3-23) 的 (6) 式到 (8) 式的方法，可證明 $\lim_{R\to\infty} I=0$，本題的周線 C 內沒極點。

$$= \int_{-\infty}^{\infty} \frac{e^{ix}}{x^2-1}dx - \frac{\pi i}{2}(e^{i}-e^{-i}) = 0 \quad\cdots\cdots (4)$$

$$\therefore \int_{-\infty}^{\infty} \frac{e^{ix}}{x^2-1}dx = \int_{-\infty}^{\infty}\left(\frac{\cos x}{x^2-1}+i\frac{\sin x}{x^2-1}\right)dx = -\pi\sin 1$$

$$\therefore \left\{\begin{aligned} &\int_{0}^{\infty}\frac{\cos x}{x^2-1}dx = -\frac{\pi}{2}\sin 1\,(\text{弧度}) \\ &\int_{-\infty}^{\infty}\frac{\sin x}{x^2-1}dx = 0 \end{aligned}\right\} \quad\cdots\cdots (5)$$

(3) 實數定積分型 $\int_{0}^{2\pi} f(\sin\theta, \cos\theta)d\theta$

在 (3-102) 式曾提過：

遇到三角函數，就設 e^{imz}

但這裡不行，因為實數定積分的被積函數，除了三角函數之外沒有 $f(x)$。在 (3-102) 式，三角函數的複數表示必須和 $f(x)$ 配合，而這裡的被積函數只有三角函數而已，於是僅設為 e^{imz}，無法得三角函數，但如設為：

$$\sin\theta = \frac{e^{i\theta}-e^{-i\theta}}{2i} \Longrightarrow \frac{e^{iz}-e^{-iz}}{2i}$$

則會遇到 (3-104) 式的困難，那怎麼辦？這時如設為：

$$e^{i\theta} \equiv z\,,\qquad dz = ie^{i\theta}d\theta = izd\theta \quad\cdots\cdots (3\text{-}105)_1$$

$$\therefore \left\{\begin{aligned} &\sin\theta = \frac{e^{i\theta}-e^{-i\theta}}{2i} \Longrightarrow \frac{z-z^{-1}}{2i} \\ &\cos\theta = \frac{e^{i\theta}+e^{-i\theta}}{2} \Longrightarrow \frac{z+z^{-1}}{2} \end{aligned}\right\} \quad\cdots\cdots (3\text{-}105)_2$$

$$或\left\{\begin{aligned}\sin(m\theta)&=\frac{e^{im\theta}-e^{-im\theta}}{2i}\Longrightarrow\frac{z^m-z^{-m}}{2i}\\ \cos(m\theta)&=\frac{e^{im\theta}+e^{-im\theta}}{2}\Longrightarrow\frac{z^m+z^{-m}}{2}\end{aligned}\right\}\cdots\cdots(3\text{-}105)_3$$

就不會遇到 (3-104) 式之困擾。

$$\therefore\int_0^{2\pi}f(\sin\theta,\cos\theta)\,d\theta\Longrightarrow\oint_C f\left(\frac{z-z^{-1}}{2i},\frac{z+z^{-1}}{2}\right)\frac{dz}{iz}\cdots\cdots(3\text{-}105)_4$$

至於積分周線 C，由於 $|\sin\theta|\le 1$，$|\cos\theta|\le 1$，於是取如圖 (3-51)，圓心在原點半徑 1 之圓，即取：

$$|z|=1\ 之圓周為\ C\cdots\cdots(3\text{-}105)_5$$

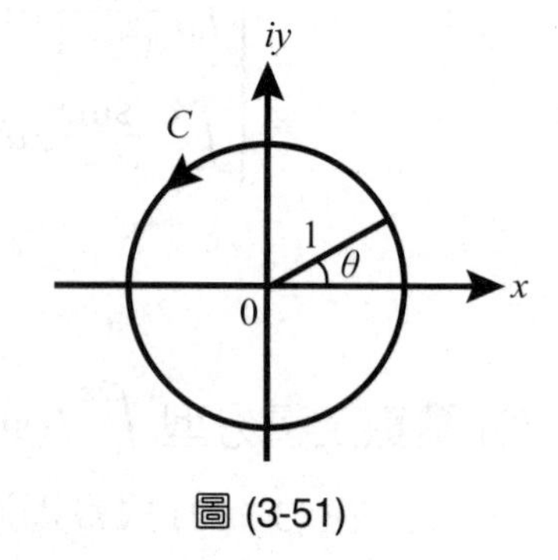

圖 (3-51)

(Ex.3-25) 求 $\int_0^{2\pi}\frac{d\theta}{a+b\sin\theta}$ 值，$a>0$ 且 $a>|b|$。

(解)：本例題的條件 $a>0$ 且 $a>|b|$，表示 b 有正和負數之可能，於是必須討論 b 的正與負情況。由 $(3\text{-}105)_1$, $(3\text{-}105)_2$ 和 $(3\text{-}105)_3$ 式得：

$$\int_0^{2\pi}\frac{d\theta}{a+b\sin\theta}\Longrightarrow\oint_C\frac{1}{a+b(z-z^{-1})/2i}\frac{dz}{iz}\equiv\oint_C f(z)dz\cdots\cdots(1)$$

(1) 式的積分周線是圖 (3-51)，且 $z=e^{i\theta}\neq 0$，於是 $f(z)$ 之極點是：

$$a+b(z-z^{-1})/2i=0$$

$$或\ bz^2+2iaz-b=0$$

$$\therefore z=\frac{-ia\pm\sqrt{-a^2+b^2}}{b}\underset{a>|b|}{=\!=}\frac{(-a\pm\sqrt{a^2-b^2})i}{b}\cdots\cdots(2)$$

$$\therefore f(z)\ 之極點=\left\{\begin{aligned}\frac{(-a+\sqrt{a^2-b^2})i}{b}\equiv z_1\\ \frac{(-a-\sqrt{a^2-b^2})i}{b}\equiv z_2\end{aligned}\right\}都是一階極點\cdots\cdots(3)$$

那麼 (3) 式的極點到底處在哪裡？依條件 $a>0$，且 $a>|b|$ 來探討。

(A) $a>b$，且 $b>0$ 的情況：

$$|z_1|=\left|\frac{\sqrt{a^2-b^2}-a}{b}i\right|$$

$$=\left|\frac{\sqrt{a^2-b^2}-a}{b}\frac{\sqrt{a^2-b^2}+a}{\sqrt{a^2-b^2}+a}\right|$$

$$=\left|\frac{-b}{\sqrt{a^2-b^2}+a}\right|=\left|\frac{-b/a}{\sqrt{1-(b/a)^2}+1}\right|<1 \cdots\cdots (4)$$

$$|z_2|=\left|\frac{-\sqrt{a^2-b^2}-a}{b}i\right|$$

$$=\left|\frac{-\sqrt{a^2-b^2}-a}{b}\frac{-\sqrt{a^2-b^2}+a}{-\sqrt{a^2-b^2}+a}\right|$$

$$=\left|\frac{-b}{-\sqrt{a^2-b^2}+a}\right|=\left|\frac{-b/a}{1-\sqrt{1-(b/a)^2}}\right|\nless 1 \cdots\cdots (5)$$

(B) $a>|b|$，$b<0$ 的情況：

這時只是 (4) 和 (5) 式的分子 $(-b)\Longrightarrow(+b)$，而 (4) 和 (5) 式的情況不變。

$\therefore a>0$ 且 $a>|b|$ 時，在周線 C 內之極點只有 z_1 ⋯⋯ (6)

$$\therefore \oint_C f(z)dz=\oint_C \frac{2dz}{bz^2+2iaz-b}$$

$$=2\pi i\,\text{Res.}f(z=z_1) \cdots\cdots (7)$$

$$\text{Res.}f(z=z_1)=\lim_{z\to z_1}\left(z+\frac{a}{b}i-\sqrt{(b/a)^2-1}\,i\right)\frac{2}{bz^2+2iaz-b}$$

$$\underset{\text{Hospital 規則}}{=\!=\!=}\lim_{z\to z_1}\frac{2}{2bz+2ia}$$

$$=\frac{1}{b\left[-\frac{a}{b}i+\sqrt{(a/b)^2-1}\,i\right]+ai}=\frac{1}{\sqrt{a^2-b^2}i} \cdots\cdots (8)$$

$$\therefore \oint_C f(z)dz=\frac{2\pi}{\sqrt{a^2-b^2}}=\int_0^{2\pi}\frac{d\theta}{a+b\sin\theta} \cdots\cdots (9)$$

(Ex.3-26) 求 $\int_0^{2\pi}\cos^{2n}\theta d\theta$ 値。

(解)：由 $(3\text{-}105)_1$ 和 $(3\text{-}105)_2$ 式得：

$$\int_0^{2\pi}\cos^{2n}\theta d\theta=\oint_C\frac{(z+z^{-1})^{2n}}{2^{2n}}\frac{dz}{iz}\text{，積分周線 }C\text{ 是圖 (3-51)} \cdots\cdots (1)$$

$$\left\{(A+B)^m=\sum_{k=0}^{m}C_k^m A^k B^{m-k} \cdots\cdots (2)\right.$$

$$=\frac{1}{2^{2n}i}\oint_C\left(\sum_{k=0}^{2n}C_k^{2n}z^{2k-2n-1}\right)dz$$

$$\equiv\frac{1}{2^{2n}i}\oint_C f(z)dz \cdots\cdots (3)$$

顯然 $z=0$ 是 (3) 式的 $f(z)$ 之 $(2n-2k+1)$ 階極點，

$$\therefore \text{Res.}f(z=0)=\lim_{z\to 0}\frac{1}{(2n-2k)!}\frac{d^{2n-2k}}{dz^{2n-2k}}\{(z-0)^{2n-2k+1}z^{2k-2n-1}\}$$

$$=\lim_{z\to 0}\frac{1}{(2n-2k)!}\underbrace{\frac{d^{2n-2k}}{dz^{2n-2k}}z^0}_{} \cdots\cdots (4)$$

表示不可能有對 z 的微分操作，$\therefore k=n$ ⋯⋯ (5)

$$=\delta_{k,n} \cdots\cdots (6)$$

於是由 (3), (6) 和 (3-76) 式得：

$$\frac{1}{2^{2n}i}\oint_C f(z)dz=\frac{1}{2^{2n}i}\{2\pi i\,\text{Res.}f(z=0)\}$$

$$=\frac{1}{2^{2n}i}\left\{2\pi i\sum_{k=0}^{2n}C_k^{2n}\delta_{k,n}\right\}$$

$$=\frac{\pi}{2^{2n-1}}C_n^{2n}=\frac{\pi}{2^{2n-1}}\frac{(2n)!}{(n!)^2} \cdots\cdots (7)$$

$$\therefore\int_0^{2\pi}\cos^{2n}\theta d\theta=\frac{\pi}{2^{2n-1}}\frac{(2n)!}{(n!)^2}=\frac{\pi}{2^{2n-1}}\frac{(2n-1)!!}{n!}$$

(4) 含多值函數之實數定積分

曾在 $(1\text{-}31)_1$ 到 $(1\text{-}32)_2$ 式討論了稱爲**葉** (sheet) 的 Riemann 面，**分支點**或**支點** (branch point) 和**分支線**或**支線** (branch line) 或**分支切割** (branch cut)，以及 (1-37) 式介紹了**分支** (branch)。簡單地說，**支點**是各 Riemann 面之共有點，即各 Riemann 面之共同**奇異點** (singular point)，於是持各 Riemann 面之值，換言之，是產生多値的關鍵點，本身多值，而稱各 Riemann 面爲**分支** (branch)，分支上的函數是單値函數，即 Riemann 面約化多値函數爲單値函數。**支線**是進出接連 Riemann 面的界線，即分割第 n 和第 $(n+1)$ 葉之直線 (一般爲曲線)，於是支線上之點全爲奇異點，普通用粗黑線表示。較實用的支線是直線，有下面的兩套：

(i) $0 \le \theta_P < 2\pi$， $\theta_P =$ 主輻角：

這時的支線是如圖 (3-52)(a)，複變數平面 z 平面之正實軸，由於支線全是奇異點，於是積分周線 C 必如圖 (3-52)(b)，以支點 $z_0 = 0$ 爲圓心半徑 ε (微小數) 之小圓，而 $z \ge z_0$ 是分支線，來避開。

(ii) $-\pi \le \theta_P < \pi$， $\theta_P =$ 主輻角：

這時的支線如圖 (3-52)(c)，是 z 平面的負實軸，同樣地，積分周線 C 必避開支點和支線，即如圖 (3-52)(d)。周線

$$C = C_1 + C_R + C_2 + C_\varepsilon \equiv \sum_i C_i$$

C_i 間必須單連通。

執行積分時，路徑 C_i 上之函數必須單値且解

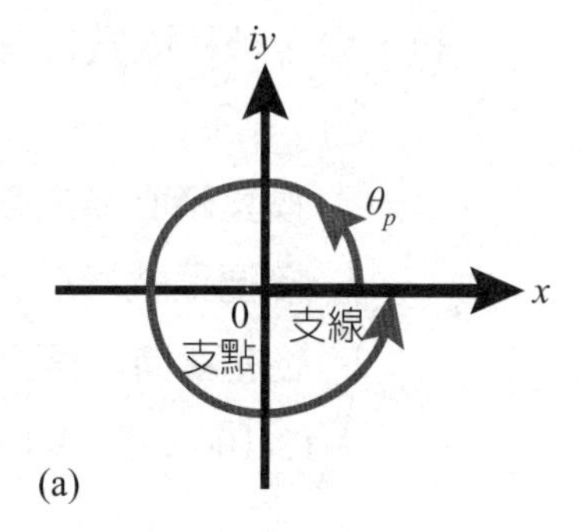

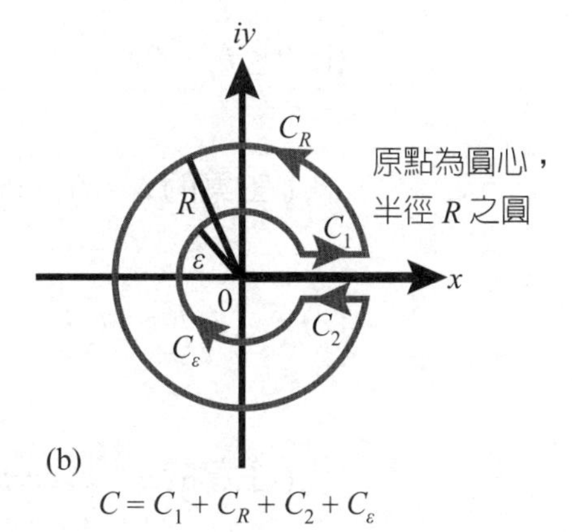

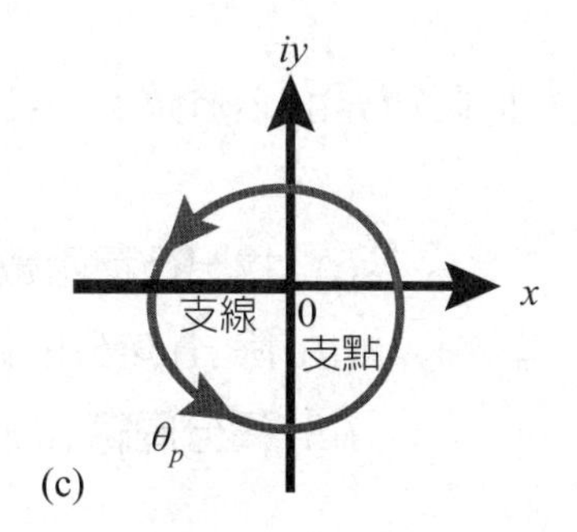

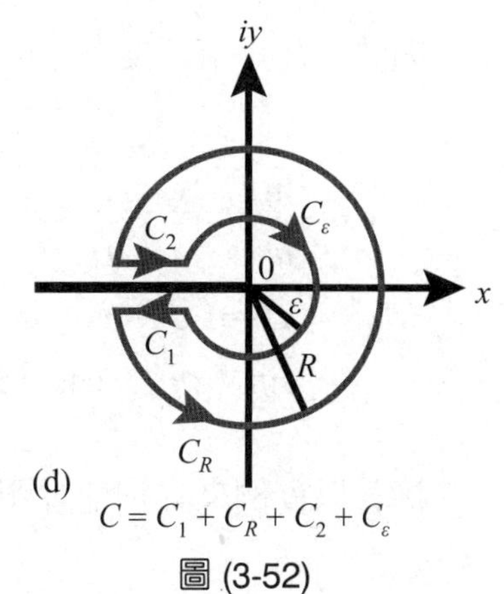

圖 (3-52)

析，於是被積函數含有多值函數時，非用不同 Riemann 面不可，所以：

$$\left(\begin{array}{l}\text{換葉時必須調整輻角，}\\ \text{接連葉就增加 }2\pi\text{，例如}\\ \text{從主葉進入第二葉時是如}\\ (3\text{-}106)_2\text{ 或 }(3\text{-}106)_3\text{ 式。}\end{array}\right) \cdots\cdots (3\text{-}106)_1$$

(i) $0 \le \theta_P < 2\pi$：

$$(\text{主葉的 } z = x) \Longrightarrow (z = xe^{2\pi i} \Longleftarrow \text{圖 }(3\text{-}52)(\text{b})\text{ 之 } C_2) \cdots\cdots (3\text{-}106)_2$$

(ii) $-\pi \le \theta_P < \pi$：

$$(\text{主葉的 } z = x) \Longrightarrow \begin{cases} z = xe^{\pi i} \Longleftarrow \text{圖}(3-52)(\text{d})\text{之 } C_2 \\ z = xe^{-\pi i} \Longleftarrow \text{圖}(3-52)(\text{d})\text{之 } C_1 \end{cases} \cdots\cdots (3\text{-}106)_3$$

同時演算前必須做下 (3-107) 式工作：

(i) 找出被積函數 $f(z)$ 之奇異點，支點和支線；
(ii) 除 (i) 之外的**區域** (region)，$f(z)$ 必須是單值且解析函數；
(iii) 積分**周線** (contour) C 必為單連通，且避開支點和支線。 ······ (3-107)

顯然，凡是有“支”字的都和多值函數有關，典型多值函數是：

$$\left.\begin{array}{l} \ln z \\ a^z \text{，} \quad a \neq 0 \\ z^a = e^{a \ln z}, \quad a \neq 0 \\ \sin^{-1} z \text{，} \quad \cos^{-1} z \end{array}\right\} \cdots\cdots (3\text{-}108)$$

接著以實例來詳細地說明上述內容。

(Ex.3-27) 求 $\int_0^\infty \frac{x^{a-1}}{1+x}dx$，$0<a<1$ 之值。

(解)：設複數被積函數 $f(z)$ 爲：

$$f(z)\equiv\frac{z^{a-1}}{1+z}，\quad 0<a<1 \cdots\cdots (1)$$

$$\therefore \left\{\begin{array}{l} z=-1 \text{ 是一階極點。} \\ z^{a-1}=\frac{1}{z^{1-a}} \text{ 的 } a \text{ 是 } 0<a<1\text{，故 } z=0 \text{ 是奇異點，} \\ \quad \text{由 (3-108) 式 } z^{a-1} \text{ 是多值函數，需要不同} \\ \quad \text{Riemann 面，於是取複變數平面 } z \text{ 平面的正} \\ \quad \text{實軸為支線。} \end{array}\right\} \cdots\cdots (2)$$

則由 (2) 式得圖 (3-53) 的積分周線 C：

$$C=C_1+C_R+C_2+C_\varepsilon \cdots\cdots (3)$$

(3) 式的 C_1 和 C_R 是在 Riemann 面第一葉 (主葉)，繞它一圈後是進入第二葉，於是 C_2 必須用 $(3\text{-}106)_2$ 式：

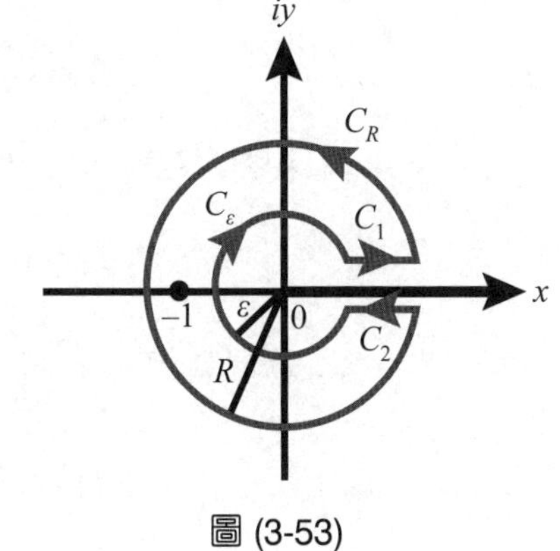

圖 (3-53)

$$\therefore \left\{\begin{array}{ll} C_1：z=x \Longrightarrow dz=dx， & x=\varepsilon\sim R \\ C_R：z=Re^{i\theta} \Longrightarrow dz=iRe^{i\theta}d\theta， & \theta=0\sim 2\pi \\ C_2：z=xe^{2\pi i} \Longrightarrow dz=e^{2\pi i}dx， & x=R\sim\varepsilon \\ C_\varepsilon：z=\varepsilon e^{i\varphi} \Longrightarrow dz=i\varepsilon e^{i\varphi}d\varphi， & \varphi=2\pi\sim 0 \end{array}\right\} \cdots\cdots (4)$$

$$\therefore \oint_C f(z)dz=\int_\varepsilon^R \frac{x^{a-1}}{1+x}dx+\int_0^{2\pi}\frac{R^{a-1}e^{i(a-1)\theta}}{1+Re^{i\theta}}iRe^{i\theta}d\theta$$

$$+\int_R^\varepsilon \frac{x^{a-1}e^{2\pi(a-1)i}}{1+xe^{2\pi i}}e^{2\pi i}dx+\int_{2\pi}^0 \frac{\varepsilon^{a-1}e^{i(a-1)\varphi}}{1+\varepsilon e^{i\varphi}}i\varepsilon e^{i\varphi}d\varphi \cdots\cdots (5)$$

由 (1-19) 式得對 C_R 和 C_ε 的如下演算：

$$\lim_{R\to\infty}\left|\int_0^{2\pi}\frac{R^{a-1}e^{i(a-1)\theta}iRe^{i\theta}d\theta}{1+Re^{i\theta}}\right|\le\lim_{R\to\infty}\int_0^{2\pi}\frac{|iR^a e^{ia\theta}|}{|1+Re^{i\theta}|}d\theta$$

$$\left\{\begin{aligned}|1+Re^{i\theta}| &= |(1+R\cos\theta)+iR\sin\theta| = \sqrt{1+R^2+2R\cos\theta} \\ &= (R+1) \sim (R-1) \longleftarrow \because -1 \le \cos\theta \le 1\end{aligned}\right.$$

$$\le \lim_{R\to\infty}\frac{R^a}{R-1}\int_0^{2\pi}d\theta = \lim_{R\to\infty}\frac{2\pi R^a}{R-1} = 0 \cdots\cdots (6)$$

$$\lim_{\varepsilon\to 0}\left|\int_{2\pi}^{0}\frac{\varepsilon^{a-1}e^{i(a-1)\varphi}\,i\varepsilon e^{i\varphi}\,d\varphi}{1+\varepsilon e^{i\varphi}}\right| \le \lim_{\varepsilon\to 0}\int_{2\pi}^{0}\frac{|i\varepsilon^a e^{ia\varphi}|}{|1+\varepsilon e^{i\varphi}|}d\varphi$$

$$\le \lim_{\varepsilon\to 0}\frac{\varepsilon^a}{1-\varepsilon}\int_{2\pi}^{0}d\varphi = \lim_{\varepsilon\to 0}\frac{-2\pi\varepsilon^a}{1-\varepsilon} = 0 \cdots\cdots (7)$$

由 (5), (6) 和 (7) 式得：

$$\lim_{\substack{\varepsilon\to 0\\ R\to\infty}}\oint_C f(z)dz = \int_0^\infty \frac{x^{a-1}}{1+x}dx + \int_\infty^0 \frac{x^{a-1}e^{2\pi ai}}{1+x}dx$$

$$\overline{\overline{\;(3-76)\text{式}\;}}\; 2\pi i\,\text{Res.} f(z=-1) \cdots\cdots (8)$$

$$\text{Res.} f(z=-1) = \lim_{z\to -1}(z+1)\frac{z^{a-1}}{z+1} = (-1)^{a-1}$$

$$= (e^{\pi i})^{a-1} = e^{(a-1)\pi i} \cdots\cdots (9)$$

$$\therefore\; 2\pi i e^{(a-1)\pi i} = \int_0^\infty \frac{x^{a-1}}{1+x}dx - \int_0^\infty \frac{x^{a-1}e^{2\pi ai}}{1+x}dx$$

$$= (1-e^{2\pi ai})\int_0^\infty \frac{x^{a-1}}{1+x}dx$$

$$\therefore\; \int_0^\infty \frac{x^{a-1}}{1+x}dx = \frac{2\pi i e^{(a-1)\pi i}}{1-e^{2\pi ai}} = \frac{\pi}{(e^{\pi ai}-e^{-\pi ai})/2i} = \frac{\pi}{\sin\pi a} \cdots\cdots (10)$$

(Ex.3-28) 求 $\int_0^\infty \frac{x^{-b}}{1+x}dx$，$0<b<1$ 之值。

(解)：本例題是以另種形式表示的 (Ex.3-27)，目的要提醒隱藏在演算過程的最重要觀念。設複數被積函數 $f(z)$ 爲：

$$f(z) \equiv \frac{z^{-b}}{1+z},\qquad 0<b<1 \cdots\cdots (1)$$

$$\therefore\begin{cases} z=-1\ \text{是}\ f(z)\ \text{之一階極點；} \\ z^{-b}=1/z^{b}\ \text{的}\ z=0\ \text{是奇異點，由於}\ 0<b<1\text{，於是} \\ \quad \text{由}\ (3\text{-}106)_2\ \text{式}\ z^{-b}\ \text{是多值函數，需要不同} \\ \quad \text{Riemann 面，故取}\ z\ \text{平面的正實軸為支線。} \end{cases}\cdots\cdots(2)$$

則由 (2) 式得圖 (3-54) 的積分周線 C：

$$C=C_1+C_R+C_2+C_\varepsilon\cdots\cdots(3)$$

(3) 式的 C_1 和 C_R 在 Riemann 面主葉，繞它一圈後進入第二葉，於是 C_2 必須用 $(3\text{-}106)_2$ 式：

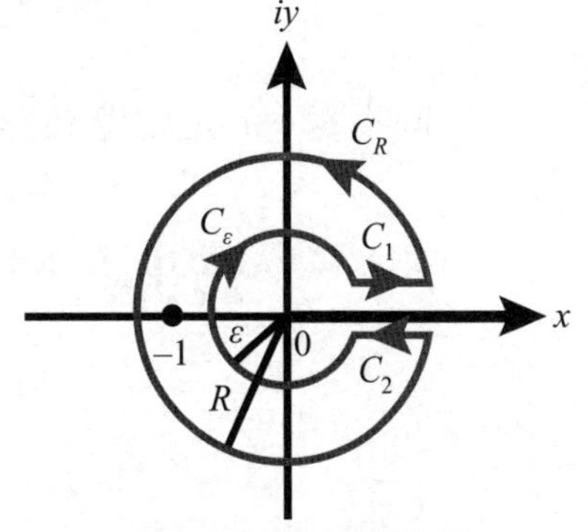

C_ε 和 C_R 分別以原點為圓心半徑 ε 和 R 之圓周。

圖 (3-54)

$$\therefore\begin{cases} C_1:z=x\Longrightarrow dz=dx\text{，}\quad x=\varepsilon\sim R \\ C_R:z=Re^{i\theta}\Longrightarrow dz=iRe^{i\theta}d\theta\text{，}\quad \theta=0\sim 2\pi \\ C_2:z=xe^{2\pi i}\Longrightarrow dz=e^{2\pi i}dx\text{，}\quad x=R\sim\varepsilon \\ C_3:z=\varepsilon e^{i\varphi}\Longrightarrow dz=i\varepsilon e^{i\varphi}d\varphi\text{，}\varphi=2\pi\sim 0 \end{cases}\cdots\cdots(4)$$

$$\therefore\oint_C f(z)dz=\int_\varepsilon^R\frac{x^{-b}}{1+x}dx+\underbrace{\int_0^{2\pi}\frac{R^{-b}e^{-ib\theta}}{1+Re^{i\theta}}iRe^{i\theta}d\theta}_{I(R)}$$

$$+\underbrace{\int_R^\varepsilon\frac{x^{-b}e^{-2\pi bi}}{1+xe^{2\pi i}}e^{2\pi i}dx}_{I(x)}+\underbrace{\int_{2\pi}^0\frac{\varepsilon^{-b}e^{-ib\varphi}}{1+\varepsilon e^{i\varphi}}i\varepsilon e^{i\varphi}d\varphi}_{I(\varepsilon)}\cdots\cdots(5)$$

(5) 式的 $I(R)$ 和 $I(\varepsilon)$ 之値，和 (Ex.3-27) 的 (6) 與 (7) 式一樣的都爲零，而 $I(x)$ 是：

$$I(x)=\int_R^\varepsilon\frac{e^{-2\pi bi}x^{-b}e^{2\pi i}}{1+xe^{2\pi i}}dx=-e^{2\pi(1-b)i}\int_\varepsilon^R\frac{x^{-b}}{1+x}dx\cdots\cdots(6)$$

(6) 式是演算過程之關鍵式，C_2 是在第二葉 Riemann 面，在該葉的 (6) 式分母之 $x\exp.(2\pi i)$，是在同葉的 x 值，於是：

$$(6)\ \text{式分母的}\ xe^{2\pi i}=x\text{，}\qquad\text{即}\ e^{2\pi i}=1\cdots\cdots(7)$$

但 (6) 式分子的 exp. $(2\pi i)$ 絕不能讓它等於 1，因爲它是 (4) 式 C_2 之 dz 來的數，表示正在變化的 dx 情況，必須和同在分子的：

$$x^{-b} \Longrightarrow (xe^{2\pi i})^{-b} = x^{-b}e^{-2\pi bi} \cdots\cdots (8)$$

同步變，於是就得 (6) 式的右邊。

$$\therefore \lim_{\substack{\varepsilon\to 0\\ R\to\infty}} \oint_C f(z)dz = \lim_{\substack{\varepsilon\to 0\\ R\to\infty}} \left\{ \int_\varepsilon^R \frac{x^{-b}}{1+x}dx - e^{2\pi(1-b)i}\int_\varepsilon^R \frac{x^{-b}}{1+x}dx \right\}$$

$$= (1-e^{2\pi(1-b)i})\int_0^\infty \frac{x^{-b}}{1+x}dx$$

$$\overline{\overline{\text{(3−76) 式}}}\, 2\pi i\,\text{Res.}f(z=-1) \cdots\cdots (9)$$

$$\text{Res.}f(z=-1) = \lim_{z\to -1}(z+1)\frac{z^{-b}}{z+1} = (-1)^{-b} = (e^{\pi i})^{-b} = e^{-b\pi i} \cdots\cdots (10)$$

$$\therefore (1-e^{2\pi(1-b)i})\int_0^\infty \frac{x^{-b}}{1+x}dx = 2\pi i\, e^{-b\pi i}$$

$$\therefore \int_0^\infty \frac{x^{-b}}{1+x}dx = \frac{2\pi i e^{-b\pi i}}{1-e^{2\pi(1-b)i}} = \frac{-2\pi i e^{(1-b)\pi i}}{1-e^{2\pi(1-b)i}} \cdots\cdots (11)$$

在 (11) 式爲了其分子的指數函數和分母之指數函數同型式用了：

$$1 = -e^{\pi i}$$

於是由 (11) 式得：

$$\int_0^\infty \frac{x^{-b}}{1+x}dx = \frac{\pi}{(e^{(1-b)\pi i} - e^{-(1-b)\pi i})/2i} = \frac{\pi}{\sin(1-b)\pi} \cdots\cdots (12)$$

比較 (Ex.3-27) 和 (Ex.3-28) 得：

當 $a-1=-b$

或 $a=1-b$

則得 (Ex.3-27) 的 (10) 式 = (Ex.3-28) 的 (12) 式 ⋯⋯ (13)

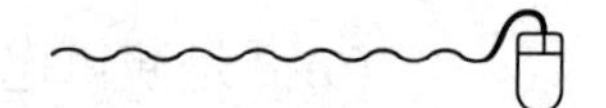

(Ex.3-29) 求 $\int_0^\infty \frac{dx}{\sqrt{x}(1+x^2)}$ 值。

(解)：作本例的目的是，以簡單的被積函數來具體地瞭解支點與支線觀念，所以會詳細說明演算過程，以及進行演算。設複數被積函數 $f(z)$ 為：

$$f(z) \equiv \frac{1}{\sqrt{z}(1+z^2)} \cdots\cdots (1)$$

$$\left\{ \begin{array}{l} 1+z^2=0 \Longrightarrow z=\pm i \text{ 為 } f(x) \text{ 之一階極點。} \\ z=0\text{，即原點，以及 } x\geq 0 \text{ 之各點都是奇異點，換言之：} \\ \qquad \text{原點為支點，} \quad z \text{ 之正實軸為支線。} \\ \text{由 (3-108) 式，} f(z) \text{ 之分母的 } \sqrt{z} \text{ 是多值函數，需要不} \\ \text{同 Riemann 面。} \end{array} \right\} \cdots (2)$$

由 (2) 式得圖 (3-55) 的積分周線 $C=(C_1+C_R+C_2+C_\varepsilon)$，$C_1$ 和 C_R 在 Riemann 面第一葉（主葉），C_2 和 C_ε 在第二葉 Riemann 面。那麼多值函數的 $\sqrt{z}$ 需要多少葉 Riemann 面呢？

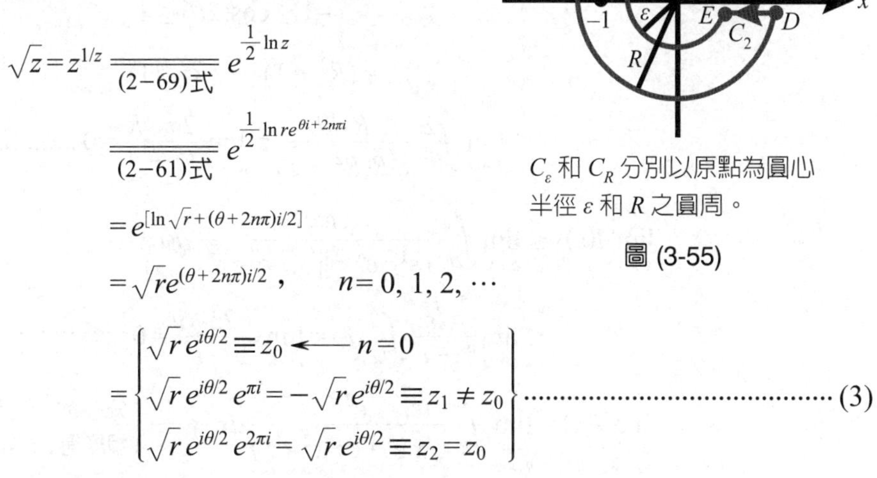

C_ε 和 C_R 分別以原點為圓心半徑 ε 和 R 之圓周。

圖 (3-55)

$$\sqrt{z}=z^{1/z} \underset{(2-69)式}{=\!=\!=} e^{\frac{1}{2}\ln z}$$

$$\underset{(2-61)式}{=\!=\!=} e^{\frac{1}{2}\ln re^{\theta i+2n\pi i}}$$

$$=e^{[\ln\sqrt{r}+(\theta+2n\pi)i/2]}$$

$$=\sqrt{r}e^{(\theta+2n\pi)i/2}, \qquad n=0,1,2,\cdots$$

$$=\left\{ \begin{array}{l} \sqrt{r}\,e^{i\theta/2}\equiv z_0 \longleftarrow n=0 \\ \sqrt{r}\,e^{i\theta/2}\,e^{\pi i}=-\sqrt{r}\,e^{i\theta/2}\equiv z_1\neq z_0 \\ \sqrt{r}\,e^{i\theta/2}\,e^{2\pi i}=\sqrt{r}\,e^{i\theta/2}\equiv z_2=z_0 \end{array} \right\} \cdots\cdots (3)$$

z_1 是在主葉繞一圈後進入第二葉 Riemann 面之值，z_2 是將要進入第三葉之值，但沒進而回到主葉，換句話，$\sqrt{z}$ 是二值函數。

$\therefore \sqrt{z}$ 需要兩葉 Riemann 面，主葉和第二葉（請參看圖 (1-8)）$\cdots\cdots$ (4)

確實 $z=0$ 的原點持有多值，z_0 和 z_1 的支點，正 x 軸是支線。積分路徑的 C_2 和 C_1 各在不同 Riemann 面，於是 C_1 之 $z=x$，C_2 之 $z=xe^{2\pi i}$。

$$\therefore \begin{cases} C_1: z=x \Longrightarrow dz=dx, & x=\varepsilon\sim R \\ C_R: z=Re^{i\theta} \Longrightarrow dz=iRe^{i\theta}d\theta, & \theta=0\sim 2\pi \\ C_2: z=xe^{2\pi i} \Longrightarrow dz=e^{2\pi i}dx, & x=R\sim\varepsilon \\ C_3: z=\varepsilon e^{i\varphi} \Longrightarrow dz=i\varepsilon e^{i\varphi}d\varphi, & \varphi=2\pi\sim 0 \end{cases} \cdots\cdots (5)$$

$$\therefore \oint_C f(z)dz=\int_\varepsilon^R \frac{dx}{\sqrt{x}(1+x^2)}+\underbrace{\int_0^{2\pi}\frac{iRe^{i\theta}d\theta}{R^{1/2}e^{i\theta/2}(1+R^2e^{2i\theta})}}_{I(R)}$$

$$+\underbrace{\int_R^\varepsilon \frac{e^{2\pi i}dx}{\sqrt{x}\,e^{2\pi i/2}(1+x^2e^{4\pi i})}}_{I(x)}+\underbrace{\int_{2\pi}^0\frac{i\varepsilon e^{i\varphi}d\varphi}{\varepsilon^{1/2}e^{i\varphi/2}(1+\varepsilon^2e^{2i\varphi})}}_{I(\varepsilon)} \cdots\cdots (6)$$

接著是用 (1-19) 式來求 $R\to\infty$ 時的 $I(R)$ 和 $\varepsilon\to 0$ 時的 $I(\varepsilon)$ 值：

$$\lim_{R\to\infty}|I(R)|\le\lim_{R\to\infty}\int_0^{2\pi}\frac{|iRe^{i\theta}|}{|R^{1/2}e^{i\theta/2}||1+R^2e^{2i\theta}|}d\theta$$

$$\left\{\begin{aligned} |1+R^2e^{2i\theta}| &= |[1+R^2\cos(2\theta)]+iR^2\sin(2\theta)| \\ &= \sqrt{1+2R^2\cos(2\theta)+R^4} \\ &\quad \left\{ -1\le\cos(2\theta)\le 1 \right. \\ &= (R^2+1)\sim(R^2-1) \end{aligned}\right.$$

$$\le\lim_{R\to\infty}\int_0^{2\pi}\frac{R\,d\theta}{\sqrt{R}(R^2-1)}=\lim_{R\to\infty}\frac{2\pi\sqrt{R}}{R^2-1}=0 \cdots\cdots (7)$$

$$\lim_{\varepsilon\to 0}|I(\varepsilon)|\le\lim_{\varepsilon\to 0}\int_{2\pi}^0\frac{|i\varepsilon e^{i\varphi}|}{|\varepsilon^{1/2}e^{i\varphi/2}||1+\varepsilon^2e^{2i\varphi}|}d\varphi$$

$$\le\lim_{\varepsilon\to 0}\frac{\sqrt{\varepsilon}}{1-\varepsilon^2}\int_{2\pi}^0 d\varphi=\lim_{\varepsilon\to 0}\frac{-2\pi\sqrt{\varepsilon}}{1-\varepsilon^2}=0 \cdots\cdots (8)$$

$$\lim_{\substack{\varepsilon\to 0\\ R\to\infty}} I(x)=\lim_{\substack{\varepsilon\to 0\\ R\to\infty}}\int_R^\varepsilon\frac{e^{2\pi i}}{\sqrt{x}\,e^{\pi i}(1+x^2e^{4\pi i})}dx \longleftarrow \left(\begin{array}{l}\text{分子的 } e^{2\pi i} \text{ 和分母之 } e^{\pi i} \\ \text{相約得 } e^{\pi i}=-1\end{array}\right)$$

$$=\lim_{\substack{\varepsilon\to 0\\ R\to\infty}}\int_R^\varepsilon\frac{-1}{\sqrt{x}(1+x^2)}dx=\int_0^\infty\frac{1}{\sqrt{x}(1+x^2)}dx \cdots\cdots (9)$$

$$\therefore \lim_{\substack{\varepsilon\to 0\\ R\to\infty}}\oint_C f(z)dz=2\int_0^\infty\frac{1}{\sqrt{x}(1+x^2)}dx$$

$$\xlongequal[(3-77)\text{式}]{} 2\pi i\{\text{Res.}f(z=i)+\text{Res.}f(z=-i)\} \cdots\cdots (10)$$

$$\text{Res.} f(z=i)=\lim_{z\to i}(z-i)\frac{1}{\sqrt{z}(z-i)(z+i)}=-\frac{i}{2\sqrt{i}}$$

$$=-\frac{e^{\pi i/2}}{2e^{\pi i/4}}=-\frac{1}{2}e^{\pi i/4}=-\frac{1}{2}\left(\frac{1}{\sqrt{2}}+\frac{i}{\sqrt{2}}\right)\cdots\cdots(11)$$

$$\text{Res.} f(z=-i)=\lim_{z\to -i}(z+i)\frac{1}{\sqrt{z}(z-i)(z+i)}=-\frac{i}{2\sqrt{-i}}$$

$$=\frac{e^{\pi i/2}}{2e^{3\pi i/4}}=\frac{1}{2}e^{-\pi i/4}=\frac{1}{2}\left(\frac{1}{\sqrt{2}}-\frac{i}{\sqrt{2}}\right)\cdots\cdots(12)$$

由 (10), (11) 和 (12) 式得：

$$2\int_0^\infty\frac{1}{\sqrt{x}(1+x^2)}dx=2\pi i\times\left(-\frac{i}{\sqrt{2}}\right)=\sqrt{2}\pi$$

$$\therefore\int_0^\infty\frac{1}{\sqrt{x}(1+x^2)}dx=\frac{\pi}{\sqrt{2}}\cdots\cdots(13)$$

確實從圖 (3-55) 的主葉 A 點出發，沿 x 軸到 $B(\varepsilon\to 0, R\to\infty$ 時的 A 在原點，B 在無限遠)，繞一圈回到 x 軸 D 點，由於被積函數必須是解析單值函數，於是非離開主葉進入第二葉來維持單值性不可，在第二葉繞了一圈，由於 $\sqrt{z}$ 是二值多值函數，於是就回到主葉之 A 點。這就是圖 (3-55) 的周線 C 之內涵，棒吧，眞佩服 Riemann 之才智。這種邏輯正是我們要學的地方。

(Ex.3-30) 求 $\int_0^1\frac{1}{x^3+3x+2}\sqrt{\frac{x}{1-x}}dx$ 值。

(解)：作本例之焦點是“如何找支點與支線”，因本例題的支點與支線和 (Ex.3-27) 到 (Ex.3-29) 很不一樣，所以會好好地說明。由 (3-108) 式得，被積函數有兩個牽連不同 Riemann 面之多値函數 $\sqrt{z}$ 和 $\sqrt{1-z}$，而它們出現在同一被積函數，於是它們雖有各自的支點 $z=0$ 和 $z=1$，其支線該共有，不然無法在共同的被積函數運作。所以我們猜本例的支線是：

連 結 兩 支 點 的 直 線 ……………………(1)

接著以實際分析來找支線。設複數被積函數 $f(z)$ 爲：

$$f(z) \equiv \frac{1}{z^2+3z+2}\sqrt{\frac{z}{1-z}} \cdots\cdots (2)$$

由 (3-107) 式，解題之第一步是找 $f(z)$ 之奇異點，支點和支線，不然無法決定積分路徑的周線 C。

(A) 找 $f(z)$ 之奇異點和支點：

$$z^2 + 3z + 2 = (z + 2)(z + 1) = 0$$

$\therefore z = -1, z = -2$ 是 $f(z)$ 的孤立奇異點，即一階極點 ⋯⋯ (3)

由 (3-108) 式，$\sqrt{1-z}$ 是多值函數，$z = 1$ 不但是奇異點，並且多值，

$\therefore z = 1$ 是 $f(z)$ 之支點 ⋯⋯ (4)

那支線在哪裡？ $z \geq 1$？ $0 \leq z \leq 1$？ 因積分區域是 $x = 0 \sim 1$，於是支線是 $0 \leq z \leq 1$ 的可能性大。那麼 $z = 0$ 是否支線端點？換句話，$z = 0$ 也是支點。$f(z)$ 之 $\sqrt{z}$ 也是多值函數，$z = 0$ 在本例雖不是顯性的奇異點，但複變數 z 是從 $z = 0$ 開始。

$\therefore z = 0$ 是支線起點，把它設為 $f(z)$ 的另一支點 ⋯⋯ (5)

(B) 找 $f(z)$ 的支線：

支線是接連的 Riemann 葉之界線，於是必須如 (Ex.3-29) 的 (3) 式那樣地探討多值函數的變化情況不可。由 (4) 和 (5) 式得如圖 (3-56)，在複變數平面 z 平面上任一點 P 的極座標表示。輻角 θ 和 θ_1，即極座標的角度是以二維空間之某點爲轉動中心，經該點的某直線爲角度起線來定義。角度以逆時針方向爲正，順時針方向爲負。圖 (3-56) 有兩個輻角定義點，但起線都是 z 平面的正 x 軸。

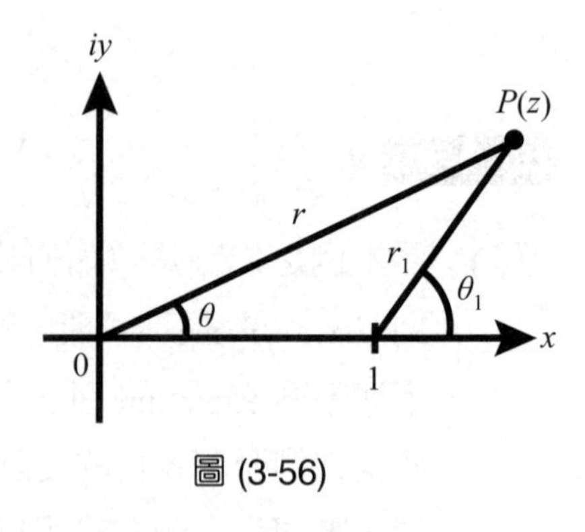

圖 (3-56)

(1) 取如圖 (3-57)，以 $z = 1$ 爲圓心半徑 $r_1 < 1$ 之圓周爲周線 C_1 時的情況：

由圖 (3-56) 得：

$$z = re^{i\theta} = 1 + r_1\, e^{i\theta_1} \cdots\cdots (6)$$

$$\sqrt{\frac{z}{1-z}} = \sqrt{\frac{r}{r_1}}\sqrt{\frac{e^{i\theta}}{-e^{i\theta_1}}} = \sqrt{\frac{r}{r_1}}e^{i(\theta-\pi-\theta_1)/2}$$

$$= -i\sqrt{\frac{r}{r_1}}e^{i(\theta-\theta_1)/2} \equiv \omega_1 \cdots\cdots (7)$$

(7) 式是在**第一葉**（主葉）Riemann 面之 $\sqrt{z}/\sqrt{1-z}$ 值。令 z 平面之點 P 繞以 $z = 1$ 為圓心半徑 $r_1 < 1$ 之圓 C_1 一圈，其值是：

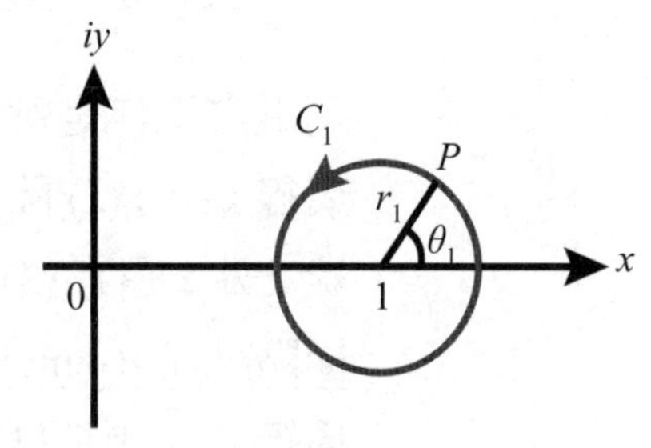

圖 (3-57)

$$\theta = \text{不變}，\qquad \theta_1 \Longrightarrow \theta_1 + 2\pi$$

$$\therefore \omega_1 \Longrightarrow -i\sqrt{\frac{r}{r_1}}e^{[\theta-(\theta_1+2\pi)]i/2} = i\sqrt{\frac{r}{r_1}}e^{i(\theta-\theta_1)/2} \neq \omega_1 \cdots\cdots (8)$$

(8) 式表示 P 點進入第二 Riemann 葉，如令 P 點再繞 C_1 一圈便得 ω_1，即 P 點回到主葉，證明 $z = 1$ 是二值函數 $\sqrt{1-z}$ 之支點，則支線有兩個可能：

$$z \geq 1 \qquad \text{和} \qquad z \leq 1 \cdots\cdots (9)$$

那麼到底 (9) 式的哪一條是支線呢？只有分析和 $\sqrt{1-z}$ 同質，且共組織 $f(z)$ 的另一個多值函數 $\sqrt{z}$。

(2) 取如圖 (3-58)，以 $z = 0$ 為圓心半徑 $r < 1$ 之圓周為周線 C_0 時的情況：由 (6) 式得：

$$\sqrt{\frac{z}{1-z}} = \sqrt{\frac{r}{r_1}}e^{i(\theta-\pi-\theta_1)/2}$$

$$= -i\sqrt{\frac{r}{r_1}}e^{i(\theta-\theta_1)/2}$$

$$\equiv \omega_0 \cdots\cdots (10)$$

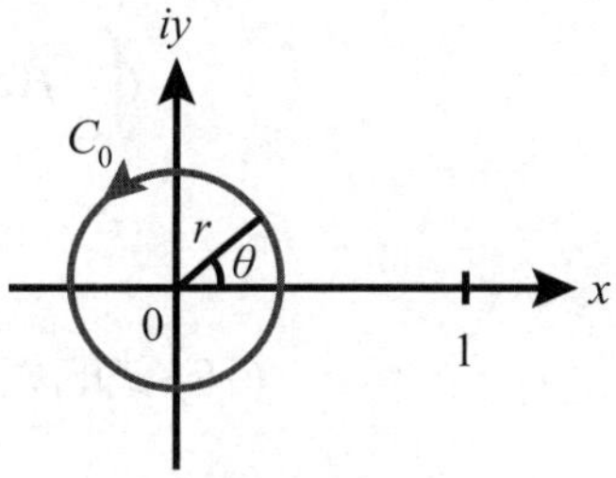

圖 (3-58)

則同 (7) 式到 (9) 式之方法得：

$$\left.\begin{array}{l}\sqrt{z}\text{ 是二值函數，}\quad z=0\text{ 是支點，}\\ z\geq 0\text{ 是支線。}\end{array}\right\}\cdots\cdots(11)$$

由 (9) 和 (11) 式肯定了 $f(z)$ 之支線：

$$\text{支線是 } 0\leq z\leq 1 \cdots\cdots(12)$$

剩下之工作是選作積分用的周線 C，$f(z)$ 除了支點和支線之外，還有 (3) 式的極點。極點是在 Riemann 面主葉，周線 C 必須把極點包在內，同時避開支點和支線，於是得圖 (3-59) 之周線 C：

$$\begin{aligned}C=C_{\overline{DE}}+C_R+C_{\overline{GH}}&\\+C_{\varepsilon_1}\text{下半圓}+C_{\overline{JK}}&\\+C_{\varepsilon_0}+C_{\overline{AB}}&\\+C_{\varepsilon_1}\text{上半圓}\cdots\cdots&(13)\end{aligned}$$

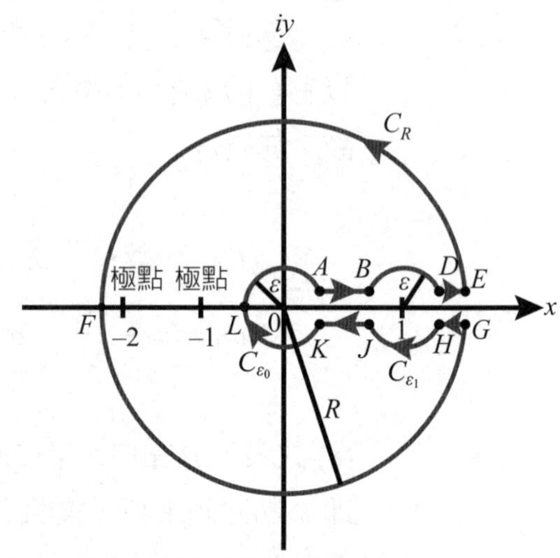

C_R = 原點為圓心半徑 R 之圓，
C_{ε_0} 和 C_{ε_1} 分別以 $z=0$ 和 $z=1$ 為圓心半徑 ε 之圓。

圖 (3-59)

(13) 式的 $C_{\overline{DE}}$ 和 $C_{\overline{GH}}$ 叫**截線** (cross-cut)，是在主葉，是進出支線領域之通道，$C_{\overline{DE}}$ 和 $C_{\overline{GH}}$ 是同一直線，只是爲了清楚地表示“進”和“出”的現象，而故意把它分開。

$$\therefore \int_{C_{\overline{DE}}} f(z)dz=-\int_{C_{\overline{GH}}} f(z)dz \cdots\cdots(14)$$

$$\begin{aligned}\therefore \oint_C f(z)dz=&\int_{C_R} f(z)dz+\int_{C_{\varepsilon_1}} f(z)dz+\int_{C_{\overline{JK}}} f(z)dz\\&+\int_{C_{\varepsilon_0}} f(z)dz+\int_{C_{\overline{AB}}} f(z)dz \cdots\cdots(15)\end{aligned}$$

(15) 式的積分路徑如圖 (3-60)：

$$C\Longrightarrow C_R+C_{\varepsilon_1}+C_{\overline{JK}}+C_{\varepsilon_0}+C_{\overline{AB}} \cdots\cdots(16)$$

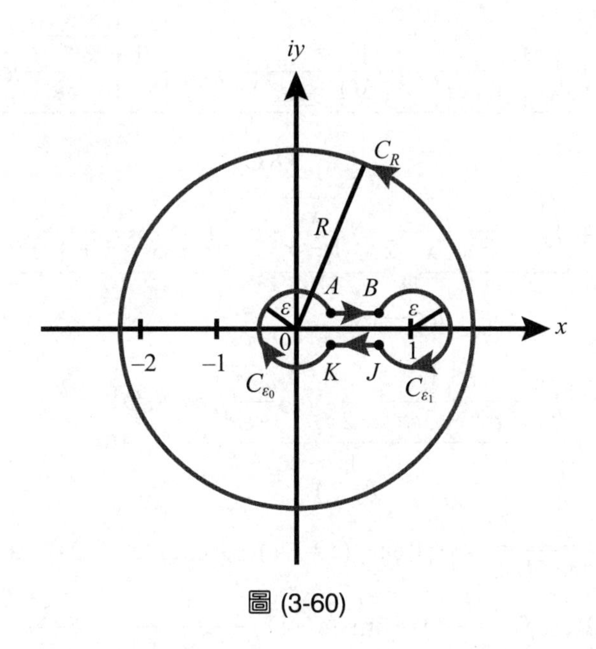

圖 (3-60)

C_R ：$z = Re^{i\theta}$

$dz = iRe^{i\theta}d\theta$，　$\theta = 0 \sim 2\pi$

C_{ε_1} ：$z = 1 + \varepsilon e^{i\varphi'}$

$dz = i\varepsilon e^{i\varphi'}d\varphi'$，　$\varphi' = \pi \sim (-\pi)$

$C_{\overline{JK}}$ ：$z = e^{2\pi i}x$

$dz = \underbrace{e^{2\pi i}} dx$，　$x = (1-\varepsilon) \sim \varepsilon$

⇑

因在 C_{ε_1} 繞了 Riemann 面主葉一圈進入第二葉，以維持被積函數之單值性。

C_{ε_0} ：$z = \varepsilon e^{i\varphi}$

$dz = i\varepsilon e^{i\varphi}d\varphi$，　$\varphi = 2\pi \sim 0$

$C_{\overline{AB}}$ ：$z = x$

$dz = dx$，　$x = \varepsilon \sim (1-\varepsilon)$

……………………………………(17)

$$\therefore \lim_{\substack{\varepsilon\to 0\\ R\to\infty}} \oint_C f(z)dz = \lim_{\substack{\varepsilon\to 0\\ R\to\infty}} \left\{ \underbrace{\int_0^{2\pi} \frac{1}{R^2e^{2i\theta}+3Re^{i\theta}+2}\sqrt{\frac{Re^{i\theta}}{1-Re^{i\theta}}}\, iRe^{i\theta}\,d\theta}_{I(C_R)} \right.$$

$$+\underbrace{\int_{\pi}^{-\pi}\frac{1}{(1+\varepsilon e^{i\varphi'})^2+3(1+\varepsilon e^{i\varphi'})+2}\sqrt{\frac{1+\varepsilon e^{i\varphi'}}{1-1-\varepsilon e^{i\varphi'}}}\,i\varepsilon e^{i\varphi'}\,d\varphi'}_{\substack{|||\\ I(C_{\varepsilon_1})}}$$

$$+\underbrace{\int_{\varepsilon}^{1-\varepsilon}\frac{1}{x^2+3x+2}\sqrt{\frac{x}{1-x}}\,dx}_{\substack{|||\\ I(C_{\overline{AB}})}}+\underbrace{\int_{1-\varepsilon}^{\varepsilon}\frac{1}{x^2e^{4\pi i}+3xe^{2\pi i}+2}\sqrt{\frac{xe^{2\pi i}}{1-xe^{2\pi i}}}\,e^{2\pi i}\,dx}_{\substack{|||\\ C_{\overline{JK}}}}$$

$$\left.+\underbrace{\int_{2\pi}^{0}\frac{1}{\varepsilon^2\,e^{2i\varphi}+3\varepsilon e^{i\varphi}+2}\sqrt{\frac{\varepsilon e^{i\varphi}}{1-\varepsilon e^{i\varphi}}}\,i\varepsilon e^{i\varphi}\,d\varphi}_{\substack{|||\\ I(C_{\varepsilon_0})}}\right\}$$

$$\overline{\overline{\small (3-77)式}}\;2\pi i\{\mathrm{Res.}f(z=-1)+\mathrm{Res.}f(z=-2)\}\quad\cdots\cdots(18)$$

$$\mathrm{Res.}f(z=-1)=\lim_{z\to -1}(z+1)\frac{1}{(z+2)(z+1)}\sqrt{\frac{z}{1-z}}=\frac{i}{\sqrt{2}}\quad\cdots\cdots(19)$$

$$\mathrm{Res.}f(z=-2)=\lim_{z\to -2}(z+2)\frac{1}{(z+2)(z+1)}\sqrt{\frac{z}{1-z}}=-\sqrt{\frac{2}{3}}\,i\quad\cdots\cdots(20)$$

$$\lim_{R\to\infty}|I(C_R)|\;\overline{\overline{\small (1\text{-}19)式}}\;\lim_{R\to\infty}\int_0^{2\pi}\frac{1}{|R^2e^{2i\theta}+3Re^{i\theta}+2|}\frac{|(Re^{i\theta})^{1/2}|}{|(1-Re^{i\theta})^{1/2}|}\,|iRe^{i\theta}|d\theta$$

$$\le\lim_{R\to\infty}\int_0^{2\pi}\frac{1}{R^2}\sqrt{\frac{R}{R-1}}\times R\,d\theta=\lim_{R\to\infty}\frac{2\pi}{\sqrt{R(R-1)}}=0\quad\cdots\cdots(21)$$

$$\lim_{\varepsilon\to 0}I(C_{\overline{JK}})=\lim_{\varepsilon\to 0}\int_{1-\varepsilon}^{\varepsilon}\frac{1}{(x^2\,e^{2\pi i}+3x+2e^{-2\pi i})\underbrace{e^{2\pi i}}_{\substack{|||\\ a}}}\sqrt{\frac{x}{1-xe^{2\pi i}}}\,e^{\pi i}\underbrace{e^{2\pi i}}_{\substack{|||\\ b}}\,dx$$

“a” 是從被積函數來，而 “b” 是從 (17) 式的 $C_{\overline{JK}}$ 之變數來，於是 “b” 必須和被積函數的其他部分合起來處理。請務必看 (Ex.3-28) 的 (6) 式到 (8) 式。所以 “a” 和 “b” 剛好相互抵消，然後才處理其他指數函數：

$$e^{\pi i}=-1\,,\qquad e^{\pm 2\pi i}=1$$

$$=\int_0^1\frac{1}{x^2+3x+2}\sqrt{\frac{x}{1-x}}\,dx\quad\cdots\cdots(22)$$

$$\lim_{\varepsilon\to 0}I(C_{\varepsilon_0})=0\,,\qquad \lim_{\varepsilon\to 0}I(C_{\varepsilon_1})=0\quad\cdots\cdots(23)$$

由 (18) 式到 (23) 式得：

$$\lim_{\substack{\varepsilon\to 0\\ R\to\infty}}\oint_C f(z)dz = 2\int_0^1 \frac{1}{x^2+3x+2}\sqrt{\frac{x}{1-x}}\,dx = 2\pi i\left(\frac{i}{\sqrt{2}} - \sqrt{\frac{2}{3}}\,i\right)$$

$$\therefore \int_0^1 \frac{1}{x^2+3x+2}\sqrt{\frac{x}{1-x}}\,dx = (2-\sqrt{3})\frac{\pi}{\sqrt{6}}$$

歸納 (Ex.3-37) 到 (Ex.3-30) 的演算過程得下結果。

(A) 多値 (多價) 函數

積分之被積函數在積分定義**區域** (region) ，必須單值解析函數，於是遇到多值函數時，非使用 Riemann 面來約化成單值函數不可。每葉 Riemann 面叫**分支** (branch ，請看 (1-36) 式到 (1-37) 式)。

(1) Riemann 面第一葉又叫**主葉**是：

$$z=\begin{cases} x+iy \cdots\cdots\cdots\cdots\text{直角座標，} \\ re^{i\theta} \cdots\cdots\cdots\cdots\text{極座標，}\theta\text{叫輻角} \end{cases}$$

$0 \le \theta < 2\pi$ 或 $(-\pi) \le \theta < \pi$ ……………(3-109)

(2) 接連兩 Riemann 面之輻角差 2π，

如第 $(n-1)$ 葉為 θ_{n-1} 則第 n 葉為 $(\theta_{n-1}+2\pi)$。

(B) 支點和支線

(1) 如 $f(z)=z^{1/n}$， $n=2, 3, 4, \cdots$

則

(i) $z=0$ 是**支點** (branch point)，

(ii) $x>0$ 是**支線** (branch line 或 branch cut)，

(iii) 有 n 個 Riemann 面，繞 $z=0$ n 次 2π 之後回到主葉，稱 $z=0$ 為 **$(n-1)$ 階 (order) 代數支點**。 ….. (3-110)

(例 1) 求 $f(z)=(z-a)^{1/n}$， $n=2, 3, \cdots$，

$a=$ 正實數時的支點與支線。

(解)： 由 (3-100) 式得如右圖的：

iy

0 a 支線 x

支點

$z=a$ 是支點，
$x \geq a$ 是支線。

(例 2) 求 $f(z)=(\sqrt{z}+\sqrt[3]{z-1})$ 的價數。

(解)：設 $\sqrt{z}\equiv g(z)$，　$\sqrt[3]{z-1}\equiv h(z)$，則由 (2-69) 式得：

(a) $\sqrt{z}=z^{1/2}=e^{\frac{1}{2}\ln z}=e^{\frac{1}{2}\ln r_0 e^{i(\theta+2k\pi)}}$，　$k=0, 1, 2, \cdots$

$$=\sqrt{r_0}\,e^{(\theta+2k\pi)i/2}$$

爲了方便令 $\theta=0$，

$$\therefore \sqrt{z}=\sqrt{r_0}\,e^{k\pi i}，\quad k=0, 1, 2, 3, \cdots \quad\cdots\cdots(1)$$

$$=\sqrt{r_0}\Big\{\underbrace{\underset{k=0}{\underset{\uparrow}{1}}\;,\;\underset{k=1}{\underset{\uparrow}{-1}}}\;,\;\underbrace{\underset{k=2}{\underset{\uparrow}{1}}\;,\;\underset{k=3}{\underset{\uparrow}{-1}}}\;,\cdots\Big\}，\quad r_0=\sqrt{x^2+y^2}\cdots\cdots(2)$$

$\therefore \sqrt{z}=g(z)$ 是二價函數，其值是 $(+\sqrt{r_0})$ 和 $(-\sqrt{r_0})$。$\cdots\cdots$(3)

(b) $\sqrt[3]{z-1}=(z-1)^{1/3}=e^{\frac{1}{3}\ln(z-1)}$

$$=e^{\frac{1}{3}\ln r\,e^{i(\varphi+2n\pi)}}$$

$\Big\{$ $r=|z-1|=\sqrt{(x-1)^2+y^2}$，
為了方便，取 $\varphi=0$

$$=\sqrt[3]{r}\,e^{2n\pi i/3}，\quad n=0, 1, 2, 3, \cdots, \quad\cdots\cdots(4)$$

$$=r^{1/3}\Big\{\underbrace{\underset{n=0}{\underset{\uparrow}{1}}\;,\;\underset{n=1}{\underset{\uparrow}{e^{2\pi i/3}}}\;,\;\underset{n=2}{\underset{\uparrow}{e^{4\pi i/3}}}}\;,\;\underbrace{\underset{n=0}{\underset{\uparrow}{1}}\;,\;\underset{n=1}{\underset{\uparrow}{e^{2\pi i/3}}}\;,\;\underset{n=2}{\underset{\uparrow}{e^{4\pi i/3}}}}\;,\cdots\Big\}$$

$\cdots\cdots$(5)

$\therefore \sqrt[3]{z-1}=h(z)$ 是三價函數，其值是 $(1,\; e^{2\pi i/3},\; e^{4\pi i/3})r^{1/3}$

$\cdots\cdots$(6)

故由 (3) 和 (6) 式得 $f(z)=[g(z)+h(z)]$ 之值：

$$\left.\begin{matrix}\begin{cases} f_1 = r_0^{1/2} + r^{1/3}, \\ f_2 = -r_0^{1/2} + r^{1/3}, \end{cases} & \begin{cases} f_3 = r_0^{1/2} + r^{1/3}\, e^{2\pi i/3} \\ f_4 = -r_0^{1/2} + r^{1/3}\, e^{2\pi i/3} \end{cases} \\ \begin{cases} f_5 = r_0^{1/2} + r^{1/3}\, e^{4\pi i/3} \\ f_6 = -r_0^{1/2} + r^{1/3}\, e^{4\pi i/3} \end{cases} & \end{matrix}\right\} \cdots\cdots (7)$$

即 $f(z)$ 有 6 個值，是 6 價函數。“6” 是 $g(z)$ 和 $h(z)$ 價數的最小公倍數，於是當 $f(z)$ 是價數不同的相互獨立函數之線性組合時，$f(z)$ 的價數是它們價數之最小公倍數。

(2) 如被積函數是同**階** (order) 多值函數組成之函數，則這些函數是**等權** (equal weight)，即必須同時 (同步) 處理他們的支點，請看本章習題 (35)。

物理學用複變函數導論到此告辭，

希望對你有幫助。

1. 求下列複數不定積分：

(a) $\int z\,dz$，　(b) $\int \cos z\,dz$，　(c) $\int \sinh z\,dz$

➡ **解**

(a) 求 $\int z\,dz$：

$$\begin{aligned}\int z\,dz &= \int (x+iy)(dx+idy) = \int (xdx - ydy) + i\int (xdy + ydx)\\ &= \frac{1}{2}\int d\,(x^2-y^2) + i\int d\,(xy) = \frac{1}{2}\int (x^2-y^2+2ixy)\\ &= \frac{1}{2}(x+iy)^2 = \frac{1}{2}z^2\end{aligned}$$

$$\therefore \int zdz = \frac{1}{2}z^2 + \text{積分常數}$$

(b) 求 $\int \cos z\,dz$：

$$\int \cos z\,dz = \int \cos(x+iy)(dx+idy) = \int (\cos x\cos iy - \sin x\sin iy)(dx+idy) \cdots ①$$

$$\because \begin{cases}\sin x = \dfrac{e^{ix}-e^{-ix}}{2i}, & \sinh x = \dfrac{e^{x}-e^{-x}}{2}\\ \cos x = \dfrac{e^{ix}+e^{-ix}}{2}, & \cosh x = \dfrac{e^{x}+e^{-x}}{2}\end{cases} \cdots\cdots ②$$

$$\therefore \begin{cases}\sin ix = i\sinh x, & i\sin x = \sinh ix\\ \cos ix = \cosh x, & \cos x = \cosh ix\end{cases} \cdots\cdots ③$$

把 ③ 式代入 ① 式得：

$$\begin{aligned}\int \cos z\,dz &= \int (\cos x\cosh y - i\sin x\sinh y)(dx+idy)\\ &= \int (\cos x\cosh y\,dx + \sin x\sinh y\,dy)\\ &\quad - i\int (\sin x\sinh y dx - \cos x\cosh y dy) \cdots\cdots ④\end{aligned}$$

由②式得：

$$\left.\begin{aligned}\frac{d}{dx}\sin x &= \cos x, & \frac{d}{dx}\sinh x &= \cosh x\\ \frac{d}{dx}\cos x &= -\sin x, & \frac{d}{dx}\cosh x &= \sinh x\end{aligned}\right\} \cdots\cdots ⑤$$

把 ⑤ 式代入 ④ 式得：

$$\int \cos z\,dz = \int d(\sin x \cosh y) + i\int d(\cos x \sinh y)$$
$$\overset{}{\underset{③式}{=\!=}} \sin x \cos iy + \cos x \sin iy$$
$$= \sin(x+iy) = \sin z$$

$\therefore \int \cos z\,dz = \sin z +$ 積分常數

(c) 求$\int \sinh z\,dz$：

$$\sinh z\,dz = \int \sinh(x+iy)(dx+idy)$$
$$= \int (\sinh x \cosh iy + \cosh x \sinh iy)(dx+idy)$$
$$\underset{③式}{=\!=} \int (\sinh x \cos y + i\cosh x \sin y)(dx+idy)$$
$$= \int (\sinh x \cos y dx - \cosh x \sin y dy) + i\int (\cosh x \sin y\, dx + \sinh x \cos y dy)$$
$$\underset{⑤式}{=\!=} \int d(\cosh x \cos y) + i\int d(\sinh x \sin y)$$
$$= \cosh x \cos y + i \sinh x \sin y$$
$$\underset{③式}{=\!=} \cosh x \cosh iy + \sinh x \sinh iy$$
$$= \cosh(x+iy) = \cosh z$$

$\therefore \int \sinh z\,dz = \cosh z +$ 積分常數

2.
(a) 求如右圖積分路 C_1, C_2 和 C_3 的積分

$$\int_C f(z)dz = \int_C x\,dz \text{ 之值。}$$

(b) 討論下列定積分與其作法：

(i) $\int_C zz^* dz$，　$z^* = z$ 的共軛數，

(ii) $\int f(z)dz^*$，　$f(z) = z$ 的可微分函數，

(iii) $\int f(z^*)dz$，　$f(z^*) = z^*$ 的可微分函數。

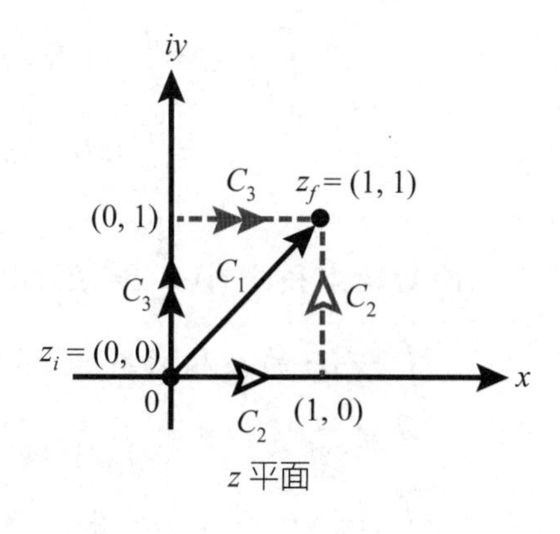

➡ 解

(a) 求 $\int_C x\,dz$，且 $C = C_1, C_2, C_3$ 之各值：

從 (Ex.2-18) 得，被積函數 $f(z)=x$ 在 z 平面是非解析函數，於是非把 x 和 y 同時變換到它們共同參變數 t 的空間不可，即使用 $(3\text{-}17)_6$ 式到 $(3\text{-}17)_8$ 式之方法解。由積分路的起終點得：

$$\begin{cases}(x=t)\longrightarrow(dx=dt)\\(y=t)\longrightarrow(dy=dt)\end{cases}$$

$$\therefore \int_{C_1} x\,dz=\int_{C_1} x\,(dx+idy)=\int_0^1 t\,(dt+idt)=(1+i)\int_0^1 t\,dt=\frac{1+i}{2}\ \cdots\cdots\cdots\cdots ①$$

積分路 C_2 時是：

$$\underbrace{(0,0)\longrightarrow(1,0)}_{\begin{pmatrix}(y=0)\longrightarrow(dy=0)\\(x\neq 0)\longrightarrow(dx\neq 0)\\x\text{的 }t=(0\longrightarrow 1)\end{pmatrix}}\underbrace{\longrightarrow(1,1)}_{\begin{pmatrix}(x=1)\longrightarrow(dx=0)\\(y\neq 0)\longrightarrow(dy\neq 0)\\y\text{的 }t=(0\longrightarrow 1)\end{pmatrix}}$$

$$\begin{aligned}\therefore \int_{C_2} x\,dz&=\int_{C_2} x\,(dx+idy)\\&=\int_0^1 t\,(dt+0)+\int_0^1 1(0+idt)=\frac{1}{2}+i\ \cdots\cdots\cdots\cdots ②\end{aligned}$$

積分路 C_3 時是：

$$\underbrace{(0,0)\longrightarrow(0,1)}_{\begin{pmatrix}(x=0)\longrightarrow(dx=0)\\(y\neq 0)\longrightarrow(dy\neq 0)\\y\text{的 }t=(0\longrightarrow 1)\end{pmatrix}}\underbrace{\longrightarrow(1,1)}_{\begin{pmatrix}(y=0)\longrightarrow(dy=0)\\(x\neq 0)\longrightarrow(dx\neq 0)\\x\text{的 }t=(1\longrightarrow 1)\end{pmatrix}}$$

$$\begin{aligned}\therefore \int_{C_3} x\,dz&=\int_{C_3} x\,(dx+idy)\\&=\int_0^1 0(0+idt)+\int_0^1 t\,(dt+0)=\frac{1}{2}\ \cdots\cdots\cdots\cdots ③\end{aligned}$$

(b) 討論定積分 (i) $\int_C zz^*dz$, (ii) $\int_C f(z)dz^*$, (iii) $\int_C f(z^*)dz$：

$\int_C zz^*dz$ 的被積函數 zz^* 在 (Ex.2-18) 證明過 zz^* 在 z 平面，除了原點 $z=0$ 是非解析函數。至於 $\int_C f(z)dz^*$ 的複積函數 $f(z)$，由 (2-119) 式是和 z^* 無關，同理 $\int_C f(z^*)dz$ 的 $f(z^*)$ 是和 z 無關。

$$\therefore \left\{\begin{matrix} \int_C zz^* dz \\ \int_C f(z)dz^* \\ \int_C f(z^*)dz \end{matrix}\right\}$$ 都必須用 $(3\text{-}17)_6$ 式到 $(3\text{-}17)_8$ 式的方法演算 ……………………… ④

如積分路可使用 Euler 公式 $e^{i\theta} = (\cos\theta + i\sin\theta)$，則：

$$\left.\begin{aligned} z &= x + iy \\ &= r\cos\theta + ir\sin\theta, \quad r = {}_{+}\sqrt{x^2 + y^2} \\ &= re^{i\theta}, \quad 0 \le \theta < 2\pi \\ &\text{或} \quad (-\pi) < \theta \le (+\pi) \end{aligned}\right\} \cdots\cdots ⑤$$

比較 ⑤ 式和 $(3\text{-}17)_6$ 式，顯然 θ 扮演 $x = \phi(t), y = \psi(t)$ 的 t 之角色，請看習題 (3)。

3. $\left\{\begin{array}{l}\text{求定積分} \int_C xdz \text{，其積分路 } C \text{ 是如右圖，} \\ \text{圓心在原點半徑 1 之半圓周。}\end{array}\right.$

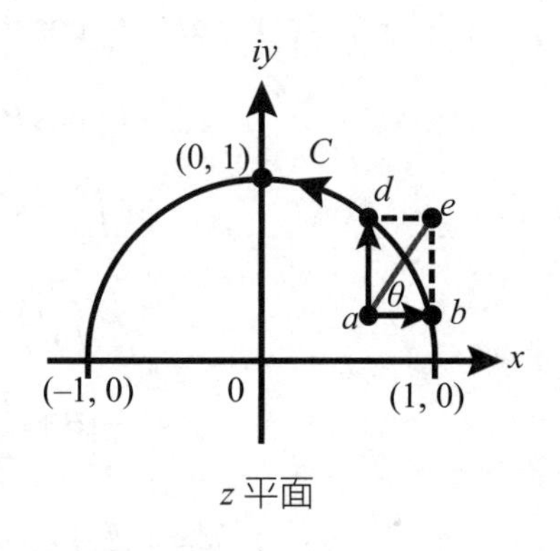

z 平面

➡ **解**

本習題是習題 (2)(a)，以不同的積分路來研討。我們曾在 (Ex.1-3) 探討了複數 z 與物理向量 $\vec{v}$ 的類比性，而得 (1-27) 式，正是要用這個本質。$z = (x + iy)$ 是由兩個相互獨立的變數 x 和 y 以**等權** (equal weight) 線性組合之數，於是如圖所示，對於無限小曲線 $\widehat{bd}$ 可用 $(\overrightarrow{ab} + \overrightarrow{be}) = \overrightarrow{ae}, \overrightarrow{be} = \overrightarrow{ad}$，來逼近。在三角形 abe，設 $\overrightarrow{ae}$ 與 $\overrightarrow{ab}$ 之夾角爲 θ，則：

$$\left.\begin{aligned} |\overrightarrow{ab}| &= |\overrightarrow{ae}|\cos\theta \\ |\overrightarrow{be}| &= |\overrightarrow{ad}| = |\overrightarrow{ae}|\sin\theta \end{aligned}\right\} \cdots\cdots ①$$

以 ① 式的邏輯推演，對半徑 r 之圓周積分路：

(可用平行於實軸 x 軸和虛軸 y 軸的無限小線段和之總和來表示。) ……………………… ②

複數變數 z 是：

$$z = x + iy, \qquad x = r\cos\theta, \qquad y = r\sin\theta$$
$$= r\cos\theta + ir\sin\theta, \qquad r = {}_{+}\sqrt{x^2+y^2}$$
$$= re^{i\theta} \quad \cdots\cdots ③$$
$$\therefore dz = ire^{i\theta}d\theta = ir(\cos\theta + i\sin\theta)d\theta \quad \cdots\cdots ④$$

③和④式等於 $(3\text{-}17)_6$ 式的功能，

$$\left(\begin{array}{l}\text{不過③和④式的方法，對複數積分}\\ \text{的被積函數爲解析函數時也可以用。}\end{array}\right) \cdots\cdots ⑤$$

接著是解本習題，積分路是半徑 $r=1$，圓心在原點的半圓周，

$$\therefore \left\{\begin{array}{l} z = 1\times e^{i\theta} = e^{i\theta} \longrightarrow dz = ie^{i\theta}\,d\theta \\ \theta = 0 \sim \pi \end{array}\right\} \cdots\cdots ⑥$$

$$\therefore \int_C x\,dz = \int_0^{\pi} \cos\theta \times ie^{i\theta}\,d\theta$$
$$= \int_0^{\pi} \cos\theta\,(i\cos\theta - \sin\theta)\,d\theta$$
$$= i\int_0^{\pi} \cos^2\theta\,d\theta - \int_0^{\pi}\cos\theta\sin\theta\,d\theta$$
$$= \frac{i}{2}\int_0^{\pi}(1+\cos 2\theta)d\theta - \frac{1}{2}\int_0^{\pi}\sin 2\theta\,d\theta$$
$$= \frac{i}{2}\left[\theta + \frac{1}{2}\sin 2\theta\right]_0^{\pi} + \left[\frac{1}{4}\cos 2\theta\right]_0^{\pi} = \frac{\pi}{2}i$$

$$\therefore \int_C x\,dz = \frac{\pi}{2}i, \qquad C = \text{圓心在原點，半徑 1 的上半圓周} \cdots\cdots ⑦$$

4. $\left\{\begin{array}{l}\text{求如右圖以 } |z| = 2 \text{ 爲積分路 } C \text{ 之}\textbf{周線積分}\text{(contour} \\ \text{integral)} \oint_C f(z)dz = \oint_C (z - \text{Re.}z)dz \text{ 之值。}\end{array}\right.$

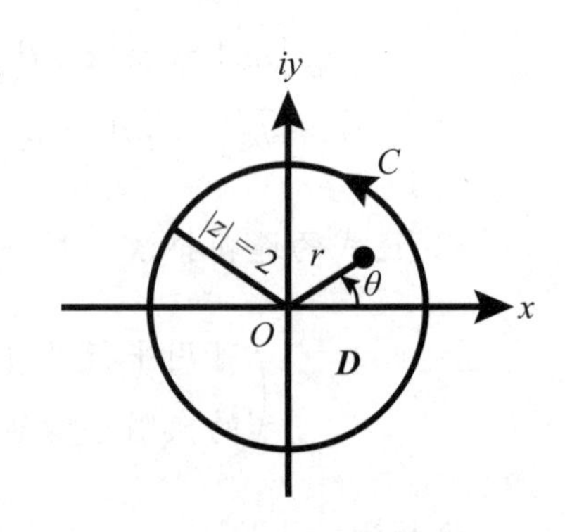

➡ **解**

積分路是 $|z| = z$ 的封閉曲線，

$$\because |z| = {}_{+}\sqrt{z^* z} = {}_{+}\sqrt{x^2+y^2} = 2$$

$\therefore C$ 是如右圖，圓心在原點 O 半徑 2 之圓周，

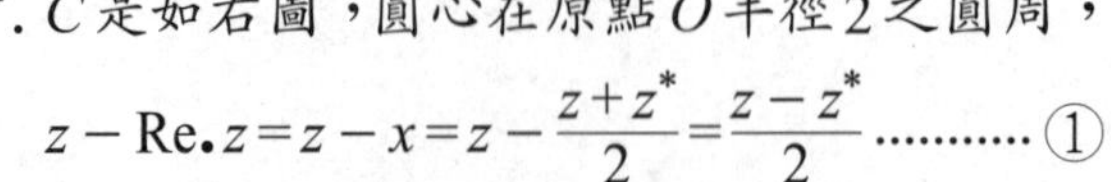

$$z - \text{Re.}z = z - x = z - \frac{z+z^*}{2} = \frac{z-z^*}{2} \quad \cdots\cdots ①$$

顯然被積函數是 z 與 z^* 之函數，於是可用 Green 定理之複變數形式。

$$\therefore \oint_C (z-\text{Re.}\,z)dz = 2i\iint_D \frac{\partial}{\partial z^*}(z-\text{Re.}\,z)dxdy$$

$$= 2i\iint_D \frac{\partial}{\partial z^*}\left(\frac{z-z^*}{2}\right)dxdy$$

$$= -i\iint_D dxdy = I \cdots\cdots ②$$

②式的 D 是封閉積分路 C 所包圍的面積，它是半徑 $r=2$ 之圓盤，於是極座標 (r,θ) 比直角座標 (x,y) 方便，兩者的微小面積關係是 $dxdy = rdrd\theta$。

$$\therefore I = -i\int_0^2 r\,dr\int_0^{2\pi} d\theta = -\frac{i}{2}\left[r^2\right]_0^2 \times 2\pi = -4\pi i$$

5. 請用本習題 (2)(a) 之結果，實證 Green 定理 (3-28) 式。

➥解

在習題 (2) 等於做了，把在複變數平面 z 平面無法執行微分或積分之非解析函數 $f(z)$，變換到能作微分或積分的另一空間成爲解析函數，Green 定理 (3-28) 式也有類似性質，即如能變換 $f(z)$ 成爲 $G(z,z^*)$ 就達到目的。

$$f(z) = x = \text{Re.}\,z = \frac{z+z^*}{2} \equiv G(z,z^*) \cdots\cdots ①$$

$$\therefore \left\{\begin{array}{l} \oint_C f(z)dz = \oint_C G(z,z^*)\,dz = 2i\iint_D \frac{\partial G}{\partial z^*}dxdy \\ \text{且 } C \text{ 必須沿正方向的封閉曲線，其包圍之區域爲 } D \end{array}\right\} \cdots\cdots ②$$

從習題 (2) 的線積分路 C_1, C_2 和 C_3 得三條沿正方向的封閉積分路：

$$\left\{\begin{array}{l} \text{(a) } C_2 + (-C_1) \equiv C_2 - C_1 \equiv C_a \cdots\cdots ③ \\ \text{(b) } C_1 + (-C_3) \equiv C_1 - C_3 \equiv C_b \cdots\cdots ④ \\ \text{(c) } C_2 + (-C_3) \equiv C_2 - C_3 \equiv C_c \cdots\cdots ⑤ \end{array}\right.$$

於是有下面三個結果。

(1) 沿 C_a 之周積分路：──(用習題 (2) 之 C_2 和 C_1 值)──

$$\oint_{C_a} \text{Re.}\, z\, dz = \oint_{C_a} \frac{z+z^*}{2} dz = \left(\frac{1}{2}+i\right) - \frac{1+i}{2} = \frac{i}{2} \cdots\cdots ⑥$$

$$\overline{\overline{②式}}\ 2i\iint_D \frac{\partial G}{\partial z^*} dxdy\ \overline{\overline{①式}}\ 2i\iint_D \frac{\partial}{\partial z^*}\left(\frac{z+z^*}{2}\right) dxdy$$

$$= i \underbrace{\iint_D dxdy}$$

（習題 (2) 之圖的三角形 $(0, (1, 0), z_f)$ 之面積

$$= i\int_0^1 \left[\int_0^y dx\right] dy = i\int_0^1 y dy = i\left[\frac{y^2}{2}\right]_0^1 = \frac{i}{2} \cdots\cdots ⑦$$

確實獲得：

$$\oint_C G(z, z^*) dz = 2i\iint_D \frac{\partial G}{\partial z} dxdy \cdots\cdots ⑧$$

(2) 沿 C_b 之周積分路：──（用習題 (2) 之 C_1 和 C_3 值）──

$$\oint_{C_b} x\, dz = \oint_{C_b} \frac{z+z^*}{2} dz = \oint_{C_b} G(z, z^*)\, dz = \frac{1+i}{2} - \frac{1}{2} = \frac{i}{2} \cdots\cdots ⑨$$

$$\overline{\overline{②式}}\ 2i\iint_D \frac{\partial G}{\partial z^*} dxdy\ \overline{\overline{①式}}\ 2i\iint_D \frac{\partial}{\partial z^*}\left(\frac{z+z^*}{2}\right) dxdy$$

$$= i\iint_D dxdy \longleftarrow$$ 求三角形 $(0, (0, 1), z_f)$ 之面積

$$= i\int_0^1 \left[\int_0^x dy\right] dx = i\int_0^1 x dx = i\left[\frac{x^2}{2}\right]_0^1 = \frac{i}{2} \cdots\cdots ⑩$$

同樣地獲得⑧式。

(3) 沿 C_c 之周積分路：──（用習題 (2) 之 C_2 和 C_3 值）──

$$\oint_{C_c} x\, dz = \oint_{C_c} \frac{z+z^*}{2} dz = \oint_{C_c} G(z, z^*)\, dz = \left(\frac{1}{2}+i\right) - \frac{1}{2} = i \cdots\cdots ⑪$$

$$\overline{\overline{②式}}\ 2i\iint_D \frac{\partial G}{\partial z^*} dxdy\ \overline{\overline{①式}}\ 2i\iint_D \frac{\partial}{\partial z^*}\left(\frac{z+z^*}{2}\right) dxdy$$

$$= i\iint_D dxdy \longleftarrow$$ 求正方形 $(0, (1, 0), z_f, (0, 1))$ 之面積

$$= i\int_0^1 (y=1) dx = i\int_0^1 dx = i[x]_0^1 = i \cdots\cdots ⑫$$

同樣地獲得 ⑧ 式，即實證了 Green (3-28) 式定理。也請看習題 (8)。

6. 求如右圖的積分路 C 之積分：
$\int_C (2z^2+3z+4)dz$ 值。

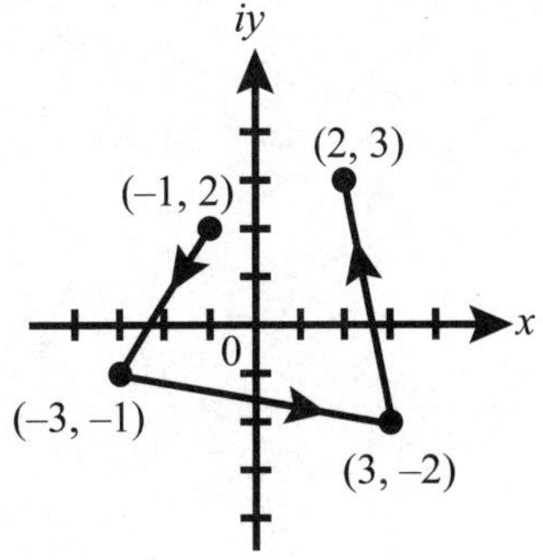

➡解

被積函數是連續解析之多項數函數，於是由 (3-14) 式得：

$$\int_C (2z^2+3z+4)dz \equiv \int_C f(z)dz$$

$$=\int_{(-1,\,2)}^{(-2,\,-1)} f(z)dz+\int_{(-2,\,-1)}^{(3,\,-2)} f(z)dz+\int_{(3,\,-2)}^{(2,\,3)} f(z)dz \cdots\cdots ①$$

① 式右邊的緊接兩積分之上限與下限相等，於是其值相互抵消而得：

$$\int_C (2z^2+3z+4)dz=\int_{(-1,\,2)}^{(2,\,3)} (2z^2+3z+4)dz \cdots\cdots ②$$

$$\overline{\overline{(3-18)式}}\left[\frac{2}{3}z^3+\frac{3}{2}z^2+4z\right]_{(-1,\,2)}^{(2,\,3)}$$

$$=\frac{2}{3}(2+3i)^3+\frac{3}{2}(2+3i)^2+4(2+3i)$$

$$-\frac{2}{3}(-1+2i)^3-\frac{3}{2}(-1+2i)^2-4(-1+2i)$$

$$=-\frac{181}{6}+36i \cdots\cdots ③$$

② 式實證了 $(3\text{-}32)_2$ 式。

7. 如右圖，複數函數 $f(z)=(2z^2+3iz)$，在其定義區域 D 內是連續解析函數。$a=(1, 1)$ 和 $b=(3, 4)$ 是 D 內任意兩點，請選兩條積分路實證 a 到 b 之 $f(z)$ 線積分值與積分路無關。

➡解

實證必須有具體的積分路，選如右圖之 C_1 和 C_2。

(1) 最簡單的是從 a 直走到 b 的積分路 C_2：

$$\int_a^b f(z)dz=\int_{(1,1)}^{(3,4)} (2z^2+3iz)\,dz \cdots\cdots ①$$

$$\overline{\overline{(3-18)式}}\left[\frac{2}{3}z^3+\frac{3}{2}iz^2\right]_{(1,1)}^{(3,4)} \cdots\cdots ②$$

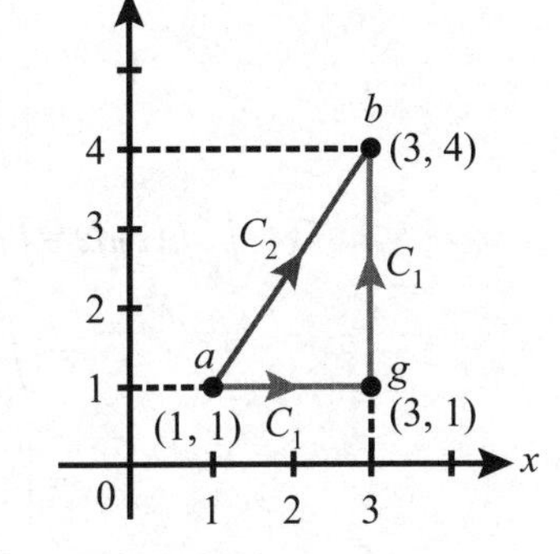

$$=\left[\frac{2}{3}(x+iy)^3+\frac{3}{2}i(x+iy)^2\right]_{(1,1)}^{(3,4)}$$

$$=\frac{2}{3}(3+4i)^3+\frac{3}{2}i(3+4i)^2-\frac{2}{3}(1+i)^3-\frac{3}{2}i(1+i)^2$$

$$=-\frac{329}{3}+\frac{35}{2}i \cdots\cdots ③$$

也不必把 ① 式寫成 ② 式之後，才代入上與下限的 x 和 y 值，直接把 $(3, 4) = (3 + 4i)$，$(1, 1) = (1 + i)$ 而直接代入 ① 式之 z。

(2) 普通之方便積分路是選平行於實軸 x 或虛數軸 y，如圖的 C_1：

(i) 平行於實軸 x 軸，則 y 不變，只 x 變，

$$\therefore dy=0 \Longrightarrow dz=dx \cdots\cdots ④$$

(ii) 平行於虛數軸 y 軸，則 x 不變，只 y 變，

$$\therefore dx=0 \Longrightarrow dz=idy \cdots\cdots ⑤$$

$$\therefore \int_a^b f(z)dz=\int_a^g f(z)dz+\int_g^b f(z)dz$$

$$=\underbrace{\int_{(1,1)}^{(3,1)}(2z^2+3iz)dz}_{\left(\begin{array}{l} y=1,\quad x=1\sim3 \\ \therefore \begin{cases} z=x+iy=x+i \\ dz=dx \end{cases}\end{array}\right)}+\underbrace{\int_{(3,1)}^{(3,4)}(2z^2+3iz)dz}_{\left(\begin{array}{l} x=3,\quad y=1\sim4 \\ \therefore \begin{cases} z=x+iy=3+iy \\ dz=idy \end{cases}\end{array}\right)} \cdots\cdots ⑥$$

⑥ 式右邊分別是：

$$\int_a^g f(z)dz=\int_1^3[2(x+i)^2+3i(x+i)]dx$$

$$=\int_1^3(2x^2+7ix-5)dx$$

$$=\left[\frac{2}{3}x^3+\frac{7}{2}ix^2-5x\right]_1^3=\frac{22}{3}+\frac{56}{2}i \cdots\cdots ⑦$$

$$\int_g^b f(z)dz=i\int_1^4[2(3+iy)^2+3i(3+iy)]dy$$

$$=\int_1^4[-2iy^2-(3i+12)y-(9-18i)]dy$$

$$=\left[-\frac{2i}{3}y^3-\frac{3i+12}{2}y^2-(9-18i)y\right]_1^4=-117-\frac{21}{2}i \cdots\cdots ⑧$$

由 ⑥, ⑦ 和 ⑧ 式得：

$$\int_{(1,1)}^{(3,1)}(2z^2+3iz)dz+\int_{(3\ 1)}^{(3,4)}(2z^2+3iz)dz=\left(\frac{22}{3}+\frac{56}{2}i\right)+\left(-117-\frac{21}{2}i\right)$$

$$=-\frac{329}{3}+\frac{35}{2}i=③\text{式} \cdots\cdots ⑨$$

⑨ 式表示在 D 內任意兩點間的 $f(z)$ 積分值，只要積分路不經過非解析點，其積分值和積分路無關。

8. 求下述複數積分值，而積分路 C 爲右圖：
(1) 圖 (a) 之 $\int_c z^* dz$ 值，
(2) 圖 (b) 之 $\int_c z\,dz$ 值，並且分析討論。

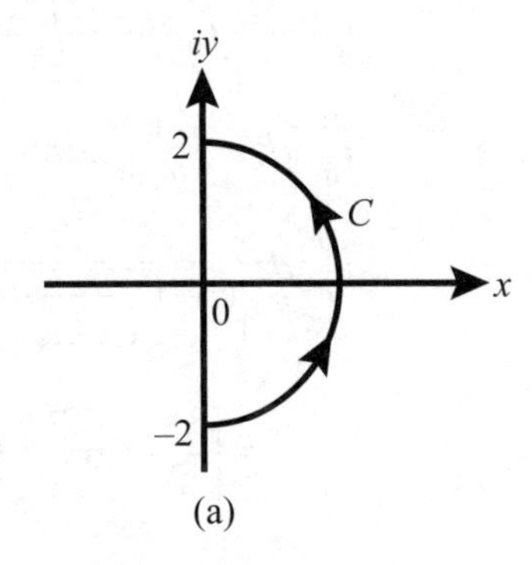

(a)

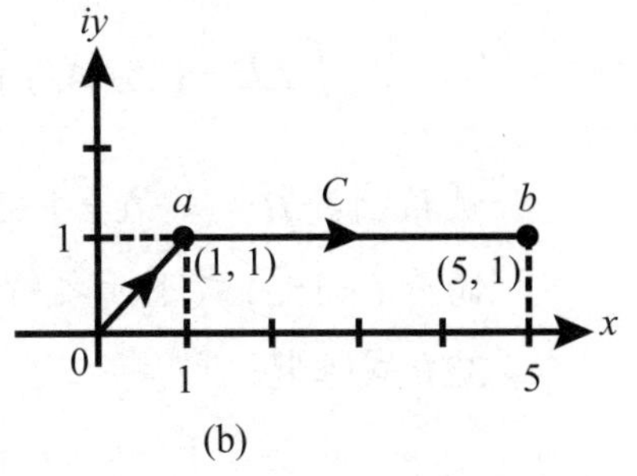

(b)

➥ **解**

請讀者務必複習本習題 (2)。

(1) 求 $\int_c z^* dz$ 之值：

如被積分函數 z^* 是定義在 z^* 平面之複數函數，則依 (2-119) 式得 $f(z^*)=z^*$ 是和 z 無關，換句話，z^* 在 z 平面不是解析函數，必須變換到參變數空間，例如本習題 (2)(a) 那樣地變換到參變數 t 之空間處理，但也可用極座標 (r, θ) 來處理。這是較常用之方法。而 θ 是對應於 t 之功能。圖 (a) 的積分路是圓心在原點半徑 2 之半圓，即：

$$z=x+iy=re^{i\theta}，\qquad r={}_{+}\sqrt{x^2+y^2}=2 \cdots\cdots ①$$

$\theta=\theta_p$ 是在主葉上之輻角 (請看 $(1\text{-}32)_1$ 式和 (2-62) 式)，或者是和問題有關的某 Riemann 葉上之 θ。

$$\therefore \begin{Bmatrix} dz=ire^{i\theta}d\theta \\ z^*=(re^{i\theta})^*=re^{-i\theta} \end{Bmatrix} \cdots\cdots ②$$

$$\therefore z^*dz=ir^2e^{-i\theta}\,e^{i\theta}d\theta \underset{r=2}{=\!=} 4id\theta \cdots\cdots ③$$

且繞積分路時必須正方向(逆時針方向)，

$$\therefore \int_c z^* dz = 4i\int_{-\frac{\pi}{2}}^{\frac{\pi}{2}} d\theta = 4\pi i \cdots\cdots ④$$

(2) 求 $\int_c zdz$ 值，且分析討論：

被積函數 z 在 z 平面是解析函數，於是不必變換到參變數空間，能直接積分。作本習題的目的是，爲了練習不同演算法，以及和習題 (6) 做比較以提醒初學者學習時，必須時時刻刻注意演算過程小細節。

$$\int_c zdz = \int_0^a zdz + \int_a^b zdz \cdots\cdots ⑤$$

$$\int_0^a zdz = \int_{(0,0)}^{(1,1)} zdz = \frac{z^2}{2}\Big]_{0,0}^{(1,1)} = \frac{z^2}{2}\Big]_0^{(1+i)} = \frac{(1+i)^2}{2} = i \cdots\cdots ⑥$$

$$\int_a^b zdz \underset{\begin{pmatrix}(y=1) \longrightarrow (dy=0)\\ (x=1\sim 5) \longrightarrow (dx\neq 0)\end{pmatrix}}{=\!=\!=} \int_1^5 (x+i)dx$$

$$= \left[\frac{x^2}{2} + ix\right]_1^5 = \left(\frac{25}{2} + 5i\right) - \left(\frac{1}{2} + i\right) \cdots\cdots ⑦$$

$$= 12 + 4i \cdots\cdots ⑧$$

$$\therefore \int_c zdz = (\text{⑥ 式}) + (\text{⑧ 式}) = 12 + 5i \cdots\cdots ⑨$$

被積函數 $f(z) = z$ 在 z 平面是**整函數** (entire function，在 z 平面全面爲解析之函數，請看 (2-153) 式下面之解釋)，滿足 Cauchy 定理 (3-29) 式之條件，於是必具 $(3\text{-}32)_1$ 式性質，即：

$$\text{⑨ 式} = \int_0^b zdz = \int_{(0\ 0)}^{(5,\ 1)} zdz = \left[\frac{z^2}{2}\right]_0^{(5+i)} = \frac{(5+i)^2}{2} = 12 + 5i \cdots ⑩$$

⑩ 式確實地實證了 $(3\text{-}32)_1$ 式。接著來作 ⑤ 式到 ⑧ 式的演算過程之分析，因有初學者不小心而犯了下 ⑪ 式的錯誤：

$$\left\{\begin{array}{l}\text{用完全和演算⑥與⑦式同樣方法，不計算就把：}\\ \left(\text{⑥式}\int_0^a f(z)dz \text{ 的上限值}\right) = \left(\text{⑦式}\int_a^b f(z)dz \text{ 的下限值}\right)\end{array}\right\} \cdots\cdots ⑪$$

本習題以最簡單的複數解析函數 $f(z) = z$ 的實際計算來表示，⑪ 式左右邊一般地不相等。本習題 ⑪ 式的左邊 $= i$，而右邊 $= \left[-\left(\frac{1}{2} + i\right)\right]$。在習題 (6) 之 ① 式，把緊接兩積分之上與下限值，以相等來相互抵消。但本習題 ⑤ 式的緊接兩積分之上與下限值是如 ⑥ 與 ⑦ 式不相等，爲什麼？因爲執行 ⑥ 和 ⑦ 式演算時，由於演算法之差帶來：

⑥ 式的被積函數 ≠ ⑦ 式的被積函數 ……………………………………… ⑫

但習題 (6) 之 ① 式，各項被積函數相等，才得緊接的積分上與下限值相互抵消得②式。所以作複數積分時，如演算過程不是一貫的同一方法，請小心不要把緊接兩積分，由於用同符號而輕易地把上與下限值相互抵消掉。

9. 求積分路是右圖之周線 C。其包圍之區域爲 D，且 $R\to\infty$ 的定積分：

$$\oint_c \frac{e^{-iaz}}{z^2+b^2}dz \text{ 值，} a \text{ 和 } b \text{ 是正常數，}$$

以及其帶來的實函數積分值。

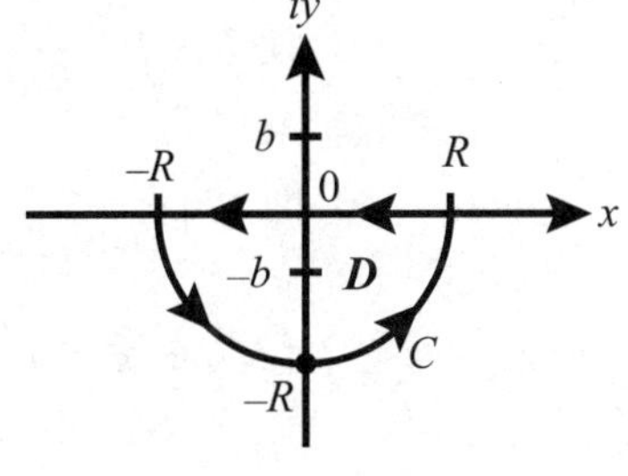

➡解

本習題是 (Ex.3-10) 的類比題。

(1) 求 $\oint_c \frac{e^{-iaz}}{z^2+b^2}dz$ 之值：

$$\oint_c \frac{e^{-iaz}}{z^2+b^2}dz=\frac{1}{2bi}\left\{\oint_c \frac{e^{-iaz}}{z-ib}dz-\oint_c \frac{e^{-iaz}}{z+ib}dz\right\} \cdots\cdots ①$$

① 式右邊第一項的被積函數，在周線 C 和 D 內都是連續解析函數，於是由 Cauchy 定理 (3-29) 式得零，但第二項的被積函數在 D 內有個極點 $z=-ib$，故由 Cauchy 公式 (3-43) 式得：

$$\oint_c \frac{e^{-iaz}}{z+ib}dz=2\pi i\,(e^{-iaz})_{z=-ib}=2\pi ie^{-ab} \cdots\cdots ②$$

$$\therefore \oint_c \frac{e^{-iaz}}{z^2+b^2}dz=-\frac{\pi}{b}e^{-ab} \cdots\cdots ③$$

(2) 求 $\oint_c \frac{e^{-iaz}}{z^2+b^2}dz$ 帶來的實函數積分值：

$$\oint_c \frac{e^{-iaz}}{z^2+b^2}dz = \underbrace{\int_{\pi}^{2\pi}\frac{e^{-iaz}}{z^2+b^2}dz}_{} + \underbrace{\int_{R}^{-R}\frac{e^{-iaz}}{z^2+b^2}dz}_{}$$

$z = Re^{i(\pi+\theta)}$
$= -Re^{i\theta}$

$\therefore \begin{cases} dz = -iRe^{i\theta}d\theta \\ z^2 = R^2e^{i2\theta} \end{cases}$

$z = x + iy \overline{\overline{y=0}}\, x$

$\therefore \begin{cases} dz = dx \\ z^2 = x^2 \end{cases}$

$$= -iR\int_{\pi}^{2\pi}\frac{e^{iaRe^{i\theta}}}{R^2e^{i2\theta}+b^2}e^{i\theta}d\theta - \int_{-R}^{R}\frac{e^{-iax}}{x^2+b^2}dx \quad \text{④}$$

④ 式右邊第二項的被積函數和 R 無關，但第一項之被積函數和 R 有關，於是令 $R\to\infty$ 時非好好地分析不可。

設 $I \equiv \int_{\pi}^{2\pi}\frac{e^{iaRe^{i\theta}}}{R^2e^{i2\theta}+b^2}e^{i\theta}d\theta$

則 $|I| \underset{\text{(1-19) 式}}{\leqq} \int_{\pi}^{2\pi}\frac{|e^{iaR\cos\theta}||e^{-aR\sin\theta}|}{|R^2e^{i2\theta}+b^2|}|e^{i\theta}|d\theta$ ⑤

⑤式右邊 $= \int_{\pi}^{2\pi}\frac{e^{-aR\sin\theta}}{+\sqrt{R^4+2b^2R^2\cos 2\theta+b^4}}d\theta$

$$\therefore I \leq \int_{\pi}^{2\pi}\frac{e^{-aR\sin\theta}}{+\sqrt{R^4+2b^2R^2\cos 2\theta+b^4}}d\theta \quad \text{⑥}$$

在 $\pi \sim 2\pi$ 的 $\sin\theta$ 值是負，即 $\sin(\pi+\theta) = -\sin\theta$

$$\therefore \int_{\pi}^{2\pi}\sin\theta d\theta = -\int_{0}^{\pi}\sin\theta d\theta = -2\int_{0}^{\pi/2}\sin\theta d\theta$$

而 $\cos 2\theta = 1 - 2\sin^2\theta$

如果維持 ⑥ 式左右兩邊的大小關係，⑥ 式右邊的被積函數之分子要大而分母要小，分母是：

$$R^4 + 2b^2R^2(1-2\sin^2\theta) + b^4 \underset{\text{最小值}}{=\!=\!=} R^4 + b^4 - 2b^2R^2 \underset{R\to\infty}{=\!=\!=} R^4 \quad \text{⑦}$$

當 $0 \leq \theta \leq \pi/2$ 時 $\sin\theta \geq \frac{2\theta}{\pi}$

$$\therefore e^{-aR\sin\theta} \underset{\text{最大值}}{=\!=\!=} e^{-2aR\theta/\pi} \quad \text{⑧}$$

由⑥, ⑦和⑧式得：

$$I \leq -2\int_{0}^{\pi/2}\frac{e^{-2aR\theta/\pi}}{R^2}d\theta = \frac{1}{aR^3}(e^{-aR}-1)$$

$$\xrightarrow[R\to\infty]{} 0 \cdots\cdots ⑨$$

$$\therefore \oint_c \frac{e^{-iaz}}{z^2+b^2}dz \xrightarrow[R\to\infty]{} -\int_{-\infty}^{\infty}\frac{e^{-iax}}{x^2+b^2}dx$$

$$= -\int_{-\infty}^{\infty}\frac{\cos(ax)}{x^2+b^2}dx + i\int_{-\infty}^{\infty}\frac{\sin(ax)}{x^2+b^2}dx$$

$$\xrightarrow[③式]{} -\frac{\pi}{b}e^{-ab} \cdots\cdots ⑩$$

由 ⑩ 式左右兩邊的實部和虛部得：

$$\left.\begin{aligned}&\int_{-\infty}^{\infty}\frac{\cos(ax)}{x^2+b^2}dx = \frac{\pi}{b}e^{-ab}\\ &\int_{-\infty}^{\infty}\frac{\sin(ax)}{x^2+b^2}dx = 0\end{aligned}\right\} \cdots\cdots ⑪$$

⑪ 式和 (3-50), (3-51) 式一致。

10. 求下述複數函數積分值，同時畫你用的積分路：
(a) $\oint_c \frac{\sin(\pi z^2)+\cos(\pi z^2)}{(z-1)(z-2)}dz$，　(b) $\oint_c \frac{e^{3z}}{(z+1)^4}dz$

➡ **解**

(a) 求 $\oint_c \frac{\sin(\pi z^2)+\cos(\pi z^2)}{(z-1)(z-2)}dz$ 之值：

$$\frac{1}{(z-1)(z-2)} = \frac{1}{z-2} - \frac{1}{z-1} \cdots\cdots ①$$

① 式右邊都是一階極點，於是 Cauchy 公式 (3-43) 能用。設 $z=1\equiv S_1$，$z=2\equiv S_2$，且作積分用的**周線** (contour) 分別如右圖 (a)，各以 S_1 和 S_2 爲圓心，畫互不相碰，更不可以相交的圓 C_1 和 C_2 爲周線，其包圍的區域爲 D_1 和 D_2，而題目的周線 C 必須把 C_1 和 C_2 包在其包圍的區域 D 內，如圖 (a) 是一例子。只要 C_1 和 C_2 在 D 內，什麼樣的 C 都行，只要在被積函數的

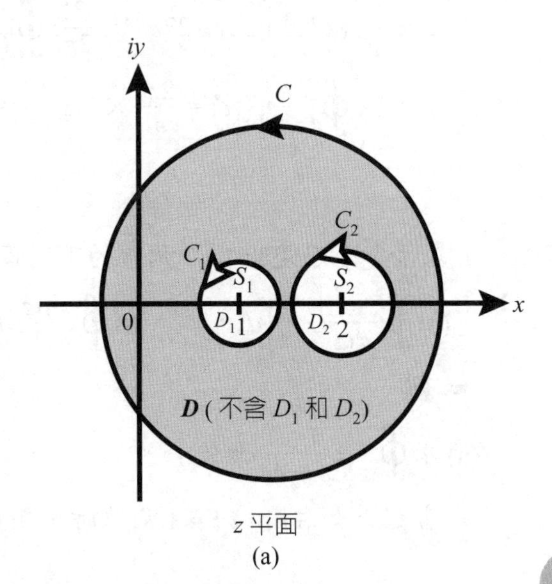

(a)

定義區域內。$[\sin(\pi z^2)+\cos(\pi z^2)] \equiv f(z)$ 是整函數，在全 z 平面是解析，於是由 $(3\text{-}35)_2$ 式和 (3-43) 式得：

$$\oint_c \frac{\sin(\pi z^2)+\cos(\pi z^2)}{(z-1)(z-2)}dz = \oint_c f(z)\left(\frac{1}{z-2}-\frac{1}{z-1}\right)dz$$

$$= \oint_{c_2}\frac{f(z)}{z-2}dz - \oint_{c_1}\frac{f(z)}{z-1}dz$$

$$\overline{\overline{(3-43)\text{式}}}\ 2\pi i\,[f(z=2)-f(z=1)]$$

$$= 2\pi i[(\sin(2^2\pi)+\cos(2^2\pi)-(\sin(1^2\pi)+\cos(1^2\pi)]$$

$$= 2\pi i(1+1) = 4\pi i \quad \cdots\cdots ②$$

$$\therefore \oint_c \frac{\sin(\pi z^2)+\cos(\pi z^2)}{(z-1)(z-2)}dz = 4\pi i \quad \cdots\cdots ③$$

(b) 求 $\oint_c \frac{e^{3z}}{(z+1)^4}dz$ 之值：

被積函數的 e^{3z} 是整函數，即在 z 平面是解析函數，但分母的 $(z+1)^4$ 是四階極點（請看 $(2\text{-}171)_2$ 式），於是只能用 Cauchy 的 (3-44) 式，四階極點是 (3-44) 式的 $n=3$，所以必須對 z 微分 e^{3z} 三次：

$$\frac{d^3}{dz^3}e^{3z} = 3^3 e^{3z} = 27\,e^{3z} \quad \cdots\cdots ④$$

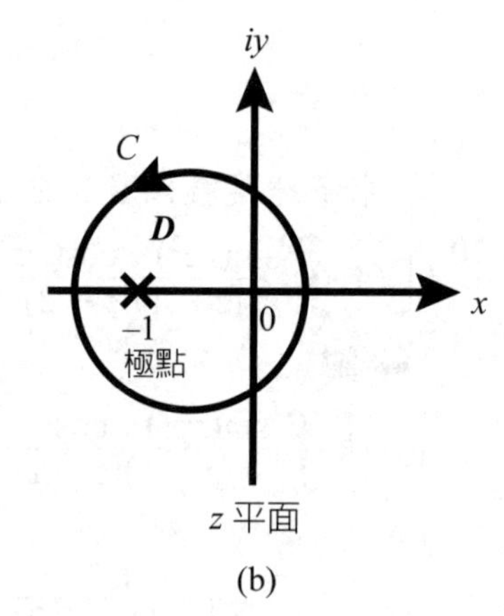

(b)

取如右圖 (b) 的周線 C，則由 (3-44) 式和 ④ 式得：

$$(27\,e^{3z})_{z=-1} = 27e^{-3} = \frac{3!}{2\pi i}\oint_c \frac{e^{3z}}{(z+1)^4}dz$$

$$\therefore \oint_c \frac{e^{3z}}{(z+1)^4}dz = \frac{2\pi i}{3!}\times 27e^{-3} = 9\pi i e^{-3} \quad \cdots\cdots ⑤$$

11. 求積分路 C 是 $|z|=1$ 周線的下列複數積分值：
(a) $\oint_c \frac{1}{z^3(z^2-4)}dz$，　(b) $\oint_c \frac{\sin z}{z^4}dz$。

➡解

(a) 求 $\oint_c \frac{1}{z^3(z^2-4)}dz$ 值：

當 C 是如右圖 $|z|=1$ 周線時，在 C 包圍的區域 D

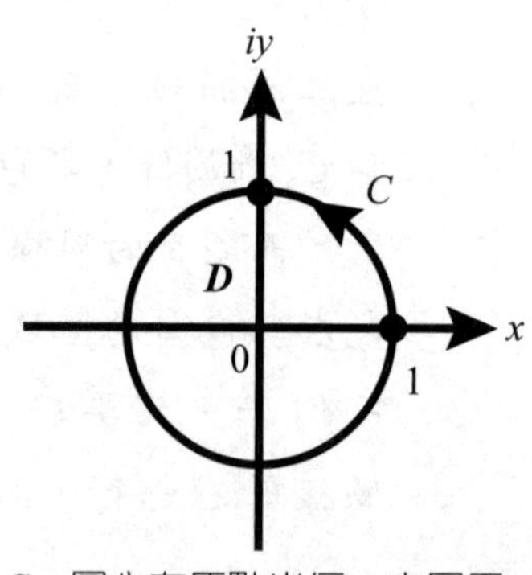

C = 圓心在原點半徑 1 之圓周

內只有 $z=0$ 是極點，並且是三階極點。設 $f(z)=\dfrac{1}{z^2-4}$，且 $f(z)$ 在 C 上與 D 內都是解析函數，於是由 (3-44) 式得：

$$f^{(2)}(z=0)=\frac{2!}{2\pi i}\oint\frac{f(z)}{z^3}dz \cdots\cdots ①$$

$$\begin{cases} f^{(2)}(z)=\dfrac{d^2}{dz^2}f(z) \\ \quad =\dfrac{d^2}{dz^2}\dfrac{1}{z^2-4}=\dfrac{d}{dz}\left(\dfrac{-2z}{(z^2-4)^2}\right) \\ \quad =\dfrac{6z^2+8}{(z^2-4)^3} \cdots\cdots ② \end{cases}$$

$$\therefore f^{(2)}(z=0)=-\frac{1}{8}=\frac{2!}{2\pi i}\oint\frac{f(z)}{z^3}dz=\frac{1}{\pi i}\oint_c\frac{1}{z^3(z^2-4)}dz$$

$$\therefore \oint_c\frac{1}{z^3(z^2-4)}dz=-\frac{1}{8}\pi i \cdots\cdots ③$$

(b) 求 $\oint_c\dfrac{\sin z}{z^4}dz$ 值：

被積函數的 $z=0$ 是四階極點，而 $\sin z$ 是整函數，於是由 (3-44) 式得：

$$f^{(3)}(z=0)=\frac{3!}{2\pi i}\oint_c\frac{\sin z}{z^4}dz, \qquad f(z)\equiv\sin z \cdots\cdots ④$$

$$\begin{cases} f^{(3)}(z)=\dfrac{d^3}{dz^3}\sin z=\dfrac{d^2}{dz^2}\cos z=\dfrac{d}{dz}(-\sin z)=-\cos z \\ \therefore f^{(3)}(z=0)=-1 \cdots\cdots ⑤ \end{cases}$$

$$\therefore \oint_c\frac{\sin z}{z^4}dz \underset{④式}{=\!=} \frac{2\pi i}{3!}f^{(3)}(z=0) \underset{⑤式}{=\!=} -\frac{\pi}{3}i \cdots\cdots ⑥$$

請自造類似題練習，超好玩。

12. 求在 z 平面是整函數的 $f(z)=z(z+1)^n$，在區域 $|z+1|\le 1$ 之 $|f(z)|$ 最大與最小值，$n=1, 2, ..., m$，$m=$ 有限正整數。

➡ 解

(1) 求 $|f(z)|$ 之最大值：

區域 $|z+1|\le 1$ 是如右圖的圓盤，而 $|f(z)|$ 是：

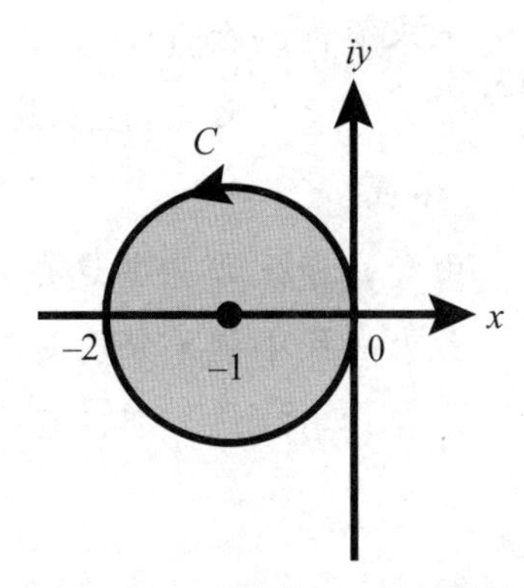

$C=$ 半徑 1，圓心在 $z=-1$ 之圓周

$$|f(z)| = |z(z+1)^n|$$

$$\overline{\overline{(1-19)式}}\ |z||z(z+1)^n| \cdots\cdots ①$$

$f(z)$ 在區域 $|z+1| \le 1$ 是解析函數，於是由最大模定理 (3-55) 式得：

$f(z)$ 的最大值在邊界 C 上，而邊界是 $|z+1| = 1$ ……②

於是由①和②式，邊界的 $|f(z)|$ 是：

$$|f(z)| = |z|\underbrace{|z+1||z+1|\cdots|z+1|}_{n\text{個}} = |z| \cdots\cdots ③$$

$$z = -1 + re^{i\theta} = -1 + e^{i\theta} \longleftarrow \text{半徑 } r = 1$$

$$= (\cos\theta - 1) + i\sin\theta$$

$$\therefore |z| = {}_{+}\sqrt{(\cos\theta - 1)^2 + \sin^2\theta}$$

$$= \sqrt{2}\sqrt{1-\cos\theta}，\quad \theta = 0 \sim 2\pi \cdots\cdots ④$$

$$\therefore |z| \text{ 之最大值} \overline{\overline{\theta=\pi}} \sqrt{2}\sqrt{2} = 2 \cdots\cdots ⑤$$

(2) 求 $|f(z)|$ 之最小值：

$f(z)$ 在區域 $|z+1| \le 1$ 是解析函數。所以由最小模定理 (3-57) 式得：

$|f(z)|$ 的最小值在邊界 C 上，而邊界是 $|z+1| = 1$ ……⑥

$$\therefore |f(z)| = |z| \overline{\overline{④式}} \sqrt{2}\sqrt{1-\cos\theta}$$

$$\therefore |f(z)| \text{ 之最小值} \overline{\overline{\theta=0}}\ 0 \cdots\cdots ⑦$$

⑤ 式也好，⑦ 式也好，都能從圖獲得。

13. 求解析函數 $f(z) = e^z(z+i)^n$，在如右圖圓盤 D $|z+i| \le 1$ 上之 $|f(z)|$ 最大與最小值，$n \ge 1$ 的正整數。

➡ **解**

由於 $f(z)$ 在 D 與其邊界 C 都是解析函數，於是 $|f(z)|$ 之最大與最小值，分別從最大模定理的 (3-55) 式和最小模定理 (3-57) 式，都在 C 上。

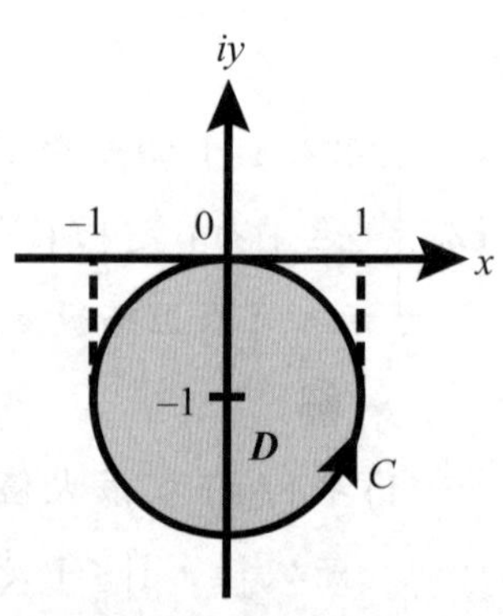

C = 圓盤 D 之邊界周線，
D = 半徑 1 圓心在 $z = -i$。

$$|f(z)| = |e^z(z+i)^n|$$
$$\overline{\overline{(1-19)式}}\ |e^z|\underbrace{|z+i|\,|z+i|\cdots|z+i|}_{n\text{個}}$$
$$= |e^z| = |e^{x+iy}| = |e^x||e^{iy}| = |e^x| = e^x$$

邊界 C 之 $x = -1 \sim 1$

$$\therefore \begin{Bmatrix} |f(z)|\text{之最大值} = e^1 = e \\ |f(z)|\text{之最小值} = e^{-1} = 1/e \end{Bmatrix}$$

14. (a) 求積分路 C 是如右圖 $|z-1| = 2$ 之複數積分

$$\oint_c \frac{e^{-z}\cos z}{z^2}\,dz \text{ 值。}$$

(b) 證明積分路 C 是 $|z+2| = 2$ 之 $\left|\oint_c \frac{z-6}{z+2}dz\right| \le 20\pi$。

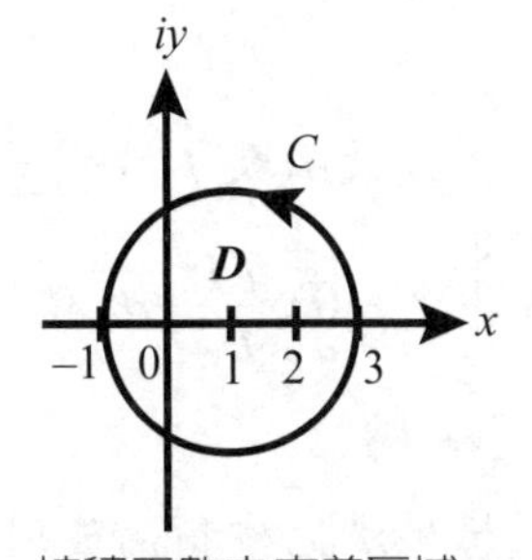

D = 被積函數之定義區域，
$C = D$ 之邊界周線，
= 半徑2圓心在 $z = 1$ 之圓周。

➡ **解**

(a) 求 $\oint_c \frac{e^{-z}\cos z}{z^2}\,dz$ 之積分值：

$z = 0$ 是被積函數在其定義區域 D，$|z-1| = 2$ 內的 2 階**極點** (pole)，而 $e^{-z}\cos z \equiv f(z)$ 在 D 與其邊界 C 是解析，於是由 (3-44) 式得：

$$f'(z=0) = \frac{1!}{2\pi i}\oint_c \frac{e^{-z}\cos z}{z^2}dz$$

$$\begin{Bmatrix} \because f'(z) = -e^{-z}\cos z - e^{-z}\sin z \\ \therefore f'(z=0) = -1 \end{Bmatrix}$$

$$\therefore \oint_c \frac{e^{-z}\cos z}{z^2}\,dz = 2\pi i f'(z=0) = -2\pi i$$

(b) 證明 $\left|\oint_c \frac{z-6}{z+2}dz\right| \le 20\pi$：

$$\left|\oint_c \frac{z-6}{z+2}dz\right| \ \underset{(1\text{-}19)\text{式}}{\le}\ \oint_c \left|\frac{z-6}{z+2}\right||dz|$$

$$\begin{Bmatrix} \left|\frac{z-6}{z+2}\right| \ \overline{\overline{(1-19)式}}\ \frac{|z-6|}{|z+2|} = \frac{|z+2-8|}{2} \\ \text{而 } |z+2-8| \ \underset{(1\text{-}19)\text{式}}{\le}\ (|z+2| + |-8|) = 2 + 8 = 10 \end{Bmatrix}$$

$$\therefore \left|\oint_c \frac{z-6}{z+2}dz\right| \le \frac{10}{2}\oint_c |dz| \cdots\cdots ①$$

積分路是圓心 $z=-2$ 半徑 2 的圓周 C，設半徑爲 r，則圓周積分是：

$$\oint_c |dz| = \int_0^{2\pi} r d\theta = \int_0^{2\pi} 2 d\theta = 4\pi \cdots\cdots ②$$

由 ① 和 ② 式得：

$$\left|\oint_c \frac{z-6}{z+2}dz\right| \le 20\pi$$

15. 複數函數 $f(z)=\dfrac{(z^2+1)^3}{(z^2+2z+2)^2}$，積分路 C 是 $|z|=2$ 的周線，求：
$\displaystyle\oint_c \frac{f'(z)}{f(z)}dz$ 值。

➡ 解

想辦法把被積函數因數分解，如可能的話，化約成一階零點和極點，則可用 (3-59), (3-60) 和 (3-43) 式來得積分值。

$$f'(z) = \frac{6z(z^2+1)^2(z^2+2z+2) - 4(z^2+1)^3(z+1)}{(z^2+2z+2)^3}$$

$$= \frac{2(z^2+1)^2(z^3+4z^2+4z-2)}{(z^2+2z+2)^3} \cdots\cdots ①$$

$$\therefore \frac{f'(z)}{f(z)} = \frac{2z^3+8z^2+8z-4}{(z^2+1)(z^2+2z+2)} \cdots\cdots ②$$

② 式的分子與分母之 z 最高次是 3 與 4，於是只要分母能因數分解，就有可能化約成一階極點：

$$\left.\begin{aligned} z^2+1 &= (z+i)(z-i) \\ z^2+2z+2 &= (z+1)^2+1 = (z+1+i)(z+1-i) \end{aligned}\right\} \cdots\cdots ③$$

於是由 ② 和 ③ 式，如設待定數 A, B, E, F，則 ② 式是：

$$\frac{f'(z)}{f(z)} = \frac{A}{z+i} + \frac{B}{z-i} + \frac{E}{z+1+i} + \frac{F}{z+1-i}$$

$$= \frac{[A(z-i)+B(z+i)](z^2+2z+2) + (z^2+1)[E(z+1-i)+F(z+1+i)]}{(z^2+1)(z^2+2z+2)} \cdots ④$$

$$=\frac{(A+B+E+F)z^3+[(B+F-A-E)i+(2A+2B+E+F)]z^2}{(z^2+1)(z^2+2z+2)}$$

$$+\frac{[2(B-A)i+(2A+2B+E+F)]z+[(2B-2A+F-E)i+(E+F)]}{(z^2+1)(z^2+2z+2)} \cdots\cdots\cdots ⑤$$

比較 ② 和 ⑤ 式得：

$$\left.\begin{array}{l} A+B+E+F=2 \\ B+F-A-E=0 \\ 2A+2B+E+F=8 \\ B-A=0 \\ 2B-2A+F-E=0 \\ E+F=-4 \end{array}\right\} \Longrightarrow \left\{\begin{array}{l} A=3 \\ B=3 \\ E=-2 \\ F=-2 \end{array}\right\} \cdots\cdots\cdots ⑥$$

由 ④ 和 ⑥ 式得：

$$\frac{f'(z)}{f(z)}=\frac{3}{z+i}+\frac{3}{z-i}-\frac{2}{z+1+i}-\frac{2}{z+1-i} \cdots\cdots\cdots ⑦$$

由 ⑦ 式得右圖 $S_1=i$，$S_2=-i$，$S_3=(-1,-i)$ 和 $S_4=(-1,i)$ 的四個極點，並且都在積分周線 $|z|=2$ 的 C 內，於是由 (3-43) 式得：

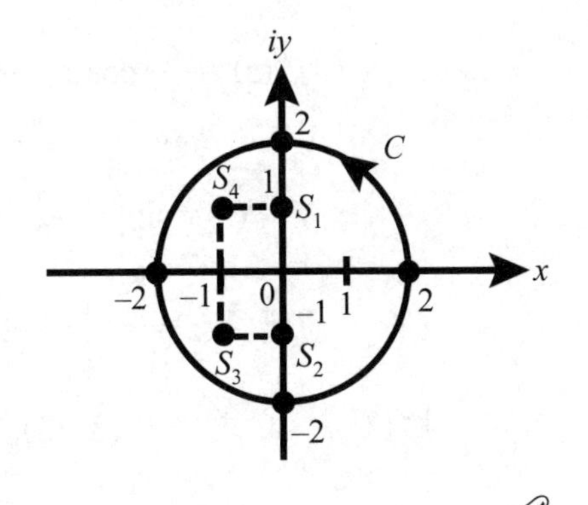

$$\oint_c \frac{f'(z)}{f(z)}dz=2\pi i(3+3-2-2)=4\pi i$$

16. 證下述各函數對 $z=0$ 的 Taylor 展開式。

(a) $e^z=\sum_{n=0}^{\infty}\frac{z^n}{n!}$，$|z|<\infty$，　(b) $\sin z=\sum_{n=0}^{\infty}(-1)^n\frac{z^{2n+1}}{(2n+1)!}$，$|z|<\infty$，

(c) $\cos z=\sum_{n=0}^{\infty}(-1)^n\frac{z^{2n}}{(2n)!}$，$|z|<\infty$，　(d) $(1+z)^{-m}=\sum_{n=0}^{\infty}{}_{-m}C_nZ^n$，$|z|<1, m=1,2,\cdots$，

${}_{-m}C_n=\frac{(-m)!}{(-m-n)!\,n!}=\frac{(-m)(-m-1)\cdots(-m-n+1)}{n!}$。

➥ **解**

使用 $(3\text{-}65)_1$ 和 $(3\text{-}65)_2$ 式求對 $z=0$ 之 Taylor 展開。

(a) 求 $f(z)=e^z$ 對 $z=0$ 之 Taylor 展開式：

e^z 是**整函數** (entire function)，在複數平面 z 平面是解析，於是其導函數存在：

$$\frac{d}{dz}e^z = f'(z) = e^z \longrightarrow f'(z=0) = 1, \qquad 而\ f(0)=e^0=1$$

$$\cdots\cdots$$

$$\frac{d^n}{dz^n}e^z = f^{(n)}(z) = e^z \longrightarrow f^{(n)}(0) = 1$$

$$\therefore e^z \underset{(3-65)_{1,2}式}{=\!=\!=} \sum_{n=0}^{\infty}\frac{f^{(n)}(z=0)}{n!}(z-0)^n = \sum_{n=0}^{\infty}\frac{z^n}{n!}, \qquad |z|<\infty \quad \cdots\cdots ①$$

(b) 求 $f(z)=\sin z$ 對 $z=0$ 之 Taylor 展開式：

$\sin z$ 也是整函數，於是導函數存在，且由 (3-45) 式可到任何階導函數。

$$f(z=0)=\sin 0 = 0$$

$$f'(z)=\frac{d}{dz}\sin z=\cos z=\sin\left(z+\frac{1}{2}\pi\right)=\sin\left(z+\frac{\pi}{2}\times 1\right)\longrightarrow f'(0)=1$$

$$f''(z)=\frac{d}{dz}\cos z=-\sin z=\sin(z+\pi)=\sin\left(z+\frac{\pi}{2}\times 2\right)\longrightarrow f''(0)=0$$

$$\cdots\cdots$$

$$f^{(2n)}(z)=\sin\left(z+\frac{\pi}{2}\times 2n\right)\longrightarrow f^{(2n)}(0)=0 \quad \cdots\cdots ②$$

$$f^{(2n+1)}(z)=\sin\left[z+\frac{\pi}{2}\times(2n+1)\right]\longrightarrow f^{(2n+1)}(0)=(-1)^n \quad \cdots\cdots ③$$

把 ② 和 ③ 式代入 $(3\text{-}65)_1$ 和 $(3\text{-}65)_2$ 式得：

$$\sin z=\sum_{n=0}^{\infty}(-1)^n\frac{z^{2n+1}}{(2n+1)!}, \qquad |z|<\infty \quad \cdots\cdots ④$$

(c) 求 $f(z)=\cos z$ 對 $z=0$ 之 Taylor 展開式：

$\cos z$ 也是整函數，於是：

$$f(z=0)=\cos 0 = 1$$

$$f'(z)=\frac{d}{dz}\cos z=-\sin z=\cos\left(z+\frac{\pi}{2}\right)=\cos\left(z+\frac{\pi}{2}\times 1\right)\longrightarrow f'(0)=0$$

$$f''(z)=\frac{d}{dz}(-\sin z)=-\cos z=\cos(z+\pi)=\cos\left(z+\frac{\pi}{2}\times 2\right)\longrightarrow f''(0)=-1$$

$$\cdots\cdots$$

$$f^{(2n)}(z)=\cos\left(z+\frac{\pi}{2}\times 2n\right)\longrightarrow f^{(2n)}(0)=(-1)^n \quad \cdots\cdots ⑤$$

$$f^{(2n+1)}(z)=\cos\left[z+\frac{\pi}{2}\times(2n+1)\right]\longrightarrow f^{(2n+1)}(0)=0 \cdots\cdots ⑥$$

把⑤和⑥式代入 $(3\text{-}65)_1$ 和 $(3\text{-}65)_2$ 式得：

$$\cos z=\sum_{n=0}^{\infty}(-1)^n\frac{z^{2n}}{(2n)!},\qquad |z|<\infty \cdots\cdots ⑦$$

(d) 求 $f(z)=(1+z)^{-m}$ 對 $z=0$ 之 Taylor 展開式：

$(1+z)^{-m}$，$m=$ 正整數，於是 $z=(-1)$ 是奇異點，其他是解析，故在解析區域是：

$$f(z=0)=1$$

$$f'(z)=\frac{d}{dz}(1+z)^{-m}=-m(1+z)^{-m-1}\longrightarrow f'(z=0)=-m$$

$$f''(z)=(-m)(-m-1)(1+z)^{-m-2}\longrightarrow f''(0)=(-m)(-m-1)$$

$$\cdots\cdots$$

$$f^{(n)}(z)=(-m)(-m-1)\cdots(-m-n+1)(1+z)^{-m-n}$$

$$\longrightarrow f^{(n)}_{(0)}=(-m)(-m-1)\cdots(-m-n+1)=({}_{-m}C_n)\times n! \cdots\cdots ⑧$$

把⑧式代入 $(3\text{-}65)_1$ 和 $(3\text{-}65)_2$ 式，且 $|z|<1$ 下得：

$$(1+z)^{-m}=\sum_{n=0}^{\infty}{}_{-m}C_nZ^n,\qquad |z|<1 \cdots\cdots ⑨$$

$${}_{-m}C_n=\frac{(-m)!}{(-m-n)!\,n!}=\frac{(-m)(-m-1)\cdots(-m-n+1)}{n!} \cdots\cdots ⑩$$

當 $m=1$，即 $(1+z)^{-1}$ 是很有用之對 $z=0$ 之展開式：

$$(1+z)^{-1}=\sum_{n=0}^{\infty}(-z)^n,\qquad |z|<1 \cdots\cdots ⑪$$

$$\therefore \frac{1}{1-z}=\sum_{n=0}^{\infty}z^n,\qquad |z|<1 \cdots\cdots ⑫$$

17. 求下述函數依各題條件的 Laurent 展開式。

(a) $f_1(z)=z^2e^{-1/z}$ 對 $z=0$ 的展開式，且討論結果。

(b) $f_2(z)=\dfrac{1}{z^2+1}$ 在區域 $0<|z-i|<2$ 內的展開式，結果如何？

(c) $f_3(z)=\dfrac{e^{2z}}{(z-1)^3}$ 對 $z=1$ 之展開式，且討論其奇異情況，

(d) $f_4(z)=(z-3)\sin\left(\dfrac{1}{z+2}\right)$ 對 $z=-2$ 之展開式和分析結果，

(e) $f_5(z)=\dfrac{z-\sin z}{z^3}$ 對 $z=0$ 之展開式以及分析結果。

➥ 解

使用 $(3\text{-}66)_1$ 和 $(3\text{-}66)_2$ 式求 Laurent 展開式。

(a) 求 $f_1(z)=z^2e^{-1/z}$ 對 $z=0$ 的 Laurent 展開式：

級數展開之中心點 $z=a$，在 Taylor 級數，a 必須解析點，但 Laurent 級數不一定，於是遇到對非解析點時就用 Laurent 展開，這時如有可用的展開式，不必使用 $(3\text{-}66)_2$ 式求展開係數。例如本題，$z=0$ 是非解析點，同時有 e^z 之展開式可用 (看習題 (16))，

$$\therefore f_1(z)=z^2\left(\sum_{n=0}^{\infty}\frac{\left(-\frac{1}{z}\right)^n}{n!}\right) \cdots\cdots ①$$

$$=z^2-z+\frac{1}{2!}-\frac{1}{3!}\frac{1}{z}+\frac{1}{4!}\frac{1}{z^2}-\frac{1}{5!}\frac{1}{z^3}+\cdots$$

顯然 $z=0$ 是**聚奇異點** (accumulated singular point，請看 $(2\text{-}169)_1$ 式)，是屬於**本質奇異點** (essential singular point，請看圖 (2-30))。

(b) 求 $f_2(z)=\dfrac{1}{z^2+1}$ 在區域 $0<|z-i|<2$ 內之 Laurent 展開式：

$$f_2(z)=\frac{1}{z^2+1}=\frac{1}{(z-i)(z+i)}$$

設 $z-i\equiv u$ ， 則 $0<|u|<2$ ⋯⋯ ②

$$=\frac{1}{u(u+2i)}=\frac{1}{2iu\left(1+\frac{u}{2i}\right)}$$

$\left|\dfrac{u}{2i}\right|=\dfrac{|u|}{2}\overset{②式}{\Longrightarrow}\dfrac{|u|}{2}<1$ 於是可用：

$\dfrac{1}{1+v}=\displaystyle\sum_{n=0}^{\infty}(-v)^n$ 展開式 (看習題 (16))

$$=\frac{1}{2iu}\left[\sum_{n=0}^{\infty}\left(-\frac{u}{2i}\right)^n\right]=\sum_{n=0}^{\infty}\frac{(-1)^nu^{n-1}}{(2i)^{n+1}}$$

$$\therefore f_2(z)=-\frac{i^{-1}}{2(z-i)}+\sum_{n=0}^{\infty}\frac{i^n}{2^{n+2}}(z-i)^n \cdots\cdots ③$$

顯然 $z=i$ 是一階極點 (請看 $(2\text{-}171)_2$ 式)。

(c) 求 $f_3(z)=\dfrac{e^{2z}}{(z-1)^3}$ 對 $z=1$ 之 Laurent 展開式：

設：

$$z-1\equiv u，\qquad 或\ z=1+u \cdots\cdots ④$$

$$\therefore f_3(z)=\frac{1}{u^3}e^2e^{2u}$$

$$=\frac{e^2}{u^3}\left[\sum_{n=0}^{\infty}\frac{(2u)^n}{n!}\right]=e^2\left[\sum_{n=0}^{\infty}\frac{2^nu^{n-3}}{n!}\right]$$

$$\xlongequal[④式]{}e^2\left[\frac{1}{(z-1)^3}+\frac{2}{(z-1)^2}+\frac{2}{z-1}+\sum_{n=0}^{\infty}\frac{2^{n+3}(z-1)^n}{(n+3)!}\right] \cdots\cdots ⑤$$

於是 $z=1$ 是 **3 階極點** (pole of order 3，請看 $(2\text{-}171)_2$ 式)。

(d) 求 $f_4(z)=(z-3)\sin\left(\frac{1}{z+2}\right)$ 對 $z=-2$ 之 Laurent 展開式：

當 $z=-2$ 時無法定義正弦函數，於是 $z=-2$ 是 $f_4(z)$ 之奇異點，其奇異情況如何呢？只有對 $z=-2$ 展開才能窺視實情。設：

$$z+2\equiv u，\qquad 或\ z=u-2 \cdots\cdots ⑥$$

$$\therefore f_4(z)=(u-5)\sin\frac{1}{u}$$

$$=(u-5)\left[\sum_{n=0}^{\infty}(-1)^n\frac{(1/u)^{2n+1}}{(2n+1)!}\right]$$

$$=\sum_{n=0}^{\infty}\frac{(-1)^n}{(2n+1)!}\frac{1}{u^{2n}}+\sum_{n=0}^{\infty}\frac{5(-1)^{n+1}}{(2n+1)!}\frac{1}{u^{2n+1}}$$

$$\xlongequal[⑥式]{}\sum_{n=0}^{\infty}\frac{(-1)^n}{(2n+1)!}\frac{1}{(z+2)^{2n}}+\sum_{n=0}^{\infty}\frac{5(-1)^{n+1}}{(2n+1)!}\frac{1}{(z+2)^{2n+1}} \cdots\cdots ⑦$$

很明顯 $z=-2$ 是聚奇異點，即本質奇異點 (請看 $(2\text{-}169)_1$ 式和圖 (2-30))。

(e) 求 $f_5(z)=\frac{z-\sin z}{z^3}$ 對 $z=0$ 之 Laurent 展開式：

$f_5(z=0)=\infty$，於是 $z=0$ 是極點，但 $z\neq 0$ 的 $f(z)$ 是解析。那麼 $z=0$ 是什麼樣的極點呢？只有從 $z=0$ 的近傍逼近於 $z=0$ 來窺視眞相，即對 $z=0$ 的 $f_5(z)$ Laurent 級數才能看出內情。

$$f_5(z)=\frac{z-\sin z}{z^3}=\frac{1}{z^3}\left[z-\sum_{n=0}^{\infty}(-1)^n\frac{z^{2n+1}}{(2n+1)!}\right]$$

$$=\frac{1}{3!}-\frac{z^2}{5!}+\frac{z^4}{7!}-\frac{z^6}{9!}+\cdots=\sum_{n=0}^{\infty}\frac{(-1)^nz^{2n}}{(2n+3)!} \cdots\cdots ⑧$$

$$\therefore \lim_{z\to 0} f_5(z) = \frac{1}{3!} = \frac{1}{6} = \text{有限確定數} \neq \infty \qquad ⑨$$

$\therefore z = 0$ 是 $f_5(z)$ 的**可去奇異點** (removable singular point，請看 (2-170) 式)。

18. 求下述複數積分值：

(1) $\oint_C e^z \csc^2 z\, dz$，　　C 是 $|z| \fallingdotseq \infty$ 之大圓周，

(2) $\oint_C \frac{\cos z}{z^3} dz$，　　C 是 $z = 1$ 之圓周。

➡ **解**

(1) 求 $\oint_C e^z \csc^2 z\, dz$ 值，C 是 $|z| \fallingdotseq \infty$ 之圓周：

先看看被積函數在其定義區域有沒有奇異點，如沒有，則由 Cauchy 定理 (3-29) 式得積分值零，如有奇異點，普通有兩個方法：

(i) 方法一：使用 $(3\text{-}71)_4$ 式求留數，

(ii) 方法二：針對被積函數的奇異點作 Laurent 級數展開後，用留數定義 (3-69) 式求留數。

最後從 (3-76) 式到 (3-79) 式中的，合題意之式子求積分值。

(a) 方法一：使用 $(3\text{-}71)_4$ 式方法求留數：

$$\oint_C e^z \csc^2 z dz = \oint_C \frac{e^z}{\sin^2 z} dz \equiv \oint_C f(z) dz \qquad ①$$

$$\therefore z = n\pi, \qquad n = 0, \pm 1, \pm 2, \cdots, \text{是 } f(z) \text{ 之二階極點} \qquad ②$$

於是由 $(3\text{-}71)_4$ 式得 $z = n\pi$ 之 $f(z)$ 留數：

$$\text{Res.} f(n\pi) = \lim_{z\to n\pi} \frac{1}{1!} \frac{d}{dz}\left[(z - n\pi)^2 \frac{e^z}{\sin^2 z}\right]$$

為了計算方便，設：

$$z - n\pi \equiv u$$

$$\therefore \left\{\begin{array}{l} (z \to n\pi) = (u \to 0), \qquad \dfrac{d}{dz} = \dfrac{d}{du} \\ \sin z = \sin(u + n\pi) = \begin{cases} \sin u \cdots\cdots n = 0 \\ \pm\sin u \cdots\cdots n \neq 0 \end{cases} \end{array}\right\} \qquad ③$$

$$\therefore \text{Res.} f(n\pi) = e^{n\pi} \lim_{u\to 0} \frac{d}{du} u^2 \frac{e^u}{\sin^2 u}$$

$$= e^{n\pi} \lim_{u\to 0} \frac{e^u(u^2 \sin u + 2u \sin u - 2u^2 \cos u)}{\sin^3 u}$$

$$= e^{n\pi} \lim_{u\to 0} \frac{u^2 \sin u + 2u \sin u - 2u^2 \cos u}{\sin^3 u} \quad \cdots\cdots ④$$

當 $u \to 0$ 時，④ 式的分子分母同時等於零，故需用 $(2\text{-}176)_1$ 式之 Hospital 規則：

$$\text{Res.} f(n\pi) = e^{n\pi} \lim_{u\to 0} \frac{2u \sin u + u^2 \cos u + 2\sin u + 2u \cos u - 4u \cos u + 2u^2 \sin u}{3\sin^2 u \cos u}$$

$$= e^{n\pi} \lim_{u\to 0} \frac{2\sin u + 4u \cos u - u^2 \sin u + 6u \sin u + 2u^2 \cos u}{-3\sin^3 u + 6\sin u \cos^2 u}$$

$$= e^{n\pi} \lim_{u\to 0} \frac{6\cos u - 6u \sin u - u^2 \cos u + 6 \sin u + 10u \cos u - 2u^2 \sin u}{-9\sin^2 u \cos u + 6\cos^3 u - 12\sin^2 u \cos u}$$

$$= e^{n\pi} \frac{6}{6} = e^{n\pi} \quad \cdots\cdots ⑤$$

$$\therefore \oint_C f(z)dz = \oint_C e^z \csc^2 z\, dz = 2\pi i \,\text{Res.} f(n\pi) = 2\pi i\, e^{n\pi} \quad \cdots\cdots ⑥$$

(b) 方法二：

把被積函數 $f(z) = e^z \csc^2 z$ 針對其極點 $(z - n\pi) \equiv u$，以 Laurent 級數展開後，用 (3-69) 式求留數。

$$f(z) = e^z \csc^2 z = e^z \frac{1}{\sin^2 z}$$

$$\overset{}{\underset{z = u + n\pi}{=\!=\!=}} \frac{e^{u+n\pi}}{\sin^2(u + n\pi)} = e^{n\pi} \frac{e^u}{\sin^2 u}$$

$$\underset{\text{註(22)}}{=\!=\!=} e^{n\pi} \frac{1 + \frac{u}{1!} + \frac{u^2}{2!} + \frac{u^3}{3!} + \cdots}{\left(u - \frac{u^3}{3!} + \frac{u^5}{5!} - \frac{u^7}{7!} + \cdots\right)^2}$$

$$= e^{n\pi} \frac{1 + \frac{u}{1!} + \frac{u^2}{2!} + \frac{u^3}{3!} + \cdots}{u^2\left(1 - \frac{u^2}{3!} + \frac{u^4}{5!} - \frac{u^6}{7!} + \cdots\right)^2}$$

$$= e^{n\pi} \left(\frac{1}{u^2} + \frac{1}{1!}\frac{1}{u} + \frac{1}{2!} + \frac{u}{3!} + \frac{u^2}{4!} + \cdots\right)$$

$$\times\left[1+2\left(\frac{u^2}{3!}-\frac{u^4}{5!}+\frac{u^6}{7!}-\cdots\right)+\cdots\right]$$

$$=e^{n\pi}\left(\frac{1}{u^2}+\frac{1}{u}+\frac{5}{6}+\frac{u}{3}+\cdots\right) \cdots\cdots ⑦$$

$$\overline{\overline{\text{Laurent 級數}}}\sum_{m=-\infty}^{\infty} b_m u^m$$

$$=\cdots+b_{-2}\frac{1}{u^2}+b_{-1}\frac{1}{u}+b_0+b_1 u+b_2 u^2+\cdots, \cdots\cdots ⑧$$

由 ⑦, ⑧ 和 (3-69) 式得：

$$\text{Res.}\ f(u=0)=\text{Res.}\ f(n\pi)=b_{-1}=e^{n\pi}=⑤\text{ 式} \cdots\cdots ⑨$$

(2) 求 $\oint_C \frac{\cos z}{z^3}dz$ 值，C 是 $|z|=1$ 之圓周：

(a) 方法一，使用 $(3\text{-}71)_4$ 式求留數：

$\oint_C \frac{\cos z}{z^3}dz \equiv \oint_C f(z)dz$，　　於是 $z=0$ 是 $f(z)$ 的三階極點，由 $(3\text{-}71)_4$ 式得：

$$\text{Res.}\ f(0)=\lim_{z\to 0}\frac{1}{2!}\frac{d^2}{dz^2}\left(z^3\frac{\cos z}{z^3}\right)=\frac{1}{2}\lim_{z\to 0}\frac{d^2}{dz^2}\cos z=\frac{1}{2}\lim_{z\to 0}(-\cos z)$$

$$=-\frac{1}{2} \cdots\cdots ⑩$$

$$\therefore \oint_C \frac{\cos z}{z^3}dz=2\pi i\ \text{Res.}\ f(0)=2\pi i\times\left(-\frac{1}{2}\right)=-\pi i \cdots\cdots ⑪$$

(b) 方法二，針對 $z=0$　Laurent 級數展開 $f(z)$ 後用 (3-69) 式求留數：

$$f(z)=\frac{\cos z}{z^3}\overline{\overline{\text{註(22)}}}\frac{1}{z^3}\left(\sum_{n=0}^{\infty}(-1)^n\frac{z^{2n}}{(2n)!}\right)$$

$$=\frac{1}{z^3}-\frac{1}{2!}\frac{1}{z}+\frac{z}{4!}-\frac{z^3}{6!}+\cdots, \cdots\cdots ⑫$$

$$\overline{\overline{\text{Laurent 級數}}}\sum_{m=-\infty}^{\infty} b_m z^m$$

$$=\cdots+b_{-3}\frac{1}{z^3}+b_{-2}\frac{1}{z^2}+b_{-1}\frac{1}{z}+b_0+b_1 z+\cdots, \cdots\cdots ⑬$$

由 ⑫, ⑬ 和 (3-69) 式得：

$$\text{Res.}\ f(0)=b_{-1}=-\frac{1}{2}=⑩\text{ 式}$$

$$\therefore \oint_C \frac{\cos z}{z^3}dz=2\pi i\ \text{Res.}\ f(0)=2\pi i\times\left(-\frac{1}{2}\right)=-\pi i=⑪\text{ 式}$$

19. 求如右圖**周線** (contour) C 複數積分：

$$\oint_C \frac{g(z)}{z^2-1}dz \text{ 值，}$$

$g(z)$ 在 z 平面之 $|z| \leq 2$ 區域是單值解析。

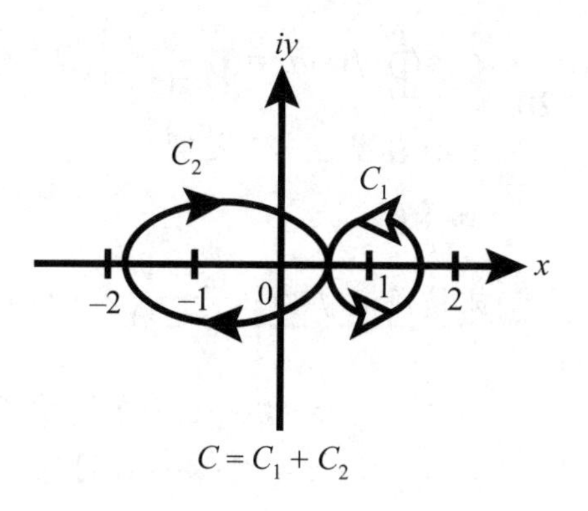

$C = C_1 + C_2$

➡ **解**

初看題目周線圖覺得不簡單，但仔細觀察周線 C，發現能切割成 C_1 與 C_2 兩周線。

$$\therefore \oint_C \frac{g(z)}{z^2-1}dz = \oint_{C_1} \frac{g(z)}{z^2-1}dz + \oint_{C_2} \frac{g(z)}{z^2-1}dz \cdots\cdots ①$$

① 式的被積函數極點是：

$$z^2 - 1 = (z+1)(z-1) = 0 \Longrightarrow z = \pm 1 \cdots\cdots ②$$

$z=1$ 和 $z=-1$ 各在 C_1 和 C_2 包圍之區域內，於是各留數是：

$$C_1 \text{ 時：} \lim_{z\to 1}(z-1)\frac{g(z)}{(z+1)(z-1)} = \lim_{z\to 1}\frac{g(z)}{z+1} = \frac{1}{2}g(1) \cdots\cdots ③$$

$$C_2 \text{ 時：} \lim_{z\to -1}(z+1)\frac{g(z)}{(z+1)(z-1)} = \lim_{z\to -1}\frac{g(z)}{z-1} = -\frac{1}{2}g(-1) \cdots\cdots ④$$

而 C_1 和 C_2 分別是正和負方向，於是由 $(3\text{-}16)_1$, $(3\text{-}16)_2$ 和 (3-76) 式得：

$$\oint_C \frac{g(z)}{z^2-1}dz = \oint_{C_1} \frac{g(z)}{z^2-1}dz + \oint_{C_2} \frac{g(z)}{z^2-1}dz$$

$$= 2\pi i \times \frac{1}{2}g(1) + (-2\pi i) \times \left[-\frac{1}{2}g(-1)\right]$$

$$= \pi i[g(1) + g(-1)] \cdots\cdots ⑤$$

20. $\begin{cases} 求\oint_C f(z)dz=\oint_C \frac{6z+1}{z(z+1)}dz \text{ 之值，其周線 } C \text{ 是} \\ 如右圖\ |z|=1\ 之圓。\end{cases}$

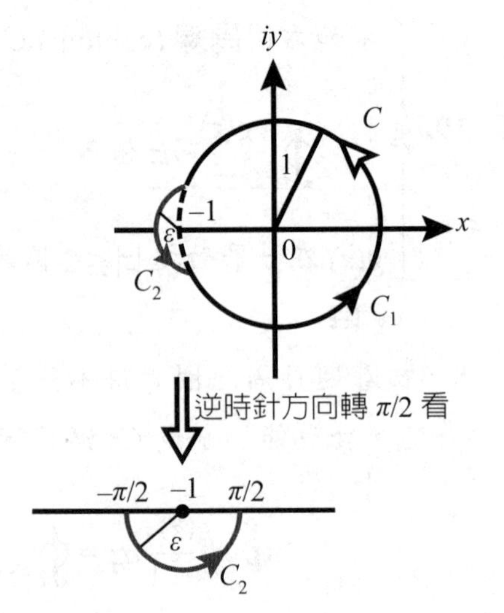

➡ 解

被積函數 $f(z)=\dfrac{6z+1}{z(z+1)}$ 有兩個一階極點：

$$\left.\begin{aligned} &z=0\cdots\cdots\cdots \text{在周線 } C \text{ 內} \\ &z=-1\cdots\cdots \text{在周線 } C \text{ 上} \end{aligned}\right\} \cdots\cdots\cdots\cdots\cdots\cdots\cdots ①$$

於是如右上圖，以 $x=-1$ 爲圓心半徑 ε 之小半圓 C_2 繞 $z=-1$ 極點，即做：

$$\left.\begin{aligned} &C \Longrightarrow C_1(\text{沒 } z=-1 \text{ 極點之 } C)+C_2(\text{繞小半圓的線積分}) \\ &\qquad\quad \Downarrow \qquad\qquad\qquad\qquad \Downarrow \text{如右圖下圖} \\ &\qquad \oint_{C_1} f(z)dz \qquad\qquad \int_{-\pi/2}^{\pi/2} f(z=-1+\varepsilon e^{i\theta})\,dz \\ &\qquad\quad \Uparrow \qquad\qquad\qquad\qquad \Uparrow \\ &\quad \text{以留數法計算} \qquad\qquad\quad \text{線積分} \end{aligned}\right\} \cdots\cdots\cdots\cdots\cdots\cdots\cdots\cdots\cdots\cdots ②$$

$$\begin{aligned} \therefore \oint_C f(z)dz &= \oint_{C_1} f(z)dz+\oint_{C_2} f(z=-1+\varepsilon e^{i\theta})dz \\ &= 2\pi i\,\text{Res.}\,f(z=0)+\lim_{\varepsilon\to 0}\int_{-\pi/2}^{\pi/2} f(z=-1+\varepsilon e^{i\theta})\,dz \cdots\cdots\cdots\cdots ③ \end{aligned}$$

$$\text{Res.}\,f(z=0)=\lim_{z\to 0} z\frac{6z+1}{z(z+1)}=1 \cdots\cdots\cdots\cdots\cdots\cdots\cdots\cdots\cdots\cdots\cdots\cdots ④$$

在 C_2 的複變數是：

$$z=-1+\varepsilon e^{i\theta}, \qquad -\pi/2\le\theta\le\pi/2$$

$$\therefore dz=\varepsilon i e^{i\theta}d\theta$$

$$\begin{aligned} \therefore \lim_{\varepsilon\to 0}\int_{C_2} f(z=-1+\varepsilon e^{i\theta})dz &= \lim_{\varepsilon\to 0}\int_{-\pi/2}^{\pi/2}\frac{6(-1+\varepsilon e^{i\theta})+1}{(-1+\varepsilon e^{i\theta})\,\varepsilon e^{i\theta}}\,i\varepsilon e^{i\theta}\,d\theta \\ &= i\lim_{\varepsilon\to 0}\int_{-\pi/2}^{\pi/2}\frac{-5+6\varepsilon e^{i\theta}}{-1+\varepsilon e^{i\theta}}\,d\theta=5\pi i \cdots\cdots\cdots\cdots ⑤ \end{aligned}$$

由 ③, ④ 和 ⑤式得：

$$\oint_C f(z)\,dz=\oint_C \frac{6z+1}{z\,(z+1)}dz=2\pi i+5\pi i=7\pi i \cdots\cdots\cdots\cdots\cdots\cdots\cdots\cdots ⑥$$

凡是遇到周線 C 上有極點′時，都照本習題之方法，以各極點爲圓心正小實數 ε 爲半徑的半圓，計算各半圓周之線積分。請自己造題目試。

21. $\begin{cases} 求\begin{Bmatrix} (1)\oint_{C_1} f_1(z)dz = \oint_{C_1} \tan(\pi z)\,dz \\ (2)\oint_{C_2} f_2(z)\,dz = \oint_{C_2} \dfrac{\sin z}{(z-\pi)^2}dz \end{Bmatrix}之值， \\ 積分周線\ C_1\ 是如下圖\ (a)\ 的橢圓周\ 4\left(x-\dfrac{1}{2}\right)^2+9y^2=1，而\ C_2\ 是如圖\ (b)\ 的菱形。 \end{cases}$

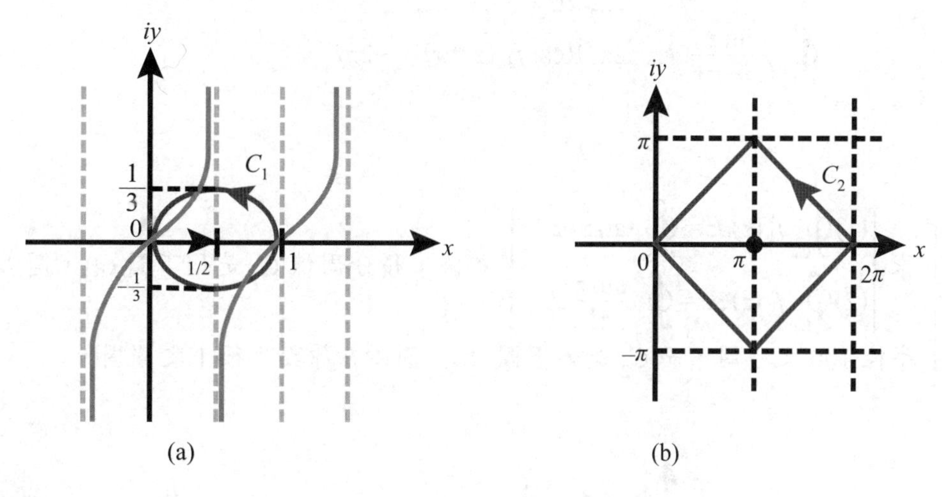

(a)　　　　(b)

➥ **解**

(1) 求 $\oint_{C_1} f_1(z)dz = \oint_{C_1} \tan(\pi z)\,dz$ 之值：

由圖 (a)，$\tan \pi z$ 的 $z = 1/2$ 是極點，且在 C_1 內，於是能用 (3-76) 式求積分值：

$$\text{Res.} f_1\left(z=\frac{1}{2}\right) = \lim_{z\to\frac{1}{2}}\left(z-\frac{1}{2}\right)\tan \pi z$$

$$= \lim_{z\to\frac{1}{2}}\left(z-\frac{1}{2}\right)\frac{\sin \pi z}{\cos \pi z}$$

$z \to \dfrac{1}{2}$ 時分子和分母都爲 0，故無法求極限值，必使用 Hospital 規則

$$= \lim_{z\to\frac{1}{2}}\frac{\sin \pi z + \pi\left(z-\frac{1}{2}\right)\cos \pi z}{-\pi \sin \pi z} = -\frac{1}{\pi} \quad \cdots\cdots ①$$

$$\therefore \oint_{C_1} \tan(\pi z)\, dz = 2\pi i \times \left(-\frac{1}{\pi}\right) = -2i \cdots\cdots ②$$

(2) 求 $\oint_{C_2} f_2(z)\, dz = \oint_{C_2} \frac{\sin z}{(z-\pi)^2} dz$ 之值：

當 $z \to \pi$ 時 $f_2(z)$ 的分子 $\to 0$ 的速率小於分母 $\to 0$ 之速率，所以 $z = \pi$ 是 $f_2(z)$ 的極點，並且是 2 階極點，於是由 $(3\text{-}71)_4$ 式得留數：

$$\text{Res.} f_2\ (z=\pi) = \frac{1}{1!} \lim_{z\to\pi} \frac{d}{dz} \left\{ (z-\pi)^2 \frac{\sin z}{(z-\pi)^2} \right\}$$

$$= \lim_{z\to\pi} \frac{d}{dz} \sin z = \lim_{z\to\pi} \cos z = -1 \cdots\cdots ③$$

$$\therefore \oint_{C_2} \frac{\sin z}{(z-\pi)^2} dz = 2\pi i\, \text{Res.} f_2\ (z=\pi) = -2\pi i$$

22. 求 $\left\{ \begin{array}{l} (1) \oint_{C_1} f_1(z) dz = \oint_{C_1} \tan z\, dz \text{，} \\ (2) \oint_{C_2} f_2(z)\, dz = \oint_{C_2} \frac{\sin z}{z^4} dz \end{array} \right\}$ 之值，積分周線 C_1 是如下圖 (a)，圓心在原點半徑 100 之圓周，而 C_2 是如下圖 (b)，圓心在原點半徑 1 之圓周。

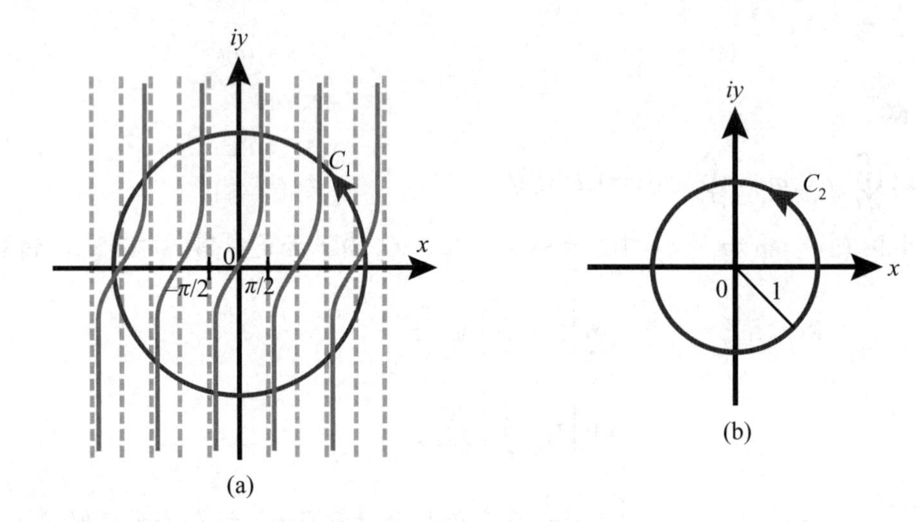

(a) (b)

➡ 解

(1) 求 $\oint_{C_1} f_1(z) dz = \oint_{C_1} \tan z\, dz$ 之值：

被積函數$f_1(z)=\tan z=\dfrac{\sin z}{\cos z}$，於是 $\cos z=0$ 之點是 $\tan z$ 的奇異點。

$$\therefore z=\frac{2n+1}{2}\pi,\qquad n=0,\pm1,\pm2,\cdots \text{是} f_1(z) \text{的極點} \cdots\cdots ①$$

在半徑 100 之內的極點數有：

$$\frac{2|n|+1}{2}\pi\le 100 \cdots\cdots ②$$

或 $|n|\le\dfrac{200-\pi}{2\pi}$

$\therefore |n|\fallingdotseq 31$，且全爲一階極點 ……③

滿足 ① 式的極點到底有多少呢？是 ③ 式的兩倍 (因 n 有正負號) 的 62 嗎？請再想一想。① 式不但含有 $n=0$，並且爲了得 ③ 式之 31，① 式可取 $n=-32$ 不是嗎？

$$\therefore \text{極點總數 } N=2+2\times31=64 \cdots\cdots ④$$

$\Uparrow$

$n=0$ 和 $n=-32$

讓我們一起來驗證，如下表。

$\dfrac{2n+1}{2}\pi$	$\pm\dfrac{1}{2}\pi$	$\pm\dfrac{3}{2}\pi$	$\pm\dfrac{5}{2}$	…………………	$\pm\dfrac{61}{2}\pi$	$\pm\dfrac{63}{2}\pi$
n	0, –1	1, –2	2, –3	…………………	30, –31	31, –32

$$\text{即 } n=\underbrace{0,\pm1,\pm2,\pm3,\cdots\cdots,\pm31,-32}_{\text{共有 }1+2\times31+1=64\text{ 個極點}}$$

$$\text{Res.} f_1\left(z=\frac{2n+1}{2}\pi\right)=\lim_{z\to\frac{2n+1}{2}\pi}\left(z-\frac{2n+1}{2}\pi\right)\frac{\sin z}{\cos z}$$

使用 Hospital 規則，且設 $\dfrac{2n+1}{2}\equiv m$

$$=\lim_{z\to m}\frac{\sin z+(z-m\pi)\cos z}{-\sin z}=-1 \cdots\cdots ⑤$$

由 ④, ⑤ 和 (3-77) 式得：

$$\oint_{C_1} \tan z\, dz = 2\pi i \,\text{Res.}\, f_1 \left(z = \frac{2n+1}{2}\pi\right)$$
$$= 2\pi i \times (-1 \times 64) = -128\pi i$$

(2) 求 $\oint_{C_2} f_2(z)dz = \oint_{C_2} \frac{\sin z}{z^4} dz$ 之值：

顯然 $z = 0$ 是 $f_2(z)$ 之極點，其階數是多少呢？

$$\frac{\sin z}{z^4} = \frac{1}{z^4} \sum_{n=0}^{\infty} \frac{(-1)^n z^{2n+1}}{(2n+1)!}$$
$$= \underbrace{\frac{1}{z^3} - \frac{1}{3!}\frac{1}{z}}_{\text{極點}} + \frac{z}{5!} - \frac{z^3}{7!} + \cdots, \quad \cdots\cdots ⑥$$

$$\therefore \text{Res.} f_2\ (z=0) = \lim_{z\to 0}\left\{\frac{1}{2!}\frac{d^2}{dz^2}\left(z^3 \frac{1}{z^3}\right) + \left(-\frac{1}{3!} z \frac{1}{z}\right)\right\} = -\frac{1}{3!} \quad \cdots\cdots ⑦$$

$$\therefore \oint_{C_2} \frac{\sin z}{z^4} dz = 2\pi i \,\text{Res.}\, f_2\ (z=0)$$
$$= 2\pi i \times \left(-\frac{1}{3!}\right) = -\frac{1}{3}\pi i \quad \cdots\cdots ⑧$$

23. 求周線 C 是 (1) $|z| = \infty$，　(2) $|z| = 6$ 圓周時的複數積分：

$$\oint_C f(z)dz = \oint_C \frac{dz}{(z^{100}+1)(z-10)}$$ 值。

➡解

本題有複變數 z 的大次方 z^{100}，遇到這種題目常用的是對數，但複變數時對數函數是多值函數，例如由 (2-61) 式得：

$$\ln z = \ln r + i(\theta_p + 2n\pi), \qquad n = 0, \pm 1, \pm 2, \cdots, \quad \cdots\cdots ①$$

於是遇到多值函數時，除了特別要求，或題目上之需求，都是主葉 (請看 $(1\text{-}32)_1$ 式)，即以 ① 式的 $n = 0$ 進行演算。

(1) 求周線 C 是 $|z| = \infty$ 之 $\oint_C f(z)dz = \oint_C \frac{dz}{(z^{100}+1)(z-10)}$ 值：

被積函數 $f(z)$ 的極點是：

$$z^{100} = -1, \qquad z = 10 \quad \cdots\cdots ②$$

(a) $z^{100}=-1$ 的情況：

$$z^{100} \xlongequal[(2-69)式]{} e^{100\ln z}$$

$$\therefore \ln z^{100}=\ln e^{100\ln z}$$

$$=\ln(-1)=\ln e^{(2n+1)\pi i}, \qquad n=0, \pm 1, \pm 2, \cdots,$$

$$\therefore 100\ln z=(2n+1)\pi i$$

或 $\ln z=\dfrac{(2n+1)\pi i}{100}$

$$\left.\begin{aligned}&\therefore z=e^{(2n+1)\pi i/100}\equiv e^{a}\\ &a\equiv\frac{(2n+1)\pi i}{100}, \qquad n=0, \pm1, \pm2, \cdots\end{aligned}\right\}\cdots\cdots\cdots\cdots ③$$

③ 式的 $z=e^{a}$ 都是 $f(z)$ 的一階極點，其留數是：

$$\text{Res.} f(z=e^{a})=\lim_{z\to e^{a}}(z-e^{a})\frac{1}{(z^{100}+1)(z-10)}=\lim_{z\to e^{a}}\frac{z-e^{a}}{(z^{100}+1)(z-10)}$$

當 $z\to e^{a}$，分子分母都是零，
於是要用 Hospital 規則。

$$=\lim_{z\to e^{a}}\frac{1}{100z^{99}(z-10)+(z^{100}+1)}$$

$$=\lim_{z\to e^{a}}\frac{1}{\dfrac{100z^{100}(z-10)}{z}+(z^{100}+1)}$$

$$=\frac{1}{\dfrac{100e^{100a}(e^{a}-10)}{e^{a}}+0}$$

$$=\frac{e^{(2n+1)\pi i/100}}{100e^{(2n+1)\pi i}(e^{(2n+1)\pi i/100}-10)}\cdots\cdots\cdots\cdots ④$$

$$\therefore\sum_{n=0}^{\infty}\text{Res.} f(e^{a})=\frac{1}{100}\left\{\frac{e^{\pi i/100}}{\underbrace{e^{\pi i}}_{=-1}(e^{\pi i/100}-10)}+\frac{e^{3\pi i/100}}{\underbrace{e^{3\pi i}}_{=-1}(e^{3\pi i/100}-10)}+\cdots\right.$$

$$\left.+\frac{e^{(2n+1)\pi i/100}}{\underbrace{e^{(2n+1)\pi i}}_{=-1}(e^{(2n+1)\pi i/100}-10)}+\cdots\right\}$$

$$=\frac{1}{100}\sum_{n=0}^{\infty}\frac{e^{(2n+1)\pi i/100}}{10-e^{(2n+1)\pi i/100}}\cdots\cdots\cdots\cdots ⑤$$

但在主葉的 n 只有：

$$\left.\begin{aligned}&\frac{(2n+1)\pi}{100}\le 2\pi\\ 或\quad &(2n+1)\le 200，\qquad 即\ n=99\end{aligned}\right\}\cdots\cdots ⑥$$

於是由 ⑥ 式得，在主葉的 $z=e^{a}$ 之 $f(z)$ 總留數由 ⑤ 式是：

$$\sum_{n=10}^{99}\text{Res.}\,f(e^{a})=\frac{1}{100}\sum_{n=0}^{99}\frac{e^{(2n+1)\pi i/100}}{10-e^{(2n+1)\pi i/100}}\cdots\cdots ⑦$$

(b) $z=10$ 的情況：

$z=10$ 是 $f(z)$ 的一階單極，於是由 (3-76) 式得其留數：

$$\text{Res.}f(z=10)=\lim_{z\to 10}(z-10)\frac{1}{(z^{100}+1)(z-10)}=\frac{1}{10^{100}+1}\cdots\cdots ⑧$$

由 ⑦, ⑧ 和 (3-77) 式得：

$$\oint_{C}f(z)dz=\oint_{C}\frac{dz}{(z^{100}+1)(z-10)}=\frac{2\pi i}{100}\left\{\sum_{n=0}^{99}\frac{e^{(2n+1)\pi i/100}}{10-e^{(2n+1)\pi i/100}}+\frac{1}{10^{100}+1}\right\}\cdots\cdots ⑨$$

(2) 求周線 C 是 $|z|=6$ 之 $\oint_{C}f(z)dz=\oint_{C}\frac{dz}{(z^{100}+1)(z-10)}$ 值：

被積函數 $f(z)$ 之奇異點是 ② 式，而 $z^{100}=-1$ 的所有在主葉之奇異點全在 $|z|=6$ 的周線內，但 $z=10$ 極點是在 $|z|=6$ 周線外，於是 $z=10$ 不是 $f(z)$ 之極點。故由 ⑨ 式得 C 是 $|z|=6$ 時的 $\oint_{C}f(z)dz$ 值是：

$$\oint_{C}f(z)dz=\frac{\pi i}{50}\sum_{n=0}^{99}\frac{e^{(2n+1)\pi i/100}}{10-e^{(2n+1)\pi i/100}}\cdots\cdots ⑩$$

24. 函數 $f(x)$ 除在 $x=\beta$ 點之外，在閉區域 $[a, b]$ 是解析函數，而 $a<\beta<b$。用 Cauchy 主值方法求：

(1) $\int_{a}^{b}f(x)dx=\int_{a}^{b}\frac{dx}{x-\beta}$

(2) $\int_{a}^{b}g(x)dx=\int_{a}^{b}\frac{dx}{(x-\beta)^{2}}$

值，並且討論結果。

➥ **解**

(1) 求 $\int_a^b f(x)dx = \int_a^b \frac{dx}{x-\beta}$ 之值：

如右圖，$x=\beta$ 是 $f(x)$ 之一階極點，由 (3-82) 式 Cauchy 主值方法得：

a　β(極點)　b　x

$\beta-\varepsilon$　$\beta+\varepsilon$

ε = 無限小之正值

$$\int_a^b \frac{dx}{x-\beta} = \lim_{\varepsilon\to 0}\left\{\int_a^{\beta-\varepsilon}\frac{dx}{x-\beta}+\int_{\beta+\varepsilon}^b\frac{dx}{x-\beta}\right\}$$

$$=\lim_{\varepsilon\to 0}\left\{\left[\ln(x-\beta)\right]_a^{\beta-\varepsilon}+\left[\ln(x-\beta)\right]_{\beta+\varepsilon}^b\right\}$$

$$=\lim_{\varepsilon\to 0}\{\ln(-\varepsilon)-\ln(a-\beta)+\ln(b-\beta)-\ln\varepsilon\}$$

$$=\lim_{\varepsilon\to 0}\left\{\ln\frac{-\varepsilon}{a-\beta}+\ln(b-\beta)-\ln\varepsilon\right\}$$

$$=\lim_{\varepsilon\to 0}\left\{\ln\frac{\varepsilon}{\beta-a}+\ln(b-\beta)-\ln\varepsilon\right\}$$

$$=\lim_{\varepsilon\to 0}\left\{\ln\varepsilon+\ln\underbrace{\frac{b-\beta}{\beta-a}}_{\text{大於零之值}}-\ln\varepsilon\right\}=\ln\frac{b-\beta}{\beta-a} \cdots\cdots ①$$

(2) 同樣用 Cauchy 主值方法，求 $\int_a^b g(x)dx = \int_a^b \frac{dx}{(x-\beta)^2}$ 之值：

$$\int_a^b \frac{dx}{(x-\beta)^2} = \lim_{\varepsilon\to 0}\left\{\int_a^{\beta-\varepsilon}\frac{dx}{(x-\beta)^2}+\int_{\beta+\varepsilon}^b\frac{dx}{(x-\beta)^2}\right\}$$

$$=\lim_{\varepsilon\to 0}\left\{\left[-\frac{1}{x-\beta}\right]_a^{\beta-\varepsilon}+\left[-\frac{1}{x-\beta}\right]_{\beta+\varepsilon}^b\right\}$$

$$=\lim_{\varepsilon\to 0}\left\{\frac{1}{\varepsilon}+\frac{1}{a-\beta}-\frac{1}{b-\beta}+\frac{1}{\varepsilon}\right\}$$

$$=\lim_{\varepsilon\to 0}\left\{\frac{2}{\varepsilon}-\underbrace{\frac{b-a}{(\beta-a)(b-\beta)}}_{\text{有限值}}\right\}=\infty \cdots\cdots ②$$

② 式是不該有的結果，爲什麼會這樣？$f(z)$ 是一階極點，$g(z)$ 是二階極點，不同性質，怎麼可用同樣方法！表示對 $g(z)$ 這種**擬函數** (improper function)，不能用 Cauchy 主值方法求積分值。換言之，Cauchy 主值方法不是對所有擬函數積分都能用，但對僅有一個一階極點之擬函數，由 ① 式結果肯定能用。

25. 求 $\int_{-\infty}^{\infty}\frac{dx}{x^6+64}$ 值。

➡ **解**

這習題和 (Ex.3-20) 相似，於是可用圖 (3-45)，即右圖周線 C，設複數被積函數 $F(z)$ 爲：

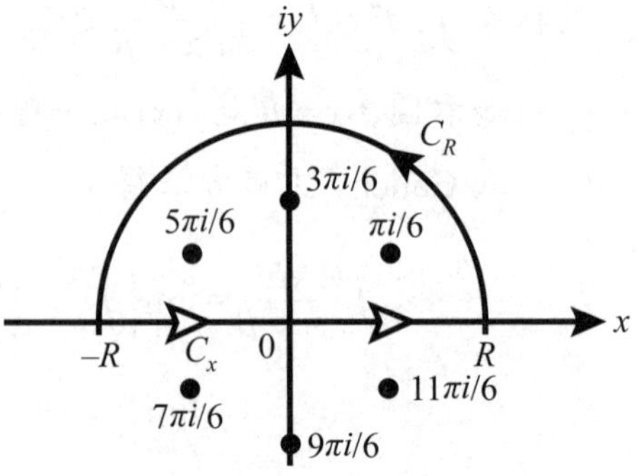

$$F(z)=\frac{1}{z^6+64} \cdots\cdots ①$$

iy
C_R
$3\pi i/6$
$5\pi i/6$
$\pi i/6$
x
$-R$
C_x
0
R
$11\pi i/6$
$7\pi i/6$
$9\pi i/6$

周線 $C=C_x+C_R$
極點 $2e^{a\pi i/6}\equiv a\pi i/6$
$a=1, 3, 5, 7, 9, 11$

顯然 $(z^6+64)=0$ 爲 $F(z)$ 極點：

$$\begin{aligned}z^6&=-64=2^6\times(-1)\\&=2^6e^{(2n+1)\pi i}\\&=(2e^{(2n+1)\pi i/6})^6\end{aligned}$$

$$\therefore z=2e^{(2n+1)\pi i/6}，\quad n=0, 1, 2, 3, \cdots， \cdots\cdots ②$$

② 式是 $F(z)$ 的一階極點，但在第一葉 Riemann 面的極點是：

$$\frac{(2n+1)\pi i}{6}\le 2\pi i$$

或 $(2n+1)\le 12$

$$\therefore n=0, 1, 2, 3, 4, 5,$$

即在主葉的極點是如圖示的六個：

$$z_k：2e^{\pi i/6}，2e^{3\pi i/6}，2e^{5\pi i/6}，2e^{7\pi i/6}，2e^{9\pi i/6}，2e^{11\pi i/6} \cdots\cdots ③$$

但在周線 C 內的只有 ③ 式的前三個，而周線的 C_x 與 C_R 的 z 是：

$$C_x：z=x \Longrightarrow dz=dx$$
$$C_R：z=Re^{i\theta}\Longrightarrow dz=iRe^{i\theta}d\theta$$

$$\therefore \oint F(z)dz=\int_{-R}^{R}\frac{dx}{x^6+64}+\int_0^{\pi}\frac{iRe^{i\theta}\,d\theta}{R^6e^{6\theta i}+64} \cdots\cdots ④$$

④ 式右邊第 2 項，由 (1-19) 式得：

$$\left|\int_0^{\pi}\frac{iRe^{i\theta}\,d\theta}{R^6e^{6\theta i}+64}\right|\le\int_0^{\pi}\frac{|iRe^{i\theta}|\,d\theta}{|R^6e^{6\theta i}+64|}$$

$$|R^6 e^{6\theta i}+64|=\sqrt{(64+R^6\cos 6\theta)^2+(R^6\sin 6\theta)^2}$$

$$=\sqrt{(64)^2+(R^6)^2+126R^6\cos 6\theta}$$

$$\because -1\le \cos 6\theta \le 1$$

$$\therefore |R^6 e^{6\theta i}+64|\ge \sqrt{(R^6-64)^2}$$

$$\therefore \lim_{R\to\infty}\int_0^{\pi}\frac{iRe^{i\theta}d\theta}{R^6e^{6\theta i}+64}\le \lim_{R\to\infty}\int_0^{\pi}\frac{R\,d\theta}{R^6-64}=\lim_{R\to\infty}\frac{\pi R}{R^6-64}=0 \quad ⑤$$

於是由 ④, ⑤ 和 (3-77) 式得：

$$\lim_{R\to\infty}\oint_C F(z)dz=\int_{-\infty}^{\infty}\frac{dx}{x^6+64}$$

$$=2\pi i\left(\sum_a \text{Res. } F(z=2e^{a\pi i/6})\right),\qquad a=1,3,5 \quad ⑥$$

$$\text{Res. } F(z=2e^{\pi i/6})=\lim_{z\to 2e^{\pi i/6}}(z-2e^{\pi i/6})\frac{1}{z^6+64}\ \overset{\text{Hospital 規則}}{=\!=\!=}\ \lim_{z\to 2e^{\pi i/6}}\frac{1}{6z^5}$$

$$=\frac{1}{6\times 2^5}e^{-5\pi i/6} \quad ⑦$$

$$\text{Res. } F(z=2e^{3\pi i/6})=\text{Res. } F(z=2e^{\pi i/2})=\lim_{z\to 2e^{\pi i/6}}(z-2e^{\pi i/2})\frac{1}{z^6+64}$$

$$=\frac{1}{6\times 2^5}e^{-5\pi i/2} \quad ⑧$$

$$\text{Res. } F(z=2e^{5\pi i/6})=\lim_{z\to 2e^{5\pi i/6}}(z-2e^{5\pi i/6})\frac{1}{z^6+64}=\frac{1}{6\times 2^5}e^{25\pi i/6} \quad ⑨$$

由 ⑥ 式到 ⑨ 式得：

$$\int_{-\infty}^{\infty}\frac{dx}{x^6+64}=2\pi i\times\frac{1}{6\times 2^5}(e^{-5\pi i/6}+e^{-5\pi i/2}+e^{-25\pi i/6})$$

$$=\frac{\pi i}{3}\frac{1}{2^5}\left\{\left(-\frac{\sqrt{3}}{2}-\frac{i}{2}\right)-i+\left(\frac{\sqrt{3}}{2}-\frac{i}{2}\right)\right\}=\frac{\pi}{48} \quad ⑩$$

26. 求 (1) $\int_0^{\infty}\frac{\ln x}{1+x^2}dx$，　(2) $\int_0^{\infty}\frac{(\ln x)^2}{1+x^2}dx$值。

➡解

這題含需要特別小心的對數函數，實數對數函數 $\ln x$ 的 $x=0\sim\infty$，但複數對數函數 $\ln z$ 是沒 $z=0$ (請看 (2-64) 式)，並且 $\ln z$ 是無限多值函數 (請看 (2-65) 式)，於是我們的演算限在 Riemann 面第一葉，即主葉，而被積函數是 x 的函數，

$$\therefore\left\{\begin{array}{l}\text{周線 } C \text{ 不含 } z=0 \text{ 之點，但含 } x\neq 0 \text{ 之實軸 } x\text{，}\\ \text{同時 } C \text{ 內至少有一個複數被積函數之極點。}\end{array}\right\}\cdots\cdots ①$$

題目 (1) 和 (2) 的極點都是：

$$1+z^2=0 \Longrightarrow z=\pm i \cdots\cdots ②$$

滿足 ① 和 ② 式的周線是圖 (3-47)，即右圖。

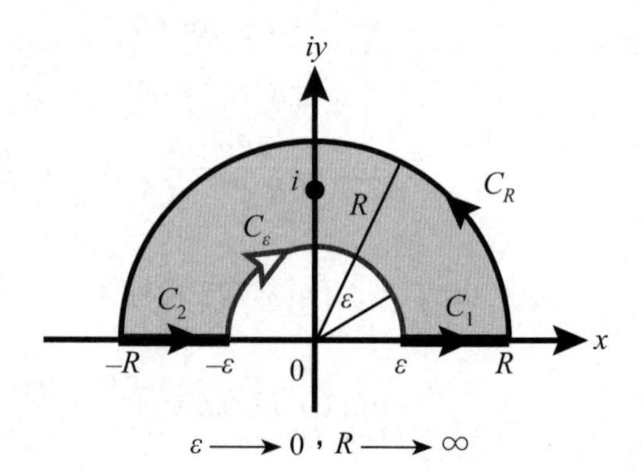

(1) 求 $\int_0^\infty \frac{\ln x}{1+x^2}dx$ 值：

設複數被積函數爲 $F_1(z)$，周線爲 C：

$$F_1(z)\equiv\frac{\ln z}{1+z^2}\cdots\cdots ③$$

$$C=C_1+C_R+C_2+C_\varepsilon\cdots\cdots ④$$

則 C 的各分周線的變數是：

$$\left.\begin{array}{lll}C_1：z=x & \Longrightarrow dz=dx， & x=\varepsilon\sim R\\ C_R：z=Re^{i\theta} & \Longrightarrow dz=iRe^{i\theta}d\theta， & \theta=0\sim\pi\\ C_2：z=x & \Longrightarrow dz=dx， & x=(-R)\sim(-\varepsilon)\\ C_\varepsilon：z=\varepsilon e^{i\varphi} & \Longrightarrow dz=i\varepsilon e^{i\varphi}d\varphi， & \varphi=\pi\sim 0\end{array}\right\}\cdots\cdots ⑤$$

$$\therefore\oint_C F_1(z)dz=\int_\varepsilon^R\frac{\ln x}{1+x^2}dx+\int_0^\pi\frac{\ln(Re^{i\theta})}{1+R^2e^{2i\theta}}iRe^{i\theta}d\theta+\int_{-R}^{-\varepsilon}\frac{\ln x}{1+x^2}dx$$
$$+\int_\pi^0\frac{\ln(\varepsilon e^{i\varphi})}{1+\varepsilon^2e^{2i\varphi}}i\varepsilon e^{i\varphi}d\varphi\cdots\cdots ⑥$$

使用 (1-19) 式和餘弦性質 $(-1)\le\cos\theta\le(+1)$ 於 ⑥ 式右邊第 2 和第 4 項，以及變數變換第 3 項來求各項積分：

$$\lim_{R\to\infty}\left|\int_0^\pi\frac{\ln(Re^{i\theta})iRe^{i\theta}}{1+R^2e^{2i\theta}}d\theta\right|\le\lim_{R\to\infty}\int_0^\pi\frac{|\ln(Re^{i\theta})||iRe^{i\theta}|}{|1+R^2e^{2i\theta}|}d\theta$$
$$=\lim_{R\to\infty}\int_0^\pi\frac{R\ln R\,d\theta}{\sqrt{(1+R^2\cos 2\theta)^2+(R^2\sin 2\theta)^2}}\le\lim_{R\to\infty}\int_0^\pi\frac{R\ln R}{R^2-1}d\theta=0\cdots\cdots ⑦$$

$$\lim_{\varepsilon\to 0}\left|\int_\pi^0\frac{\ln(\varepsilon e^{i\varphi})i\varepsilon e^{i\varphi}}{1+\varepsilon^2e^{2i\varphi}}d\varphi\right|\le\lim_{\varepsilon\to 0}\int_\pi^0\frac{|\ln(\varepsilon e^{i\varphi})||i\varepsilon e^{i\varphi}|}{|1+\varepsilon^2e^{2i\varphi}|}d\varphi$$

$$= \lim_{\varepsilon\to 0}\int_{\pi}^{0}\frac{\varepsilon\ln\varepsilon}{\sqrt{(1+\varepsilon^2\cos 2\varphi)^2+(\varepsilon^2\sin 2\varphi)^2}}d\varphi \le \lim_{\varepsilon\to 0}\frac{\varepsilon\ln\varepsilon}{1-\varepsilon^2}\int_{\pi}^{0}d\varphi = 0 \cdots\cdots ⑧$$

$$\lim_{\substack{\varepsilon\to 0\\ R\to\infty}}\int_{-R}^{-\varepsilon}\frac{\ln x}{1+x^2}dx \overset{}{\underset{x\to(-x)}{=\!=\!=}} \lim_{\substack{\varepsilon\to 0\\ R\to\infty}}\left\{-\int_{R}^{\varepsilon}\frac{\ln(-x)}{1+x^2}dx\right\}$$

$$= \int_0^\infty\frac{\ln(e^{\pi i}x)}{1+x^2}dx = \int_0^\infty\frac{\pi i+\ln x}{1+x^2}dx$$

$$\left\{\begin{aligned}\int_0^\infty\frac{\pi i}{1+x^2}dx &= \pi i\int_0^\infty\frac{1}{1+x^2}dx = \pi i\tan^{-1}x\Big]_0^\infty\\ &= \pi i\times\frac{\pi}{2} = \frac{i}{2}\pi^2\end{aligned}\right.$$

$$= \int_0^\infty\frac{\ln x}{1+x^2}dx + \frac{i}{2}\pi^2 \cdots\cdots ⑨$$

把 ⑦, ⑧, ⑨ 式代入 ⑥ 式，以及 (3-76) 式和 ② 式得：

$$\lim_{\substack{\varepsilon\to 0\\ R\to\infty}}\oint_C F_1(z)\,dz = 2\int_0^\infty\frac{\ln x}{1+x^2}dx + \frac{i}{2}\pi^2$$

$$= 2\pi i\ \text{Res.}\ F_1(z=i)$$

$$\left\{\begin{aligned}\text{Res.}\ F_1\ (z=i) &= \lim_{z\to i}(z-i)\frac{\ln z}{(z-i)(z+i)}\\ &= \frac{1}{2i}\ln i = \frac{1}{2i}\ln e^{\pi i/2} = \frac{\pi}{4}\end{aligned}\right.$$

$$= 2\pi i\times\frac{\pi}{4} = \frac{i}{2}\pi^2 \cdots\cdots ⑩$$

$$\therefore \int_0^\infty\frac{\ln x}{1+x^2}dx = 0 \cdots\cdots ⑪$$

(2) 求 $\int_0^\infty\frac{(\ln x)^2}{1+x^2}dx$ 值：

設複數被積函數爲：

$$F_2(z) \equiv \frac{(\ln z)^2}{1+z^2} \cdots\cdots ⑫$$

則由 ④, ⑤ 和 ⑫ 式得：

$$\oint_C F_2(z)dz = \int_\varepsilon^R\frac{(\ln x)^2}{1+x^2}dx + \int_0^\pi\frac{(\ln Re^{i\theta})^2}{1+R^2e^{2i\theta}}iRe^{i\theta}d\theta + \int_{-R}^{-\varepsilon}\frac{(\ln x)^2}{1+x^2}dx$$

$$+ \int_\pi^0\frac{(\ln\varepsilon e^{i\varphi})^2}{1+\varepsilon^2e^{2i\varphi}}i\varepsilon e^{i\varphi}d\varphi \cdots\cdots ⑬$$

同 ⑦ 和 ⑧ 式之演算，當 $R\to\infty$ 與 $\varepsilon\to 0$ 時，⑬ 式右邊第 2 與第 4 項分別等於零，而第 3 項如下：

$$\int_{-R}^{-\varepsilon}\frac{(\ln x)^2}{1+x^2}dx \underset{x\to(-x)}{=\!=\!=} \int_{\varepsilon}^{R}\frac{[\ln(-x)]^2}{1+x^2}dx=\int_{\varepsilon}^{R}\frac{(\ln e^{\pi i}x)^2}{1+x^2}dx$$

$$=\int_{\varepsilon}^{R}\frac{(\ln x+\pi i)^2}{1+x^2}dx$$

$$=\int_{\varepsilon}^{R}\frac{(\ln x)^2}{1+x^2}dx+2\pi i\underbrace{\int_{\varepsilon}^{R}\frac{\ln x}{1+x^2}dx}_{\varepsilon\to 0,R\to\infty\text{ 時為 }0}-\pi^2\underbrace{\int_{\varepsilon}^{R}\frac{1}{1+x^2}dx}_{\varepsilon\to 0,R\to\infty\text{ 時為 }\pi/2}$$

$$\therefore \lim_{\substack{\varepsilon\to 0\\ R\to\infty}}\int_{-R}^{-\varepsilon}\frac{(\ln x)^2}{1+x^2}dx=\int_0^{\infty}\frac{(\ln x)^2}{1+x^2}dx-\frac{\pi^3}{2} \quad \cdots\cdots ⑭$$

於是由 ⑬ 和 ⑭ 式，以及 (3-76) 和 ② 式得：

$$\lim_{\substack{\varepsilon\to 0\\ R\to\infty}}\oint_C F_2(z)dz=2\int_0^{\infty}\frac{(\ln x)^2}{1+x^2}dx-\frac{\pi^3}{2}$$

$$=2\pi i\,\text{Res.}\,F_2(z=i)$$

$$\left\{\begin{aligned}\text{Res.}\,F_2\,(z=i)&=\lim_{z\to i}\,(z-i)\frac{(\ln z)^2}{(z-i)(z+i)}\\&=\frac{(\ln i)^2}{2i}=\frac{(\ln e^{\pi i/2})^2}{2i}\\&=-\frac{\pi^2}{8i}\end{aligned}\right.$$

$$=2\pi i\times\frac{-\pi^2}{8i}=-\frac{\pi^3}{4}$$

$$\therefore \int_0^{\infty}\frac{(\ln x)^2}{1+x^2}dx=\frac{\pi^3}{8} \quad \cdots\cdots ⑮$$

27. 求 $\int_0^{\infty}\frac{\ln(x^2+1)}{x^2+1}dx$ 值。

➡解

如何設複數被積函數 $F(z)$，以及積分周線 C 是作本題目之目的。實數被積函數 $f(x)=\frac{\ln(x^2+1)}{x^2+1}$ 含對數函數，複數對數函數不定義 ln 0（請看 (2-64) 式），而 $f(x)$ 是實變數 x 之函數，於是 C 必有複數平面的 x 軸，同時 C 內必有 $F(z)$ 之極點。如令 $x\to z$，則極點是：

$$z^2+1=0 \Longrightarrow z=\pm i \cdots\cdots\cdots\cdots ①$$

於是得如右圖 (a) 或 (b) 之周線，而：

$$\ln(z^2+1)=\ln(z+i)(z-i)$$
$$=\ln(z+i)+\ln(z-i) \cdots\cdots\cdots ②$$

iy　C_R　i 極點　$-R$　0　C_x　R　x

$C=C_x+C_R$，且 $R\to\infty$
(a)

如 C 是右圖 (a)，則 C 內極點只有 $z=i$，於是 ② 式是：

$$\ln(z^2+1)\underset{z=i}{=\!=\!=}\ln 2i+\underbrace{\ln 0}_{\text{複數不定義}}$$

$$\therefore F(z)\equiv\frac{\ln(z+i)}{z^2+1} \cdots\cdots\cdots\cdots ③$$

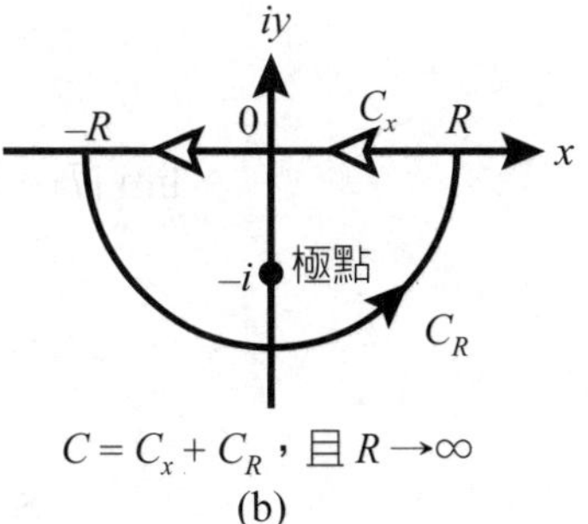

$C=C_x+C_R$，且 $R\to\infty$
(b)

如 C 是右圖 (b)，則 C 內極點是 $z=-i$，則複數被積函數是：

$$G(z)\equiv\frac{\ln(z-i)}{z^2+1} \cdots\cdots\cdots\cdots ④$$

(1) 複數被積函數爲 $F(z)$，即圖 (a) 時：

$$\oint_C F(z)dz=\oint_C\frac{\ln(z+i)}{z^2+1}dz=\int_{C_x}F(z)dz+\int_{C_R}F(z)dz$$

$$\begin{cases} C_x：z=x \Longrightarrow dz=dx，\quad x=(-R)\sim 0\sim(+R) \\ C_R：z=Re^{i\theta}\Longrightarrow dz=iRe^{i\theta}d\theta，\quad \theta=0\sim\pi \end{cases}$$

$$=\underbrace{\int_{-R}^{0}\frac{\ln(x+i)}{x^2+1}dx}_{\text{令 }x\to(-x)}+\int_0^R\frac{\ln(x+i)}{x^2+1}dx+\underbrace{\int_0^\pi\frac{\ln(Re^{i\theta}+i)}{R^2e^{2i\theta}+1}iRe^{i\theta}d\theta}_{\equiv I}$$

$$=\int_0^R\frac{\ln(-x+i)}{x^2+1}dx+\int_0^R\frac{\ln(x+i)}{x^2+1}dx+I$$

$$=\int_0^R\frac{\ln[-(x^2+1)]}{x^2+1}dx+I$$

$$=\int_0^R\frac{\ln(-1)}{x^2+1}dx+\int_0^R\frac{\ln(x^2+1)}{x^2+1}dx+I$$

$$\{ \text{在 Riemann 面主葉 } \ln(-1)=\ln e^{\pi i}=\pi i \cdots\cdots\cdots\cdots ⓐ$$

$$\therefore \lim_{R\to\infty}\oint_C F(z)dz=\pi i\int_0^\infty\frac{1}{x^2+1}dx+\int_0^\infty\frac{\ln(x^2+1)}{x^2+1}dx+\lim_{R\to\infty}I \cdots\cdots\cdots ⑤$$

$$\left\{\int_0^\infty \frac{1}{x^2+1}dx = \tan^{-1}x\Big]_0^\infty = \frac{\pi}{2}\right.$$

$$= \frac{\pi^2}{2}i + \int_0^\infty \frac{\ln(x^2+1)}{x^2+1}dx + \lim_{R\to\infty} I$$

$$\underset{(3-76)\text{式}}{=\!=\!=} 2\pi i\,\text{Res.}\,F(z=i) \cdots\cdots ⑥$$

$$\text{Res.}\,F(z=i) = \lim_{z\to i}(z-i)\frac{\ln(z+i)}{(z-i)(z+i)} = \frac{\ln 2i}{2i} = \frac{1}{2i}(\ln 2 + \ln i)$$

$$= \frac{1}{2i}(\ln 2 + \ln e^{\pi i/2}) = \frac{1}{2i}\left(\ln 2 + \frac{\pi}{2}i\right) \cdots\cdots ⑦$$

$$\lim_{R\to\infty}|I| = \lim_{R\to\infty}\left|\int_0^\pi \frac{\ln(Re^{i\theta}+i)}{R^2e^{2i\theta}+1}iRe^{i\theta}d\theta\right| \Longleftarrow \text{使用 (1-19) 式}$$

$$\le \lim_{R\to\infty}\int_0^\pi \frac{|\ln(Re^{i\theta}+i)||iRe^{i\theta}|}{|R^2e^{2i\theta}+1|}d\theta \Longleftarrow \text{用 } (-1)\le\cos\theta\le(+1)$$

$$\le \lim_{R\to\infty}\int_0^\pi \frac{|\ln(Re^{i\theta}+i)|R}{R^2-1}d\theta$$

$$\left\{\begin{aligned} &\lim_{R\to\infty}|\ln(Re^{i\theta}+i)| \fallingdotseq \lim_{R\to\infty}|\ln Re^{i\theta}| \\ &\qquad\qquad = \lim_{R\to\infty}\ln R \cdots\cdots ⑧ \\ &\lim_{R\to\infty}(R^2-1) \fallingdotseq \lim_{R\to\infty}R^2 \cdots\cdots ⑨ \end{aligned}\right.$$

$$= \lim_{R\to\infty}\int_0^\pi \frac{(\ln R)R}{R^2}d\theta = \lim_{R\to\infty}\pi\frac{\ln R}{R}$$

$$= \pi\lim_{R\to\infty}\frac{\ln R}{\ln e^R} = 0 \cdots\cdots ⑩$$

把 ⑦ 和 ⑩ 式代入 ⑥ 式得：

$$\frac{\pi^2}{2}i + \int_0^\infty \frac{\ln(x^2+1)}{x^2+1}dx = \pi\ln 2 + \frac{\pi^2}{2}i$$

$$\therefore \int_0^\infty \frac{\ln(x^2+1)}{x^2+1}dx = \pi\ln 2 \cdots\cdots ⑪$$

(2) 複數被積函數爲 $G(z)$，即圖 (b) 時：

$$\lim_{R\to\infty}\oint_C G(z)dz = \lim_{R\to\infty}\oint_C \frac{\ln(z-i)}{z^2+1}dz$$

$$= \lim_{R\to\infty}\left\{\int_R^0 \frac{\ln(x-i)}{x^2+1}dx + \underbrace{\int_0^{-R}\frac{\ln(x-i)}{x^2+1}dx}_{x\to(-x)} + \underbrace{\int_\pi^{2\pi}\frac{\ln(Re^{i\theta}-i)}{R^2e^{2i\theta}+1}iRe^{i\theta}d\theta}_{\equiv\, I'}\right\}$$

$$=\lim_{R\to\infty}\left\{-\int_0^R\frac{\ln(x-i)}{x^2+1}dx-\int_0^R\frac{\ln(-x-i)}{x^2+1}dx+I'\right\}$$

$$=\lim_{R\to\infty}\left\{-\int_0^R\frac{\ln[-(x^2+1)]}{x^2+1}dx+I'\right\} \cdots\cdots ⑫$$

$$\ln[-(x^2+1)]=\ln(-1)+\ln(x^2+1) \cdots\cdots ⑬$$

⑬ 式的 ln(–1) 不能和 ⓐ 式同值，爲什麼？圖 (a) 的 x 是從 $(-R)\to 0\to(+R)$，而圖 (b) 的 x 是從 $(+R)\to 0\to(-R)$，輻角剛好相差 2π。從另一角度看，把圖 (a) 和 (b) 合在一起得一個圓心在原點半徑 R 之圓周，從直徑的一端 $(-R)\to 0\to(+R)$ 後，逆時針方向 (繞周線的正方向，即極點永在你左邊) 繞一圈回到 $(+R)$，輻角不是增加 2π 嗎？然後從 $(+R)\to 0\to(-R)$。

$$\therefore \ln(-1)=\ln e^{3\pi i}=3\pi i \cdots\cdots ⓑ$$

$$\therefore \ln[-(x^2+1)]=3\pi i+\ln(x^2+1) \cdots\cdots ⑭$$

由 ⑫ 和 ⑭ 式得：

$$\lim_{R\to\infty}\oint_C G(z)dz=-3\pi i\int_0^\infty\frac{1}{x^2+1}dx-\int_0^\infty\frac{\ln(x^2+1)}{x^2+1}dx+\lim_{R\to\infty}I'$$

$$=-\frac{3\pi^2}{2}i-\int_0^\infty\frac{\ln(x^2+1)}{x^2+1}dx+\lim_{R\to\infty}I'$$

同證明 $\lim_{R\to\infty}I=0$，可得 $\lim_{R\to\infty}I'=0$

$$=-\frac{3\pi^2}{2}i-\int_0^\infty\frac{\ln(x^2+1)}{x^2+1}dx \cdots\cdots ⑮$$

$$\overline{\overline{\quad (3-76)式\quad}}\ 2\pi i\,\text{Res.}\,G(z=-i)$$

$$=2\pi i\left\{\lim_{z\to -i}(z+i)\frac{\ln(z-i)}{(z+i)(z-i)}\right\}$$

$$=2\pi i\left\{\frac{\ln(-2i)}{-2i}\right\}=2\pi i\frac{\ln 2+\ln(-i)}{-2i}$$

$$=-\pi(\ln 2+\ln e^{3\pi i/2})$$

$$=-\pi\ln 2-\frac{3\pi^2}{2}i \cdots\cdots ⑯$$

$$\therefore \int_0^\infty\frac{\ln(x^2+1)}{x^2+1}dx=\pi\ln 2= ⑪式$$

28. 求 $\int_{-\infty}^{\infty}\frac{e^{i\omega t}}{\omega_0^2-\omega^2}d\omega$ 值，$t>0$。

➡解

作本題的目的是如何找周線 C。題目的被積函數有奇異點 $\omega=\pm\omega_0$，而積分是沿實 ω 執行，於是積分路徑必如右圖避開 $\omega=\pm\omega_0$，所以複數被積函數 $F(z)$ 和周線 C 是：

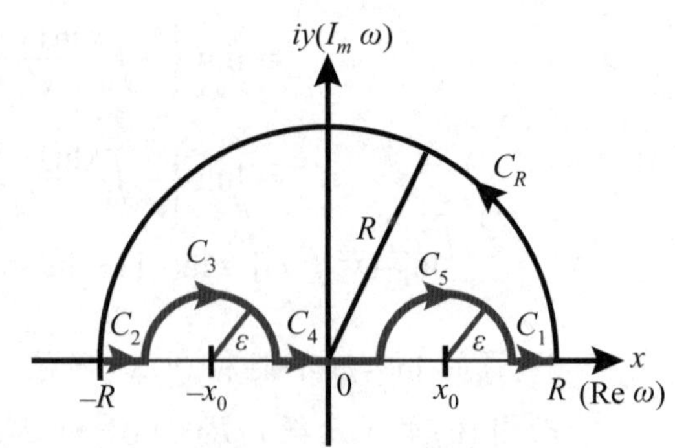

設 $|\omega_0|\equiv|x_0|$，　$\varepsilon\to 0$，$R\to\infty$，
C_3 和 C_5 = $|x_0|$ 為圓心半徑 ε 之半圓，
C_R = 原點為圓心半徑 R 之半圓。

$$F(z)\equiv\frac{e^{izt}}{z_0^2-z^2}\quad\cdots\cdots ①$$

$$C=C_1+C_R+C_2+C_3+C_4+C_5\quad\cdots\cdots ②$$

$$\left.\begin{cases}C_1: z=x & \Longrightarrow dz=dx, & x=(x_0+\varepsilon)\sim R\\ C_R: z=Re^{i\theta} & \Longrightarrow dz=iRe^{i\theta}d\theta, & \theta=0\sim\pi\\ C_2: z=x & \Longrightarrow dz=dx, & x=(-R)\sim(-x_0-\varepsilon)\\ C_3: z=-x_0+\varepsilon e^{i\varphi} & \Longrightarrow dz=i\varepsilon e^{i\varphi}d\varphi, & \varphi=\pi\sim 0\\ C_4: z=x & \Longrightarrow dz=dx, & x=(-x_0+\varepsilon)\sim(x_0-\varepsilon)\\ C_5: z=x_0+\varepsilon e^{i\varphi} & \Longrightarrow dz=i\varepsilon e^{i\varphi}d\varphi, & \varphi=\pi\sim 0\end{cases}\right\}\quad\cdots\cdots ③$$

$$\therefore\oint_C F(z)dz=\left\{\int_{C_2}F(z)dz+\int_{C_4}F(z)dz+\int_{C_1}F(z)dz\right\}$$
$$+\left\{\int_{C_3}F(z)dz+\int_{C_5}F(z)dz\right\}+\int_{C_R}F(z)dz\quad\cdots\cdots ④$$

$\lim\limits_{\substack{\varepsilon\to 0\\ R\to\infty}}$（④ 式的右邊第一項）$\equiv I_x$

$$=\lim_{\substack{\varepsilon\to 0\\ R\to\infty}}\left\{\int_{-R}^{-x_0-\varepsilon}\frac{e^{ixt}}{x_0^2-x^2}dx+\int_{-x_0+\varepsilon}^{x_0-\varepsilon}\frac{e^{ixt}}{x_0^2-x^2}dx+\int_{x_0+\varepsilon}^{R}\frac{e^{ixt}}{x_0^2-x^2}dx\right\}$$

$$=\int_{-\infty}^{\infty}\frac{e^{ixt}}{x_0^2-x^2}dx=\int_{-\infty}^{\infty}\frac{e^{i\omega t}}{\omega_0^2-\omega^2}d\omega\quad\cdots\cdots ⑤$$

$\lim\limits_{\varepsilon\to 0}$（④ 式右邊第二項）$\equiv I_\varepsilon$

$$=\lim_{\varepsilon\to 0}\Bigg\{\underbrace{\int_{\pi}^{0}\frac{e^{it(-x_0+\varepsilon e^{i\varphi})}}{x_0^2-(-x_0+\varepsilon e^{i\varphi})^2}i\varepsilon e^{i\varphi}d\varphi}_{\equiv I_1}+\underbrace{\int_{\pi}^{0}\frac{e^{it(x_0+\varepsilon e^{i\varphi})}}{x_0^2-(x_0+\varepsilon e^{i\varphi})^2}i\varepsilon e^{i\varphi}d\varphi}_{\equiv I_2}\Bigg\}\quad\cdots\cdots ⑥$$

$$\left\{\begin{aligned} I_1 &= \lim_{\varepsilon\to 0}\int_{\pi}^{0}\frac{e^{it(-x_0+\varepsilon\cos\varphi)}e^{-t\varepsilon\sin\varphi}}{\varepsilon e^{i\varphi}(2x_0-\varepsilon e^{i\varphi})}\, i\varepsilon e^{i\varphi}\, d\varphi \\ &= \frac{ie^{-itx_0}}{2x_0}\int_{\pi}^{0} d\varphi = -\frac{i\pi}{2x_0}\, e^{-itx_0} \\ I_2 &= \lim_{\varepsilon\to 0}\int_{\pi}^{0}\frac{e^{it(x_0+\varepsilon\cos\varphi)}e^{-t\varepsilon\sin\varphi}}{-\varepsilon e^{i\varphi}(2x_0+\varepsilon e^{i\varphi})}\, i\varepsilon e^{i\varphi}\, d\varphi \\ &= -\frac{i}{2x_0}\, e^{itx_0}\int_{\pi}^{0} d\varphi = \frac{i\pi}{2x_0}\, e^{itx_0} \end{aligned}\right.$$

$$= \frac{\pi}{x_0}\,\frac{e^{-itx_0}-e^{itx_0}}{2i} = -\frac{\pi}{x_0}\sin x_0 t = -\frac{\pi}{\omega_0}\sin\omega_0 t \quad\cdots\cdots ⑦$$

$$\lim_{R\to\infty}(\text{④ 式右邊第三項}) \equiv I_R = \lim_{R\to\infty}\int_0^{\pi}\frac{e^{itRe^{i\theta}}}{z_0^2-R^2e^{2i\theta}}\, iRe^{i\theta}\, d\theta$$

$$\left\{\begin{aligned} \lim_{R\to\infty}\left|\int_0^{\pi}\frac{e^{itRe^{i\theta}}iRe^{i\theta}\,d\theta}{z_0^2-R^2e^{2i\theta}}\right| &\le \lim_{R\to\infty}\int_0^{\pi}\frac{|e^{itRe^{i\theta}}|\,|iRe^{i\theta}|\,d\theta}{|z_0^2-R^2e^{2i\theta}|} \\ &= \lim_{R\to\infty}\int_0^{\pi}\frac{|e^{itR\cos\theta-tR\sin\theta}|\,R\,d\theta}{|(z_0^2-R^2\cos 2\theta)-iR^2\sin 2\theta|} \\ &= \lim_{R\to\infty}\int_0^{\pi}\frac{R\,e^{-tR\sin\theta}\,d\theta}{\sqrt{z_0^4-2z_0^2R^2\cos 2\theta+R^4}} \Longleftarrow (-1)\le\cos 2\theta\le(+1) \\ &\le \lim_{R\to\infty}\int_0^{\pi}\frac{R\,e^{-tR\sin\theta}}{R^2-z_0^2}\,d\theta = \lim_{R\to\infty}\frac{2R}{R^2-z_0^2}\int_0^{\pi/2}e^{-tR\sin\theta}\,d\theta \\ &\le \lim_{R\to\infty}\frac{2R}{R^2-z_0^2}\int_0^{\pi/2}e^{-2tR\theta/\pi}\,d\theta \Longleftarrow \begin{pmatrix} 0\le\theta\le\pi/2 \text{ 時} \\ \sin\theta\ge 2\theta/\pi \end{pmatrix} \\ &= \lim_{R\to\infty}\frac{-\pi}{t(R^2-z_0^2)}\,(e^{-tR}-1) = 0 \end{aligned}\right.$$

$$\therefore I_R = 0 \quad\cdots\cdots ⑧$$

把 ⑤, ⑦ 和 ⑧ 式代入 ④ 式，以及 (3-76) 式得：

$$\begin{aligned} \lim_{\substack{\varepsilon\to 0\\ R\to\infty}}\oint F(z)dz &= \int_{-\infty}^{\infty}\frac{e^{i\omega t}}{\omega_0^2-\omega^2}\,d\omega - \frac{\pi}{\omega_0}\sin\omega_0 t \\ &= 2\pi i\,\text{Res.}\,F(z) \\ &\qquad \Big\}\,\text{周線 } C \text{ 內沒 } F(z) \text{ 之極點} \\ &= 0 \end{aligned}$$

$$\therefore \int_{-\infty}^{\infty}\frac{e^{i\omega t}}{\omega_0^2-\omega^2}\,d\omega = \frac{\pi}{\omega_0}\sin\omega_0 t, \qquad t>0$$

29. 求$\left\{\begin{array}{ll}(1)\displaystyle\int_0^\infty \frac{\cos(ax)}{x^2+b^2}dx, & a\geq 0, \quad b>0 \\ (2)\displaystyle\int_{-\infty}^\infty \frac{x[\sin(\pi x)+\cos(\pi x)]}{x^2+2x+5}dx & \end{array}\right\}$之值。

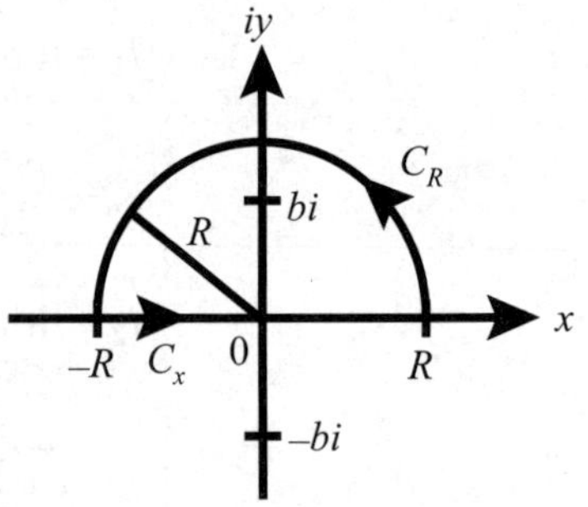

➥ **解**

(1) 求$\displaystyle\int_0^\infty \frac{\cos(ax)}{x^2+b^2}dx$，　$a\geq 0$，　$b>0$ 之值：

被積函數是偶函數，且在積分路徑沒非連續點，

於是能取如右圖的複數積分周線 C，以及複數被積函數 $f(z)$ 爲：

$$f(z) \xlongequal{(3-102)\text{式}} \frac{e^{iaz}}{x^2+b^2} \quad \cdots\cdots ①$$

$$\left.\begin{array}{ll} C=C_x+C_R, & C_R=\text{原點爲圓心半徑 } R \text{ 之半圓,} \\ C_x: z=x \Longrightarrow dz=dx, & x=(-R)\sim(+R) \\ C_R: z=Re^{i\theta} \Longrightarrow dz=iRe^{i\theta}d\theta, & \theta=0\sim\pi \end{array}\right\} \cdots\cdots ②$$

$$\therefore \int_0^\infty \frac{\cos(ax)}{x^2+b^2}dx \Longrightarrow \oint_C f(z)dz=\int_{C_x} f(z)dz+\int_{C_R} f(z)dz$$

$$=\lim_{R\to\infty}\left\{\int_{-R}^{R}\frac{e^{iax}}{x^2+b^2}dx+\int_0^\pi \frac{e^{iaRe^{i\theta}}iRe^{i\theta}}{R^2e^{2i\theta}+b^2}d\theta\right\}$$

$$=\int_{-\infty}^\infty \frac{e^{iax}}{x^2+b^2}dx+\underbrace{\lim_{R\to\infty}\int_0^\pi \frac{e^{iaRe^{i\theta}}iRe^{i\theta}}{R^2e^{2i\theta}+b^2}d\theta}_{\displaystyle\parallel\!\mid \atop \displaystyle I}$$

$$\xlongequal{(3-76)\text{式}} 2\pi i\,\text{Res.}f(z=\text{極點}) \quad \cdots\cdots ③$$

$f(z)$ 之極點是 $(z^2+b^2)=0$：

$$z^2=-b^2 \Longrightarrow z=\pm bi \quad \cdots\cdots ④$$

只有 ④ 式的 $z=bi$ 在周線 C 內，於是留數是：

$$\text{Res.}f(z=bi)=\lim_{z\to bi}(z-bi)\frac{e^{iaz}}{(z-bi)(z+bi)}=\frac{e^{-ab}}{2bi} \quad \cdots\cdots ⑤$$

由 (1-19) 式得如下之 I 的值：

$$\lim_{R\to\infty}\left|\int_0^\pi \frac{e^{iaRe^{i\theta}}iRe^{i\theta}}{R^2e^{2i\theta}+b^2}d\theta\right| \leq \lim_{R\to\infty}\int_0^\pi \frac{|e^{(iaR\cos\theta-aR\sin\theta)}||iRe^{2\theta}|}{|b^2+R^2\cos(2\theta)+iR^2\sin(2\theta)|}d\theta$$

$$=\lim_{R\to\infty}\int_0^\pi \frac{Re^{-aR\sin\theta}}{\sqrt{b^4+2b^2R^2\cos(2\theta)+R^4}}d\theta$$

$$\left\{ (-1) \le \cos(2\theta) \le (+1) \right.$$

$$\le \lim_{R\to\infty} \int_0^{\pi} \frac{Re^{-aR\sin\theta}}{R^2-b^2} d\theta = \lim_{R\to\infty} \frac{2R}{R^2-b^2} \int_0^{\pi/2} e^{-aR\sin\theta} d\theta$$

由 (3-103) 式得：

$0 \le \theta \le \pi/2$ 時 $\sin\theta \ge \dfrac{2\theta}{\pi}$

$$\le \lim_{R\to\infty} \frac{2R}{R^2-b^2} \int_0^{\pi/2} e^{-2aR\theta/\pi} d\theta$$

$$= \lim_{R\to\infty} \frac{\pi}{a(R^2-b^2)}(1-e^{-aR}) = 0 \cdots\cdots ⑥$$

由 ③, ⑤ 和 ⑥ 式得：

$$\int_{-\infty}^{\infty} \frac{e^{iax}}{x^2+b^2} dx = 2\int_0^{\infty} \frac{\cos(ax)}{x^2+b^2} dx + i\int_{-\infty}^{\infty} \frac{\sin(ax)}{x^2+b^2} dx$$

$$= \frac{\pi}{b} e^{-ab} \cdots\cdots ⑦$$

$$\therefore \left\{ \begin{aligned} &\int_0^{\infty} \frac{\cos(ax)}{x^2+b^2} dx = \frac{\pi}{2b} e^{-ab} \\ &\int_{-\infty}^{\infty} \frac{\sin(ax)}{x^2+b^2} dx = 0 \end{aligned} \right\} \cdots\cdots ⑧$$

(2) 求 $\displaystyle\int_{-\infty}^{\infty} \frac{x[\sin(\pi x) + \cos(\pi x)]}{x^2+2x+5} dx$ 之值：

由 (3-102) 式設複數被積函數 $F(z)$ 爲：

$$F(z) = \frac{ze^{i\pi z}}{z^2+2z+5} \cdots\cdots ⑨$$

$F(z)$ 的極點是：

$$z^2+2z+5=0 \longrightarrow z = -1 \pm \sqrt{1-5} = -1 \pm 2i \cdots\cdots ⑩$$

由 ⑩ 式，在複變數 $z=(x+iy)$ 平面的 x 軸上沒 $F(z)$ 極點，於是能取如右圖的複數積分周線 C：

$$\left. \begin{aligned} &C = C_x + C_R \\ &C_x：z = x \implies dz = dx， \qquad x = (-R) \sim (R) \\ &C_R：z = Re^{i\theta} \implies dz = iRe^{i\theta} d\theta， \qquad \theta = 0 \sim \pi \end{aligned} \right\}$$

$$\cdots\cdots ⑪$$

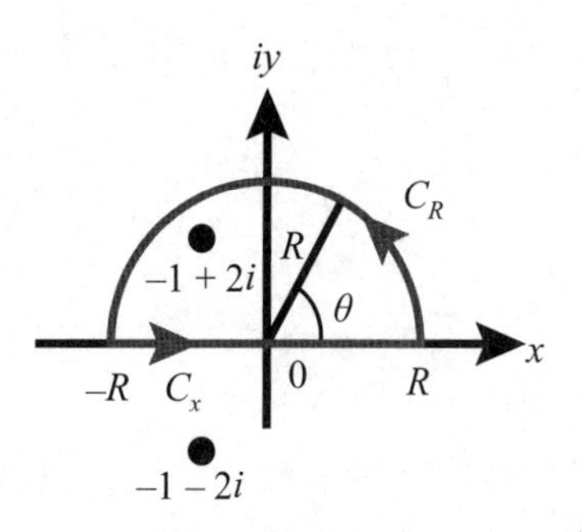

$$\therefore \int_{-\infty}^{\infty}\frac{x[\sin(\pi x)+\cos(\pi x)]}{x^2+2x+5}dx \Longrightarrow \oint_C F(z)dz=\int_{C_x}F(z)dz+\int_{C_R}F(z)dz$$

$$=\lim_{R\to\infty}\left\{\int_{-R}^{R}\frac{xe^{i\pi x}}{x^2+2x+5}dx+\int_0^{\pi}\frac{iR^2e^{2i\theta}e^{i\pi Re^{i\theta}}}{R^2e^{2i\theta}+2Re^{i\theta}+5}d\theta\right\}$$

$$=\int_{-\infty}^{\infty}\frac{xe^{i\pi x}}{x^2+2x+5}dx+\underbrace{\lim_{R\to\infty}\int_0^{\pi}\frac{iR^2e^{2i\theta}e^{i\pi Re^{i\theta}}}{R^2e^{2i\theta}+2Re^{i\theta}+5}d\theta}_{\substack{|||\\ I}}$$

$$\overline{\overline{\quad (3-76)式 \quad}}\ 2\pi i\ \text{Res.}\,F(z=-1+2i) \cdots\cdots ⑫$$

$$\text{Res.}\,F(z=-1+2i)=\lim_{z\to-1+2i}(z+1-2i)\frac{ze^{i\pi z}}{(z+1-2i)(z+1+2i)}$$

$$=\frac{2+i}{4}e^{-\pi(2+i)} \cdots\cdots ⑬$$

由 (1-19) 式得 ⑫ 式的 $|I|$ 值是：

$$|I|\le\lim_{R\to\infty}\int_0^{\pi}\frac{|iR^2e^{2i\theta}||e^{i\pi Re^{i\theta}}|d\theta}{|R^2e^{2i\theta}+2Re^{i\theta}+5|}$$

$$=\lim_{R\to\infty}\int_0^{\pi}\frac{R^2|e^{i\pi R\cos\theta}e^{-\pi R\sin\theta}|}{|R^2e^{2i\theta}+2Re^{i\theta}+5|}d\theta=\lim_{R\to\infty}\int_0^{\pi}\frac{R^2e^{-\pi R\sin\theta}}{|R^2e^{2i\theta}+2Re^{i\theta}+5|}d\theta$$

$$\left\{\begin{array}{l}\because\ \theta=0\sim\pi\\ \therefore\ R^2e^{2i\theta}+2e^{i\theta}+5=(R^2+2R+5)\sim(R^2-2R+5)\end{array}\right.$$

$$\le\lim_{R\to\infty}\int_0^{\pi}\frac{R^2e^{-\pi R\sin\theta}}{R^2-2R+5}d\theta=\lim_{R\to\infty}2\int_0^{\pi/2}\frac{e^{-\pi R\sin\theta}}{1-2/R+5/R^2}d\theta$$

$$\left\{\begin{array}{l}\text{由 (3-103) 式得：}\\ \quad\text{當 } 0\le\theta\le\pi/2 \text{ 時 } \sin\theta\ge2\theta/\pi\end{array}\right.$$

$$\le2\lim_{R\to\infty}\frac{\int_0^{\pi/2}e^{-2R\theta}d\theta}{1-2/R+5/R^2}=(1-e^{-\pi R})/(R-2+5/R)=0 \cdots\cdots ⑭$$

由 ⑫, ⑬ 和 ⑭ 式得：

$$\int_{-\infty}^{\infty}\frac{xe^{i\pi x}}{x^2+2x+5}dx=\int_{-\infty}^{\infty}\frac{x\cos(\pi x)}{x^2+2x+5}dx+i\int_{-\infty}^{\infty}\frac{x\sin(\pi x)}{x^2+2x+5}dx$$

$$=\frac{(2i-1)\pi}{2}e^{-2\pi}e^{-\pi i}=-\frac{(2i-1)\pi}{2}e^{-2\pi} \cdots\cdots ⑮$$

$$\therefore \begin{cases} \int_{-\infty}^{\infty} \frac{x\cos(\pi x)}{x^2+2x+5}dx = \frac{\pi}{2}e^{-2\pi} \\ \int_{-\infty}^{\infty} \frac{x\sin(\pi x)}{x^2+2x+5}dx = -\pi e^{-2\pi} \end{cases} \cdots\cdots ⑯$$

$$\therefore \int_{-\infty}^{\infty} \frac{x[\sin(\pi x)+\cos(\pi x)]}{x^2+2x+5}dx = -\frac{\pi}{2}e^{-2\pi} \cdots\cdots ⑰$$

30. 求 $\begin{cases} (1)\int_{-\infty}^{\infty} \frac{\cos(ax)}{x^2+1}dx，a>0 \\ (2)\int_{0}^{\infty} \frac{\cos(2x)}{x^4+1}dx \end{cases}$ 之值。

➥ **解**

(1) 求 $\int_{-\infty}^{\infty} \frac{\cos(ax)}{x^2+1}dx，a>0$ 之值：

由 (3-102) 式，設複數被積函數 $f(z)$ 爲：

$$f(z) \equiv \frac{e^{iaz}}{z^2+1}，極點 z^2+1=0，即 z=\pm i \cdots\cdots ①$$

由 ① 式得 $f(z)$ 在複變數平面 $z=(x+iy)$ 之實軸無極點，於是能取右圖周線 $C=(C_x+C_R)$，C_R 爲原點是圓心，半徑 R 之半圓周：

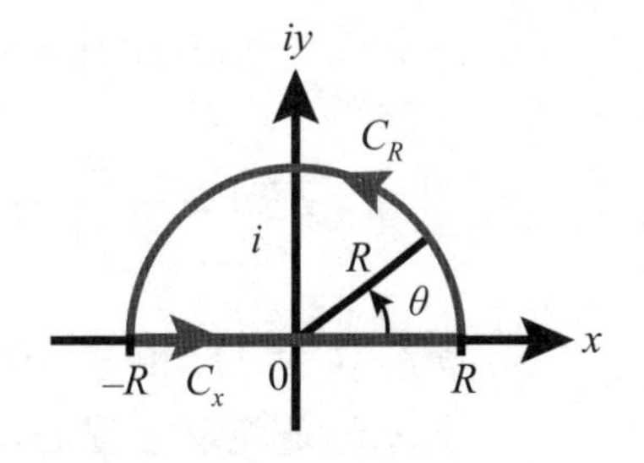

$$\begin{rcases} C_x：z=x \Longrightarrow dz=dx， \quad x=(-R)\sim R \\ C_R：z=Re^{i\theta} \Longrightarrow dz=iRe^{i\theta}d\theta， \quad \theta=0\sim\pi \end{rcases} \cdots\cdots ②$$

$$\therefore \int_{-\infty}^{\infty} \frac{\cos(ax)}{x^2+1}dx \Longrightarrow \lim_{R\to\infty}\oint_C f(z)dz = \lim_{R\to\infty}\left\{\int_{C_x} f(z)dz + \int_{C_R} f(z)dz\right\}$$

$$\overset{②式}{=\!=\!=} \int_{-\infty}^{\infty} \frac{e^{iax}}{x^2+1}dx + \underbrace{\lim_{R\to\infty}\int_0^{\pi} \frac{e^{iaRe^{i\theta}}}{R^2e^{2i\theta}+1}iRe^{i\theta}d\theta}_{\equiv\, I}$$

$$\overset{(3-76)式}{=\!=\!=\!=} 2\pi i\,\text{Res.}f(z=i) \cdots\cdots ③$$

$$|I| = \lim_{R\to\infty}\left|\int_0^{\pi} \frac{e^{iaRe^{i\theta}}}{R^2e^{2i\theta}+1}iRe^{i\theta}d\theta\right| \le \lim_{R\to\infty}\int_0^{\pi} \frac{|e^{(iaR\cos\theta - aR\sin\theta)}||iRe^{i\theta}|}{|1+R^2\cos(2\theta)+iR^2\sin(2\theta)|}d\theta$$

$$\le \lim_{R\to\infty}\int_0^{\pi} \frac{R}{R^2-1}e^{-aR\sin\theta}d\theta = 2\lim_{R\to\infty}\frac{R}{R^2-1}\int_0^{\pi/2} e^{-aR\sin\theta}d\theta$$

$$\left\{ 0 \leq \theta \leq \pi/2 \text{ 時 } \sin\theta \geq 2\theta/\pi \right.$$

$$\leq 2\lim_{R\to\infty}\frac{R}{R^2-1}\int_0^{\pi/2} e^{-2aR\theta/\pi}\,d\theta = \frac{\pi}{a}\lim_{R\to\infty}\frac{1-e^{-aR}}{R^2-1} = 0 \cdots\cdots ④$$

$$\text{Res.} f(z=i) = \lim_{z\to i}(z-i)\frac{e^{iaz}}{(z-i)(z+i)} = \frac{e^{-a}}{2i} \cdots\cdots ⑤$$

由 ③, ④ 和 ⑤ 式得：

$$\lim_{R\to\infty}\oint_C f(z)dz = \int_{-\infty}^{\infty}\frac{\cos(ax)}{x^2+1}dx + i\int_{-\infty}^{\infty}\frac{\sin(ax)}{x^2+1}dx$$
$$= \pi e^{-a} \cdots\cdots ⑥$$

$$\therefore \left\{\begin{aligned} &\int_{-\infty}^{\infty}\frac{\cos(ax)}{x^2+1}dx = \pi e^{-a} \\ &\int_{-\infty}^{\infty}\frac{\sin(ax)}{x^2+1}dx = 0 \end{aligned}\right\} \cdots\cdots ⑦$$

(2) 求 $\int_0^{\infty}\frac{\cos(2x)}{x^4+1}dx$ 之值：

被積函數是偶函數，故積分區域可推爲 $(-\infty)$ 到 $(+\infty)$，由 (3-102) 式，設複數被積函數 $F(z)$ 爲：

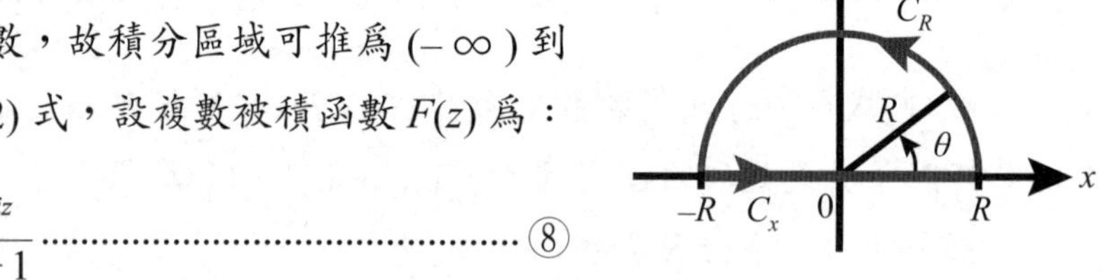

$$F(z) \equiv \frac{e^{2iz}}{z^4+1} \cdots\cdots ⑧$$

顯然 $(z^4+1)=0$ 是 $F(z)$ 之極點，同時極點不會在複變數平面 $z=(x+iy)$ 的實軸上，於是能取右圖的周線 C：

$$\left.\begin{aligned} &C = C_x + C_R, \qquad C_R = \text{原點爲圓心半徑 } R \text{ 之半圓}, \\ &C_x: z = x \Longrightarrow dz = dx, \qquad x = (-R)\sim R \\ &C_R: z = Re^{i\theta} \Longrightarrow dz = iRe^{i\theta}d\theta, \qquad \theta = 0\sim\pi \end{aligned}\right\} \cdots\cdots ⑨$$

至於求極點，那就要用複變函數的威力了：

（高中代數，遇到一元三次或以上的方程式，不是難解嗎？如用複變數就容易了。遇到 $(z^n+1)=0$，且 $n>2$，請用 (2-69) 式，如下：）⋯⋯⑩

$$z^n + 1 = 0 \Longrightarrow z^n = -1$$

$$\therefore e^{n\ln z} = (-1) = e^{(2k+1)\pi i}, \qquad k = 0, 1, 2, \cdots$$

$\therefore n \ln z = (2k+1)\pi i$

$\therefore z = e^{(2k+1)\pi i/n}$

$$\xlongequal[n=4]{} e^{(2k+1)\pi i/4} \cdots\cdots\cdots ⑪$$

$$\Longrightarrow \quad e^{\pi i/4}, \quad e^{3\pi i/4}, \quad e^{5\pi i/4}, \quad \cdots$$

$$\updownarrow \qquad \updownarrow \qquad \updownarrow$$

$$\underbrace{e^{45°i}, \quad e^{135°i}}_{\text{只有這兩個在 } C \text{ 内}}, \quad e^{225°i}, \quad \cdots$$

$\therefore F(z)$ 的極點 $z = e^{\pi i/4}$ 和 $e^{3\pi i/4}$，且都是一階極點 ⋯⋯⋯⋯ ⑫

$$\int_0^\infty \frac{\cos(2x)}{x^4+1}dx = \frac{1}{2}\int_{-\infty}^\infty \frac{\cos(2x)}{x^4+1}dx$$

$$\Longrightarrow \lim_{R\to\infty}\oint_C F(z)dz = \lim_{R\to\infty}\left\{\int_{C_x} F(z)dz + \int_{C_R} f(z)dz\right\}$$

$$= \int_{-\infty}^\infty \frac{e^{2ix}}{x^4+1}dx + \underbrace{\lim_{R\to\infty}\int_0^\pi \frac{e^{2iRe^{i\theta}}\, iRe^{i\theta}\,d\theta}{R^4 e^{4i\theta}+1}}_{\substack{|||\\ I}}$$

$$\xlongequal[(3-77)\text{式}]{} 2\pi i\,\{\text{Res.} F(z = e^{\pi i/4}) + \text{Res.} F(z = e^{3\pi i/4}) \cdots\cdots ⑬$$

$$|I| = \lim_{R\to\infty}\left|\int_0^\pi \frac{e^{2iRe^{i\theta}}\, iRe^{i\theta}\,d\theta}{R^4e^{4i\theta}+1}\right| \le \lim_{R\to\infty}\int_0^\pi \frac{|e^{2iR\cos\theta - 2R\sin\theta}|\,|iRe^{i\theta}|\,d\theta}{|(1+R^4\cos 4\theta)+iR^4\sin 4\theta|}$$

$$\le \lim_{R\to\infty}\frac{R}{R^4-1}\int_0^\pi e^{-2R\sin\theta}\,d\theta = \lim_{R\to\infty}\frac{2R}{R^4-1}\int_0^{\pi/2} e^{-2R\sin\theta}\,d\theta$$

$$\le \lim_{R\to\infty}\frac{2R}{R^4-1}\int_0^{\pi/2} e^{-4R\theta/\pi}\,d\theta = \frac{\pi}{2}\lim_{R\to\infty}\frac{1}{R^4-1}(1-e^{-2R}) = 0 \cdots\cdots ⑭$$

$$\text{Res.}\, F(z = e^{\pi i/4}) = \lim_{z\to e^{\pi i/4}}\left[(z - e^{\pi i/4})\frac{e^{iz}}{z^4+1}\right]$$

$$\xlongequal[\text{Hospital 規則}]{} \lim_{z\to e^{\pi i/4}}\frac{e^{iz} + i(z - e^{\pi i/4})\,e^{iz}}{4z^3}$$

$$= \frac{\exp.(ie^{\pi i/4})}{4e^{3\pi i/4}} = \frac{\exp.[(i-1)/\sqrt{2}]}{4(i-1)/\sqrt{2}}$$

$$= -\frac{\sqrt{2}}{8}(1+i)e^{(i-1)/\sqrt{2}} \cdots\cdots ⑮$$

$$\text{Res.}\, F(z = e^{3\pi i/4}) = \lim_{z\to e^{3\pi i/4}}\left[(z - e^{3\pi i/4})\frac{e^{iz}}{z^4+1}\right]$$

$$\xlongequal[\text{Hospital 規則}]{} \lim_{z\to e^{3\pi i/4}}\frac{e^{iz} + i(z - e^{3\pi i/4})\,e^{iz}}{4z^3}$$

$$=\frac{\exp.(ie^{3\pi i/4})}{4e^{9\pi i/4}}=\frac{\sqrt{2}}{8}(1-i)e^{(-1-i)/\sqrt{2}} \cdots\cdots ⑯$$

由 ⑬, ⑭, ⑮ 和 ⑯ 式得：

$$\lim_{R\to\infty}\oint_C F(z)dz=\int_{-\infty}^{\infty}\frac{e^{2ix}}{x^4+1}dx=\int_{-\infty}^{\infty}\frac{\cos(2x)}{x^4+1}dx+i\int_{-\infty}^{\infty}\frac{\sin(2x)}{x^4+1}dx$$

$$=2\pi i\left\{-\frac{\sqrt{2}}{8}(1+i)e^{(i-1)/\sqrt{2}}+\frac{\sqrt{2}}{8}(1-i)e^{-(i+1)/\sqrt{2}}\right\}$$

$$=\frac{\sqrt{2}\pi i}{4}e^{-1/\sqrt{2}}\{-(1+i)e^{i/\sqrt{2}}+(1-i)e^{-i/\sqrt{2}}\}$$

$$=\frac{\sqrt{2}\pi}{2}e^{-1/\sqrt{2}}\left(\cos\frac{1}{\sqrt{2}}+\sin\frac{1}{\sqrt{2}}\right) \cdots\cdots ⑰$$

$$\therefore\left\{\begin{aligned}&\int_0^{\infty}\frac{\cos(2x)}{x^4+1}dx=\frac{\sqrt{2}\pi}{4}e^{-1/\sqrt{2}}\left(\cos\frac{1}{\sqrt{2}}+\sin\frac{1}{\sqrt{2}}\right)\\&\int_{-\infty}^{\infty}\frac{\sin(2x)}{x^4+1}dx=0\end{aligned}\right\} \cdots\cdots ⑱$$

31. 求 $\left\{\begin{aligned}&(1)\int_0^{2\pi}\frac{d\theta}{1+k\cos\theta}, \quad |k|<1\\&(2)\int_0^{\pi}\frac{d\theta}{a+b\cos\theta}, \quad a>|b|>0\end{aligned}\right\}$ 之值。

➡ 解

這題和 (Ex.3-25) 同質，把正弦換成餘弦，同時 (2) 是 (1) 的一般型。於是設：

$$e^{i\theta}\equiv z \Longrightarrow dz=ie^{i\theta}d\theta=izd\theta \cdots\cdots ①$$

$$\therefore \cos\theta=\frac{e^{i\theta}+e^{-i\theta}}{2}=\frac{z+z^{-1}}{2} \cdots\cdots ②$$

而積分周線 C 如右圖，圓心在原點半徑 1 之圓周。

(1) 求 $\int_0^{2\pi}\frac{d\theta}{1+k\cos\theta}$ 值，$-1<k<1$：

$$\int_0^{2\pi}\frac{d\theta}{1+k\cos\theta}\overset{\text{①和②式}}{=\!=\!=}\oint_C\frac{dz}{iz[1+k(z+z^{-1})/2]}$$

$$=-2i\oint_C\frac{dz}{kz^2+2z+k}\equiv-2i\oint_C f(z)dz \cdots\cdots ③$$

於是 $f(z)$ 之極點是：

$$kz^2+2z+k=0 \Longrightarrow z=\frac{-1\pm\sqrt{1-k^2}}{k}$$

因 $|k|<1$，所以 $(1-k^2)>0$，設 $\sqrt{1-k^2}\equiv a=$ 正數，則 $f(z)$ 之極點是：

$$z=\begin{cases}(-1+a)/k\equiv z_1\\(-1-a)/k\equiv z_2\end{cases} \text{都是一階極點} \cdots\cdots ④$$

由於 $|k|<1$，於是 k 可取正與負數：

$$-1<k<0，\qquad 0<k<1 \cdots\cdots ⑤$$

由 ④ 和 ⑤ 式，無論 k 是正數或負數，只 z_1 在周線 C 內，而 z_2 在 C 外。

$$\therefore \int_0^{2\pi}\frac{d\theta}{1+k\cos\theta}=-2i\oint_C f(z)dz$$

$$=-2i[2\pi i\ \text{Res.}f(z=z_1)]=4\pi\ \text{Res.}f(z=z_1) \cdots\cdots ⑥$$

$$\text{Res.}f(z=z_1)=\lim_{z\to z_1}(z-z_1)f(z)=\lim_{z\to z_1}(z-z_1)\frac{1}{kz^2+2z+k} \cdots\cdots ⑦$$

｛因 ⑦ 式右邊的分母，無法因數分解，但當 $z=z_1$ 時是零，故只有用 Hospital 規則求極限值。｝

$$=\lim_{z\to z_1}\frac{1}{2kz+2}=\frac{1}{2}\frac{1}{kz_1+1}=\frac{1}{2}\frac{1}{\sqrt{1-k^2}} \cdots\cdots ⑧$$

$$\therefore \int_0^{2\pi}\frac{d\theta}{1+k\cos\theta}=4\pi\times\frac{1}{2}\frac{1}{\sqrt{1-k^2}}=\frac{2\pi}{\sqrt{1-k^2}} \cdots\cdots ⑨$$

(2) 求 $\int_0^{\pi}\frac{d\theta}{a+b\cos\theta}$ 值，$a>|b|>0$：

被積函數是偶函數，即：

$$\int_0^{\pi}\frac{d\theta}{a+b\cos\theta}=\frac{1}{2}\int_0^{2\pi}\frac{d\theta}{a+b\cos\theta} \cdots\cdots ⑩$$

$$\int_0^{2\pi}\frac{d\theta}{a+b\cos\theta}\ \underset{\text{①和②式}}{=\!=\!=}\ \oint_C\frac{dz}{iz[a+b(z+z^{-1})/2]}$$

$$=-2i\oint_C\frac{dz}{bz^2+2az+b}\equiv-2i\oint_C F(z)dz \cdots\cdots ⑪$$

$F(z)$ 之極點是：

$$bz^2+2az+b=0 \Longrightarrow z=\frac{-a\pm\sqrt{a^2-b^2}}{b}$$

由於 $a>|b|>0$，故 $\sqrt{a^2-b^2}=$ 非零正數 $\equiv s$

$$\therefore F(z) \text{ 之極點} = \begin{Bmatrix}(-a+s)/b\equiv z_1\\ (-a-s)/b\equiv z_2\end{Bmatrix} \text{都是一階極點} \cdots\cdots ⑫$$

$|b|>0$ 表示 b 可取正數與負數。z_1 與 z_2 的分子，前者是負數和正數之和，表示相互消滅，而後者是兩負數之和，表示相互加強，於是無論 b 是正數或負數，只 $z_1<1$ 在周線 C 內，而 $z_2>1$ 在 C 之外 (數學證明請看 (Ex.3-25))。

$$\therefore \int_0^{2\pi}\frac{d\theta}{a+b\cos\theta}=-2i\oint_C F(z)dz$$

$$=-2i\{2\pi i\,\text{Res.}\,F(z=z_1)\}=4\pi\,\text{Res.}\,F(z=z_1) \cdots\cdots ⑬$$

$$\text{Res.}\,F(z=z_1)=\lim_{z\to z_1}(z-z_1)F(z)=\lim_{z\to z_1}(z-z_1)\frac{1}{bz^2+2az+b}$$

$$\xlongequal[\text{Hospital 規則}]{} \lim_{z\to z_1}\frac{1}{2bz+2a}$$

$$=\frac{1}{2}\frac{1}{bz_1+a}=\frac{1}{2}\frac{1}{\sqrt{a^2-b^2}} \cdots\cdots ⑭$$

$$\therefore \int_0^{2\pi}\frac{d\theta}{a+b\cos\theta}=\frac{2\pi}{\sqrt{a^2-b^2}},\qquad \int_0^{\pi}\frac{d\theta}{a+b\cos\theta}=\frac{\pi}{\sqrt{a^2-b^2}} \cdots\cdots ⑮$$

32. 求 $\begin{Bmatrix}(1)\displaystyle\int_0^{2\pi}\frac{\sin^2\theta}{2+\cos\theta}d\theta\\ (2)\displaystyle\int_0^{2\pi}\frac{\cos^2(3\theta)}{5-4\cos(2\theta)}d\theta\end{Bmatrix}$ 之值。

➥ 解

這題是 $(3\text{-}105)_1$ 到 $(3\text{-}105)_3$ 式之應用，其積分周線 C 是圖 (3-51)。

(1) 求 $\displaystyle\int_0^{2\pi}\frac{\sin^2\theta}{2+\cos\theta}d\theta$ 值：

$$\int_0^{2\pi}\frac{\sin^2\theta}{2+\cos\theta}d\theta=\oint_C\frac{\left(\frac{z-z^{-1}}{2i}\right)^2}{2+\frac{z+z^{-1}}{2}}\frac{dz}{iz}$$

$$= \oint_C \frac{i(z^2-1)^2}{2z^2(z^2+4z+1)} dz \equiv \frac{i}{2} \oint_C f(z) dz \quad \cdots\cdots ①$$

$f(z)$ 之極點是：

$$z^2 = 0 \Longrightarrow z = 0 \text{ 是 2 階極點，}$$

$$z^2 + 4z + 1 = 0 \Longrightarrow z = -2 \pm \sqrt{3} \fallingdotseq \begin{cases} -0.27 \equiv z_1 \\ -3.73 \equiv z_2 \end{cases}$$

於是在積分周線 C 內的 $f(z)$ 極點是 $z=0$ 和 z_1，則由 $(3\text{-}71)_4$ 和 (3-76) 式得：

$$\text{Res.} f(z=0) = \lim_{z\to 0} \frac{1}{1!} \frac{d}{dz} \left\{ (z-0)^2 \frac{(z^2-1)^2}{z^2(z^2+4z+1)} \right\}$$

$$= \lim_{z\to 0} \frac{2(z^2-1)(z^3+6z^2+3z+2)}{(z^2+4z+1)^2} = -4 \quad \cdots\cdots ②$$

$$\text{Res.} f(z=z_1) = \lim_{z\to z_1} (z-z_1) f(z) = \lim_{z\to z_1} \frac{(z-z_1)(z^2-1)^2}{z^2(z^2+4z+1)}$$

$$\overline{\overline{\text{Hospital 規則}}} \lim_{z\to z_1} \frac{(z^2-1)^2 + 4(z-z_1)(z^3-z)}{2(2z^3+6z+z)}$$

$$= \frac{[(-2+\sqrt{3})^2-1]^2}{2(-2+\sqrt{3})[2(-2+\sqrt{3})^2+6(-2+\sqrt{3})+1]}$$

$$= \frac{4(3-2\sqrt{3})^2}{(-4+2\sqrt{3})(3-2\sqrt{3})} = \frac{2(3-2\sqrt{3})}{-2+\sqrt{3}}$$

$$= \frac{2(3-2\sqrt{3})(2+\sqrt{3})}{(-2+\sqrt{3})(2+\sqrt{3})} = 2\sqrt{3} \quad \cdots\cdots ③$$

於是由 ①, ②, ③ 和 (3-77) 式得：

$$\int_0^{2\pi} \frac{\sin^2\theta}{2+\cos\theta} d\theta = \frac{i}{2} \{2\pi i[\text{Res.} f(z=0) + \text{Res.} f(z=z_1)]\}$$

$$= -\pi(-4+2\sqrt{3}) = 2\pi(2-\sqrt{3}) \quad \cdots\cdots ④$$

(2) 求 $\int_0^{2\pi} \frac{\cos^2(3\theta)}{5-4\cos(2\theta)} d\theta$ 值：

$$\int_0^{2\pi} \frac{\cos^2(3\theta)}{5-4\cos(2\theta)} d\theta = \oint_C \frac{(z^3+z^{-3})^2/4}{5-4(z^2+z^{-2})/2} \frac{dz}{iz}$$

$$= \frac{i}{4} \oint_C \frac{(z^6+1)^2}{z^5(2z^4-5z^2+2)} \equiv \frac{i}{4} \oint_C F(z) dz \quad \cdots\cdots ⑤$$

$F(z)$ 之極點是：

$z=0$，是 5 階極點，且在周線 C 內 ……… ⑥

$2z^4-5z^2+2=(2z^2-1)(z^2-2)=0$

$$\therefore \begin{cases} z=\pm\sqrt{2}\text{，在周線 } C \text{ 之外，} \\ z=\pm 1/\sqrt{2}\text{，在周線 } C \text{ 內之一階極點} \end{cases} \quad \cdots\cdots ⑦$$

於是由 $(3\text{-}71)_4$, (3-76), ⑥ 和 ⑦ 式得 $F(z)$ 之留數：

$$\text{Res. } F(z=1/\sqrt{2})=\lim_{z\to 1/\sqrt{2}}(z-1/\sqrt{2})\frac{(z^6+1)^2}{2(z-1/\sqrt{2})(z+1/\sqrt{2})(z^2-2)z^5}$$

$$=\frac{\left[\left(\frac{1}{\sqrt{2}}\right)^6+1\right]^2}{2\sqrt{2}\left(\frac{1}{2}-2\right)\frac{1}{4\sqrt{2}}}=-\frac{27}{16} \quad \cdots\cdots ⑧$$

$$\text{Res. } F(z=-1/\sqrt{2})=\lim_{z\to -1/\sqrt{2}}(z+1/\sqrt{2})\frac{(z^6+1)^2}{2(z+1/\sqrt{2})(z-1/\sqrt{2})(z^2-2)z^5}$$

$$=\frac{\left[\left(-\frac{1}{\sqrt{2}}\right)^6+1\right]^2}{-2\sqrt{2}\left(\frac{1}{2}-2\right)\frac{1}{-4\sqrt{2}}}=-\frac{27}{16} \quad \cdots\cdots ⑨$$

$$\text{Res. } F(z=0)=\frac{1}{4!}\lim_{z\to 0}\frac{d^4}{dz^4}\left[(z-0)^5\frac{(z^6+1)^2}{z^5(2z^4-5z^2+2)}\right]$$

$$=\frac{1}{4!}\lim_{z\to 0}\frac{d^3}{dz^3}\left[\frac{12z^5(z^6+1)}{(2z^4-5z^2+2)}-\frac{(z^6+1)^2(8z^3-10z)}{(2z^4-5z^2+2)^2}\right]$$

$$=\frac{1}{4!}\lim_{z\to 0}[24(84+1980z^2-2735z^4-2570z^6+16740z^8$$
$$-67038z^{10}+188940z^{12}-320760z^{14}+321870z^{16}-191550z^{18}$$
$$+68184z^{20}-13400z^{22}+1120z^{24})/(2z^4-5z^2+2)^5]$$

$$=\frac{1}{4!}\times 24\times 84\times\frac{1}{32}=\frac{21}{8} \quad \cdots\cdots ⑩$$

於是由 ⑤, ⑧, ⑨, ⑩ 和 (3-77) 式得：

$$\int_0^{2\pi}\frac{\cos^2(3\theta)}{5-4\cos(2\theta)}d\theta=2\pi i\left\{\frac{i}{4}\left[\text{Res. } F\left(z=\frac{1}{\sqrt{2}}\right)+\text{Res. } F\left(z=-\frac{1}{\sqrt{2}}\right)\right.\right.$$
$$\left.\left.+\text{Res. } F(z=0)\right]\right\}$$

$$= -\frac{\pi}{2}\left(-\frac{27}{8}+\frac{21}{8}\right)=\frac{3\pi}{8} \cdots\cdots ⑪$$

33. 求 $\int_0^\infty \frac{x^\beta}{(x+1)(x+2)}dx$，　$-1<\beta<1$ 之值。

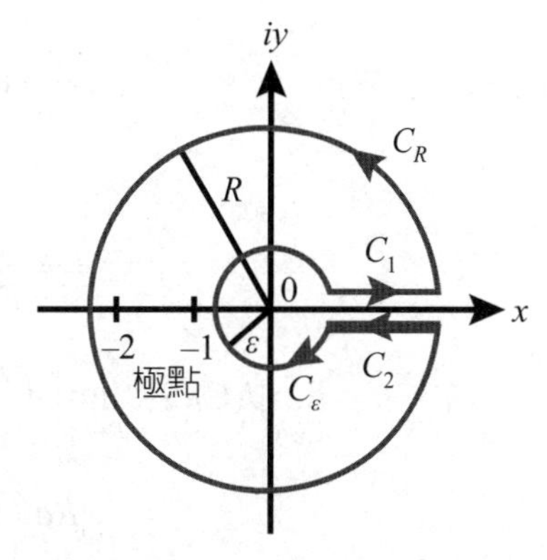

C_R 與 C_ε 以原點為圓心半徑 R 和 ε 之圓。

➥ 解

這題是 (Ex.3-28) 的類似題。設複數被積函數爲 $f(z)$：

$$f(z) \equiv \frac{z^\beta}{(z+1)(z+2)},\qquad -1<\beta<1 \cdots\cdots ①$$

由於 $-1<\beta<1$，於是 $z=0$ 不但是 $f(z)$ 之奇異點，並且由 (3-108) 式 z^β 是多值函數，

$$\therefore \begin{Bmatrix} z=0 \text{ 是支點} \\ x\geq 0 \text{ 是支線} \end{Bmatrix} \cdots\cdots ②$$

故取右圖的積分周線 C：

$$C = C_1 + C_R + C_2 + C_\varepsilon \cdots\cdots ③$$

$$\left.\begin{aligned}
&C_1：z=x \Longrightarrow dz=dx，\qquad x=\varepsilon \sim R \\
&C_R：z=Re^{i\theta} \Longrightarrow dz=iRe^{i\theta}d\theta，\qquad \theta=0\sim 2\pi \text{ 在主葉} \\
&C_2：z=\underbrace{e^{2\pi i}}x \Longrightarrow dz=e^{2\pi i}dx，\qquad x=R\sim\varepsilon \\
&\qquad\Uparrow \\
&\qquad\left\{\begin{array}{l} z\text{ 已繞一圈，爲了被積函數 } f(z) \text{ 是單值解析，} \\ \text{進入第二葉 Riemann 面 (請看 (3-109) 式)。} \end{array}\right. \\
&C_\varepsilon：z=\varepsilon e^{i\varphi} \Longrightarrow dz=i\varepsilon e^{i\varphi}d\varphi，\qquad \varphi=2\pi\sim 0
\end{aligned}\right\} \cdots\cdots ④$$

$f(z)$ 之孤立極點是：

$$\left.\begin{aligned} z+1=0 \Longrightarrow z=-1 \\ z+2=0 \Longrightarrow z=-2 \end{aligned}\right\} \cdots\cdots ⑤$$

$$\therefore \oint_C f(z)dz = \int_{C_1} f(z)dz + \int_{C_R} f(z)dz + \int_{C_2} f(z)dz + \int_{C_\varepsilon} f(z)dz$$

$$\therefore \lim_{\substack{\varepsilon\to 0\\ R\to\infty}}\oint_C f(z)dz=\lim_{\substack{\varepsilon\to 0\\ R\to\infty}}\left\{\int_\varepsilon^R\frac{x^\beta}{(x+1)(x+2)}dx+\underbrace{\int_0^{2\pi}\frac{R^\beta e^{i\beta\theta}\,iRe^{i\theta}\,d\theta}{(Re^{i\theta}+1)(Re^{i\theta}+2)}}_{\substack{|||\\ I(C_R)}}\right.$$

$$+\underbrace{\int_R^\varepsilon\frac{e^{2\pi\beta i}\,x^\beta\,e^{2\pi i}\,dx}{(e^{2\pi i}x+1)(e^{2\pi i}x+2)}}_{\substack{|||\\ I(C_2)}}+\underbrace{\int_{2\pi}^0\frac{\varepsilon^\beta e^{i\beta\varphi}\,i\varepsilon e^{i\varphi}\,d\varphi}{(\varepsilon e^{i\varphi}+1)(\varepsilon e^{i\varphi}+2)}}_{\substack{|||\\ I(C_\varepsilon)}}$$

$$\overline{\overline{\quad\text{(3−77)式}\quad}}\,2\pi i\{\text{Res.}\,f(z=-1)+\text{Res.}\,f(z=-2)\}\;\cdots\cdots\cdots\cdots\text{⑥}$$

$$\lim_{R\to\infty}|I(C_R)|=\lim_{R\to\infty}\left|\int_0^{2\pi}\frac{R^{\beta+1}e^{i\beta\theta}ie^{i\theta}d\theta}{(Re^{i\theta}+1)(Re^{i\theta}+2)}\right|\le\lim_{R\to\infty}\int_0^{2\pi}\frac{R^{\beta+1}|e^{i\beta\theta}||ie^{i\theta}|d\theta}{|Re^{i\theta}+1||Re^{i\theta}+2|}$$

$$\left\{\begin{aligned}&|Re^{i\theta}+2|=\sqrt{(2+R\cos\theta)^2+(R\sin\theta)^2}=\sqrt{4+4R\cos\theta+R^2}\\&\qquad\qquad\Big\}-1\le\cos\theta\le 1\\&\qquad\quad=(R+2)\sim(R-2)\end{aligned}\right.$$

$$\le\lim_{R\to\infty}\frac{R^{\beta+1}}{(R-1)(R-2)}\int_0^{2\pi}d\theta=\lim_{R\to\infty}\frac{2\pi R^{\beta+1}}{(R-1)(R-2)}=0\;\cdots\cdots\cdots\cdots\text{⑦}$$

$$\lim_{\varepsilon\to 0}I(C_\varepsilon)=\lim_{\varepsilon\to 0}\int_{2\pi}^0\frac{i\varepsilon^{\beta+1}e^{i(\beta+1)\varphi}d\varphi}{(\varepsilon e^{i\varphi}+1)(\varepsilon e^{i\varphi}+2)}=0\Longleftarrow\because(\beta+1)>0\;\cdots\cdots\cdots\cdots\text{⑧}$$

$$\lim_{\substack{\varepsilon\to 0\\ R\to\infty}}I(C_2)=\lim_{\substack{\varepsilon\to 0\\ R\to\infty}}\int_R^\varepsilon\frac{e^{2\pi\beta i}x^\beta e^{2\pi i}dx}{e^{2\pi i}(x+e^{-2\pi i})(e^{2\pi i}x+2)}\Longleftarrow\text{分子分母之 }e^{2\pi i}\text{ 相互抵消}$$

$$=-e^{2\pi\beta i}\int_0^\infty\frac{x^\beta dx}{(x+1)(x+2)}\;\cdots\cdots\cdots\cdots\text{⑨}$$

$$\text{Res.}\,f(z=-1)=\lim_{z\to-1}(z+1)\frac{z^\beta}{(z+1)(z+2)}=(-1)^\beta=e^{(2n+1)\beta\pi i}\;\cdots\cdots\cdots\cdots\text{⑩}$$

$$\text{Res.}\,f(z=-2)=\lim_{z\to-2}(z+2)\frac{z^\beta}{(z+1)(z+2)}=-(-2)^\beta=-2^\beta e^{(2n+1)\beta\pi i}\;\cdots\cdots\cdots\cdots\text{⑪}$$

$$\Big\}\because -1=e^{\pi i}=e^{\pi i}e^{2n\pi i}，\qquad n=0,1,2,\cdots\cdots$$

把 ⑦ 式到 ⑪ 式代入 ⑥ 式得：

$$(1-e^{2\pi\beta i})\int_0^\infty\frac{x^\beta}{(x+1)(x+2)}dx=2\pi i\,(1-2^\beta)e^{(2n+1)\beta\pi i}$$

$$\therefore\int_0^\infty\frac{x^\beta}{(x+1)(x+2)}dx=\frac{2\pi i(2^\beta-1)e^{2n\beta\pi i}}{e^{\pi\beta i}-e^{-\pi\beta i}}=\frac{\pi(2^\beta-1)e^{2n\beta\pi i}}{\sin(\beta\pi)}，\qquad n=0,1,2,\cdots\cdots$$

主葉是 $n=0$：

$$\therefore \int_0^\infty \frac{x^\beta}{(x+1)(x+2)} = \frac{\pi(2^\beta-1)}{\sin(\beta\pi)},\qquad -1<\beta<1 \cdots\cdots ⑫$$

34. 求 $\int_0^1 \sqrt{\frac{x}{1-x}}\frac{1}{1+x^2}dx$ 值。

➡解

本題是(Ex.3-30)的類似題，所以細節請務必看(Ex.3-30)。設複數被積函數 $f(z)$ 爲：

$$f(z)\equiv\sqrt{\frac{z}{1-z}}\frac{1}{1+z^2} \cdots\cdots ①$$

$f(z)$ 的 $\sqrt{z}$ 和 $\sqrt{1-z}$ 是二值(二價)多值函數，於是需要兩葉 Riemann 面來確保 $f(z)$ 之單值性，同時 $\sqrt{z}$ 和 $\sqrt{1-z}$ 在同一 $f(z)$，所以其支線必共有，即

$$\left.\begin{array}{l} z=0 \text{ 和 } z=1 \text{ 是**支點**(branch point)} \\ 0\le z\le 1 \text{ 是**支線**(branch line 或 branch cut)} \end{array}\right\} \cdots\cdots ②$$

$f(z)$ 又有**孤立極點** (isolated singular point 或 pole)：

$$1+z^2=0 \Longrightarrow z=\pm i \cdots\cdots ③$$

於是把極點 $z=\pm i$ 包在內部，且避開支點與支線的積分**周線** (contour) C 是含 $z=\pm i$ 極點的圖(3-60)，即右圖：

$$C=C_R+C_1+C_{\varepsilon'}+C_2+C_\varepsilon \cdots ④$$

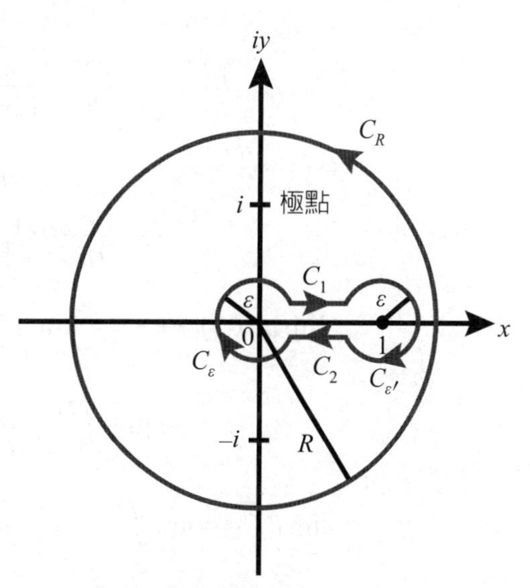

C_R = 原點為圓心半徑 R 之圓周，C_ε 和 $C_{\varepsilon'}$ 是圓心分別為 $z=0$ 和 $z=1$ 半徑 ε 之圓周。

$$\left.\begin{aligned}
&C_R：z=Re^{i\theta}，\quad \theta=0\sim 2\pi\\
&\qquad dz=iRe^{i\theta}d\theta\\
&C_1：z=x，\quad x=\varepsilon\sim(1-\varepsilon)\\
&\qquad dz=dx\\
&C_{\varepsilon'}：z=1+\varepsilon e^{i\varphi'}，\quad \varphi'=\pi\sim(-\pi)\\
&\qquad dz=i\varepsilon e^{i\varphi'}d\varphi'\\
&C_2：z=e^{2\pi i}x，\quad x=(1-\varepsilon)\sim\varepsilon\\
&\qquad dz=e^{2\pi i}dx\\
&C_\varepsilon：z=\varepsilon e^{i\varphi}，\quad \varphi=2\pi\sim 0\\
&\qquad dz=i\varepsilon e^{i\varphi}d\varphi
\end{aligned}\right\}\cdots\cdots\textcircled{5}$$

$$\therefore \lim_{\substack{\varepsilon\to 0\\ R\to\infty}}\oint_C f(z)dz=\lim_{\substack{\varepsilon\to 0\\ R\to\infty}}\Bigg\{\underbrace{\int_0^{2\pi}\sqrt{\frac{Re^{i\theta}}{1-Re^{i\theta}}}\frac{iRe^{i\theta}d\theta}{R^2e^{2i\theta}+1}}_{I(C_R)}+\underbrace{\int_\varepsilon^{1-\varepsilon}\sqrt{\frac{x}{1-x}}\frac{dx}{x^2+1}}_{I(C_1)}$$

$$+\underbrace{\int_\pi^{-\pi}\sqrt{\frac{1+\varepsilon e^{i\varphi'}}{1-1-\varepsilon e^{i\varphi'}}}\frac{i\varepsilon e^{i\varphi'}d\varphi'}{(1+\varepsilon e^{i\varphi'})^2+1}}_{I(C_{\varepsilon'})}+\underbrace{\int_{1-\varepsilon}^{\varepsilon}\sqrt{\frac{e^{2\pi i}x}{1-e^{2\pi i}x}}\frac{e^{2\pi i}dx}{e^{4\pi i}x^2+1}}_{I(C_2)}$$

$$+\underbrace{\int_{2\pi}^{0}\sqrt{\frac{\varepsilon e^{i\varphi}}{1-\varepsilon e^{i\varphi}}}\frac{i\varepsilon e^{i\varphi}d\varphi}{\varepsilon^2e^{2i\varphi}+1}}_{I(C_\varepsilon)}$$

$$\overline{\overline{\text{(3-77)式}}}\ 2\pi i\{\text{Res.}f(z=i)+\text{Res.}f(z=-i)\}\cdots\cdots\textcircled{6}$$

$$\lim_{R\to\infty}|I(C_R)|\ \overline{\overline{\text{(1-19) 式}}}\ \lim_{R\to\infty}\int_0^{2\pi}\left|\sqrt{\frac{Re^{i\theta}}{1-Re^{i\theta}}}\right|\frac{|iRe^{i\theta}|}{|R^2e^{2i\theta}+1|}d\theta$$

$$\le\lim_{R\to\infty}\int_0^{2\pi}\sqrt{\frac{R}{R-1}}\frac{R}{R^2-1}d\theta=0\cdots\cdots\textcircled{7}$$

$$\lim_{\varepsilon\to 0}I(C_2)=\lim_{\varepsilon\to 0}\int_{1-\varepsilon}^{\varepsilon}\sqrt{\frac{x}{1-e^{2\pi i}x}}e^{\pi i}\frac{e^{2\pi i}dx}{(e^{2\pi i}x^2+e^{-2\pi i})e^{2\pi i}}$$

$$=\lim_{\varepsilon\to 0}\int_{\varepsilon}^{1-\varepsilon}\sqrt{\frac{x}{1-e^{2\pi i}x}}\frac{dx}{e^{2\pi i}x^2+e^{-2\pi i}}=\int_0^1\sqrt{\frac{x}{1-x}}\frac{dx}{x^2+1}\cdots\cdots\textcircled{8}$$

$$\lim_{\varepsilon\to 0}I(C_{\varepsilon'})=\lim_{\varepsilon\to 0}\int_{-\pi}^{\pi}\sqrt{\frac{1+\varepsilon e^{i\varphi'}}{-\varepsilon e^{i\varphi'}}}\frac{i\varepsilon e^{i\varphi'}d\varphi'}{(1+\varepsilon e^{i\varphi'})^2+1}$$

$$=\lim_{\varepsilon\to 0}\int_{-\pi}^{\pi}\sqrt{1+\varepsilon e^{i\varphi'}}\,\frac{ie^{-\pi i/2}\sqrt{\varepsilon e^{i\varphi'}}}{(1+\varepsilon e^{i\varphi'})^2+1}d\varphi'=0 \cdots\cdots ⑨$$

$$\lim_{\varepsilon\to 0}I(C_\varepsilon)=0\text{，}\qquad \lim_{\varepsilon\to 0}I(C_1)=\int_0^1\sqrt{\frac{x}{1-x}}\frac{dx}{x^2+1} \cdots\cdots ⑩$$

$$\text{Res. } f(z=i)=\lim_{z\to i}(z-i)\frac{1}{(z-i)(z+i)}\sqrt{\frac{z}{1-z}}=\frac{1}{2\pi}\sqrt{\frac{i}{1-i}}$$

$$=\frac{1}{2i}\sqrt{\frac{i(1+i)}{2}}=\frac{1}{2i2^{1/4}}\sqrt{\frac{i-1}{\sqrt{2}}}=\frac{1}{2i2^{1/4}}e^{3\pi i/8} \cdots\cdots ⑪$$

$$\left\{\because\ \frac{-1+i}{\sqrt{2}}=\cos\frac{3\pi}{4}+i\sin\frac{3\pi}{4}\right.$$

$$\text{Res. } f(z=-i)=\lim_{z\to -i}(z+i)\frac{1}{(z-i)(z+i)}\sqrt{\frac{z}{1-z}}=-\frac{1}{2\pi}\sqrt{\frac{-i}{1+i}}$$

$$=-\frac{1}{2i}\frac{1}{2^{1/4}}\sqrt{\frac{-i-1}{\sqrt{2}}}=\frac{1}{2i}\frac{1}{2^{1/4}}e^{-3\pi i/8} \cdots\cdots ⑫$$

由 (6) 式到 (12) 式得：

$$2\int_0^1\sqrt{\frac{x}{1-x}}\frac{1}{1+x^2}dx=2\pi i\left\{\frac{1}{2i}\frac{1}{2^{1/4}}(e^{3\pi i/8}+e^{-3\pi i/8})\right\}$$

$$=\frac{2\pi}{2^{1/4}}\cos\frac{3\pi}{8}$$

$$\therefore \int_0^1\sqrt{\frac{x}{1-x}}\frac{1}{1+x^2}dx=\frac{\pi}{2^{1/4}}\cos\frac{3\pi}{8}$$

35. 求 $\int_0^1\frac{dx}{\sqrt[3]{x^2-x^3}}$ 值。

➥解

本題是接 (Ex.3-30)，希望能進一步瞭解**支點**(或叫**分支點**)，**支線**(又稱**分支線**)和 **Riemann 面**(又叫**分支** (branch))，以及周線。本題的複數被積函數只有 $\sqrt[3]{z^2-z^3}=\sqrt[3]{z^2(1-z)}$，而 $z^{1/3}$ 和 $(1-z)^{1/3}$ 都是三價多值函數，於是需要三葉 Riemann 面。$z^{1/3}$ 和 $(1-z)^{1/3}$ 是**等權** (equal weight，請看 (3-110) 式)，所以必須同時處理它們之支點。設複數被積函數 $f(z)$ 為：

$$f(z) \equiv \frac{1}{\sqrt[3]{z^2 - z^3}} = \frac{1}{\sqrt[3]{z^2(1-z)}} \cdots ①$$

$\therefore z=0$ 和 $z=1$ 爲三值（三價）奇異點 ……………………………… ②

$$\therefore \begin{cases} z=0 \text{ 和 } z=1 \text{ 爲支點} \\ z=0\sim1 \text{ 爲支線} \end{cases} \text{如圖 (a)} \cdots\cdots ③$$

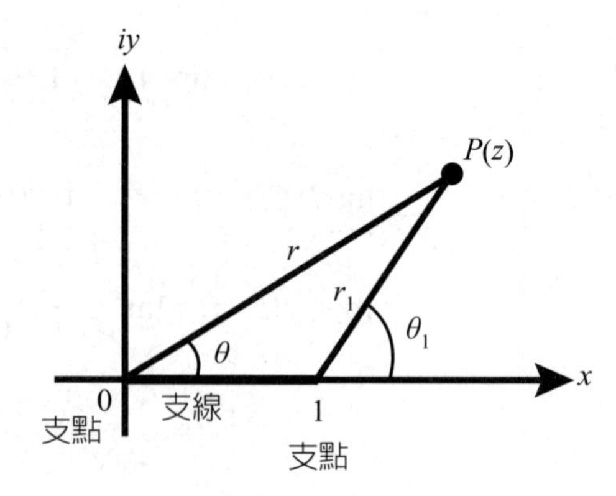

複變數平面 z 平面

(a)

除 $z=0, z=1$ 和 $z=0\sim1$ 之外，$f(z)$ 在 z 平面全解析。z 平面上任意點 P 是，由圖 (a)：

$$z = re^{i\theta} = 1 + r_1 e^{i\theta_1} \cdots\cdots ④$$

$$\therefore \begin{cases} dz = ire^{i\theta}d\theta \\ 1 - z = -r_1 e^{i\theta_1} = r_1 e^{i(\theta_1+\pi)} \end{cases} \cdots\cdots ⑤$$

$$\therefore \frac{1}{\sqrt[3]{z^2(1-z)}} = \frac{1}{\sqrt[3]{r^2 r_1 e^{(2\theta+\theta_1+\pi)i}}} \cdots ⑥$$

使用複數積分求實數積分時，必須找積分用的**周線** (contour) C，本題的周線 C 是圖 (3-60)，即右圖 (b)：

$$C = C_R + C_1 + C_{\varepsilon'} + C_2 + C_\varepsilon \cdots ⑦$$

⑦ 式的各積分路徑，會在各積分處說明。

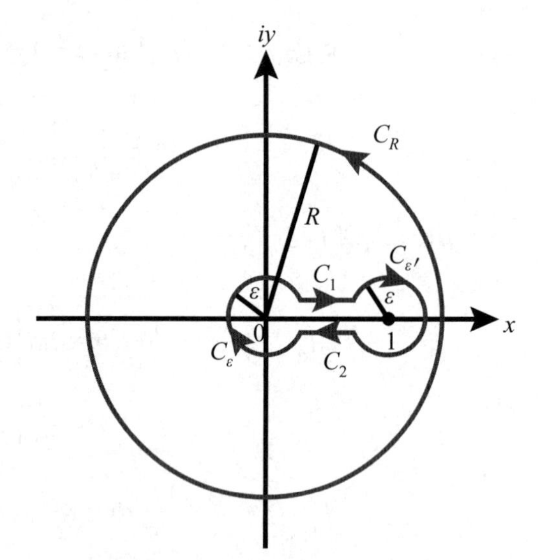

C_R = 原點為圓心半徑 R 之圓周，C_ε 和 $C_{\varepsilon'}$ 分別以 $z=0$ 和 $z=1$ 為圓心半徑 ε 之圓周。

$\varepsilon \to 0, \quad R \to \infty$

(b)

$$\therefore \lim_{\substack{\varepsilon\to0 \\ R\to\infty}} \oint_C f(z)dz$$

$$= \lim_{\substack{\varepsilon\to0 \\ R\to\infty}} \Big\{ \underbrace{\int_{C_R} f(z)dz}_{I(C_R)} + \underbrace{\int_{C_1} f(z)dz}_{I(C_1)} + \underbrace{\int_{C_{\varepsilon'}} f(z)dz}_{I(C_{\varepsilon'})} + \underbrace{\int_{C_2} f(z)dz}_{I(C_2)} + \underbrace{\int_{C_\varepsilon} f(z)dz}_{I(C_\varepsilon)} \Big\}$$

$$\xlongequal[\text{(3-76)式}]{} 2\pi i \,\text{Res.} f(\text{ 極點 }) = 0 \cdots\cdots ⑧$$

$\Uparrow$

因 $f(z)$ 沒極點

(1) 圖 (a) 之 P 點在 $R\to\infty$ 的 C_R 上時，由 ④，⑤ 和 ⑥ 式得：

$$\left.\begin{array}{l} r=R, \qquad r_1=R-1 \Longleftarrow \text{以 } P \text{ 點在 } z=x=R \text{ 時去想} \\ 0\le\theta<2\pi, \qquad 0\le\theta_1<2\pi \Longrightarrow \theta_1 \fallingdotseq \theta \end{array}\right\} \cdots\cdots ⑨$$

$$\therefore \lim_{R\to\infty} I(C_R)=\lim_{R\to\infty}\int_0^{2\pi}\frac{dz}{\sqrt[3]{z^2(1-z)}}=\lim_{R\to\infty}\int_0^{2\pi}\frac{iRe^{i\theta}d\theta}{\sqrt[3]{R^2(R-1)e^{(2\theta+\theta+\pi)i}}}$$

$$=\int_0^{2\pi} ie^{-\pi i/3}d\theta=2\pi ie^{-\pi i/3} \cdots\cdots ⑩$$

⑩ 式也可以在 Riemann 第一葉 (主葉) 設：

$$z=Re^{i\theta} \Longrightarrow dz=iRe^{i\theta}d\theta$$

$$\therefore \lim_{R\to\infty}\int_0^{2\pi} f(z)dz=\lim_{R\to\infty}\int_0^{2\pi}\frac{iRe^{i\theta}d\theta}{\sqrt[3]{R^2e^{2i\theta}(1-Re^{i\theta})}}$$

$$=\int_0^{2\pi}\frac{iRe^{i\theta}d\theta}{\sqrt[3]{R^2e^{2i\theta}(-Re^{i\theta})}}=2\pi ie^{-\pi i/3} \cdots\cdots ⑩'$$

⑩′ 式雖和 ⑩ 式相同，但計算過程的內涵不同，不是嗎？⑩ 式是在有兩支點的 ⑥ 式下得 exp.$(-\pi i/3)$，而 ⑩′ 式是當 $R\to\infty$ 時 $R>>1$ 的情況下得 $(1-R)\Rightarrow(-R)$ $=R\times$ exp. $(i\pi)$。

(2) 圖 (a) 的 P 點在 C_1 上時，④, ⑤ 和 ⑥ 式得：

$$\left.\begin{array}{l} r=x=z \Longrightarrow dz=dx \\ r_1=1-x, \qquad \theta=0, \qquad \theta_1=\pi \end{array}\right\} \cdots\cdots ⑪$$

$$\therefore \lim_{\varepsilon\to 0} I(C_1)=\lim_{\varepsilon\to 0}\int_\varepsilon^{1-\varepsilon}\frac{dx}{\sqrt[3]{x^2(1-x)e^{(\pi+\pi)i}}}$$

$$=e^{-2\pi i/3}\int_0^1\frac{dx}{\sqrt[3]{x^2-x^3}}\equiv e^{-2\pi i/3}I \cdots\cdots ⑫$$

(3) 圖 (a) 的 P 點在 $C_{\varepsilon'}$ 上時：

$$\left.\begin{array}{l} z=1+\varepsilon e^{1\varphi'} \Longrightarrow dz=i\varepsilon e^{1\varphi'}d\varphi'' \\ \varphi'=\pi\sim(-\pi) \end{array}\right\} \cdots\cdots ⑬$$

$$\therefore \lim_{\varepsilon\to 0} I(C_{\varepsilon'})=\lim_{\varepsilon\to 0}\int_\pi^{-\pi}\frac{i\varepsilon e^{i\varphi'}d\varphi'}{\sqrt[3]{\varepsilon^2e^{2i\varphi'}(1-\varepsilon e^{i\varphi'})}}$$

$$=\lim_{\varepsilon\to 0}\int_\pi^{-\pi} i\sqrt[3]{\frac{\varepsilon e^{i\varphi'}}{1-\varepsilon e^{i\varphi'}}}d\varphi'=0 \cdots\cdots ⑭$$

(4) 圖 (a) 的 P 點在 C_2 上時，由 ④, ⑤ 和 ⑥ 式得：

$$\left.\begin{array}{l}\because \begin{cases} z = re^{i\theta}, \quad 2\pi \le \theta < 4\pi \Longleftarrow \text{第二葉 Riemann 面} \\ 1 - z = r_1 e^{(\theta_1+\pi)i}, \quad 0 \le \theta_1 < 2\pi \end{cases} \\ \therefore \begin{cases} z = x \Longrightarrow dz = dx, \quad \theta = 2\pi \\ r_1 = 1 - x, \quad \theta_1 = \pi \end{cases}\end{array}\right\} \cdots\cdots ⑮$$

$$\therefore \lim_{\varepsilon\to 0} I(C_2) = \lim_{\varepsilon\to 0}\int_{1-\varepsilon}^{\varepsilon}\frac{dx}{\sqrt[3]{x^2(1-x)\,e^{(4\pi+\pi+\pi)i}}}$$

$$= \int_1^0 \frac{e^{-6\pi i/3}}{\sqrt[3]{x^2 - x^3}}dx = -e^{-2\pi i}\int_0^1\frac{dx}{\sqrt[3]{x^2-x^3}} = -I \cdots\cdots ⑯$$

(5) 圖 (a) 之 P 點在 C_ε 上時：

$$z = \varepsilon e^{i\varphi} \Longrightarrow dz = i\varepsilon e^{i\varphi}d\varphi, \qquad \varphi = 2\pi \sim 0 \cdots\cdots ⑰$$

$$\therefore \lim_{\varepsilon\to 0} I(C_\varepsilon) = \lim_{\varepsilon\to 0}\int_{2\pi}^{0}\frac{i\varepsilon e^{i\varphi}d\varphi}{\sqrt[3]{\varepsilon^2 e^{2i\varphi}(1-\varepsilon e^{i\varphi})}} = \lim_{\varepsilon\to 0}\int_{2\pi}^{0} i\sqrt[3]{\frac{\varepsilon e^{i\varphi}}{1-\varepsilon e^{i\varphi}}}\,d\varphi = 0 \cdots\cdots ⑱$$

故由 ⑧ 式到 ⑱ 式得：

$$\lim_{\substack{\varepsilon\to 0\\ R\to\infty}}\oint_C f(z)dz = 2\pi i e^{-\pi i/3} + (e^{-2\pi i/3} - 1)\int_0^1\frac{dx}{\sqrt[3]{x^2-x^3}} = 0 \cdots\cdots ⑲$$

$$\therefore \int_0^1\frac{dx}{\sqrt[3]{x^2-x^3}} = \frac{2\pi i e^{-\pi i/3}}{1-e^{-2\pi i/3}} = \frac{\pi}{(e^{\pi\lambda/3} - e^{-\pi\lambda/3})/2i}$$

$$= \frac{\pi}{\sin(\pi/3)} = \frac{2\pi}{\sqrt{3}} \cdots\cdots ⑳$$

摘要

(I) 微分與積分關係：

(A) 實數
- 微分 —— 圖 (3-1)(a)，(3-2) 式
- 積分 —— 圖 (3-1)(b)，$(3\text{-}5)_1$ 式
  - 定積分 —— $(3\text{-}5)_2$ 式
  - 不定積分 —— $(3\text{-}5)_{3,4}$ 式

(B) 複數
- 積分 —— 圖 (3-2)，(3-9) 式
- 線積分 —— (3-10) 式
- 積分路 —— 正與負方向，圖 (3-3)(a) 和 (b)

（以上）之概念

(II) 複變函數積分：

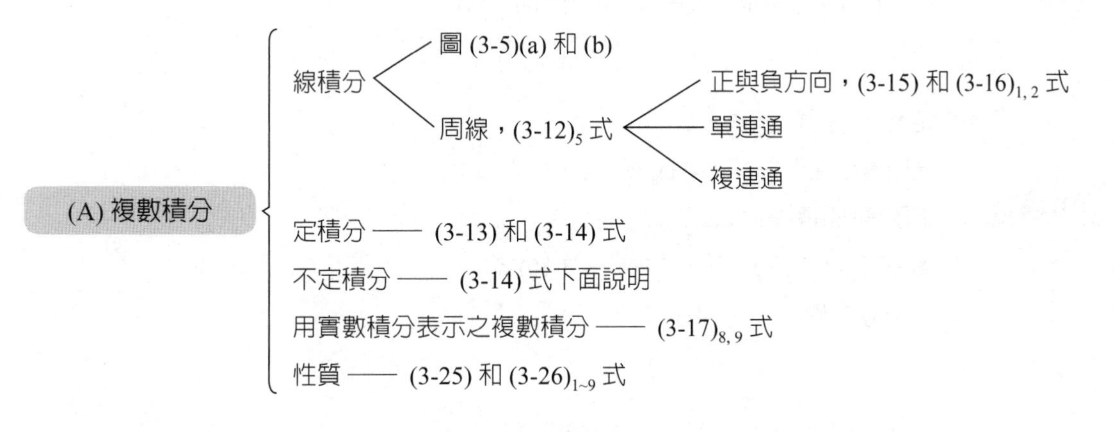

(B) Cauchy 定理及性質
- (1) Green 定理 —— (3-27) 和 (3-28) 式
- (2) Cauchy 定理或 Cauchy 積分第一定理 —— (3-29) 式
- (3) Cauchy 定理的歸結性質 —— (3-31) ～ $(3\text{-}35)_2$ 式

(C) Cauchy 積分公式及相關定理

- (1)
  - Cauchy 積分公式
    - Cauchy 積分第二定理 —— (3-43) 式
    - (3-44) 式
  - Cauchy 積分公式之性質 —— (3-45) ～ (3-48) 式
- (2) Cauchy 積分公式之相關定理
  - (i) 不等式 —— (3-53) 式
  - (ii) Gauss 平均值 —— (3-54) 式
  - (iii) 最大模定理 —— (3-55) 和 (3-56) 式
  - (iv) 最小模定理 —— (3-57) 式
  - (v) 輻角定理 —— (3-58) 式

(III) 留數與實函數定積分：

(A) 冪級數展開

- Taylor 展開及其級數 —— $(3\text{-}65)_{1,2}$ 式
- Laurent 展開及其級數 —— $(3\text{-}66)_{1,2}$ 式

(B) 留數

- 定義 —— (3-69) 式
- 高階極點留數 —— $(3\text{-}71)_4$ 式
- 無限遠點留數 —— (3-73) 式
- 留數定理 (性質) —— (3-76) ～ (3-80) 式
- Cauchy 主值 —— (3-82) 式

(C) 實函數積分

- (i) $\int_{-\infty}^{\infty} f(x)dx$ 型 —— $(3\text{-}100)_{1,2}$ 式
- (ii) $\int_{-\infty}^{\infty} f(x)\, e^{imx}\, dx$ 型 —— $(3\text{-}101)_{1,2}$ 式
- (iii) $\int_{0}^{2\pi} f(\sin\theta, \cos\theta)\, d\theta$ 型 —— $(3\text{-}105)_{1\sim4}$ 式
- (iv) 被積函數為多值函數 —— $(3\text{-}106)_{1\sim3}$ 式，(3-107) 和 (3-108) 式

參考文獻和註解

(21) 對應於常用的單值連續函數之導函數 (2-145) 式，列出些常用的複變函數不定積分，各式子省略了積分常數。

(1) $\int z^n\,dz = \dfrac{z^{n+1}}{n+1}$，$n \neq -1$

(2) $\int e^z = e^z$

(3) $\int \dfrac{1}{z}\,dz = \ln z$

(4) $\int a^z\,dz = \dfrac{a^z}{\ln a}$

(5) $\int \sin z dz = -\cos z$

(6) $\int \cos z dz = \sin z$

(7) $\int \tan z dz = \ln \sec z$
$= -\ln \cos z$

(8) $\int \cot z dz = \ln \sin z$

(9) $\int \sec z dz = \ln(\sec z + \tan z)$

(10) $\int \csc z\,dz = \ln(\csc z - \cot z)$

(11) $\int \sec^2 z\,dz = \tan z$

(12) $\int \csc^2 z\,dz = -\cot z$

(13) $\int \sec z \tan z\,dz = \sec z$

(14) $\int \csc z \cot z\,dz = -\csc z$

(15) $\int \sinh z\,dz = \cosh z$

(16) $\int \cosh z\,dz = \sinh z$

(17) $\int \tanh z\,dz = \ln \cosh z$

(18) $\int \coth z\,dz = \ln \sinh z$

(19) $\int \operatorname{sech} z\,dz = \tan^{-1}(\sinh z)$

(20) $\int \operatorname{csch} z\,dz = -\cot^{-1}(\cosh z)$

(21) $\int \operatorname{sech}^2 z\,dz = \tanh z$

(22) $\int \operatorname{csch}^2 z\,dz = -\coth z$

(23) $\int \operatorname{sech} z \tanh z\,dz = -\operatorname{sech} z$

(24) $\int \operatorname{csch} z \coth z\,dz = -\operatorname{csch} z$

(25) $\int \dfrac{dz}{\sqrt{a^2 - z^2}} = \sin^{-1}\dfrac{z}{a}$ 或 $-\cos^{-1}\dfrac{z}{a}$

(26) $\int \dfrac{dz}{a^2 + z^2} = \dfrac{1}{a}\tan^{-1}\dfrac{z}{a}$ 或 $-\cot^{-1}\dfrac{z}{a}$

(27) $\int \dfrac{dz}{z\sqrt{z^2 - a^2}} = \dfrac{1}{a}\sec^{-1}\dfrac{z}{a}$
或 $-\dfrac{1}{a}\csc^{-1}\dfrac{z}{a}$

(22) 常用複數函數之 Taylor 展開級數。

① $(1+z)^n = \begin{cases} \sum_{m=0}^{\infty} \frac{n!}{(n-m)!\,m!} z^m \equiv \sum_{m=0}^{\infty} {}_nC_m z^m, & n \geq \text{正整數}, \quad |z|<1 \\ \sum_{m=0}^{\infty} \frac{(-n)!}{(-n-m)!\,m!} z^m \equiv \sum_{m=0}^{\infty} {}_{-n}C_m z^m, & n = \text{非零負整數}, \quad |z|<1 \end{cases}$

② $\frac{1}{1+z} = \sum_{n=0}^{\infty} (-z)^n$　　$|z|<1$

③ $e^z = \sum_{n=0}^{\infty} \frac{z^n}{n!}$　　$|z|<\infty$

④ $\sin z = \sum_{n=0}^{\infty} (-1)^n \frac{z^{2n+1}}{(2n+1)!}$　　$|z|<\infty$

⑤ $\cos z = \sum_{n=0}^{\infty} (-1)^n \frac{z^{2n}}{(2n)!}$　　$|z|<\infty$

⑥ $\sin^{-1} z = \sum_{n=0}^{\infty} \frac{(2n-1)!}{(2n)!} \frac{z^{2n+1}}{2n+1}$，　$0! = 1, (-1)! = 1$　　$|z|<1$

⑦ $\cos^{-1} z = \frac{\pi}{2} - \sin^{-1} z$　　$|z|<1$

⑧ $\tan^{-1} z = \sum_{n=0}^{\infty} (-1)^n \frac{z^{2n+1}}{2n+1}$　　$|z|<1$

⑨ $\sinh z = \sum_{n=0}^{\infty} \frac{z^{2n+1}}{(2n+1)!}$　　$|z|<\infty$

⑩ $\cosh z = \sum_{n=0}^{\infty} \frac{z^{2n}}{(2n)!}$　　$|z|<\infty$

⑪ $\ln(1+z) = \sum_{n=0}^{\infty} (-1)^n \frac{z^{n+1}}{n+1}$，並且在主葉 (principal sheet)　　$|z|<1$

對數函數是多值函數，凡是遇到多值函數，必須選和正在處理的題目所需的 Riemann 葉 (請看 $(1\text{-}32)_1$ 式)，使多值函數約化成單值函數，如沒特別要求，就在主葉展開級數。對數函數 $\ln z$，冪函數 $\alpha^z = e^{z \ln \alpha}$，$z^\alpha = e^{\alpha \ln z}$ 都是多值函數。

索 引

C

D

G

H

N

O

P

Q

R

T

U

V

國家圖書館出版品預行編目資料

複變函數導論與物理學／林清凉著. --初版. --
臺北市：五南圖書出版股份有限公司, 2017.02
面； 公分
ISBN 978-957-11-8929-1（平裝）
1.複分變數函數 2.物理學
314.53 105021881

5BK1

複變函數導論與物理學

作　　者— 林清凉
發 行 人— 楊榮川
總 經 理— 楊士清
總 編 輯— 楊秀麗
主　　編— 高至廷
圖文編輯— 林秋芬
封面設計— 陳翰陞
出 版 者— 五南圖書出版股份有限公司
地　　址：106台北市大安區和平東路二段339號4樓
電　　話：(02)2705-5066　傳　　真：(02)2706-6100
網　　址：https://www.wunan.com.tw
電子郵件：wunan@wunan.com.tw
劃撥帳號：01068953
戶　　名：五南圖書出版股份有限公司
法律顧問　林勝安律師事務所　林勝安律師
出版日期　2017年 2 月初版一刷
　　　　　2021年10月初版二刷
定　　價　新臺幣750元

經典永恆・名著常在

五十週年的獻禮——經典名著文庫

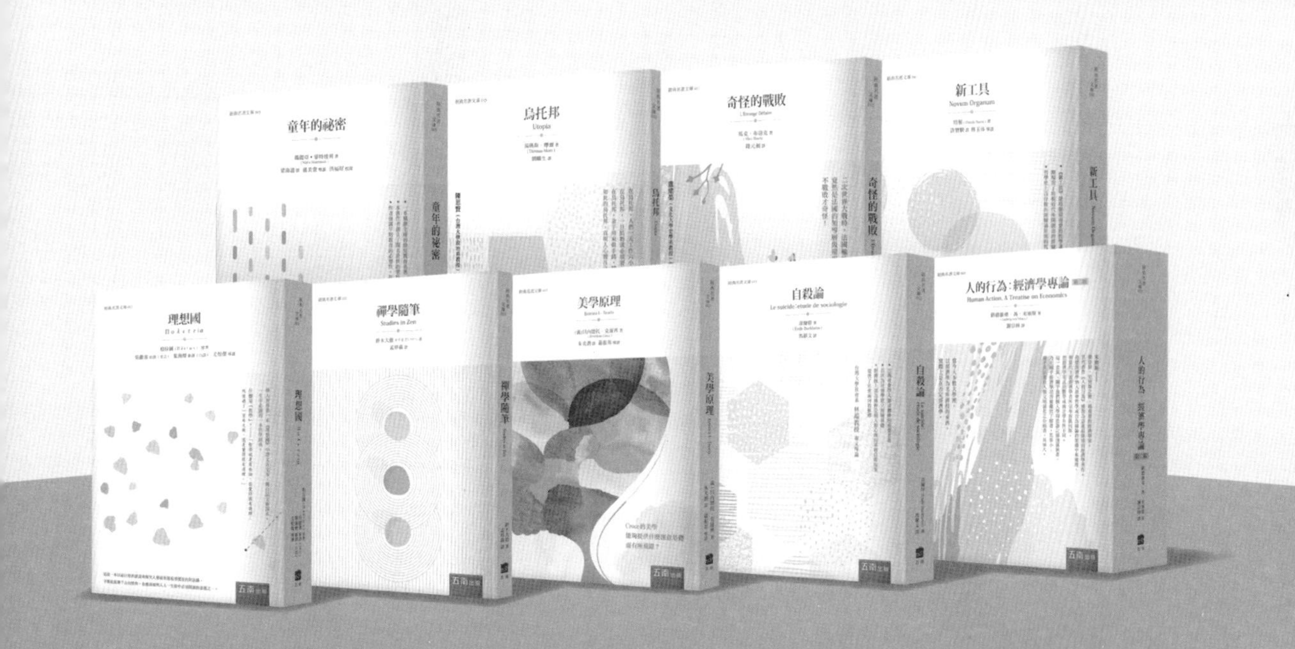

五南，五十年了，半個世紀，人生旅程的一大半，走過來了。
思索著，邁向百年的未來歷程，能為知識界、文化學術界作些什麼？
在速食文化的生態下，有什麼值得讓人雋永品味的？

歷代經典・當今名著，經過時間的洗禮，千錘百鍊，流傳至今，光芒耀人；
不僅使我們能領悟前人的智慧，同時也增深加廣我們思考的深度與視野。
我們決心投入巨資，有計畫的系統梳選，成立「經典名著文庫」，
希望收入古今中外思想性的、充滿睿智與獨見的經典、名著。
這是一項理想性的、永續性的巨大出版工程。
不在意讀者的眾寡，只考慮它的學術價值，力求完整展現先哲思想的軌跡；
為知識界開啟一片智慧之窗，營造一座百花綻放的世界文明公園，
任君遨遊、取菁吸蜜、嘉惠學子！